中文版

UG NX 12.0 从入门到精通（案例视频版）

十点课堂◎编著

電子工業出版社
Publishing House of Electronics Industry
北京 · BEIJING

内 容 简 介

UG是Unigraphics Solutions公司推出的集CAD/CAM/CAE于一体的三维机械设计平台，也是当今世界广泛应用的计算机辅助设计、分析和制造软件之一。

全书按知识结构分为14章，本书以目前最常用的12.0版本为基础，详细地讲解了UG NX12.0的入门知识、基本操作、建模基础、草图设计、曲线功能、特征建模、特征操作、曲面功能、编辑特征和曲面、装配建模、工程图和齿轮泵等知识。在介绍的过程中，注意由浅入深，从易到难，各章节既相对独立又前后关联，在讲解的过程中，作者根据自己多年的经验及通常的学习心理，及时给出总结和相关提示，帮助读者及时快捷地掌握所学知识。全书解说翔实、图文并茂、语言简洁、思路清晰。

本书可以作为初学者的入门教材，也可以作为工程技术人员的参考工具书。另外，本书提供同步学习的素材文件、视频教学文件及PPT课件，同时，也可以作为广大职业院校、电脑培训班的教材。

图书在版编目（CIP）数据

中文版UG NX 12.0从入门到精通：案例视频版 / 十点课堂编著. —北京：电子工业出版社，2022.10

ISBN 978-7-121-43734-2

Ⅰ. ①中… Ⅱ. ①十… Ⅲ. ①计算机辅助设计－应用软件 Ⅳ. ① TP391.72

中国版本图书馆CIP数据核字（2022）第101964号

责任编辑：管晓伟
印　　刷：北京虎彩文化传播有限公司
装　　订：北京虎彩文化传播有限公司
出版发行：电子工业出版社
　　　　　北京市海淀区万寿路173信箱　邮编：100036
开　　本：787×1092　1/16　印张：26.25　字数：672千字
版　　次：2022年10月第1版
印　　次：2024年 7 月第3次印刷
定　　价：89.00元

凡所购买电子工业出版社图书有缺损问题，请向购买书店调换。若书店售缺，请与本社发行部联系，联系及邮购电话：（010）88254888，88258888。

质量投诉请发邮件至zlts@phei.com.cn，盗版侵权举报请发邮件至dbqq@phei.com.cn。

本书咨询联系方式：（010）88254460，guanxw@phei.com.cn。

前　言

UGNX（Unigraphics NX）是 Unigraphics Solutions 公司出品的一个产品工程解决方案，它为用户的产品设计及加工过程提供了数字化造型和验证手段。UG NX 针对用户的虚拟产品设计和工艺设计的需求，提供了经过实践验证的解决方案。

UG NX 为设计师和工程师提供了一个产品开发的崭新模式，它不仅涉及对几何的操纵，更重要的是将使团队能够根据工程需求进行产品开发。UG NX 能够有效地捕捉、利用和共享数字化工程完整过程中的知识，为企业带来战略性的收益。

来自 UGS PLM 的 NX 使企业能够通过新一代数字化产品开发系统实现向产品全生命周期管理转型的目标。 NX 包含了企业中应用最广泛的集成应用套件，用于产品设计、工程和制造全范围的开发过程。NX 是 UGS PLM 新一代数字化产品开发系统，它可以通过过程变更来驱动产品革新。 NX 的独特之处是其知识管理基础，它使得工程专业人员能够推动革新以创造出更大的利润。 NX 可以管理生产和系统性能知识，根据已知准则来确认每一设计决策。

UG 每次的最新版本都代表了当时先进的制造的发展前沿，很多现代设计方法和理念都能较快地在新版本中反映出来。这一次发布的最新版本——UG NX12.0 在很多方面都进行了改进和升级，例如 HD3D、同步建模、数字化生命周期仿真等。

一、本书的内容介绍

本书以最新的 UG NX 12.0 版本为演示平台，全面介绍 UG 软件从基础到实例的全部知识，帮助读者更好地学习 UG。全书分为 14 章。主要知识内容如下。

第 1 章 ~ 第 3 章主要介绍 UG NX 12.0 入门、基本操作及建模基础。

第 4 章 ~ 第 5 章主要介绍草图和曲线等知识。

第 6 章 ~ 第 7 章主要介绍特征建模和特征操作。

第 8 章 ~ 第 9 章主要介绍曲面建模和操作相关知识。

第 10 章 ~ 第 13 章分别讲解查询分析、钣金设计、装配设计和工程图等知识。

第 14 章主要介绍齿轮泵设计综合实例。

（1）通过第 1 章 ~ 第 13 章软件功能知识部分内容的学习，您能学到如何使用 UG 中的各种工具、命令及功能模块来进行各种建模和分析。

（2）通过第 14 章实战案例内容的学习，您能学到 UG 软件在工程设计领域中的综合实战技能，并能举一反三，触类旁通工程设计问题。

二、本书特色特点介绍

（1）入门轻松，难易结合

本书从 UG 的基础知识入手，逐一讲解了工程设计中常用的工具、命令及相关功能模块应用，力求让零基础的读者能轻松入门。根据读者学习新技能的思维习惯，本书注重设计案例的难易程度安排，尽可能将简单的案例放在前面，使读者学习起来更加轻松。

（2）案例丰富，学以致用

本书最大的特点是在讲解知识点的同时，为了让读者学以致用，安排了 32 个小节的知识实例、9 个综合演练和 33 个新手问答、1 个行业应用综合案例。另外，为了使读者巩固知识应用和操作技能，还在相关章节后面布置了“上机实验”“思考与练习”的内容。这些精心策划和内容的设计安排，其目的是让读者轻松学会 UG NX 12.0 的操作方法和技巧。

（3）实用功能，系统全面

本书涵盖 UG NX 12.0 几乎所有工具、命令常用的相关功能，对于一些难点和重点知识，都做了非常详细的讲解。内容结合了真实的职场案例，精选实用的功能，力求让读者朋友看得懂、学得会。

（4）技巧提示，及时充电

本书在各章节中均穿插设置了“新手问答”或“小技巧”栏目，对正文中介绍的应用方法、技能技巧等重点知识内容进行补充提示，及时为读者充电加油，帮助读者尽快对各项实际操作技能熟练上手。

（5）教学视频，直观易学

本书相关内容的讲解，都配有同步的多媒体教学视频，读者用微信扫一扫书中对应的二维码，即可观看学习。

三、学习软件版本说明

本书基于中文版 UG NX 12.0 软件进行写作，建议读者结合 UG NX 12.0 进行学习。由于其他低版本的功能与 UG NX 12.0 大同小异，因此本书内容同样适用于其他版本的软件学习。另外为了保持与软件中的显示一致，本书约定书中的 X、Y、Z 等代表角度、坐标等的变量仍用正体表示。

四、本书配套资源及赠送资料介绍

亲爱的读者，你花一本书的钱，买的不仅仅是一本书，而是一套完整的职场技能学习套餐！

1. 本书同步学习资料

❶ 源文件：提供本书所有案例的源文件，方便读者学习参考。

❷ 动画演示：提供本书相关案例制作的同步教学视频，读者扫一扫书中知识标题旁边的二维码即可观看学习。

❸ PPT 课件：本书配套 PPT 课件，方便老师教学使用。

2. 额外赠送资料

❶ 赠送：《电脑新手必会：电脑文件管理与系统管理技巧》电子书。

❷ 赠送：《电脑日常故障诊断与解决指南》电子书。

❸ 赠送：220 分钟共 12 集《新手学电脑办公综合技能》视频教程。

备注：以上资料都可以扫描以下二维码免费下载获取。

本书同步学习资料 + 额外赠送资料

本书由从事计算机辅助设计教学或工程设计研究一线的相关老师编写，他们具有丰富的教学实践经验与图书编写经验。由于计算机技术发展较快，书中疏漏和不足之处在所难免，恳请广大读者指正。

读者信箱：197238283@qq.com

目　录

第1章 UG NX 12.0 简介

本章导读

UG（Unigraphics）是 Unigraphics Solutions 公司推出的集 CAD/CAM/CAE 于一体的三维机械设计平台，也是当今世界广泛应用的计算机辅助设计、分析和制造软件之一，广泛应用于汽车、航空航天、机械、消费产品、医疗器械、造船等行业，它为制造行业产品开发的全过程提供解决方案，功能包括概念设计、工程设计、性能分析和制造。本章主要介绍 UG 的发展历程、UG 软件界面的工作环境、选项卡的定制，以及系统的基本设置等内容。

内容要点

- UG NX 12.0 的启动
- 熟悉工作环境
- 选项卡的定制
- 系统的基本设置

1.1 UG NX 12.0 的启动

本节主要介绍中文版 UG NX 12.0 的启动方法。启动中文版 UG NX 12.0，有下面 4 种方法。

（1）双击桌面上的 UG NX 12.0 快捷方式按钮，即可启动中文版 UG NX 12.0。

（2）单击桌面左下方的“开始”按钮，在弹出的菜单中选择“程序”→ UG NX 12.0 → NX 12.0 命令，启动中文版 UG NX 12.0。

（3）将 UG NX 12.0 的快捷方式按钮拖到桌面下方的快捷启动栏中，只需单击快捷启动栏中的 UG NX 12.0 快捷方式按钮，即可启动中文版 UG NX 12.0。

（4）直接在 UG NX 12.0 的安装目录的 UGII 子目录下双击 ugraf.exe 文件，即可启动中文版 UG NX 12.0。

中文版 UG NX 12.0 的启动界面如图 1-1 所示。

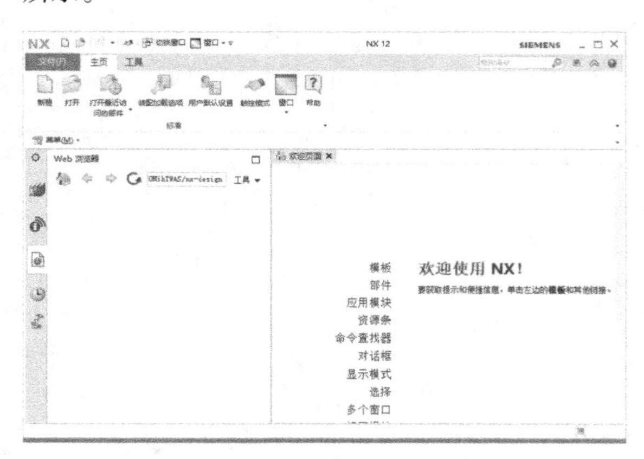

图 1-1　中文版 UG NX 12.0 的启动界面

1.2 工作环境

本节介绍 UG NX 12.0 的主要工作界面及各部分功能，了解各部分的位置和功能之后才可以有效地进行工作设计。

UG NX 12.0 的界面组成如图 1-2 所示，其中包括 ❶ 标题栏、❷ 菜单栏、❸ 功能区、❹ 绘图工作区、❺ 坐标系、❻ 资源工具条、❼ 快速访问工具栏、❽ 提示栏、❾ 状态栏和 ❿ 选择组 10 个部分。

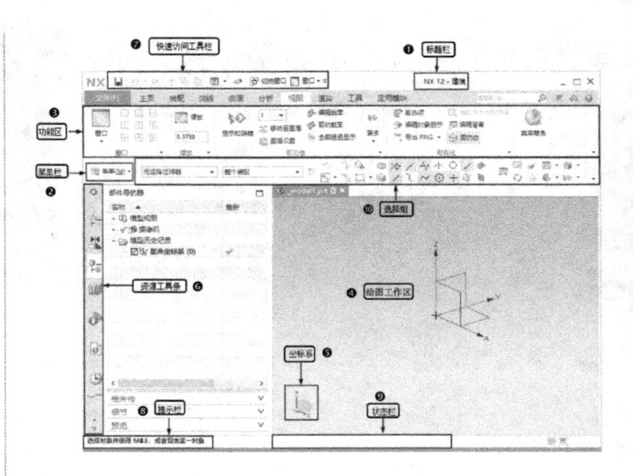

图 1-2　工作界面

1.2.1 标题栏

标题栏用于显示软件版本，以及当前的模块和文件名等信息。

1.2.2 菜单栏

菜单栏中包含本软件的主要功能，系统的所有命令或设置选项都归属到不同的菜单下，它们分别是“文件”菜单、“编辑”菜单、“视图”菜单、“插入”菜单、“格式”菜单、“工具”菜单、“装配”菜单、“信息”菜单、“分析”菜单、“首选项”菜单、“窗口”菜单、“GC 工具箱”和“帮助”菜单。

当单击菜单时，在其下拉菜单中就会显示所有与该功能有关的命令选项。如图 1-3 所示为“工具”下拉菜单，其中的命令选项有以下特点。

（1）快捷字母：例如，“文件（F）”中的 F 是系统默认的快捷字母键，按 Alt+F 键即可调用该命令选项。

（2）提示箭头：是指菜单命令中右方的三角箭头，表示该命令含有子菜单。

（3）快捷键：命令右方的组合键就是该命令的快捷键，在工作过程中直接按组合键即可自动执行该命令。

（4）功能命令：是实现软件各个功能所要执行的各个命令，单击它会调出相应功能。

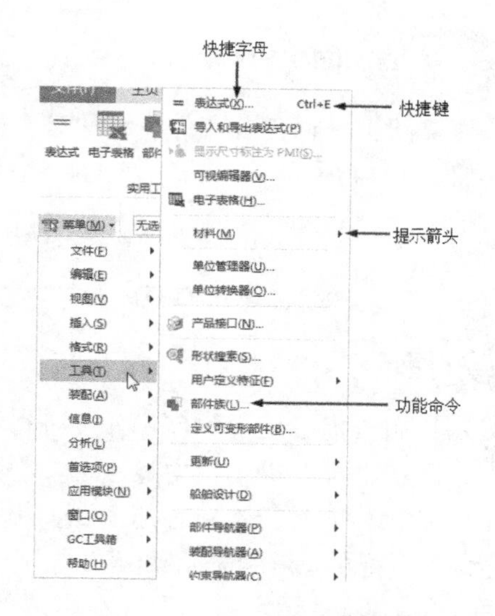

图1-3 “工具”下拉菜单

1.2.3 功能区

功能区中的命令以图形的方式表示命令功能，所有功能区的图形命令都可以在菜单栏中找到相应的命令，这样可以减少用户在菜单栏中查找命令的步骤，方便操作。下面介绍几种常用的功能区选项卡。

1. “主页”选项卡

“主页”选项卡用于提供建立参数化特征实体模型的大部分工具，主要用于建立规则和不太复杂的模型，并对模型进行进一步细化和局部修改，以及建立一些形状规则但较复杂的实体特征，也可以用于修改特征形状、位置及其显示状态等，如图1–4所示。

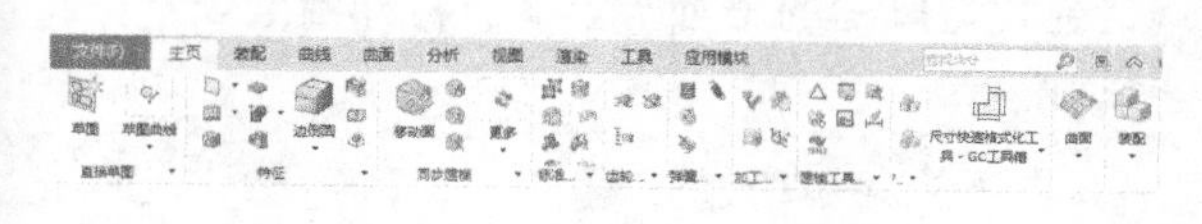

图1–4 “主页”选项卡

2. “曲线”选项卡

“曲线”选项卡用于提供建立各种形状曲线和修改曲线形状与参数的工具，如图1–5所示。

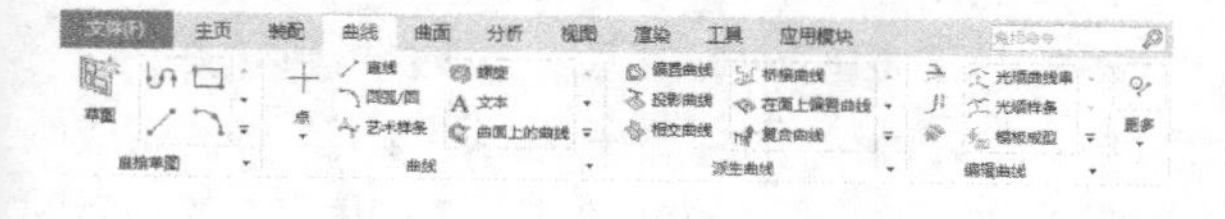

图1–5 “曲线”选项卡

3. “曲面”选项卡

“曲面”选项卡用于提供构建各种曲面和修改曲面形状及参数的工具，如图1–6所示。

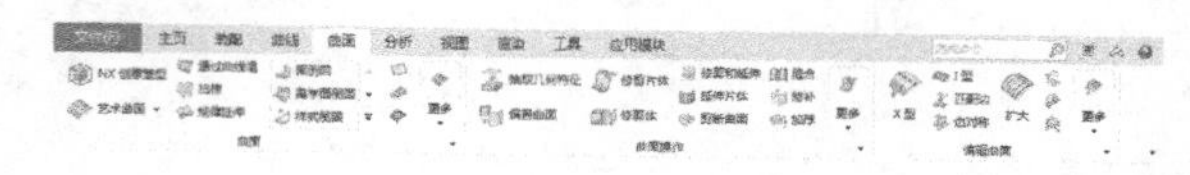

图1–6 “曲面”选项卡

4. “视图”选项卡

“视图”选项卡用于对图形窗口中的物体进行显示操作，如图1–7所示。

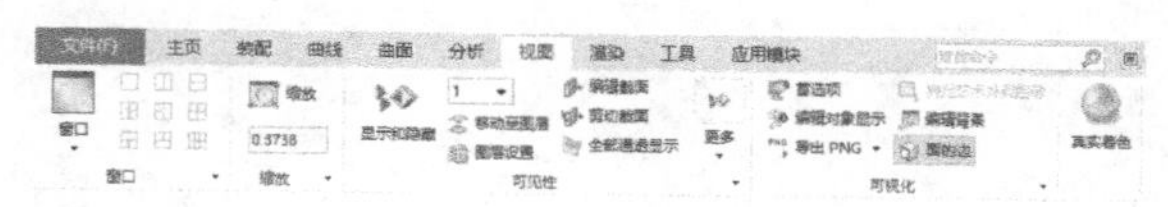

图1–7 “视图”选项卡

5. “应用模块”选项卡

“应用模块”选项卡用于各个模块之间的相互切换，如图1–8所示。

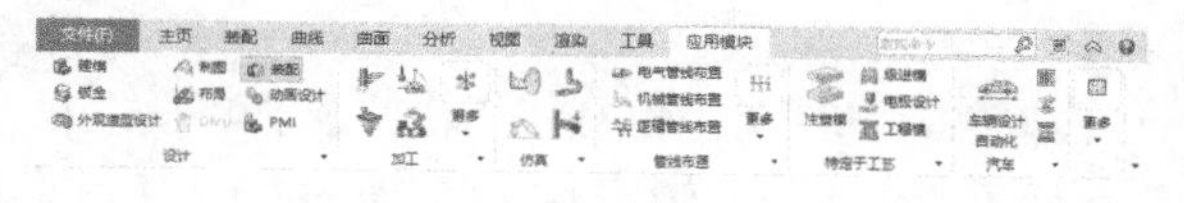

图1–8 “应用模块”选项卡

1.2.4 绘图工作区

绘图工作区是绘图的主区域，用户可以在绘图工作区中进行草绘、建模、装配、外观造型设计、钣金设计及布线等操作。对于不同的功能模块，绘图工作区的界面也不相同。如图1–9所示为模型界面的绘图工作区。

1.2.5 坐标系

UG中的坐标系分为工作坐标系（WCS）和绝对坐标系（ACS），其中工作坐标系是用户在建模时直接应用的坐标系。

1.2.6 资源工具条

资源工具条如图1–10所示，包括装配导航器、部件导航器、主页浏览器、历史记录、系统材料等。

单击资源工具条上方的“资源条选项”按钮⚙，弹出如图1–11所示的“资源条选项”下拉菜单，勾选或取消“销住”选项，可以切换页面的固定和滑移状态。

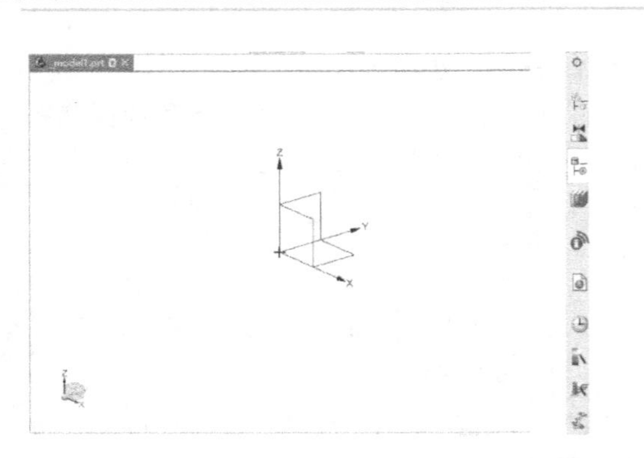

图 1-9　绘图工作区　　图 1-10　资源工具条

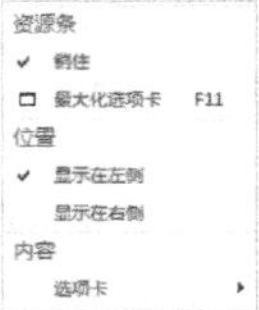

图 1-11　固定窗口

单击“主页浏览器”按钮，可以显示 UG NX 12.0 的在线帮助、CAST、e-vis、iMan 或其他任何网站和网页。也可使用“首选项”→“用户界面”命令来配置浏览器主页，如图 1-12 所示。

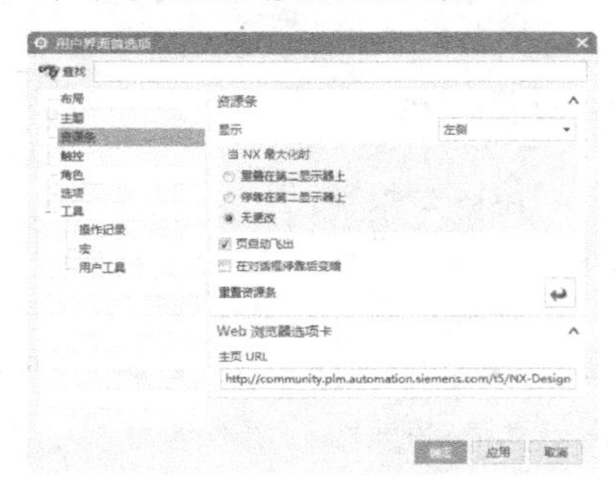

图 1-12　配置浏览器主页

单击“历史”按钮，可以访问打开过的零件列表，预览零件及其他相关信息，如图 1-13 所示。

图 1-13　历史信息

1.2.7 快速访问工具栏

快速访问工具栏包含文件系统的基本操作命令，如图 1-14 所示。

图 1-14　快速访问工具栏

1.2.8 提示栏

提示栏用于提示用户如何操作。执行每个命令时，系统都会在提示栏中显示用户必须执行的下一步操作。对于不熟悉的命令，利用提示栏帮助一般都可以顺利完成操作。

1.2.9 状态栏

状态栏主要用于显示系统或图元的状态，如显示是否选中图元等信息。

1.2.10 选择组

选择组用于提供选择对象和捕捉点的各种工具，如图 1-15 所示。

图 1-15　选择组

1.3 选项卡的定制

UG 中提供的选项卡可以为用户工作提供方便，但是进入应用模块之后，UG 只会显示默认的选项卡按钮设置。用户可以根据自己的习惯定制独特风格的选项卡。本节将介绍选项卡的定制。

在下拉菜单中选择❶“工具”→❷“定制”命令，如图 1-16 所示，或者在选项卡空白处的任意位置右击，在弹出的快捷菜单中选择“定制”命令，如图 1-17 所示。打开“定制”对话框，如图 1-18 所示，该对话框中有 4 个功能标签选项：命令、选项卡 / 条、快捷方式、图标 / 工具提示。单击相应的标签后，对话框会随之显示对应的选项卡，即可进行选项卡的定制，完成后单击对话框下方的“关闭”按钮即可退出对话框。

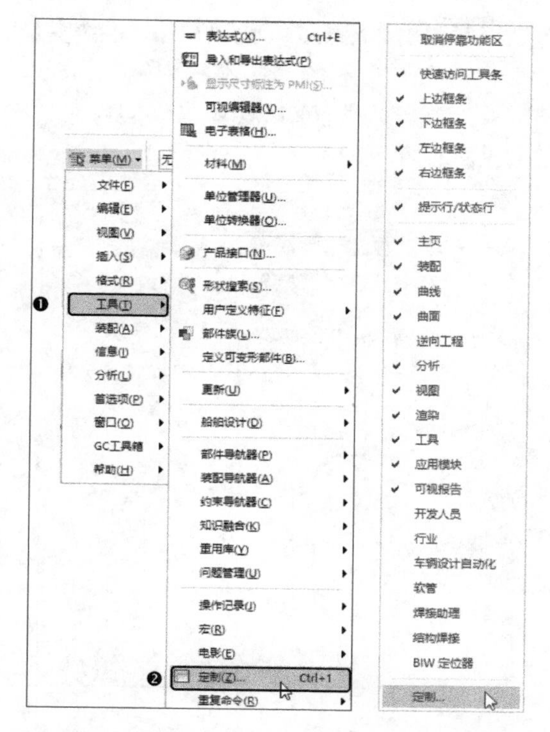

图1-16 “工具”→“定制”命令 图1-17 快捷菜单

1.3.1 命令

“命令”选项标签用于显示或隐藏选项卡中的某些按钮命令，如图 1-18 所示。具体操作为：在“类别”列表框中找到需添加命令的选项卡，然后找到待添加的命令，将该命令拖至工作窗口的相应选项卡中即可。对于选项卡中不需要的命令按钮可以直接拖出，然后释放鼠标即可。用同样的方法也可以将命令按钮拖动到菜单栏的下拉菜单中。

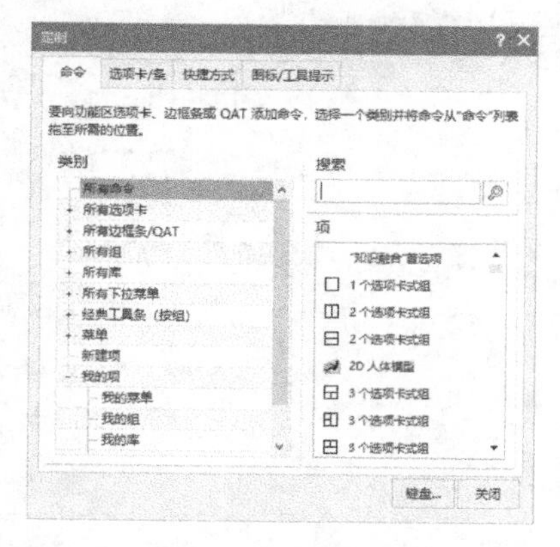

图1-18 “命令”标签

提示

除了可以将命令拖动到选项卡中，当“类别”列表框中选为 Menu Bar 时，也可以将命令栏中的菜单拖动到选项卡中创建自定义菜单。

1.3.2 选项卡 / 条

“选项卡 / 条”选项标签用于设置是否显示完全的下拉菜单列表，设置恢复默认菜单，以及设置选项卡和菜单栏按钮的大小，如图 1-19 所示。

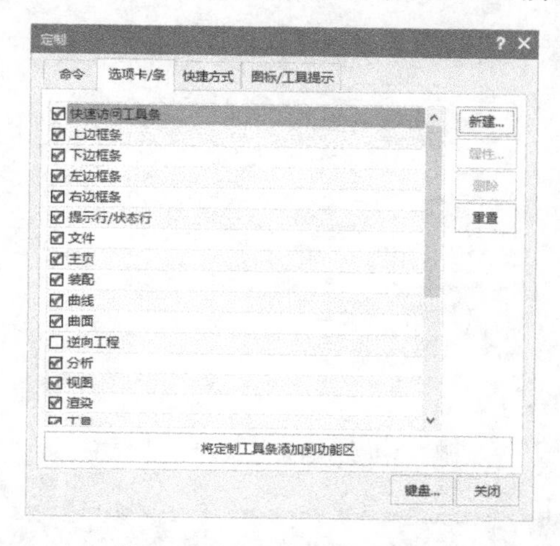

图1-19 “选项卡 / 条”标签

1.3.3 快捷方式

“快捷方式”选项标签用于设置视图快捷菜单及是否显示视图快捷工具条、所有对象快捷工具条、在所有快捷菜单中显示视图选项，在视图快捷菜单上方显示小选择条，如图 1-20 所示。

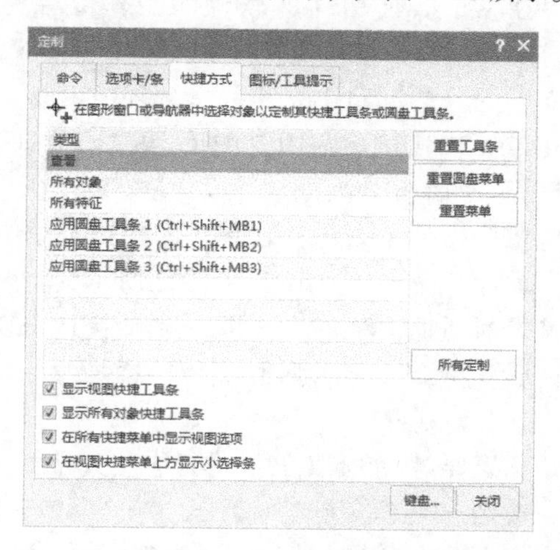

图1-20 “快捷方式”标签

1.3.4 图标 / 工具提示

“图标 / 工具提示”选项标签用于对 UG NX 12.0 中所有的图标大小进行设置，包括功能区、窄功能区、上 / 下边框条、左 / 右边框条、快捷工具条 / 圆盘工具条、菜单等，以及“工具提示”的设置，如图 1–21 所示。

图 1–21 “图标 / 工具提示”标签

1.4 系统的基本设置

在使用中文版 UG NX 12.0 进行建模之前，首先要对中文版 UG NX 12.0 进行系统设置。下面主要介绍系统的环境设置和默认参数设置。

1.4.1 环境设置

在 Windows 10 中，软件的工作路径是由系统注册表和环境变量来设置的。安装 UG NX 12.0 以后，会自动建立一些系统环境变量，如 UGII_BASE_DIR、UGII_LANG 和 UG_ROOT_DIR 等。如果用户要添加环境变量，可以在“我的电脑”按钮上右击，在弹出的快捷菜单中选择“属性”命令，弹出如图 1–22 所示的“系统属性”对话框，❶ 在“高级”选项卡中，❷ 单击“环境变量”按钮，弹出如图 1–23 所示的“环境变量”对话框。

如果要对 UG NX 12.0 进行中英文界面的切换，❶ 在“环境变量”对话框中的“系统变量”列表框中选中 UGII_LANG，❷ 单击下面的“编辑”按钮，弹出如图 1–24 所示的“编辑系统变量”对话框，在“变量值”文本框中输入 simple_chinese（中文）或 english（英文）即可实现中英文界面的切换。

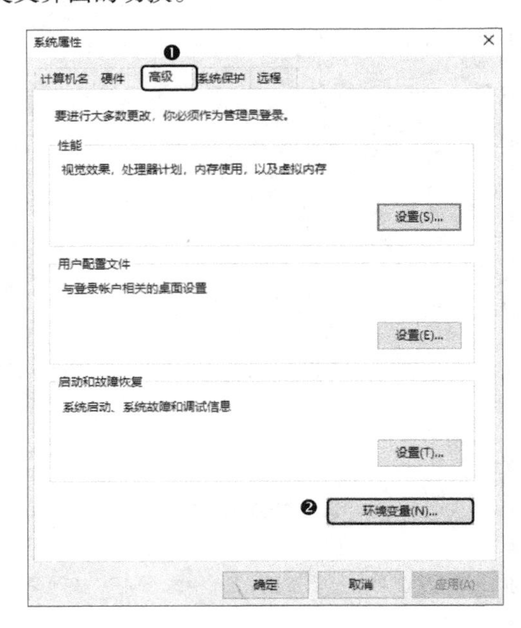

图 1–22 “系统属性”对话框

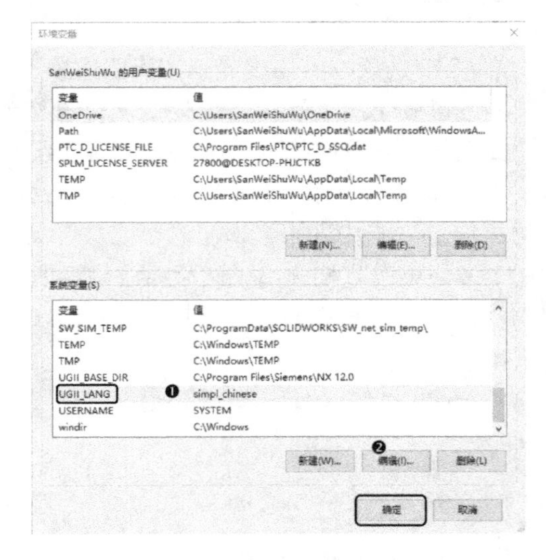

图 1–23 “环境变量”对话框

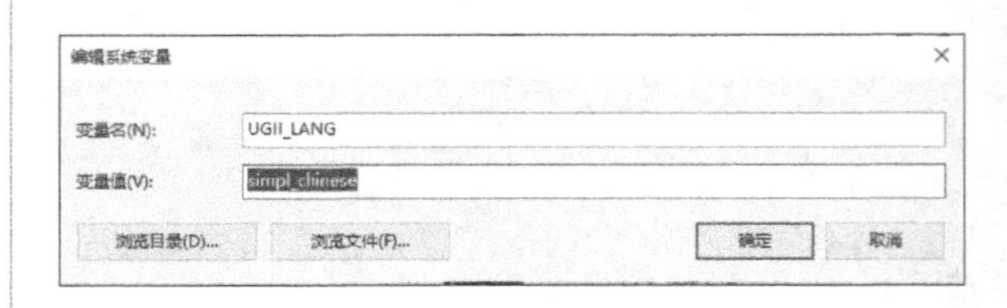

图 1–24 “编辑系统变量”对话框

1.4.2 默认参数设置

在 UG NX 12.0 环境中，操作参数一般都可以修改。大多数的操作参数，如尺寸的单位、尺寸的标注方式、字体的大小及对象的颜色等都有默认值。参数的默认值都保存在默认参数设置文件中，当启动 UG NX 12.0 时，会自动调用默认参数设置文件中的默认参数。UG NX 12.0 提供了修改默认参数的功能。用户根据自己的习惯预先设置参数的默认值，可以显著提高设计效率。

在下拉菜单中选择“文件”→“实用工具”→“用户默认设置”命令，弹出如图 1–25 所示的“用户默认设置”对话框。

在该对话框中可以设置参数的默认值、查找所需默认设置的作用域和版本、把默认参数以电子表格的格式输出、升级旧版本的默认设置等。

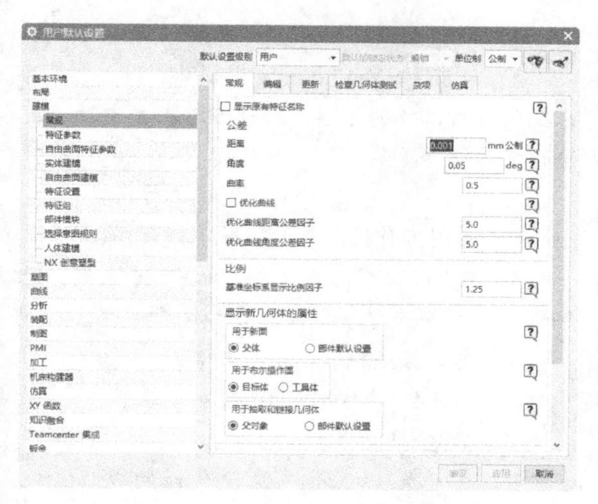

图 1–25 “用户默认设置”对话框

下面介绍该对话框中主要选项的用法。

1. 查找默认文件

单击“查找”按钮，弹出如图 1–26 所示的“查找默认设置”对话框，❶在该对话框的“输入与默认设置关联的字符”文本框中输入要查找的默认设置，❷单击“查找”按钮，则找到的默认设置会在“找到的默认设置”列表中列出其应用模块、类别、设置等。

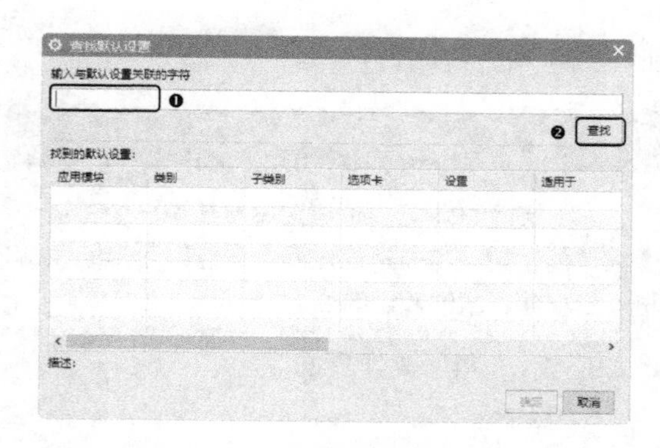

图 1–26 “查找默认设置”对话框

2. 管理当前设置

单击“管理”按钮，弹出如图 1–27 所示的“管理当前设置”对话框。在该对话框中可以实现对默认设置的新建、删除、导入、导出和以电子表格的格式输出默认设置。

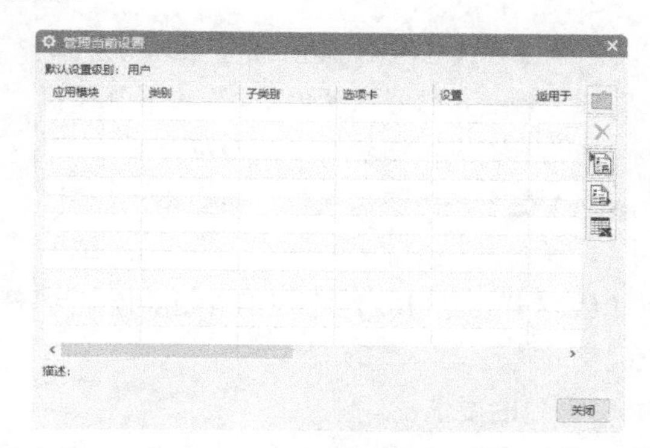

图 1–27 “管理当前设置”对话框

1.5 新手问答

❓ Q1：怎样在选项卡中添加隐藏的命令按钮?

答：在下拉菜单中选择“工具”→“定制”命令，如图 1-16 所示，或者在选项卡空白处的任意位置右击，从弹出的快捷菜单中选择“定制”命令就可以打开“定制”对话框，在“类别”列表框中找到需添加命令的选项卡，然后找到待添加的命令，将该命令拖至工作窗口的相应选项卡中即可。

❓ Q2：如何创建 UG NX 12.0 快捷方式?

答：在 UG NX 12.0 应用程序中搜索 ugraf.exe，右击，在弹出的快捷菜单中选择“发送到”→“桌面快捷方式”命令即可。

1.6 上机实验

通过前面的学习，读者对本章知识已经有了一个大体的了解。本节将通过两个操作练习帮助读者进一步掌握本章的知识要点。

【练习 1】熟悉操作界面

1. 目的要求

操作界面是用户绘制图形的平台，操作界面的各个部分都有其独特的功能，熟悉操作界面有助于用户方便快速地绘图。本练习要求读者了解操作界面的各部分功能，掌握改变绘图区颜色和光标大小的方法，能够熟练地打开、移动、关闭工具栏。

2. 操作提示

（1）启动 UG NX 12.0，进入其工作界面。

（2）调整工作界面的大小。

（3）打开或关闭功能区的面板。

（4）显示或隐藏选项卡中的命令。

【练习 2】在 UG NX 12.0 中定制自己的环境风格

1. 目的要求

本练习要求读者了解设置不同模块的工作环境，并掌握基本环境的设置。

2. 操作提示

（1）通过 UG NX 12.0 的“首选项”菜单命令可以设置不同模块的工作环境。

（2）在 UG NX 12.0 中，还可以通过“菜单”→“文件”→“实用工具”→“用户默认设置”命令，在命令面板中进行基本环境的设置及各模块的环境设置。

1.7 思考与练习

一、选择题

1. 在 UG NX 12.0 的用户界面中，提示下一步应该做什么的区域是（　　）。

A. Cue Line（提示行）

B. Status Line（状态行）

C. Part Navigator（部件导航器）

D. Information Window（信息窗口）

2. 下面 UG NX 12.0 的功能模块中不属于建模模块的是（　　）。

A. 实体模块　　B. 特征模块

C. Gateway 模块　　D. 自由曲面模块

3. Unigraphics CAD/CAM/CAE 系统提供了一个基于（　　）的产品设计环境，使产品开发实现数据的无缝集成，从而优化了企业的产品设计与制造。

A. 草图　　B. 装配

C. 过程　　D. 特征

4. 在 UG NX 12.0 的主界面中，（　　）用来显示当前工作的图层，同时可以在其中对图层进行操作。

A. 状态栏　　B. 图层工作区

C. 绘图工作区　　D. 提示栏

5. 在 UG NX 12.0 的主界面中，（　　）提供命令工具条使得命令操作更加快捷。

A. 窗口标题栏　　B. 菜单栏

C. 工具栏　　D. 绘图工作区

二、简答题

1. UG NX 12.0 是一款什么样的软件，它的应用领域和应用背景如何?

2. UG NX 12.0 与之前版本相比有哪些变化，增添了哪些特性和功能?

第2章 基本操作

本章导读

本章主要介绍 UG 应用中的一些基本操作及经常使用的工具，以便用户更熟悉 UG 的建模环境。如果要很好地掌握建模中常用的工具或者命令，还需要多练、多用才行，但对于 UG 提供的建模工具的整体了解也是必不可少的，只有了解了全局才能知道同一模型可以有多种建模和修改的思路，从而对复杂或特殊的模型的建立更加游刃有余。

UG“建模”应用程序提供了一个实体建模系统，可以进行快速的概念设计。工程师可以通过定义设计中不同部件间的数学关系，将需求和设计限制结合在一起。基于特征的实体建模和编辑能力使设计者可以通过直接编辑实体特征的尺寸，或者通过使用其他几何编辑和构造技巧来修改和更新实体。

内容要点

- 文件操作
- 对象操作
- 坐标系操作
- 视图与布局
- 图层操作

2.1 文件操作

本节将介绍文件的操作，包括新建文件、打开和关闭文件、保存文件、导入 / 导出文件、文件操作参数设置等。

文件操作可以通过“文件”菜单中的各命令来完成，如图 2–1 所示。

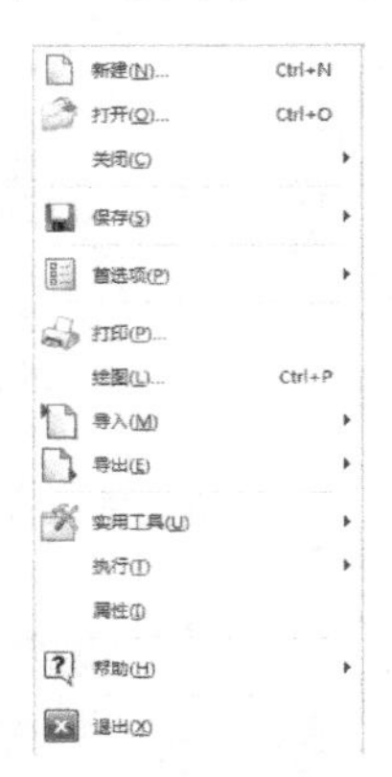

图 2–1 “文件”菜单中的命令

2.1.1 新建文件

本节将介绍如何新建一个 UG 的 prt 文件，在菜单栏中选择“文件”→“新建”命令或单击“主页”选项卡中的“新建”按钮，或者按组合键 Ctrl+N，打开“新建”对话框，如图 2–2 所示。

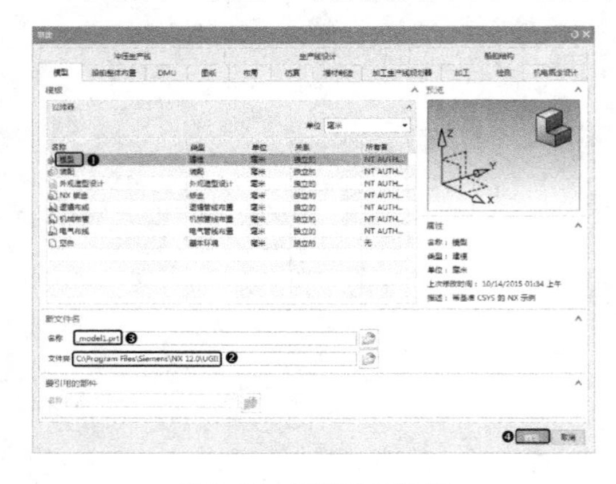

图 2–2 “新建”对话框

❶ 在该对话框的“模板”列表中选择适当的模板，❷ 在“新文件名”下的“文件夹”文本框中确定新建文件的保存路径，❸ 在“名称”文本框中输入文件名，❹ 设置完后单击“确定”按钮即可。

> **提示**
>
> UG 并不支持中文路径和中文文件名，所以需要使用英文，否则将会被认为文件名无效。另外，在移动或复制文件时，也要注意路径中不要有中文字符，否则系统会认作无效文件。这一点，直到 UG NX 12.0 依旧没有改变。

2.1.2 打开和关闭文件

在菜单栏中选择“文件”→“打开”命令或单击“主页”选项卡中的“打开”按钮，或者按组合键 Ctrl+O，打开“打开”对话框，如图 2–3 所示。❶ 该对话框中会列出当前目录下的所有有效文件以供选择，这里所指的有效文件是根据用户在“文件类型”下拉列表中的设置来决定的。❷ 选择所需文件，❸ 单击 OK 按钮即可将其打开。

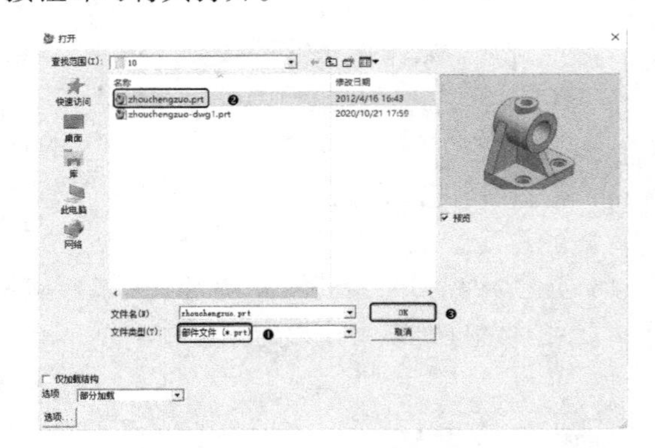

图 2–3 “打开”对话框

另外，可以选择“文件”菜单中的“最近打开的部件”命令来有选择性地打开最近打开过的文件。

关闭文件可以通过选择“文件”→“关闭”下的子菜单命令来完成，如图 2–4 所示。

图 2–4 “关闭”子菜单

以下对“文件”→“关闭”→“选定的部件”子菜单命令进行介绍。选择该命令后，打开如图 2-5 所示的“关闭部件”对话框，❶ 选取要关闭的文件，❷ 单击“确定”按钮即可。

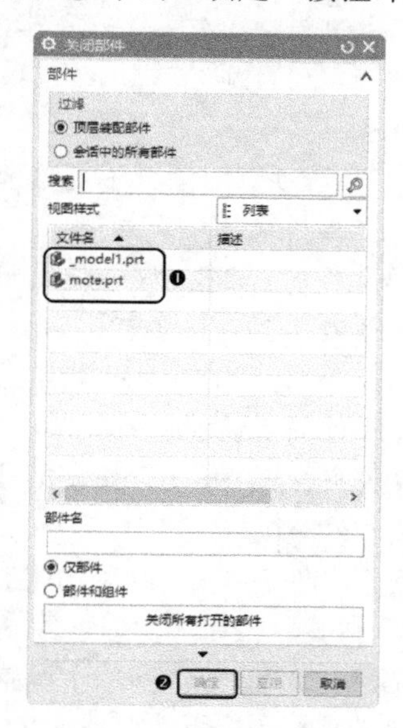

图 2-5 “关闭部件”对话框

“关闭部件”对话框中部分选项的功能如下。

（1）顶层装配部件：该选项用于在文件列表中只列出顶层装配文件，而不列出装配中包含的组件。

（2）会话中的所有部件：该选项用于在文件列表中列出当前进程中所有载入的文件。

（3）仅部件：该选项仅用于关闭所选择的文件。

（4）部件和组件：该选项功能在于，如果所选择的文件是装配文件，则会一同关闭所有属于该装配文件的组件文件。

（5）关闭所有打开的部件：选择该选项，可以关闭所有文件，但系统会弹出“关闭所有文件”对话框，如图 2-6 所示，提示用户已有部分文件被修改，给出选项让用户进一步确认。

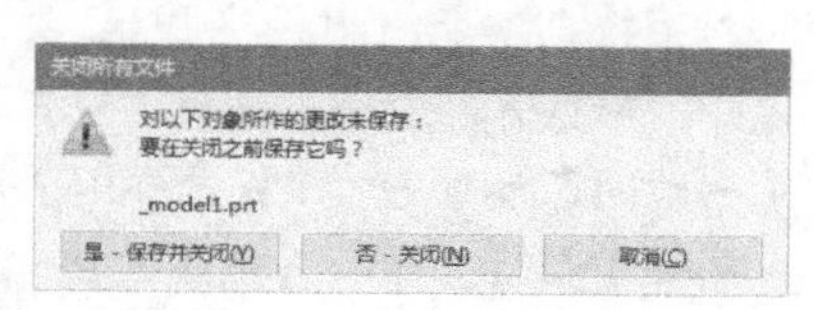

图 2-6 “关闭所有文件”对话框

其他的命令与之相似，只是关闭之前再保存一下，此处不再详述。

2.1.3 导入 / 导出文件

1. 导入文件

❶ 在菜单栏中选择“文件”→“导入”命令后，❷ 系统打开“导入”子菜单，如图 2-7 所示，其中提供了 UG 与其他应用程序文件格式的接口，常用的有部件、Parasolid、CGM、IGES、AutoCAD DXF/DWG 等格式文件。

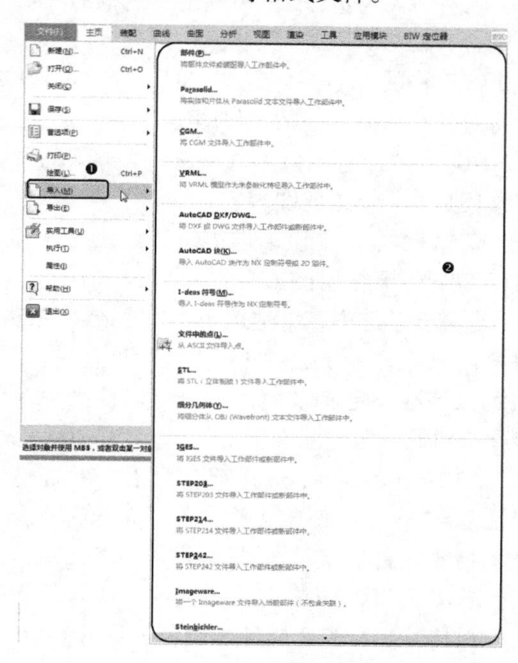

图 2-7 “导入”子菜单

“导入”子菜单中部分命令的功能如下。

（1）部件：UG 系统提供了将已存在的零件文件导入目前打开的零件文件或新文件中；此外还可以导入 CAM 对象，如图 2-8 所示，功能如下。

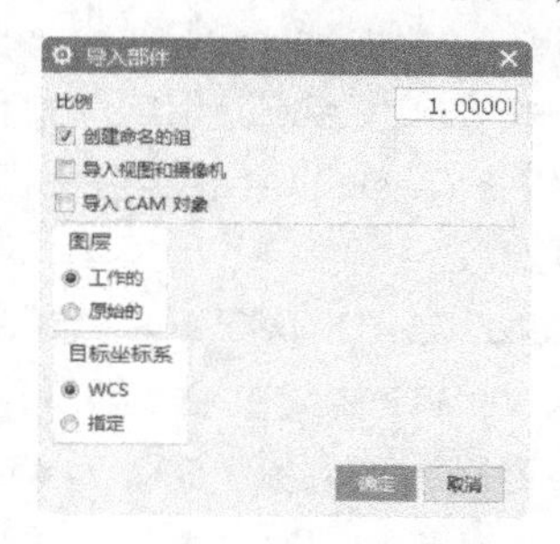

图 2-8 “导入部件”对话框

①比例：该选项中的文本框用于设置导入零件的比例大小。当导入的零件含有自由曲面时，系统将限制比例值为 1。

②创建命名的组：勾选该复选框后，系统会将导入的零件中的所有对象建立群组，该群组的名称就是该零件文件的原始名称，并且该零件文件的属性将转换为导入的所有对象的属性。

③导入视图和摄像机：勾选该复选框后，导入的零件中若包含用户自定义布局和查看方式，则系统会将其相关参数和对象一同导入。

④导入 CAM 对象：勾选该复选框后，若零件中含有 CAM 对象，则将其一同导入。

⑤工作的：选中该单选按钮后，导入零件的所有对象将属于当前的工作图层。

⑥原始的：选中该单选按钮后，导入的所有对象还是属于原来的图层。

⑦ WCS：选中该单选按钮后，在导入对象时以工作坐标系为定位基准。

⑧指定：选中该单选按钮后，系统将在导入对象后显示坐标子菜单，可以采用用户自定义的定位基准，定义之后，系统将以该坐标系作为导入对象的定位基准。

（2）Parasolid：选择该命令后，系统打开对话框导入 *.x_t 格式文件，可以导入含有适当文字格式文件的实体（Parasolid），该文字格式文件含有可以说明该实体的数据。导入的实体密度保持不变，表面属性（颜色、反射参数等）除透明度外，其他保持不变。

（3）CGM：选择该命令后可以导入 CGM（Computer Graphics Metafile）文件，即标准的 ANSI 格式的计算机图形中继文件。

（4）IGES：选择该命令后可以导入 IGES 格式文件。IGES（Initial Graphics Exchange Specification）是可以在一般 CAD/CAM 应用软件间转换的常用格式，可以供各 CAD/CAM 相关应用程序转换点、线、曲面等对象。

（5）AutoCAD DXF/DWG：选择该命令可以导入 DXF/DWG 格式文件，可将其他 CAD/CAM 相关应用程序导出的 DXF/DWG 文件导入 UG 中，操作与 IGES 命令相同。

2. 导出文件

选择“文件”→“导出”命令，可以将 UG 文件导出为除自身外的多种文件格式，包括图片、数据文件和其他各种应用程序文件格式。

2.1.4 文件操作参数设置

1. 载入选项

在菜单栏中选择“文件”→“选项”→“装配加载选项”命令，打开“装配加载选项”对话框，如图 2-9 所示。

“装配加载选项”对话框中部分选项的功能如下。

（1）部件版本 / 加载：该选项用于设置加载的方式，该选项有 3 个下拉选项。

①按照保存的：该选项用于指定载入的零件目录与保存零件的目录相同。

②从文件夹：该选项用于指定加载零件的文件夹与主要组件相同。

③从搜索文件夹：该选项利用此对话框下的“显示会话文件夹”按钮进行搜索。

（2）范围 / 加载：该选项用于设置零件的载入方式，该选项有 5 个下拉选项。

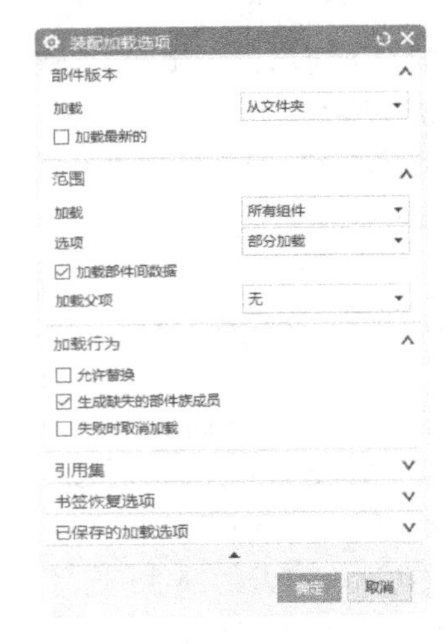

图 2-9 “装配加载选项”对话框

（3）生成缺失的部件族成员：取消勾选该复选框时，系统会将所有组件一并载入，反之，系统仅允许用户打开部分组件文件。

（4）失败时取消加载：该复选框用于控制当系统载入发生错误时，是否终止载入文件。

（5）允许替换：勾选该复选框，当组件文件载入零件时，即使该零件不属于该组件文件，系统也允许用户打开该零件。

2. 保存选项

在菜单栏中选择“文件”→“选项”→“保存选项”命令，打开“保存选项”对话框，如图 2-10 所示。在该对话框中可以进行相关参数的设置。

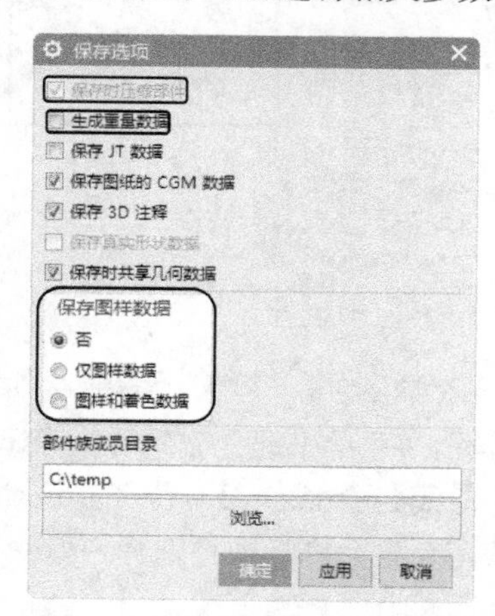

图 2-10 “保存选项”对话框

“保存选项”对话框中部分选项的功能如下。

(1)保存时压缩部件： 勾选该复选框后，保存时系统会自动压缩零件文件，文件经过压缩需要花费较长时间，所以一般用于大型组件文件或复杂文件。

(2)生成重量数据： 该复选框用于更新并保存元件的重量及质量特性，并将其信息与元件一同保存。

(3)保存图样数据： 该选项组用于设置保存零件文件时是否保存图样数据。

①否：该选项表示不保存。

②仅图样数据：该选项表示仅保存图样数据而不保存着色数据。

③图样和着色数据：该选项表示全部保存。

2.2 对象操作

UG 建模过程中的点、线、面、图层、实体等称为对象，三维实体的创建、编辑操作过程实质上也可以看作是对对象的操作过程。本小节将介绍对象的操作过程。

2.2.1 观察对象

对象的观察一般通过以下几种途径可以实现。

1. 快捷菜单

在工作区右击，可以打开快捷菜单，如图 2-11 所示。

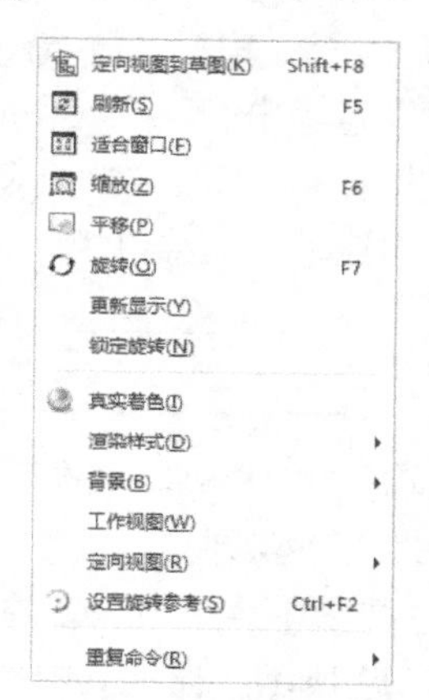

图 2-11 快捷菜单

快捷菜单中部分命令的功能如下。

(1)刷新： 该命令用于更新窗口显示，包括更新 WCS 显示，更新由线段逼近的曲线和边缘显示，更新草图和相对定位尺寸 / 自由度指示符、基准平面和平面显示。

(2)适合窗口： 该命令用于拟合视图，即调整视图中心和比例，使整合部件拟合在视图的边界内。也可以通过组合键 Ctrl+F 实现。

(3)缩放： 该命令用于实时缩放视图，可以通过同时按下鼠标中键（对于三键鼠标而言）拖动鼠标实现；将鼠标置于图形界面中，滚动鼠标滚轮就可以对视图进行缩放；或者在按下鼠标滚轮的同时按 Ctrl 键，上下移动鼠标也可以对视图进行缩放。

(4)平移： 该命令用于移动视图，可以通过同时按下鼠标右键和中键（对于三键鼠标而言）拖动鼠标实现；或者在按下鼠标滚轮的同时按 Shift 键，向各个方向移动鼠标也可以对视图进行移动。

(5)旋转： 该命令用于旋转视图，可以通过按下鼠标中键（对于三键鼠标而言）不放，再拖动鼠标实现。

(6)渲染样式： 该命令用于更换视图的显示模式，在子菜单中包含线框、着色、局部着色、面分析、艺术外观等 8 种对象的显示模式。

(7)定向视图： 该命令用于改变对象观察

点的位置。在子菜单中包括用户自定义视角等 9 个视图命令。

（8）**设置旋转参考：**该命令可以用鼠标在工作区选择合适旋转点，再通过旋转命令观察对象。

2. “视图”选项卡

“视图”选项卡如图 2-12 所示。上面每个按钮的功能与对应的快捷菜单相同。

图 2-12 “视图”选项卡

3. “视图”下拉菜单

❶ 执行“视图”菜单命令，❷ 系统打开子菜单，如图 2-13 所示。通过其中的许多功能可以从不同角度观察对象模型。

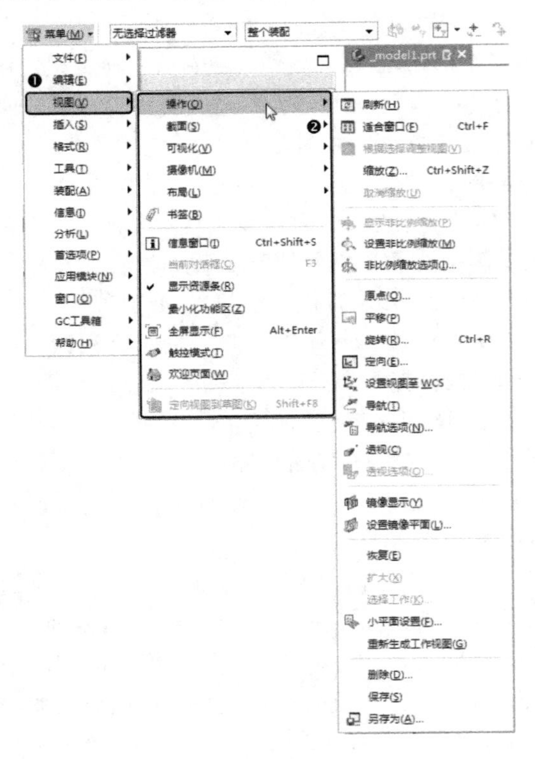

图 2-13 “视图”下拉菜单

2.2.2 选择对象

在 UG 的建模过程中，可以通过多种方式来选择对象，以方便快速地选择目标体，❶ 在菜单栏中选择“编辑”→“选择”命令后，❷ 系统打开“选择”子菜单，如图 2-14 所示。

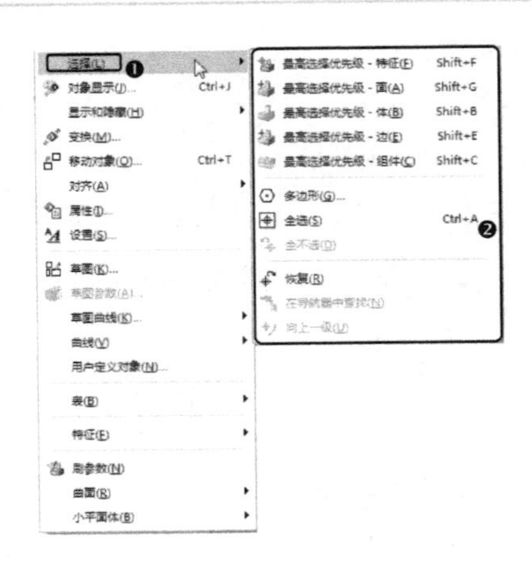

图 2-14 “选择”子菜单

“选择”子菜单中部分命令的功能如下。

（1）**最高选择优先级－特征。**该命令的范围较为特定，仅允许特征被选择，像一般的线、面不允许选择。

（2）**最高选择优先级－组件。**该命令多用于装配环境下对各组件的选择。

（3）**全选。**该命令用于释放所有已经选择的对象。

当绘图工作区中有大量可视化对象供选择时，系统会打开如图 2-15 所示的“快速选取”对话框来依次遍历可选择对象，数字表示重叠对象的顺序，各数字框中的数字与工作区中的对象一一对应，当数字框中的数字高亮显示时，对应的对象也会在工作区中高亮显示。

下面给出两种常用选择方法。

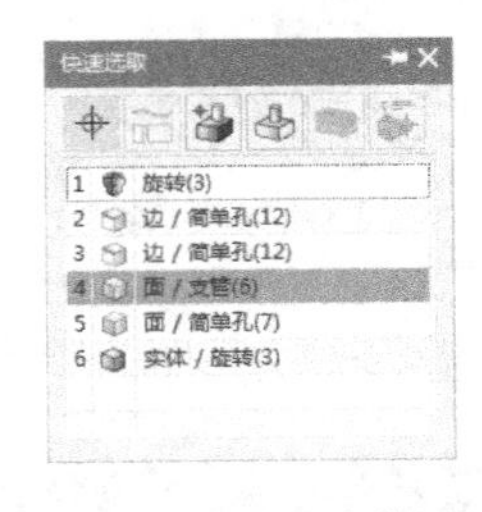

图 2-15 “快速选取”对话框

①通过键盘：通过键盘上的“→”键等移动高亮显示区来选择对象，当确定对象之后按 Enter 键或单击确认。

②移动鼠标：在“快速选取”对话框中移动鼠标时，高亮显示数字也会随之改变，确定对象后单击确认即可。

如果要放弃选择，单击对话框中的“关闭”按钮或按 Esc 键即可。

2.2.3 改变对象的显示方式

本小节将介绍对象的实体图形显示方式，首先进入建模模块中，在菜单栏中选择“编辑”→“对象显示”命令或按下组合键Ctrl+J，打开“类选择”对话框，如图2-16所示。

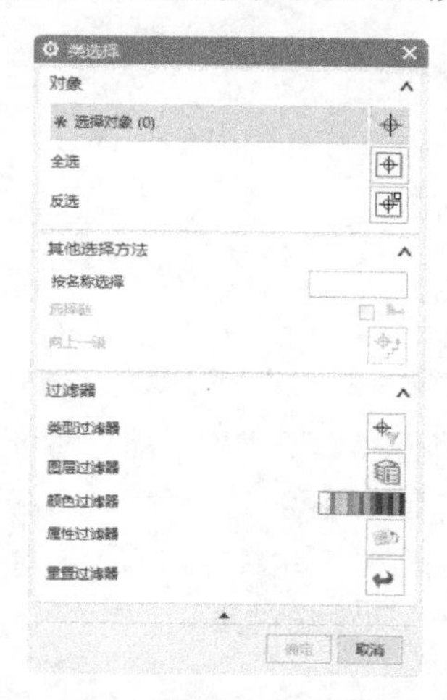

图2-16 “类选择”对话框

“类选择”对话框中的部分选项功能如下。

1. 对象

有“选择对象”“全选”和“反选”3种方式。

（1）选择对象：该选项用于选取对象。

（2）全选：该选项用于选取所有的对象。

（3）反选：该选项用于选取图形工作区中未被选中的对象。

2. 其他选择方法

有“按名称选择”“选择链”“向上一级”3种方式。

（1）按名称选择：该选项用于输入预选取对象的名称，可以使用通配符“？”或“*”。

（2）选择链：该选项用于选择首尾相接的多个对象。选择方法是首先单击对象链中的第一个对象，然后单击最后一个对象，使所选对象呈高亮度显示，最后确定，结束选择对象的操作。

（3）向上一级：该选项用于选取上一级的对象。当选取了含有群组的对象时，该按钮才被激活，单击该按钮，系统自动选取群组中当前对象的上一级对象。

3. 过滤器

用于限制要选择对象的范围，有“类型过滤器”“图层过滤器”“颜色过滤器”“属性过滤器”和“重置过滤器”5种方式。

（1）类型过滤器：单击此按钮，打开“按类型选择”对话框，如图2-17所示。在该对话框中，可以设置在对象选择时需要包括或排除的对象类型。❶当选取“曲线”“面”“尺寸”“符号”等对象类型时，❷单击“细节过滤”按钮，还可以做进一步限制，如图2-18所示。

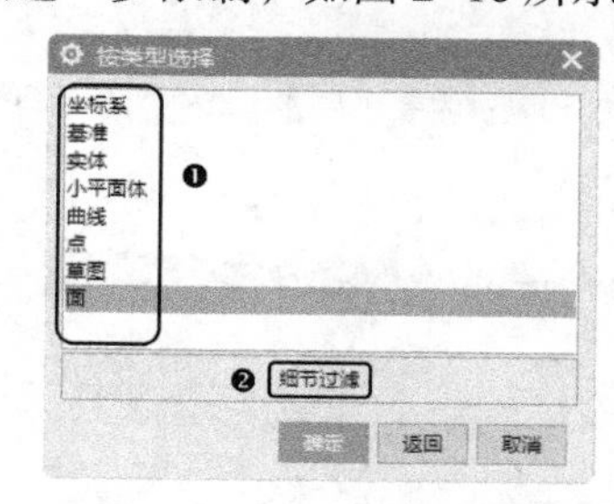

图2-17 “按类型选择”对话框

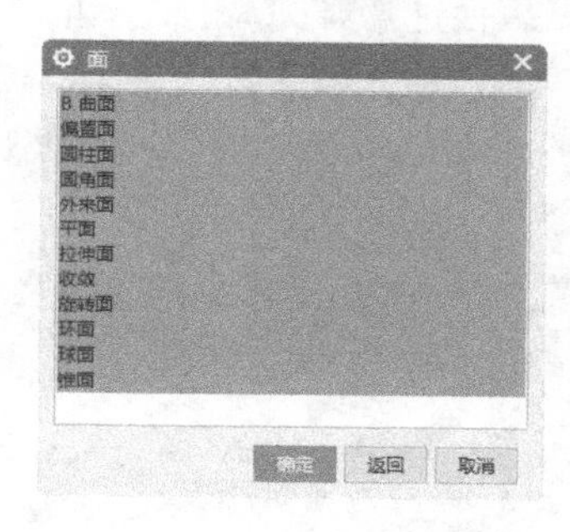

图2-18 “面”对话框

（2）图层过滤器：单击此按钮，打开“按图层选择”对话框，如图2-19所示。在该对话框中，可以设置在选择对象时需要包括或排除的对象的所在层。

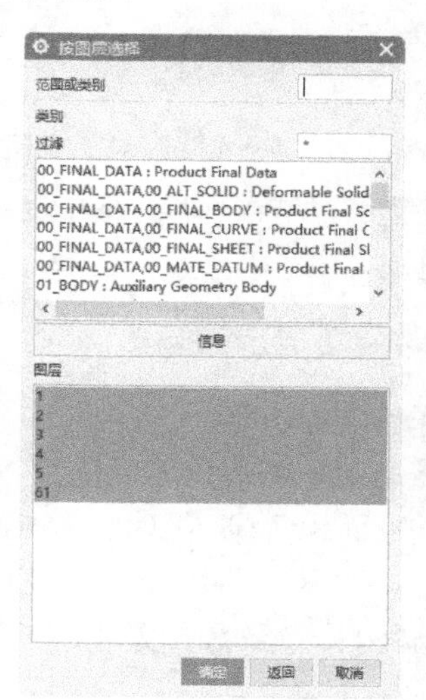

图2-19 “按图层选择”对话框

（3）颜色过滤器：单击此按钮，打开“颜色”对话框，如图 2-20 所示。在该对话框中，可以通过指定的颜色来限制选择对象的范围。

图 2-20 “颜色”对话框

（4）属性过滤器：单击此按钮，打开“按属性选择”对话框，如图 2-21 所示。在该对话框中，可以按对象线型、线宽或其他自定义属性过滤。

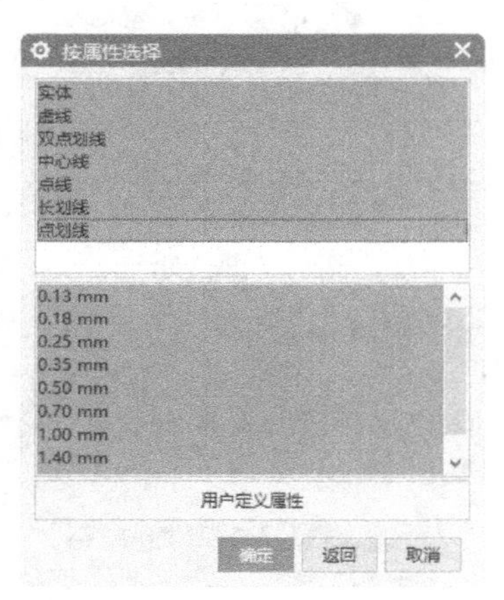

图 2-21 “按属性选择”对话框

（5）重置过滤器：单击此按钮，可以恢复成默认的过滤方式。

2.2.4 对象的显示和隐藏

当工作区域中图形太多，以至于不便操作时，需要将暂时不需要的对象隐藏，如模型中的草图、基准面、曲线、尺寸、坐标、平面等，在“编辑”→“显示和隐藏”菜单下的子菜单中提供了显示、隐藏和取消隐藏等命令，如图 2-22 所示。

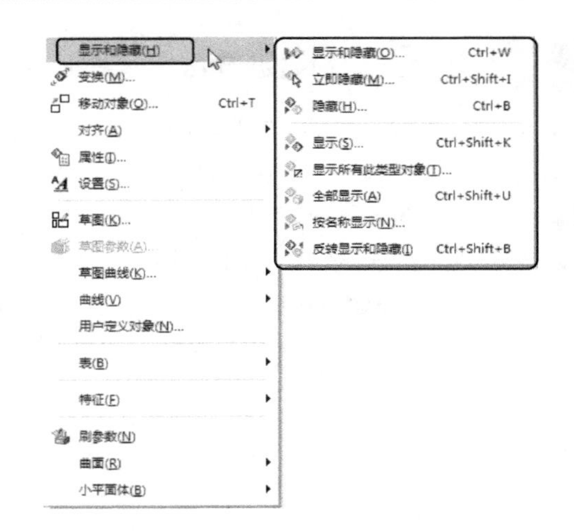

图 2-22 “显示和隐藏”子菜单

“显示和隐藏”子菜单中部分命令功能如下。

（1）显示和隐藏：选择该命令，打开“显示和隐藏”对话框，如图 2-23 所示。在其中可以选择要显示或隐藏的对象。

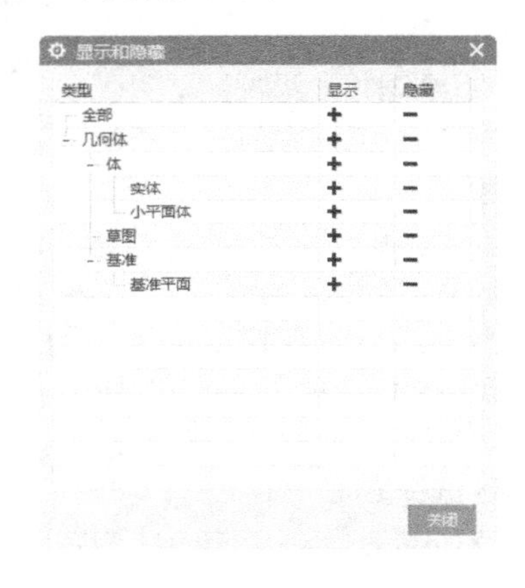

图 2-23 “显示和隐藏”对话框

（2）立即隐藏：该命令可以隐藏选定的对象。

（3）隐藏：该命令也可以通过按组合键 Ctrl+B 弹出“类选择”对话框，可以通过类型选择需要隐藏的对象。

（4）显示：该命令将所选的隐藏对象重新显示出来，单击该命令后打开一个类型选择对话框，此时工作区中将显示所有已经隐藏的对象，用户在其中选择需要重新显示的对象即可。

（5）显示所有此类型对象：该命令将重新显示某类型的所有隐藏对象，并提供了❶“类型”、❷“图层”、❸“其他”、❹“重置”和❺“颜色”5 个按钮或选项来确定对象类别，如图 2-24 所示。

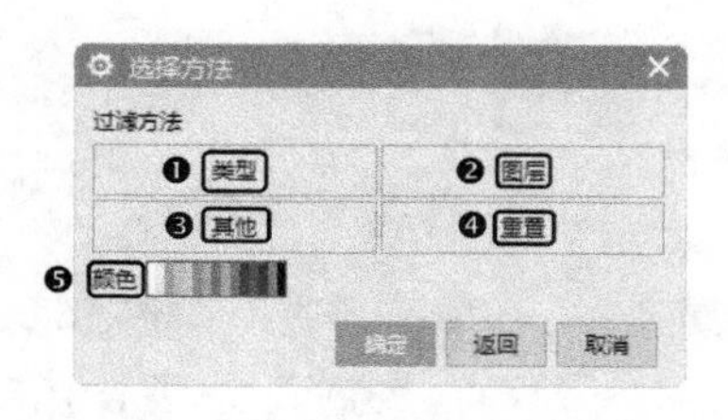

图 2-24 “选择方法”对话框

（6）全部显示： 该命令也可以通过按组合键 Shift+Ctrl+U 实现，将重新显示所有在可选层上的隐藏对象。

（7）按名称显示： 该命令将按名称对所有对象进行显示。

（8）反转显示和隐藏： 该命令用于反转当前所有对象的显示或隐藏状态，即显示的全部对象将会隐藏，而隐藏的对象将会全部显示。

2.2.5 对象变换

在菜单栏中选择“编辑”→“变换”命令或是按组合键 Ctrl+T 后，打开“变换”对话框，如图 2-25 所示。可变换的对象包括直线、曲线、面、实体等。该对话框在操作变换对象时经常用到。在执行“变换”命令的最后操作时，打开“变换”对话框，如图 2-26 所示。

图 2-25 “变换”对话框

图 2-26 所示的对话框用于选择新的变换对象、改变变换方法、指定变换后对象的存放图层等功能。

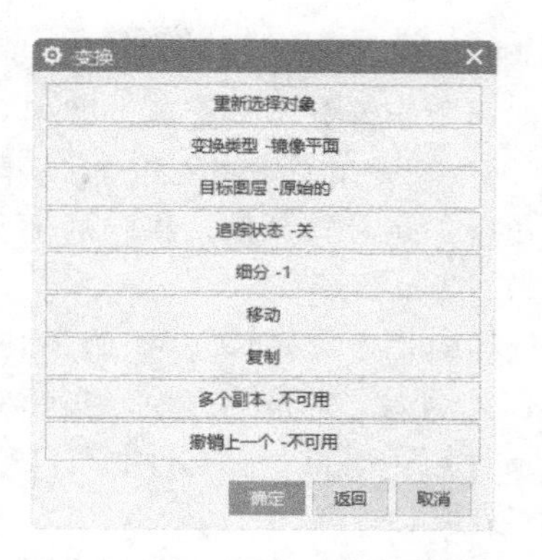

图 2-26 “变换”公共参数对话框

以下先对图 2-26 所示的“变换”对话框的公共参数部分功能进行介绍。

1. 重新选择对象

该选项用于重新选择对象，通过类选择器对话框来选择新的变换对象，而保持原变换方法不变。

2. 变换类型 – 镜像平面

该选项用于修改变换方法，即在不重新选择变换对象的情况下修改变换方法，当前选择的变换方法以简写的形式显示在“–”符号后面。

3. 目标图层 – 原始的

该选项用于指定目标图层，即在变换完成后，指定新建立的对象所在的图层。单击该选项后，会有以下 3 种选项。

（1）工作： 变换后的对象放在当前的工作图层中。

（2）原先的： 变换后的对象保持在源对象所在的图层中。

（3）指定的： 变换后的对象被移动到指定的图层中。

4. 追踪状态 – 关

该选项是一个开关选项，用于设置追踪变换过程。当其设置为“开”时，则在源对象与变换后的对象之间画连接线。该选项可以和“平移”“旋转”“比例”“镜像”“重定位”等变换方法一起使用，以建立一个封闭的形状。

需要注意的是，该选项对于源对象类型为实体、片体或边界的对象变换操作时不可用。追踪曲线独立于图层设置，总是建立在当前的工作图层中。

5. 细分 –1

该选项用于等分变换距离，即把变换距离（或角度）分割成几个相等的部分，实际变换距离（或角度）是其等分值。指定的值称为“等分因子”。

该选项可用于“平移”“比例”“旋转”等变换操作。例如“平移”变换，实际变换的距离是指原指定距离除以“等分因子”的商。

6. 移动

该选项用于移动对象，即变换后，将源对象从其原来的位置移动到由变换参数所指定的新位置。如果所选取的对象和其他对象间有父子依存关系（即依赖于其他父对象而建立），则只有选取了全部的父对象一起进行变换后，才能用“移动”命令选项。

7. 复制

该选项用于复制对象，即变换后，将源对象从其原来的位置复制到由变换参数所指定的新位置。对于依赖其他父对象而建立的对象，复制后的新对象中的数据关联信息将会丢失（即它不再依赖于任何对象而独立存在）。

8. 多个副本 – 不可用

该选项用于复制多个对象。按指定的变换参数和复制个数在新位置复制源对象的多个复制，相当于一次执行了多个“复制”命令。

9. 撤销上一个 – 不可用

该选项用于撤销最近变换，即撤销最近一次的变换操作，但源对象依旧处于选中状态。

提示

对象的几何变换只能用于变换几何对象，不能用于变换视图、布局、图纸等。另外，变换过程中可以使用“移动”或“复制”命令多次，但每使用一次都建立一个新对象，所建立的新对象都是以上一个操作的结果作为源对象，并以同样的变换参数变换后得到的。

以下对图 2–25 右图所示的“变换”选项卡中的部分功能进行介绍。

1. 比例

该选项用于将选取的对象，相对于指定参考点成比例地缩放尺寸。选取的对象在参考点处不移动。选中该选项后，在系统打开的点构造器中选择一参考点后，系统打开“变换”选项卡，如图 2–27 所示。

图 2–27 “变换”选项卡“比例”选项

图 2–27 所示的“变换”选项卡中的部分选项功能如下。

（1）均匀比例： 该文本框用于设置均匀缩放，如图 2–28 所示。

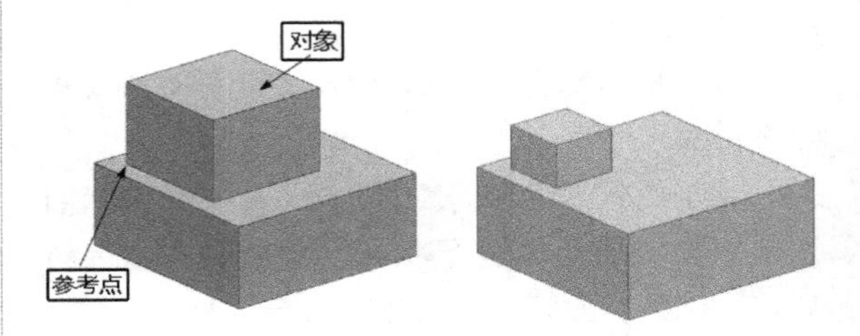

（a）原文件 （b）比例为 0.5

图 2–28 均匀比例示意图

（2）非均匀比例： 选中该选项后，在打开的如图 2–29 所示的对话框中设置“XC– 比例”“YC– 比例”“ZC– 比例”方向上的缩放比例。非均匀比例示意图如图 2–30 所示。

图 2–29 非均匀比例

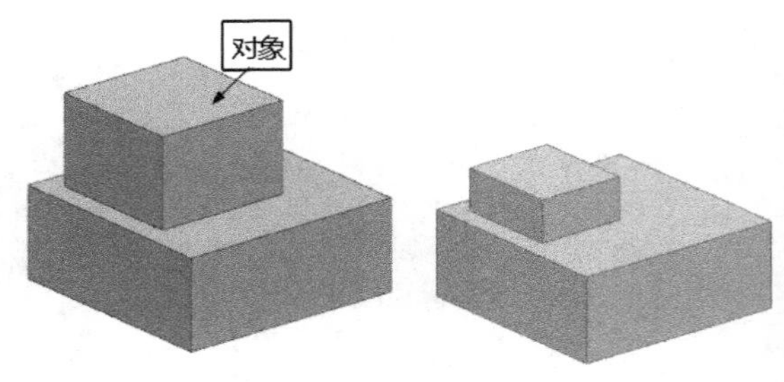

（a）原文件 （b）XC/YC/ZC 比例分别为 0.8、0.7、0.5

图 2–30 非均匀比例示意图

2. 通过一直线镜像

该选项用于将选取的对象相对于指定的参考直线进行镜像，即在参考线的相反侧建立源对象的一个镜像。

选中该选项后，系统打开“变换”选项卡，如图 2-31 所示。

图 2-31 所示的“变换”选项卡中部分选项功能如下。

（1）两点：该选项用于指定两点，两点的连线即为参考线。

（2）现有的直线：该选项用于选择一条已有的直线（或实体边缘线）作为参考线。

（3）点和矢量：该选项用点构造器指定一点，其后在矢量构造器中指定一个矢量，通过指定点的矢量作为参考直线。

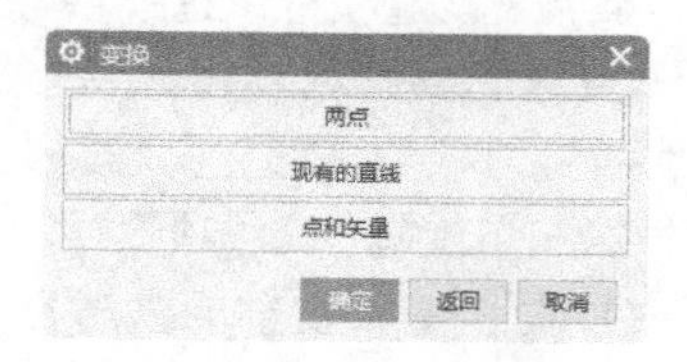

图 2-31 “变换”选项卡

3. 矩形阵列

该选项用于将选取的对象，从指定的阵列原点开始，沿坐标系 XC 和 YC 方向（或指定的方位）建立一个等间距的矩形阵列。系统先将源对象从指定的参考点移动或复制到目标点（阵列原点），然后沿 XC、YC 方向建立阵列，如图 2-32 所示。

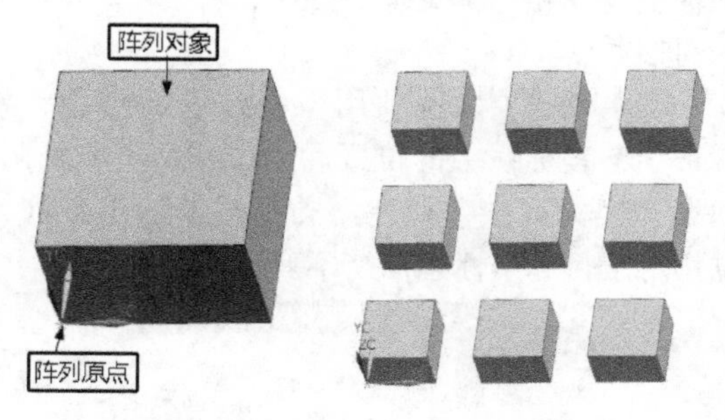

（a）阵列前 （b）阵列后

图 2-32 “矩形阵列”示意图

选中该选项后，系统打开“变换”选项卡，如图 2-33 所示。

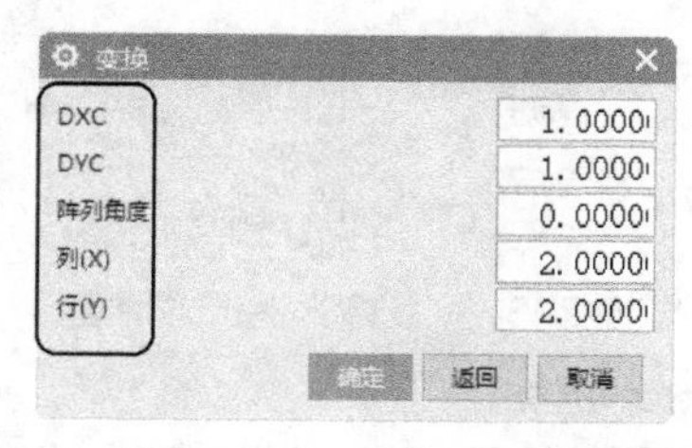

图 2-33 “变换”选项卡“矩形阵列”选项

图 2-33 所示的“变换”对话框中的部分选项功能如下。

（1）DXC：该选项表示 XC 方向间距。

（2）DYC：该选项表示 YC 方向间距。

（3）阵列角度：该选项用于指定阵列角度。

（4）列（X）：该选项用于指定阵列列数。

（5）行（Y）：该选项用于指定阵列行数。

4. 圆形阵列

❶该选项用于将选取的对象，❷从指定的阵列原点开始，❸绕目标点（阵列中心）建立一个等角间距的环形阵列，如图 2-34 所示。

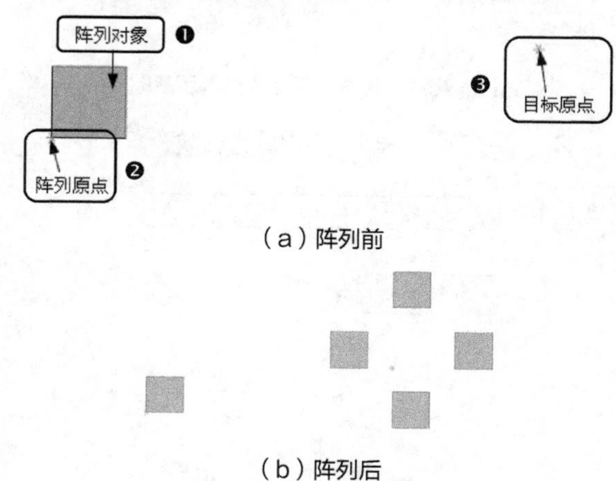

（a）阵列前

（b）阵列后

图 2-34 “圆形阵列”示意图

选中该选项后，系统打开“变换”选项卡，选项卡如图 2-35 所示。

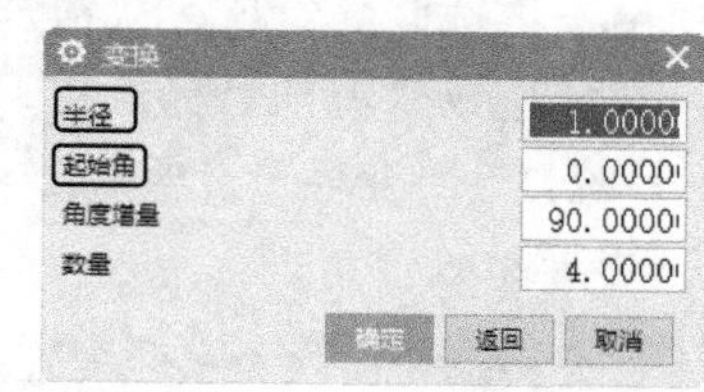

图 2-35 “圆形阵列”选项

图 2-35 所示的“变换”选项卡中部分选项的功能如下。

（1）半径：该选项用于设置环形阵列的半径值，该值也等于目标对象上的参考点到目标点之间的距离。

（2）起始角：该选项用于定位环形阵列的起始角（与 XC 正向平行为 0）。

5. 通过一平面镜像

该选项用于将选取的对象相对于指定参考

平面进行镜像，即在参考平面的相反侧建立源对象的一个镜像，“通过一平面镜像”示意图如图 2-36 所示。选中该选项后，系统打开“平面”对话框，如图 2-37 所示。❶ 用于选择或创建一个参考平面（该平面构造器用法将在“常用工具”一节中详述），❷ 之后选取源对象完成镜像操作。

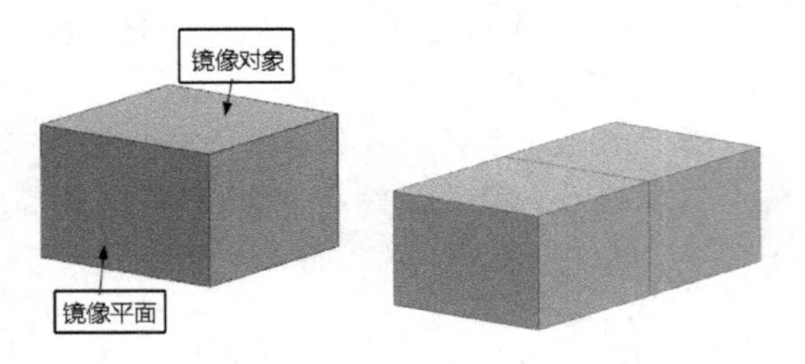

图 2-36 “通过一平面镜像”示意图

图 2-37 “平面”对话框

6. 点拟合

该选项用于将选取的对象，从指定的参考点集缩放、重定位或修剪到目标点集上。选中该选项后，系统打开“变换”选项卡，“点拟合”选项如图 2-38 所示。

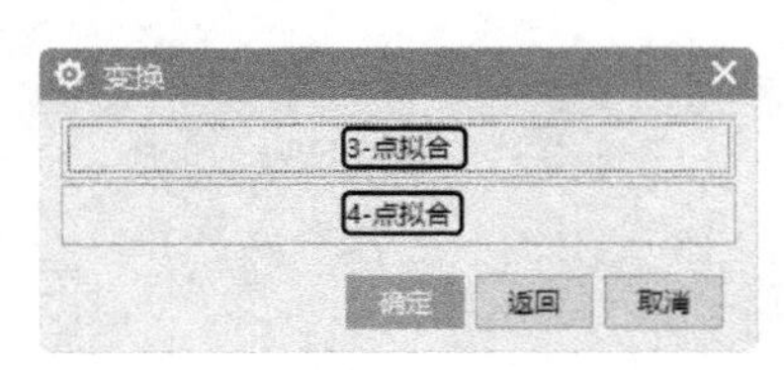

图 2-38 “点拟合”选项

图 2-38 所示的“变换”选项卡中部分选项的功能如下。

（1）3- 点拟合： 该选项通过 3 个参考点和 3 个目标点来缩放和重定位对象。

（2）4- 点拟合： 该选项通过 4 个参考点和 4 个目标点来缩放和重定位对象。

2.2.6 移动对象

在菜单栏中选择“编辑”→“移动对象”命令，打开“移动对象”对话框，如图 2-39 所示。

“移动对象”对话框中部分选项的功能如下。

1. 运动

该选项包括距离、角度、点之间的距离、径向距离、点到点、根据三点旋转、将轴与矢量对齐、坐标系到坐标系、增量 XYZ 和动态。

（1）距离： 该选项用于将选择对象由原来的位置移动到新的位置。

（2）点到点： 该选项可以选择参考点和目标点，这两个点之间的距离和由参考点指向目标点的方向将决定对象的平移方向和距离。

（3）根据三点旋转： 该选项提供三个位于同一个平面内且垂直于矢量轴的参考点，让对象围绕旋转中心，按照这三个点同旋转中心连线形成的角度逆时针旋转。

（4）将轴与矢量对齐： 该选项将对象绕参考点从一个轴向另外一个轴旋转一定的角度。选择起始轴，然后确定终止轴，这两个轴决定了旋转角度的方向。此时用户可以清楚地看到两个矢量的箭头，而且这两个箭头首先出现在选择轴上，单击“确定”按钮以后，该箭头就平移到参考点。

（5）动态： 该选项用于将选取的对象，相对于参考坐标系中的位置和方位移动（或复制）到目标坐标系中，使建立的新对象的位置和方位相对于目标坐标系保持不变。

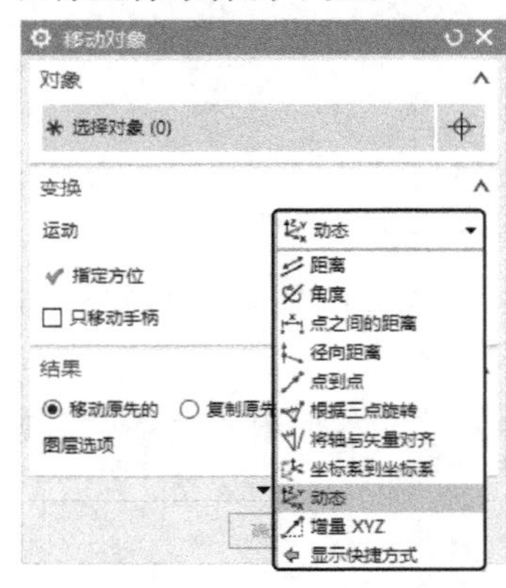

图 2-39 “移动对象”对话框

2. 移动原先的

该选项用于移动对象，即变换后，将源对象从其原来的位置移动到由变换参数所指定的新位置。

3. 复制原先的

该选项用于复制对象，即变换后，将源对象从其原来的位置复制到由变换参数所指定的新位置。对于依赖其他父对象而建立的对象，复制后的新对象中的数据关联信息将会丢失，即它不再依赖于任何对象而独立存在。

4. 非关联副本数

该选项用于复制多个对象。按指定的变换参数和复制个数在新位置复制源对象的多个复制。

2.3 坐标系操作

UG 系统中共包括 3 种坐标系统，分别是绝对坐标系（Absolute Coordinate System，ACS）、工作坐标系（Work Coordinate System，WCS）和机械坐标系（Machine Coordinate System，MCS），它们都是符合右手法则的。

（1）ACS：该坐标系是系统默认的坐标系，其原点位置永远不变，在用户新建文件时就产生了。

（2）WCS：该坐标系是 UG 系统提供给用户的坐标系。用户可以根据需要任意移动它的位置，也可以设置属于自己的 WCS 坐标系。

（3）MCS：该坐标系一般用于模具设计、加工、配线等向导操作中。

UG 中关于坐标系的操作命令如图 2-40 所示。

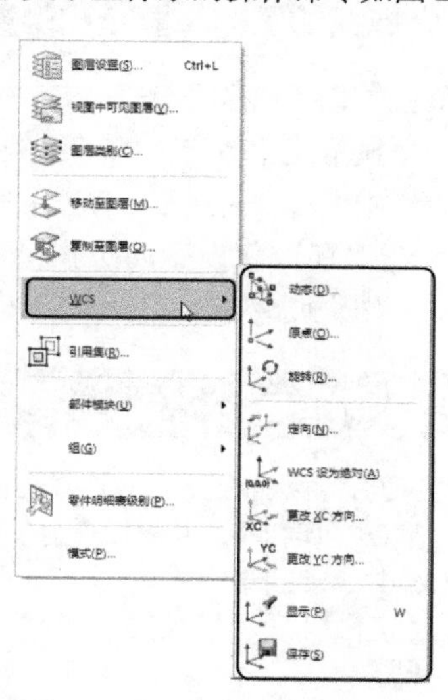

图 2-40　坐标系操作子菜单

在一个 UG 文件中可以存在多个坐标系。但它们当中只可以有一个工作坐标系，还可以利用 WCS 菜单中的“保存”命令来保存坐标系，从而记录下每次操作时的坐标系位置，以后再利用“原点”命令移动到相应的位置。

2.3.1 坐标系的变换

在菜单栏中选择“格式”→ WCS 命令，打开子菜单命令，如图 2-40 所示，可以对坐标系进行变换以产生新的坐标。

坐标系操作子菜单中的部分命令功能如下。

（1）动态：该命令能通过步进的方式移动或旋转当前的 WCS。用户可以在绘图工作区中移动坐标系到指定位置，也可以设置步进参数，使坐标系逐步移动到指定的距离参数，如图 2-41 所示。

（2）原点：该命令通过定义当前 WCS 的原点来移动坐标系的位置。但该命令仅仅移动坐标系的位置，而不会改变坐标轴的方向。

（3）旋转：该命令将会打开“旋转 WCS 绕…”对话框，如图 2-42 所示。通过当前的 WCS 绕其某一坐标轴旋转一定角度，来定义一个新的 WCS。

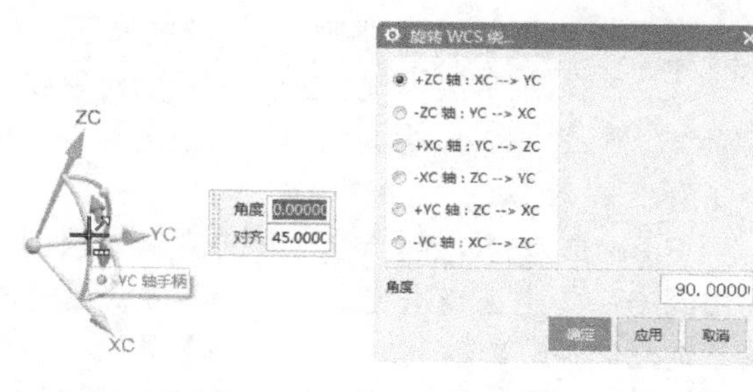

图 2-41　动态移动示意图　　图 2-42　“旋转 WCS 绕…”对话框

通过图 2-42 所示的对话框可以选择坐标系绕哪个轴旋转，同时指定从一个轴转向另一个轴，在“角度”文本框中输入需要旋转的角度，角度可以为负值。

提示

可以直接双击坐标系使坐标系激活，处于动态移动状态，用鼠标拖动原点处的方块，可以沿 X、Y、Z 方向任意移动，也可以绕任意坐标轴旋转。

（4）改变坐标轴方向：在菜单栏中选择“格

式”→ WCS →“更改 XC 方向”命令或在菜单栏中选择“格式”→ WCS →“更改 YC 方向”命令，系统打开“点”对话框，在该对话框中选择点，系统以原坐标系的原点和该点在 XC-YC 平面上的投影点的连线方向作为新坐标系的 XC 方向或 YC 方向，而原坐标系的 ZC 方向不变。

2.3.2 坐标系的定义

在菜单栏中选择“格式”→ WCS →“定向”命令，打开“坐标系”对话框，如图 2-43 所示。该命令用于定义一个新的坐标系。

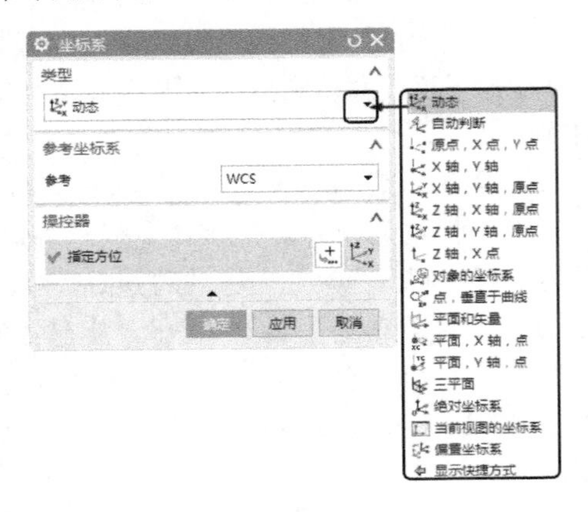

图 2-43 “坐标系”对话框

“坐标系”对话框中的部分选项功能如下。

（1）**自动判断：**该方式通过选择的对象或输入 X、Y、Z 坐标轴方向的偏置值来定义一个坐标系。

（2）**原点，X 点，Y 点：**该方式利用点创建功能先后指定三点来定义一个坐标系。这三点分别是原点、X 轴上的点和 Y 轴上的点，第一点为原点，第一点与第二点的方向为 X 轴的正向，第一点与第三点的方向为 Y 轴的正向，再由 X 到 Y 按右手定则来确定 Z 轴的正向。

（3）**X 轴，Y 轴：**该方式利用矢量创建功能选择或定义两个矢量来创建坐标系。

（4）**X 轴，Y 轴，原点：**该方式先利用点创建功能指定一个点为原点，而后利用矢量创建功能创建两个矢量坐标，从而定义坐标系。

（5）**Z 轴，X 点：**该方式先利用矢量创建功能选择或定义一个矢量，再利用点创建功能指定一个点来定义一个坐标系。其中，X 轴正向为沿点和定义矢量的垂线指向定义点的方向，Y 轴则由 Z 轴、X 轴依据右手定则导出。

（6）**对象的坐标系：**该方式由选择的平面曲线、平面或实体的坐标系来定义一个新的坐标系，XOY 平面为选择对象所在的平面。

（7）**点，垂直于曲线：**该方式利用所选曲线的切线和一个指定点的方法创建一个坐标系。

曲线的切线方向即为 Z 轴矢量，X 轴方向为沿点到切线的垂线指向点的方向，Y 轴正向由自 Z 轴至 X 轴矢量按右手定则来确定，切点即为原点。

（8）**平面和矢量：**该方式通过先后选择一个平面和一个矢量来定义一个坐标系。其中，X 轴为平面的法矢量，Y 轴为指定矢量在平面上的投影，原点为指定矢量与平面的交点。

（9）**三平面：**该方式通过先后选择三个平面来定义一个坐标系。三个平面的交点为原点，第一个平面的法向为 X 轴，Y 轴、Z 轴以此类推。

（10）**绝对坐标系：**该方式在绝对坐标系的（0，0，0）点处定义一个新的坐标系。

（11）**偏置坐标系：**该方式通过输入 X、Y、Z 坐标轴方向相对于选择坐标系的偏距来定义一个新的坐标系。

（12）**当前视图的坐标系：**该方式用当前视图定义一个新的坐标系。XOY 平面为当前视图所在的平面。

2.3.3 坐标系的保存、显示和隐藏

在菜单栏中选择“格式”→ WCS →“显示”命令，系统会显示或隐藏当前的工作坐标按钮。

在菜单栏中选择“格式”→ WCS →“保存”命令，系统会保存当前设置的工作坐标系，以便在以后的工作中调用。

2.4 视图与布局

本节主要介绍视图布局，分别介绍布局的新建、打开、删除、保存等，并详细介绍了布局的各种操作，如旋转、移动等。

2.4.1 视图

❶执行“视图”命令，❷可以得到如图 2-44 所示的“视图”子菜单，在 UG 建模模块中，沿着某个方向去观察模型，得到的一幅

平行投影的平面图像，称为视图。不同的视图用于显示在不同方位和观察方向上的图像。

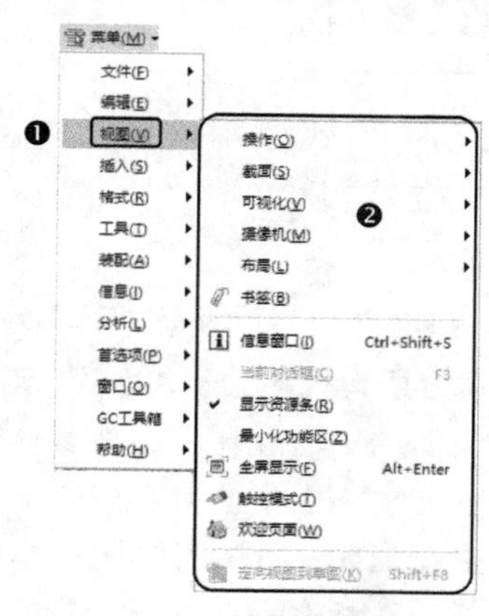

图 2-44 “视图”子菜单

视图的观察方向只和绝对坐标系有关，与工作坐标系无关。每一个视图都有一个名称，称为视图名，在工作区的左下角显示该名称。UG 系统默认定义好的视图为标准视图。

对视图变换的操作可以通过执行“视图”→“操作”命令调出操作子菜单，如图 2-45（a）所示，或者通过在绘图工作区中右击，在打开的快捷菜单中快速操作，如图 2-45（b）所示。

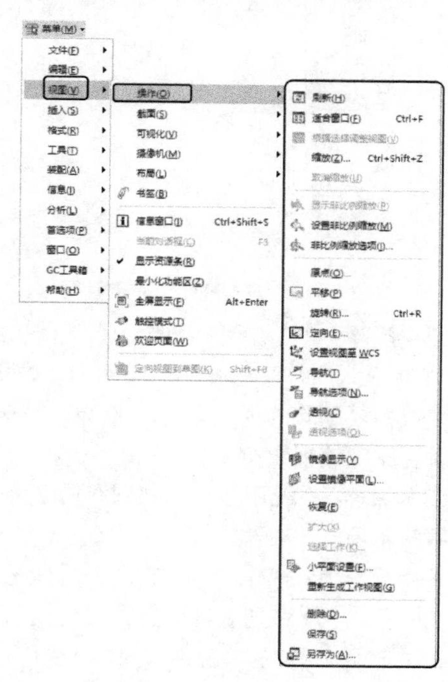

（a）

图 2-45 “视图”操作菜单

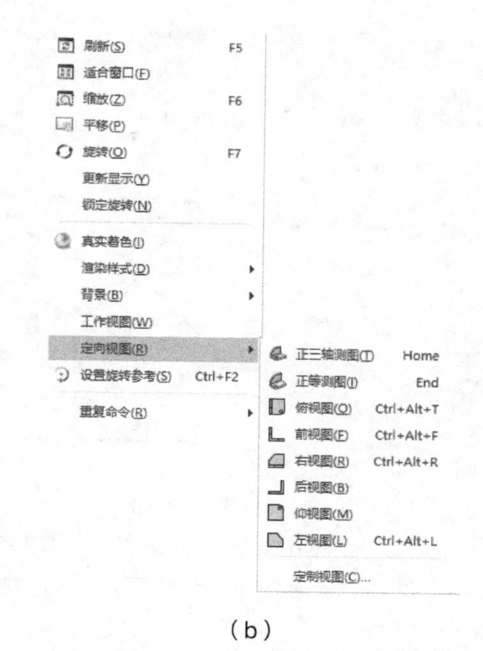

（b）

图 2-45 “视图”操作菜单（续）

2.4.2 布局

在绘图工作区中，将多个视图按一定的排列规则显示出来，就成为一个布局，每一个布局也有一个名称。UG 预先定义了 6 种布局，称为标准布局，各种布局如图 2-46 所示。

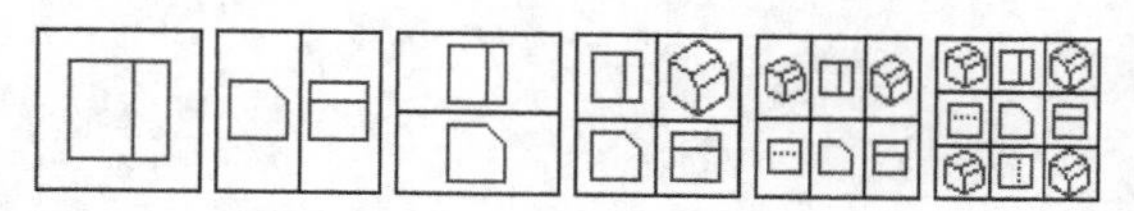

图 2-46 系统标准布局

在同一个布局中，只有一个视图是工作视图，其他视图都是非工作视图。各种操作都默认为针对工作视图的，用户可以随便改变工作视图。工作视图都会显示 WORK 字样。

布局的主要作用是在绘图工作区同时显示多个视角的视图，便于用户更好地观察和操作模型。用户可以定义系统默认的布局，也可以生成自定义的布局。

在菜单栏中选择❶“视图”→❷“布局”命令，❸系统调出如图 2-47 所示的“布局”子菜单，用于控制布局的状态和各种视图角度的显示。

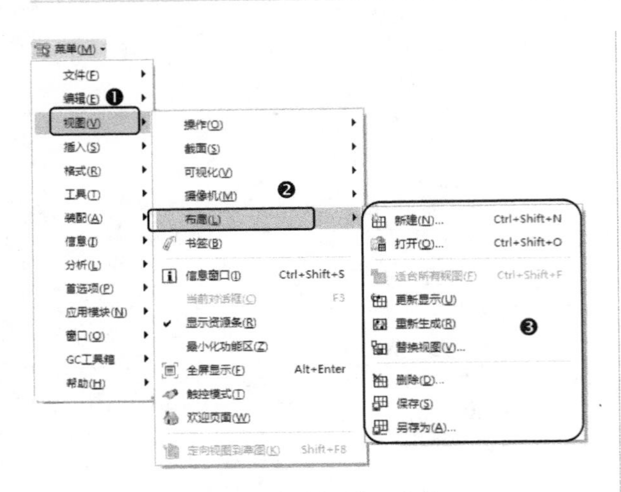

图 2-47 “布局”子菜单

“布局”子菜单中的部分命令功能操作如下。

（1）新建：系统打开“新建布局”对话框，如图 2-48 所示。可以在其中设置视图布局的形式和各视图的视角。

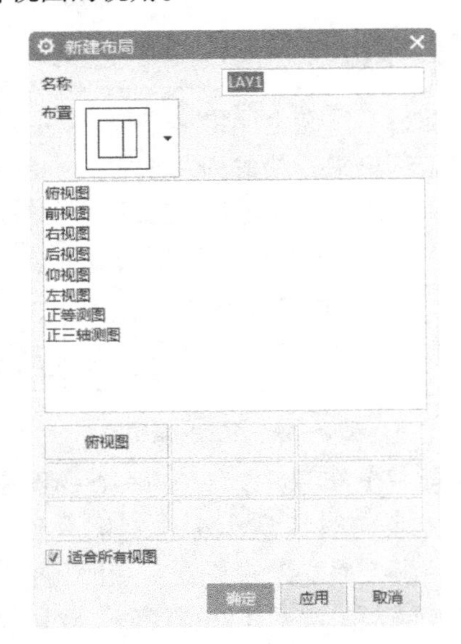

图 2-48 “新建布局”对话框

建议用户在自定义布局时，输入自己的布局名称。默认情况下，UG 会按照先后顺序给每个布局命名为 LAY1、LAY2……

（2）打开：系统打开“打开布局”对话框，如图 2-49 所示。在当前文件的布局名称列表中选择要打开的某个布局，系统会按该布局的方式来显示图形。当勾选“适合所有视图”复选框之后，系统会自动调整布局中的所有视图加以拟合。

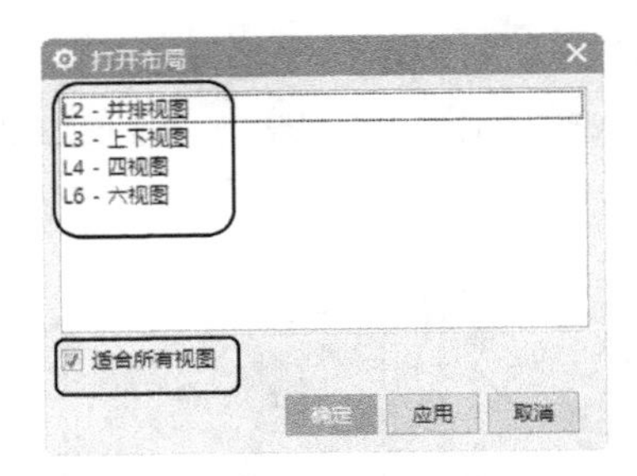

图 2-49 “打开布局”对话框

（3）适合所有视图：该功能用于调整当前布局中所有视图的中心和比例，使实体模型最大程度上拟合在每个视图边界内。

（4）更新显示：当对实体进行修改后，使用该命令就会对所有视图的模型进行实时更新显示。

（5）重新生成：该功能用于重新生成布局中的每一个视图。

（6）替换视图：打开“视图替换为…”对话框，如图 2-50 所示。该对话框用于替换布局中的某个视图。

图 2-50 “视图替换为…”对话框

（7）删除：当存在用户删除的布局时，打开“删除布局”对话框，如图 2-51 所示。❶从列表框中选择要删除的视图布局，❷单击“确定”按钮就会删除该视图布局。

（8）保存：系统用当前的视图布局名称保存修改后的布局。

（9）另存为：打开“另存布局”对话框，如图 2-52 所示。❶在列表框中选择要更换名称进行保存的布局，❷在“名称”文本框中输入一个新的布局名称，则系统会用新的名称保存修改过的布局。

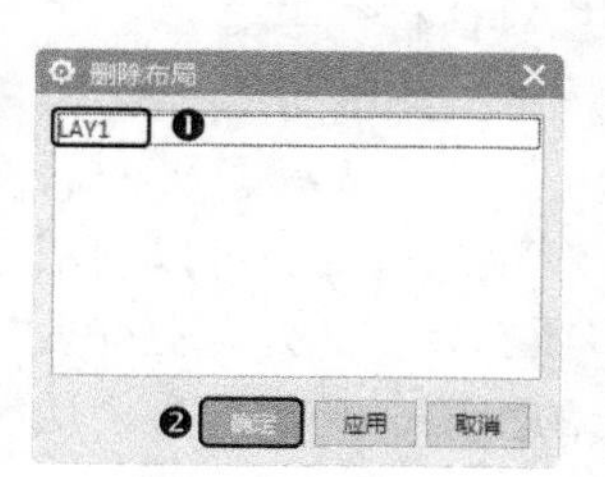

图 2-51 “删除布局”对话框

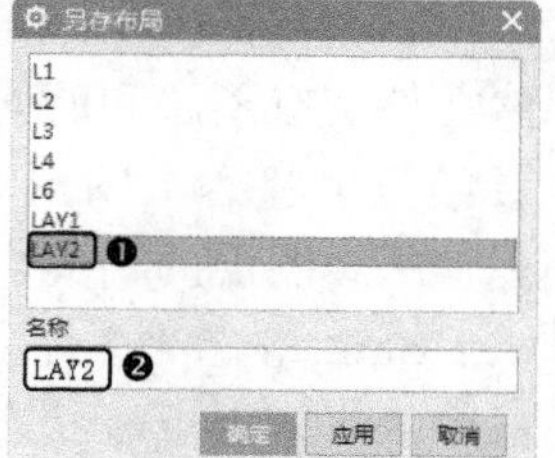

图 2-52 “另存布局”对话框

2.5 图层操作

所谓图层，就是在空间中使用不同的层次来放置几何体。UG 中的图层功能类似于设计工程师在透明覆盖层上建立模型的方法，一个图层类似于一个透明的覆盖层。图层的最主要功能是在复杂建模时可以控制对象的显示、编辑和状态。

一个 UG 文件中最多可以有 256 个图层，每层可以包含任意数量的对象。因此一个图层可以含有部件上的所有对象，一个对象上的部件也可以分布在很多层上。需要注意的是，只有一个图层是当前工作图层，所有的操作只能在工作图层上进行，其他图层可以通过可见性、可选择性等设置进行辅助工作。❶ 执行“格式”菜单命令，如图 2-53 所示。❷ 可以调用有关图层的所有命令功能。

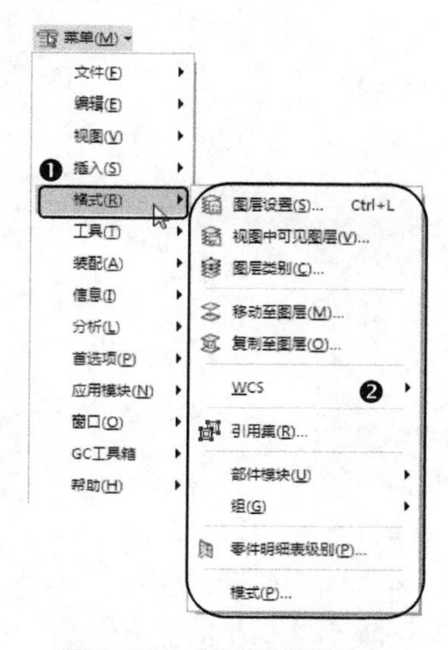

图 2-53 “格式”菜单命令

2.5.1 图层的分类

对相应图层进行分类管理，可以很方便地通过层类来实现对其中各层的操作，从而提高操作效率。例如，可以设置 model、draft、sketch 等图层种类，model 包括 1~10 层，draft 包括 11~20 层，sketch 包括 21~30 层，等等。用户可以根据自身需要来指定图层的类别。

在菜单栏中选择“格式”→“图层类别”命令，打开“图层类别”对话框，如图 2-54 所示，可以对图层进行分类设置。

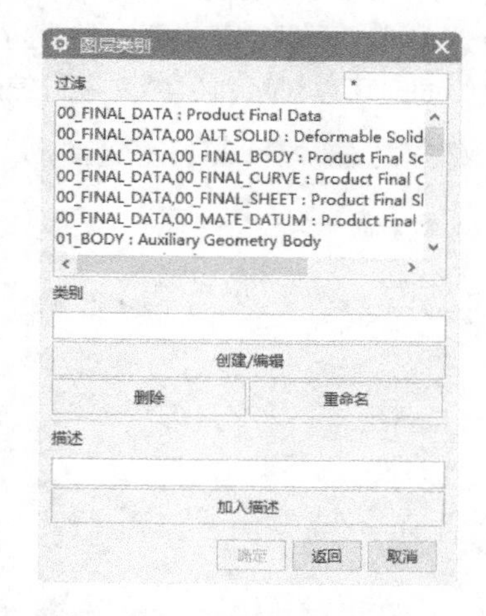

图 2-54 “图层类别”对话框

“图层类别”对话框中部分选项的功能如下。

（1）过滤：该文本框用于输入已存在的图层种类的名称来筛选，当输入“*”时会显示所有的图层种类。用户可以直接在列表框中选取需要编辑的图层种类。

（2）图层类别列表框：用于显示满足过滤条件的所有图层类条目。

（3）类别：该文本框用于输入图层种类的名称，以新建图层或对已存在的图层种类进行编辑。

（4）创建 / 编辑：该选项用于创建和编辑图层，若在“类别”中输入的名字已存在，则进行编辑，若不存在，则进行创建。

（5）删除 / 重命名：这两个选项用于对选中的图层种类进行删除或重命名操作。

（6）描述：该选项用于输入某类图层相应的描述文字，即用于解释该图层种类含义的文字，当输入的描述文字超出规定长度时，系统会自动进行长度匹配。

（7）加入描述： 在新建图层类时，若在“描述”文本框中输入了该图层类的描述信息，则需单击该按钮才能使描述信息有效。

2.5.2 图层的设置

用户可以在任何一个或一组图层中设置该图层是否显示和是否变换工作图层等。在菜单栏中选择“格式”→“图层设置”命令，打开“图层设置”对话框，如图 2-55 所示。利用该对话框可以对组件中所有图层或任意一个图层进行工作层，可选取性、可见性等设置，并且可以查询层的信息，同时可以对层所属种类进行编辑。

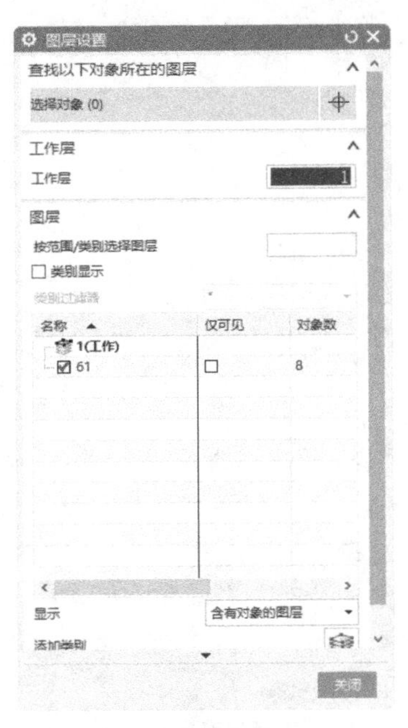

图 2-55 “图层设置”对话框

“图层设置”对话框中部分选项的功能如下。

（1）工作层： 该选项用于输入需要设置为当前工作层的图层号。当输入图层号后，系统会自动将其设置为工作层。

（2）按范围 / 类别选择图层： 该选项用于对输入范围或图层种类的名称进行筛选操作，在文本框中输入种类名称并确定后，系统会自动将所有属于该种类的图层选取，并改变其状态。

（3）类别过滤器： 在该选项文本框中输入“*”，表示接受所有图层种类。

（4）名称： 图层信息对话框能够显示此零件文件所有图层和所属种类的相关信息，如图层编号、状态、图层种类等，显示图层的状态、所属图层的种类、对象数目等。可以利用 Ctrl+Shift 组合键进行多项选择。此外，在列表框中双击需要更改状态的图层，系统会自动切换其显示状态。

（5）仅可见： 该选项用于将指定的图层设置为仅可见状态。当图层处于仅可见状态时，该图层的所有对象仅可见，不能被选取和编辑。

（6）显示： 该选项用于控制在图层状态列表框中图层的显示情况。该下拉列表中有“所有图层”“含有对象的图层”“所有可选图层”“所有可见图层”4 个选项。

（7）显示前全部适合： 该选项用于在更新显示前吻合所有的视图，使对象充满显示区域，或者在工作区域中利用 Ctrl+F 组合键实现该功能。

2.5.3 图层的其他操作

1. 图层的可见性设置

在菜单栏中选择“格式”→“视图中可见图层”命令，系统打开“视图中可见图层”对话框，如图 2-56 所示。

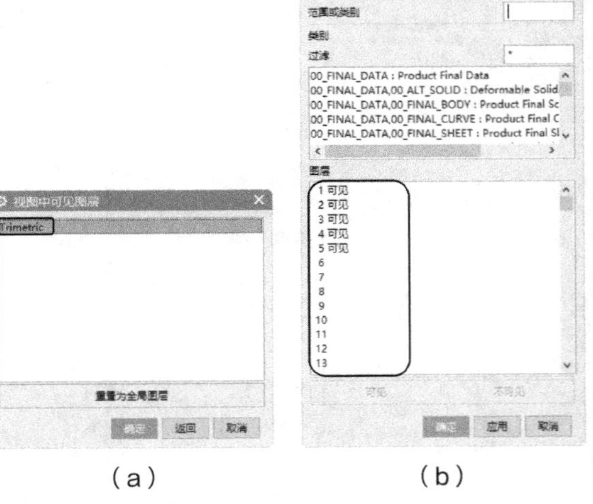

（a）　　　　（b）

图 2-56 “视图中可见图层”对话框

在图 2-56（a）所示的对话框中选择要操作的视图，之后在打开的“图层”列表框中选择可见性图层，然后设置“可见 / 不可见”选项，如图 2–56（b）所示。

2. 图层中对象的移动

在菜单栏中选择“格式”→“移动至图层”命令，选择要移动的对象后，打开“图层移动”对话框，如图 2–57 所示。

在“图层”列表框中直接选中目标层，系统就会将所选对象放置在目标层中。

3. 图层中对象的复制

在菜单栏中选择“格式”→“复制至图层”命令，选择要复制的对象后，打开“图层复制”对话框，如图 2–58 所示。操作过程基本相同，在此不再详述了。

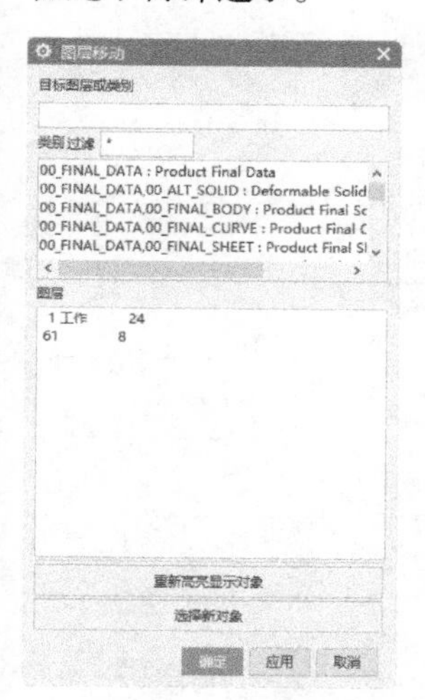

图 2–57 “图层移动”对话框

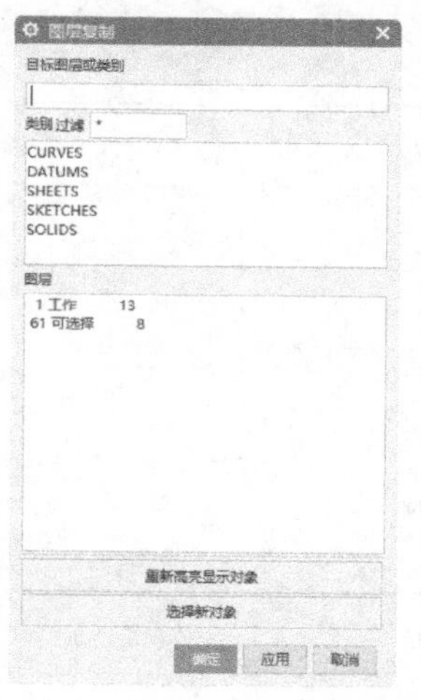

图 2–58 “图层复制”对话框

2.6 新手问答

Q1：在绘图过程中，为了更清晰地看到图形，有时需要将不需要的图素隐藏。怎样隐藏绘图过程中的基准平面呢？

答：在菜单栏中选择“编辑”→“显示和隐藏”→“隐藏”命令，弹出“类选择”对话框，在对话框中单击“类型过滤器”按钮，弹出“按类型选择”对话框，选择“基准”，单击“确定”按钮，返回“类选择”对话框，然后在对话框中单击“全选”按钮，则要隐藏的图素全部被选中，单击“确定”按钮即可将基准平面隐藏。

Q2：UG 怎么修改默认保存目录？

答：在菜单栏中选择“文件”→“实用工具”→“用户默认设置”→“基本环境”→“常规”→“目录”→“部件文件目录”命令即可修改。

Q3：在绘图过程中选择图素时，可能会出现错选，这时如果全部取消再重新选择会很麻烦，该如何取消错选的图素呢？

答：选择时单击可以选择下一个物体，按鼠标中键相当于单击 OK 按钮。按 Shift 键同时单击可以取消已选择的物体。

2.7 上机实验

通过前面的学习，相信读者对本章知识已有了一个大体的了解，本节将通过 3 个操作练习帮助读者进一步掌握本章的知识要点。

【练习 1】操作文件

1. 目的要求

本练习要求读者熟练掌握文件的赋名保存、自动保存、打开的方法。

2. 操作提示

（1）打开一个文件。

（2）将文件另存。

（3）设置文件操作参数。

【练习 2】对象操作

1. 目的要求

本练习要求读者熟练掌握对象的选择、改变对象的显示方式以及对象的显示和隐藏。

2. 操作提示

（1）打开一个文件。

（2）选择零件，并设置零件颜色及透明度。

（3）将不需要的对象隐藏。

2.8 思考与练习

一、选择题

1. UG 支持两键鼠标及三键鼠标，用于选择菜单项的是（　　）。

A. 鼠标左键　　B. 鼠标右键

C. 鼠标中键　　D. 其他

2.（　　）不属于图层的 4 种状态之一。

A. 过滤状态　　B. 可选状态

C. 作为工作层状态　　D. 不可见状态

3. UG 支持两键鼠标及三键鼠标，可以弹出一个快捷菜单的是（　　）。

A. 鼠标左键　　B. 鼠标右键

C. 鼠标中键　　D. 其他

4. 在 UG 操作中，F7 键表示（　　）。

A. 确定　　B. 刷新

C. 旋转　　D. 取消

5. 图层的属性不包括（　　）。

A. 可见性　　B. 可选择性

C. 工作图层　　D. 不可见性

二、简答题

1. 怎样自定义视图布局，并有效地利用快捷菜单中的命令快速切换视图？

2. 如何有效地利用图层功能并制定相应的图层管理规则，从而有效地组织和管理各种对象？

读书笔记

第 3 章　建模基础

本章导读

在建模过程中，不同的设计者会有不同的绘图习惯，如图层的颜色、线框设置、基准平面的建立等。在 UG NX 12.0 中，设计者可以修改相关的系统参数来改变工作环境，可以通过各种方式建立基准平面、基准点、基准轴等。

内容要点

- UG 参数设置
- 基准建模
- 表达式
- 布尔运算

3.1 UG 参数设置

UG 参数设置主要用于设置 UG 系统默认的一些控制参数。所有的参数设置命令均在菜单栏“首选项”下面，当进入相应的命令时每个命令还会有具体的设置。

其中，也可以通过修改 UG 安装目录下的 UGII 文件夹中的 ugii_env.dat.ugii_metric.def 或相关模块的 def 文件来修改 UG 的默认设置。

3.1.1 对象参数设置

在菜单栏中选择“首选项”→“对象”命令，系统打开“对象首选项”对话框，如图 3-1 所示。该对话框主要用于设置产生新对象的属性，如“颜色”“线型”“宽度”等，通过编辑用户可以进行个性化的设置。

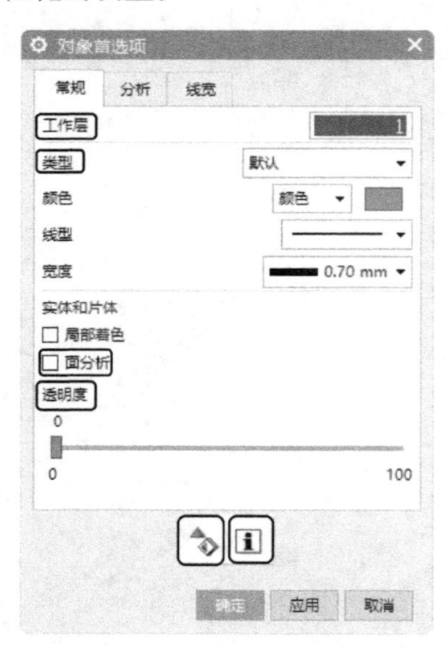

图 3-1 “对象首选项”对话框

“对象首选项”对话框中部分选项的功能如下。

（1）工作层：用于设置新对象的存储图层。在文本框中输入图层号后，系统会自动将新建对象存储在该图层中。

（2）类型、颜色、线型、宽度：在其下拉列表中设置了系统默认的多种选项，如有 7 种线型选项和 3 种宽度选项等。

（3）面分析：该选项用于确定是否在面上显示该面的分析效果。

（4）透明度：该选项用于使对象处于透明状态显示。用户可以通过拖动滑块来改变对象的透明度。

（5）继承：该选项用于继承某个对象的属性设置并以此来设置新创对象的预设置。单击此按钮，选择要继承的对象，这样以后新建的对象就会和之前选取的对象具有同样的属性。

（6）信息：该选项用于显示并列出对象属性设置的信息对话框。

3.1.2 用户界面参数设置

在菜单栏中选择“首选项”→“用户界面”命令，系统打开“用户界面首选项”对话框，如图 3-2 所示。此对话框中包含“布局”“主题”“资源条”“触控”“角色”“选项”“工具” 7 个选项。

图 3-2 “用户界面首选项”对话框

“用户界面首选项”对话框中部分选项的功能如下。

1. 布局

该选项用于设置用户界面、选项卡选项、提示行 / 状态行位置等，如图 3-2 所示。

2. 主题

该选项用于设置 NX 的主题界面，包括浅色（推荐）、浅灰色、经典、使用系统字体和系统 5 种主题，如图 3-3 所示。

3. 资源条

该选项用于设置 UG 工作区左侧“资源条”选项卡的状态，如图 3-4 所示。其中可以设置资源条主页、停靠位置、自动飞出与否等。

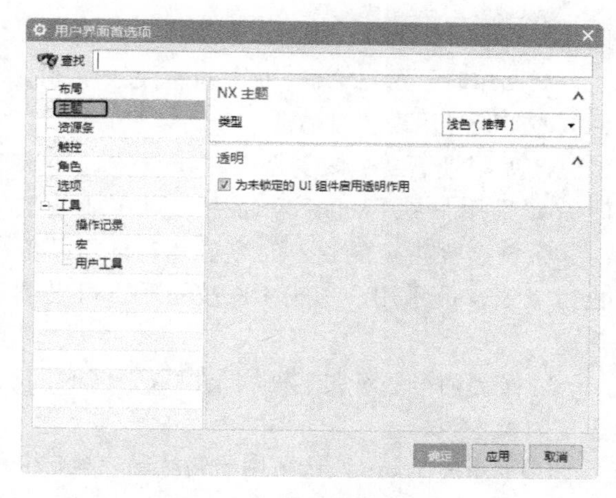

图 3-3 “主题”选项卡

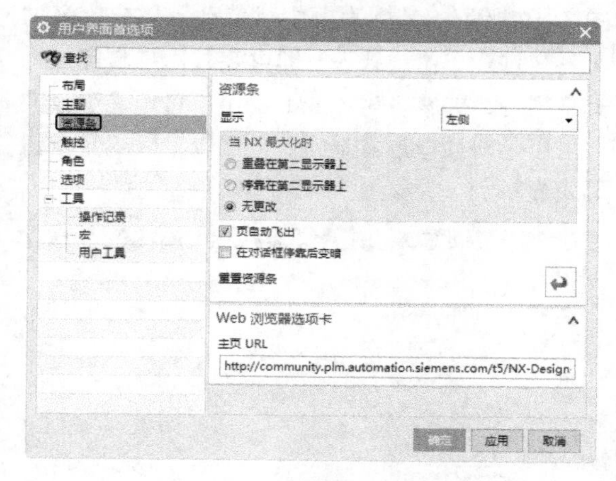

图 3-4 “资源条”选项卡

4. 触控

“触控”选项卡如图 3-5 所示。其可以针对触摸屏操作进行优化，还可以调节数字触摸板和圆盘触摸板的显示。

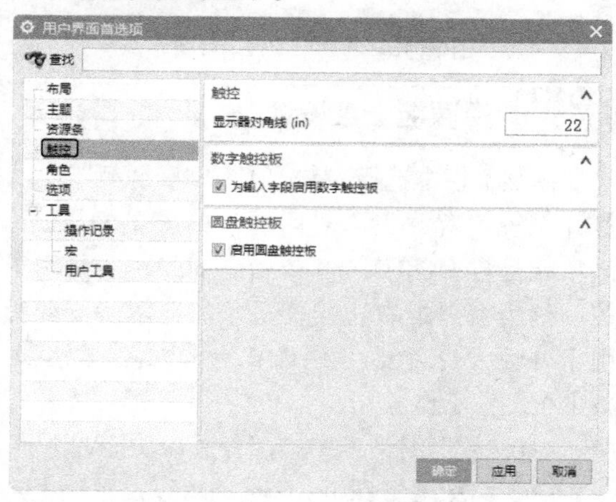

图 3-5 “触控”选项卡

5. 角色

“角色”选项卡如图 3-6 所示。用户可以新建和加载角色，也可以重置当前应用模块的布局。

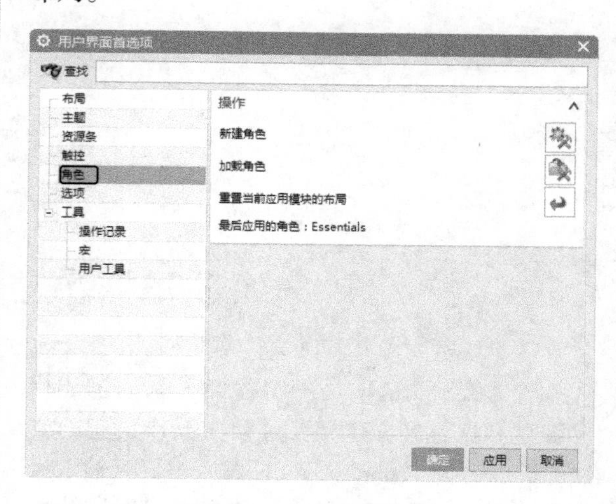

图 3-6 “角色”选项卡

6. 选项

“选项”选项卡如图 3-7 所示。可以设置对话框中内容显示的多少，设置对话框的“小数位数”文本框中数据的小数点后的位数以及用户的反馈信息。

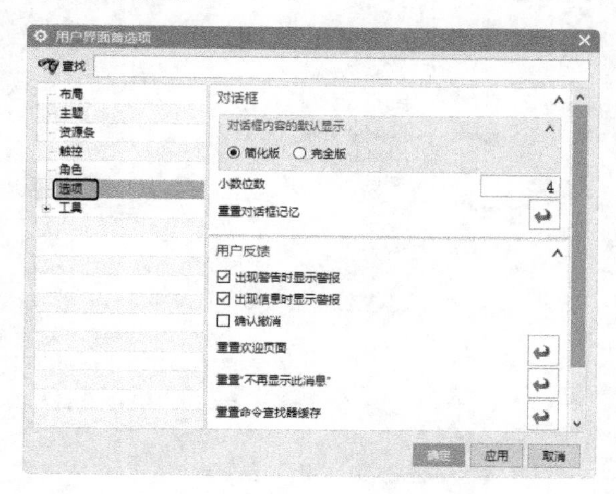

图 3-7 “选项”选项卡

7. 工具

（1）操作记录：在该选项中可以设置操作文件的各种不同的格式，如图 3-8 所示。

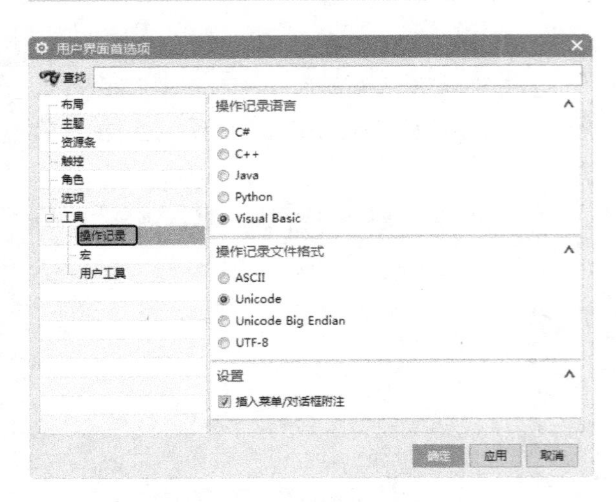

图 3-8 “操作记录”选项卡

（2）宏：该选项是一个存储一系列描述用户键盘和鼠标在 UG 交互过程中操作语句的文件（扩展名为“.macro”），任意一串交互输入操作都可以记录到宏文件中，然后可以通过简单的播放功能来重放记录的操作，如图 3-9 所示。宏不仅对于执行重复的、复杂的或较长时间的任务十分有用，而且还可以使用户工作环境个性化。

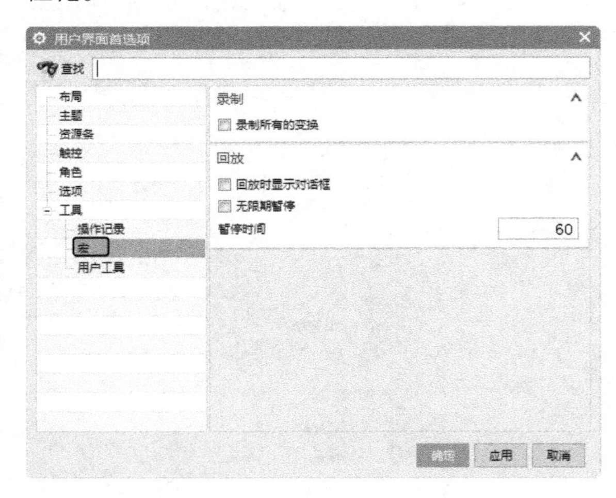

图 3-9 “宏”选项卡

对于宏记录的内容，用户可以通过记事本的方式打开保存的宏文件，可以查看系统记录的全过程。

①录制所有的变换：该复选框用于设置在记录宏时，是否记录所有的动作。勾选该复选框后，系统会记录所有的操作，所以文件会较大；当不勾选该复选框时，则系统仅记录动作结果，因此文件较小。

②回放时显示对话框：该复选框用于设置在回放时是否显示设置对话框。

③无限期暂停：该复选框用于设置记录宏时，如果用户执行了暂停命令，则在播放宏时，系统会在指定的暂停时刻显示对话框并停止播放宏，提示用户单击 OK 按钮后方可继续播放。

④暂停时间：该文本框用于设置暂停时间，单位为 s。

（3）用户工具：该选项用于装载用户自定义的工具文件、显示或隐藏用户定义的工具。如图 3-10 所示，其列表框中已装载了用户定义的工具文件。单击“载入”即可装载用户自定义工具栏文件，扩展名为“.utd”，用户自定义工具文件可以是对话框形式显示，也可以是以工具按钮形式显示。

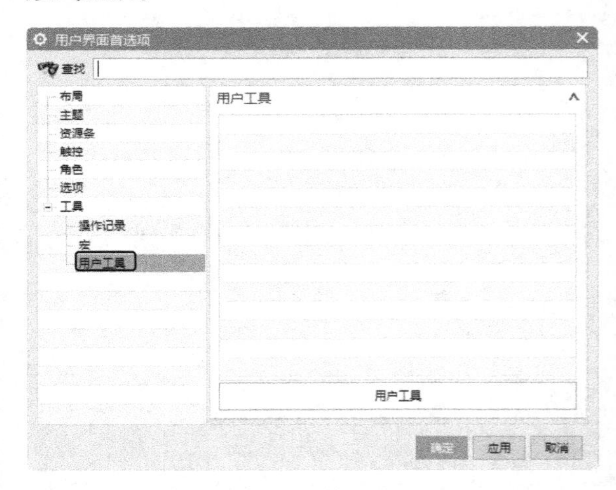

图 3-10 “用户工具”选项卡

3.1.3 资源板参数设置

在菜单栏中选择“首选项”→“资源板”命令，打开系统“资源板”对话框，如图 3-11 所示。该功能是自 UG NX 2.0 开始添加的，主要用于控制整个窗口最右边的资源条的显示。资源板用于处理大量重复性的工作，可以最大限度地减少重复性工作。

“资源板”对话框中的部分选项功能如下。

（1）新建资源板：该选项可以设置一个自己的加工、制图、环境设置的模板，用于完成以后的重复性工作。

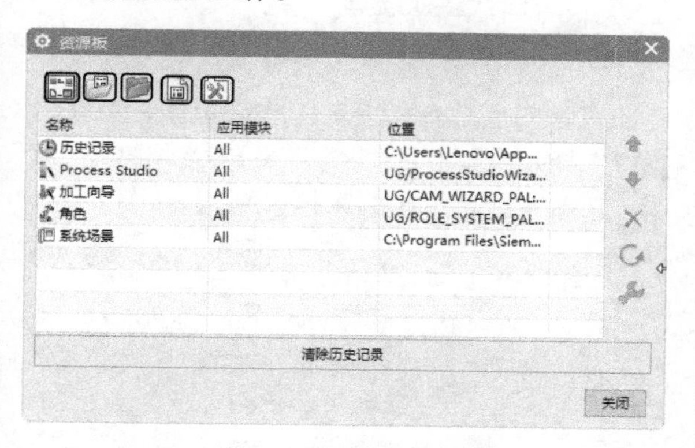

图 3-11 “资源板”对话框

（2）打开资源板：该选项用于打开一些系统已完成的模板文件。系统会提示选择“*.pax”模板文件。

（3）打开目录作为资源板：该选项可以选择一个文件夹作为模板。

（4）打开目录作为模板资源板：该选项可以选择一个文件路径作为模板。

（5）打开目录作为角色资源板：该选项用于打开一些角色作为模板。

3.1.4 选择参数设置

在菜单栏中选择“首选项”→“选择”命令，系统打开“选择首选项”对话框，如图 3-12 所示。在该对话框中可以设置光标选择对象，系统会显现默认“颜色”“选择球大小”“确认选择”设置等选项。

“选择首选项”对话框中的部分选项功能如下。

（1）鼠标手势：该选项用于设置选择方式，包括矩形和套索方式。

（2）选择规则：该选项用于设置选择规则，包括内侧、外部、交叉、内部 / 交叉、外部 / 交叉 5 种选项。

（3）着色视图：该选项用于设置系统着色时对象的显示方式，包括高亮显示面和高亮显示边两个选项。

（4）面分析视图：该选项用于设置面分析时的视图显示方式，包括高亮显示面和高亮显示边两个选项。

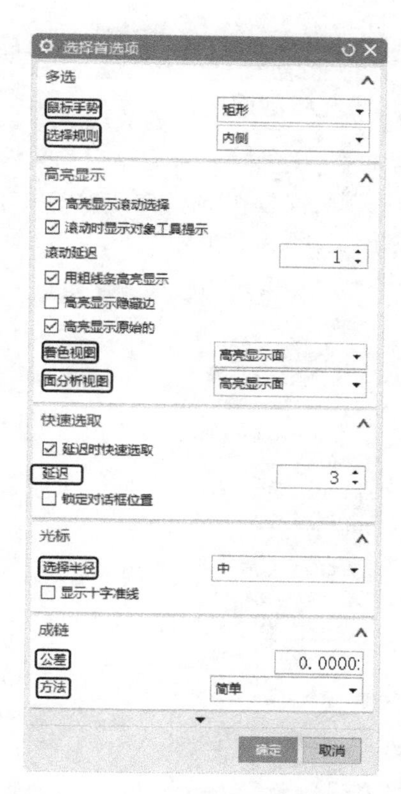

图 3-12 “选择首选项”对话框

（5）选择半径：该选项用于设置选择球的大小，包含小、中、大三种选项。

（6）公差：该文本框用于设置链接曲线时，彼此相邻的曲线端点间允许的最大间隙。链接公差值设置越小，链接选取就越精确，值设置越大就越不精确。

（7）方法：该选项有四种，包括简单、WCS、WCS 左侧和 WCS 右侧。

①简单：该方式用于选择彼此首尾相连的曲线串。

② WCS：该方式用于在当前 XC-YC 坐标平面中选择彼此首尾相连的曲线串。

③ WCS 左侧：该方式用于在当前 XC-YC 坐标平面中，从连接开始点至结束点沿左侧路线选择彼此首尾相连的曲线串。

④ WCS 右侧：该方式用于在当前 XC-YC 坐标平面中，从连接开始点至结束点沿右侧路线选择彼此首尾相连的曲线串。

简单方法由系统自动识别，它最为常用。当需要连接的对象含有两条连接路径时，一般选用后两种选项，用于指定是沿左连接还是沿右连接。

3.1.5 装配参数设置

在菜单栏中选择“首选项”→“装配”命令，系统打开“装配首选项”对话框，如图 3-13 所示。该对话框用于设置装配的相关参数。

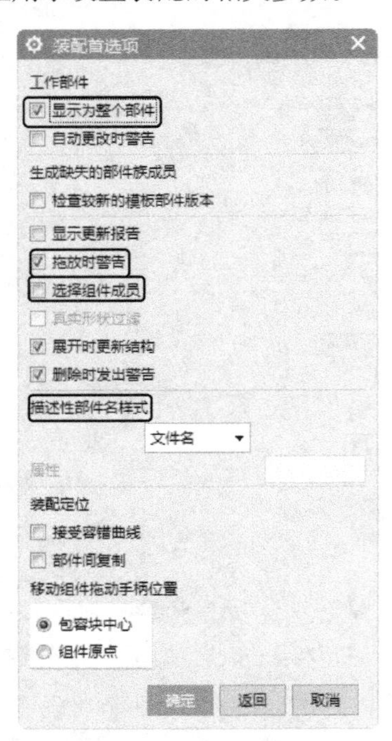

图 3-13 “装配首选项”对话框

“装配首选项”对话框中部分选项的功能如下。

（1）显示为整个部件： 更改工作部件时，此选项会临时将新工作部件的引用集改为 Entire Part 引用集。如果系统操作引起工作部件发生变化，引用集并不发生变化。

（2）拖放时警告： 在装配导航器中拖动组件时，将出现一条警告消息。此消息通知用户哪个子装配将接收组件，以及可能丢失一些关联，并让用户接受或取消此操作。

（3）选择组件成员： 用于设置是否首先选择组件。勾选该复选框，则在选择属于某个子装配的组件时，首先选择的是子装配中的组件，而不是子装配。

（4）描述性部件名样式： 该选项用于设置部件名称的显示类型。其中包括文件名、描述、指定的属性三种方式。

3.1.6 草图参数设置

该选项用于改变草图的默认值并控制某些草图对象的显示。要设定这些设置值，在菜单栏中选择“首选项”→“草图”命令，系统打开“草图首选项”对话框，如图 3-14 所示。

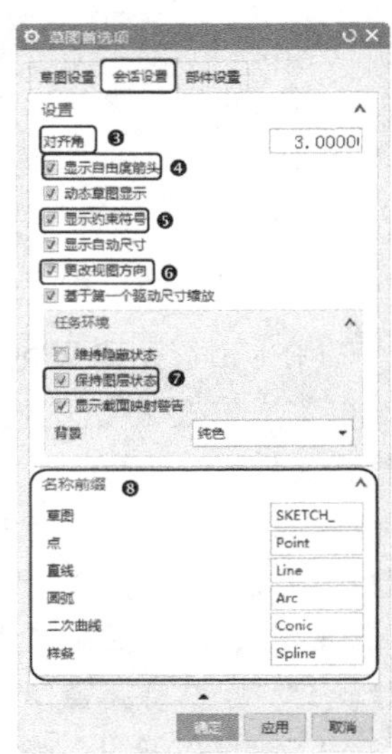

图 3-14 “草图首选项”对话框

“草图首选项”对话框中的部分选项功能如下。

（1）❶ 尺寸标签： 该选项可以控制如何显示草图尺寸中的表达式。下列选择有效。

①表达式：显示整个表达式，如P2=P3*4。

②名称：仅显示表达式的名称，如 P2。

③值：显示表达式的数值。

（2）❷ 文本高度： 该选项可以指定在尺寸中显示的文本的大小。默认值是 0.125。

（3）❸ 对齐角： 该选项可以为竖直和水平直线指定默认的捕捉角公差值。如果有一条用端点指定的直线，它相对于水平参考或竖直参考的夹角小于或等于捕捉角的值，那么这条直线会自动地捕捉至竖直或水平的位置。

捕捉角的默认值是 3°，可以指定的最大值是 20°。如果不想让直线自动地捕捉至水平或竖直的位置，可以将捕捉角设定为 0°。

（4）❹ 显示自由度箭头： 该复选框用于控制自由度箭头的显示。默认状态为勾选。当取消勾选此复选框时，箭头的显示置为“关闭”。然而，这并不意味着约束了草图。

（5）❺ **显示约束符号**：该复选框用于控制是否显示约束。

（6）❻ **更改视图方向**：如果取消勾选此复选框，则当草图被激活时，显示激活草图的视图就不会返回其原先的方向。如果勾选此复选框，则当草图被激活时，视图方向将会改变。

（7）❼ **保持图层状态**：当激活草图时，草图所在的层自动变为工作层。当勾选此复选框并使草图不激活时，草图所在的层将返回其先前的状态（即它不再是工作层）。草图激活之前的工作层将重新变为工作层。如果取消勾选此复选框，则当使草图不激活时，此草图的层保持为工作层。

（8）❽ **名称前缀**：该选项可以为草图几何体的名称指定前缀。

3.1.7 制图预设置

在菜单栏中选择“首选项”→“制图”命令，系统打开“制图首选项”对话框，如图 3-15 所示。该对话框包括 11 个选项卡。

图 3-15 “制图首选项”对话框

“制图首选项”对话框中的部分选项功能如下。

1. 尺寸

设置尺寸相关的参数时，根据标注尺寸的需要，用户可以利用对话框中上部的尺寸和直线 / 箭头工具条进行设置。在尺寸设置中主要有以下几个设置选项。

（1）**尺寸线**：根据标注尺寸的需要，勾选或取消勾选“箭头之间有线”或“修剪尺寸线”复选框。

（2）**方向和位置**：❶ 单击方位下拉列表，❷ 选择 5 种文本的放置位置，如图 3-16 所示。

（3）**公差**：可以设置最高 6 位的精度和 11 种类型的公差，图 3-17 显示了可以设置的 11 种类型的公差形式。

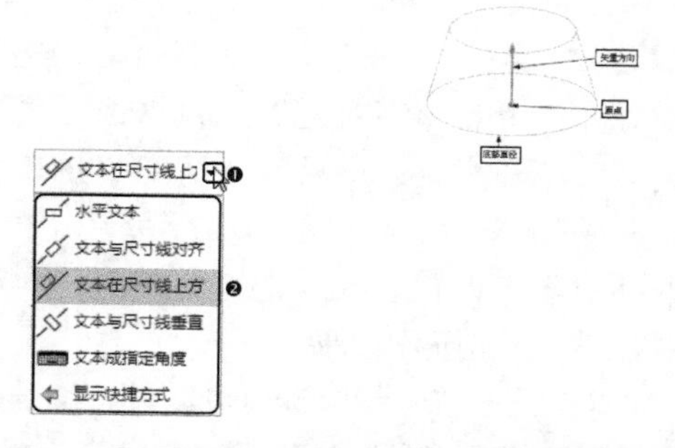

图 3-16 尺寸值的放置位置 图 3-17 11 种类型的公差形式

（4）**倒斜角**：系统提供了 4 种类型的倒斜角样式，可以设置分割线样式和间隔，也可以设置指引线的格式。

2. 公共

（1）**“直线 / 箭头”选项卡**：该选项卡如图 3-18 所示。

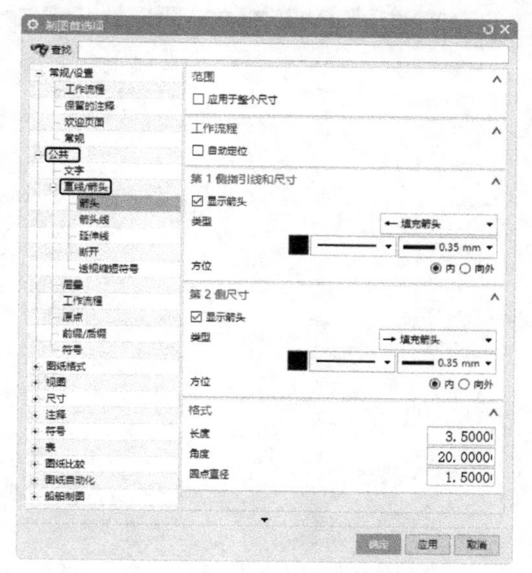

图 3-18 “直线 / 箭头”选项卡

① 箭头：用于设置剖视图中的截面线箭头的参数，可以改变箭头的大小、长度和角度。

② 箭头线：用于设置截面的延长线的参数。用户可以修改剖面延长线长度及图形框之间的距离。

直线和箭头相关参数可以设置尺寸线箭头的类型和箭头的形状参数，同时还可以设置尺寸线、延长线和箭头的显示颜色、线型和线宽。在设置参数时，用户根据要设置的尺寸和箭头的形式，在对话框中选择箭头的类型，并且输入箭头的参数值。如果需要，还可以在下部的选项中改变尺寸线和箭头的颜色。

（2）文字：设置文字相关的参数时，先选择文字对齐位置和文字对正方式，再选择要设置的文本颜色和宽度，最后在“高度”“NX 字体间隙因子”“文本宽高比”和“行间距因子”等文本框中输入设置参数，这时用户可在预览窗口中看到文字的显示效果。

（3）符号：符号参数选项可以设置符号的颜色、线型和线宽等参数。

3. 注释

设置各种标注的颜色、线型和线宽。

剖面线/区域填充：用于设置各种填充线/剖面线的样式和类型，并且可以设置角度和线型。在此选项卡中设置了区域内应该填充的图形、比例和角度等，如图 3-19 所示。

图 3-19 “剖面线/区域填充”选项卡

4. 表

用于设置二维工程图表格的格式、文字标注等参数。

（1）零件明细表：用于指定生成明细表时，默认的符号、标号顺序、排列顺序和更新控制等。

（2）单元格：用于控制表格中每个单元格的格式、内容和边界线设置等。

3.1.8 建模参数设置

该选项用于设定建模参数和特性，如距离公差、角度公差、密度、密度单位和曲面网格。一旦定义了一组参数，所有随后生成的对象都符合这些特殊设置要求。要设定这些参数，可在菜单栏中选择“首选项”→“建模”命令，系统打开“建模首选项”对话框，如图 3-20 所示。

图 3-20 “建模首选项”对话框

“建模首选项”对话框中的部分选项功能如下。

1. 常规

在“建模首选项”对话框中选中“常规”选项卡，显示相应的参数设置内容，如图 3-20 所示。

（1）体类型：用于控制在利用曲线创建三维特征时，是生成“实体”，还是“片体”。

（2）密度：用于设置实体的密度，该密度值只对以后创建的实体起作用。其下方的“密度单位”下拉列表用于设置密度的默认单位。

（3）用于新面：用于设置新的面显示属性是父体还是默认部件。

（4）用于布尔操作面：用于设置在布尔运算中生成的面显示属性是继承于“目标体”还是“工具体”。

（5）网格线：用于设置实体或片体表面在U和V方向上栅格线的数目。如果其下方U向计数和V向计数的参数值大于0，则当创建表面时，表面上就会显示网格曲线。网格曲线只是一个显示特征，其显示数目并不影响实际表面的精度。

2. 自由曲面

在“建模首选项”对话框中选中“自由曲面”选项卡，显示相应的参数设置内容，如图3-21所示。

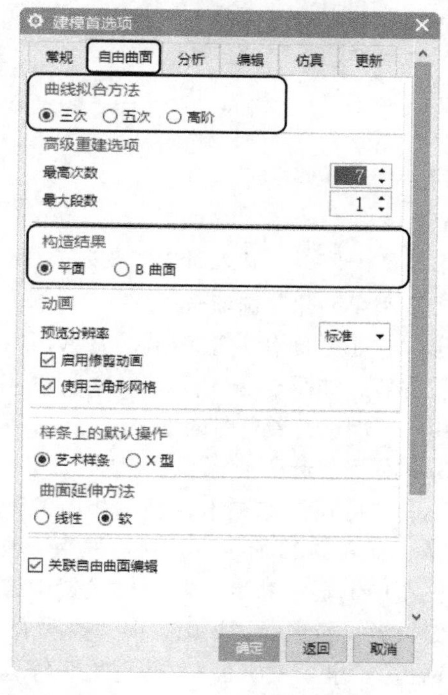

图3-21 “自由曲面”选项卡

（1）曲线拟合方法：用于选择生成曲线时的拟合方式，包括“三次”“五次”和“高阶”三种拟合方式。

（2）构造结果：用于选择构造自由曲面的结果，包括“平面”和“B曲面”两种方式。

3. 分析

在“建模首选项”对话框中选中“分析”选项卡，显示相应的参数设置内容，如图3-22所示。

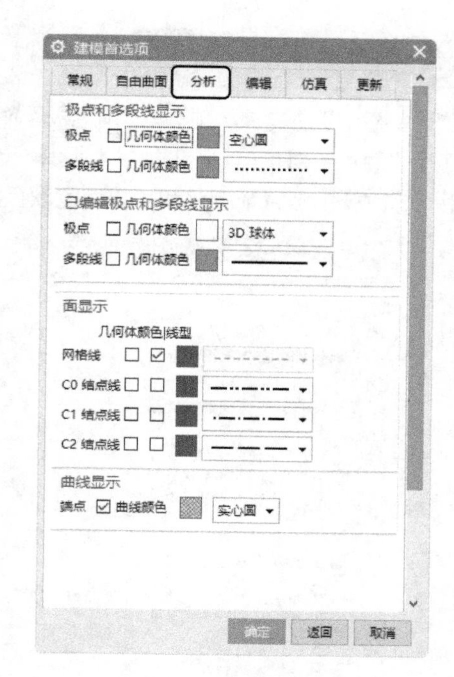

图3-22 “分析”选项卡

4. 编辑

在“建模首选项”对话框中选中“编辑”选项卡，显示相应的参数设置内容，如图3-23所示。

（1）双击操作（特征）：用于双击操作时的状态，包括“可回滚编辑”和“编辑参数”两种方式。

（2）双击操作（草图）：用于双击操作时的状态，包括“可回滚编辑”和“编辑”两种方式。

（3）编辑草图操作：用于草图编辑，包括“直接编辑”和“任务环境”两种方式。

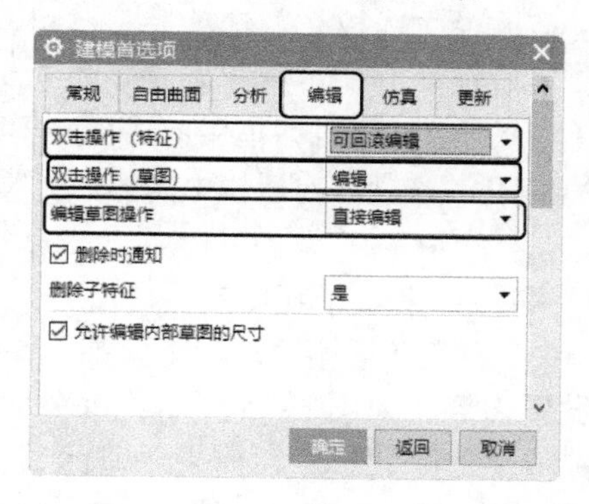

图3-23 “编辑”选项卡

3.1.9 调色板

在菜单栏中选择“首选项”→“调色板”命令，系统打开“颜色”对话框，如图 3-24 所示。该对话框用于修改视图区背景颜色和当前颜色设置。

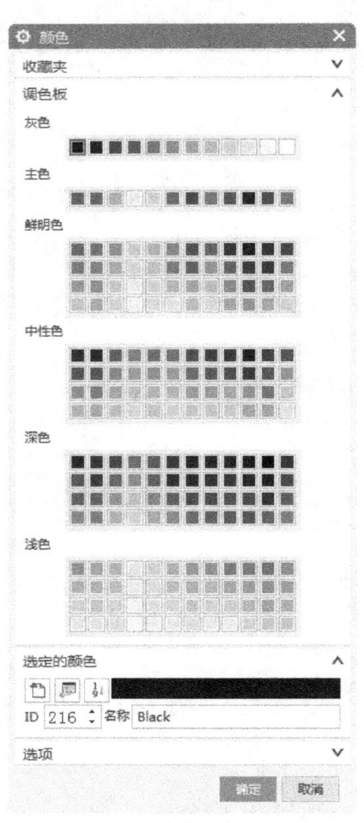

图 3-24 “颜色”对话框

3.1.10 可视化

可视化用于设置影响图形窗口的显示属性。

在菜单栏中选择“首选项”→“可视化”命令，系统会打开“可视化首选项”对话框，如图 3-25 所示。该对话框中有 10 个选项卡。

“可视化首选项”对话框中的部分选项功能如下。

1. “颜色 / 字体”选项卡

选中“颜色 / 字体”选项卡，显示相应的参数设置内容，如图 3-25 所示。该对话框用于设置“预选”“选择”“前景”“背景”等对象的颜色。

图 3-25 “可视化首选项”对话框

2. “小平面化”选项卡

选中“小平面化”选项卡，显示相应的参数设置内容，如图 3-26 所示。该对话框用于设置利用小平面进行着色时的参数。

3. “可视”选项卡

选中“可视”选项卡，显示相应的参数设置内容，如图 3-27 所示。该对话框用于设置实体在视图中的显示特性，其部件设置中各参数的改变只影响所选择的视图，但“透明度”“线条反锯齿”“全景反锯齿”“着重边”等会影响所有视图。

（1）常规显示设置

①渲染样式：用于为所选的视图设置着色模式。

②着色边颜色：用于为所选的视图设置着色边的颜色。

③隐藏边样式：用于为所选的视图设置隐藏边的显示方式。

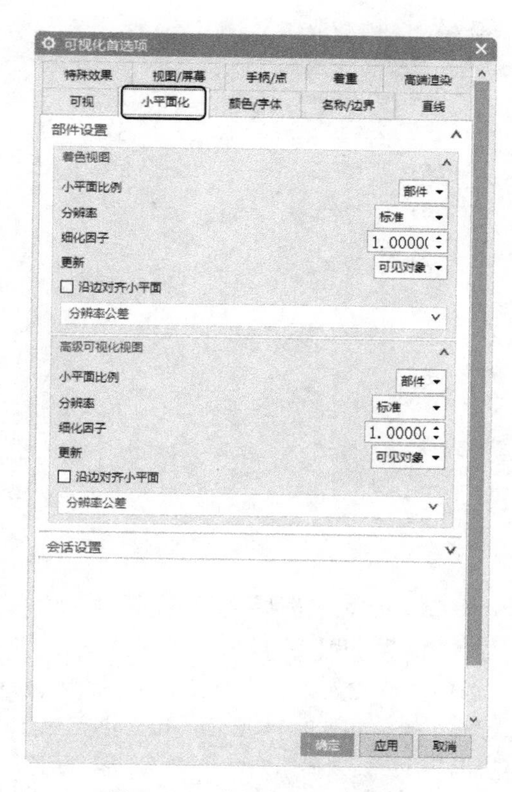

图 3-26 “小平面化”选项卡

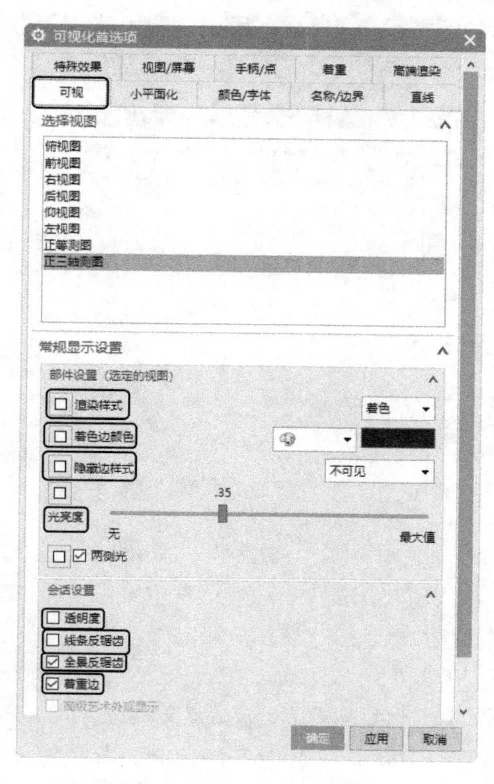

图 3-27 “可视”选项卡 1

④光亮度：用于设置着色表面上的光亮强度。

⑤透明度：用于设置处在着色或部分着色模式中的着色对象是否透明显示。

⑥线条反锯齿：用于设置是否对直线、曲线和边的显示进行处理，以使线显示更光滑、更真实。

⑦全景反锯齿：用于设置是否对视图中所有的显示进行处理，以使其显示更光滑、更真实。

⑧着重边：用于设置着色对象是否突出边缘显示。

（2）边显示设置

用于设置着色对象的边缘显示参数。当渲染模式为“静态线框”“面分析”和“局部着色”时，该选项卡中的参数被激活，如图 3-28 所示。

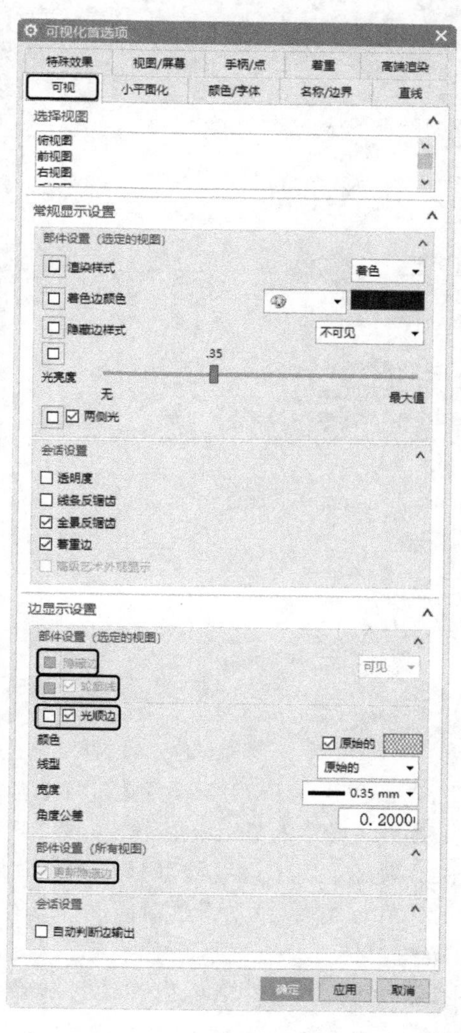

图 3-28 “可视”选项卡 2

①隐藏边：用于为所选的视图设置消隐边的显示方式。

②轮廓线：用于设置是否显示圆锥、圆柱体、球体和圆环轮廓。

③光顺边：该选项包括用于设置光顺边的颜色、线型和宽度。

④更新隐藏边：用于设置系统在实体编辑过程中是否随时更新隐藏边缘。

4. “视图 / 屏幕”选项卡

选中“视图 / 屏幕”选项卡，显示相应的参数设置内容，如图 3-29 所示。该对话框用于设置视图拟合比例和校准屏幕的物理尺寸。

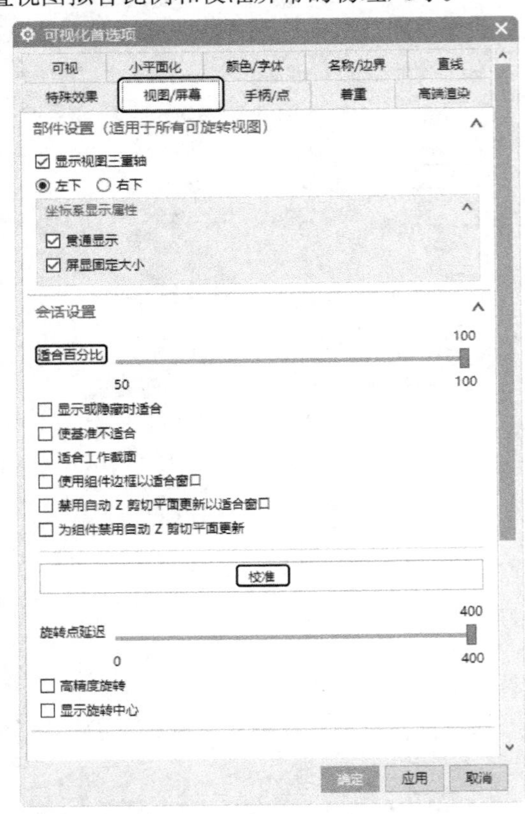

图 3-29 “视图 / 屏幕”选项卡

（1）适合百分比：用于设置在进行拟合操作后，模型在视图中的显示范围。

（2）校准：用于设置校准显示器屏幕的物理尺寸。在如图 3-29 所示的对话框中单击“校准”按钮，打开“校准屏幕分辨率”对话框，如图 3-30 所示。该对话框用于设置准确的屏幕尺寸。

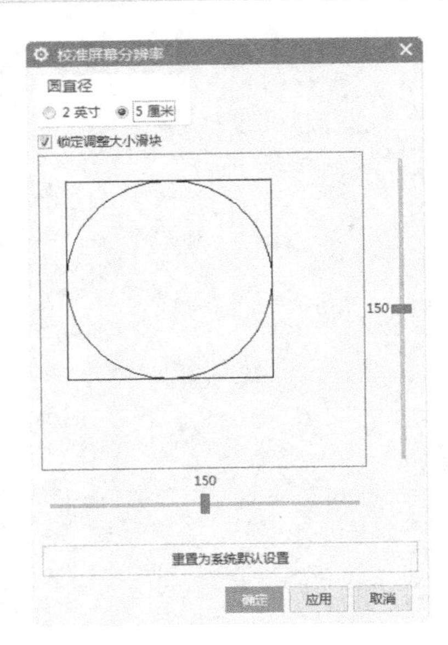

图 3-30 “校准屏幕分辨率”对话框

5. “特殊效果”选项卡

选中“特殊效果”选项卡，显示相应的参数设置内容，如图 3-31 所示。该对话框用于设置使用特殊效果来显示对象。勾选“雾”复选框，单击“雾设置”按钮，打开“雾”对话框，如图 3-32 所示。该对话框用于设置使着色状态下较近的对象与较远的对象不一样的显示。

图 3-31 “特殊效果”选项卡

在如图 3-32 所示的对话框中可以设置“雾”的类型为“线性”“浅色”和“深色”三种类型，“雾”的颜色可以勾选“用背景色”复选框来使用系统背景色，也可以选择定义颜色方式 RGB、HSV 和 HLS，再利用其右侧的滑块来定义“雾”的颜色。

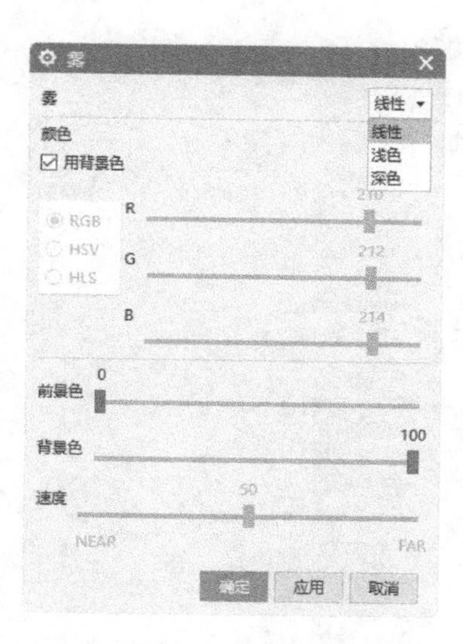

图 3-32 “雾”对话框

6. “直线”选项卡

选中“直线”选项卡，显示相应的参数设置内容，如图 3-33 所示。该对话框用于设置在显示对象时，其中的非实线线型各组成部分的尺寸、曲线的显示公差，以及是否按线型宽度显示对象等参数。

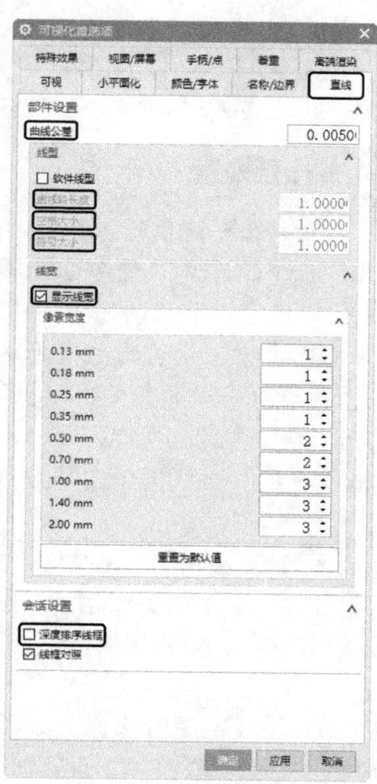

图 3-33 “直线”选项卡

（1）曲线公差：用于设置曲线与近似直线段之间的公差，决定当前所选择的显示模式的细节表现度。大的公差产生较少的直线段，导致更快的视图显示速度。然而曲线公差越大，曲线显示越粗糙。

（2）虚线段长度：用于设置虚线每段的长度。

（3）空格大小：用于设置虚线两段之间的长度。

（4）符号大小：用于设置用在线型中的符号显示尺寸。

（5）显示线宽：曲线有细、一般和宽三种宽度。勾选“显示线宽”复选框，曲线以各自所设定的线宽显示出来，取消勾选此复选框，所有曲线都以细线宽显示出来。

（6）深度排序线框：用于设置图形显示卡在线框视图中是否按深度分类显示对象。

7. “名称 / 边界”选项卡

选中“名称 / 边界”选项卡，显示相应的参数设置内容，如图 3-34 所示。该对话框用于设置是否显示对象名、视图名或视图边框。

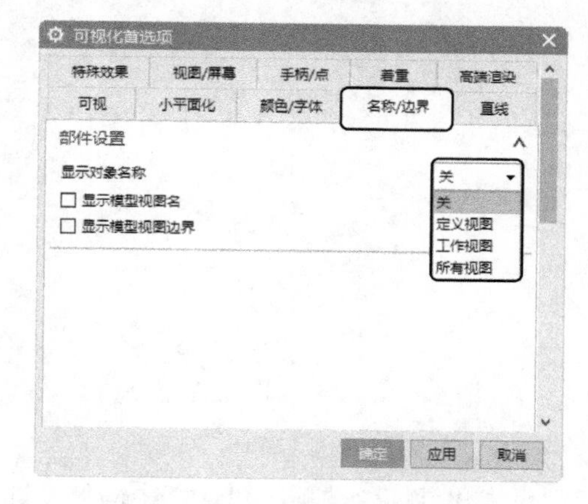

图 3-34 “名称 / 边界”选项卡

（1）关：选中该选项，不显示对象、属性、图样及组名等对象名称。

（2）定义视图：选中该选项，在定义对象、属性、图样及组名的视图中显示其名称。

（3）工作视图：选中该选项，在当前视图中显示对象、属性、图样及组名等对象名称。

3.1.11 可视化性能预设置

可视化性能预设置用于控制影响图形的显示性能。

在菜单栏中选择“首选项”→“可视化性能”命令，打开“可视化性能首选项”对话框，如图 3-35 所示。该对话框有两个选项卡。

图 3-35 “大模型”选项卡

“可视化性能首选项”对话框中的部分选项功能如下。

（1）大模型：用于设置大模型的显示特性，目的是改善大模型的动态显示能力，如图 3-35 所示。

（2）一般图形：用于设置“视图动画速度”“禁用透明度”“忽略背面”等图形的显示性能，如图 3-36 所示。

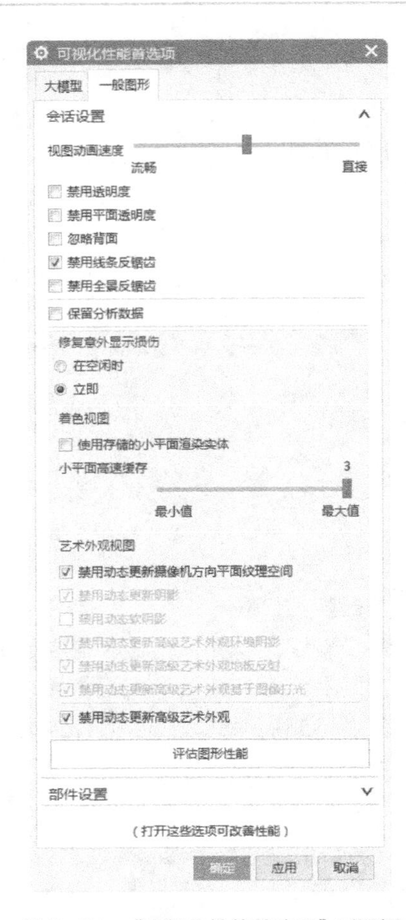

图 3-36 “可视化性能首选项”对话框

3.1.12 栅格预设置

在菜单栏中选择“首选项”→“栅格和工作平面”命令，打开“栅格首选项”对话框，如图 3-37 所示。该对话框用于在 WCS 的 XC-YC 平面内产生一个方形或圆形的栅格点阵。这些栅格点只是显示上存在。可以用光标捕捉这些栅格点在建模时用于定位。

“栅格首选项”对话框中的部分选项功能如下。

（1）矩形均匀：栅格的间距是均匀的，选中该选项，打开如图 3-37 所示的对话框。

①主栅格间隔：用于设置栅格线之间的间隔距离。

②主线间的辅线数：用于设置主线间的线数。

③辅线间的捕捉点数：用于设置辅线之间的捕捉点数。

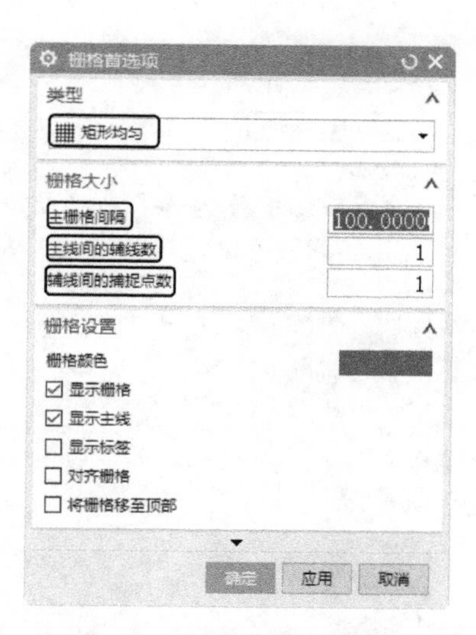

图 3-37 “栅格首选项”对话框

（2）矩形非均匀：栅格的间距是不均匀的，选中该选项，打开如图 3-38 所示的对话框。

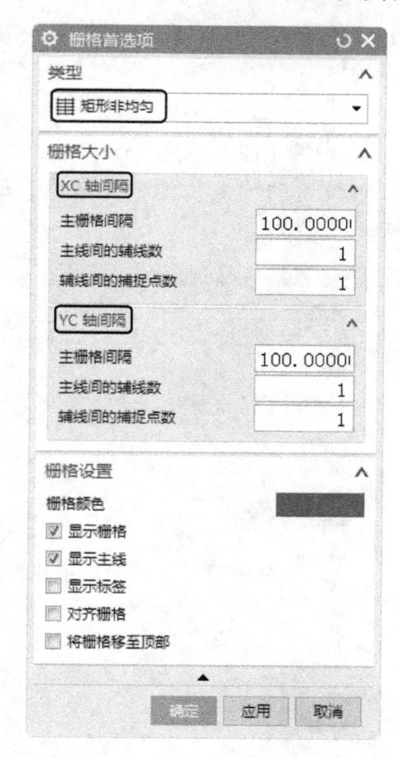

图 3-38 “矩形非均匀”选项

① XC 轴间隔：用于设置栅格的列距离。

② YC 轴间隔：用于设置栅格的行距离，勾选“不均匀的”复选框时，该文本框被激活。

（3）极坐标：也就是圆形栅格，选中该选项，打开如图 3-39 所示的对话框。

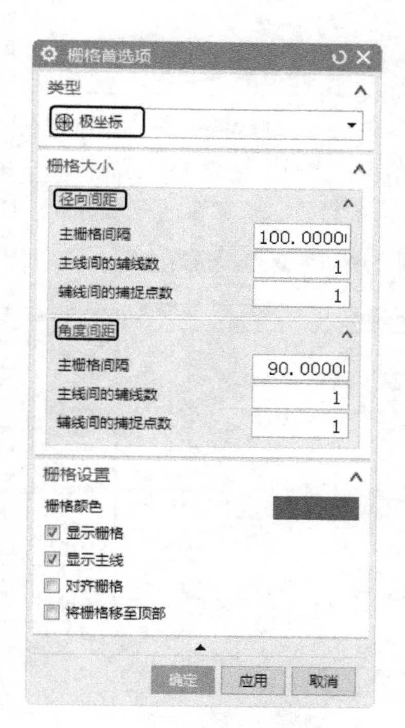

图 3-39 “极坐标”选项

①径向间距：用于设置栅格径向间的距离。

②角度间距：用于设置栅格的角度。

3.2 基准建模

在建模中，经常需要建立基准点、基准平面、基准轴和基准坐标系。UG NX 12.0 提供了基准建模工具，通过在菜单栏中选择❶“插入”→❷“基准 / 点”命令来实现，如图 3-40 所示。

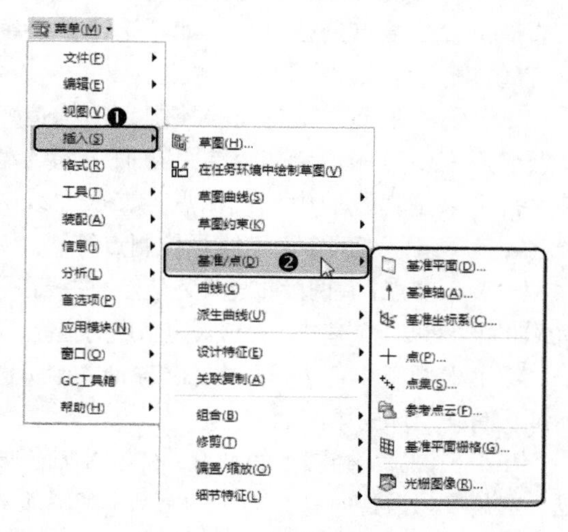

图 3-40 “基准 / 点”菜单

3.2.1 点

在菜单栏中选择“插入”→“基准 / 点”→“点”命令或单击“主页”选项卡“特征”组中的“点”按钮＋，系统打开“点”对话框，如图 3–41 所示。

图 3–41　“点”对话框

“点”对话框中的部分选项功能如下。

（1）自动判断的点：根据鼠标所指的位置指定各种点中离光标最近的点。

（2）光标位置：直接在单击的位置上建立点。

（3）＋现有点：根据已经存在的点，在该点位置上再创建一个点。

（4）端点：使用鼠标选择位置，在靠近鼠标选择位置的端点处建立点。如果选择的特征为完整的圆，那么端点为零象限点。

（5）控制点：在曲线的控制点上构造一个点或规定新点的位置。控制点与曲线的类型有关，可以是直线的中点或端点、二次曲线的端点或是样条曲线的定义点或是控制点等。

（6）交点：在两段曲线的交点上、曲线和平面或曲面的交点上创建一个点或规定新点的位置。

（7）圆弧中心 / 椭圆中心 / 球心：在所选圆弧、椭圆或球的中心建立点。

（8）圆弧 / 椭圆上的角度：在与 X 轴正向成一定角度（沿逆时针方向）的圆弧 / 椭圆弧上创建一个点或规定新点的位置，在如图 3–42 所示的对话框中输入曲线上的角度。

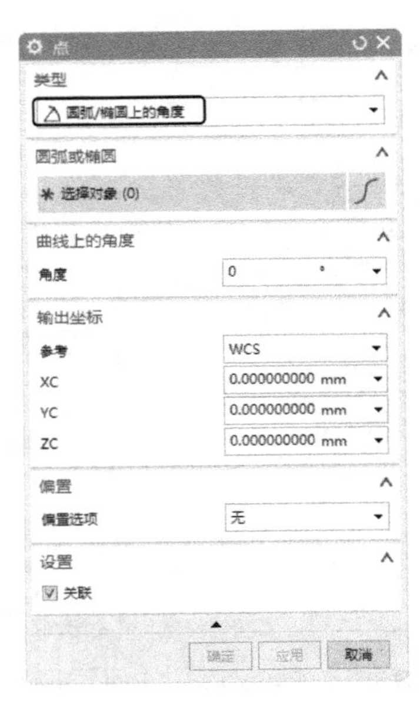

图 3–42　“圆弧 / 椭圆上的角度”选项

（9）象限点：即圆弧的四分点，在圆弧或椭圆弧的四分点处创建一个点或规定新点的位置。

（10）曲线 / 边上的点：在如图 3–43 所示的对话框中设置曲线上的位置参数值，即可在选择的特征上建立点。

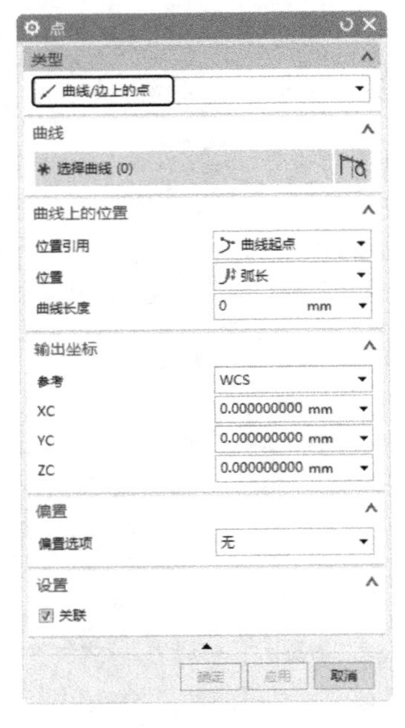

图 3–43　“点”对话框

（11）面上的点：在如图 3–44 所示的对话框中设置“U 向参数”和“V 向参数”的值，

即可在面上建立点。

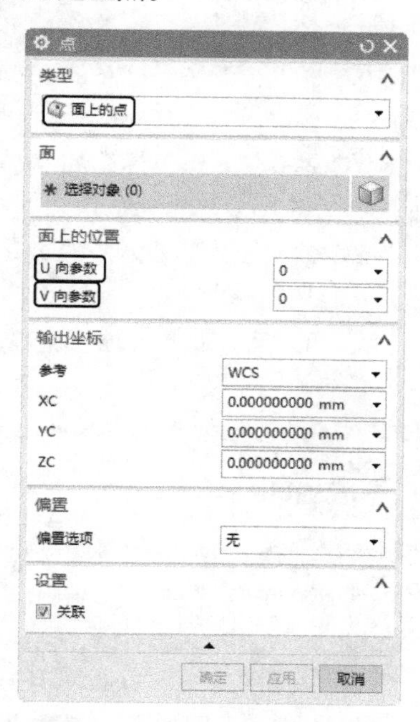

图 3-44　设置“U 向参数”和“V 向参数”

（12）两点之间：在如图 3-45 所示的对话框中设置“点之间的位置”的值，即可在两点之间建立点。

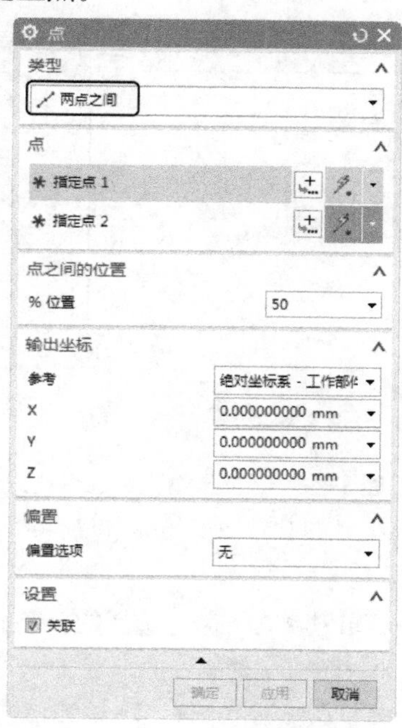

图 3-45　设置“点之间的位置”

（13）样条极点：在 X、Y、Z 文本框中设置点的坐标值，单击“确定”按钮即可，如图 3-46 所示。

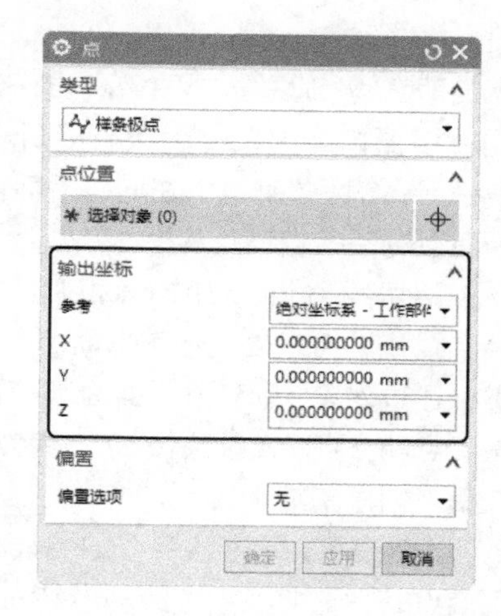

图 3-46　“点”对话框

3.2.2　基准平面

在菜单栏中选择“插入”→“基准 / 点”→“基准平面”命令或单击“主页”选项卡“特征”组中的“基准平面”按钮，系统打开“基准平面”对话框，如图 3-47 所示。

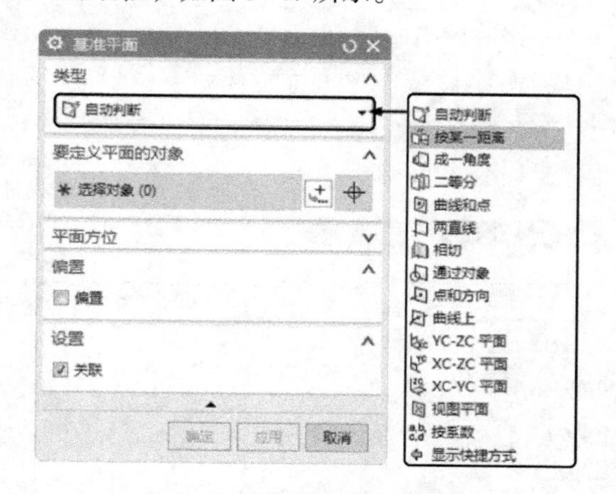

图 3-47　“基准平面”对话框

“基准平面”对话框中的部分选项功能如下。

（1）**自动判断**：系统根据所选对象创建基准平面。

（2）**按某一距离**：通过和已存在的参考平面或基准面进行偏置得到新的基准平面。

（3）**成一角度**：通过与一个平面或基准面成指定角度来创建基本平面。

（4）**二等分**：在两个相互平行的平面或基准平面的对称中心处创建基准平面。

（5）**曲线和点：** 通过选择曲线和点来创建基准平面。

（6）**两直线：** 通过选择两条直线，若两条直线在同一平面内，则以这两条直线所在的平面为基准平面；若两条直线不在同一平面内，那么基准平面通过一条直线且和另一条直线平行。

（7）**相切：** 通过和一个曲面相切且通过该曲面上点－线或平面来创建基准平面。

（8）**通过对象：** 以对象平面为基准平面。

（9）**点和方向：** 通过选择一个参考点和一个参考矢量来创建基准平面。

（10）**曲线上：** 通过已存在的曲线，创建在该曲线某点处和该曲线垂直的基准平面。

系统还提供了 YC–ZC 平面、 XC–ZC 平面、 XC–YC 平面和 按系数共 4 种方法。也就是说可以选择 YC–ZC 平面、XC–ZC 平面、XC–YC 平面为基准平面，或者单击 按钮，来自定义基准平面。

3.2.3 基准轴

在菜单栏中选择“插入”→“基准 / 点”→“基准轴”命令或单击“主页”选项卡“特征”组中的“基准轴”按钮，系统打开“基准轴”对话框，如图 3–48 所示。

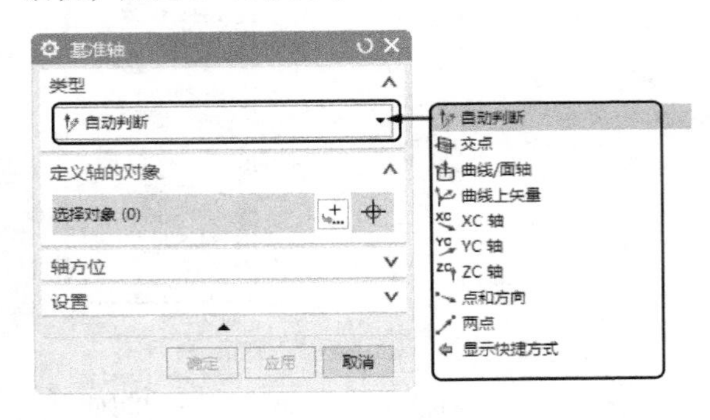

图 3–48 “基准轴”对话框

“基准轴”对话框中的部分选项功能如下。

（1）**自动判断：** 根据所选的对象确定要使用的最佳基准轴类型。

（2）**交点：** 通过选择两相交对象的交点来创建基准轴。

（3）**曲线 / 面轴：** 通过选择曲面和曲面上的轴创建基准轴。

（4）**曲线上矢量：** 通过选择曲线和该曲线上的点创建基准轴。

（5）**XC 轴：** 在工作坐标系的 XC 轴上创建基准轴。

（6）**YC 轴：** 在工作坐标系的 YC 轴上创建基准轴。

（7）**ZC 轴：** 在工作坐标系的 ZC 轴上创建基准轴。

（8）**点和方向：** 通过选择一个点和方向矢量创建基准轴。

（9）**两点：** 通过选择两个点来创建基准轴。

3.2.4 基准坐标系

在菜单栏中选择“插入”→“基准 / 点”→“基准坐标系”命令或单击“主页”选项卡“特征”组中的“基准坐标系”按钮，打开“基准坐标系”对话框，如图 3–49 所示。该对话框用于创建基准坐标系，与坐标系不同的是，基准坐标系一次建立三个基准面 XY、YZ 和 ZX 面和三个基准轴 X、Y 和 Z 轴。

图 3–49 “基准坐标系”对话框

“基准坐标系”对话框中的部分选项功能如下。

（1）**自动判断：** 通过选择的对象或输入沿 X、Y 和 Z 坐标轴方向的偏置值来定义一个坐标系。

（2）**原点，X 点，Y 点：** 该方法利用点创建功能先后指定三个点来定义一个坐标系。这三个点应分别是原点、X 轴上的点和 Y 轴上的点。定义的第一个点为原点，第一个点指向第二个点的方向为 X 轴的正向，从第二个点至第三个点按右手定则来确定 Z 轴正向。

（3）X 轴，Y 轴，原点：该方法先利用点创建功能指定一个点作为坐标系原点，再利用矢量创建功能先后选择或定义两个矢量，这样就创建了基准坐标系。坐标系 X 轴的正向平行于第一矢量的方向，XOY 平面平行于第一矢量及第二矢量所在的平面，Z 轴正向由从第一矢量在 XOY 平面上的投影矢量至第二矢量在 XOY 平面上的投影矢量按右手定则确定。

（4）三平面：该方法通过先后选择三个平面来定义一个坐标系。三个平面的交点为坐标系的原点，第一个面的法向为 X 轴，第一个面与第二个面的交线方向为 Z 轴。

（5）绝对坐标系：该方法在绝对坐标系的（0，0，0）点处定义一个新的坐标系。

（6）当前视图的坐标系：该方法用当前视图定义一个新的坐标系。XOY 平面为当前视图所在的平面。

（7）偏置坐标系：该方法通过输入沿 X、Y 和 Z 坐标轴方向相对于选择坐标系的偏距来定义一个新的坐标系。

3.3 表达式

表达式是UG的一个工具，可用在多个模块中。通过算术和条件表达式，用户可以控制部件的特性，如控制部件中特征或对象的尺寸。

3.3.1 表达式概述

表达式是参数化设计的重要工具，通过表达式不但可以控制部件中特征与特征之间、对象与对象之间、特征与对象之间的相互尺寸与位置关系，而且可以控制装配中部件与部件之间的尺寸与位置关系。

1. 表达式的概念

表达式是可以用来控制部件特性的算术或条件语句。它可以定义和控制模型的许多尺寸，如特征或草图的尺寸。表达式在参数化设计中是十分有意义的，它可以用来控制同一个零件上的不同特征之间的关系或者一个装配中不同的零件关系。举一个最简单的例子，如果一个立方体的高度可以用它与长度的关系来表达，那么当立方体的长度变化时，则其高度也随之自动更新。

表达式是定义关系的语句。所有的表达式都有一个赋给表达式左侧的值（一个可能有、也可能没有小数部分的数）。表达式关系式包括表达式等式的左侧和右侧部分（即 a = b + c 形式）。要得出该值，系统就计算表达式的右侧，它可以是算术语句或条件语句。表达式的左侧必须是一个单个的变量。

在表达式的左侧，a 是 a = b + c 中的表达式变量。表达式的左侧也是此表达式的名称。在表达式的右侧，b + c 是 a = b + c 中的表达式字符串，如图 3-50 所示。

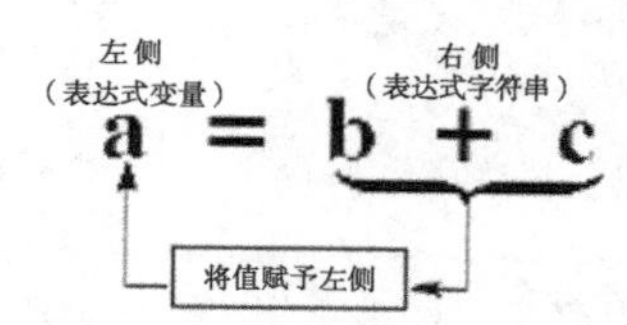

图 3-50　表达式关系式示意图

在创建表达式时必须注意以下几点。

（1）表达式左侧必须是一个简单变量，表达式右侧是一个数学语句或条件语句。

（2）所有表达式均有一个值（实数或整数），该值被赋予表达式的左侧变量。

（3）表达式等式的右侧可以是含有变量、数字、运算符和符号的组合或常数。

2. 表达式的建立方式

表达式可以自动建立或手工建立。

系统自动生成开头用 p 限定符（即 p0、p1、p2）表示的表达式。

以下情况将自动建立表达式。

（1）创建草图时，用两个表达式定义草图基准 XC 和 YC 坐标。

（2）定义草图尺寸约束时，每个定位尺寸用一个表达式表示。

（3）特征或草图定位时，每个定位尺寸用一个表达式表示。

（4）建立特征时，某些特征参数将用相应

的表达式表示。

（5）建立装配配对条件时，用户可以通过下列任意一种方式手工生成表达式。

①从草图生成表达式。

②将已有的表达式更名。在菜单栏中选择“工具”→“表达式”命令来选择旧的表达式，并选择更名。

③在文本文件中输入表达式，然后将它们导入表达式变量表中。

3.3.2 表达式语言

1. 变量名

变量名是字母数字型的字符串，但这些字符串必须以一个字母开头。变量名中也可以使用下划线“_”。

请记住表达式是区分大小写的，因此变量名 X1 不同于 x1。

所有的表达式名（表达式的左侧）也是变量，必须遵循变量名的所有约定。所有变量在用于其他表达式之前，必须以表达式名的形式出现。

2. 运算符

在表达式语言中可能会用到几种运算符。UG 表达式运算符分为算术运算符、关系及逻辑运算符，与其他计算机书中介绍的内容相同。

3. 内置函数

当建立表达式时，可以使用任一 UG 的内置函数，表 3-1 和表 3-2 列出了部分 UG 的内置函数，它可以分为两类：一类是数学函数；另一类是单位转换函数。

表 3-1 数学函数

函数名	函数表示	函数意义	备 注
abs	abs(x)=|x|	绝对值函数	结果为弧度
asin	asin(x)	反正弦函数	结果为弧度
acos	acos(x)	反余弦函数	结果为弧度
atan(x)	atan(x)	反正切函数	结果为弧度
atan2	atan2(x,y)	反余切函数	atan(x/y)，结果为弧度
sin	sin(x)	正弦函数	x 为角度度数
cos	cos(x)	余弦函数	x 为角度度数
tan	tan(x)	正切函数	x 为角度度数
sinh	sinh(x)	双曲正弦函数	x 为角度度数
cosh	cosh(x)	双曲余弦函数	x 为角度度数
tanh	tanh(x)	双曲正切函数	x 为角度度数
rad	rad(x)	将弧度转换为角度	
deg	deg(x)	将角度转换为弧度	
Radians			
Angle2Vectors			
log	log(x)	自然对数	log(x) = ln (x) = loge (x)
log10	log10(x)	常用对数	log10(x) = lg(x)
exp	exp(x)	指数	e^x
fact	fact(x)	阶乘	x!
sqrt	sqrt(x)	平方根	
hypot	hypot(x,y)	直角三角形斜边	=sqrt (x^2+y^2)

续表

函数名	函数表示	函数意义	备　注
ceiling	ceiling(x)	大于或等于 x 的最小整数	
floor	floor(x)	小于或等于 x 的最大整数	
max	max(x)		
min	min(x)		
trnc	trnc(x)	取整	
pi	pi()	圆周率 π	返回 3.14159265358979
mod	mod (x,y)		
Equal	Equal (x,y)		
xor			
dist			
round	round(x)		
ug_excel_read			

注：为了与软件中表述一致，表中变量未用斜体。

表 3-2　单位转换函数

函数名	函数表示	函数意义
cm	cm(x)	将厘米转换成部件文件的默认单位
ft	ft(x)	将英尺转换成部件文件的默认单位
grd	grd(x)	将梯度转换成角度度数
In	In(x)	将英寸转换成部件文件的默认单位
km	km(x)	将千米转换成部件文件的默认单位
mc	mc(x)	将微米转换成部件文件的默认单位
min	min(x)	将角度分转换成度数
ml	ml(x)	将千分之一英寸转换成部件文件的默认单位
mm	mm(x)	将毫米转换成部件文件的默认单位
mtr	mtr(x)	将米转换成部件文件的默认单位
sec	sec(x)	将角度秒分转换成度数
yd	yd(x)	将码转换成部件文件的默认单位

4. 条件表达式

表达式可分为三类：数学表达式、条件表达式和几何表达式。数学表达式很简单，也就是我们平常用数学的方法，利用上面提到的运算符和内置函数等，对表达式左端进行定义。例如，我们对 p2 进行赋值，其数学表达式可以表示为 p2=p5+p3。

条件表达式可以通过以下语法的 if/else 结构生成：

```
VAR = if (expr1) (expr2) else (expr3)
```

表示的含义是：如果表达式 expr1 成立，则变量取 expr2 的值，否则表达式 expr1 不成立，则变量取 expr3 的值。例如：

```
width = if (length<10) (5) else (8)
```

即如果长度小于 10，宽度将是 5；如果长度大于或等于 10，宽度将是 8。

5. 表达式中的注释

在实际注释前，使用双正斜线“//”可以在表达式中生成注释。双正斜线表示让系统忽略它后面的内容。注释一直持续到该行的末尾。如果注释与表达式在同一行，则需先写表达式的内容。例如：

```
length = 2*width //comment          有效
//comment// width'0 = 5             无效
```

6. 几何表达式

UG 中的几何表达式是一类特殊的表达式。其引用某些几何特性为定义特征参数的约束。一般用于定义曲线（或实体边）的长度，两点（或两个对象）之间的最小距离或两条直线（或圆弧）之间的角度。

通常，几何表达式是被引用在其他表达式中参与表达式的计算，从而建立其他非几何表达式与被引用的几何表达式之间的相关关系。当几何表达式代表的长度、距离或角度等变化时，引用该几何表达式的非几何表达式的值也会改变。

几何表达式的类型有以下几种。

（1）距离表达式：一个基于在两个对象、一个点和一个对象，或者两个点间最小距离的表达式。

（2）长度表达式：一个基于曲线或边缘长度的表达式。

（3）角度表达式：一个基于在两条直线、一个弧和一条线，或者两个圆弧间的角度的表达式。

几何表达式如下例所示：

```
p2=length(20)
p3=distance(22)
p4=angle(25)
```

3.3.3 表达式对话框

要在部件文件中编辑表达式，在菜单栏中选择“工具”→“表达式”命令，系统会打开“表达式”对话框，如图 3-51 所示。该对话框中提供一个当前部件中表达式的列表、编辑表达式的各种选项和控制与其他部件中表达式链接的选项。

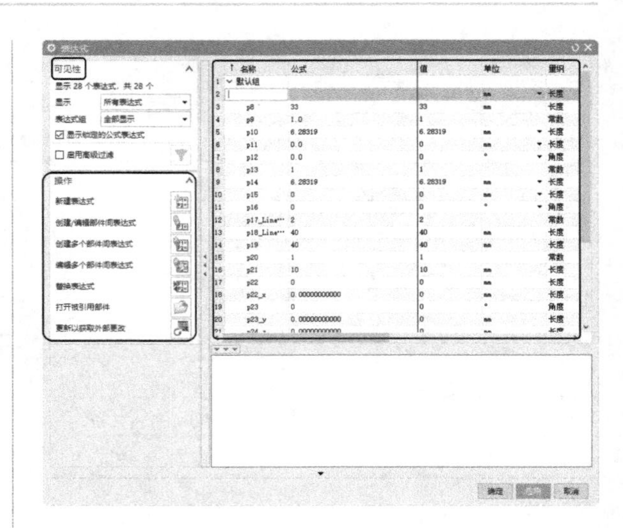

图 3-51 “表达式”对话框

1. 可见性

“可见性”选项定义了在“表达式”对话框中的表达式。用户可以从“显示”下拉列表中选择一种方式列出表达式，如图 3-52 所示。

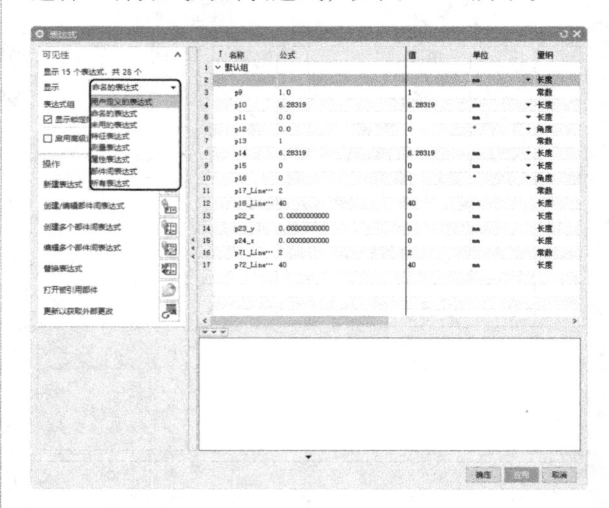

图 3-52 “显示”选项

有下列可以选择的方式。

（1）用户定义的表达式：列出了用户通过对话框创建的表达式。

（2）命名的表达式：列出用户创建和那些没有创建只是重命名的表达式，包括系统自动生成的名字，如 p0 或 p5。

（3）未用的表达式：没有被任何特征或其他表达式引用的表达式。

（4）特征表达式：列出在图形窗口或部件导

航中选定的某一特征的表达式。

（5）测量表达式：列出部件文件中的所有测量表达式。

（6）属性表达式：列出部件文件中存在的所有部件和对象属性表达式。

（7）部件间表达式：列出部件文件之间存在的表达式。

（8）所有表达式：列出部件文件中的所有表达式。

2. 操作

（1）新建表达式：新建一个表达式。

（2）创建 / 编辑部件间表达式：列出作业中可用的单个部件。一旦选择了部件以后，便列出了该部件中的所有表达式。

（3）创建多个部件间表达式：列出作业中可用的多个部件。

（4）编辑多个部件间表达式：控制从一个部件文件到其他部件中的表达式的外部参考。选择该选项将显示包含所有部件列表的对话框，这些部件包含工作部件涉及的表达式。

（5）替换表达式：允许使用另一个字符串替换当前工作部件中某个表达式的公式字符串的所有实例。

（6）打开被引用部件：单击该按钮，可以打开任何作业中部分载入的部件，常用于进行大规模加工操作。

（7）更新以获取外部更改：更新可能在外部电子表格中的表达式值。

3. 表达式列表框

根据设置的表达式列出方式显示部件文件中的表达式。

（1）名称：在该文本框中，可以为一个新的表达式命名，也可以重新命名一个已经存在的表达式。表达式命名要符合一定的规则。

（2）公式：可以编辑一个在表达式列表框中选中的表达式，也可以给新的表达式输入公式，还可以给部件间的表达式创建引用。

（3）值：显示从公式或测量数据派生的值。

（4）量纲：通过该下拉列表框可以指定一个新表达式的量纲，但不可以改变已经存在的表达式的量纲，如图 3-53 所示。

（5）单位：对于选定的量纲，指定相应的单位，如图 3-54 所示。

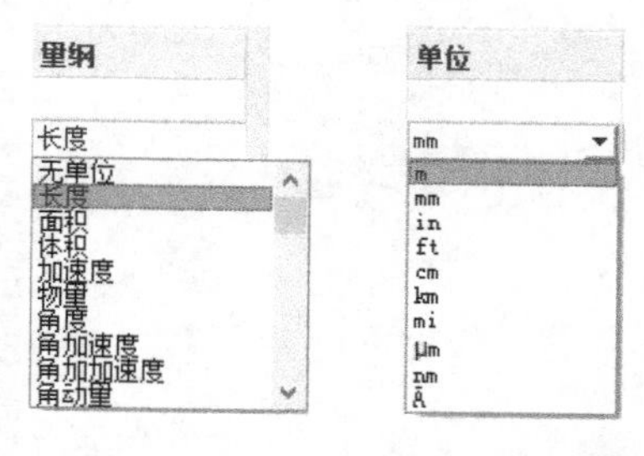

图 3-53　量纲　　图 3-54　单位

（6）类型：指定表达式数据类型，包括数字、字符串、布尔运算、整数、点、矢量和列表等类型。

（7）源：对于软件表达式，附加参数文本显示在源列中，该列描述关联的特征和参数选项。

（8）附注：添加了表达式附注，则会显示该附注。

（9）检查：显示任意检查需求。

（10）组：选择或编辑特定表达式所属的组。

3.3.4 部件间表达式

1. 部件间表达式的设置

部件间表达式用于装配和组件零件中。使用部件间表达式可以建立组件间的关系，这样一个部件的表达式可以根据另一个部件的表达式进行定义。为配合另一组件的孔而设计的一个组件中的销，可以使用与该孔参数相关联的参数，当编辑孔时，该组件中的销也能自动更新。

要使用部件间表达式，还要进行如下设置。

（1）在菜单栏中选择“文件”→“实用工具”→“用户默认设置”命令，打开“用户默认设置”对话框。

（2）在左边的栏目内，选择❶“装配”→❷“常规”→❸“部件间建模”选项，❹选中“允许关联的部件间建模”中的“是”单选按钮，❺勾选“允许提升体”复选框，如图 3-55 所示。❻单击“确定”按钮完成设置。

图 3-55 “用户默认设置”对话框

2. 部件间表达式的格式

部件间表达式与普通表达式的区别，就是在部件间表达式变量的前面添加了部件名称。格式为：

部件 1_ 名：：表达式名 = 部件 2_ 名：：表达式名

例如，表达式：

```
hole_dia = pin::diameter+tolerance
```

将局部表达式 hole_dia 与部件 pin 中的表达式 diameter 联系起来。

3.4 布尔运算

零件模型通常由单个实体组成，但在建模过程中，实体通常是由多个实体或特征组合而成，于是要求把多个实体或特征组合成一个实体，这个操作称为布尔运算（或布尔操作）。

布尔运算在实际建模过程中用得比较多，但一般情况下是系统自动完成或自动提示用户选择合适的布尔运算。布尔运算也可以独立操作。

3.4.1 合并

在菜单栏中选择“插入”→“组合”→“合并”命令或单击“主页”选项卡“特征”组中的“合并”按钮，系统打开如图 3-56 所示的“合并”对话框。该对话框用于将两个或多个实体的体积组合在一起构成单个实体，将其公共部分完全合并到一起，如图 3-57 所示。

图 3-56 “合并”对话框

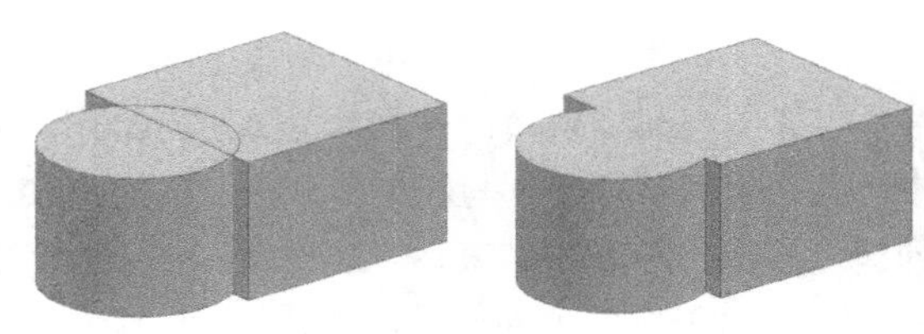

（a）合并前　　（b）合并后

图 3-57 “合并”示意图

“合并”对话框中的部分选项功能如下。

（1）目标：进行布尔“合并”时第一个选择的体对象，运算的结果将加在目标体上，并修改目标体。在同一次布尔运算中，目标体只能有一个。布尔运算的结果体类型与目标体的类型一致。

（2）工具：进行布尔运算时第二个以后选择的体对象，这些对象将加在目标体上，并构成目标体的一部分。在同一次布尔运算中，工具体可有多个。

需要注意的是，可以将实体和实体进行合并运算，也可以将片体和片体进行合并运算（具有近似公共边缘线），但不能将片体和实体、实体和片体进行合并运算。

3.4.2 减去

在菜单栏中选择“插入”→“组合”→“减去”命令或单击“主页”选项卡“特征”组中的“减去”按钮，系统打开如图 3-58 所示的“求差”对话框。该对话框用于从目标体中减去一个或多个工具体的体积，即将目标体中与工具体的公共部分去掉，如图 3-59 所示。

图 3-58 “求差”对话框

（a）减去前 （b）长方体为工具 （c）圆柱体为工具

图 3-59 “减去”示意图

需要注意的问题如下。

（1）若目标体和工具体不相交或相接，则运算结果保持为目标体不变。

（2）实体与实体、片体与实体、实体与片体之间都可以进行减去运算，但片体与片体之间不能进行减去运算。实体与片体的差，其结果为非参数化实体。

（3）布尔“减去”运算时，若目标体进行差运算后的结果为两个或多个实体，则目标体将丢失数据。也不能将一个片体变成两个或多个片体。

（4）差运算的结果不允许产生 0 厚度，即不允许目标体和工具体的表面刚好相切。

3.4.3 相交

在菜单栏中选择“插入”→“组合”→“相交”命令或单击“主页”选项卡“特征”组中的“相交”按钮，系统打开“相交”对话框，如图 3-60 所示。该对话框用于将两个或多个实体合并成单个实体，运算结果取其公共部分体积构成单个实体，如图 3-61 所示。

图 3-60 “相交”对话框

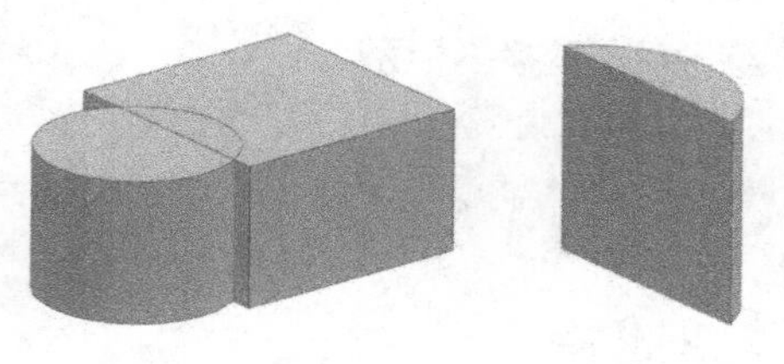

（a）相交前 （b）相交后

图 3-61 “相交”示意图

3.5 新手问答

Q1：怎样利用布尔运算中的“减去”功能对创建的一个完整的实体进行拆分？

答：首先在要拆分的位置创建一个片体，然后利用“减去”命令，目标体选择实体，工具体选择片体，用户就可以利用“减去”命令实现对实体的拆分。

Q2：基准平面和固定基准平面有何区别？

答：在屏幕右上角的“命令查找器”文本框中输入要搜索的命令，单击“命令查找器”按钮即可搜索到命令所在的位置，如果是隐藏的命令，可以将其添加到菜单和选项卡中。

基准平面和固定基准平面的性质不一样，固定基准平面相对于坐标系位置不变，而基准平面会根据创建基准平面的基准进行相对位置的调整，即两者是相互关联的。

3.6 上机实验

通过前面的学习，相信读者对本章知识已有了一个大体的了解。本节将通过两个操作练习帮助读者巩固本章所学的知识要点。

【练习 1】设置基准

1. 目的要求

本练习要求用户熟练地掌握各种基准的创建方法。

2. 操作提示

（1）创建一个新的基准平面。

（2）创建一个新的基准轴。

（3）创建一个新的基准坐标系。

【练习 2】变换坐标系

1. 目的要求

本练习要求用户熟练地掌握坐标系的操作方法。

2. 操作提示

（1）将坐标系移到新位置。

（2）将坐标系旋转 90°。

（3）动态移动坐标系。

3.7 思考与练习

一、选择题

1. 下列无法删除基准面的方式是（　　）。

A. 选中基准面，单击 Delete 图标

B. 选中基准面，按 Delete 键

C. 选中基准面，按 Backspace 键

D. 选中基准面，选择“编辑”→“删除”命令

2. 使用下列工具可以编辑特征参数，改变参数表达式的数值的是（　　）。

A. 特征表格　　B. 检查工具

C. 装配导航器　　D. 部件导航器

3. 下列可以定义实体密度的方式是(　　)。

A. 在“建模首选项”中设置

B. 选择“编辑”菜单中的“对象选择”命令，进行密度设置

C. 双击实体模型，在特征对话框中添加密度值

D. 在部件导航器中右击实体，在弹出的快捷菜单中选择“属性”命令，进行密度设置

4. 建模基准不包括（　　）。

A. 基准体　　B. 基准坐标系

C. 基准轴　　D. 基准面

5. UG 提供了三种坐标系，分别为绝对坐标系、（　　）和机械坐标系。

A. 笛卡儿坐标系　　B. 圆柱坐标系

C. 球坐标系　　D. 工作坐标系

6. 在定义的坐标系中，X Axis、Y Axis 用于通过（　　）来定义工作坐标系。

A. 两个相交直线

B. 两个相交直线和设定一个点

C. 三个相交平面

D. 已经存在的实体的绝对坐标

7. 以下不属于动态旋转或移动坐标轴提供的功能是（　　）。

A. 坐标原点拖动　　B. 沿轴拖动

C. 移动旋转拖动　　D. 旋转坐标系

8. 确定（　　）可以创建基准面。

A. 点和方向　　B. 三点

C. 过曲线上一点　　D. 相切圆柱表面

二、简答题

1. 建立基准平面有几种方式，各有什么特点？

2. 布尔运算有几种方式，有什么异同点？

3. 在什么情况下需要用到部件间表达式，需要提前进行哪些设置，又如何创建？

第 4 章　草图设计

本章导读

草图（Sketch）是 UG 建模中建立参数化模型的一个重要工具。通常情况下，用户的三维设计应该从草图设计开始，通过 UG 中提供的草图功能建立各种基本曲线，对曲线进行几何约束和尺寸约束，然后对二维草图进行拉伸、旋转或扫掠就可以很方便地生成三维实体。此后模型的编辑修改，主要在相应的草图中完成后即可更新模型。

本章主要介绍草图的基本知识、操作和编辑等。

内容要点

- 草图建立
- 草图约束
- 草图操作

4.1 草图建立

草图是位于指定平面上的曲线和点所组成的一个特征，其默认特征名为 SKETCH。草图由草图平面、草图坐标系、草图曲线和草图约束等组成。草图平面是草图曲线所在的平面，草图坐标系的 XY 平面即为草图平面，由用户在建立草图时确定。一个模型中可以包含多个草图，每一个草图都有一个名称，系统通过草图名称对草图及其对象进行引用。

4.1.1 进入草图环境

在“建模”模块的菜单栏中选择“插入”→“在任务环境中绘制草图”命令，打开“创建草图”对话框，如图 4-1 所示。

图 4-1 “创建草图”对话框

❶ 选择现有平面或创建新平面，❷ 单击“确定”按钮，进入草图环境，如图 4-2 所示。

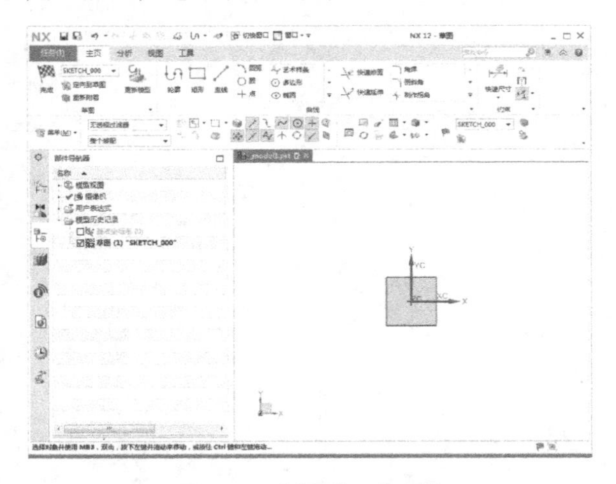

图 4-2 “草图”工作环境

4.1.2 草图创建的一般步骤

进入草图创建环境后，首先在“主页”选项卡的“草图”组中输入名称（将鼠标在文本框中放置一会儿，鼠标指针变成 I 光标后即可输入），如图 4-3 所示。

图 4-3 “主页”选项卡

要创建草图，在“创建草图”对话框中指定草图的放置平面，有以下几种情况。

（1）如果要将某一工作坐标系平面指定为草图平面，在“草图平面”选项中选择创建平面，在“指定平面”下拉列表中选择 XC-YC、XC-ZC、YC-ZC 或创建其他的基准平面，然后单击“确定”按钮。

（2）如果要为草图平面选择平的表面或已有的基准平面，在“草图平面”选项中选择现有的平面选项，然后选择所需的面或基准平面，然后单击“确定”按钮。

（3）如果要将基准坐标系用于草图平面，在“草图平面”选项中选择创建基准平面选项，单击“基准 CSYS”按钮，将会创建新的基准坐标系，并将其 X-Y 平面用于草图平面，在打开的“CSYS 构造器”中生成基准坐标系，生成的新草图与新生成的基准坐标系的 X-Y 平面重合。

当草图创建工作全部完成时，单击“完成”按钮，退出草图工作环境。

4.1.3 草图的视角

当用户完成草图平面的创建和修改后，系统会自动转换到草图平面视角。如果用户对该视角不满意，可以单击“定向视图到模型”按钮，使草图视角恢复到原来基本建模的视角。还可以通过“定向视图到草图”按钮，可以再次回到草图平面的视角。

4.1.4 草图的定位

1. 草图重新定位

当用户完成草图的创建后，如图 4-4 所示。需要更改草图所依附的平面，可以通过“重新附着”按钮来重新定位草图的依附平面，如

图 4-5 所示。

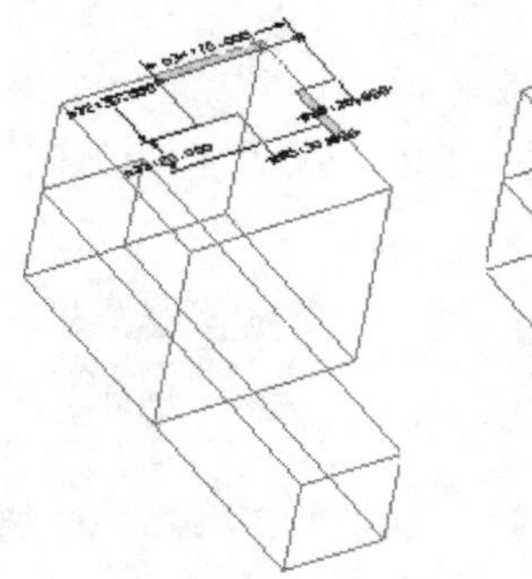
图 4-4　原草图平面

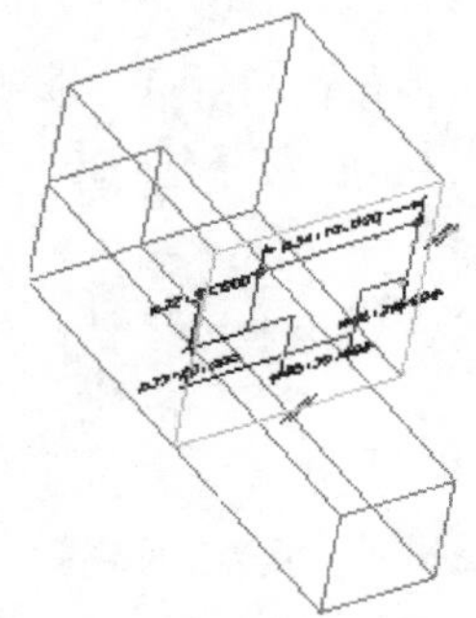
图 4-5　“重新附着”后的草图平面

2. 定位草图

在完成草图平面的选择后，用户可以通过定位草图来固定草图在指定平面的位置。单击“创建定位尺寸”按钮，打开如图 4-6 所示的“定位”对话框，来定位草图实体边缘或基准面等。

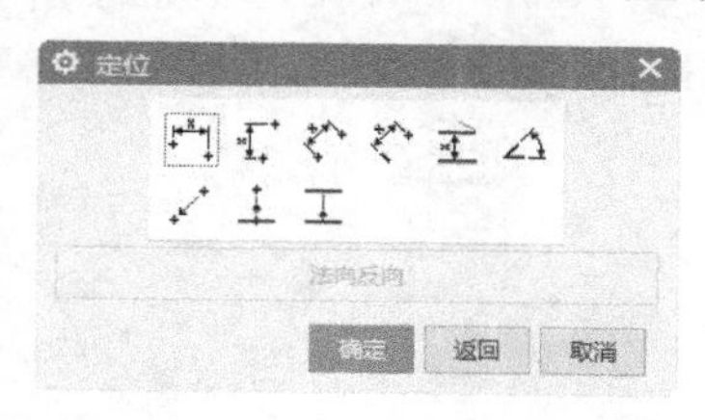

图 4-6　“定位”对话框

“定位”对话框中的各选项功能如下。

（1）**水平**：该选项用于使“水平”尺寸与水平参考相对齐，或者与竖直参考成 90°，在两点之间生成一个与水平参考对齐的定位尺寸。

（2）**竖直**：该选项用于使一个“竖直”尺寸与竖直参考相对齐，或者是与水平参考成 90°，在两点之间生成一个与竖直参考对齐的定位尺寸。

（3）**平行**：该选项用于生成一个约束两点（例如，已有的点、实体端点、圆心点或弧切点）之间距离的定位尺寸，此距离沿平行于工作平面方向测量。

（4）**垂直**：该选项用于生成一个定位尺寸来约束目标实体上一条边与特征或草图上一个点之间的垂直距离。

（5）**按一定距离平行**：该选项用于生成一个定位尺寸，该定位尺寸约束特征或草图上的一条线性边与目标实体上的一条线性边（或任意已有曲线，又或不在目标实体上），使它们互相平行并保持一个固定的距离，该约束仅仅将特征或草图上的点锁定到目标实体的边上。

（6）**成角度**：该选项用于在成给定角的一条特征线性边与一条线性参考边 / 曲线之间生成一个定位约束尺寸。

（7）**点落在点上**：该选项用于生成一个与“平行”选项相同的定位尺寸，但是两点之间的固定距离设置为零。

该定位尺寸可以使特征或草图移动，以至于它的选中点移动到目标实体的选中点上。

（8）**点到线**：该选项用于生成一个与“垂直的”选项相同的定位约束尺寸，但是边或曲线与点之间的距离设置为零，该约束仅仅将特征或草图上的点锁定到目标实体的边上。

（9）**线落在线上**：该选项用于生成一个与“平行距离”选项一致的定位约束尺寸。但是，要将特征或草图的线性边与目标实体上的线性边或曲线之间的距离设置为零，该约束仅仅将特征或草图上的边锁定到目标实体的边或曲线上。

4.1.5 草图的绘制

进入草图工作环境后，系统会自动打开“主页”选项卡中的“曲线”组，其相关命令也可以在菜单中选择“插入”→“曲线”命令，在弹出的子菜单中找到，如图 4-7 所示。

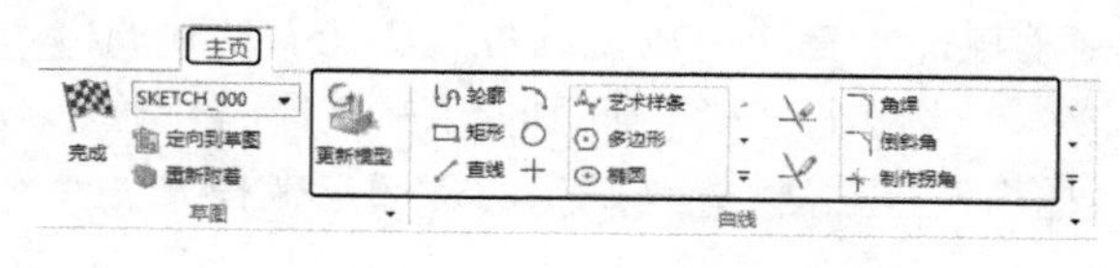

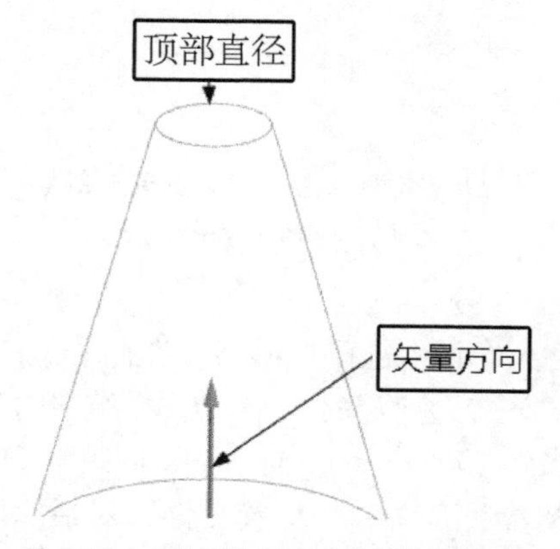

图 4-7　“曲线”组和“曲线”子菜单

下面就常用的绘图命令进行介绍。

1. 轮廓

绘制单一或连续的直线和圆弧。

在菜单栏中选择“插入”→“曲线”→“轮廓”命令或单击“主页”选项卡“曲线”组中的“轮廓”按钮，打开“轮廓”对话框，如图 4-8 所示。

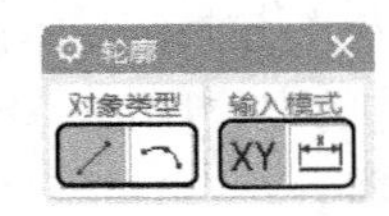

图 4-8 “轮廓”对话框

（1）直线：单击“直线”按钮，在视图区中选择两点绘制直线。

（2）圆弧：单击“圆弧”按钮，在视图区中选择一点，输入半径，然后再在视图区中选择另一点，或者根据相应约束和扫描角度绘制圆弧。

（3）坐标模式：单击“坐标模式”按钮XY，在视图区中显示如图 4-9 所示的 XC 和 YC 文本框，在其中输入所需数值，确定绘制点。

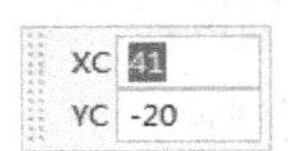

图 4-9 “坐标模式”文本框

（4）参数模式：单击“参数模式”按钮，在视图区中显示如图 4-10 所示的“长度”和“角度”或者“半径”文本框，在其中输入所需数值，拖动鼠标，在所要放置的位置单击，绘制直线或弧。与坐标模式的区别是：在文本框中输入数值后，坐标模式是确定的，而参数模式是浮动的。

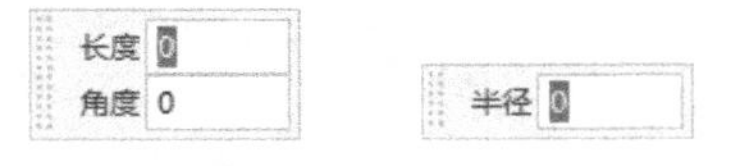

(a) 选择直线绘制 (b) 选择弧绘制

图 4-10 “参数模式”文本框

2. 直线

在菜单栏中选择“插入”→“曲线”→“直线”命令或单击“主页”选项卡“曲线”组中的“直线”按钮，打开“直线”对话框，如图 4-11 所示。其各个参数含义和“配置文件”对话框中对应的参数含义相同。

3. 圆弧

在菜单栏中选择“插入”→“曲线”→“圆弧”命令或单击“主页”选项卡“曲线”组中的“圆弧”按钮，打开如图 4-12 所示的“圆弧”对话框。

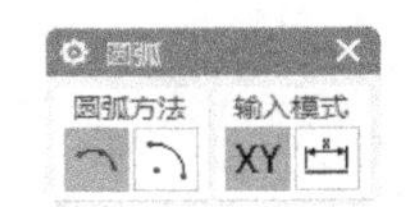

图 4-11 “直线”对话框　　图 4-12 “圆弧”对话框

（1）三点定圆弧：单击“三点定圆弧”按钮，通过“三点定圆弧”方式绘制弧。

（2）中心和端点定圆弧：单击“中心和端点定圆弧”按钮，通过“中心和端点定圆弧”方式绘制弧。

4. 圆

在菜单栏中选择“插入”→“曲线”→“圆”命令或单击“主页”选项卡“曲线”组中的“圆”按钮，打开“圆”对话框，如图 4-13 所示。

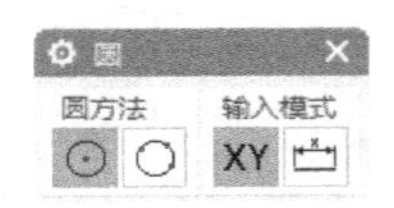

图 4-13 “圆”对话框

（1）圆心和直径定圆：单击“圆心和直径定圆”按钮，通过“圆心和直径定圆”方式绘制圆。

（2）三点定圆：单击“三点定圆”按钮，选择“三点定圆”方式绘制圆。

5. 派生曲线

选择一条或几条直线后，系统自动生成其平行线、中线或角平分线。

在菜单栏中选择“插入”→“来自曲线集的曲线”→“派生曲线”命令或单击“主页”选项卡“曲线”组中的“派生直线”按钮，选择“派生线条”方式绘制直线和草图，如图 4-14 所示。

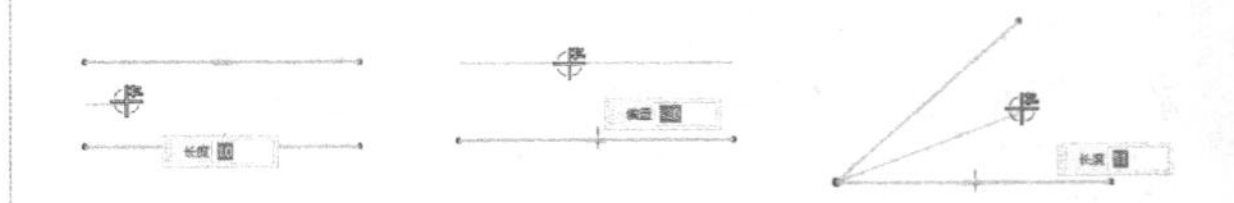

图 4-14 “派生线条”方式绘制草图

6. 矩形

在菜单栏中选择"插入"→"曲线"→"矩形"命令或单击"主页"选项卡"曲线"组中的"矩形"按钮，系统打开"矩形"对话框，如图 4-15 所示。

（1）按 2 点：单击"按 2 点"按钮，通过"按 2 点"方式绘制矩形。

（2）按 3 点：单击"按 3 点"按钮，通过"按 3 点"方式绘制矩形。

（3）从中心：单击"从中心"按钮，通过"从中心"方式绘制矩形。

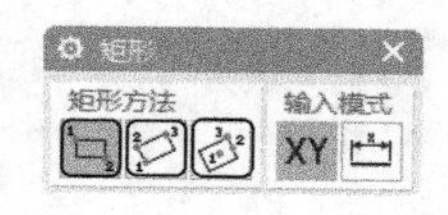

图 4-15 "矩形"对话框

7. 拟合曲线

用最小二乘拟合生成样条曲线。

在菜单栏中选择"插入"→"曲线"→"拟合曲线"命令或单击"主页"选项卡"曲线"组中的"拟合曲线"按钮，打开"拟合曲线"对话框，如图 4-16 所示。该对话框中包括"类型""点约束"等部分。

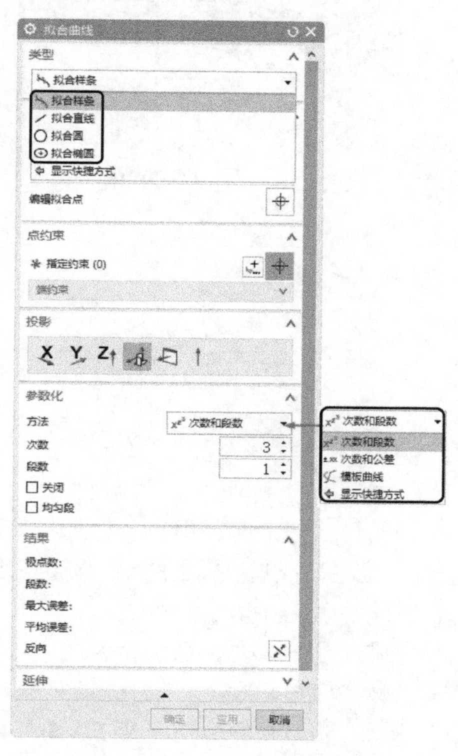

图 4-16 "拟合曲线"对话框

拟合曲线类型分为拟合样条、拟合直线、拟合圆和拟合椭圆四种类型。

其中拟合直线、拟合圆和拟合椭圆创建类型下的各个操作选项基本相同，如选择点的方式有自动判断、指定的点和成链的点三种，创建出来的曲线也可以通过"结果"来查看误差。与其他三种不同的是拟合样条，其可选的操作对象有自动判断、指定的点、成链的点和曲线四种。

（1）次数和段数：用于根据拟合样条曲线次数和分段数生成拟合样条曲线。在"次数""段数"文本框中输入用户所需的数值。若要均匀分段，则勾选"均匀段"复选框，创建拟合样条曲线。

（2）次数和公差：用于根据拟合样条曲线次数和公差生成拟合样条曲线。在"次数""公差"文本框中输入用户所需的数值，创建拟合样条曲线。

（3）模板曲线：根据模板样条曲线，生成曲线次数及节点顺序均与模板曲线相同的拟合样条曲线。勾选"保持模板曲线为选定"复选框表示保留所选择的模板曲线，否则移除。

8. 艺术样条

用于在工作窗口中定义样条曲线的各定义点来生成样条曲线。

在菜单栏中选择"插入"→"曲线"→"艺术样条"命令或单击"主页"选项卡"曲线"组中的"艺术样条"按钮，打开"艺术样条"对话框，如图 4-17 所示。

在"艺术样条"对话框的"类型"下拉列表中包括"通过点"和"根据极点"两种方法创建艺术样条曲线。还可以采用"根据极点"方法对已创建的样条曲线上的各个定义点进行编辑。

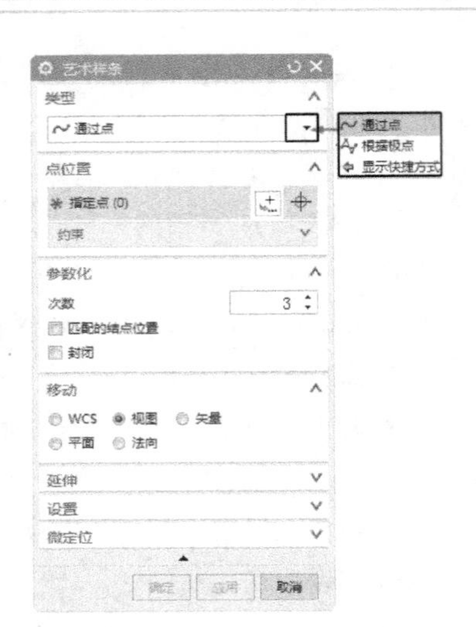

图 4-17 “艺术样条”对话框

9. 一般二次曲线

在菜单栏中选择“插入”→“曲线”→“二次曲线”命令，打开“二次曲线”对话框，如图 4-18 所示。❶定义三个点，❷输入用户所需的 Rho 值。单击“确定”按钮，创建二次曲线。

图 4-18 “二次曲线”对话框

4.2 草图约束

约束用于精确地控制草图中的对象。草图约束有两种类型：尺寸约束（也称为草图尺寸）和几何约束。

尺寸约束可以建立起草图对象的大小（如直线的长度、圆弧的半径等）或是两个对象之间的关系（如两点之间的距离）。尺寸约束看上去更像是图纸上的尺寸。

几何约束可以建立起草图对象的几何特性（如要求某一直线具有固定长度）或是两个或更多草图对象的关系类型（如要求两条直线垂直或平行，或是几个弧具有相同的半径）。在图形区中无法看到几何约束，但是用户可以使用“显示 / 删除约束”显示有关信息，并显示代表这些约束的直观标记。

4.2.1 建立尺寸约束

建立尺寸约束是限制草图几何对象的大小和形状，也就是在草图上标注草图尺寸，并设置尺寸标注线，与此同时再建立相应的表达式，以便在后续的编辑工作中实现尺寸的参数化驱动。进入草图工作环境后，在草图环境下的菜单栏中选择❶“插入”→❷“尺寸”命令，弹出子菜单，如图 4-19 所示。或者单击“主页”选项卡“约束”组中的“快速尺寸”按钮下的按钮，打开下拉列表，如图 4-20 所示。

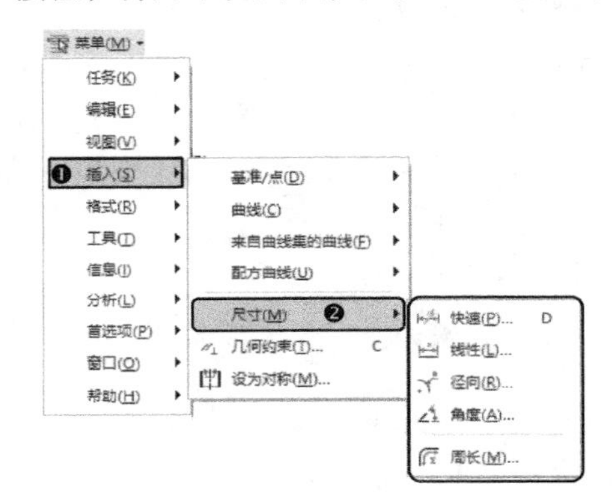

图 4-19 “尺寸”子菜单

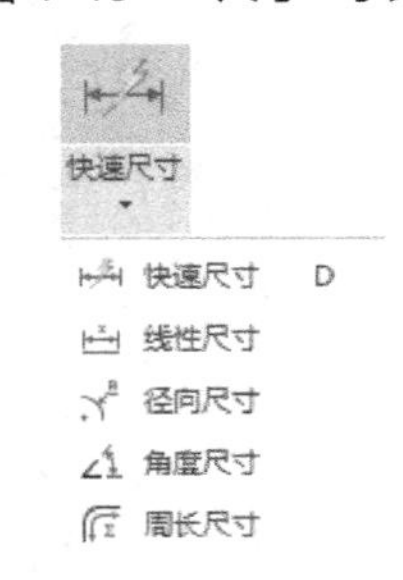

图 4-20 “快速尺寸”下拉列表

在生成尺寸约束时，用户可以选择草图曲线、边、基准平面或基准轴上的点，以生成水平、竖直、平行、垂直和角度尺寸。

在生成尺寸约束时，系统会生成一个表达式，其名称和值显示在下方的文本区域中，如图 4-21 所示，可以接着编辑该表达式的名和值。

在生成尺寸约束时，只要选中了几何体，其

尺寸及其延伸线和箭头就会全部显示出来。将尺寸拖动到位，然后按下鼠标左键。完成尺寸约束后，用户还可以随时更改尺寸约束。只需在图形区中选中该值双击，然后可以使用生成过程所采用的同一方式，编辑其名称、值或位置。同时用户还可以使用“动画模拟”功能，在一个指定的范围中，显示动态地改变表达式之值的效果。

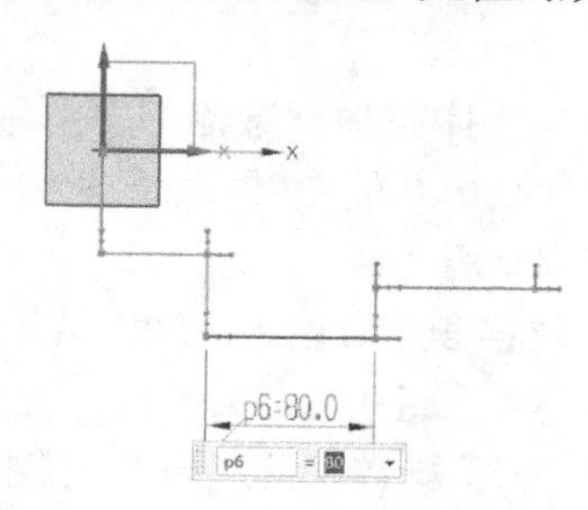

图 4-21 “尺寸约束编辑”示意图

以下对主要尺寸约束选项功能进行介绍。

（1）**线性**：在草图环境下的菜单栏中选择“菜单”→“插入”→“尺寸”→“线性”命令或单击“主页”选项卡“约束”组中的“线性尺寸”按钮，打开“线性尺寸”对话框，如图 4-22 所示。在绘图工作区中选取同一对象或不同对象的两个控制点，则用两点的连线标注尺寸。选取一条圆弧曲线，则系统直接标注圆的直径尺寸。在标注尺寸时所选取的圆弧或圆，必须是在草图模式中创建的。

（2）**径向**：在草图环境下的菜单栏中选择“菜单”→“插入”→“尺寸”→“径向”命令或单击“主页”选项卡“曲线”组中的“径向尺寸”按钮，打开“径向尺寸”对话框，如图 4-23 所示。在绘图工作区中选取一条圆弧曲线，则系统直接标注圆弧的半径尺寸，如图 4-24 所示。

（3）**角度**：在草图环境下的菜单栏中选择“菜单”→“插入”→“尺寸”→“角度”命令或单击“主页”选项卡“约束”组中的“角度尺寸”按钮，打开“角度尺寸”对话框，如图 4-25 所示。在绘图工作区中一般在远离直线交点的位置选择两条直线，则系统会标注这两条直线之间的夹角，如果选取直线时光标比较靠近两直线的交点，则标注的该角度是对顶角。

（4）**周长**：在草图环境下的菜单栏中选择“菜单”→“插入”→“尺寸”→“周长”命令或单击“主页”选项卡“约束”组中的“周长尺寸”按钮，打开“周长尺寸”对话框，如图 4-26 所示。在绘图工作区中选取一段或多段曲线，则系统会标注这些曲线的周长。这种方式不会在绘图区中显示。

图 4-22 “线性尺寸”对话框　　图 4-23 “径向尺寸”对话框

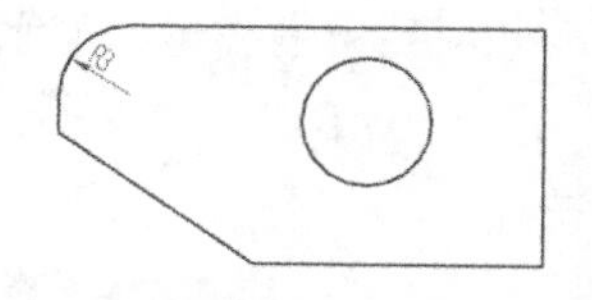

图 4-24 “半径”标注尺寸示意图

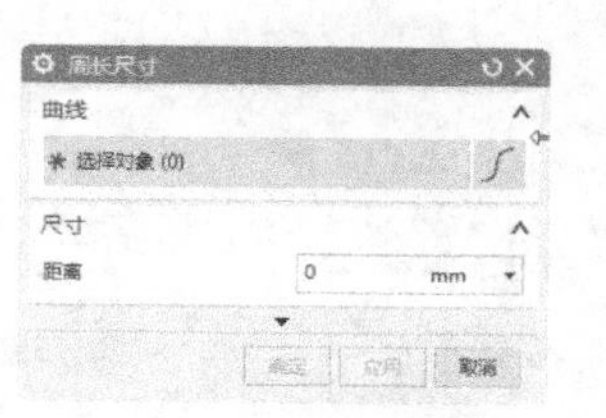

图 4-25 “角度尺寸”对话框　　图 4-26 “周长尺寸”对话框

4.2.2 建立几何约束

使用几何约束，可以指定草图对象必须遵守的条件，或者草图对象之间必须维持的关系。几何约束命令在“约束”组中，如图 4–27 所示。

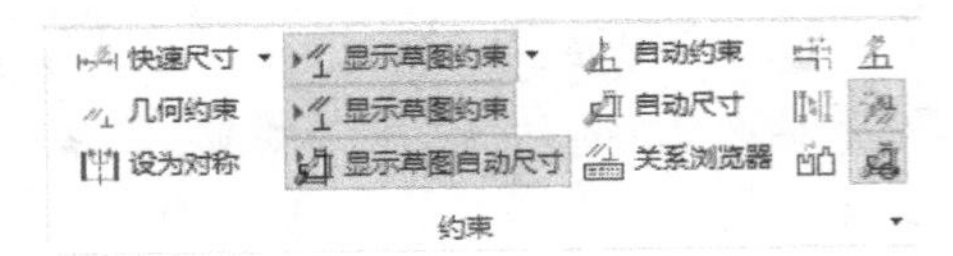

图 4–27 “约束”组

其主要几何约束选项功能如下。

（1）几何约束： 单击“主页”选项卡“约束”组中的“几何约束”按钮，打开如图 4–28 所示的对话框，不同的对象提示栏中会有不同的选项。用户可以在其上单击按钮以确定要添加的约束。

（2）显示草图约束： 单击“主页”选项卡“约束”组中的“显示草图约束”按钮，该选项用于打开所有的约束类型。

（3）自动约束： 单击“主页”选项卡“约束”组中的“自动约束”按钮，打开如图 4–29 所示“自动约束”对话框，用于设置系统自动要添加的约束。该选项能够在可行的地方自动应用到草图的几何约束的类型，如水平、竖直、平行、垂直、相切、点在曲线上、等长、等半径、重合、同心等。

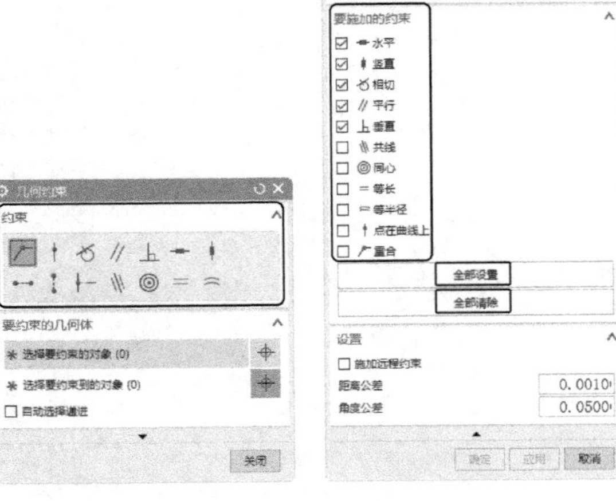

图 4–28 “两直线对象”几何约束选项　　图 4–29 “自动约束”对话框

“自动约束”对话框中的部分选项功能如下。

①全部设置：选中所有约束类型。

②全部清除：清除所有约束类型。

③距离公差：用于控制对象端点的距离必须达到的接近程度才能重合。

④角度公差：用于控制系统要应用水平、竖直、平行或垂直约束时，直线必须达到的接近程度。

当将几何体添加到激活的草图中时，尤其是当几何体是由其他 CAD 系统导入时。该选项功能会特别有用。

（4）转换至 / 自参考对象： 单击“主页”选项卡“约束”组中的“转换至 / 自参考对象”按钮，打开“转换至 / 自参考对象”对话框，如图 4–30 所示。用于将草图曲线或尺寸转换为参考对象，或者将参考对象转换为草图对象。

①参考曲线或尺寸：选中该单选按钮时，系统将所选对象由草图对象或尺寸转换为参考对象。

②活动曲线或驱动尺寸：选中该单选按钮时，系统将当前所选的参考对象激活，将其转换为草图对象或尺寸。

（5）备选解： 单击“主页”选项卡“约束”组中的“备选解”按钮，打开“备选解”对话框，如图 4–31 所示。当对草图进行约束操作时，同一约束条件可能存在多种解决方法，采用“备选解”操作可从一种解法转为另一种解法。

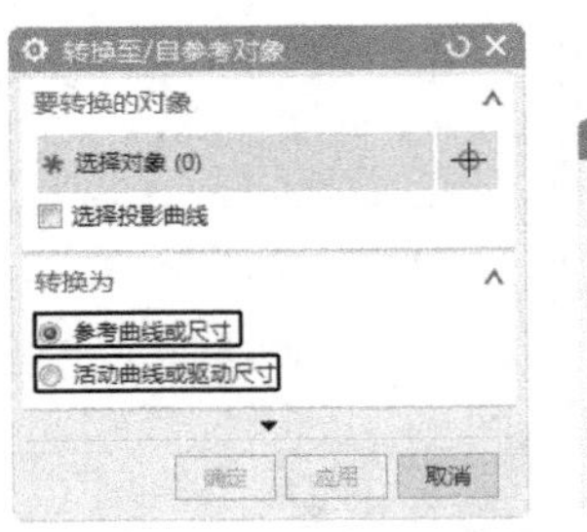

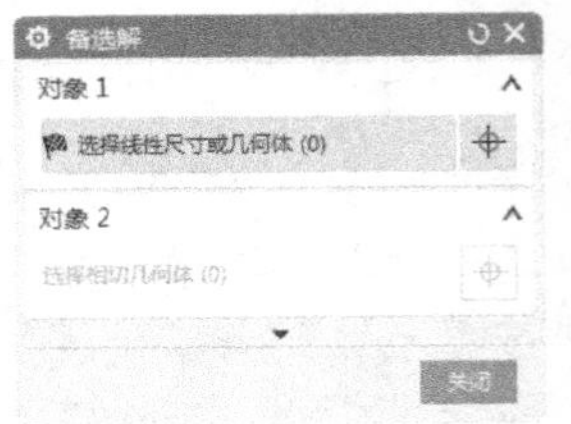

图 4–30 “转换至 / 自参考对象”对话框　　图 4–31 “备选解”对话框

例如，圆弧和直线相切就有两种方式，其“备选解”操作示意图如图 4–32 所示。

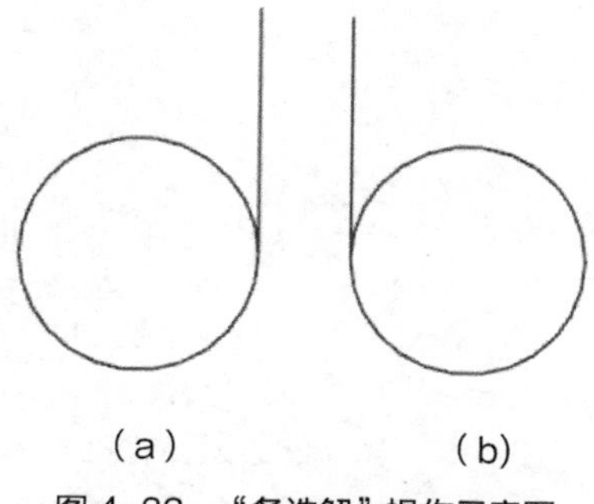

（a）　　　　　　（b）

图 4-32　“备选解”操作示意图

（6）动画演示尺寸：用于使草图中制定的尺寸在规定的范围内变化，同时观察其他相应的几何约束变化的情形，以此来判断草图设计的合理性，及时发现错误。在进行“动画尺寸”操作之前，必须先在草图对象上进行尺寸标注和必要的约束，单击“主页”选项卡“约束”组中的“动画演示尺寸”按钮，打开“动画演示尺寸”对话框，如图 4-33 所示。❶系统提示用户在绘图区或在尺寸表达式列表框中选择一个尺寸，❷在对话框中设置该尺寸的变化范围和每一个循环显示的步长。❸单击“确定”按钮后，系统会自动在绘图区中动画显示与此尺寸约束相关的几何对象。

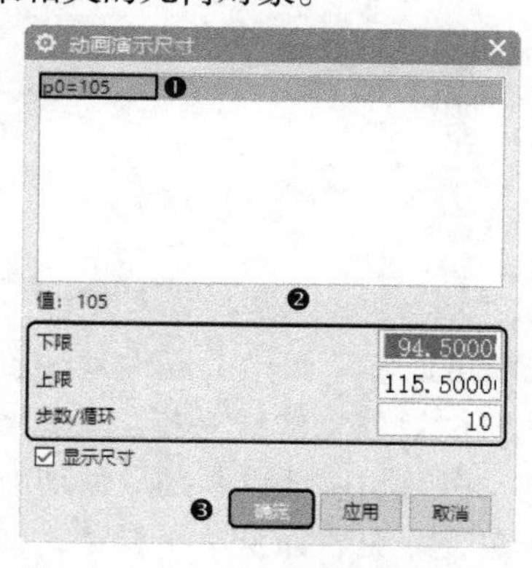

图 4-33　“动画演示尺寸”对话框

①尺寸表达式列表框：用于显示在草图中已标注的全部尺寸表达式。

②下限：用于设置尺寸在动画显示时变化范围的下限。

③上限：用于设置尺寸在动画显示时变化范围的上限。

④步数 / 循环：用于设置每次循环时动态显示的步长值。输入的数值越大，则动态显示的速度越慢，但运动较为连贯。

⑤显示尺寸：用于设置在动画显示过程中是否显示已标注的尺寸。如果勾选该复选框，在草图动画显示时，所有尺寸都会显示在窗口中，且其数值保持不变；否则不显示其他尺寸。

4.2.3 另解

单击“主页”选项卡“曲线”组中的“备选解”按钮，当约束一个草图对象时，同一约束可能存在多种求解结果，采用另解则可以由一个解更换到另一个。

图 4-34 显示了当将两个圆约束为相切时，同一选择如何产生两个不同的解。两个解都是合法的，而“另解”可以用于指定正确的解。

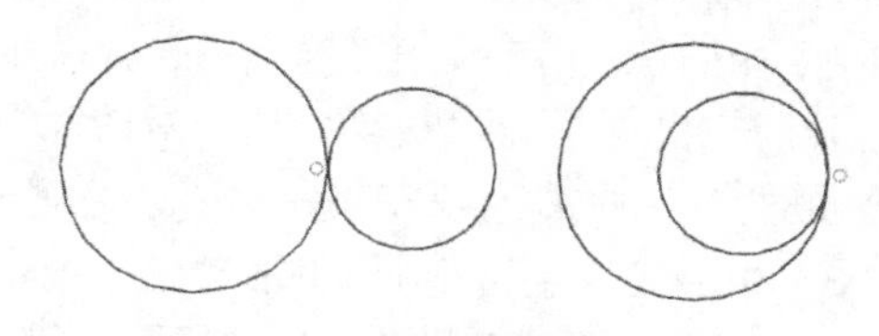

图 4-34　“另解”示意图

4.3 草图操作

建立草图之后，可以对草图进行很多操作，包括镜像、拖动等命令，以下将进一步介绍。

4.3.1 镜像

该选项通过草图中现有的任一条直线来镜像草图几何体。示意图如图 4-35 所示。

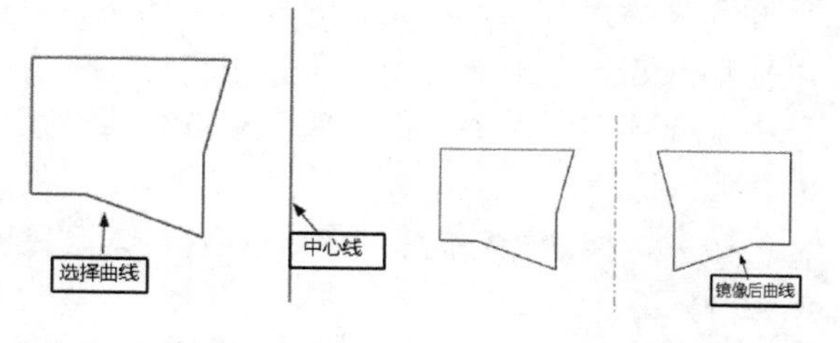

（a）镜像前　　　　（b）镜像后

图 4-35　“镜像”示意图

在菜单栏中选择“插入”→“来自曲线集的曲线”→“镜像曲线”命令或单击“主页”选项卡“曲线”组中的“镜像曲线”按钮，打开“镜像曲线”对话框，如图 4-36 所示。

图 4-36 “镜像曲线”对话框

“镜像曲线”对话框中的部分选项功能如下。

（1）要镜像的曲线：用于选择一个或多个需要镜像的草图对象。在“镜像曲线”对话框中单击“曲线”按钮，在绘图窗口中选择镜像几何体。

（2）中心线：用于在绘图窗口中选择一条直线作为镜像中心线。在“镜像曲线”对话框中单击“中心线”按钮，在绘图窗口中选择中心线。

（3）中心线转换为参考：将活动中心线转换为参考。如果中心线为参考轴，则系统沿该轴创建一条参考线。

（4）显示终点：显示端点约束，以便移除或添加它们。如果移除端点约束，然后编辑原先的曲线，则未约束的镜像曲线将不会更新。

4.3.2 拖动

当用户在草图中选择了尺寸或曲线后，待光标变成后，即可以在图形区域中拖动它们，可以更改草图。在欠约束的草图中，可以拖动尺寸和欠约束对象。在完全约束的草图中，可以拖动尺寸，但不能拖动对象。用户可以一次选中并拖动多个对象，但必须单独选中每个尺寸并加以拖动。

在进行拖动操作时，与顶点相连的对象是不被分开的。

4.3.3 偏置曲线

该选项可以在草图中关联性地偏置抽取的曲线，生成偏置约束。修改原先的曲线，将会更新抽取的曲线和偏置曲线。示意图如图 4-37 所示。

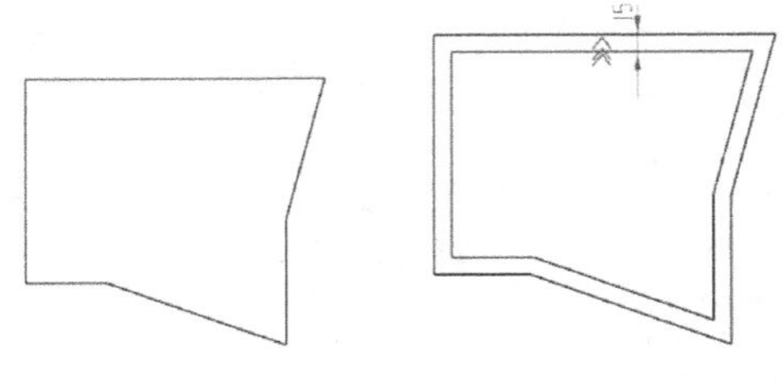

（a）偏置前　　（b）偏置后

图 4-37 “偏置曲线”示意图

在菜单栏中选择“插入”→“来自曲线集的曲线”→“偏置曲线”命令或单击“主页”选项卡“曲线”组中的“偏置曲线”按钮，打开“偏置曲线”对话框，如图 4-38 所示。

图 4-38 “偏置曲线”对话框

该选项可以在草图中关联性地偏置抽取的曲线。关联性地偏置曲线是指：如果修改了原先的曲线，将会相应地更新抽取的曲线和偏置曲线。被偏置的曲线都是单个样条，并且是几何约束。

上述对话框中大部分功能与基本建模中的曲线偏置功能类似。

4.3.4 添加现有曲线

在菜单栏中选择“插入”→“来自曲线集的曲线”→“现有曲线”命令或单击“主页”选项卡“曲线”组中的“添加现有曲线”按钮。

该选项用于将绝大多数已有的曲线和点，以及椭圆、抛物线和双曲线等二次曲线添加到当前草图中。该选项只是简单地将曲线添加到草图中，而不会将约束应用于添加的曲线，几何体之间的间隙没有闭合。要使系统应用某些几何约束，可使用“自动约束”功能。

提示

不能将已被拉伸的曲线添加到在拉伸后生成的草图中。

4.3.5 投影曲线

在菜单栏中选择“插入”→“来自曲线集的曲线”→“投影曲线”命令或单击“主页”选项卡“曲线”组中的“投影曲线”按钮，打开“投影曲线”对话框，如图 4-39 所示。

图 4-39 “投影曲线”对话框

该选项用于将选中的对象沿草图平面的法向投影到草图的平面上。通过选择草图外部的对象，可以生成抽取的曲线或线串。能够抽取的对象包括曲线（关联或非关联的）、边、面、其他草图或草图内的曲线、点。

由关联曲线抽取的线串将维持与原先几何体的关联性连接。如果修改了原先的曲线，草图中抽取的线串也将更新；如果原先的曲线被抑制，抽取的线串还是会在草图中保持可见状态；如果选中了面，则它的边会自动被选中，以便进行抽取；如果更改了面及其边的拓扑结构，抽取的线串也将更新。对边的数目的增加或减少也会反映在抽取的线串中。

4.3.6 草图更新

在菜单栏中选择“工具”→“更新”→“更新模型”命令，用于更新模型，以反映对草图所进行的更改。如果没有要进行的更新，则此选项是不可用的。如果存在要进行的更新，而且用户退出了“草图工具”对话框，则系统会自动更新模型。

4.3.7 删除与抑制草图

在 UG 中草图是实体造型的特征，删除草图的方法有以下几种。

在菜单栏中选择“编辑”→“删除”命令，或者在“部件导航器”中右击，在打开的快捷菜单中选择“删除”命令，用此方法删除草图时，如果草图在部件导航器特征树中有子特征，则只会删除与其相关的特征，不会删除草图。

4.4 综合实例——曲柄

本例实现绘制曲柄，如图 4-40 所示。首先绘制中心线，然后进行尺寸约束，完成其他草图的绘制，并做几何约束和标注尺寸。

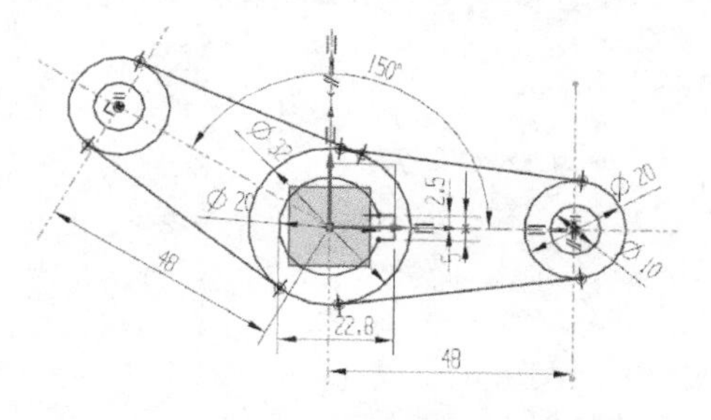

图 4-40 曲柄草图

绘制步骤

Step 01 新建文件

在菜单栏中选择“文件”→“新建”命令，在弹出的“新建”对话框中选择保存文件的位置，输入文件的名称 qubing，选择“模型”模板。完成后单击“确定”按钮，进入实体建模环境。

Step 02 进入草绘界面

在菜单栏中选择“菜单”→“插入”→“在任务环境中绘制草图”命令，弹出“创建草图”对话框，如图 4-41 所示。❶ 系统默认“XC-YC 平面”为基准平面，❷ 单击“确定”按钮，进入绘制草图界面。

图 4-41 “创建草图”对话框

Step 03 设置参数

选择“文件”选项卡中的“首选项”→“草图”命令，打开“草图首选项”对话框，如图 4-42 所示。在“尺寸标签”下拉列表中选择“值”，单击“确定”按钮，完成草图设置。

图 4-42 “草图首选项”对话框

Step 04 绘制第一组直线

在菜单栏中选择“菜单”→“插入”→“曲线”→“直线”命令或单击“主页”选项卡“曲线”组中的“直线”按钮，打开“直线”对话框，在视图中绘制如图 4-43 所示的图形。

Step 05 设置约束

（1）在菜单栏中选择“菜单”→“插入”→“几何约束”命令或单击“主页”选项卡“约束”组中的“几何约束”按钮，打开“几何约束”对话框，单击“共线”按钮，对草图添加几何约束，选择图中的水平线，然后选择图中的 XC 轴，使它们具有共线约束。

（2）同样在打开的“几何约束”对话框中单击“共线”按钮，选择图中的垂直线，然后选择图中的 YC 轴，使它们具有共线约束。

（3）同样在打开的“几何约束”对话框中单击“平行”按钮，选择图中的两条垂直线，使它们具有平行约束。

Step 06 绘制第二组直线

在菜单栏中选择“菜单”→“插入”→“曲线”→“直线”命令或单击“主页”选项卡“曲线”组中的“直线”按钮，打开“直线”对话框，在视图中绘制如图 4-44 所示的图形，绘制的两直线相互垂直。

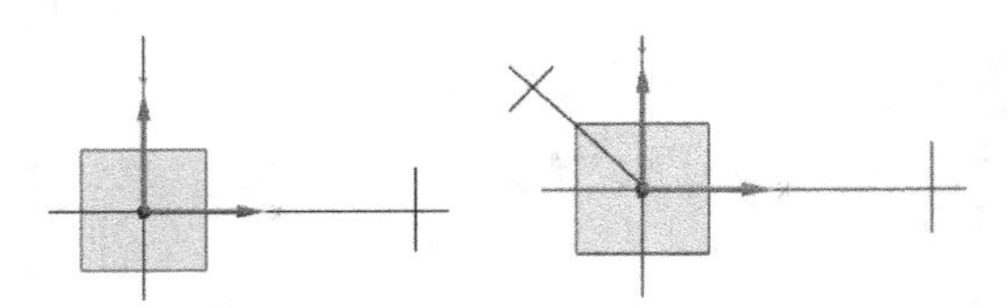

图 4-43 绘制第一组直线　图 4-44 绘制第二组直线

Step 07 线性尺寸标注

在菜单栏中选择“菜单”→“插入”→“尺寸”→“线性”命令或单击“主页”选项卡“约束”组中的“线性尺寸”按钮，测量方法选择水平，选择两条竖直线，系统自动标注尺寸，单击，确定尺寸的位置后，在文本框中输入 48 后按 Enter 键，结果如图 4-45 所示。

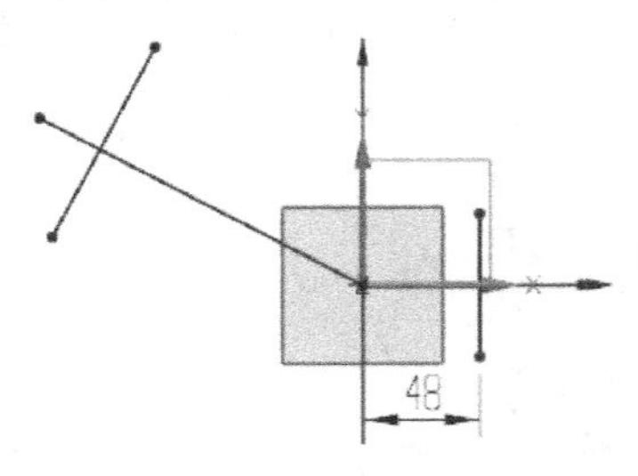

图 4-45 标注水平尺寸

Step 08 角度尺寸标注

在菜单栏中选择“菜单”→“插入”→“尺寸”→“角度”命令或单击“主页”选项卡“约束”组中的“角度尺寸”按钮，选择斜直线和水平直线，系统自动标注角度尺寸，单击，确定尺寸的位置，在文本框中输入150后按Enter键，结果如图4-46所示。

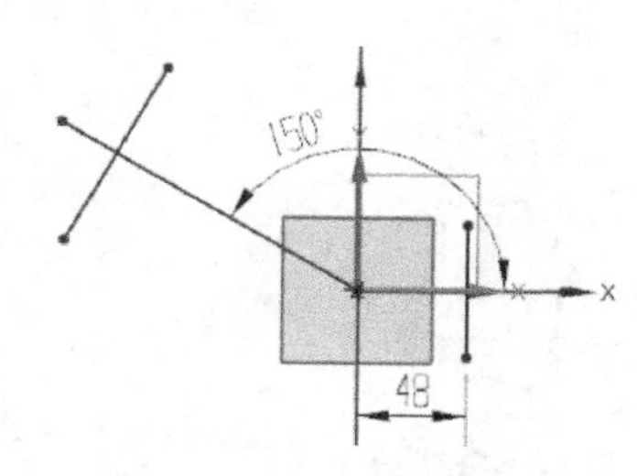

图4-46 标注角度尺寸

Step 09 线性尺寸标注

在菜单栏中选择“菜单”→“插入”→“尺寸”→“线性”命令或单击“主页”选项卡“约束”组中的“线性尺寸”按钮，在打开的“线性尺寸”对话框的测量方法中选择“垂直”按钮，选择❶斜直线和❷水平直线，系统自动标注垂直尺寸，❸单击，确定尺寸的位置，在文本框中输入48后按Enter键，结果如图4-47所示。

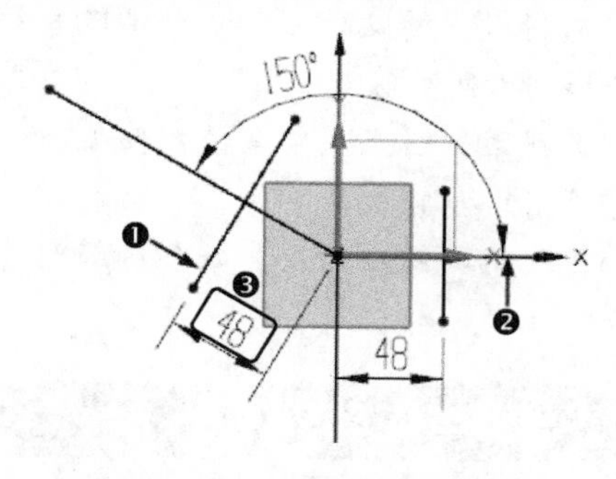

图4-47 标注垂直尺寸

Step 10 创建中心线

在菜单栏中选择“菜单”→“工具”→“约束”→“转换至/自参考对象”命令或单击“主页”选项卡“约束”组中的“转换至/自参考对象”按钮，弹出“转换至/自参考对象”对话框，在视图中拾取所有的图元，单击“确定”按钮，所有的图元都转换为中心线，如图4-48所示。

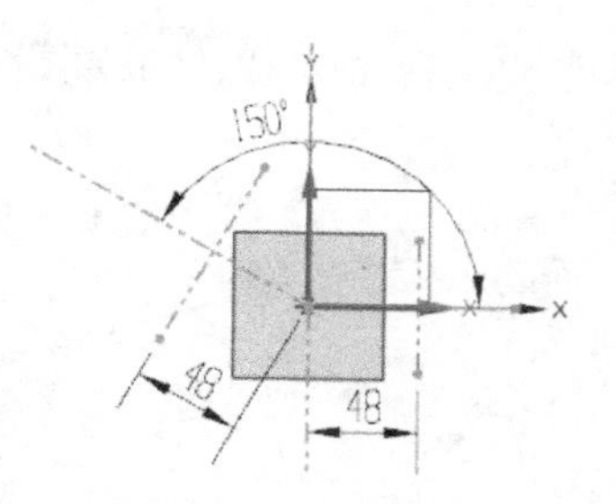

图4-48 转换对象

Step 11 绘制圆

在菜单栏中选择“菜单”→“插入”→“曲线”→“直线”和“圆”命令或单击“主页”选项卡“曲线”组中的“直线”按钮和“圆”按钮，在视图中绘制如图4-49所示的图形。

Step 12 创建等半径约束

在菜单栏中选择“菜单”→“插入”→“几何约束”命令或单击“主页”选项卡“约束”组中的“几何约束”按钮，打开“几何约束”对话框，单击“等半径”按钮，对草图添加几何约束，分别选择图中左、右两边的圆，使它们具有等半径约束。

Step 13 创建相切约束

在菜单栏中选择“菜单”→“插入”→“几何约束”命令或单击“主页”选项卡“约束”组中的“几何约束”按钮，打开“几何约束”对话框，单击“相切”按钮，对草图添加几何约束，分别选择图中的圆和直线，使它们具有相切约束，结果如图4-50所示。

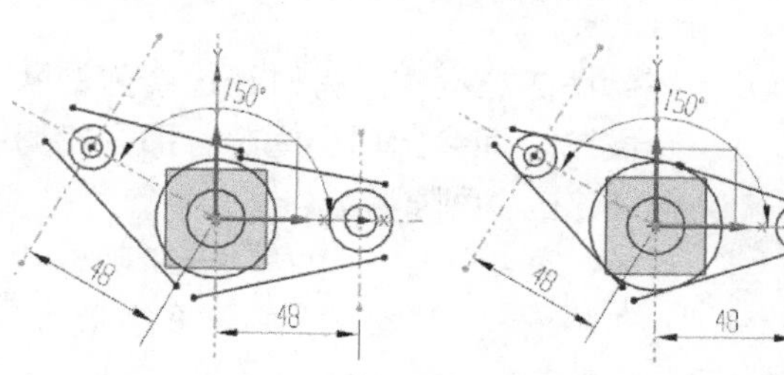

图4-49 绘制草图　　图4-50 约束草图

Step 14 修剪图形

在菜单栏中选择“菜单”→“编辑”→“曲线”→“快速修剪”命令或单击“主页”选项卡“曲线”组中的“快速修剪”按钮，打开“快速修剪”

对话框，修剪图中多余的线段，结果如图4-51所示。

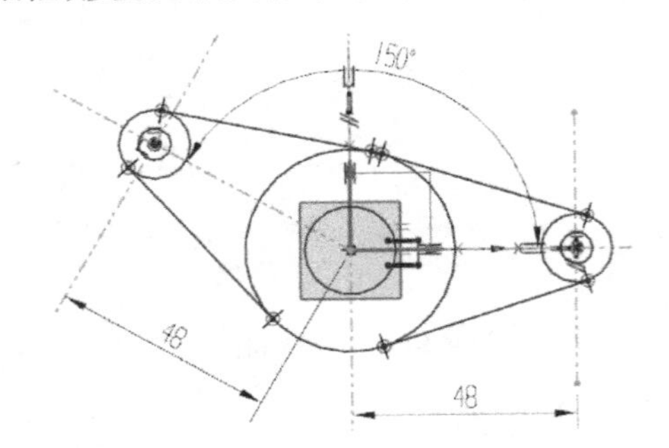

图 4-51　修剪草图

Step 15　标注尺寸

在菜单栏中选择“菜单”→“插入”→“尺寸”→“线性”命令和“径向”命令或单击“主页”选项卡“约束”组中的“线性尺寸”和“径向尺寸”，结果如图 4-40 所示。

4.5　新手问答

Q1：当进入草图画图时，每画一个图素软件都会自动进行标注，往往标注不是我们想要的，显得界面有点零乱。那么如何将连续自动标注尺寸永久取消，每次启动 UG 都不会自动进行标注呢?

答：选择“菜单”→“文件”→“实用工具”→“用户默认设置”→“草图”→“自动判断的约束和尺寸”→“尺寸”。取消勾选“在设计应用程序中连续自动标注尺寸”复选框。设置好后，重启 UG 绘制草图，会自动关闭连续自动标注尺寸。

Q2：在绘图的过程中，有时经过修剪的两个图素之间会出现小间隙，那么如何修补这些小间隙呢?

答：选择“菜单”→“插入”→“草图约束”→“几何约束”→“重合”命令，即可解决。

4.6　上机实验

通过前面的学习，相信读者对本章知识已有了一个大体的了解。本节将通过练习帮助读者巩固本章所学的知识要点。

【练习】连杆草图。

1. 目的要求

本练习设计的图形是一个常见的机械零件。在绘制的过程中，除了要用到“直线”“圆”等基本绘图命令外，还要用到“镜像”操作命令及“尺寸约束”命令。本练习的目的是通过上机实验帮助读者掌握草图命令的用法。

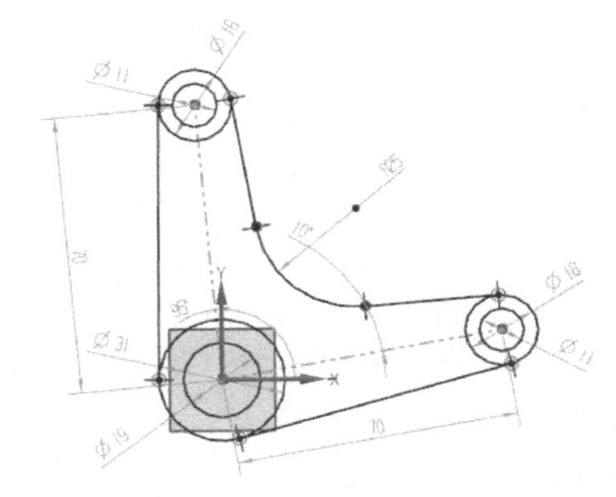

图 4-52　连杆草图

2. 操作提示

（1）利用“圆”命令在圆心处绘制两个同心圆，或者利用“偏置曲线”命令创建同心圆。

（2）利用“圆”和“直线”命令绘制连杆的上半部分。

（3）利用“镜像曲线”命令镜像连杆的上半部分得到右侧图形。

（4）利用“圆弧”命令绘制圆弧，最终完成连杆草图的绘制。

（5）利用“尺寸约束”命令对草图进行尺寸约束。

4.7　思考与练习

一、选择题

1. 草图中的几何约束不包括（　　）。

A. 平行　　B. 垂直

C. 对称　　D. 角度

2. 在创建草图时，草图所在的层由（　　）决定。

A. 建立草图时定义的工作层

B. 系统自动定义

C. 在草图中选择

D. NX预设置中定义

3. 草图中的几何约束不包括（　　）。

A. 平行　　B. 垂直

C. 对称　　D. 周长

4. 矩形阵列时，XC方向、YC方向是以（　　）的X、Y轴作为方向的。

A. 特征坐标系　　B. 基准坐标系

C. 绝对坐标系　　D. WCS

5. 草图中提出了“约束”的概念，可以通过（　　）控制草图中的图形。

A. 几何约束　　B. 尺寸约束

C. 自动约束　　D. 显示约束

6. 草图平面不能是（　　）。

A. 实体平表面　　B. 任一平面

C. 基准面　　D. 曲面

7. 在草图中，选择两条圆弧可能产生(　　)几何约束。

A. 同心　　B. 等弧长

C. 等半径　　D. 重合

E. 都有可能

8. 哪一个功能非常快速且非常容易地发现草图几何有没有约束，以及（　　）方向没有约束。

A. 分析曲线　　B. 草图信息

C. 草图首选项　　D. 拖动草图几何

二、简答题

1. 如何在退出草图设计后保留尺寸的显示？

2. 什么时候需要将尺寸约束在“参考”和“活动”之间切换？

3. UG草图设计在产品设计过程中起到了什么作用？为什么要尽可能地利用草图进行零件的设计？

读书笔记

第 5 章　曲线功能

本章导读

本章主要介绍曲线的建立、操作及编辑的方法。UG NX 12.0 中重新改进了曲线的各种操作风格，以前版本中一些复杂难用的操作方式被抛弃了，采用了新的方法，在本章中将会详述。

内容要点

- 基本曲线
- 复杂曲线
- 曲线操作
- 曲线编辑

5.1 曲线

在所有的三维建模中，曲线是构建模型的基础。只有曲线构造的质量良好，才能保证以后的面或实体质量好。曲线功能主要包括曲线的生成、编辑和操作方法。

5.1.1 基本曲线

1. 直线

在菜单栏中选择“插入”→“曲线”→“基本曲线（原有）”命令，系统打开“基本曲线”对话框，在该对话框中单击“直线”按钮⁄，弹出的对话框如图 5-1 所示。

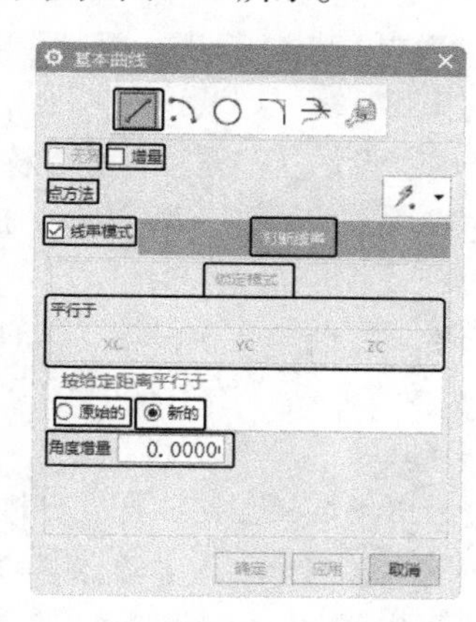

图 5-1 “基本曲线”-“直线”对话框

“基本曲线”-“直线”对话框中直线选项的功能如下。

（1）无界：当取消勾选“线串模式”复选框时，激活“无界”选项，勾选该复选框后，不论生成方式如何，所生成的任何直线都会被限制在视图的范围内，此时“线串模式”复选框变灰。

（2）增量：该选项用于以增量的方式生成直线，即在选定一点后，分别在绘图区下方跟踪栏的 XC、YC、ZC 文本框中输入坐标值作为后一点相对于前一点的增量，如图 5-2 所示。

对于大多数直线生成方式，可以通过在跟踪条的文本框中输入值并在生成直线后立即按 Enter 键，来建立精确的直线角度值或长度值。

图 5-2 跟踪栏条

（3）点方法：该选项菜单能够相对于已有的几何体，通过指定光标位置或使用点构造器来指定点。该菜单中的选项与“点”对话框中选项的作用相似。

（4）线串模式：能够生成未打断的曲线串。当勾选该复选框时，一个对象的终点变成了下一个对象的起点。若要停止线串模式，只需取消勾选该复选框。若要中断线串模式并在生成下一个对象时再启动，可以选择“打断线串”选项。

（5）打断线串：在选择该选项的地方打断曲线串，但“线串模式”仍保持激活状态，即如果继续生成直线或弧，它们将位于另一个未打断的线串中。

（6）锁定模式：当生成平行于、垂直于已有直线或与已有直线成一定角度的直线时，如果单击“锁定模式”按钮，则当前在图形窗口中以橡皮线显示的直线生成模式将被锁定。当下一步操作通常会导致直线生成模式发生改变，而又想避免这种改变时，可以使用该选项。

当单击“锁定模式”按钮后，该按钮会变为“解锁模式”。可单击“解锁模式”按钮来解除对正在生成的直线的锁定，使其能切换到另外的模式中。

（7）平行于 XC、YC、ZC：这些按钮用于生成平行于 XC、YC 或 ZC 轴的直线。指定一个点，选择所需轴的按钮，并指定直线的终点。

（8）原始的：选中该单选按钮后，新创建的平行线的距离由原先选择线算起。

（9）新的：选中该单选按钮后，新创建的平行线的距离由新选择线算起。

（10）角度增量：如果指定了第一点，然后在图形窗口中拖动光标，则该直线就会捕捉至该文本框中指定的每个增量度数处。只有当点方法设置为“自动推断的点”时，“角度增量”才有效。如果使用了任何其他的“点方式”，则会忽略“角度增量”。

要更改“角度增量”，可以在该文本框中输入一个新值，并按 Enter 键，新值生效。

2. 圆弧

在菜单栏中选择“插入”→“曲线”→“基本曲线”命令，系统打开“基本曲线”对话框，在该对话框中单击“圆弧”按钮，弹出对话框，如图 5-3 所示。

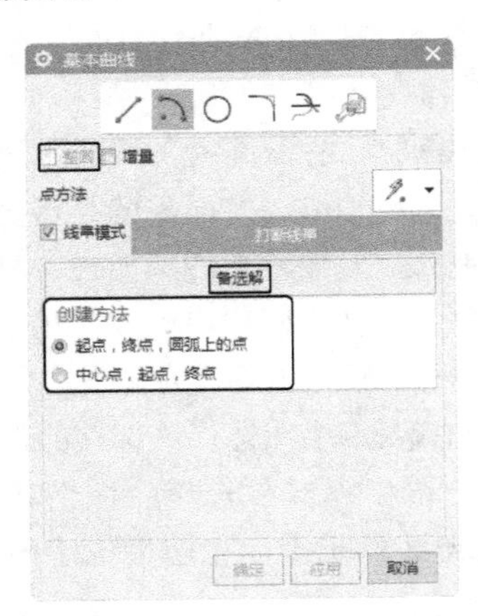

图 5-3 “基本曲线” - “圆弧” 对话框

“基本曲线” - “圆弧” 对话框中部分圆弧选项的功能如下。

（1）整圆：当勾选该复选框时，不论其生成方式如何，所生成的任何弧都是完整的圆。

（2）备选解：生成当前所预览的弧的补弧，只能在预览弧时使用。如果将光标移至该对话框之后选择“备选解”，预览的弧会发生改变，就不能得到预期的结果了。

（3）创建方法：弧的生成方式有以下两种。

①起点，终点，圆弧上的点：该方式可以生成通过三个点的弧，或者通过两个点并与选中对象相切的弧。选中的要与弧相切的对象不能是抛物线、双曲线或样条。但是，可以选择其中的某个对象与完整的圆相切，如图 5-4 所示。

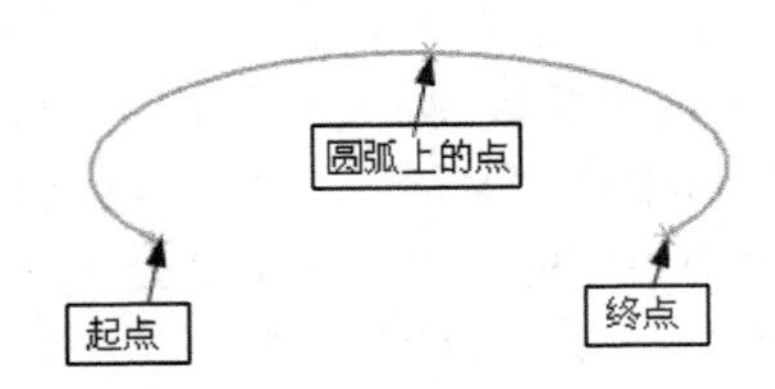

图 5-4 “起点，终点，圆弧上的点” 示意图

要使用“起点，终点，圆弧上的点”方式生成弧需要以下操作。

- 定义两个点。这些点可以是光标位置、控制点或通过在跟踪条中输入数字并按 Enter 键而建立的值。通过拖动即可显示弧。其端点是两个已定义的点。

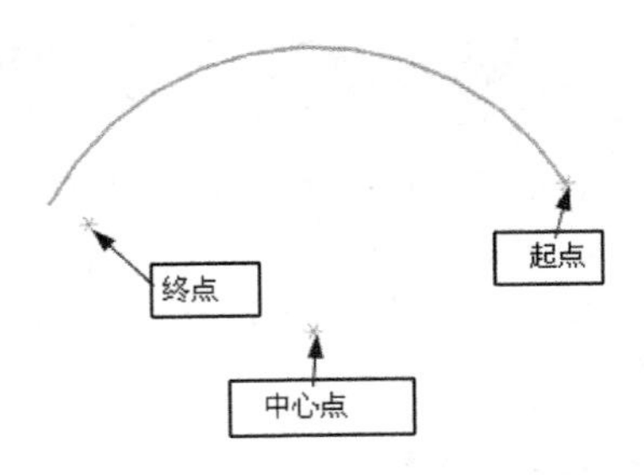

图 5-5 “中心点，起点，终点” 示意图

- 定义第三点或选择一个相切对象（不能是抛物线、双曲线或样条）。

②中心点，起点，终点：使用这种方式，应首先定义中心点，然后定义弧的起点和终点，如图 5-5 所示。

要使用“中心点，起点，终点”方式生成弧需要以下操作。

- 定义中心点。这些点可以是光标位置、控制点或通过在跟踪条中输入数字并按 Enter 键而建立的值。
- 定义第二个点。这样可确定弧的半径和起始角。弧从第二个点开始沿逆时针方向，按橡皮筋方式显示。
- 当显示出预期的弧后，指定光标位置、选择限制几何体或在跟踪条中输入一个终止角。注意，用户可以通过为“备选解”按鼠标中键，获得所预览弧的补弧。

（4）跟踪条：如图 5-6 所示，在弧的生成和编辑期间，有以下字段可用。

①第 1 ~ 3 项：XC、YC 和 ZC 栏各显示弧的起点的位置。

②第 4 项：“半径”字段用于显示弧的半径。

③第 5 项：“直径”字段用于显示弧的直径。

④第 6 项：“起始角”字段用于显示弧的起始角度，从 XC 轴开始测量，按逆时针方向移动。

⑤第 7 项：“终止角”字段用于显示弧的终止角度，从 XC 轴开始测量，按逆时针方向移动。

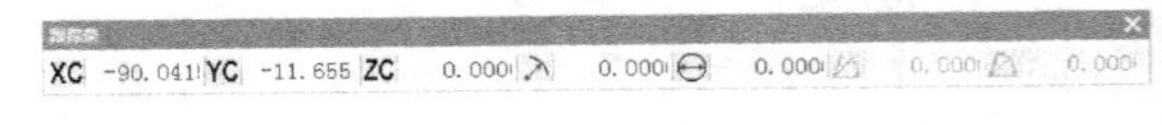

图 5-6 跟踪条

需要注意的是，在使用“起点，终点，圆弧上的点”生成方式时，后两项“起始角”和“终止角”字段将变灰。

3. 圆

在菜单栏中选择“插入”→“曲线”→“基本曲线”命令，系统打开“基本曲线”对话框，在其中单击“圆”按钮○，弹出对话框，如图 5-7 所示。

“基本曲线”对话框中圆选项部分的功能如下。

多个位置：勾选此复选框，每定义一个点，都会生成先前生成的圆的一个副本，其圆心位于指定点。

4. 倒圆角

在菜单栏中选择“插入”→“曲线”→“基本曲线”命令，系统打开“基本曲线”对话框，在其中单击“圆角”按钮，弹出“曲线倒圆”对话框，如图 5-8 所示，可以使用“圆角”选项来圆整两条或三条选中曲线的相交处，还可以指定生成圆角时原先的曲线的修剪方式。需要注意的是，在激活的草图中的圆角是使用“草图圆角”对话框，而不是本节所述的“曲线圆角”对话框生成的。

图 5-7 “圆”创建对话框

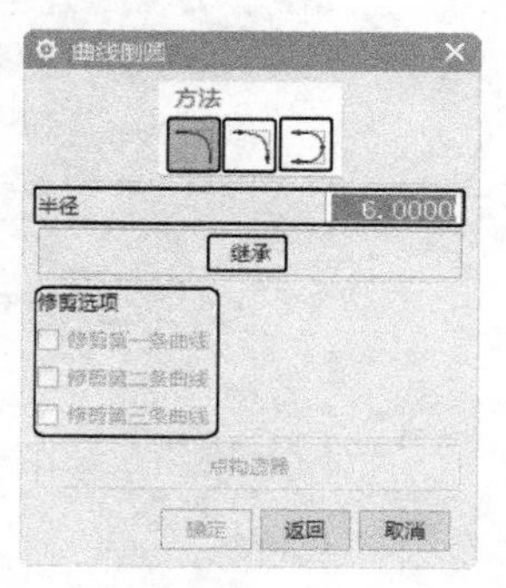

图 5-8 “曲线倒圆”对话框

“曲线倒圆”对话框中的选项功能如下。

（1）**简单圆角**：在两条共面非平行直线之间生成圆角。通过输入半径值确定圆角的大小。直线将被自动修剪至与圆弧的相切点。生成的圆角与直线的选择位置直接相关。要同时选择两条直线，必须以同时包括两条直线的方式放置选择球，如图 5-9 所示。

通过指定一个点选择两条直线。该点确定如何生成圆角，并指示圆弧的中心。将选择球的中心放置到最靠近要生成圆角的交点处。各条线将延长或修剪到圆弧处，如图 5-10 所示。

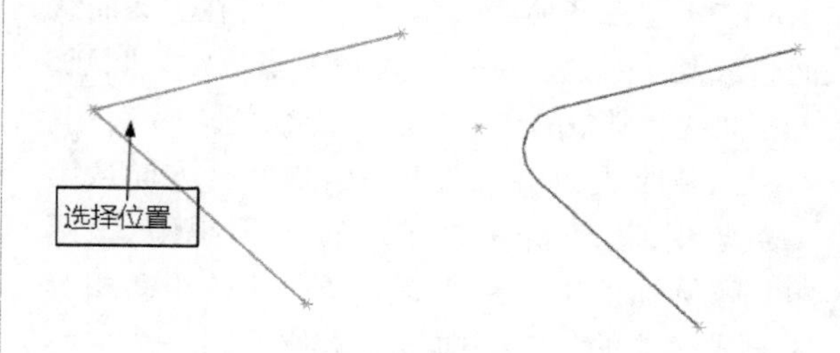

图 5-9 “简单圆角”示意图

（2）**两条曲线圆角**：在两条曲线之间构造一个圆角，两条曲线可以是点、线、圆、二次曲线或样条。两条曲线间的圆角是沿逆时针方向从第一条曲线到第二条曲线生成的一段弧。通过这种方式生成的圆角同时与两条曲线相切，如图 5-11 所示。

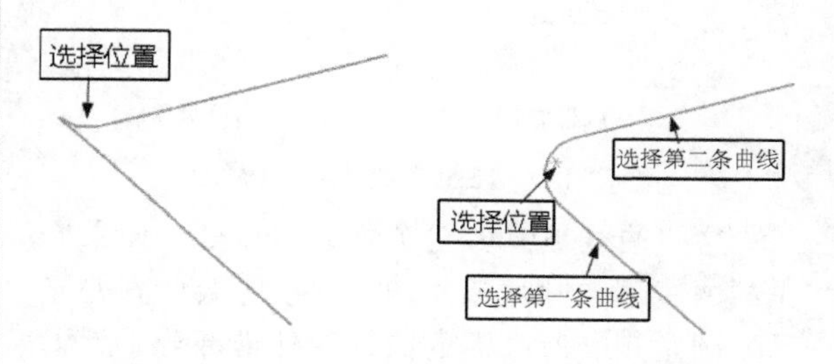

图 5-10 “圆角方向”示意图　　图 5-11 “两条曲线圆角”示意图

有以下几种圆角情况。

①两个点之间的圆角：如果圆角在两个点之间生成，那么该圆角就会生成在一个基于点的位置的平面上。

需要注意的是，如果两点之间的矢量平行于 ZC 轴，则不能构造出圆角。

②一个点和另一条曲线之间的圆角：如果只有一条曲线为点，那么圆角平面定义为包含该点与圆角相切点之间的矢量，以及倒圆角对象的切线 $\bar{B}$ 的平面。该圆角平面完全独立于工作坐标系。

③两条曲线之间的圆角：如果两条曲线都不是点，那么圆角平面就是包含第一条曲线切线的平面。该平面与同时垂直于两条曲线切线的矢量垂直。这两条曲线不必位于同一平面内，而且圆角完全独立于工作坐标系，如

图 5-11 所示。

（3）三条曲线圆角：该选项可在三条曲线间生成圆角，这三条曲线可以是点、线、圆弧、二次曲线和样条的任意组合。“半径”选项不可用。

三条曲线倒出的圆角是沿逆时针方向从第一条曲线到第三条曲线生成的一段圆弧。该圆角是按圆弧的中心到所有三条曲线的距离相等的方式构造的。三条曲线不必位于同一个平面上，如图 5-12 所示。

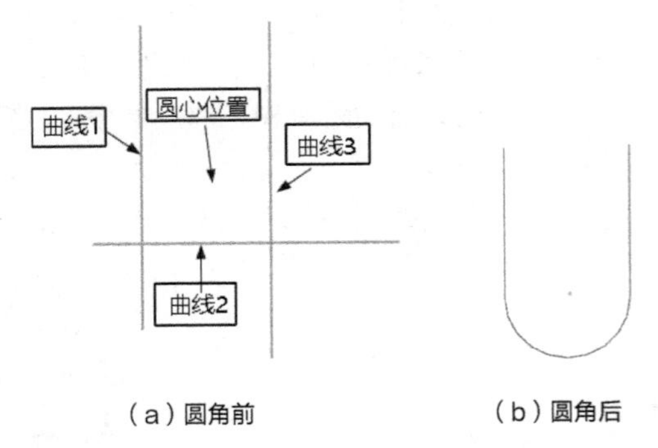

（a）圆角前　　（b）圆角后

图 5-12　“三条曲线圆角”示意图

这些曲线被修剪至圆角的切点处。如果原先的曲线不与圆角弧相切，则系统会计算并显示与圆角相交所必需的曲线的外推部分（除了无法外推的点和样条）。

一般在每一步的操作过程中，状态栏都会给出相应的下一步操作提示。对于上述的操作，当没有能顺利生成圆角时，系统会给出如下信息。

①定义了无效的圆角：如果选中的三条曲线不能构成一个圆角弧，或者倒圆角步骤无法会聚到圆角中心，则显示上面的错误信息。

②无解：未生成圆角，当超出允许的最大迭代数 (100) 时（该迭代用于查找三条曲线中每条曲线上与指明的圆角中心等距的点），则出现第二种情况。在这种情况下，选择另一个近似的圆角中心可以形成圆角。

当系统无法解开该二次方程组时，显示上述错误信息。在这种情况下，选择另一个近似的圆角中心可以生成圆角。

（4）半径：定义倒圆角的半径。

（5）继承：能够通过选择已有的圆角来定义新圆角的值。

（6）修剪选项：如果选择生成两条或三条曲线倒圆，则需要选择一个修剪选项。修剪可以缩短或延伸选中的曲线以便与该圆角连接起来。根据选中的圆角选项的不同，某些修剪选项可能会发生改变或不可用。点是不能进行修剪或延伸的，如果修剪后的曲线长度等于 0 并且没有与该曲线关联的连接，则该曲线会被删除。

5.1.2 倒斜角

在菜单栏中选择“插入”→“曲线”→“倒斜角（原有）”命令，系统打开“倒斜角”对话框，如图 5-13 所示。用于在两条共面的直线或曲线之间生成斜角。

“倒斜角”对话框中的选项功能如下。

1. 简单倒斜角

该选项用于建立简单倒角，其产生的两边偏置值必须相同，角度为 45°，并且该选项只能用于两共面的直线间倒角。选中该选项后，系统会要求输入倒角尺寸，而后选择两直线交点即可完成倒角，如图 5-14 所示。

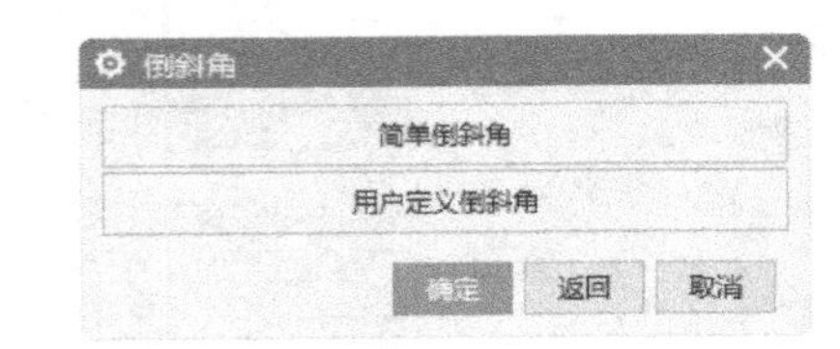

图 5-13　“倒斜角”对话框

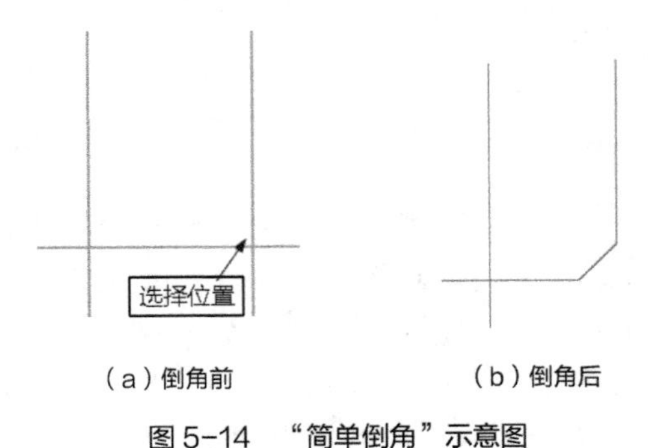

（a）倒角前　　（b）倒角后

图 5-14　“简单倒角”示意图

2. 用户定义倒角

在两个共面曲线之间生成斜角，共面曲线可以是圆弧、样条和三次曲线。该选项比生成简单倒角时具有更多的修剪控制。选中该选项后会打开图 5-15 所示的对话框。

以下对其各选项功能进行说明。

（1）**自动修剪**：该选项用于使两条曲线自动延长或缩短以连接倒角曲线如图 5-16 所示。如果原有曲线未能如愿修剪，可以恢复原有曲线，单击“取消”按钮，或按组合键 Ctrl+Z 并选择“手工修剪”。

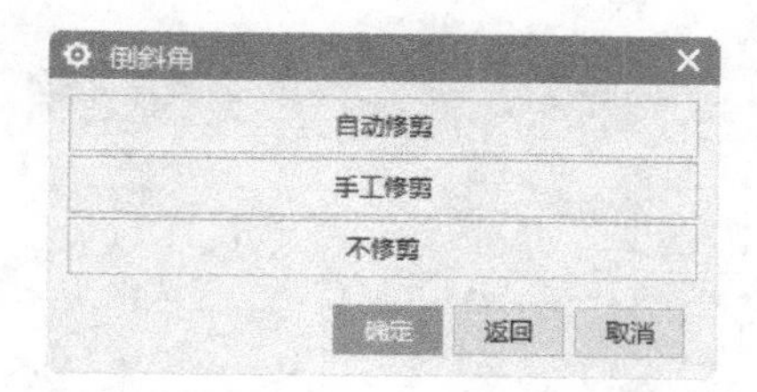

图 5-15 “倒斜角”对话框（用户定义倒斜角）

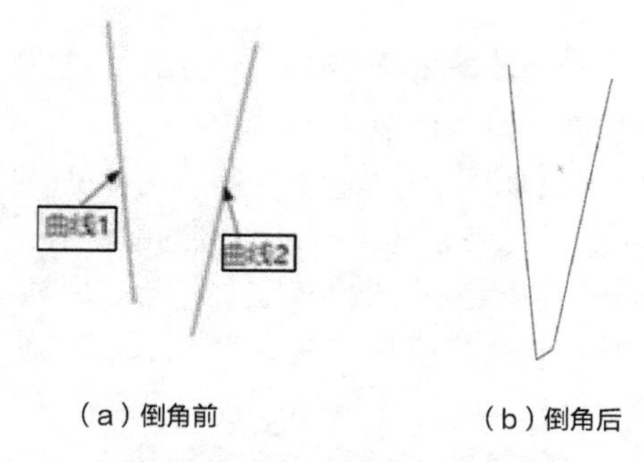

（a）倒角前 （b）倒角后

图 5-16 “自动修剪”示意图

（2）**手工修剪**：该选项可以选择想要修剪的倒角曲线，然后指定是否修剪曲线，并且指定要修剪倒角的哪一侧。选取的倒角侧将被从几何体中切除。如图 5-17 所示为以偏置和角度方式进行倒角。

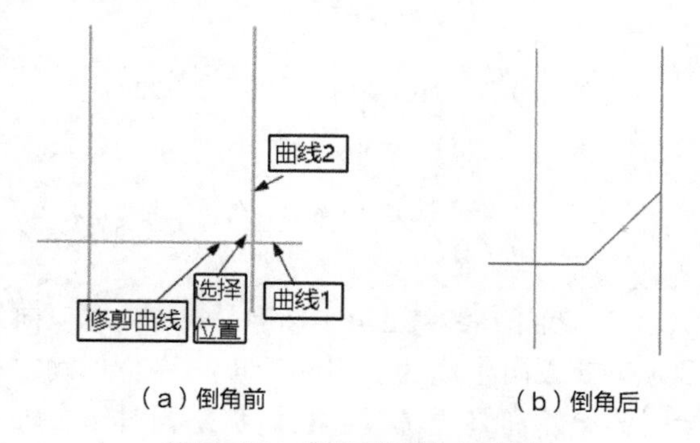

（a）倒角前 （b）倒角后

图 5-17 “手工修剪”示意图

（3）**不修剪**：该选项用于保留原有曲线不变。

当用户选定某一倒角方式后，系统会打开“倒斜角”对话框，如图 5-18 所示。要求用户输入“偏置”值和“角度”或全部输入“偏置值”来确定倒角范围，以上两个选项可以通过“偏置值”和“偏置和角度”按钮进行切换。

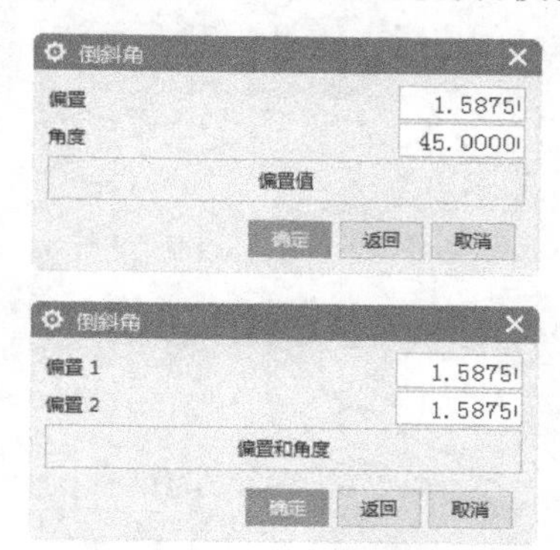

图 5-18 “倒斜角”对话框（不修剪）

“倒斜角”对话框中的选项功能如下。

①偏置：两曲线交点与倒角线起点之间的距离。对于简单倒角，沿两条曲线的偏置相等。对于线性倒角偏置而言，偏置值是直线距离，但是对于非线性倒角偏置而言，偏置值不一定是直线距离。

②角度：该角度是从第二条曲线测量的。

5.1.3 多边形

在菜单栏中选择“插入”→“曲线”→“多边形”命令，系统打开“多边形”对话框，如图 5-19 所示。当输入多边形的边数后，将打开图 5-20 所示的对话框，用于选择创建方式。

图 5-19 “多边形”对话框

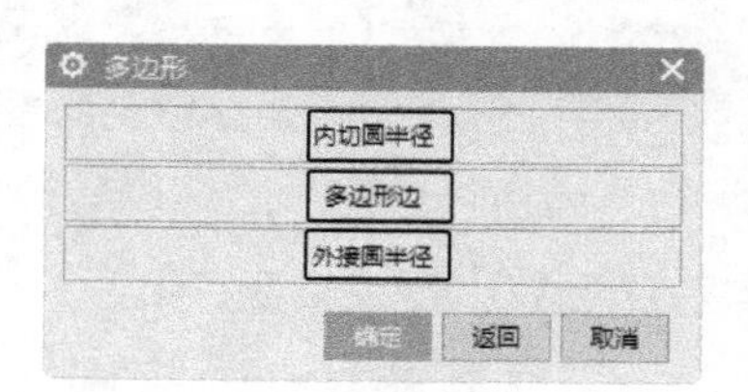

图 5-20 “多边形”创建方式对话框

“多边形”对话框中的选项功能如下。

（1）**内切圆半径**：选择该选项将会打开如图 5-21 所示的对话框。可以通过输入“内切圆半径”来定义多边形的尺寸及通过输入方位角度来创建多边形，内切圆半径也是原点到多边形边的中点的距离。“方位角”是多边形从 XC 轴逆时针方向旋转的角度，如图 5-22 所示。

图 5-21 “内切圆半径”方式

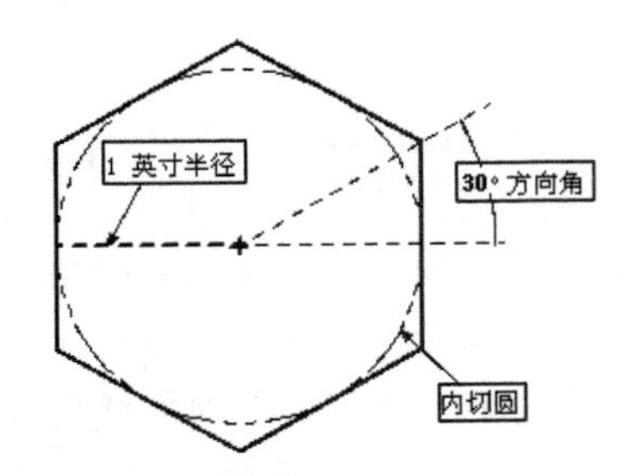

图 5-22 “内切圆半径”方式示意图

（2）多边形边：选择该选项将会打开如图 5-23 所示对话框。该选项用于输入多边形一条边的边长及方位角来创建多边形。该长度将应用到所有边。

图 5-23 “多边形边”方式

（3）外接圆半径：选择该选项将会打开如图 5-24 所示的对话框。该选项通过指定外接圆半径定义多边形的尺寸，通过指定方位角来创建多边形。外接圆半径是原点到多边形顶点的距离，如图 5-25 所示。

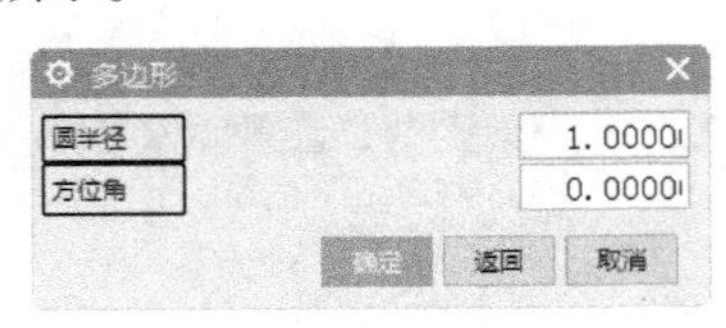

图 5-24 “外接圆半径”方式

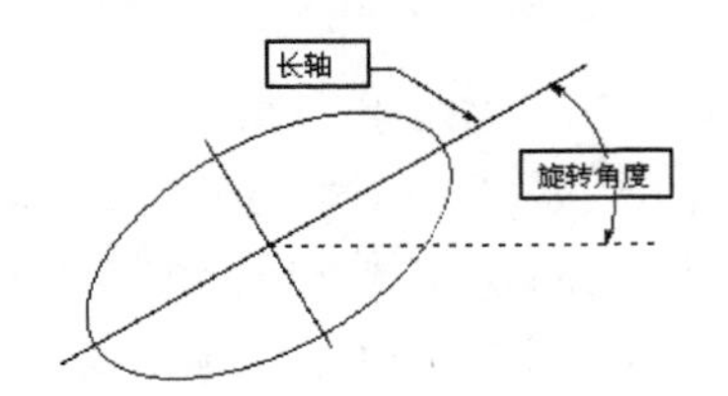

图 5-25 “外接圆半径”方式示意图

5.1.4 椭圆

在菜单栏中选择“插入”→“曲线”→“椭圆（原有）”命令，系统打开“点”对话框，输入椭圆原点，单击“确定”按钮，打开“椭圆”对话框，如图 5-26 所示。

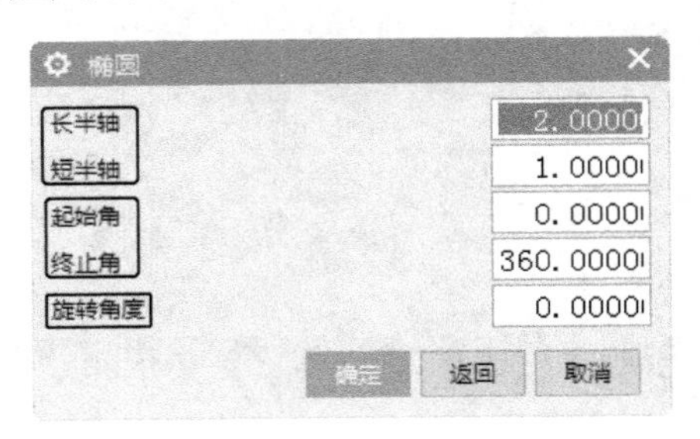

图 5-26 “椭圆”对话框

“椭圆”对话框中的选项功能如下。

（1）长半轴和短半轴：椭圆有两根轴，即长轴和短轴（每根轴的中点都在椭圆的中心）。椭圆的最长直径就是主轴；最短直径就是副轴。长半轴和短半轴的值指的是这些轴长度的一半，如图 5-27 所示。

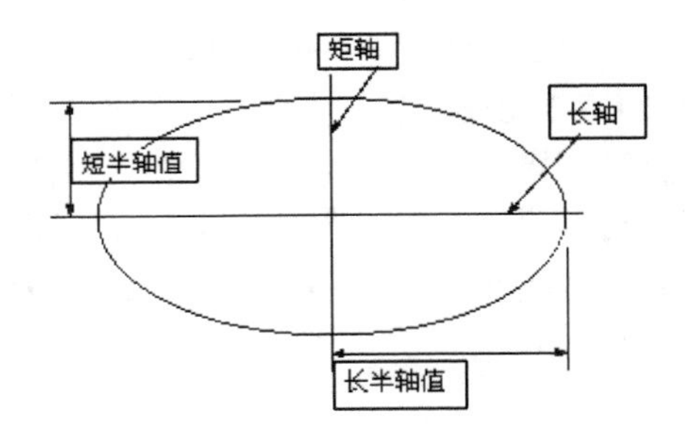

图 5-27 “长半轴和短半轴”示意图

> **提示**
>
> 无论为每个轴的长度输入的值如何，较大的值总是作为长半轴的值，较小的值总是作为短半轴的值。

（2）起始角和终止角：椭圆是绕 ZC 轴正向沿逆时针方向生成的。用起始角和终止角确定椭圆的起始和终止位置，它们都是相对于主轴测算的，如图 5-28 所示。

（3）旋转角度：椭圆的旋转角度是主轴相对于 XC 轴，沿逆时针方向倾斜的角度。除非改变了旋转角度，否则主轴一般是与 XC 轴平行，如图 5-29 所示。

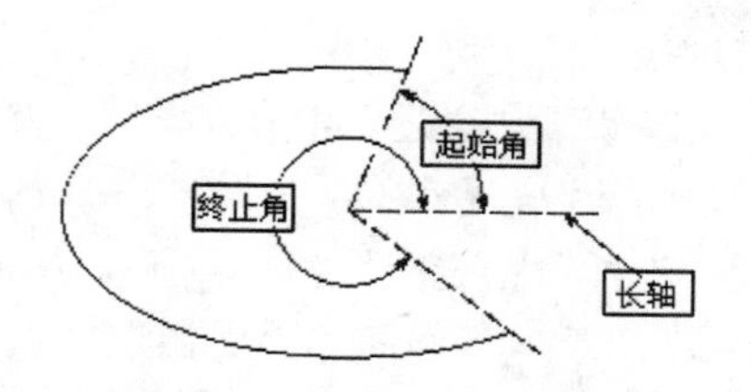

图 5-28 “起始角和终止角”示意图

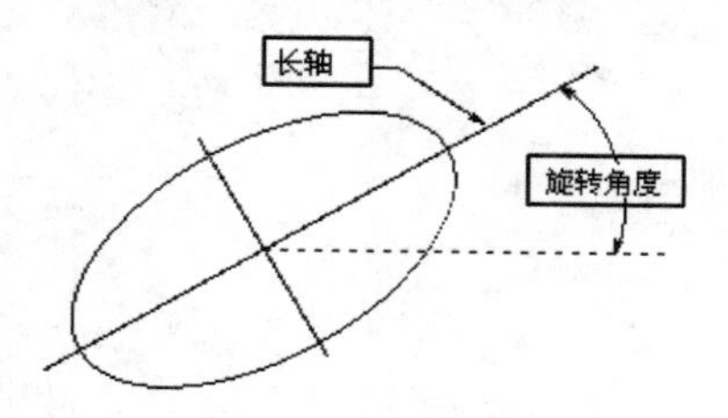

图 5-29 “旋转角度”示意图

5.1.5 抛物线

在菜单栏中选择“插入”→“曲线”→“抛物线”命令或单击“曲线”选项卡中“更多”库下的“抛物线”按钮，打开“点”对话框，输入抛物线顶点，单击“确定”按钮，打开如图 5-30 所示的“抛物线”对话框，在该对话框中输入用户所需的数值，单击“确定”按钮。“抛物线”示意图如图 5-31 所示。

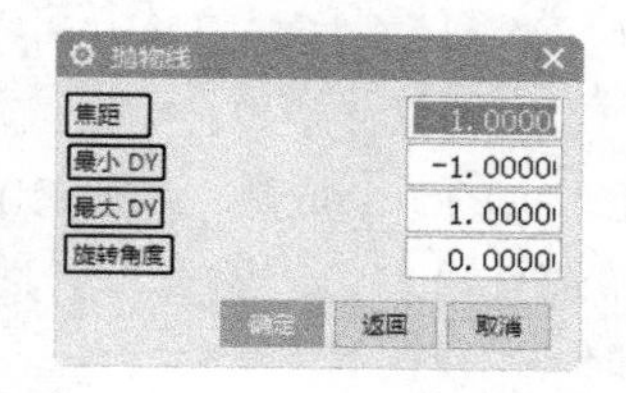

图 5-30 “抛物线”对话框

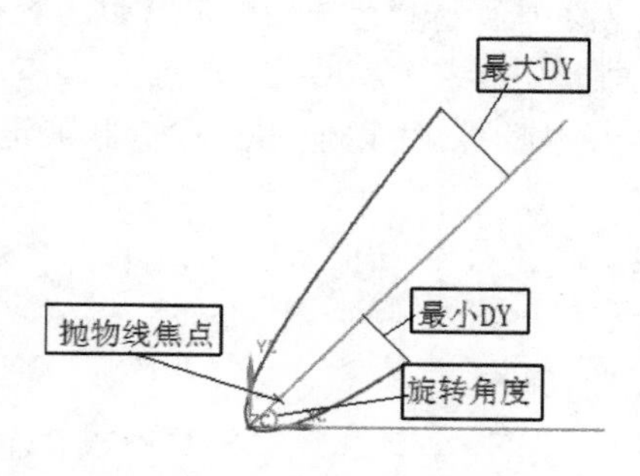

图 5-31 “抛物线”示意图

5.1.6 双曲线

在菜单栏中选择“插入”→“曲线”→“基本曲线”命令或单击“曲线”选项卡中“更多”库下的“双曲线”按钮，打开“点”对话框，输入双曲线中心点，打开如图 5-32 所示的“双曲线”对话框，在该对话框中输入用户所需的数值，单击“确定”按钮。双曲线示意图如图 5-33 所示。

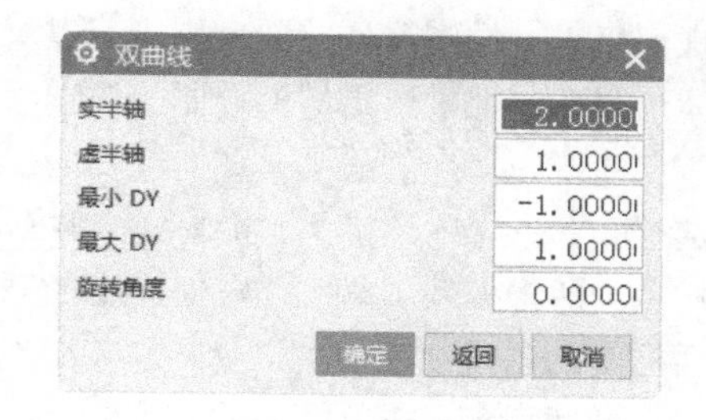

图 5-32 “双曲线”对话框

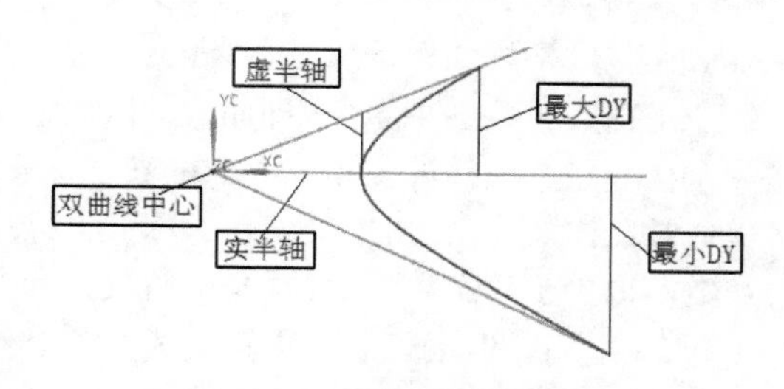

图 5-33 “双曲线”示意图

5.1.7 样条曲线

在菜单栏中选择“插入”→“曲线”→“样条（即将失效）”命令或单击“曲线”选项卡中“更多”库下的“双曲线”按钮，打开“样条”对话框，如图 5-34 所示。

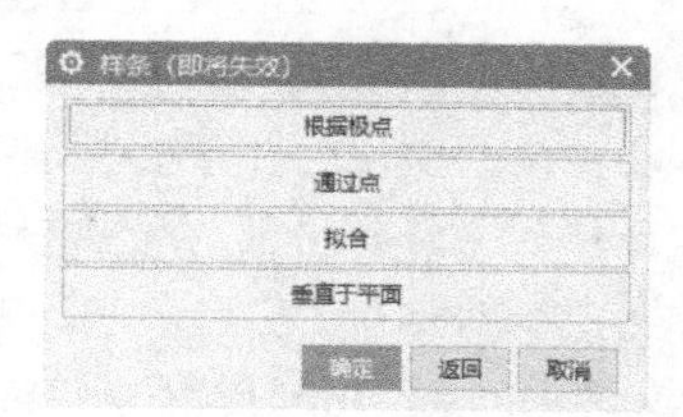

图 5-34 “样条（即将失效）”对话框

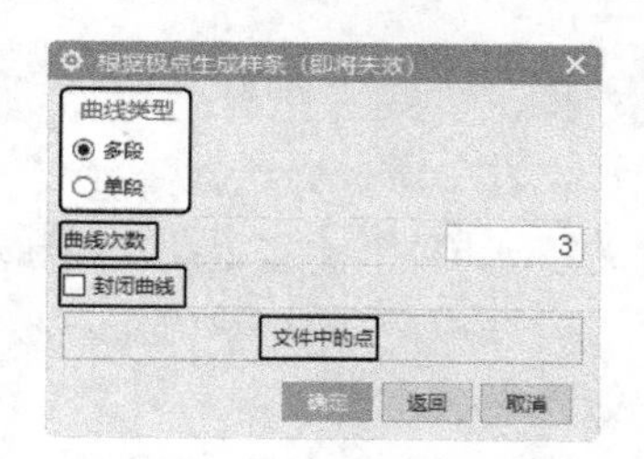

图 5-35 “根据极点生成样条（即将失效）”对话框

UG 中生成的所有样条都是非均匀有理 B 样条即 NURBS 曲线。

“样条(即将失效)”对话框中的选项功能如下。

1. 根据极点

该选项中所给定的数据点称为曲线的极点或控制点。样条曲线靠近它的各个极点，但通常不通过任何极点，端点除外。使用极点可以对曲线的总体形状和特征进行更好的控制。该选项还有助于避免曲线中多余的波动，如曲率反向。

选择“根据极点”后，将显示“根据极点生成样条（即将失效）”对话框，如图 5-35 所示。该对话框中的各选项功能如下。

（1）曲线类型：样条可以生成为“单段”或“多段”，每段限制为 25 个点。“单段”样条为 Bezier 曲线；“多段”样条为 B 样条。

（2）曲线次数：曲线次数即曲线的阶次，这是一个代表定义曲线的多项式次数的数学概念。阶次通常比样条线段中的点数小 1。因此，样条的点数不得少于阶次数。UG 样条的阶次必须介于 1 和 24 之间。但是建议用户在生成样条时使用三次曲线（阶次为 3）。

提示

应尽可能使用较低阶次的曲线（3、4、5）。如果没有什么更好的理由要使用其他阶次，则应使用默认阶次 3。单段曲线的阶次取决于其指定点的数量。

（3）封闭曲线：通常，样条是非闭合的，它们开始于一点，而结束于另一点。通过勾选“封闭曲线”复选框可以生成开始和结束于同一点的封闭样条。该选项仅可用于多段样条。当生成封闭样条时，不需要将第一个点指定为最后一个点，样条会自动封闭。

（4）文件中的点：用来指定一个其中包含用于样条数据点的文件。点的数据可以放在 *.dat 文件中。

2. 通过点

选择该选项生成的样条将通过一组数据点，还可以定义任何点或所有点处的切矢和曲率。

选择“通过点”后，将显示“通过点生成样条”对话框，如图 5-36 所示。

若要生成“通过点”的样条，有以下的常规操作过程。

（1）❶设置“通过点生成样条（即将失效）”对话框中的参数，❷单击“确定”按钮。

（2）为样条指定点，使用点定义方式之一，如图 5-37 所示。下面简述该对话框中点定义方式的各选项功能。

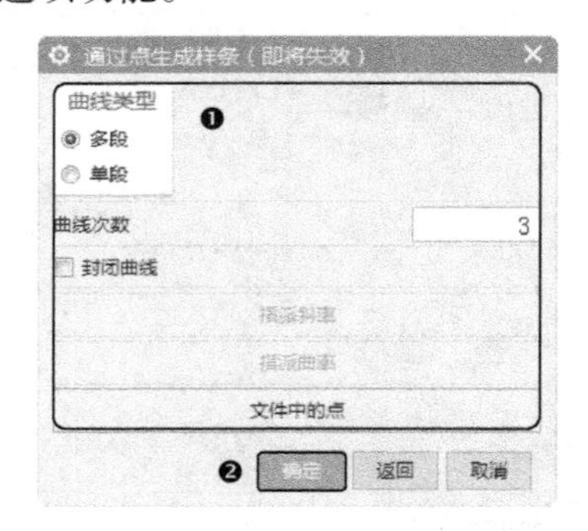

图 5-36 “通过点生成样条（即将失效）”对话框

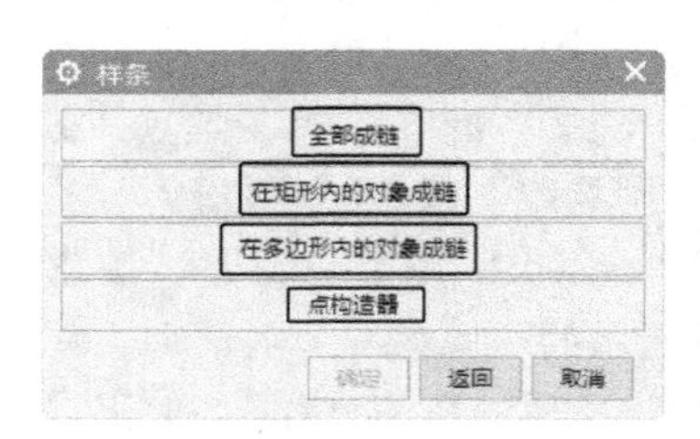

图 5-37 点定义方式

①全部成链：用来指定起始点和终止点，从而选择两点之间的所有点。

②在矩形内的对象成链：用来指定形成矩形的点，从而选择矩形内的所有点，然后必须指定第一个和最后一个点。

③在多边形内的对象成链：用来指定形成多边形的点。从而选择生成后的形状中的所有点，然后必须指定第一个和最后一个点。

④点构造器：可以使用点构造器来定义样条点。

（3）指定切矢和曲率，然后单击“确定”按钮生成样条。

3. 拟合

该选项可以通过在指定公差内将样条与构造点相“拟合”来生成样条。该方式减少了定义样条所需的数据量。由于不是强制样条精确通过构造点，从而简化了定义过程，其构造对话框如图 5-38 所示。

"由拟合创建样条"对话框中的部分选项功能如下。

（1）拟合方法：该选项用于指定数据点之后，可以通过选择以下方式之一定义如何生成样条。

①根据公差：用来指定样条可以偏离数据点的最大允许距离。

②根据段：用来指定样条的段数。

③根据模板：可以将现有样条选作模板，在拟合过程中使用其阶次和节点序列。用"根据模板"选项生成的拟合曲线，可以在需要拟合曲线以具有相同阶次和相同节点序列的情况下使用。这样，在通过这些曲线构造曲面时，可以减少曲面中的面片数。

（2）公差：该选项表示控制点与数据点相符的程度。

（3）段数：该选项用来指定样条中的段数。

（4）赋予端点斜率：该选项用来指定或编辑端点处的切矢。

（5）更改权值：该选项用来控制选定数据点对样条形状的影响程度，更改权值用来更改任何数据点的加权系数。指定较大的权值可确保样条通过或逼近该数据点。指定零权值将在拟合过程中忽略特定点。这对忽略"坏"数据点非常有用。默认的加权系数使离散位置点获得比密集位置点更高的加权。

4．垂直于平面

该选项可以生成通过并垂直于一组平面中各个平面的样条。每个平组中允许的最大平面数为100，如图5-39所示。

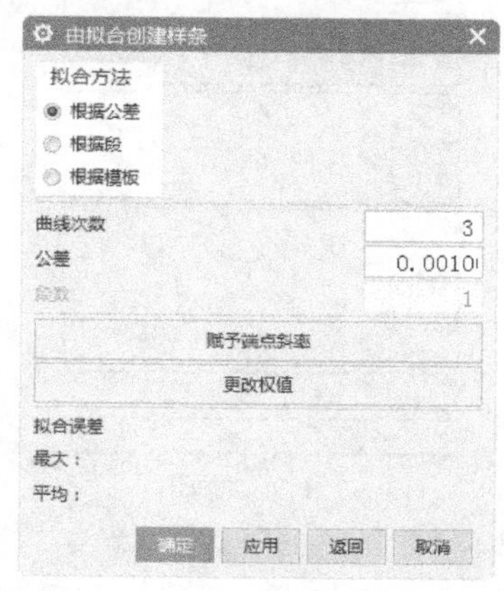

图5-38 "由拟合创建样条"对话框

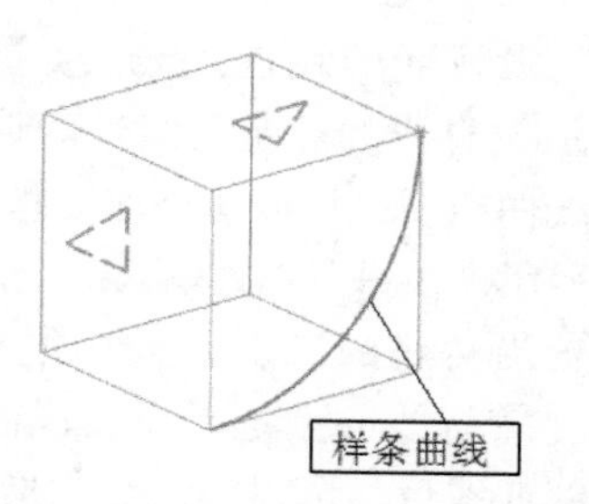

图5-39 "垂直于平面"生成样条示意图

样条段在平行平面之间呈直线状，在非平行平面之间呈圆弧状。每个圆弧段的中心为边界平面的交点。

5.1.8 规律曲线

在菜单栏中选择"插入"→"曲线"→"规律曲线"命令或单击"曲线"选项卡"曲线"组中的"规律曲线"按钮，打开"规律曲线"对话框，如图5-40所示。

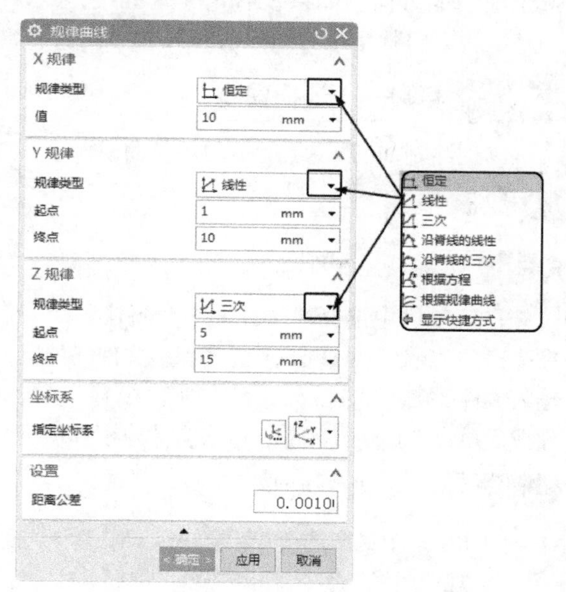

图5-40 "规律曲线"对话框

"规律曲线"对话框中的各选项功能如下。

（1）恒定：该选项能够给整个规律功能定义一个常数值。系统提示用户只输入一个规律值（即该常数）。

（2）线性：该选项能够定义从起始点到终止点的线性变化率。

（3）三次：该选项能够定义从起始点到终止点的三次变化率。

（4）沿脊线的线性：该选项能够使用两个或多个沿着脊线的点定义线性规律功能。选择一条脊线曲线后，可以沿该曲线指出多个点。系统会提示用户在每个点处输入一个值。

（5）沿脊线的三次：该选项能够使用两个或多个沿着脊线的点定义三次规律功能。选择一条脊线曲线后，可以沿该脊线指出多个点。系统会提示用户在每个点处输入一个值。

（6）根据方程：该选项可以用表达式和"参数表达式变量"来定义规律。必须事先定义所有变量(变量定义可以使用"工具"→"表达式"来定义)，并且公式必须使用参数表达式变量 t。

（7）根据规律曲线：该选项利用已存在的规律曲线来控制坐标或参数的变化。选择该选项后，按照系统在提示栏给出的提示，先选择一条存在的规律曲线，再选择一条基线来辅助选定曲线的方向。如果没有定义基准线，默认的基准线方向就是绝对坐标系的 X 轴方向。

5.1.9 实例——规律曲线

本例绘制如图 5-41 所示的规律曲线。

绘制步骤

Step 01 新建文件

在菜单栏中选择"文件"→"新建"命令，在弹出的"新建"对话框中，选择保存文件的位置，输入文件的名称"guilvquxian"，选择"模型"模板。完成后单击"确定"按钮，进入实体建模环境。

Step 02 创建规律曲线

（1）在菜单栏中选择"菜单"→"插入"→"曲线"→"规律曲线"命令，弹出"规律曲线"对话框。

（2）在"规律曲线"对话框中，❶将 X 规律中的规律类型设置为"恒定"，如图 5-42 所示，在"值"文本框中输入 10，确定 X 分量的变化方式。

（3）在"规律曲线"对话框中，❷将 Y 规律中的规律类型设置为"线性"，如图 5-42 所示，在"起点"和"终点"文本框中分别输入 1 和 10，确定 Y 分量的变化方式。

（4）在"规律曲线"对话框中，❸将 Z 规律中的规律类型设置为"三次"，如图 5-42 所示，在"起点"和"终点"文本框中分别输入 5 和 15，确定 Z 分量的变化方式。

（5）在如图 5-42 所示的对话框中，默认系统给定曲线坐标系方向，❹单击"确定"按钮，绘制如图 5-41 所示的规律曲线。

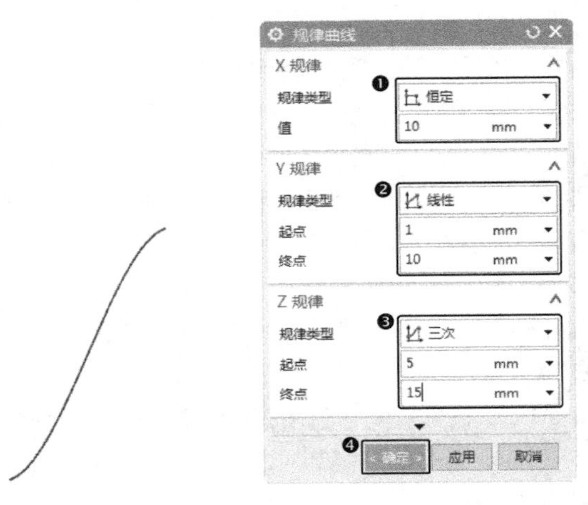

图 5-41 绘制规律曲线　图 5-42 "规律曲线"对话框

5.1.10 螺旋线

在菜单栏中选择"插入"→"曲线"→"螺旋"命令或单击"曲线"选项卡"曲线"组中的"螺旋"按钮，系统打开"螺旋"对话框，如图 5-43 所示。

图 5-43 "螺旋"对话框

该对话框能够通过定义圈数、螺距、半径方式（规律或恒定）、旋转方向和适当的方向生成螺旋线。其结果是一个样条，如图 5-44 所示。

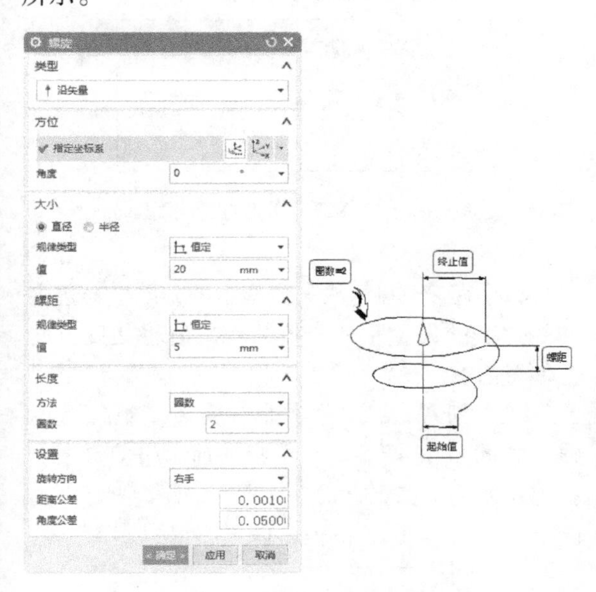

图 5-44 “螺旋线”创建示意图

“螺旋”对话框中选项的功能如下。

（1）类型：包括沿矢量和沿脊线两种。

（2）方位：用于设置螺旋线指定方向的偏转角度。

（3）大小：能够指定半径或直径的定义方式。可以通过“使用规律曲线”来定义值的大小。

①规律类型：能够使用规律函数来控制螺旋线的半径变化。

②值：螺旋曲线每圈半径或直径按照规律类型变化。

（4）螺距：相邻的圈之间沿螺旋轴方向的距离，能够使用规律函数来控制螺距的变化。“螺距”必须大于或等于 0。

（5）长度：该项用于控制螺旋线的长度，可用圈数和起始 / 终止限制两种方法。圈数必须大于 0，可以接受小于 1 的值（例如，0.5 可生成半圈螺旋线）。

（6）“旋转方向”：该选项用于控制旋转的方向，如图 5-45 所示。

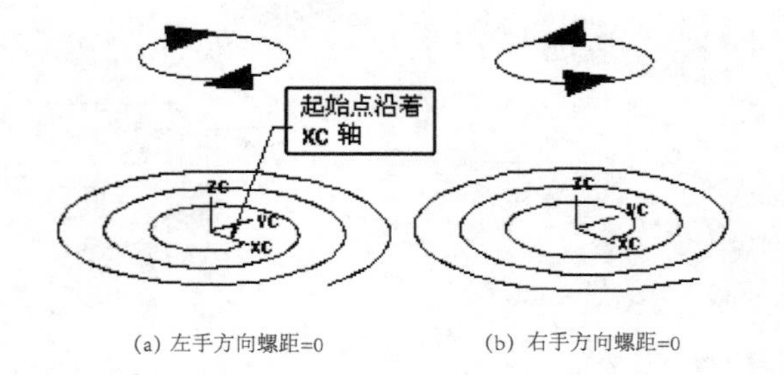

(a) 左手方向螺距=0　　(b) 右手方向螺距=0

图 5-45 “旋转方向”示意图

①右手：螺旋线起始于基点向右卷曲（逆时针方向）。

②左手：螺旋线起始于基点向左卷曲（顺时针方向）。

5.2 派生曲线

一般情况下，曲线创建完成后并不能满足用户需求，还需要进一步的处理工作。本节中将进一步介绍曲线的操作功能，如简化、偏置、桥接、连接、截面和沿面偏置等。

5.2.1 偏置

在菜单栏中选择“插入”→“派生曲线”→“偏置”命令或单击“曲线”选项卡“派生曲线”组中的“偏置曲线”按钮，系统打开“偏置曲线”对话框，如图 5-46 所示。

该命令能够通过从原先对象偏置的方法，生成直线、圆弧、二次曲线、样条和边。偏置曲线是通过垂直于选中基曲线上的点来构造的。用户可以选择是否使偏置曲线与其输入数据相关联。

曲线可以在选中几何体所确定的平面内偏置，也可以使用拔模角和拔模高度选项偏置到一个平行的平面上。只有当多条曲线共面且为连续的线串（即端端相连）时，才能对其进行偏置。结果曲线的对象类型与它们的输入曲线相同（除了二次曲线，它偏置为样条）。

“偏置曲线”对话框中各选项的功能如下。

1. 偏置类型

（1）距离：此方式在选取曲线的平面上偏置曲线，并在其下方的“距离”和“副本数”文本框中设置偏置距离和产生的数量。

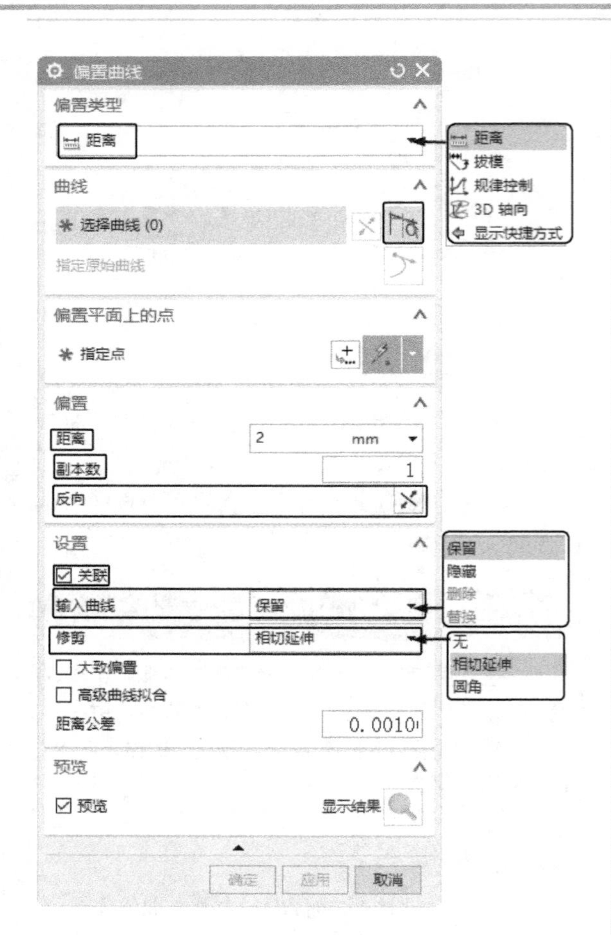

图 5-46 “偏置曲线”对话框

（2）拔模：此方式在平行于选取曲线平面，并与其相距指定距离的平面上偏置曲线。一个平面符号标记出偏置曲线所在的平面，并在其下方的“高度”和“角度”文本框中设置数值。该方式的基本思想是将曲线按照指定的“角度”偏置到与曲线所在平面相距“高度”的平面上。其中，拔模角度是偏置方向与原曲线所在平面的法向的夹角。

如图 5-47 所示是用“草图”偏置方式生成偏置曲线的一个示例。拔模“高度”为 0.2500，拔模“角度”为 30°。

（3）规律控制：此方式在规律定义的距离上偏置曲线，该规律是用规律子功能选项对话框指定的。

（4）3D 轴向：此方式在三维空间内指定矢量方向和偏置距离来偏置曲线，并在其下方的“3D 偏置值”和“轴矢量”文本框中设置数值。

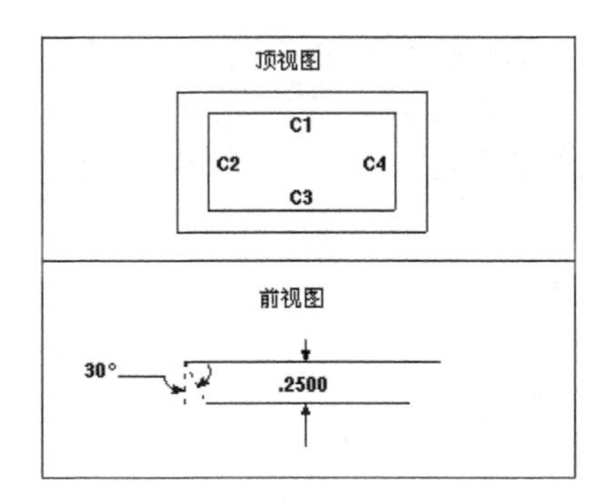

图 5-47 “草图”偏置方式示意图

2. 偏置

（1）距离：在箭头矢量指示的方向上与选中曲线之间的偏置距离。负的距离值将在反方向上偏置曲线。

（2）副本数：该选项能够构造多组偏置曲线，如图 5-48 所示。每组都从前一组偏置一个指定（使用“偏置方式”选项）的距离。

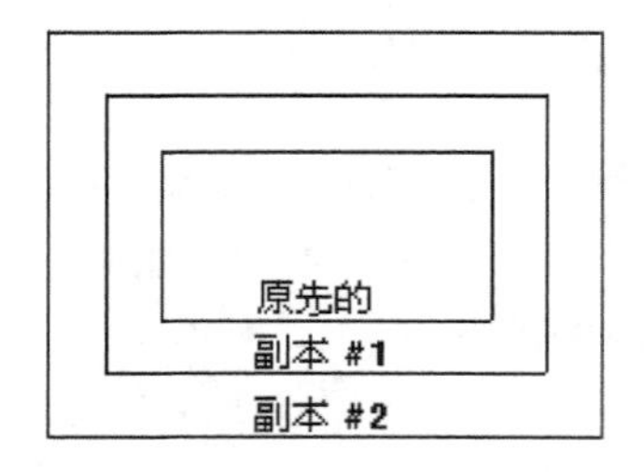

图 5-48 “副本数”示意图

（3）反向：该选项用于反转箭头矢量标记的偏置方向。

3. 设置

（1）关联：如果勾选该复选框，则偏置曲线会与输入曲线和定义数据相关联。

（2）输入曲线：该选项能够指定对原先曲线的处理情况。对于关联曲线，某些选项不可用。

①保留：在生成偏置曲线时，保留输入曲线。

②隐藏：在生成偏置曲线时，隐藏输入曲线。

③删除：在生成偏置曲线时，删除输入曲线。如果取消勾选“关联”复选框，则该选项会变灰。

④替换：该选项类似于移动操作，输入曲线被移至偏置曲线的位置。如果取消勾选“关联”复选框，则该选项会变灰。

（3）修剪：该选项将偏置曲线修剪或延伸到

它们的交点处的方式。

①无：既不修剪偏置曲线，也不将偏置曲线倒成圆角。

②相切延伸：将偏置曲线延伸到它们的交点处。

③圆角：构造与每条偏置曲线的终点相切的圆弧。圆弧的半径等于偏置距离。图 5-49 显示了一个用该“圆角”生成的偏置。如果生成重复的偏置（即只单击“应用”按钮而不更改任何输入），则圆弧的半径每次都会增加一个偏置距离。

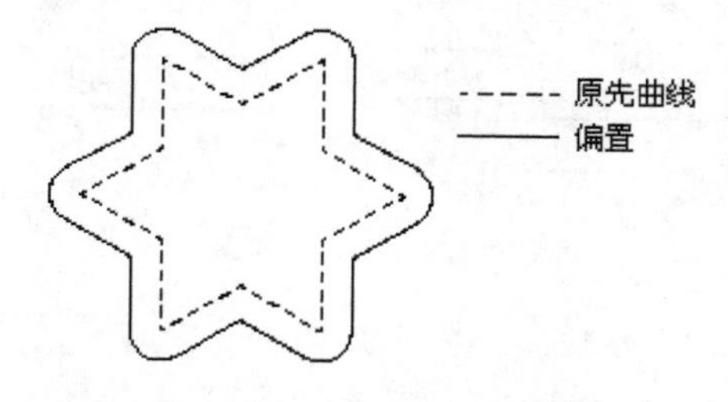

图 5-49 “圆角”方式示意图

（4）距离公差： 当输入曲线为样条或二次曲线时，可确定偏置曲线的精度。

5.2.2 在面上偏置曲线

在菜单栏中选择“插入”→“派生曲线”→“在面上偏置曲线”命令或单击“曲线”选项卡“派生曲线”组中的“在面上偏置曲线”按钮，系统打开“在面上偏置曲线”对话框，如图 5-50 所示。

该命令用于在一个表面上由一条存在曲线按指定的距离生成一条沿面的偏置曲线。

“在面上偏置曲线”对话框中部分选项的功能如下。

1. 类型

（1）恒定： 生成具有面内原始曲线恒定偏置的曲线。

（2）可变： 用于指定与原始曲线上点位置之间的不同距离，以在面中创建可变曲线。

2. 方向和方法

（1）偏置方向

①垂直于曲线：沿垂直于输入曲线相切矢量的方向创建偏置曲线。

②垂直于矢量：用于指定一个矢量，确定与偏置垂直的方向。

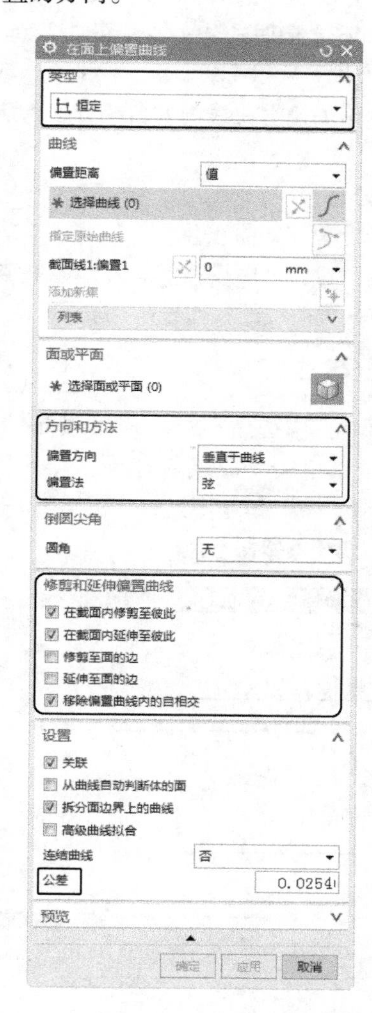

图 5-50 “在面上偏置曲线”对话框

（2）偏置法

①弦：沿曲线弦长偏置。

②弧长：沿曲线弧长偏置。

③测地线：沿曲面最小距离创建。

④相切：沿曲面的切线方向创建。

⑤投影距离：沿投影距离偏置。

3. 修剪和延伸偏置曲线

（1）在截面内修剪至彼此： 修剪同一截面内两条曲线之间的拐角。延伸两条曲线的切线形成拐角，并对切线进行修剪。

（2）在截面内延伸至彼此： 延伸同一截面内两条曲线之间的拐角。延伸两条曲线的切线以形成拐角。

（3）修剪至面的边： 将曲线修剪至面的边。

（4）延伸至面的边： 将偏置曲线延伸至面边界。

（5）移除偏置曲线内的自相交： 修剪偏置曲线的相交区域。

4. 公差

用于设置偏置曲线公差，其默认值是在“建模预设置”对话框中设置的。公差值决定了偏置曲线与被偏置曲线的相似程度，选用默认值即可。

5.2.3 桥接

在菜单栏中选择“插入”→“派生曲线”→“桥接”命令或单击“曲线”选项卡“派生曲线”组中的“桥接曲线”按钮，打开“桥接曲线”对话框，如图 5-51 所示。

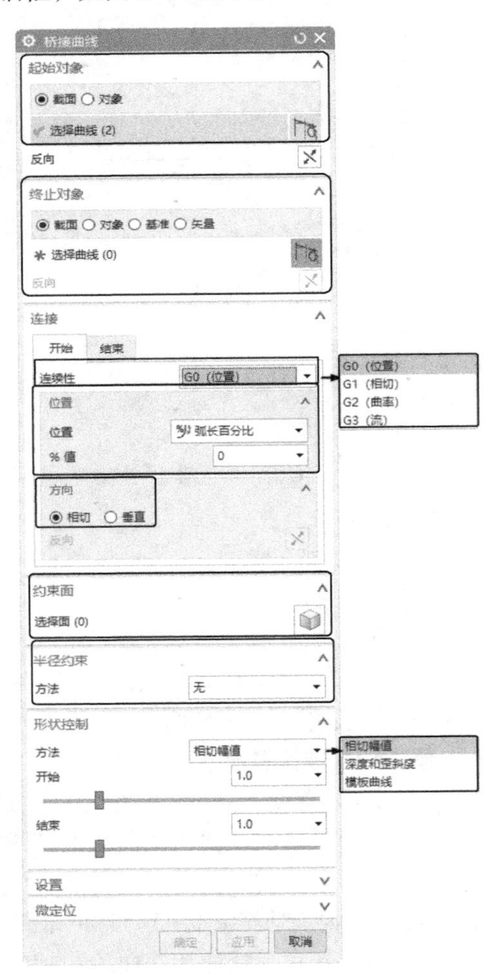

图 5-51 “桥接曲线”对话框

该命令用来桥接两条不同位置的曲线，边也可以作为曲线来选择。这是用户在曲线连接中最常用的方法。

“桥接曲线”对话框中部分选项的功能如下。

1. 起始对象

用于确定桥接曲线操作的第一个对象。

2. 终止对象

用于确定桥接曲线操作的第二个对象。

参考曲线形状操作创建示意图，如图 5-52 所示。

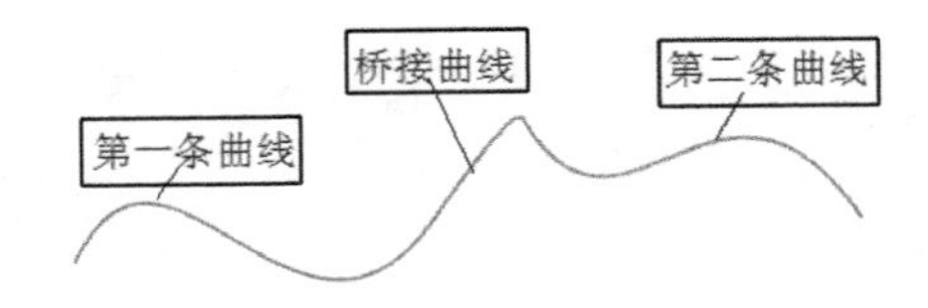

图 5-52 “参考曲线形状”示意图

3. 连接

（1）连续性： 在该下拉列表中包括如下选项。

①相切：表示桥接曲线与第一条曲线、第二条曲线在连接点处相切连续，且为三阶样条曲线。

②曲率：表示桥接曲线与第一条曲线、第二条曲线在连接点处曲率连续，且为五阶或七阶样条曲线。

（2）位置： 移动滑块，确定点在曲线的百分比位置。

（3）方向： 通过“点构造器”来确定点在曲线的位置。

4. 约束面

用于限制桥接曲线所在面。

5. 半径约束

用于限制桥接曲线的半径的类型和大小。

6. 形状控制

（1）相切幅值： 通过改变桥接曲线与第一条曲线和第二条曲线连接点的切矢量值，来控制桥接曲线的形状。切矢量值的改变是通过“开始”和“结束”滑块，或者直接在“第一条曲线”和“第二条曲线”文本框中输入切矢量来实现的

（2）深度和歪斜度： 当选择该控制方式时，“桥接曲线”对话框的变化如图 5-53 所示。

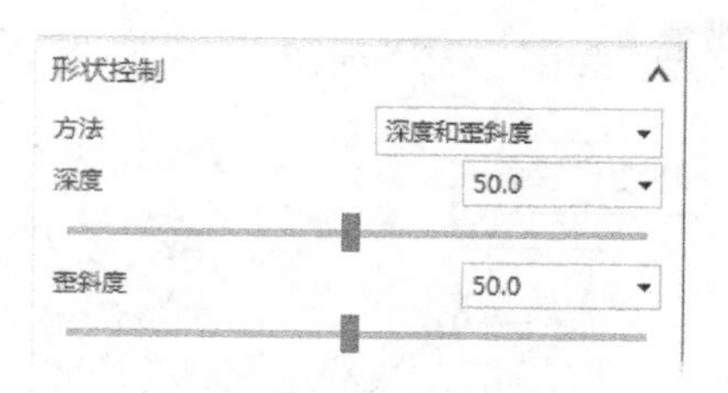

图 5-53 “形状控制”选项

①深度：是指桥接曲线峰值点的深度，即影响桥接曲线形状的曲率的百分比，其值可拖动下面的滑块或直接在“深度”文本框中输入百分比实现。

②歪斜度：是指桥接曲线峰值点的倾斜度，即设定沿桥接曲线从第一条曲线向第二条曲线度量时峰值点位置的百分比。

（3）模板曲线：用于选择控制桥接曲线形状的参考样条曲线，是桥接曲线继承选定参考曲线的形状。

5.2.4 简化

在菜单栏中选择“插入”→“派生曲线”→“简化”命令或单击“曲线”选项卡“更多”库下的“简化曲线”按钮，打开“简化曲线”对话框，如图 5-54 所示。该命令以一条最合适的逼近曲线来简化一组选择曲线，最多可选择 512 条曲线，它将这组曲线简化为圆弧或直线的组合，即将高次方曲线降成二次或一次方曲线。

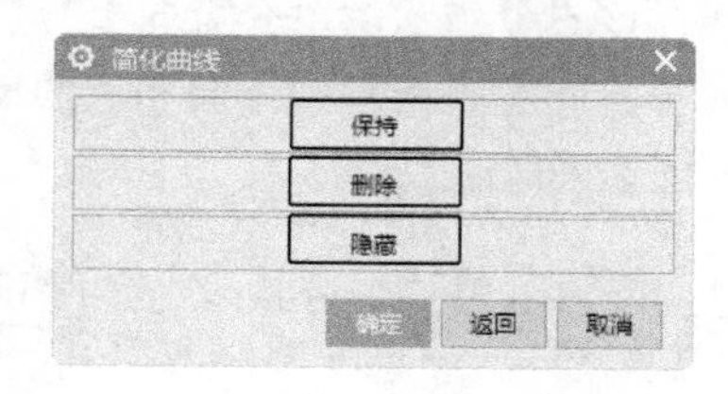

图 5-54 “简化曲线”对话框

在简化选中曲线之前，可以指定原有曲线在转换之后的状态。可以对原有曲线选择下列选项之一。

（1）保持：在生成直线和圆弧之后保留原有曲线。在选中曲线的上面生成曲线。

（2）删除：简化之后删除选中曲线。删除选中曲线之后，不能再恢复，（如果选择“撤销”，可以恢复原有曲线但不再被简化）。

（3）隐藏：生成简化曲线之后，将选中的原有曲线从屏幕上移除，但并未被删除。

若要将选择的多组曲线彼此首尾相连，则可以使用其中的“成链”选项，通过第一条和最后一条曲线来选择期间彼此连接的一组曲线，之后系统对其进行简化操作。

5.2.5 连接

在菜单栏中选择“插入”→“派生曲线”→“连接（即将失效）”命令或单击“曲线”选项卡“派生曲线”组中的“连接曲线”按钮，系统打开“连接曲线（即将失效）”对话框，如图 5-55 所示。该命令可将一条链曲线和边合并到一起以生成一条 B 样条曲线。其结果是与原先的曲线链近似的多项式样条，或者是完全表示原先的曲线链的一般样条。

“连接曲线（即将失效）”对话框中部分选项的功能如下。

（1）关联：如果勾选该复选框，结果样条将与其输入曲线关联，并且当修改这些输入曲线时样条会相应更新。

（2）输入曲线：该下拉列表中的选项用于处理原先的曲线。

（3）距离 / 角度公差：该选项用于设置连接曲线的公差，其默认值是在“建模预设置”对话框中设置的。

图 5-55 “连接曲线（即将失效）”对话框

5.2.6 投影

在菜单栏中选择“插入”→“派生曲线”→“投影”命令或单击“曲线”选项卡“派生曲线”

组中的“投影曲线”按钮，系统打开“投影曲线”对话框，如图 5-56 所示。该选项能够将曲线和点投影到片体、面、平面和基准面上。点和曲线可以沿着指定矢量方向、与指定矢量成某一角度的方向、指向特定点的方向或沿着面法线的方向进行投影。对所有投影曲线在孔或面边界处都要进行修剪。

图 5-56 “投影曲线”对话框

“投影曲线”对话框中部分选项的功能如下。

（1）选择曲线或点：用于确定要投影的曲线和点。

（2）指定平面：用于确定投影所在的表面或平面。

（3）方向：该选项用于指定如何定义将对象投影到片体、面和平面上时所使用的方向。

①沿面的法向：该选项用于沿着面和平面的法向投影对象，如图 5-57 所示。

②朝向点：该选项可向一个指定点投影对象。对于投影的点，可以在选中点与投影点之间的直线上获得交点，如图 5-58 所示。

③朝向直线：该选项可沿垂直于一条指定直线或基准轴的矢量投影对象。对于投影的点，可以在通过选中点垂直于与指定直线的直线上获得交点，如图 5-59 所示。

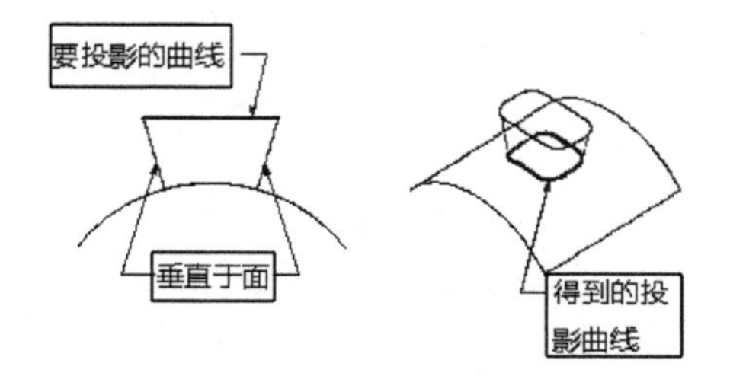

图 5-57 “沿面的法向”示意图

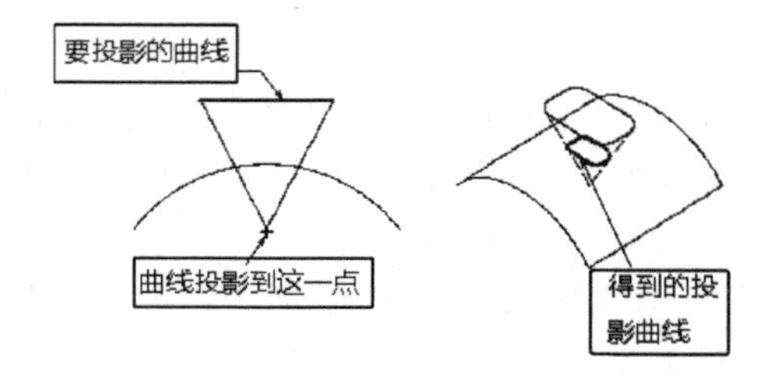

图 5-58 “朝向点”示意图

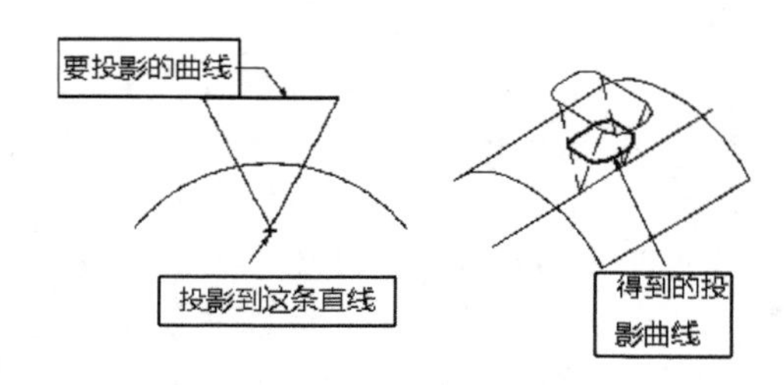

图 5-59 “朝向直线”示意图

④沿矢量：该选项可沿指定矢量投影选中对象。可以在该矢量指示的单个方向上投影曲线，或者在两个方向上（指示的方向和它的反方向）投影，如图 5-60 所示。

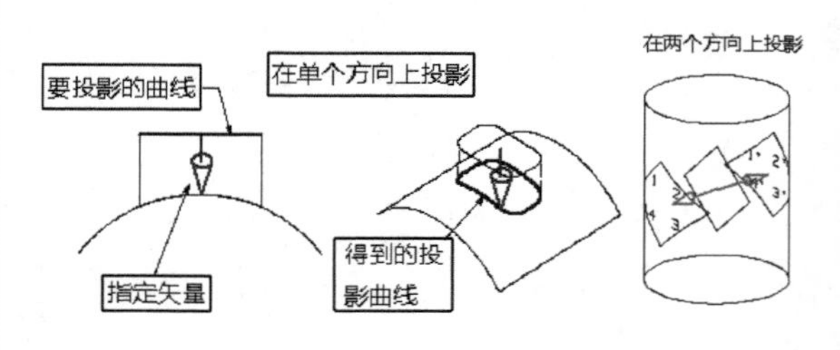

图 5-60 “沿矢量”示意图

⑤与矢量成角度：该选项可将选中曲线按与指定矢量成指定角度的方向投影，该矢量是使用矢量构造器定义的。根据选择的角度值（向内的角度为负值），该投影可以相对于曲线的近似形心按向外或向内的角度生成。对于点的投

影，该选项不可用，如图 5-61 所示。

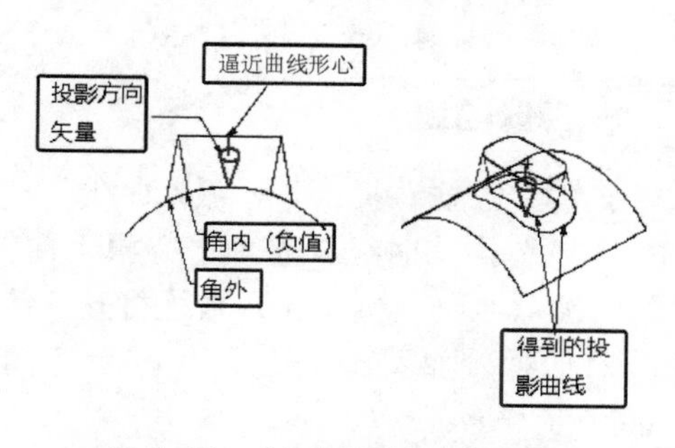

图 5-61 “与矢量成角度”示意图

（4）关联：表示原曲线保持不变，在投影面上生成与原曲线相关联的投影曲线，只要原曲线发生变化，随之投影曲线也发生变化。

（5）高级曲线拟合：曲线拟合的阶次可以选择“三次”“五次”或者“高级”，一般推荐使用三次。

（6）公差：该选项用于设置公差，其默认值是在“建模预设置”对话框中设置的。该公差值决定所投影的曲线与其在投影面上的投影的相似程度。

5.2.7 组合投影

在菜单栏中选择“插入”→“派生曲线”→“组合投影”命令或单击“曲线”选项卡“派生曲线”组中的“组合投影”按钮，系统打开“组合投影”对话框，如图 5-62 所示。

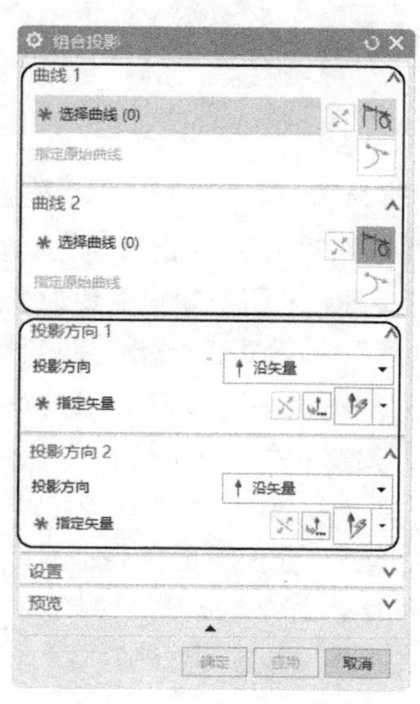

图 5-62 “组合投影”对话框

该命令可以组合两个已有曲线的投影以生成一条新的曲线。需要注意的是，这两个曲线的投影必须相交。可以指定新曲线是否与输入曲线关联，以及将对输入曲线进行哪些处理，如图 5-63 所示。

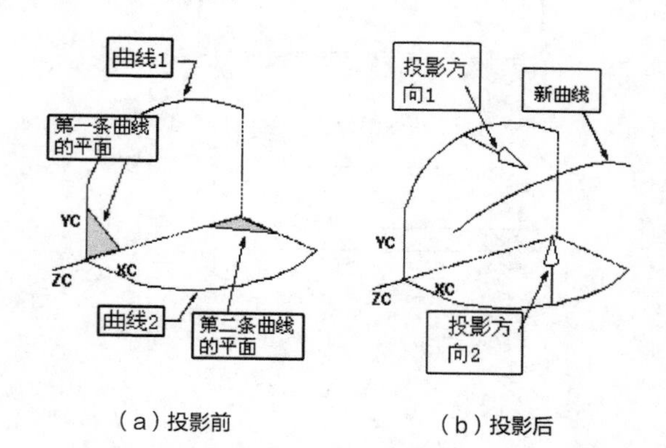

（a）投影前 （b）投影后

图 5-63 “组合投影”示意图

“组合投影”对话框中部分选项的功能如下。

1. 曲线 1/ 曲线 2

（1）选择曲线：用于选择第一个和第二个要投影的曲线链。

（2）反向：单击此按钮，反转显示方向。

（3）指定原始曲线：用于指定选择曲线中的原始曲线。

2. 投影方向 1/ 投影方向 2

投影方向：分别为选择的曲线 1 和曲线 2 指定方向。

（1）垂直于曲线平面：设置曲线所在平面的法向。

（2）沿矢量：使用“矢量”对话框或“矢量”下拉列表中的选项来指定所需的方向。

5.2.8 缠绕 / 展开曲线

在菜单栏中选择“插入”→“派生曲线”→“缠绕 / 展开曲线”命令或单击“曲线”选项卡“派生曲线”组中的“缠绕 / 展开曲线”按钮，系统打开“缠绕 / 展开曲线”对话框，如图 5-64 所示。该选项可以将曲线从平面缠绕到圆锥或圆柱面上，或者将曲线从圆锥或圆柱面展开到平面上。输出曲线是三次 B 样条，并且与其输入曲线、定义面和定义平面相关。如图 5-65 所示为将一样条曲线缠绕到锥面上。

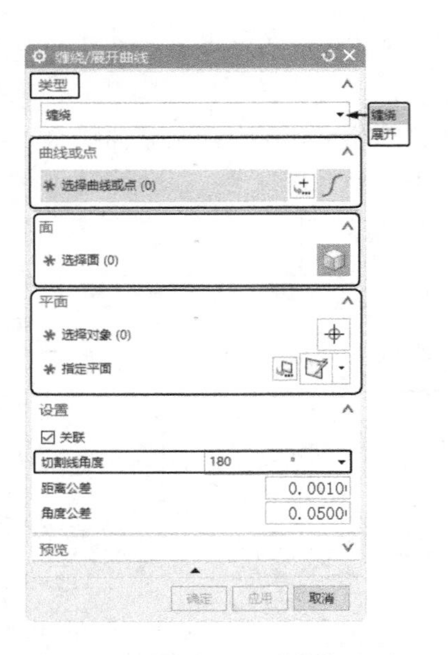

图 5-64 “缠绕 / 展开曲线”对话框

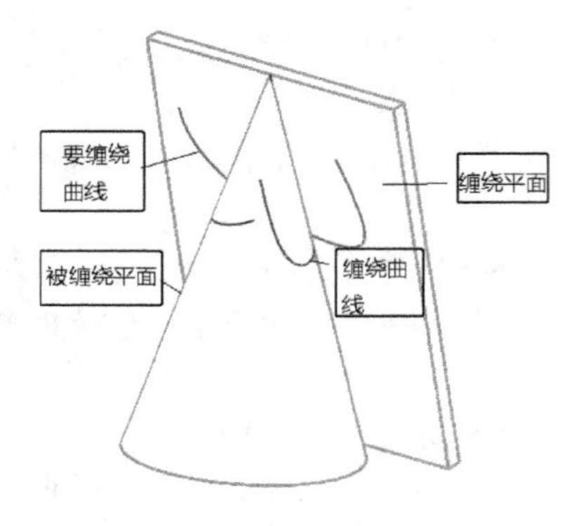

图 5-65 “缠绕 / 展开曲线”示意图

“缠绕 / 展开曲线”对话框中部分选项的功能如下。

（1）类型：在该下拉列表中包括如下选项。

①缠绕：指定要缠绕曲线。

②展开：指定要展开曲线。

（2）曲线或点：选择要缠绕或展开的曲线。仅可以选择曲线、边或面。

（3）面：用来选择曲线将缠绕到或从其上展开的圆锥或圆柱面，可选择多个面。

（4）平面：用来选择一个与缠绕面相切的基准平面或平面。仅选择基准面或面。

（5）切割线角度：该选项用于指定“切线”（一条假想直线，位于缠绕面和缠绕平面相遇的公共位置处。它是一条与圆锥或圆柱轴线共面的直线）绕圆锥或圆柱轴线旋转的角度（0° ~ 360°）。可以输入数字或表达式。

5.2.9 镜像曲线

在菜单栏中选择“插入”→“派生曲线”→“镜像”命令或单击“曲线”选项卡“派生曲线”组中的“镜像曲线”按钮，系统打开“镜像曲线”对话框，如图 5-66 所示。其示意图如图 5-67 所示。

图 5-66 “镜像曲线”对话框

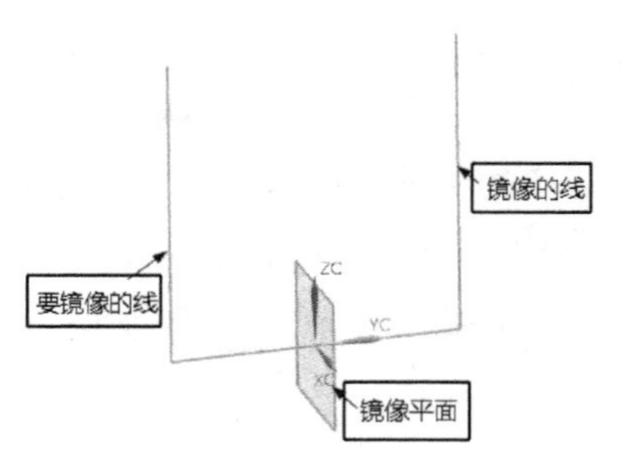

图 5-67 “镜像曲线”示意图

“镜像曲线”对话框中部分选项的功能如下。

（1）选择曲线：用于确定要镜像的曲线。进入“镜像曲线”对话框后，自动被激活。

（2）镜像平面：用于确定镜像的面和基准平面。选择镜像曲线后，单击按钮或鼠标中键，选择镜像平面。

（3）关联：勾选该复选框表示原曲线保持不变，在投影面上生成与原曲线相关联的投影曲线，只要原曲线发生变化，随之投影曲线也发生变化。

5.3 来自体的曲线

本节中将进一步介绍曲线的操作功能，如抽取、相交和截面等。

5.3.1 抽取

在菜单栏中选择"插入"→"派生曲线"→"抽取（原有）"命令，打开"抽取曲线"对话框，如图 5-68 所示。该命令使用一个或多个已有体的边或面生成几何（线、圆弧、二次曲线和样条）。体不发生变化。大多数抽取曲线是非关联的，但也可以选择生成相关的等斜度曲线或阴影外形曲线。

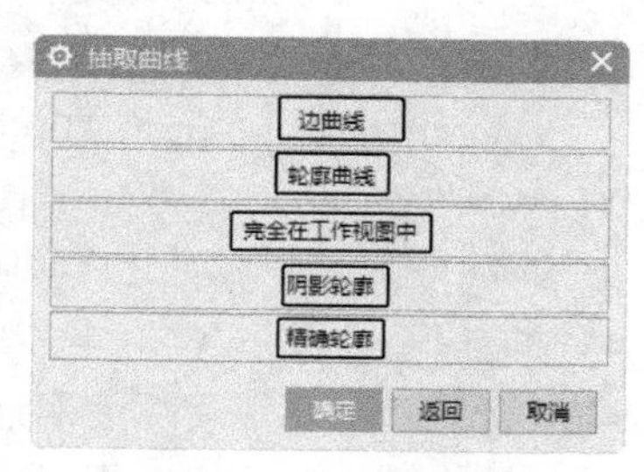

图 5-68 "抽取曲线"对话框

"抽取曲线"对话框中部分选项的功能如下。

（1）边曲线：该选项用于沿一个或多个已有体的边生成曲线。每次选择一条所需的边，或者使用菜单选择面上的所有边、体中的所有边、按名称或成链选取边。选定边的总数显示在"状态"行中，可以单击"返回"按钮取消选择边。所有边都选择完毕后，单击"确定"按钮，生成曲线。

（2）轮廓曲线：该选项用于从轮廓边缘生成曲线，用于生成体的外形（轮廓）曲线（直线、弯曲面在这些直线处从指向视点变为远离视点）。选择所需体后，随即生成轮廓曲线，并提示选择其他体。生成的曲线是近似的，它由建模距离公差控制。工作视图中生成的轮廓曲线与视图相关。

（3）完全在工作视图中：该选项用于生成所有的边曲线，包括工作视图中实体和片体可视边缘的任何轮廓。

（4）阴影轮廓：该选项可以产生工作视图中显示的体的与视图相关的曲线的外形，但内部详细信息无法生成任何曲线，如图 5-69 所示。

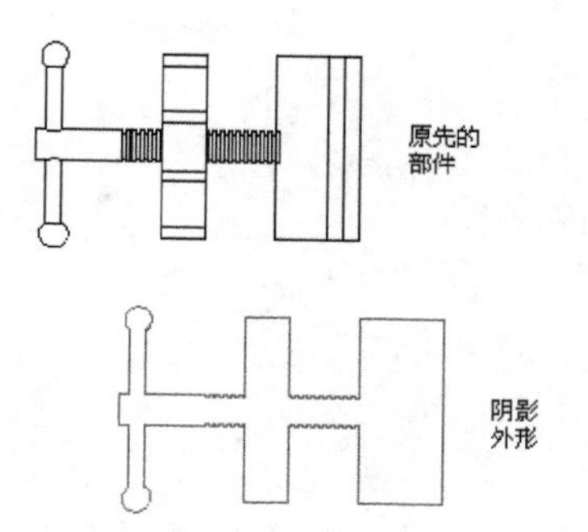

图 5-69 "阴影轮廓"示意图

（5）精确轮廓：使用可产生精确效果的 3D 曲线算法，在工作视图中创建显示体轮廓的曲线。

> **提示**
>
> 阴影外形曲线与生成这些曲线的体之间不相关，除非是在"图纸"中执行此操作。在那种情况下，如果更改了体，则旧的阴影外形被删除，生成新的阴影外形作为图纸视图更新过程的一部分。

5.3.2 相交

在菜单栏中选择"插入"→"派生曲线"→"相交"命令或单击"曲线"选项卡"派生曲线"组中的"相交曲线"按钮，系统打开"相交曲线"对话框，如图 5-70 所示。该命令用于在两组对象之间生成相交曲线。相交曲线是关联的，会根据其定义对象的更改而更新。图 5-71 所示为相交曲线的一个示例，其中相交曲线是由片体与包含腔体的长方体相交而得到的。

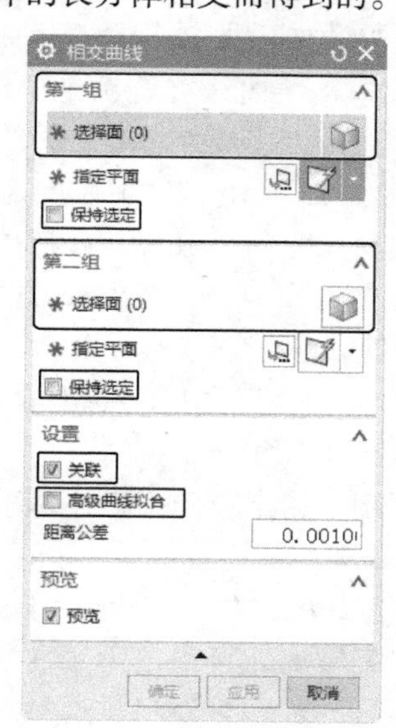

图 5-70 "相交曲线"对话框

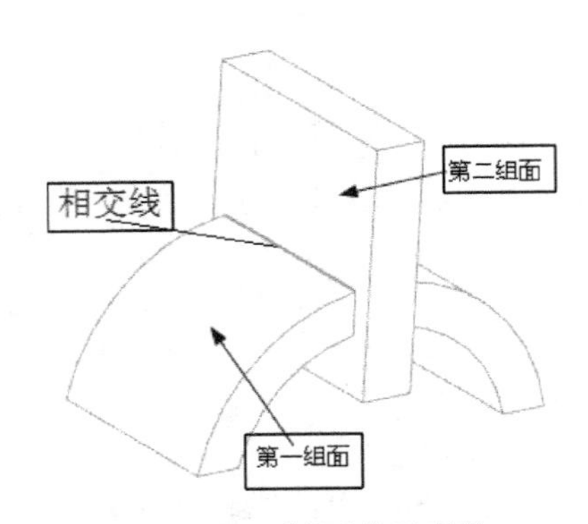

图 5-71 “相交”示意图

“相交曲线”对话框中各选项的功能如下。

（1）第一组：激活该选项时可选择第一组对象。

（2）第二组：激活该选项时可选择第二组对象。

（3）保持选定：勾选该复选框之后，在右侧的选项栏中选择“第一组”或“第二组”对象，单击“应用”按钮，自动选择已选择的“第一组”或“第二组”对象。

（4）高级曲线拟合：曲线拟合的阶次，可以选择“三次”“五次”“高级”，一般推荐使用三次。

（5）关联：能够指定相交曲线是否关联。当对源对象进行更改时，关联的相交曲线会自动更新。

5.3.3 截面

在菜单栏中选择“插入”→“派生曲线”→“截面”命令或单击“曲线”选项卡“派生曲线”组中的“截面曲线”按钮，系统打开“截面曲线”对话框，如图 5-72 所示。该选项在指定平面与体、面、平面或曲线之间生成相交几何体。平面与曲线之间相交生成一个或多个点。几何体输出可以是相关的。

“截面曲线”对话框中部分选项的功能如下。

（1）选定的平面

该选项用于指定单独平面或基准平面来作为截面。

（1）要剖切的对象：该选项用于选择将被截取的对象。需要时，可以使用“过滤器”选项辅助选择所需对象，可以将过滤器选项设置为任意、体、面、曲线、平面或基准平面。

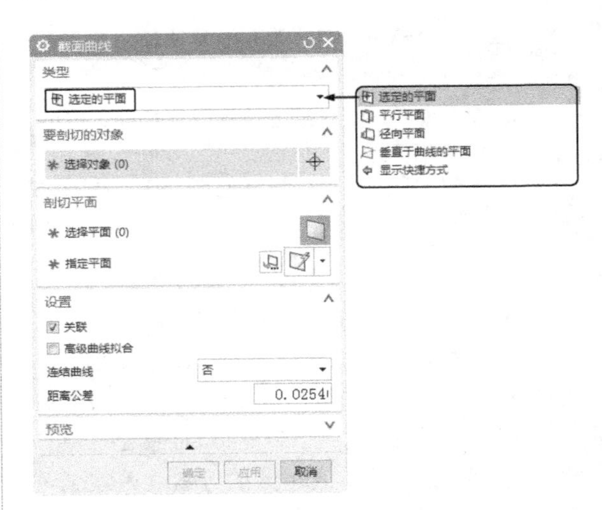

图 5-72 “截面曲线”对话框

（2）剖切平面：该选项用于选择已有平面或基准平面，或者使用平面子功能定义临时平面。需要注意的是，如果勾选“关联”复选框，则平面子功能不可用，此时必须选择已有平面。

2. 平行平面

该选项用于设置一组等间距的平行平面作为截面。选择该类型，对话框在可变窗口区中会变换，如图 5-73 所示。

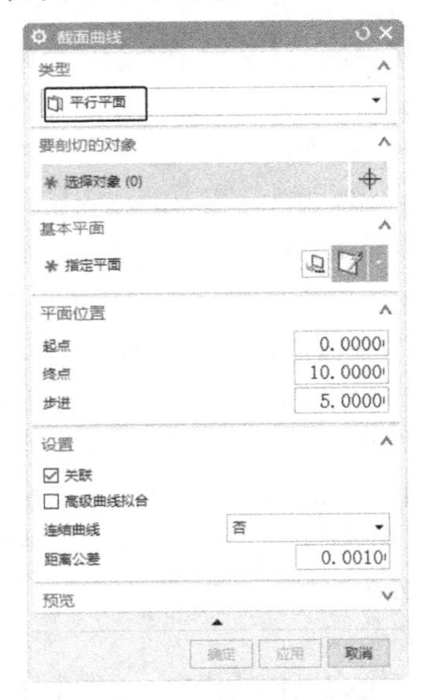

图 5-73 “截面曲线”对话框

（1）起点 / 终点：该距离是从基本平面测量的，正距离为显示的矢量方向。系统将生成适合指定限制的平面数。这些输入的距离值不必恰好是步长距离的偶数倍。

（2）**步进**：指定每个临时平行平面之间的距离。

3. 径向平面

该选项从一条普通轴开始以扇形展开生成按等角度间隔的平面，以选中体、面和曲线的截取。选择该类型，对话框在可变窗口区中会变更为如图 5-74 所示。

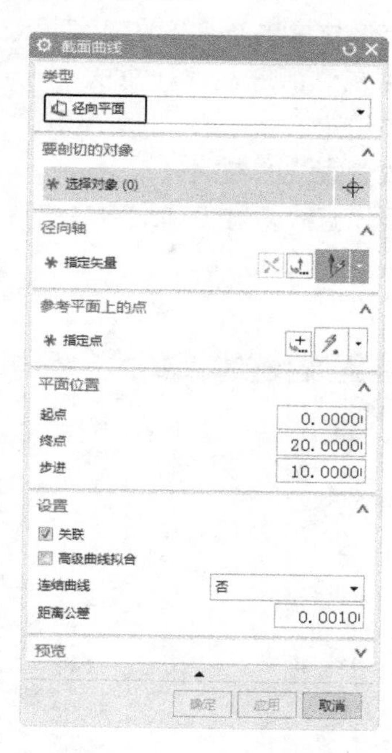

图 5-74　“径向平面”选项

（1）**径向轴**：该选项用于定义径向平面绕其旋转的轴矢量。若要指定轴矢量，可使用“矢量方式”或矢量构造器工具。

（2）**参考平面上的点**：该选项通过使用点方式或点构造器工具指定径向参考平面上的点。径向参考平面是包含该轴线和点的唯一平面。

（3）**起点**：表示相对于基平面的角度，径向面由此角度开始。按右手法则确定正方向。限制角不必是步长角度的偶数倍。

（4）**终点**：表示相对于基础平面的角度，径向面在此角度处结束。

（5）**步进**：表示径向平面之间所需的夹角。

4. 垂直于曲线的平面

该选项用于设定一个或一组与所选定曲线垂直的平面作为截面。选择该类型，对话框在可变窗口区中会变更为如图 5-75 所示。

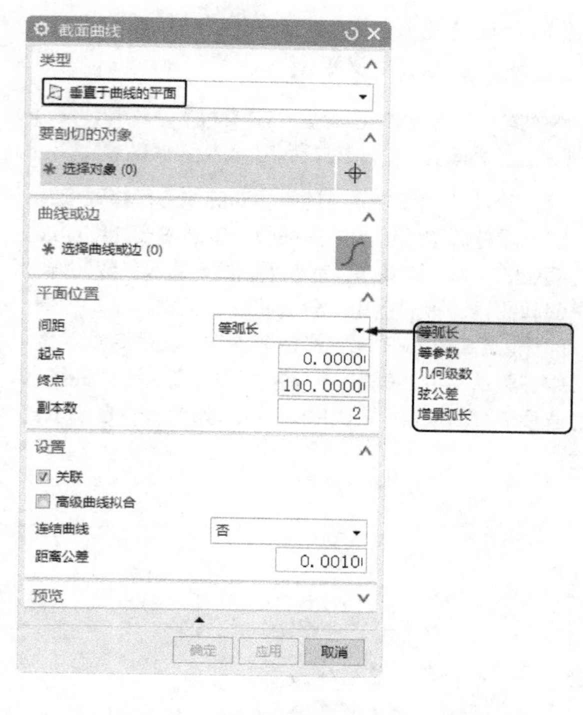

图 5-75　“垂直于曲线的平面”选项

（1）**曲线或边**：该选项用于选择沿其生成垂直平面的曲线或边。使用“过滤器”选项辅助对象的选择，可以将过滤器设置为曲线或边。

（2）**间距**：在该下拉列表中包括如下选项。

①等弧长：沿曲线路径以等弧长方式间隔平面。必须在“副本数”文本框中输入截面平面的数目，以及平面相对于曲线全弧长的起始和终止位置的百分比值。

②等参数：根据曲线的参数化法来间隔平面。必须在“副本数”文本框中输入截面平面的数目，以及平面相对于曲线参数长度的起始和终止位置的百分比值。

③几何级数：根据几何级数比间隔平面。必须在“副本数”文本框中输入截面平面的数目，还要在“比例”文本框中输入数值，以确定起始和终止点之间的平面间隔。

④弦公差：根据弦公差间隔平面。选择曲线或边后，定义曲线段使线段上的点距线段端点连线的最大弦距离，等于在“弦公差”文本框中输入的弦公差值。

⑤增量弧长：以沿曲线路径递增的方式间隔

平面。在“弧长”文本框中输入值，在曲线上以递增弧长方式定义平面。

5.4 曲线编辑

当曲线创建之后，还需要对曲线进行修改和编辑，需要调整曲线的很多细节。本节主要介绍曲线编辑的操作，其操作包括编辑曲线、编辑参数曲线、裁剪曲线、裁剪拐角、分割曲线、编辑圆角、拉伸曲线、编辑弧长、光顺样条等操作，其命令功能集中在菜单栏中“编辑”→“曲线”的子菜单及“曲线”选项卡“编辑曲线”组和更多库中，如图 5-76 所示。

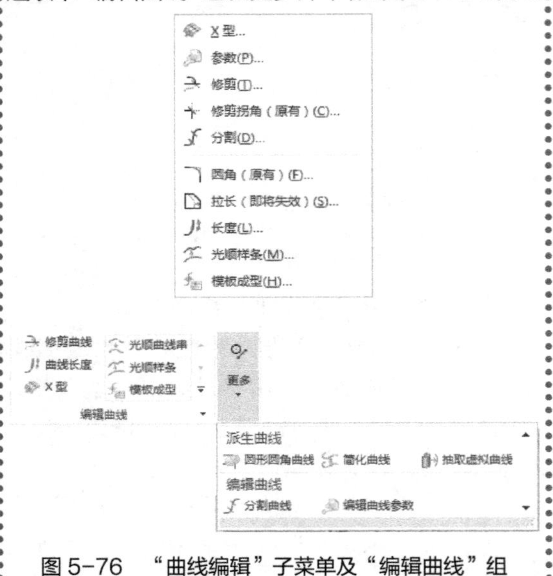

图 5-76 “曲线编辑”子菜单及“编辑曲线”组

5.4.1 编辑曲线参数

在菜单栏中选择“编辑”→“曲线”→“参数”命令或单击“曲线”选项卡中“更多”库下的“编辑曲线参数”按钮，系统打开“编辑曲线参数”对话框，如图 5-77 所示。

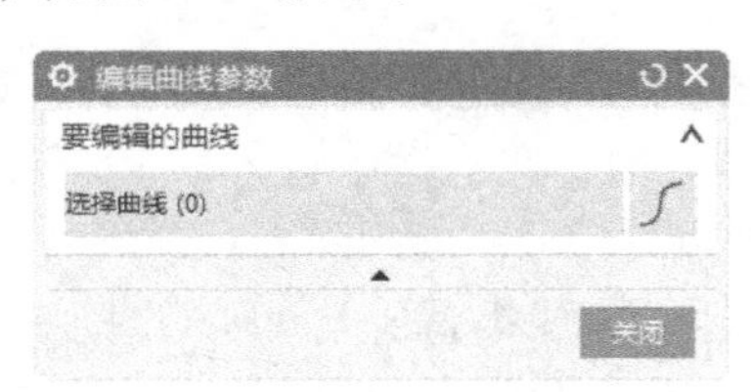

图 5-77 “编辑曲线参数”对话框

该命令可以编辑大多数类型的曲线。在该对话框中设置了相关项后，当选择了不同的对象类型系统时会给出相应的提示对话框。

1. 编辑直线

当选择直线对象后会打开如图 5-78 所示的对话框。通过该对话框可以改变直线的端点或它的参数，如长度和角度。

如要改变直线的端点：

（1）选择要修改的直线端点。现在可以从固定的端点像拉橡皮筋一样改变该直线了。

（2）用在对话框上的任意的“点方式”选项指定新的位置。

如要改变直线的参数：

①选择该直线，避免选到它的控制点上。

②在对话框中输入长度 / 角度的新值，然后按 Enter 键。

图 5-78 “直线”对话框

2. 编辑圆弧或圆

在选择圆弧或圆对象后会打开如图 5-79 所示的对话框。通过在对话框中输入新值或拖动滑块改变圆弧或圆的参数，还可以将圆弧变成它的补弧。无论激活的编辑模式是什么，都可以将圆弧或圆移动到新的位置，具体操作如下。

（1）选择圆弧或圆的中心（释放鼠标中键）。

（2）将光标移动到新的位置并按下左键，或者在对话条中输入新的 XC、YC 和 ZC 的位置。

用此方法可以把圆弧或圆移动到其他的控制点，如线段的端点或其他圆的圆心。

要生成圆弧的补弧，则必须在“参数”模式下进行。选择一条或多条圆弧并在“编辑曲线参数”对话框中选择“补弧”。

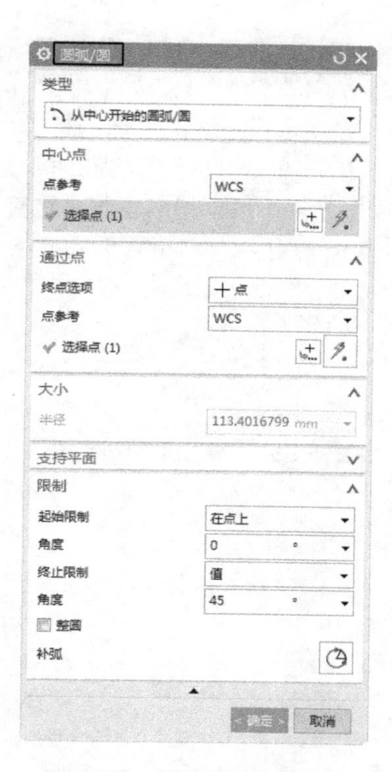

图 5-79 “圆弧 / 圆”对话框

3. 编辑椭圆

在选择椭圆对象后会打开如图 5-80 所示的对话框。该选项用于编辑一个或多个已有的椭圆。该选项和生成椭圆的操作几乎相同。用户最多可以选择 128 个椭圆。当选择多个椭圆时，最后选中的椭圆的值成为默认值。这就允许通过继承编辑椭圆，具体操作如下。

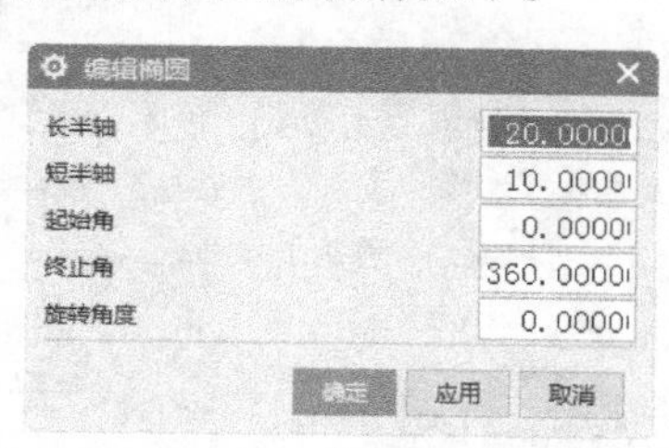

图 5-80 “编辑椭圆”对话框

（1）选择要编辑的椭圆。

（2）选择含有需要值的椭圆。

（3）单击“应用”按钮。

所有选择的椭圆都变成相同的。

绝对值用于长半轴和短半轴的值。例如，如果输入 -5 作为长半轴的值，则被解释为 +5。起始角、终止角或旋转角都可被接受。新的旋转角用于椭圆的初始位置。新的角不加到当前旋转角的值上。

> **提示**
>
> 当改变椭圆的任何值时，所有相关联的制图对象都会自动更新。单击“应用”按钮后，选择列表变空并且数值重设为零。“取消”操作会把椭圆重设回它们的初始状态。

5.4.2 修剪曲线

在菜单栏中选择“编辑”→“曲线”→“修剪”命令或单击“曲线”选项卡“编辑曲线”组中的“修剪曲线”按钮，系统打开“修剪曲线”对话框，如图 5-81 所示。该命令可以根据边界实体和选中进行修剪的曲线的分段来调整曲线的端点。可以修剪或延伸直线、圆弧、二次曲线或样条。

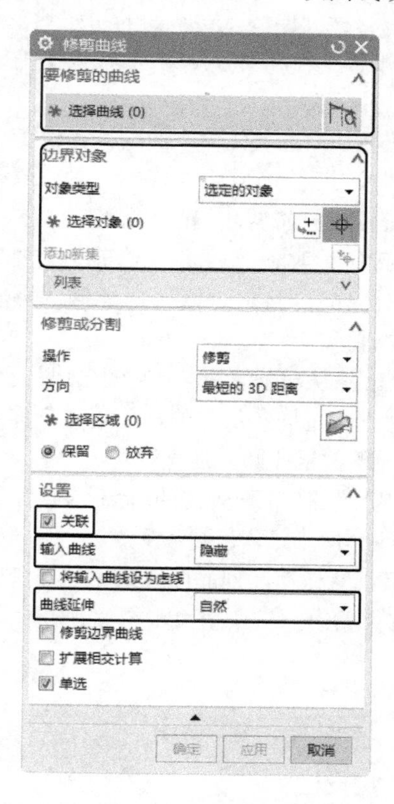

图 5-81 “修剪曲线”对话框

“修剪曲线”对话框中部分选项的功能如下。

（1）要修剪的曲线： 该选项用于选择要修剪的一条或多条曲线（此步骤是必需的）。

（2）边界对象 1： 该选项用于从工作区窗口中选择一串对象作为边界 1，沿着它修剪曲线。

（3）**边界对象 2**：该选项用于选择第二边界线串，沿着它修剪选中的曲线。（此步骤是可选的）

（4）**关联**：该选项用于指定输出的已被修剪的曲线是相关联的。关联的修剪导致生成一个 TRIM_CURVE 特征，它是原始曲线复制的、关联的、被修剪的副本。

将原始曲线的线型改为虚线，这样它们对照于被修剪的、关联的副本更容易看得到。如果输入参数改变，则关联的、修剪的曲线会自动更新。

（5）**输入曲线**：该选项用于指定输入曲线的、被修剪的部分处于何种状态。

①隐藏：该选项使输入曲线被渲染成不可见。

②保持：该选项使输入曲线不受修剪曲线操作的影响，被“保持”在它们的初始状态。

③删除：该选项通过修剪曲线操作把输入曲线从模型中删除。

④替换：该选项使输入曲线被已修剪的曲线替换或“交换”。当使用“替换”时，原始曲线的子特征成为已修剪曲线的子特征。

（6）**曲线延伸**：如果正在修剪一个要延伸到其边界对象的样条，可以选择延伸的形状。具体选项如下。

①自然：从样条的端点沿它的自然路径延伸。

②线性：把样条从它的任一端点延伸到边界对象，样条的延伸部分是直线。

③圆形：把样条从它的端点延伸到边界对象，样条的延伸部分是圆弧形。

④无：对任何类型的曲线都不执行延伸。

“修剪曲线”示意图如图 5-82 所示。

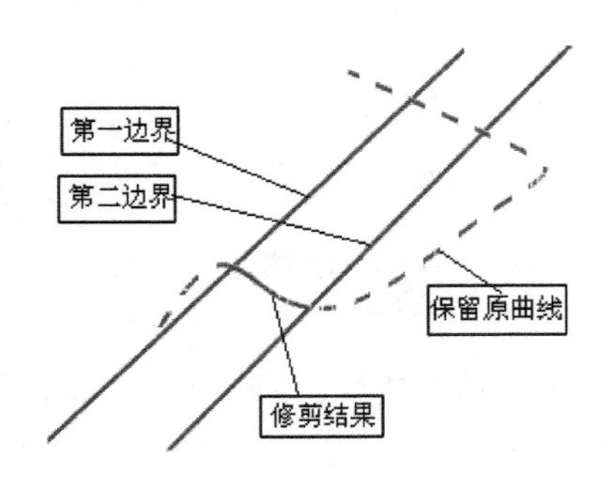

图 5-82　“修剪曲线”示意图

5.4.3 修剪拐角

在菜单栏中选择“编辑”→“曲线”→“修剪拐角（原有）”命令，打开“修剪拐角”对话框，如图 5-83 所示。该选项把两条曲线修剪到它们的交点，从而形成一个拐角。生成的拐角依附于选择的对象，如图 5-84 所示。

图 5-83　“修剪拐角”对话框

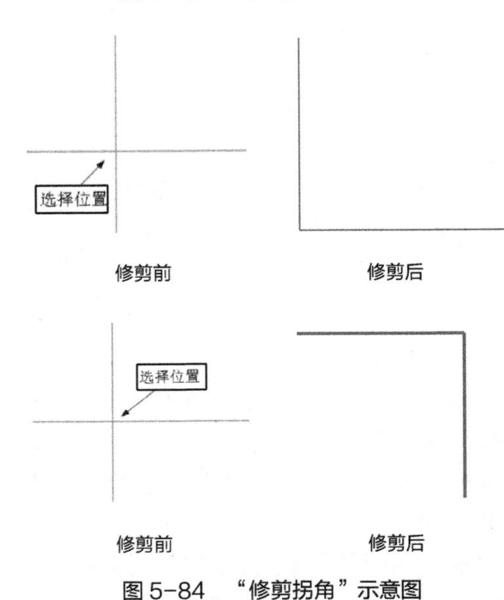

图 5-84　“修剪拐角”示意图

提示：

如果选择球只包含一条曲线，则会显示错误信息：无有效的曲线；当修剪样条时，会警告用户样条的定义数据会被删除，可以单击“取消”按钮退出或单击“确定”按钮继续修剪操作。

5.4.4 分割曲线

在菜单栏中选择“编辑”→“曲线”→“分割”命令或单击“曲线”选项卡中“更多”库下的“分割曲线”按钮，系统打开“分割曲线”对话框，如图 5-85 所示。

该选项将曲线分割成一组同样的段，即直线到直线、圆弧到圆弧。每个生成的段是单独的实体并赋予和原先的曲线相同的线型。新的对象和原先的曲线放在同一层上。

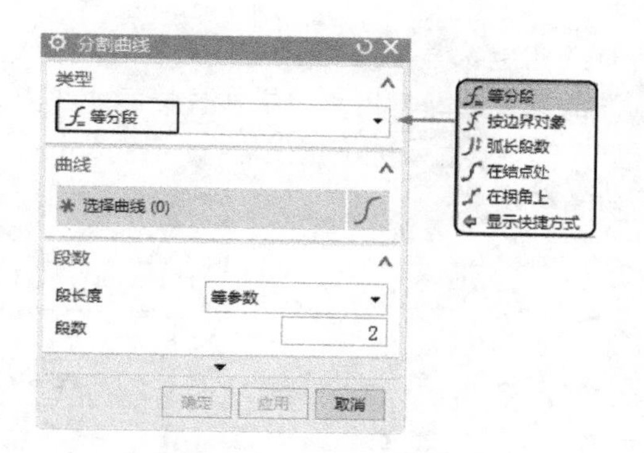

图 5-85 “等分段”选项

“分割曲线”对话框中的分割曲线有 5 种不同的方式。

（1）等分段：该选项使用曲线长度或特定的曲线参数将曲线分割为相等的段。

①等参数：该选项是根据曲线参数特征将曲线等分。曲线的参数随各种不同的曲线类型而变化。

②等弧长：该选项根据选中的曲线被分割成等长度的单独曲线，各段的长度是通过把实际的曲线长度分成要求的段数计算出来的。

（2）按边界对象：该选项使用边界实体把曲线分成几段，边界实体可以是点、曲线、平面或面等。选中该选项后，系统打开如图 5-86 所示的对话框。

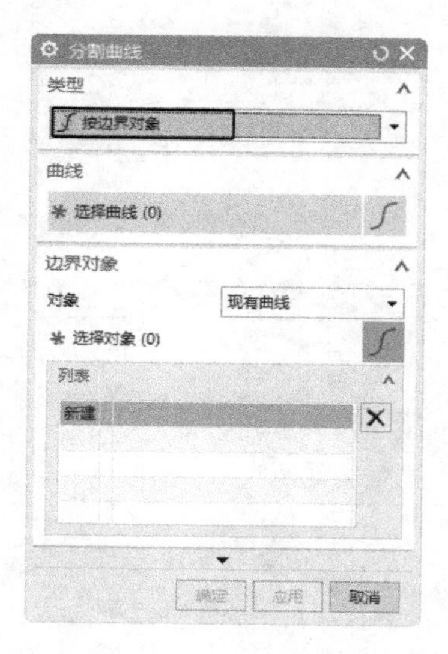

图 5-86 “按边界对象”选项

如图 5-87 所示为按边界对象示意图。

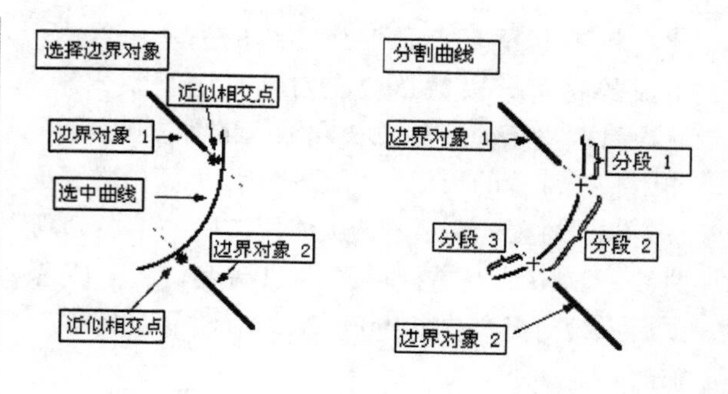

图 5-87 “按边界对象”示意图

（3）弧长段数：该选项是按照各段定义的弧长分割曲线，如图 5-88 所示。选中该选项后，系统打开如图 5-89 所示的对话框，要求输入分段弧长值，其后会显示分段数目和剩余部分弧长值。

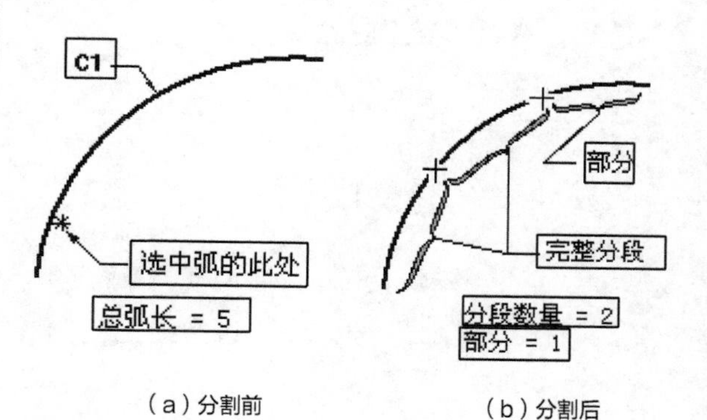

图 5-88 “弧长段数”示意图

图 5-89 “弧长段数”选项

具体操作时，在靠近要开始分段的端点处选择该曲线。从选择的端点开始，系统沿着曲线测量输入的长度，并生成一段。从分段处的端点开始，系统再次测量长度并生成下一段。

此过程不断重复直到到达曲线的另一个端点。生成的完整分段数目会在对话框中显示出来，此数目取决于曲线的总长和输入的各段的长度。曲线剩余部分的长度显示出来，作为部分段。

（4）在结点处：该选项使用选中的结点分割曲线，其中结点是指样条段的端点。选中该选项后系统打开如图 5-90 所示的对话框，其各选项的功能如下。

①按结点号：通过输入特定的结点号码分割样条。

②选择结点：通过用图形光标在结点附近指定一个位置来选择分割结点。当选择样条时会显示结点。

③所有结点：自动选择样条上的所有结点来分割曲线。

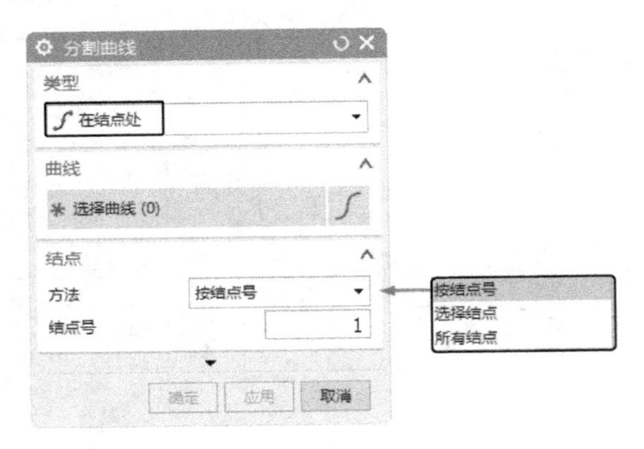

图 5-90 “在结点处”选项

如图 5-91 所示为“在结点处”示意图。

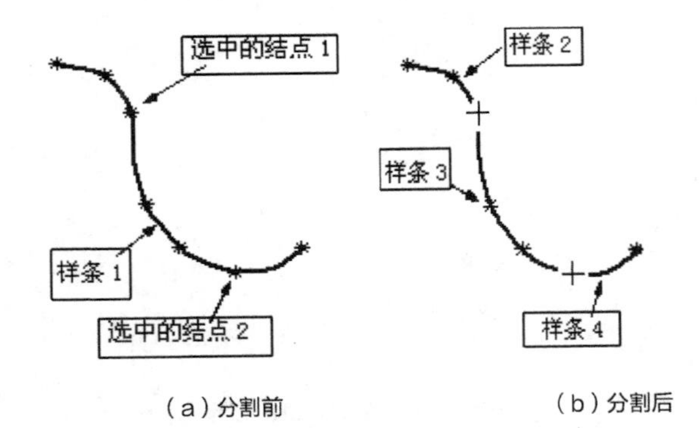

图 5-91 “在结点处”示意图

（5）在拐角上：该选项在角上分割样条，其中角是指样条折弯处的节点，如图 5-92 所示。

要在角上分割曲线，首先要选择该样条。所有的角上都显示有星号。用和“在结点处”相同的方式选择角点。如果在选择的曲线上未找到角，则会显示如下错误信息：不能分割——没有角。

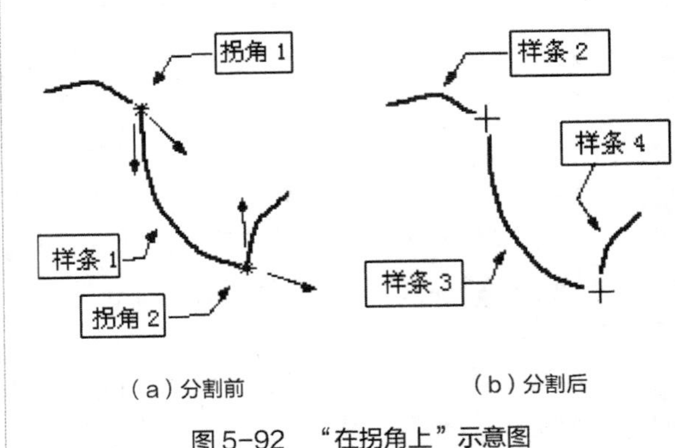

图 5-92 “在拐角上”示意图

5.4.5 编辑圆角

在菜单栏中选择“编辑”→“曲线”→“圆角（原有）”命令，打开“编辑圆角”对话框，如图 5-93 所示。该对话框中的“自动修剪”选项用于编辑已有的圆角。此选项类似于两个对象圆角的生成方法。在依次选择对象 1、圆角、对象 2 之后，系统打开如图 5-94 所示的对话框。

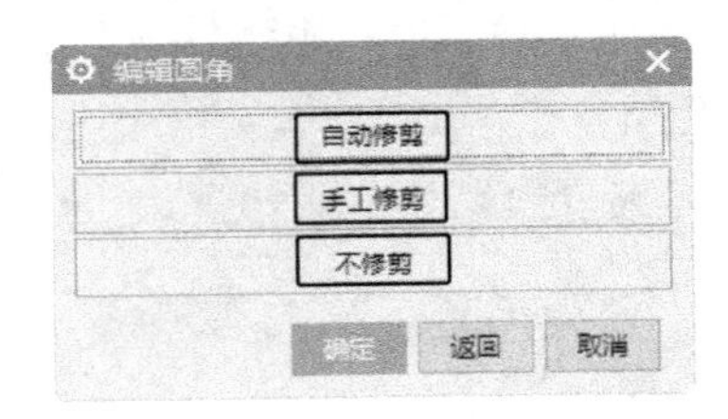

图 5-93 “编辑圆角”对话框

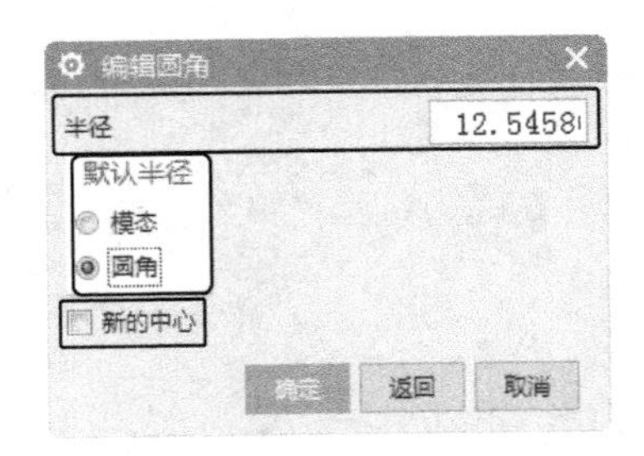

图 5-94 “编辑圆角”对话框

“编辑圆角”对话框中各选项的功能如下。

（1）自动修剪：系统自动根据圆角来裁剪两条连接曲线。单击该按钮，系统提示依次选择

第一条连接曲线、圆角和第二条连接曲线，接着打开“编辑圆角”对话框，如图 5-94 所示。

该对话框中各选项的含义如下。

①半径：用于设置圆角的新半径值。

②默认半径：用于设置“半径”文本框中的默认半径。

③新的中心：勾选该复选框，可以通过设定新的一点改变圆角的大致圆心位置。取消对该复选框的勾选，仍以当前圆心位置来对圆角进行编辑。

（2）手工修剪： 在用户的干预下裁剪圆角的两条连接曲线。

（3）不修剪： 不裁剪圆角的两条连接曲线。

“编辑圆角”示意图如图 5-95 所示。

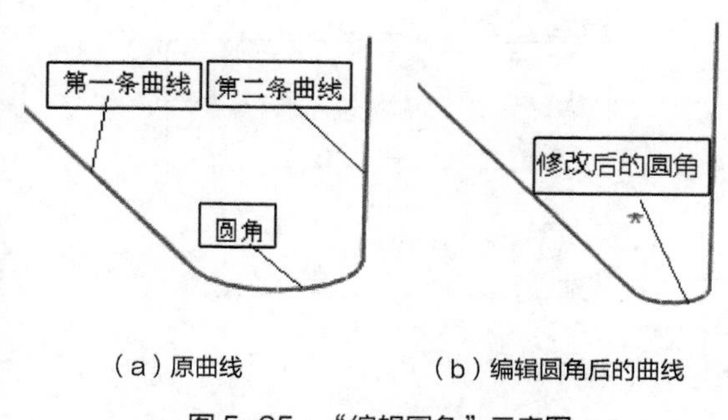

（a）原曲线　　（b）编辑圆角后的曲线

图 5-95　“编辑圆角”示意图

5.4.6 拉长曲线

在菜单栏中选择“编辑”→“曲线”→“拉长（即将失效）”命令，打开“拉长曲线（即将失效）”对话框，如图 5-96 所示。该对话框中的选项用于移动几何对象，同时拉伸或缩短选中的直线。可以移动大多数几何类型，但只能拉伸或缩短直线。

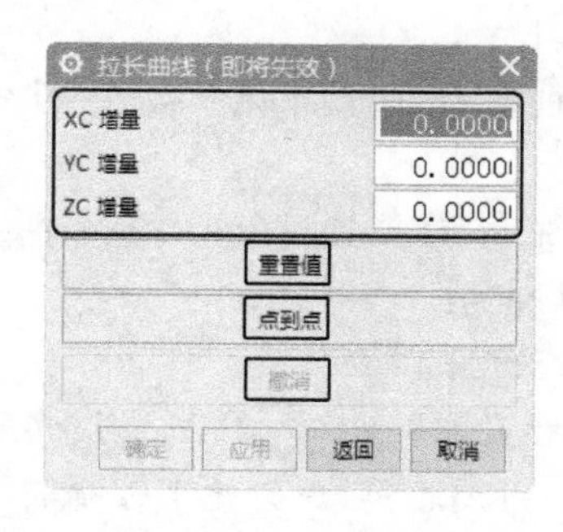

图 5-96　“拉长曲线（即将失效）”对话框

“拉长曲线（即将失效）”对话框中各选项的功能如下。

（1）XC 增量、YC 增量和 ZC 增量： 该选项要求输入 XC、YC 和 ZC 的增量。按这些增量值移动或拉伸几何体。

（2）重置值： 该选项用于将上述增量值重设为 0。

（3）点到点： 该选项用于显示点对话框，让用户定义参考点和目标点。

（4）撤销： 该选项用于将几何体改变成先前的状态。

具体操作时可以使用矩形选择对象，矩形必须包围要平移的对象，以及要拉伸的直线的端点。如果只有对象（直线除外）的一部分在矩形内，则该对象不会被选中。图 5-97 为“拉长曲线”示意图。

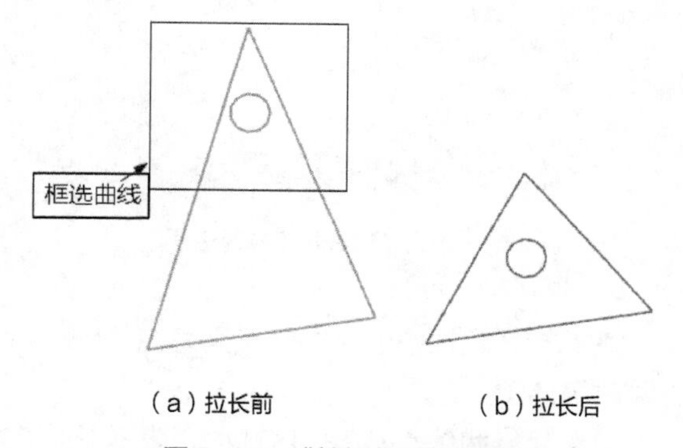

（a）拉长前　　（b）拉长后

图 5-97　“拉长曲线”示意图

> **提示**
>
> 拉长曲线可用于除了草图、组、组件、体、面和边以外的所有几何类型。

5.4.7 曲线长度

在菜单栏中选择“编辑”→“曲线”→“长度”命令或单击“曲线”选项卡“编辑曲线”组中的“曲线长度”按钮，系统打开“曲线长度”对话框，如图 5-98 所示。该对话框中的选项可以通过给定的圆弧增量或总弧长来修剪曲线。

“曲线长度”对话框中部分选项的功能如下。

1. 长度

（1）增量： 表示以给定弧长增加量或减少量的方式来编辑选定曲线的长度。选择该选项时，

“限制”面板中的“开始”和“结束”文本框被激活，在这两个文本框中可分别输入曲线长度在起点和终点增加或减少的长度值。

（2）总数：表示以给定总长的方式来编辑选定曲线的长度。选择该选项，“限制”面板中的“总数”文本框被激活，在该文本框中可输入曲线的总长度。

图 5-98　“曲线长度”对话框

2. 侧

该下拉列表框中包含“起点和终点”和“对称”两个选项。

（1）起点和终点：选择该选项，表示从选定曲线的起点和终点开始延伸。

（2）对称：选择该选项，表示从选定曲线的起点和终点延伸的长度值相同。

3. 方法

该选项用于确定所选样条曲线延伸的形状。该下拉列表框中包含“自然”“线性”和“圆形”三个选项。

（1）自然：从样条曲线的端点沿它的自然路径延伸。

（2）线性：从任意一个端点延伸样条曲线，它的延伸部分是线性的。

（3）圆形：从样条的端点延伸它，它的延伸部分是圆弧。用户既可以输入正值，又可以输入负值作为弧长。输入正值时延伸曲线；输入负值则截断曲线，示意图如图 5-99 所示。

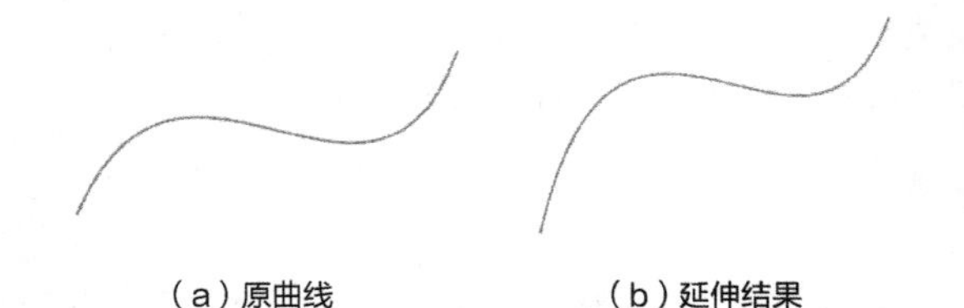

（a）原曲线　　　　（b）延伸结果

图 5-99　“编辑曲线长度”示意图

5.4.8　光顺样条

在菜单栏中选择“编辑”→“曲线”→“光顺”命令或单击“曲线”选项卡“编辑曲线”组中的“光顺样条”按钮，打开“光顺样条”对话框，如图 5-100 所示。

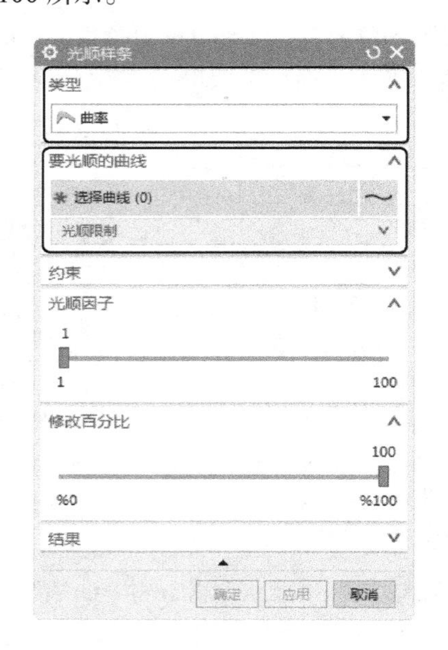

图 5-100　“光顺样条”对话框

该对话框中的选项用于光顺曲线的斜率，使 B 样条曲线更加光顺。

“光顺样条”对话框中部分选项的功能如下。

1. 类型

（1）曲率：通过最小化曲率值的大小来光顺曲线。

（2）曲率变化：通过最小化整条曲线的曲率变化来光顺曲线。

2. 要光顺的曲线

选择要光顺的曲线。可以通过光顺限制中的起点百分比和终点百分比来控制曲线起点和终点的约束。

5.5 实例——咖啡壶曲线

咖啡壶曲线如图 5-101 所示。首先利用圆命令绘制各个节圆，然后倒圆角创建壶嘴曲线，最后利用样条曲线创建两侧的引导线。

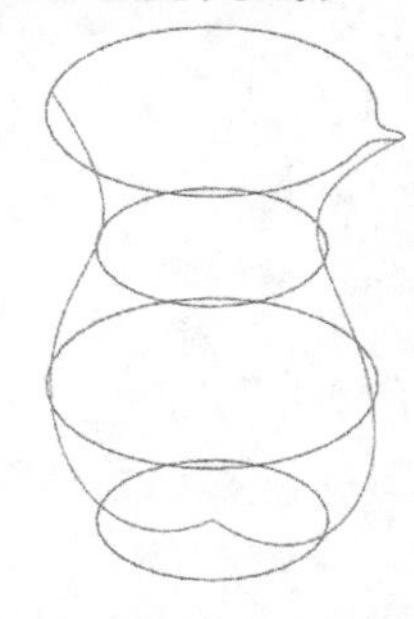

图 5-101 咖啡壶曲线

绘制步骤

Step 01 新建文件

在菜单栏中选择“文件”→“新建”命令，或者单击“主页”选项卡“标准”组中的“新建”按钮，打开“新建”对话框，在“模型”选项卡中选择适当的模板，文件名为 kafeihu，单击“确定”按钮，进入建模环境。

Step 02 创建圆

（1）在菜单栏中选择“插入”→“曲线”→“基本曲线（原有）”命令，系统打开“基本曲线”对话框，如图 5-102 所示。❶单击“圆”按钮○，❷在“点方法”下拉列表中选择“点构造器”选项，系统打开“点”对话框，输入圆心（0，0，0），❸单击“确定”按钮。

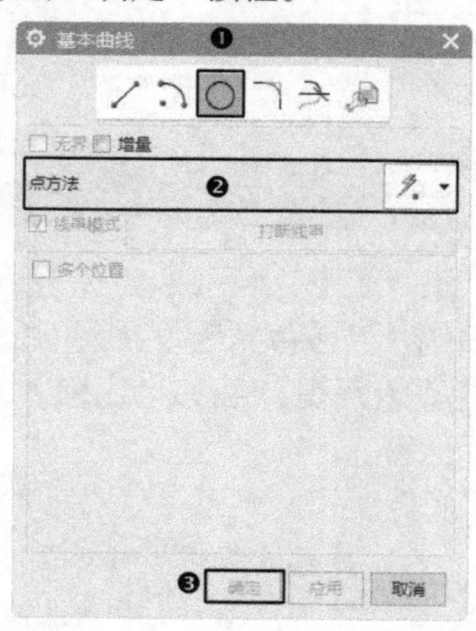

图 5-102 “基本曲线”对话框

（2）系统提示选择对象以自动判断点，输入（100，0，0），单击“确定”按钮完成圆 1 的创建。按照上面的步骤创建圆心为（0，0，-100），半径为 70 的圆 2；圆心为（0，0，-200），半径为 100 的圆 3；圆心为（0，0，-300），半径为 70 的圆 4；圆心为（115，0，0），半径为 5 的圆 5。生成的曲线模型如图 5-103 所示。

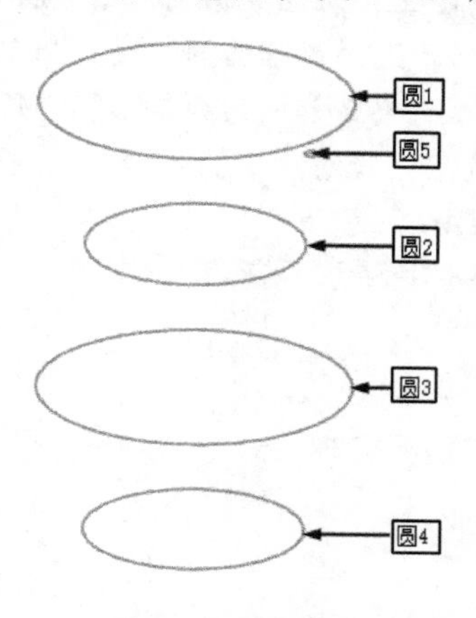

图 5-103 创建圆

Step 03 创建圆角

在菜单栏中选择“插入”→“曲线”→“基本曲线（原有）”命令，系统打开“基本曲线”对话框，单击“圆角”按钮，系统打开“曲线倒圆”对话框，如图 5-104 所示。❶单击对话框中的“曲线倒圆”按钮，❷“半径”为 15，❸取消勾选“修剪第一条曲线”和“修剪第二条曲线”复选框，分别选择圆 1 和圆 5 倒圆角，生成的曲线模型如图 5-105 所示。

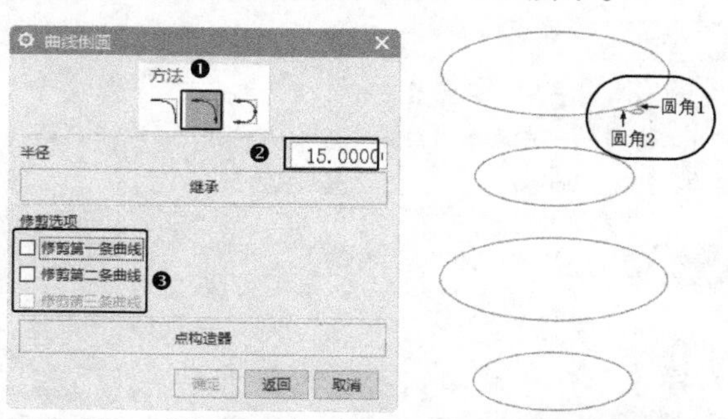

图 5-104 “曲线倒圆”对话框　图 5-105 创建圆角

> **注意**
>
> 在创建圆角 1 时，要先拾取圆 5，再拾取圆 1，圆角 2 则反之。

Step 04 修剪曲线

在菜单栏中选择“编辑”→“曲线”→“修剪”命令或单击“曲线”选项卡“编辑曲线”组中的“修剪曲线”按钮，系统打开“修剪曲线”对话框，如图 5-106 所示。选择要修剪的曲线为圆 5，边界对象 1 和边界曲线 2 分别为圆角 1 和圆角 2，单击“确定”按钮完成对圆 5 的修剪。按照上面的步骤，选择要修剪的曲线为圆 1，边界对象 1 和边界对象 2 分别为圆角 1 和圆角 2，单击“确定”按钮完成对圆 1 的修剪。生成的曲线模型如图 5-107 所示。

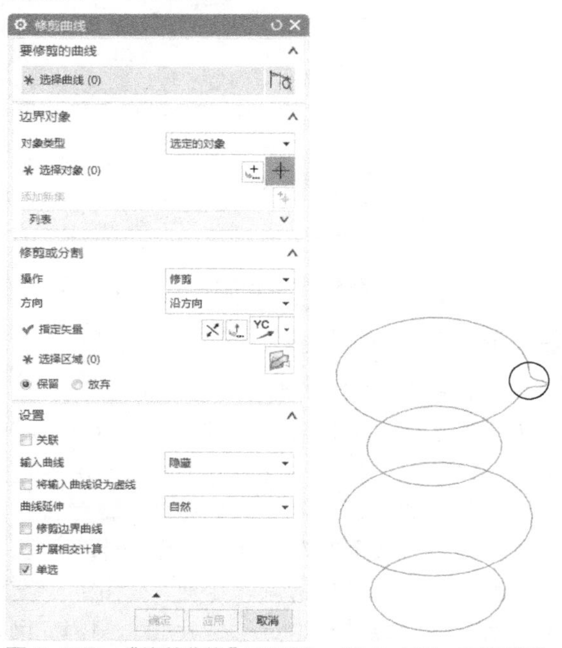

图 5-106 “修剪曲线”对话框　图 5-107 曲线模型

> **注意**
>
> 修剪时一定要设置好选择区域是要保留的还是要放弃的。另外，在选择圆角作为边界曲线时，应选中的是曲线而不是圆心。

Step 05 创建艺术样条

（1）在菜单栏中选择“插入”→“曲线”→“艺术样条”命令或单击“曲线”选项卡“曲线”组中的“艺术样条”按钮，系统打开“艺术样条”对话框，如图 5-108 所示。❶ 选择“通过点”类型，❷“次数”为 3。

图 5-108 “艺术样条”对话框

（2）❶ 选择“通过点”类型，第 1 点为圆 4 的圆心。❸ 第 2、3、4、5 点分别为圆 4、圆 3、圆 2、圆 1 的象限点。❹ 单击“确定”按钮生成样条 1，如图 5-109 所示。采用上面相同的方法构建样条 2，第 1 点为圆 4 的圆心。第 2、3、4、5 点分别为圆 4、圆 3、圆 2、圆 5 的象限点。单击“确定”按钮生成样条 2。生成的曲线模型如图 5-110 所示。

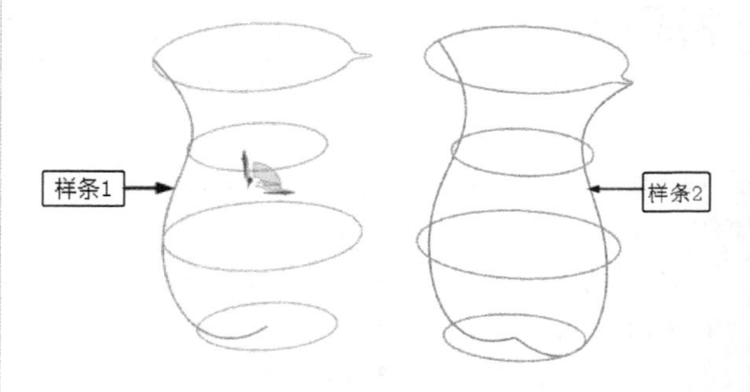

图 5-109 创建样条 1　图 5-110 创建样条 2

5.6 新手问答

❓ Q1：UG 草图中，画两条首尾相连的样条曲线，连接点只能设置到 G2，G3 的选项始终是灰色的，如何才能把 G3 点亮?

答：在菜单栏中选择“菜单”→“首选项”→“建模”命令，打开“建模首选项”对话框，单击“自由曲面”项，设置“曲线拟合方法”默认为“五次”。

❓ Q2：在“特性操作”中抽取曲线与在“编辑”→“曲线”中“抽取曲线”有何区别？

答：在特性操作中抽取的曲线，一般用于抽取实体或片体的边，不能抽取轮廓线，可抽取曲线是一个几何特征与原几何体相关联。而在编辑曲线操作中抽取的曲线，可以是边缘、等参数曲线、轮廓曲线、工作视图中所有曲线、等梯度曲线、阴隐外形，但是所抽取的曲线与原曲线不关联。

❓ Q3：UG 中如何将曲线缠绕在不规则曲面上？

答：一般情况下，使用“插入→来自曲线集的曲线→缠绕/展开曲线”命令只能针对圆柱面和圆锥面的缠绕，无法实现对复杂曲面的缠绕。

对于不规则的曲面可以使用“插入→来自曲线集的曲线→投影曲线”命令来实现。

5.7 上机实验

通过前面的学习，相信读者对本章知识已有了一个大体的了解。本节将通过两个操作练习帮助读者巩固本章所学的知识要点。

【练习 1】绘制螺旋线

1. 目的要求

本练习设计的图形是一个常见的螺旋曲线，如图 5-111 所示。在绘制的过程中，主要用到“螺旋”命令。通过本练习帮助读者掌握“螺旋”命令的用法。

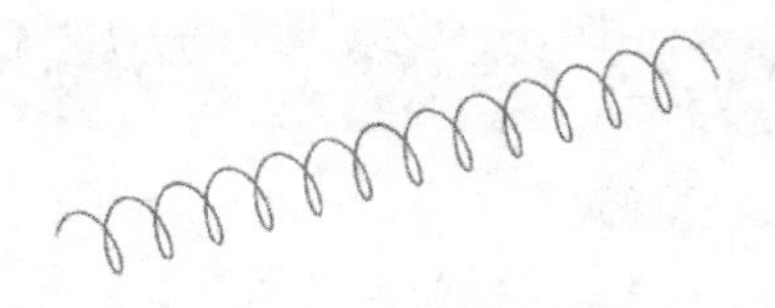

图 5-111　螺旋线

2. 操作提示

利用“螺旋”命令，创建转数为 12.5、螺距为 8、半径为 5 的螺旋线。

【练习 2】绘制渐开线

1. 目的要求

本练习的图形是机械中常见的渐开线，如图 5-112 所示。在绘制的过程中，主要用到“表达式”和“规律曲线”命令。通过本练习帮助读者掌握“规律曲线”命令的用法。

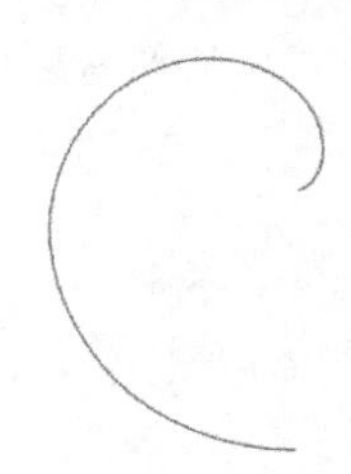

图 5-112　渐开线

2. 操作提示

（1）利用“表达式”命令，输入模数为 0.7、齿数为 15 的渐开线表达式，如图 5-113 所示。

（2）利用“规律曲线”命令，采用“根据方程”规律类型，根据（1）输入的表达式创建渐开线。

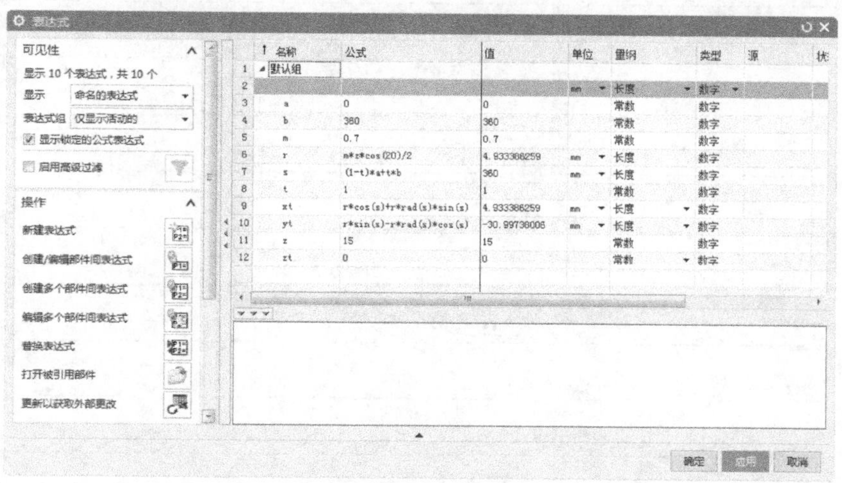

图 5-113　表达式

5.8 思考与练习

一、选择题

1. 控制样条曲线的三种点不包括（　　）。

A. 定义点　　B. 极点

C. 节点　　D. 零点

2. 若要在视图中添加视图相关曲线，必须选择该视图，在右击弹出的快捷菜单中选择（　　）命令。

A. 样式　　B. 视图边界

C. 扩展成员视图　　D. 视图相关编辑

3. 在 UG 曲线绘制的正多边形命令功能中，提供了 3 种确定正多边形的方式：内接半径、（　　）和外切圆半径。

A. 内接直径

B. 正多边形的侧（边长）

C. 外切圆直径

D. 多边形角度

4. 第一次打开一个部件文件，其中有一条样条曲线，需要了解其更多的信息，应该用（　　）菜单命令。

A.“信息”→“自由形状特征”→“样条曲线”

B.“编辑”→“样条曲线”

C.“帮助”→“样条曲线信息”

D.“信息”→“样曲线”

5. 简化曲线以一条最合适的逼近曲线来简化一组选择曲线（最多可以选择 512 条曲线），它将这组曲线简化为圆弧或直线的组合，即将高次方曲线降成（　　）。

A. 二次或一次方曲线

B. 二次方曲线

C. 一次方曲线

二、简答题

1. 从点文件中生成样条曲线，UG 各种功能对点文件有何要求？

2. 对于具有一定规律的曲线（例如，有一定的公式规律），如何创建？

3. 如何创建不具有相关性的投影曲线？

4. 在编辑样条时，光顺操作对样条曲线有何要求？

读书笔记

第 6 章　特征建模

本章导读

相对于单纯的实体建模和参数化建模，对于特征建模 UG 采用的是复合建模方法。该方法是基于特征的实体建模的，是在参数化建模方法的基础上采用了一种所谓“变量化技术”的设计建模方法，对参数化建模技术进行了改进。

本章主要介绍 UG NX 12.0 中基础三维建模工具的用法。

内容要点

- 简单实体
- 扫掠成形
- 特征成形

6.1 创建体素特征

本章主要介绍简单特征的创建，如长方体、圆柱、圆锥体及球体等。

6.1.1 长方体

在菜单栏中选择“插入”→“设计特征”→“长方体”命令或单击“主页”选项卡“特征”组中的“长方体”按钮，打开“长方体”对话框，如图 6-1 所示。

图 6-1 “长方体”对话框

“长方体”对话框中部分选项的功能如下。

（1）原点和边长：该选项可以通过原点和三边长度来创建长方体，示意图如图 6-2 所示。

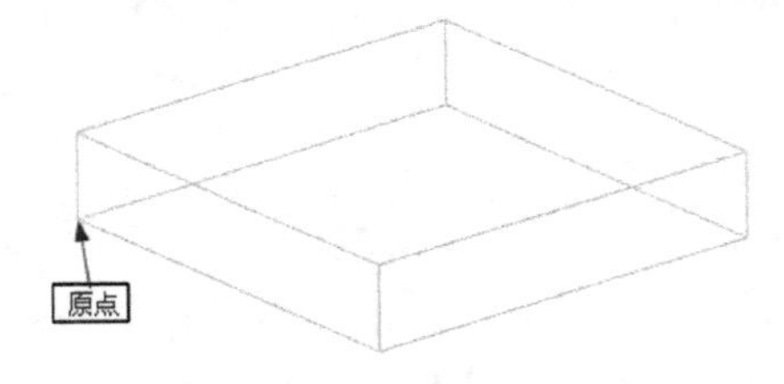

图 6-2 “原点和边长”示意图

（2）两点和高度：该选项可以通过高度和底面的两个对角点来创建长方体，示意图如图 6-3 所示。

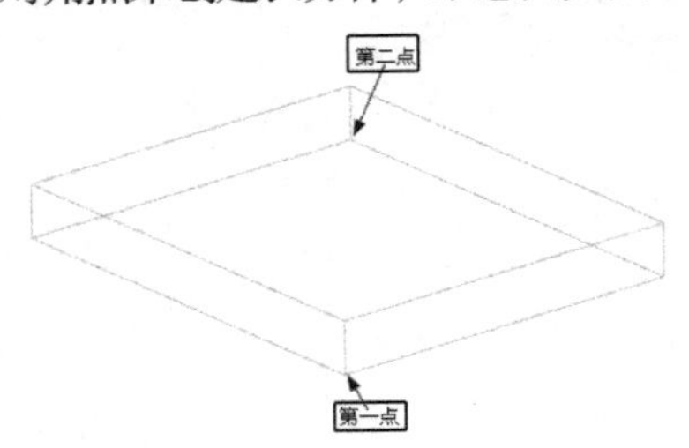

图 6-3 “两点和高度”示意图

（3）两个对角点：该选项可以通过两个对角顶点来创建长方体，示意图如图 6-4 所示。

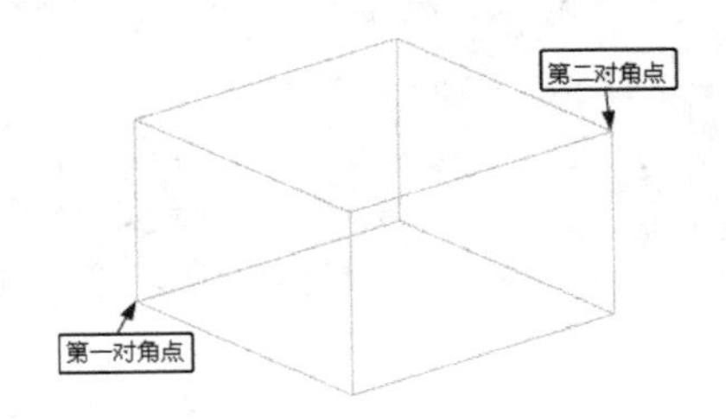

图 6-4 “两个对角点”示意图

6.1.2 实例——角墩

本例绘制如图 6-5 所示的角墩零件体。

图 6-5 创建角墩零件体

绘制步骤

Step 01 新建文件

选择“文件”→“新建”命令，在弹出的“新建”对话框中，选择保存文件的位置，输入文件的名称 jiaodun，选择“模型”模板。完成后单击“确定”按钮，进入实体建模环境。

Step 02 创建长方体特征 1

（1）在菜单栏中选择“菜单”→“插入”→“设计特征”→“长方体”命令或单击“主页”选项卡“特征”组中的“长方体”按钮，弹出“长方体”对话框。

（2）在“长方体”对话框中选择“原点和边长”类型，在原点栏的“指定点”右侧单击“点对话框”按钮，弹出如图 6-6 所示的“点”对话框。

（3）❶ 在“点”对话框中的 XC、YC 和 ZC 的文本框中分别输入 0。

（4）❷ 在“点”对话框中，单击“确定”按钮。

（5）在“长方体”对话框中的“长度（XC）”“宽度（YC）”和“高度（ZC）”文本框

中分别输入 80、100、60。

（6）在“长方体”对话框中，单击“确定”按钮，创建长方体特征 1，如图 6-7 所示。

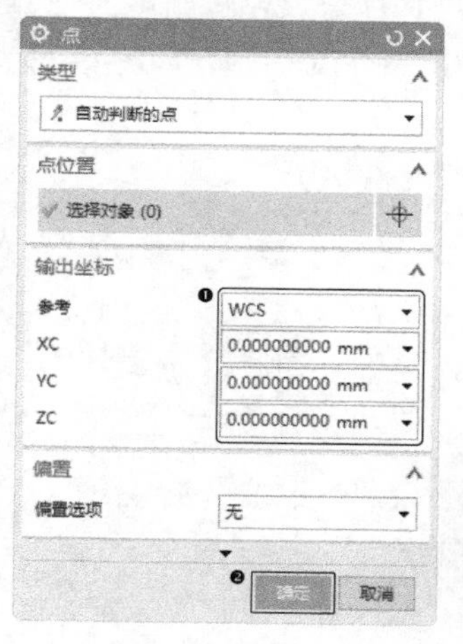

图 6-6 “点”对话框　　图 6-7 创建长方体特征 1

Step 03 创建长方体特征 2

（1）在菜单栏中选择“菜单”→“插入”→“设计特征”→“长方体”命令或单击“主页”选项卡“特征”组中的“长方体”按钮，弹出“长方体”对话框。

（2）在“长方体”对话框中选择“两点和高度”类型，如图 6-1 所示。

（3）在“原点”面板中的“自动判断点”下拉列表中单击“端点”按钮，在如图 6-34 所示的实体中选择一条直线的端点，如图 6-8 所示。在“从原点出发的点 XC、YC、ZC”下的“指定点”右侧单击“点对话框”图标，打开“点”对话框。

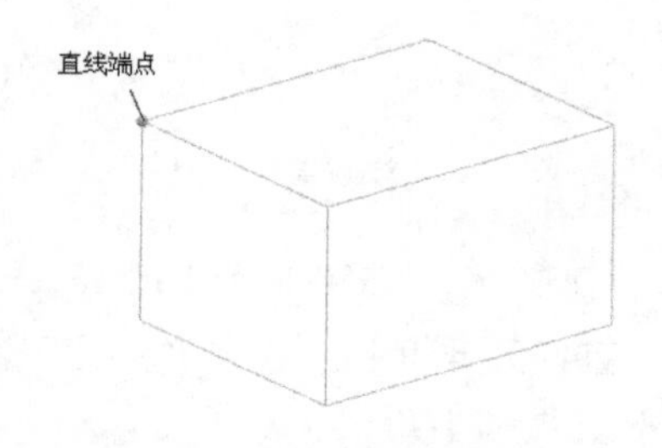

图 6-8 选择直线的端点

（4）在“点”对话框中的 X、Y 和 Z 文本框中分别输入 30、100、60。

（5）在“点”对话框中，单击“确定”按钮。

（6）在“长方体”对话框中的“高度（ZC）”文本框中输入 30。

（7）在“长方体”对话框中的“布尔”下拉列表框中单击“合并”按钮。

（8）在“长方体”对话框中，单击“确定”按钮，创建长方体特征 2，如图 6-9 所示。

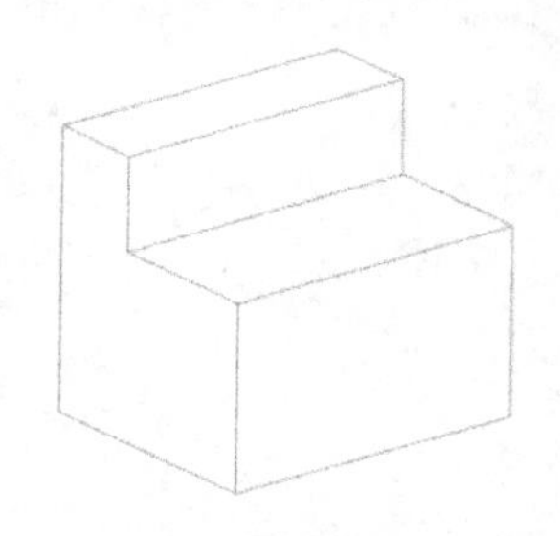

图 6-9 创建长方体特征 2

Step 04 创建长方体特征 3

（1）在菜单栏中选择“菜单”→“插入”→“设计特征”→“长方体”命令或单击“主页”选项卡“特征”组中的“长方体”按钮，弹出“长方体”对话框。

（2）在“长方体”对话框中选择“两个对角点”类型，弹出如图 6-1 所示的对话框。

（3）在“原点”下的“指定点”右侧单击“点对话框”按钮，弹出“点”对话框。

（4）在“点”对话框中的 X、Y 和 Z 文本框中分别输入 60、20、40。

（5）在“点”对话框中，单击“确定”按钮。

（6）在“从原点出发的点 XC、YC、ZC”下的“指定点”右侧单击“点对话框”按钮，弹出“点”对话框。

（7）在“点”对话框中的 X、Y 和 Z 文本框中分别输入 30、80、60。

（8）在“点”对话框中，单击“确定”按钮。

（9）在“长方体”对话框中的“布尔”下拉列表框中单击“减去”按钮。

（10）在“长方体”对话框中，单击“确定”按钮，创建长方体特征 3，如图 6-5 所示。

6.1.3 圆柱

在菜单栏中选择“插入”→“设计特征”→“圆柱”命令或单击“主页”选项卡“特征”组中的“圆

柱”按钮，打开“圆柱”对话框，如图 6-10 所示。

图 6-10 “圆柱”对话框

“圆柱”对话框中部分选项的功能如下。

（1）轴、直径和高度：该选项通过定义直径、圆柱高度值以及底面圆心来创建圆柱，示意图如图 6-11 所示。

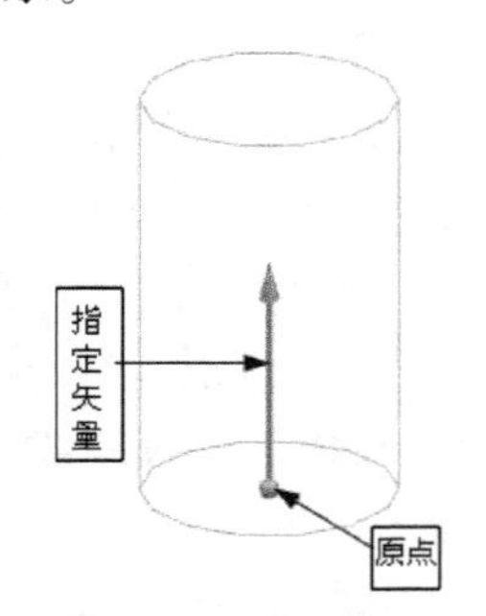

图 6-11 “轴、直径和高度”示意图

（2）圆弧和高度：该选项通过定义圆柱高度值，选择一段已有的圆弧并定义创建方向来创建圆柱。选取的圆弧不一定需要是完整的圆，且生成圆柱与弧不关联，圆柱方向可以选择是否反向，示意图如图 6-12 所示。

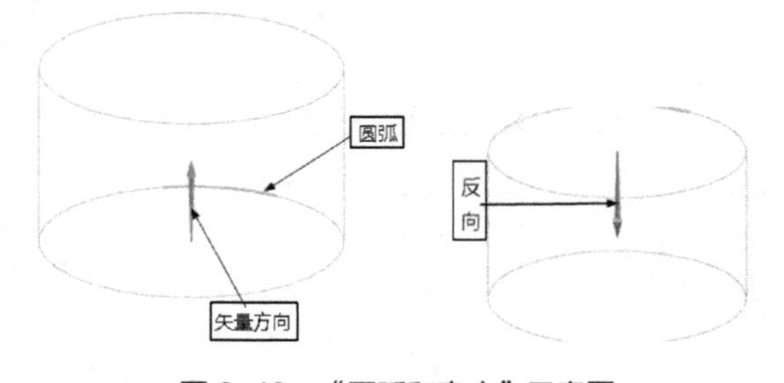

图 6-12 “圆弧和高度”示意图

6.1.4 圆锥

在菜单栏中选择“插入”→“设计特征”→“圆锥”命令或单击“主页”选项卡“特征”组中的“圆锥”按钮，打开“圆锥”对话框，如图 6-13 所示。

图 6-13 “圆锥”对话框

“圆锥”对话框中部分选项的功能如下。

（1）直径和高度：该选项通过定义底部直径、顶直径和高度值来生成实体圆锥，示意图如图 6-14 所示。

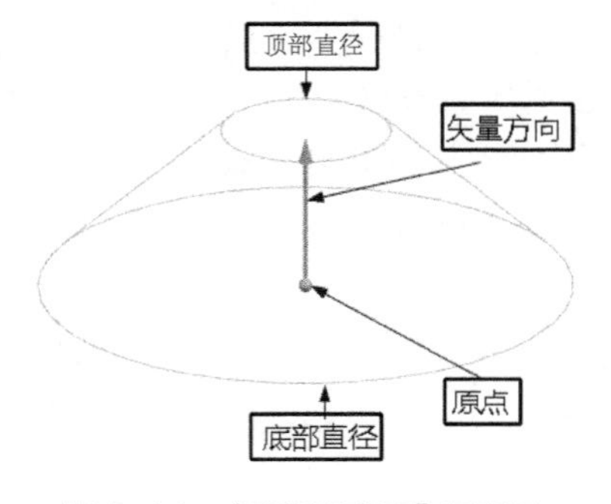

图 6-14 “直径和高度”示意图

（2）直径和半角：该选项通过定义底部直径、顶部直径和半角值生成圆锥，示意图如图 6-15 所示。

半角值定义了圆锥的轴与侧面形成的角度。半角值的有效范围是 1° ~ 89°。图 6-16 说明了不同的半角值对圆锥形状的影响。每种情况下轴的底部直径和顶部直径都是相同的。半顶角影响顶点的“锐度”和圆锥的高度。

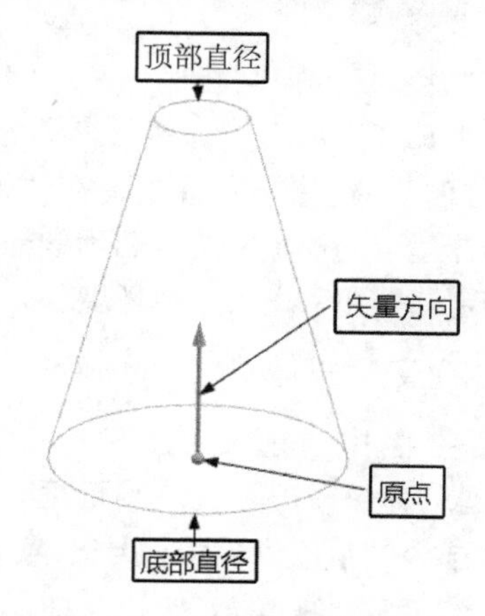

图 6-15 “直径和半角”示意图

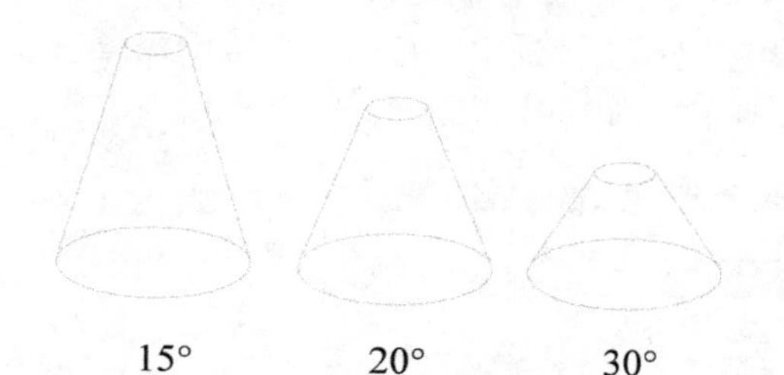

图 6-16 不同半角值对圆锥的影响

（3）底部直径，高度和半角：该选项通过定义底部直径、高度和半角值生成圆锥。半角值的有效范围为 1° ~ 89°。在生成圆锥的过程中，有一个经过原点的圆形平表面，其直径由底部直径值给出。顶部直径值必须小于底部直径值示意图如图 6-17 所示。

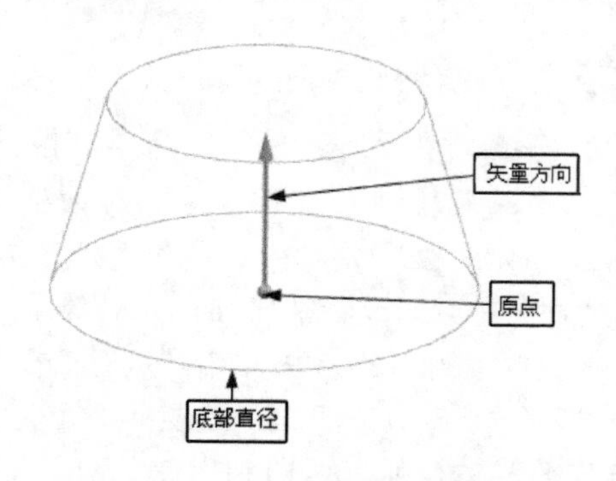

图 6-17 “底部直径，高度和半角”示意图

（4）顶部直径，高度和半角：该选项通过定义顶部直径、高度和半角值生成圆锥。在生成圆锥的过程中，有一个经过原点的圆形平表面，其直径由顶部直径值给出。底部直径值必须大于顶部直径值。示意图如图 6-18 所示。

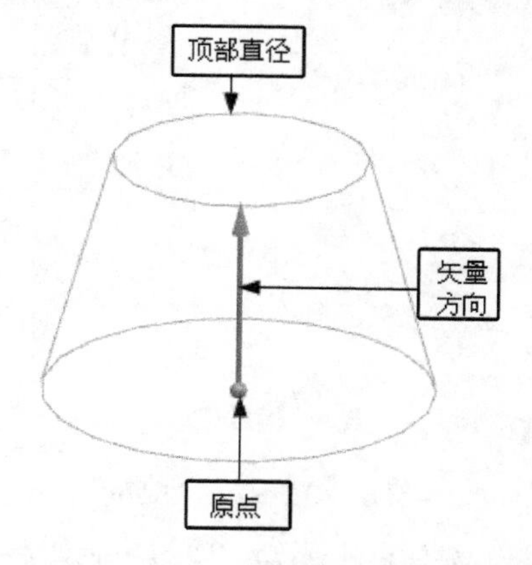

图 6-18 “顶部直径，高度和半角”示意图

（5）两个共轴的圆弧：该选项通过选择两条弧生成圆锥特征。两条弧不一定是平行的，如图 6-19 所示。

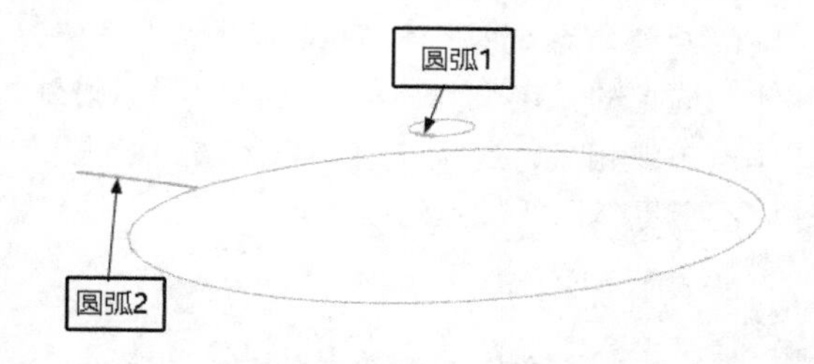

图 6-19 “两个共轴的圆弧”示意图

选择了基弧和顶弧之后，就会生成完整的圆锥。所定义的圆锥轴位于弧的中心，并且处于基弧的法向上。圆锥的底部直径和顶部直径取自两个弧。圆锥的高度是顶弧的中心与基弧的平面之间的距离。

如果选中的弧不是共轴的，系统会将第二条选中的弧（顶弧）平行投影到由基弧形成的平面上，直到两个弧共轴为止。另外，圆锥不与弧相关联。

6.1.5 球

在菜单栏中选择“插入”→“设计特征”→“球”命令或单击“主页”选项卡“特征”组中的“球”按钮，打开“球”对话框，如图 6-20 所示。

图 6-20　“球”对话框

“球”对话框中部分选项的功能如下。

（1）中心点和直径：该选项通过定义直径值和中心生成球体。示意图如图 6-21 所示。

（2）圆弧：该选项通过选择圆弧来生成球体，示意图如图 6-22 所示，所选的弧不必为完整的圆弧。系统基于任何弧对象生成完整的球体。选定的弧定义球体的中心和直径。另外，球体不与弧相关，这意味着如果编辑弧的大小，球体不会更新以匹配弧的改变。

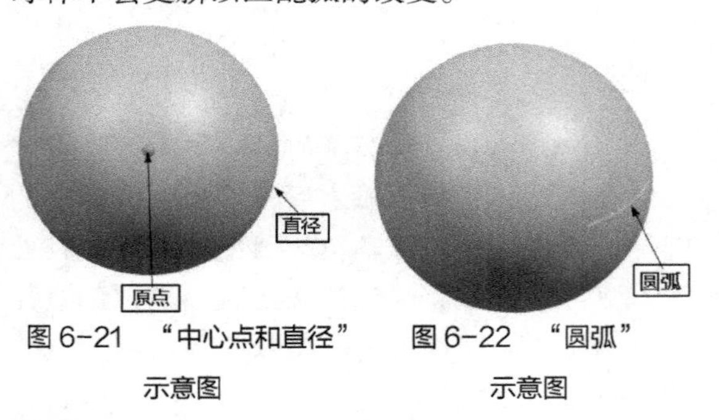

图 6-21　“中心点和直径”示意图　　图 6-22　“圆弧”示意图

6.1.6 实例——乒乓球

本例采用基本建模工具建立空心球体，如图 6-23 所示。首先创建一个大的球体，然后创建小球体，并对两模型进行布尔差操作，生成一个空心球体。

图 6-23　乒乓球

绘制步骤

Step 01 新建文件

在菜单栏中选择“文件”→“新建”命令或单击“主页”选项卡“标准”组中的“新建”按钮，打开“新建”对话框，在“模型”选项卡中选择适当的模板，文件名为 pingpangqiu，单击“确定”按钮，进入建模环境。

Step 02 建立球体

在菜单栏中选择“插入”→“设计特征”→“球”命令，打开“球”对话框，如图 6-24 所示。❶选择“中心点和直径”类型，❷在“直径”数值框中输入 38，❸单击“点对话框”按钮，打开“点”对话框，输入坐标点为（0,0,0），❹连续单击“确定”按钮，生成的球置于坐标原点上，如图 6-25 所示。

图 6-24　“球”对话框　　图 6-25　球

Step 03 建立球体

在菜单栏中选择“插入”→“设计特征”→“球”命令，打开“球”对话框，如图 6-24 所示。❶单击“中心点和直径”类型，打开“球”对话框，如图 6-26 所示，❷在“直径”数值框中输入 37，❸单击“点对话框”按钮，打开“点”对话框，输入坐标点为（0,0,0），单击“确定”按钮，返回到“球”对话框中，❹在“布尔”下拉列表中选择“减去”，系统自动选择 Step 02 中创建的球体，❺单击“确定”按钮，生成如图 6-23 所示的球体。

图 6-26 “球”对话框

6.2 创建扫描特征

本节介绍先绘制截面，然后通过拉伸、旋转、沿引导线扫掠等命令创建特征。

6.2.1 拉伸

在菜单栏中选择“插入”→“设计特征”→“拉伸”命令或单击“主页”选项卡“特征”组中的“拉伸”按钮，打开“拉伸”对话框，如图 6-27 所示。通过在指定方向上将截面曲线扫掠一个线性距离来生成体，如图 6-28 所示。

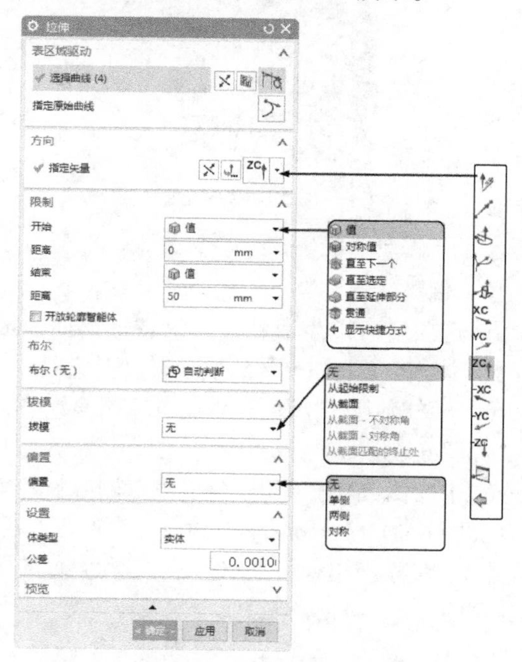

图 6-27 “拉伸”对话框

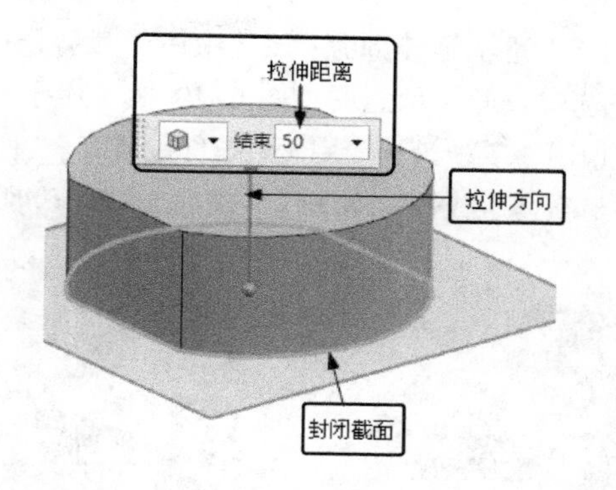

图 6-28 “拉伸”示意图

“拉伸”对话框中部分选项的功能如下。

1. 表区域驱动

（1）选择曲线：该选项用于选择被拉伸的曲线，如果选择的是面，则自动进入草绘模式。

（2）绘制截面：该选项可以首先绘制拉伸的轮廓，然后将其进行拉伸。

（3）反向：如果在生成拉伸体后，更改了作为方向轴的几何体，拉伸也会相应地更新，以实现匹配。显示的默认方向矢量指向选中几何体平面的法向。如果选择了面或片体，默认方向是沿着选中面端点的面法向。如果选中曲线构成了封闭环，在选中曲线的质心处显示方向矢量。如果选中曲线没有构成封闭环，开放环的端点将以系统颜色显示为星号。

2. 方向

指定矢量：该选项用于选择拉伸的矢量方向，可以单击旁边的下拉菜单选择矢量选择列表。

3. 限制

开始 / 结束：用于沿着方向矢量输入生成几何体的起始位置和结束位置，可以通过动态箭头来调整。其下有 5 个选项。

（1）值：该选项用于输入拉伸的起始和结束距离的数值，示意图如图 6-29（a）所示。

（2）对称值：该选项用于约束生成的几何体关于选取的对象对称，示意图如图 6-29(b)所示。

（3）直至下一个：该选项用于沿矢量方向拉伸至下一对象，示意图如图 6-29（c）所示。

（4）直至选定：拉伸至选定的表面、基准面或实体，示意图如图 6-29（d）所示。

（5）直至延伸部分：该选项用于裁剪扫掠体至一选中表面，示意图如图 6-29（e）所示

（6）贯通：该选项用于沿拉伸矢量完全通过所有可选实体生成拉伸体，示意图如图 6-29（f）所示。

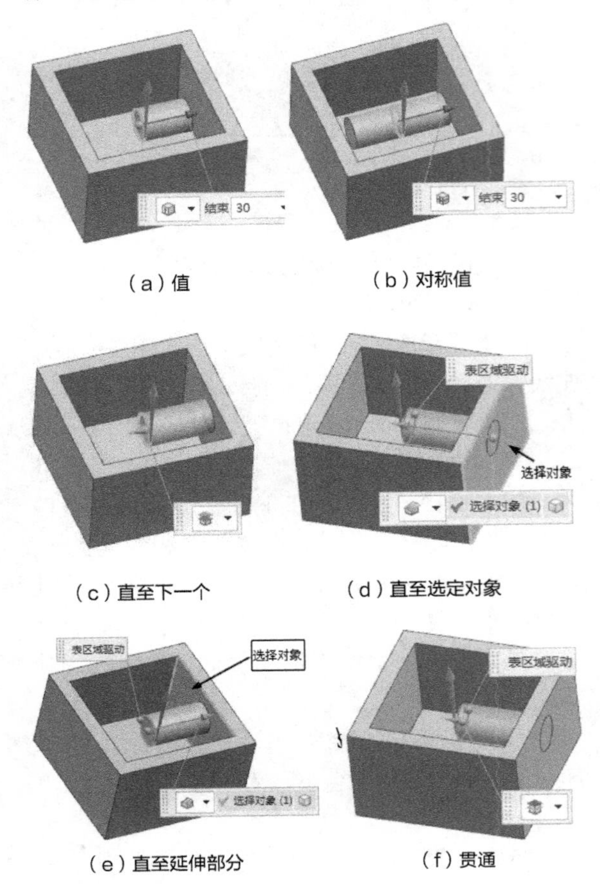

（a）值　（b）对称值

（c）直至下一个　（d）直至选定对象

（e）直至延伸部分　（f）贯通

图 6-29　限制方式

4. 布尔

该选项用于指定生成的几何体与其他对象的布尔运算，包括无、求交、求和、求差几种方式。配合起始点位置的选取，可以实现多种拉伸效果。

5. 拔模

该选项用于对面进行拔模。正角使特征的侧面向内拔模（朝向选中曲线的中心）。负角使特征的侧面向外拔模（背离选中曲线的中心）。零拔模角则不会应用拔模。有以下各选项。

（1）从起始限制：该选项用于从起始点至结束点创建拔模，如图 6-30（a）所示。

（2）从截面：该选项用于将从起始点至结束点创建的锥角与截面对齐，如图 6-30（b）所示。

（3）从截面 – 不对称角：该选项用于沿截面至起始点和结束点创建不对称锥角，如图 6-30（c）所示。

（4）从截面 – 对称角：该选项用于沿截面至起始点和结束点创建对称锥角，如图 6-30（d）所示。

（5）从截面匹配的终止处：该选项用于沿轮廓线至起始点和结束点创建锥角，并与在梁端面处的锥面保持一致，如图 6-30（e）所示。

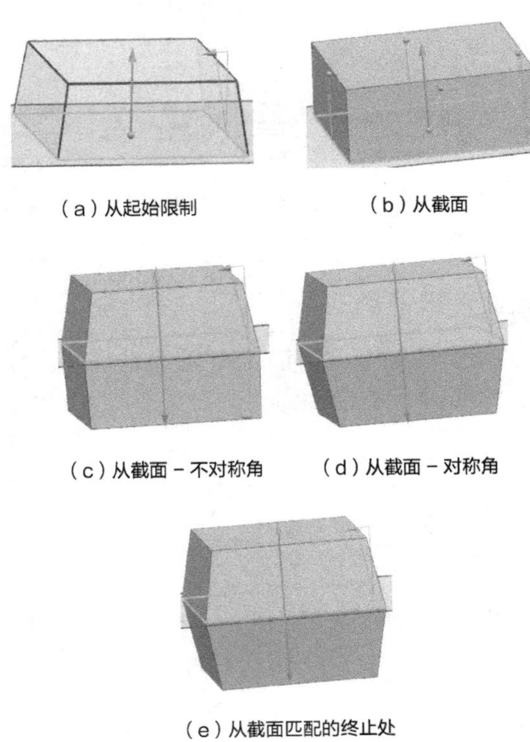

（a）从起始限制　（b）从截面

（c）从截面 – 不对称角　（d）从截面 – 对称角

（e）从截面匹配的终止处

图 6-30　拔模

6. 偏置

该选项组可以生成特征，该特征由曲线或边的基本设置偏置一个常数值。有以下选项。

（1）单侧：该选项用于生成以单侧偏置的实体，如图 6-31（a）所示。

（2）双侧：该选项用于生成以双侧偏置的实体，如图 6-31（b）所示。

（3）对称：该选项用于生成以对称偏置的实体，如图 6-31（c）所示。

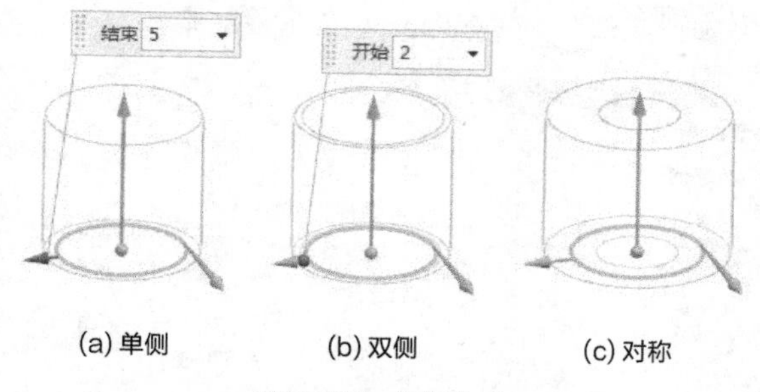

图 6-31　偏置方式

7. 预览

选中该选项后用于预览绘图工作区的临时实体的生成状态，便于及时修改和调整。

6.2.2 实例——圆头平键

本例采用基本曲线建立圆头平键底面曲线，然后进行拉伸操作，如图 6-32 所示。

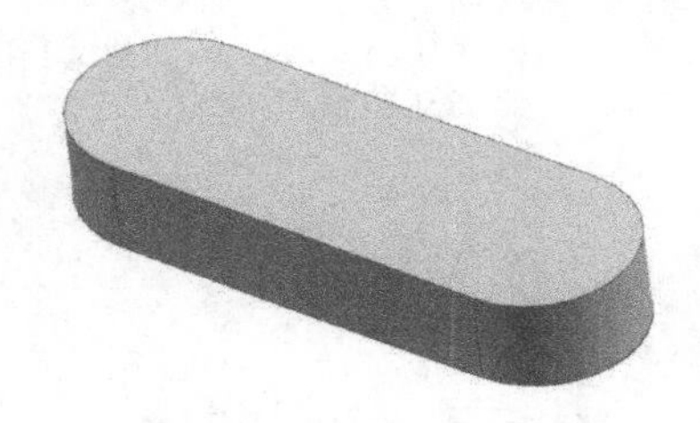

图 6-32　圆头平键

绘制步骤

Step 01 创建新文件

选择“文件”→“新建”命令，在弹出的“新建”对话框中，选择保存文件的位置，输入文件的名称“yuantoupingjian”，选择“模型”模板。完成后单击“确定”按钮，进入实体建模环境。

Step 02 创建圆头平键底面曲线

（1）在菜单栏中选择“菜单”→“插入”→“曲线”→“基本曲线（原有）”命令，弹出“基本曲线”对话框。

（2）单击“圆弧”按钮，“基本曲线”对话框刷新为图 6-33 所示。❶在“创建方法”选项组中选中“起点，终点，圆弧上的点”选项，❷在“点方法”下拉列表中选择“点构造器”按钮，弹出“点”对话框。

（3）首先在点构造器中输入圆弧起点（0,10,0），单击“确定”按钮完成起点的选择；之后按照同样的方法确定终点（0,-10,0）和弧上点（-10,0,0）。单击“返回”按钮，返回到“基本曲线”对话框，接着单击“打断线串”按钮，打断线，然后以同样的方法构造另一条弧线，其起点、终点和圆弧上点分别是（40,10,0）、（40,-10,0）、（50,0,0）。单击“返回”按钮，返回“基本曲线”对话框，单击“打断线串”按钮，打断线。

（4）单击“直线”按钮，在“点方法”下拉列表中选择“端点”按钮，在屏幕上依次选择两段圆弧下端点，生成一条线段；然后单击“打断线串”按钮，继续选择两段圆弧上的端点，生成另一条线段，如图 6-34 所示。

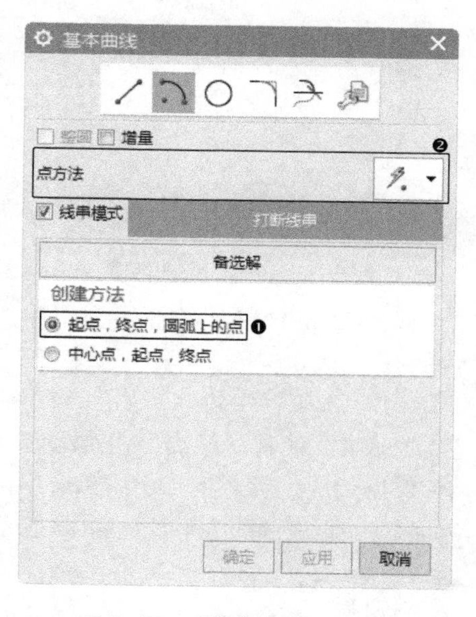

图 6-33　“基本曲线”对话框

图 6-34　圆头平键端面曲线

Step 03 拉伸操作

（1）在菜单栏中选择“菜单”→“插入”→“设计特征”→“拉伸”命令或单击“主页”选项卡“特征”组中的“拉伸”按钮，弹出如图 6-35 所示的“拉伸”对话框。

图 6-35 “拉伸”对话框

（2）选择 Step 02 创建的曲线为拉伸截面，❶然后在“指定矢量”下拉列表中选择“ZC 轴”，❷在“限制”选项组中将“开始”和“结束”均设置为“值”，将其“距离”分别设置为 0、20，其他保持默认。❸最后单击“确定”按钮，完成拉伸操作，生成的圆头平键如图 6-36 所示。

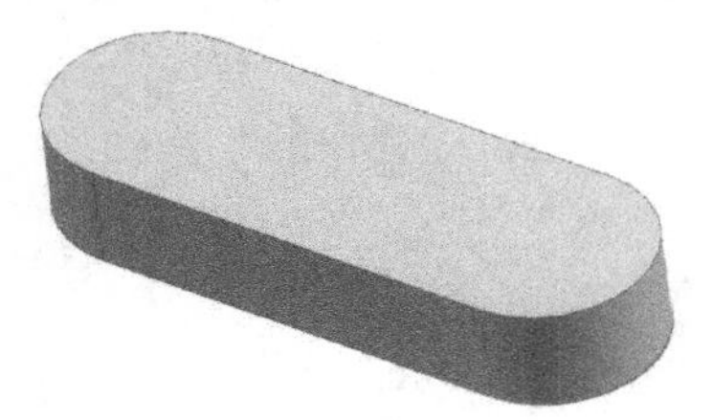

图 6-36 圆头平键

6.2.3 旋转

在菜单栏中选择“插入”→“设计特征”→“旋转”命令或单击“主页”选项卡“特征”组中的“回转”按钮，打开“旋转”对话框，如图 6-37 所示。通过绕给定的轴以非零角度旋转截面曲线来生成一个特征。可以从基本横截面开始并生成圆或部分圆的特征，如图 6-38 所示。

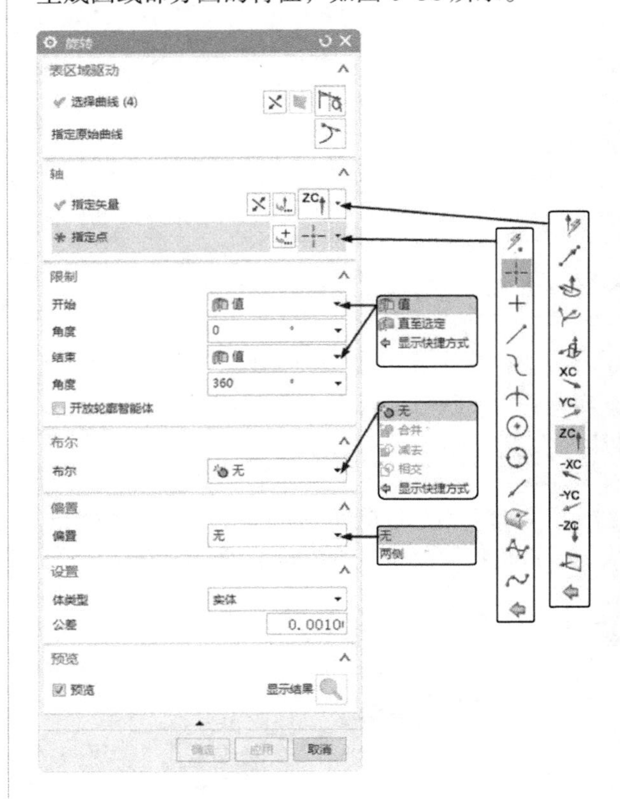

图 6-37 “旋转”对话框

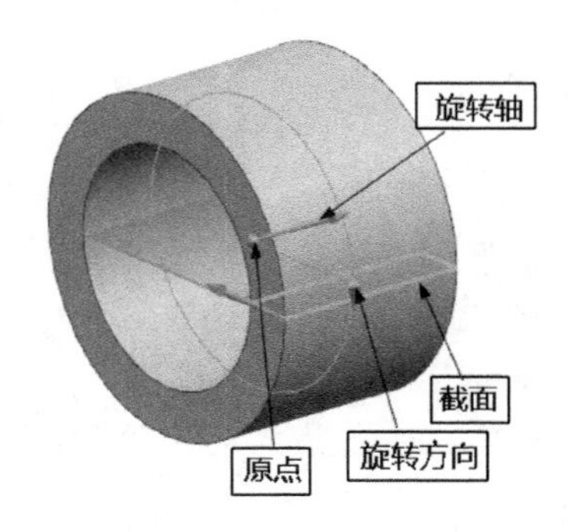

图 6-38 “旋转”示意图

“旋转”对话框中的部分选项功能如下。

（1）选择曲线：该选项用于选择旋转的曲线，如果选择的面则自动进入草绘模式。

（2）绘制截面：该选项可以首先绘制回转的轮廓，然后进行回转。

（3）指定矢量：该选项用于指定旋转轴的矢量方向，也可以通过下拉菜单调出矢量构成选项。

（4）指定点：该选项通过指定旋转轴上的一

点，来确定旋转轴的具体位置。

（5）反向：与拉伸中的方向选项类似，其默认方向是生成实体的法线方向。

（6）极限：该选项用于指定旋转的角度，其功能如下。

①开始 / 结束：指定旋转的开始 / 结束角度。总数量不能超过 360°。结束角度大于起始角旋转方向为正方向，否则为反方向，如图 6-39（a）所示。

②直至选定对象：该选项用于把截面集合体旋转到目标实体的选定面或基准平面上，如图 6-39（b）所示。

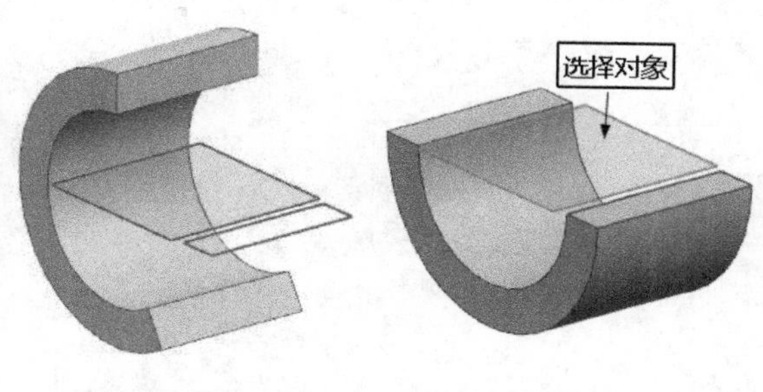

(a) 开始 / 结束　　（b）直至选定对象

图 6-39　极限

（7）布尔：该选项用于指定生成的几何体与其他对象的布尔运算，包括无、求交、求并、求差几种方式。配合起始点位置的选取可以实现多种拉伸效果。

（8）偏置：该选项用于指定偏置形式，分为无和两侧。

①无：直接以截面曲线生成旋转特征，如图 6-40（a）所示。

②两侧：指在截面曲线两侧生成旋转特征，以结束值和起始值之差为实体的厚度，如图 6-40（b）所示。

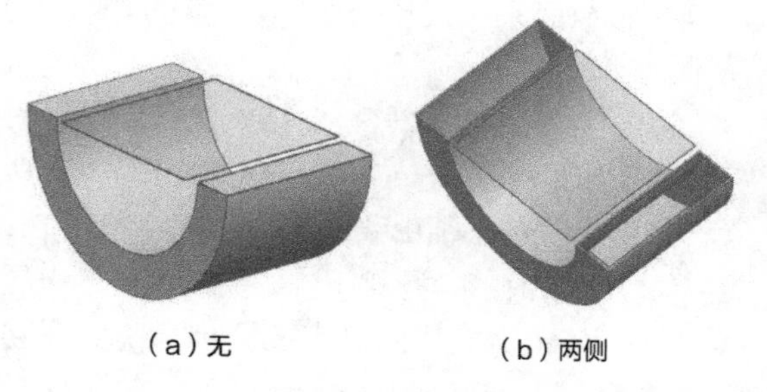

（a）无　　（b）两侧

图 6-40　偏置

6.2.4 实例——矩形弯管

本例首先采用基本曲线创建矩形弯管截面轮廓，然后进行旋转操作，结果如图 6-41 所示。

图 6-41　流程图

绘制步骤

Step 01 创建新文件

在菜单栏中选择“文件”→“新建”命令，在弹出的“新建”对话框中，选择保存文件的位置，输入文件的名称“juxingwanguan”，选择“模型”模板。完成后单击“确定”按钮，进入实体建模环境。

Step 02 创建矩形

（1）在菜单栏中选择“菜单”→“插入”→“曲线”→“矩形（原有）”命令，弹出“点”对话框。

（2）在该对话框中输入（0,0,0）作为矩形顶点 1，单击“确定”按钮。

（3）在该对话框中输入（10,10,0）作为矩形顶点 2，单击“确定”按钮，完成矩形的创建，如图 6-42 所示。

图 6-42　绘制矩形

Step 03 创建圆

（1）在菜单栏中选择“菜单”→“插入”→“曲线”→“基本曲线（原有）”命令，在弹出的“基本曲线”对话框中，❶ 单击“圆”按钮○，如图 6-43 所示。

（2）❷ 在“点方法”下拉列表中选择“点构造器”，在打开的“点”对话框中输入（5,5,0）为圆心，接着按系统提示输入（8,5,0）为圆弧上的点，单击“确定”按钮，生成如图 6-44 所示的圆。

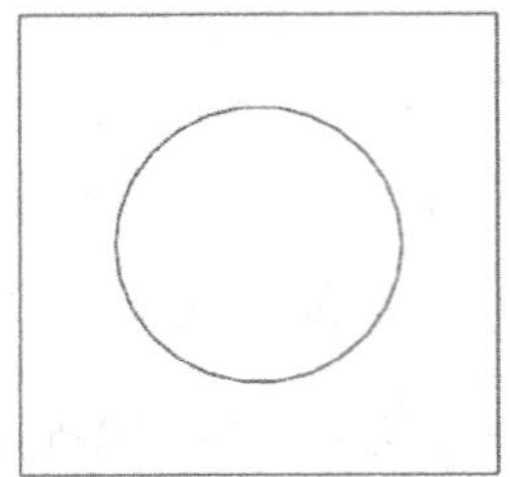

图 6-43　“基本曲线”对话框　　图 6-44　圆

Step 04 创建圆角

（1）在菜单栏中选择“菜单”→“插入”→“曲线”→“基本曲线（原有）”命令，弹出“基本曲线”对话框。

（2）❶ 单击“圆角”按钮，弹出如图 6-45 所示的“曲线倒圆”对话框。

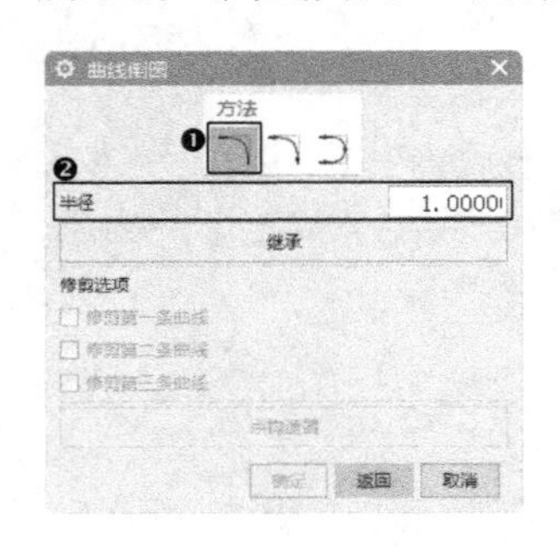

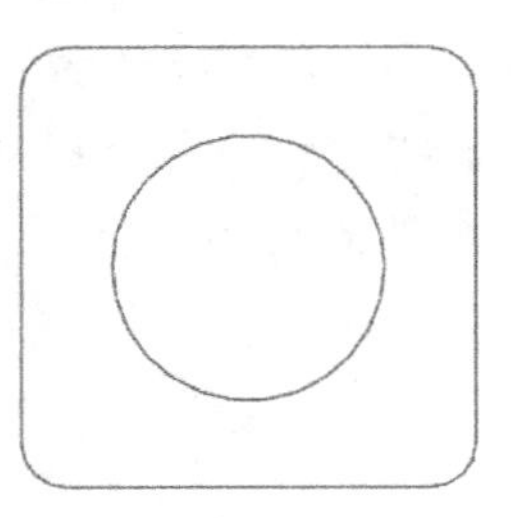

图 6-45　“曲线倒圆”对话框　　图 6-46　绘制圆角

（3）❷ 在“半径”文本框中输入 1，在视图中选择矩形四角，即可进行倒圆角，如图 6-46 所示。

Step 05 创建旋转特征

（1）在菜单栏中选择“菜单”→“插入”→“设计特征”→“旋转”命令或单击“主页”选项卡“特征”组中的“旋转”按钮，弹出如图 6-47 所示的“旋转”对话框。

（2）❶ 在“限制”选项组中，将“开始”和“结束”均设置为“值”，将其“角度”分别设置为 0、180，❷ 然后选择屏幕中的矩形和圆为旋转截面。

（3）❸ 在“指定矢量”下拉列表中，选择“YC 轴”，❹ 单击“点对话框”按钮，在弹出的“点”对话框中输入旋转基点（-3,0,0），单击“确定”按钮，返回“旋转”对话框。

（4）❺ 单击“确定”按钮，完成旋转操作，如图 6-48 所示。

图 6-47　“旋转”对话框　　图 6-48　创建旋转特征

6.2.5 沿导线扫掠

在菜单栏中选择“插入”→“扫掠”→“沿引导线扫掠”命令或单击“曲面”选项卡“曲面”组中“更多”库下的“沿引导线扫掠”按钮，打开“沿引导线扫掠”对话框，如图 6-49 所示。通过沿着由一个或一系列曲线、边或面构成的引导线串（路径）拉伸开放的或封闭的边界草图、曲线、边或面来生成单个体，示意图如图 6-50 所示。

需要注意的问题如下。

（1）如果截面对象有多个环，如图 6-51 所示，则引导线串必须由线 / 圆弧构成。

（2）如果沿着具有封闭的、尖锐拐角的引导线串扫掠，建议把截面线串放置到远离尖锐拐角的位置。

（3）如果引导路径上两条相邻的线以锐角相交，或者引导路径中的圆弧半径对于截面曲线来说太小，则不会发生扫掠面操作。换言之，路径必须是光顺的、切向连续的。

图6-49 “沿引导线扫掠”对话框

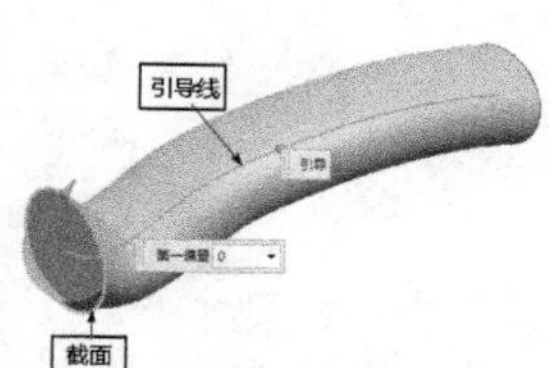

图6-50 “沿引导线扫掠”示意图

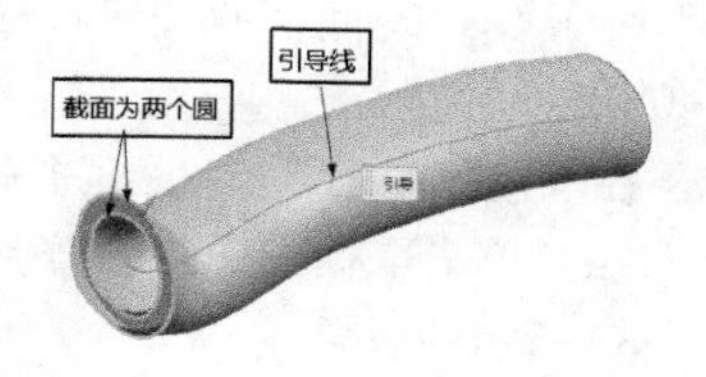

图6-51 当截面有多个环时

6.2.6 实例——基座

本例绘制如图 6-52 所示的零件体。

图6-52 基座

绘制步骤

Step 01 新建文件

在菜单栏中选择“文件”→“新建”命令，在弹出的“新建”对话框中，选择保存文件的位置，输入文件的名称“jizuo”，选择“模型”模板。完成后单击“确定”按钮，进入实体建模环境。

Step 02 绘制草图 1

在菜单栏中选择“菜单”→“插入”→“草图”命令或单击“主页”选项卡“直接草图”组中的“草图”按钮，选取 XC–YC 平面为工作平面绘制草图 1，绘制后的草图如图 6-53 所示。

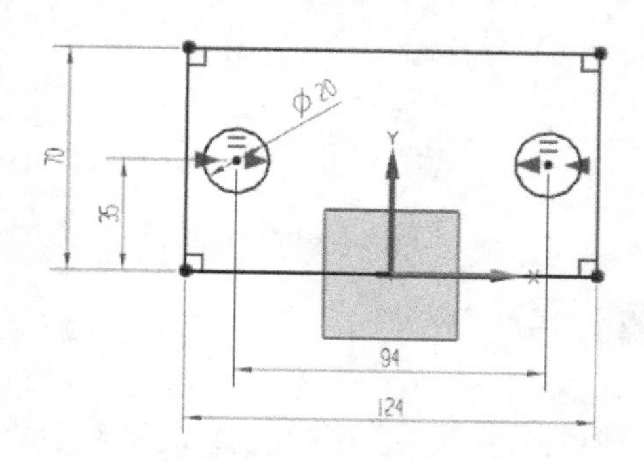

图6-53 绘制草图1

Step 03 创建拉伸特征 1

（1）在菜单栏中选择“菜单”→“插入”→“设计特征”→“拉伸”命令或单击“主页”选项卡“特征”组中的“拉伸”按钮，弹出如图 6-54 所示的“拉伸”对话框，选择如图 6-53 所示的草图。

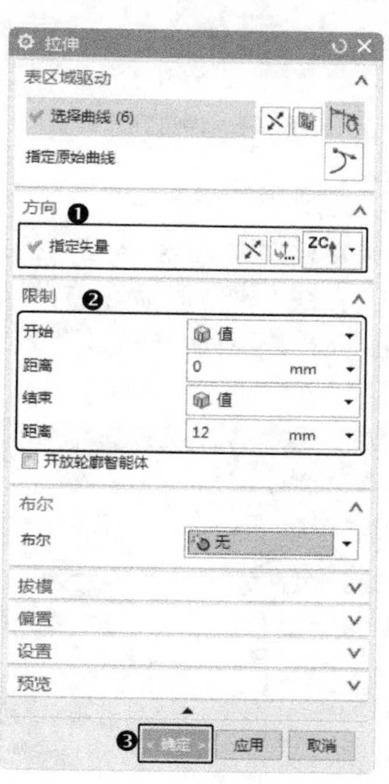

图6-54 “拉伸”对话框

（2）❶在“拉伸”对话框中的“指定矢量”下拉列表中选择 ZC 轴为拉伸方向。

（3）❷ 在“拉伸”对话框中，在“限制”选项组中“开始距离”和“结束距离”文本栏分别输入 0、12，其他默认。

（4）❸ 在“拉伸”对话框中，单击“确定”按钮，创建拉伸特征 1，如图 6-55 所示。

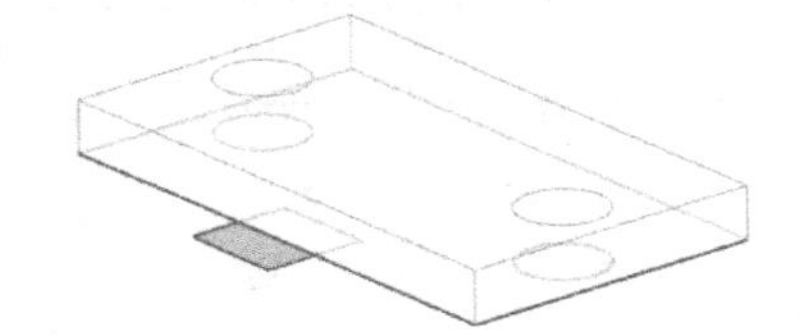

图 6-55　创建拉伸特征 1

Step 04 绘制草图 2

在菜单栏中选择“菜单”→“插入”→“草图”命令或单击“主页”选项卡“直接草图”组中的“草图”按钮，选取 XC-ZC 平面为工作平面绘制草图 2，绘制后的草图如图 6-56 所示，单击“完成”按钮，退出草图绘制环境。

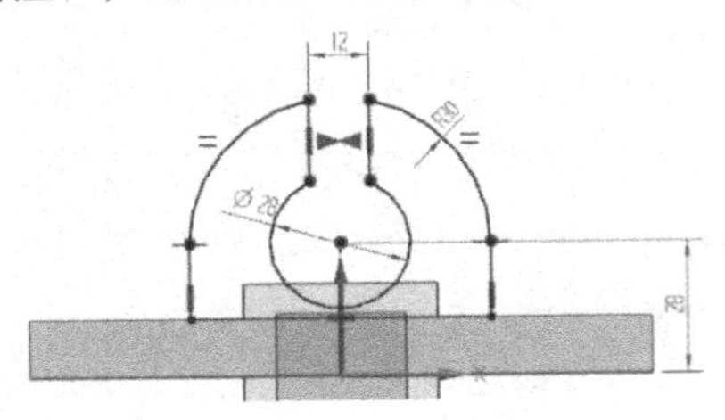

图 6-56　绘制草图 2

Step 05 绘制引导线 1

（1）在菜单栏中选择“菜单”→“插入”→“曲线”→“基本曲线（原有）”命令，打开如图 6-57 所示的“基本曲线”对话框和如图 6-58 所示的跟踪条。

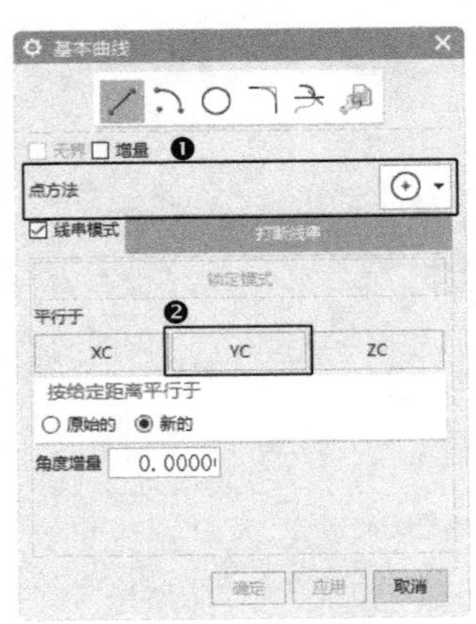

图 6-57　“基本曲线”对话框

图 6-58　跟踪条

（2）❶ 在“基本曲线”对话框中的“自动判断的点”图标的下拉列表框中分别单击图标，在视图区选择如图 6-59 所示的圆心。

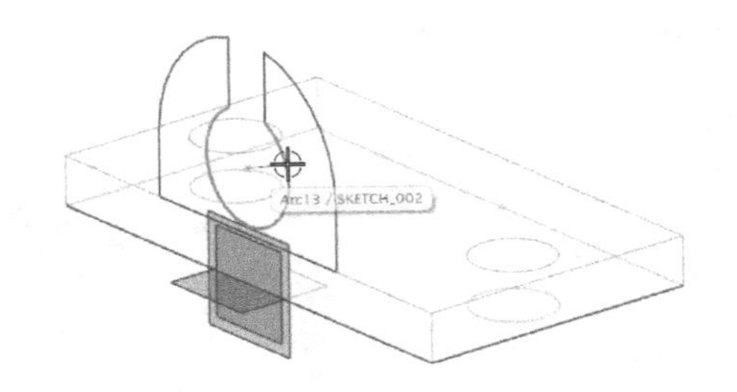

图 6-59　选择圆心

（3）❷ 选择圆心后，在“基本曲线”对话框中的“平行于”列表框中的按钮被激活，单击 YC 按钮。

（4）❸ 在“基本曲线”对话框中的 YC 文本框中输入 70，单击鼠标中键或者按 Enter 键，创建如图 6-60 所示的引导线。

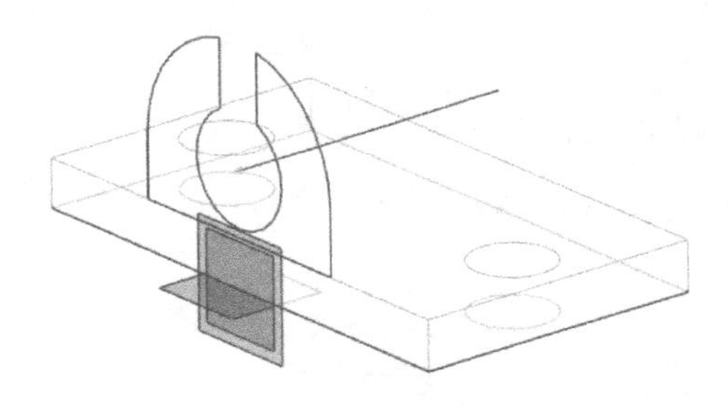

图 6-60　创建引导线 1

Step 06 创建沿引导线扫掠特征 1

（1）在菜单栏中选择“菜单”→“插入”→“扫掠”→“沿引导线扫掠”命令，弹出“沿引导线扫掠”对话框。

（2）在零件体中选择如图 6-56 所绘制的草图为扫掠截面。

（3）在零件体中选择引导线 1 为引导线。

（4）在“沿引导线扫掠”对话框中的“第一偏置”和“第二偏置”文本框中分别输入 0。

（5）在“沿引导线扫掠”对话框的“布尔”下拉列表中选择“合并”，单击“确定”按钮，创建沿导线扫掠特征 1，如图 6-61 所示。

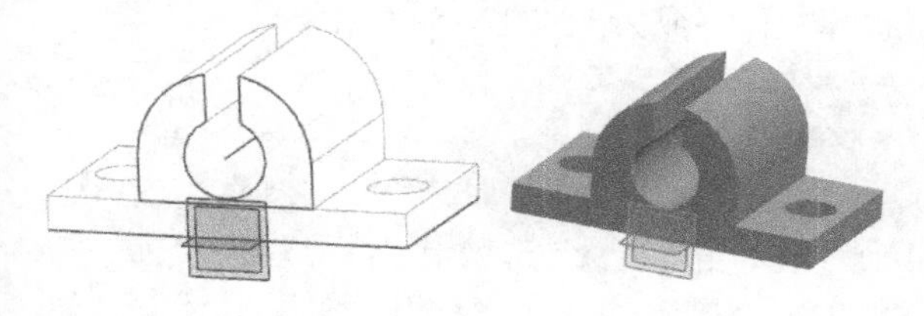

（a）线框图　　（b）实体图

图 6-61　创建沿导线扫掠特征 1 的零件体示意图

Step 07　创建引导线 2

（1）在菜单栏中选择“菜单”→“插入”→“曲线”→“基本曲线“原有”命令，弹出“基本曲线”对话框。

（2）在“基本曲线”对话框的按钮的下拉列表框中单击按钮，弹出如图 6-62 所示的“点”对话框。

（3）在“点”对话框中的 XC、YC 和 ZC 文本框中分别输入 -23、35、68。

（4）在“点”对话框中，单击“确定”按钮。

（5）在“点”对话框中的 XC、YC 和 ZC 文本框中分别输入 23、35、68。

（6）在“点”对话框中，单击“确定”按钮，关闭该对话框，创建如图 6-63 所示的引导线。

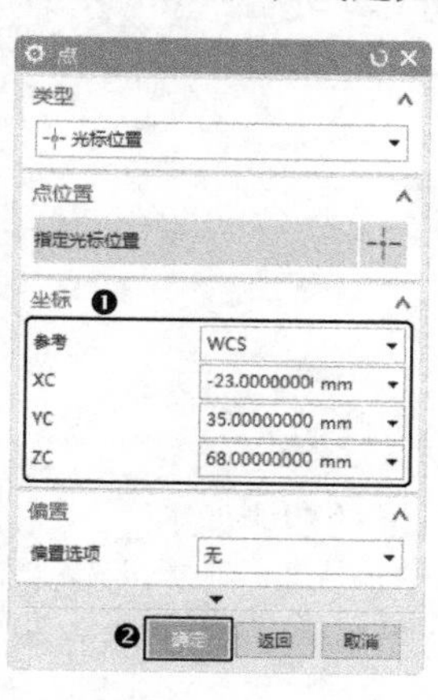

图 6-62　“点”对话框

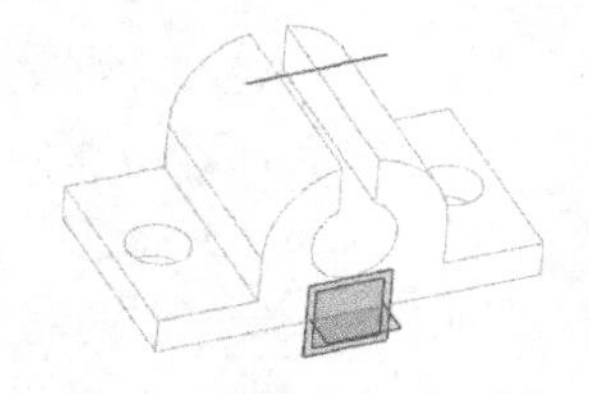

图 6-63　创建引导线 2

Step 08　绘制草图 3

（1）在菜单栏中选择“菜单”→“插入”→“草图”命令或单击“主页”选项卡“直接草图”组中的“草图”按钮，弹出“创建草图”对话框。

（2）在“类型”下拉列表栏中选择“基于路径”类型，选择如图 6-64 所示的刀轨曲线。

（3）在如图 6-64 所示的“弧长百分比”文本框中输入 0。

（4）单击“确定”按钮，绘制如图 6-65 所示的草图。

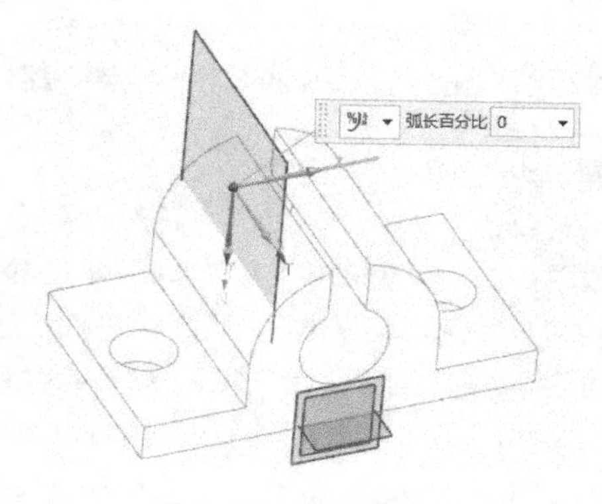

图 6-64　选择刀轨曲线

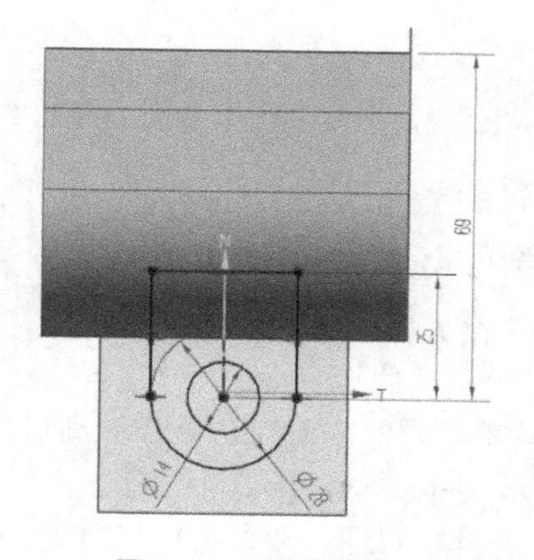

图 6-65　绘制草图 3

Step 09　创建沿导线扫掠特征 2

（1）在菜单栏中选择“菜单”→“插入”→“扫掠”→“沿引导线扫掠”命令，弹出“沿引导线扫掠”对话框。

（2）选择如图 6-65 所绘制的草图为截面曲线。

（3）选择如图 6-63 绘制的引导线 2。

（4）在“沿引导线扫掠”对话框中的“第一偏置”和“第二偏置”文本框中分别输入 0。

（5）在“沿引导线扫掠”对话框的“布尔”下拉列表中选择“合并”，创建沿引导线扫掠特征 2，如图 6-66 所示。

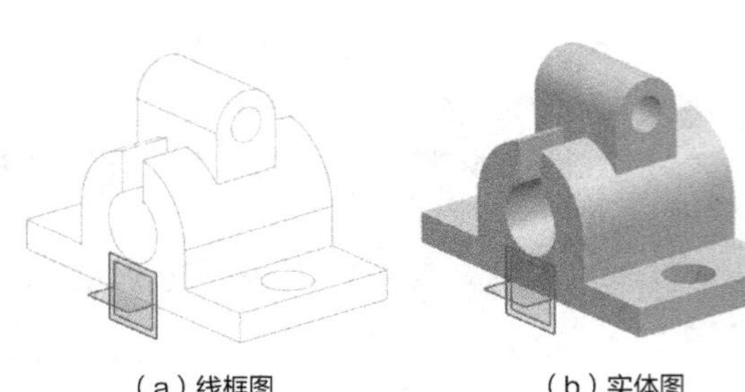

（a）线框图　　（b）实体图

图 6-66　创建沿导线扫掠特征 2 的零件体示意图

Step 10 绘制草图 4

在菜单栏中选择“菜单”→“插入”→“草图”命令或单击“主页”选项卡“直接草图”组中的“草图”按钮，选择如图 6-67 所示的平面为工作平面绘制草图 4，绘制后的草图如图 6-68 所示。

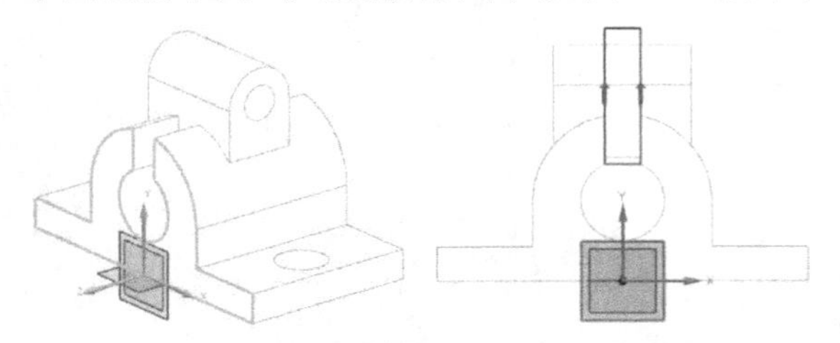

图 6-67　选择草图工作平面　　图 6-68　绘制草图 4

Step 11 创建拉伸特征 2

（1）在菜单栏中选择“菜单”→“插入”→“设计特征”→“拉伸”命令或单击“主页”选项卡“特征”组中的“拉伸”按钮，弹出“拉伸”对话框，选择如图 6-68 所示的草图。

（2）在“拉伸”对话框的“指定矢量”下拉列表中选择“YC 轴”为拉伸方向。

（3）在“拉伸”对话框的“布尔”下拉列表框中选择“减去”按钮。

（4）在“拉伸”对话框中，在“限制”选项组的“开始距离”和“结束距离”文本框中分别输入 0、70，其他默认。拉伸特征示意图如图 6-69 所示。

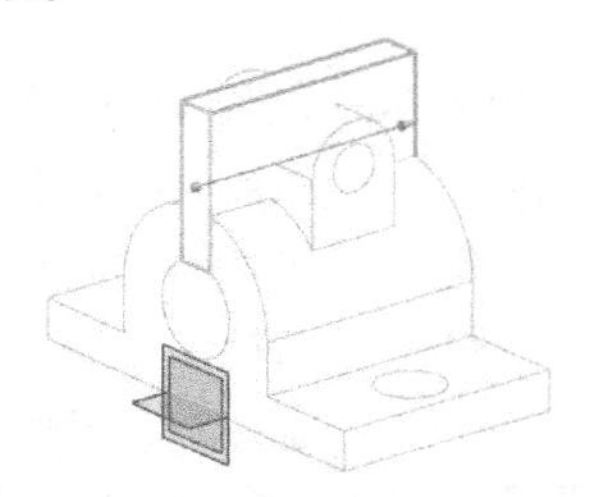

图 6-69　预览所创建的拉伸特征 2

（5）在“拉伸”对话框中，单击“确定”按钮，创建拉伸特征 2，如图 6-52 所示。

6.2.7 管

在菜单栏中选择“插入”→“扫掠”→“管”命令或单击“主页”选项卡“特征”组中“更多”库下的“管”按钮，打开“管”对话框，如图 6-70 所示。通过沿着由一个或一系列曲线构成的引导线串（路径）扫掠出简单的管道对象。示意图如图 6-71 所示。

图 6-70　“管”对话框

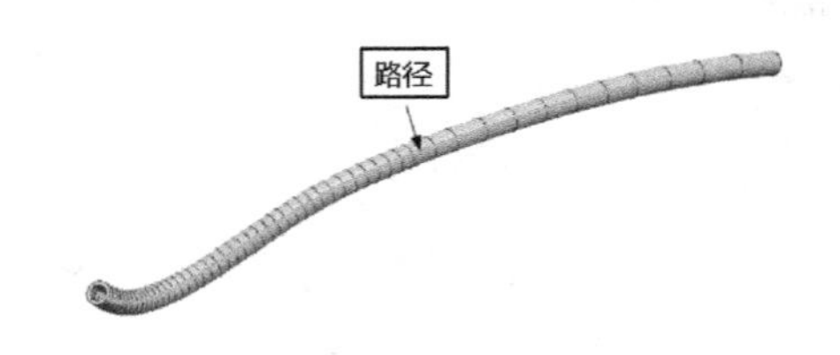

图 6-71　“管”示意图

“管”对话框中部分选项的功能如下。

1. 外径 / 内径

用于输入管道的内外径数值，其中外径不能为 0。

2. 输出

（1）单段：只具有一个或两个侧面，此侧面为 B 曲面。如果内直径是 0，那么管具有一个侧面，如图 6-72（a）所示。

（2）多段：沿着引导线串扫成一系列侧面，这些侧面可以是柱面或环面，如图 6-72（b）所示。

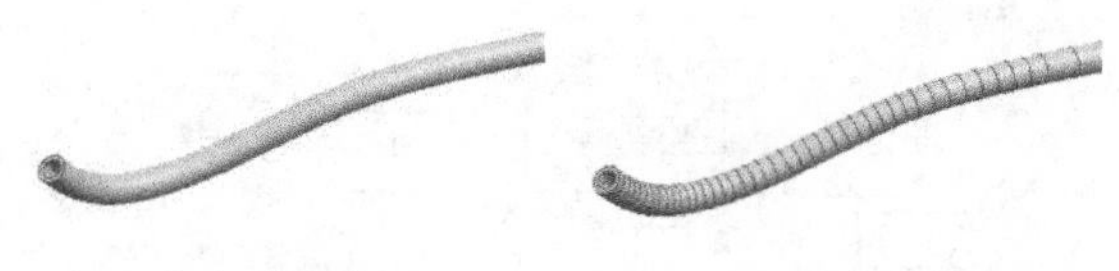

（a）单段　　　　（b）多段

图6-72　“管”示意图

6.2.8　实例——圆管

创建如图 6-73 所示的圆管零件体。

图6-73　圆管

绘制步骤

Step 01　新建文件

选择“文件”→“新建”命令，在弹出的“新建”对话框中，选择保存文件的位置，输入文件的名称“yuanguan”，选择“模型”模板。完成后单击“确定”按钮，进入实体建模环境。

Step 02　创建引导线

在菜单栏中选择“菜单”→“插入”→“草图”命令或单击“主页”选项卡“直接草图”组中的“草图”按钮，进入草图绘制界面，选取 XC-YC 平面为工作平面绘制引导线，绘制后的草图如图 6-74 所示。

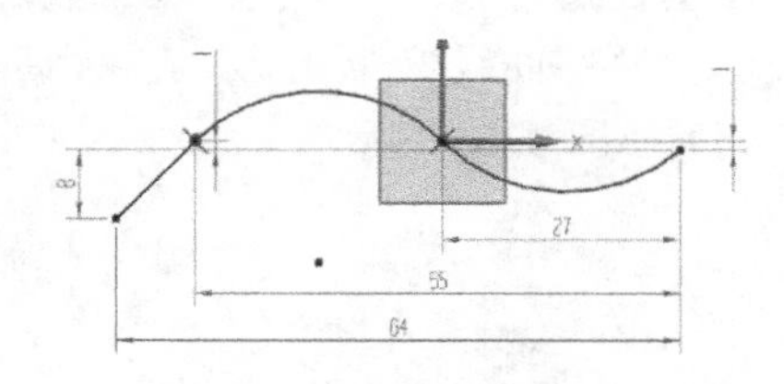

图6-74　创建引导线

Step 03　创建管道特征

❶ 在菜单栏中选择“菜单”→“插入”→“扫掠”→“管”命令，弹出“管”对话框。

❷ 在视图区选择如图 6-74 所绘制的引导线。

❸ 在“管”对话框中的“外径”和“内径”文本框中分别输入 15、10。

❹ 在“管”对话框中的“输出”列表框中选择“多段”，如图 6-75 所示。

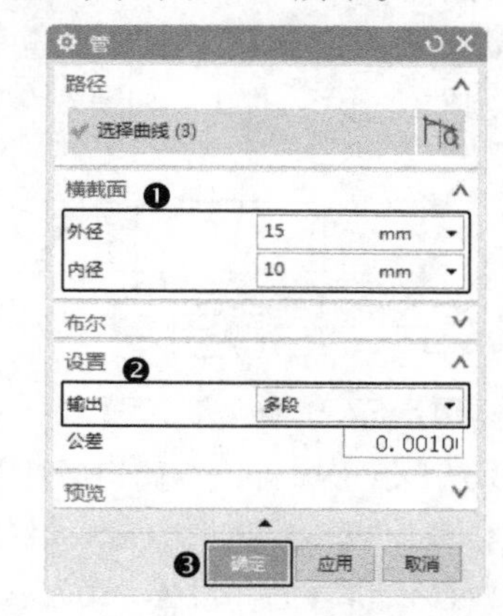

图6-75　“管”对话框

❺ 在“管”对话框中单击“确定”按钮，创建管道特征，如图 6-73 所示。

6.3　创建设计特征

本节主要介绍孔、凸台、腔、垫块、键槽、槽、三角形加强筋和螺纹等设计特征。

6.3.1　孔

在菜单栏中选择“插入”→“设计特征”→“孔”命令或单击“主页”选项卡“特征”组中的“孔”按钮，打开“孔”对话框，如图 6-76 所示。

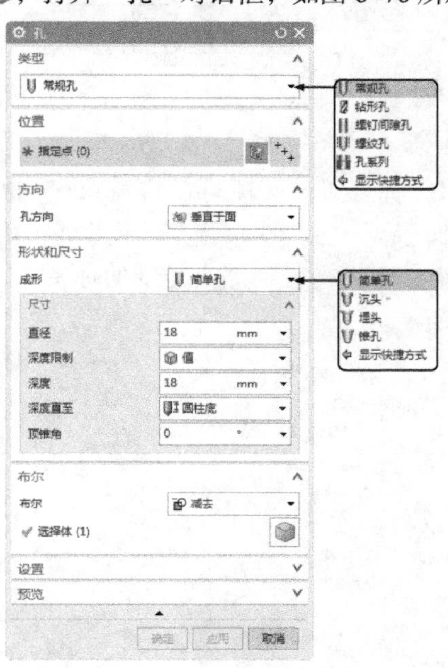

图6-76　“孔”对话框

“孔”对话框中部分选项的功能如下。

1. 常规孔

（1）简单孔：该选项可以指定的直径、深度和顶锥角生成一个简单的孔，如图 6-77 所示。

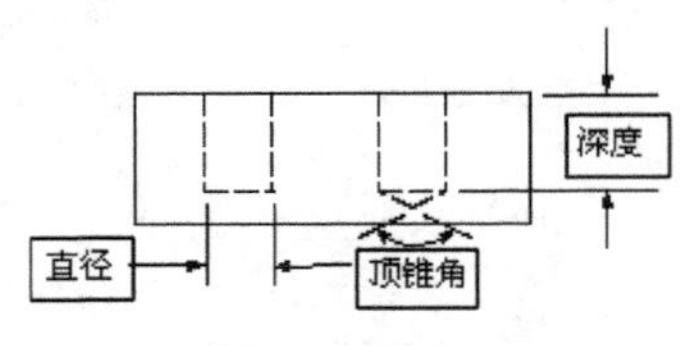

图 6-77 “简单孔”示意图

（2）沉头：该选项可以将窗口区变换为如图 6-78 所示，然后以指定的孔直径、孔深度、顶锥角、沉头直径和沉头深度生成沉头孔，如图 6-79 所示。

尺寸	
沉头直径	30 mm
沉头深度	6 mm
直径	12 mm
深度限制	值
深度	12 mm
深度直至	圆柱底
顶锥角	118 °

图 6-78 “沉头”窗口

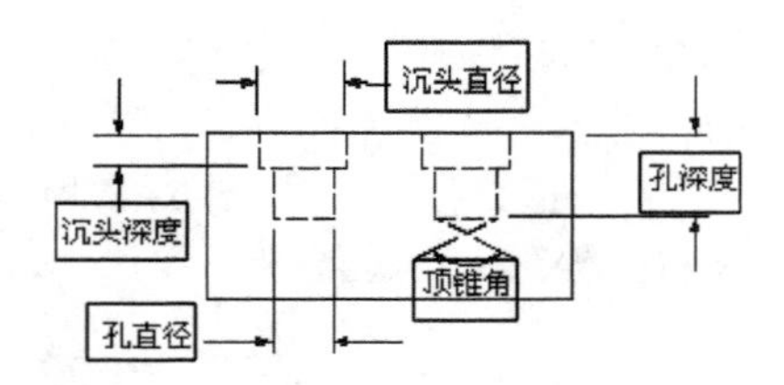

图 6-79 “沉头”示意图

（3）埋头：该选项可以将窗口区变换为如图 6-80 所示，然后生成指定的孔直径、孔深度、顶锥角、埋头直径和埋头角度的埋头孔，如图 6-81 所示。

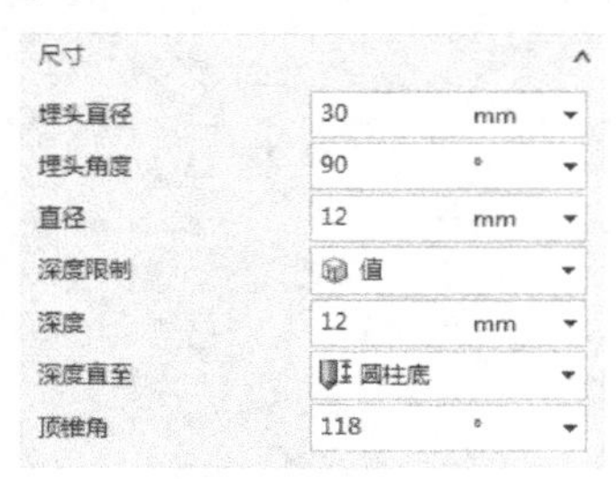

尺寸	
埋头直径	30 mm
埋头角度	90 °
直径	12 mm
深度限制	值
深度	12 mm
深度直至	圆柱底
顶锥角	118 °

图 6-80 “埋头”窗口

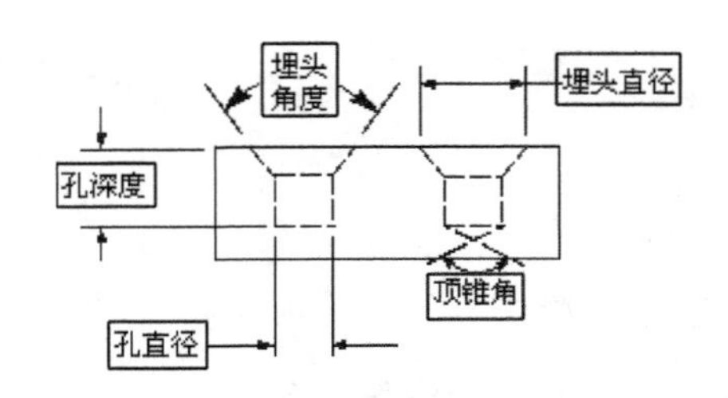

图 6-81 “埋头”示意图

（4）锥孔：该选项可以将窗口区变换为如图 6-82 所示，然后以指定的孔直径、锥角和深度生成锥形孔。

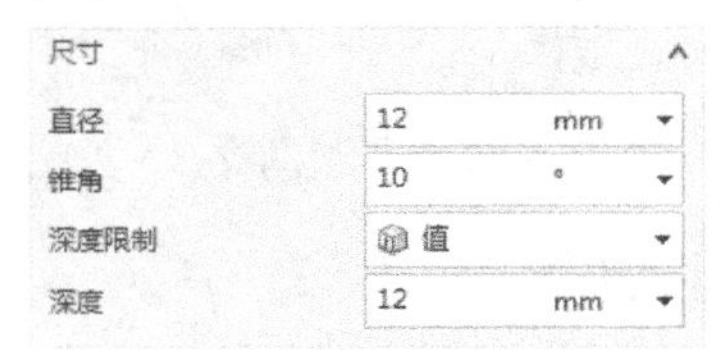

尺寸	
直径	12 mm
锥角	10 °
深度限制	值
深度	12 mm

图 6-82 “锥孔”窗口

2. 螺钉间隙孔

创建简单、沉头或埋头通孔，为具体应用而设计。

3. 螺纹孔：创建螺纹孔，其尺寸标注由标准、螺纹尺寸和径向进行定义。

4. 孔系列：创建起始、中间和结束孔尺寸一致的多形状、多目标体的对齐孔。

6.3.2 实例——轴承座

轴承座由三部分组成：轴套、轴承座支撑和底座，轴套通过在圆柱上创建简单孔生成，轴承座支撑由草图曲线拉伸生成，底座由面拉伸生成，模型如图 6-83 所示。

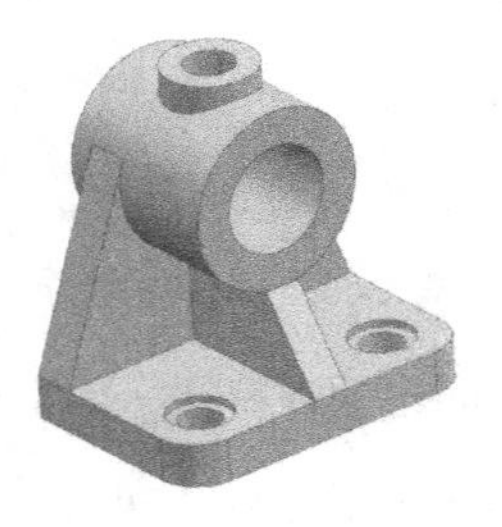

图 6-83 轴承座

绘制步骤

Step 01 新建文件

在菜单栏中选择“文件”→“新建”命令

或单击“主页”选项卡“标准”组中的“新建”按钮，打开“新建”对话框，在“模型”选项卡中选择适当的模板，文件名为“zhouchengzuo”，单击“确定”按钮，进入建模环境。

Step 02 创建圆柱

在菜单栏中选择“插入”→“设计特征”→“圆柱”命令或单击“主页”选项卡“特征”组中的“圆柱”按钮，打开“圆柱”对话框，如图 6-84 所示。❶ 选择“轴、直径和高度”类型，❷ 在“指定矢量”下拉列表中选择“ZC 轴”按钮，❸ 单击“点对话框”按钮，在打开的“点”对话框中输入坐标点为(0,0,0)，单击“确定”按钮，返回“圆柱”对话框，❹ 在“直径”和“高度”中分别输入 50 和 50，❺ 单击“确定”按钮，以原点为中心生成圆柱，如图 6-85 所示。

图 6-84 “圆柱”对话框　　图 6-85 创建圆柱

Step 03 创建基准平面

在菜单栏中选择“插入”→“基准 / 点”→“基准平面”命令或单击“主页”选项卡“特征”组中的“基准平面”按钮，打开“基准平面”对话框，如图 6-86 所示。选择“XC-YC 平面”类型，单击“应用”按钮，完成基本基准面 1 的创建。同上分别选择“XC-ZC 平面”类型，单击“应用”按钮，完成基准平面 2 的创建。选择“YC-ZC 平面”，单击“确定”按钮，完成基准平面 3 的创建。结果如图 6-87 所示。

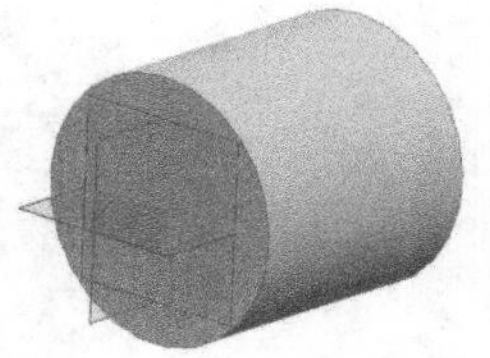

图 6-86 “基准平面”对话框　图 6-87 创建基准平面

Step 04 创建草图

在菜单栏中选择“插入”→“在任务环境中绘制草图”命令，打开“创建草图”对话框，如图 6-88 所示。选择 Step 03 中创建的基平面 1 为草图绘制面，单击“确定”按钮，进入草图绘制阶段，绘制如图 6-89 所示的草图，单击“主页”选项卡“草图”组中的“完成”按钮，返回建模模块。

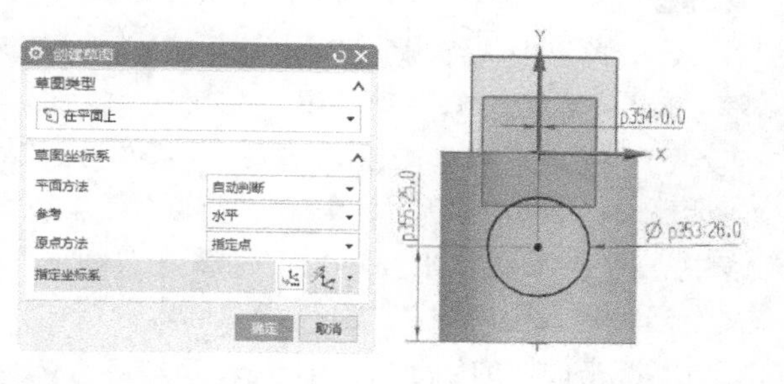

图 6-88 “创建草图”对话框　　图 6-89 创建草图

Step 05 创建拉伸

在菜单栏中选择“插入”→“设计特征”→“拉伸”命令或单击“主页”选项卡“特征”组中的“拉伸”按钮，打开“拉伸”对话框，如图 6-90 所示。❶ 选择 Step 04 中创建的草图为拉伸曲线，❷ 在“指定矢量”下拉列表中选择“YC 轴”，❸ 在“开始距离”和“结束距离”文本框中分别输入 0 和 30，❹ 在“布尔”下拉列表中选择“合并”选项，系统自动选择圆柱体，❺ 单击“确定”按钮，完成拉伸特征的创建，如图 6-91 所示。

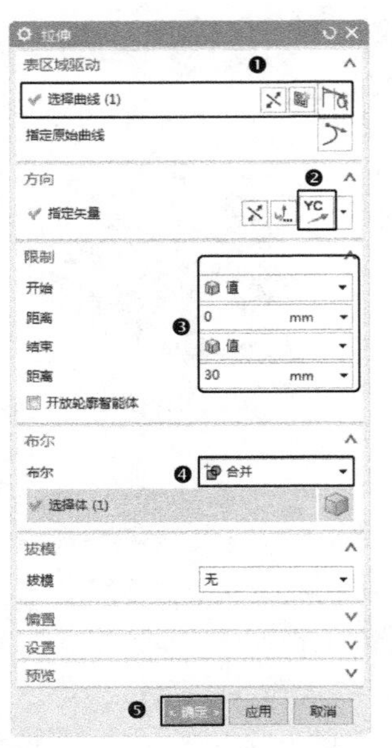

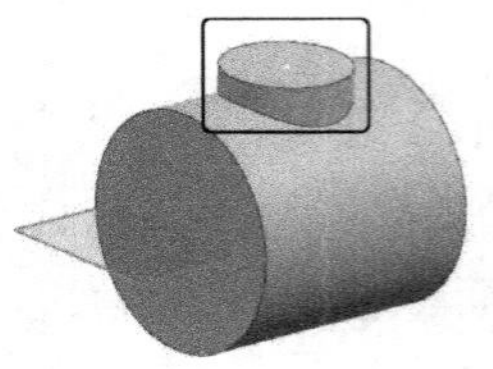

图 6-90　“拉伸”对话框　　图 6-91　创建拉伸

Step 06 创建基准平面 2

在菜单栏中选择“插入”→“基准 / 点”→“基准平面”命令或单击“主页”选项卡“特征”组中的“基准平面”按钮，打开“基准平面”对话框，如图 6-92 所示，❶ 在“类型”下拉列表中选择“XC-YC 平面”类型，❷ 在“距离”文本框中输入距离为 7，❸ 单击“确定”按钮，完成基准平面 2 的创建，如图 6-93 所示。

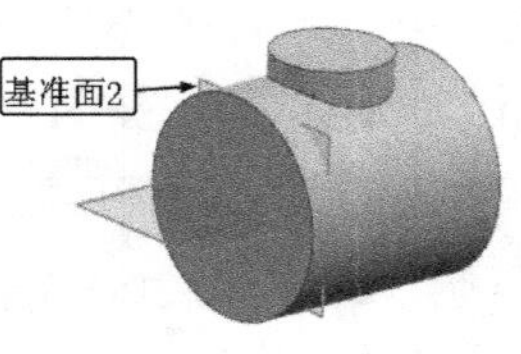

图 6-92　“基准平面”对话框　图 6-93　创建基准平面 2

Step 07 创建草图

在菜单栏中选择“插入”→“在任务环境中绘制草图”命令，打开“创建草图”对话框，如图 6-94 所示。选择基准平面 4 为草图绘制面，单击“确定”按钮，进入草图绘制阶段，绘制如图 6-95 所示的草图，单击“主页”选项卡“草图”组中的“完成”按钮，返回建模模块。

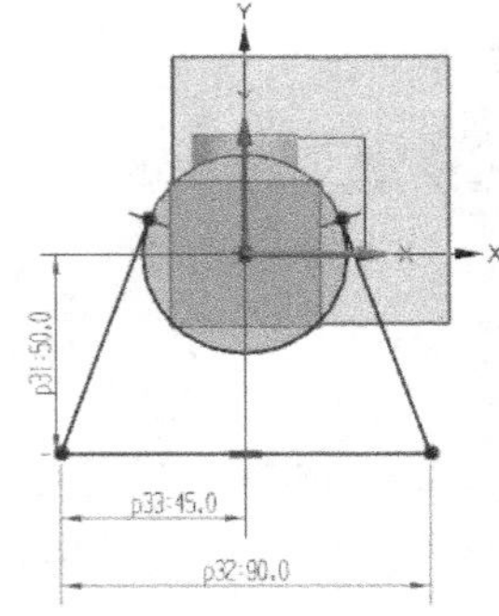

图 6-94　“创建草图”对话框　　图 6-95　绘制草图

Step 08 创建拉伸

在菜单栏中选择“插入”→“设计特征”→“拉伸”命令或单击“主页”选项卡“特征”组中的“拉伸”按钮，打开“拉伸”对话框，如图 6-96 所示。❶ 选择 Step 07 中创建的草图为拉伸曲线，❷ 在“指定矢量”下拉列表中选择“ZC 轴”为拉伸方向，❸ 在“开始距离”和“结束距离”文本框中输入 0 和 12，❹ 在“布尔”下拉列表中选择“合并”选项，系统自动选择圆柱体，❺ 单击“确定”按钮，完成拉伸特征的创建，如图 6-97 所示。

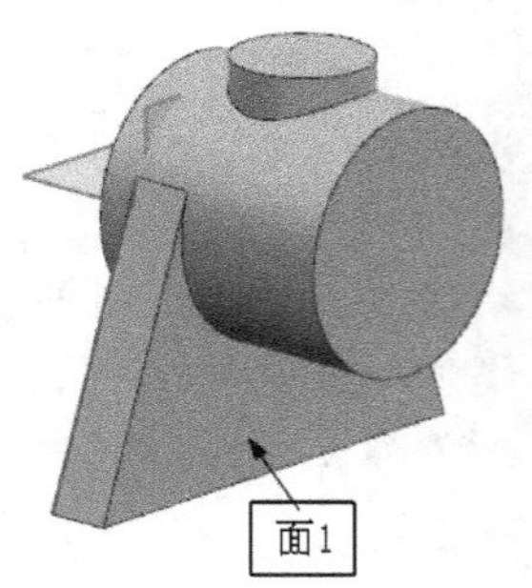

图 6-96　“拉伸”对话框　　图 6-97　创建拉伸

Step 09 创建草图

在菜单栏中选择“插入”→“在任务环境中绘制草图”命令，打开“创建草图”对话框，选择“YC-ZC 平面”为草图绘制面，单击“确定”按钮，进入草图绘制阶段，绘制如图 6-98 所示的草图，单击“主页”选项卡“草图”组中的“完成”按钮，返回建模模块。

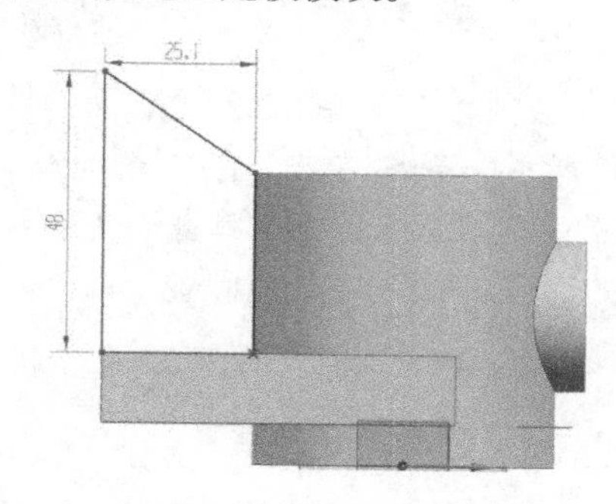

图 6-98　绘制草图

Step 10 创建拉伸

在菜单栏中选择“插入”→“设计特征”→“拉伸”命令或单击“主页”选项卡“特征”组中的“拉伸”按钮，打开“拉伸”对话框，如图 6-99 所示。❶ 选择 Step 09 中创建的草图为拉伸曲线，❷ 在“指定矢量”下拉列表中选择“YC 轴”，❸ 在“结束”下拉列表中选择“对称值”，❹ 在“距离”文本框中输入距离为 5，❺ 在“布尔”下拉列表中选择“合并”选项，❻ 单击“确定”按钮，完成拉伸特征的创建，如图 6-100 所示。

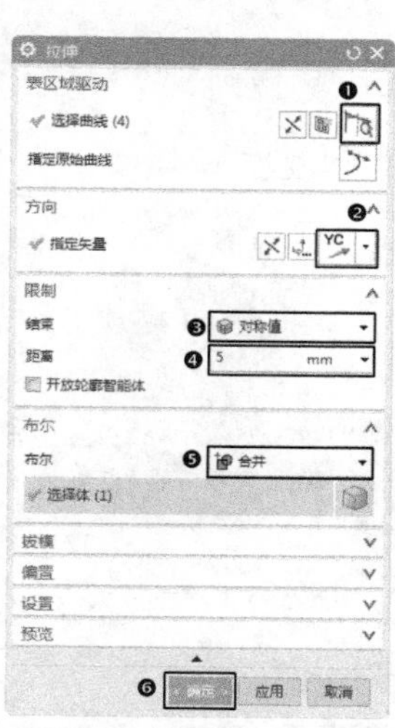

图 6-99　“拉伸”对话框

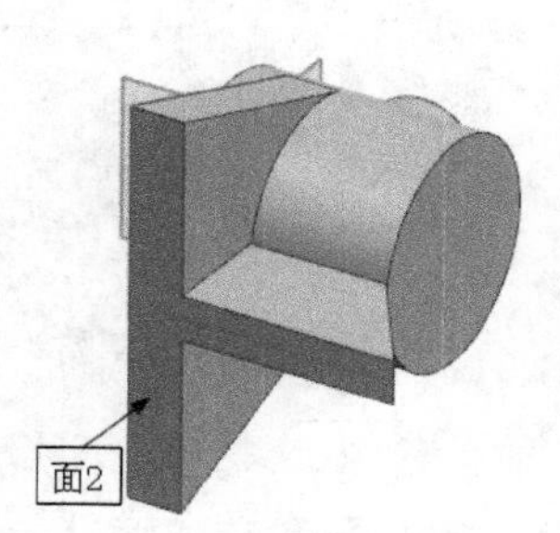

图 6-100　创建拉伸体

Step 11 创建草图

在菜单栏中选择“插入”→“在任务环境中绘制草图”命令，打开“创建草图”对话框，选择如图 6-100 所示的面 2 为草图绘制面，单击“确定”按钮，进入草图绘制阶段，绘制如图 6-101 所示的草图，单击“主页”选项卡“草图”组中的“完成”按钮，返回建模模块。

Step 12 创建拉伸

在菜单栏中选择“插入”→“设计特征”→“拉伸”命令或单击“主页”选项卡“特征”组中的“拉伸”按钮，打开“拉伸”对话框。选择 Step 11 中创建的草图为拉伸曲线，在“指定矢量”下拉列表中选择“-YC 轴”，在“开始距离”和“结束距离”文本框中输入 0 和 12，在“布尔”下拉列表中选择“合并”选项，系统自动选择圆柱体，单击“确定”按钮，完成拉伸特征的创建，如图 6-102 所示。

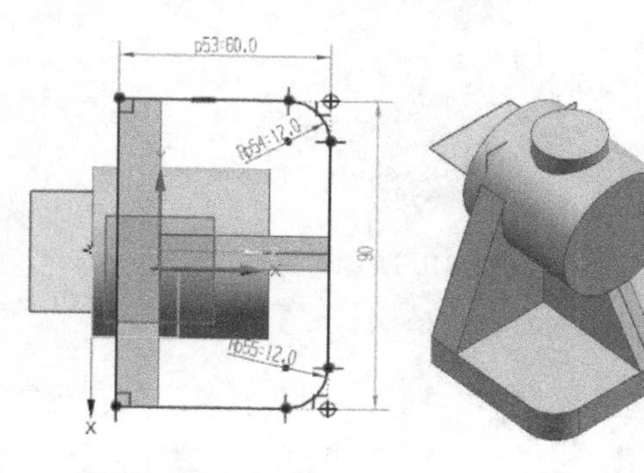

图 6-101　绘制草图　　图 6-102　创建拉伸体 2

Step 13 创建圆孔

在菜单栏中选择“插入”→“设计特征”→“孔”命令或单击“主页”选项卡“特征”组中的“孔”按钮，打开“孔”对话框，如图 6-103 所示。❶ 在“成形”下拉列表中选择“简单孔”，❷ 在“直径”“深度”和“顶锥角”文本框中分别输入 14、30 和 0。捕捉如图 6-104 所示的拉伸体的上表面圆心为孔放置位置，❸ 单击“确定”按钮，生成模型如图 6-105 所示。

图 6-103 “孔”对话框

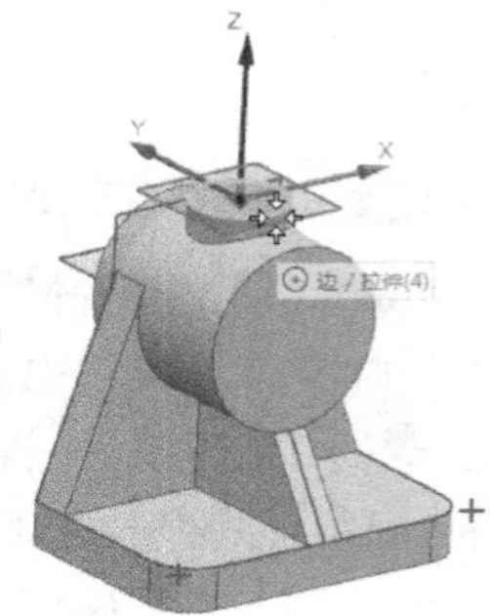

图 6-104 捕捉圆心

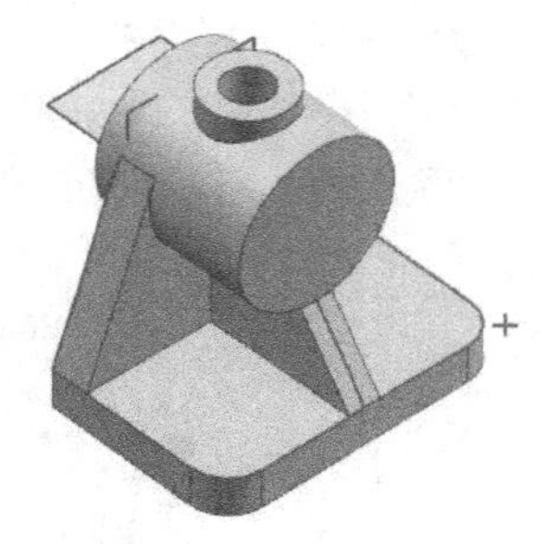

图 6-105 创建孔

Step 14 创建圆孔

在菜单栏中选择“插入”→“设计特征”→“孔”命令，或者单击“主页”选项卡“特征”组中的“孔”按钮，打开“孔”对话框，在“成形”下拉列表中选择“简单孔”，在“直径”“深度”和“顶锥角”文本框中输入 30、50 和 0。捕捉如图 6-106 所示的圆柱体的表面圆心为孔放置位置，单击“确定”按钮。生成模型如图 6-107 所示。

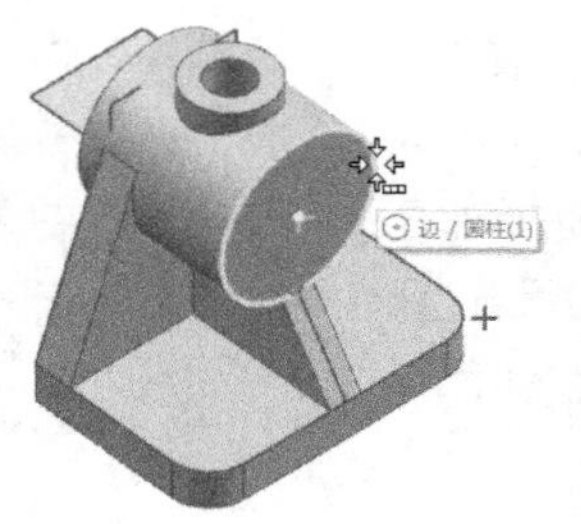

图 6-106 捕捉圆心

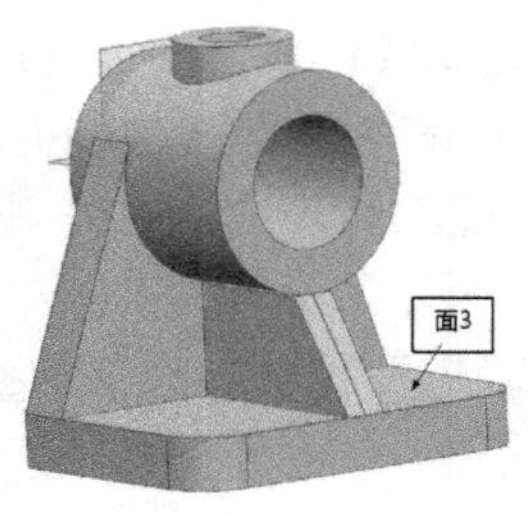

图 6-107 创建孔

Step 15 创建圆孔

在菜单栏中选择“插入”→“设计特征”→“孔”命令或单击“主页”选项卡“特征”组中的“孔”按钮，打开“孔”对话框，如图 6-108 所示。❶在“成形”下拉列表中选择“沉头”，❷在“沉头直径”“沉头深度”“直径”，和“深度”文本框中分别输入 18、2、12 和 20。❸单击“绘制截面”按钮，打开“创建草图”对话框，选择面 3 为草图绘制平面，绘制如图 6-109 所示的草图，单击“主页”选项卡“草图”组中的“完成”按钮，❹单击“确定”按钮，完成孔的创建，如图 6-110 所示。

图 6-108 “孔”对话框

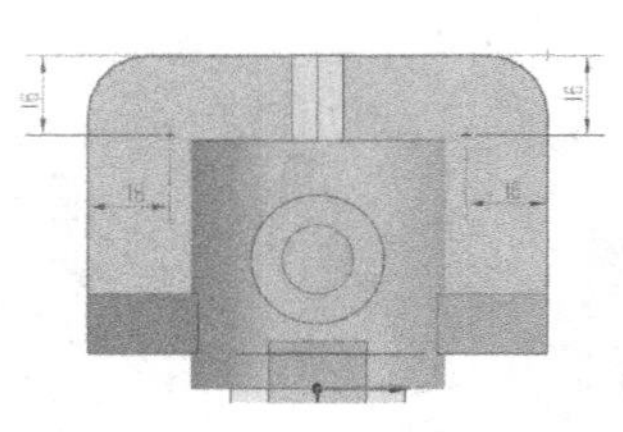

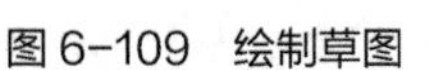

图 6-109 绘制草图

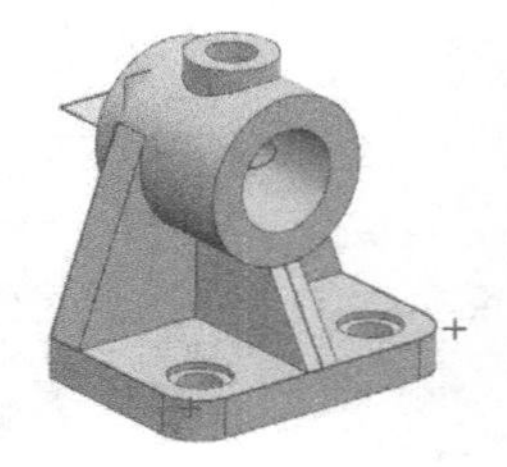

图 6-110 创建沉头孔

Step 16 隐藏草图和基准

在菜单栏中选择“编辑”→“显示和隐

藏”→“隐藏”命令，打开“类选择”对话框。单击“类型过滤器”按钮，系统打开“按类型选择”对话框,如图 6-111 所示。选择“草图”和“基准”选项，单击“确定”按钮，返回“类选择”对话框，单击“全选”按钮，选择视图中所有的草图和基准。单击“确定”按钮，草图和基准被隐藏，如图 6-112 所示。

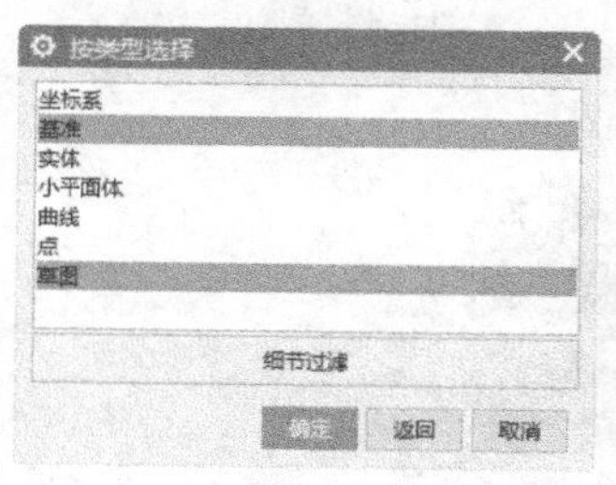

图 6-111 “按类型选择”对话框

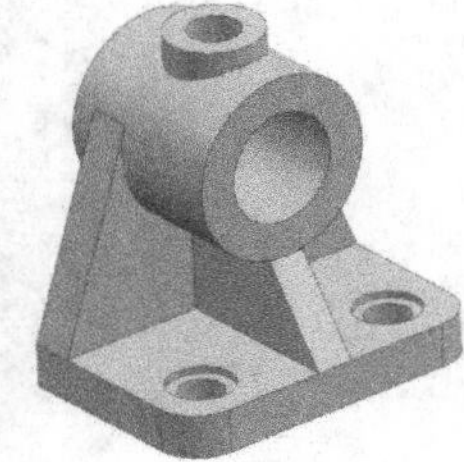

图 6-112 隐藏草图和基准

6.3.3 凸起

在菜单栏中选择“插入”→“设计特征”→“凸起”命令或单击“主页”选项卡“特征”组“更多”库下的“凸起”按钮，打开“凸起”对话框，如图 6-113 所示。通过沿矢量投影截面形成的面来修改体。凸起特征对于刚性对象和定位对象很有用。

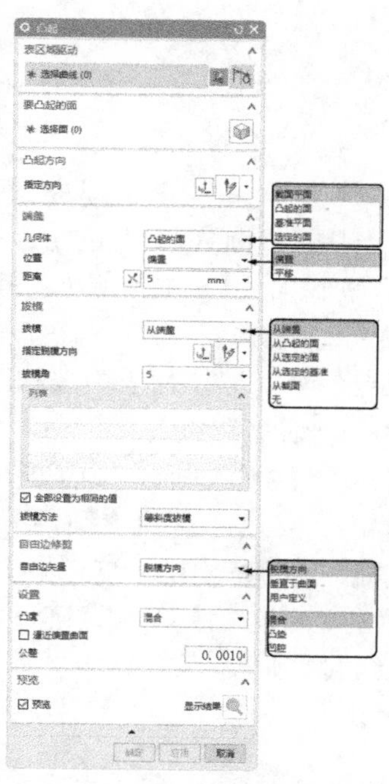

图 6-113 “凸起”对话框

“凸起”对话框中部分选项的功能如下。

1. 几何体

（1）截面平面：在选定的截面处创建端盖，示意图如图 6-114 所示。

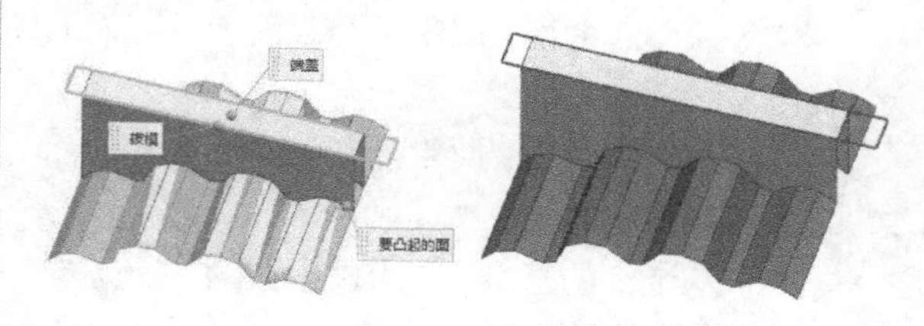

图 6-114 “截面平面”选项

（2）凸起的面：从选定用于凸起的面创建端盖，示意图如图 6-115 所示。

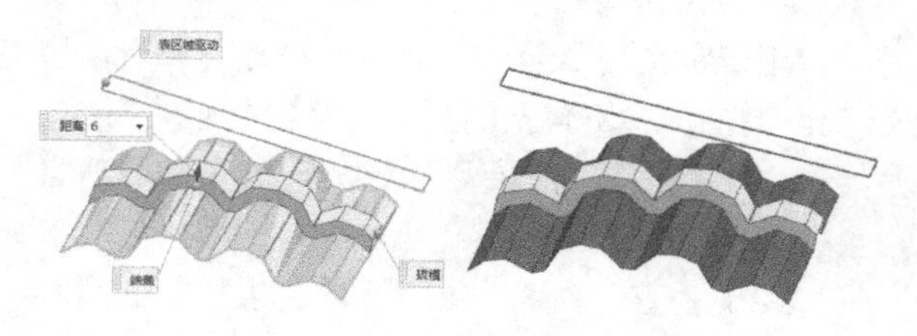

图 6-115 “凸起的面”选项

（3）基准平面：从选择的基准平面创建端盖，示意图如图 6-116 所示。

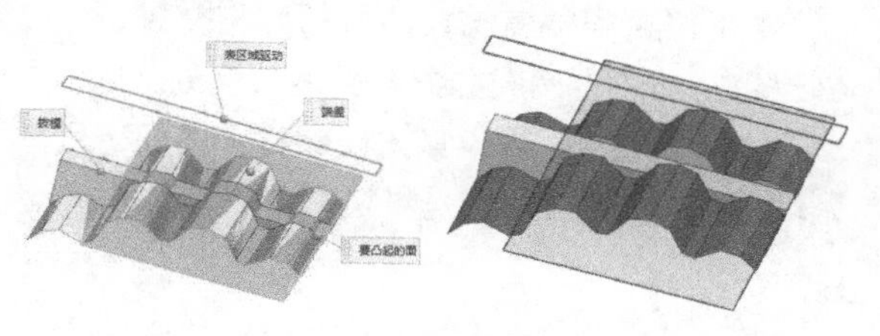

图 6-116 “基准平面”选项

（4）选定的面：从选择的面创建端盖，示意图如图 6-117 所示。

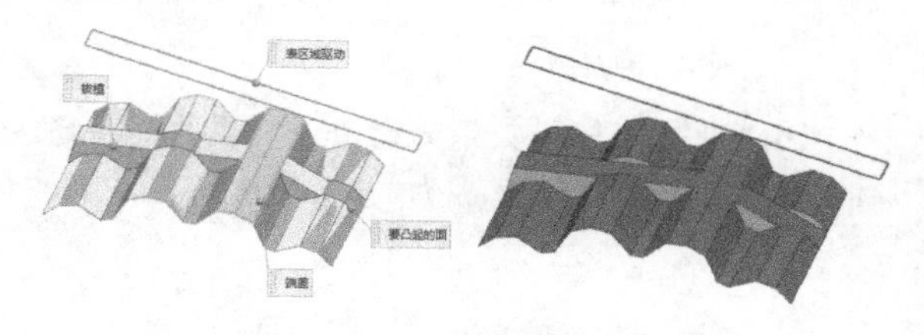

图 6-117 “选定的面”选项

2. 位置

（1）平移：通过按凸起方向指定的方向平移源几何体来创建端盖几何体。

（2）偏置：通过偏置源几何体来创建端盖几何体。

3. 拔模

指定在拔模操作过程中保持固定的侧壁位置。

（1）从端盖：使用端盖作为固定边的边界。

（2）从凸起的面：使用投影截面和凸起面的交线作为固定曲线。

（3）从选定的面：使用投影截面和所选的面的交线作为固定曲线。

（4）从选定的基准：使用投影截面和所选的基准平面的交线作为固定曲线。

（5）从截面：使用截面作为固定曲线。

（6）无：指定不为侧壁添加拔模。

4. 自由边矢量

用于定义当凸起的投影截面跨过一条自由边（要凸起的面中不包括的边）时修剪凸起的矢量。

（1）脱模方向：使用脱模方向矢量来修剪自由边。

（2）垂直于曲面：使用与自由边相接的凸起面的曲面法向执行修剪。

（3）用户定义：用于定义一个矢量来修剪与自由边相接的凸起。

5. 凸度：当端盖与要凸起的面相交时，可以创建带有凸垫、凹腔和混合类型凸度的凸起。

（1）凸垫：如果矢量先碰到目标曲面，后碰到端盖曲面，则认为它是垫块，如图 6-118 所示。

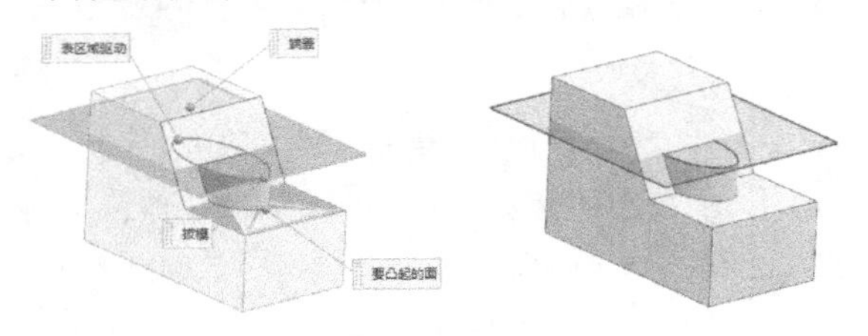

图 6-118 “凸垫”选项

（2）凹腔：如果矢量先碰到端盖曲面，后碰到目标，则认为它是腔，如图 6-119 所示。

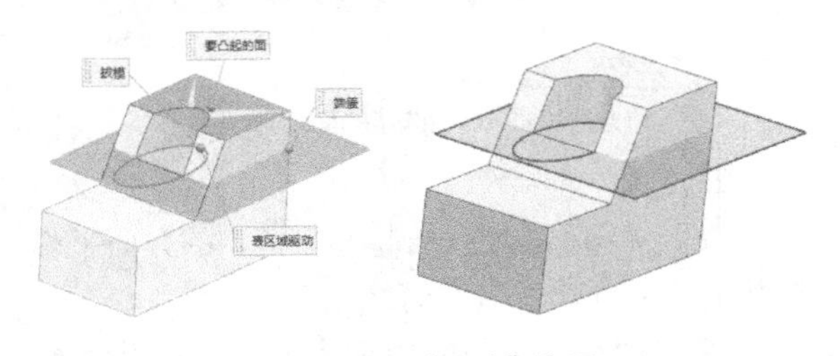

图 6-119 “凹腔”选项

6.3.4 实例——填料压盖

填料压盖的作用：一为将挡油环压紧；二为对柱塞起到定位支撑。填料压盖的外形与泵体中的安装板和膛孔很类似，因此它的绘制方法是：先绘制填料压盖的安装板，然后在安装板上绘制同轴凸台和同轴线的通孔，最后用于安装螺栓的凸台和安装通孔，完成填料压盖的绘制，如图 6-120 所示。

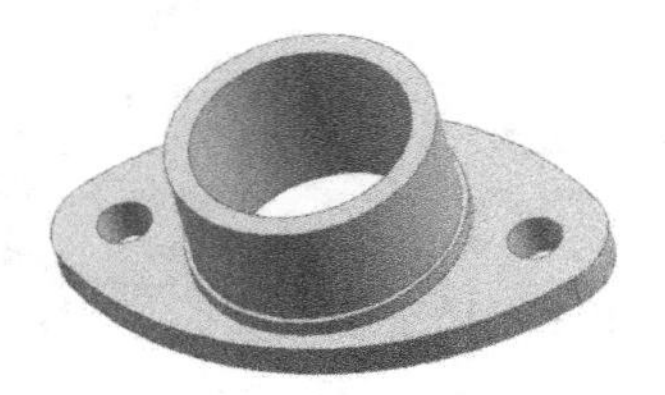

图 6-120 填料压盖

绘制步骤

Step 01 新建文件

在菜单栏中选择“文件”→“新建”命令或单击“主页”选项卡“标准”组中的“新建”按钮，打开“新部件文件”对话框，在“模型”选项卡中选择适当的模板，文件名为“tianliaoyagai”，单击“确定”按钮，进入建模环境。

Step 02 创建圆柱

在菜单栏中选择“插入”→“设计特征”→“圆柱”命令或单击“主页”选项卡“特征”组中的“圆柱”按钮，打开“圆柱”对话框，如图 6-121 所示。❶在“类型”下拉列表中选择“轴、直径和高度”，❷在“指定矢量”下拉列表中选择“ZC 轴”，❸单击“点对话框”按钮，打开“点”对话框，输入圆柱的坐标点为（0、-34、0），单击“确定”按钮，返回“圆柱”对话框，❹在“直径”文本框中输入直径为 120 和高度为 6，❺单击“确定”按钮，完成圆柱体的创建，结果如图 6-122 所示。

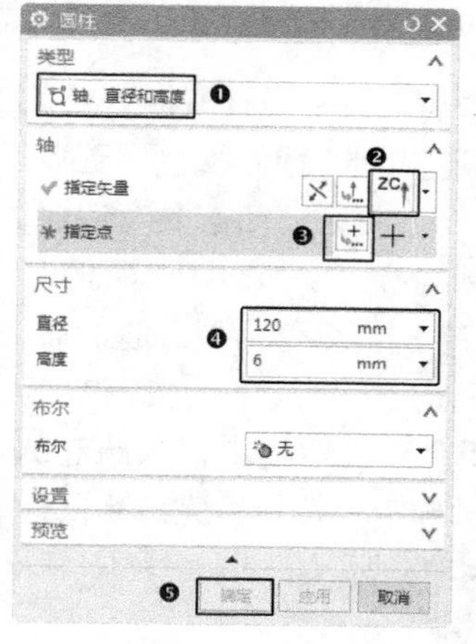

图 6-121 “圆柱”对话框　图 6-122 创建圆柱

Step 03 创建另一个圆柱

在菜单栏中选择“插入”→“设计特征”→“圆柱”命令或单击“主页”选项卡“特征”组中的“圆柱”按钮，打开“圆柱”对话框，如图 6-123 所示。❶ 在“类型”下拉列表中选择“轴、直径和高度”，❷ 在“指定矢量”下拉列表中选择“ZC 轴”，❸ 在“直径”文本框中输入直径为 120，❹ 在“高度”文本框中输入高度为 6，❺ 在“布尔”下拉列表中选择“相交”，❻ 输入圆柱底面的圆心点坐标为（0,34,0），使新建的圆柱体与前一个圆柱体相交，❼ 单击“确定”按钮，完成圆柱体的创建。结果如图 6-124 所示。

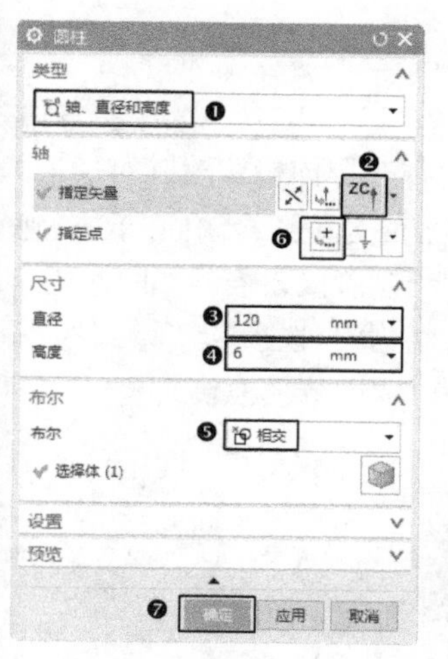

图 6-123 “圆柱”对话框　图 6-124 绘制相交圆柱体

Step 04 实体边倒圆

在菜单栏中选择“插入”→“细节特征”→“边倒圆”命令或单击“主页”选项卡“特征”组中的“边倒圆”按钮，打开“边倒圆”对话框，如图 6-125 所示。选择相交圆柱的尖角棱边，在“半径 1”文本框中输入 12，如图 6-126 所示。倒圆角结果如图 6-127 所示。

图 6-125 “边倒圆”对话框

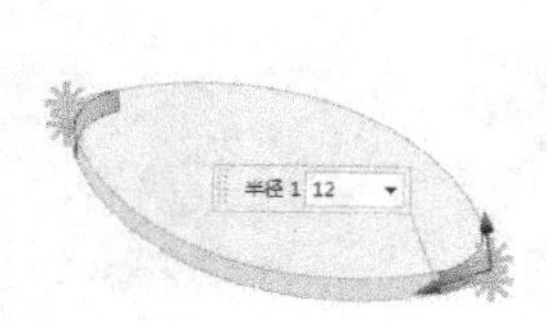

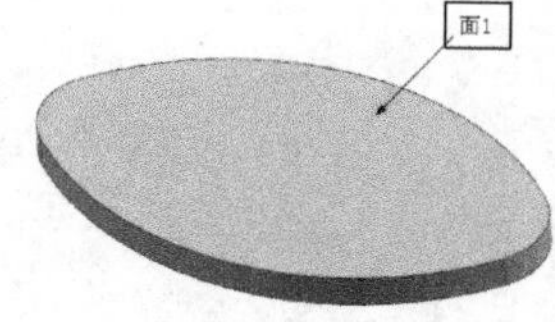

图 6-126 选择圆角边　图 6-127 实体边圆角

Step 05 创建草图

在菜单栏中选择“插入”→“在任务环境中绘制草图”命令，打开“创建草图”对话框，如图 6-128 所示。选择面 1 为草图绘制面，单击“确定”按钮，进入草图绘制阶段，绘制如图 6-129 所示的草图，单击“主页”选项卡“草图”组中的“完成”按钮，返回建模模块。

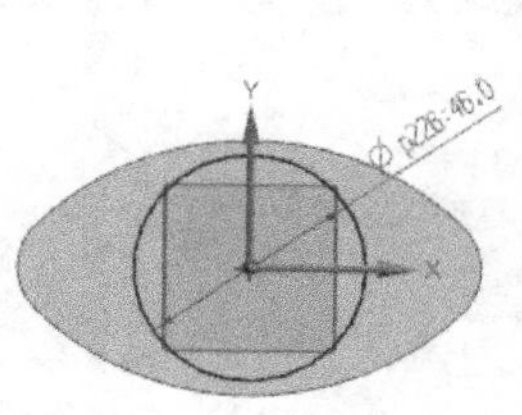

图 6-128 “创建草图”对话框　图 6-129 创建草图

Step 06 创建凸起

在菜单栏中选择“插入”→“设计特征”→“凸起”命令或单击“主页”选项卡“特征”组中“更多”库下的“凸起”按钮，打开“凸起”对话框，如图 6-130 所示。❶ 选择 Step 05 中创建的草图为要凸起的曲线，❷ 选择面 1 为要凸起的面，❸ 在“指定方向”下拉列表中选择“ZC 轴”为凸起方向，❹ 在“距离”文本框中输入凸起的距离为 3，❺ 单击“确定”按钮，完成凸起的创建。结果如图 6-131 所示。

图 6-130 “凸起”对话框

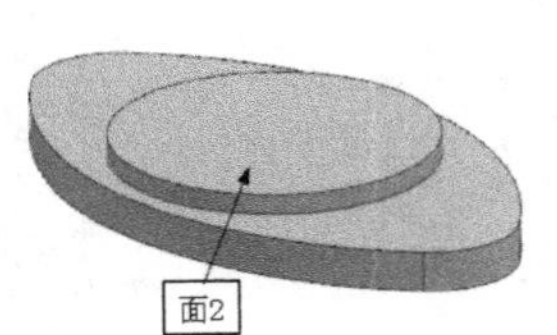

图 6-131 创建凸起

Step 07 创建草图

在菜单栏中选择“插入”→“在任务环境中绘制草图”命令，打开如图 6-132 所示的“创建草图”对话框，选择面 2 为草图绘制面，单击“确定”按钮，进入草图绘制阶段，绘制如图 6-133 所示的草图，单击“主页”选项卡“草图”组中的“完成”按钮，返回建模模块。

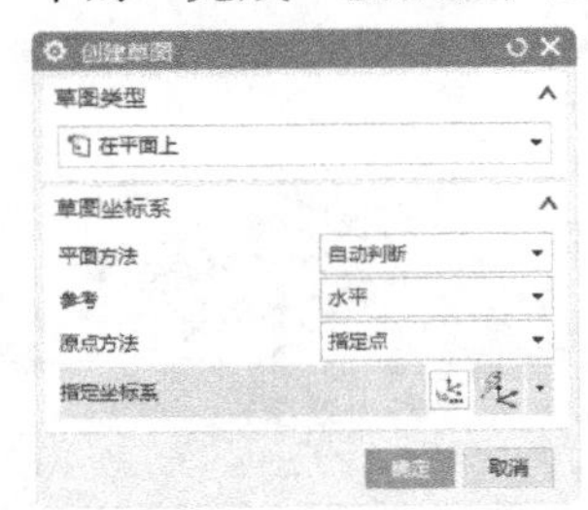

图 6-132 “创建草图”对话框

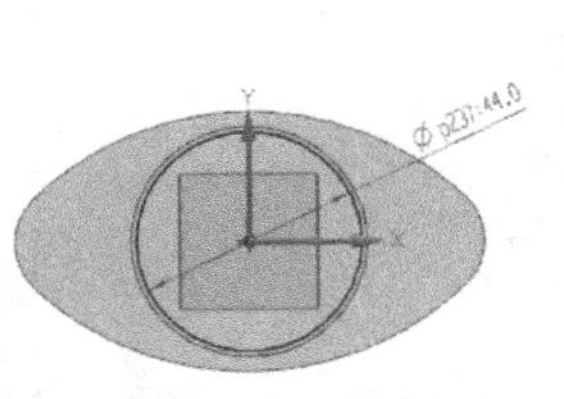

图 6-133 创建草图

Step 08 创建小凸起

在菜单栏中选择“插入”→“设计特征”→“凸起”命令或单击“主页”选项卡“特征”组中“更多”库下的“凸起”按钮，打开“凸起”对话框，如图 6-134 所示。❶ 选择 Step 07 中创建的草图为要凸起的曲线，❷ 选择面 2 为要凸起的面，❸ 在“指定方向”下拉列表中选择“ZC 轴”为凸起方向，❹ 在“距离”文本框中输入凸起的距离值 20，❺ 单击“确定”按钮，完成小凸起的绘制。结果如图 6-135 所示。

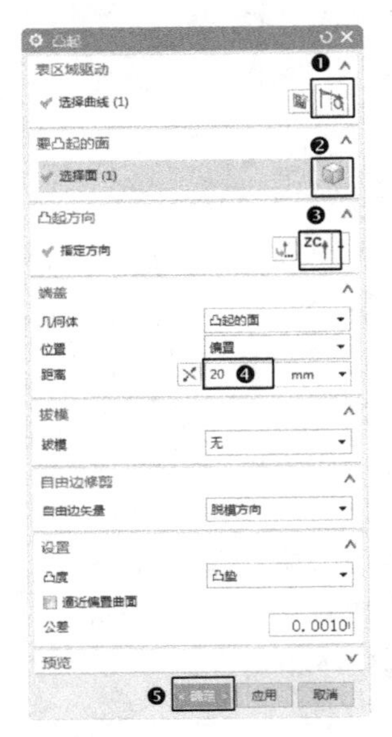

图 6-134 “凸起”对话框

图 6-135 创建小凸起

Step 09 创建草图

在菜单栏中选择“插入”→“在任务环境中绘制草图”命令，打开“创建草图”对话框，选择如图 6-136 中的平面为草图绘制面，单击“确定”按钮，进入草图绘制阶段，绘制如图 6-137 所示的草图，单击“主页”选项卡“草图”组中的“完成”按钮，返回建模模块。

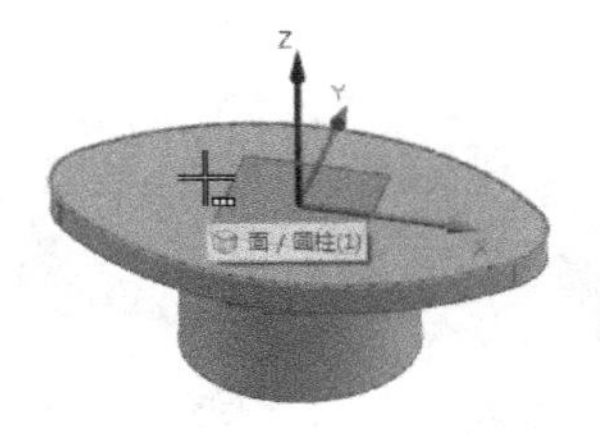

图 6-136 选择草图绘制面

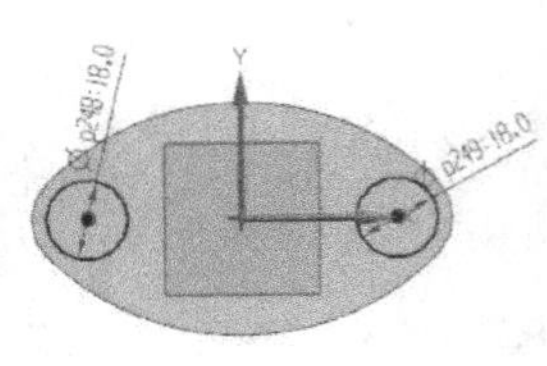

图 6-137 创建草图

Step 10 创建拉伸

在菜单栏中选择“插入”→“设计特征”→“拉伸”命令或单击“主页”选项卡“特征”组中的“拉伸”按钮，打开“拉伸”对话框，如图 6-138 所示。❶选择 Step 09 中创建的草图为拉伸曲线，❷在“指定矢量”下拉列表中选择“-ZC 轴”文本框为拉伸方向，❸在“开始距离”和“结束距离”中分别输入 0 和 2，❹在“布尔”下拉列表中选择“合并”选项，系统自动选择圆柱体，❺单击“确定”按钮，完成拉伸特征的创建，如图 6-139 所示。

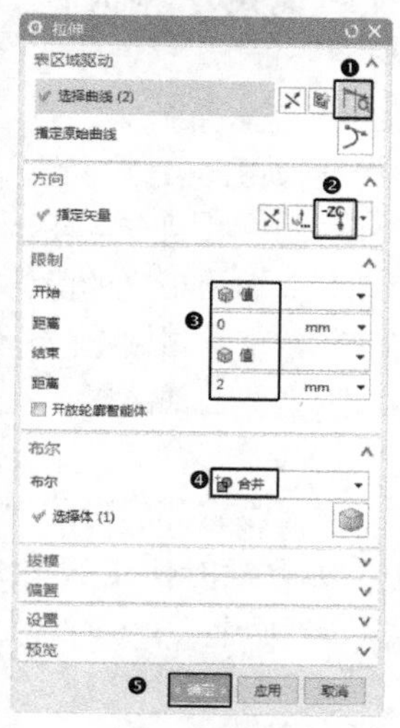

图 6-138 “拉伸”对话框

图 6-139 创建拉伸

Step 11 创建柱塞通孔

在菜单栏中选择“插入”→“设计特征”→“孔”命令或单击“主页”选项卡“特征”组中的“孔”按钮，打开“孔”对话框，如图 6-140 所示。❶在“成形”下拉列表中选择“简单孔”，❷在“直径”“深度”和“顶锥角”文本框中分别输入 36、30 和 0。捕捉小凸起的圆心为孔放置位置，如图 6-141 所示。绘制结果如图 6-142 所示。

Step 12 创建螺栓安装孔

在菜单栏中选择“插入”→“设计特征”→“孔”命令或单击“主页”选项卡“特征”组中的“孔”按钮，打开“孔”对话框，在“成形”下拉列表中选择“简单孔”，在“直径”“深度”和“顶锥角”文本框中分别输入 9、20 和 0。分别捕捉填料压板背面的拉伸体圆心为孔位置，如图 6-143 所示。绘制结果如图 6-144 所示。

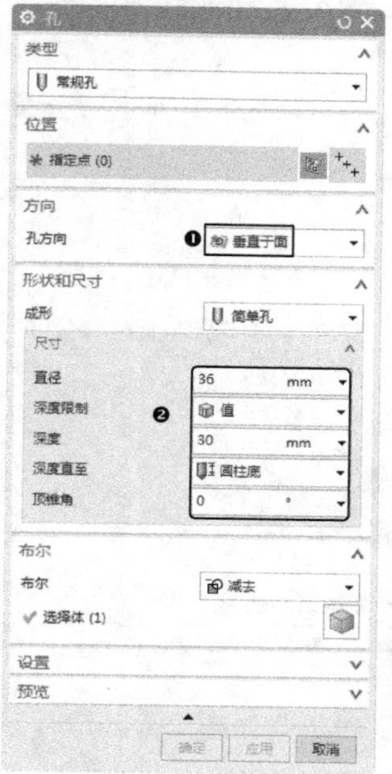

图 6-140 “孔”对话框

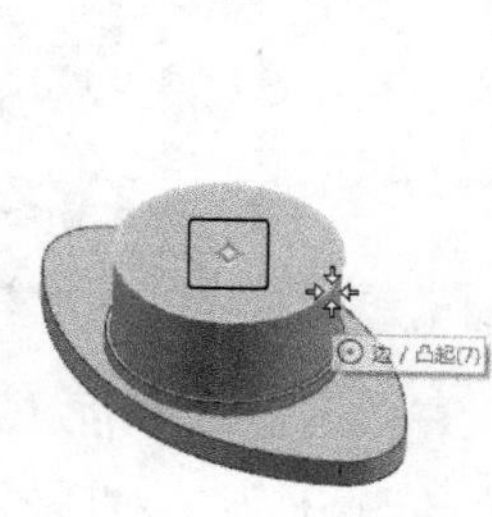

图 6-141 绘制简单孔

图 6-142 创建孔

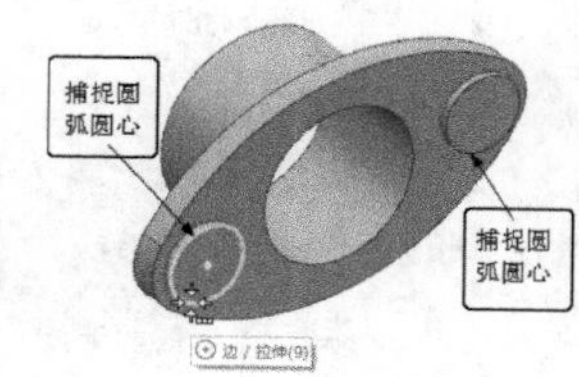

图 6-143 捕捉圆心

图 6-144 创建螺栓安装孔

6.3.5 腔

在菜单栏中选择“插入”→“设计特征”→“腔（原有）”命令，打开“腔”对话框，如图 6-145 所示。可以在现有体上生成一个型腔。

“腔”对话框中各选项的功能如下。

1. 圆柱形

选中该选项，在选定放置平面后，系统会打开“圆柱腔”对话框，如图 6-146 所示。该选项让用户定义一个圆形的腔，有一定的深度，有或没有圆角的底面，具有直面或斜面，如图 6–147 所示。

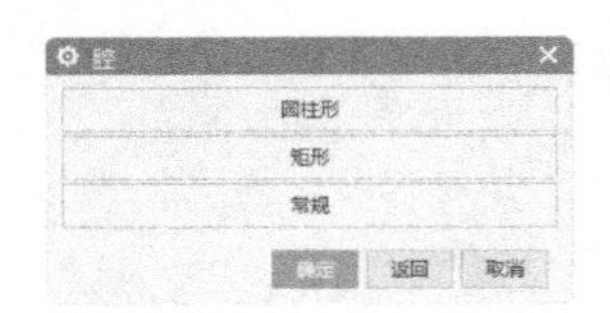

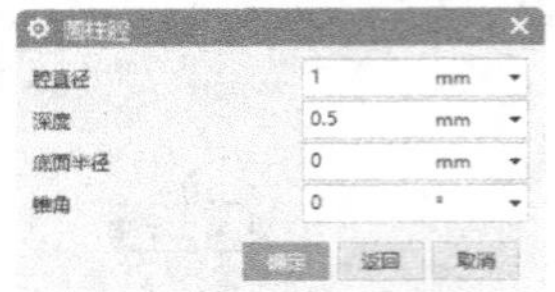

图 6–145 “腔”对话框　图 6–146 “圆柱腔”对话框

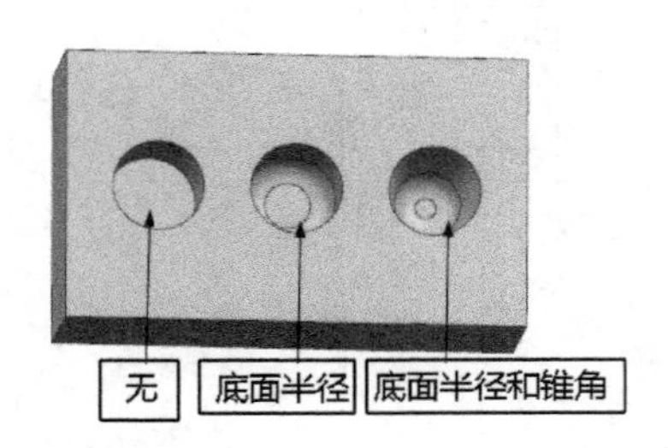

图 6–147 “圆柱形”示意图

“圆柱腔”对话框中各选项的功能如下。

（1）腔直径：输入腔的直径。

（2）深度：沿指定方向矢量从原点测量的腔深度。

（3）底面半径：输入腔底边的圆形半径。此值必须等于或大于 0。

（4）锥角：应用到腔壁的拔模角。此值必须等于或大于 0。

需要注意的是深度值必须大于底面半径。

2. 矩形

选中该选项，在选定放置平面及水平参考面后，系统会打开“矩形腔”对话框，如图 6–148 所示。该选项用于定义一个矩形的腔，按照指定的长度、宽度和深度，按照拐角处和底面上指定的半径，具有直边或锥边，如图 6–149 所示。

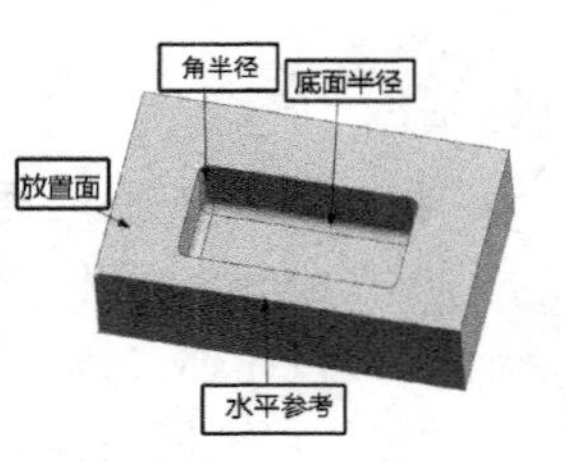

图 6–148 “矩形腔”对话框　图 6–149 “矩形腔”示意图

“矩形腔”对话框中各选项的功能如下。

（1）长度 / 宽度 / 深度：输入腔的长度 / 宽度 / 高度值。

（2）角半径：腔竖直边的圆半径，大于或等于 0。

（3）底面半径：腔底边的圆半径，大于或等于 0。

（4）锥角：腔的四壁以这个角度向内倾斜。该值不能为负。0 值导致竖直的壁。

需要注意的是角半径必须大于或等于底面半径。

3. 常规

选中该选项后系统会打开“常规腔”对话框，如图 6–150 所示。

与“圆柱腔”和“矩形腔”选项相比，该选项所定义的腔具有更大的灵活性，如图 6–151 所示。

以下是“常规腔”对话框中的一些独有特性。

（1）“常规腔”的放置面可以是自由形式的面，而不像其他腔选项那样，要严格地是一个平面。

（2）腔的底部通过底面进行定义，如果需要，底面也可以是自由形式的面。

（3）通过曲线链定义腔顶部或底部的形状。曲线不一定位于选中面上，如果没有位于选中面上，将按照选定的方式投影到面上。

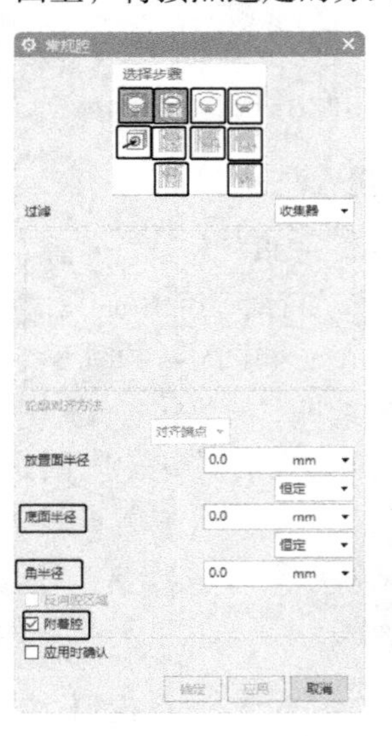

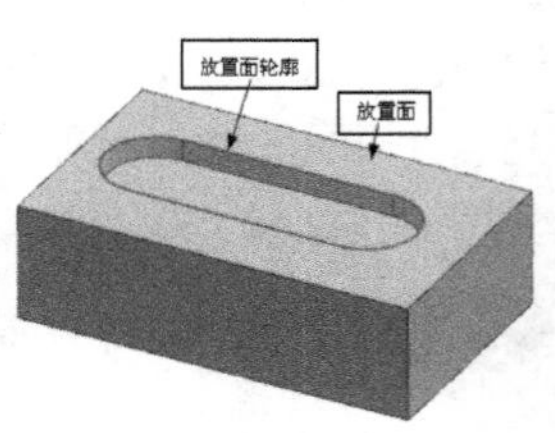

图 6–150 “常规腔”对话框　图 6–151 “常规腔”示意图

“常规腔”对话框中部分选项的功能如下。

（1）选择步骤：包括如下几种方式。

① 放置面：该选项是一个或多个选中的面，或者是单个平面或基准平面。腔的顶面会

遵循放置面的轮廓。如果有必要，将放置面轮廓曲线投影到放置面上。如果没有指定可选的目标体，第一个选中的面或相关的基准平面会标识出要放置腔的实体或片体。如果选择了固定的基准平面，则必须指定目标体。面的其余部分可以来自部件中的任何体。

② 放置面轮廓：该选项是在放置面上构成腔顶部轮廓的曲线。放置面轮廓曲线必须是连续的（即端到端相连）。

③ 底面：该选项是一个或多个选中的面，或者是单个平面或基准平面，用于确定腔的底部。选择底面的步骤是可选的，腔的底部可以由放置面偏置而来。

④ 底面轮廓曲线：该选项是底面上腔底部的轮廓线。与放置面轮廓一样，底面轮廓线中的曲线（或边）必须是连续的。

⑤ 目标体：如果希望腔所在的体与第一个选中放置面所属的体不同，可以选择“目标体”。这是一个可选的选项，如果没有选择目标体，则将由放置面进行定义。

⑥ 放置面轮廓线投影矢量：如果放置面轮廓曲线已经不在放置面上，则该选项用于指定如何将它们投影到放置面上。

⑦ 底面平移矢量：该选项指定了放置面或选中底面将平移的方向。

⑧ 底面轮廓投影矢量：如果底部轮廓曲线已经不在底面上，则底面轮廓投影矢量指定如何将它们投影到底面上。其他用法与“放置面轮廓线投影矢量”类似。

⑨ 放置面上的对齐点：该选项是在放置面轮廓曲线上选择的对齐点。

⑩ 底面对齐点：该选项是在底面轮廓曲线上选择的对齐点。

（2）轮廓对齐方法：如果选择了“放置面轮廓”和“底面轮廓”，则可以指定对齐放置面轮廓曲线和底面轮廓曲线的方式。

（3）放置面半径：该选项用于定义放置面（腔顶部）与腔侧面之间的圆角半径。

① 恒定：用于为放置面半径输入恒定值。

② 规律控制：用于通过为底部轮廓定义规律来控制放置面半径。

（4）底面半径：该选项用于定义腔底面（腔底部）与侧面之间的圆角半径。

（5）角半径：该选项用于定义放置在腔拐角处的圆角半径。拐角位于两条轮廓曲线 / 边之间的运动副处，这两条曲线 / 边的切线偏差的变化范围要大于角度公差。

（6）附着腔：该选项用于将腔缝合到目标片体，或者由目标实体减去腔。如果没有选择该选项，则生成的腔将成为独立的实体。

6.3.6 实例——旋钮 1

本例绘制如图 6-152 所示的旋钮 1，首先创建圆柱体，然后在其外圈创建腔体。

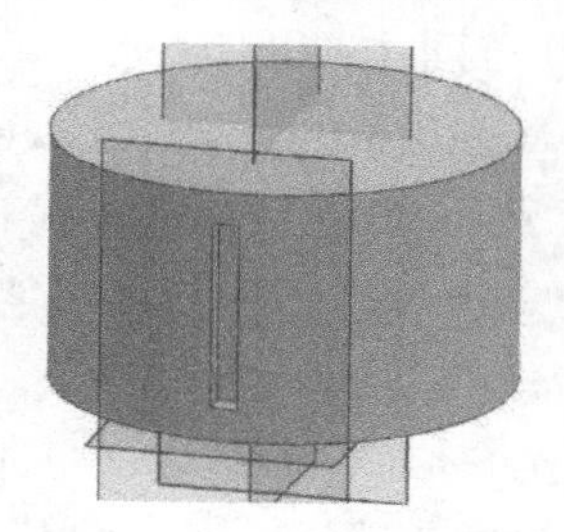

图 6-152　旋钮 1

绘制步骤

Step 01 新建文件

选择“文件”→“新建”命令，在弹出的“新建”对话框中，选择保存文件的位置，输入文件的名称“xuanniu”，选择“模型”模板。完成后单击“确定”按钮，进入实体建模环境。

Step 02 创建圆柱体

（1）在菜单栏中选择“菜单”→“插入”→“设计特征”→“圆柱”命令，弹出“圆柱”对话框。

（2）❶ 在“类型”下拉列表框中选择“轴、直径和高度”，在“指定矢量”下拉列表中选择“ZC 轴”为圆柱体创建方向，如图 6-153 所示。

（3）❷ 单击“点对话框”按钮，弹出“点”对话框，设置原点坐标为（0,0,0），单击“确定”按钮。

（4）❸ 返回“圆柱”对话框，在“直径”和“高度”文本框中分别输入 3.5、2，❹ 单击“确定”

按钮，生成圆柱体如图 6-154 所示。

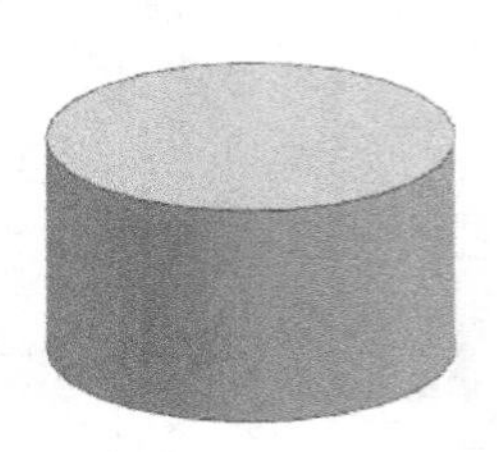

图 6-153 设置圆柱参数 图 6-154 创建的圆柱体

Step 03 创建基准平面

（1）在菜单栏中选择“菜单”→“插入”→“基准 / 点”→“基准平面”命令或单击“主页”选项卡“特征”组中的“基准平面”按钮，弹出“基准平面”对话框，如图 6-155 所示。

（2）❶ 在“类型”下拉列表框中选择“YC-ZC”平面，❷ 单击“应用”按钮，创建基准平面 1。

（3）在“类型”下拉列表框中选择“XC-YC”平面，单击“应用”按钮，创建基准平面 2。

（4）在“类型”下拉列表框中选择“XC-ZC”平面，单击“应用”按钮，创建基准平面 3。

（5）在“类型”下拉列表框中选择“YC-ZC”平面，设置“距离”为 1.75，单击“确定”按钮，创建基准平面 4，如图 6-156 所示。

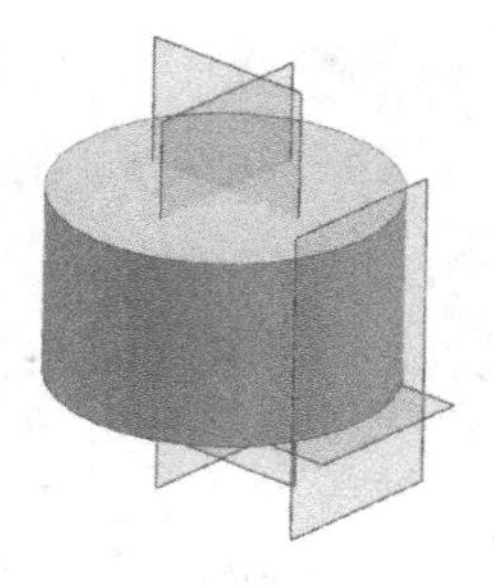

图 6-155 “基准平面”对话框 图 6-156 基准平面示意图

Step 04 创建腔体

（1）在菜单栏中选择“菜单”→“插入”→“设计特征”→“腔（原有）”命令，弹出如图 6-157 所示的“腔”对话框。

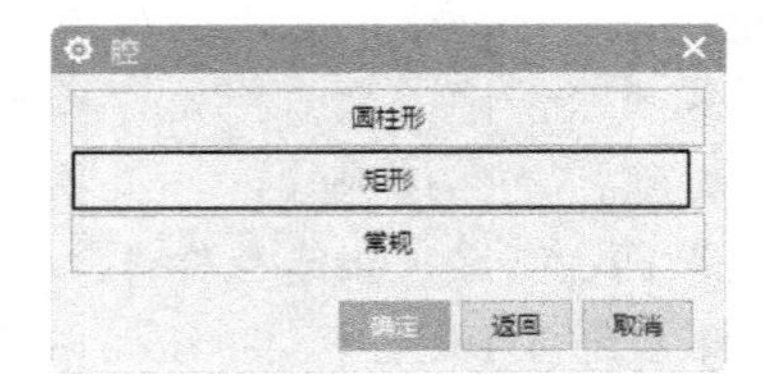

图 6-157 “腔”对话框

（2）单击“矩形”按钮，弹出“矩形腔”（放置面选择）对话框，选择基准平面 4 为腔体放置面；选择“接受默认边”；弹出“水平参考”对话框，选择基准平面 3 为水平参考。

（3）❶ 弹出如图 6-158 所示的“矩形腔”（输入参数）对话框，在“长度”“宽度”和“深度”文本框中分别输入 1.5、0.2 和 0.2，在“角半径”“底面半径”和“锥角”文本框中分别输入“0”，❷ 单击“确定”按钮。

（4）弹出“定位”对话框，选择“垂直的”定位方式，按系统提示选择基准平面 2 为基准，选择腔体短中心线为工具边，在弹出的“创建表达式”对话框中输入“1”，单击“应用”按钮，

（5）选择基准平面 3 为基准，腔体长中心线为工具边，在弹出的“创建表达式”对话框中输入 0，单击“确定”按钮，完成定位，创建的腔体如图 6-159 所示。

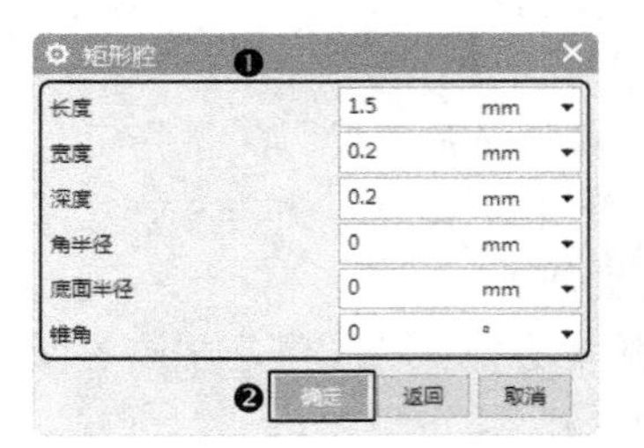

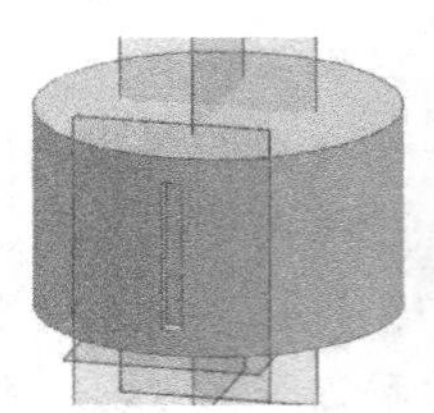

图 6-158 设置矩形腔体参数 图 6-159 创建的腔体

6.3.7 垫块

在菜单栏中选择“插入”→“设计特征”→“垫块（原有）”命令，打开“垫块”对话框，如图 6-160 所示。可以在已有实体上生成凸台。

“垫块”对话框中各选项的功能如下。

（1）矩形：选中该选项可以在选定放置平面及水平参考面后打开如图 6-161 所示的“矩形

垫长方体”对话框。在该对话框中定义一个有指定长度、宽度和高度，在拐角处有指定半径，具有直面或斜面的垫块，如图 6–162 所示。

（2）常规：选中该选项后，系统会打开图 6–163 所示的“常规垫块”对话框。与矩形垫块相比，该选项所定义的垫块具有更大的灵活性。该选项各功能与“腔”的“常规”选项类似，此处从略。示意图如图 6–164 所示。

图 6–160 “垫块”对话框

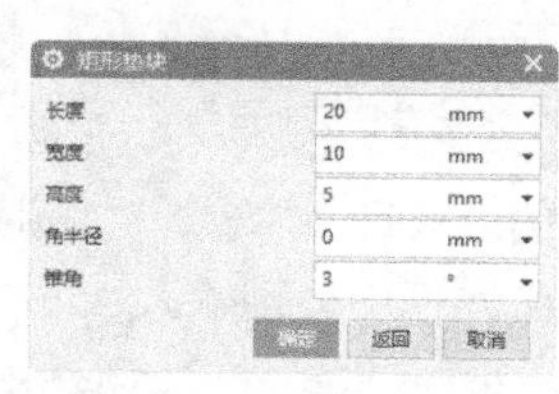

图 6–161 “矩形垫块”对话框

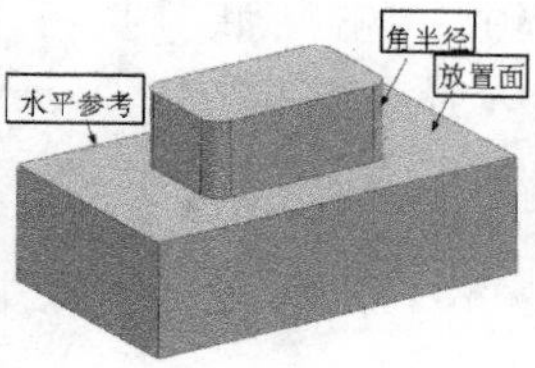

图 6–162 创建矩形垫块示意图

图 6–163 “常规垫块”对话框

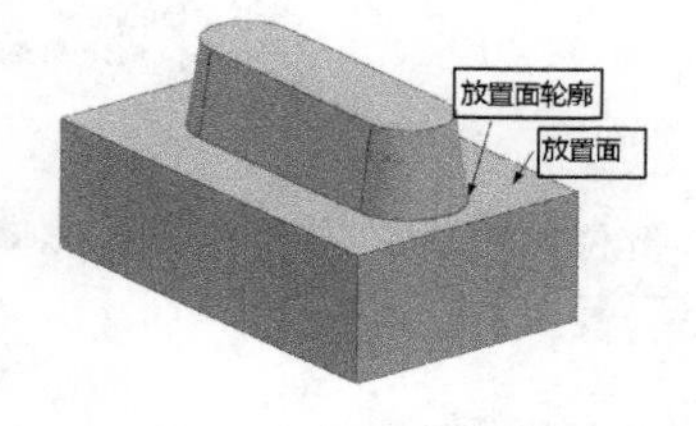

图 6–164 常规示意图

6.3.8 实例——叉架

本例绘制如图 6–165 所示的零件体。

图 6–165 叉架

绘制步骤

Step 01 新建文件

选择“文件”→“新建”命令，在弹出的“新建”对话框中，选择保存文件的位置，输入文件的名称 chajia，选择“模型”模板。完成后单击“确定”按钮，进入实体建模环境。

Step 02 绘制草图 1

在菜单栏中选择“菜单”→“插入”→“草图”命令或单击“主页”选项卡“直接草图”组中的“草图”按钮，选择 XC–YC 平面为工作平面绘制草图，绘制后的草图如图 6–166 所示。

Step 03 创建拉伸特征 1

（1）在菜单栏中选择“菜单”→“插入”→“设计特征”→“拉伸”命令或单击“主页”选项卡“特征”组中的“拉伸”按钮，弹出如图 6–167 所示的“拉伸”对话框，选择如图 6–166 所示的草图。

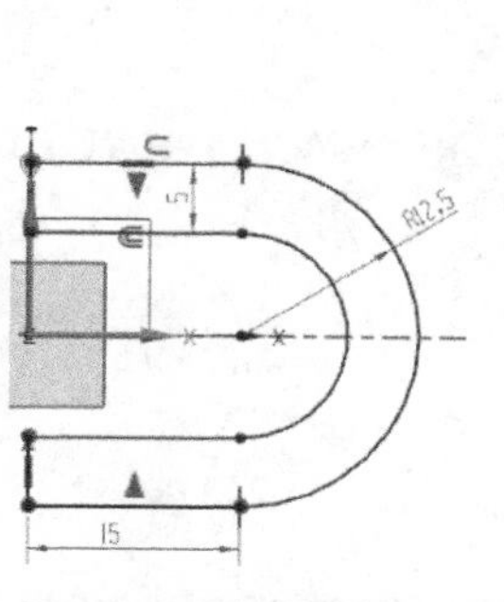

图 6–166 绘制草图 1

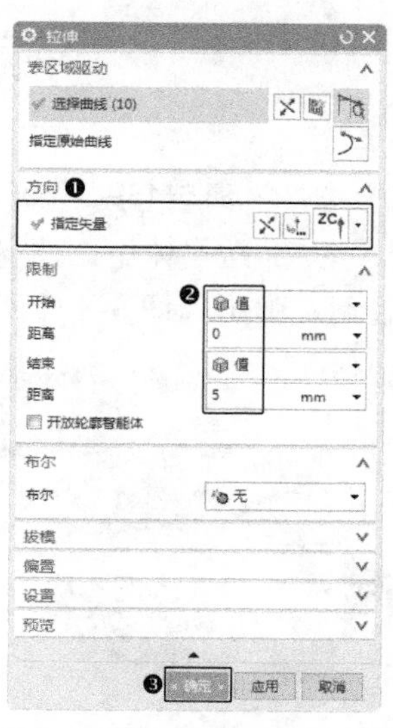

图 6–167 “拉伸”对话框

（2）❶ 在“拉伸”对话框中的“指定矢量”下拉列表中选择 ZC 轴为拉伸方向。

（3）❷ 在“拉伸”对话框中，在“限制”选项组中“开始距离”和“结束距离”文本框中分别输入 0、5，其他默认。

（4）❸ 在“拉伸”对话框中，单击“确定”按钮，创建拉伸特征 1，如图 6-168 所示。

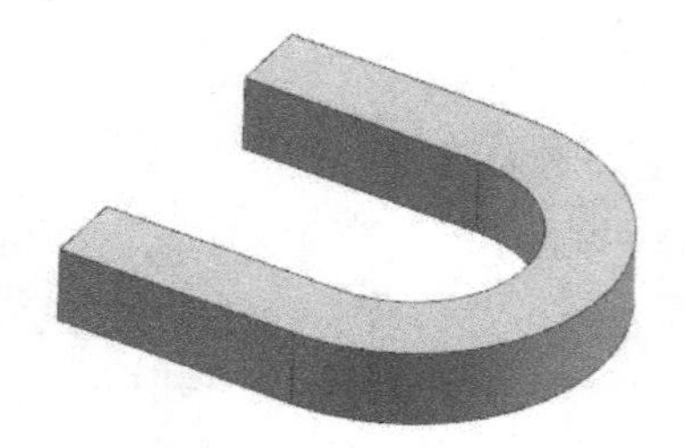

图 6-168　创建拉伸特征 1

Step 04 创建矩形垫块

（1）在菜单栏中选择“菜单”→“插入”→“设计特征”→“垫块（原有）”命令或单击“主页”选项卡“特征”组中的“垫块”按钮，弹出“垫块”类型选择对话框。

（2）在“垫块”类型选择对话框中，单击 矩形 按钮，弹出如图 6-169 所示的“矩形垫块”放置面选择对话框。

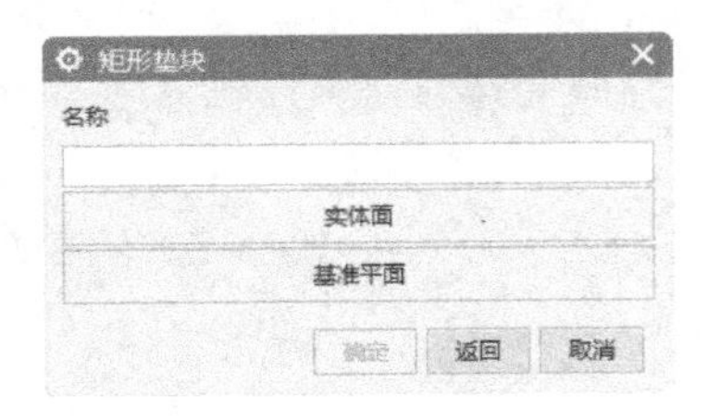

图 6-169　“矩形垫块”对话框

（3）在实体中，选择如图 6-170 所示的放置面，弹出如图 6-171 所示的“水平参考”对话框。

图 6-170　选择放置面

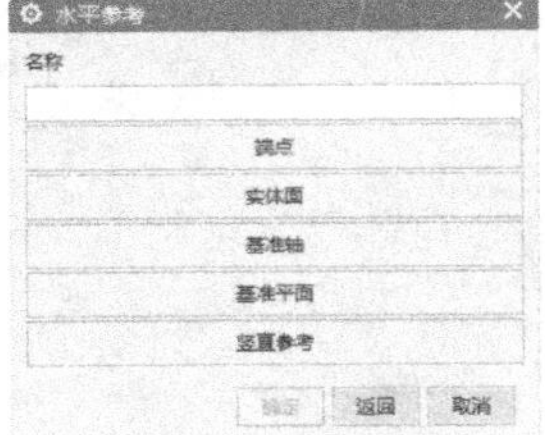

图 6-171　“水平参考”对话框

（4）在实体中选择如图 6-172 所示的实体面，弹出如图 6-173 所示的“矩形垫块”输入参数对话框。

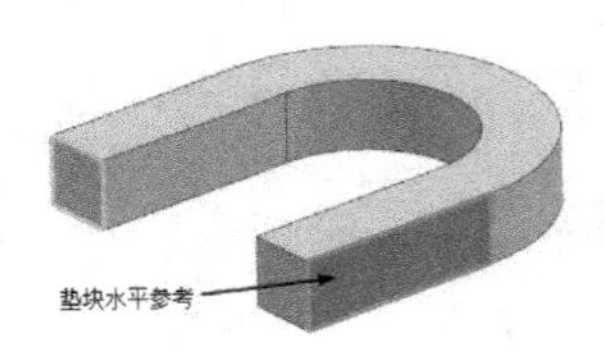

图 6-172　选择实体面

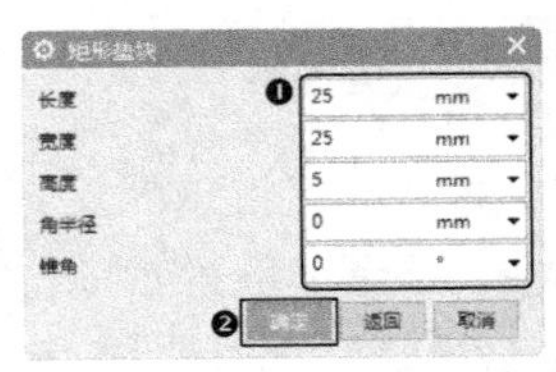

图 6-173　“矩形垫块”对话框

（5）❶ 在“矩形垫块”输入参数对话框中的“长度”“宽度”“高度”“角半径”和“锥角”文本框中分别输入 25、25、5、0、0。

（6）❷ 在“矩形垫块”输入参数对话框中，单击“确定”按钮，弹出如图 6-174 所示的“定位”对话框。

图 6-174　“定位”对话框

（7）在“定位”对话框中选取进行定位，定位后的尺寸示意图如图 6-175 所示。

（8）在“定位”对话框中，单击“确定”按钮，创建矩形垫块，如图 6-176 所示。

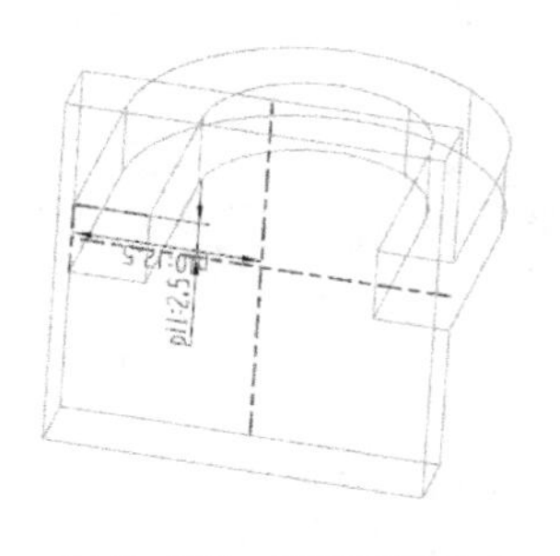

图 6-175　定位后的尺寸示意图

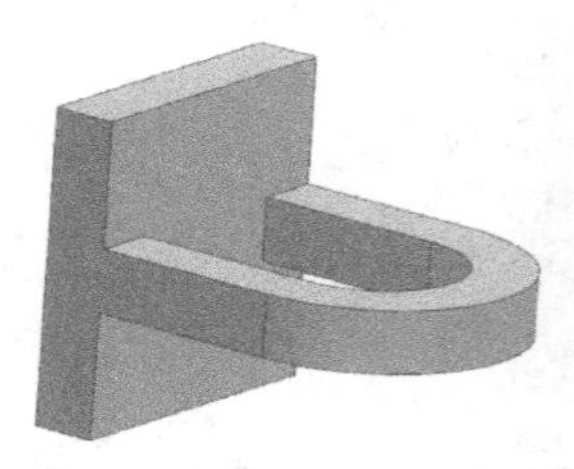

图 6-176　创建矩形垫块

Step 05 绘制草图 2

（1）选取视图为左视图。

（2）在菜单栏中选择“菜单”→“插入”→“草图”命令或单击“主页”选项卡“直接草图”

组中的“草图”按钮，选择如图 6-177 所示的平面为工作平面绘制草图，绘制后的草图如图 6-178 所示。

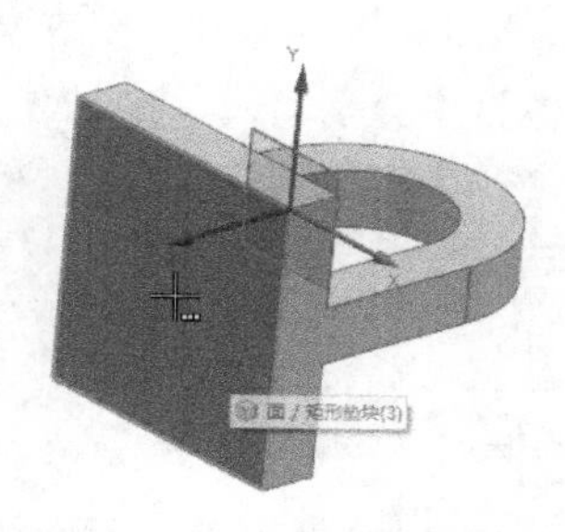

图 6-177 选择工作平面

Step 06 创建拉伸特征 2

（1）在菜单栏中选择“菜单”→“插入”→“设计特征”→“拉伸”命令或单击“主页”选项卡“特征”组中的“拉伸”按钮，弹出“拉伸”对话框，选择如图 6-178 所示的草图。

（2）在“拉伸”对话框的“指定矢量”下拉列表中选择轴为拉伸方向。

（3）在“拉伸”对话框中，在“限制”选项组中“开始距离”和“结束距离”文本框中分别输入 0、27.5，其他默认。

（4）在“拉伸”对话框中，单击“确定”按钮，创建拉伸特征 2，如图 6-179 所示。

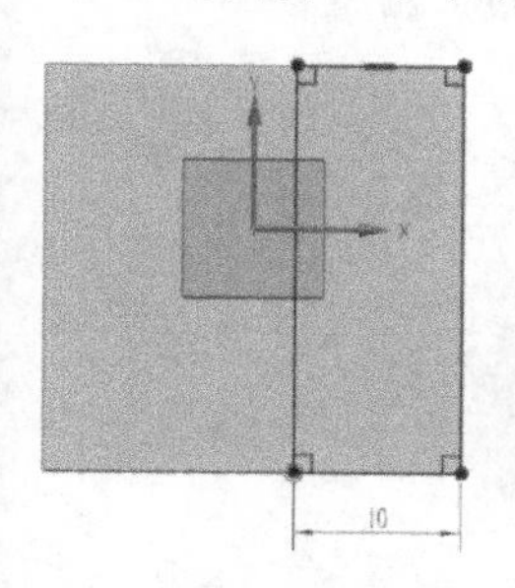

图 6-178 绘制草图　　图 6-179 创建拉伸特征 2

Step 07 绘制草图 3

（1）选取视图为后视图。

（2）在菜单栏中选择“菜单”→“插入”→“草图”命令或单击“主页”选项卡“直接草图”组中的“草图”按钮，选择如图 6-180 所示的平面为工作平面绘制草图，绘制后的草图如图 6-181 所示。

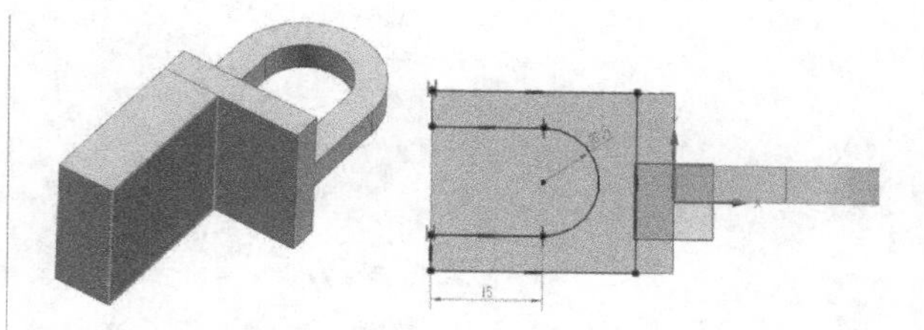

图 6-180 选择工作平面　　图 6-181 绘制草图

Step 08 创建常规凸垫

（1）在菜单栏中选择“菜单”→“插入”→“设计特征”→“垫块”命令或单击“主页”选项卡“特征”组中的“垫块”按钮，弹出“垫块”类型选择对话框。

（2）在“垫块”类型选择对话框中，单击“常规”按钮，弹出如图 6-182 所示的“常规垫块”对话框。

（3）在视图区选择放置面，如图 6-183 所示。

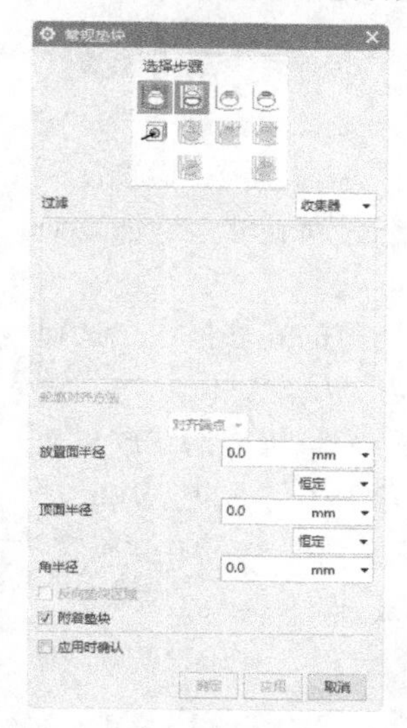

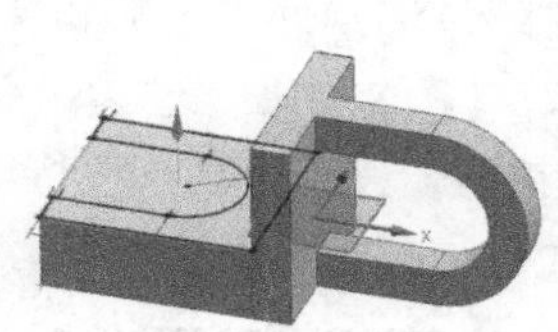

图 6-182 “常规垫块”对话框　　图 6-183 选择放置面

（4）在“常规垫块”对话框中单击“放置面轮廓”按钮，或者鼠标中键。

（5）在视图区选择图 6-181 所绘制的草图作为放置面轮廓线。

（6）在“常规垫块”对话框中单击“顶面”按钮，或者鼠标中键。

（7）在“常规垫块”对话框中的“从放置面起”部分被激活，如图 6-184 所示。

（8）在“常规垫块”对话框中单击“顶部轮廓线”按钮，或者鼠标中键。

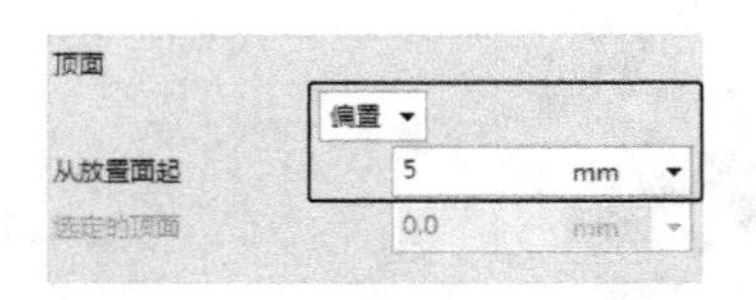

图 6-184　顶面对话框选项

（9）在“常规垫块”对话框中的“从放置面轮廓线起”部分被激活，如图 6-185 所示。

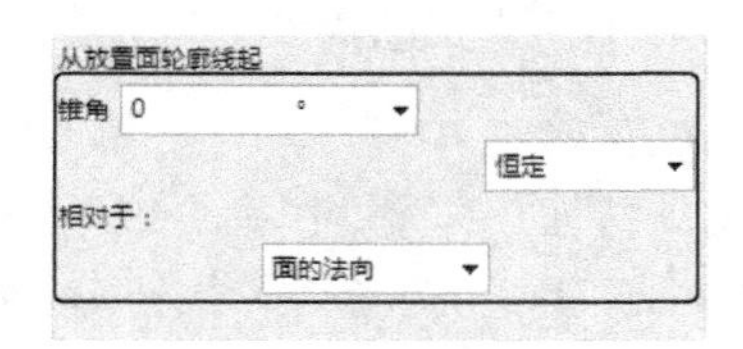

图 6-185　顶面轮廓线对话框选项

（10）在“常规垫块”对话框中单击“目标体”按钮，选择如图 6-183 所示的实体为目标体。

（11）在“常规垫块”对话框中单击“放置面轮廓线投影矢量”按钮，或者鼠标中键。

（12）在“常规垫块”对话框中，“放置面轮廓线投影矢量”方向选择列表框被激活，如图 6-186 所示。

（13）在如图 6-186 所示的列表框中，选择“垂直于曲线所在的平面”选项。

（14）在“常规垫块”对话框中的“放置面半径”“顶面半径”和“角半径”都设置为 0。

（15）在“常规垫块”对话框中，单击“确定”按钮，创建常规垫块特征，如图 6-187 所示。

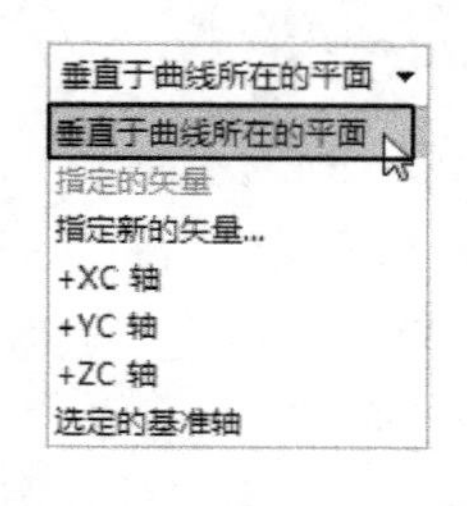

图 6-186　轮廓线投影矢量方向列表框

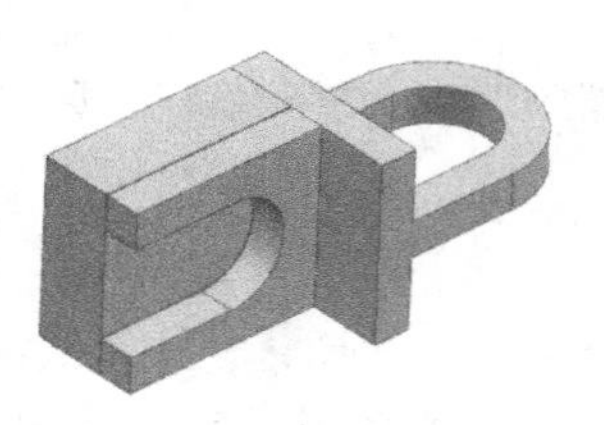

图 6-187　创建常规凸垫特征

Step 09　裁剪拉伸特征 2

（1）在菜单栏中选择“菜单”→“插入”→“设计特征”→“拉伸”命令或单击“主页”选项卡“特征”组中的“拉伸”按钮，弹出“拉伸”对话框。在绘图区选择图 6-178 的草图为拉伸曲线。

（2）在“拉伸”对话框的“指定矢量”下拉列表中选择 XC 轴为拉伸方向。

（3）在“限制”面板的“开始距离”和“结束距离”文本框中分别输入 0 和 27.5。

（4）在“布尔”下拉列表中选择“减去”选项。

（5）单击对话框中的“确定”按钮，裁剪拉伸体 2，如图 6-165 所示。

6.3.9 键槽

在菜单栏中选择“插入”→“设计特征”→“键槽（原有）”命令，打开“槽”对话框，如图 6-188 所示。该选项用于生成一个直槽的通道通过实体或通到实体里面。在当前目标实体上自动在菜单栏中选择减去操作。所有槽类型的深度值按垂直于平面放置面的方向测量。

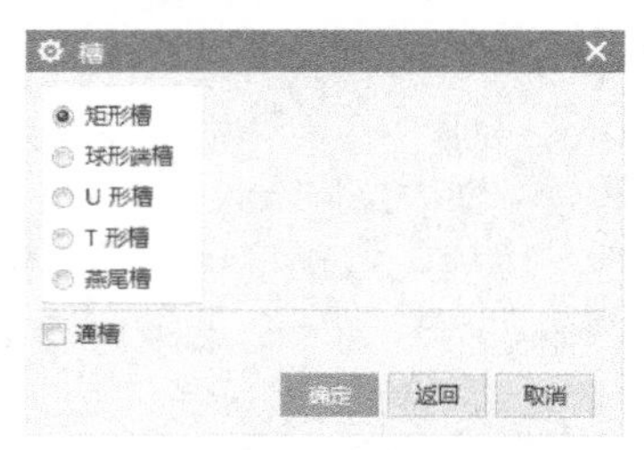

图 6-188　“槽”对话框

“槽”对话框中各选项的功能如下。

1. 矩形槽

选中该选项，可以在选定放置平面及水平参考面后打开“矩形槽”对话框，如图 6-189 所示。选择该选项用于沿着底边生成有尖锐边缘的槽。示意图如图 6-190 所示。

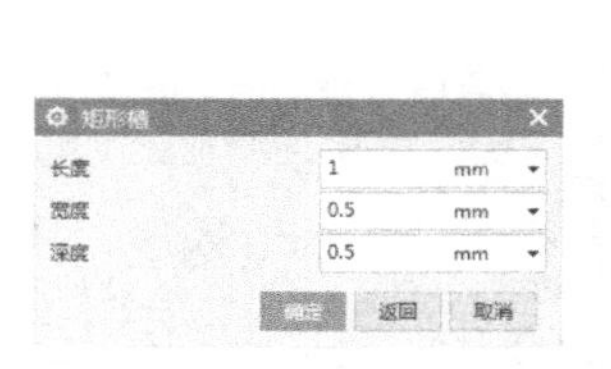

图 6-189　“矩形槽”对话框

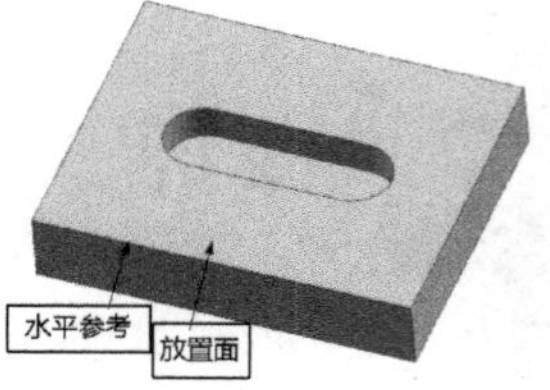

图 6-190　“矩形槽”示意图

（1）长度： 槽的长度，按照平行于水平参考的方向测量。此值必须是正值。

（2）宽度： 槽的宽度。

（3）深度： 槽的深度，按照和槽的轴相反的方向测量，是从原点到槽底面的距离。此值必须是正值。

2. 球形端槽

选中该选项，在选定放置平面及水平参考面后系统会打开“球形槽”对话框，如图 6-191 所示。该选项让用户生成一个有完整半径底面和拐角的槽，如图 6-192 所示。

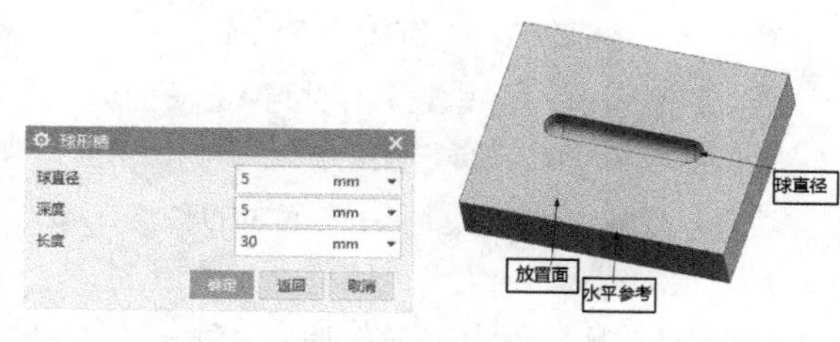

图 6-191 “球形端槽”对话框　图 6-192 “球形端槽”示意图

3. U 形槽

选中该选项，在选定放置平面及水平参考面后系统会打开“U 形键槽”对话框，如图 6-193 所示。可以用此选项生成 U 形的槽。这种槽留下圆的转角和底面半径。示意图如图 6-194 所示。

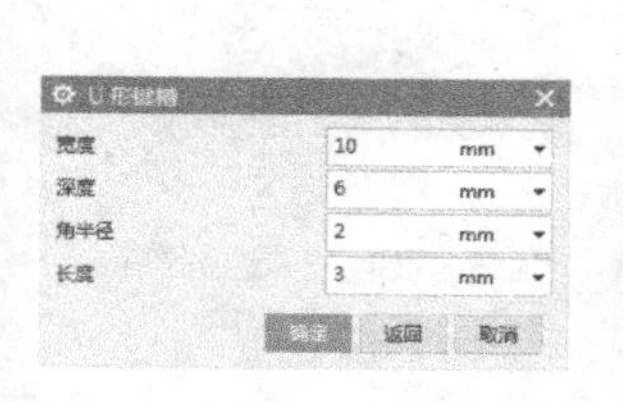

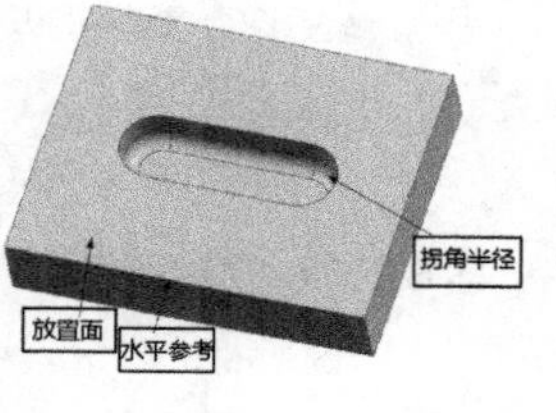

图 6-193 “U 形键槽”对话框　图 6-194 “U 形键槽”示意图

（1）宽度： 槽的宽度（即切削工具的直径）。

（2）深度： 槽的深度，在槽轴的反方向测量，也即从原点到槽底的距离。这个值必须为正值。

（3）角半径： 槽的底面半径（即切削工具边半径）。

（4）长度： 槽的长度，在平行于水平参考的方向上测量。这个值必须为正值。

需要注意的是“深度”的值必须大于“角半径”的值。

4. T 形槽：选中该选项，在选定放置平面及水平参考面后系统会打开“T 形槽”对话框，如图 6-195 所示。能够生成横截面为倒 T 字形的槽。示意图如图 6-196 所示。

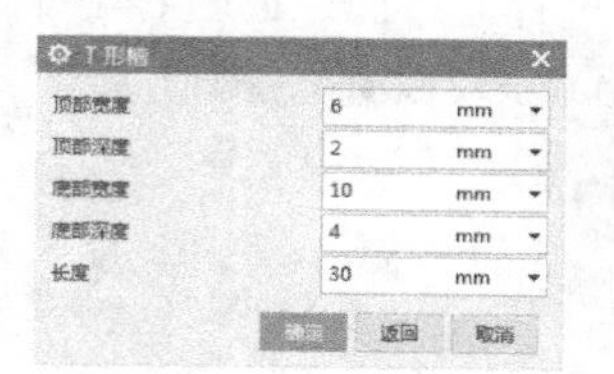

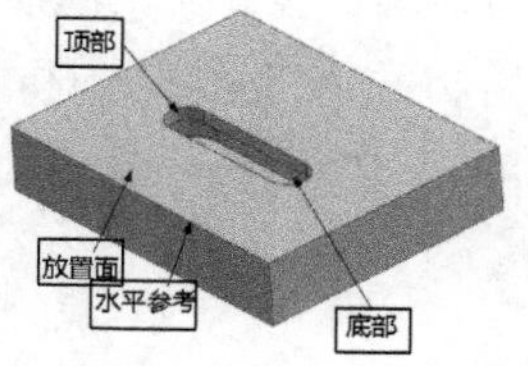

图 6-195 “T 形槽”对话框　图 6-196 “T 形槽”示意图

（1）顶部宽度： 槽的较窄的上部宽度。

（2）顶部深度： 槽顶部的深度，在槽轴的反方向上测量，即从槽原点到底部深度值顶端的距离。

（3）底部宽度： 槽的较宽的下部宽度。

（4）底部深度： 槽底部的深度，在刀轴的反方向上测量，即从顶部深度值的底部到槽底的距离。

（5）长度： 槽的长度，在平行于水平参考的方向上测量。这个值必须为正值。

提示

底部宽度要大于顶部宽度。

5. 燕尾槽

选中该选项，在选定放置平面及水平参考面后系统会打开“燕尾槽”对话框，如图 6-197 所示。该选项可以生成“燕尾”形的槽。这种槽留下尖锐的角和有角度的壁。示意图如图 6-198 所示。

（1）宽度： 实体表面上槽的开口宽度，在垂直于槽路径的方向上测量，以槽的原点为中心。

（2）深度： 槽的深度，在刀轴的反方向测量，也即从原点到槽底的距离。

（3）角度： 槽底面与侧壁的夹角。

（4）长度： 槽的长度，在平行于水平参考的方向上测量。这个值必须为正值。

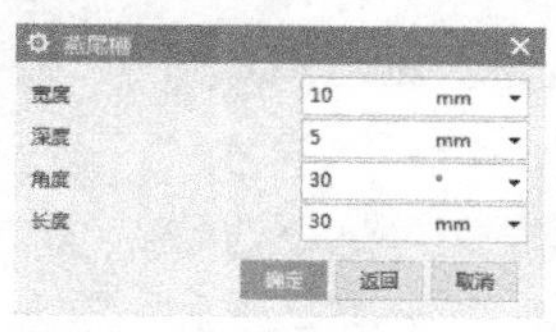

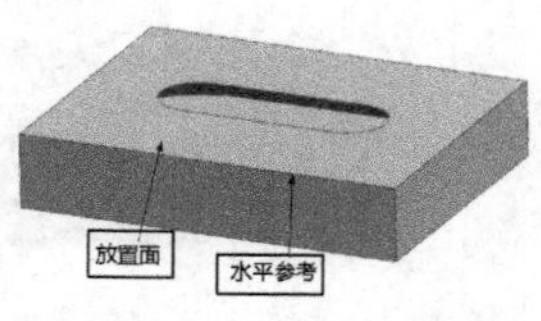

图 6-197 “燕尾槽”对话框　图 6-198 “燕尾槽”示意图

6. 通槽

该复选框可以生成一个完全通过两个选定

面的槽。有时，如果在生成特殊的槽时碰到麻烦，可以尝试按相反的顺序选择通过面，如图 6-199 所示。槽可能会多次通过选定的面，这依赖于选定面的形状。

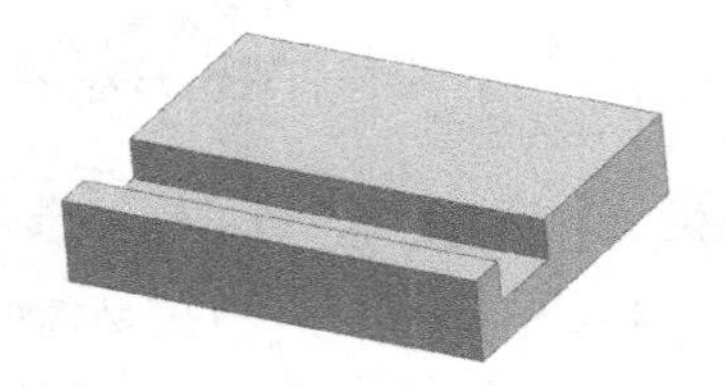

图 6-199　“通槽”示意图

6.3.10 槽

在菜单栏中选择“插入”→“设计特征”→“槽”命令或单击“主页”选项卡“特征”组中的“槽”按钮，打开如图 6-200 所示的“槽”对话框。

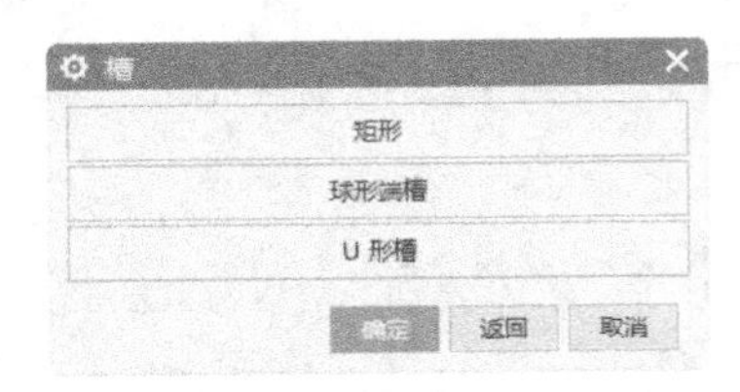

图 6-200　“槽”对话框

该对话框用于在实体上生成一个槽，就好像一个成形刀具在旋转部件上向内（从外部定位面）或向外（从内部定位面）移动，如同车削操作。

该对话框只在圆柱形或圆锥形的面上起作用。旋转轴是选中面的轴。槽在选择该面的位置（选择点）附近生成，并自动连接到选中的面上。

“槽”对话框各选项功能如下：

1. 矩形

中该选项，在选定放置平面后系统会打开“矩形槽”对话框，如图 6-201 所示。该选项可以生成一个周围为尖角的槽。示意图如图 6-202 所示。

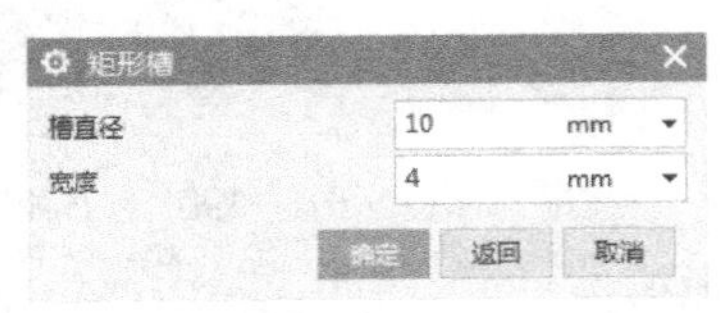

图 6-201　“矩形槽”对话框

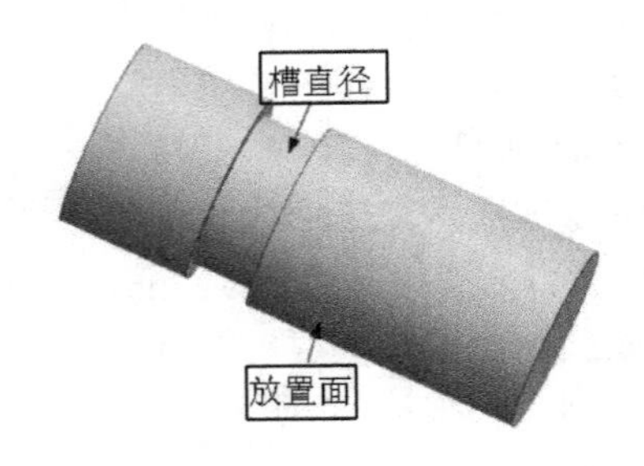

图 6-202　“矩形槽”示意图

（1）**槽直径：**生成外部槽时，指定槽的内径，而当生成内部槽时，指定槽的外径。

（2）**宽度：**槽的宽度，沿选定面的轴向测量。

2. 球形端槽

选中该选项，在选定放置平面后系统会打开“球形端槽”对话框，如图 6-203 所示。该选项用于生成底部有完整半径的槽。示意图如图 6-204 所示。

（1）**槽直径：**生成外部槽时，指定槽的内径，而当生成内部槽时，指定槽的外径。

（2）**球直径：**槽的宽度。

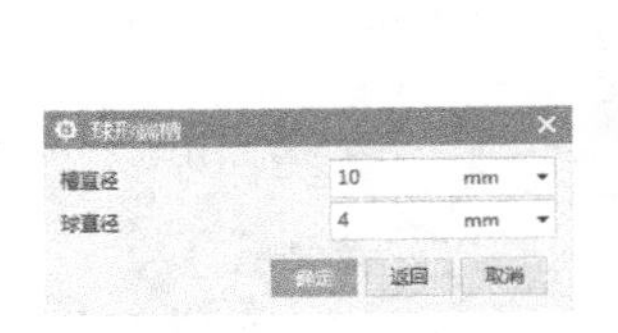

图 6-203　“球形端槽”对话框

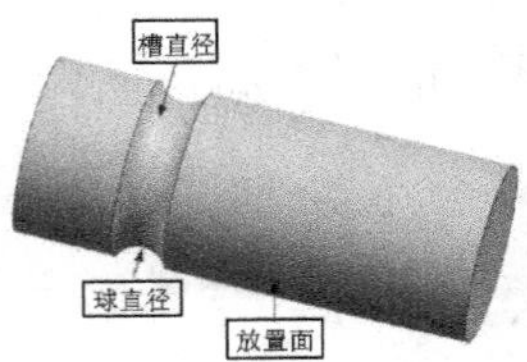

图 6-204　“球形端槽”示意图

3. U 形槽

选中该选项，在选定放置平面后系统会打开“U 形槽”对话框，如图 6-205 所示。该选项用于生成在拐角有半径的槽。示意图如图 6-206 所示。

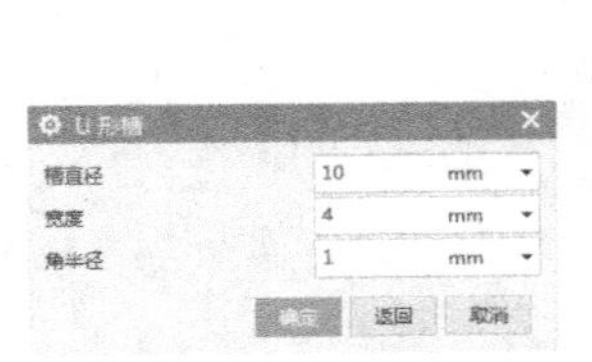

图 6-205　“U 形槽”对话框

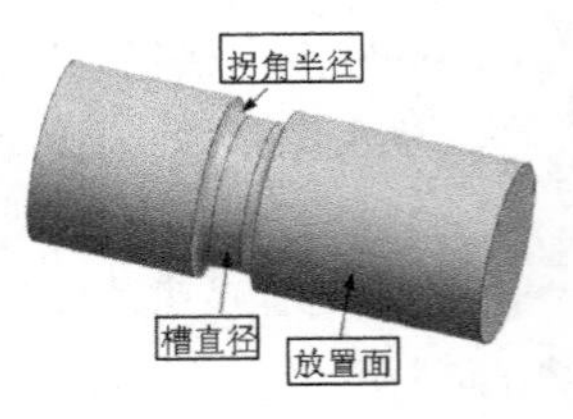

图 6-206　“U 形槽”示意图

（1）**槽直径：**生成外部槽时，指定槽的内部直径，而当生成内部槽时，指定槽的外部直径。

（2）**宽度：**槽的宽度，沿选择面的轴向测量。

（3）**角半径：**槽的内部圆角半径。

6.3.11 实例——轴槽

本例绘制如图 6-207 所示的零件体。

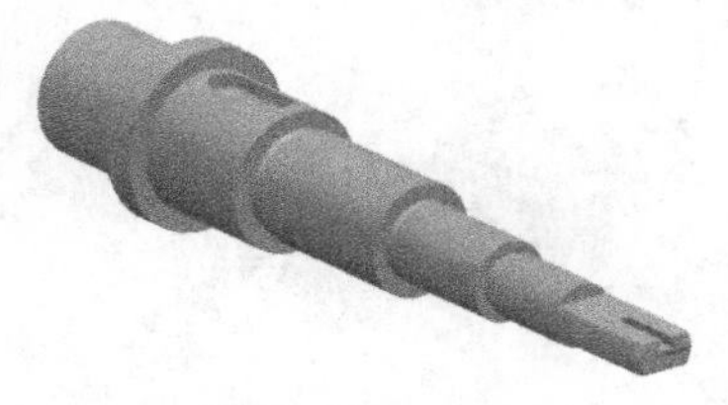

图 6-207　轴槽

绘制步骤

Step 01 打开文件

单击“主页”选项卡中的“打开”按钮，弹出“打开”对话框，选择 zhou，单击 OK 按钮，进入 UG 建模环境。

Step 02 另存文件

在菜单栏中选择“文件”→“保存”→“另存为”命令，弹出“另存为”对话框，输入 zhou-cao，单击 OK 按钮，完成文件的保存。

Step 03 创建矩形槽

（1）在菜单栏中选择“菜单”→“插入”→“设计特征”→“槽”命令或单击“主页”选项卡“特征”组中的“槽”按钮，弹出“槽”对话框。

（2）在“槽”对话框中，单击矩形按钮。同时，弹出如图 6-208 所示的“矩形槽”放置面选择对话框。

图 6-208　放置面选择对话框

（3）在视图区选择沟槽的放置面，如图 6-209 所示。同时，弹出如图 6-210 所示的“矩形槽”参数输入对话框。

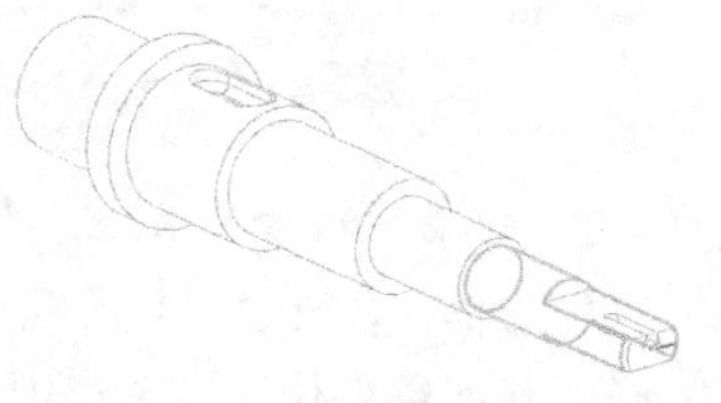

图 6-209　选择放置面

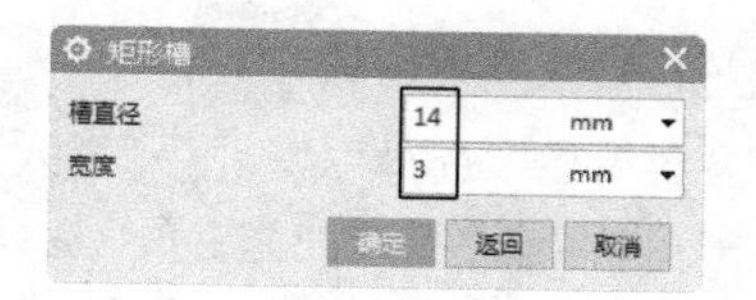

图 6-210　参数输入对话框

（4）在“矩形槽”参数输入对话框中，在“槽直径”和“宽度”文本框中分别输入 14、3。

（5）在“矩形槽”参数输入对话框中，单击“确定”按钮，弹出如图 6-211 所示的“定位槽”对话框。

图 6-211　“定位槽”对话框

（6）在视图区依次选择圆弧 1 和圆弧 2 为定位边缘，如图 6-212 所示，弹出如图 6-213 所示的“创建表达式”对话框。

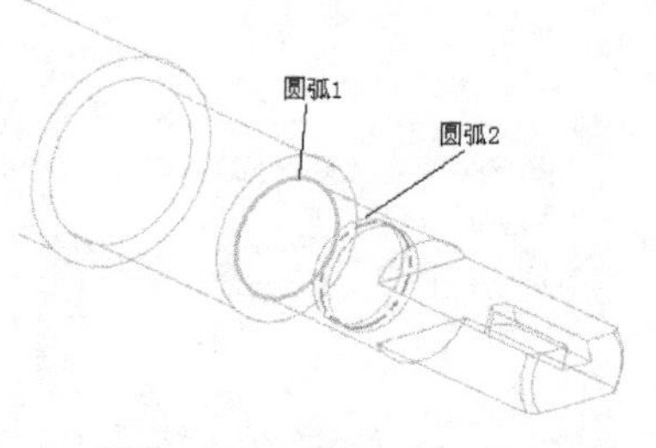

图 6-212　选择弧 1 和弧 2

图 6-213　“创建表达式”对话框

（7）在“创建表达式”对话框的文本框中输入 0，单击“确定”按钮，创建矩形槽，如图 6-214 所示。

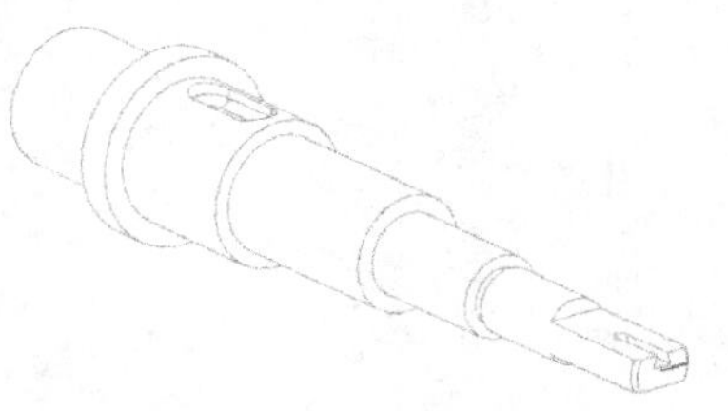

图 6-214　创建矩形槽

Step 04 创建球形沟槽

（1）在菜单栏中选择“菜单”→“插入”→“设计特征”→“槽”命令或单击“主页”选项卡“特征”组中的“槽”按钮，弹出“槽”对话框。

（2）在“槽”对话框中选中“球形端槽”单选按钮。同时，弹出如图 6–215 所示的“球形端槽”放置面选择对话框。

图 6–215 放置面选择对话框

（3）在视图区选择槽的放置面，如图 6–216 所示。同时，弹出如图 6–217 所示的“球形端槽”参数输入对话框。

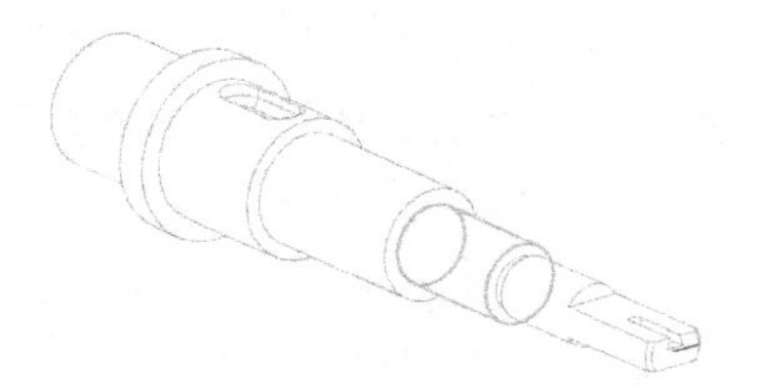

图 6–216 选择槽的放置面

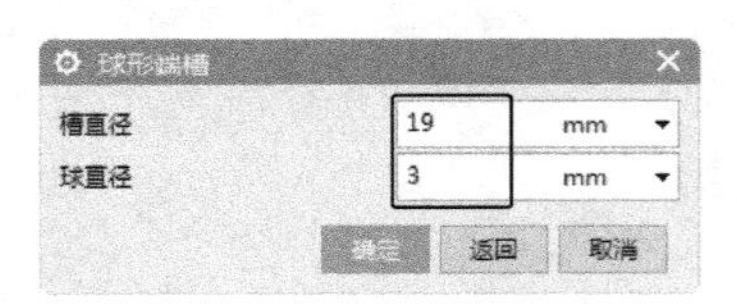

图 6–217 参数输入对话框

（4）在“球形端槽”参数输入对话框中，在“槽直径”和“球直径”文本框中分别输入 19、3。

（5）在“球形端槽”参数输入对话框中，单击“确定”按钮，弹出“定位槽”对话框。

（6）在视图区依次选择定位边，如图 6–218 所示，弹出“创建表达式”对话框。

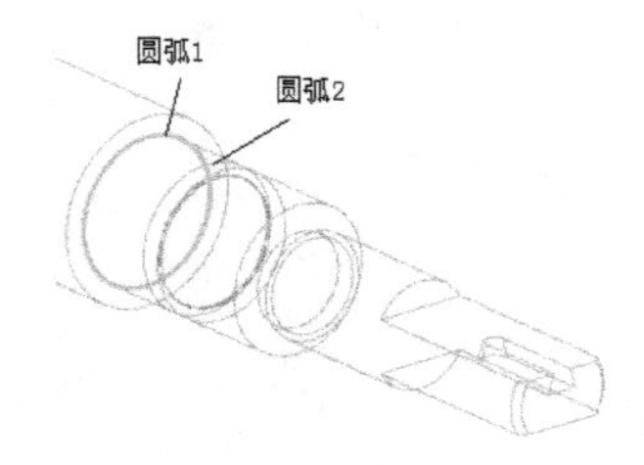

图 6–218 选择定位边

（7）在“创建表达式”对话框的文本框中输入 0，单击“确定”按钮，创建球形端槽，如图 6–219 所示。

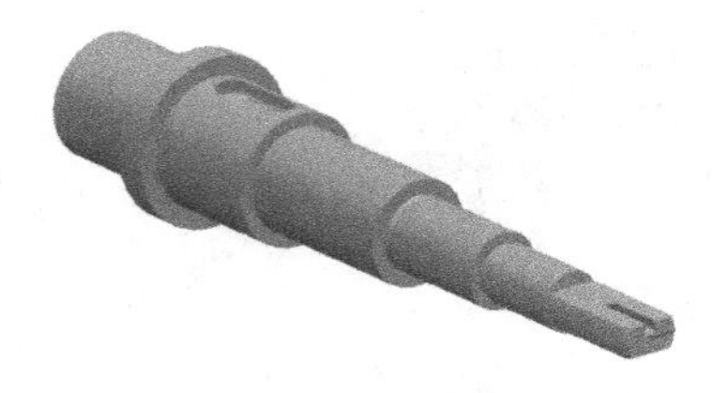

图 6–219 创建球形端槽

Step 05 U 形沟槽

（1）在菜单栏中选择“菜单”→“插入”→“设计特征”→“槽”命令或单击“主页”选项卡“特征”组中的“槽”按钮，弹出“槽”对话框。

（2）在“槽”对话框中选中“U 形槽”单选按钮。同时，弹出如图 6–220 所示的“U 形槽”放置面选择对话框。

图 6–220 放置面选择对话框

（3）在视图区选择槽的放置面，如图 6–221 所示。同时，弹出如图 6–222 所示的“U 形槽”参数输入对话框。

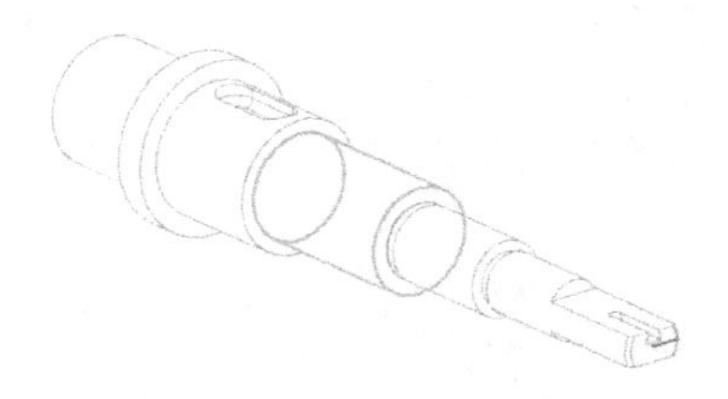

图 6–221 选择放置面

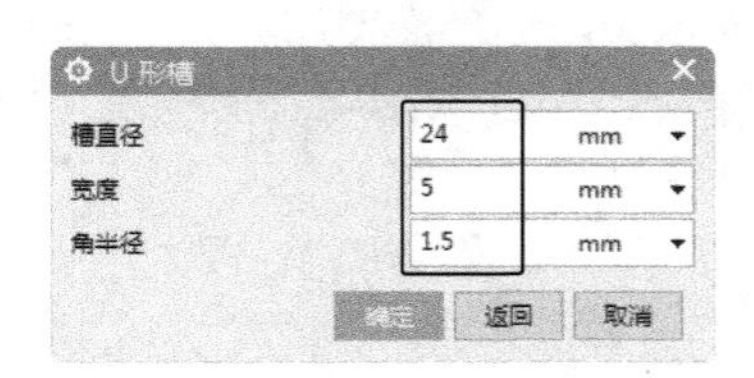

图 6–222 参数输入对话框

（4）在“U 形槽”参数输入对话框中，在“槽直径”“宽度”和“角半径”文本框中分别输入

24、5、1.5。

（5）在“U形槽”参数输入对话框中，单击“确定”按钮，弹出“定位槽”对话框。

（6）在视图区依次选择定位边，如图6-223所示，弹出“创建表达式”对话框。

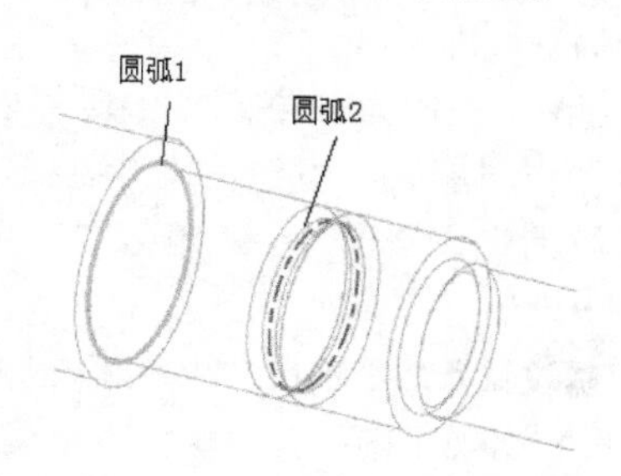

图6-223 选择定位边

（7）在“创建表达式”对话框的文本框中输入0，单击“确定”按钮，创建U形槽，如图6-207所示。

6.3.12 三角形加强筋

在菜单栏中选择“插入”→“设计特征”→“三角形加强筋（原有）”命令，打开如图6-224所示的“三角形加强筋”对话框。用于沿着两个相交面的交线创建一个三角形加强筋特征，如图6-225所示。

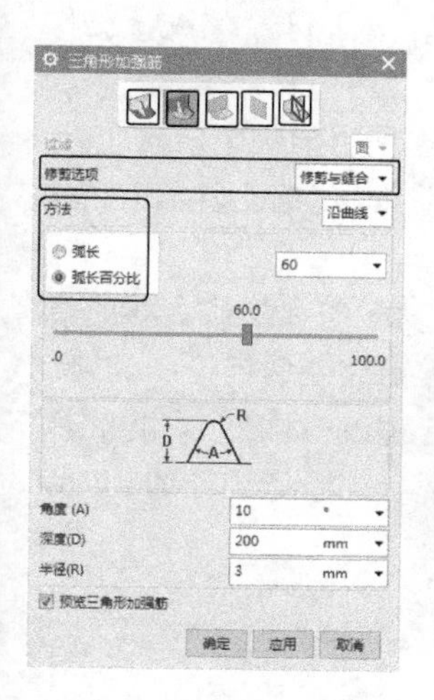

图6-224 “三角形加强筋”对话框

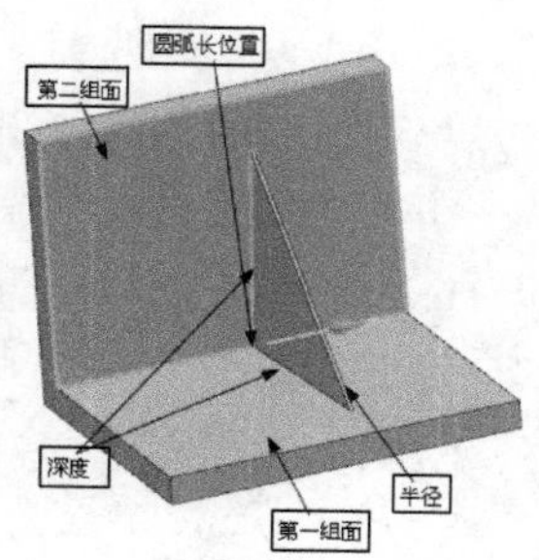

图6-225 三角形加强筋示意图

“三角形加强筋”对话框中各选项的功能如下。

（1）第一组：单击该按钮，在视图区中选择三角形加强筋的第一组放置面。

（2）第二组：单击该按钮，在视图区中选择三角形加强筋的第二组放置面。

（3）位置曲线：在第二组放置面中选择超过两个曲面时，该按钮被激活，用于选择两组面多条交线中的一条交线作为三角形加强筋的位置曲线。

（4）位置平面：单击该按钮，用于指定与工作坐标系或绝对坐标系相关的平行平面，或者在视图区中指定一个已存在的平面位置来定位三角形加强筋。

（5）方向平面：单击该按钮，用于指定三角形加强筋的倾斜方向的平面。方向平面可以是已存在平面或基准平面，默认的方向平面是已选两组平面的法向平面。

（6）修剪选项：用于设置三角形加强筋的裁剪方式。

（7）方法：用于设置三角形加强筋的定位方法，包括“沿曲线”和“位置”定位两种方法。

①沿曲线：用于通过两组面交线的位置来定位。可以通过指定“弧长”或“圆弧长百分比”值来定位。

②位置：选择该选项，对话框的变化如图6-226所示。此时可以单击按钮来选择定位方式。

图6-226 位置选项

6.3.13 螺纹

在菜单栏中选择“插入”→“设计特征”→“螺纹”命令或单击“主页”选项卡“特征”组中的“螺纹”按钮，打开“螺纹切削”对话框。根据选择的螺纹类型不同，对话框的内容也不相同，如图6-227所示。该选项能在具有圆柱面的特征上生成符号螺纹或详细螺纹。这些特征包括孔、圆柱、凸台以及圆周曲线扫掠产生的减去或增添部分。

图 6-227 “螺纹切削”对话框

“螺纹切削”对话框中各选项的功能如下。

（1）螺纹类型：包括如下两种类型。

①符号：该类型螺纹以虚线圆的形式显示在螺纹的一个或几个面上。符号螺纹使用外部螺纹表文件（可以根据特殊螺纹要求来定制这些文件）来确定默认参数。符号螺纹一旦生成就不能复制或阵列，但可以生成多个复制和可阵列复制，如图 6-228 所示。

②详细：该类型螺纹看起来更实际，如图 6-229 所示。但由于其几何形状及显示的复杂性，生成和更新都需要很长的时间。详细螺纹使用内嵌的默认参数表，可以在生成后复制或引用。详细螺纹是完全关联的，如果特征被修改，螺纹也相应更新。

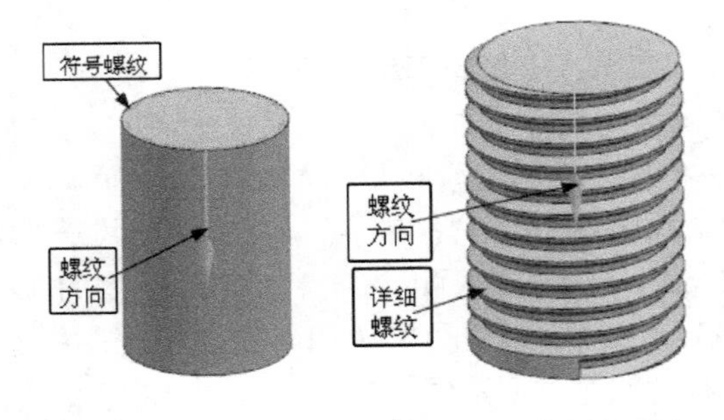

图 6-228 “符号螺纹”示意图　　图 6-229 “详细螺纹”示意图

（2）大径：为螺纹的最大直径。对于符号螺纹，提供默认值的是查找表，这个直径必须大于圆柱面直径。只有当勾选“手工输入”复选框时，才能在这个字段中为符号螺纹输入值。

（3）小径：螺纹的最小直径。

（4）螺距：指从螺纹上某一点到下一螺纹的相应点之间的距离，平行于轴测量。

（5）角度：螺纹的两个面之间的夹角，在通过螺纹轴的平面内测量。

（6）标注：引用为符号螺纹提供默认值的螺纹表条目。当“螺纹类型”是“详细”，或者对于符号螺纹而言，勾选“手工输入”复选框时，该选项不出现。

（7）螺纹钻尺寸：轴尺寸出现于外部符号螺纹；丝锥尺寸出现于内部符号螺纹。

（8）方法：该选项用于定义螺纹加工方法，如滚、切削、磨和铣。选择可以在默认值中定义，也可以不同于这些例子。该选项只出现于“符号”螺纹类型。

（9）螺纹头数：该选项用于指定是要生成单头螺纹还是多头螺纹。

（10）锥孔：勾选此复选框，则符号螺纹带锥度。

（11）完整螺纹：勾选此复选框，则当圆柱面的长度改变时符号螺纹将更新。

（12）长度：指从选中的起始面到螺纹终端的距离，平行于轴测量。对于符号螺纹，提供默认值的是查找表。

（13）手工输入：该选项为某些选项输入值，否则这些值要由查找表提供。勾选此复选框，“从表中选择”选项不能用。

（14）从表中选择：对于符号螺纹，该选项可以从查找表中选择标准螺纹表条目。

（15）旋转：用于指定螺纹应该是“右旋”（顺时针）还是“左旋”（逆时针），示意图如图 6-230 所示。

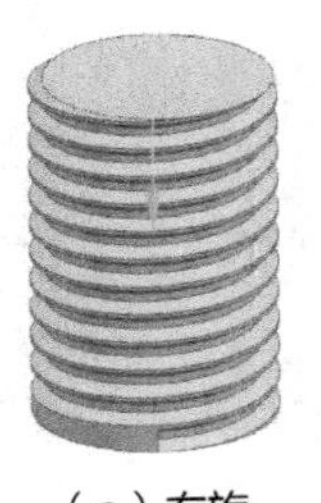

（a）右旋

（b）左旋

图 6-230 “旋转”示意图

（16）**选择起始**：该选项通过选择实体上的一个平面或基准面来为符号螺纹或详细螺纹指定新的起始位置。示意图如图 6–231 所示。单击此按钮，打开“螺纹切削”对话框，如图 6–232 所示。在视图中选择起始面，打开如图 6–233 所示的“螺纹切削”对话框。

①螺纹轴反向：该选项用于能指定相对于起始面攻螺纹的方向。

②通过起点：使系统生成详细螺纹直至起始面以外。

③不延伸：使系统从起始面起生成螺纹。

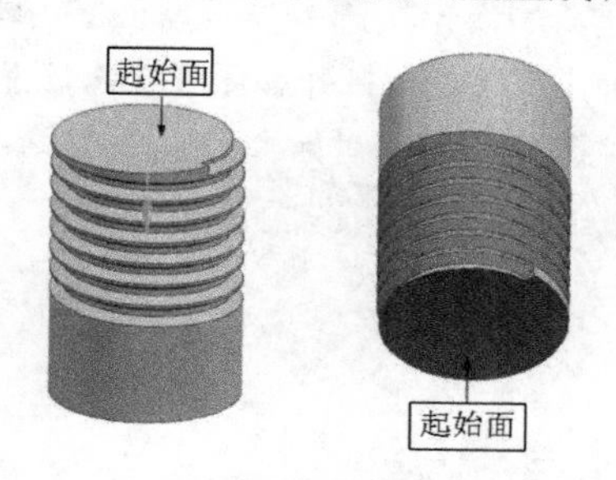

图 6–231　选择起始面

图 6–232　“螺纹切削”对话框

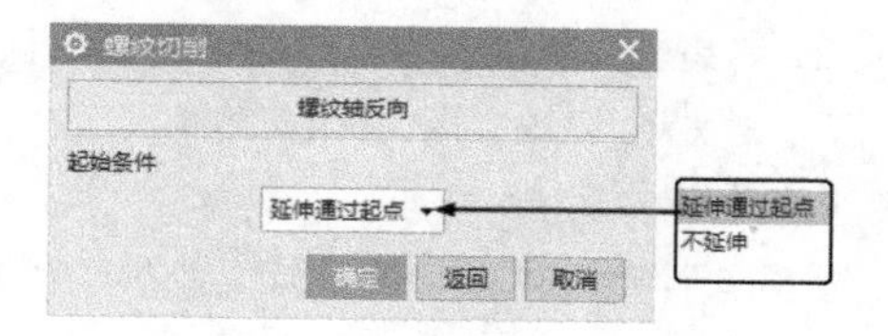

图 6–233　“螺纹切削”对话框

6.3.14 实例——螺栓 2

本例绘制螺栓，如图 6–234 所示，通过“螺纹”命令创建螺栓的螺纹部分。

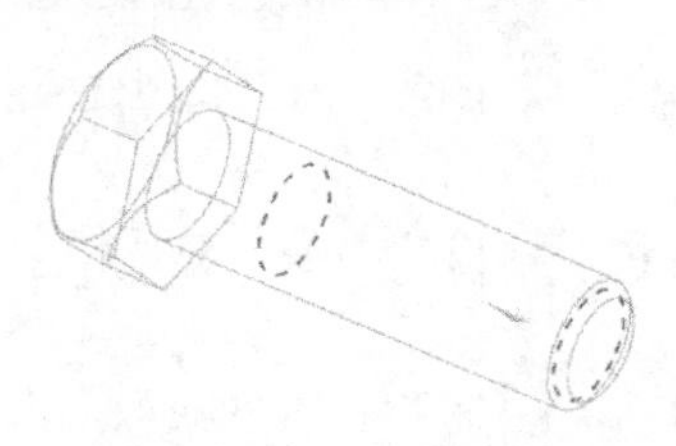

图 6–234　零件体

绘制步骤

Step 01 打开文件

单击“主页”选项卡中的“打开”按钮，弹出“打开”对话框，输入 luoshuan1，单击 OK 按钮，进入 UG 建模环境。

Step 02 另存部件文件

单击“文件”→“保存”→“另存为”命令，弹出“另存为”对话框，输入 luoshan2，单击 OK 按钮，进入 UG 主界面。

Step 03 创建螺纹

（1）在菜单栏中选择“菜单”→“插入”→“设计特征”→“螺纹”命令或单击“主页”选项卡“特征”组中的“螺纹刀”按钮，弹出如图 6–235 所示的“螺纹切削”对话框。

（2）在“螺纹切削”对话框中选择螺纹类型为“符号”类型。

（3）选择如图 6–236 所示的圆柱面作为螺纹的生成面。

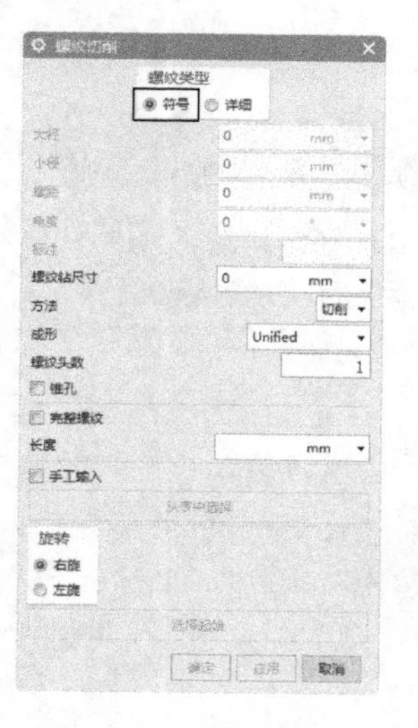

图 6–235　“螺纹切削”对话框

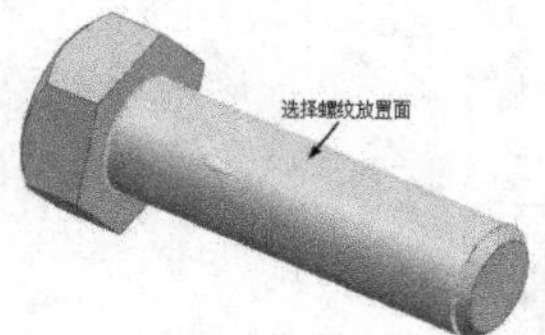

图 6–236　螺纹的生成面

（4）系统弹出如图 6–237 所示的对话框，选择刚刚经过倒角的圆柱体的上表面作为螺纹的开始面。

（5）系统弹出如图 6–238 所示的对话框，单击“螺纹轴方向”按钮。

图 6-237　选择螺纹开始面　　图 6-238　螺纹轴反向

（6）返回到“螺纹切削”对话框，将螺纹长度改为 26，其他参数不变，单击“确定”按钮生成符号螺纹。

符号螺纹并不生成真正的螺纹，而只是在所选圆柱面上建立虚线圆，如图 6-239 所示。

如果选择“详细”的螺纹类型，其操作方法与“符号”螺纹类型操作方法相同，生成的详细螺纹如图 6-240 所示，但是生成详细螺纹会影响系统的显示性能和操作性能，所以一般不生成详细螺纹。

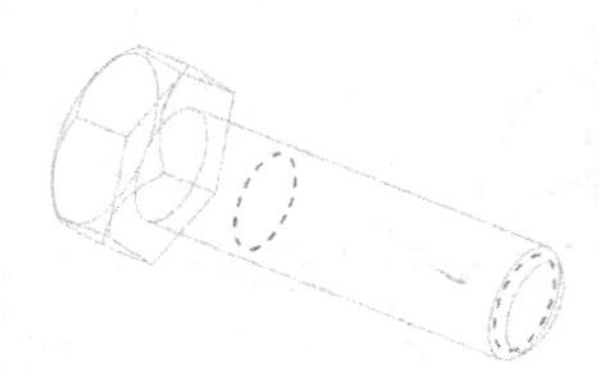

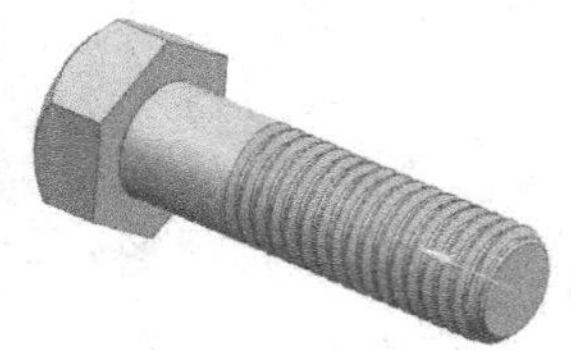

图 6-239　符号螺纹　　图 6-240　详细螺纹

6.4　GC 工具箱

本节是 UG NX 12.0 的新增功能，通过本节的学习可以更快速地创建齿轮和弹簧等标准零件。

6.4.1　齿轮建模

在菜单栏中选择“GC 工具箱”→“齿轮建模”命令，如图 6-241 所示。选择一种创建方式，打开“渐开线圆柱齿轮建模”对话框，如图 6-242 所示。

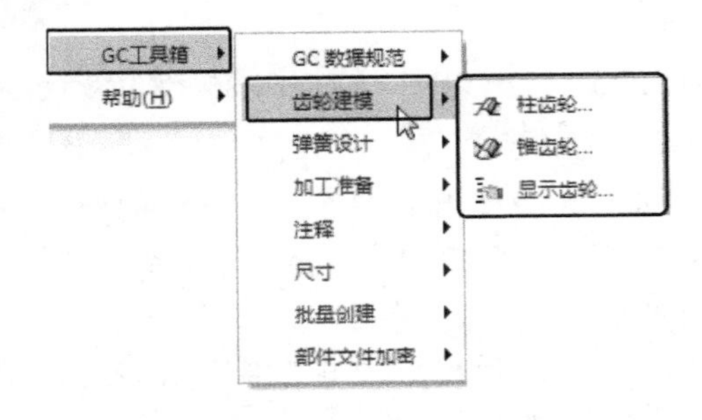

图 6-241　“齿轮建模”下拉菜单

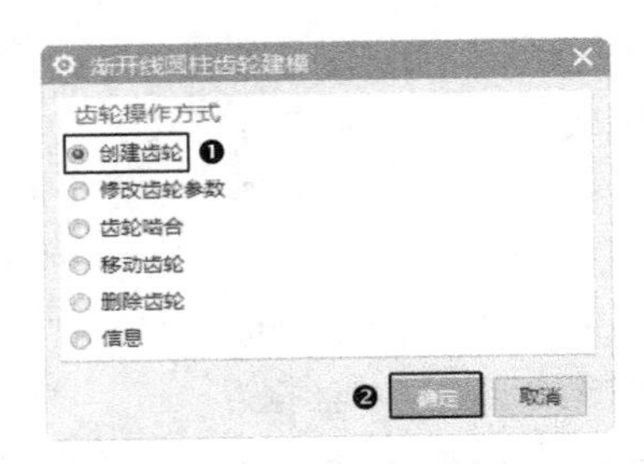

图 6-242　“渐开线圆柱齿轮建模”对话框

“渐开线圆柱齿轮建模”对话框中各选项的功能如下。

1. 创建齿轮

创建新的齿轮。选中“创建齿轮”单选按钮，单击“确定”按钮，打开如图 6-243 所示的“渐开线圆柱齿轮类型”对话框。

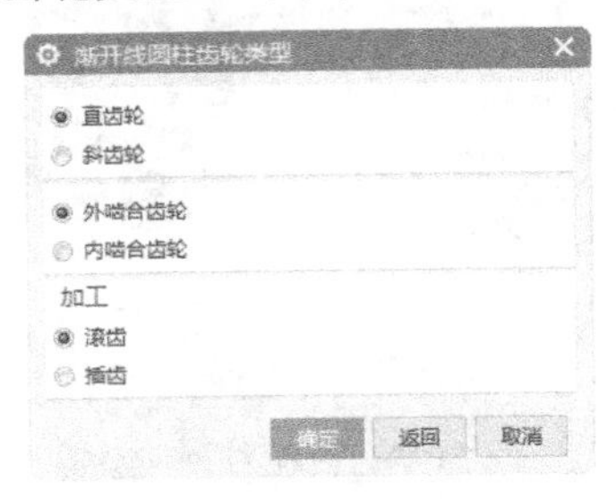

图 6-243　“渐开线圆柱齿轮类型”对话框

“渐开线圆柱齿轮类型”对话框中各选项的功能如下。

（1）**直齿轮**：指轮齿平行于齿轮轴线的齿轮。

（2）**斜齿轮**：指轮齿与轴线成一角度的齿轮。

（3）**外啮合齿轮**：指齿顶圆直径大于齿根圆直径的齿轮。

（4）**内啮合齿轮**：指齿顶圆直径小于齿根圆直径的齿轮。

（5）**加工**：包括如下两种。

①滚齿：用齿轮滚刀按展成法加工齿轮的齿面。

②插齿：用插齿刀按展成法或成形法加工内、外齿轮或齿条等的齿面。

选择适当参数后，单击“确定”按钮，打开如图 6-244 所示的“渐开线圆柱齿轮参数”对话框。

“渐开线圆柱齿轮参数”对话框中各选项的功能如下。

①标准齿轮：根据标准的模数、齿宽以及压力角创建的齿轮为标准齿轮。

②变位齿轮：选择此选项卡，如图 6-245 所示。改变刀具和轮坯的相对位置来切制的齿轮为变位齿轮。

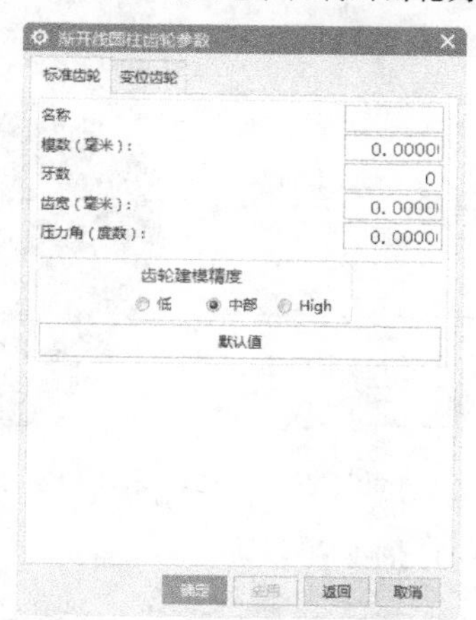

图 6-244 “渐开线圆柱齿轮参数”对话框

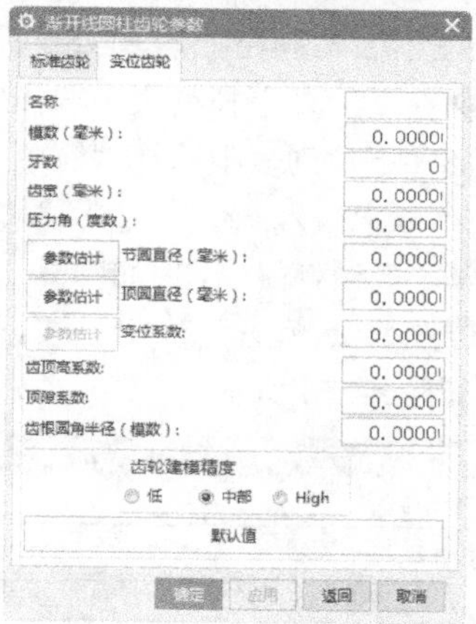

图 6-245 “渐开线圆柱齿轮参数”对话框

2. 修改齿轮参数

选中此单选按钮，单击“确定”按钮，打开“选择齿轮进行操作”对话框，选择要修改的齿轮，在“渐开线圆柱齿轮参数”对话框中修改齿轮参数。

3. 齿轮啮合

选中此单选按钮，单击“确定”按钮，打开如图 6-246 所示的“选择齿轮啮合”对话框，选择要啮合的齿轮，分别设置为主动齿轮和从动齿轮。

4. 移动齿轮

选择要移动的齿轮，将其移动到适当位置。

5. 删除齿轮

删除视图中不需要的齿轮。

6. 信息

显示选择齿轮的信息。

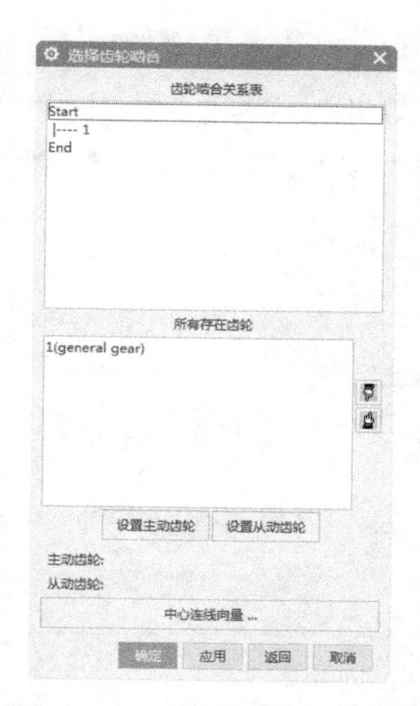

图 6-246 “选择齿轮啮合”对话框

6.4.2 实例——圆柱齿轮

本例绘制圆柱齿轮，利用 GC 工具箱中的圆柱齿轮命令创建圆柱齿轮的主体，然后创建轴孔，再创建减重孔，最后创建键槽。

绘制步骤

Step 01 新建文件

在菜单栏中选择“文件”→“新建”命令，在弹出的“新建”对话框中，选择保存文件的位置，输入文件的名称“xiechilun”，选择“模型”模板。完成后单击“确定”按钮，进入实体建模环境。

Step 02 创建齿轮基体

在菜单栏中选择“菜单”→“GC 工具箱”→“齿轮建模”→“柱齿轮”命令或单击“主页”选项卡“齿轮建模 -GC 工具箱”组中的“柱齿轮建模”按钮，弹出“渐开线圆柱齿轮建模”对话框。选择“创建齿轮”单选按钮，单击“确定”按钮，弹出如图 6-247 所示的“渐开线圆柱齿轮类型”对话框。❶选择“斜齿轮”，❷“外啮合齿轮”和❸“滚齿”单选按钮，❹单击“确定”按钮，弹出如图 6-248 所示的“渐开线圆柱齿轮参数”对话框。❶在“标准齿轮”选项卡中输入“法向模数”“牙数”“齿宽”“法向压力角”

和 Helix Angle（degree） 为 2.5、165、85、20 和 13.9，❷ 单击“确定”按钮。

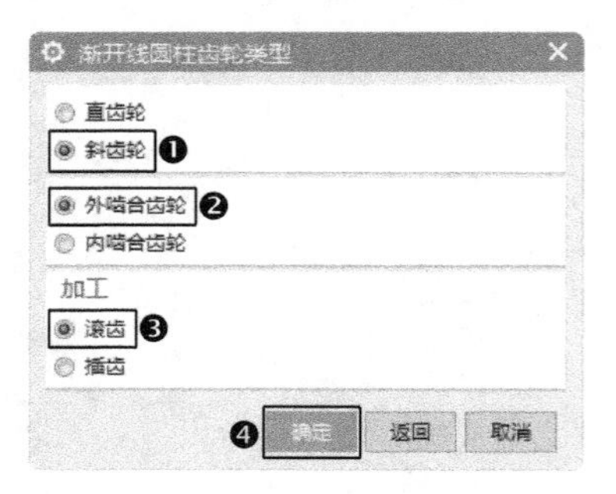

图 6-247 “渐开线圆柱齿轮类型”对话框

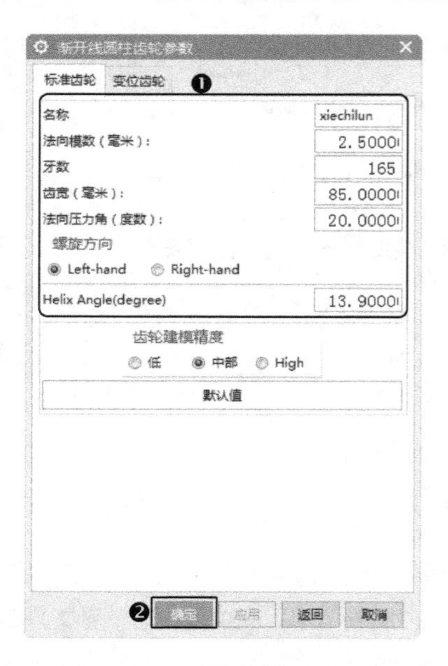

图 6-248 “渐开线圆柱齿轮参数”对话框

弹出如图 6-249 所示的“矢量”对话框。❶ 在矢量“类型”下拉列表中选择“ZC 轴”，❷ 单击“确定”按钮，弹出如图 6-250 所示的“点”对话框。❶ 输入坐标点为（0,0,0），❷ 单击“确定”按钮，生成圆柱齿轮，如图 6-251 所示。

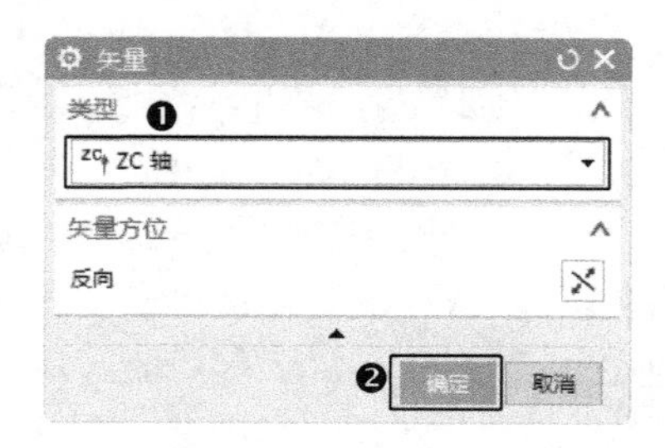

图 6-249 “矢量”对话框

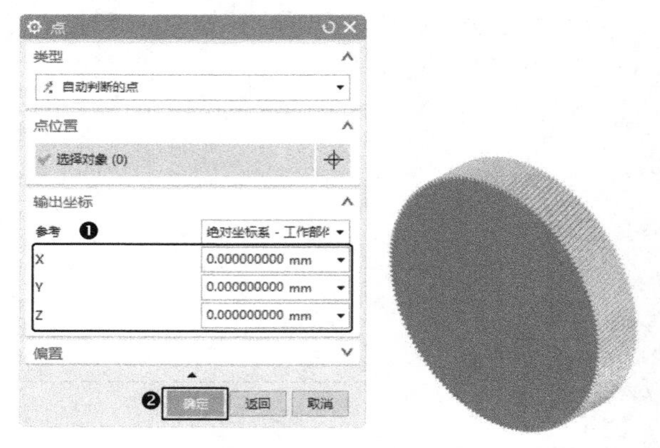

图 6-250 “点”对话框 图 6-251 创建圆柱斜齿轮

Step 03 创建孔

在菜单栏中选择“菜单”→“插入”→“设计特征”→“孔”命令或单击“主页”选项卡“特征”组中的“孔”按钮，弹出如图 6-252 所示的“孔”对话框。❶ 在“类型”下拉列表中选择“常规孔”，❷ 在“成形”下拉列表中选择“简单孔”，❸ 在“直径”文本框中输入 75，在“深度限制”下拉列表中选择“贯通体”。捕捉如图 6-253 所示的圆心为孔位置，❹ 单击“确定”按钮，完成孔的创建，如图 6-254 所示。

图 6-252 “孔”对话框

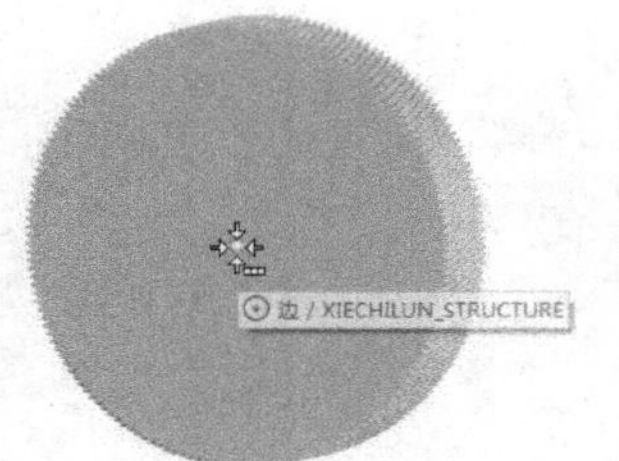

图 6-253　捕捉圆心

图 6-254　创建孔

Step 04 创建孔

在菜单栏中选择“菜单”→“插入”→“设计特征”→“孔”命令或单击“主页”选项卡“特征”组中的“孔”按钮，弹出如图 6-255 所示的“孔”对话框。❶ 在“类型”下拉列表中选择“常规孔”，❷ 在“成形”下拉列表中选择“简单孔”，❸ 在“直径”文本框中输入 70，在“深度限制”下拉列表中选择“贯通体”。单击“绘制截面”按钮，弹出“创建草图”对话框，选择圆柱体的上表面为孔放置面，进入草图绘制环境。弹出“草图点”对话框，创建点，如图 6-256 所示。单击“主页”选项卡“草图”面组上的“完成”按钮，草图绘制完毕。返回到“孔”对话框，❹ 单击“确定”按钮，完成孔的创建，如图 6-257 所示。

图 6-255　“孔”对话框

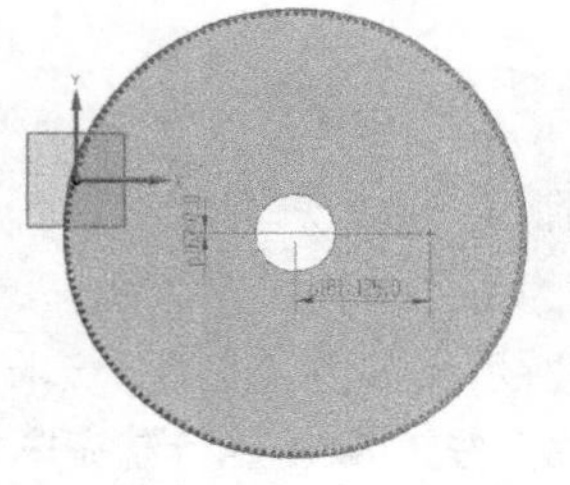

图 6-256　绘制草图

图 6-257　创建孔

Step 05 阵列孔特征

在菜单栏中选择“菜单”→“插入”→“关联复制”→“阵列特征”命令或单击“主页”选项卡“特征”组中的“阵列特征”按钮，弹出如图 6-258 所示的“阵列特征”对话框。选择 Step 04 中创建的简单孔为要阵列的特征。❶ 在“布局”下拉列表中选择“圆形”，❷ 在“指定矢量”下拉列表中选择“ZC 轴”为旋转轴，指定坐标原点为旋转点。❸ 在“间距”下拉列表中选择“数量和间隔”选项，设置“数量”和“节距角”为 6 和 60，❹ 单击“确定”按钮，如图 6-259 所示。

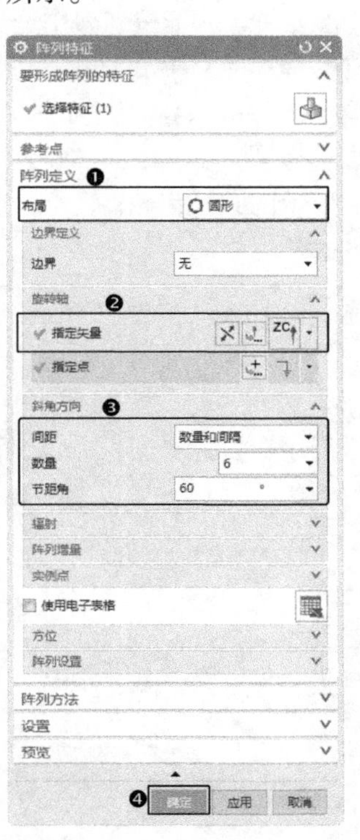

图 6-258　“阵列特征”对话框

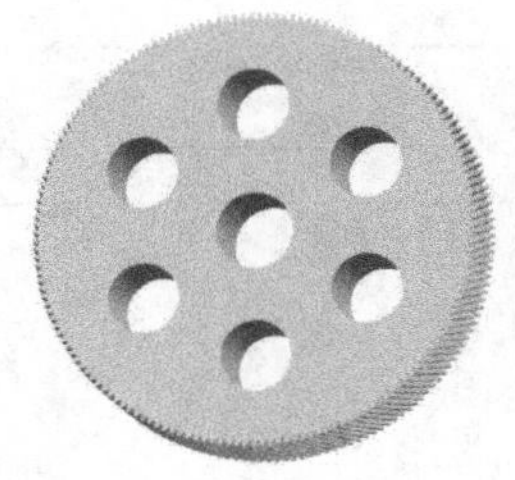

图 6-259　创建轴孔

Step 06 绘制草图

在菜单栏中选择“菜单”→“插入”→“在任务环境中绘制草图”命令，进入草图绘制界面，选择圆柱齿轮的外表面为工作平面绘制草图。绘制后的草图如图 6-260 所示。单击“主页”选项卡“草图”面组上的“完成”按钮，草图绘制完毕。

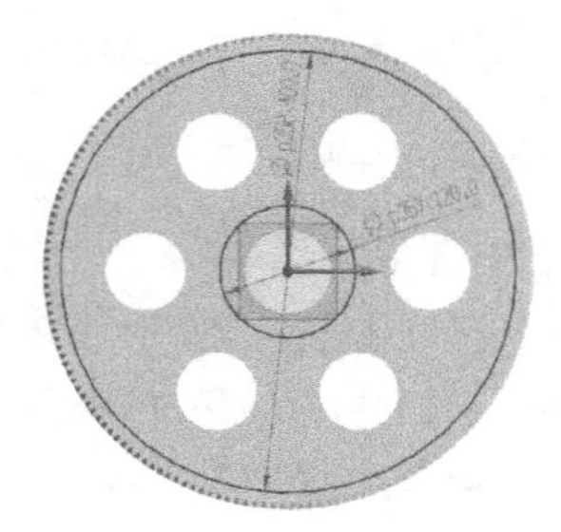

图 6-260 绘制草图

Step 07 创建减重槽

在菜单栏中选择“菜单”→“插入”→“设计特征”→“拉伸”命令或单击“主页”选项卡“特征”组中的“拉伸”按钮，弹出如图 6-261 所示的“拉伸”对话框。选择 Step 06 中绘制的草图为拉伸曲线，❶ 在“指定矢量”下拉列表中选择“ZC 轴”为拉伸方向，❷ 在“开始距离”和“结束距离”文本框中输入 0 和 25，❸ 在“布尔”下拉列表中选择“减去”选项，❹ 单击“确定”按钮，生成如图 6-262 所示的圆柱齿轮。

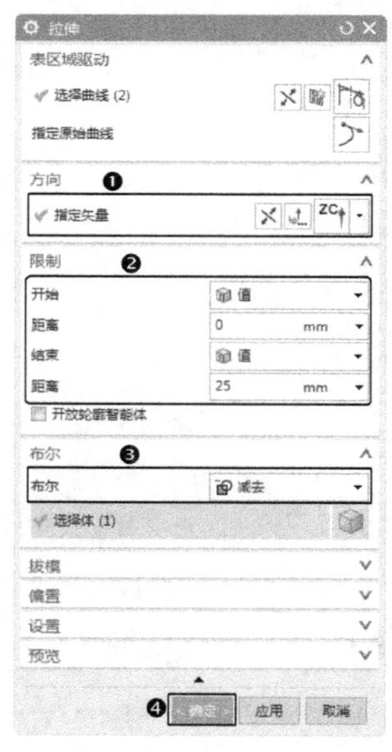

图 6-261 “拉伸”对话框

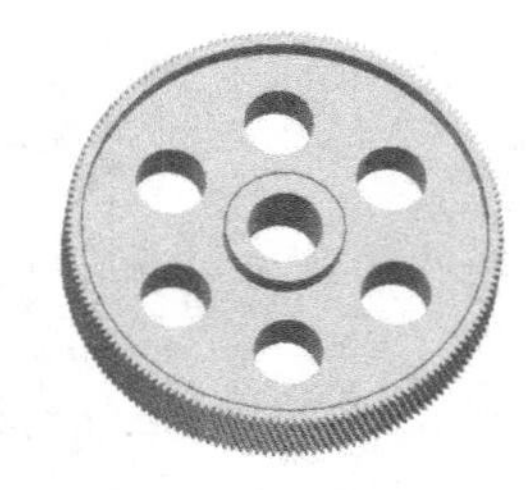

图 6-262 创建轴孔

Step 08 拔模

在菜单栏中选择“菜单”→“插入”→“细节特征→“拔模”命令或单击“主页”选项卡“特征”组中的“拔模”按钮，弹出如图 6-263 所示的“拔模”对话框。❶ 选择“边”类型，❷ 在“指定矢量”下拉列表中选择“ZC 轴”为脱模方向，❸ 选择如图 6-264 所示的边为固定边，❹ 设置“角度”为 20，❺ 单击“应用”按钮。

图 6-263 “拔模”对话框

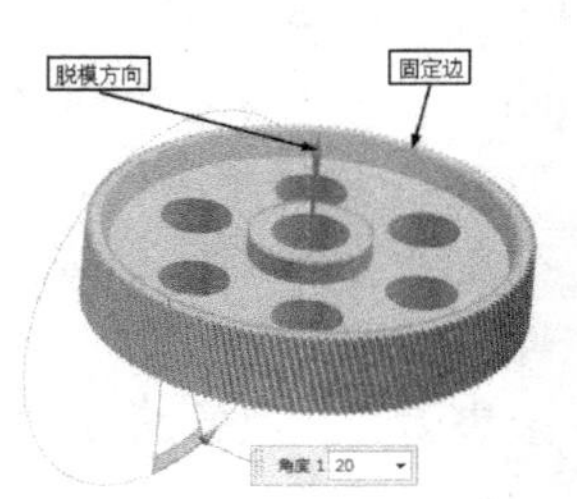

图 6-264 选择拔模边

重复上述步骤，选择如图 6-265 所示的边为固定边，单击“确定”按钮，完成拔模操作，如图 6-266 所示。

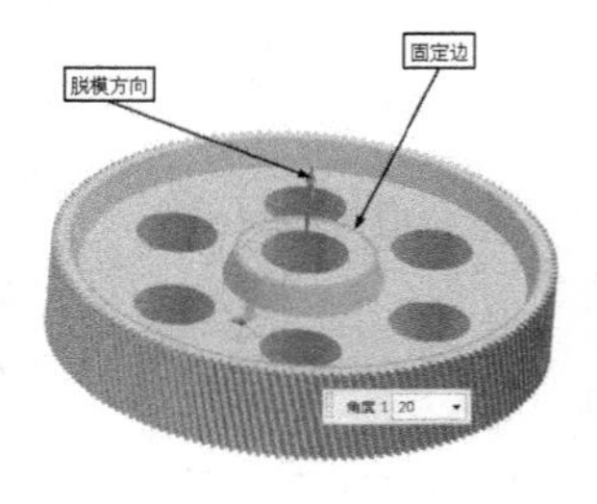

图 6-265 拔模示意图

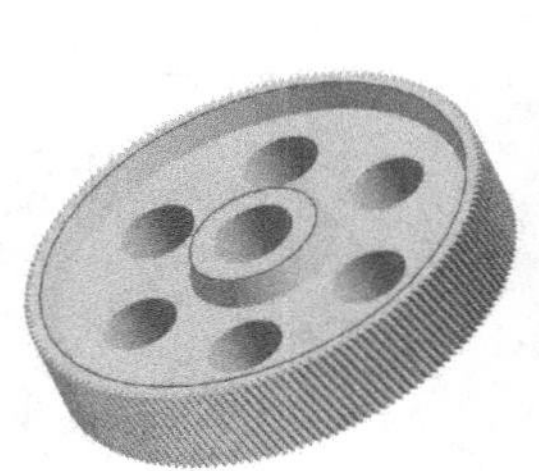

图 6-266 模型

Step 09 边倒圆

在菜单栏中选择“菜单”→“插入”→“细节特征”→“边倒圆”命令或单击“主页”选项卡“特征”组中的“边倒圆”按钮，弹出如图 6-267 所示的“边倒圆”对话框，选择如图 6-268 所示的边线，❶ 输入圆角半径为 8，❷ 单击“确定”按钮，结果如图 6-269 所示。

图 6-267 “边倒圆”对话框

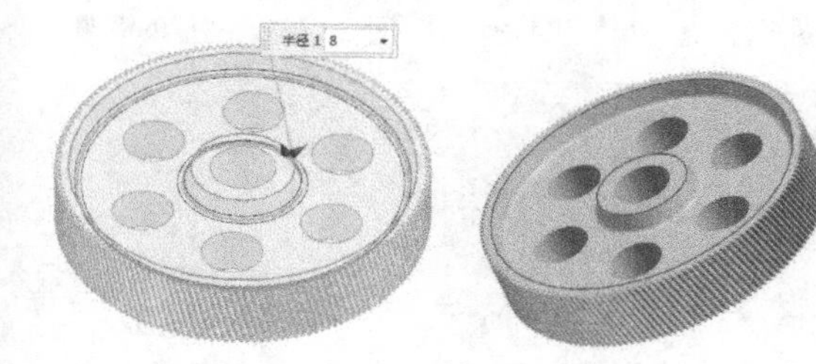

图 6-268 选择边线　　图 6-269 边倒圆

Step 10 创建倒角

在菜单栏中选择“菜单”→“插入”→“细节特征”→“倒斜角”命令或单击“主页”选项卡“特征”组中的“倒斜角”按钮，弹出如图 6-270 所示的“倒斜角”对话框，选择如图 6-271 所示的倒角边，❶ 选择“对称”横截面，将倒角距离设为 3。❷ 单击“确定”按钮，生成倒角特征，如图 6-272 所示。

图 6-270 “倒斜角”对话框

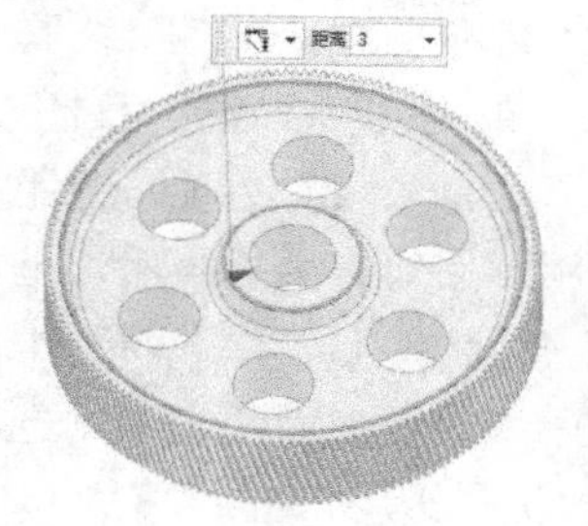

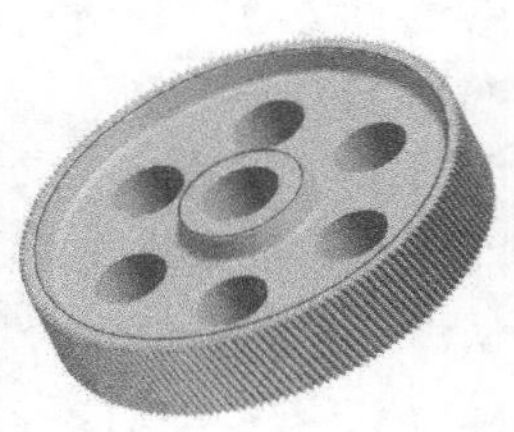

图 6-271 选择倒角边　　图 6-272 生成倒角特征

Step 11 镜像特征

在菜单栏中选择“菜单”→“插入”→“关联复制”→“镜像特征”命令或单击“主页”选项卡“特征”组中的“镜像特征”按钮，弹出如图 6-273 所示的“镜像特征”对话框。在相关特征列表中选择拉伸特征、拔模特征、边倒圆和倒斜角为镜像特征。❶ 在“平面”下拉列表中选择“新平面”选项，❷ 在“指定平面”中选择“XC-YC 平面”，输入距离为 42.5，如图 6-274 所示，❸ 单击“确定”按钮，镜像特征，如图 6-275 所示。

图 6-273 “镜像特征”对话框

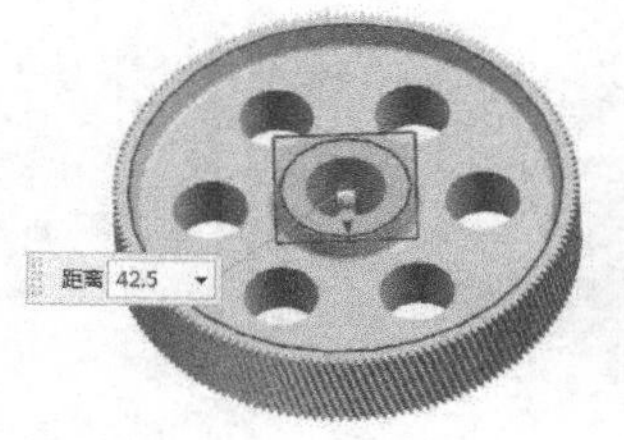

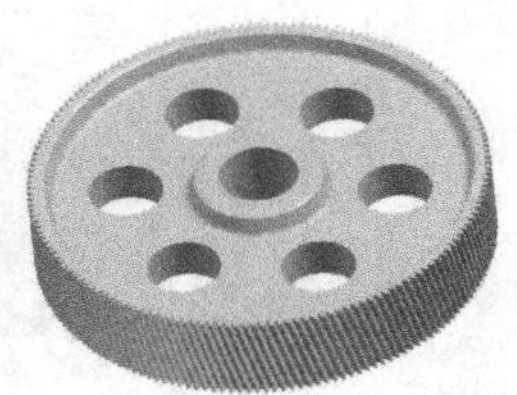

图 6-274 选择平面　　图 6-275 镜像特征

Step 12 创建基准平面

在菜单栏中选择“菜单”→“插入”→“基准 / 点”→“基准平面”命令或单击“主页”选

项卡“特征”组中的“基准平面”按钮□，弹出如图 6-276 所示的“基准平面”对话框。❶选择“YC-ZC 平面”类型，❷设置偏置距离为 40，❸单击“应用”按钮，生成与所选基准面平行的基准平面；选择“XC-ZC 平面”类型，设置偏置距离为 0，单击“应用”按钮；选择“XC-YC 平面”类型，设置偏置距离为 0，单击“确定”按钮，结果如图 6-277 所示。

图 6-276 “基准平面”对话框

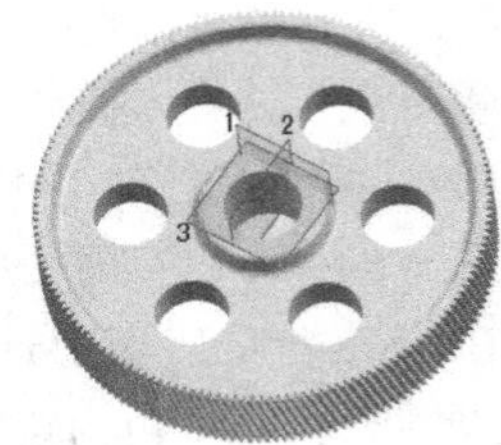

图 6-277 基准平面

Step 13 创建腔

在菜单栏中选择“菜单”→“插入”→“设计特征”→“腔（原有）”命令，弹出如图 6-278 所示的“腔”对话框。单击“矩形”按钮，弹出“矩形腔”对话框，选择 Step 12 中创建的基准平面 1 作为腔的放置面，弹出对话框。单击“接受默认边”按钮，使腔的生成方向与默认方向相同，选择齿轮实体，弹出“水平参考”对话框。单击基准平面 2 作为水平参考，弹出“矩形腔”对话框，如图 6-279 所示。

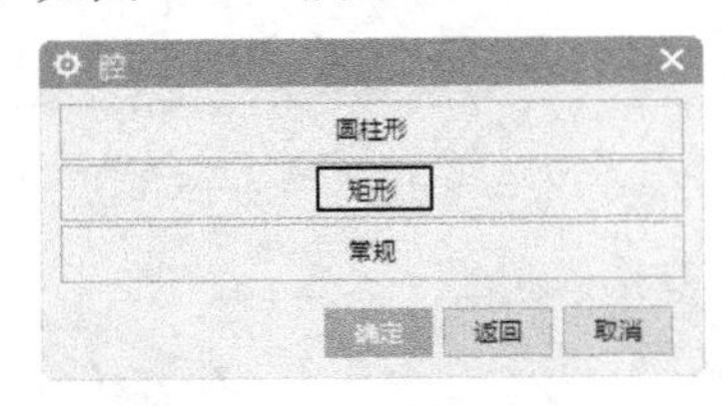

图 6-278 “腔”对话框

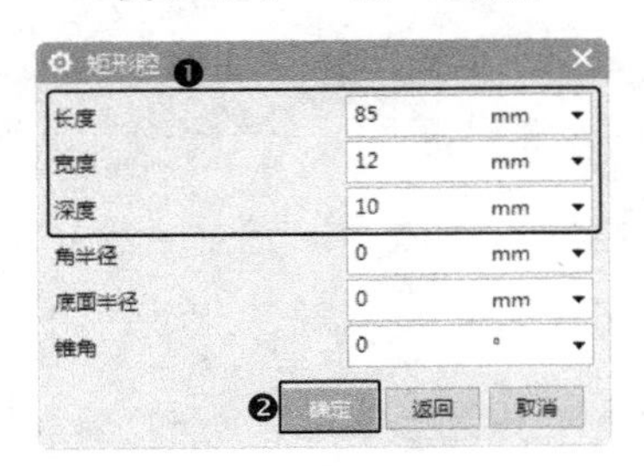

图 6-279 “矩形腔”对话框

❶设置腔长度为 85、宽度为 12、深度为 10，其他参数保持默认值，❷单击“确定”按钮，弹出“定位”对话框。选择“垂直”定位方式，选择图 6-277 中的基准平面 2 和图 6-280 中的腔的长中心线 1，输入距离为 6。选择图 6-277 中的基准平面 3 和图 6-280 中的腔的短中心线 2，输入距离为 0，生成最终的键槽，如图 6-281 所示。

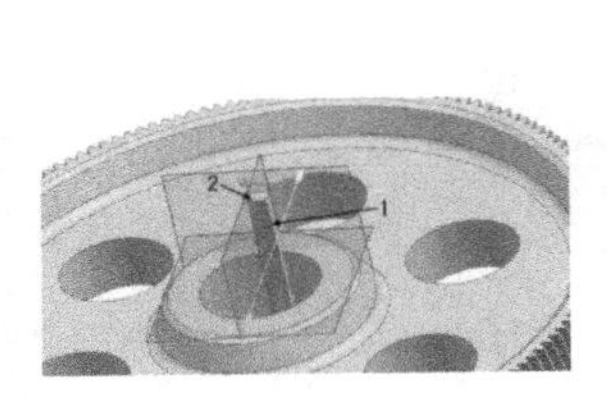

图 6-280 生成的键槽

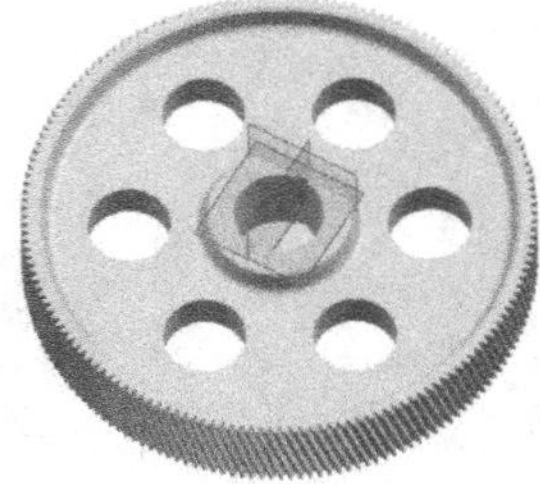

图 6-281 生成的键槽

6.4.3 弹簧设计

在菜单栏中选择“GC 工具箱”→“弹簧设计”命令，如图 6-282 所示。选择“圆柱压缩弹簧”选项打开“圆柱压缩弹簧”对话框，如图 6-283 所示。

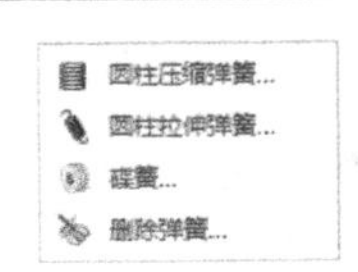

图 6-282 “弹簧设计”下拉菜单

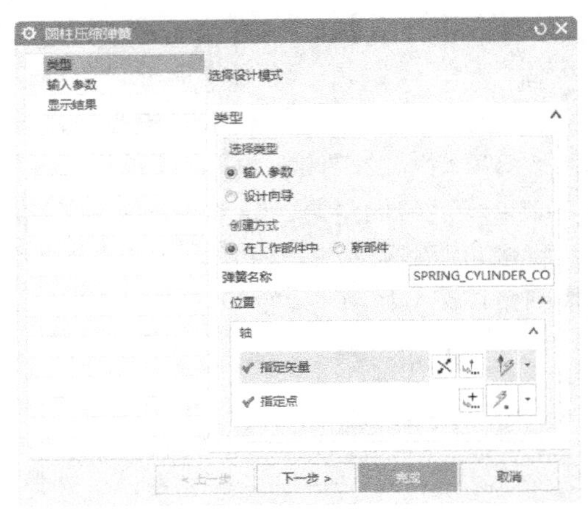

图 6-283 “圆柱压缩弹簧”对话框

“圆柱压缩弹簧”对话框中各选项的功能如下。

（1）**类型**：在其中选择类型和创建方式。

（2）**输入参数**：输入弹簧的各个参数，如图 6-284 所示。

（3）**显示结果**：显示设计好的弹簧的各个参数。

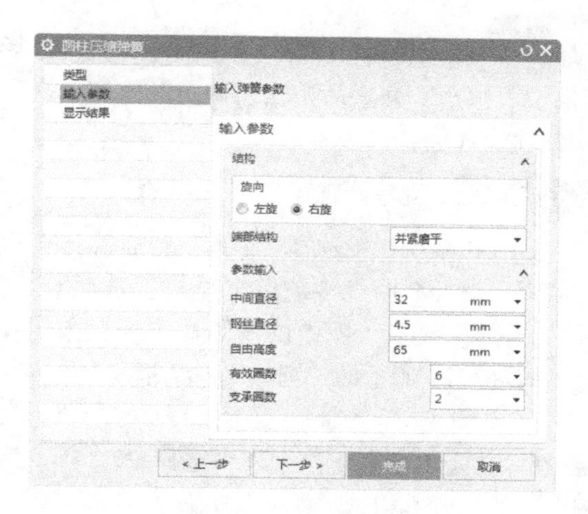

图 6-284　输入参数

6.4.4　实例——圆柱拉伸弹簧

本例利用GC工具箱中的圆柱压缩弹簧命令，在相应的对话框中输入弹簧参数，直接创建弹簧，如图6-285所示。

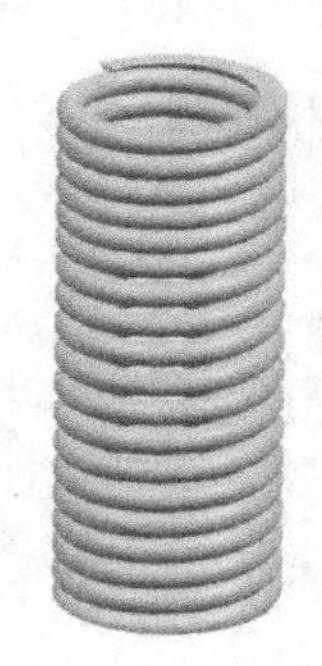

图 6-285　弹簧

绘制步骤

Step 01 新建文件

选择“文件”→“新建”命令，在弹出的“新建”对话框中，选择保存文件的位置，输入文件的名称“tanhuang”，选择“模型”模板。完成后单击“确定”按钮，进入实体建模环境。

Step 02 创建圆柱压缩弹簧

（1）在菜单栏中选择“菜单”→“GC工具箱”→“弹簧设计”→“圆柱压缩弹簧”命令，弹出如图6-286所示的“圆柱压缩弹簧”对话框。

图 6-286　“圆柱压缩弹簧”对话框

（2）❶选择“选择类型”为“输入参数”，❷选择“创建方式”为“在工作部件中”，❸设置“指定矢量”为ZC轴，指定坐标原点为弹簧起始点，名称采用默认，❹单击“下一步”按钮。

（3）弹出“输入参数”选项卡，如图6-287所示。❶在对话框中选择“旋向”为“右旋”，❷选择“端部结构”为“并紧磨平”，❸设置“中间直径”为30，“钢丝直径”为4，“自由高度”为80，“有效圈数”为8，“支承圈数”为11。❹单击“下一步”按钮。

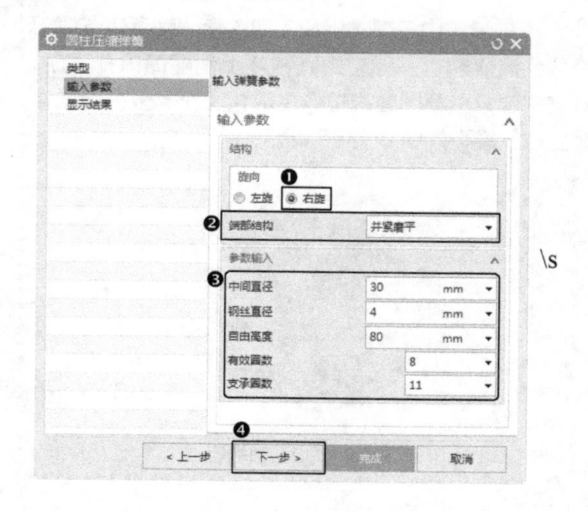

图 6-287　“输入参数”选项卡

（4）弹出“显示结果”选项卡，如图6-288所示。❶显示弹簧的各个参数，❷单击“完成”按钮，完成弹簧的创建，如图6-289所示。

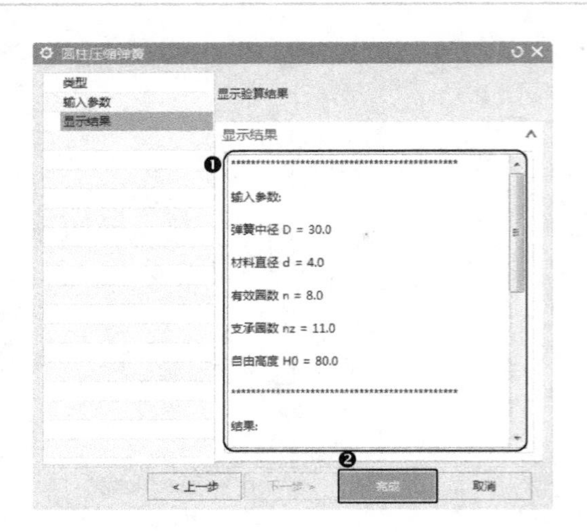

图 6-288 “显示结果”选项卡

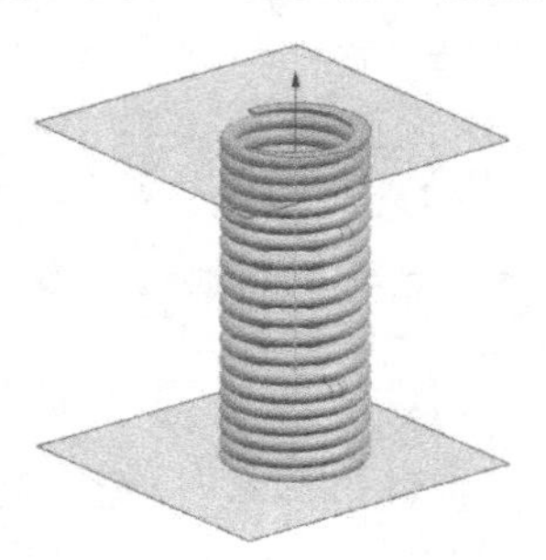

图 6-289 圆柱压缩弹簧

6.5 综合实例——轴承座

轴承座由三部分组成，即轴套、轴承座支撑部分和底座部分。轴套由圆柱体上创建简单孔生成，支撑部分由草图曲线拉伸生成，底座部分由面拉伸生成，模型如图 6-290 所示。

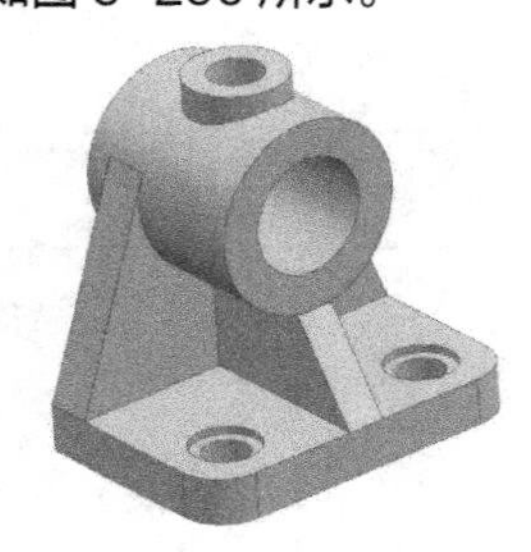

图 6-290 轴承座

绘制步骤

Step 01 新建文件

在菜单栏中选择“文件”→“新建”命令，在弹出的“新建”对话框中，选择保存文件的位置，输入文件的名称“zhouchengzuo”，选择“模型”模板。完成后单击“确定”按钮，进入实体建模环境。

Step 02 创建圆柱

（1）在菜单栏中选择“菜单”→“插入”→“设计特征”→“圆柱”命令或单击“主页”选项卡“特征”组的“更多”库中的“圆柱”按钮，弹出如图 6-291 所示的“圆柱”对话框。

（2）❶ 选择“轴、直径和高度”类型，❷ 在“指定矢量”下拉列表中选择“ZC 轴”按钮。

（3）❸ 单击“点对话框”按钮，在弹出的“点”对话框中输入坐标点为（0,0,0），单击“确定”按钮。

（4）返回“圆柱”对话框，在“直径”和“高度”文本框中均输入 50，❹ 单击“确定”按钮，以原点为中心生成圆柱体，如图 6-292 所示。

图 6-291 “圆柱”对话框

图 6-292 创建圆柱体

Step 03 创建基准平面 1

（1）在菜单栏中选择“菜单”→“插入”→“基准/点”→“基准平面”命令或单击“主页”选项卡“特征”组中的“基准/点”下拉菜单中的“基准平面”按钮，弹出“基准平面”对话框，如图 6-293 所示。

（2）❶ 选择“XC-ZC 平面”类型，❷ 单击“确定”按钮，完成基准平面 1 创建，结果如图 6-294 所示。

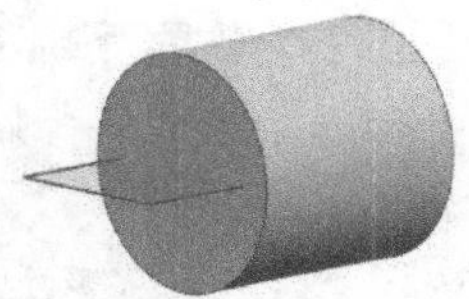

图 6-293　“基准平面”对话框　图 6-294　创建基准平面 1

Step 04 创建草图

（1）在菜单栏中选择“菜单”→“插入”→“在任务环境中绘制草图”命令或单击“曲线”选项卡“在任务环境中绘制草图”按钮，弹出如图 6-295 所示的“创建草图”对话框。

（2）选择基准平面 1 为草图绘制面，单击“确定”按钮，进入草图绘制阶段，绘制如图 6-296 所示的草图。

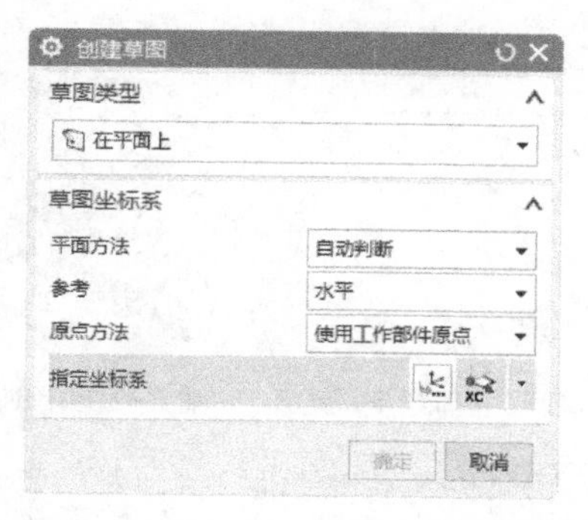

图 6-295　“创建草图”对话框

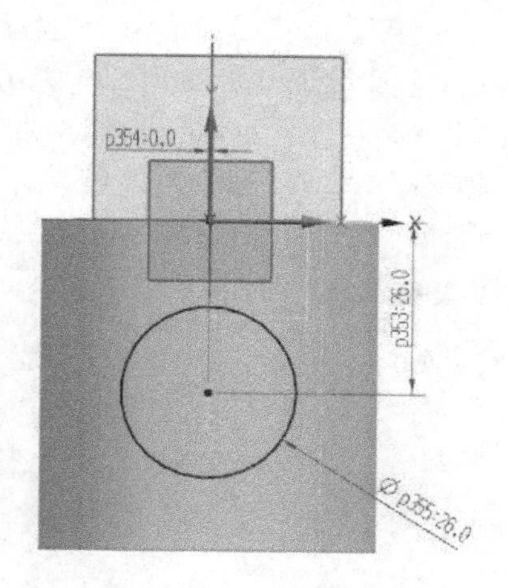

图 6-296　绘制草图

（3）单击“主页”选项卡“草图”组中的“完成”按钮，返回建模模块。

Step 05 创建拉伸

（1）在菜单栏中选择“菜单”→“插入”→“设计特征→“拉伸”命令或单击“主页”选项卡“特征”组中的“设计特征”下拉菜单中的“拉伸”按钮，弹出如图 6-297 所示的“拉伸”对话框。

（2）❶选择上步创建的草图为拉伸曲线，❷在“指定矢量”下拉列表中选择“YC 轴”为拉伸方向。

（3）❸在“开始距离”和“结束距离”文本框中输入 0 和 30，❹在“布尔”下拉列表中选择“合并”，系统自动选择圆柱体，❺单击“确定”按钮，完成拉伸操作，如图 6-298 所示。

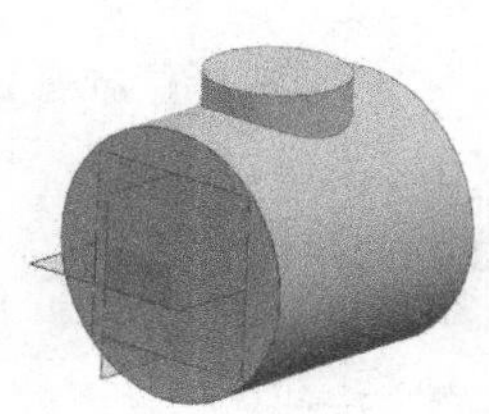

图 6-297　“拉伸”对话框　图 6-298　创建拉伸

Step 06 创建基准平面 2

（1）在菜单栏中选择“菜单”→“插入”→“基准 / 点”→“基准平面”命令或单击“主页”选项卡“特征”组中的“基准 / 点”下拉菜单中的“基准平面”按钮，弹出“基准平面”对话框，如图 6-299 所示。

（2）❶选择“XC-YC 平面”类型，❷输入“距离”为 7，❸单击“确定”按钮，完成基准平面 2 的创建，如图 6-300 所示。

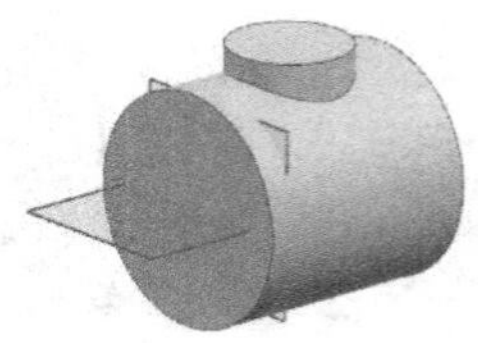

图 6-299 “基准平面”对话框 图 6-300 创建基准平面 2

Step 07 创建草图

（1）在菜单栏中选择“菜单”→“插入”→“在任务环境中绘制草图”命令或单击“曲线”选项卡中的“在任务环境中绘制草图”按钮，弹出如图 6-301 所示的“创建草图”对话框。

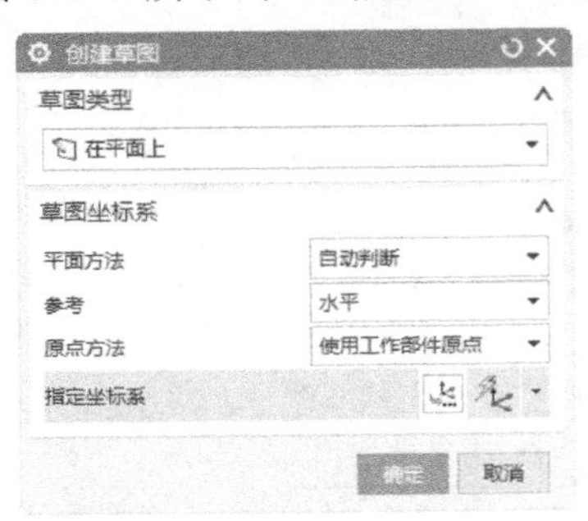

图 6-301 “创建草图”对话框

（2）选择基准平面 2 为草图绘制面，单击“确定”按钮，进入草图绘制阶段，绘制如图 6-302 所示的草图。

（3）单击“主页”选项卡“草图”组中的“完成”按钮，返回建模模块。

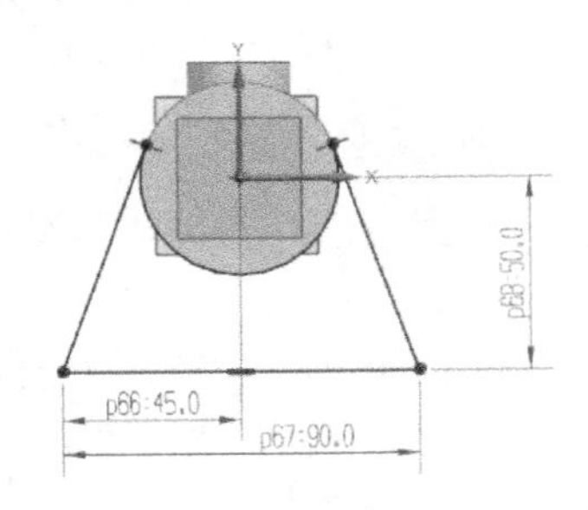

图 6-302 绘制草图

Step 08 创建拉伸

（1）在菜单栏中选择“菜单”→“插入”→“设计特征→“拉伸”命令或单击“主页”选项卡“特征”组中的“设计特征”下拉菜单中的“拉伸”按钮，弹出如图 6-303 所示的“拉伸”对话框。

（2）❶选择上步创建的草图为拉伸曲线，❷在“指定矢量”下拉列表中选择“ZC 轴”为拉伸方向。

（3）❸在“开始距离”和“结束距离”文本框中输入 0 和 12，❹在“布尔”下拉列表中选择“合并”，系统自动选择圆柱体，❺单击“确定”按钮，完成拉伸操作，如图 6-304 所示。

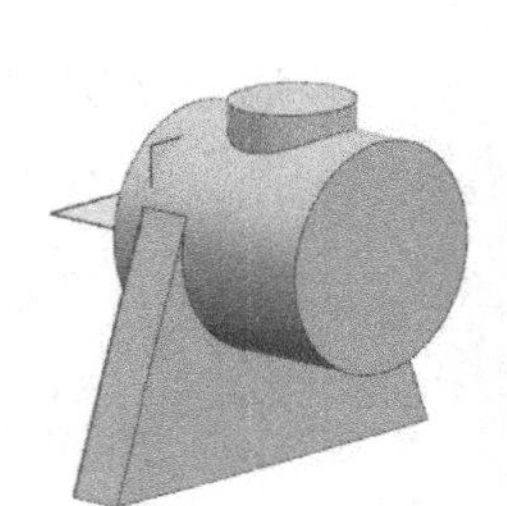

图 6-303 “拉伸”对话框 图 6-304 创建拉伸

Step 09 创建基准平面 3

（1）在菜单栏中选择“菜单”→“插入”→“基准 / 点”→“基准平面”命令或单击“主页”选项卡“特征”组中的“基准 / 点”下拉菜单中的“基准平面”按钮，弹出“基准平面”对话框，如图 6-305 所示。

（2）❶选择“YC-ZC 平面”类型，❷单击“确定”按钮，完成基准平面 3 的创建，结果如图 6-306 所示。

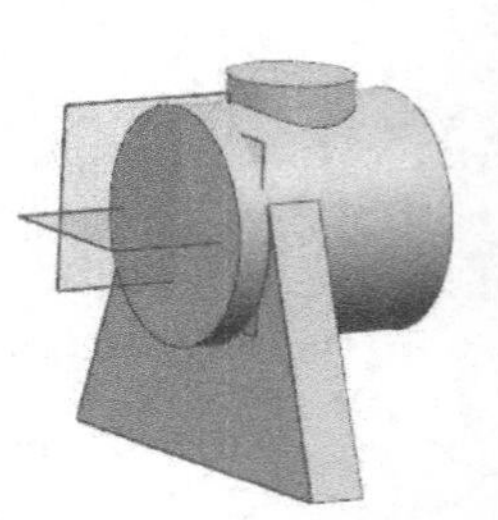

图 6-305 “基准平面”对话框 图 6-306 创建基准平面 3

Step 10 创建草图

（1）在菜单栏中选择"菜单"→"插入"→"在任务环境中绘制草图"命令或单击"曲线"选项卡中的"在任务环境中绘制草图"按钮，弹出"创建草图"对话框。

（2）选择基准平面 3 为草图绘制面，单击"确定"按钮，进入草图绘制阶段，绘制如图 6-307 所示的草图。

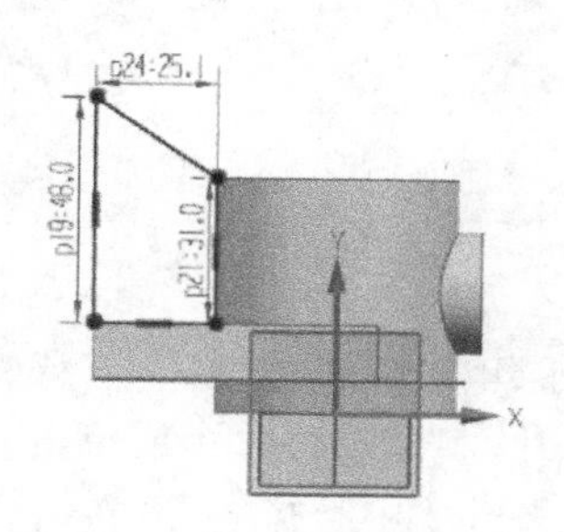

图 6-307 绘制草图

（3）单击"主页"选项卡"草图"组中的"完成"按钮，返回建模模块。

Step 11 创建拉伸

（1）在菜单栏中选择"菜单"→"插入"→"设计特征→"拉伸"命令或单击"主页"选项卡"特征"组中的"设计特征"下拉菜单中的"拉伸"按钮，弹出如图 6-308 所示的"拉伸"对话框。

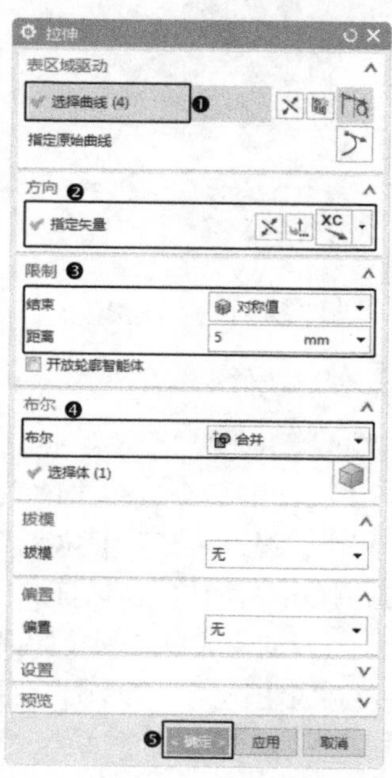

图 6-308 "拉伸"对话框

（2）❶ 选择上步创建的草图为拉伸曲线，❷ 在"指定矢量"下拉列表中选择"XC 轴"为拉伸方向，❸ 选择"对称值"方式，输入"距离"为 5，❹ 在"布尔"下拉列表中选择"合并"，❺ 单击"确定"按钮，完成拉伸操作，如图 6-309 所示。

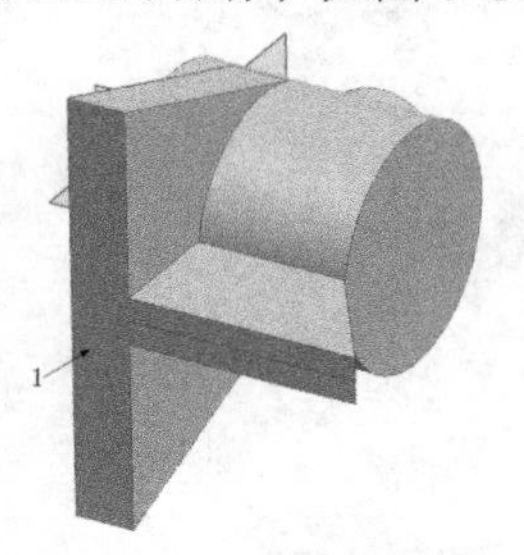

图 6-309 创建拉伸体

Step 12 创建草图

（1）在菜单栏中选择"菜单"→"插入"→"在任务环境中绘制草图"命令或单击"曲线"选项卡中的"在任务环境中绘制草图"按钮，弹出"创建草图"对话框。

（2）平面方法选择"自动判断"，选择如图 6-309 所示的面 1 为草图绘制面，单击"确定"按钮，进入草图绘制阶段，绘制如图 6-310 所示的草图。

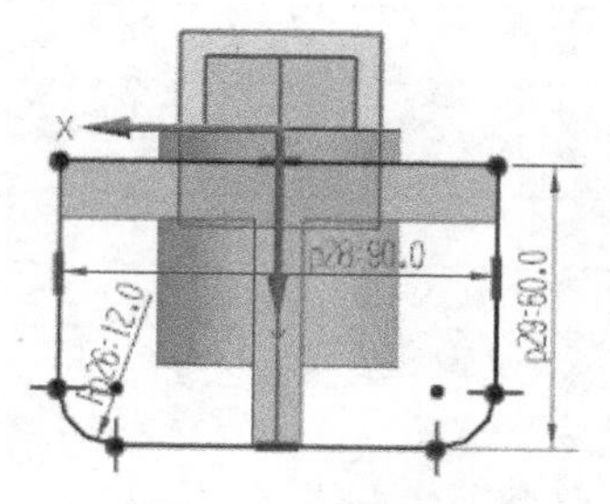

图 6-310 绘制草图

（3）单击"主页"选项卡"草图"组中的"完成"按钮，返回建模模块。

Step 13 创建拉伸

（1）在菜单栏中选择"菜单"→"插入"→"设计特征→"拉伸"命令或单击"主页"选项卡"特征"组中的"设计特征"下拉菜单中的"拉伸"按钮，弹出"拉伸"对话框。

（2）选择上步创建的草图为拉伸曲线，在"指定矢量"下拉列表中选择"-YC 轴"为拉伸方向，在"开始距离"和"结束距离"文本框中输入 0

和 12，在“布尔”下拉列表中选择“合并”，系统自动选择圆柱体，单击“确定”按钮，完成拉伸操作，如图 6-311 所示。

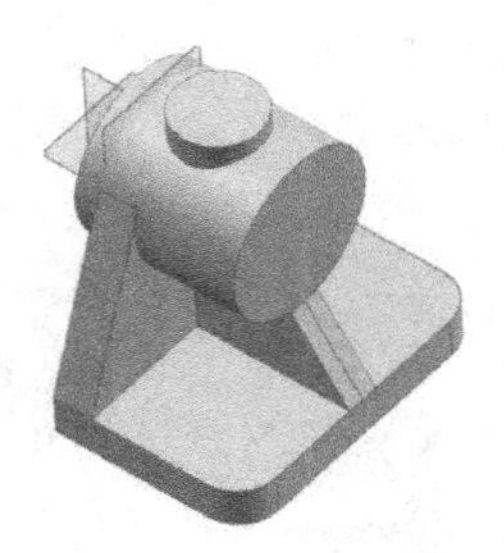

图 6-311 创建拉伸体

Step 14 创建圆柱

（1）在菜单栏中选择“菜单”→“插入”→“设计特征”→“圆柱”命令或者单击“主页”选项卡“特征”组中“更多”库中的“圆柱”按钮，弹出如图 6-312 所示的“圆柱”对话框。

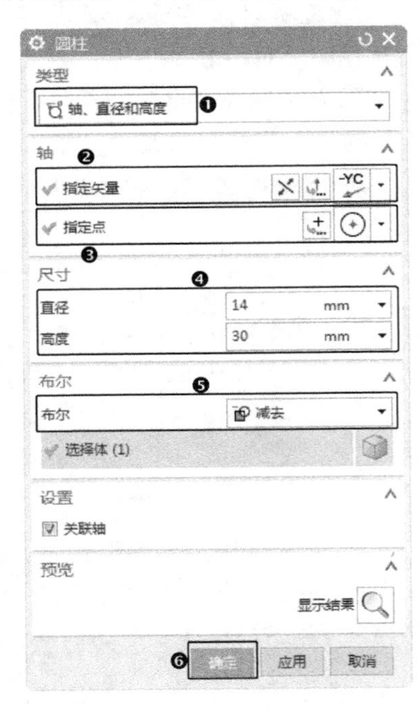

图 6-312 “圆柱”对话框

（2）❶选择“轴、直径和高度”类型，❷在“指定矢量”下拉列表中选择“-YC 轴”。

（3）❸在“指定点”下拉列表中选择“圆弧中心 / 椭圆中心 / 球心”⊙，❹在直径和高度中输入 14，30。捕捉如图 6-313 所示的拉伸体的上表面圆心为圆柱体放置位置，❺在布尔下拉列表中选择“减去”，系统自动选择圆柱体，❻单击“确定”按钮，生成模型如图 6-314 所示。

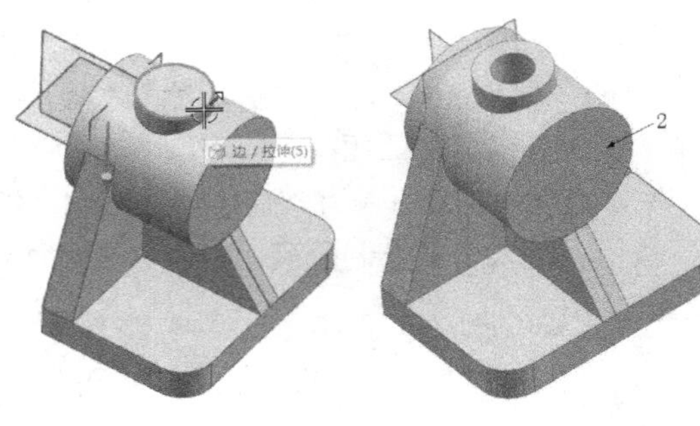

图 6-313 捕捉圆心　　图 6-314 创建孔

Step 15 创建草图

（1）在菜单栏中选择“菜单”→“插入”→“在任务环境中绘制草图”命令或单击“曲线”选项卡“在任务环境中绘制草图”按钮，弹出“创建草图”对话框。

（2）平面方法选择“自动判断”，选择如图 6-314 所示面 2 为草图绘制面，单击“确定”按钮，进入草图绘制阶段，绘制如图 6-315 所示的草图。

（3）单击“主页”选项卡“草图”组中的“完成”按钮，返回建模模块。

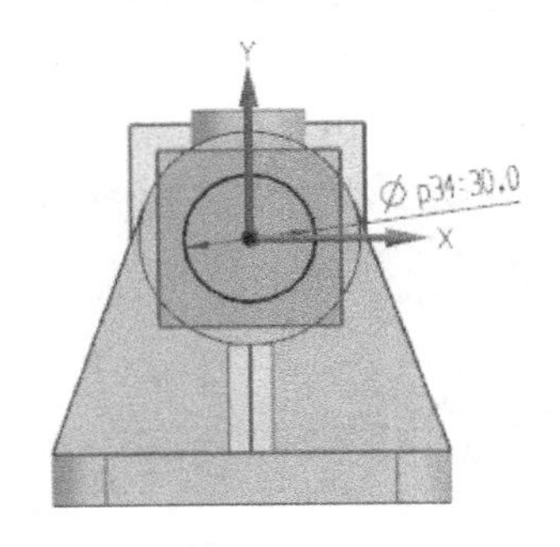

图 6-315 捕捉圆心

Step 16 创建拉伸

（1）在菜单栏中选择“菜单”→“插入”→“设计特征”→“拉伸”命令或单击“主页”选项卡“特征”组中“设计特征”下拉菜单中的“拉伸”按钮，弹出“拉伸”对话框。

（2）选择上步创建的草图为拉伸曲线，在“指定矢量”下拉列表中选择“-ZC 轴”为拉伸方向。

（3）在“开始距离”和“结束距离”文本框中输入 0 和 50，在“布尔”下拉列表中选择“减去”，系统自动选择圆柱体，单击“确定”按钮，完成拉伸操作，如图 6-316 所示。

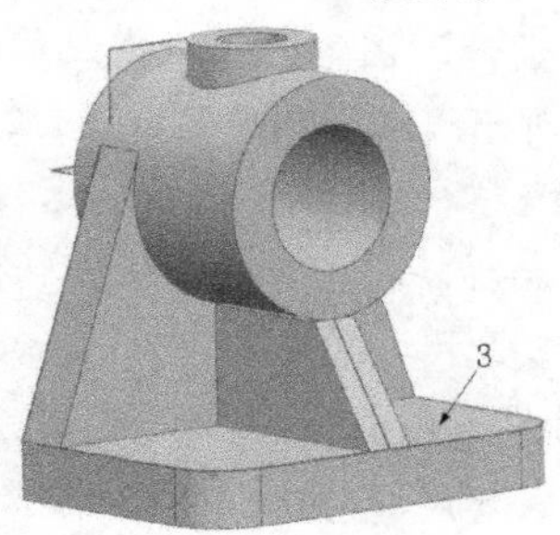

图 6-316　创建孔

Step 17 创建圆孔

（1）在菜单栏中选择“菜单”→“插入”→“设计特征”→“孔”命令或单击“主页”选项卡“特征”组中的“孔”按钮，弹出如图 6-317 所示的“孔”对话框。

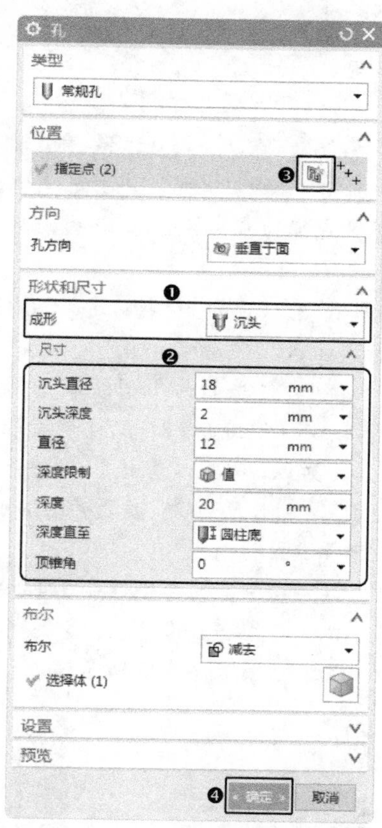

图 6-317　“孔”对话框

（2）❶ 选择“沉头”成形，❷ 在“沉头直径”“沉头深度”“直径”和“深度”文本框中分别输入 18、2、12、20。

（3）❸ 单击“绘制截面”按钮，选择如图 6-316 所示的面 3 为草图绘制面，绘制如图 6-318 所示的草图，单击“主页”选项卡“草图”组中的“完成”按钮。

（4）返回到“孔”对话框，❹ 单击“确定”按钮，完成孔的创建，如图 6-319 所示。

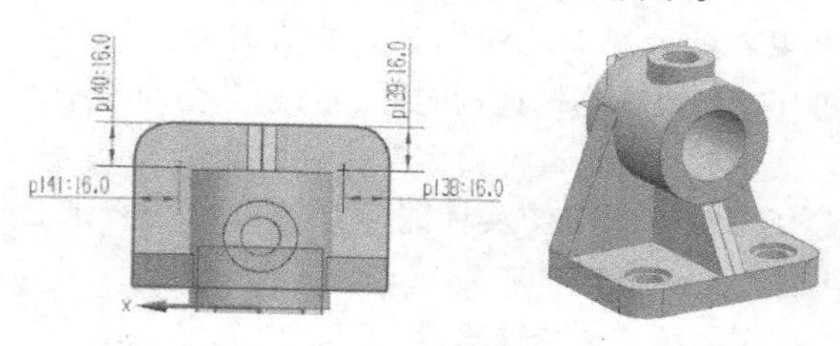

图 6-318　绘制草图　　图 6-319　创建沉头孔

Step 18 隐藏草图和基准

（1）在菜单栏中选择“菜单”→“编辑”→“显示和隐藏”→“隐藏”命令，弹出“类选择”对话框。

（2）单击“类型过滤器”按钮，系统弹出如图 6-320 所示的“按类型选择”对话框，❶ 选择“草图”和“基准”选项，❷ 单击“确定”按钮。

（3）返回到“类选择”对话框，单击“全选”按钮，选择视图中所有的草图和基准。单击“确定”按钮，草图和基准被隐藏，如图 6-321 所示。

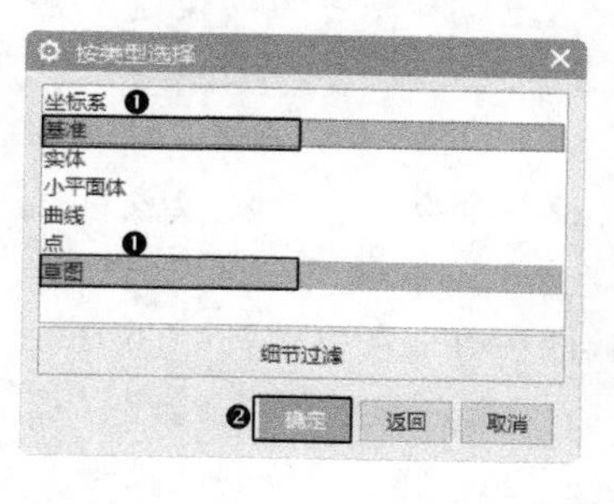

图 6-320　“按类型选择”对话框　图 6-321　隐藏草图和基准

6.6　新手问答

❓ Q1：UG 抽壳时，若壁厚大于圆角而导致抽壳失败的情况，怎么解决？

答：（1）先对线段倒角，半径小于抽壳厚度，然后再进行抽壳。但是倒角依然存在。

（2）在部件导航器中单击倒角和抽壳之前的特征，将该特征设为当前特征，然后选择“格式”→“复制到图层”命令把该特征复制到另一个图层上去，并将此图层隐藏。然后把抽壳特征设为当前特征，再把第二层打开，利用第二层的实体和第一层的实体进行求交运算，此时现在的外观面就没有了之前的倒角。

Q2：UG 齿轮建模时插齿刀齿数有何限制？

答：内啮合齿轮插齿刀最少齿数为 10。

Q3：创建拉伸实体时怎么选取草图一部分进行拉伸？

答：在“选择过滤器”下拉列表中选择“单条曲线”，然后就可以任意选择需要的线条了。选择过滤器一般默认为自动判断曲线。

6.7 上机实验

通过前面的学习，相信读者对本章知识已有了一个大体的了解。本节将通过两个操作练习帮助读者巩固本章的知识要点。

【练习 1】绘制笔芯

1. 目的要求

本练习设计的图形是一个常见学习用品，如图 6-322 所示。在绘制的过程中，主要用到“圆柱”和“球”命令。通过本练习帮助读者掌握体素特征命令的用法。

2. 操作提示

（1）利用“圆柱”命令，在坐标原点绘制直径为 4、高度为 150 的圆柱体。

（2）利用“圆柱”命令，在坐标点（0,0,150）处绘制直径为 2、高度为 4 的圆柱体。重复“圆柱”命令，在坐标点（0,0,154）处绘制直径为 1、高度为 2.5 的圆柱体。

（3）利用“球”命令，在第二个凸台上端面中心创建直径为 1 的球，并进行求和操作。

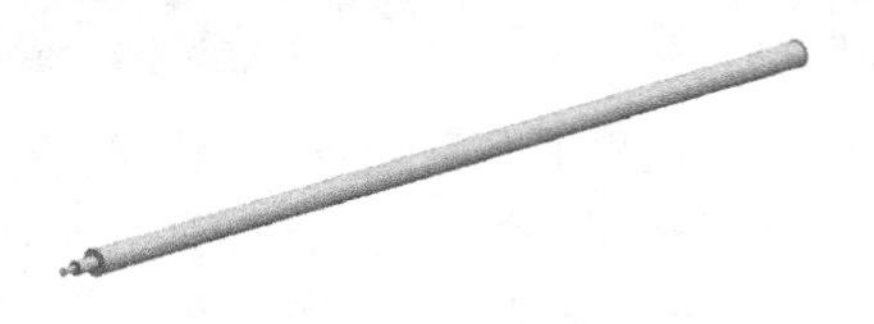

图 6-322　笔芯

【练习 2】绘制笔帽

1. 目的要求

本练习设计的图形是一个常见的学习用品，如图 6-323 所示。在绘制的过程中，主要用到“沿引导线扫掠”和“圆锥”命令。通过本练习帮助读者掌握扫描特征命令的用法。

2. 操作提示

（1）利用“圆柱”命令，在坐标原点处绘制直径为 11、高度为 44.5 的圆柱体。

（2）利用“球”命令，在圆柱体的上端面中心创建直径为 11 的球，并进行求和操作，如图 6-324 所示。

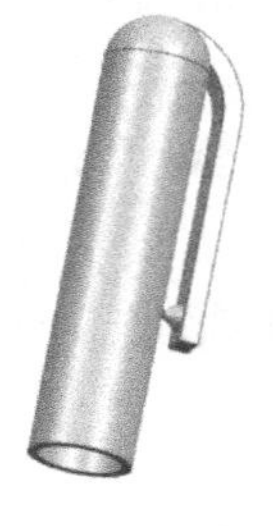

图 6-323　笔帽

图 6-324　创建球体

（3）利用“圆柱”命令，在圆柱体的下端面中心创建直径为 9、高度为 40 的圆柱体，并进行求差操作。

（4）利用“基准平面”命令创建 XC-YC 平面、YC-ZC 平面和 XC-ZC 平面。

（5）以 XC-ZC 平面为草图绘制平面，利用“圆弧”命令，以（0,40）为圆心，绘制半径为 8.5、角度为 90 的圆弧；利用“直线”命令，以圆弧端点为起点，绘制长度为 25、角度为 270 的直线，如图 6-325 所示。

（6）以 YC-ZC 平面为草图绘制平面，利用“矩形”命令，以（-2,49.5）为角点，绘制宽度为 4、高度为 2 的矩形，如图 6-326 所示。

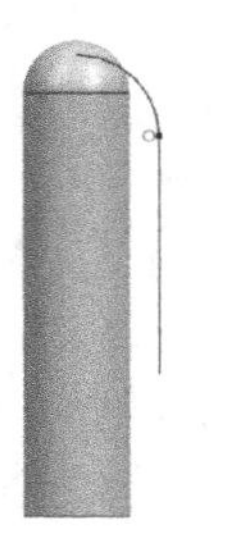

图 6-325　绘制草图 1

图 6-326　绘制草图 2

（7）利用“沿引导线扫掠”命令,以步骤（5）绘制的草图为引导线，步骤（6）中绘制的草图为截面，创建实体。

（8）利用“圆锥”命令，在坐标（7.5,0,18）处创建底部直径为3、顶部直径为1、半角为30的圆锥，并进行求和操作。

6.8 思考与练习

一、选择题

1. 对话框(　　)决定创建一个圆柱的方向。

A. 矢量构造器　　B. ABS 定位

C. 点构造器　　D. WCS 定位

2. 工具（　　）列出特征列表，而且可以作为显示和编辑特征的捷径。

A. 装配导航器　　B. 特征列表

C. 编辑和检查工具　　D. 件导航器

3. 基本体素特征不包括（　　）。

A. 扫描　　B. 立方体

C. 圆柱体　　D. 球

4. 用键槽命令可以创建（　　）种槽形。

A. 3　　B. 5　　C. 7　　D. 10

5. 通过绕一个给定轴以非零角度旋转截面曲线建立一个旋转体特征，生成全圆形或部分圆形体的命令是（　　）。

A. 扫掠　　B. 拔模

C. 回转　　D. 拉伸

二、简答题

1. 在使用自由成型命令时，如何控制对象生成的是片体还是实体？什么情况下只会生成片体？

2. 在什么情况下需要自定义特征，如何创建和引用自定义特征？

3. 创建拉伸实体时如何选择草图曲线才不会发生扭曲？

读书笔记

第 7 章　特征操作

本章导读

特征操作是在特征建模基础上的进一步细化。其中大部分命令也可以在菜单栏中找到，只是 UG NX 12.0 中已将其分散在很多子菜单命令中。例如“插入”→“关联复制”和“插入”→“修剪”及“插入”→“细节特征”等子菜单下。

内容要点

- 细节特征
- 关联复制特征
- 偏置 / 缩放特征
- 修剪

7.1 细节特征

本节主要介绍细节特征子菜单中的特征。

7.1.1 边倒圆

在菜单栏中选择“插入”→“细节特征”→“边倒圆”命令或单击“主页”功能区“特征”组中的“边倒圆”按钮,打开“边倒圆”对话框，如图 7-1 所示。该选项能通过对选定的边进行倒圆来修改一个实体。示意图如图 7-2 所示。

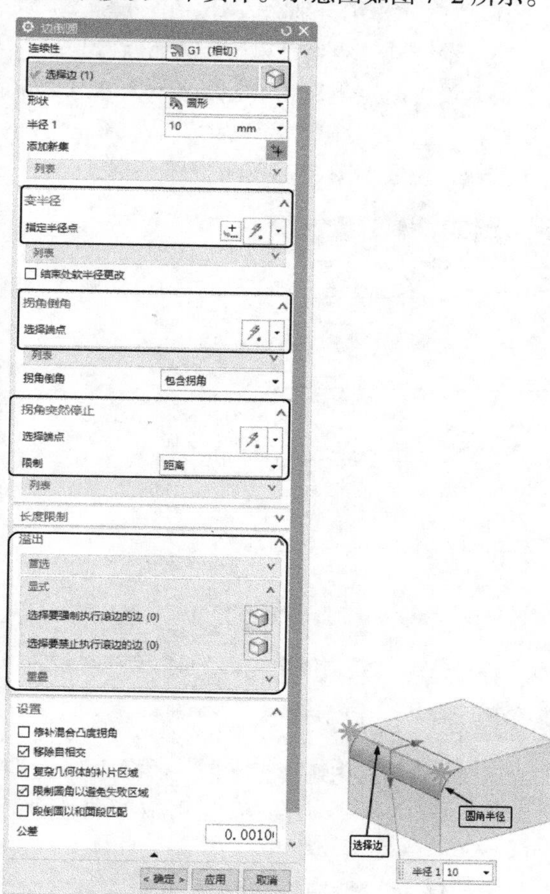

图 7-1　“边倒圆”对话框　图 7-2　“边倒圆”示意图

“边倒圆”对话框中各选项的功能如下。

（1）选择边：选择要倒圆角的边，在打开的浮动对话栏中输入想要的半径值（它必须是正值）即可。圆角沿着选定的边生成。

（2）变半径：通过沿着选中的边缘指定多个点并输入每一个点上的半径，可以生成一个可变半径圆角。“变半径”对话框如图 7-3 所示，从而生成了一个半径沿着其边缘变化的圆角。示意图如图 7-4 所示。

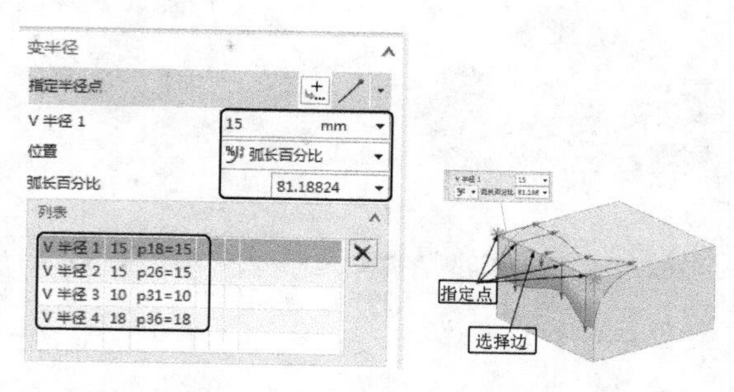

图 7-3　“变半径”对话框　图 7-4　“变半径”示意图

选择倒角的边，可以通过弧长取点，如图 7-5 所示。每一处边倒角系统都设置了对应的表达式。用户可以通过它进行倒角半径的调整。当在可变窗口区选取某点进行编辑时，右击在弹出的快捷菜单中选择“移除”命令来删除点。在工作绘图区系统中显示对应点，可以动态调整。

（3）拐角倒角：该选项可以生成一个拐角圆角，也被称为球状圆角。该选项用于指定所有圆角的偏置值（这些圆角一起形成拐角），从而能控制拐角的形状。拐角是作为非类型表面钣金冲压的一种辅助，并不意味着要用于生成曲率连续的面。

（4）拐角突然停止：该选项通过添加中止倒角点，来限制边上的倒角范围。示意图如图 7-6 所示。

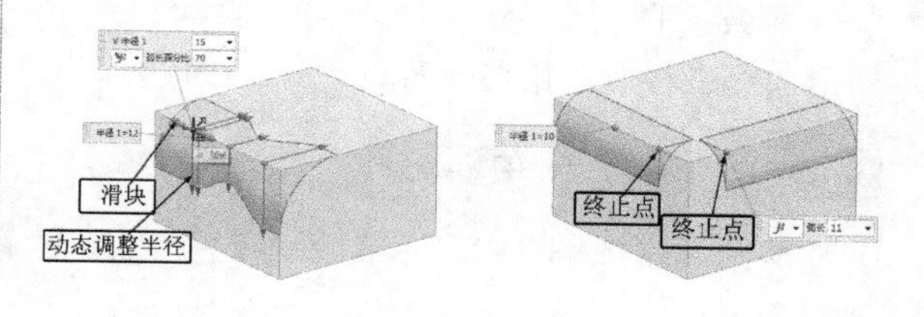

图 7-5　“调整点”示意图　图 7-6　“拐角突然停止”示意图

（5）溢出：在生成边缘圆角时控制溢出的处理方法。

①跨光顺边滚边：该选项用于在倒角遇到另一表面时，实现光滑倒角过渡，如图 7-7 所示。

②沿边滚动：该选项即以前版本中的允许陡峭边缘溢出，在溢出区域保留尖锐的边缘，如图 7-8 所示。

③修剪圆角：该选项用于在倒角过程中与定义倒角边的面保持相切，并移除阻碍的边。

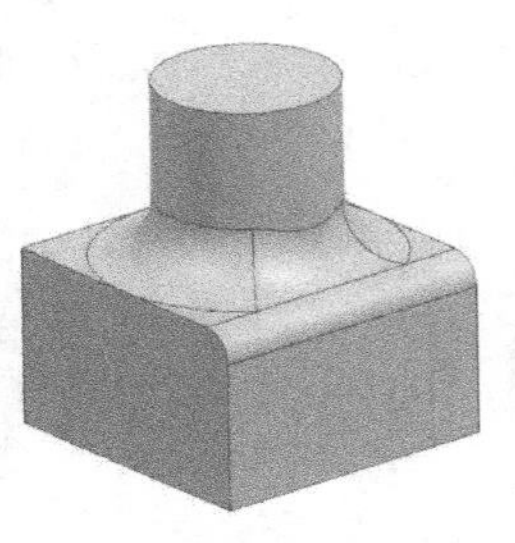

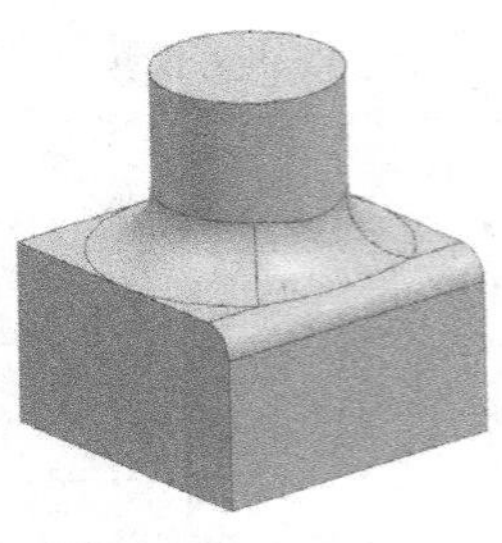

（a）取消勾选“跨光顺边滚边”复选框 （b）勾选“跨光顺边滚边”复选框

图 7-7 跨光顺边滚边

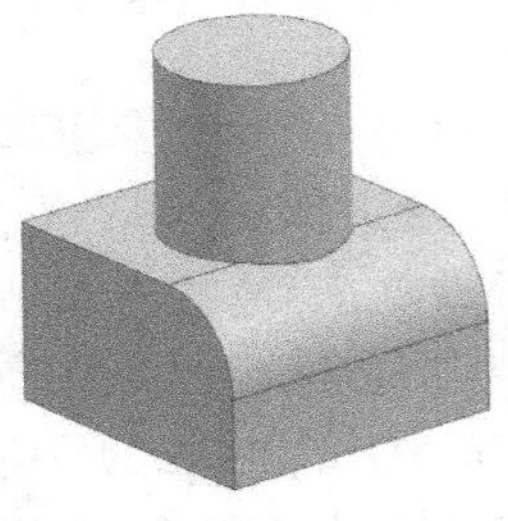

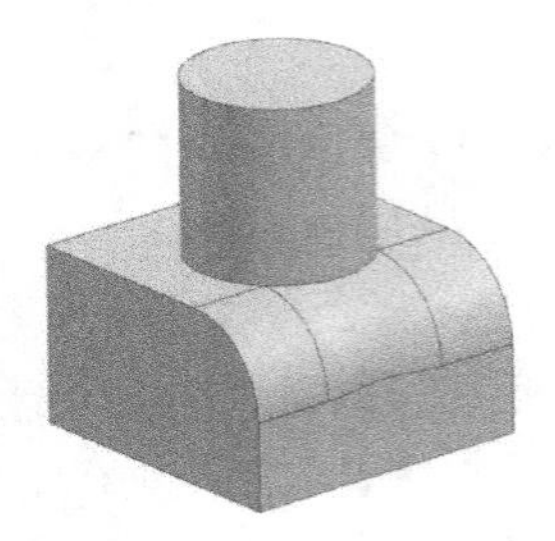

（a）取消勾选“沿边滚动”复选框 （b）勾选“沿边滚动”复选框

图 7-8 沿边滚动

（4）设置：该选项组中包括如下选项。

①修补混合凸度拐角：该选项即以前版本中的柔化圆角顶点选项，允许 Y 形圆角。当相对凸面的邻近边上的两个圆角相交三次或更多次时，边缘顶点和圆角的默认外形将从一个圆角滚动到另一个圆角上，Y 形顶点圆角提供在顶点处可选的圆角形状。

②移除自相交：由于圆角的创建精度等原因从而导致了自相交面，该选项可以自动利用多边形曲面来替换自相交曲面。

7.1.2 实例——手表时针

本例绘制如图 7-9 所示的手表时针，首先创建长方体，然后在长方体中创建圆柱体，再通过边倒圆和孔等操作，生成时针模型。

图 7-9 手表时针

绘制步骤

Step 01 新建文件

选择“文件”→“新建”命令，在弹出的“新建”对话框中，选择保存文件的位置，输入文件的名称 shizhen，选择“模型”模板。完成后单击“确定”按钮，进入实体建模环境。

Step 02 创建长方体

（1）在菜单栏中选择“菜单”→“插入”→“设计特征”→“长方体”命令，弹出“长方体”对话框，如图 7-10 所示。

（2）❶在“类型”下拉列表中选择“原点和边长”；❷在“长度（XC）”“宽度（YC）”和“高度（ZC）”文本框中分别输入 10、1、0.2。

（3）❸单击“点对话框”按钮，弹出“点”对话框，设置原点坐标为（0,0,0），❹单击“确定”按钮，返回“长方体”对话框后，单击“确定”按钮，生成如图 7-11 所示的长方体。

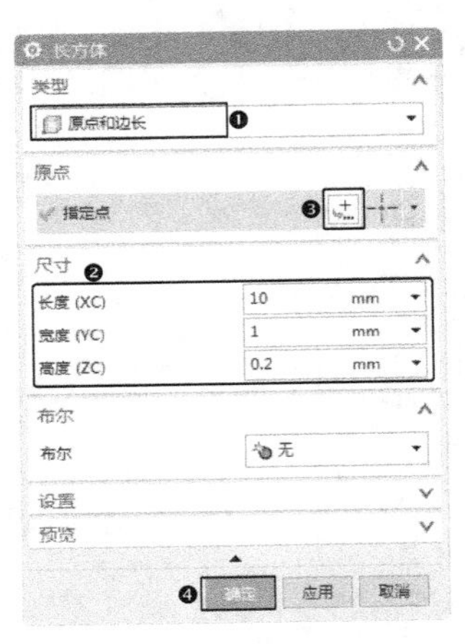

图 7-10 “长方体”对话框

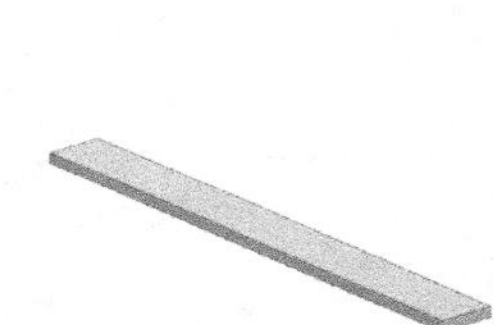

图 7-11 创建的长方体

Step 03 创建圆柱体

（1）在菜单栏中选择“菜单”→“插入”→“设计特征”→“圆柱”命令，弹出“圆柱”对话框，如图 7-12 所示。

（2）❶在“类型”下拉列表中选择“轴、直径和高度”，❷在“指定矢量”下拉列表中选择“ZC 轴”，❸单击“点对话框”按钮，在弹出的“点”对话框中设置原点坐标为（3,0.5,0），单击“确定”按钮。

（3）返回“圆柱”对话框，❹在“直径”和“高度”文本框中分别输入 2、0.2，❺在“布尔”下拉列表中选择“合并”，系统将自动选择长方体，❻然后单击“确定”按钮，生成的圆柱体如图 7-13 所示。

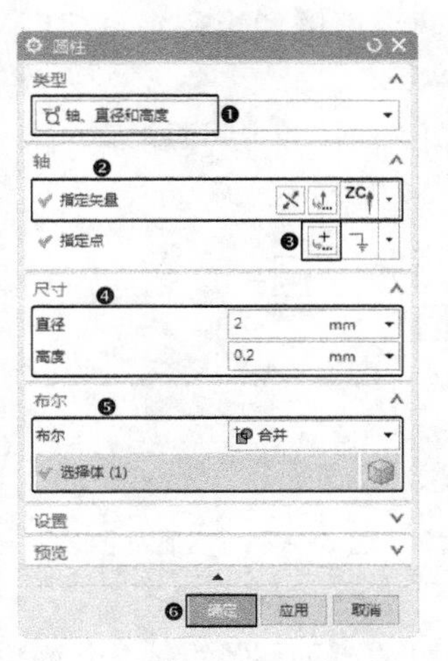
图 7-12 “圆柱”对话框

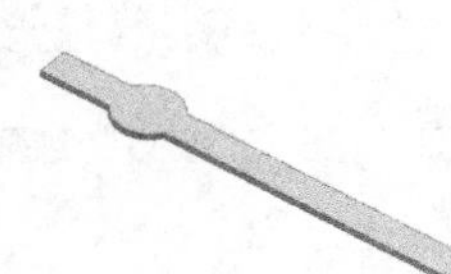
图 7-13 创建的圆柱体

Step 04 创建简单孔

（1）在菜单栏中选择“菜单”→“插入”→“设计特征”→“孔”命令或单击“主页”选项卡“特征”组中的“孔”按钮，弹出如图 7-14 所示的“孔”对话框。

（2）❶ 在“类型”下拉列表中选择“常规孔”选项，❷ 在“形状和尺寸”选项组的“成形”下拉列表中选择“简单孔”。

（3）❸ 单击“点”按钮，拾取圆柱体的上边线，捕捉圆心为孔位置，如图 7-15 所示。

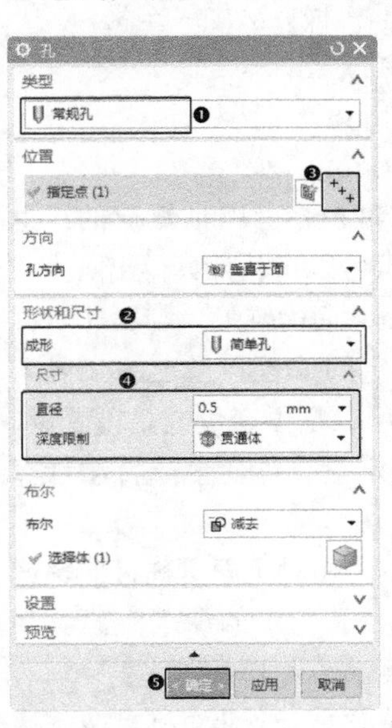
图 7-14 “孔”对话框

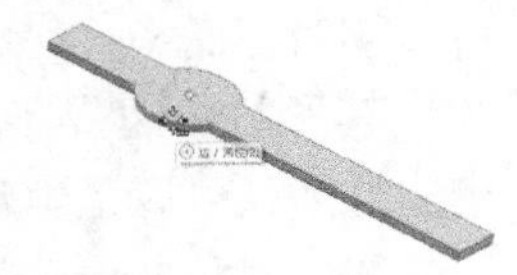
图 7-15 捕捉圆心

（4）在“孔”对话框中，❹ 设置孔的“直径”和“深度限制”为 0.5、“贯通体”，❺ 单击“确定”按钮，完成简单孔的创建，如图 7-16 所示。

图 7-16 创建孔

Step 05 创建边倒圆

（1）在菜单栏中选择“菜单”→“插入”→“细节特征”→“边倒圆”命令或单击“主页”选项卡“特征”组中的“边倒圆”按钮，弹出如图 7-17 所示的“边倒圆”对话框。

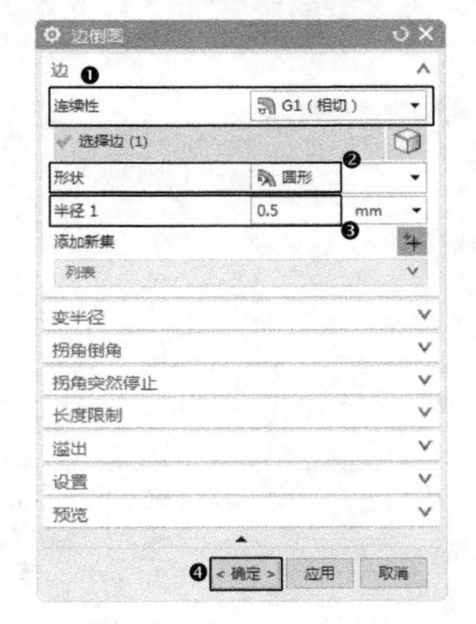
图 7-17 “边倒圆”对话框

（2）❶ 在“连续性”下拉列表中选择“相切”。

（3）❷ 在“形状”下拉列表中选择“圆形”。

（4）❸ 在视图中选择如图 7-18 所示要倒圆的边，并在“半径 1”文本框中输入 0.5。

（5）❹ 在“边倒圆”对话框中单击“确定”按钮，结果如图 7-19 所示。

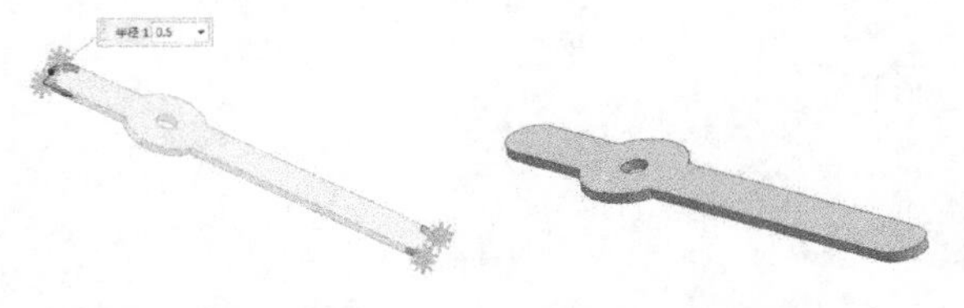
图 7-18 选择要倒圆的边　　图 7-19 创建圆角

（6）以同样的方法，为实体的整个上端面各边倒圆，倒圆半径为 0.1，如图 7-20 所示，生成的模型如图 7-21 所示。

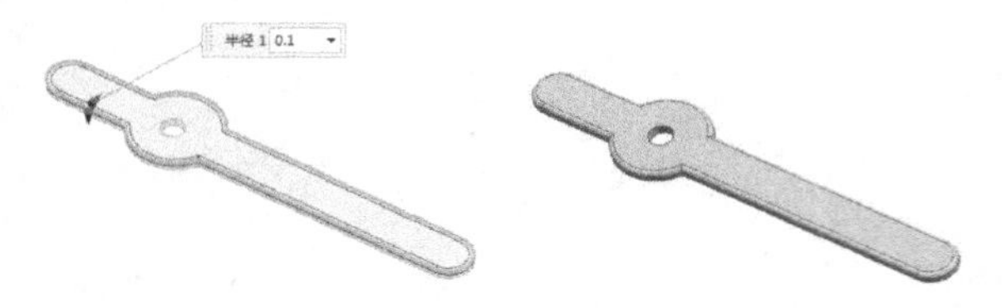

图 7-20　为整个上端面各边倒圆　　图 7-21　模型

7.1.3 面倒圆

在菜单栏中选择“插入”→“细节特征”→“面倒圆”命令或单击“主页”功能区“特征”组中的“面倒圆”按钮，打开“面倒圆”对话框，如图 7-22 所示。此选项通过可选的圆角面的修剪生成一个相切于指定组的圆角。

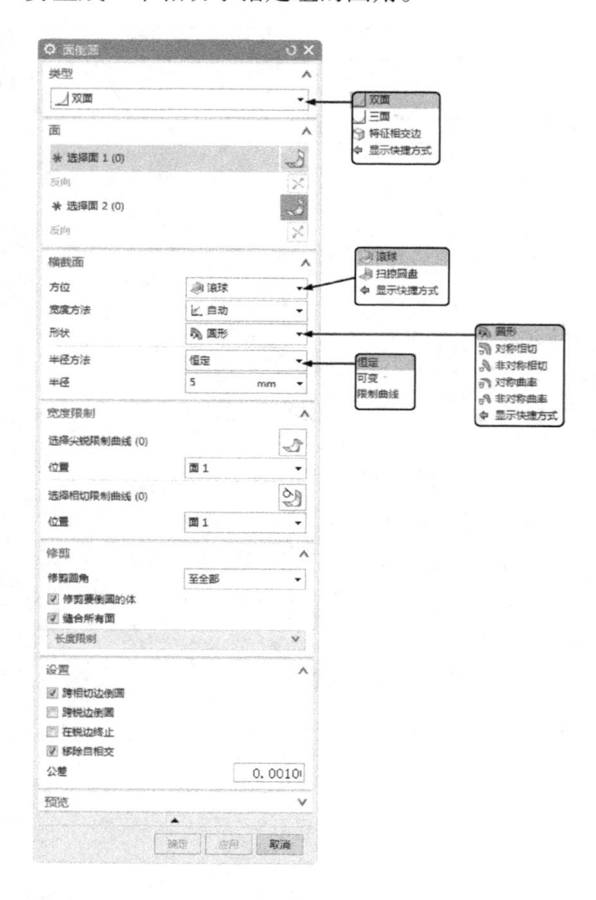

图 7-22　“面倒圆”对话框

“面倒圆”对话框中部分选项的功能如下。

1. 类型

（1）双面：选择两个面链和半径来创建圆角。示意图如图 7-23 所示。

（2）三面：选择两个面链和中间面来完全倒圆角。示意图如图 7-24 所示。

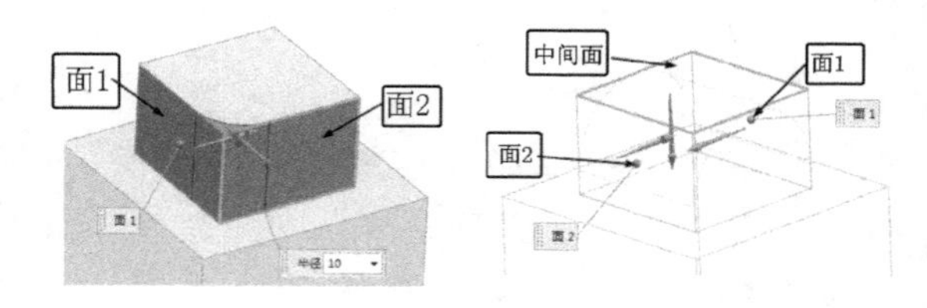

图 7-23　“双面”倒圆角　图 7-24　“三面”倒圆角

2. 面

（1）选择面 1：用于选择面倒圆的第一个面。

（2）选择面 2：用于选择面倒圆的第二个面。

3. 横截面

（1）方位

①滚球：它的横截面位于垂直于选定的两组面的平面上。

②扫掠圆盘：与滚动球不同的是在倒圆横截面中多了脊曲线。

（2）形状

①圆形：横截面为圆形。其形状由半径定义，半径可以恒定或可变。

②对称相切：横截面是与面对称且相切的二次曲线。其形状由以下三种方法之一定义。

第一种：边界和中心。

第二种：边界和 Rho。

第三种：中心和 Rho。

其中边界、中心和 Rho 可以是恒定的，也可以是可变的。Rho 也可以自动计算得出。

③非对称相切：横截面为锥形，与面非对称且相切。其形状由指定的偏置和指定的 Rho 定义。其中指定的偏置可以是恒定量或是可变量，指定的 Rho 可以是恒定量、可变量或自动计算得出。

④对称曲率：横截面相对于面对称且曲率连续。其形状由边界半径和指定的深度定义。其中边界半径可以是恒定量或是可变量。

⑤非对称曲率：横截面与面非对称且曲率连续。其形状由指定的偏置、深度和歪斜度定义。

其中指定的偏置可以是恒定量或是可变量，指定的深度和歪斜度由规律控制。

（3）半径方法

①恒定：为保持圆角半径恒定，只允许使用正值。

②可变：根据规律类型和规律值，基于脊线上两个或多个个体点改变圆角半径。

③限制曲线：半径由限制曲线定义，且该限制曲线始终与倒圆保持接触，并且始终与选定曲线或边相切。该曲线必须位于一个定义面链内。

7.1.4 倒斜角

在菜单栏中选择“插入”→“细节特征”→“倒斜角”命令或单击“主页”功能区“特征”组中的“倒斜角”按钮，打开“倒斜角”对话框，如图 7-25 所示。该选项通过定义所需的倒角尺寸在实体的边上形成斜角。倒角功能的操作与圆角功能非常相似。

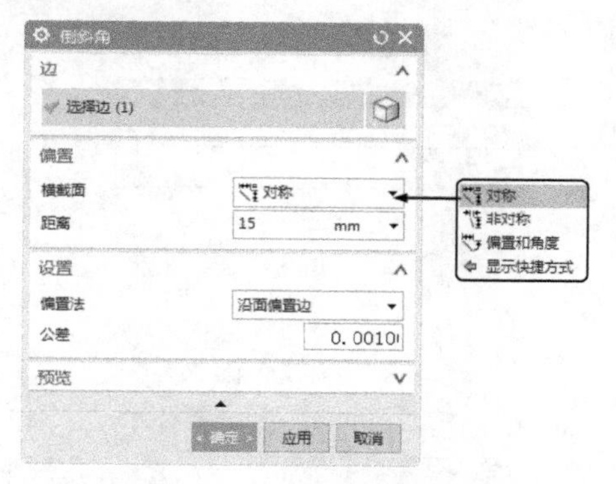

图 7-25 “倒斜角”对话框

“倒斜角”对话框中各选项的功能如下。

（1）对称：用于生成一个简单的倒角，它沿着两个面的偏置是相同的。必须输入一个正的偏置值。示意图如图 7-26 所示。

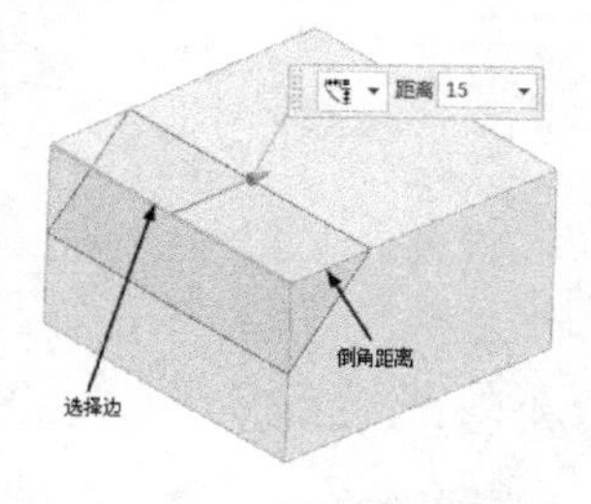

图 7-26 “对称”示意图

（2）非对称：用于与倒角边邻接的两个面分别采用不同偏置值来创建倒角，必须输入“距离 1”的值和“距离 2”的值。这些偏置是从选择的边沿着面测量的。这两个值都必须是正值，如图 7-27 所示。在生成倒角以后，如果倒角的偏置和想要的方向相反，可以选择“反向”。

（3）偏置和角度：该选项可以用一个角度来定义简单的倒角，需要输入“距离”值和“角度”值，如图 7-28 所示。

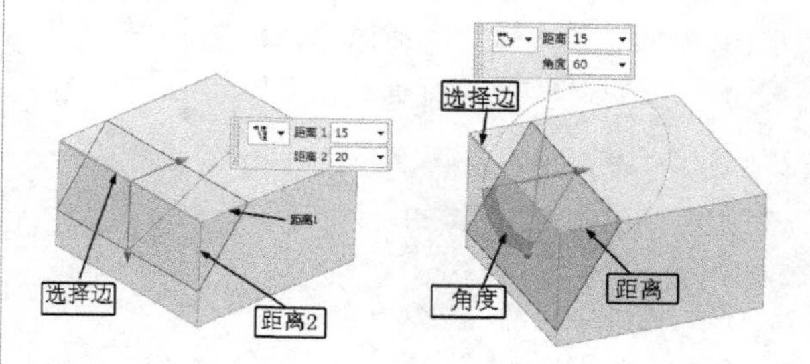

图 7-27 “非对称”示意图　　图 7-28 “偏置和角度”示意图

7.1.5 实例——分针

本例绘制如图 7-29 所示的分针，分针由两部分组成，首先创建长方体，然后在长方体中创建圆柱体，再通过边倒角、边倒圆和孔等操作，生成分针模型。

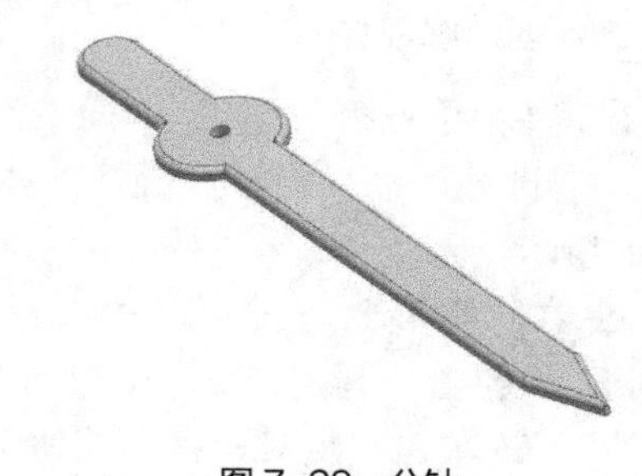

图 7-29 分针

绘制步骤

Step 01 新建文件

在菜单栏中选择“文件”→“新建”命令，在弹出的“新建”对话框中，选择保存文件的位置，输入文件的名称“fenzhen”，选择“模型”模板。完成后单击“确定”按钮，进入实体建模环境。

Step 02 创建长方体

（1）在菜单栏中选择“菜单”→“插入”→“设计特征”→“长方体”命令，弹出“长方体”对话框，如图 7-30 所示。

（2）❶在“类型”下拉列表中选择“原点和边长”；❷在“长度（XC）”“宽度（YC）”和“高度（ZC）”文本框中分别输入 14、1、0.2。

（3）❸单击“点对话框”按钮，弹出“点”对话框，设置原点坐标为（0,0,0），单击“确定”按钮，返回“长方体”对话框后，❹单击“确定”按钮，生成如图 7-31 所示的长方体。

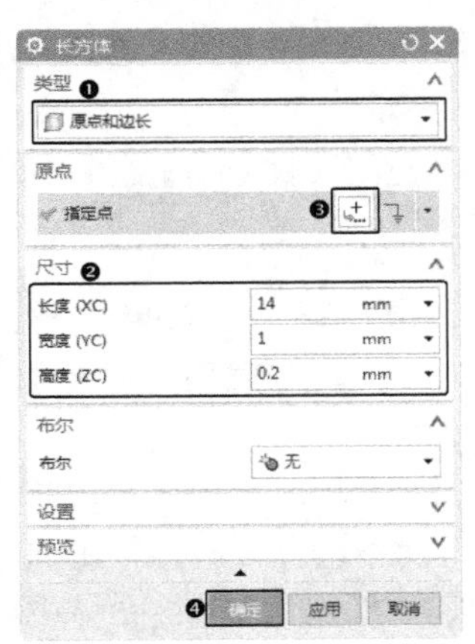

图 7-30 “长方体”对话框

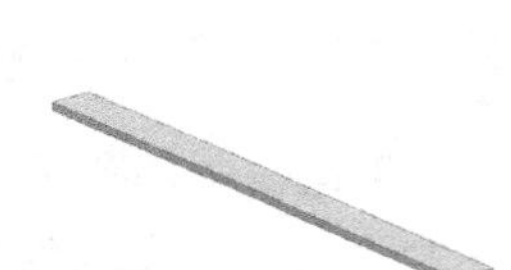

图 7-31 创建长方体

Step 03 创建圆柱体

（1）在菜单栏中选择“菜单”→“插入”→“设计特征”→“圆柱”命令，弹出“圆柱”对话框，如图 7-32 所示。

（2）❶在“类型”下拉列表中选择“轴、直径和高度”，❷在“指定矢量”下拉列表中选择“ZC 轴”，❸单击“点对话框”按钮，弹出“点”对话框，设置原点坐标为（3,0.5,0），单击“确定”按钮。

（3）返回“圆柱”对话框，❹在“直径”和“高度”文本框中分别输入 2、0.2，❺在“布尔”下拉列表中选择“合并”，系统将自动选择长方体，❻单击“确定”按钮，生成的圆柱体如图 7-33 所示。

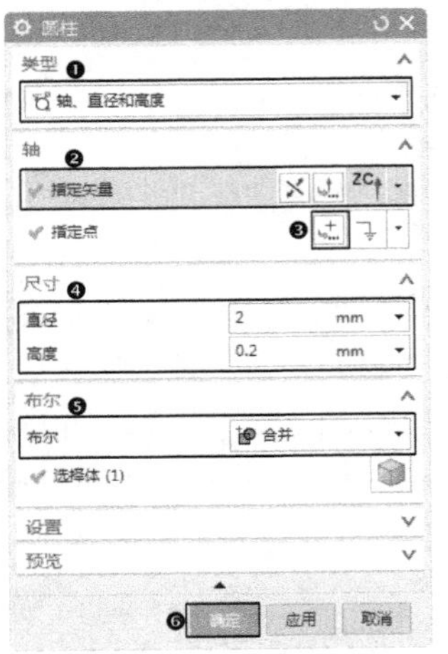

图 7-32 “圆柱”对话框

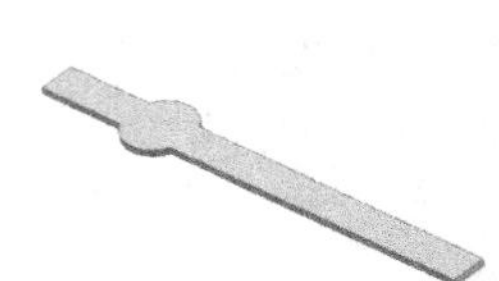

图 7-33 创建圆柱体

Step 04 创建简单孔

（1）在菜单栏中选择“菜单”→“插入”→“设计特征”→“孔”命令或单击“主页”选项卡“特征”组中的“孔”按钮，弹出如图 7-34 所示的“孔”对话框。

图 7-34 “孔”对话框

（2）❶在“类型”下拉列表中选择“常规孔”，❷在“形状和尺寸”选项组的“成形”下拉列表中选择“简单孔”。

（3）❸ 单击“点”按钮，拾取圆柱体的上边线，捕捉圆心为孔位置，如图 7–35 所示。

（4）在“孔”对话框中，❹ 设置孔的“直径”和“深度限制”为 0.3、“贯通体”，❺ 单击“确定”按钮，完成简单孔的创建，如图 7–36 所示。

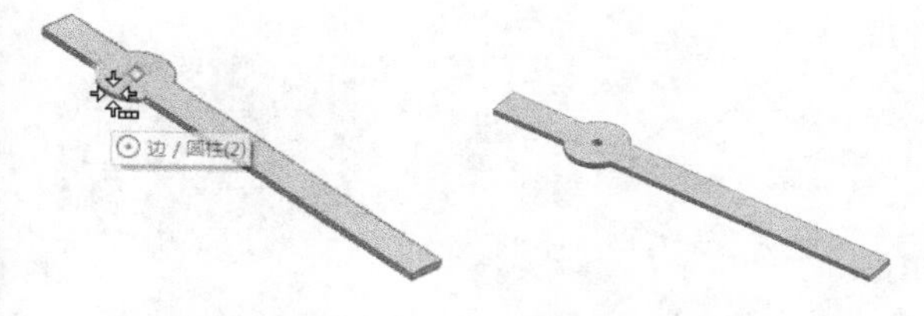

图 7–35　捕捉圆心　　　　图 7–36　创建孔

Step 05 创建边倒圆

（1）在菜单栏中选择“菜单”→“插入”→“细节特征”→“边倒圆”命令或单击“主页”选项卡“特征”组中的“边倒圆”按钮，弹出如图 7–37 所示的“边倒圆”对话框。

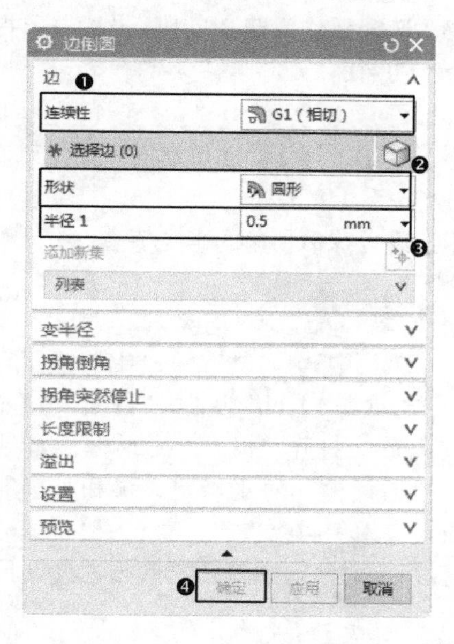

图 7–37　“边倒圆”对话框

（2）❶ 在“连续性”下拉列表中选择“相切”。

（3）❷ 在“形状”下拉列表中选择“圆形”。

（4）❸ 在视图中选择如图 7–38 所示要倒圆的边，并在“半径 1”文本框中输入 0.5。

（5）❹ 在“边倒圆”对话框中单击“确定”按钮，结果如图 7–39 所示。

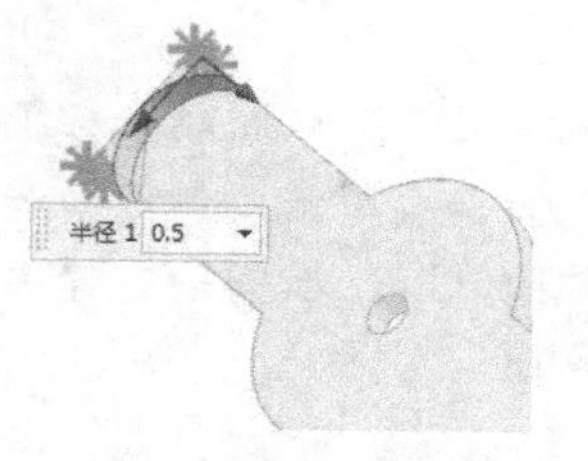

图 7–38　选择要倒圆的边　　　图 7–39　创建圆角

Step 06 创建倒斜角

（1）在菜单栏中选择“菜单”→“插入”→“细节特征”→“倒斜角”命令或单击“主页”选项卡“特征”组中的“倒斜角”按钮，弹出如图 7–40 所示的“倒斜角”对话框。

（2）❶ 在“横截面”下拉列表中选择“非对称”，❷ 在“距离 1”和“距离 2”文本框中分别输入 1.5 和 0.45，如图 7–40 所示。

（3）❸ 在视图中选择长方体的边，如图 7–41 所示。

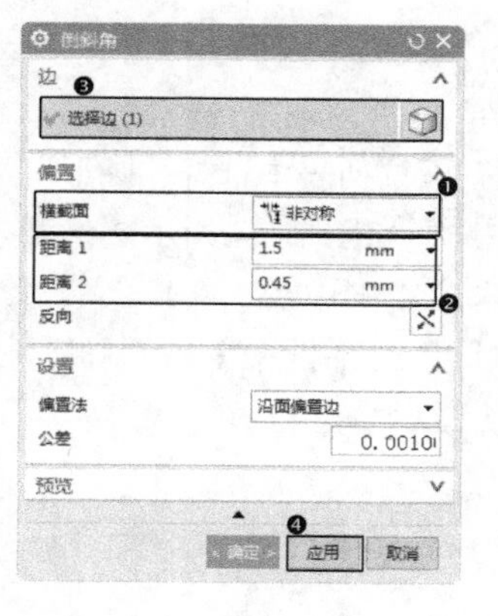

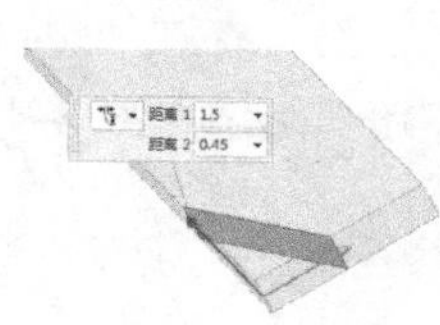

图 7–40　“倒斜角”对话框　　　图 7–41　选择倒角边

（4）❹ 在“倒斜角”对话框中单击“应用”按钮。

（5）选择另一条边，单击“倒斜角”对话框中的“确定”按钮，生成如图 7–42 所示的模型。

图 7–42　生成模型

Step 07 创建边倒圆

（1）在菜单栏中选择“菜单”→“插入”→“细节特征”→“边倒圆”命令或单击“主页”选项卡“特征”组中的“边倒圆”按钮，弹出如图 7-43 所示的“边倒圆”对话框。

图 7-43 “边倒圆”对话框

（2）❶ 在“连续性”下拉列表中选择“相切”。

（3）❷ 在“形状”下拉列表中选择“圆形”。

（4）❸ 在视图中选择如图 7-44 所示要倒圆的边，并在“半径 1”文本框中输入 0.1。

（5）❹ 在“边倒圆”对话框中单击“确定”按钮，结果如图 7-45 所示。

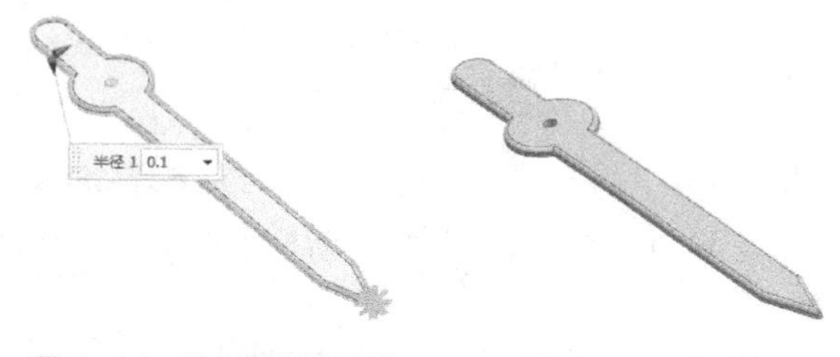

图 7-44 选择要倒圆的边　　图 7-45 模型

7.1.6 球形拐角

在菜单栏中选择“插入”→“细节特征”→“球形拐角”命令，打开如图 7-46 所示的“球形拐角”对话框。该对话框通过选择三个面创建一个球形角落相切曲面。三个面可以是曲面，也可以不需要相互接触，生成的曲面分别与三个曲面相切。示意图如图 7-47 所示。

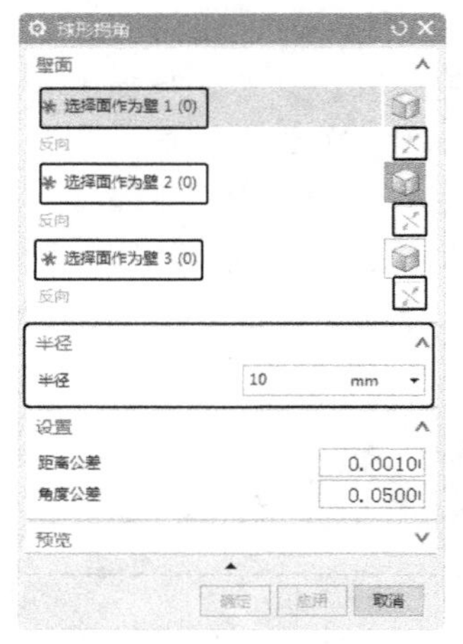

图 7-46 “球形拐角”对话框

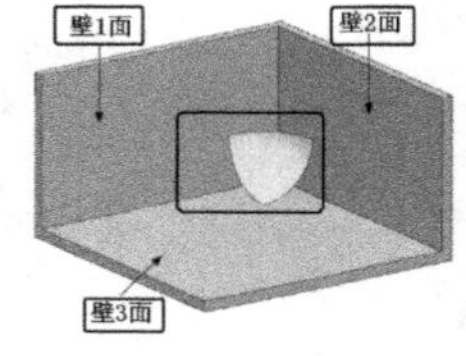

图 7-47 “球形拐角”示意图

1. 壁面

（1）选择面作为壁 1： 用于设置球形拐角的第一个相切曲面。

（2）选择面作为壁 2： 用于设置球形拐角的第二个相切曲面。

（3）选择面作为壁 3： 用于设置球形拐角的第三个相切曲面。

2. 反向

用于使球形拐角曲面的法向反向。

3. 半径

用于设置球形拐角的半径值。

7.1.7 拔模角

在菜单栏中选择“插入”→“细节特征”→“拔模”命令或单击“主页”功能区“特征”组中的“拔模”按钮，打开“拔模”对话框，如图 7-48 所示。该对话框相对于指定矢量和可选的参考点将拔模应用于面或边。

“拔模”对话框中部分选项的功能如下。

1. 面

该选项能将选中的面倾斜。示意图如图 7-49 所示。

（1）脱模方向： 定义拔模方向矢量。

（2）固定面： 定义拔模时不改变的平面。

（3）要拔模的面： 选择拔模操作所涉及的各个面。

（4）角度： 定义拔模的角度。

（5）距离公差： 更改拔模操作的“距离公

差”。默认值从建模预设置中取得。

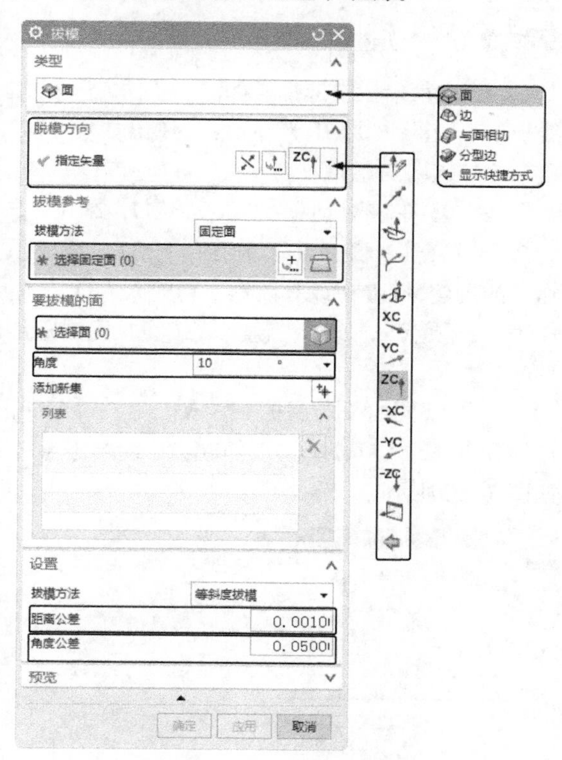

图 7-48 “拔模”对话框

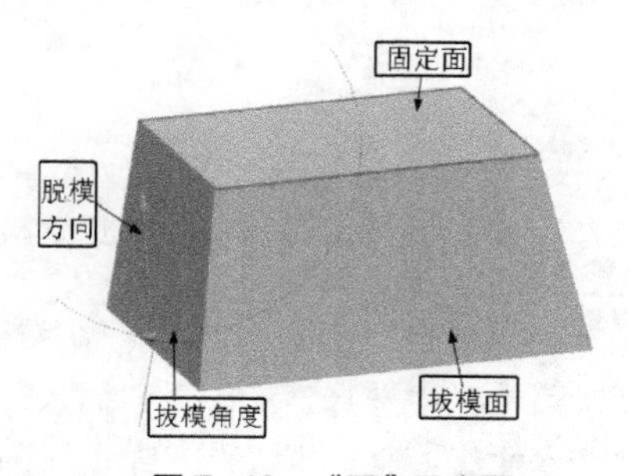

图 7-49 “面”示意图

（6）角度公差：更改拔模操作的“角度公差”。默认值从建模预设置中取得。

需要注意的是使用同样的固定面和方向矢量来拔模内部面和外部面，则内部面拔模和外部面拔模是相反的。

2. 边

能沿一组选中的边，按指定的角度拔模。该选项能沿选中的一组边按指定的角度和参考点拔模，“边”选项如图 7-50 所示。示意图如图 7-51 所示。

如果选择的边是平滑的，则将被拔模的面是拔模方向矢量所指一侧的面。

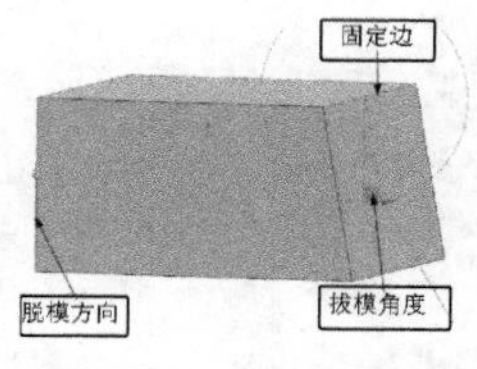

图 7-50 “边”选项

图 7-51 “边”示意图

3. 与面相切

能以给定的拔模角拔模，开模方向与所选面相切。该选项按指定的拔模角进行拔模，拔模与选中的面相切，“与面相切”选项如图 7-52 所示。用此角度来决定用作参考对象的等斜度曲线，然后就在离开方向矢量的一侧生成拔模面。示意图如图 7-53 所示。

该拔模类型对于模铸件和浇注件特别有用，可以弥补任何可能的拔模不足。

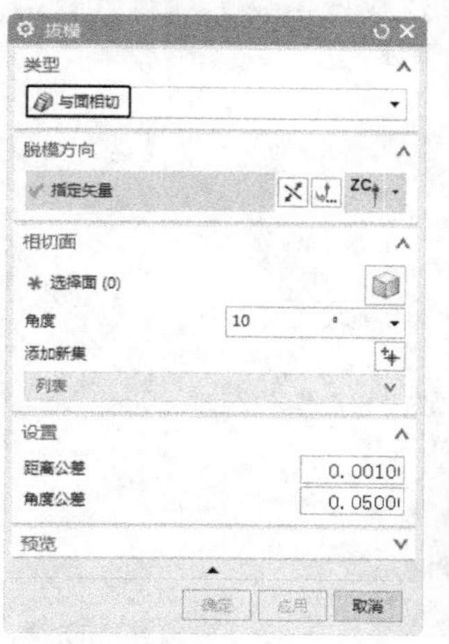

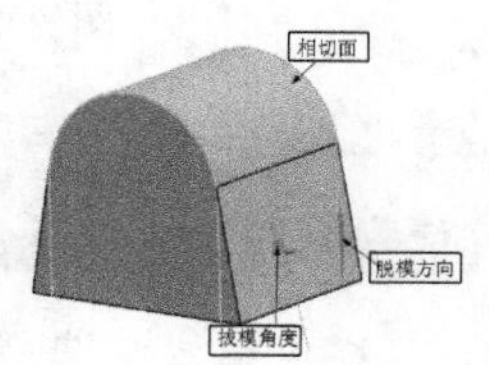

图 7-52 “与面相切”选项

图 7-53 “与面相切”示意图

4. 分型边

能沿一组选中的边，用指定的多个角度和一个参考点拔模，“分型边”选项如图 7–54 所示。该选项能沿选中的一组边用指定的角度和一个固定面生成拔模。分隔线拔模生成垂直于参考方向和边的扫掠面，如图 7–55 所示。在这种类型的拔模中，改变了面但不改变分隔线。当处理模铸塑料部件时这是一个常用的操作。

图 7–54　“分型边”选项

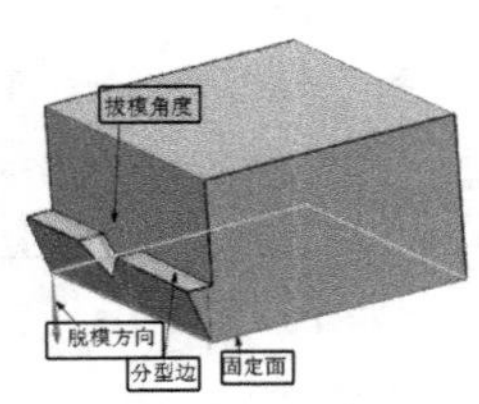

图 7–55　“分型边”示意图

7.1.8 实例——表壳基体

本例绘制如图 7–56 所示的表壳基体，首先创建表壳的曲线轮廓，其次通过拉伸操作得到实体模型，最后通过在拉伸模型上进行孔、凸台等操作，生成表壳基体模型。

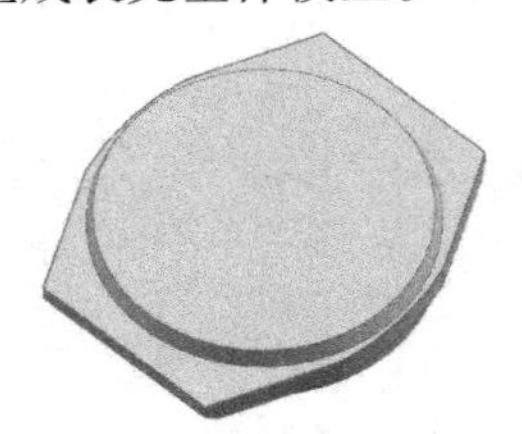

图 7–56　表壳基体

绘制步骤

Step 01 新建文件

在菜单栏中选择“文件”→“新建”命令，在弹出的“新建”对话框中，选择保存文件的位置，输入文件的名称“biaoke”，选择“模型”模板，完成后单击“确定”按钮，进入实体建模环境。

Step 02 创建矩形

（1）在菜单栏中选择“菜单”→“插入”→“曲线”→“矩形（原有）”命令，弹出如图 7–57 所示的“点”对话框。

（2）❶ 在该对话框中输入（–11,–21,0）作为矩形顶点 1，❷ 单击“确定”按钮，完成顶点 1 的创建，接着在该对话框中再输入（11,21,0）作为矩形顶点 2，单击“确定”按钮，完成矩形 1 的创建。

（3）以同样的方法，输入（–17.4,–7.4,0）作为顶点 1，（17.4,7.4,0）为顶点 2，创建矩形 2，如图 7–58 所示。

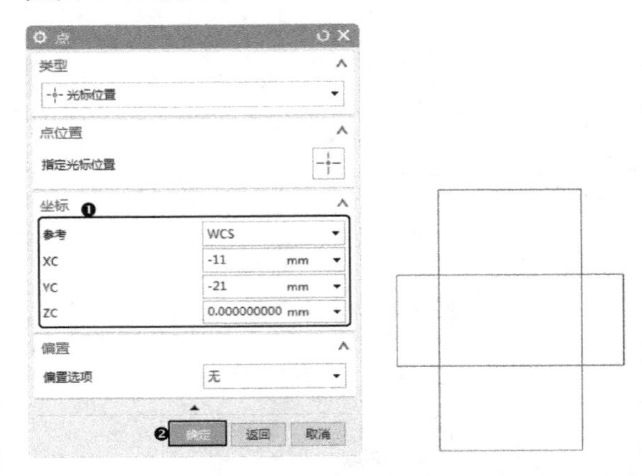

图 7–57　“点”对话框　　图 7–58　创建的两个矩形

Step 03 创建直线

（1）在菜单栏中选择“菜单”→“插入”→“曲线”→“基本曲线（原有）”命令，弹出如图 7–59 所示的“基本曲线”对话框。

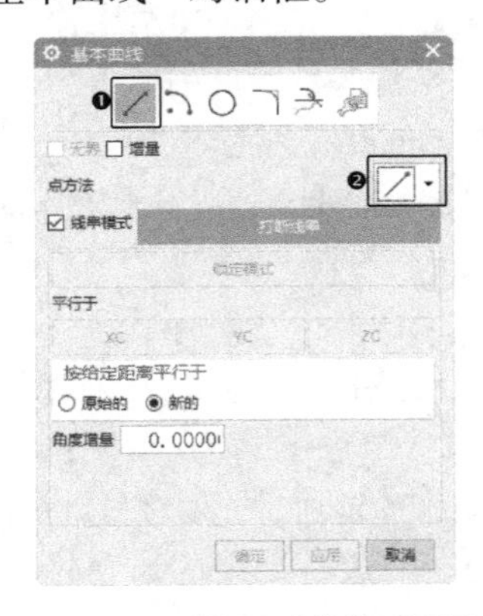

图 7–59　“基本曲线”对话框

（2）❶ 单击“直线”按钮 ，❷ 在“点方法”下拉列表中选择“端点” ，然后依次选择各矩形端点，完成直线的创建。此时的曲线模型如图 7-60 所示。

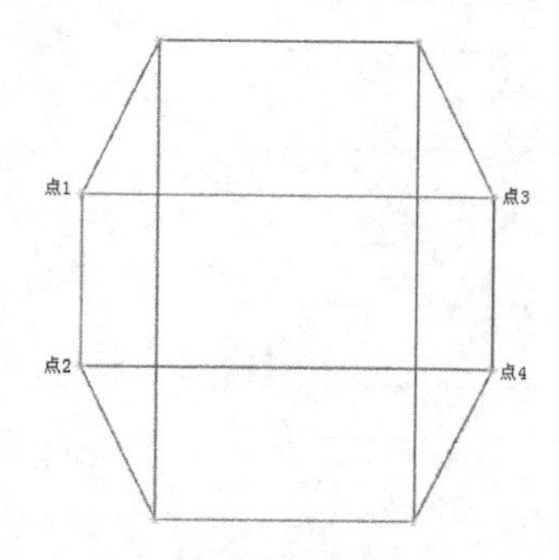

图 7-60 曲线模型

Step 04 创建圆弧

（1）在菜单栏中选择“菜单”→“插入”→“曲线”→“基本曲线（原有）”命令，弹出如图 7-61 所示的“基本曲线”对话框。

（2）单击“圆弧”按钮 ，在“创建方法”选项组中选中“起点，终点，圆弧上的点”单选按钮。

（3）选择如图 7-60 所示的点 1 和点 2，并在坐标对话框中输入（-18.5,0,0），完成弧 1 的创建。

（4）以同样的方法，选择点 3 和点 4，并输入（18.5,0,0），完成弧 2 的创建。此时的曲线模型如图 7-62 所示。

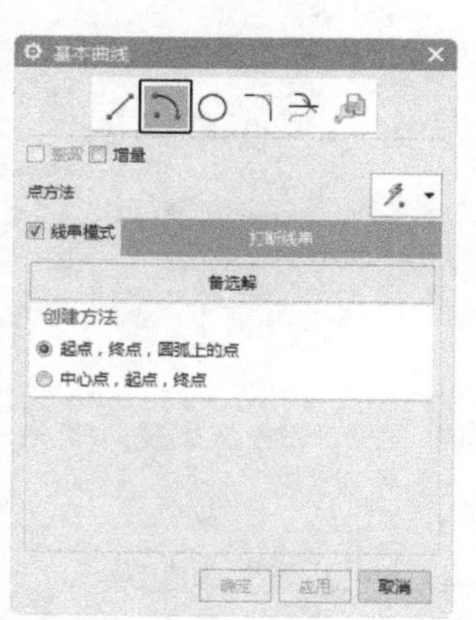

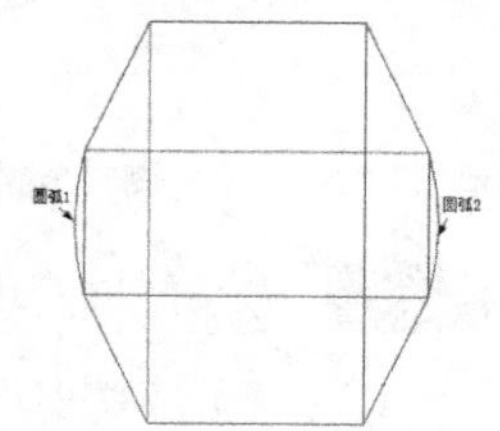

图 7-61 “基本曲线”对话框　图 7-62 创建的曲线模型

（5）删除多余的线段，结果如图 7-63 所示。

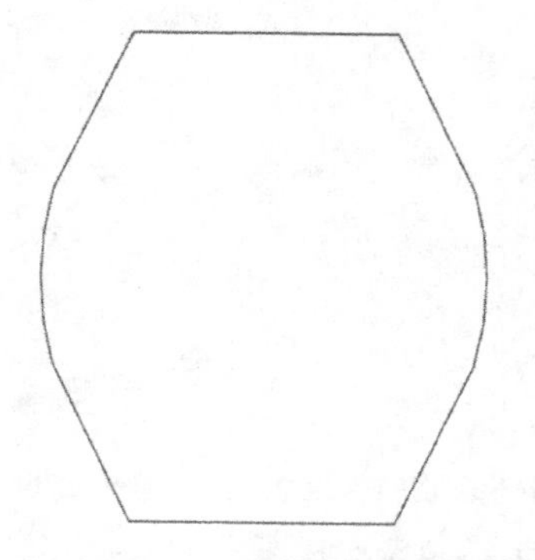

图 7-63 删除多余线段后的曲线模型

Step 05 创建拉伸体

（1）在菜单栏中选择“菜单”→“插入”→“设计特征”→“拉伸”命令或单击“主页”选项卡“特征”组中的“拉伸”按钮 ，弹出“拉伸”对话框。

（2）选择 Step 04 中创建的曲线为拉伸截面；在“拉伸”对话框的“指定矢量”下拉列表中选择“ZC 轴”，在“限制”选项组的“开始距离”和“结束距离”文本框中分别设置为 0、5，其他保持默认。

（3）单击“确定”按钮，结果如图 7-64 所示。

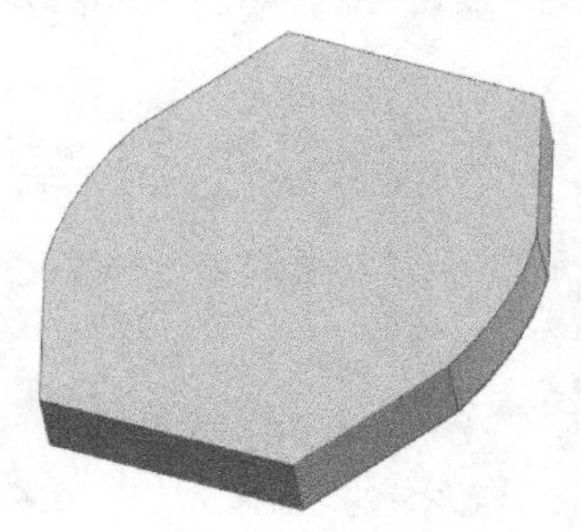

图 7-64 拉伸体

Step 06 创建边倒角

（1）在菜单栏中选择“菜单”→“插入”→“细节特征”→“倒斜角”命令或单击“主页”选项卡“特征”组中的“倒斜角”按钮 ，弹出“倒斜角”对话框。

（2）在视图中选择拉伸体的边，如图 7-65 所示。

（3）在“横截面”下拉列表中选择“对称”，在“距离”文本框中输入 2。

（4）单击“确定”按钮，结果如图 7-66 所示。

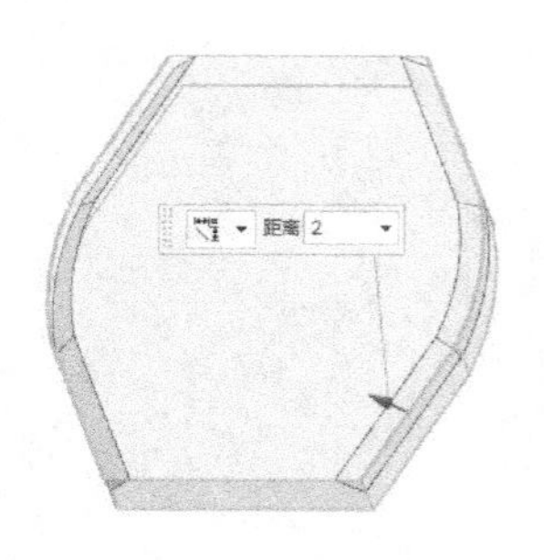

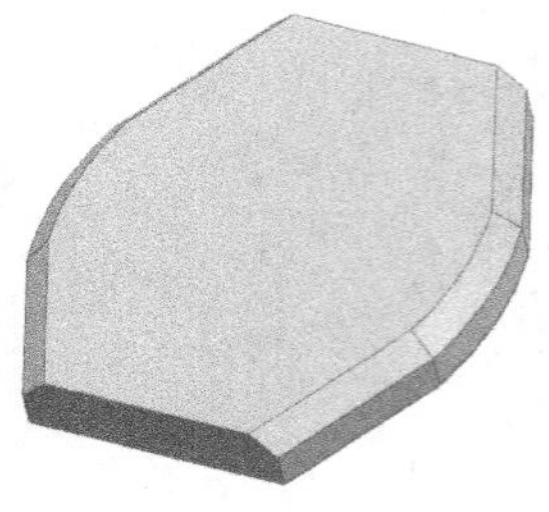

图 7-65　选择要倒斜角的边　图 7-66　边倒角后的模型

Step 07 创建边倒角

（1）在菜单栏中选择“菜单”→“插入”→“细节特征”→“倒斜角”命令或单击“主页”选项卡“特征”组中的“倒斜角”按钮，弹出“倒斜角”对话框。

（2）在“横截面”下拉列表中选择“非对称”，在“距离 1”和“距离 2”数值框中分别输入 3 和 4。

（3）在视图中选择要倒斜角的边，如图 7-67 所示。

（4）在“倒斜角”对话框中单击“应用”按钮。

（5）选择另一条边，单击“倒斜角”对话框中的“确定”按钮，生成如图 7-68 所示的模型。

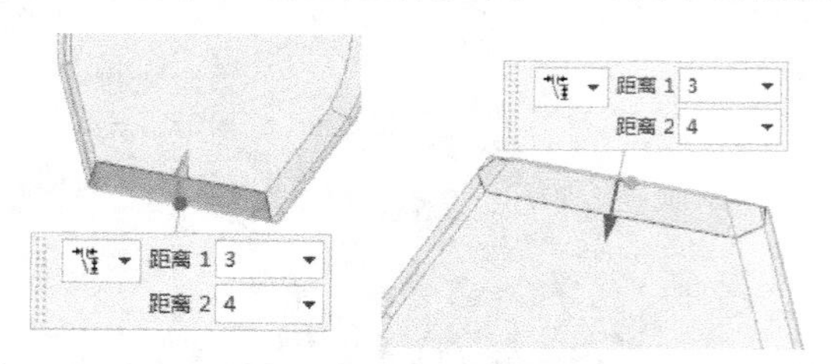

图 7-67　选择要倒斜角的边　图 7-68　倒斜角后的模型

Step 08 创建圆柱体

（1）在菜单栏中选择“菜单”→“插入”→“设计特征”→“圆柱”命令，弹出“圆柱”对话框，如图 7-69 所示。

（2）❶在“类型”下拉列表中选择“轴、直径和高度”；❷在“指定矢量”下拉列表中选择“ZC 轴”；❸单击“点对话框”按钮，在弹出的“点”对话框中设置原点坐标为（0,0,0），单击“确定”按钮。

（3）返回“圆柱”对话框，❹在“直径”和“高度”文本框中分别输入 36、7，❺在“布尔”下拉列表中选择“合并”，系统将自动选择视图中的实体，❻单击“确定”按钮，生成的模型如图 7-70 所示。

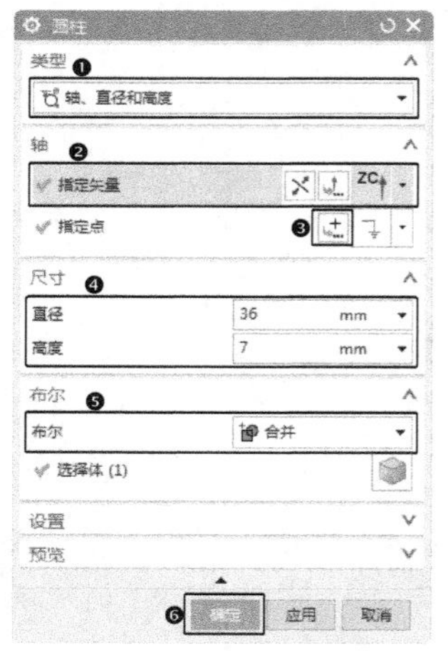

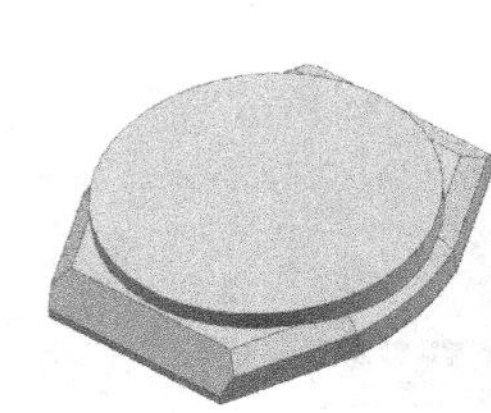

图 7-69　“圆柱”对话框　图 7-70　创建圆柱体

Step 09 创建边倒角

（1）在菜单栏中选择“菜单”→“插入”→“细节特征”→“倒斜角”命令或单击“主页”选项卡“特征”组中的“倒斜角”按钮，弹出“倒斜角”对话框。

（2）在视图中选择要倒斜角的边，如图 7-71 所示。

（3）在“横截面”下拉列表中选择“对称”，在“距离”文本框中输入“1.5”。

（4）单击“确定”按钮，结果如图 7-72 所示。

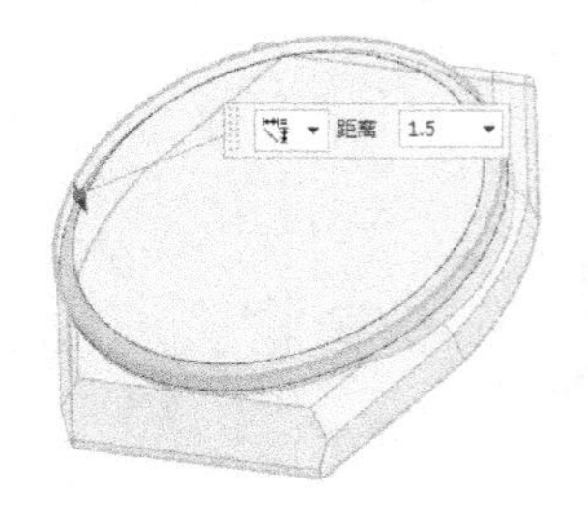

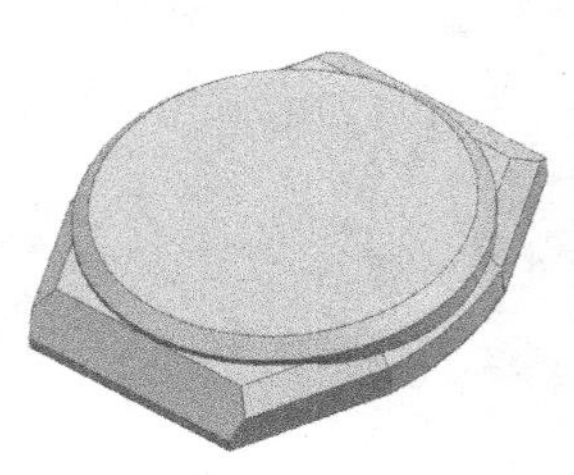

图 7-71　选择要倒斜角的边　图 7-72　创建倒斜角

Step 10 创建简单孔

（1）在菜单栏中选择“菜单”→“插入”→“设计特征”→“孔”命令或单击“主页”选项卡“特征”组中的“孔”按钮，弹出如图 7-73 所示的“孔”对话框。

（2）❶ 在“类型”下拉列表中选择“常规孔”选项，❷ 在“形状和尺寸”选项组的“成形”下拉列表中选择“简单孔”。

（3）❸ 单击“点”按钮，拾取圆柱体的上边线，捕捉圆心为孔位置，如图 7-74 所示。

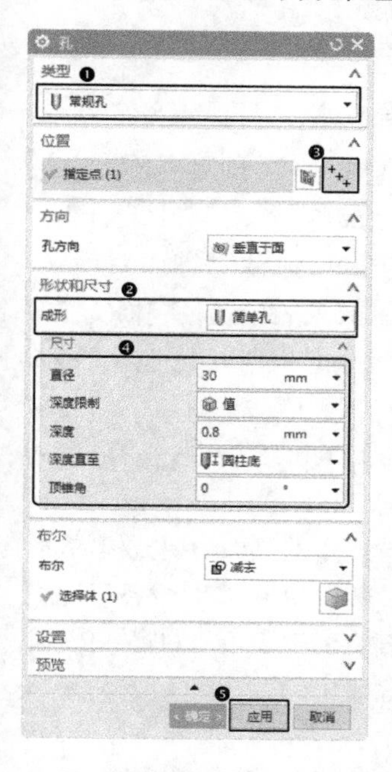

图 7-73　“孔”对话框

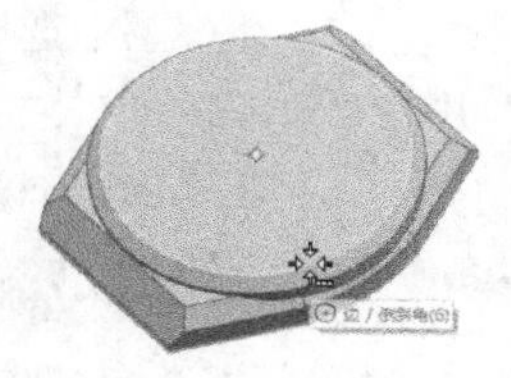

图 7-74　捕捉圆心

（4）在“孔”对话框中，❹ 设置孔的“直径”“深度”和“顶锥角”分别为 30、0.8、0，❺ 单击“应用”按钮，完成简单孔 1 的创建。

（5）以同样方法，在简单孔 1 的底端面创建“直径”“深度”和“顶锥角”分别为 29、2.2、0 的简单孔 2，如图 7-75 所示。

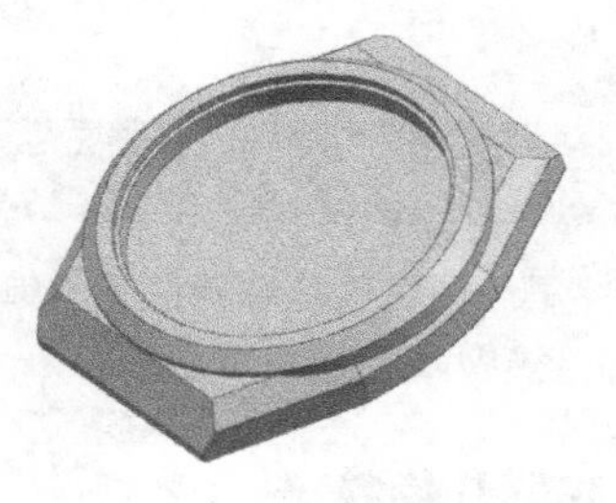

图 7-75　创建简单孔

Step 11 创建拔模特征

（1）在菜单栏中选择“菜单”→“插入”→“细节特征”→“拔模”命令或单击“主页”选项卡“特征”组中的“拔模”按钮，弹出“拔模”对话框。

（2）❶ 在“类型”下拉列表中选择“面”。

（3）❷ 在“指定矢量”下拉列表中选择“ZC 轴”为拔模方向。

（4）❸ 在视图中选择简单孔 2 的上表面为固定平面，如图 7-76 所示。

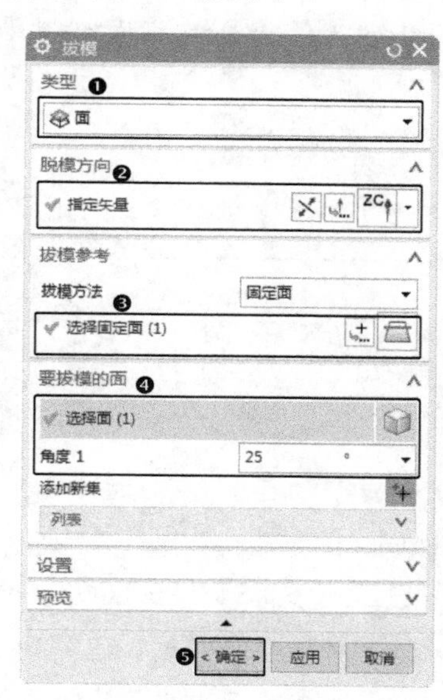

图 7-76　“拔模”对话框

（5）❹ 在视图中选择简单孔 2 的侧面为要拔模的面，并在“角度 1”文本框中输入 25，如图 7-77 所示。

（6）❺ 在“拔模”对话框中单击“确定”按钮，结果如图 7-78 所示。

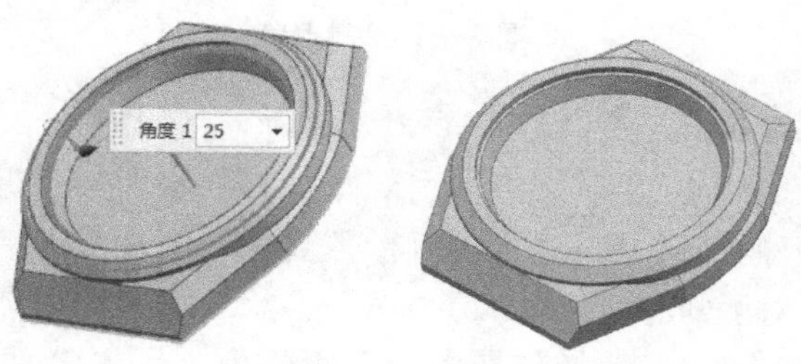

图 7-77　选择要拔模的面并输入角度值

图 7-78　拔模

Step 12 创建凸台

（1）在菜单栏中选择“菜单”→“插入”→“设计特征”→“凸台（原有）”命令，弹出如图 7-79 所示的“支管”对话框。

（2）选择孔底面为凸台放置面，❶ 在“直径”“高度”和“锥角”文本框中分别输入 1.2、

1.2、0，❷ 单击“确定”按钮，在弹出的“定位”对话框中单击“点落在点上”按钮，弹出“点落在点上”对话框。

（3）选择简单孔圆弧边为目标对象，弹出“设置圆弧的位置”对话框，单击“圆弧中心”按钮，将生成的凸台定位于孔的底面圆弧中心，如图 7-80 所示。

图 7-79 “支管”对话框

图 7-80 凸台

（4）以同样的方法，将“直径”“高度”和“锥角”分别设置为 0.6,0.5,0 和 0.3,0.3,0，创建凸台 2、凸台 3，如图 7-81 所示。

图 7-81 创建凸台

Step 13 创建凸台

（1）在菜单栏中选择“菜单”→“插入”→“设计特征”→“凸台（原有）”命令，弹出“支管”对话框。

（2）选择拉伸体的下底面为凸台放置面，在“直径”“高度”和“锥角”文本框中分别输入 36、2、0，单击“确定”按钮。

（3）弹出“定位”对话框，单击“点落在点上”按钮，弹出“点落在点上”对话框。

（4）选择简单孔圆弧边为目标对象，弹出“设置圆弧的位置”对话框，单击“圆弧中心”按钮，将生成的凸台定位于孔圆弧中心，如图 7-82 所示。

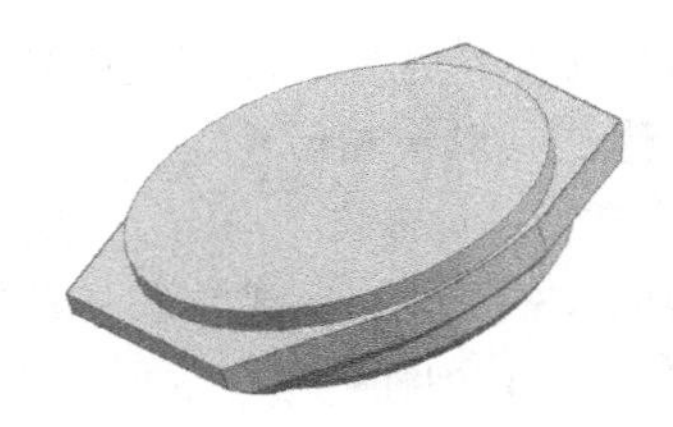

图 7-82 创建凸台

Step 14 创建拔模特征

（1）在菜单栏中选择“菜单”→“插入”→“细节特征”→“拔模”命令或单击“主页”选项卡“特征”组中的“拔模”按钮，弹出“拔模”对话框。

（2）在“类型”下拉列表中选择“面”。

（3）在“指定矢量”下拉列表中选择“-ZC 轴”为拔模方向。

（4）在视图中选择 Step 13 中创建的凸台的下表面为固定平面。

（5）在视图中选择凸台的侧面为要拔模的面，并在“角度 1”文本框中输入 20，如图 7-83 所示。

（6）在“拔模”对话框中单击“确定”按钮，结果如图 7-84 所示。

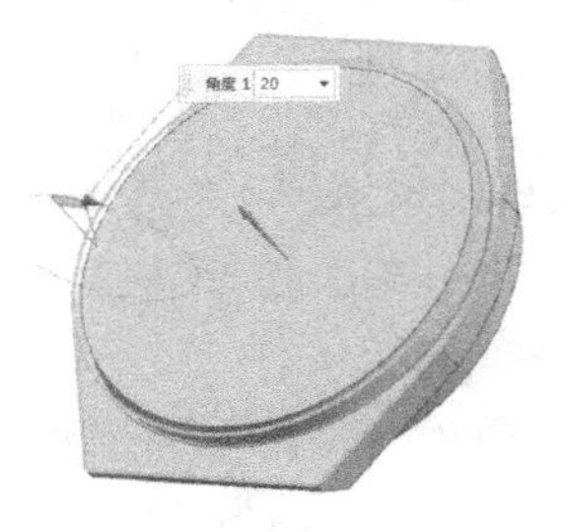

图 7-83 选择要拔模的面并输入“角度 1”值

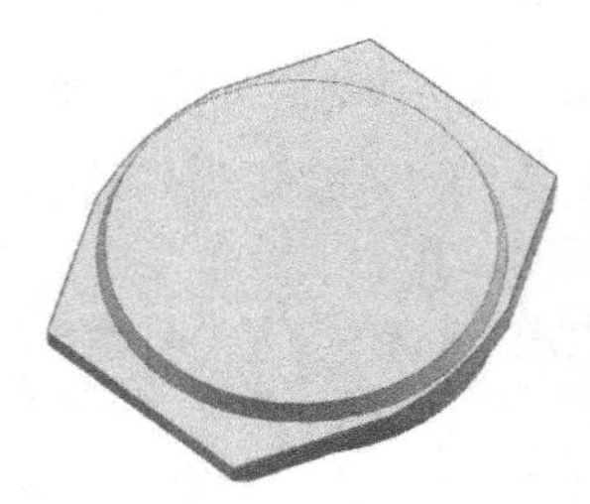

图 7-84 创建拔模特征

7.2 关联复制特征

本节主要介绍关联复制特征子菜单中的特征，这些特征主要是对特征进行复制。

7.2.1 阵列几何特征

在菜单栏中选择“插入”→“关联复制”→“阵列几何特征”命令或单击“主页”功能区“特征”组“更多”库下的“阵列几何特征”按钮，打开“阵列几何特征”对话框，如图 7-85 所示。该选项从已有特征生成阵列。

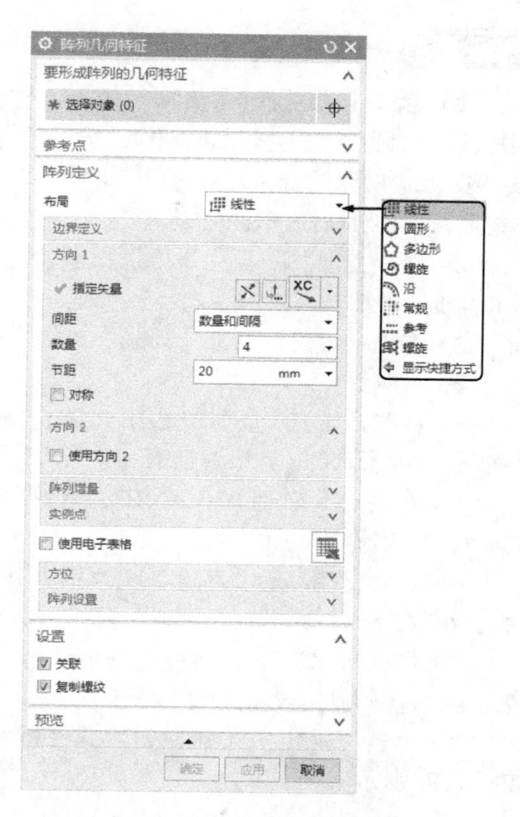

图 7-85 “阵列几何特征”对话框

“阵列几何特征”对话框中部分选项的功能如下。

（1）线性： 该选项从一个或多个选定特征生成图样的线性阵列。线性阵列既可以是二维的（在 XC 和 YC 方向上，即几行特征），也可以是一维的（在 XC 或 YC 方向上，即一行特征）。其操作后示意图如图 7-86 所示。

（2）圆形： 该选项从一个或多个选定特征生成圆形图样的阵列。示意图如图 7-87 所示。

（3）多边形： 该选项从一个或多个选定特征按照绘制好的多边形生成图样的阵列。

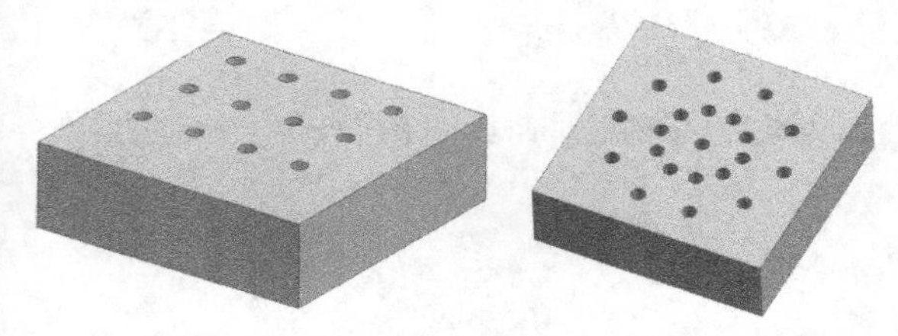

图 7-86 “线性”示意图　　图 7-87 “多边形”示意图

（4）螺旋： 该选项从一个或多个选定特征按照绘制好的螺旋线生成图样的阵列。示意图如图 7-88 所示。

（5）沿： 该选项从一个或多个选定特征按照绘制好的曲线生成图样的阵列。示意图如图 7-89 所示。

（6）常规： 该选项从一个或多个选定特征在指定点处生成图样。示意图如图 7-90 所示。

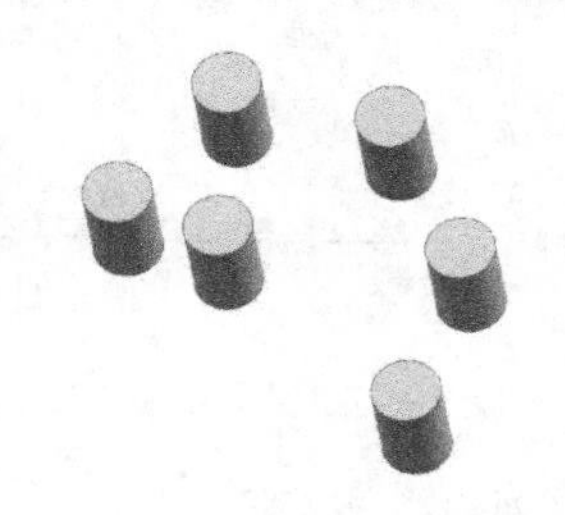

图 7-88 “螺旋”示意图

图 7-89 “沿”示意图　　图 7-90 “常规”示意图

7.2.2 实例——腔体底座

本例绘制如图 7-91 所示的腔体底座零件体。

图 7-91 创建腔体底座零件体

绘制步骤

Step 01 新建文件

选择“文件”→“新建”命令，在弹出的“新建”对话框中，选择保存文件的位置，输入文件的名称“qiangtidizuo”，选择“模型”模板，完成后单击“确定”按钮，进入实体建模环境。

Step 02 绘制草图 1

在菜单栏中选择“菜单”→“插入”→“草图”命令或单击“主页”选项卡“直接草图”组中的“草

图”按钮，选择 XC−YC 平面为工作平面绘制草图，绘制后的草图如图 7−92 所示。

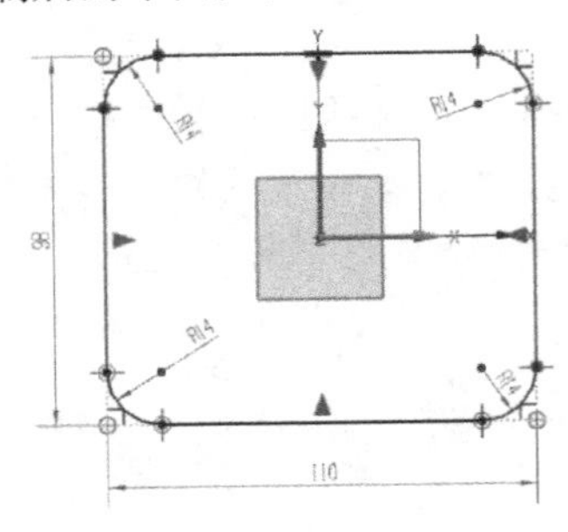

图 7−92 绘制草图 1

Step 03 创建拉伸特征

（1）在菜单栏中选择“菜单”→“插入”→“设计特征”→“拉伸”命令或单击“主页”选项卡“特征”组中的“拉伸”按钮，弹出如图 7−93 所示的“拉伸”对话框，选择如图 7−92 所示的草图。

（2）❶在“拉伸”对话框的“指定矢量”下拉列表中选择 ZC 轴为拉伸方向。

（3）在“拉伸”对话框中，❷在“限制”选项组中“开始距离”和“结束距离”文本框中分别输入 0、12，其他默认。

（4）在“拉伸”对话框中，❸单击“确定”按钮，创建拉伸特征，如图 7−94 所示。

图 7−93 “拉伸”对话框

图 7−94 创建拉伸特征 1

Step 04 创建圆柱特征

（1）在菜单栏中选择“菜单”→“插入”→“设计特征”→“圆柱”命令或单击“主页”选项卡“特征”组中的“圆柱”按钮，打开如图 7−95 所示的“圆柱”对话框。

（2）在“类型”下拉列表中选择“轴、直径和高度”类型。

（3）在“指定矢量”下拉列表中选择 ZC 方向为圆柱轴向。

（4）在“指定点”下拉列表中选择，弹出如图 7−96 所示的“点”对话框。

（5）在“点”对话框中的 XC、YC 和 ZC 文本框中分别输入 0、0、12。

（6）在“直径”和“高度”文本框中分别输入 50、60。

（7）在“布尔”下拉列表中选择“合并”按钮，选择上步绘制的拉伸体。

（8）单击“确定”按钮，创建圆柱特征，如图 7−97 所示。

图 7−95 “圆柱”对话框

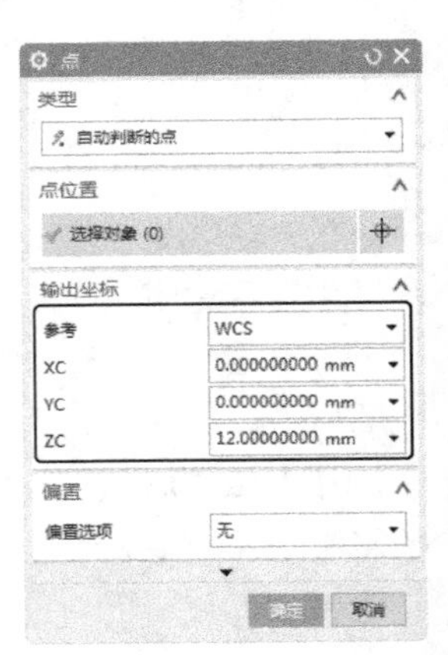

图 7−96 “点”对话框

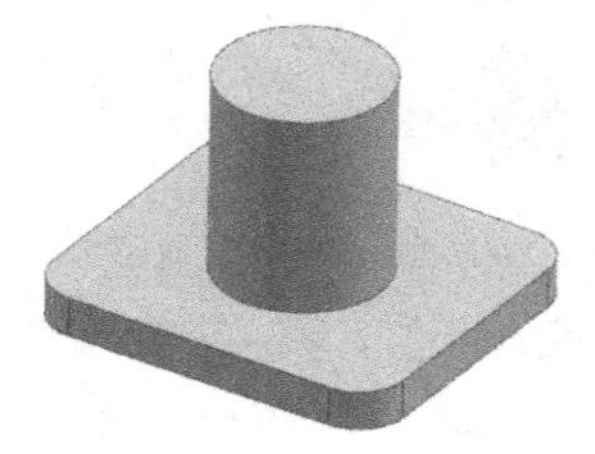

图 7−97 创建圆柱特征

Step 05 绘制草图 2

在菜单栏中选择“菜单”→“插入”→“草图”命令或单击“主页”选项卡“直接草图”组中的“草图”按钮，选择拉伸特征 1 的底面作为工作平面绘制草图，绘制后的草图如图 7-98 所示。

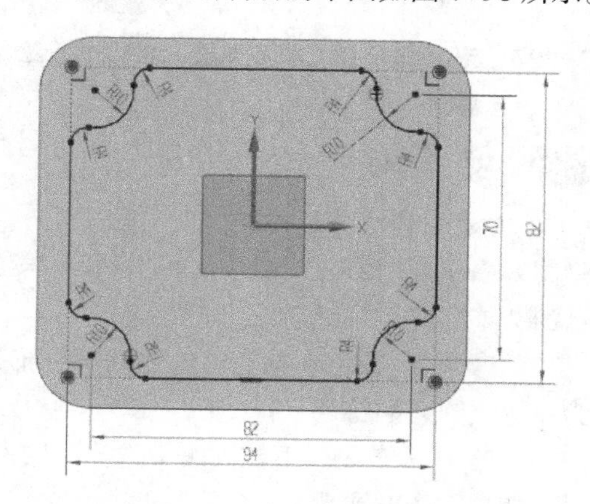

图 7-98 绘制草图 2

Step 06 创建常规腔体

（1）在菜单栏中选择“菜单”→“插入”→“设计特征”→“腔（原有）”命令，弹出“腔”类型选择对话框。

（2）在“腔”类型选择对话框中，单击“常规”按钮，弹出“常规腔”对话框。

（3）在视图区选择放置面，如图 7-99 所示。

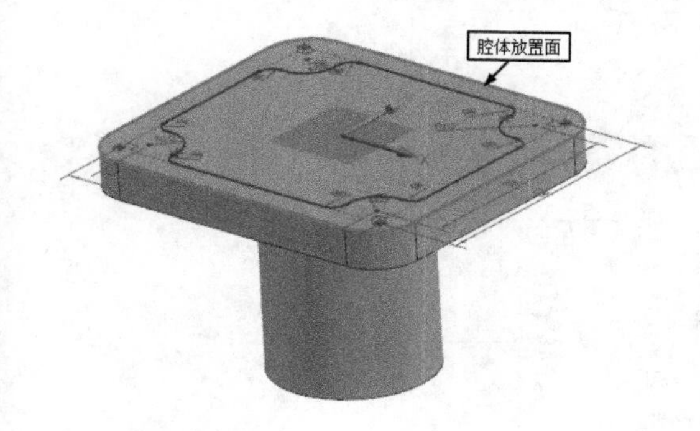

图 7-99 选择放置面

（4）在“常规腔”对话框中单击“放置面轮廓”按钮，或者鼠标中键。

（5）在视图区选择图 7-100 所绘制的草图作为放置面轮廓线。

（6）在“常规腔”对话框中单击“底面”按钮，或者鼠标中键。

（7）在“常规腔”对话框中的“底面”部分被激活，如图 7-100 所示。

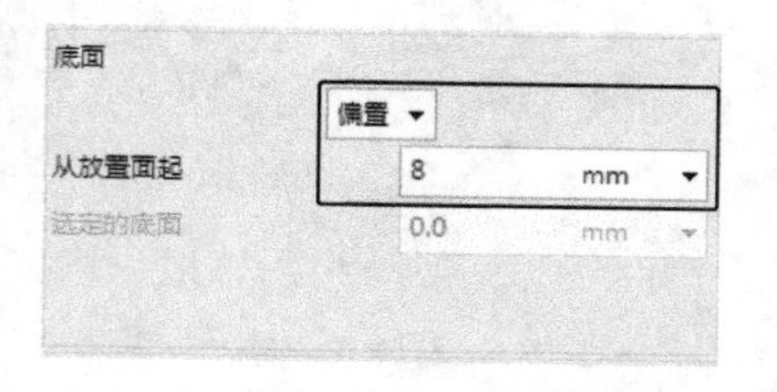

图 7-100 “底面”选项

（8）在“常规腔”对话框中单击“底面轮廓曲线”按钮，或者鼠标中键。

（9）在“常规腔”对话框中的“从放置面轮廓线起”部分被激活，如图 7-101 所示。

（10）在“常规腔”对话框中单击“目标体”按钮，选择整个实体为目标体。

（11）在“常规腔”对话框中单击“放置面轮廓线投影矢量”按钮，或者鼠标中键。

（12）在“常规腔”对话框中，“放置面轮廓线投影矢量”方向选择列表框被激活，如图 7-101 所示。

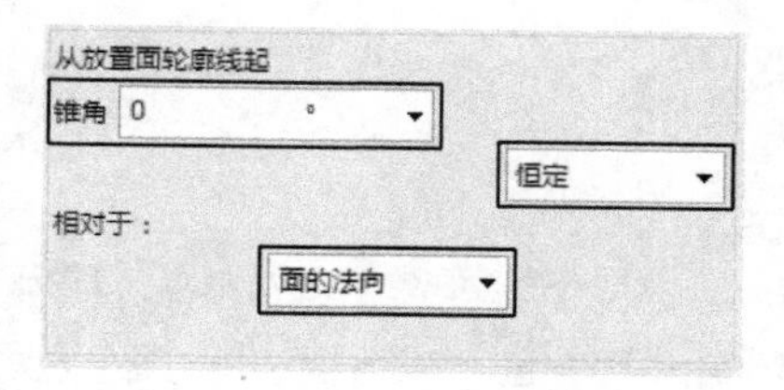

图 7-101 底面轮廓线选项

（13）在如图 7-102 所示的列表框中，选择“垂直于曲线所在的平面”选项。

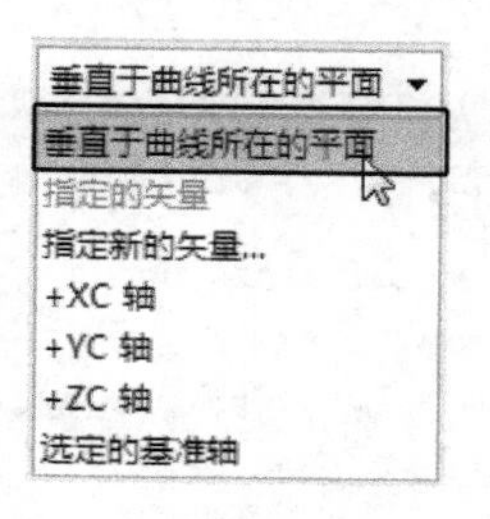

图 7-102 “放置面轮廓线投影矢量”方向列表框

（14）在“常规腔”对话框中的“底面半径”文本框中输入 2，其他半径值默认为 0。

（15）在“常规腔”对话框中，单击“确定”按钮，创建常规腔体特征，如图 7-103 所示。

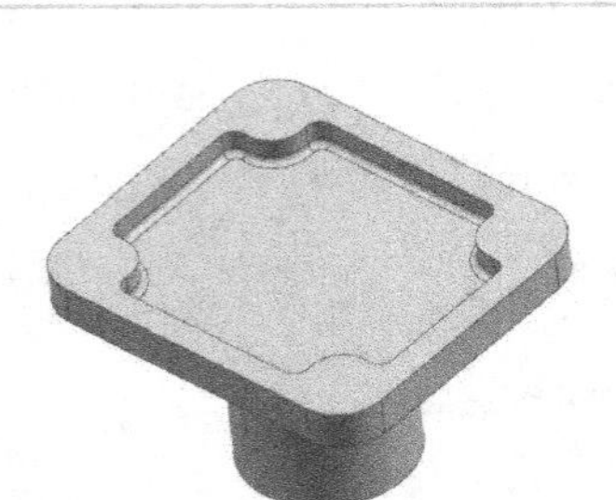

图 7–103　创建常规腔体特征

Step 07　创建圆柱形腔体

（1）在菜单栏中选择“菜单”→“插入”→“设计特征”→“腔（原有）”命令，弹出“腔”类型选择对话框。

（2）在“腔”类型选择对话框中单击“圆柱形”按钮，弹出如图 7–104 所示的“圆柱腔”放置面选择对话框。

（3）在零件体中选择如图 7–105 所示的放置面，弹出“圆柱腔”对话框。

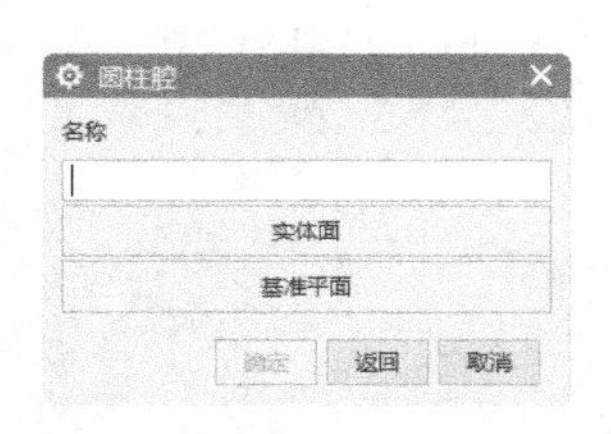

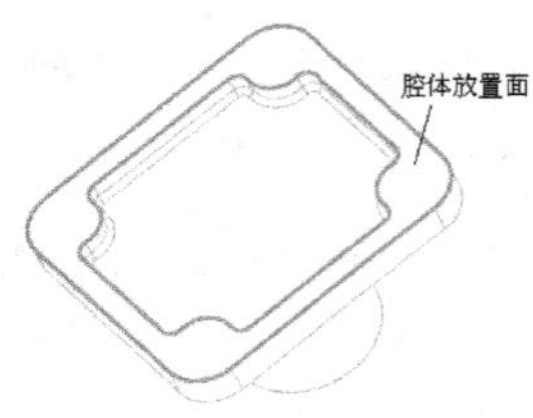

图 7–104　放置面选择对话框　　图 7–105　选择放置面

（4）在“圆柱腔”对话框中的“腔直径”“深度”“底面半径”和“锥角”文本框中分别输入 10、12、0、0。

（5）在“圆柱腔”对话框中单击“确定”按钮，弹出如图 7–106 所示的“定位”对话框。

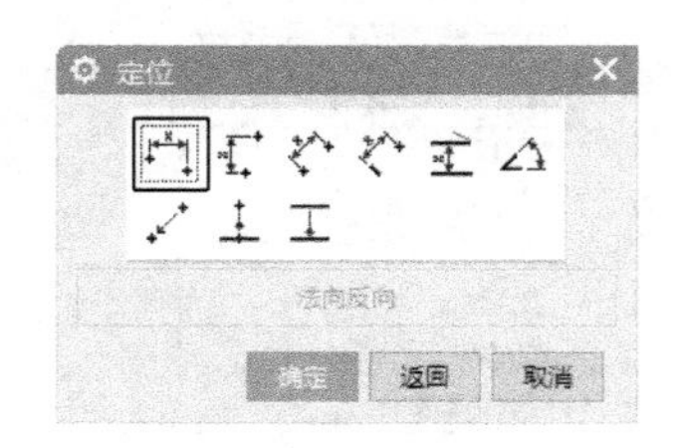

图 7–106　“定位”对话框

（6）在“定位”对话框中选取⋰进行定位，定位后的尺寸示意图如图 7–107 所示。

（7）在“定位”对话框中，单击“确定”按钮，创建圆柱形腔体，如图 7–108 所示。

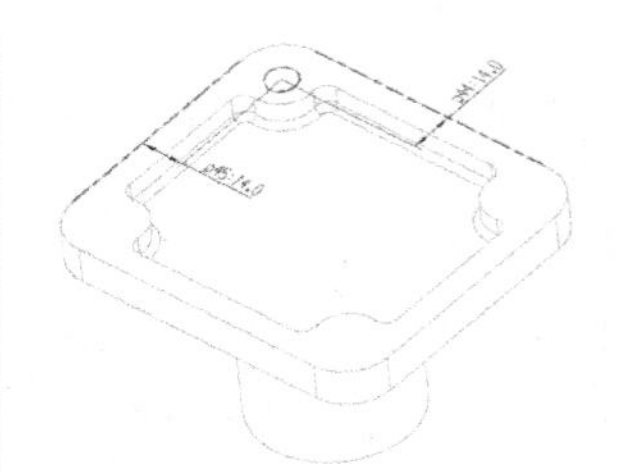

图 7–107　定位后的尺寸示意图　　图 7–108　创建圆柱形腔体

Step 08　阵列圆柱形腔体

（1）在菜单栏中选择“菜单”→“插入”→“关联复制”→“阵列特征”命令，弹出如图 7–109 所示的“阵列特征”对话框。

（2）❶ 在绘图区选择上步创建的圆柱形腔体为要形成阵列的特征。

（3）❷ 在“布局”下拉列表中选择“线性”布局，如图 7–109 所示。

（4）在如图 7–109 所示的对话框中，❸ 设置方向 1 和方向 2 的指定矢量、阵列距离和数量，❹ 单击“确定”按钮，完成阵列，结果如图 7–110 所示。

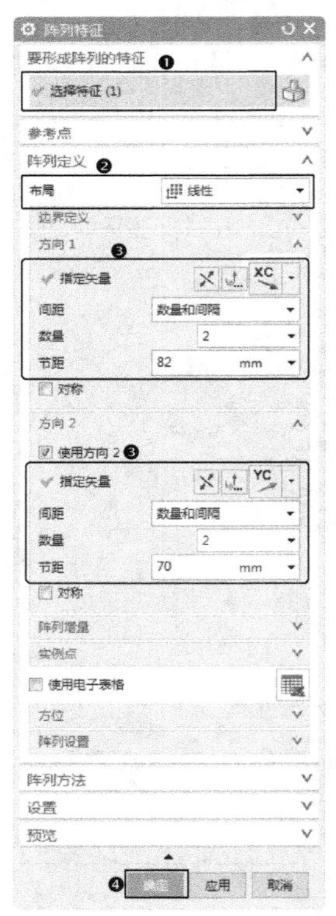

图 7–109　“阵列特征”对话框　　图 7–110　阵列圆柱形腔体

Step 09 创建矩形腔体

（1）在菜单栏中选择“菜单”→“插入”→“设计特征”→“腔（原有）”命令，弹出“腔体”类型选择对话框。

（2）在“腔体”类型选择对话框中单击“矩形”按钮，弹出如图 7-111 所示的“矩形腔”的放置面选择对话框。

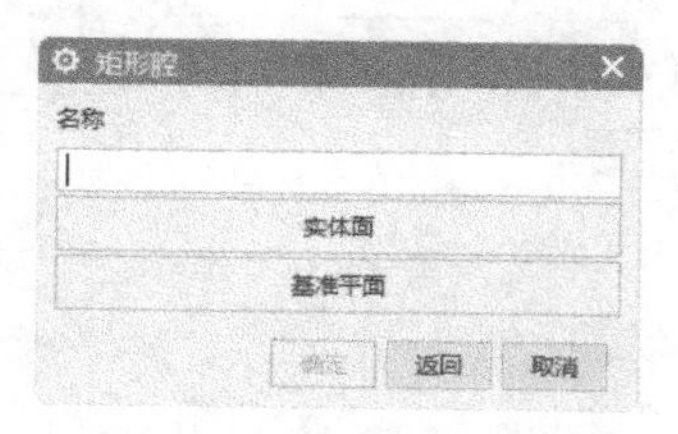

图 7-111 放置面选择对话框

（3）在零件体中选择如图 7-112 所示的放置面，弹出如图 7-113 所示的“水平参考”对话框。

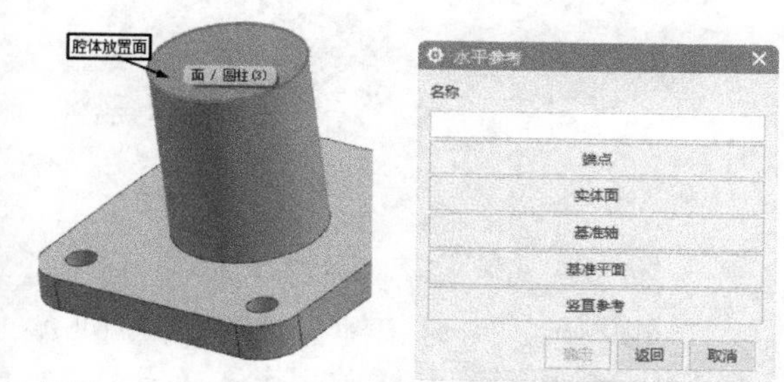

图 7-112 选择放置面　图 7-113 “水平参考”对话框

（4）选择如图 7-114 所示的实体面，弹出“矩形腔”对话框。

图 7-114 选择实体面

（5）在“矩形腔”对话框中的“长度”“宽度”“深度”“角半径”“底面半径”和“锥角”文本框中分别输入 30、30、70、0、0、0。

（6）在“矩形腔体”对话框中，单击“确定”按钮，弹出“定位”对话框。

（7）在“定位”对话框中选取和进行定位，定位后的尺寸示意图如图 7-98 所示。

（8）在“定位”对话框中，单击“确定”按钮，创建矩形腔体。

7.2.3 阵列特征

在菜单栏中选择“插入”→“关联复制”→“阵列特征”命令或单击“主页”功能区“特征”组中的“阵列特征”按钮，打开“阵列特征”对话框，如图 7-115 所示。该选项从已有特征生成阵列。

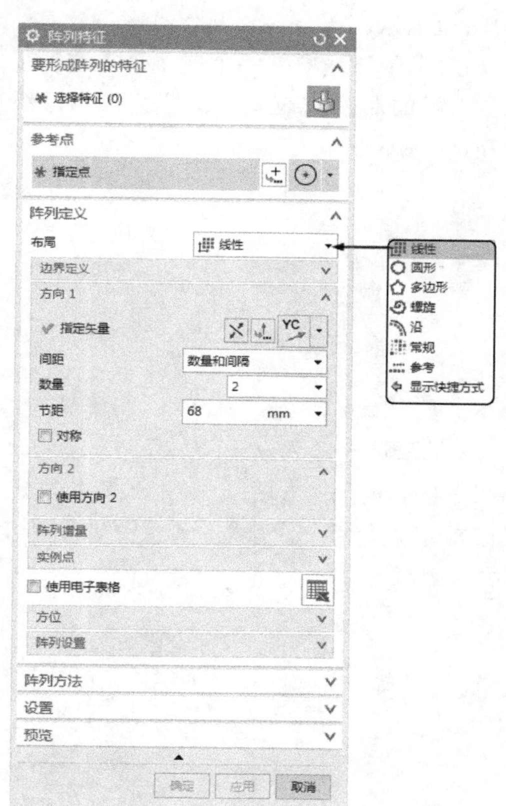

图 7-115 “阵列特征”对话框

“阵列特征”对话框中部分选项的功能如下。

（1）线性： 该选项从一个或多个选定特征生成图样的线性阵列。线性阵列既可以是二维的（在 XC 和 YC 方向上，即几行特征），也可以是一维的（在 XC 或 YC 方向上，即一行特征）。其操作后示意图如图 7-116 所示。

（2）圆形： 该选项从一个或多个选定特征生成圆形图样的阵列。示意图如图 7-117 所示。

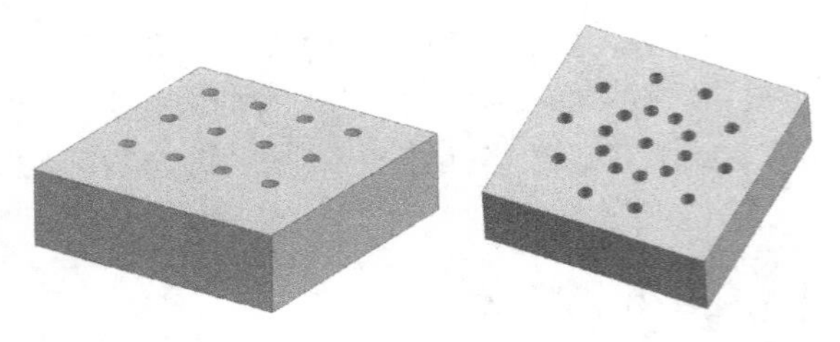

图 7-116 “线性”示意图　　图 7-117 “圆形”示意图

（3）多边形：该选项从一个或多个选定特征按照绘制好的多边形生成图样的阵列。

（4）螺旋：该选项从一个或多个选定特征按照绘制好的螺旋线生成图样的阵列。示意图如图 7-118 所示。

（5）沿：该选项从一个或多个选定特征按照绘制好的曲线生成图样的阵列。示意图如图 7-119 所示。

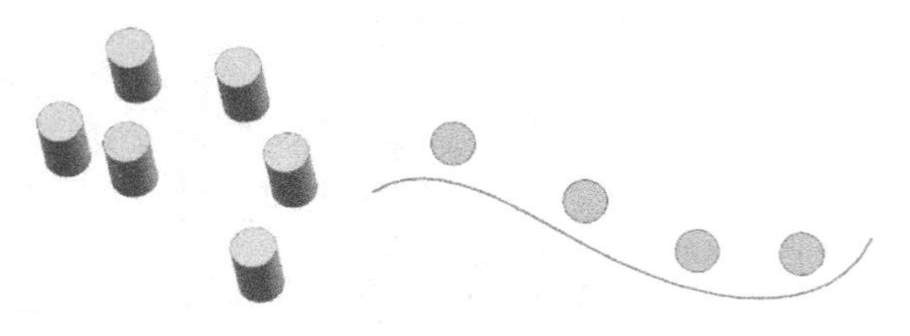

图 7-118 “螺旋”示意图　　图 7-119 “沿”示意图

（6）常规：该选项从一个或多个选定特征在指定点处生成图样。示意图如图 7-120 所示。

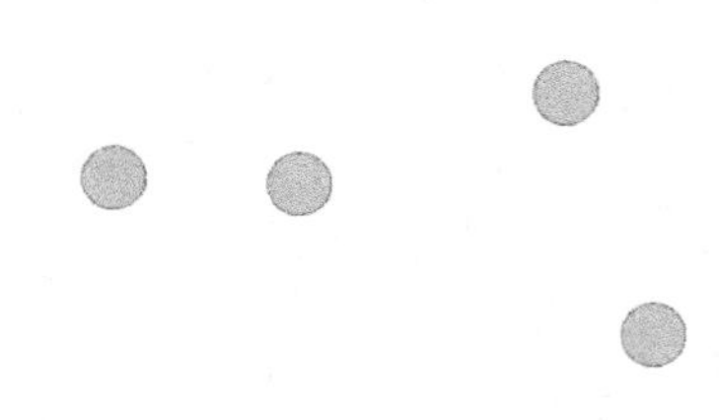

图 7-120 “常规”示意图

7.2.4 镜像特征

在菜单栏中选择“插入”→“关联复制”→“镜像特征”命令或单击“主页”功能区“特征”组中“更多”库下的“镜像特征”按钮，打开“镜像特征”对话框，如图 7-121 所示。通过基准平面或平面镜像选定特征的方法来生成对称的模型，镜像特征可以在体内镜像特征。示意图如图 7-122 所示。

图 7-121 “镜像特征”对话框

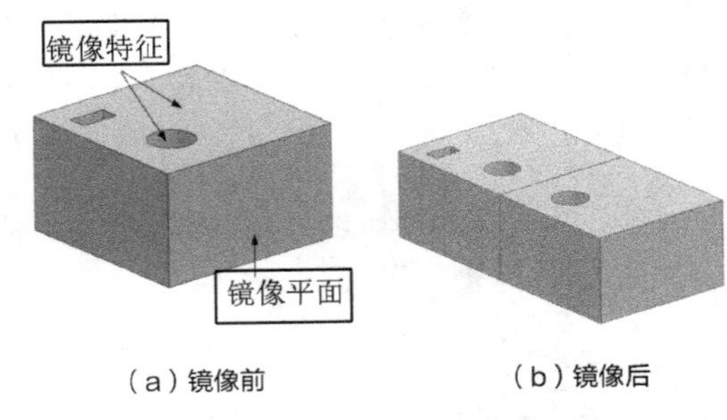

（a）镜像前　　（b）镜像后

图 7-122 “镜像特征”示意图

“镜像特征”对话框中部分选项的功能如下。

（1）选择特征：该选项用于选择想要进行镜像的部件中的特征。要指定需要镜像的特征，它在列表中高亮显示。

（2）镜像平面：该选项用于指定镜像选定特征所用的平面或基准平面。

7.2.5 镜像几何体

在菜单栏中选择“插入”→“关联复制”→“镜像几何体”命令或单击“主页”功能区“特征”组中的“镜像几何体”按钮，打开“镜像几何体”对话框，如图 7-123 所示。用于以基准平面来镜像所选的实体，镜像后的实体或片体和原实体或片体相关联，但本身没有可编辑的特征参数。示意图如图 7-124 所示。

图 7-123 “镜像几何体”对话框

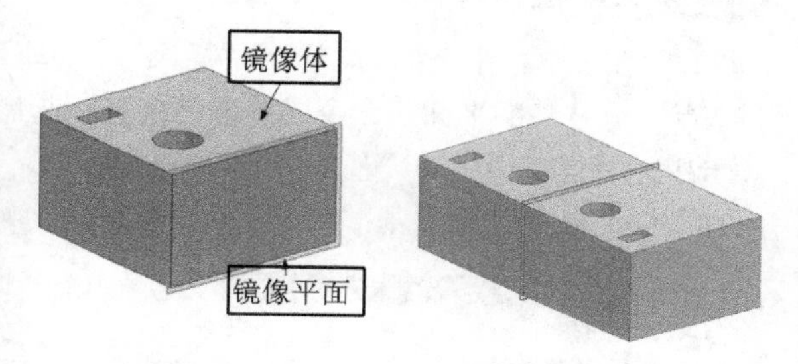

（a）镜像前　　（b）镜像后

图 7-124 “镜像几何体”示意图

7.2.6 实例——剃须刀

本例绘制剃须刀，如图 7-125 所示，首先在长方体上创建矩形垫块完成整体的造型，然后进行拔模锥角和抽壳等操作。

图 7-125 剃须刀

绘制步骤

Step 01 新建文件

在菜单栏中选择“文件”→“新建”命令，在弹出的“新建”对话框中，选择保存文件的位置，输入文件的名称“tixudao”，选择“模型”模板。完成后单击“确定”按钮，进入实体建模环境。

Step 02 创建长方体

（1）在菜单栏中选择“菜单”→“插入”→“设计特征”→“长方体”命令或单击“主页”选项卡中“特征”组中的“长方体”按钮，弹出如图 7-126 所示的“长方体”对话框。

（2）❶选择“原点和边长”类型，❷在“长度”“宽度”和“高度”文本框中分别输入 50、28、21。

（3）❸单击“点对话框”按钮，在弹出的“点”对话框中输入坐标点为（0,0,0），单击“确定”按钮。

（4）返回“长方体”对话框，❹单击“确定”按钮，创建长方体，如图 7-127 所示。

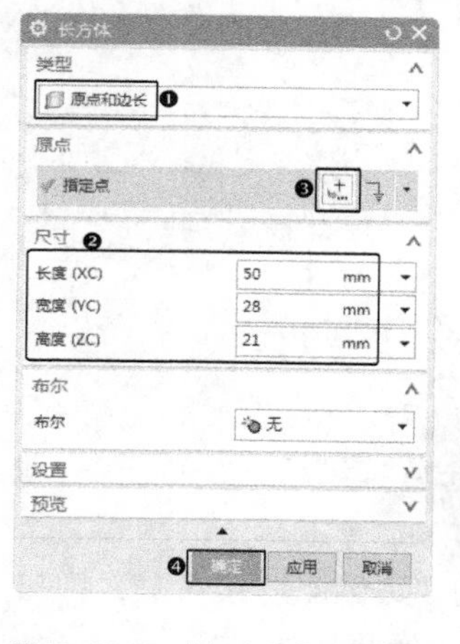

图 7-126 “长方体”对话框

图 7-127 长方体

Step 03 拔模操作

（1）在菜单栏中选择“菜单”→“插入”→“细节特征”→“拔模”命令或单击“主页”选项卡中“特征”组中的“拔模”按钮，弹出“拔模”对话框，如图 7-128 所示。

（2）❶在对话框里“指定矢量”下拉列表中选择“ZC 轴”，选择长方体下端面为固定平面，选择长方体 4 侧面为要拔模的面，❷并在“角度”选项中输入 3，如图 7-128 所示。❸单击“确定”按钮，完成拔模操作，如图 7-129 所示。

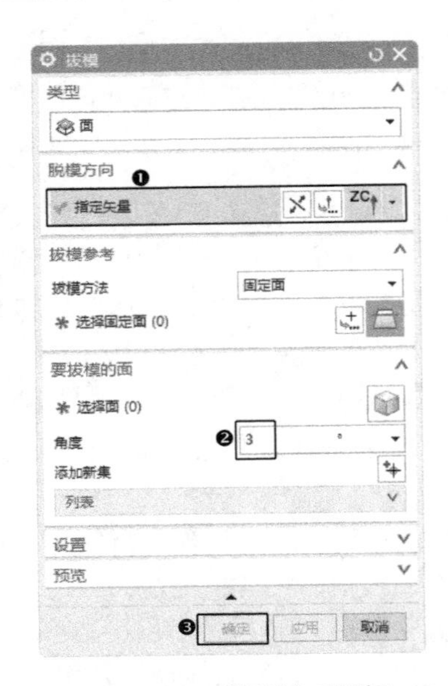

图 7-128 “拔模”对话框

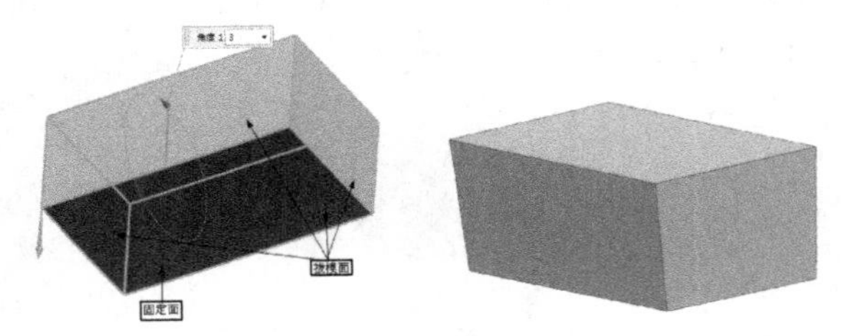

图 7-129 拔模操作

Step 04 倒圆角

（1）在菜单栏中选择“菜单”→“插入”→“细节特征”→“边倒圆”命令或单击“主页”选项卡“特征”组中的“边倒圆”按钮，弹出如图 7-130 所示的“边倒圆”对话框。

图 7-130 “边倒圆”对话框

（2）选择如图 7-131 所示的长方体的 4 条棱边，❶输入圆角半径为 14，❷单击“确定”按钮，结果如图 7-132 所示。

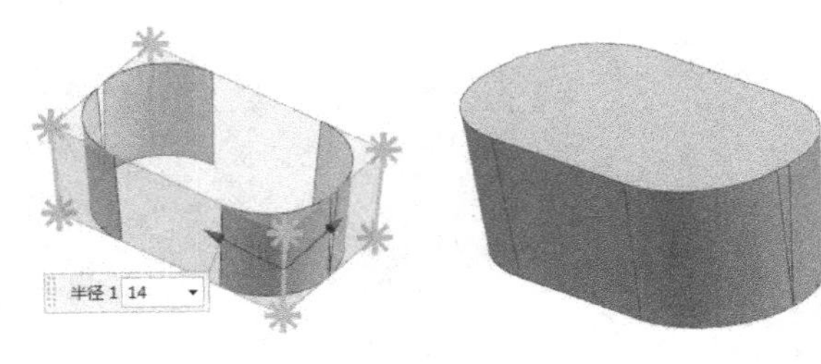

图 7-131 选择圆角边　　图 7-132 圆角处理

Step 05 创建基准平面

（1）在菜单栏中选择“菜单”→“插入”→“基准 / 点”→“基准平面”命令或单击“主页”选项卡中“特征”组中的“基准平面”按钮，弹出如图 7-133 所示的“基准平面”对话框。

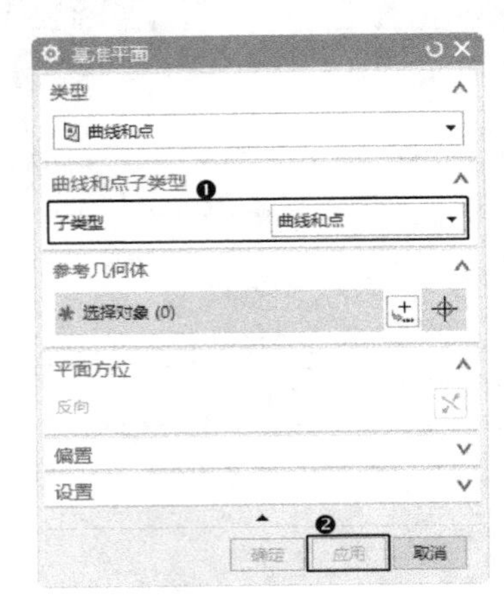

图 7-133 “基准平面”对话框

（2）❶选择“曲线和点”类型，选择如图 7-134 所示的三边的中点，❷单击“应用”按钮，完成基准平面的创建 1。

（3）同上步骤，选择三点创建基准面 2，结果如图 7-135 所示。

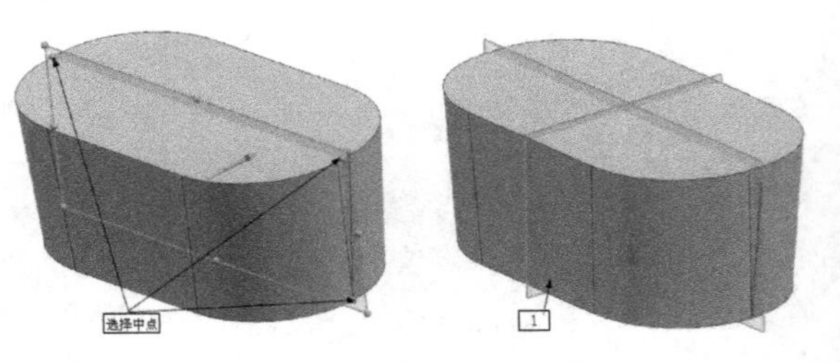

图 7-134 选择三边的中点　　图 7-135 创建基准平面

Step 06 创建简单孔

（1）在菜单栏中选择“菜单”→“插入”→“设计特征”→“孔”命令或单击“主页”选项卡“特征”组中的“孔”按钮，弹出如图 7–136 所示的“孔”对话框。

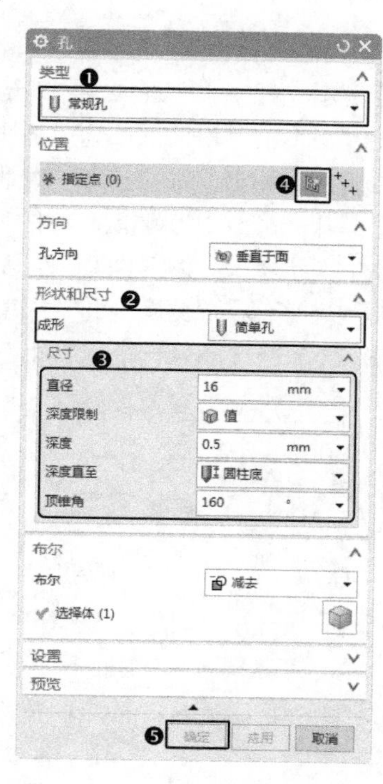

图 7–136 “孔”对话框

（2）❶ 在“类型”选项中选择“常规孔”，❷ 在成形下拉列表中选择“简单孔”类，❸ 在“直径”“深度”和“顶锥角”文本框中分别输入 16、0.5、160。

（3）❹ 单击“绘制截面”按钮，弹出“创建草图”对话框，选择如图 7–135 所示的面 1 为孔放置面，进入草图绘制环境。弹出“草图点”对话框，创建点，如图 7–137 所示。单击“完成”按钮，草图绘制完毕。

（4）返回到“孔”对话框，❺ 单击“确定”按钮，完成孔的创建，如图 7–138 所示。

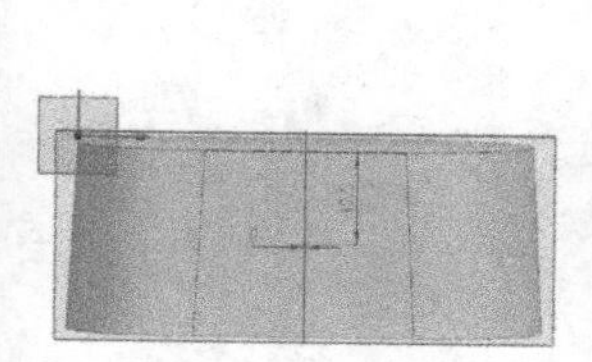

图 7–137 绘制草图

图 7–138 创建简单孔

Step 07 创建垫块

（1）在菜单栏中选择“菜单”→“插入”→“设计特征”→“垫块（原有）”命令，弹出“垫块”对话框。

（2）单击“矩形”按钮，弹出“矩形垫块”放置面选择对话框，选择长方体的上表面为垫块放置面，弹出水平参考对话框，选择基准面 1 为水平参考。

（3）弹出“矩形垫块”对话框，如图 7–139 所示。❶ 在“长度”“宽度”和“高度”文本框中分别输入 58、38、47，❷ 单击“确定”按钮。

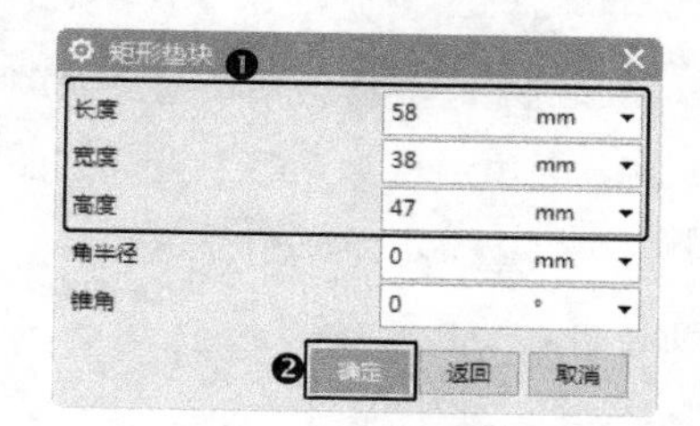

图 7–139 “矩形垫块”对话框

（4）弹出“定位”对话框，选择垂直定位图标，选择基准面和垫块的中心线，输入距离为 0，单击“确定”按钮，完成垫块 1 的创建，如图 7–140 所示。

（5）同上步骤，在垫块 1 的上端面创建垫块 2，“长度”“宽度”和“高度”文本框中分别输入 52、30、17，定位方式同上，生成的模型如图 7–141 所示。

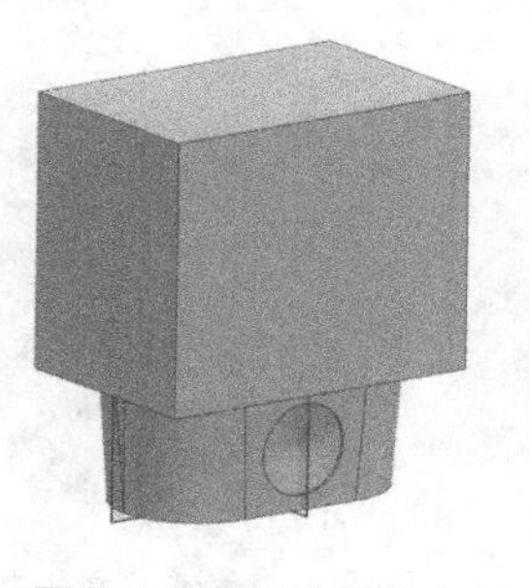

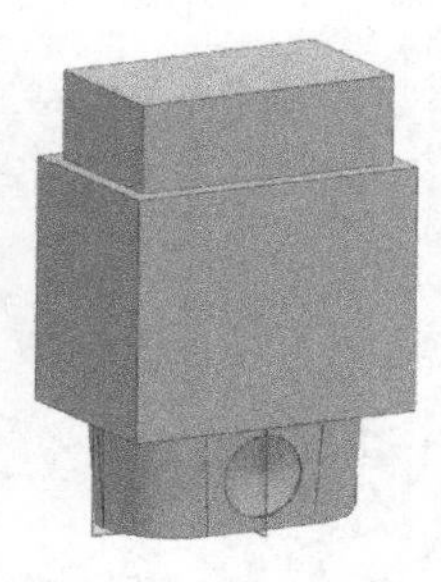

图 7–140 创建垫块 1　　图 7–141 创建垫块 2

Step 08 边倒圆

（1）在菜单栏中选择“菜单”→“插入”→“细节特征”→“边倒圆”命令或单击“主页”选项卡“特征”组中的“边倒圆”按钮，弹出如图 7–142 所示“边倒圆”对话框。

（2）❶ 输入圆角半径为 15，选择如图 7–143

所示的 4 条棱边，❷ 单击“应用”按钮。

图 7-142　“边倒圆”对话框

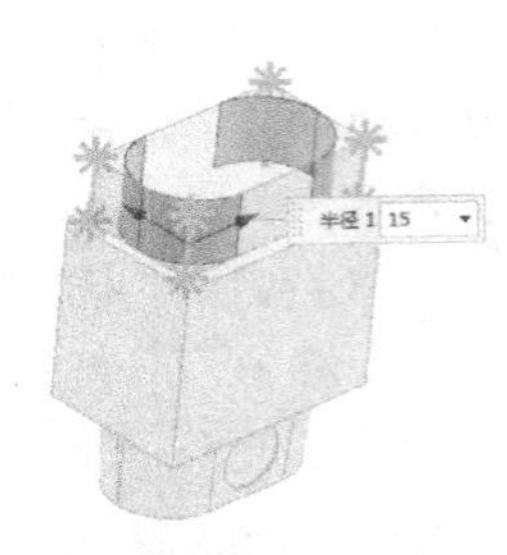

图 7-143　选择圆角边 1

（3）输入圆角半径为 16.5，选择如图 7-144 所示的 4 条棱边，单击“应用”按钮。

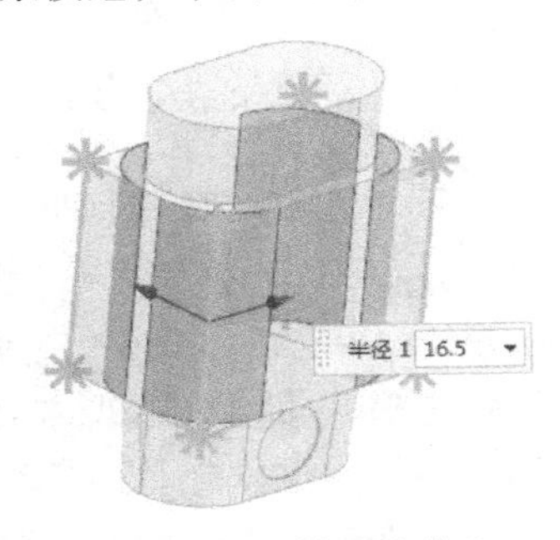

图 7-144　选择圆角边 2

（4）输入圆角半径为 3，选择如图 7-145 所示的凸台上边，单击“确定”按钮，完成圆角创建，如图 7-146 所示。

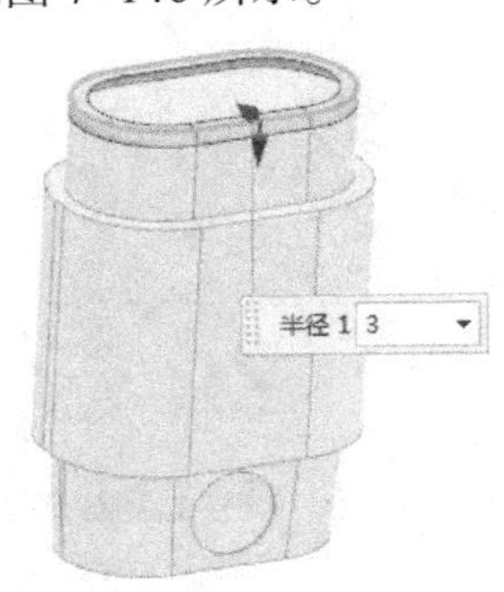

图 7-145　选择圆角边 3

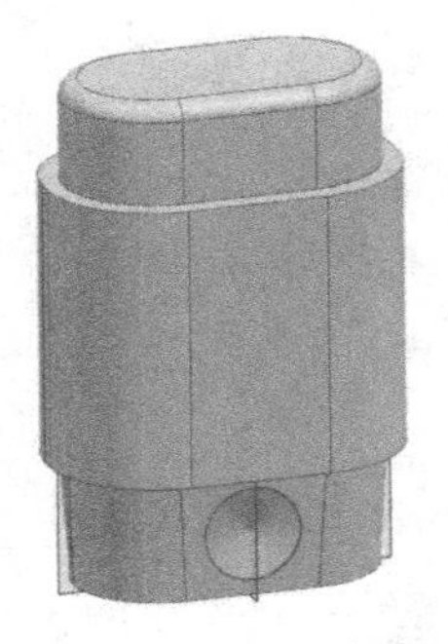

图 7-146　倒圆处理

Step 09　创建键槽

（1）在菜单栏中选择“菜单”→“插入”→“设计特征”→“键槽（原有）”命令，弹出槽类型对话框，如图 7-147 所示。

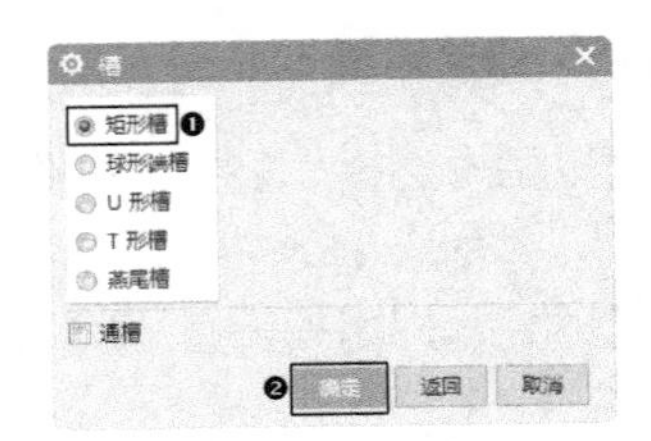

图 7-147　“槽”对话框

（2）❶ 选择“矩形槽”选项，❷ 单击“确定”按钮，弹出“矩形槽”对话框，选择垫块一侧平面为键槽放置面，弹出“水平参考”对话框，按系统提示选择基准平面 2 为键槽的水平参考。

（3）弹出“矩形槽”对话框，如图 7-148 所示，❶ 在对话框中“长度”“宽度”和“深度”文本框中分别输入 55、25 和 2，❷ 单击“确定”按钮。

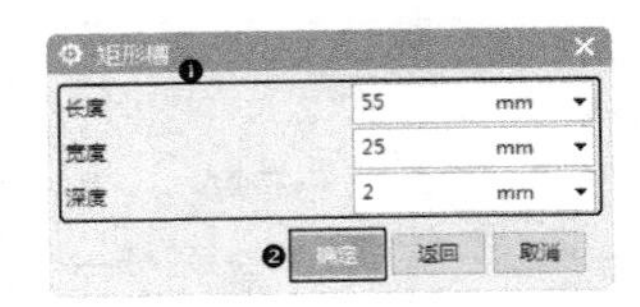

图 7-148　“矩形槽”对话框

（4）弹出“定位”对话框，选择“垂直的”定位方式，按系统提示选择基准平面 2 为基准，选择矩形键槽长中心线为工具边，弹出“创建表达式”对话框，输入 0，单击“确定”按钮，选择垫块 1 的底面一边为基准，选择矩形键槽短中心线为工具边，弹出“创建表达式”对话框，输入 30，单击“确定”按钮，完成垂直定位并完成矩形键槽 1 的创建，如图 7-149 所示。

（5）同上步骤，在键槽 1 的底面上创建键槽 2，“长度”“宽度”和“深度”文本框中分别输入 30、12、3，采用垂直定位，键槽短中心线与基准平面 1 距离 0，长中心线与垫块 1 的底面边距离 26。生成模型如图 7-150 所示。

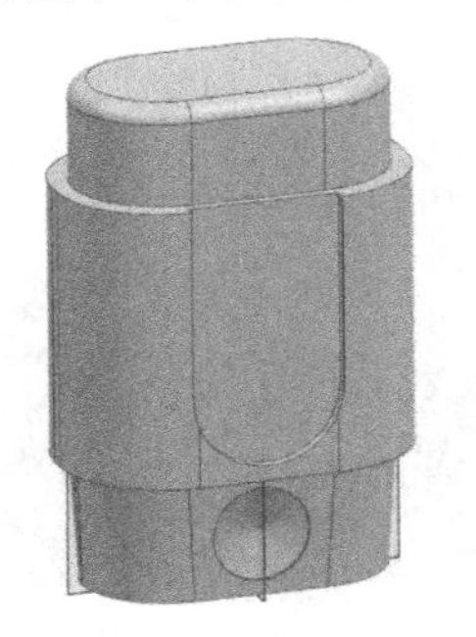

图 7-149　创建键槽 1

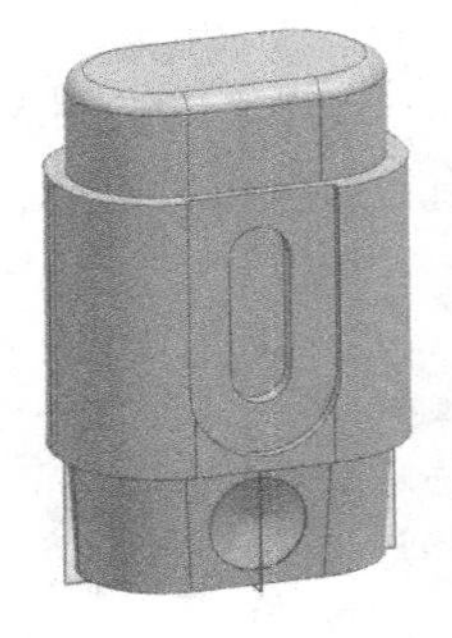

图 7-150　创建键槽 2

Step 10 边倒圆

（1）在菜单栏中选择“菜单”→“插入”→“细节特征”→“边倒圆”命令或单击“主页”选项卡“特征”组中的“边倒圆”按钮，弹出如图 7-151 所示的“边倒圆”对话框。

（2）❶输入圆角半径为 1.5，选择如图 7-152 所示的边线，❷单击“应用”按钮。

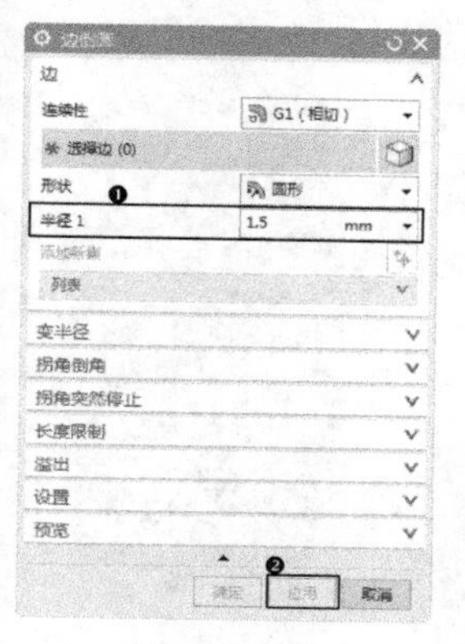

图 7-151 “边倒圆”对话框

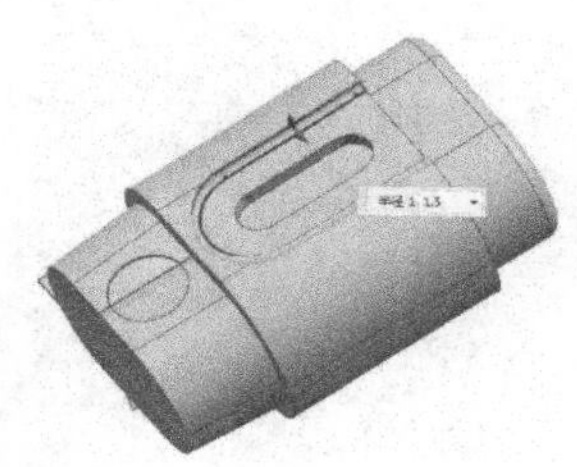

图 7-152 选择圆角边 1

（3）输入圆角半径为 2，选择如图 7-153 所示的边线，单击“确定”按钮，完成圆角创建，如图 7-154 所示。

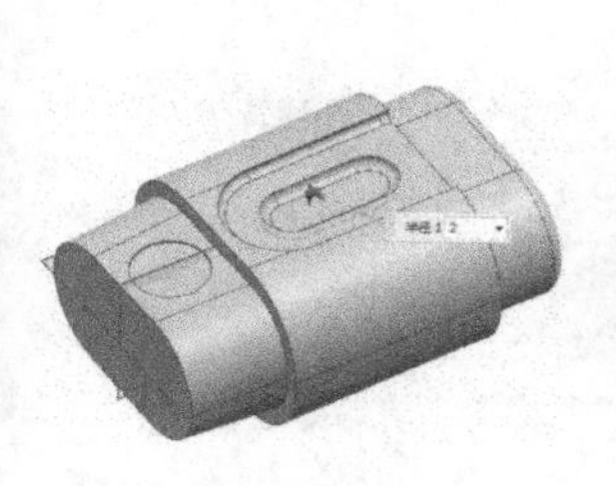

图 7-153 选择圆角边 2

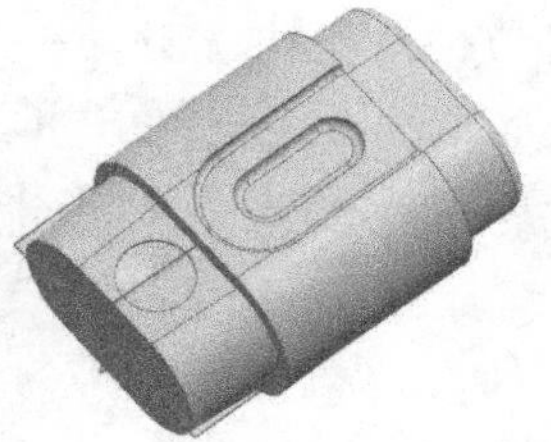

图 7-154 圆角处理

Step 11 创建垫块

（1）在菜单栏中选择“菜单”→“插入”→“设计特征”→“垫块（原有）”命令，弹出“垫块”对话框。

（2）单击“矩形”按钮，弹出“矩形垫块”放置面选择对话框，选择键槽 2 的底面为垫块放置面，弹出水平参考对话框，选择基准面 2 为水平参考。

（3）弹出“矩形垫块”对话框，如图 7-155 所示。❶在“长度”“宽度”和“高度”文本框中分别输入 20、8、4，❷单击“确定”按钮。

（4）弹出“定位”对话框，选择垂直定位图标，选择基准面 2 和垫块的长中心线，输入距离为 0，选择长方体的垫块 1 的下边线和垫块的短中心线，输入距离为 24，单击“确定”按钮，完成垫块的创建。最后生成的模型，如图 7-156 所示。

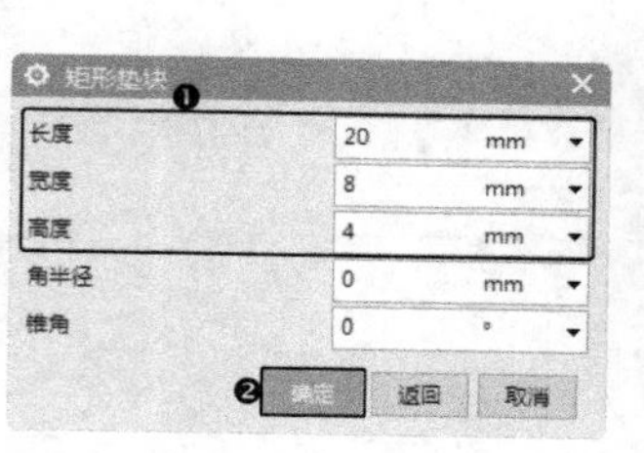

图 7-155 “矩形垫块”对话框

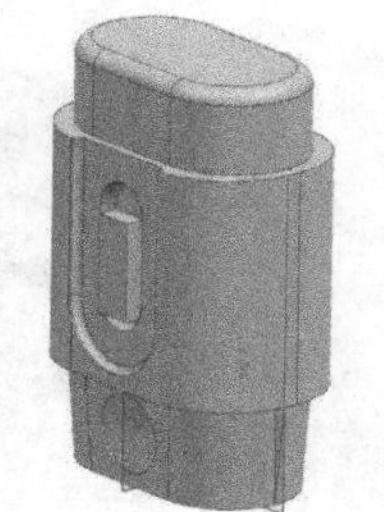

图 7-156 创建垫块

Step 12 创建圆台

（1）在菜单栏中选择“菜单”→“插入”→“设计特征”→“凸台（原有）”命令，弹出如图 7-157 所示的“支管”对话框。

（2）❶在“直径”“高度”和“锥角”文本框中分别输入 20、2、0，选择垫块 2 顶面为放置面，❷单击“确定”按钮。

（3）弹出“定位”对话框，在对话框中单击“点落在点上”图标，弹出“点落在点上”对话框。

（4）选择垫块 2 的圆弧面为目标对象，弹出“设置圆弧的位置”对话框。单击“圆弧中心”按钮，生成的圆台定位于圆弧中心，如图 7-158 所示。

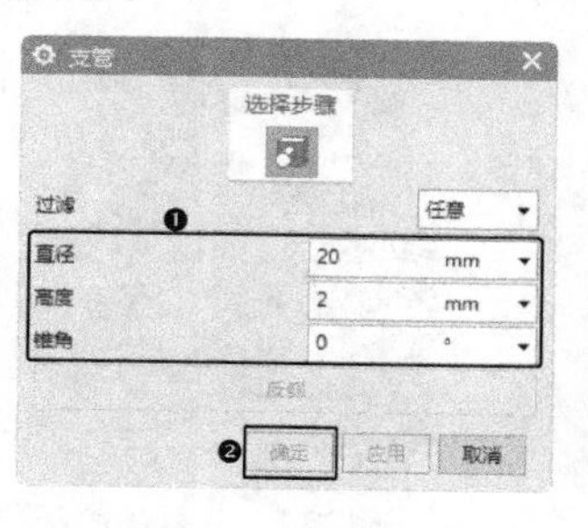

图 7-157 “支管”对话框

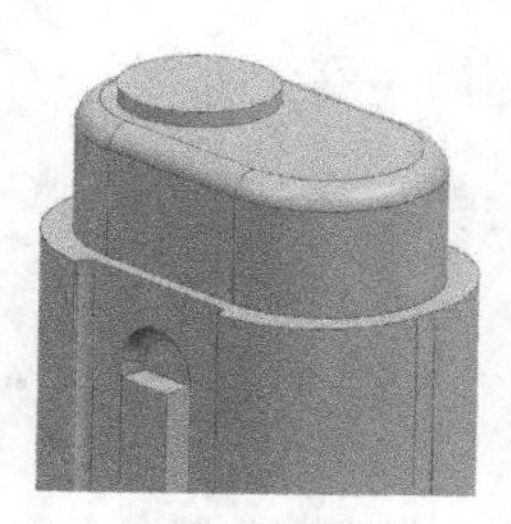

图 7-158 创建凸台

Step 13 创建简单孔

（1）在菜单栏中选择“菜单”→“插入”→“设计特征”→“孔”命令或单击“主页”选项卡“特征”组中的“孔”按钮，弹出如图 7-159 所示的“孔”对话框。

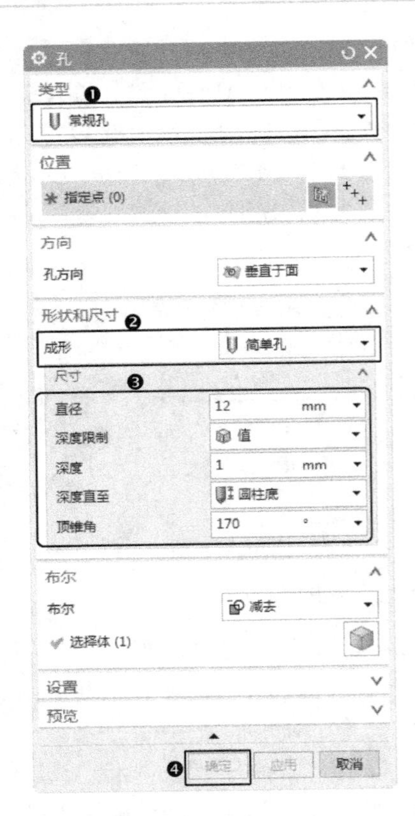

图 7-159 “孔”对话框

（2）❶在“类型”选项中选择“常规孔”，❷在“成形”下拉列表中选择“简单孔”，❸在“直径”“角度”和“尖角”文本框中分别输入 12、1、170。

（3）捕捉如图 7-160 所示的圆心为孔位置。❹单击“确定”按钮，创建简单孔，如图 7-161 所示。

图 7-160 捕捉圆心

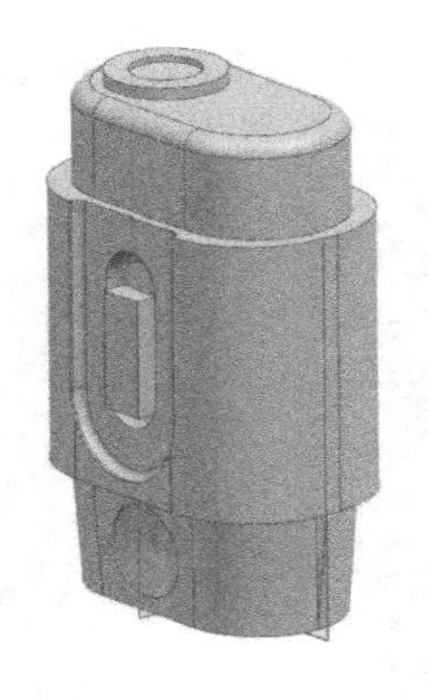

图 7-161 创建孔

Step 14 创建镜像特征

（1）在菜单栏中选择“菜单”→“插入”→“关联复制”→“镜像特征”命令或单击“主页”选项卡“特征”组中的“更多”库下的“镜像特征”按钮，弹出如图 7-162 所示的“镜像特征”对话框。

（2）❶在视图或设计树中选择凸台和孔特征为镜像特征。

（3）❷选择基准平面 2 为镜像平面，❸单击“确定”按钮，完成镜像特征的创建，如图 7-163 所示。

图 7-162 “镜像特征”对话框

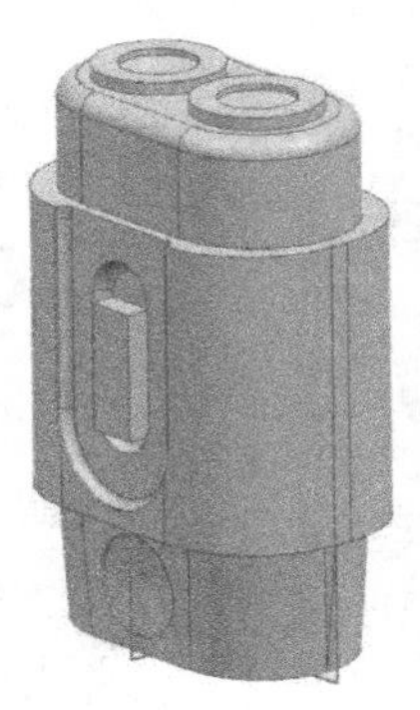

图 7-163 镜像特征

Step 15 创建腔体

（1）在菜单栏中选择“菜单”→“插入”→“设计特征”→“腔（原有）”命令，弹出如图 7-164 所示的“腔”对话框。

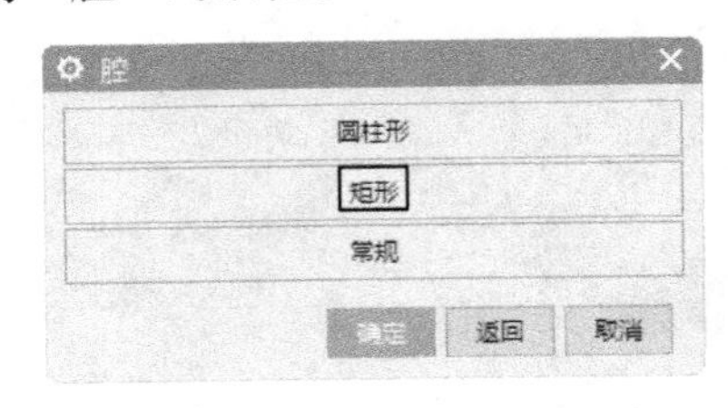

图 7-164 “腔”对话框

（2）单击“矩形”按钮，弹出“矩形腔”放置面对话框，选择垫块 1 的另一侧面为腔体放置面。

（3）弹出“水平参考”对话框，按系统提示选择放置面与 ZC 轴方向一致直段边为水平参考。

（4）弹出如图 7-165 所示的“矩形腔”参数对话框，❶在对话框中“长度”“宽度”和“深度”文本框中分别输入 47、30 和 2，其他输入 0，❷单击“确定”按钮。

（5）弹出“定位”对话框，选择“垂直”

定位方式，按系统提示选择基准平面 2 为基准，选择腔体长中心线为工具边，弹出“创建表达式”对话框，输入 0，单击“应用”按钮，选择垫块 1 底面边为基准，腔体短中心线为工具边，在弹出的“创建表达式”对话框中输入 23.5，单击“确定”按钮，完成定位并完成腔体的创建。生成的模型如图 7–166 所示。

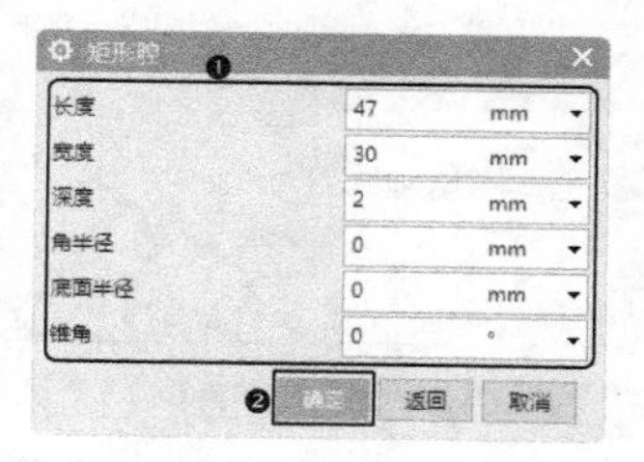

图 7–165 “矩形腔”对话框

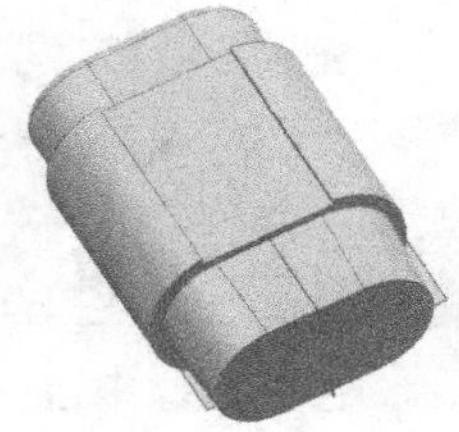

图 7–166 创建腔体

Step 16 创建垫块

（1）在菜单栏中选择“菜单”→“插入”→“设计特征”→“垫块（原有）”命令，弹出“垫块”对话框。

（2）单击“矩形”按钮，弹出“矩形垫块”放置面选择对话框，选择腔体的底面为垫块放置面，弹出“水平参考”对话框，选择与 XC 平行的边线为水平参考。

（3）弹出“矩形垫块”参数对话框，如图 7–167 所示，❶ 在“长度”“宽度”和“高度”文本框中分别输入 15、2、2.5，❷ 单击“确定”按钮。

（4）弹出“定位”对话框，选择垂直定位图标，选择基准面 2 和垫块的长中心线，输入距离为 0，选择垫块 1 的下边线和垫块的短中心线，输入“距离”为 47，单击“确定”按钮，完成垫块的创建。最后生成模型，如图 7–168 所示。

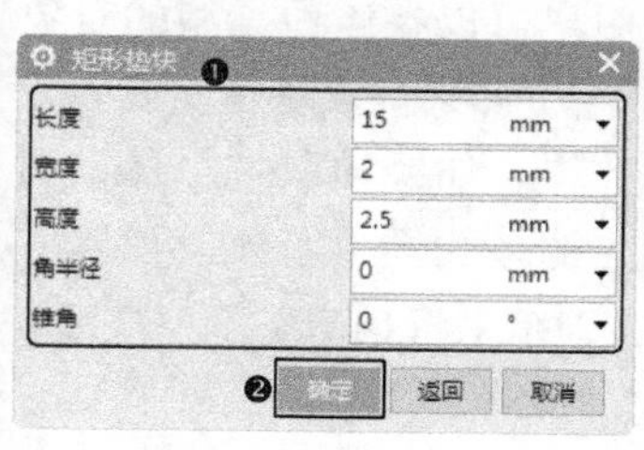

图 7–167 “矩形垫块”参数对话框

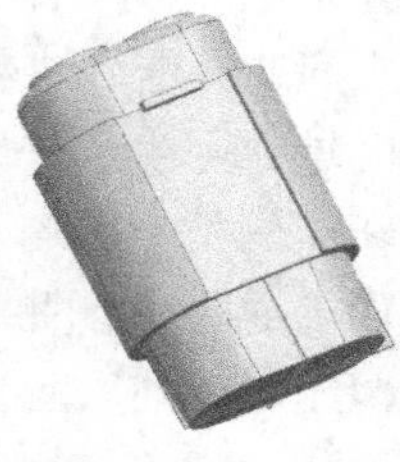

图 7–168 创建垫块

Step 17 创建管道

（1）在菜单栏中选择“菜单”→“插入”→“扫掠”→“管”命令，弹出如图 7–169 所示的“管”对话框。

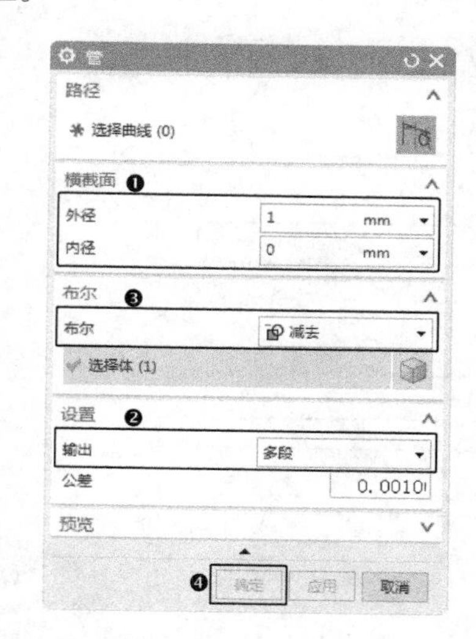

图 7–169 “管”对话框

（2）选择垫块 2 底面边为软管导引线，如图 7–170 所示。

（3）❶ 在“管”对话框里“外径”和“内径”文本框中分别输入 1、0，❷“输出”选项选择“多段”，❸ 在“布尔”下拉列表中选择“减去”，❹ 单击“确定”按钮，生成如图 7–171 所示的模型。

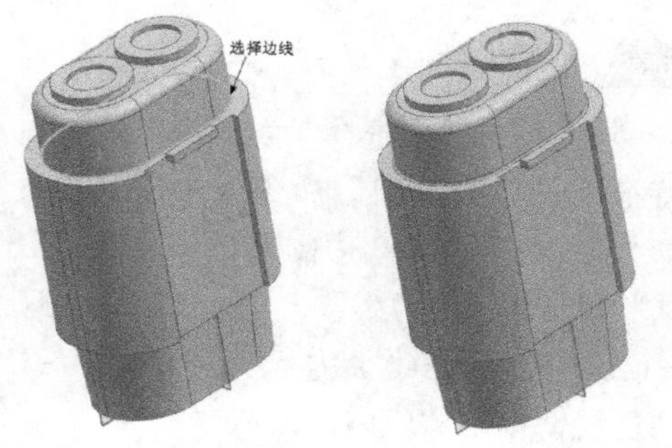

图 7–170 选择边线 图 7–171 创建管道

Step 18 创建阵列特征

（1）在菜单栏中选择“菜单”→“插入”→“关联复制”→“阵列特征”命令或单击“主页”选项卡“特征”组中的“阵列特征”按钮，弹出如图 7–172 所示的“阵列特征”对话框。

（2）选择上步创建的管为要形成阵列的特征。

（3）❶ 选择“线性”布局，❷ 在指定矢量下拉列表中选择“ZC 轴”为阵列方向，❸ 输入数量为 4，节距为 4，❹ 单击“确定”按钮生成模型，结果如图 7–173 所示。

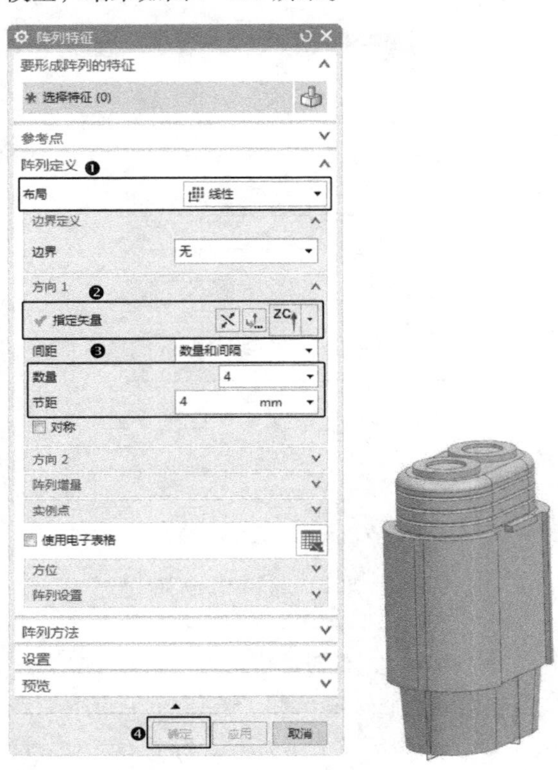

图 7–172 “阵列特征”对话框 图 7–173 阵列管道

Step 19 边倒圆

（1）在菜单栏中选择“菜单”→“插入”→“细节特征”→“边倒圆”命令或单击“主页”选项卡“特征”组中的“边倒圆”按钮，弹出“边倒圆”对话框。

（2）输入圆角半径为 4，选择如图 7–174 所示的边线，单击“应用”按钮。

（3）输入圆角半径为 3，选择如图 7–175 所示的边线，单击“应用”按钮。

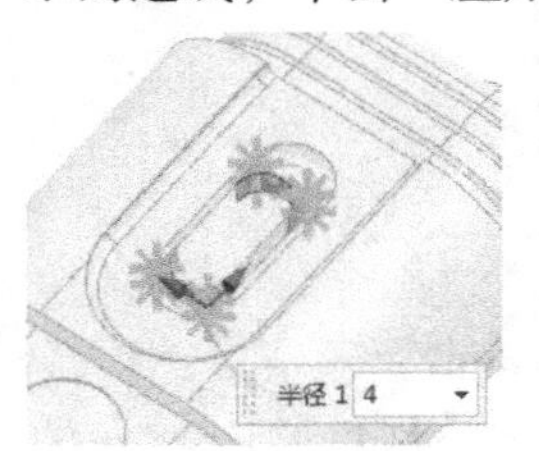

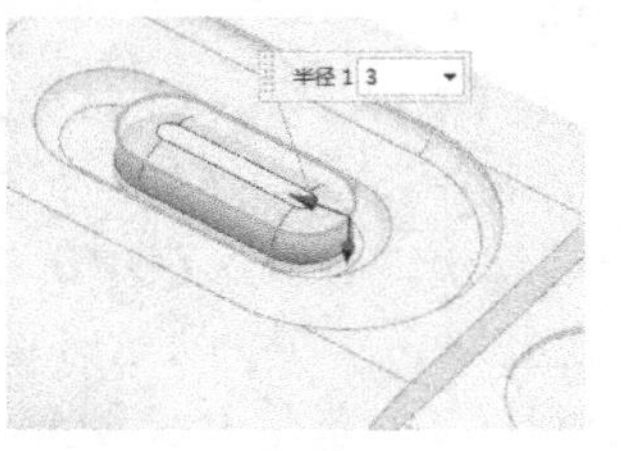

图 7–174 选择圆角边线 1 图 7–175 选择圆角边线 2

（4）输入圆角半径为 1，选择如图 7–176 所示的边线，单击“确定”按钮，完成圆角创建。最后生成模型，如图 7–125 所示。

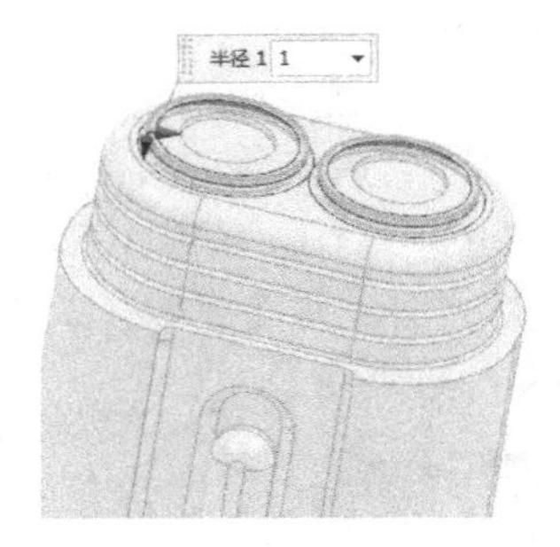

图 7–176 选择圆角边线 3

7.2.7 抽取体

在菜单栏中选择“插入”→“关联复制”→“抽取体”命令或单击“曲面”功能区“曲面操作”组中的“抽取几何特征”按钮，打开“抽取几何特征”对话框，如图 7–177 所示。

图 7–177 “抽取几何特征”对话框

使用该选项可以通过从另一个体中抽取对象来生成一个体。用户可以在 4 种类型的对象之间选择进行抽取操作：如果抽取一个面或一个区域，则生成一个片体。如果抽取一个体，则新体的类型将与原先的体相同（实体或片体）。如果抽取一条曲线，则结果将是 EXTRACTED_CURVE（抽取曲线）特征。

“抽取几何特征”对话框中部分选项的功能如下。

1. 面

该选项可用于将片体类型转换为 B 曲面类型，以便将它们的数据传递到 ICAD 或 PATRAN

等其他集成系统中和 IGES 等交换标准中。

（1）单个面：即只有选中的面才会被抽取，如图 7–178 所示。

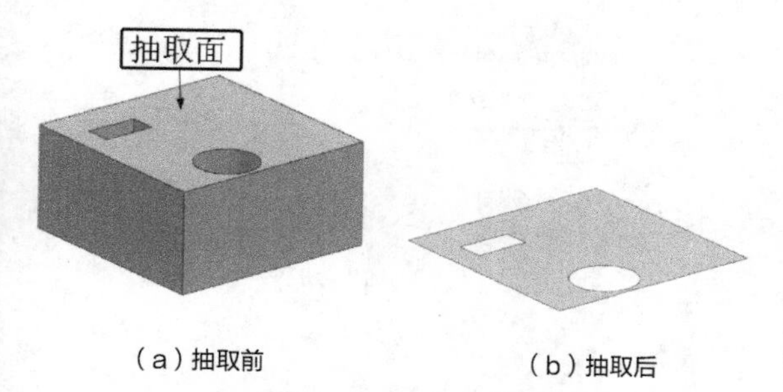

（a）抽取前　　（b）抽取后

图 7–178　抽取单个面

（2）面与相邻面：即只有与选中的面直接相邻的面才会被抽取，如图 7–179 所示。

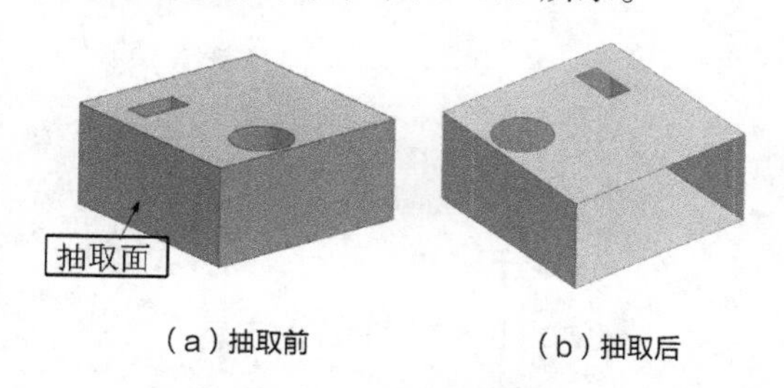

（a）抽取前　　（b）抽取后

图 7–179　抽取相邻面

（3）体的面：即与选中的面位于同一体的所有面都会被抽取，如图 7–180 所示。

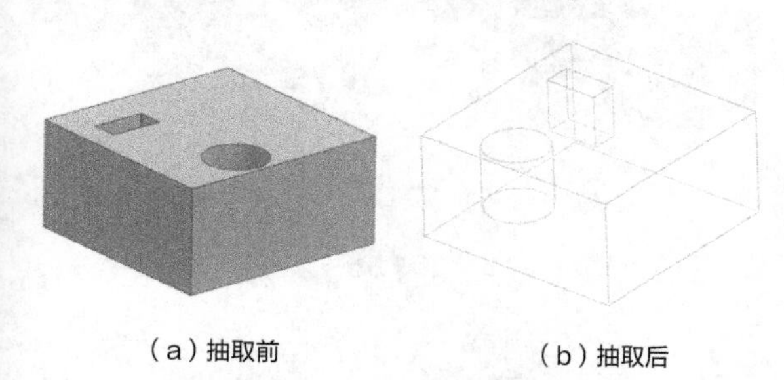

（a）抽取前　　（b）抽取后

图 7–180　抽取体的面

2. 面区域

该选项用于生成一个片体，该片体是一组和种子面相关的且被边界面限制的面。在已经确定了种子面和边界面以后，系统从种子面上开始，在行进过程中收集面，直到它和任意的边界面相遇。一个抽取区域在这个组面上生成。选择该选项后，对话框中的可变窗口区域如图 7–181 所示。示意图如图 7–182 所示。

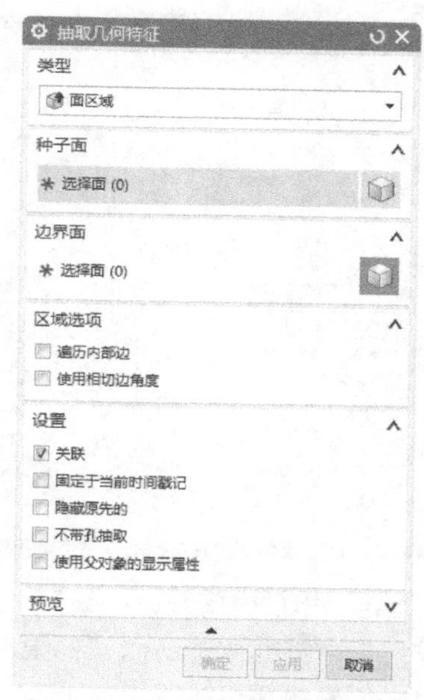

图 7–181　“抽取几何体”对话框

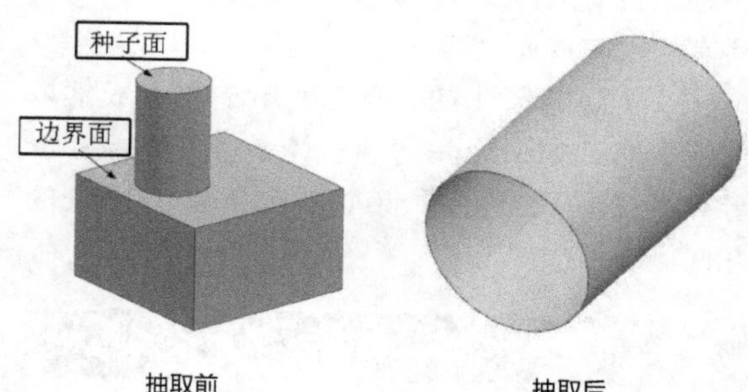

图 7–182　“抽取区域”示意图

（1）种子面：特征中所有其他的面都和种子面有关。

（2）边界面：确定“抽取区域”特征的边界。

（3）使用相切边角度：该选项在加工中应用。

（4）遍历内部边：选中该复选框后，系统对于遇到的每一个面，收集其边构成其任何内部环的部分或全部。

3. 体

该选项用于生成整个体的关联副本。可以将各种特征添加到抽取体特征上，而不在原先的体上出现。当更改原先的体时，用户还可以决定“抽取体”特征要不要更新。

“抽取体”特征的一个用途是在用户想同时能用一个原先的实体和一个简化形式的时候（例如，放置在不同的参考集里），选择该类型时，对话框如图 7–183 所示。

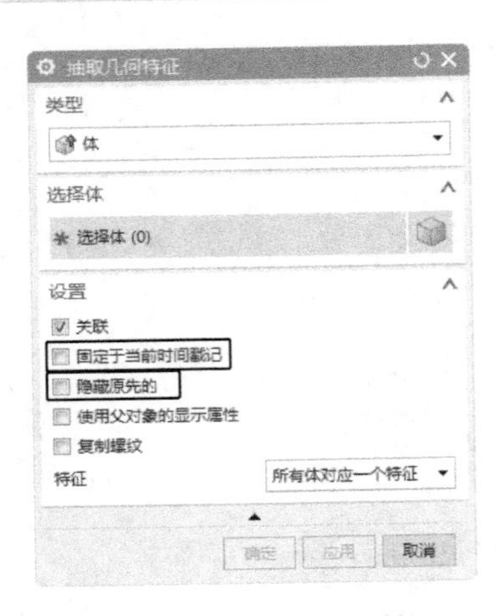

图 7-183 “抽取几何特征”对话框

（1）固定于当前时间戳记： 该选项用于更改编辑操作过程中特性放置的时间标记，控制更新过程中对原先的几何体所做的更改是否反映在抽取的特征中。默认是将抽取的特征放置在所有的已有特征之后。

（2）隐藏原先的： 该选项用于在生成抽取的特征时，如果原先的几何体是整个对象，或者生成“抽取区域”特征，则将隐藏原先的几何体。

7.3 偏置/缩放特征

本节主要介绍偏置/缩放特征子菜单中的特征。

7.3.1 抽壳

在菜单栏中选择“插入”→“偏置/缩放”→“抽壳”命令或单击“主页”功能区“特征”组中的“抽壳”按钮，系统打开“抽壳”对话框，如图 7-184 所示。利用该对话框可以通过抽壳挖空实体或在实体周围建立薄壳。

“抽壳”对话框中的选项说明如下。

（1）移除面，然后抽壳： 选择该选项后，所选目标面在抽壳操作后将被移除。

如果进行等厚度的抽壳，则在选好要抽壳的面和设置好默认厚度后，直接单击“确定”或“应用”按钮完成抽壳。

如果进行变厚度的抽壳，则在选好要抽壳的面后，在备选厚度栏中单击选择面，选择要设定的变厚度抽壳的表面，并在“厚度 0”文本框中输入可变厚度值，则该表面抽壳后的厚度为新设定的可变厚度。示意图如图 7-185 所示。

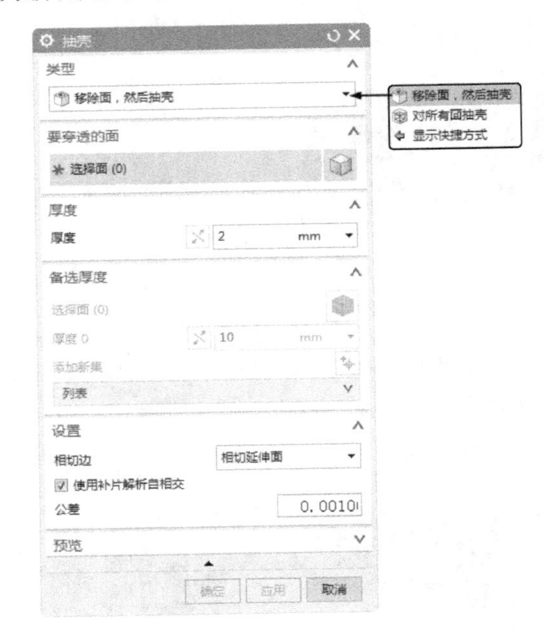

图 7-184 “抽壳”对话框

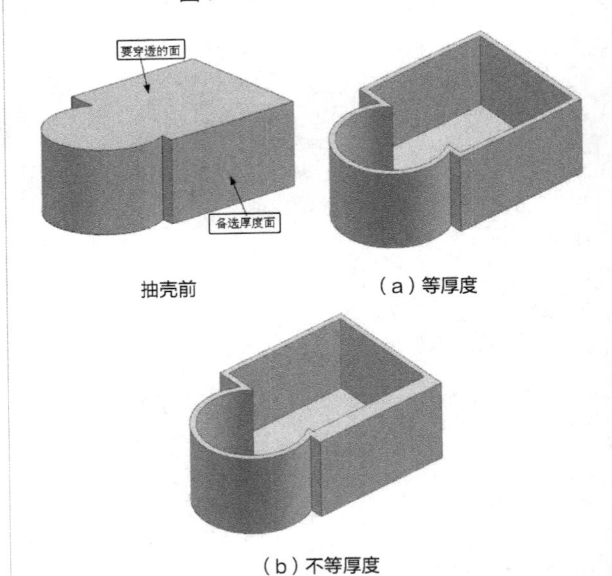

抽壳前　（a）等厚度

（b）不等厚度

图 7-185 “移除面，然后抽壳”示意图

（2）对所有面抽壳： 选择该选项后，需要选择一个实体，系统将按照设置的厚度进行抽壳，抽壳后原实体变成一个空心实体。

如果厚度为正数，则空心实体的外表面为原实体的表面；如果厚度为负数，则空心实体的内表面为原实体的表面。

在备选厚度栏中单击选择面也可以设置变厚度，设置方法与面抽壳类型相同，如图 7–186 所示。

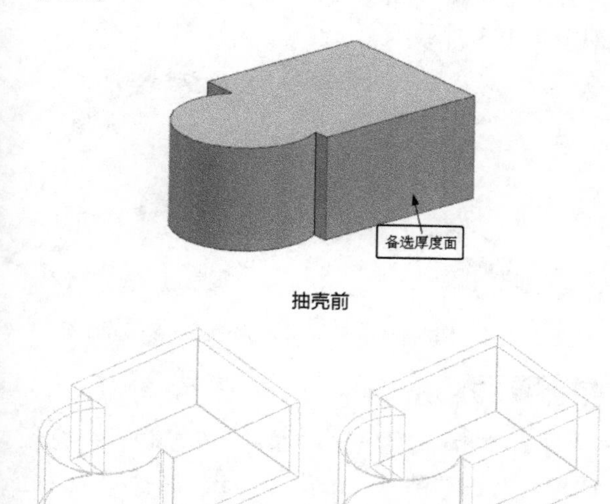

（a）等厚度　　（b）不等厚度

图 7–186　“对所有面抽壳”示意图

7.3.2 实例——漏斗

本例绘制漏斗，如图 7–187 所示。先通过拉伸操作形成拉伸体，再创建孔和大小两个圆台，然后通过抽壳操作完成漏斗的创建。

图 7–187　漏斗

绘制步骤

Step 01 新建文件

选择“文件”→“新建”命令，在弹出的“新建”对话框中，选择保存文件的位置，输入文件的名称 loudou，选择“模型”模板。完成后单击“确定”按钮，进入实体建模环境。

Step 02 绘制草图

（1）在菜单栏中选择“菜单”→“插入”→“草图”命令或单击“主页”选项卡“直接草图”组中的“草图”按钮，弹出“创建草图”对话框。

（2）选择“XC–YC 平面”为草图绘制平面，单击“确定”按钮，进入草图绘制界面。

（3）绘制如图 7–188 所示的草图。

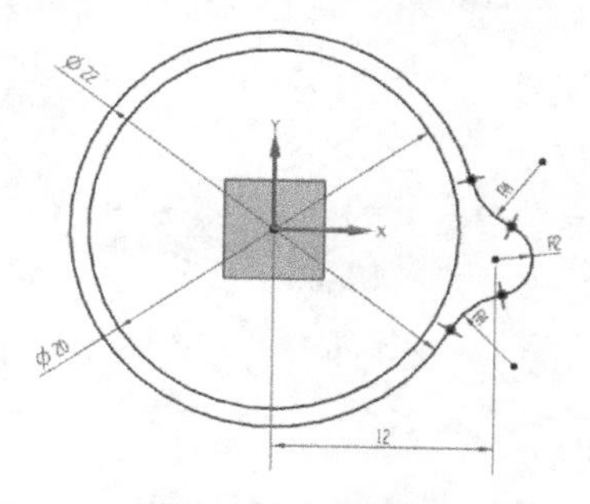

图 7–188　绘制草图

Step 03 拉伸操作

（1）在菜单栏中选择“菜单”→“插入”→“设计特征”→“拉伸”命令或单击“主页”选项卡“特征”组中的“拉伸”按钮，弹出如图 7–189 所示的“拉伸”对话框。

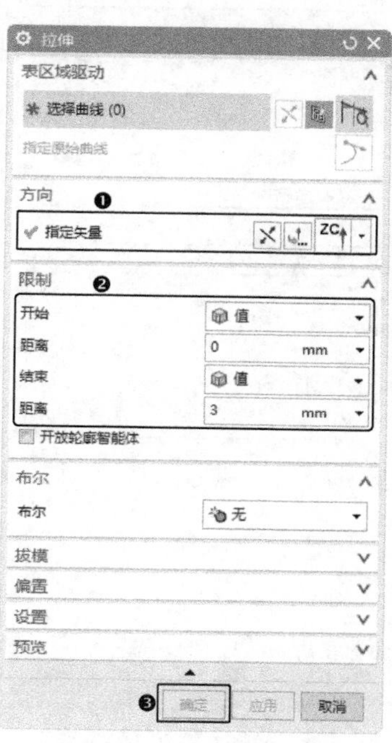

图 7–189　“拉伸”对话框

（2）选择上步绘制的草图为拉伸曲线。

（3）❶ 在指定矢量下拉列表中选择“ZC 轴”为拉伸方向。

（4）❷ 在“开始距离”和“结束距离”文本框中输入 0、3，❸ 单击“确定”按钮，结果如图 7-190 所示。

图 7-190　拉伸体

Step 04　创建孔

（1）在菜单栏中选择“菜单”→“插入”→“设计特征”→“孔”命令或单击“主页”选项卡“特征”组中的“孔”按钮，弹出如图 7-191 所示“孔”对话框。

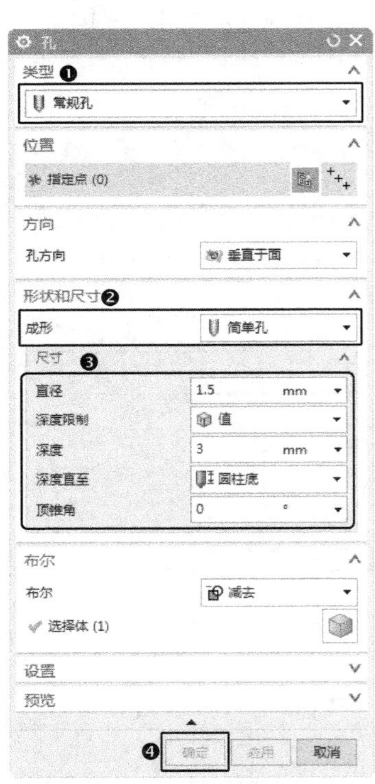

图 7-191　“孔”对话框

（2）❶ 在“类型”选项中选择“常规孔”，❷ 在“成形”下拉列表中选择“简单孔”，❸ 在“直径”“深度”和“顶锥角”文本框中分别输入 1.5、3、0。

（3）捕捉如图 7-192 所示的圆弧中心为孔放置位置。❹ 单击“确定”按钮，完成孔的创建，如图 7-193 所示。

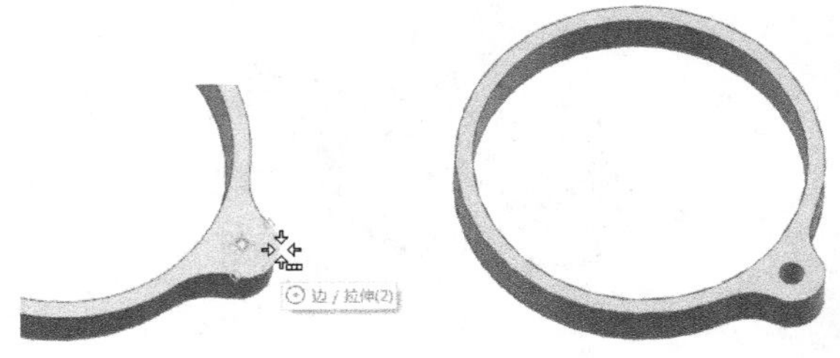

图 7-192　捕捉圆心　　　图 7-193　创建简单孔

Step 05　创建圆锥

（1）在菜单栏中选择“菜单”→“插入”→“设计特征”→“圆锥”命令或单击“主页”选项卡“特征”组中的“圆锥”按钮，弹出如图 7-194 所示的“圆锥”对话框。

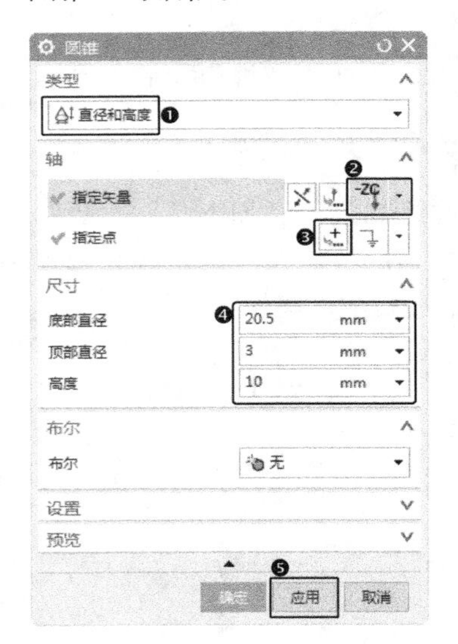

图 7-194　“圆锥”对话框

（2）❶ 选择“直径和高度”类型，❷ 在指定矢量下拉列表中选择“-ZC 轴”为创建方向。

（3）❸ 单击“点对话框”中按钮，在弹出的“点”对话框中输入圆锥原点为（0,0,0），单击“确定”按钮。

（4）返回到“圆锥”对话框，❹ 在底部“直径”“顶部直径”和“高度”文本框中分别输入

20.5、3 和 10，❺ 单击“应用”按钮，创建圆锥 1，如图 7-195 所示。

（5）同上操作在坐标点（0,0,-10）处创建底部“直径”“顶部直径”和“高度”分别为 3、2.5、15 的圆锥 2，如图 7-196 所示。

图 7-195　创建圆锥 1　　　图 7-196　创建圆锥 2

Step 06 抽壳处理

（1）在菜单栏中选择“菜单”→“插入”→“偏置 / 缩放”→“抽壳”命令或单击“主页”选项卡“特征”组中的“抽壳”按钮，弹出如图 7-197 所示的“抽壳”对话框。

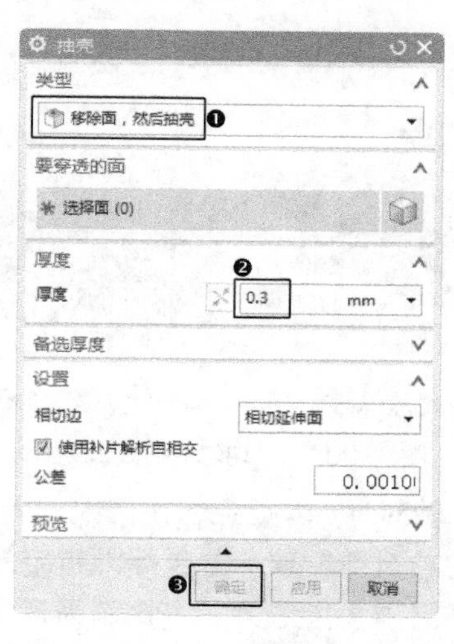

图 7-197　“抽壳”对话框

（2）❶ 选择“移除面，然后抽壳”类型，分别选择如图 7-198 所示的大圆台顶面和小圆台底面为移除面。

（3）❷ 输入“厚度”为 0.3，❸ 单击“确定”按钮，抽壳完成，如图 7-199 所示。

图 7-198　选择移除面　　　图 7-199　抽壳处理

Step 07 隐藏操作

（1）在菜单栏中选择“菜单”→“编辑”→“显示和隐藏”→“隐藏”命令，弹出“类选择”对话框。

（2）单击“类型过滤器”按钮，弹出如图 7-200 所示的“按类型选择”对话框，❶ 选择“草图”和“基准”选项，❷ 单击“确定”按钮。

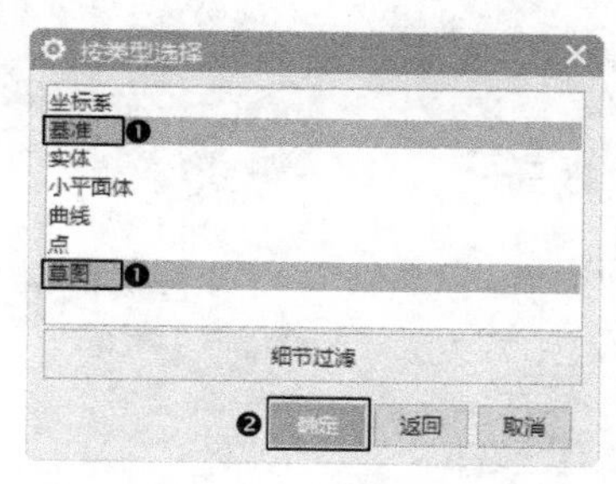

图 7-200　“按类型选择”对话

（3）返回类选择对话框，单击“全选”按钮，单击“确定”按钮，完成隐藏草图和基准操作。

7.3.3 偏置面

在菜单栏中选择“插入”→“偏置 / 缩放”→“偏置面”命令或单击“主页”功能区“特征”组中“更多”库下的“偏置面”按钮，打开“偏置面”对话框，如图 7-201 所示。可以使用该对话框沿面的法向偏置一个或多个面、体的特征或体。示意图如图 7-202 所示。

其偏置距离可以为正值或为负值，而体的拓扑不改变。正的偏置距离沿垂直于面而指向远离实体方向的矢量测量。

图 7-201　“偏置面”对话框

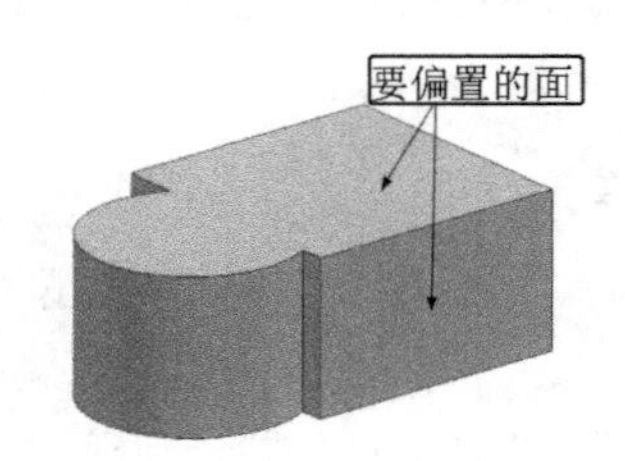

偏置前

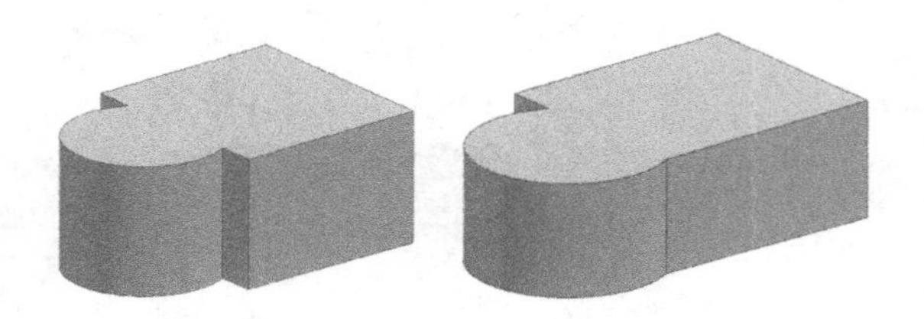

距离为正值　　距离为负值

图 7-202　“偏置面”示意图

7.3.4 缩放体

在菜单栏中选择“插入”→“偏置 / 比例”→“缩放体”命令或单击“主页”功能区“特征”组中“更多”库下的“缩放体”按钮，打开“缩放体”对话框，如图 7-203 所示。该选项按比例缩放实体和片体。可以使用均匀、轴对称或通用的比例方式，此操作完全关联。需要注意的是比例操作应用于几何体而不用于组成该体的独立特征。其操作后示意图如图 7-204 所示。

“缩放体”对话框中部分选项的功能如下。

（1）均匀：在所有方向上均匀地按比例缩放。

①要缩放的体：该选项用于为比例操作选择一个或多个实体或片体。所有的三个“类型”方法都要求此步骤。

②缩放点：该选项用于指定一个参考点，比例操作以它为中心。默认的参考点是当前工作坐标系的原点，可以通过使用“点方式”子功能指定另一个参考点。该选项只在“均匀”和“轴对称”类型中可用。

③比例因子：该选项用于指定比例因子（乘数），通过它来改变当前的大小。

图 7-203　“缩放体”对话框

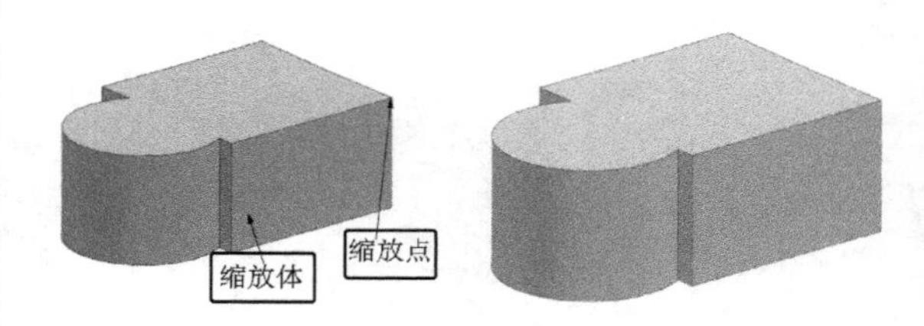

（a）缩放前　　（b）缩放 1.5 倍

图 7-204　“均匀”缩放示意图

（2）轴对称：以指定的比例因子（或乘数）沿指定的轴对称缩放。这包括沿指定的轴指定一个比例因子并指定另一个比例因子用在另外两个轴方向，对话框如图 7-205 所示。

缩放轴：该选项为比例操作指定一个参考轴。只可用在“轴对称”方法中。默认值是工作坐标系的“Z 轴”。可以使用“矢量方法”子功能来改变它。“轴对称”缩放示意图如图 7-206 所示。

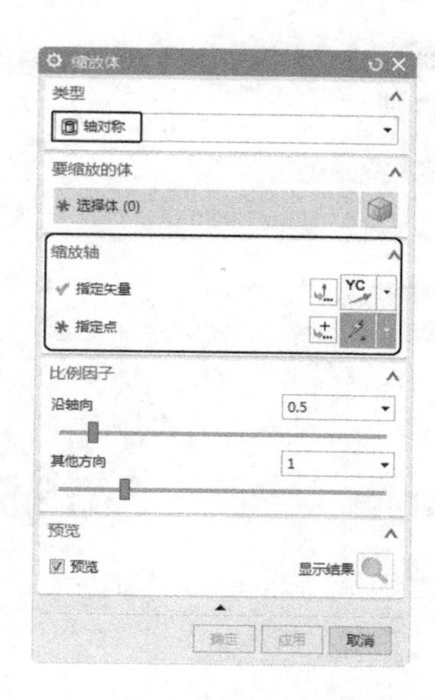

图 7-205 “轴对称”类型

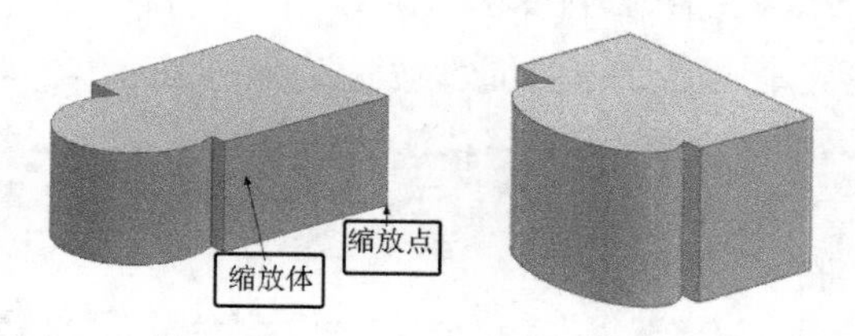

（a）缩放前 （b）沿 Y 轴缩放 0.5，其他不变

图 7-206 “轴对称”缩放示意图

（3）不均匀：在所有的 X、Y、Z 三个方向上以不同的比例因子缩放，对话框如图 7-207 所示。示意图如图 7-208 所示。

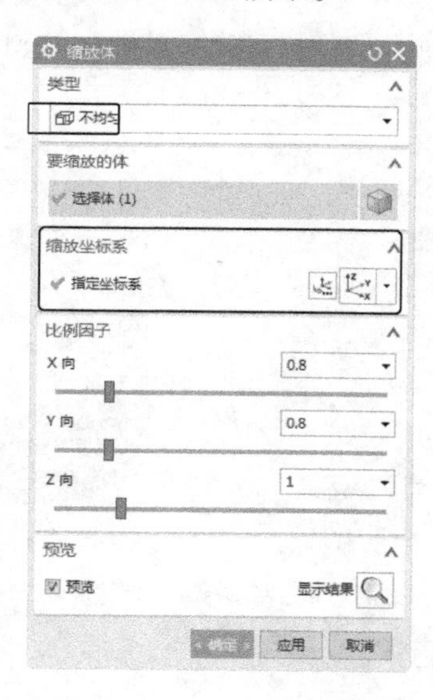

图 7-207 “缩放体”对话框

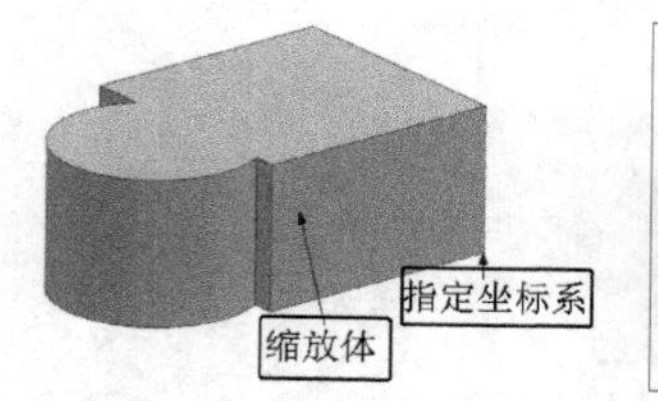

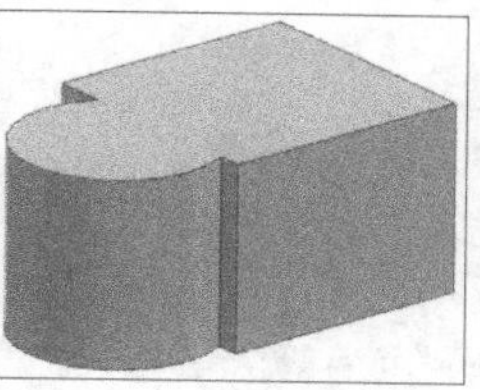

（a）缩放前 （b）沿 X、Y 向缩放 0.8，Z 向不变

图 7-208 “不均匀”缩放示意图

缩放坐标系：该选项用于指定一个参考坐标系。选择该步骤会启用“坐标系对话框”按钮。可以单击此按钮来打开“坐标系”，可以用它来指定一个参考坐标系。

7.4 修剪

本节主要介绍偏置 / 缩放特征子菜单中的特征。这些特征主要对实体或面进行修剪、拆分和分割。

7.4.1 修剪体

在菜单栏中选择“插入”→“修剪”→“修剪体”命令或单击“主页”功能区“特征”组中的“修剪体”按钮，打开“修剪体”对话框，如图 7-209 所示。可以使用一个面、基准平面或其他几何体修剪一个或多个目标体。选择要保留的体部分，并且修剪体将采用修剪几何体的形状。示意图如图 7-210 所示。

由法向矢量的方向确定目标体要保留的部分，矢量指向远离将保留的目标体部分。图 7-210 显示了矢量方向将如何影响目标体要保留的部分。

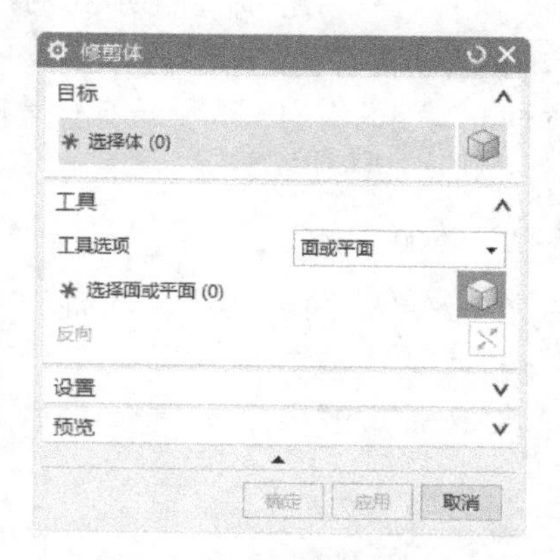

图 7-209 “修剪体”对话框

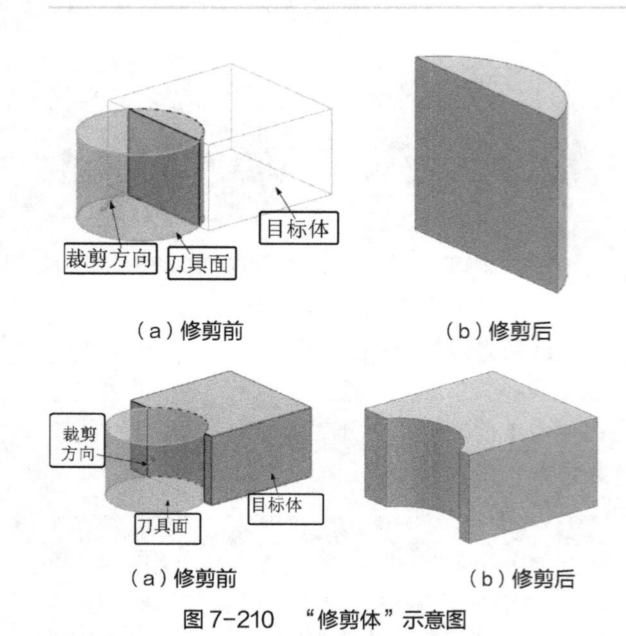

（a）修剪前　　（b）修剪后

（a）修剪前　　（b）修剪后

图 7–210　“修剪体”示意图

7.4.2 实例——石桌

本实例绘制如图 7-211 所示的石桌，主要用到“圆柱”“球体”“修剪体”“抽壳”等命令。

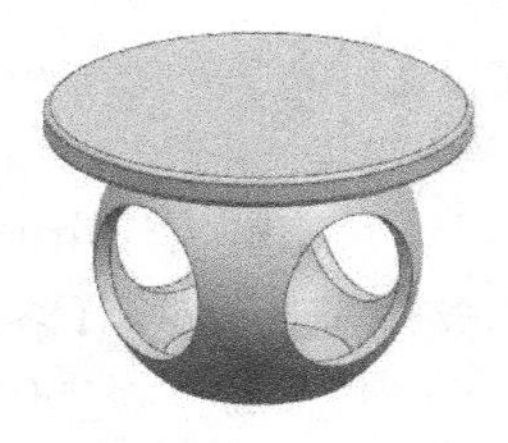
图 7–211　绘制石桌

绘制步骤

Step 01 新建文件

选择“文件”→“新建”命令，在弹出的“新建”对话框中，选择保存文件的位置，输入文件的名称 shizhuo，选择“模型”模板，完成后单击“确定”按钮，进入实体建模环境。

Step 02 创建球体

（1）选择菜单栏中的“菜单”→“插入”→“设计特征”→“球”命令或单击“主页”选项卡“特征”组中的“球”按钮，弹出如图 7-212 所示的“球”对话框。

（2）❶ 捕捉原点为球体的中心点，❷ 在“直径”文本框中输入 100。

（3）❸ 单击“确定”按钮，完成球体的绘制，如图 7-213 所示。

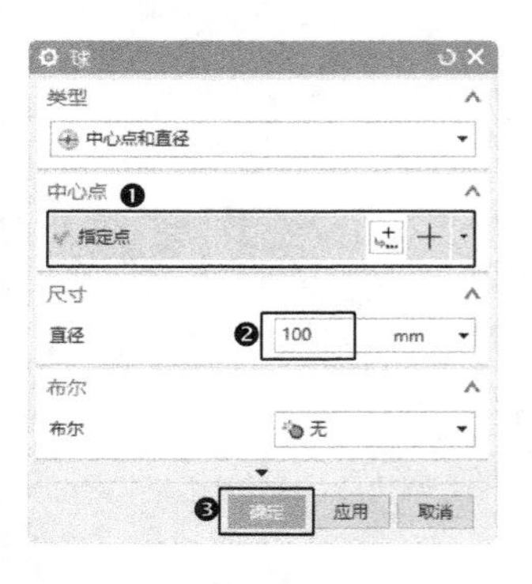

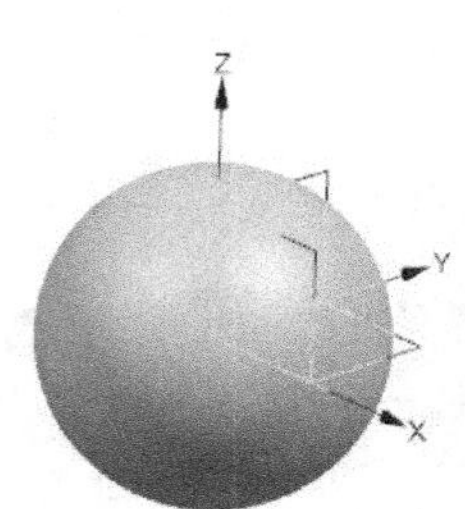

图 7–212　“球”对话框　　图 7–213　球体

Step 03 创建基准面

（1）选择“菜单”→“插入”→“基准 / 点”→“基准平面”命令或单击“主页”功能区“特征”组中的“基准平面”按钮，弹出如图 7-214 所示的“基准平面”对话框。

（2）❶ 在“类型”下拉列表中选择“按某一距离”类型。

（3）❷ 选择“XC–YC 平面”为参考平面，❸ 在“距离”文本框中输入 40。

（4）❹ 单击“应用”按钮，完成基准平面 1 的创建。

（5）选择“XC–YC 平面”为参考平面，在“距离”文本框中输入 40，单击“确定”按钮，完成基准平面 2 的创建，结果如图 7-215 所示。

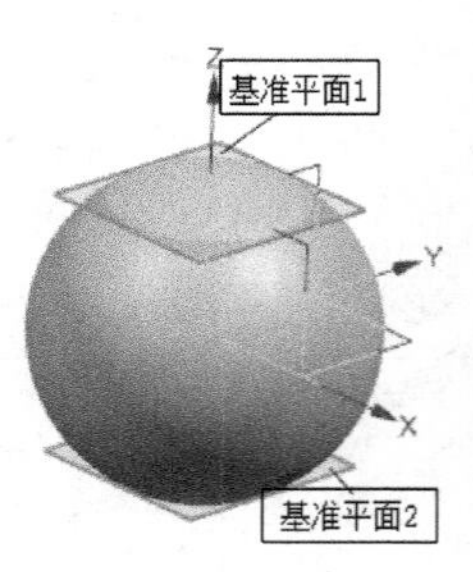

图 7–214　“基准平面”对话框　图 7–215　创建基准平面

Step 04 修剪体

（1）选择菜单栏中的“菜单”→“插入”→“修

剪”→“修剪体”命令或单击“主页”选项卡“特征”组中的“修剪体”按钮，弹出如图 7-216 所示的“修剪体”对话框。

（2）❶ 选择球体为目标体，❷ 选择基准平面 1 为工具平面，❸ 单击“应用”按钮。

（3）选择球体为目标体，选择基准平面 2 为工具平面，单击“反向”按钮，单击“确定”按钮，完成球体的修剪，结果如图 7-217 所示。

图 7-216 “修剪体”对话框

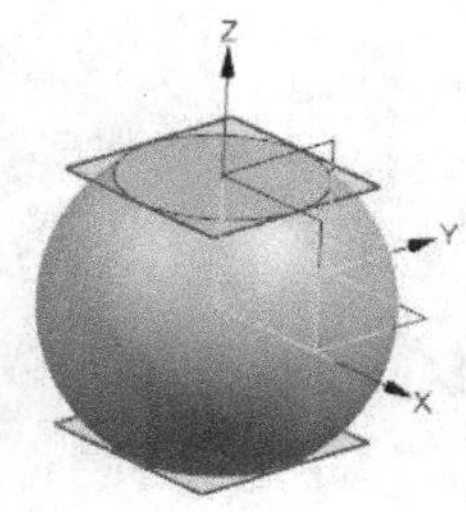

图 7-217 修剪球体

Step 05 创建抽壳

（1）选择菜单栏中的“菜单”→“插入”→“偏置 / 缩放”→“抽壳”命令或单击“主页”选项卡“特征”组中的“抽壳”按钮，弹出如图 7-218 所示的“抽壳”对话框。

（2）❶ 在“类型”下拉列表中选择“对所有面抽壳”类型。

（3）❷ 选择球体为要抽壳的体，❸ 在“厚度”文本框中输入 5。

（4）❹ 单击“确定”按钮，完成抽壳，结果如图 7-219 所示。

图 7-218 “抽壳”对话框

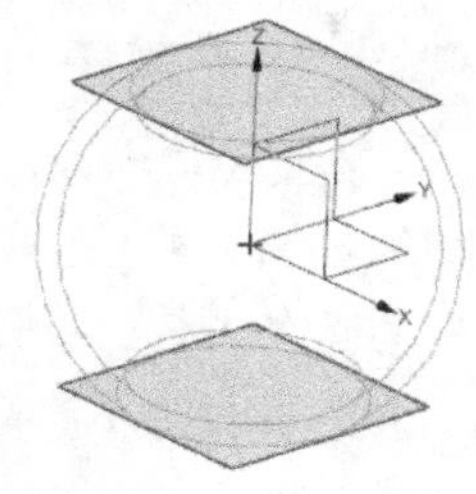

图 7-219 抽壳操作

Step 06 创建圆柱 1

（1）选择“菜单”→“插入”→“设计特征”→“圆柱”命令或单击“主页”功能区“特征”组中的“圆柱”按钮，弹出如图 7-220 所示的“圆柱”对话框。

（2）❶ 在“类型”下拉列表中选择“轴、直径和高度”类型。

（3）❷ 在“指定矢量”下拉列表中选择“YC 轴”按钮。

（4）❸ 单击“点对话框”按钮，弹出“点”对话框，输入点的坐标（0，-50，0），单击“确定”按钮，返回到“圆柱”对话框。

（5）❹ 在“直径”和“高度”文本框中输入 50 和 100。

（6）❺ 在“布尔”下拉列表中选择“减去”。❻ 单击“确定”按钮，完成圆柱 1 的绘制，结果如图 7-221 所示。

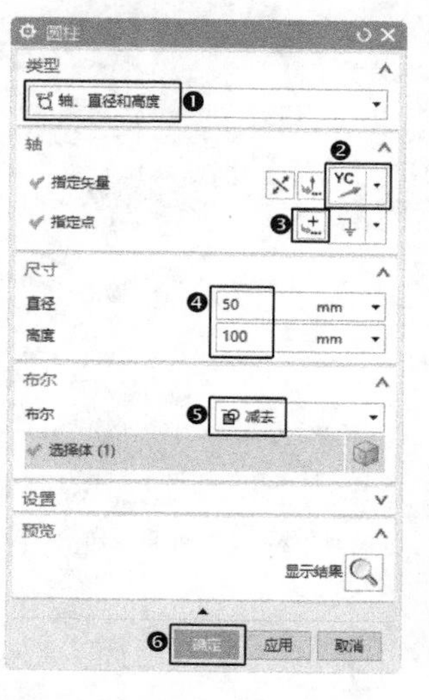

图 7-220 “圆柱”对话框

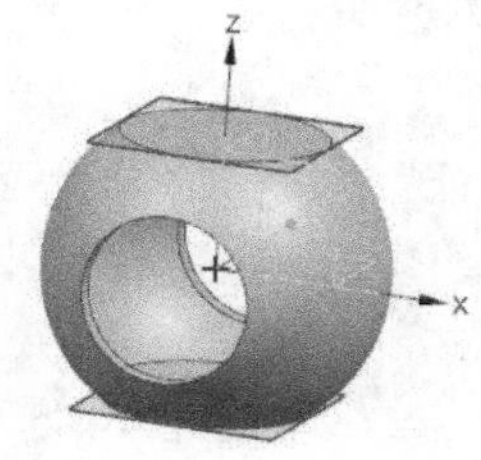

图 7-221 创建圆柱 1

Step 07 创建圆柱 2

（1）选择“菜单”→“插入”→“设计特征”→“圆柱”命令或单击“主页”功能区“特征”组中的“圆柱”按钮，弹出如图 7-222 所示的“圆柱”对话框。

（2）❶ 在“类型”下拉列表中选择“轴、直径和高度”类型。

（3）❷ 在“指定矢量”下拉列表中选择“XC

轴”按钮。

（4）❸单击“点对话框”按钮，弹出“点”对话框，输入点的坐标（-50,0,0），单击“确定”按钮，返回“圆柱”对话框。

（5）❹在“直径”和“高度”文本框中输入 50 和 100。

（6）❺在“布尔”下拉列表中选择“减去”。❻单击“确定”按钮，完成圆柱 2 的绘制，结果如图 7-223 所示。

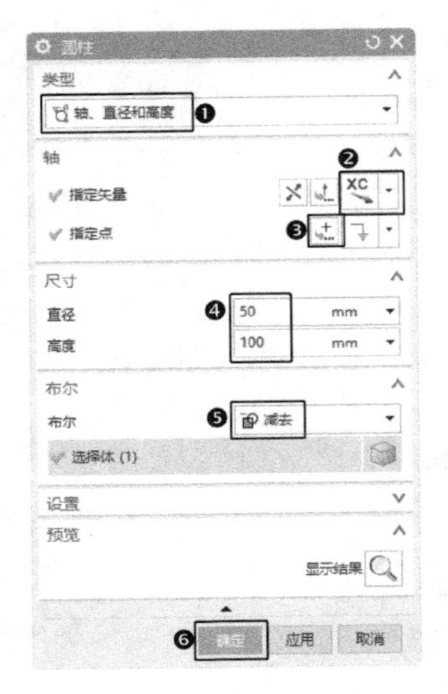

图 7-222 “圆柱”对话框

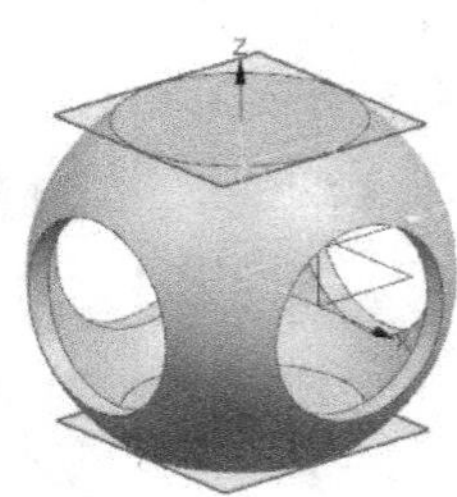

图 7-223 圆柱 2

Step 08 创建圆柱 3

（1）选择“菜单”→“插入”→“设计特征”→“圆柱”命令或单击“主页”功能区“特征”组中的“圆柱”按钮，弹出如图 7-224 所示的“圆柱”对话框。

（2）❶在“类型”下拉列表中选择“轴、直径和高度”类型。

（3）❷在“指定矢量”下拉列表中选择“ZC 轴”按钮。

（4）❸单击“点对话框”按钮，弹出“点”对话框，输入点的坐标（0,0,40），单击“确定”按钮，返回“圆柱”对话框。

（5）❹在“直径”和“高度”文本框中输入 130 和 10。

（6）❺在“布尔”下拉列表中选择“无”。❻单击“确定”按钮，完成圆柱 3 的绘制，结果如图 7-225 所示。

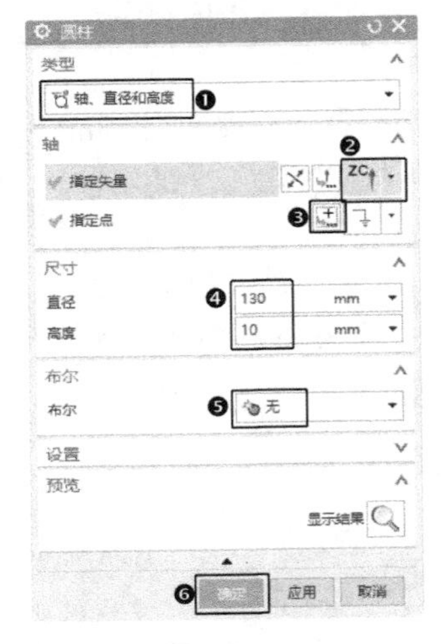

图 7-224 “圆柱”对话框

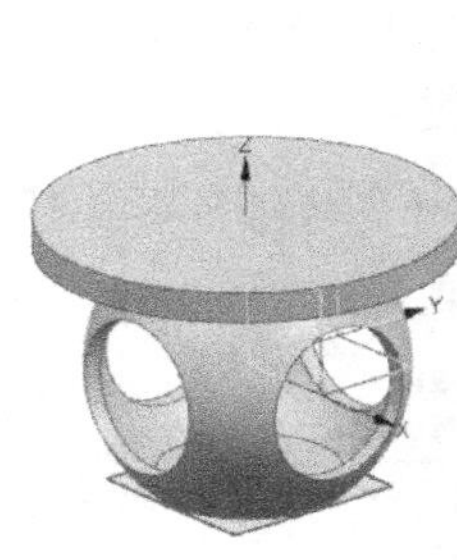

图 7-225 圆柱 3

Step 09 创建圆角

（1）选择菜单栏中的“菜单”→“插入”→“细节特征”→“边倒圆”命令或单击“主页”选项卡“特征”组中的“边倒圆”按钮，弹出如图 7-226 所示的“边倒圆”对话框。

（2）❶选择将圆柱 3 的棱边进行圆角处理，❷在“半径 1”文本框中输入 2。

（3）❸单击“确定”按钮，完成圆角的创建结果如图 7-211 所示。

图 7-226 “边倒圆”对话框

7.4.3 拆分体

在菜单栏中选择“插入”→“修剪”→“拆分体”命令或单击“主页”功能区“特征”组中的“拆分体”按钮，打开“拆分体”对话框，如图 7-227 所示。此选项使用面、基准平面或其他几何体分割一个或多个目标体。操作过程类似于“修剪体”。其操作后示意图如图 7-228 所示。

该操作从通过分割生成的体上删除所有参数。

图 7-227 “拆分体”对话框

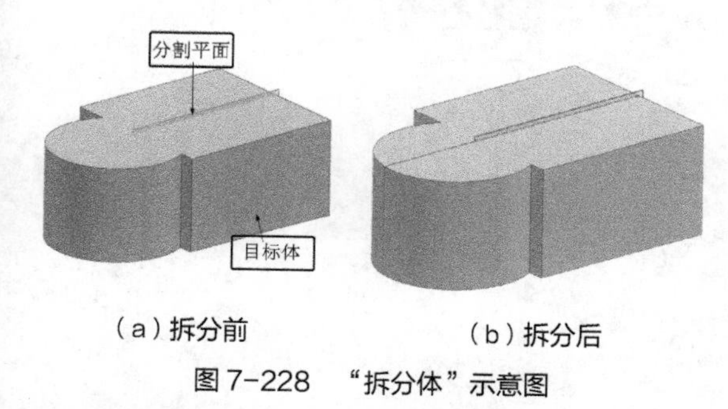

（a）拆分前　　（b）拆分后

图 7-228 “拆分体”示意图

7.4.4 分割面

在菜单栏中选择“插入”→“修剪”→“分割面”命令或单击“曲面”功能区“曲面操作”组中的“分割面”按钮，打开“分割面”对话框，如图 7-229 所示。此选项使用面、基准平面或其他几何体分割一个或多个面。其操作示意图如图 7-230 所示。

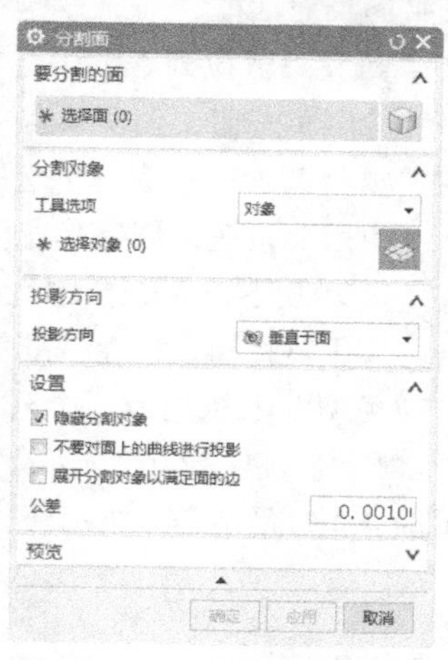

图 7-229 “分割面”对话框

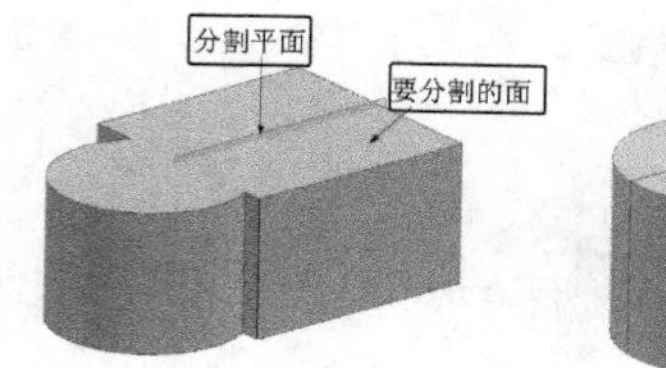

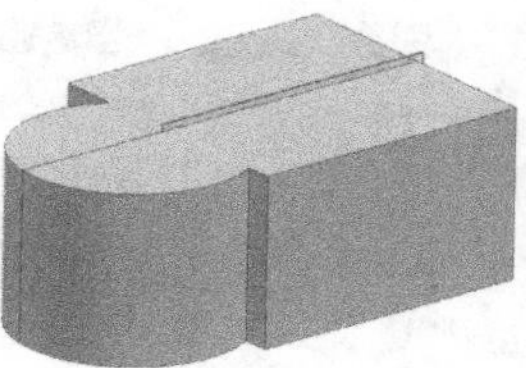

（a）分割前　　（b）分割后

图 7-230 “分割面”示意图

该操作从通过分割生成的体上删除所有参数。

7.5 综合实例——表后端盖

本例绘制如图 7-231 所示的表后端盖，首先创建圆柱体，然后对圆柱体进行倒角、孔、腔体等操作，生成表后端盖模型。

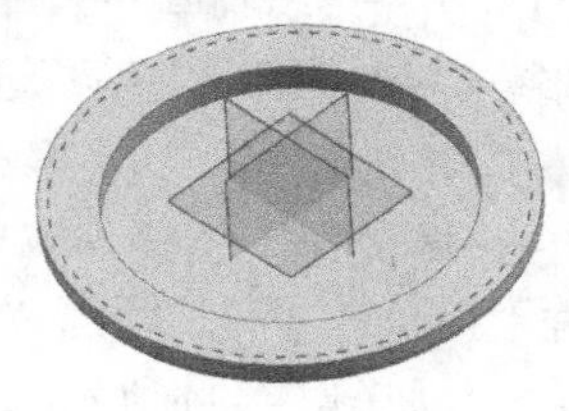

图 7-231 表后端盖

绘制步骤

Step 01 新建文件

在菜单栏中选择“文件”→“新建”命令，在弹出的“新建”对话框中，选择保存文件的位置，输入文件的名称“biaohouduangai”，选择“模型”模板，完成后单击“确定”按钮，进入实体建模环境。

Step 02 创建圆柱体

（1）在菜单栏中选择“菜单”→“插入”→“设计特征”→“圆柱”命令，弹出“圆柱”对话框，如图 7-232 所示。

（2）❶ 在“类型”下拉列表中选择“轴、直径和高度”，❷ 在“指定矢量”下拉列表中选择“ZC 轴”为圆柱方向，❸ 单击“点对话框”按钮，在弹出的“点”对话框中设置原点坐标为（0,0,0），单击“确定”按钮。

（3）返回“圆柱”对话框，❹ 在“直径”和“高度”文本框中分别输入 33、3，❺ 单击“确定”按钮，生成模型如图 7-233 所示。

图 7-232 “圆柱”对话框

图 7-233 创建圆柱体

Step 03 倒斜角

（1）在菜单栏中选择“菜单”→“插入”→“细节特征”→“倒斜角”命令或单击“主页”选项卡“特征”组中的“倒斜角”按钮，弹出“倒斜角”对话框。

（2）❶在“横截面”下拉列表中选择“非对称”，❷在“距离 1”和“距离 2”文本框中分别输入 1 和 3，如图 7-234 所示。

（3）在视图中选择圆柱体的边为倒斜角边，如图 7-235 所示。

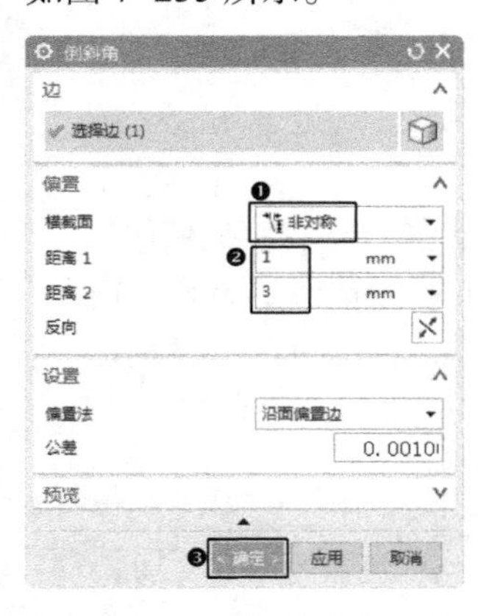

图 7-234 “倒斜角”对话框

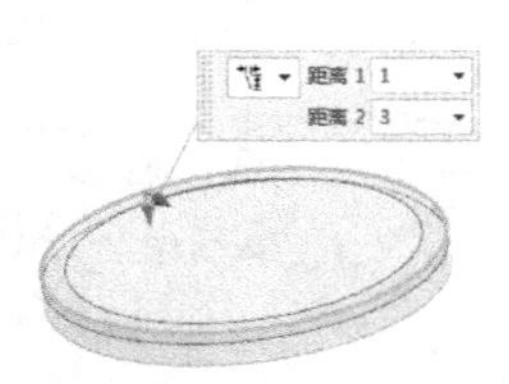

图 7-235 选择倒斜角边

（4）❸在“倒斜角”对话框中单击“确定”按钮，结果如图 7-236 所示。

图 7-236 倒斜角

Step 04 边倒圆

（1）在菜单栏中选择“菜单”→“插入”→“细节特征”→“边倒圆”命令或单击“主页”选项卡“特征”组中的“边倒圆”按钮，弹出如图 7-237 所示的“边倒圆”对话框。

（2）❶在“形状”下拉列表中选择“圆形”。

（3）在视图中选择如图 7-238 所示要倒圆的边，❷在“半径 1”文本框中输入 1。

（4）❸在“边倒圆”对话框中单击“确定”按钮，结果如图 7-239 所示。

图 7-237 “边倒圆”对话框

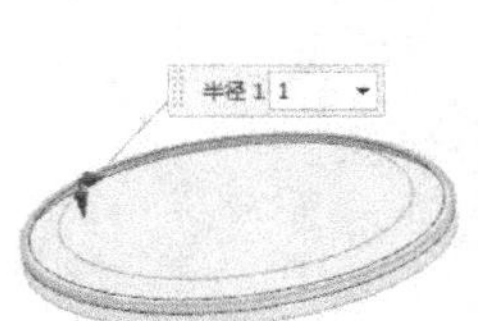

图 7-238 选择要倒圆的边

Step 05 创建基准平面

（1）在菜单栏中选择“菜单”→“插入”→“基准/点”→“基准平面”命令或单击“主页”选项卡“特征”组中的“基准平面”按钮，弹出“基准平面”对话框。

（2）在“类型”下拉列表框中选择 YC-ZC 选项，单击“应用”按钮，创建基准平面 1。

（3）在“类型”下拉列表框中选择 XC-YC 选项，单击“应用”按钮，创建基准平面 2。

（4）在“类型”下拉列表框中选择 XC-ZC 选项，单击“应用”按钮，创建基准平面 3。

（5）在“类型”下拉列表框中选择 XC-YC 选项，设置“距离”为 3，单击“确定”按钮，创建基准平面 4，如图 7-240 所示。

图 7-239　倒圆角

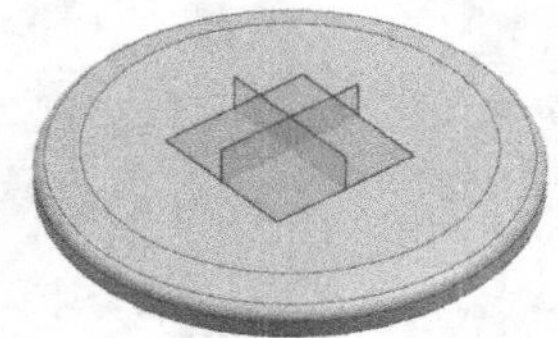

图 7-240　创建基准平面

Step 06　创建腔体

（1）在菜单栏中选择“插入”→“设计特征”→“腔（原有）”命令，弹出如图 7-241 所示的“腔”类型选择对话框。

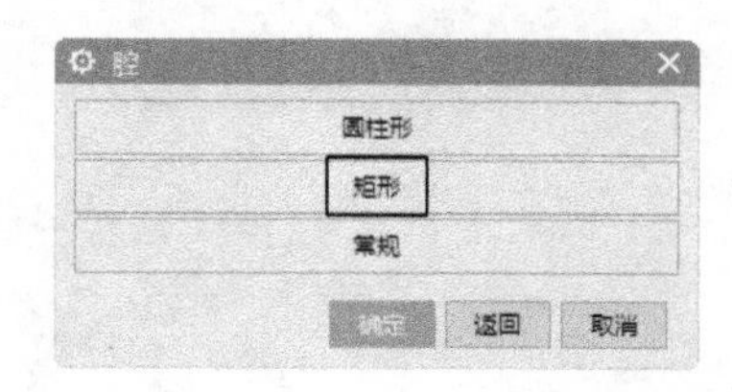

图 7-241　“腔”对话框

（2）单击“矩形”按钮，弹出“矩形腔”放置面选择对话框，选择基准平面 4 为腔体放置面。

（3）弹出如图 7-242 所示的“矩形腔”参数设置对话框，❶ 在“长度”“宽度”和“深度”文本框中分别输入 2、3 和 1.5，其他参数均设置为 0，❷ 单击“确定”按钮。

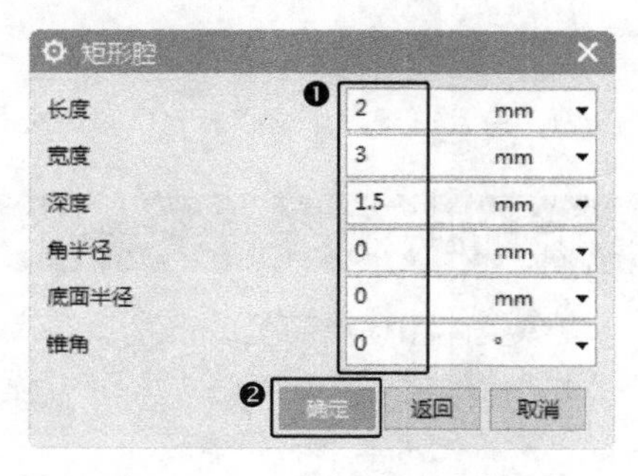

图 7-242　设置矩形腔体参数

（4）弹出“定位”对话框，继续单击“垂直”按钮，按系统提示选择基准平面 3 为基准，选择腔体短中心线为工具边，在弹出的“创建表达式”对话框中输入 0，单击“确定”按钮。

（5）单击“垂直”按钮，选择基准平面 1 为基准，腔体长中心线为工具边，在弹出的“创建表达式”对话框中输入 15，单击“确定”按钮，完成定位，创建的腔体如图 7-243 所示。

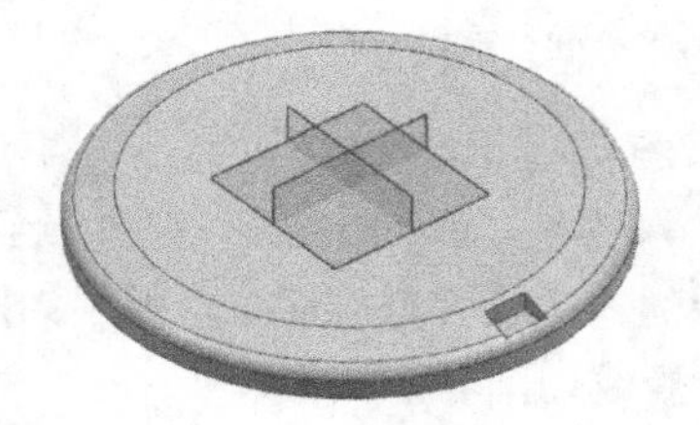

图 7-243　创建腔体

Step 07　圆形阵列

（1）在菜单栏中选择“菜单”→“插入”→“关联复制”→“阵列特征”命令或单击“主页”选项卡“特征”组中的“阵列特征”按钮，弹出如图 7-244 所示的对话框。

（2）选择 Step 06 创建的腔体特征为要形成阵列的特征。

（3）❶ 在“阵列定义”选项组下的“布局”下拉列表中选择“圆形”，❷ 在“指定矢量”下拉列表中选择“ZC 轴”为阵列旋转轴。

（4）❸ 在“间距”下拉列表中选择“数量和间隔”，设置“数量”和“节距角”为 6、60。❹ 单击“确定”按钮，完成圆形阵列，如图 7-245 所示。

图 7-244　“阵列特征”对话框

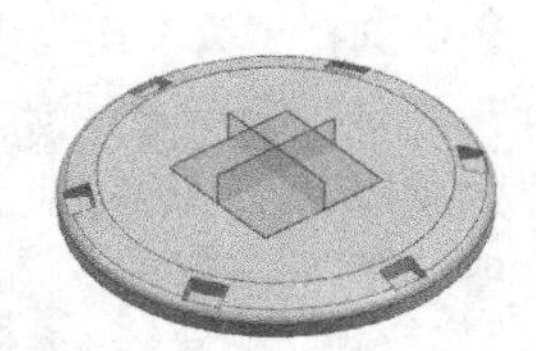

图 7-245　圆形阵列

Step 08 创建螺纹

（1）在菜单栏中选择“菜单”→“插入”→“设计特征”→“螺纹”命令或单击“主页”选项卡“特征”组中的“螺纹刀”按钮，弹出如图 7–246 所示的“螺纹切削”对话框。

（2）❶ 在“螺纹类型”选项组中选中“符号”单选按钮。

（3）选择如图 7–245 所示的圆柱体侧面作为螺纹的生成面。

（4）采用默认设置，❷ 单击“确定”按钮，生成螺纹如图 7–247 所示。

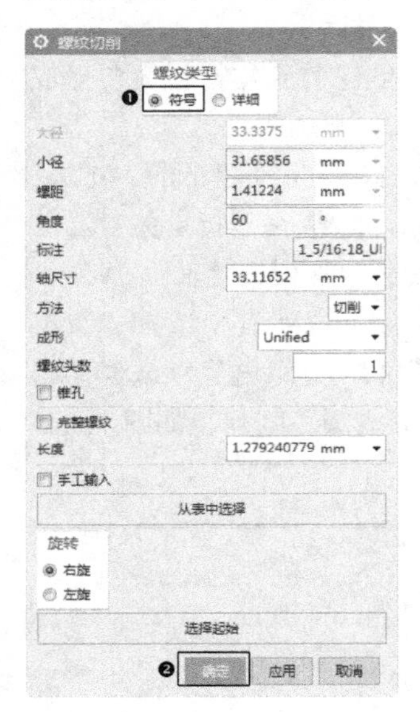

图 7–246 “螺纹切削”对话框

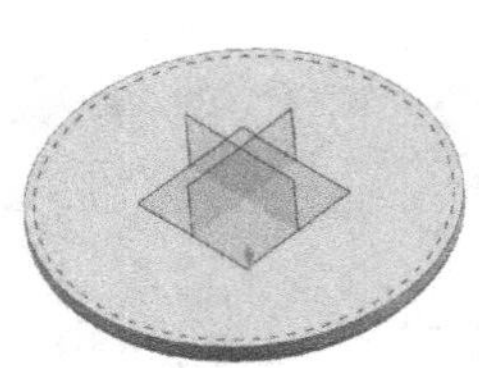

图 7–247 生成螺纹

Step 09 创建简单孔

（1）在菜单栏中选择“菜单”→“插入”→“设计特征”→“孔”命令或单击“主页”选项卡“特征”组中的“孔”按钮，弹出如图 7–248 所示的“孔”对话框。

（2）❶ 在“类型”下拉列表中选择“常规孔”，❷ 在“形状和尺寸”选项组的“成形”下拉列表中选择“简单孔”。

（3）❸ 单击“点”按钮，拾取圆柱体的上边线，捕捉圆心为孔位置，如图 7–249 所示。

（4）在“孔”对话框中，❹ 将孔的“直径”“深度”和“顶锥角”分别设置为 25、2 和 0，❺ 单击“确定”按钮，完成简单孔的创建，如图 7–250 所示。

图 7–248 “孔”对话框

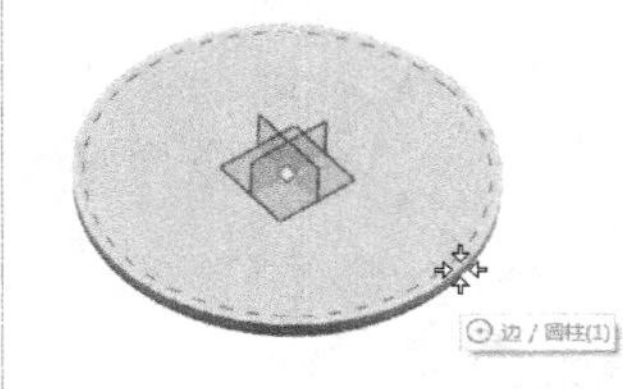

图 7–249 捕捉圆心

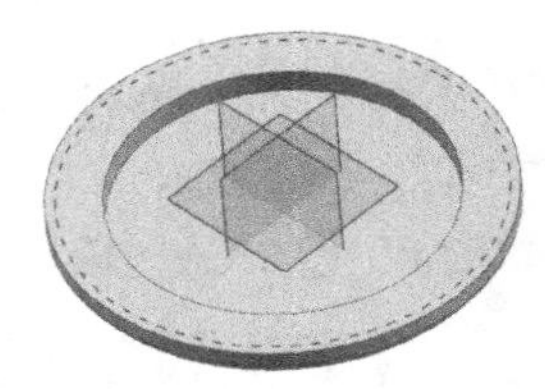

图 7–250 模型最终效果

7.6 新手问答

❓ Q1：镜像实体和镜像特征的区别？

答：（1）镜像实体：是不进行布尔操作而单独存在的，只能使用基准面镜像。

（2）镜像特征：布尔操作由原来的特征决定（若是孔型腔和凸台，则镜像必须位于原实体上），可以使用基准面与实体面镜像。

❓ Q2：如何更改创建特征的平面？

答：（1）在要修改的特征上右击→编辑草图→重新附着→选择新的平面。

（2）重新编辑草绘特征→工具栏的直接草图→更多→草图特征→重新附着→选择新的平面。

❓ Q3：在创建特征时无法阵列怎么办？

答：在菜单栏中选择“菜单”→“编辑”→“特征”→“移除参数”命令，从实体或片体移除所有参数，使之成为非关联体。

7.7 上机实验

通过前面的学习，相信读者对本章知识已有了一个大体的了解。本节将通过两个操作练习帮助读者巩固本章所学的知识要点。

【练习1】绘制笔后端盖

1. 目的要求

本练习设计的图形是一个常见的学习用品，如图7-251所示。在绘制的过程中，主要用到“边倒圆”和“阵列特征”命令。通过本练习帮助读者掌握特征操作命令的用法。

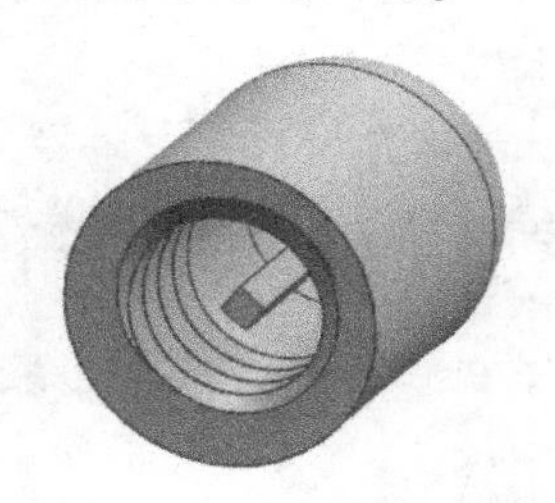

图7-251　笔后端盖

2. 操作提示

（1）利用“圆柱”命令，在坐标原点绘制直径为10、高度为15的圆柱体。

（2）利用“边倒圆”命令，选择圆柱体的一端圆弧边进行圆角操作，半径为5，如图7-252所示。

（3）利用“抽壳”命令，选择下端面为移除面，设置厚度为2，对实体进行抽壳操作。

（4）利用“螺纹”命令，选择抽壳后的内表面为螺纹放置面，选择“详细”类型，其他采用默认设置，创建的螺纹如图7-253所示。

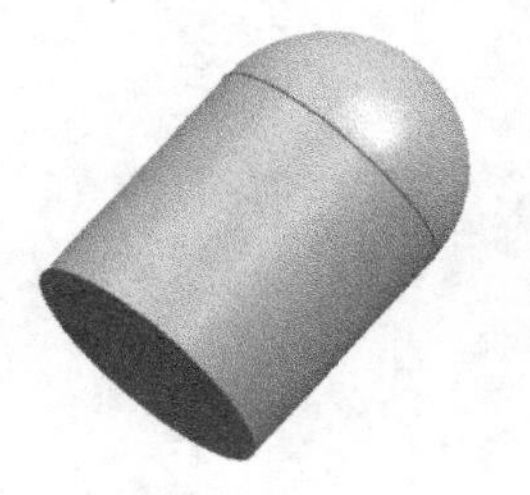

图7-252　倒圆角

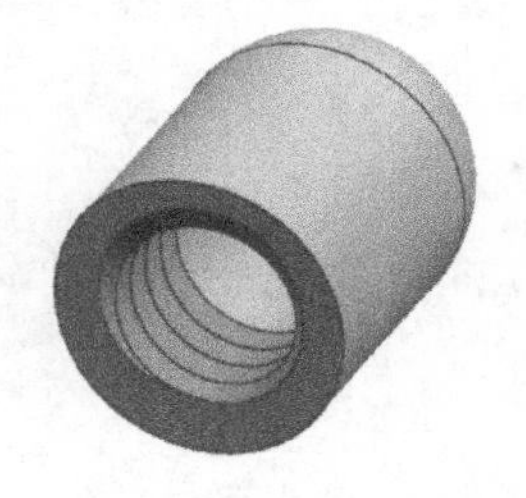

图7-253　创建螺纹

（5）利用“基准平面”命令，分别创建XC-YC平面、YC-ZC平面和XC-ZC平面。

（6）利用“垫块”命令，选择XC-ZC平面为放置面，选择XC-YC平面为水平参考，创建长度、宽度和高度分别为2、5和1的垫块，垫块的短中心线与XC-ZC平面的距离为9，垫块的长中心线与YC-ZC平面的距离为3，如图7-254所示。

（7）利用“阵列特征”命令，将（6）中创建的垫块沿Z轴进行圆形阵列，阵列数量和节距角分别为4和90°。

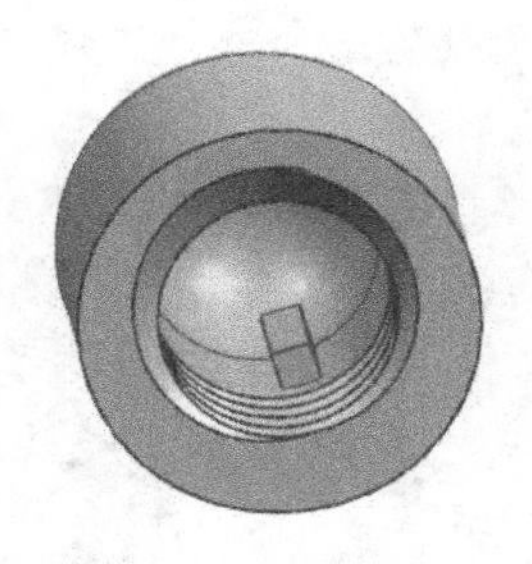

图7-254　创建垫块

【练习2】绘制笔壳

1. 目的要求

本练习设计的图形是一个常见的学习用品，如图7-255所示。在绘制的过程中，主要用到“凸台”“管道”“螺纹”和“抽壳”命令。通过本练习帮助读者掌握特征操作命令的用法。

2. 操作提示

（1）利用“圆柱”命令，在坐标原点处绘制直径为10、高度为120的圆柱体。

（2）利用“凸台”命令，在圆柱体的上端面中心处创建直径为8、高度为6的凸台。重复“凸台”命令，在圆柱体的下端面中心处创建直径、高度和锥角分别为10、15、12.5的凸台，如图7-256所示。

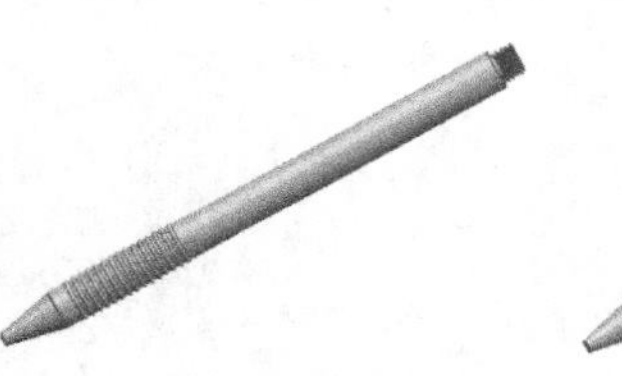

图7-255　笔壳

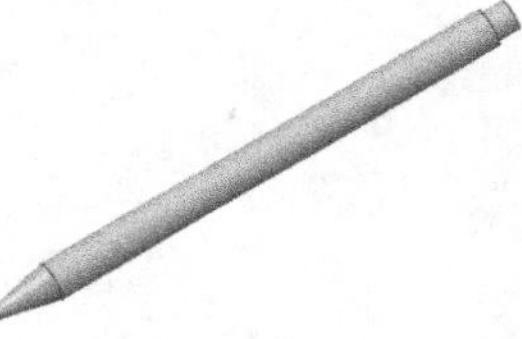

图7-256　创建凸台

（3）利用“基本曲线”命令，以坐标点（0,0,5）

为圆心，绘制半径为 10 的圆。

（4）利用“管道”命令，以（3）中创建的圆为引导线,创建外径和内径分别为1、0的管道。

（5）利用“旋转坐标系”命令将坐标系绕 X 轴旋转 90°；利用“阵列特征”命令将（4）中创建的管道沿“-Y 轴”进行矩形阵列，阵列数量和节距分别为 15、2，如图 7-257 所示。

（6）利用“抽壳”命令，选择实体的上、下端面为移除面，设置厚度为 0.8，对实体进行抽壳操作。

（7）利用“螺纹”命令，选择上端凸台的外表面为螺纹放置面，选择“详细”类型，其他采用默认设置，创建螺纹。

（8）利用“边倒圆”命令，对图 7-258 所示的边进行圆角操作。

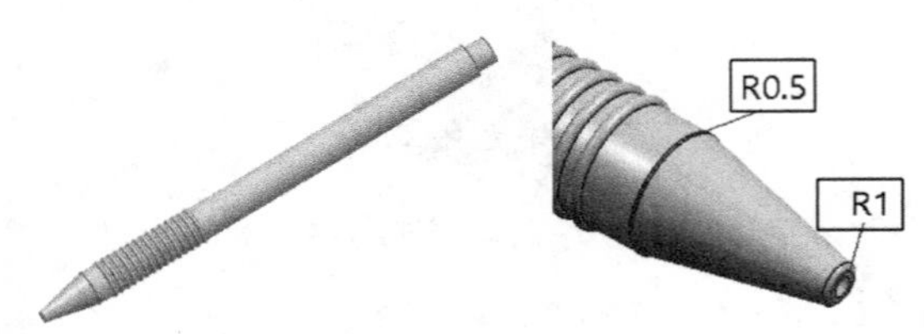

图 7-257　阵列管道　　图 7-258　选择圆角边

7.8　思考与练习

一、选择题

1. 当在一个有参数的实体上执行拆分体命令时，剩下的实体的参数如何变化（　　）。

A. 将链接到其他参数　　B. 没有变换
C. 作为部件表达式被存储　　D. 将被移除

2. 布尔运算不包括（　　）。

A. 并　　B. 差　　C. 和　　D. 交

3. 下列关于“从固定边缘覆模”的说法正确的是（　　）。

A. 只能从实体边缘拔模
B. 拔模角必须为正值
C. 拔模方向不可以改变
D. 可以从被分割的面的边缘拔模

4. 下列关于“对面进行相切模”的说法正确的是（　　）。

A. 只能对相切面进行拔模
B. 拔模角必须为正值
C. 拔模方向不可以取反向
D. 可以从被分割的面的边缘拔模

5. 在矩形阵列时，XC 方向、YC 方向是以（　　）的 X、Y 轴作为方向。

A. 基准坐标系　　B. 绝对坐标系
C. WCS　　D. 特征坐标系

6. UG NX 中镜像体与镜像特征的区别，以下说法正确的是（　　）。

A. 镜像特征主要用于凸台孔圆角特征的关联复制
B. 镜像体关联复制时参考面需要提前创建
C. 镜像特征不需要单独创建参考面
D. 以上都对

7. 在“实例特征”中“镜像体”只能选择（　　）镜像对象。

A. 实体表面　　B. 片体
C. 小平面　　D. 基准平面

8. 在用户定义倒角命令中，提供了（　　）种修剪方式。

A. 3　　B. 5　　C. 8　　D. 15

二、简答题

1. 当封闭线圈满足什么条件时，才能使用“有界平面”命令来创建片体？

2. 对于圆角操作，UG 中提供了哪些圆角命令？在使用它们时，对选取的对象又有哪些要求？具体操作时，操作顺序上又需要注意哪些问题？

第 8 章　曲面功能

本章导读

UG 中不仅提供了基本的特征建模模块，同时提供了强大的自由曲面特征建模及相应的编辑和操作功能。UG 中提供了 20 多种自由曲面造型的创建方式。用户可以利用它们完成各种复杂曲面及非规则实体的创建，以及相关的编辑工作。强大的自由曲面功能是 UG 众多模块功能中的亮点之一。

内容要点

- 自由曲面创建
- 自由曲面编辑

8.1 自由曲面

本节主要介绍基本的曲面命令，即通过点和曲线构建曲面。再进一步介绍创建曲面的命令和功能，掌握基本的曲面造型方法。

8.1.1 通过点生成曲面

由点生成的曲面是非参数化的，即生成的曲面与原始构造点不关联，当构造点编辑后，曲面不会发生更新变化，但用绝大多数命令所构造的曲面都具有参数化的特征。通过点构建的曲面全部用来构建曲面的点。

在菜单栏中选择“插入”→“曲面”→“通过点”命令或单击“曲面”选项卡“曲面”组中“更多”库下的“通过点”按钮◈，系统打开“通过点”对话框，如图 8-1 所示。

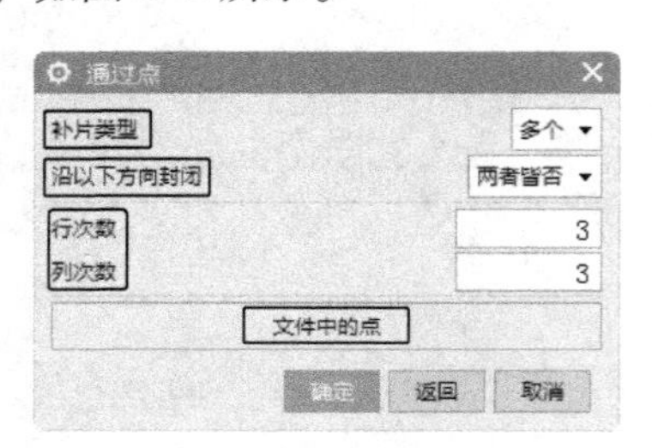

图 8-1 “通过点”对话框

“通过点”对话框中各选项的功能如下。

1. 补片类型

样条曲线可以由单段或者多段曲线构成，片体也可以由单个补片或多个补片构成。

（1）**单侧：**所建立的片体只包含单一的补片。单个补片的片体是由一个曲面参数方程来表达的。

（2）**多个：**所建立的片体是一系列单补片的阵列。多个补片的片体是由两个以上的曲面参数方程来表达的。一般构建较精密片体采用多个补片的方法。

2. 沿以下方向封闭

设置单个或多个补片片体是否封闭及它的封闭方式。4 个选项如下。

（1）**两者皆否：**片体以指定的点开始和结束，列方向与行方向都不封闭。

（2）**行：**点的第一列变成最后一列。

（3）**列：**点的第一行变成最后一行。

（4）**两者皆是：**是指在行方向和列方向上都封闭。如果选择在两个方向上都封闭，则生成实体。

3. 行次数和列次数

（1）**行次数：**定义了片体 U 方向阶数。

（2）**列次数：**大致垂直于片体行的纵向曲线方向 V 方向的阶数。

4. 文件中的点

可以通过选择包含点的文件来定义这些点。

完成“通过点”对话框的设置后，系统会打开选取点信息的“过点”对话框，如图 8-2 所示。用户可以利用该对话框选取定义点。

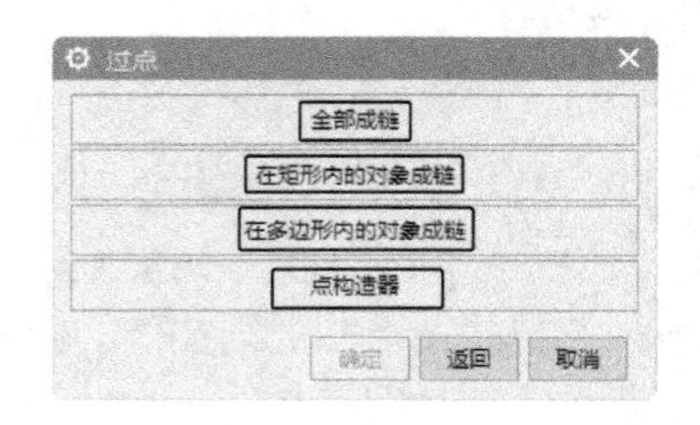

图 8-2 “过点”对话框

“过点”对话框中各选项的功能如下。

（1）**全部成链：**全部成链用于链接窗口中已存在的定义点，单击后会打开如图 8-3 所示的对话框，它用于定义起点和终点，自动快速获取起点与终点之间链接的点。

图 8-3 “指定点”对话框

（2）**在矩形内的对象成链：**通过拖动鼠标形成矩形方框来选取所要定义的点，矩形方框内所包含的所有点将被链接。

（3）**在多边形内的对象成链：**通过拖动鼠标定义多边形框来选取定义点，多边形框内的所有点将被链接。

（4）**点构造器：**通过点构造器来选取定义点的位置会打开如图 8-4 所示的对话框，需要一点一点地选取，所要选取的点都要单击到。每指定一列点后，系统都会打开如图 8-5 所示的对话框，提示是否确定当前所定义的点。

图 8-4 “点”对话框

图 8-5 “指定点”对话框

如果想创建包括图 8-6 所示的定义点，通过“通过点”对话框设置为默认值，选取“全部成链”的选点方式。选点只需选取起点和终点，选好的第一行如图 8-7 所示。

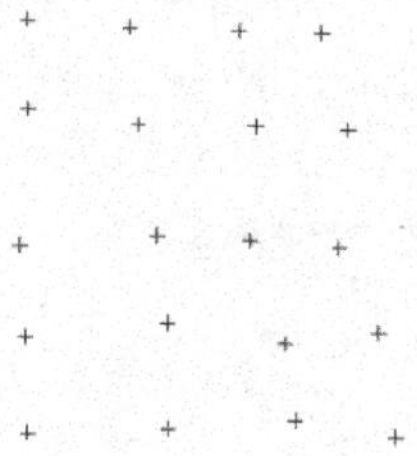

8-6 点

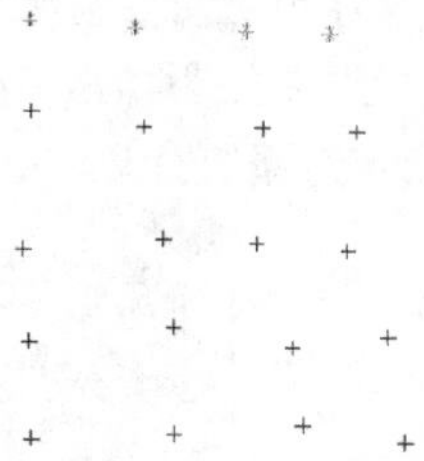

图 8-7 选择第一行的点

当第四行选好时，如图 8-8 所示，系统会打开“过点”对话框，点选“指定另一行”，然后指定第五行的起点和终点后，如图 8-9 所示，再次打开“过点”对话框，这时选取“所有指定的点”，多补片片体如图 8-10 所示。

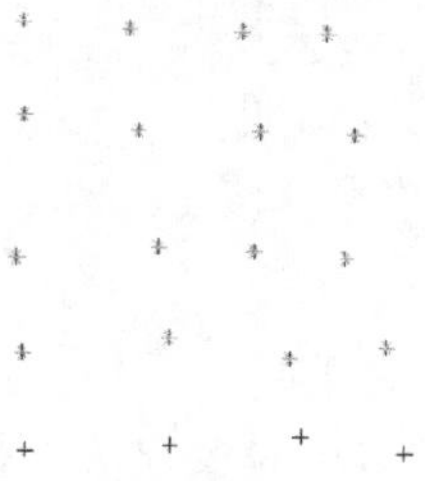

图 8-8 选择第四行的点

图 8-9 选择第五行的点

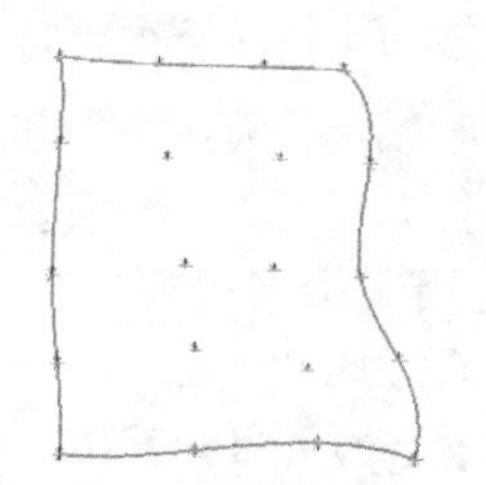

图 8-10 多补片片体

8.1.2 拟合曲面

在菜单栏中选择“插入”→“曲面”→“拟合曲面”命令或单击“曲面”选项卡“曲面”组中“更多”库下的“拟合曲面”按钮，系统会打开如图 8-11 所示的“拟合曲面”对话框。

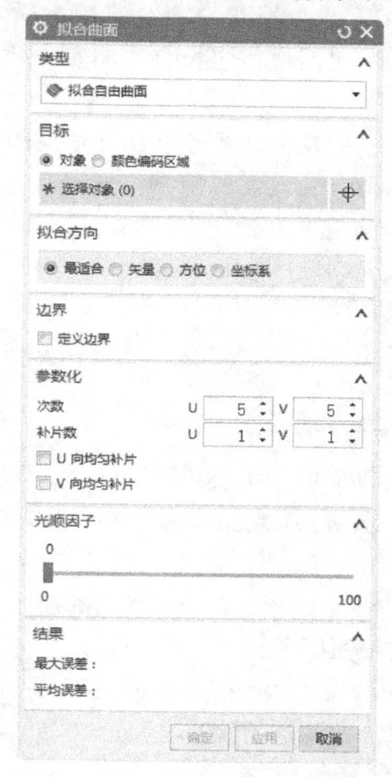

图 8-11 “拟合曲面”对话框

“拟合曲面”对话框中各选项的功能如下。

1. 类型

用户可以根据需求拟合自由曲面、拟合平面、拟合球、拟合圆柱和拟合圆锥共 5 种类型。

2. 目标

是指创建曲面的点。

（1）对象：当此按钮激活时，可以选择对象 ⊕。

（2）**颜色编码区域**：当此按钮激活时，可以选择颜色编码区域及所有同色对象。

3. 拟合方向

拟合方向用于指定投影方向与方位，有 4 种用于指定拟合方向的方法。

（1）**最适合**：如果目标基本上是矩形，具有可识别的长度和宽度方向以及或多或少的平面性，可选择此项。拟合方向和 U/Y 方位会自动确定。

（2）**矢量**：如果目标基本上是矩形，具有可识别的长度和宽度方向，但曲率很大，可选择此项。

（3）**方位**：如果目标具有复杂的形状或为旋转对称，可选择此选项。使用方位操控器和“矢量”对话框指定拟合方向和大致的 U/V 方位。

（4）**坐标系**：如果目标具有复杂的形状或为旋转对称，并且需要使方位与现有几何体关联，可选择此选项。使用坐标系选项和“坐标系”对话框指定拟合方向和大致的 U/V 方位。

4. 边界

通过指定 4 个新边界点来延长或限制拟合曲面的边界。

5. 参数化

改变 U/V 向的次数和补片数从而调节曲面。

（1）**次数**：指定拟合曲面在 U 向和 V 向的次数。

（2）**补片数**：指定 U 向及 V 向的曲面补片数。

6. 光顺因子

拖动滑块可以直接影响曲面的平滑度。曲面越平滑，与目标的偏差越大。

7. 结果

UG 根据生成的曲面计算的最大误差和平均误差。

首先需要创建一些数据点，接着选取点，再按住鼠标右键将这些数据点组成一个组才能进行对象的选取（注意组的名称只支持英文），如图 8-12 所示，然后调节各个参数，最后生成所需要的曲面或平面。

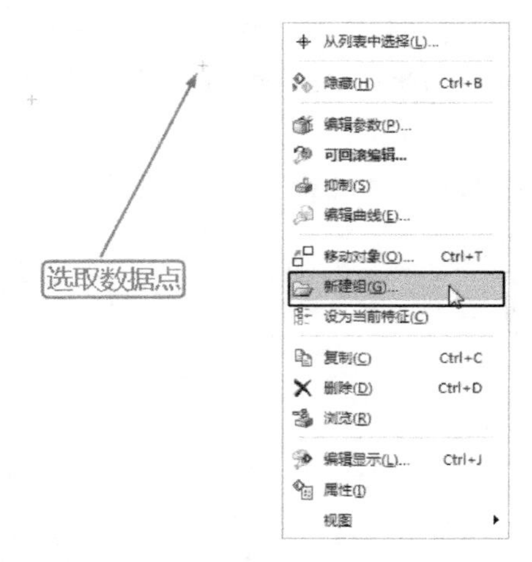

图 8-12 “新建组”示意图

8.2 网格曲面

本节主要介绍网格曲面子菜单中的命令。

8.2.1 直纹

在菜单栏中选择“插入”→“网格曲面”→“直纹”命令或单击“曲面”选项卡“曲面”组中的“直纹”按钮，系统打开“直纹”对话框，如图 8-13 所示。

图 8-13 “直纹”对话框

截面线串可以由单个或多个对象组成。每个对象可以是曲线、实边或实面，也可以选择曲线的点或端点作为两个截面线串中的第一个。

“直纹”对话框中各选项的功能如下。

1. 截面线串 1

单击选择第一组截面曲线，如图 8-14 所示。

2. 截面线串 2

单击选择第二组截面曲线，如图 8-14 所示。

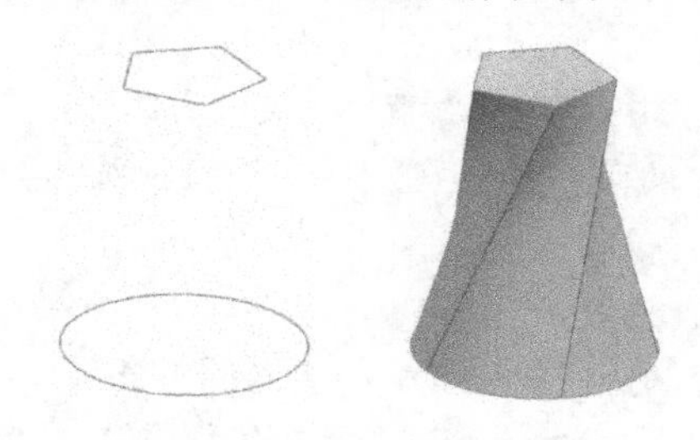

图 8-14 "直纹"示意图

要注意的是在选取截面线串 1 和截面线串 2 时，两组的方向要一致，如果两组截面线串的方向相反，则生成的曲面是扭曲的。

3. 对齐

通过直纹面来构建片体需要在两组截面线上确定对应点后用直线将对应点连接起来，这样一个曲面就形成了。因此，选取的调整方式不同改变了截面线串上对应点分布的情况，从而调整了构建的片体。在选取线串后可以调整方式的设置。调整方式包括参数和根据点两种方式。

（1）参数：在构建曲面特征时，两条截面曲线上所对应的点是根据截面曲线的参数方程进行计算的。所以两组截面曲线对应的直线部分是根据等距离来划分连接点的；两组截面曲线对应的曲线部分是根据等角度来划分连接点的。

选用"参数"方式并选取图 8-15 中的截面曲线来构建曲面，首先设置栅格线，栅格线主要用于曲面的显示，栅格线也称为等参数曲线，选择菜单栏中的"首选项"→"建模"命令，系统打开"建模首选项"对话框，把栅格线中的"U 向计数"和"V 向计数"设置为 6，这样构建的曲面将会显示出网格线。选取线串后，调整方式设置为"参数"，单击"确定"或"应用"按钮，生成的片体如图 8-16 所示。直线部分是根据等弧长来划分连接点的，而曲线部分是根据等角度来划分连接点的。

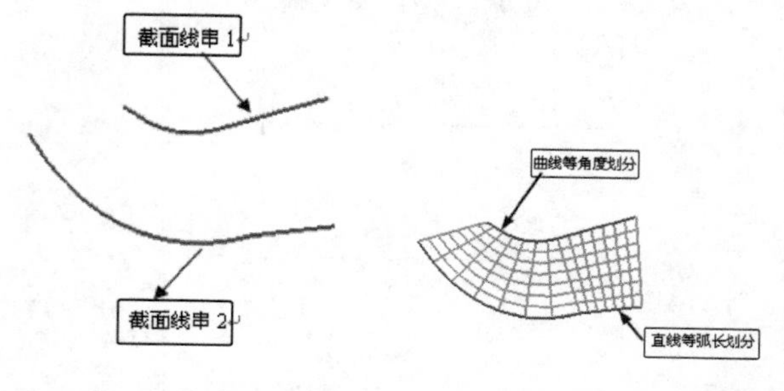

图 8-15 截面线串　　图 8-16 用"参数"调整方式构建曲面

如果选取的截面对象都为封闭曲线，生成的结果是实体，如图 8-17 所示。

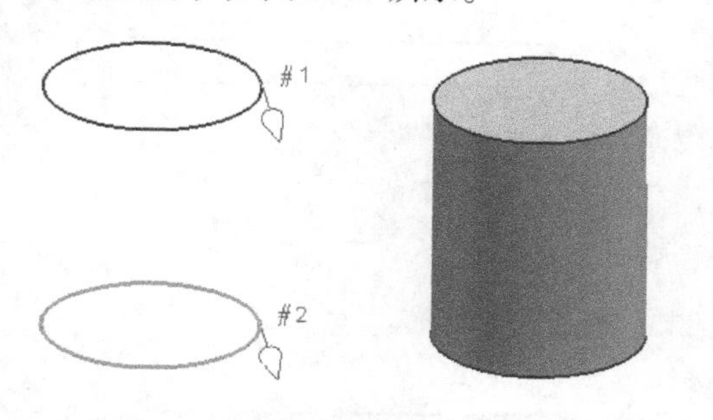

图 8-17 用"参数"调整方式构建曲面

（2）根据点：在两组截面线串上选取对应的点（同一点允许重复选取）作为强制的对应点，选取的顺序决定着片体的路径走向。一般在截面线串中含有角点时选择应用"根据点"方式。

4. 设置

"G0（位置）"选项指距离公差，可用来设置选取的截面曲线与生成的片体之间的误差值。设置值为 0 时，将会完全沿着所选取的截面曲线构建片体。

8.2.2 通过曲线组

在菜单栏中选择"插入"→"网格曲面"→"通过曲线组"命令或者单击"曲面"选项卡"曲面"组中的"通过曲线组"按钮，系统打开"通过曲线组"对话框，如图 8-18 所示。

该选项通过同一方向上的一组曲线轮廓线生成一个体，如图 8-19 所示。这些曲线轮廓称为截面线串。用选择的截面线串定义体的行。截面线串可以由单个对象或多个对象组成。每个对象可以是曲线、实边或实面。

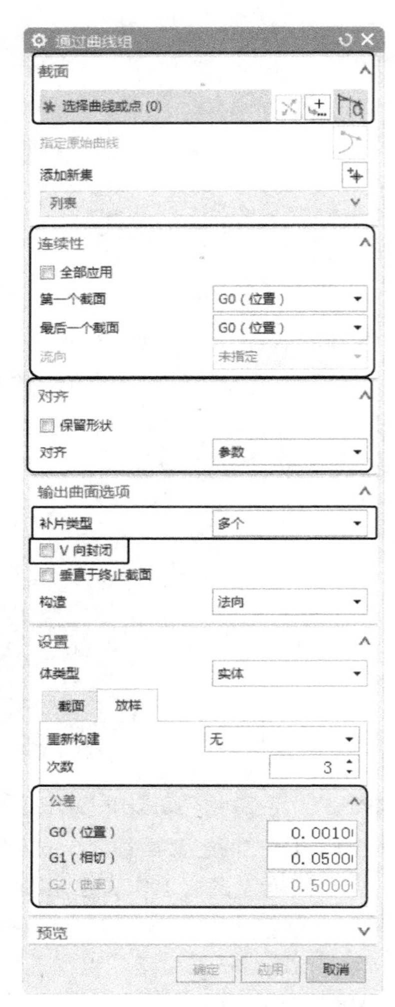

图 8-18 “通过曲线组”对话框

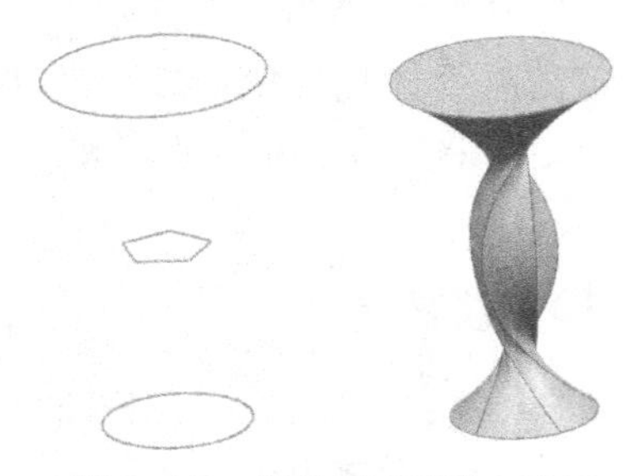

图 8-19 “通过曲线组”示意图

“通过曲线组”对话框中各选项的功能如下。

1. 截面

选取曲线或点：选取截面线串时，一定要注意选取次序，而且每选取一条截面线，都要单击鼠标中键一次，直到所选取线串出现在“截面线串列表框”中为止，也可对该列表框中的所选截面线串进行删除、上移、下移等操作，以改变选取次序。

2. 连续性

（1）**第一个截面：**约束该实体和一个或多个选定的面或片体在第一个截面线串处相切或曲率连续。

（2）**最后一个截面：**约束该实体和一个或多个选定的面或片体在最后一个截面线串处相切或曲率连续。

3. 对齐

控制选定的截面线串之间的对齐。

（1）**参数：**沿定义曲线将等参数曲线要通过的点以相等的参数间隔隔开。使用每条曲线的整个长度。

（2）**弧长：**沿定义曲线将等参数曲线要通过的点以相等的弧长间隔隔开。使用每条曲线的整个长度。

（3）**根据点：**将不同外形的截面线串间的点对齐。

（4）**距离：**在指定方向上将点沿每条曲线以相等的距离隔开。

（5）**角度：**在指定轴线周围将点沿每条曲线以相等的角度隔开。

（6）**脊线：**将点放置在选定曲线与垂直于输入曲线的平面的相交处，得到的体的宽度取决于这条脊线曲线的限制。

4. 补片类型

用于生成一个包含单个面片或多个面片的体。面片是片体的一部分。使用越多的面片来生成片体则可以对片体的曲率进行越多的局部控制。当生成片体时，最好是将用于定义片体的面片的数目降到最小。限制面片的数目可以改善后续程序的性能并产生一个更光滑的片体。

5. V 向封闭

对于多个片体来说，封闭沿行（U 向）的体状态取决于选定截面线串的封闭状态。如果所选的线串全部封闭，则产生的体将在 U 向上封闭。勾选此复选框，片体沿列（V 向）封闭。

6. 公差

输入几何体与得到的片体之间的最大距离。默认值为距离公差建模设置。

8.2.3 通过曲线网格

在菜单栏中选择“插入”→“网格曲面”→“通过曲线网格”命令，或者单击“曲面”选项卡“曲面”组中的“通过曲线网格”按钮，系统打开“通过曲线网格”对话框，如图 8-20 所示。

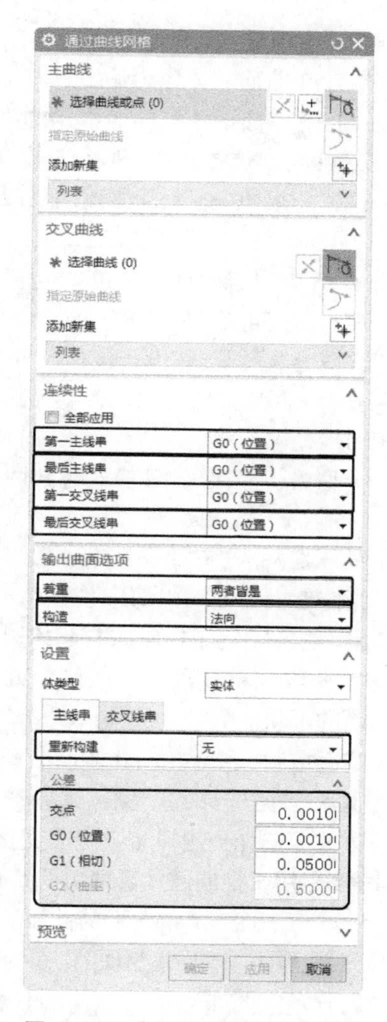

图 8-20　“通过曲线网格”对话框

该选项用于从沿着两个不同方向的一组现有的曲线轮廓（称为线串）上生成体，如图 8-21 所示。生成的曲线网格体是双三次多项式。这意味着它在 U 向和 V 向的次数都是三次的。该选项只在主线串对和交叉线串对不相交时才有意义。如果线串不相交，生成的体会通过主线串或交叉线串，或者两者均分。

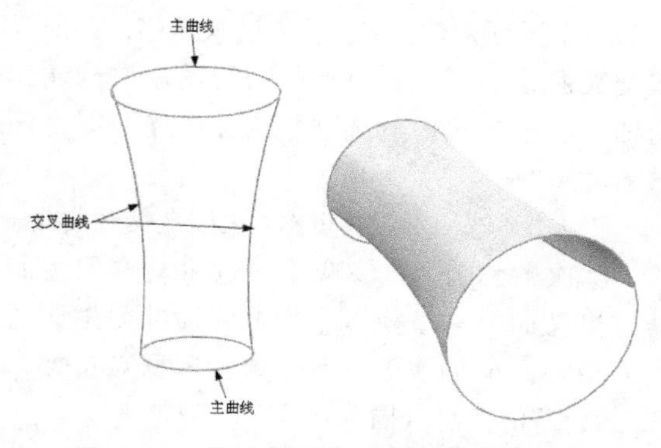

图 8-21　“通过曲线网格”构造曲面示意图

“通过曲线网格”对话框中相关选项的功能如下。

（1）第一主线串：用于约束该实体，使它和一个或多个选定的面或片体在第一主线串处相切或曲率连续。

（2）最后主线串：用于约束该实体，使它和一个或多个选定的面或片体在最后一条主线串处相切或曲率连续。

（3）第一交叉线串：用于约束该实体，使它和一个或多个选定的面或片体在第一交叉线串处相切或曲率连续。

（4）最后交叉线串：该选项通过约束该实体使它和一个或多个选定的面或片体在最后一条交叉线串处相切或曲率连续。

（5）着重：该选项用于决定哪一组控制线串对曲线网格体的形状最有影响。

①两者皆是：主线串和交叉线串（即横向线串）有同样效果。

②主线串：主线串更有影响。

③交叉线串：交叉线串更有影响。

（6）构造：在该下拉列表中包括如下选项。

①法向：使用标准过程建立曲线网格曲面。

②样条点：该选项通过为输入曲线使用点和这些点处的斜率值来生成体。对于此选项，选择的曲线必须是有相同数目定义点的单根 B 曲线。

这些曲线通过它们的定义点临时地重新参数化（保留所有用户定义的斜率值），然后这些临时的曲线用于生成体。这有助于用更少的补片生成更简单的体。

③简单：建立尽可能简单的曲线网格曲面。

（7）重新构建：该选项通过重新定义主曲线或交叉曲线的次数和节点数来帮助用户构建光滑曲面。仅当“构造选项”为“法向”时，该选项可用。

①无：该选项不需要重构主曲线或交叉曲线。

②次数和公差：该选项通过手动选取主曲线或交叉曲线来替换原来的曲线，并为生成的曲面指定 U/V 向次数。节点数会依据 G0、G1、G2 的公差值按需求插入。

③自动拟合：该选项通过指定最小次数和分段数来重构曲面，系统会自动尝试利用最小次数来重构曲面，如果还达不到要求，则会再利用分段数来重构曲面。

（8）G0/G1/G2：该数值用于限制生成的曲面与初始曲线间的公差。G0 的默认值为位置公差；G1 的默认值为相切公差；G2 的默认值为曲率公差。

8.2.4 截面曲面

在菜单栏中选择“插入”→“网络曲面”→“截面”命令或单击“曲面”选项卡“曲面”组中“更多”库下的“截面曲面”按钮，系统打开“截面曲面”对话框，如图 8-22 所示。

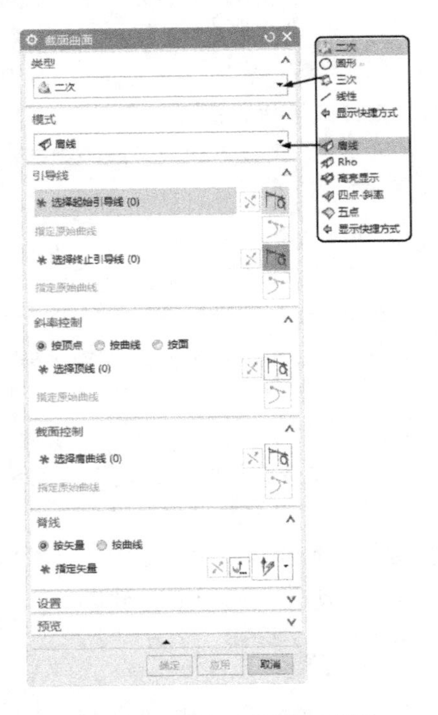

图 8-22 “截面曲面”对话框

该选项使用二次构造技巧定义的截面来构造体。截面自由形式特征作为位于预先描述平面内的截面曲线的无限族，开始和终止于某些选定控制曲线，并且通过这些曲线。另外，系统从控制曲线直接获取二次端点切矢，并且使用连续的二维二次外形参数沿体改变截面的整个外形。

为符合工业标准并且便于数据传递，“截面”选项产生带有 B 曲面的体作为输出。

“截面曲面”对话框中各选项的功能如下。

（1）类型：可以选择二次、圆形、三次和线性。

（2）模式：根据选择的类型列出的各个模态。

①若类型为“二次”，其模式包括肩线、Rho、高亮显示、四点－斜率和五点。

②若类型为“圆形”，其模式包括三点、两点－半径、两点－斜率、半径－角度－圆弧、中心半径和相切半径等。

③若类型为“三次”，其模式包括两个斜率和圆角－桥接。

（3）引导线：指定起始和结束位置，在某些情况下，指定截面曲面的内部形状。

（4）斜率控制：用于控制来自起始边或终止边的任一或两者、单一顶线、起始面或终止面的截面曲面的形状。

（5）截面控制：用于控制在截面曲面中定义截面的方式。根据选择的类型，这些选项可以在曲线、边或面选择到规律定义之间变化。

（6）脊线：用于控制已计算剖切平面的方位。

（7）设置：用于控制 U 向上的截面形状，设置重建和公差选项，以及创建顶线。

各种组合示意图如下。

（1）二次－肩线－按顶点：该选项可以生成起始于第一条选定曲线、通过一条称为肩曲线的内部曲线，并且终止于第三条选定曲线的截面自由形式特征。每个端点的斜率由选定顶线定义，如图 8-23 所示。

（2）二次－肩线－按曲线：该选项可以生成起始于第一条选定曲线、通过一条内部曲线（称为肩曲线）并且终止于第三条曲线的截面自由形式特征。切矢在起始点和终止点由两个不相关的切矢控制曲线定义，如图 8-24 所示。

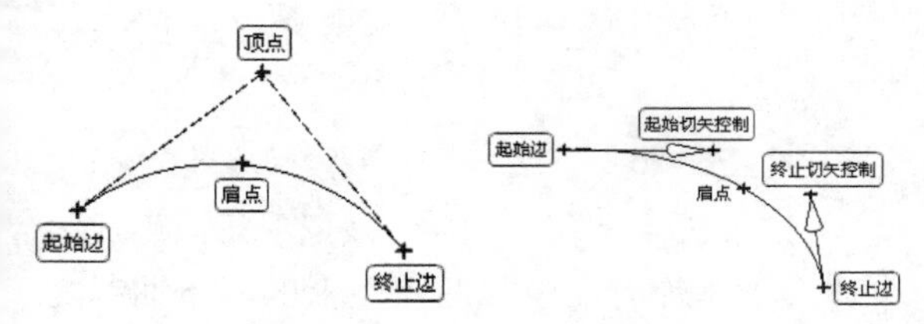

图 8-23　“二次－肩线－按顶点”示意图　　图 8-24　“二次－肩线－按曲线”示意图

（3）二次－肩线－按面： 该选项可以生成截面自由形式特征，该特征在分别位于两个体上的两条曲线间形成光顺的圆角。体起始于第一条选定曲线，与第一个选定体相切，终止于第二条曲线，与第二个体相切，并且通过肩曲线，如图 8-25 所示。

（4）圆形－三点： 该选项可以通过选择起始边曲线、内部曲线、终止边曲线和脊线曲线来生成截面自由形式特征。片体的截面是圆弧，如图 8-26 所示。

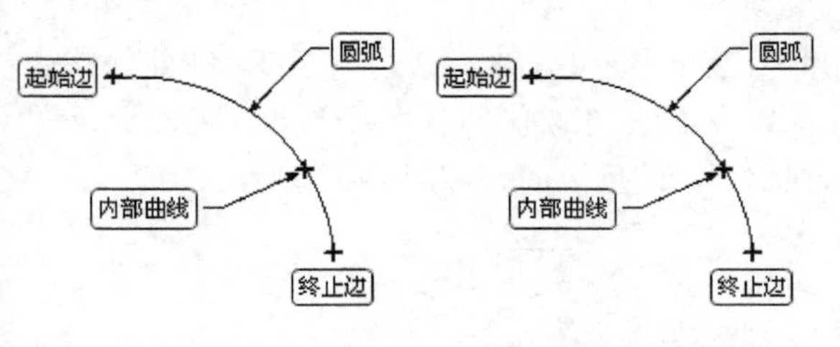

图 8-25　“二次－肩线－按面”示意图　　图 8-26　“圆形－三点”示意图

（5）二次 -Rho- 按顶线： 该选项可以生成起始于第一条选定曲线并且终止于第二条曲线的截面自由形式特征。每个端点的切矢由选定的顶线定义。每个二次截面的完整性由相应的 Rho 值控制，如图 8-27 所示。

（6）二次 -Rho- 按曲线： 该选项可以生成起始于第一条选定边曲线并且终止于第二条边曲线的截面自由形式特征。切矢在起始点和终止点由两个不相关的切矢控制曲线定义。每个二次截面的完整性由相应的 Rho 值控制，如图 8-28 所示。

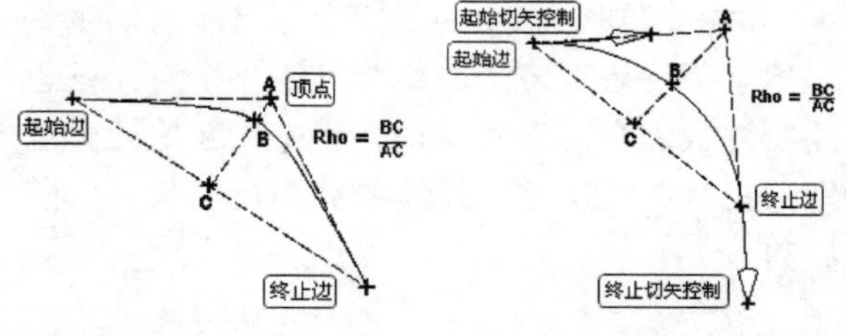

图 8-27　“二次 -Rho-按顶线”示意图　　图 8-28　“二次 -Rho-按曲线”示意图

（7）二次 -Rho- 按面： 该选项可以生成截面自由形式特征，该特征在分别位于两个体上的两条曲线间形成光顺的圆角。每个二次截面的完整性由相应的 Rho 值控制，如图 8-29 所示。

（8）圆形－两点－半径： 该选项可以生成带有指定半径圆弧截面的体。对于脊线方向，从第一条选定曲线到第二条选定曲线以逆时针方向生成体。半径必须至少是每个截面的起始边与终止边之间距离的一半，如图 8-30 所示。

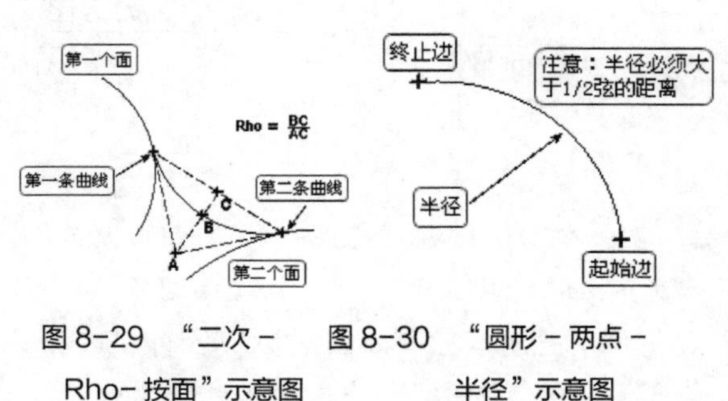

图 8-29　“二次－Rho-按面”示意图　　图 8-30　“圆形－两点－半径”示意图

（9）二次－高亮显示－按顶线： 该选项可以生成带有起始于第一条选定曲线并终止于第二条曲线，而且与指定直线相切的二次截面的体。每个端点的切矢由选定顶线定义，如图 8-31 所示。

（10）二次－高亮显示－按曲线： 该选项可以生成带有起始于第一条选定边曲线并终止于第二条边曲线，而且与指定直线相切的二次截面的体。切矢在起始点和终止点由两个不相关的切矢控制曲线定义，如图 8-32 所示。

（11）二次－高亮显示－按面： 该选项可以生成带有在分别位于两个体上的两条曲线之间构成的光顺圆角，并与指定直线相切的二次截面的体，如图 8-33 所示。

（12）圆形 – 两点 – 斜率： 该选项可以生成起始于第一条选定边曲线并且终止于第二条边曲线的截面自由形式特征。切矢在起始处由选定的控制曲线决定。片体的截面是圆弧，如图 8–34 所示。

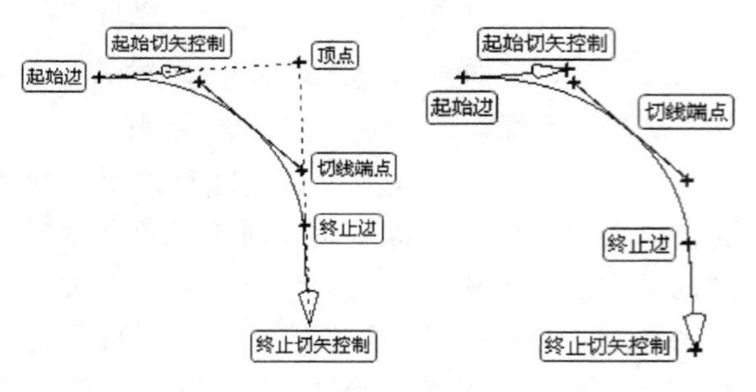

图 8–31 "二次 – 高亮显示 – 按顶线"示意图　图 8–32 "二次 – 高亮显示 – 按曲线"示意图

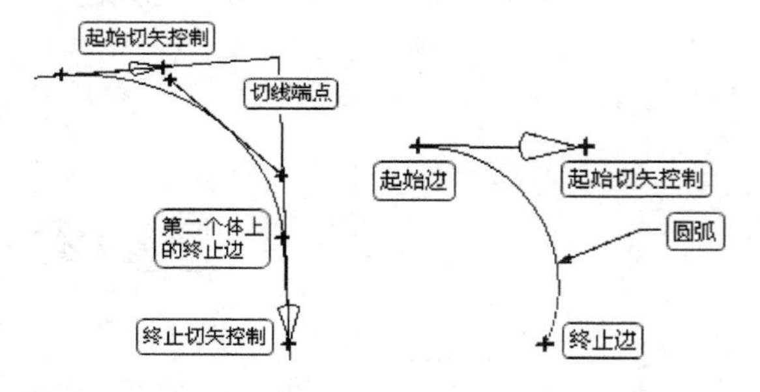

图 8–33 "二次 – 高亮显示 – 按面"示意图　图 8–34 "圆形 – 两点 – 斜率"示意图

（13）二次 – 四点斜率： 该选项可以生成起始于第一条选定曲线、通过两条内部曲线并终止于第四条曲线的截面自由形式特征，也选择定义起始切矢的切矢控制曲线，如图 8–35 所示。

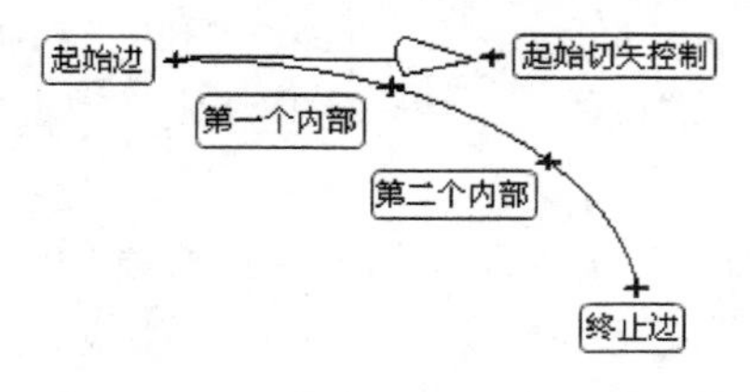

图 8–35 "二次 – 四点斜率"示意图

（14）三次 – 两个斜率： 该选项可以生成带有截面的 S 形的体，该截面在两条选定边曲线之间构成光顺的三次圆角。切矢在起始点和终止点由两个不相关的切矢控制曲线定义，如图 8–36 所示。

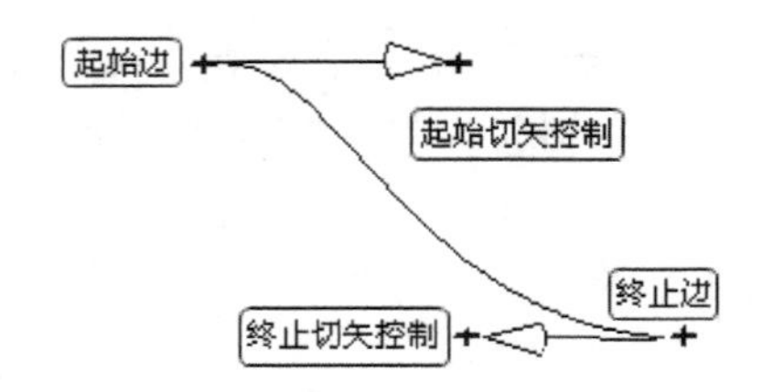

图 8–36 "三次 – 两个斜率"示意图

（15）三 – 圆角 – 桥接： 该选项可以生成一个体，该体带有在位于两组面上的两条曲线之间构成桥接的截面，如图 8–37 所示。

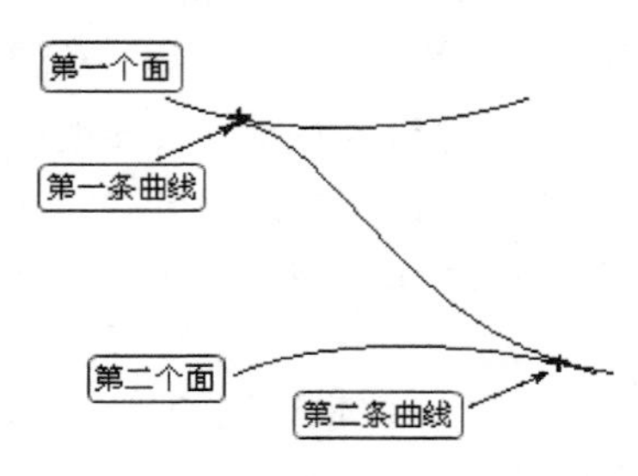

图 8–37 "三 – 圆角 – 桥接"示意图

（16）圆形 – 半径 / 角度 / 圆弧： 该选项可以通过在选定边、相切面、体的曲率半径和体的张角上定义起始点来生成带有圆弧截面的体。角度可以在 –170° ~ 0° 或 0° ~ 170° 之间变化，但是禁止通过 0。半径必须大于 0。曲面的默认位置在面法向的方向上，或者可以将曲面反向到相切面的反方向，如图 8–38 所示。

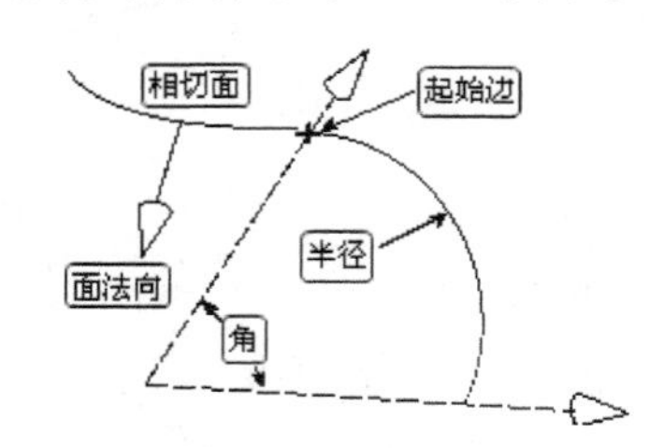

图 8–38 "圆形 – 半径 / 角度 / 圆弧"示意图

（17）二次 – 五点： 该选项可以使用 5 条已有曲线作为控制曲线来生成截面自由形式特征。体起始于第一条选定曲线，通过 3 条选定的内部控制曲线，终止于第五条选定的曲线，而且提示选择脊线曲线。5 条控制曲线必须完全不同，但是脊线曲线可以为先前选定的控制曲线，如图 8–39 所示。

（18）线性： 该选项可以生成与一个或多个面相切的线性截面曲面。选择其相切面、起始曲面和脊线来生成这个曲面，如图 8-40 所示。

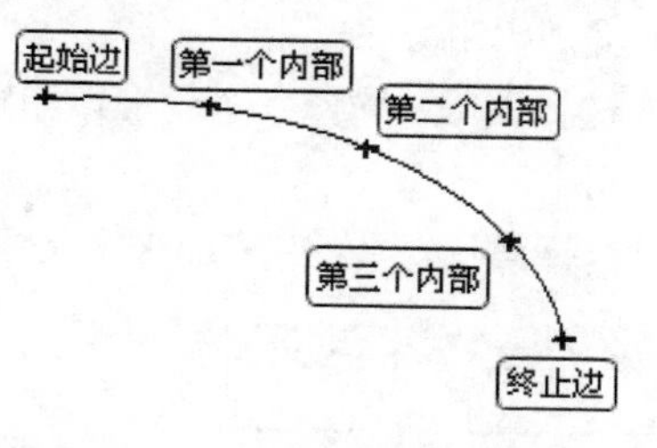

图 8-39 “二次 - 五点”示意图

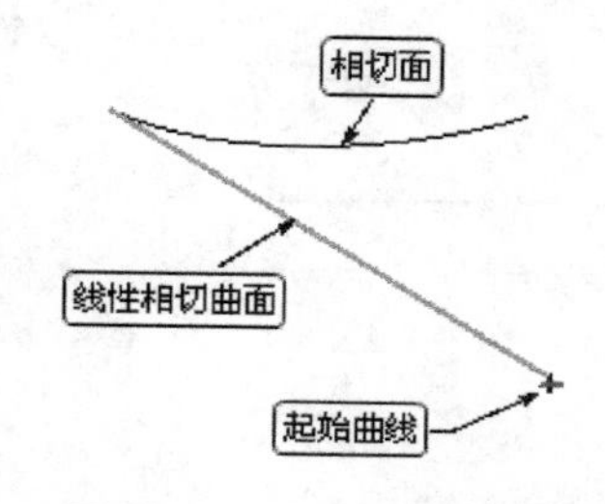

图 8-40 “线性”示意图

（19）圆形 – 相切半径：该选项可以生成与面相切的圆弧截面曲面。通过选择其相切面、起始曲线和脊线并定义曲面的半径来生成这个曲面，如图 8-41 所示。

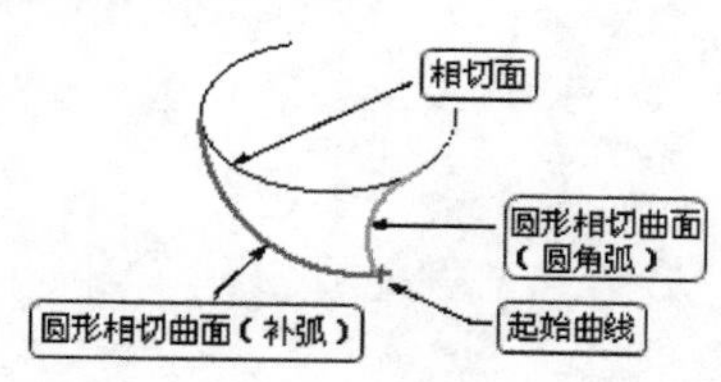

图 8-41 “圆形 - 相切半径”示意图

（20）圆形 – 中心 – 半径：该选项可以生成整圆截面曲面。选择引导线串、可选方向线串和脊线来生成圆截面曲面，然后定义曲面的半径，如图 8-42 所示。

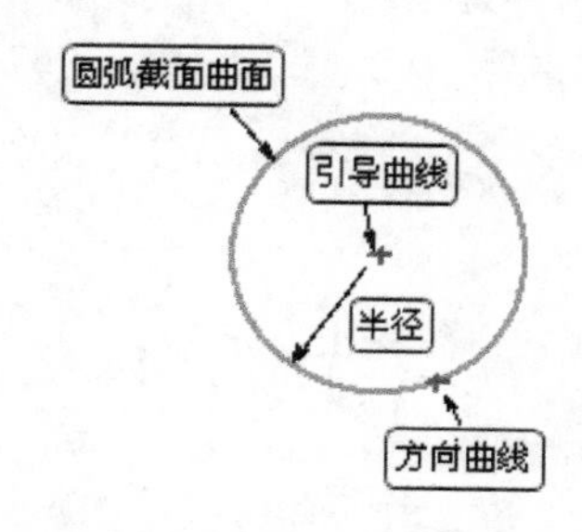

图 8-42 “圆形 - 中心 - 半径”示意图

8.2.5 艺术曲面

在菜单栏中选择“插入”→“网格曲面”→“艺术曲面”命令或单击“曲面”选项卡“曲面”组中的“艺术曲面”按钮，系统打开“艺术曲面”对话框，如图 8-43 所示。

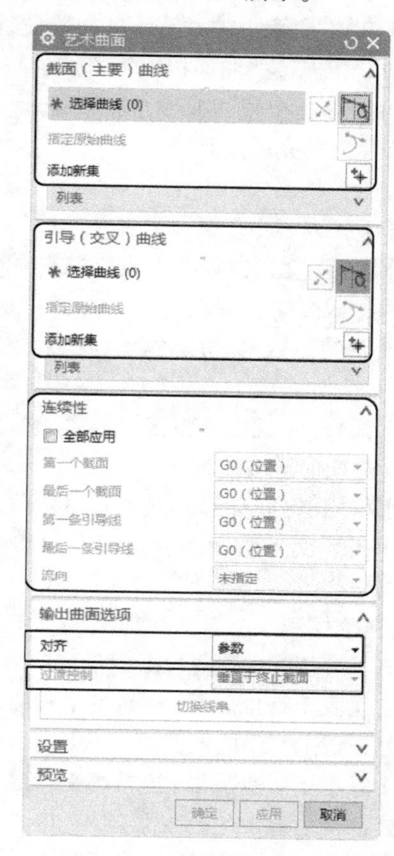

图 8-43 “艺术曲面”对话框

“艺术曲面”对话框中各选项的功能如下。

1. 截面（主要）曲线

每选择一组曲线可以通过单击鼠标中键完成，如果方向相反，可以单击该面板中的“反向”按钮。

2. 引导（交叉）曲线

在选择交叉线串的过程中，如果选择的交叉曲线方向与已经选择的交叉线串的曲线方向相反，可以通过单击“反向”按钮将交叉曲线的方向反向。如果选择多组引导曲线，那么该面板的列表中能够将所有选择的曲线都通过列表方式表示出来。

3. 连续性

可以设定的连续性过渡方式包括以下三项。

（1）GO(位置)方式：通过点连接方式和其

他部分相连接。

（2）G1（相切）方式：通过该曲线的艺术曲面与其相连接的曲面以相切方式进行连接。

（3）G2（曲率）方式：通过相应曲线的艺术曲面与其相连接的曲面以曲率方式进行连接，在公共边上具有相同的曲率半径，且通过相切连接实现曲面的光滑过渡。

4. 对齐

在该下拉列表中包括以下三个选项。

（1）参数：截面曲线在生成艺术曲面时（尤其是在通过截面曲线生成艺术曲面时），系统将根据所设置的参数来完成各截面曲线之间的连接过渡。

（2）弧长：截面曲线将根据各曲线的圆弧长度来计算曲面的连接过渡方式。

（3）根据点：可以在连接的几组截面曲线上指定若干点，两组截面曲线之间的曲面连接关系将会根据这些点进行计算。

5. 过渡控制

在该下拉列表中主要包括以下选项。

（1）垂直于终止截面：连接的平移曲线在终止截面处，将垂直于此处截面。

（2）垂直于所有截面：连接的平移曲线在每个截面处都将垂直于此处截面。

（3）三次：系统构造的这些平移曲线是三次曲线，所构造的艺术曲面即通过截面曲线组合这些平移曲线来连接和过渡。

（4）线形和圆角：系统将通过线形方式并对连接生成的曲面进行倒角。

8.2.6 N 边曲面

在菜单栏中选择“插入”→“网格曲面”→“N边曲面”命令或单击“曲面”选项卡“曲面”组中的“N 边曲面”按钮，系统打开“N 边曲面”对话框，如图 8-44 所示。

“N 边曲面”对话框中部分选项的功能如下。

（1）类型：在该下拉列表中包括如下选项。

① 已修剪：在封闭的边界上生成一张曲面，它覆盖被选定曲面封闭环内的整个区域。

② 三角形：该选项用于在已经选择的封闭曲线串中构建一张由多个三角补片组成的曲面，其中的三角补片相交于一点。

（2）选择曲线：选择一个轮廓以组成曲线或边的封闭环。

（3）选择面：选择外部表面来定义相切约束。

图 8-44 “N 边曲面”对话框

8.2.7 实例——牙膏盒

本例绘制如图 8-45 所示的牙膏盒。

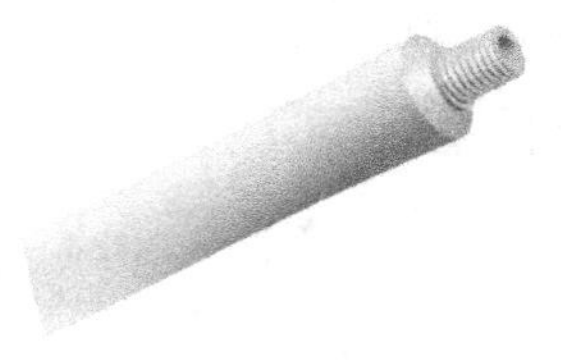

图 8-45 牙膏盒

绘制步骤

Step 01 新建文件

选择“文件”→“新建”命令，在弹出的“新建”对话框中，选择保存文件的位置，输入文件的名称“yagaohe”，选择“模型”模板，完成后单击“确定”按钮，进入实体建模环境。

Step 02 创建直线

在菜单栏中选择“插入”→“曲线”→“直线”命令或单击“曲线”选项卡“曲线”组中的“直线”按钮⁄，弹出如图 8-46 所示的“直线”对话框。❶单击“开始”选项组中的“点对话框”按钮，弹出“点”对话框，在该对话框中输入（0,0,0），单击“确定”按钮，返回到“直线”对话框，创建线段起点，❷单击“结束”选项组中的“点对话框”按钮，在弹出的“点”对话框中输入（20,0,0），单击“确定”按钮，返回到“直线”对话框，❸单击“确定”按钮完成线段 1 的创建，如图 8-47 所示。

图 8-46 “直线”对话框　　图 8-47 绘制直线

Step 03 创建圆

在菜单栏中选择“插入”→“曲线”→“圆弧 / 圆”命令或单击“曲线”选项卡“曲线”组中的“圆弧 / 圆”按钮，弹出如图 8-48 所示的“圆弧 / 圆”对话框，在“类型”下拉列表中选择“从中心开始的圆弧 / 圆”类型，在“限制”选项组中勾选“整圆”复选框，单击“中心点”选项组中的“点对话框”按钮，弹出“点”对话框，在该对话框中输入（10,0,90）为圆中心，单击“确定”按钮，返回到“圆弧 / 圆”对话框，单击“通过点”选项中的“点对话框”按钮，弹出“点”对话框，在该对话框中输入（20,0,90），单击“确定”按钮，返回到“圆弧 / 圆”对话框，单击“确定”按钮，完成圆的创建如图 8-49 所示。

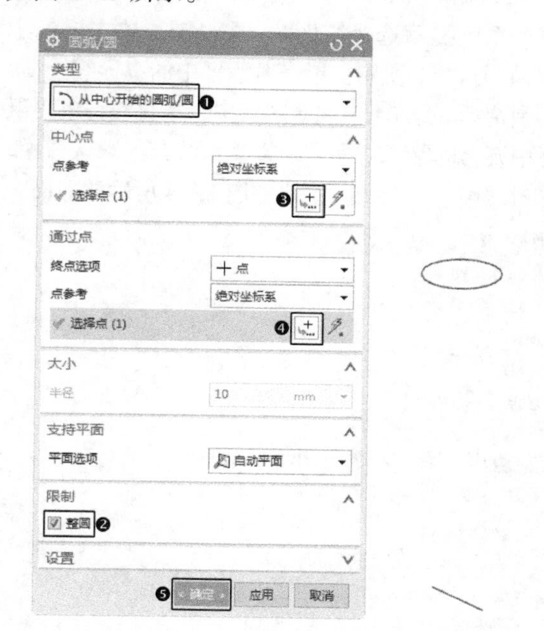

图 8-48 “圆弧 / 圆”对话框　　图 8-49 绘制圆

Step 04 创建直线

在菜单栏中选择“插入”→“曲线”→“直线”命令或单击“曲线”选项卡“曲线”组中的“直线”按钮⁄，弹出“直线”对话框，分别创建一条起点在线段 1 的端点，终点在圆象限点上的直线段 2，和起点在线段 1 的另一端点上，终点在圆弧另一象限点上的直线段 3，如图 8-50 所示。

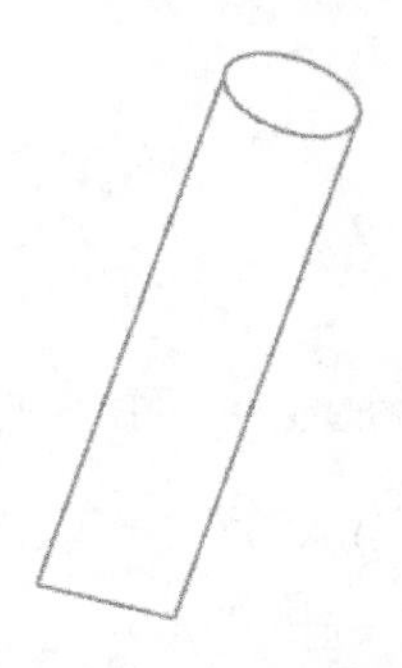

图 8-50 绘制直线

Step 05 新建曲面

在菜单栏中选择“插入”→“网格曲面”→“艺术曲面”命令或单击“曲面”选项卡“曲面”组中的“艺术曲面”按钮，系统弹出如图 8-51 所示的“艺术曲面”对话框，按系统提示选择截面 1，选择 Step 02 中创建的直线，单击鼠标中键，系统提示选择截面 2，选择圆，单击鼠标中键，如图 8–52 所示。单击对话框中的引导线按钮，分别选择 Step 04 中创建的其中一条直线，单击鼠标中键，如图 8–53 所示。接受系统其他默认选项，单击“确定”按钮，生成如图 8–54 所示的曲面。

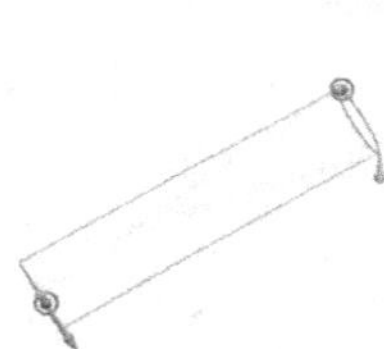

图 8–51　“艺术曲面”对话框　图 8–52　截面线串的选取

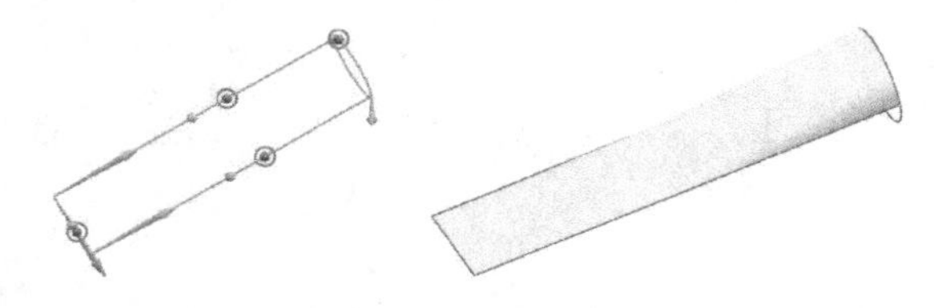

图 8–53　引导线的选取　　图 8–54　曲面模型

Step 06 镜像操作

在菜单栏中选择“编辑”→“变换”命令，弹出如图 8–55 所示的“变换”对话框，选择 Step 05 中创建的曲面，单击“确定”按钮，弹出“变换”对话框，如图 8–56 所示，单击“通过一平面镜像”按钮，弹出如图 8–57 所示的“平面”对话框，❶ 选择“XC–ZC 平面”，❷ 单击“确定”按钮，进入如图 8–58 所示的“变换”结果对话框，单击“复制”按钮，生成镜像曲面，如图 8–59 所示。

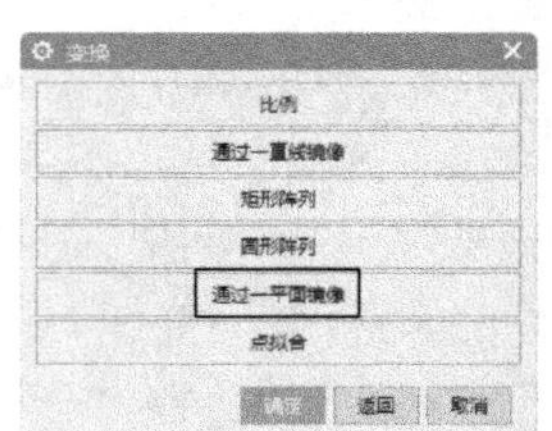

图 8–55　“变换”对话框 1　图 8–56　“变换”对话框 2

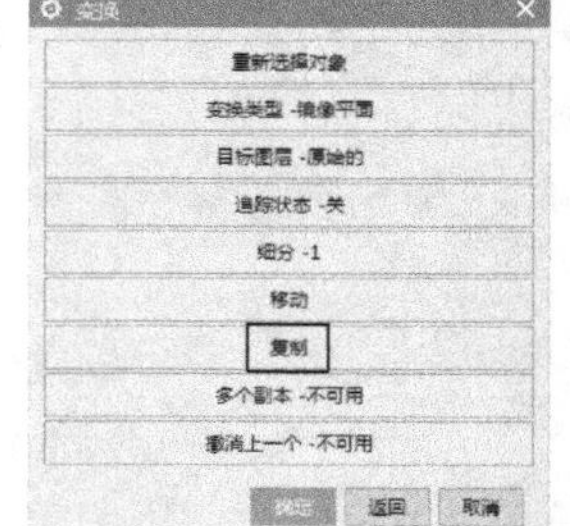

图 8–57　“平面”对话框　图 8–58　“变换”结果对话框

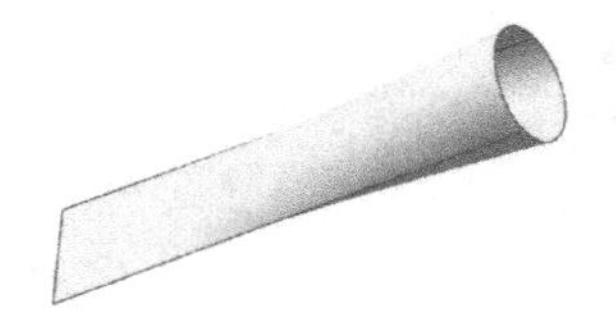

图 8–59　镜像曲面

Step 07 创建圆锥

在菜单栏中选择“插入”→“设计特征”→“圆锥”命令，弹出如图 8–60 所示的“圆锥”对话框。❶ 选择“直径和高度”类型，❷ 在“指定矢量”下拉列表中选择“ZC 轴”为矢量方向，❸ 单击“点对话框”按钮，弹出如图 8–61 所示的“点”对话框，❶ 按系统提示输入（10,0,90）为圆锥原点，❷ 单击“确定”按钮，❹ 在“底部直径”“顶部直径”和“高度”文本框中分别输入 20、12 和 3，❺ 单击“确定”按钮完成圆锥的创建，如图 8–62 所示。

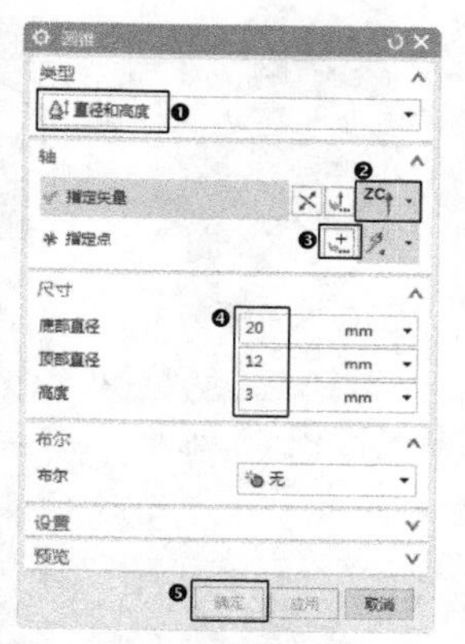

图 8-60　“圆锥”对话框

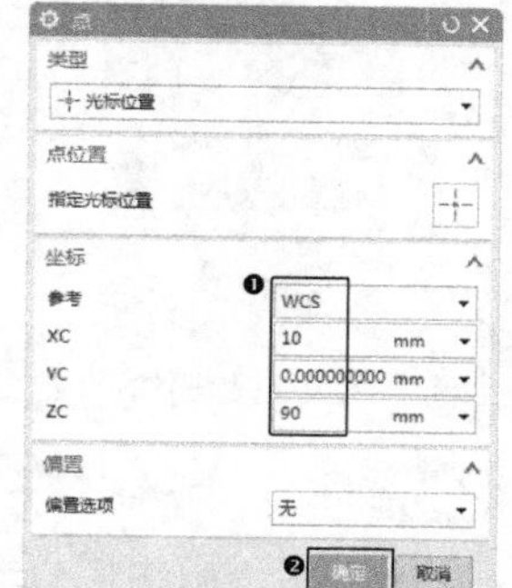

图 8-61　“点”对话框

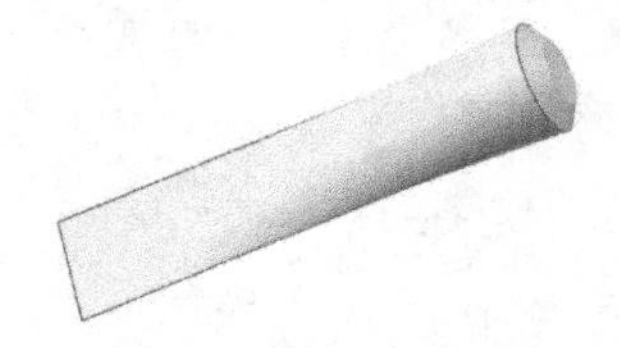

图 8-62　模型

Step 08　拉伸操作

在菜单栏中选择“插入”→“设计特征”→“拉伸”命令或单击“主页”选项卡“特征”组中的“拉伸”按钮，弹出如图 8-63 所示的“拉伸”对话框。❶ 在“开始距离”和“结束距离”文本框中中输入 0、1，选择屏幕中圆台小端面圆弧曲线，如图 8-64 所示，❷ 单击“确定”按钮，完成拉伸操作，如图 8-65 所示。

图 8-63　“拉伸”对话框

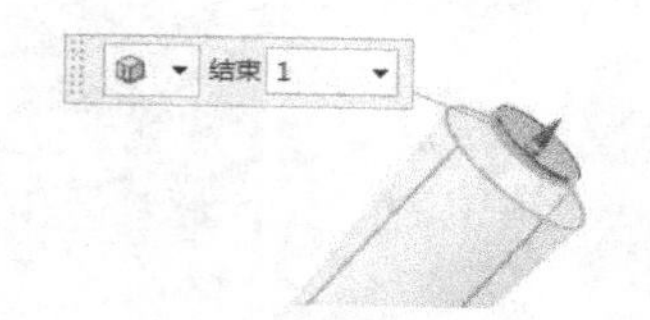

图 8-64　拉伸曲线的选取

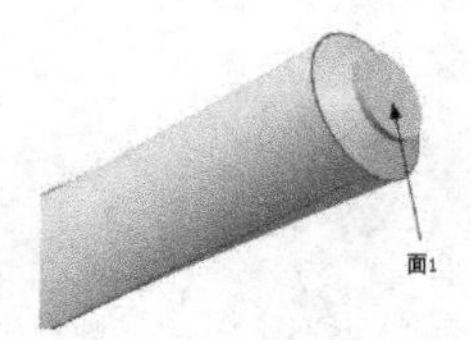

图 8-65　拉伸结果

Step 09　创建凸起

在菜单栏中选择“插入”→“设计特征”→“凸起”命令或单击“主页”选项卡“特征”组中的“凸起”按钮，弹出如图 8-66 所示的“凸起”对话框。❶ 单击“绘制截面”按钮，弹出“创建草图”对话框，选择面 1 为草图工作面，单击“确定”按钮，进入草图绘制环境，绘制如图 8-67 所示的草图，单击“完成”按钮，返回“凸起”对话框，单击“选择曲线”选项，选择刚绘制的草图，❷ 单击“选择面”选项，选择面 1，❸ 在“几何体”下拉列表中选择“凸起的面”选项，❹ 在“距离”文本框中输入 12，❺ 单击“确定”按钮，完成凸起的创建，生成的模型如图 8-68 所示。

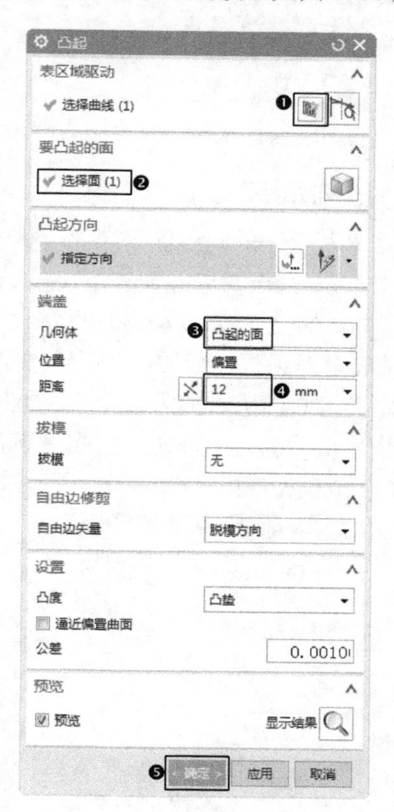

图 8-66　“凸起”对话框

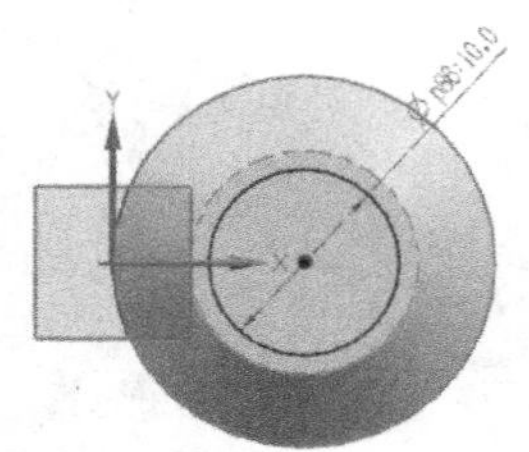

图 8-67　绘制草图

图 8-68　模型

Step 10 隐藏曲面

在菜单栏中选择“编辑”→“显示和隐藏”→“隐藏”命令，弹出“类选择”对话框，单击“类型过滤器”按钮，弹出如图 8-69 所示的“按类型选择”对话框，❶ 选择“片体”类型，❷ 单击“确定”按钮，返回到“类选择”对话框，单击“全选”按钮，单击“确定”按钮，视图中的曲面被隐藏，如图 8-70 所示。

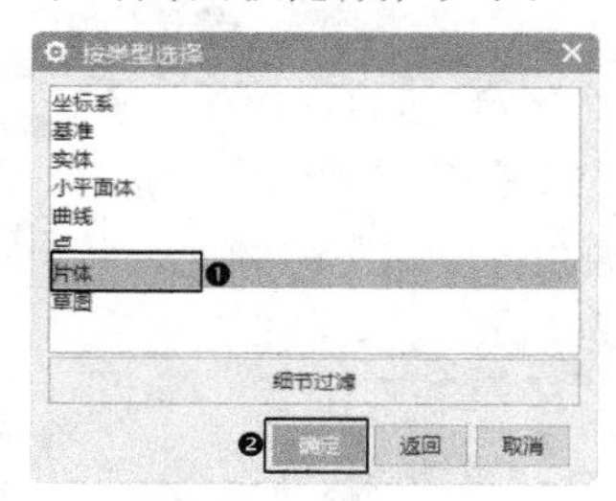

图 8-69　“按类型选择”对话框

图 8-70　模型

Step 11 抽壳操作

在菜单栏中选择“插入”→“偏置 / 缩放”→“抽壳”命令或单击“主页”选项卡“特征”组中的“抽壳”按钮，弹出如图 8-71 所示的“抽壳”对话框，❶ 在“厚度”文本框中输入 0.2，选择圆台大端面为移除面，如图 8-72 所示，❷ 单击“确定”按钮，完成对圆台的抽壳操作，生成模型如图 8-73 所示。

图 8-71　“抽壳”对话框

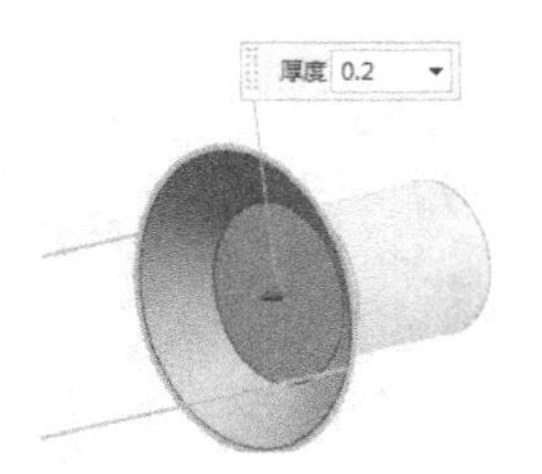

图 8-72　移除面的选取

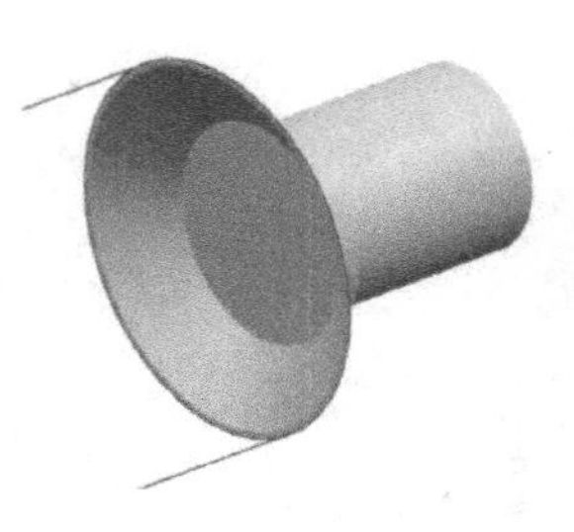

图 8-73　模型

Step 12 合并实体

在菜单栏中选择“插入”→“组合”→“合并”命令或单击“主页”选项卡“特征”组中的“合并”按钮，弹出“合并”对话框，将屏幕中所有实体的合并操作。

Step 13 创建孔

在菜单栏中选择“插入”→“设计特征”→“孔”命令或单击“主页”选项卡“特征”组中的“孔”按钮，弹出如图 8-74 所示的“孔”对话框。❶ 选择“常规孔”类型，❷ 选择“简单孔”形状方式，❸ 在“直径”“深度”和“顶锥角”文本框中分别输入 6、20、和 0，捕捉圆台上表面圆弧中心为孔位置，❹ 单击“确定”按钮，完成孔操作，如图 8-75 所示。

图 8-74　“孔”对话框

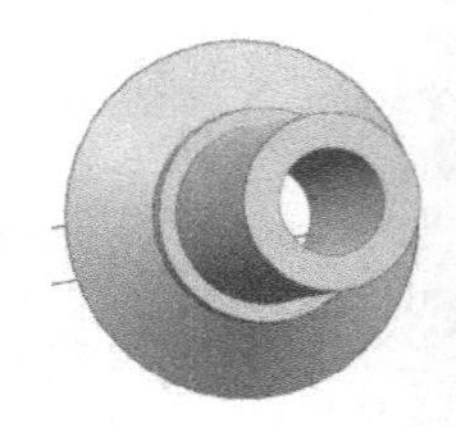

图 8-75　创建孔

Step 14 创建螺纹

在菜单栏中选择“插入”→“设计特征”→“螺纹”命令或单击“主页”选项卡“特征”组中的“螺纹刀”按钮，弹出如图 8-76 所示的“螺纹切削”对话框。❶在该对话框中“螺纹类型”选项组中选择“详细”单选按钮，用鼠标选择最上面圆柱体的外表面，如图 8-77 所示，激活对话框中的各选项，接受系统默认各选项，❷单击“确定”按钮，完成螺纹的创建，如图 8-78 所示。

图 8-76 “螺纹切削”对话框

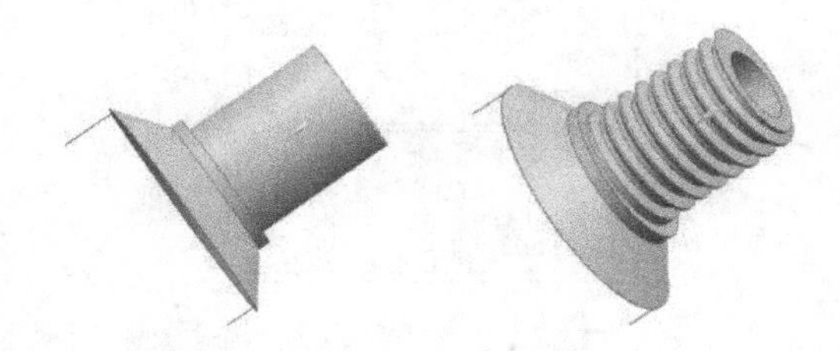

图 8-77 螺纹放置面选取　　图 8-78 螺纹

Step 15 隐藏实体模型中的曲线

在菜单栏中选择“编辑”→“显示和隐藏”→“全部显示”命令，生成如图 8-79 所示的模型，将视图中的曲线全部隐藏，结果如图 8-80 所示。

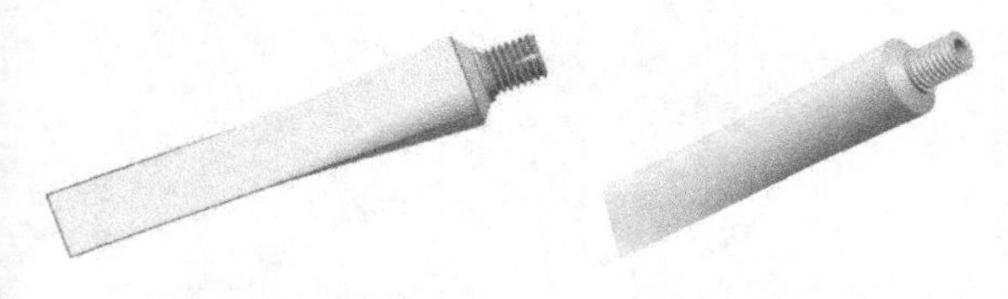

图 8-79 模型　　图 8-80 牙膏盒

8.3 弯曲曲面

本节主要介绍弯曲曲面子菜单中的命令。

8.3.1 延伸曲面

在菜单栏中选择“插入”→“弯边曲面”→“延伸”命令或单击“曲面”选项卡“曲面”组中的“延伸曲面”按钮，系统打开“延伸曲面”对话框，如图 8-81 所示。

图 8-81 “延伸曲面”对话框

该选项可以从现有的基片体上生成切向延伸片体、曲面法向延伸片体、角度控制的延伸片体或圆弧控制的延伸片体。

“延伸曲面”对话框中部分选项的功能如下。

（1）边：选择要延伸的边后，选择延伸方法并输入延伸的长度或百分比延伸曲面。示意图如图 8-82 所示。

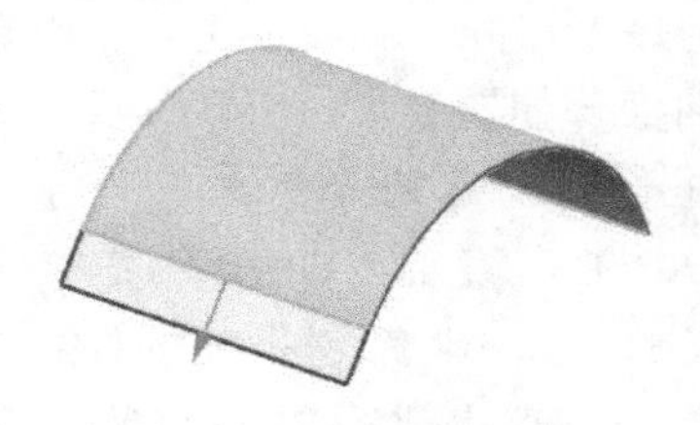

图 8-82 延伸方法

①相切：该选项可以生成相切于面、边或拐角的体。切向延伸通常是相邻于现有基面的边或拐角而生成，这是一种扩展基面的方法。这两个体在相应的点处拥有公共的切面，因而，它们之间的过渡是平滑的。

②圆弧：该选项可以从光顺曲面的边上生成一个圆弧的延伸。该延伸遵循沿着选定边的曲率半径。

要生成圆弧的边界延伸，选定的基曲线必须是面的未裁剪的边。延伸的曲面边的长度不能大于任何由原始曲面边的曲率确定半径的区域的整圆的长度。

（2）拐角：选择要延伸的曲面，在 %U 和 %V 长度输入拐角长度文本框中输入拐角长度延伸曲面。示意图如图 8-83 所示。

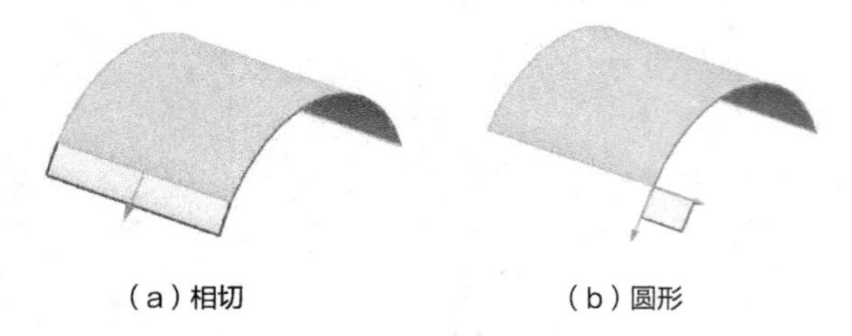

（a）相切　　（b）圆形

图 8-83　“拐角”示意图

8.3.2 规律延伸

在菜单栏中选择“插入”→“弯边曲面”→“规律延伸”命令或单击“曲面”选项卡“曲面”组中的“规律延伸”按钮，打开“规律延伸”对话框，如图 8-84（a）所示。

“规律延伸”对话框中部分选项的功能如下。

1. 类型

（1）面：该选项用于选择一个或多个面来定义用于构造延伸曲面的参考方向，如图 8-84（a）所示。其示意图如图 8-85 所示。

（2）矢量：该选项用于指定在沿着基本曲线线串的每个点处计算和使用一个坐标系来定义延伸曲面，如图 8-84（b）所示。此坐标系的方向是这样确定的：使 0° 角平行于矢量方向，使 90° 轴垂直于由 0° 轴和基本轮廓切线矢量定义的平面。此参考平面的计算是在“基本轮廓”的中点上进行的。示意图如图 8-86 所示。

2. 曲线

该选项用于选择一条基本曲线或边界线串，并在其基边上定义曲面轮廓。

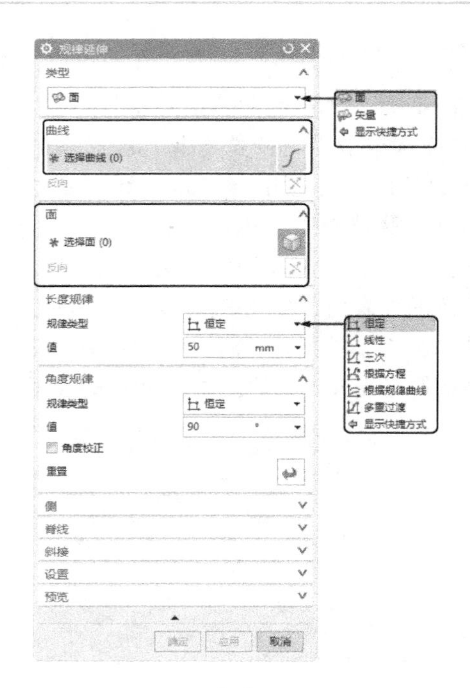

（a）

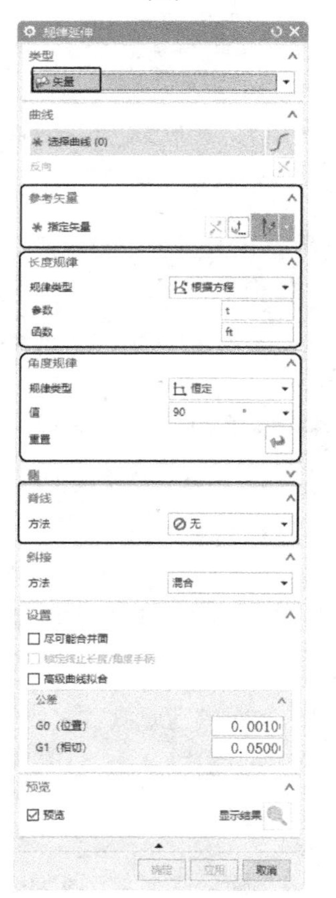

（b）

图 8-84　“规律延伸”对话框

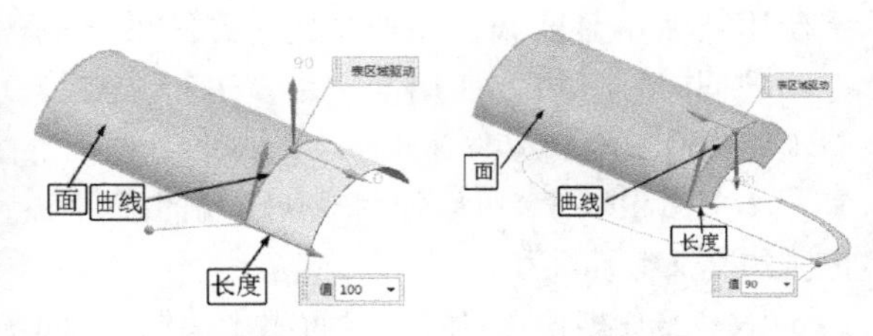

（a）角度为 0°　　（b）角度为 90°

图 8-85　“面”规律延伸示意图

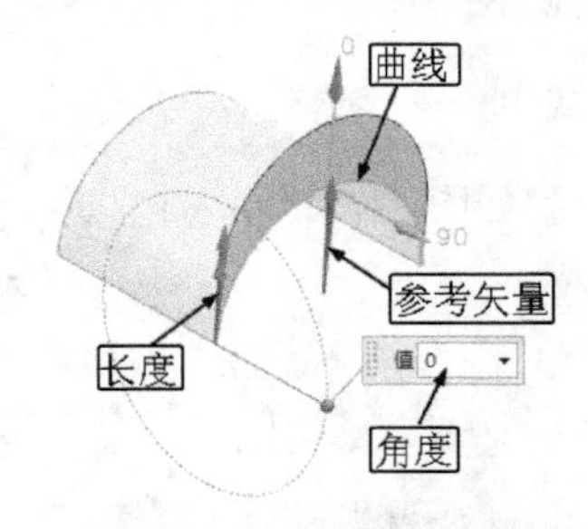

图 8-86　“矢量”规律延伸示意图

3. 参考矢量

该选项通过使用标准的“矢量方式”或“矢量构造器”指定一个矢量，用它来定义构造延伸曲面时所用的参考方向。

4. 脊线

该选项（可选的）用于指定可选的脊线线串会改变系统确定局部坐标系方向的方法，这样垂直于脊线线串的平面决定了测量“角度”所在的平面。

5. 长度规律

该选项可以指定用于延伸长度的规律方式及使用此方式的适当的值。

（1）恒定：该选项可以使用恒定的规则（规律），当系统计算延伸曲面时，它沿着基本曲线线串移动，截面曲线的长度保持恒定的值。

（2）线性：该选项可以使用线性的规则（规律），当系统计算延伸曲面时，它沿着基本曲线线串移动，截面曲线的长度从基本曲线线串起始点的起始值到基本曲线线串终点的终止值呈线性变化。

（3）三次：该选项可以使用三次的规则（规律），当系统计算延伸曲面时，它沿着基本曲线线串移动，截面曲线的长度从基本曲线线串起始点的起始值到基本曲线线串终点的终止值呈非线性变化。

6. 角度规律

该选项可以指定用于延伸角度的规律方式及使用此方式的适当的值。

8.4　其他曲面

本节介绍其他创建曲面的命令。

8.4.1　扫掠

在菜单栏中选择“插入”→“扫掠”→“扫掠”命令或单击“曲面”选项卡“曲面”组中“更多”库下的“扫掠”按钮，打开“扫掠”对话框，如图 8-87 所示。

图 8-87　“扫掠”对话框

该选项可以用于创建扫掠体，如图 8-88 所示。用预先描述的方式沿一条空间路径移动的曲线轮廓线将扫掠体定义为扫掠外形轮廓。移动曲线轮廓线称为截面线串。该路径称为引导线串，因为它引导运动。

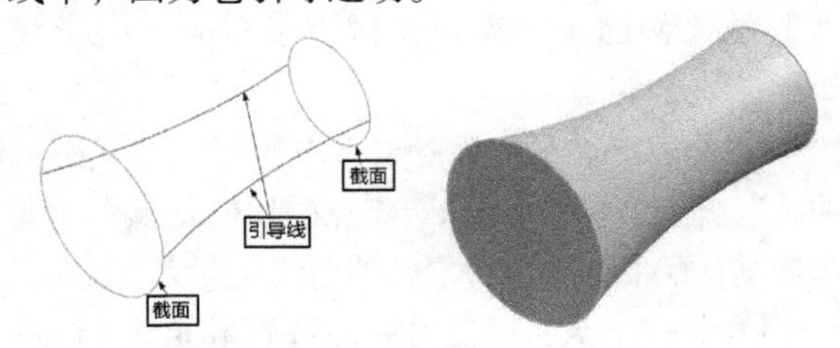

图 8-88　“扫掠”示意图

引导线串在扫掠方向上控制着扫掠体的方向和比例。引导线串可以由单个或多个分段组成。每个分段可以是曲线、实体边或实体面。每条引导线串的所有对象必须光顺而且连续。必须提供一条、两条或三条引导线串。截面线串不必光顺，而且每条截面线串内的对象的数量可以不同。可以输入从 1 到最大数量为 150 的任何数量的截面线串。

如果所有选定的引导线串形成封闭循环，则第一条截面线串可以作为最后一条截面线串重新选定。

“扫掠”对话框中部分选项的功能如下。

1. 定向方法

（1）固定：在截面线串沿着引导线串移动时，它保持固定的方向，并且结果是简单的、平行的或平移的扫掠。

（2）面的法向：局部坐标系的第二个轴和沿引导线串的各个点处的某基面的法向矢量一致。这样来约束截面线串和基面的联系。

（3）矢量方向：局部坐标系的第二个轴与在整个引导线串上指定的矢量一致。

（4）另一曲线：通过连接引导线串上相应的点和另一条曲线来获得局部坐标系的第二个轴（就好像在它们之间建立了一个直纹的片体）。

（5）一个点：和另一条曲线相似，不同之处在于获得第二个轴的方法是通过引导线串和点之间的三面直纹片体的等价物。

（6）强制方向：在沿着引导线串扫掠截面线串时，将截面的方向固定在一个矢量。

2. 缩放方法

（1）恒定：可以输入一个比例因子，它沿着整个引导线串保持不变。

（2）倒圆功能：在指定的起始比例因子和终止比例因子之间允许线性的或三次的比例，那些起始比例因子和终止比例因子对应于引导线串的起点和终点。

（3）另一曲线：类似于方向控制中的“另一曲线”，但是此处在任意给定点的比例是以引导线串和其他的曲线或实边之间的划线长度为基础的。

（4）一个点：和“另一曲线”相同，但是，是使用点而不是曲线。在选择此种形式的比例控制的同时，还可以使用同一个点进行方向控制（在构造三面扫掠时）。

（5）面积规律：可以使用规律子功能控制扫掠体的交叉截面面积。

（6）周长规律：类似于“面积规律”，不同的是，可以控制扫掠体的交叉截面的周长，而不是它的面积。

8.4.2 实例——茶壶

本例绘制如图 8-89 所示的茶壶。

图 8-89　茶壶

绘制步骤

Step 01 新建文件

在菜单栏中选择“文件”→“新建”命令，在弹出的“新建”对话框中，选择保存文件的位置，输入文件的名称“ChaHu”，选择“模型”模板，完成后单击“确定”按钮，进入实体建模环境。

Step 02 旋转坐标

（1）在菜单栏中选择“菜单”→“格式”→“WCS”→“旋转”命令，弹出“旋转 WCS 绕...”对话框，如图 8-90 所示。

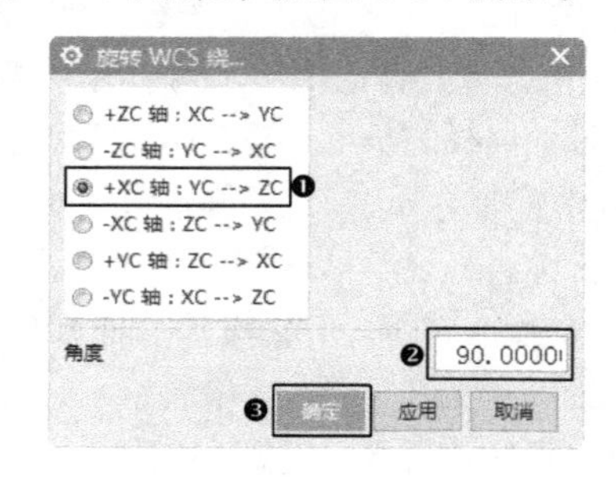

图 8-90　“旋转 WCS 绕...”对话框

（2）❶ 选中 +XC 轴 : YC --> ZC 选项，❷ 旋转角度设为 90°，❸ 单击“确定”按钮。

Step 03 绘制草图

(1)在菜单栏中选择“菜单”→“插入”→“基准/点”→“基准平面”命令或单击“主页”选项卡“特征”组中的“基准平面”按钮,选择“XC-YC平面”作为基准平面，然后单击“确定”按钮。

(2)在菜单栏中选择“菜单”→“插入”→“草图”命令或单击“主页”选项卡“直接草图”组中的“草图”按钮，选择创建基准平面，进入草图绘制界面。

(3)单击“主页”选项卡“直接草图”面组上的“轮廓”按钮，弹出“轮廓”绘图工具栏，按照如图8-91所示，从原点绘制直线12、23、弧34，直线45、弧56，直线61。注意弧56与直线45是相切关系。

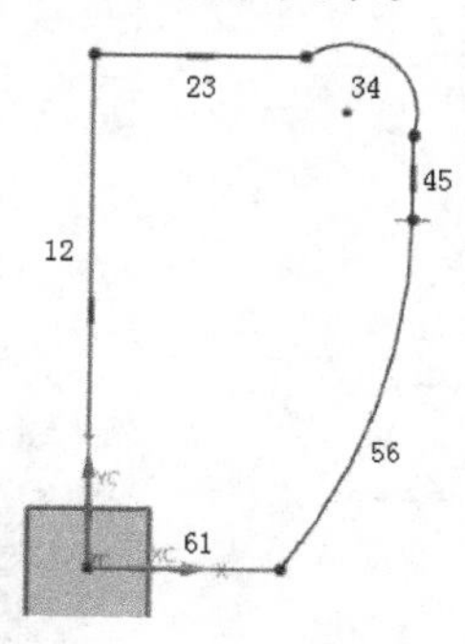

图8-91 绘制草图

Step 04 设置约束

(1)单击“主页”选项卡“直接草图”面组上的“几何约束”按钮，在“几何约束”对话框中单击“共线”按钮，在草图中选择如图8-91所示的直线12为要约束的对象，再选择Y轴为要约束到的对象。

(2)在“几何约束”对话框中单击“共线”按钮，在草图中选择直线61为要约束的对象，再选择X轴为要约束到的对象。

(3)在“几何约束”对话框中单击“点在曲线上”按钮，在草图中选择圆弧56的圆心为要约束的对象，再选择Y轴为要约束到的对象。

Step 05 标注尺寸

单击“主页”选项卡“直接草图”面组上的“快速尺寸”按钮和“径向尺寸”按钮，分别标注线段12、线段23、线段61，3个尺寸P0、P1、P5，以及直线45的位置尺寸P2和P3，然后再进行修改，分别输入200、90、60、30、150，然后标注弧34的半径P9 = 140，最后生成如图8-92所示的草图。

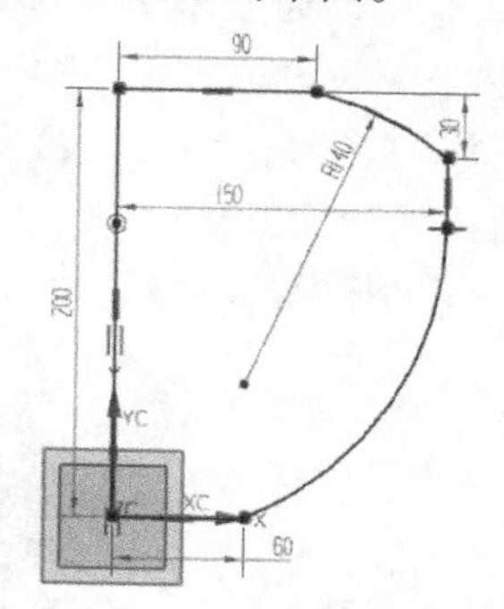

图8-92 添加尺寸约束

Step 06 旋转草图

(1)在菜单栏中选择“菜单”→“插入”→“设计特征”→“旋转”命令或单击“主页”选项卡“特征”组中的“旋转”按钮，弹出“旋转”对话框，如图8-93所示。

(2) ❶在窗口中选择绘制好的草图为旋转曲线。

(3) ❷“指定矢量”为“YC轴”，❸指定点为坐标原点。

(4) ❹在“开始角度”“结束角度”文本框中分别输入0、360，❺单击“确定”按钮，完成回转体特征，如图8-94所示。

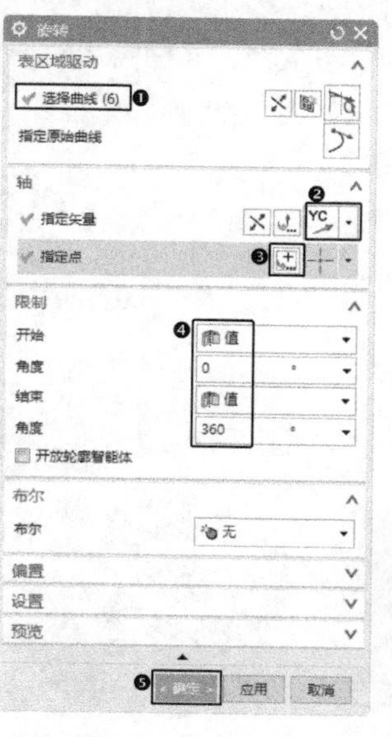

图8-93 “旋转”对话框

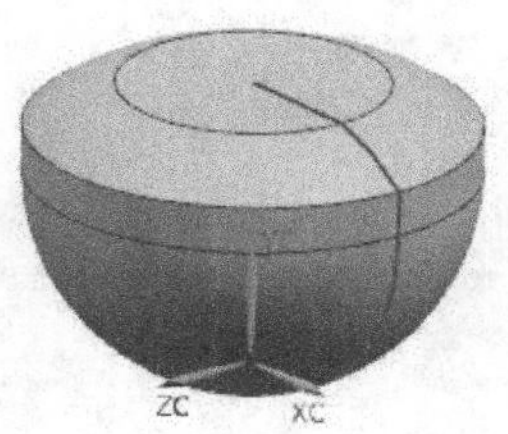

图8-94 旋转生成的实体

Step 07 旋转坐标

（1）在菜单栏中选择“菜单”→“格式”→“WCS”→“旋转”命令，弹出“旋转 WCS 绕…”对话框，如图 8-95 所示。

（2）❶选中 -XC 轴：ZC --> YC 选项，❷在“角度”文本框中输入旋转角度为 90，❸单击“确定”按钮，将坐标系转为如图 8-96 所示。

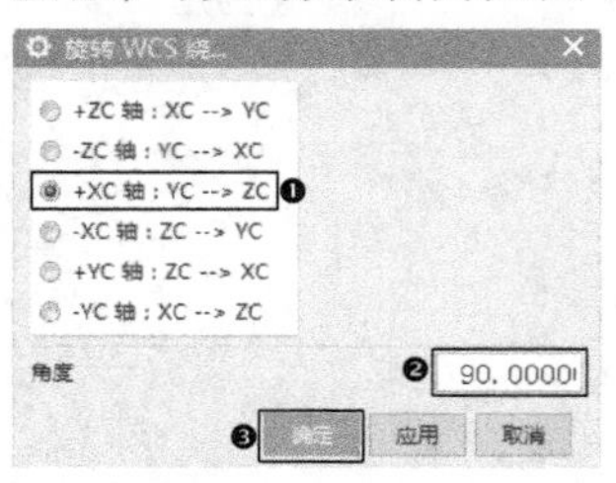

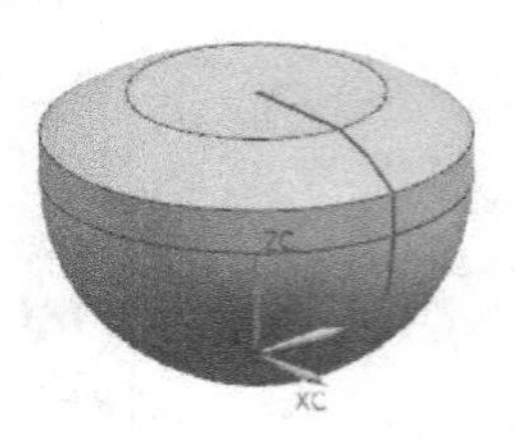

图 8-95 “旋转 WCS 绕…”对话框　图 8-96 坐标的旋转

Step 08 创建圆柱体

（1）在菜单栏中选择“菜单”→“插入”→“设计特征”→“圆柱”命令或单击“主页”选项卡“特征”组中的“圆柱”按钮，弹出“圆柱”对话框，如图 8-97 所示。

（2）❶在“圆柱”对话框的“类型”下拉列表中选择“轴、直径和高度”类型。

（3）❷“指定矢量”为“ZC 轴”，❸在“直径”“高度”文本框中分别输入 180、8。

（4）❹在“布尔”下拉列表中选择“合并”。

（5）❺单击“点对话框”按钮，弹出“点”对话框，输入点坐标为 (0,0,200)，单击“确定”按钮，完成圆柱的绘制，如图 8-98 所示。

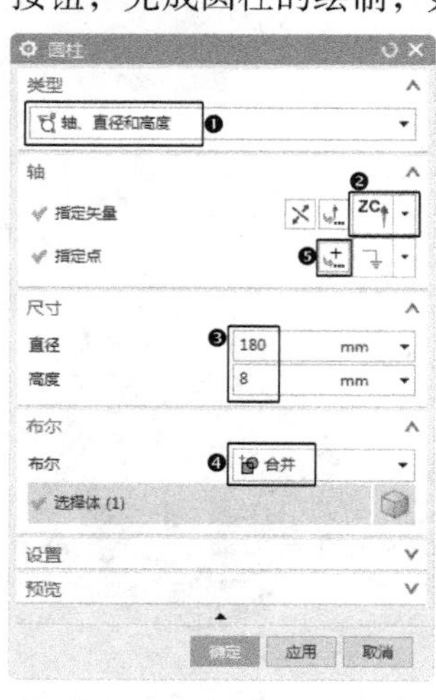

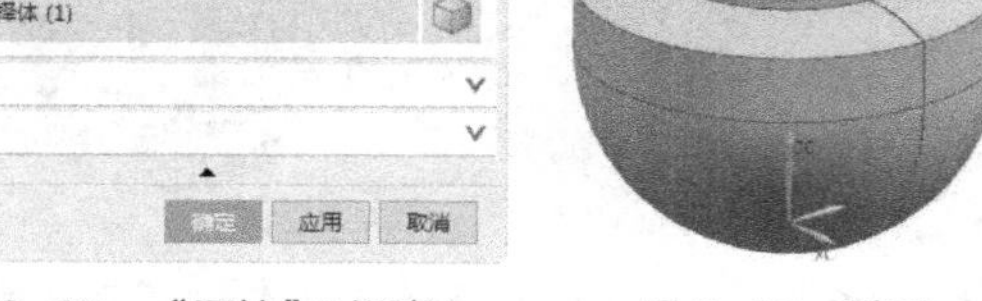

图 8-97 “圆柱”对话框　图 8-98 模型

Step 09 创建圆柱体

（1）在菜单栏中选择“菜单”→“插入”→“设计特征”→“圆柱”命令或单击“主页”选项卡“特征”组中的“圆柱”按钮，弹出“圆柱”对话框，如图 8-99 所示。

（2）❶在“圆柱”对话框的“类型”下拉列表中选择“轴、直径和高度”类型。

（3）❷“指定矢量”为“-ZC 轴”，❸在“直径”“高度”文本框中分别输入 120、10。

（4）❹指定点为坐标原点，❺在“布尔”下拉列表中选择“合并”，❻单击“确定”按钮，结果如图 8-100 所示。

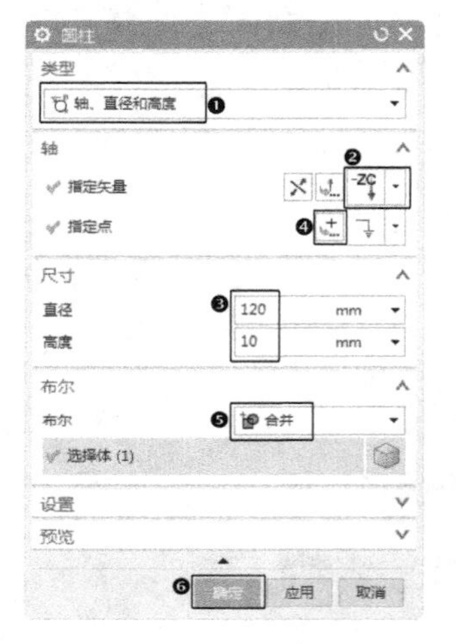

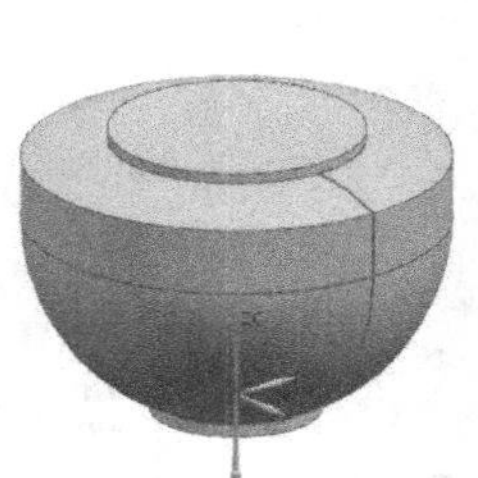

图 8-99 “圆柱”对话框　图 8-100 模型

Step 10 绘制草图

（1）在菜单栏中选择“菜单”→“插入”→“草图”命令或单击“主页”选项卡“直接草图”组中的“草图”按钮，弹出“创建草图”对话框。选择 XC-ZC 基准平面作为基准平面，进入草图绘制环境。

（2）在菜单栏中选择“菜单”→“插入”→“草图曲线”→“投影曲线”命令，弹出“投影曲线”对话框，如图 8-101 所示。单击如图 8-102 所示的边线，最后单击“确定”按钮。

（3）在菜单栏中选择“菜单”→“插入”→“草图曲线”→“艺术样条”命令，弹出“艺术样条”对话框，如图 8-103 所示。绘制如图 8-104 所示的艺术样条曲线，单击“确定”按钮。

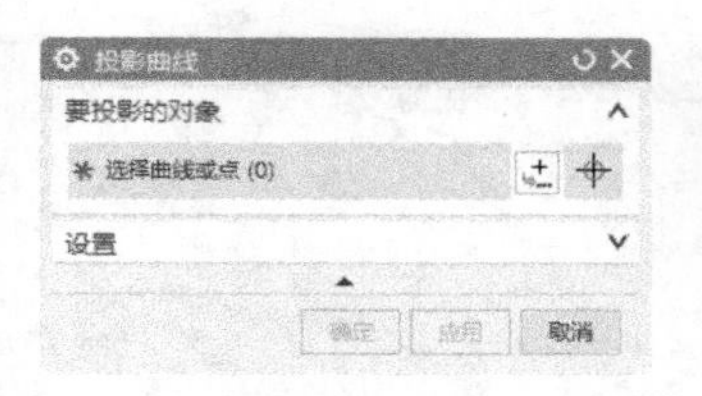

图 8-101 “投影曲线”对话框 图 8-102 选择边线

图 8-103 “艺术样条”对话框

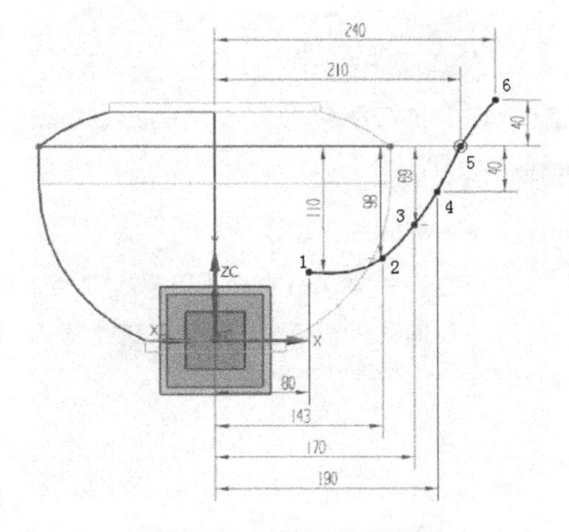

图 8-104 绘制艺术样条

Step 11 标注草图

（1）单击“主页”选项卡“直接草图”面组上的“快速尺寸”按钮，增加尺寸标注。

（2）分别标注点 6 的位置尺寸并修改为 240、40。

（3）标注点 1 的位置尺寸并修改为 110、80。

（4）标注点 2 的位置尺寸并修改为 143、98。

（5）标注点 3 的位置尺寸并修改为 170、68。

（6）标注点 4 的位置尺寸并修改为 190、40。

（7）标注点 5 的位置尺寸并修改为 210。

Step 12 约束草图

（1）单击“主页”选项卡“直接草图”面组上的“几何约束”按钮，在“几何约束”对话框中单击“点在曲线上”按钮，在图形中先选择点 5 为要约束的对象，再选择投影边线为要约束到的对象，显然符合约束条件完成约束。

（2）单击“主页”选项卡“直接草图”面组上的“完成草图”按钮，窗口回到建模界面。

Step 13 创建坐标

（1）在菜单栏中选择“菜单”→“格式”→“WCS”→“原点”命令，单击“点”对话框，如图 8-105 所示。

图 8-105 “点”对话框

（2）选择“端点”类型，再单击上一步生成的曲线端点，将坐标系移至曲线的端点处，如图 8-106 所示。

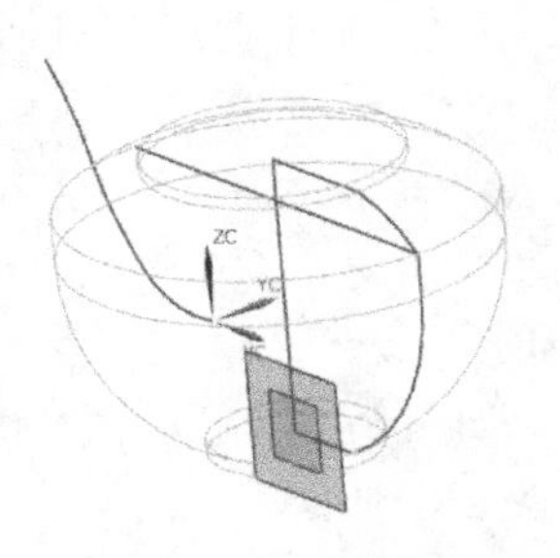

图 8-106 坐标的移动

Step 14 旋转坐标

（1）在菜单栏中选择“菜单”→“格式”→“WCS”→“旋转”命令，弹出“旋转 WCS 绕…”对话框，如图 8-107 所示。

（2）❶ 选择 -YC 轴：XC --> ZC 选项，❷ 在“角度”文本框中输入 60，❸ 单击“确定”按钮，将坐标系转换成如图 8-108 所示。

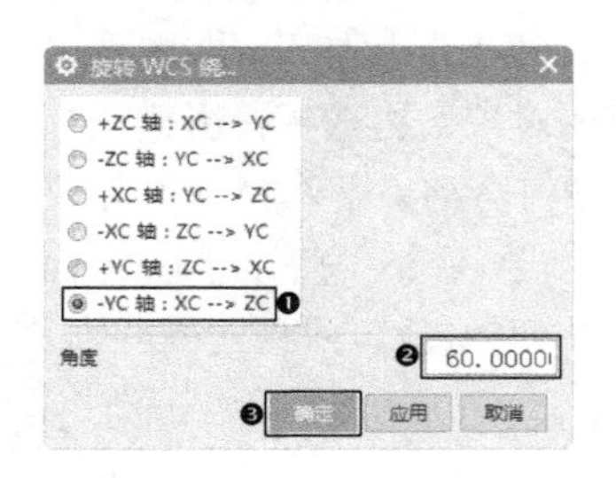

图 8-107 “旋转 WCS 绕…”对话框

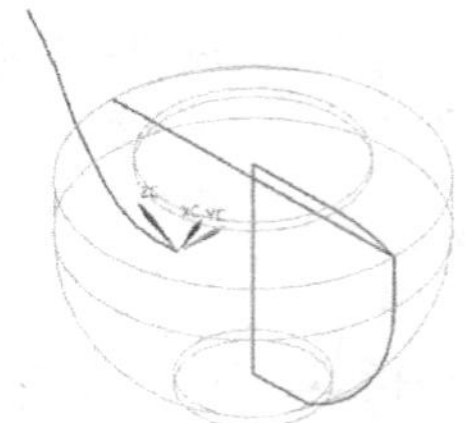

图 8-108 坐标旋转后的位置

Step 15 绘制圆 1

（1）在菜单栏中选择“菜单”→“插入”→“曲线”→“基本曲线（原有）”命令，弹出“基本曲线”对话框，如图 8-109 所示。

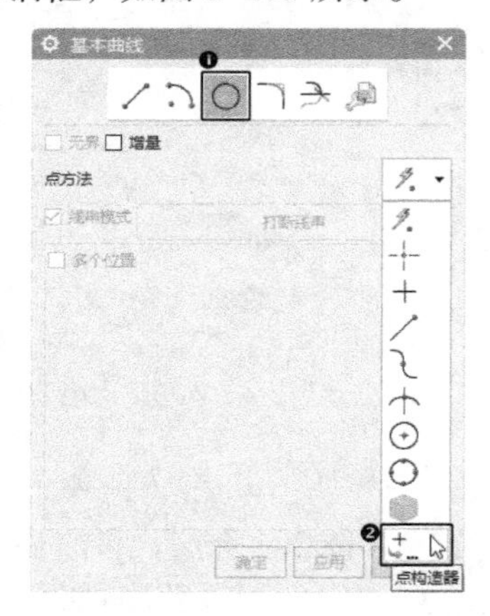

图 8-109 “基本曲线”对话框

（2）❶ 单击“基本曲线”对话框中的○按钮，❷ 在“点方法”中单击“点构造器”按钮，弹出“点”对话框，如图 8-110 所示。

（3）❶ 在“点”对话框中输入坐标为（0,0,0），❷ 单击“确定”按钮，❶ 在“点”对话框中输入（35,0,0），如图 8-111 所示，❷ 最后单击“确定”按钮，完成圆形截面 1 的操作，如图 8-112 所示。

图 8-110 “点”对话框

图 8-111 “点”对话框

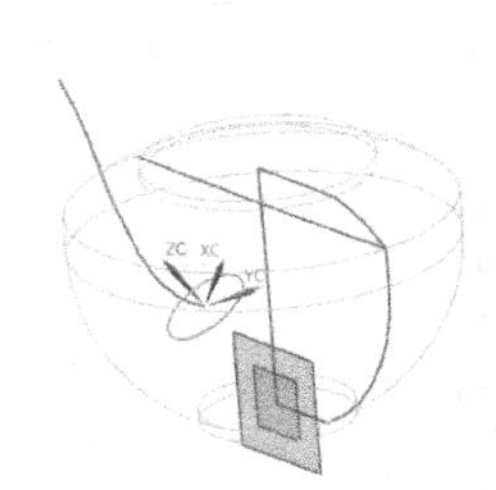

图 8-112 绘制截面圆

Step 16 创建坐标

（1）在菜单栏中选择“菜单”→“格式”→“WCS”→“原点”命令，弹出“点”对话框。

（2）选择曲线的点 6 作为原点位置，单击“确定”按钮，如图 8-113 所示。

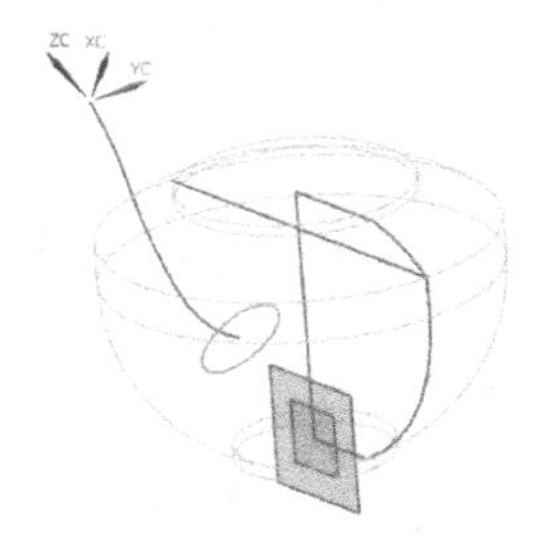

图 8-113 坐标移动

Step 17 创建圆 2

（1）在菜单栏中选择“菜单”→“插入”→“曲

线”→“基本曲线（原有）”命令，弹出“基本曲线”对话框。

（2）单击○按钮，在“点方法”中单击“点构造器”按钮，弹出“点”对话框，在此对话框中输入坐标（0,0,0），单击“确定”按钮。

（3）在“点”对话框中输入（10,0,0），最后单击“确定”按钮，完成圆形截面2的操作，如图8-114所示。

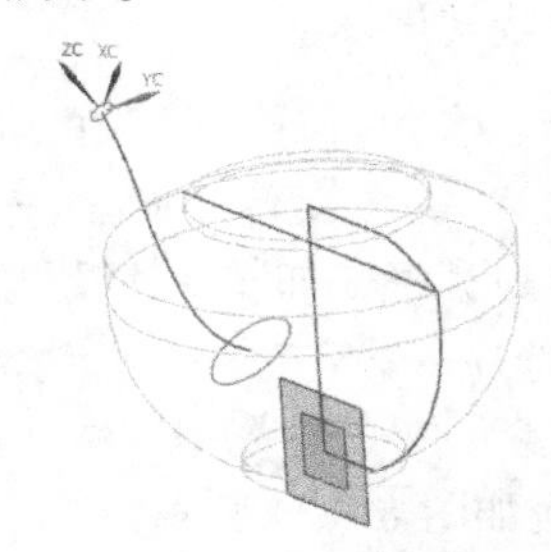

图8-114　绘制截面圆

Step 18 创建壶嘴

（1）在菜单栏中选择“菜单”→“插入”→“扫掠”→“扫掠”命令，弹出“扫掠”对话框，如图8-115所示。

（2）单击样条曲线为引导线，选择大圆为截面1，小圆为截面2，分别单击鼠标中键。

（3）在“对齐”的调整下拉列表中选择“参数”，在“定向方法”下拉列表中选择“固定”，在“缩放方法”下拉列表中选择“恒定”，设置比例因子为1.00。扫掠后的实体如图8-116所示。

图8-115　“扫掠”对话框

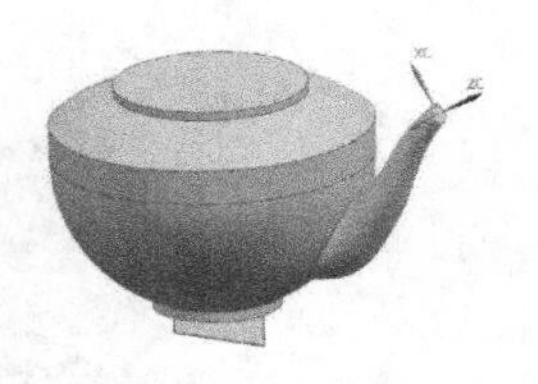

图8-116　生成实体

Step 19 绘制草图

（1）在菜单栏中选择“菜单”→“插入”→“草图”命令或单击“主页”选项卡“直接草图”组中的“草图”按钮，弹出“创建草图”对话框，选择如图8-116所示的面作为基准平面，然后单击“确定”按钮，出现草图绘制区。

（2）在菜单栏中选择“菜单”→“插入”→“草图曲线”→“投影曲线”命令，弹出“投影曲线”对话框，如图8-117所示。单击如图8-118所示的边线，最后单击“确定”按钮。

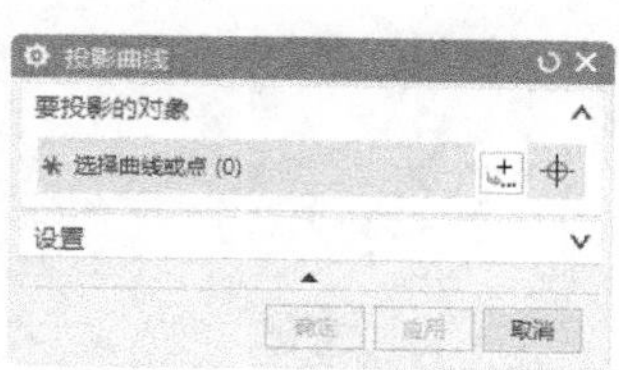

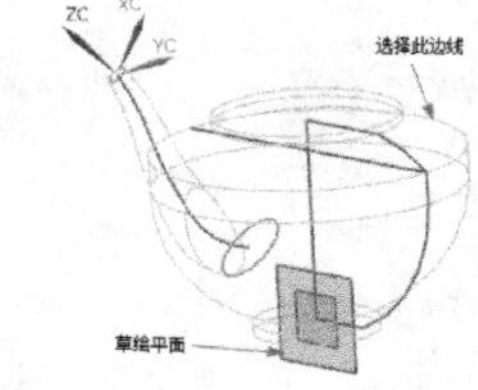

图8-117　“投影曲线”对话框　　图8-118　选择边线

（3）在菜单栏中选择“菜单”→“插入”→“草图曲线”→“艺术样条在菜单栏中选择”命令，弹出“艺术样条”对话框，如图8-119所示。按照如图8-120所示依次选择点，然后在对话框中单击“确定”按钮，绘制如图8-121所示的样条曲线。

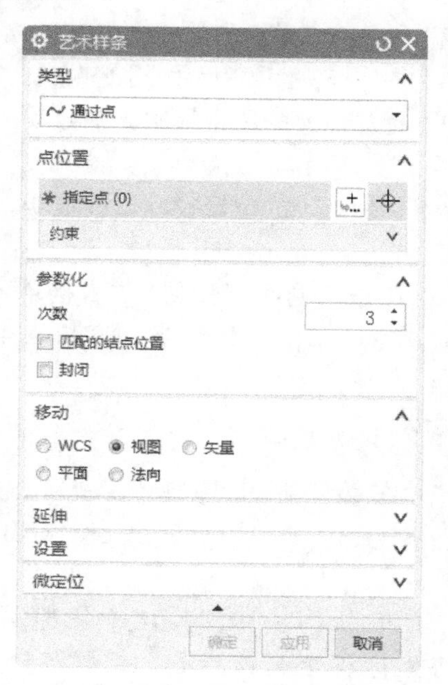

图8-119　“艺术样条”对话框

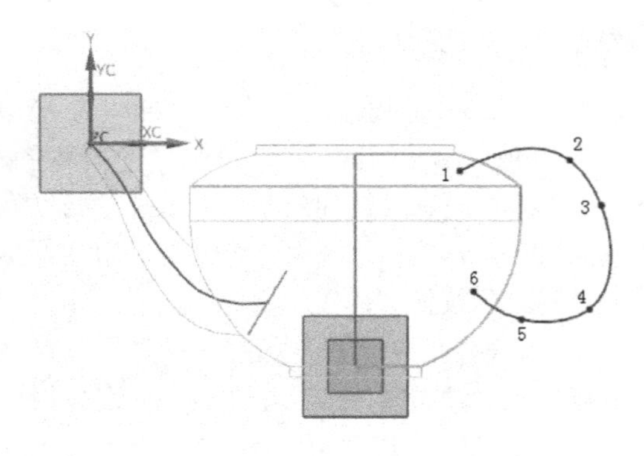

图 8-120　选择点

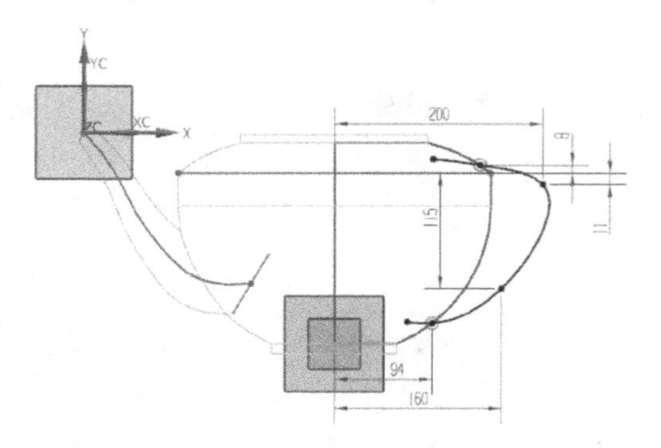

图 8-121　绘制样条曲线

Step 20　标注尺寸

（1）单击“主页”选项卡“直接草图”面组上的“快速尺寸”按钮，标注尺寸。

（2）标注点 2 的位置尺寸修改成 9。

（3）标注点 3 的位置尺寸分别修改成 200、11。

（4）标注点 4 的位置尺寸分别修改成 160、115。

（5）标注点 5 的位置尺寸修改成 94，生成引导线。

（6）单击“主页”选项卡“直接草图”面组上的“完成草图”按钮，窗口回到建模界面。

Step 21　创建坐标

（1）在菜单栏中选择“菜单”→“格式”→“WCS”→“原点”命令，弹出“点”对话框。

（2）按如图 8-122 单击样条曲线上的点，将坐标移至其该点处，结果如图 8-122 所示。

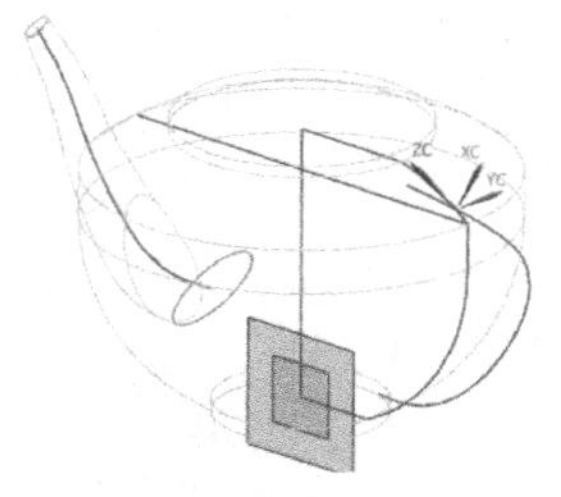

图 8-122　原点的移动

Step 22　旋转坐标

（1）在菜单栏中选择“菜单”→“格式”→“WCS”→“旋转”命令，弹出“旋转 WCS 绕….”对话框，如图 8-123 所示。

（2）❶选中 -YC 轴：XC --> ZC 选项，❷设置旋转的角度为 30°，❸单击“确定”按钮，将坐标系转成如图 8-124 所示。

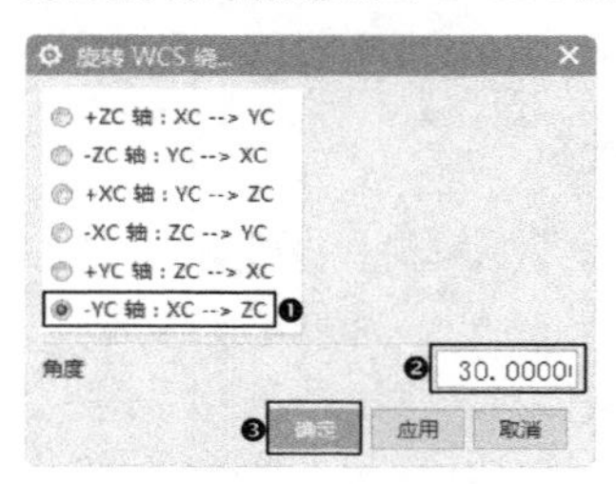

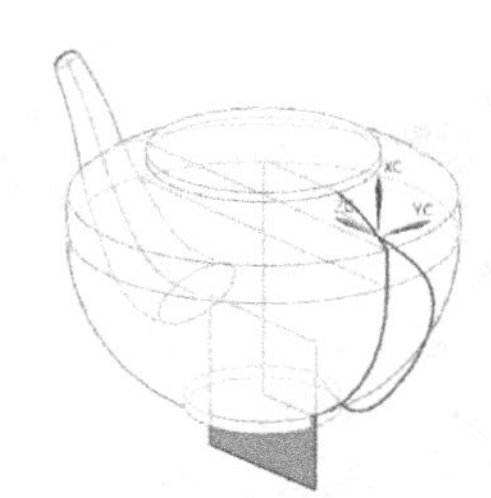

图 8-123　“旋转 WCS 绕…”对话框　　图 8-124　坐标旋转

Step 23　绘制椭圆

（1）在菜单栏中选择“菜单”→“插入”→“草图曲线”→“椭圆”命令，弹出“椭圆”对话框，单击“点对话框”按钮，弹出“点”对话框，如图 8-125 所示。

图 8-125　“点”对话框

（2）❶在该对话框中输入坐标（0,0,0），❷单击“确定”按钮，即指定椭圆的中心。

（3）返回到“椭圆”对话框，如图 8-126 所示。在“大半径”“小半径”“角度”文本框中分别输入 25、12、90，生成的椭圆如图 8-127 所示。

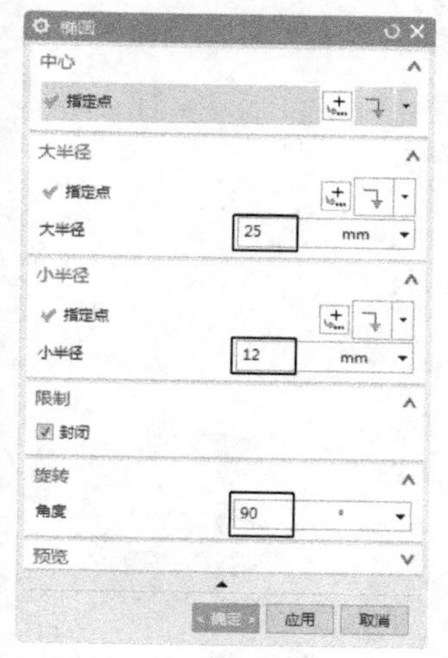

图 8-126 “椭圆”对话框

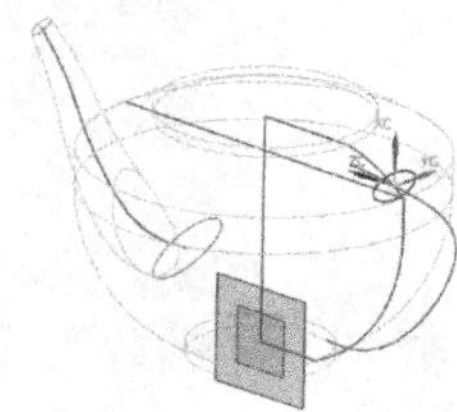

图 8-127 生成椭圆

Step 24 创建壶把

（1）在菜单栏中选择“菜单”→“插入”→“扫掠”→“扫掠”命令，弹出“扫掠”对话框。

（2）单击样条曲线为引导线，选择椭圆为截面。

（3）在“对齐”的调整下拉列表中选择“参数”，在“定向方法”下拉列表中选择“固定”，在“缩放方法”下拉列表中选择“恒定”，设置比例因子为 1.00。生成的实体如图 8-128 所示。

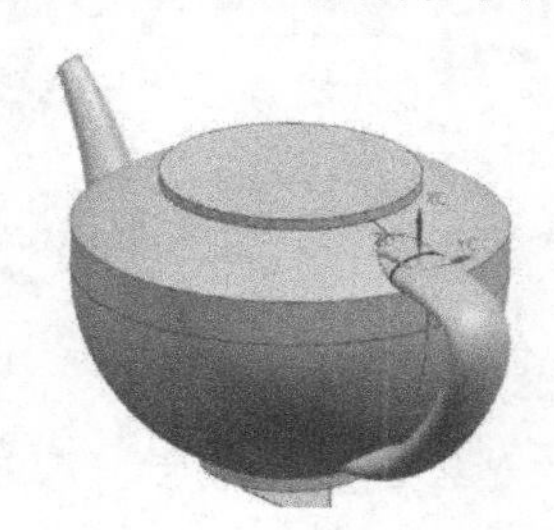

图 8-128 扫掠生成实体

Step 25 合并

在菜单栏中选择“菜单”→“插入”→“组合”→“合并”命令或单击“主页”选项卡“特征”组中的“合并”按钮，弹出“合并”对话框，将图中实体进行合并操作。

Step 26 创建倒圆角

（1）在菜单栏中选择“菜单”→“插入”→“细节特征”→“边倒圆”命令或单击“主页”选项卡“特征”组中的“边倒圆”按钮，弹出“边倒圆”对话框，如图 8-129 所示。

（2）在图形区单击如图 8-130 所示的粗线边缘，❶输入“半径 1”为 10，❷单击“确定”按钮，结果如图 8-131 所示。

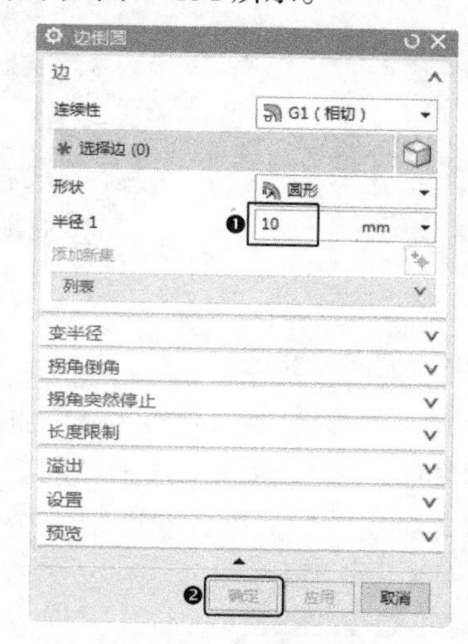

图 8-129 “边倒圆”对话框

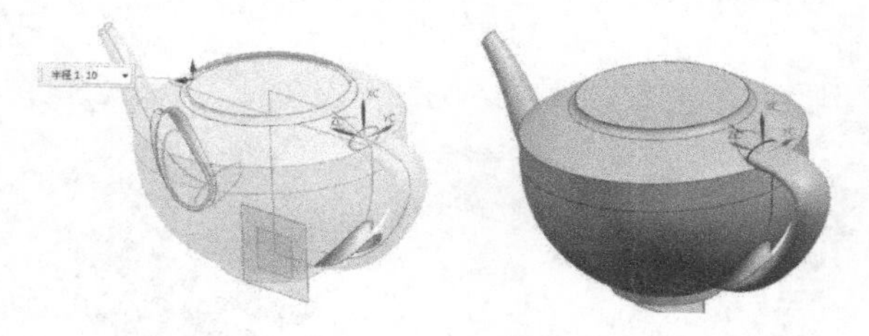

图 8-130 选择边　　图 8-131 生成倒圆

Step 27 抽壳处理

（1）在菜单栏中选择“菜单”→“插入”→“偏置/缩放”→“抽壳”命令或单击“主页”选项卡“特征”组中的“抽壳”按钮，弹出“抽壳”对话框，如图 8-132 所示。

（2）选择“移除面，然后抽壳”类型，在图形中选择抽壳的平面，如图 8-133 所示，❶在“抽壳”对话框中输入“厚度”为 5，❷单击“确定”按钮，完成抽壳操作，如图 8-134 所示。

图 8-132 “抽壳”对话框

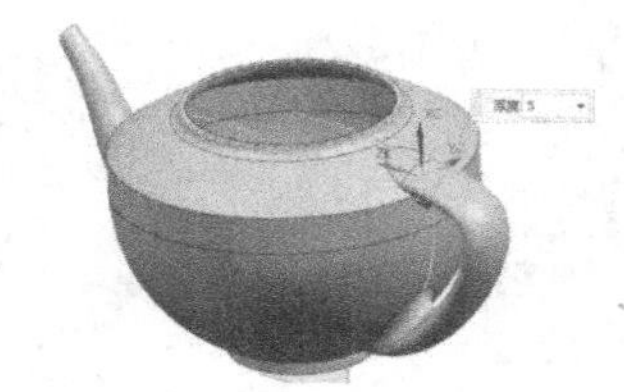

图 8-133 选择外壳平面

图 8-134 生成壳体

Step 28 创建相交曲线

（1）单击“曲线”选项卡“派生曲线”组中的“相交曲线”按钮，弹出如图 8-135 所示的“相交曲线”对话框，在图形中选取第一组面，如图 8-136 所示。

图 8-135 “相交曲线”对话框

图 8-136 选择第一组面

（2）在图形中选择第二组面，如图 8-137 所示，在“相交曲线”对话框中单击“确定”按钮，最后完成相交曲线如图 8-138 所示。

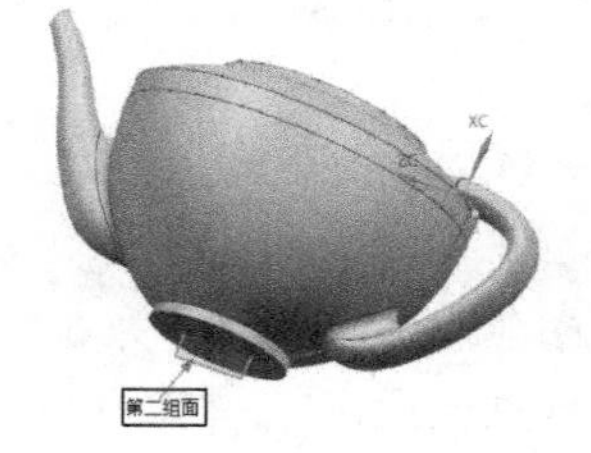

图 8-137 选择第二组面

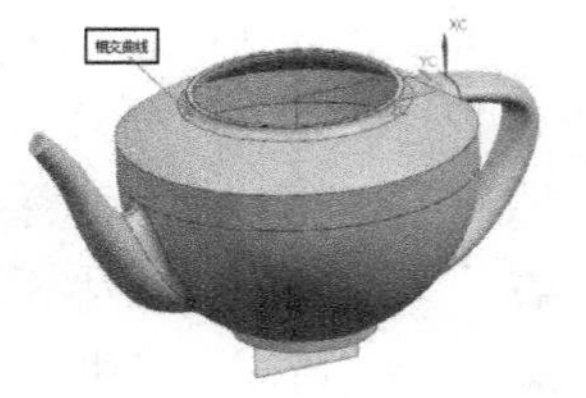

图 8-138 生成相交曲线

Step 29 创建相交曲线

（1）在菜单栏中选择“菜单”→“格式”→“WCS”→“原点”命令，弹出“点”对话框，选择“圆弧中心 / 椭圆中心 / 球心”类型，如图 8-139 所示。选择图 8-138 上的圆弧，将坐标系移至其圆心处，结果如图 8-140 所示。

图 8-139 “点”对话框

图 8-140 坐标的移动

（2）在菜单栏中选择“菜单”→“格式”→“WCS”→“旋转”命令，弹出“旋转 WCS 绕 ...”对话框，如图 8-141 所示。❶ 选中 +XC 轴 : YC --> ZC ，❷ 在“角度”文本框中输入 90，❸ 单击“确定”按钮，将坐标系转为如图 8-142 所示。

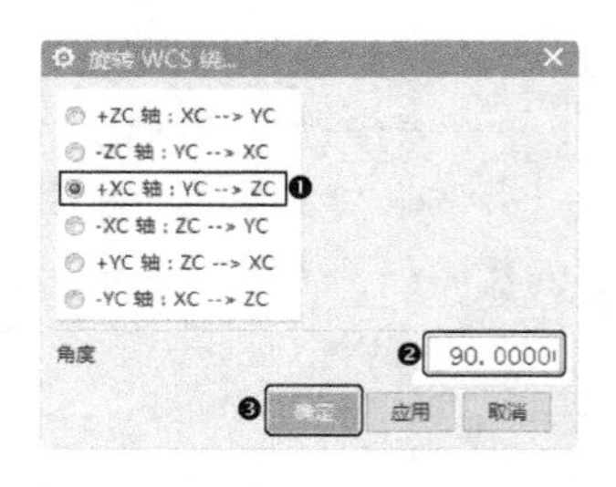

图 8-141 “旋转 WCS 绕 ...”对话框

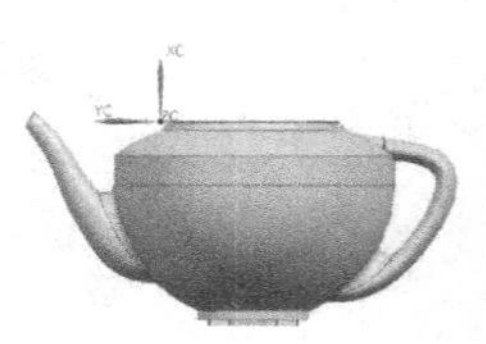

图 8-142 坐标旋转

Step 30 创建圆弧

（1）在菜单栏中选择“菜单”→“插入”→“曲线”→“基本曲线（原有）”命令，弹出“基本曲线”对话框，❶ 单击对话框中的“圆弧”按钮，如图 8-143 所示。❷ 在“创建方法”中选中“中心点，起点，终点”选项，在“点方法”中单击“点构造器”按钮，弹出“点”对话框，如图 8-144 所示。❶ 在此对话框中输入（0,0,0），以原点为中心绘制圆弧，❷单击“确定”按钮。

图 8-143 “基本曲线”对话框

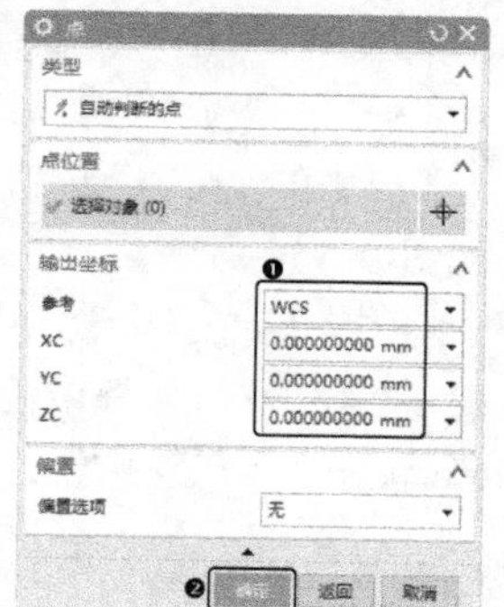

图 8-144 “点”对话框

（2）❶在“点”对话框中输入（-15,0,0）如图 8-145 所示，❷单击“确定”按钮，系统提示单击弧的终点，❶在“点”对话框中输入（0,-15,0），如图 8-146 所示，❷单击“确定”按钮，完成弧的绘制，如图 8-147 所示。

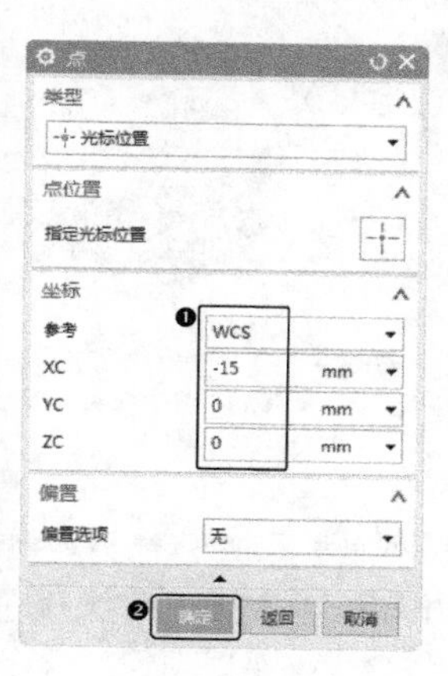

图 8-145 “点”对话框

图 8-146 “点”对话框

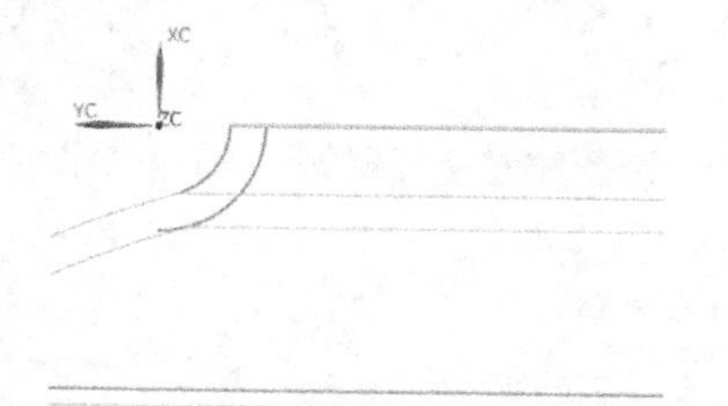

图 8-147 绘制圆弧

Step 31 绘制草图

（1）单击“主页”选项卡“直接草图”组中的“草图”按钮，弹出“创建草图”对话框，以 XC-YC 基准平面作为基准平面，单击“确定”按钮，进入草图绘制环境，绘制如图 8-148 所示的草图。

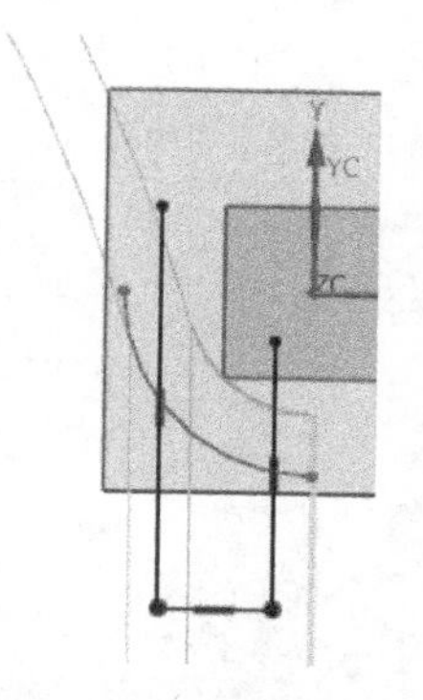

图 8-148 绘制草图

（2）单击“主页”选项卡“直接草图”组中的“快速修剪”按钮，选择剪切的边，如图 8-149 所示，修剪掉多余的曲线，完成草图的绘制，如图 8-150 所示。单击“主页”选项卡“直接草图”组中的“完成草图”按钮。

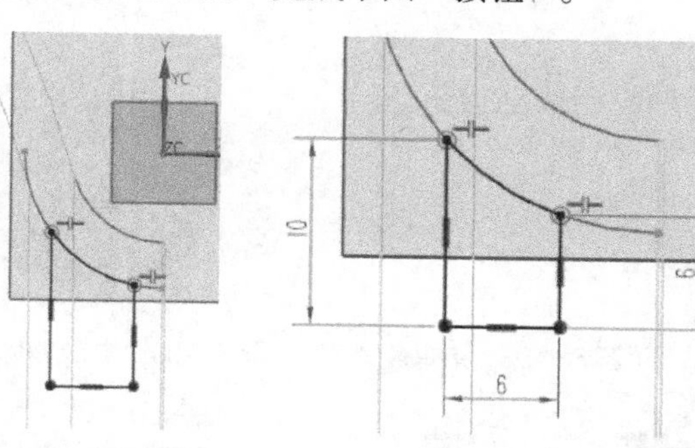

图 8-149 选择剪切的边　　图 8-150 绘制草图

Step 32 移动坐标系

在菜单栏中选择“菜单”→“格式”→“WCS”→“原点”命令，弹出“点”对话框，选择“弧 / 圆 / 球中心”类型，单击茶壶上面的圆，将坐标系移至其圆心处，结果如图 8-151 所示。

Step 33 创建旋转体

（1）单击“主页”选项卡“特征”面组中的“旋转”按钮，弹出“旋转”对话框，如图 8-152 所示。

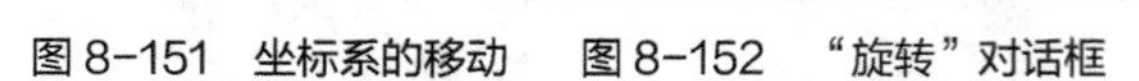

图 8-151　坐标系的移动　　图 8-152　“旋转”对话框

（2）❶ 依次单击草图中所绘的全部曲线，如图 8-153 所示，❷ 选择 XC 轴为旋转轴，❸ 单击“确定”按钮，生成旋转体，如图 8-154 所示。

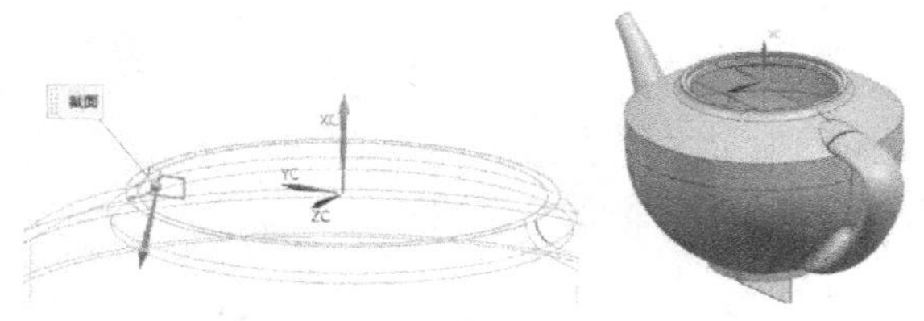

图 8-153　选择曲线　　图 8-154　生成旋转体

Step 34　创建草图

在菜单栏中选择“菜单”→“插入”→“草图”命令或单击“主页”选项卡“直接草图”组中的“草图”按钮，出现草图绘制界面。根据系统提示，在图形中单击 XC-YC 基准平面，然后单击“确定”按钮，出现草图绘制区，绘制如图 8-155 所示的草图。

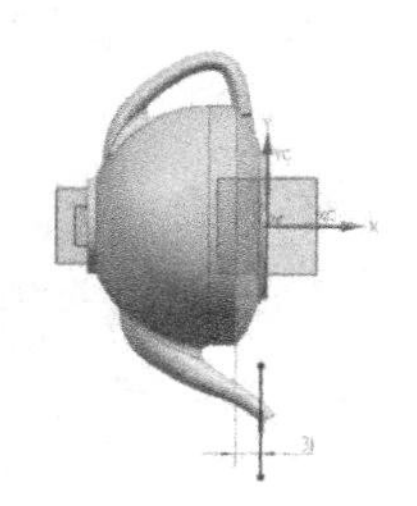

图 8-155　生成草图

Step 35　创建拉伸

（1）在菜单栏中选择“菜单”→“插入”→“设计特征”→“拉伸”命令或单击“主页”选项卡“特征”组中的“拉伸”按钮，弹出“拉伸”对话框，如图 8-156 所示。

（2）❶ 在图形中选择刚绘制的直线，❷ 在“拉伸”对话框中输入开始距离和结束距离，❸ 单击“确定”按钮，如图 8-157 所示。

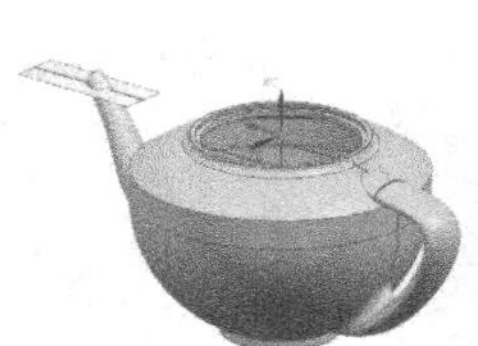

图 8-156　“拉伸”对话框　图 8-157　选择拉伸曲面

Step 36　修剪体

（1）在菜单栏中选择“菜单”→“插入”→“修剪”→“修剪体”命令或单击“主页”选项卡“特征”组中的“修剪体”按钮，弹出“修剪体”对话框，如图 8-158 所示。

（2）在图形区域内单击壶体作为目标体，如图 8-159 所示。

图 8-158　“修剪体”对话框　图 8-159　选择修剪目标

（3）在“工具选项”下拉列表中选择“面或平面”，选择上步绘制的拉伸体上表面，注意单击⊠按钮调节裁剪体的方向，如图 8–160 所示，修剪以后的实体如图 8–161 所示。

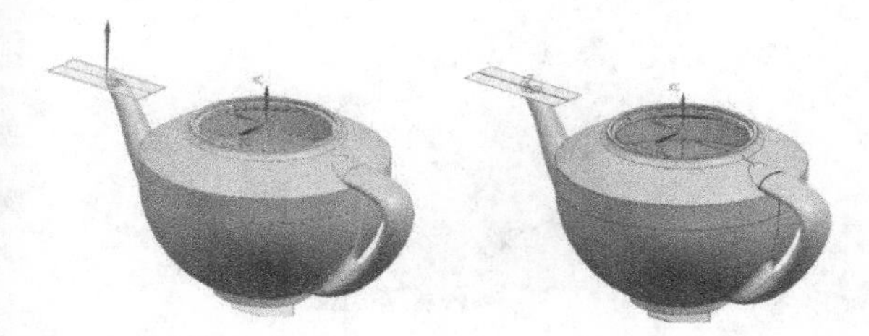

图 8–160　修剪体方向矢量　图 8–161　修剪以后的实体

Step 37 隐藏曲线

（1）在菜单栏中选择“菜单”→“编辑”→“显示和隐藏”→“隐藏”命令，弹出“类选择”对话框，如图 8–162 所示。

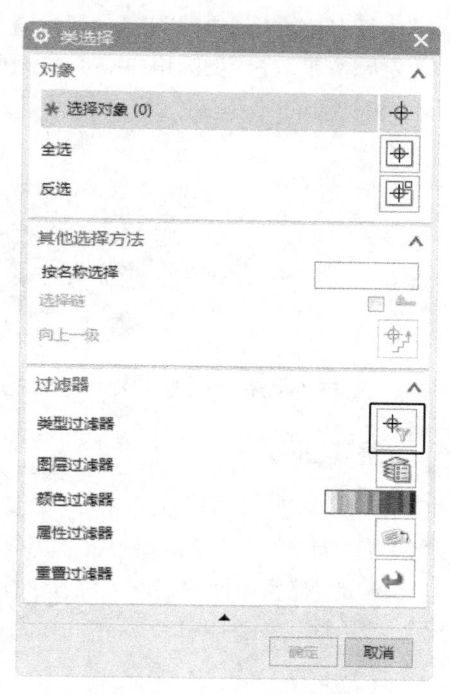

图 8–162　“类选择”对话框

（2）单击“类型过虑器”按钮，弹出如图 8–163 所示的“按类型选择”对话框。

（3）在“按类型选择”对话框中单击要隐藏的“曲线”“片体”和“草图”，如图 8–163 所示，隐藏后的图形如图 8–164 所示。

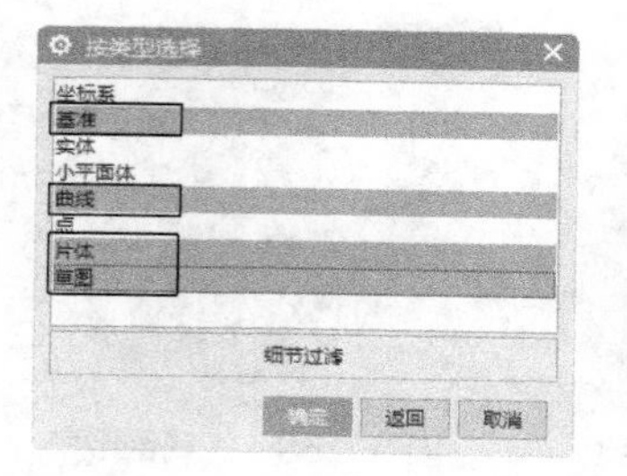

图 8–163　“按类型选择”对话框　图 8–164　选择隐藏曲线

Step 38 倒圆角

（1）单击“主页”选项卡“特征”面组中的“边倒圆”按钮，弹出“边倒圆”对话框，如图 8–165 所示，在图形区域单击如图 8–166 所示的粗线边缘，❶ 在“半径 1”文本框中输入尺寸值为 2，❷ 单击“确定”按钮，完成倒圆角，如图 8–167 所示。

图 8–165　“边倒圆”对话框

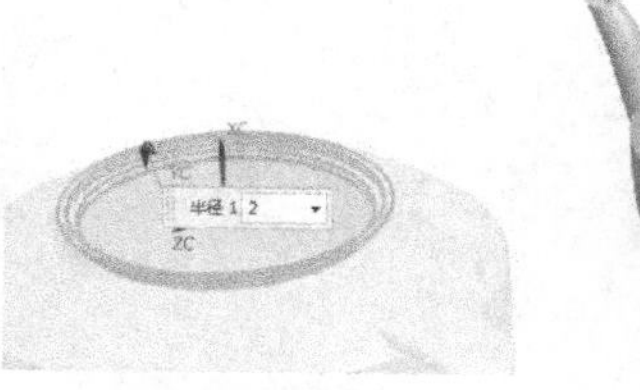

图 8–166　选择圆角边　图 8–167　倒圆角

（2）单击“主页”选项卡“特征”面组中的“边倒圆”按钮，弹出“边倒圆”对话框，在图形区域单击如图 8–168 所示的粗线边缘，在“半径 1”文本框中输入尺寸值为 10，单击“确定”按钮，完成倒圆角，如图 8–169 所示。

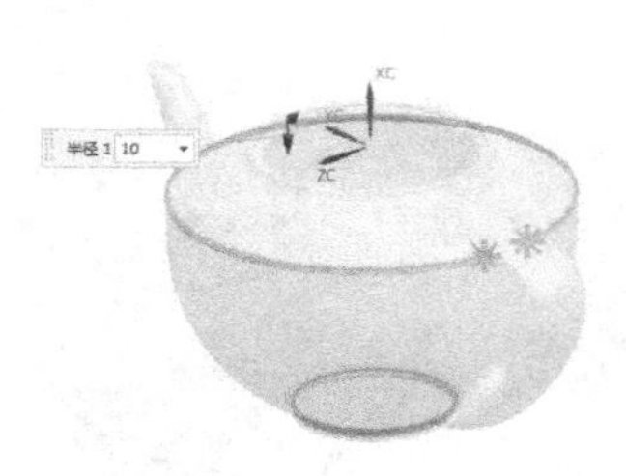

图 8-168　选择圆角边

图 8-169　生成倒圆角

Step 39 绘制草图

（1）在菜单栏中选择“菜单”→“插入”→“在任务环境中绘制草图”命令，弹出“创建草图”对话框，选择 YC-XC 作为基准平面，单击“确定”按钮，进入草图绘制区。

（2）在壶底绘制如图 8-170 所示的草图。

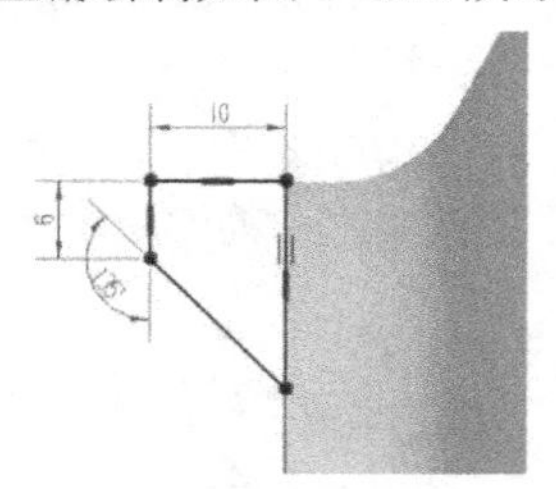

图 8-170　绘制草图

（3）单击“主页”选项卡“直接草图”组中的“完成草图”按钮，退出草图。

Step 40 创建旋转体

（1）单击“主页”选项卡“特征”组中的“旋转”按钮，弹出“旋转”对话框，如图 8-171 所示。

图 8-171　“旋转”对话框

（2）❶在图形中依次选择上步草图中所绘制的全部曲线，❷选择 XC 轴为旋转轴，❸单击“确定”按钮，生成的旋转体如图 8-172 所示。

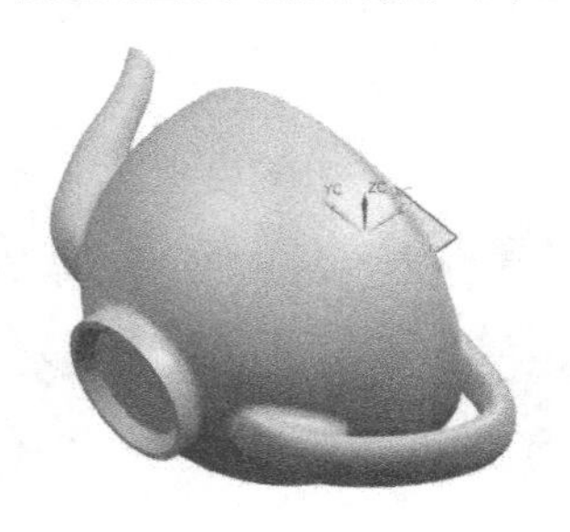

图 8-172　加固底座

Step 41 倒圆角

（1）单击“主页”选项卡“特征”组中的“边倒圆”按钮，弹出“边倒圆”对话框。

（2）在图形区域单击如图 8-173 所示的粗线边缘，在“半径 1”文本框中输入相应的尺寸值为 3，单击“确定”按钮，完成倒圆角如图 8-174 所示。

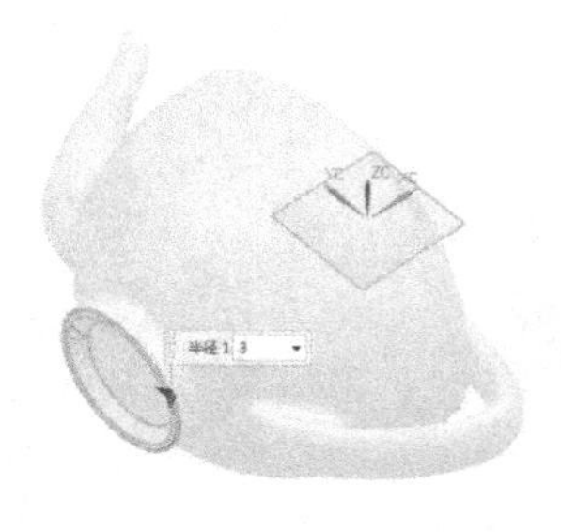

图 8-173　选择圆角曲线

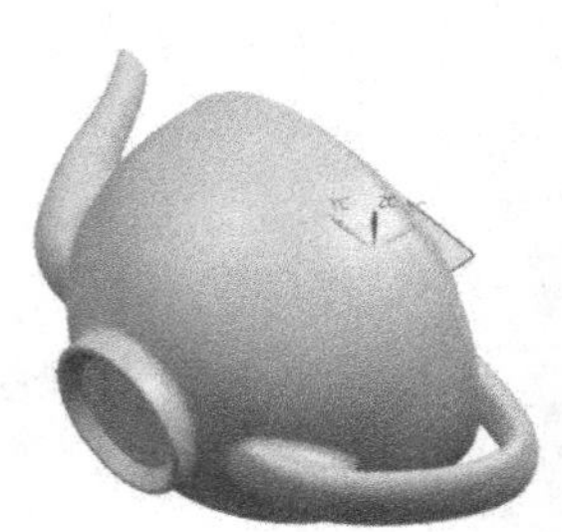

图 8-174　生成圆角

8.4.3 偏置曲面

在菜单栏中选择“插入”→“偏置 / 比例”→“偏置曲面”命令或单击“曲面”选项卡“曲面操作”组中的“偏置曲面”按钮，系统打开“偏置曲面”对话框，如图 8-175 所示。示意图如图 8-176 所示。

该选项可以从一个或更多已有的面生成偏置曲面。

系统用沿选定面的法向偏置点的方法来生成正确的偏置曲面。指定的距离称为偏置距离，并且已有面称为基面。可以选择任何类型的面作为基面。如果选择多个面进行偏置，则产生多个偏置体。

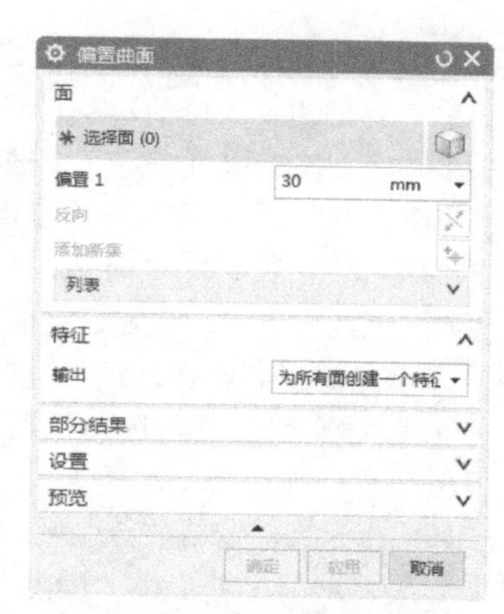

图 8-175 “偏置曲面”对话框

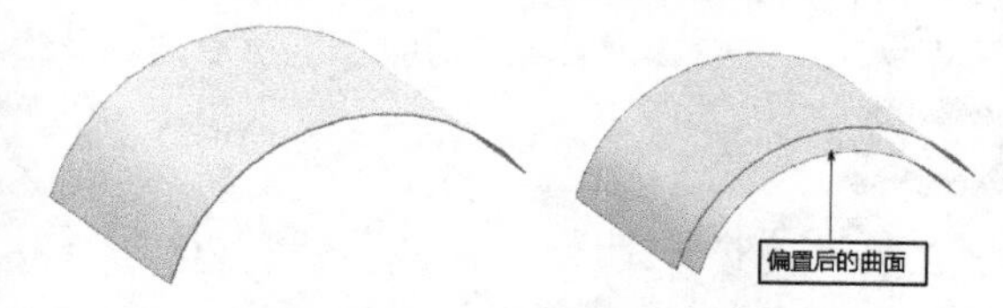

图 8-176 “偏置曲面”示意图

8.4.4 大致偏置

在菜单栏中选择“插入”→“偏置/缩放”→“大致偏置（原有）”命令，系统打开“大致偏置”对话框，如图 8-177 所示。

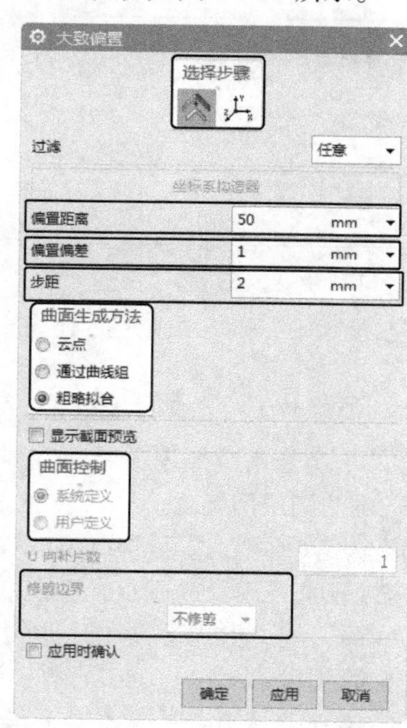

图 8-177 “大致偏置”对话框

该选项可以使用大的偏置距离从一组列面或片体生成一个没有自相交、尖锐边界或拐角的偏置片体。从一系列面或片体上生成一个大的粗略偏置，用于当“偏置面”和“偏置曲面”功能不能实现时。

“大致偏置”对话框中部分选项的功能如下。

1. 选择步骤

（1）偏置面/体： 选择要偏置的面或片体。如果选择多个面，则不会使它们相互重叠。相邻面之间的缝隙应该在指定的建模距离公差范围内。但是，此功能不检查重叠或缝隙，如果存在缝隙，则会忽略缝隙；如果存在重叠，则会偏置顶面。

（2）偏置坐标系： 该选项用于为偏置选择或建立一个坐标系。其中，Z 方向用于指明偏置方向；X 方向用于指明步进或截取方向；Y 方向用于指明步距方向。默认的坐标系为当前的工作坐标系。

2. 偏置距离

该选项用于指定偏置的距离。此字段值和“偏置偏差”中指定的值一同起作用。如果希望偏置背离指定的偏置方向，则可以为偏置距离输入一个负值。

3. 偏置偏差

该选项用于指定偏置的偏差。用户输入的值表示允许的偏置距离范围。该值和“偏置距离”值一同起作用。例如，如果偏置距离是 10 且偏差是 1，则允许的偏置距离在 9 和 11 之间。通常偏差值应该远大于建模距离公差。

4. 步距

该选项用于指定步进距离。

5. 曲面生成方法

该选项用于指定系统建立粗略偏置曲面时使用的方法。

（1）云点： 系统使用和“由点云构面”选项中相同的方法建立曲面。选择此方法则启用“曲面控制”选项，可以指定曲面的片数。

（2）通过曲线组： 系统使用和“通过曲线”选项中相同的方法建立曲面。

（3）粗略拟合： 当使用其他方法生成曲面无效时（例如，有自相交面或低质量），系统利用该选项创建一低精度曲面。

6. 曲面控制

该选项用于决定使用多少补片来建立片体。

此选项只用于“云点”曲面生成方法。

（1）系统定义：在建立新的片体时，系统自动添加计算数目的 U 向补片来给出最佳结果。

（2）用户定义：启用“U 向补片数”字段，该字段用于指定在建立片体时，允许使用多少 U 向补片。该值必须至少为 1。

7. 修剪边界

（1）不修剪：片体以近似矩形图案生成，并且不修剪。

（2）修剪：片体根据偏置中使用的曲面边界修剪。

（3）边界曲线：片体不被修剪，但是片体上会生成一条曲线，它对应于在使用“裁减”选项时发生修剪的边界。

8.4.5 修剪曲面

在菜单栏中选择“插入”→“修剪”→“修剪片体”命令或单击“曲面”选项卡“曲面操作”组中的“修剪片体”按钮，系统会打开“修剪片体”对话框，如图 8-178 所示。该选项用于生成相关的修剪片体。

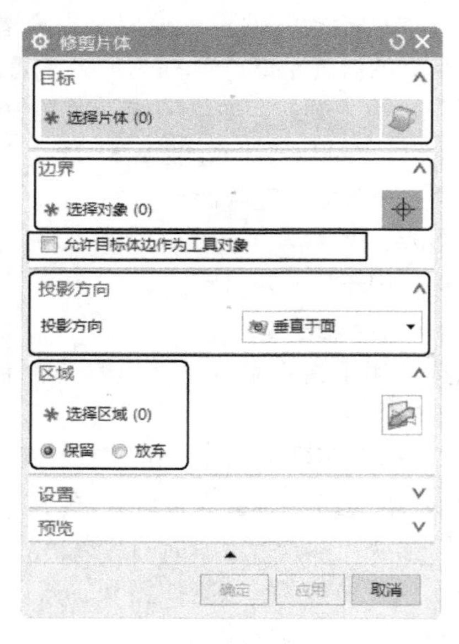

图 8-178 “修剪片体”对话框

“修剪片体”对话框中部分选项的功能如下。

（1）目标：该选项用于选择目标曲面体。

（2）边界：该选项用于选择修剪的工具对象，该对象可以是面、边、曲线和基准平面。

（3）允许目标体边作为工具对象：该选项用于帮助将目标片体的边作为修剪对象过滤掉。

（4）投影方向：该选项可以定义要进行标记的曲面 / 边的投影方向，可以在“垂直于面”“垂直于曲线平面”和“沿矢量”中选择。

（5）区域：该选项可以定义在修剪曲面时选定的区域是保留还是舍弃。在选定目标曲面体、投影方式和修剪对象后，可以选择目前选择的区域是“保留”或“放弃”。

每个选择用于定义保留或放弃区域的点在空间中固定。如果移动目标曲面体，则点不移动。为防止意外的结果，如果移动为“修剪边界”选择步骤选定的曲面或对象，则应该重新定义区域。

8.4.6 加厚

在菜单栏中选择“插入”→“偏置 / 缩放”→“加厚”命令或单击“主页”选项卡“特征”组中的“加厚”按钮，打开“加厚”对话框，如图 8-179 所示。

图 8-179 “加厚”对话框

该选项可以偏置或加厚片体来生成实体，在片体的面的法向应用偏置。

“加厚”对话框中各选项的功能如下。

（1）面：该选项用于选择要加厚的片体。一旦选择了片体，就会出现法向于片体的箭头矢量来指明法向方向。

（2）偏置 1/ 偏置 2：该选项用于指定一个或两个偏置。

（3）Check-Mate：如果出现加厚片体错

误，则此按钮可用。单击此按钮会识别导致加厚片体操作失败的可能的面。

8.4.7 片体到实体助理

在菜单栏中选择“插入”→“偏置/缩放”→“片体到实体助理(原有)”命令，打开“片体到实体助理”对话框，如图8-180所示。

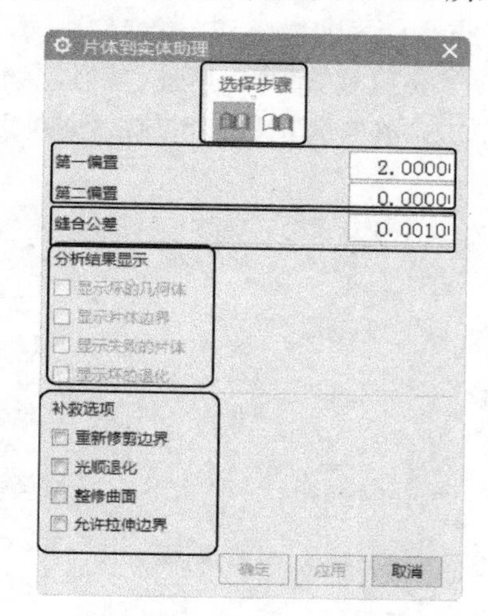

图8-180 “片体到实体助理”对话框

该选项可以从几组未缝合的片体生成实体，方法是将缝合一组片体的过程自动化“缝合”，然后加厚结果“加厚”。如果指定的片体造成这个过程失败，那么将自动完成对它们的分析，以找出问题的根源。有时此过程将得出简单推导出的补救措施，但是有时必须重建曲面。

“片体到实体助理”对话框中各选项的功能如下。

1. 选择步骤

(1) 目标片体：该选项选择需要被操作的目标片体。

(2) 工具片体：选择一个或多个要缝合到目标中的工具片体。该选项是可选的。如果用户未选择任何工具片体，那么就不会执行缝合操作，而只执行加厚操作。

2. 第一偏置/第二偏置

该选项与“片体加厚”中的选项相同。

3. 缝合公差

为了使缝合操作成功，该选项用于设置被缝合到一起的边之间的最大距离。

4. 分析结果显示

该选项最初是关闭的。当尝试生成一个实体，但是却产生故障时，该选项将变得敏感，其中每一个分析结果项只有在显示相应的数据时才可用。打开其中的可用选项，在图形窗口中将高亮显示相应的拓扑。

(1) 显示坏的几何体：如果系统在目标片体或任何工具片体上发现无效的几何体，则该选项将处于可用状态。打开此选项将高亮显示坏的几何体。

(2) 显示片体边界：如果得到“无法执行加厚操作”信息，且该选项处于可用状态，打开此选项，可以查看当前在图形窗口中定义的边界。造成加厚操作失败的原因之一是输入的几何体不满足指定的精度，从而造成片体的边界不符合系统的需要。

(3) 显示失败的片体：阻止曲面偏置的常见问题是它面向偏置方向具有一个小面积的意外封闭曲率区域。系统将尝试一次加厚一个片体，并将高亮显示任何偏置失败的片体。另外，如果可以加厚缝合的片体，但是结果却是一个无效实体，那么将高亮显示引起无效几何体的片体。

(4) 显示坏的退化：用退化构建的曲面经常会发生偏置失败。

5. 补救选项

(1) 重新修剪边界：由于CAD/CAM系统之间的拓扑表示存在差异，因此通常采用以Parasolid不便于查找模型的形式修剪数据来转换数据。

(2) 光顺退化：在通过“显示坏的退化”选项找到的退化上执行这种补救操作，并使它们变得光顺。

(3) 整修曲面：这种补救将减少用于代表曲面的数据量，而不会影响位置上的数据，从而生成更小、更快及更可靠的模型。

(4) 允许拉伸边界：这种补救尝试从拉伸的实体复制工作方法，并使用“抽壳”而不是“片体加厚”作为生成薄壁实体的方法。

8.4.8 实例——鞋子

本例绘制如图8-181所示的鞋子。

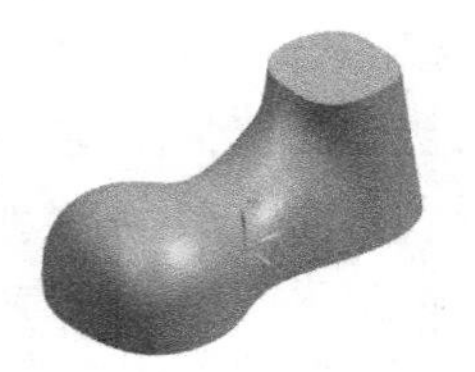

图 8-181　鞋子

绘制步骤

Step 01 打开鞋子曲线文件

在菜单栏中选择“文件”→“打开”命令，或者单击“标准”组中的“打开”按钮，打开文件 xiezi.prt，进入建模模块，如图 8-182 所示。

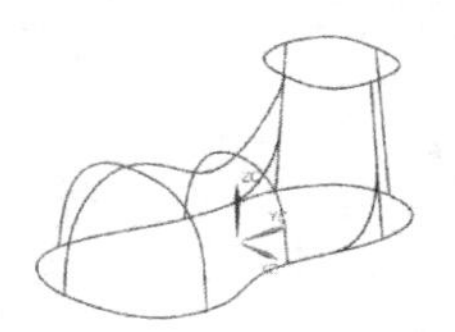

图 8-182　鞋子曲线

Step 02 创建鞋子的前部曲面

（1）选择菜单栏中的“插入”→“网格曲面”→“通过曲线网格”命令或单击“曲面”选项卡“曲面”组中的“通过曲线网格”按钮，系统弹出如图 8-183 所示的“通过曲线网格”对话框。选择主曲线，单击“端点”按钮，选择主曲线 1，如图 8-184 所示，单击鼠标中键选择主曲线 2，3，4，如图 8-185 所示。

通过曲线网格
主曲线
选择曲线或点 (0)
指定原始曲线
添加新集
列表
交叉曲线
选择曲线 (0)
指定原始曲线
添加新集
列表
连续性
全部应用
第一主线串　G0（位置）
最后主线串　G0（位置）
第一交叉线串　G0（位置）
最后交叉线串　G0（位置）
输出曲面选项
设置
预览
确定　应用　取消

图 8-183　“通过曲线网格”对话框

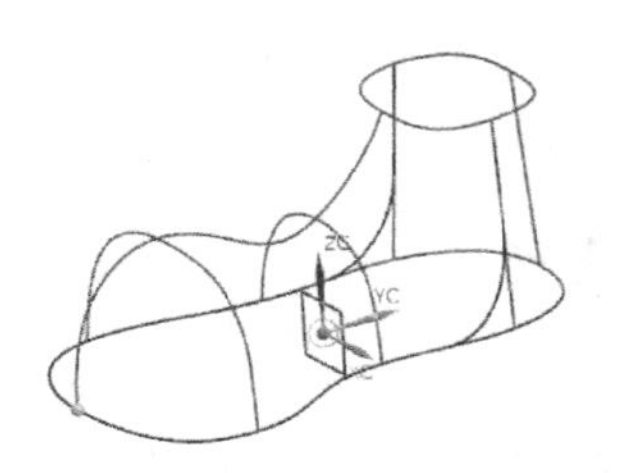

图 8-184　选取主曲线 1

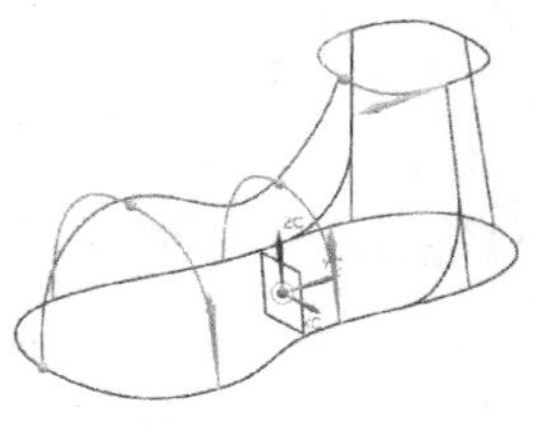

图 8-185　选取主曲线

（2）选择交叉曲线，如图 8-186 所示。连续性设置如图 8-187 所示，其余选项设置保持默认值。单击“确定”按钮，生成曲面如图 8-188 所示。

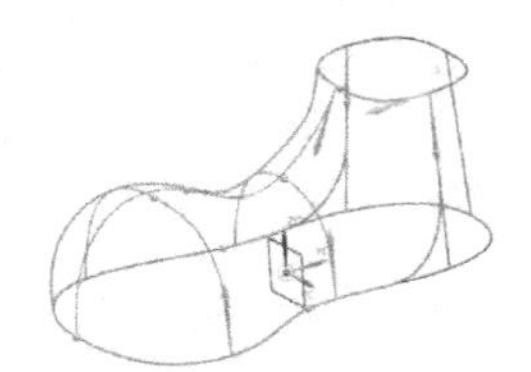

图 8-186　选取交叉曲线

连续性
全部应用
第一主线串　G0（位置）
最后主线串　G0（位置）
第一交叉线串　G0（位置）
最后交叉线串　G0（位置）

图 8-187　连续性设置

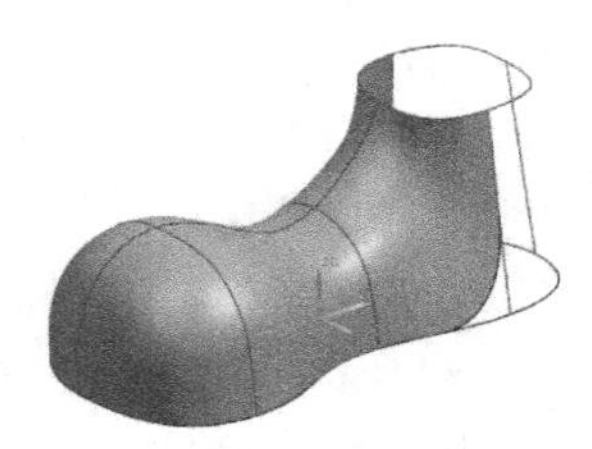

图 8-188　鞋子的前部曲面

Step 03 创建鞋子的后部曲面

在菜单栏中选择“插入”→“网格曲面”→“通过曲线网格”命令或单击“曲面”选项卡“曲面”组中的“通过曲线网格”按钮，系统弹出“通过曲线网格”对话框。选择主曲线如图 8-189 所示，单击鼠标中键，选择交叉曲线如图 8-190 所示，其余选项设置保持默认值，单击“确定”按钮生成曲面，如图 8-191 所示。

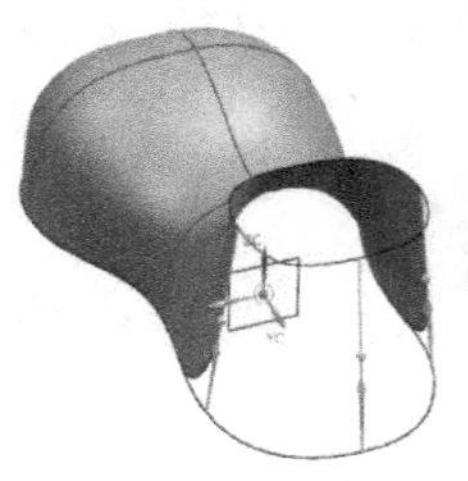

图 8-189　选取主曲线

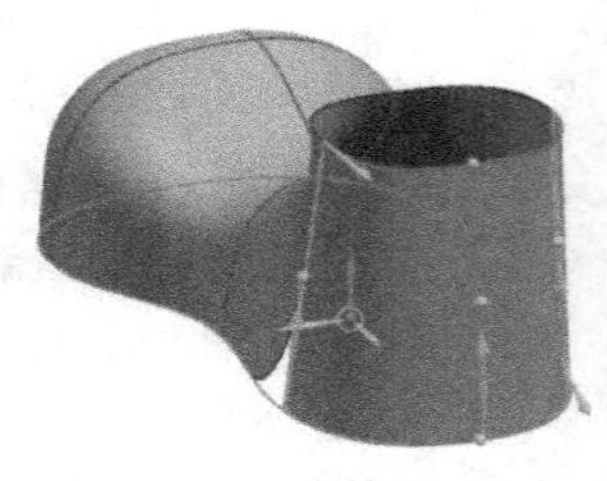

图 8-190　选取交叉曲线

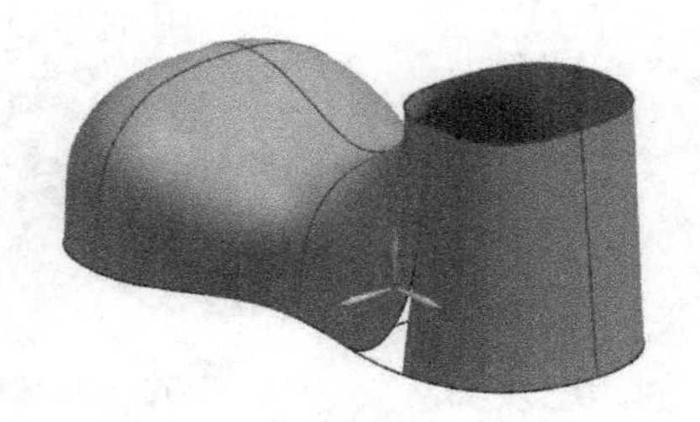

图 8-191　鞋子的后部曲面

Step 04 创建鞋子的中部曲面

（1）创建桥接线。在菜单栏中选择“插入”→“曲线”→“直线和圆弧”→“直线（点 - XYZ）”命令或单击“曲线”选项卡“直线和圆弧”组中的“直线（点 - XYZ）”按钮，系统弹出如图 8-192 所示的“直线（点 - XYZ）”对话框，单击选择条中的“点在曲线上”按钮，构建直线 1 如图 8-193 所示，直线 2 如图 8-194 所示。

直线（点-XY...
关闭 直线（点-XYZ）

图 8-192　“直线（点 - XYZ）”对话框

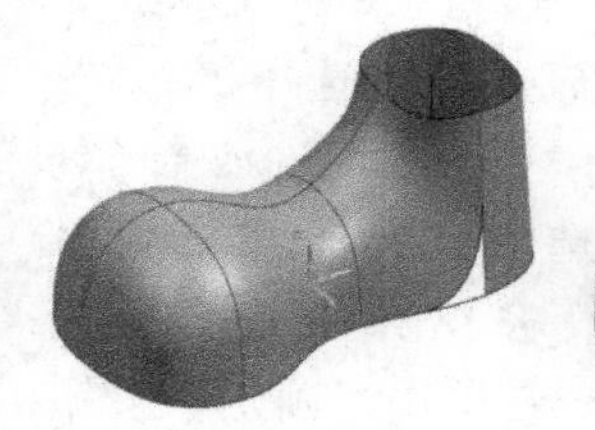

图 8-193　构建直线 1

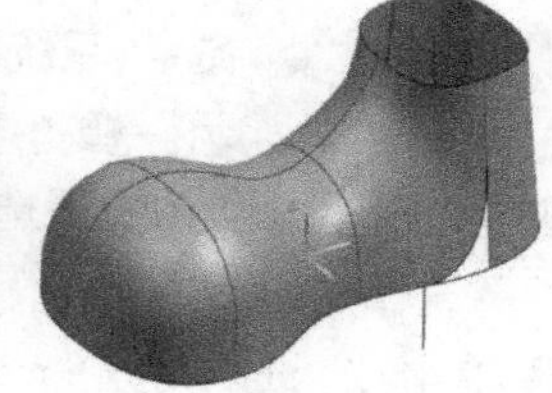

图 8-194　构建直线 2

在菜单栏中选择“插入”→“派生曲线”→“桥接”命令或单击“曲线”选项卡“派生曲线”组中的“桥接曲线”按钮，系统弹出如图 8-195 所示的“桥接曲线”对话框，“起始对象”选择截面，“终止对象”也选择截面。曲线选择如图 8-196 所示，“连接性”选项卡选择“开始”选项卡中的连续性“相切”选项，其他为默认设置，单击“确定”按钮，生成的桥接曲线如图 8-197 所示。

（2）修剪片体。在菜单栏中选择“插入”→“修剪”→“修剪片体”命令或单击“曲面”选项卡“曲面操作”组中的“修剪片体”按钮，系统弹出如图 8-198 所示的“修剪片体”对话框，选择目标片体如图 8-199 所示。单击鼠标中键进行对象选择，选择上个步骤生成的桥接曲线作为修剪曲面的曲线，如图 8-200 所示。单击“确定”按钮，完成片体的修剪，如图 8-201 所示。

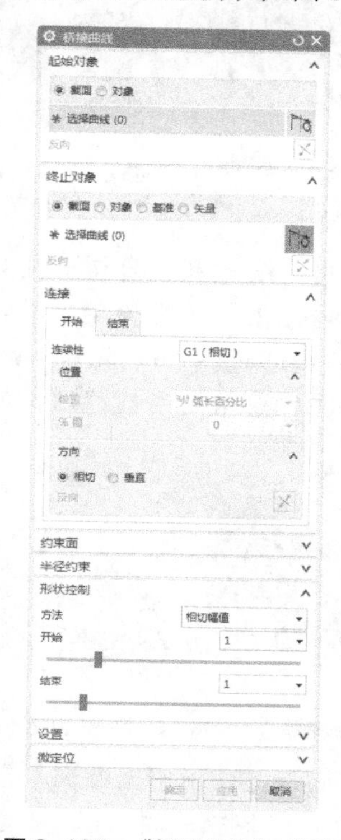

图 8-195　“桥接曲线”对话框

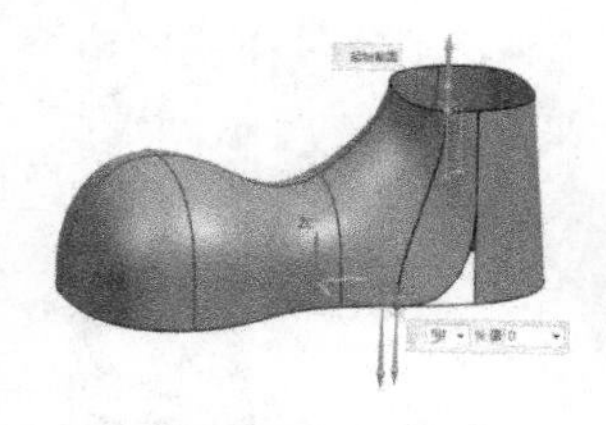

图 8-196　选择起始对象和终止对象

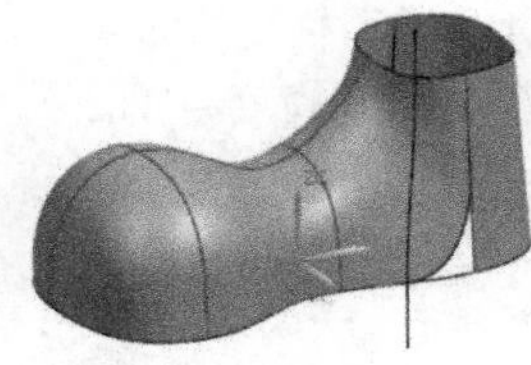

图 8-197　创建的桥接曲线

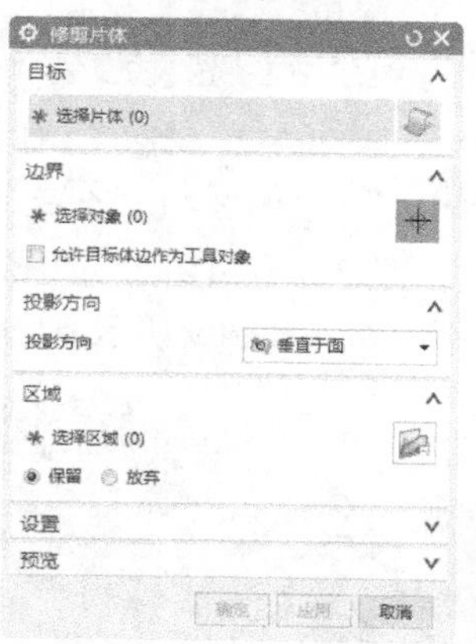

图 8-198　“修剪片体”对话框

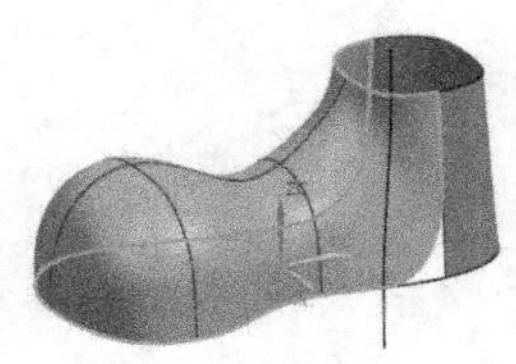

图 8-199　选择要修剪的片体

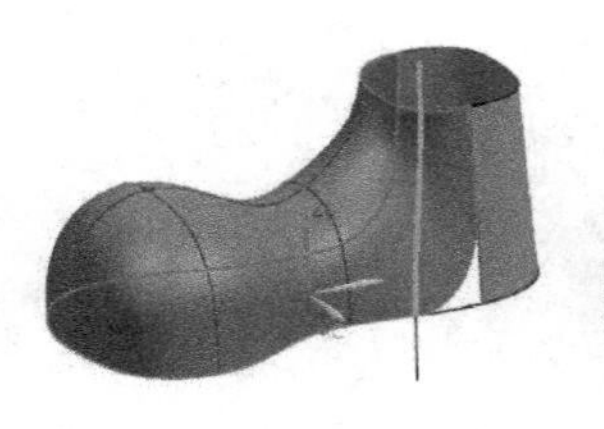

图 8-200　选择修剪片体的曲线

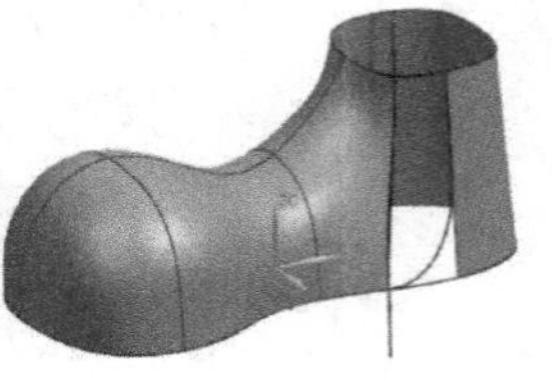

图 8-201　修剪的片体

（3）隐藏曲线。单击选取如图 8-202 所示的将要被隐藏的曲线，然后在菜单栏中选择“编辑”→“显示和隐藏”→“隐藏”命令，或按组合键 Ctrl+B，选中曲线被隐藏，如图 8-203 所示。

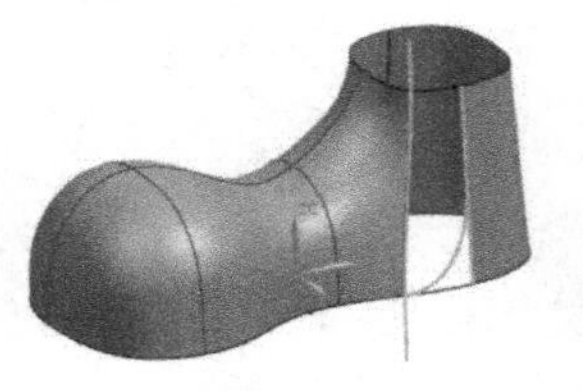

图 8-202　选取要隐藏的曲线

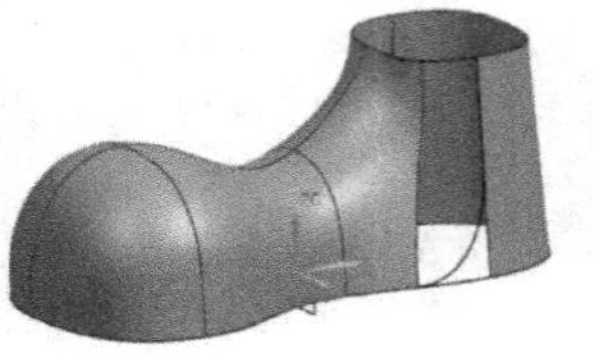

图 8-203　隐藏曲线

（4）构建通过曲线网格曲面。在菜单栏中选择“插入”→“网格曲面”→“通过曲线网格”命令或单击“曲面”选项卡“曲面”组中的“通过曲线网格”按钮，系统弹出“通过曲线网格”对话框，选择主曲线，如图 8-204 所示。选择交叉曲线如图 8-205 所示。

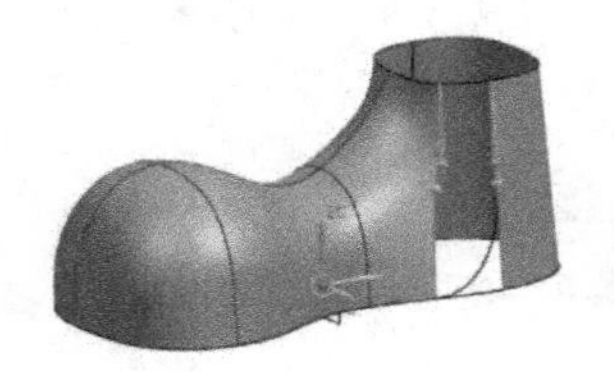

图 8-204　选取主线串

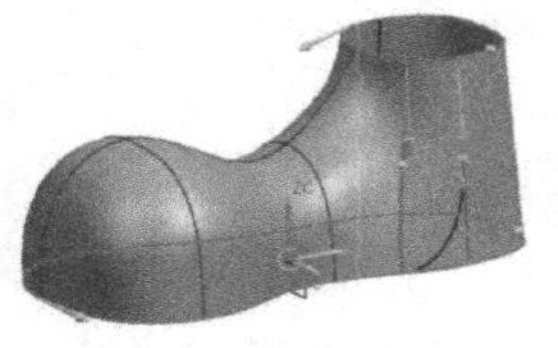

图 8-205　选取交叉线串

第一主线串连续性设置为 G1（相切），如图 8-206 所示，选择相切面，如图 8-207 所示。第二主线串连续性也设置为 G1（相切），如图 8-208 所示，选择相切面，如图 8-209 所示。

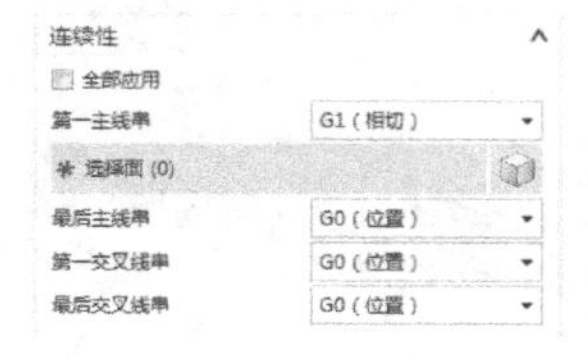

图 8-206　第一主线串连续性设置

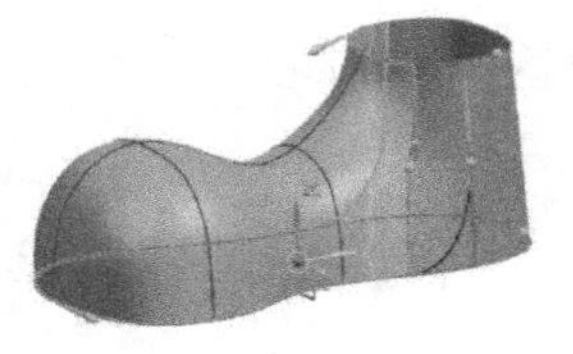

图 8-207　选择相切面

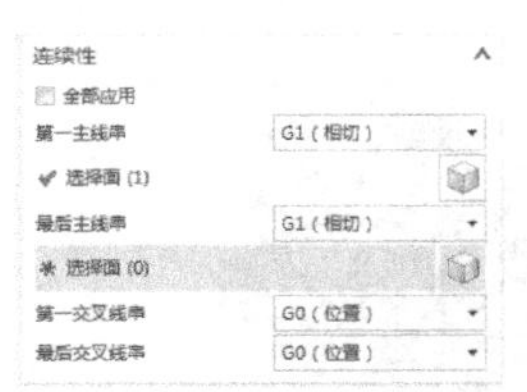

图 8-208　第二主线串连续性设置

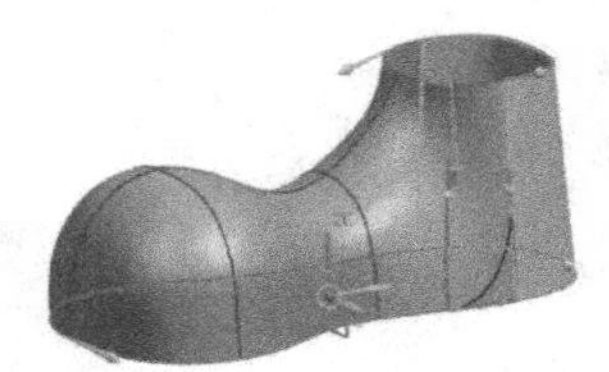

图 8-209　选择相切面

其余选项保持为默认值，单击“确定”按钮，生成的网格曲面如图 8-210 所示。另一面的生成中间部位曲面的方法同上，最后完成鞋子的中部曲面的构建，如图 8-211 所示。

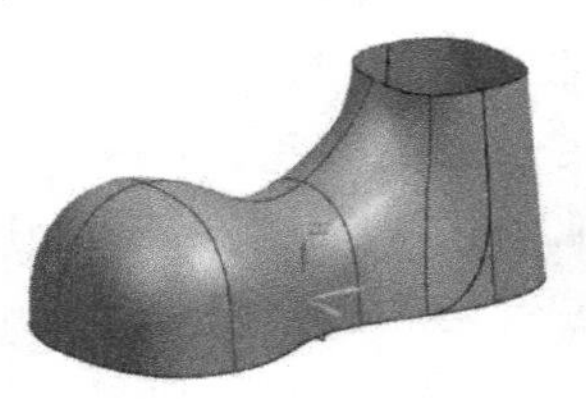

图 8-210　曲面

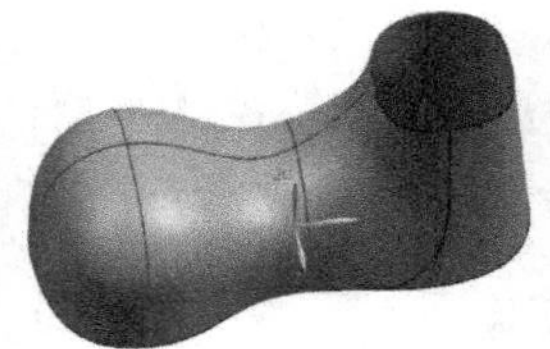

图 8-211　鞋子的中部曲面

Step 05　隐藏曲线

在菜单栏中选择“编辑”→“显示和隐藏”→“隐藏”命令，系统弹出“类选择”对话框，如图 8-212 所示。❶单击“类型过滤器”按钮，系统弹出“按类型选择”对话框，如图 8-213 所示，❷选择“曲线”，❸单击“确定”按钮，❹单击“全选”按钮，❺单击“确定”按钮，曲线被隐藏，如图 8-214 所示。

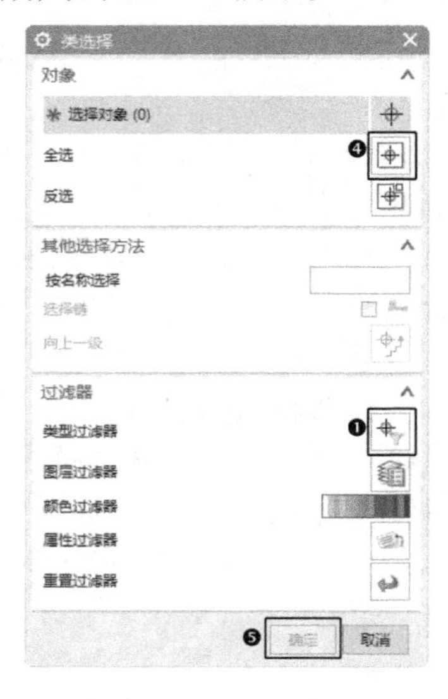

图 8-212　“类选择”对话框

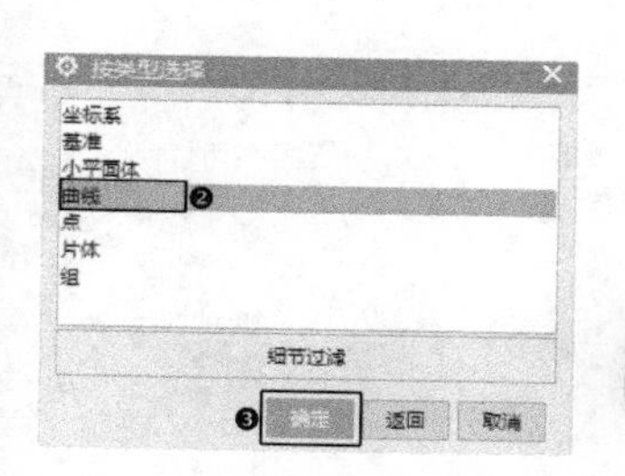

图 8-213 “按类型选择”对话框

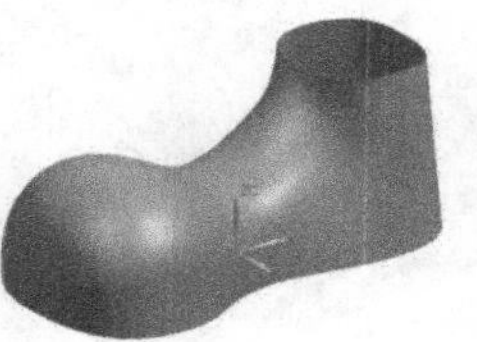

图 8-214 鞋子的曲线隐藏

Step 06 创建鞋子的底部曲面

（1）连接底部曲线。在菜单栏中选择“插入”→“派生曲线”→“复合曲线”命令或单击“曲线”选项卡“派生曲线”库中的“复合曲线”按钮，系统弹出如图 8-215 所示的“复合曲线”对话框。❶ 选择鞋子底部曲线，如图 8-216 所示。❷ 单击“确定”按钮，生成复合曲线。

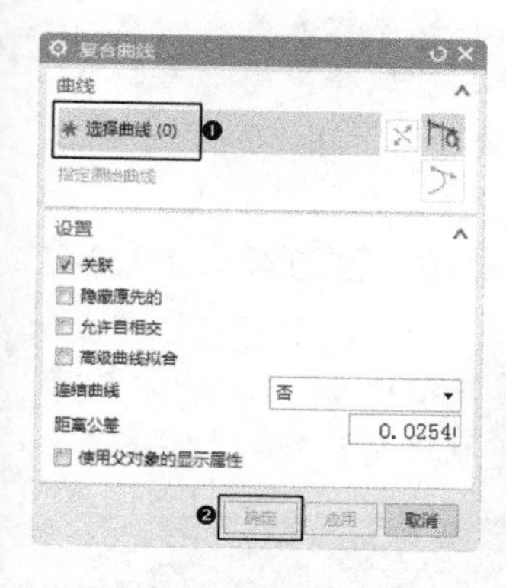

图 8-215 “复合曲线”对话框

图 8-216 选择要复合的曲线

（2）创建 N 边曲面。在菜单栏中选择“插入”→“网格曲面”→“N 边曲面”命令或单击“曲面”选项卡“曲面”组中的“N 边曲面”按钮，系统弹出如图 8-217 所示的“N 边曲面”对话框。❶ 选择“已修剪”类型，❷ 选择如图 8-218 所示的底面曲线为外部环，❸ “UV 方向”选择“区域”，勾选“设置”选项卡中的修剪到边界，❹ 其余选项保持默认值，单击“确定”按钮，生成鞋子的底部曲面如图 8-219 所示。

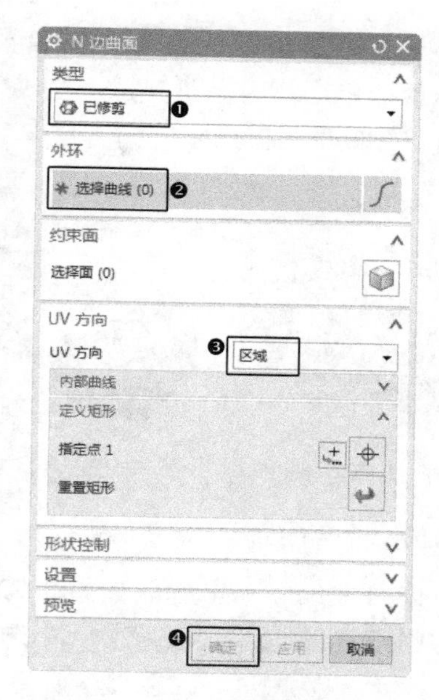

图 8-217 “N 边曲面”对话框

图 8-218 选择边界曲线　　图 8-219 N 边曲面

Step 07 创建鞋子的上部曲面

（1）连接上部曲线。在菜单栏中选择“插入”→“派生曲线”→“复合曲线”命令或单击“曲线”选项卡“派生曲线”库中的“复合曲线”按钮，系统弹出“复合曲线”对话框。选择鞋子上部曲线，如图 8-220 所示。单击“确定”按钮，生成复合曲线。

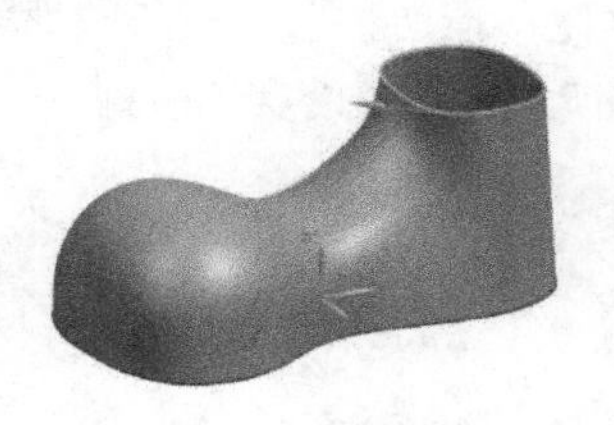

图 8-220 选择要复合的曲线

（2）创建 N 边曲面。在菜单栏中选择“插入”→“网格曲面”→“N 边曲面”命令或单击“曲面”选项卡“曲面”组中的“N 边曲面”按钮，系统弹出“N 边曲面”对话框。选择“已修剪”类型，选择如图 8-221 所示的上部曲线为外部环，“UV 方向”选择“区域”，其余选项保持默认值，单击“确定”按钮，生成鞋子的上部曲面，如图 8-222 所示。

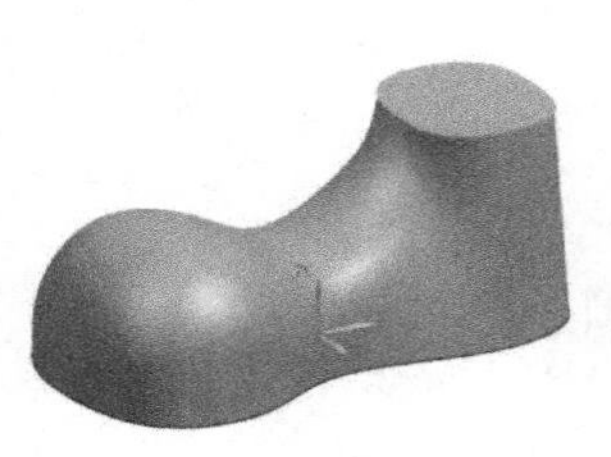

图 8-221　选择边界曲线

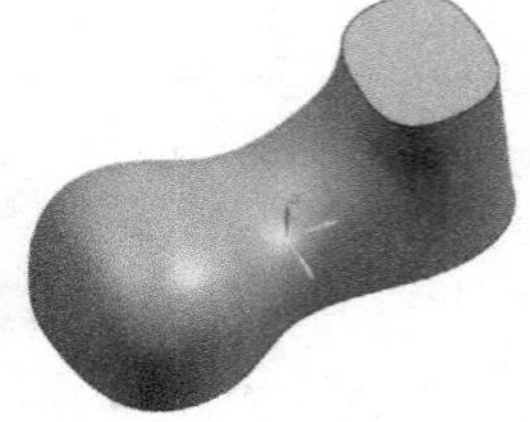

图 8-222　N 边曲面

Step 08　缝合曲面

（1）隐藏曲线。单击选取如图 8-223 所示的将要被隐藏的曲线，然后在菜单栏中选择“编辑”→“显示和隐藏”→“隐藏”命令，或按住 Ctrl+B 键，选中曲线被隐藏，如图 8-224 所示。

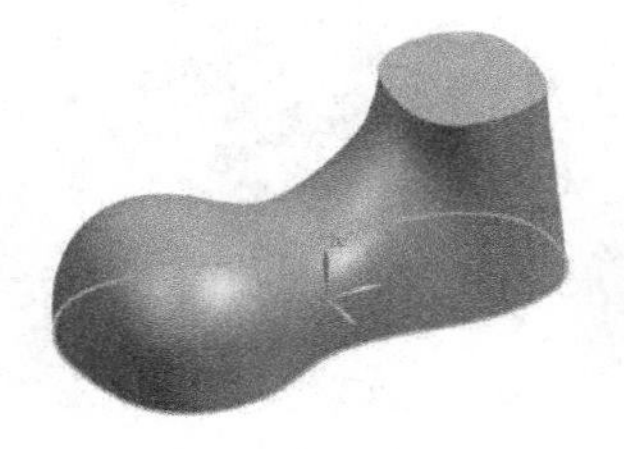

图 8-223　选择隐藏的曲线

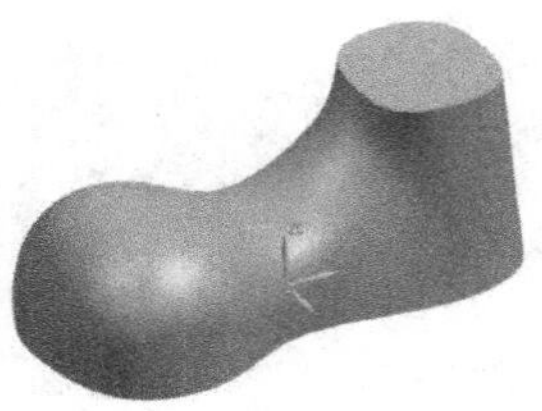

图 8-224　隐藏曲线

（2）曲面缝合。选择菜单栏中的“插入”→“组合”→“缝合”命令或单击“曲面”选项卡“曲面操作”组中的“缝合”按钮，系统弹出如图 8-225 所示的“缝合”对话框。❶“类型”选择“片体”，❷“目标”选择鞋子的上部曲面，如图 8-226 所示，❸“工具”选择其余的片体，如图 8-227 所示，❹单击“确定”按钮，鞋子的曲面被缝合，生成如图 8-228 所示的鞋子的实体模型。

图 8-225　“缝合”对话框

图 8-226　目标选择

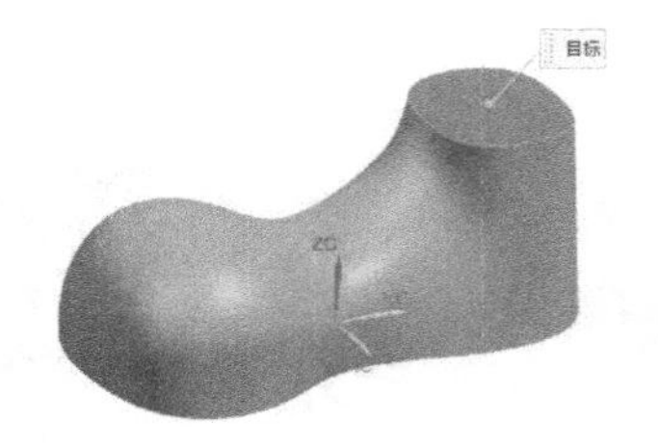

图 8-227　工具选择

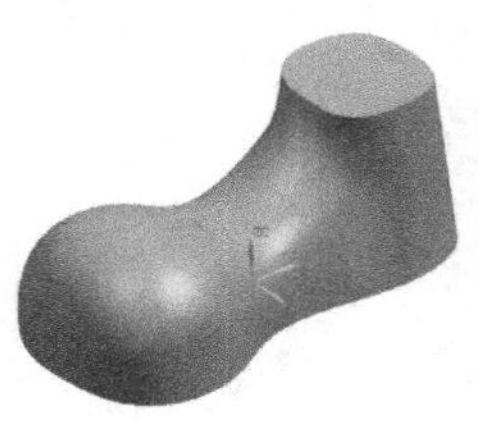

图 8-228　实体模型

8.5　新手问答

Q1：UG 曲面缝合后，还是变不了实体，是什么原因？

答：选择“插入”→“组合”→“缝合”命令，打开“缝合”对话框，取消勾选“输出多个片体”复选框，即可解决。

Q2：UG 扫掠出来的曲面发生扭曲，怎么办？

答：在“扫掠”对话框中设置“定向方向”为“强制方向”，然后矢量选择中间那条斜线，选择截面时注意方向性，上、下两个截面的起始方向要一致。

Q3：UG 中怎么将曲面造型的面体转换成实心的实体？

答：首先要将曲面创建为闭合曲面，然后将所有的面进行缝合，这样曲面就转换为实体了。

8.6　上机实验

通过前面的学习，相信读者对本章知识已有了一个大体的了解。本节将通过一个操作练习帮助读者巩固本章所学的知识要点。

【练习】绘制牙膏壳

1. 目的要求

本练习设计的图形是一个常见的生活用品，如图 8-229 所示。在绘制的过程中，首先利用“直线”命令绘制曲线，然后利用“圆锥”“拉伸”和“凸台”命令绘制牙膏壳的头，最后利用“通过曲线网格”和“变换”命令创建壳体曲面。通过本练习帮助读者掌握曲面功能的用法。

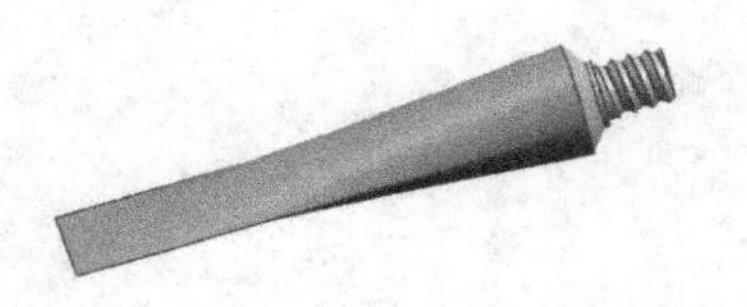

图 8-229 牙膏壳

2. 操作提示

（1）利用“直线”命令，以坐标点（0,0,0）和（20,0,0）绘制直线。

（2）利用“基本曲线（原有）”命令，以坐标（10,0,90）为圆心，绘制半径为 10 的圆。

（3）利用“直线”命令，分别以直线的两端点和象限点绘制直线，如图 8-230 所示。

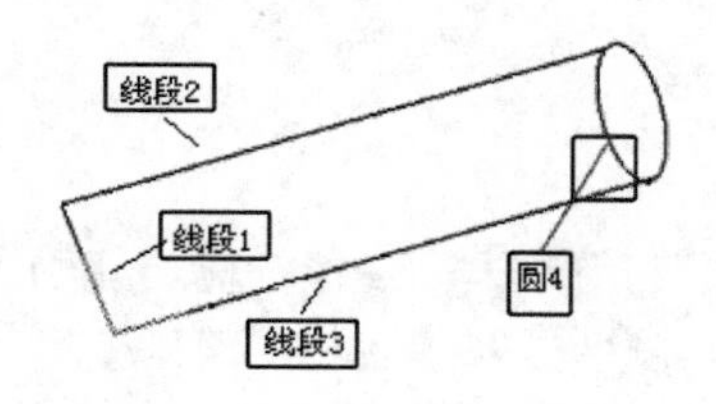

图 8-230 绘制曲线

（4）利用“圆锥”命令,在坐标点（10,0,90）处创建底部直径、顶部直径和高度分别为 20、12 和 3 的圆锥体。

（5）利用“拉伸”命令，将圆锥体的上端线进行拉伸处理，拉伸距离为 1。

（6）利用“凸台”命令，在拉伸体上表面中心创建直径和高度分别为 10、12 的凸台。结果如图 8-231 所示。

图 8-231 创建凸台

（7）利用“抽壳”命令，选择圆锥体的大端面为移除面，设置抽壳厚度为 0.2。

（8）利用“孔”命令，捕捉凸台上端面圆心为孔放置位置，设置直径为 6、深度 20，创建孔。

（9）利用“通过曲线网格”命令，选择线段 1 和圆 4 为主曲线，选择线段 2 和线段 3 为交叉曲线创建曲面。

（10）利用“变换”命令，选择 XC-ZC 平面为镜像平面，选择（9）中创建的曲面为镜像曲面。结果如图 8-232 所示。

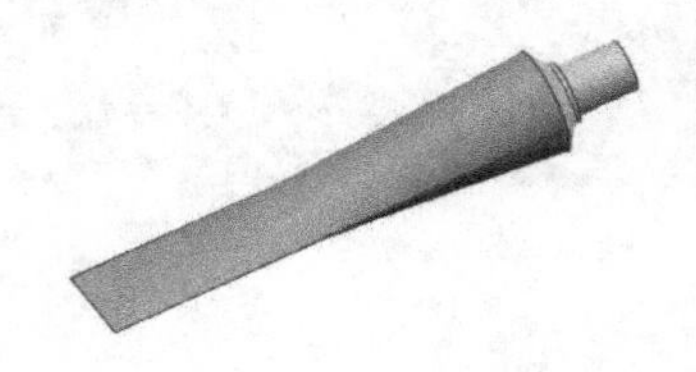

图 8-232 创建曲面

8.7 思考与练习

一、选择题

1. 由点生成的曲面是（　　）的，即生成的曲面与原始构造点不关联，当编辑构造点后，曲面不会发生更新变化，但绝大多数命令所构造的曲面都具有参数化的特征。

A. 参数化　　B. 非参数化
C. 图形化　　D. 模型化

2. 用户可根据需求拟合自由曲面、（　　）和拟合圆锥共 5 种类型。

A. 拟合平面、拟合球、拟合立方体
B. 拟合平面、拟合椭圆、拟合圆柱
C. 拟合曲面、拟合椭圆、拟合立方体
D. 拟合曲面、拟合球、拟合圆柱

3. 截面线串可以由单个对象或多个对象组成。每个对象可以是（　　）。

A. 曲、实边或实面
B. 曲线、虚边或实体
C. 直线、实边或实体
D. 直线、虚边或实面

二、简答题

1. 使用“直纹面”命令创建曲面时，对曲线的数量、选取方式有何要求?

2. 使用文件中的点创建曲面时，对点的格式有何要求?

3. 使用“通过曲线”创建曲面时，对曲线的开闭有何要求，光顺性有何要求?

第9章 对象编辑

本章导读

初步完成三维实体建模之后，往往还需要做一些特征的更改编辑工作，需要使用更为高级的命令。另外，UG 还可以对来自其他 CAD 系统的模型或非参数化的模型使用“直接建模”功能。

本章详细介绍特征编辑和自由曲面编辑。

内容要点

- 特征编辑
- 自由曲面编辑

9.1 特征编辑

特征编辑主要是指完成特征创建以后，对特征不满意的地方进行编辑的过程。用户可以重新调整尺寸、位置、先后顺序等，在多数情况下，保留与其他对象建立起来的关联性，以满足新的设计要求。编辑特征组如图 9-1 所示，其中命令分布在“编辑”→“特征”子菜单下。

图 9-1 “编辑特征”组

9.1.1 编辑特征参数

在菜单栏中选择“编辑”→“特征”→“编辑参数”命令或单击“主页”选项卡“编辑特征”组中的“编辑特征参数”按钮，系统打开“编辑参数”对话框，如图 9-2 所示。该选项可以在生成特征或自由形式特征的方式和参数值的基础上，编辑特征或曲面特征。用户的交互作用由所选择的特征或自由形式特征类型决定。

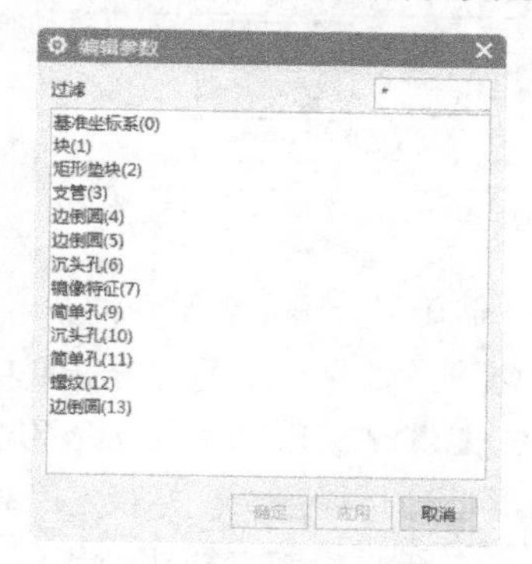

图 9-2 “编辑参数”对话框

当选择了“编辑参数”并选择一个要编辑的特征时，根据所选择的特征，系统打开“编辑参数”对话框，如图 9-3 所示。

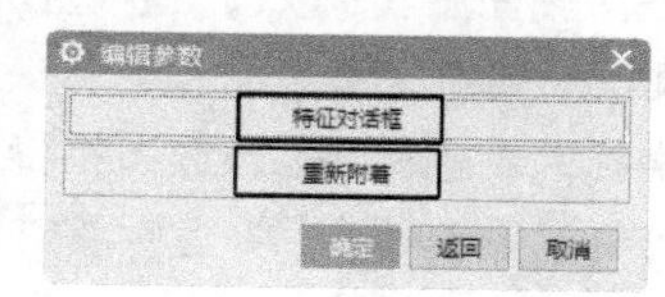

图 9-3 “编辑参数”对话框

显示的选项可能会改变，以下就对话框中几种常用的选项进行介绍。

1. 特征对话框

该选项用于列出选中特征的参数名和参数值，并可在其中输入新值。所有特征都出现在此选项中。例如，一个带槽的长方体，想编辑槽的宽度。选择槽后，它的尺寸就显示在图形区域中。选择宽度尺寸，在文本框中输入一个新值即可。

2. 重新附着

重新定义特征的特征参考，可以改变特征的位置或方向。可以重新附着的特征才出现此选项。单击此按钮，打开如图 9-4 所示的“重新附着”对话框。

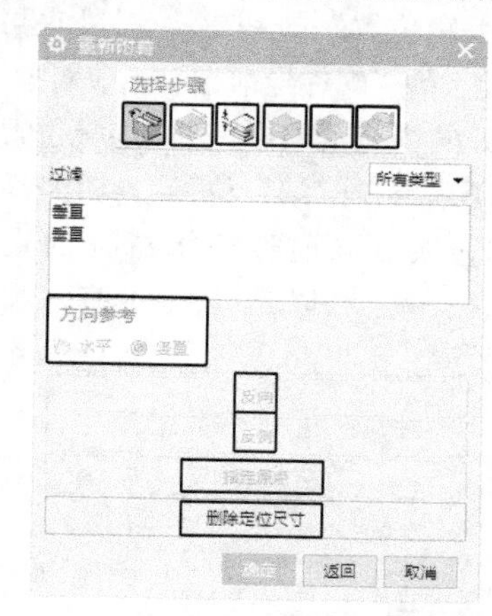

图 9-4 “重新附着”对话框

“重新附着”对话框中的部分选项功能如下。

（1）指定目标放置面： 该选项用于给被编辑的特征选择一个新的附着面。

（2）指定水平参考： 该选项用于给被编辑的特征选择新的水平参考。

（3）重新定义定位尺寸： 该选项用于选择定位尺寸并能重新定义它的位置。

（4）指定第一个通过面： 该选项用于重新定义被编辑的特征的第一个通过面 / 裁剪面。

（5）指定第二个通过面： 该选项用于重新定义被编辑的特征的第二个通过面 / 裁剪面。

（6）指定工具放置面： 该选项用于重新定义用户定义特征（UDF）的工具面。

（7）方向参考： 该选项用于选择想定义一个新的水平特征参考还是竖直特征参考。（默认始终是为已有参考设置的）

（8）反向： 该选项用于将特征的参考方向反向。

（9）反侧： 该选项用于将特征重新附着于基

准平面时，用它可以将特征的法向反向。

（10）指定原点：该选项用于将重新附着的特征移动到指定原点，可以快速重新定位它。

（11）删除定位尺寸：该选项用于删除选择的定位尺寸。如果特征没有任何定位尺寸，该选项就变灰。

9.1.2 编辑位置

在菜单栏中选择“编辑”→“特征”→“编辑位置”命令或单击“主页”选项卡“编辑特征”组中的“编辑位置”按钮，另外也可以在右侧“资源栏”的“部件导航器”相应对象上右击，在系统打开的快捷菜单中选项“编辑位置”命令，如图 9-5 所示，打开“编辑位置”对话框，如图 9-6 所示。该选项可以通过编辑特征的定位尺寸来移动特征，也可以编辑尺寸值、添加尺寸或删除尺寸。

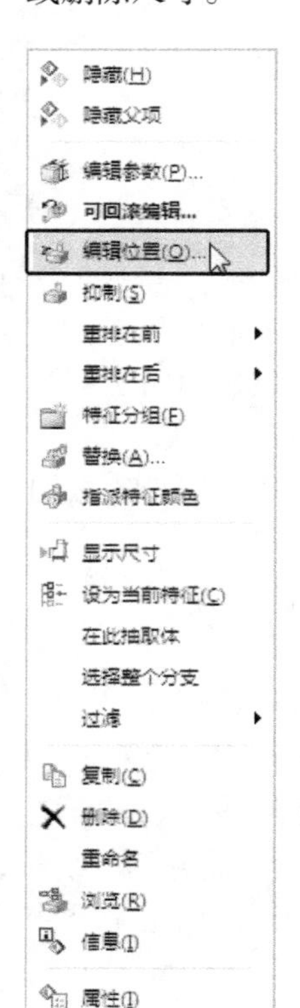

图 9-5　快捷菜单中的“编辑位置”

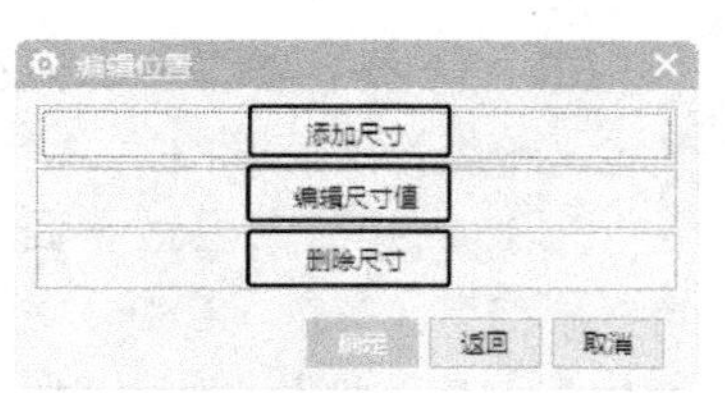

图 9-6　“编辑位置”对话框

“编辑位置”对话框中的部分选项功能如下。

（1）添加尺寸：该选项可以给特征增加定位尺寸。

（2）编辑尺寸值：该选项通过改变选中的定位尺寸的特征值来移动特征。

（3）删除尺寸：该选项可以从特征删除选中的定位尺寸。

需要注意的是增加定位尺寸时，当前编辑对象的尺寸不能依赖于创建时间晚于它的特征体。

9.1.3 移动特征

在菜单栏中选择“编辑”→“特征”→“移动”命令或单击“主页”选项卡“编辑特征”组中的“移动特征”按钮，系统打开“移动特征”对话框，如图 9-7 所示。该选项可以把无关联的特征移到需要的位置。不能用此选项来移动已经用定位尺寸约束的特征位置。如果想移动这样的特征，需要使用“编辑定位尺寸”选项。

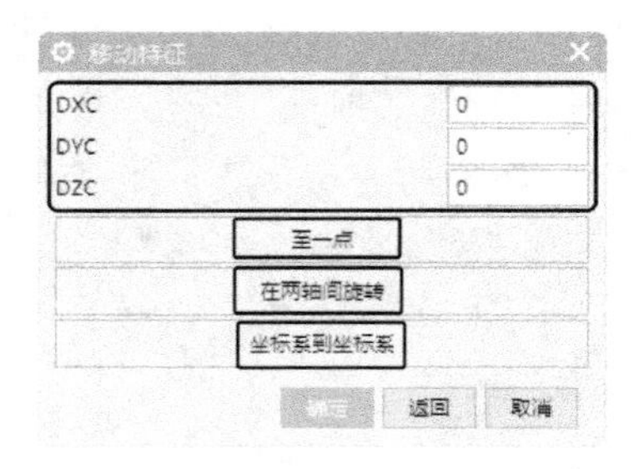

图 9-7　“移动特征”对话框

“移动特征”对话框中的部分选项功能如下。

（1）DXC、DYC、DZC：该选项用矩形（XC 增量、YC 增量、ZC 增量）坐标指定距离和方向，可以移动一个特征。该特征相对于工作坐标系进行移动。

（2）至一点：该选项可以将特征从参考点移动到目标点。

（3）在两轴间旋转：该选项通过在参考轴和目标轴之间旋转特征来移动特征。

（4）坐标系到坐标系：该选项将特征从参考坐标系中的位置重定位到目标坐标系中。

9.1.4 特征重排序

在菜单栏中选择“编辑”→“特征”→“重排序”命令或单击“主页”选项卡“编辑特征”

组中的“重排序”按钮，系统打开“特征重排序”对话框，如图 9-8 所示。该选项用于改变将特征应用于体的次序。在选定参考特征之前或之后可对所需要的特征重排序。

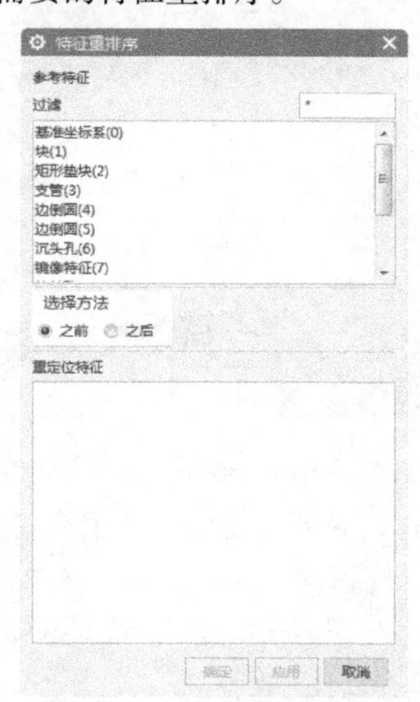

图 9-8 “特征重排序”对话框

9.1.5 抑制和取消抑制特征

1. 抑制特征

在菜单栏中选择“编辑”→“特征”→“抑制”命令或单击“主页”选项卡“编辑特征”组中的“抑制”按钮，系统打开“抑制特征”对话框，如图 9-9 所示。该选项可以临时从目标体及显示中删除一个或多个特征，当抑制有关联的特征时，关联的特征也被抑制。

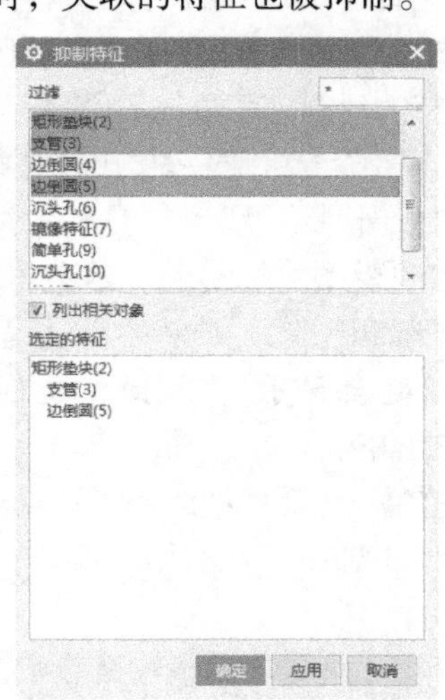

图 9-9 “抑制特征”对话框

实际上，抑制的特征依然存在于数据库中，只是将其从模型中删除了。因为特征依然存在，所以可以用“取消抑制特征”调用它们。如果不想让对话框的“选定的特征”列表框中包括任何依附，可以取消勾选“列出相关对象”（如果选中的特征有许多依附，这样操作可显著地减少执行时间）。

2. 取消抑制

执行“编辑”→“特征”→“取消抑制”命令或单击“主页”选项卡“编辑特征”组中的“取消抑制”按钮，则该选项可以调用先前抑制的特征。如果“编辑时延迟更新”是激活的，则不可用。

9.1.6 由表达式抑制

在菜单栏中选择“编辑”→“特征”→“由表达式抑制”命令或单击“主页”选项卡“编辑特征”组中的“表达式抑制”按钮，系统打开“由表达式抑制”对话框，如图 9-10 所示。该选项可以通过表达式编辑器用表达式来抑制特征，此表达式编辑器提供一个可用于编辑的抑制表达式列表。如果“编辑时延迟更新”是激活的，则不可用。

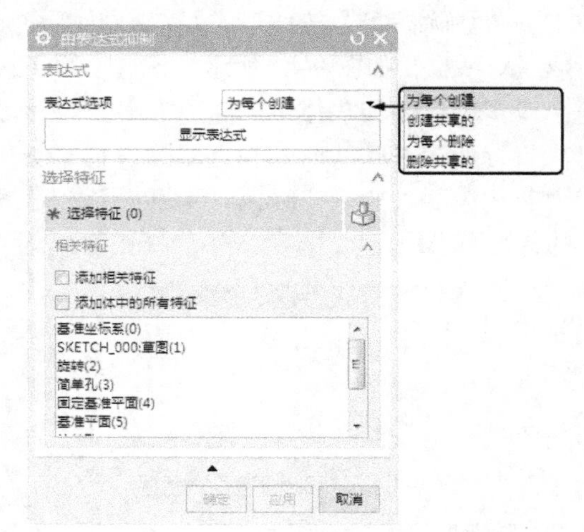

图 9-10 “由表达式抑制”对话框

“由表达式抑制”对话框中的部分选项功能如下。

（1）为每个创建： 该选项用于为每一个选中的特征生成单个的抑制表达式。对话框显示所有特征，可以是被抑制的，或是被释放的及无抑制表达式的特征。如果选中的特征被抑制，则其新的抑制表达式的值为 0，否则为 1。按升序自动生成抑制表达式（即 p22、p23、p24 …）。

（2）创建共享的：该选项用于生成被所有选中特征共用的单个抑制表达式。对话框显示所有特征，可以是被抑制的，或者是被释放的及无抑制表达式的特征。所有选中的特征必须具有相同的状态、被抑制的或被释放的。如果它们是被抑制的，则其抑制表达式的值为 0，否则为 1。当编辑表达式时，如果任何特征被抑制或被释放，则其他有相同表达式的特征也被抑制或被释放。

（3）为每个删除：该选项用于删除选中特征的抑制表达式。对话框中显示具有抑制表达式的所有特征。

（4）删除共享的：该选项用于删除选中特征的共有的抑制表达式。对话框中显示包含共有的抑制表达式的所有特征。如果选择特征，则对话框高亮显示具有该相同表达式的其他特征。

9.1.7 移除参数

在菜单栏中选择“编辑”→“特征”→“去除参数”命令或单击“主页”选项卡“编辑特征”组中的“移除参数”按钮，系统打开“移除参数”对话框，如图 9-11 所示。该选项用于从一个或多个实体和片体中删除所有参数。还可以从与特征相关联的曲线和点删除参数，使其成为非相关联。如果“编辑时延迟更新”是激活的，则不可用。

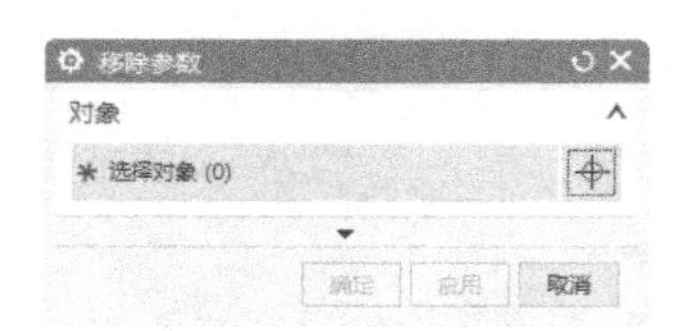

图 9-11 “移除参数”对话框

9.1.8 编辑实体密度

在菜单栏中选择“编辑”→“特征”→“实体密度”命令或单击“主页”选项卡“编辑特征”组中的“实体密度”按钮，系统打开“指派实体密度”对话框，如图 9-12 所示。该选项可以改变一个或多个已有实体的密度或密度单位。改变密度单位，系统重新计算新单位的当前密度值，如果需要也可以改变密度值。

图 9-12 “指派实体密度”对话框

9.1.9 特征重播

在菜单栏中选择“编辑”→“特征”→“重播”命令或单击“主页”选项卡“编辑特征”组中的“重播”按钮，系统打开“特征重播”对话框，如图 9-13 所示。该选项可以逐个特征地查看模型是如何生成的。

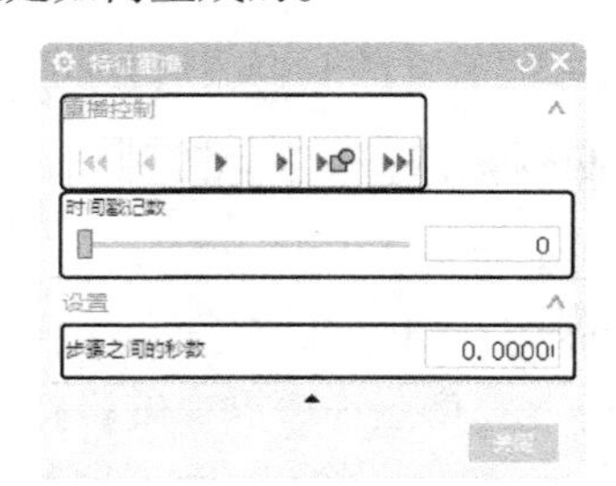

图 9-13 “特征重播”对话框

当模型更新时，也可以编辑模型。可以向前或向后移动任何特征，然后编辑它，并移向另一个特征。或者随时都可以启动模型的更新，从当前特征开始，一直持续到模型完成或特征更新失败。

如果在模型“更新”过程中出现失败或警告，就会出现“更新时编辑”（EDU）程序。在一系列操作过程中模型可以更新，这些操作包括特征更新、抑制和删除。如果更新过程中出现了问题，EDU 就会显示。“重播”也启动 EDU，从第一个特征开始更新。

“特征重播”对话框中的部分选项功能如下。

（1）重播控制：该选项用于模型的查看和编辑选项。

① 开始：该选项用于转至起始特征。

② 上一个：该选项可以在模型中一次移

回一个特征。

③ 下一个：该选项可以在模型中一次前进一个特征。

④ 结束：该选项可以直接转至终点或第一个错误条件，而无须重播每个步骤。

⑤ 播放：该选项可以从当前选定特征开始重播。

⑥ 下一个布尔运算：该选项可以转至下一个布尔特征。

（2）时间戳记数：该选项用于指定要开始重播的特征的时间戳记数。可以在框中输入数字或移动滑块。

（3）步骤之间的秒数：该选项可以指定在特征重播的每个步骤之间暂停的秒数。

9.2 自由曲面编辑

通过对自由曲面创建的学习，在用户创建一个自由曲面特征之后，还需要对其进行相关的编辑工作，以下主要讲述部分常用的自由曲面的编辑操作，这些功能是曲面造型的后期修整的常用技术。

9.2.1 X型

在菜单栏中选择“菜单”→“编辑”→“曲面”→“X型”命令或单击“曲面”选项卡“编辑曲面”组中的“X型”按钮，打开“X型”对话框，如图9-14所示。

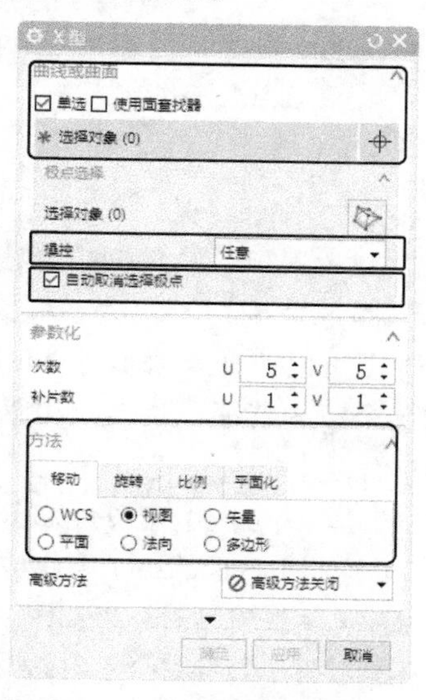

图9-14 “X型”对话框

1. 曲线或曲面

（1）选择对象：选择单个或多个要编辑的面或使用面查找器选择，可以打开或绘制任意一个曲面，如图9-15所示。

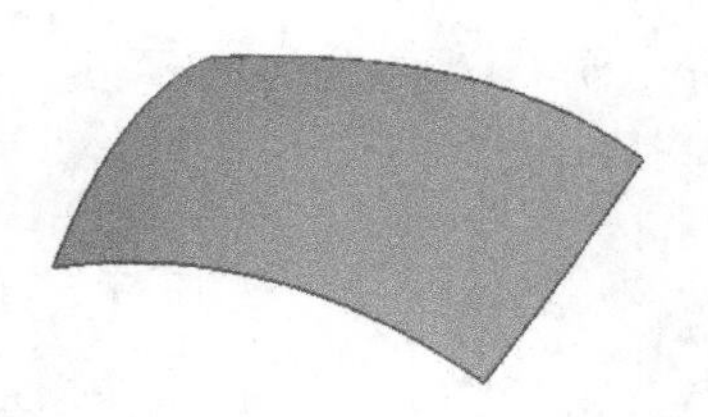

图9-15 曲面

（2）操控：在该下拉列表中包括如下选项。

①任意：移动单个极点、同一行上的所有点或同一列上的所有点。

②极点：指定要移动的单个点。

③行：移动同一行内的所有点。

（3）自动取消选择极点：勾选此复选框，选择其他极点，前一次所选择的极点将被取消。

2. 参数化

更改面的过程中，调节面的次数与补片数。

3. 方法

控制极点的运动，可以是移动、旋转、比例缩放，以及将极点投影到某一平面。

（1）移动：通过WCS、视图、矢量、平面、法向和多边形等方法来移动极点。

（2）旋转：通过WCS、视图、矢量和平面等方法来旋转极点。

（3）比例：通过WCS、均匀、曲线所在平面、矢量和平面等方法来缩放极点。

（4）平面化：当极点不在一个平面内时，可以通过此方法将极点控制到一个平面上。

4. 边界约束

允许在保持边缘处曲率或相切的情况下，沿切矢方向对成行或成列的极点进行交换。

5. 特征保存方法

（1）相对：在编辑父特征时保持极点相对于父特征的位置。

（2）静态：在编辑父特征时保持极点的绝对位置。

6. 微定位

指定使用微调选项时动作的精细度。这里取消勾选“比率”复选框，输入步长值为 100，单击 - 按钮，曲面发生变化，如图 9-16 所示。

其他选项为默认值，单击“确定”按钮，完成曲面的编辑，如图 9-17 所示。

图 9-16　变化的曲面

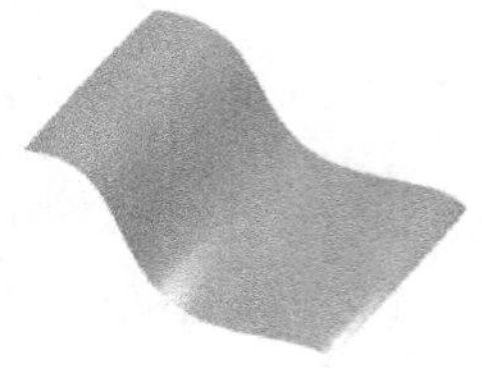

图 9-17　编辑后的曲面

9.2.2 I 型

I 型通过控制内部的 UV 参数线来修改面。它可以对 B 曲面和非 B 曲面进行操作；也可以对已修剪的面进行操作；可以片体操作，也可以对实体操作。

下面具体说明一下如何采用 I 型功能来编辑曲面。

1. 绘制曲面

利用“扫掠”命令绘制曲面，如图 9-18 所示。

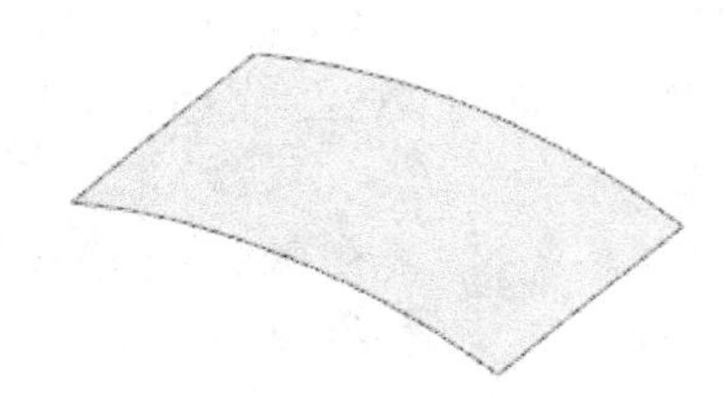

图 9-18　曲面

2. I 型

（1）在菜单栏中选择“菜单”→“编辑”→“曲面”→“I 型”命令或单击“曲面”选项卡“编辑曲面”组中的“I 型”按钮，系统打开“I 型”对话框，如图 9-19 所示。

（2）单击选中原始曲面，曲面系统打开“方向等参数曲线”，如图 9-20 所示。

（3）选择 U 方向等参数曲线。

（4）拖动等参数曲线控制点，编辑曲面，如图 9-21 所示。

图 9-19　“I 型”对话框

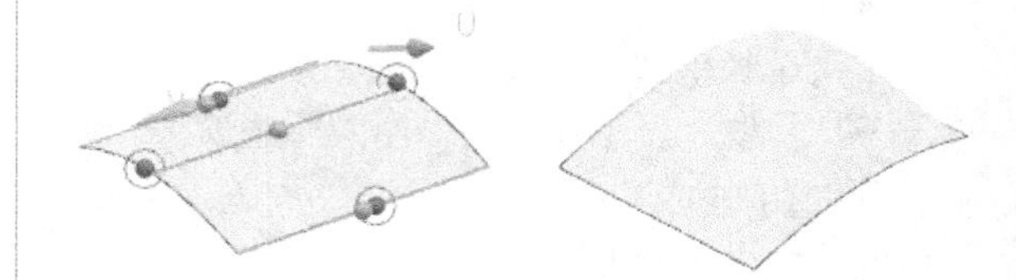

图 9-20　方向等参数曲线　　　图 9-21　编辑后的曲线

9.2.3 扩大

在菜单栏中选择“编辑”→“曲面”→“扩大”命令或单击“曲面”选项卡“编辑曲面”组中的“扩大”按钮，系统打开“扩大”对话框，如图 9-22 所示。该选项可以改变未修剪片体的大小，方法是生成一个新的特征，该特征和原始的、覆盖的未修剪面相关。

用户可以根据给定的百分率改变 ENLARGE（扩大）特征的每个未修剪边。

当使用片体生成模型时，将片体生成得过大是一个良好的习惯，以消除后续实体建模的问题。如果用户没有把这些原始片体建造得足够大，则不使用“等参数修剪 / 分割”功能，就不能增加它们的大小。然而，“等参数修剪”是不相关的，并且在使用时会打断片体的参数化。“扩大”选项可以生成一个新片体，它既和原始的未修剪面相关，又可以改变各个未修剪边的尺寸。

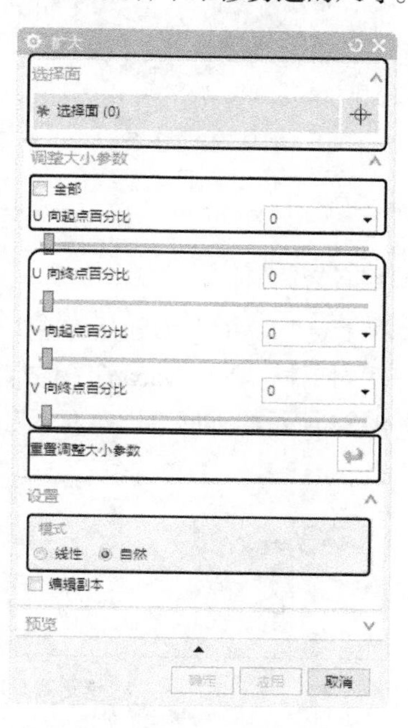

图 9-22 “扩大”对话框

“扩大”对话框中的部分选项功能如下。

（1）全部：让用户把所有的“U/V 最小 / 最大”滑块作为一个组来控制。当勾选该复选框时，移动任一单个的滑块，所有的滑块会同时移动并保持它们之间已有的百分率。若取消勾选“全部”复选框，用户可以对滑块和各个未修剪的边进行单独控制。

（2）U 向起点百分比、U 向终点百分比、V 向起点百分比、V 向终点百分比：使用滑块或它们各自的文本框来改变扩大片体的未修剪边的大小。在文本框中输入的值或拖动滑块达到的值是原始尺寸的百分比，可以在文本框中输入数值或表达式。

（3）重置调整大小参数：将所有的滑块重设回它们的初始位置。

（4）模式：包括如下两种。

①线性：在一个方向上线性地延伸扩大片体的边。使用“线性”类型可以增大特征的大小，但不能减小它。

②自然：沿着边的自然曲线延伸扩大片体的边。如果用“自然”类型来设置扩大特征的大小，则既可以增大也可以减小它的大小。

9.2.4 更改次数

更改次数命令用于修改曲面 U 向和 V 向的次数，曲面形状维持不变。

在菜单栏中选择“编辑”→“曲面”→“次数”命令或单击“曲面”选项卡“编辑曲面”组中的“更改次数”按钮，系统打开“更改次数”对话框，如图 9-23 所示。该对话框中选项的含义和前面的一样，不再介绍。

图 9-23 “更改次数”对话框

在视图区中选择要进行操作的曲面后，系统打开“确认”对话框，提示用户该操作将会移除特征参数，是否继续执行，单击“确定”按钮，系统打开“更改次数”对话框，如图 9-24 所示。

图 9-24 设置“更改次数”对话框

使用“更改次数”功能增加曲面次数，将增加曲面的极点，使曲面形状的自由度增加。多补片曲面和封闭曲面的次数只能增加不能减少。

9.2.5 更改刚度

更改刚度命令用于改变曲面 U 向和 V 向参数线的次数，曲面的形状有所变化。

在菜单栏中选择“编辑”→“曲面”→“刚度”命令或单击“曲面”选项卡“编辑曲面”组中的“更改刚度”按钮，系统打开“更改刚度”对话框，如图 9-25 所示。该对话框中选项的含义和前面的一样，不再介绍。

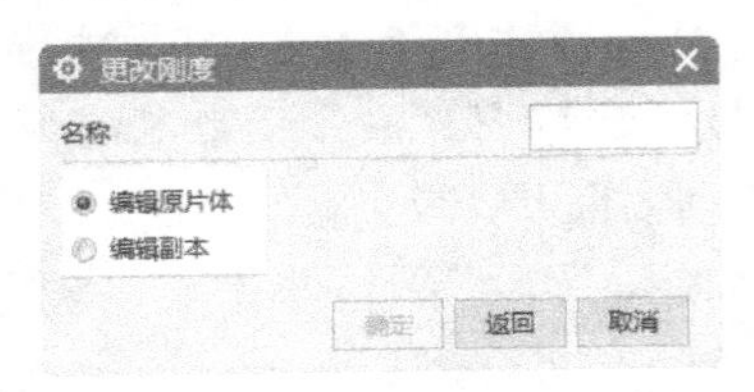

图 9-25 “更改刚度”对话框

在视图区中选择要进行操作的曲面后，系统打开“确认”对话框，提示用户该操作将会移除特征参数，是否继续执行，单击“确定”按钮，系统打开“更改刚度”参数输入对话框。

使用更改刚度功能，增加曲面次数，曲面的极点不变，补片减少，曲面更接近它的控制多边形，反之则相反。封闭曲面不能更改刚度。

9.2.6 法向反向

法向反向命令是用于创建曲面的反法向特征。

在菜单栏中选择“编辑”→“曲面”→“法向反向”命令或单击“曲面”选项卡“编辑曲面”组中的“法向反向”按钮，系统打开“法向反向”对话框，如图 9-26 所示。

图 9-26 “法向反向”对话框

使用法向反向功能，创建曲面的反法向特征，改变曲面的法线方向。改变法线方向，可以解决因表面法线方向不一致造成的表面着色问题和使用曲面修剪操作时因表面法线方向不一致而引起的更新故障。

9.3 综合实例——编辑压板

首先创建和阵列孔，由于孔的定位尺寸有错误，导致孔不符合要求，通过编辑定位尺寸改变孔的位置。本节创建如图 9-27 所示的零件体。

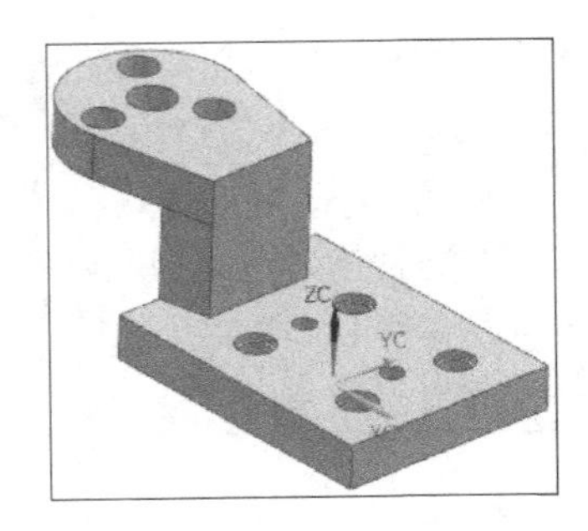

图 9-27 压板

绘制步骤

Step 01 打开文件

单击“主页”选项卡中的“打开”按钮，打开“打开”对话框，输入“yaban”，单击 OK 按钮，打开如图 9-28 所示的图形，进入 UG 建模环境。

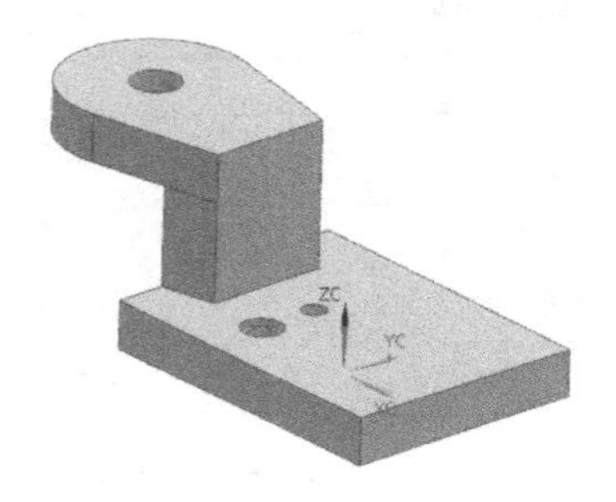

图 9-28 压板图形

Step 02 另存部件文件

在菜单栏中选择“文件”→“保存”→“另存为”命令，打开“另存为”对话框，输入“bianjiyaban”，单击 OK 按钮，进入 UG 建模环境。

Step 03 阵列简单孔和沉头孔

（1）在菜单栏中选择“插入”→“关联复制”→“阵列特征”命令或单击“主页”选项卡“特征”组中的“阵列特征”按钮，打开“阵列特征”对话框，如图 9-29 所示。选择“线性”布局，单击“选择特征”图标，选择所要阵列的简单孔。在方向 1 的“数量”和“节距”文本框中分别输入 2、30，单击“确定”按钮，完成简单孔的创建，如图 9-30 所示。

（2）阵列沉头孔的操作步骤和（1）~（2）相同，但在方向 1 的“数量”“节距”、方向 2 的“数量”“节距”文本框中分别输入 2、35、2、30。

阵列后的沉头孔如图 9-31 所示。

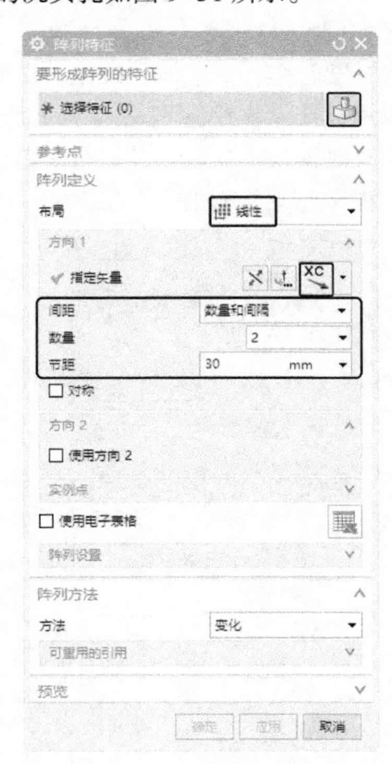

图 9-29　“阵列特征”对话框

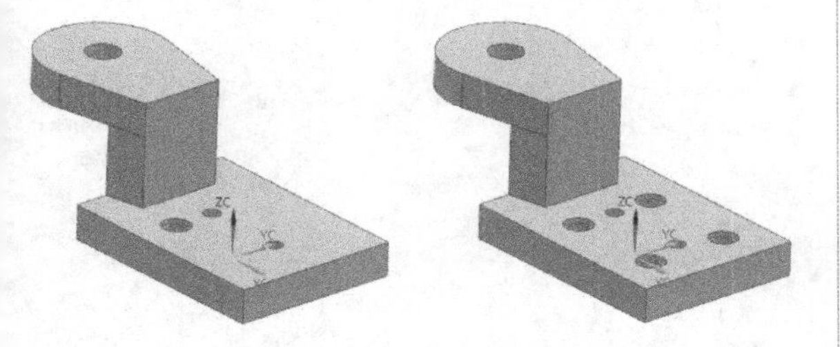

图 9-30　阵列后的简单孔　　图 9-31　阵列后的沉头孔

Step 04 创建圆柱形腔体

（1）在菜单栏中选择“插入”→“设计特征”→“腔（原有）”命令，打开“腔”类型选择对话框。单击“圆柱形”按钮，打开“圆柱腔”放置面选择对话框，如图 9-32 所示。

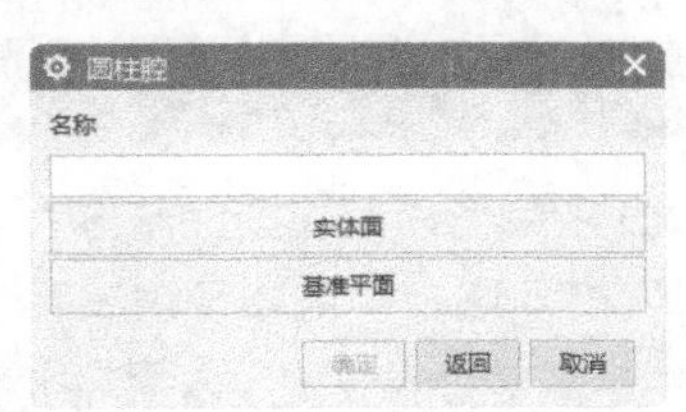

图 9-32　“圆柱腔”放置面选择对话框

（2）在零件体中选择放置面，如图 9-33 所示。打开“圆柱腔”对话框，在“腔直径”“深度”“底面半径”和“锥角”文本框中分别输入 10、16、0、0，单击“确定”按钮，打开“定位”对话框，如图 9-34 所示。选取 和 进行定位，定位后的尺寸示意图如图 9-35 所示。单击“确定”按钮，创建圆柱形腔体，如图 9-36 所示。

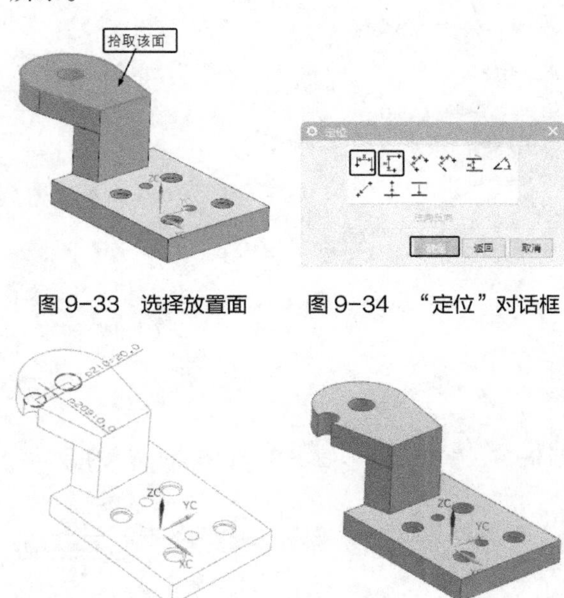

图 9-33　选择放置面　　图 9-34　“定位”对话框

图 9-35　定位后的尺寸示意图　　图 9-36　创建圆柱形腔体

Step 05 编辑埋头孔

（1）选中所要编辑的圆柱形腔体，右击，打开快捷菜单，如图 9-37 所示。选择“编辑位置”命令，打开“编辑位置”对话框，如图 9-38 所示。单击“编辑尺寸值”按钮，打开“编辑位置”对话框，如图 9-39 所示。

（2）在零件体中选择要编辑的尺寸，如图 9-40 所示，打开“编辑表达式”对话框，如图 9-41 所示。在文本框中输入 15，单击“确定”按钮，返回绘图区。连续单击“确定”按钮，完成尺寸的编辑，如图 9-42 所示。

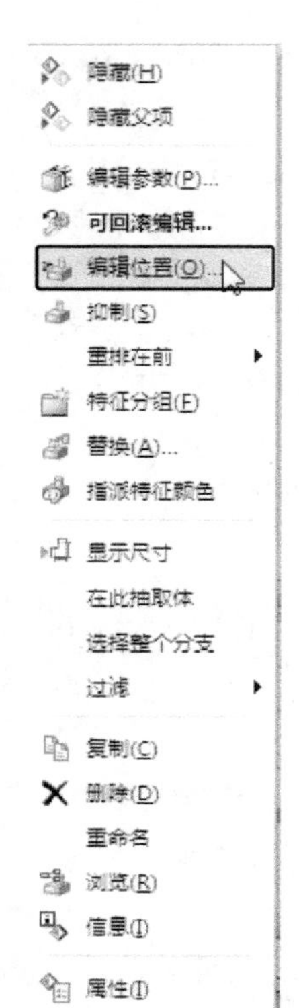

图 9-37　快捷菜单

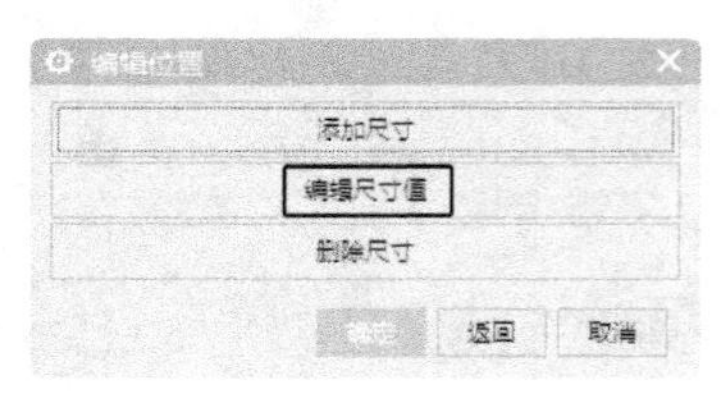

图 9-38　“编辑位置”对话框

图 9-39　“编辑位置”对话框

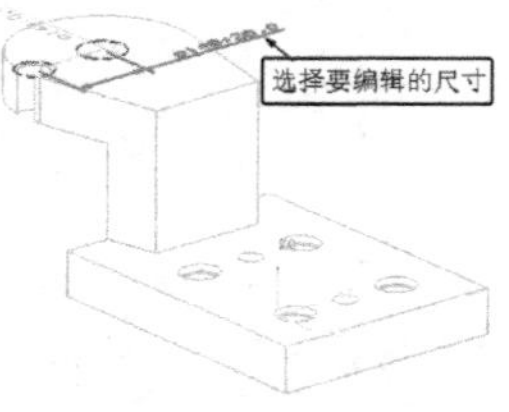

图 9-40　选择要编辑的尺寸

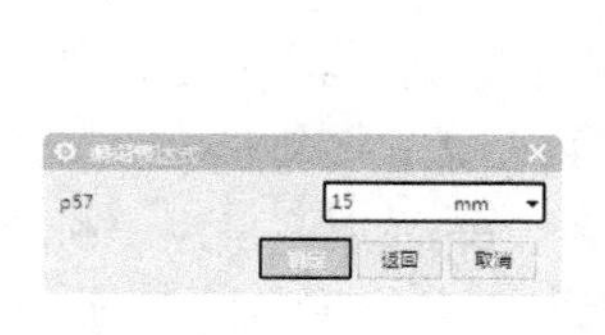

图 9-41　“编辑表达式”对话框

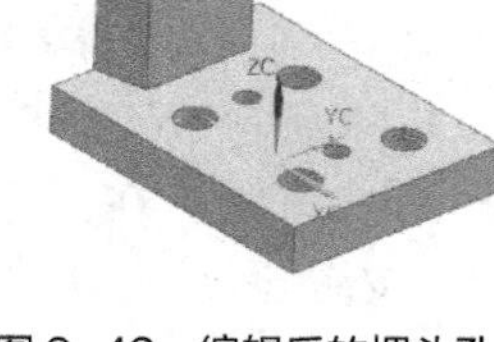

图 9-42　编辑后的埋头孔

Step 06　阵列埋头孔

在菜单栏中选择“插入”→“关联复制”→“阵列特征”命令或单击“主页”选项卡“特征”组中的“阵列特征”按钮，打开“阵列特征”对话框，如图 9-43 所示。选择“圆形”布局，在“指定矢量”选项中选择 ZC 按钮，在“数量”和“节距角”文本框中分别输入 3、120。选择所要阵列的埋头孔，指定点设置为如图 9-44 所示的点。单击“确定”按钮。结果如图 9-45 所示。

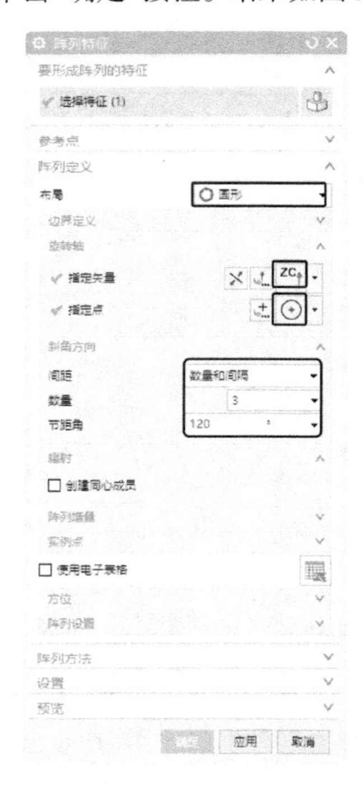

图 9-43　“阵列特征”对话框

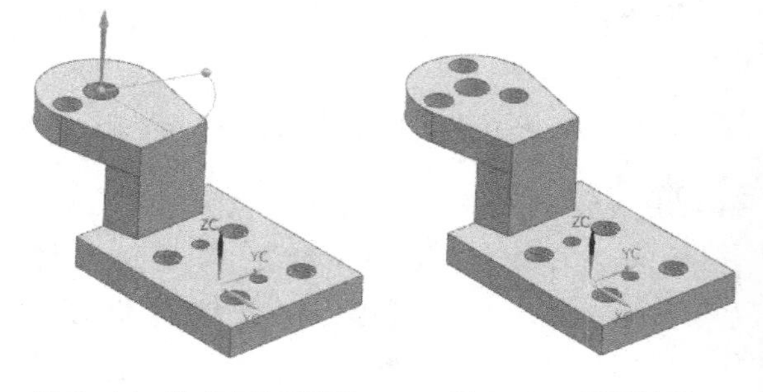

图 9-44　指定点位置示意　　图 9-45　阵列结果

9.4　新手问答

Q1：UG 中如何修改模型的密度?

答：UG 中只能针对实体修改密度，因此可以在装配体中激活部件实体，选择“菜单”→“编辑”→“特征”→“实体密度”命令修改实体密度，或者将部件设置为显示部件，再对实体密度进行修改。

❷ Q2：如何移动特征中的某一个小特征，如一个孔或一个凸台、螺栓等？

答：选择“菜单”→“插入”→“同步建模”→“移动面”命令，打开“移动面”对话框，选择要移动的小特征的全部的面即可。

❷ Q3：一般在特征上需要比较复杂的图形时，要用插入图片的形式来完成，那么如何在特征上插入图片？

答：选择“菜单”→“基准 / 点”→“光栅图像”命令，选择需要插入图片的面即可完成。

9.5 上机实验

通过前面的学习，相信读者对本章知识已有了一个大体的了解。本节将通过两个操作练习帮助读者进一步掌握本章的知识要点。

【练习 1】绘制 M12 螺栓

1. 目的要求

本练习设计的图形是一个常见的机械零件，如图 9-46 所示。在绘制的过程中，主要用到“凸台”“倒斜角”和“螺纹”命令创建螺栓，然后通过特征编辑命令修改螺杆长度。通过本练习帮助读者掌握特征编辑命令的用法。

图 9-46 M12 螺栓

2. 操作提示

（1）利用“圆柱”命令，在坐标原点绘制直径为 20.03、高度为 7.5 的圆柱体。

（2）利用“凸台”命令，在圆柱体上创建直径为 12、高度 100 的凸台。

（3）利用“倒斜角”命令，选择圆柱体的两端圆弧边进行倒斜角操作，距离分别为 1.715 和 0.6，如图 9-47 所示。

（4）以 XC-YC 平面为草图绘制面，利用“直线”命令绘制六边形，如图 9-48 所示。

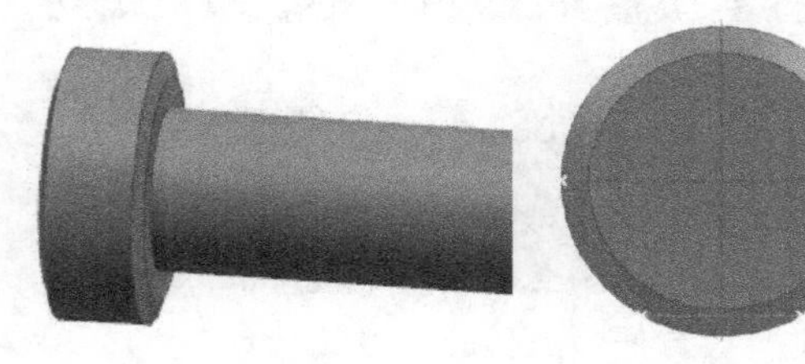

图 9-47 倒斜角　　图 9-48 绘制六边形

（5）利用“拉伸”命令，将（4）中创建的草图进行拉伸，选择凸台为结束选定对象，并进行求差操作。

（6）利用“倒斜角”命令，选择凸台的圆弧边进行倒斜角操作，距离为 1.5。

（7）执行“螺纹”命令，选择凸台的外表面为螺纹放置面，修改长度为 30。

【练习 2】绘制 M10 螺栓

1. 目的要求

在练习 1 的基础上通过特征编辑命令更改为 M10 螺栓，如图 9-49 所示。通过本练习帮助读者掌握特征编辑命令的用法。

图 9-49 M10 螺栓

2. 操作提示

（1）利用“打开”命令打开 M12 螺栓。

（2）利用“编辑特征参数”命令，将圆柱体的直径和高度分别修改为 17.77、6.4。

（3）利用“删除”命令将螺纹删除。

（4）利用“编辑特征参数”命令，修改凸台直径和高度为 10、35。

（5）利用“编辑特征参数”命令，修改倒斜角的距离为 1。

（6）执行“螺纹”命令，选择凸台的外表面为螺纹放置面，修改螺纹长度为 26。

9.6 思考与练习

一、选择题

1. 在 UG 中抑制特征的功能是（　　）。

A. 从目标体上临时移去该特征和显示

B. 从目标体上永久删除该特征

C. 从目标体上临时隐藏该特征

2. 部件间表达式正确的是（　　）。

A. part1 = part2::diameter + tolerance

B. part1= part2:: diameter + tolerance

C. part1= part2: :diameter + tolerance

D. part1= part2 :: diameter + tolerance

3. 特征编辑主要是在完成特征创建以后，对特征不满意的地方进行（　　）的过程。用户可以重新调整尺寸、位置、先后顺序等，保留与其他对象建立起来的关联性，以满足新的设计要求。

A. 编辑　　B. 重绘

C. 修改　　D. 新建

4. 移除参数命令的执行方式为（　　）。

A. 在菜单栏中选择“编辑”→“特征”→“去除参数”命令

B. 在菜单栏中选择“编辑”→“特征”→“移除参数”命令

C. 单击“主页”选项卡“编辑特征”组中的“去除参数”按钮

D. 单击“主页”选项卡“编辑特征”组中的“移除参数”按钮

5. “特征重排序”对话框用于改变将特征应用于体的次序。在选定参考特征（　　）可以对所需要的特征重排序。

A. 之前　　B. 之后

C. 之前或之后

二、简答题

1. 实现编辑特征参数有几种方式？

2. 使用“同步建模”命令时，需要注意什么？

3. 对于曲面的偏置，UG NX 12.0 中提供了哪几种命令实现，分别是针对什么情况而言的？

读书笔记

第 10 章　查询与分析

本章导读

在 UG 建模过程中，点、线的质量直接影响构建实体的质量，从而影响产品的质量。所以在建模结束后，需要通过分析实体的质量来确定曲线是否符合设计要求，这样才能生产出合格的产品。本章将简要讲述如何对特征点和曲线的分布进行查询与分析。

内容要点

- 信息查询
- 几何分析
- 模型分析

10.1 信息查询

在设计过程中或对已完成的设计模型，经常需要从文件中提取其各种几何对象和特征的信息。UG 针对操作的不同需求，提供了大量的信息命令。用户可以通过这些命令来详细地查找需要的几何、物理和数学信息。

执行“信息”菜单命令将会显示所有的信息查询命令，如图 10-1 所示。该子菜单命令仅具有显示功能，不具备编辑功能。

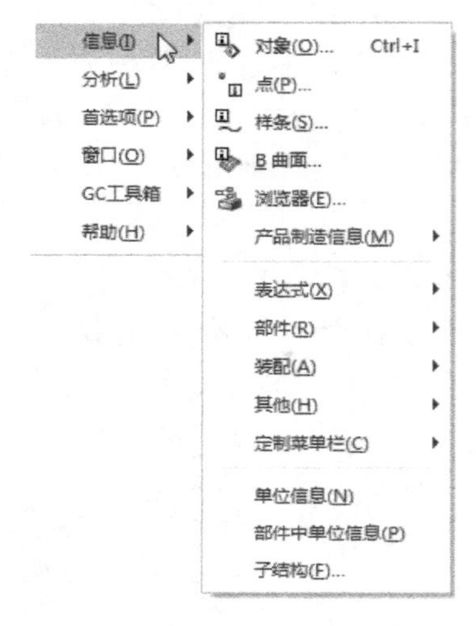

图 10-1 “信息”菜单

10.1.1 对象信息

在菜单栏中选择“信息”→“对象”命令，系统打开“类选择”对话框，选取对象之后系统会列出其所有相关的信息，一般的对象都具有一些共同的信息，如创建时间、作者、当前部件名、图层、线宽、单位信息等。

1. 点

当获取点时，系统除列出一些共同信息之外，还会列出点的坐标值，如图 10-2 所示。

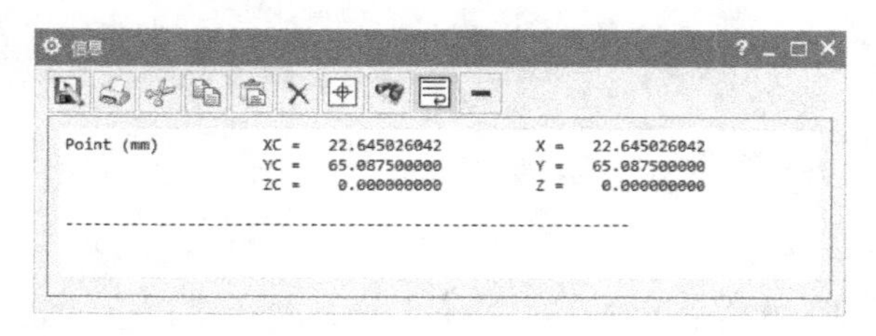

图 10-2 点的“信息”对话框

2. 直线

当获取直线时，系统除列出一些共同信息之外，还会列出直线的长度、角度、起点坐标、终点坐标等信息。

3. 样条曲线

当获取样条曲线时，系统除列出一些共同信息之外，还会列出样条曲线的闭合状态、阶数、控制点数目、段数、有理状态、定义数据等信息，如图 10-3 所示。获取信息后，对工作区的图像可以按 F5 键或选择“刷新”命令来刷新屏幕。

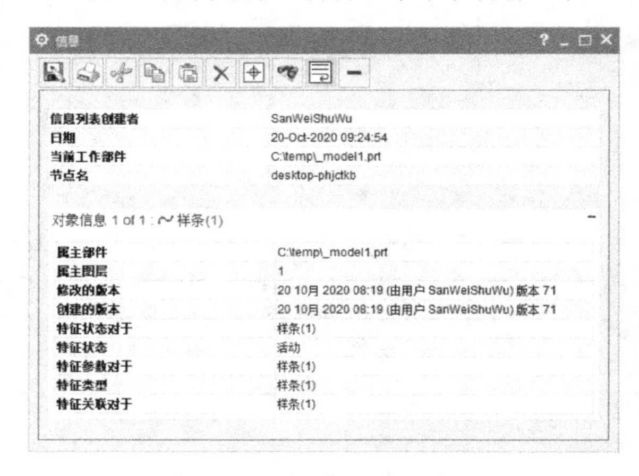

图 10-3 样条曲线的“信息”对话框

10.1.2 样条曲线信息

在菜单栏中选择“信息”→“样条”命令，系统打开“样条分析”对话框，如图 10-4 所示。在该对话框中可以查询样条曲线的相关信息，还可以设置需要显示的信息，对话框上部包括“显示结点”“显示极点”和“显示定义点”三个复选框，选取选项后，相应的信息就会显示出来。

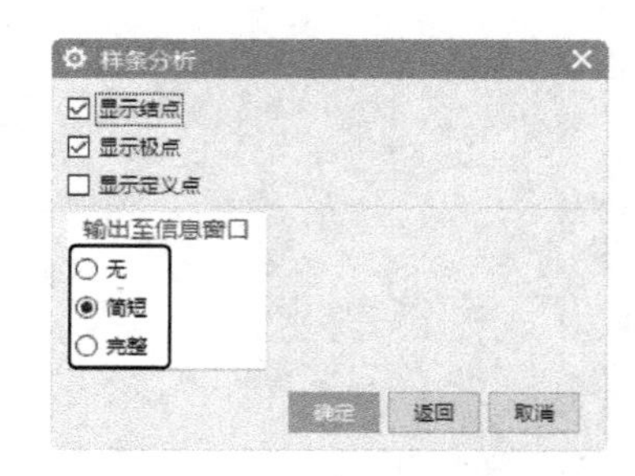

图 10-4 “样条分析”对话框

对话框的下部选项是用来控制输出至信息

窗口如何显示的单选按钮，其各选项功能如下。

（1）无： 表示窗口不输出任何信息。

（2）简短： 表示向窗口中输出样条曲线的次数、极点数目、阶数目、有理状态、定义数据、比例约束等简短信息。

（3）完整： 表示向窗口中输出除样条曲线的简短信息外，还包括每个节点的坐标及其连续性（即 G0、G1、G2），每个极点的坐标及其权重，每个定义点的坐标、最小二乘权重等全部信息。

10.1.3 B 曲面信息

在菜单栏中选择“信息”→“B 曲面”命令，系统打开“B 曲面分析”对话框，如图 10-5 所示。在该对话框中可以查询 B 曲面的有关信息，包括列出曲面的 U 向、V 向的阶数，U 向、V 向的补片数、连续性等信息，还可以设置查询信息。

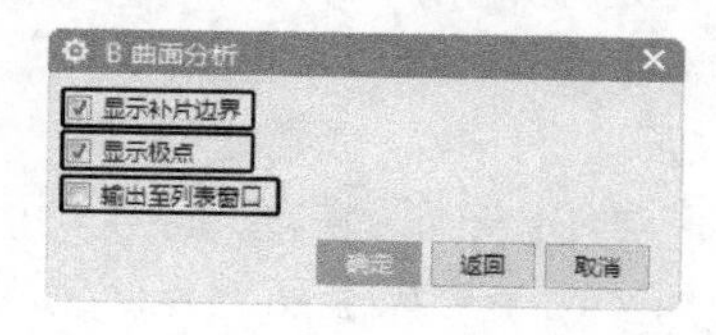

图 10-5 “B 曲面分析”对话框

“B 曲面分析”对话框中的部分选项功能如下。

（1）显示补片边界： 用于控制是否显示 B 曲面的面片信息。

（2）显示极点： 用于控制是否显示 B 曲面的极点信息。

（3）输出至列表窗口： 用于控制是否输出信息到窗口显示。

10.1.4 表达式信息

在菜单栏中选择“信息”→“表达式”命令，系统打开“表达式”子菜单，如图 10-6 所示。

其相关功能如下。

（1）全部列出： 表示在信息窗口中列出当前工作部件中的所有表达式信息。

（2）列出装配中的所有表达式： 表示在信息窗口中列出当前显示装配件部件的每一组件中的表达式信息。

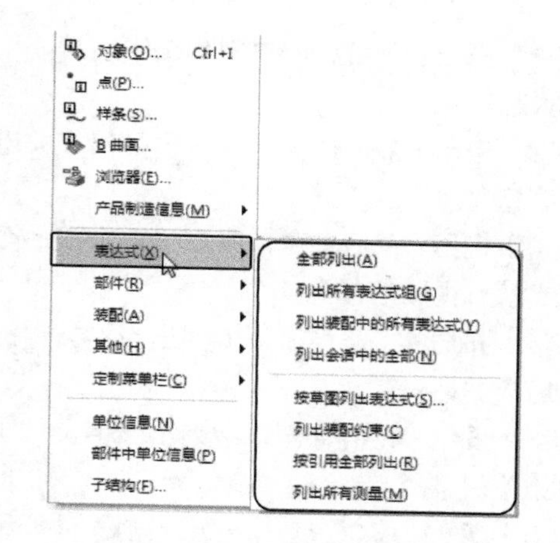

图 10-6 “表达式”子菜单

（3）列出会话中的全部： 表示在信息窗口列出当前操作的每一部件的表达式信息。

（4）按草图列出表达式： 表示在信息窗口列出选择草图中的所有表达式信息。

（5）列出装配约束： 表示如果当前部件为装配件，则在信息窗口列出其匹配的约束条件信息。

（6）按引用全部列出： 表示在信息窗口列出当前工作部件中包括“特征”“草图”“匹配约束条件”“用户定义”的表达式信息等。

（7）列出所有测量： 表示在信息窗口列出工作部件中所有几何表达式及相关信息，如特征名和表达式引用情况等。

10.1.5 其他信息的查询

除以上几种可供查询的信息之外，还有“部件”信息查询、“装配”信息查询，以及“其他”等信息查询，如图 10-7 所示。

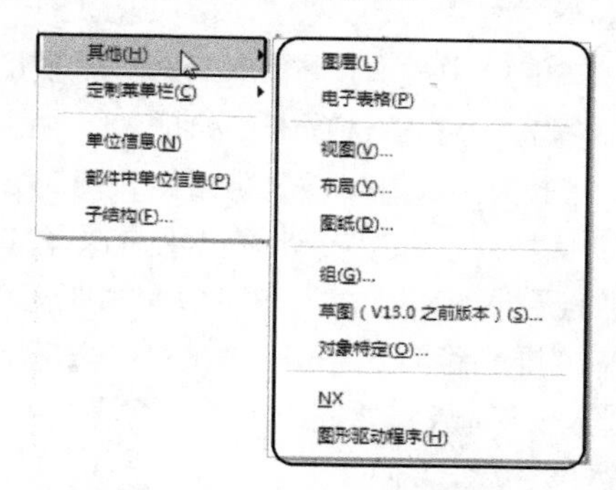

图 10-7 “其他”信息查询子菜单

“其他”子菜单的部分查询信息如下。

（1）图层：在信息窗口中列出当前每一个图层的状态。

（2）电子表格：在信息窗口中列出相关电子表格信息。

（3）视图：在信息窗口中列出一个或多个工程图或模型视图的信息。

（4）布局：在信息窗口中列出当前文件的视图布局数据信息。

（5）图纸：在信息窗口中列出当前文件工程图的相关信息。

（6）组：在信息窗口中列出当前文件群组的相关信息。

（7）草图（V13.0 之前版本）：在信息窗口中列出 13.0 版本之前所做的草图几何约束和相关约束是否通过检测的信息。

（8）对象特定：在信息窗口中列出当前文件特定对象的信息。

（9）NX：在信息窗口中列出当前文件显示用户当前所用的 Parasolid 版本、计划文件目录、其他文件目录和日志信息。

（10）图形驱动程序：在信息窗口中列出显示有关图形驱动的特定信息。

10.2 几何分析

在使用 UG 设计分析过程中，需要经常性地获取当前对象的几何信息。该功能可以对距离、角度、偏差、弧长等多种情况进行分析，详细指导用户设计工作，现将其部分功能介绍如下。

10.2.1 距离

在菜单栏中选择“分析”→“测量距离”命令或单击“分析”选项卡“测量”组中的“测量距离”按钮，打开“测量距离”对话框，如图 10-8 所示。该功能计算出用户选择的两个对象间的最小距离。在类型中包含“距离”“投影距离”“屏幕距离”“长度”“半径”“直径”“点在曲线上”“对象集之间”和“对象集之间的投影距离”共 9 个。

图 10-8 “测量距离”对话框

用户可以选择的对象有点、线、面、体、边等，需要注意的是如果在曲线获取曲面上有多个点与另一个对象存在最短距离，那么应该制定一个起始点加以区分。

对话框中将会显示的信息包括：两个对象间的三维距离和两个对象上相近点的绝对坐标和相对坐标，以及在绝对坐标和相对坐标中两点之间的轴向坐标增量，如图 10-9 所示。

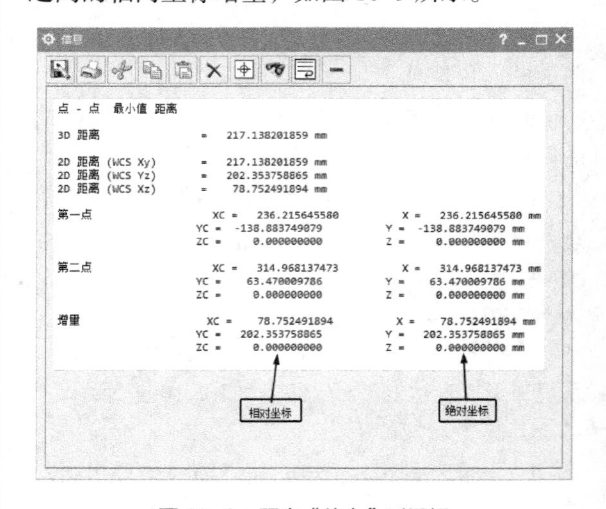

图 10-9 距离“信息”对话框

10.2.2 角度

在菜单栏中选择“分析”→“测量角度”命令或单击“分析”选项卡“测量”组中的“测

量角度”按钮，打开“测量角度”对话框，如图 10-10 所示。用户可以在绘图工作区中选择几何对象，该功能可以计算两个对象之间如曲线之间、两平面间、直线和平面间的角度。包括两个选择对象的相应矢量在工作平面上的投影矢量间的夹角和在三维空间中两个矢量的实际角度。

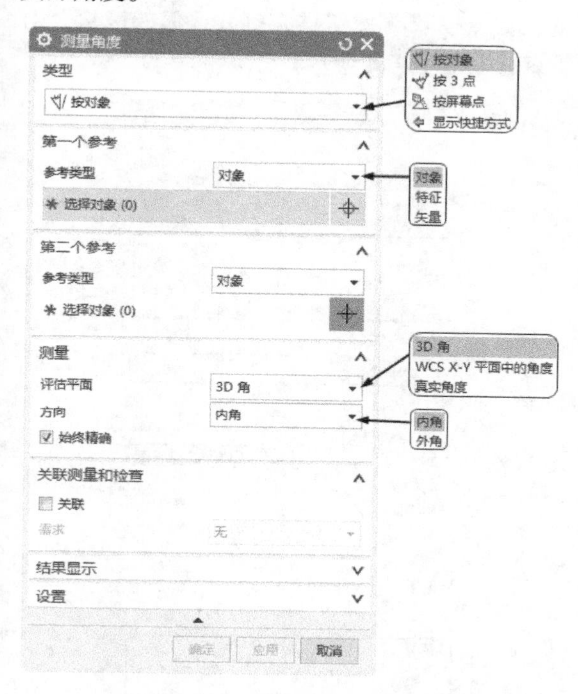

图 10-10 “测量角度”对话框

当两个选择对象均为曲线时，若两者相交，则系统会确定两者的交点并计算在交点处两曲线的切向矢量的夹角；否则，系统会确定两者相距最近的点，并计算这两点在各自所处曲线上的切向矢量间的夹角。切向矢量的方向取决于曲线的选择点与两曲线相距最近点的相对方向，其方向为由曲线相距最近点指向选择点的一方。

当选择对象均为平面时，计算结果是两平面的法向矢量间的最小夹角。

“测量角度”对话框中的部分选项功能如下。

（1）类型： 用于选择测量方法，包括按对象、按 3 点和按屏幕点。

（2）参考类型： 用于设置选择对象的方法，包括对象、特征和矢量。

（3）评估平面： 用于选择测量角度，包括 3D 角、WCS X-Y 平面中的角度和真实角度。

（4）方向： 用于选择测量类型，有外角和内角两种类型。

10.2.3 偏差检查

在菜单栏中选择“分析”→“偏差”→“检查”命令或单击“分析”选项卡“更多”库下的“偏差检查”按钮，系统打开“偏差检查”对话框，如图 10-11 所示。通过该功能可以根据过某点斜率连续的原则，即将第一条曲线、边缘或表面上的检查点与第二条曲线上的对应点进行比较，检查选择对象是否相接、相切以及边界是否对齐等，并得到所选对象的距离偏移值和角度偏移值。

图 10-11 “偏差检查”对话框

“偏差检查”对话框中的部分选项功能如下。

（1）曲线到曲线： 用于测量两条曲线之间的距离偏差以及曲线上一系列检查点的切向角度偏差。

（2）线 – 面： 用于依据过点斜率的连续性，检查曲线是否位于表面上。

（3）边 – 面： 用于检查一个面上的边和另一个面之间的偏差。

（4）面 – 面： 系统依据过某点法相对齐原则，检查两个面的偏差。

（5）**边－边：**用于检查两条实体边或片体边的偏差。

选择一种检查对象类型后，选取要检查的两个对象，在对话框中设置用户所需的数值，单击“检查”按钮，打开的“信息”窗口中包括分析点的个数、对象间的最小距离、最大距离及各分析点的对应数据等信息。

10.2.4 邻边偏差分析

该功能用于检查多个面的公共边的偏差。

在菜单栏中选择“分析”→“偏差”→“相邻边”命令，系统打开“相邻边”对话框，如图 10–12 所示。在该对话框中“检查点”有“等参数”和“弦差”两种检查方式。在图形工作区选择具有公共边的多个面后，单击“确定”按钮，打开“报告”对话框，如图 10–13 所示。在该对话框中可选择在信息窗口中要指定列出的信息。

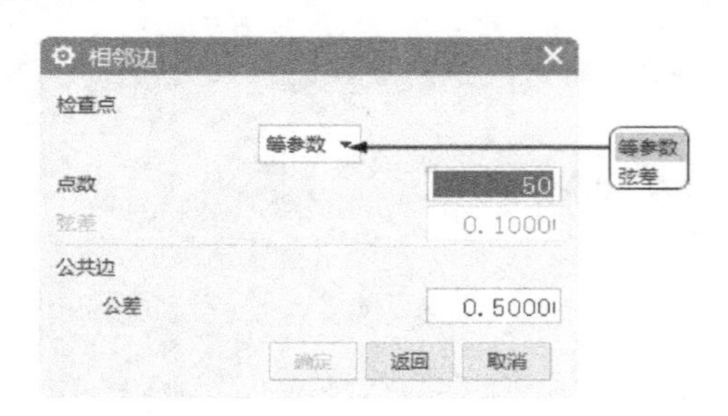

图 10–12 “相邻边”对话框

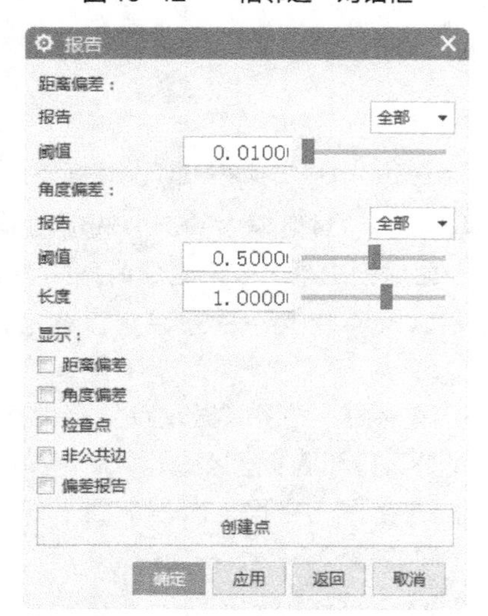

图 10–13 “报告”对话框

10.2.5 偏差度量

该功能用于在第一组几何对象（曲线或曲面）和第二组几何对象（曲线、曲面、点、平面、定义点等对象）之间度量偏差。

在菜单栏中选择“分析”→“偏差”→“度量”命令或单击“分析”选项卡“关系”组中的“偏差度量”按钮，打开“偏差度量”对话框，如图 10–14 所示。

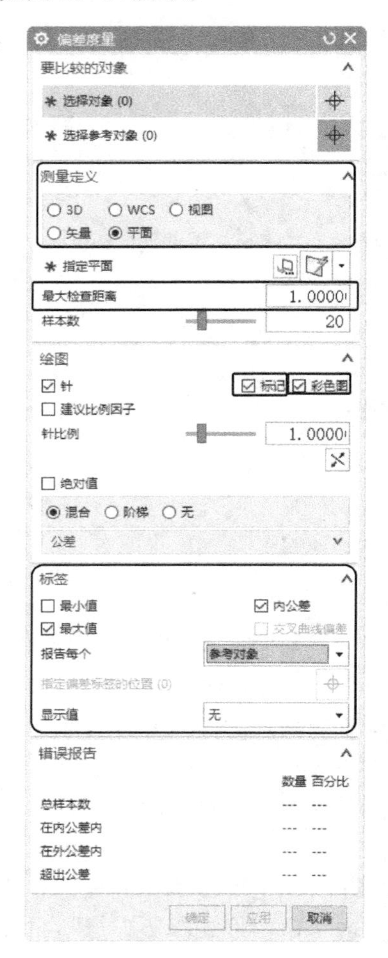

图 10–14 “偏差度量”对话框

“偏差度量”对话框中的主要选项功能如下。

（1）**测量定义：**在该选项组中选择用户所需的测量方法。

（2）**最大检查距离：**用于设置最大检查的距离。

（3）**标记：**对超出指定的内公差值范围的针位置显示菱形标记。

（4）**彩色图**：用于设置偏差矢量起始处的图形样式。

（5）**标签**：用于设置输出标签的类型，是否插入中间物，若插入中间物，要在“偏差矢量间隔”设置间隔几个针叶插入中间物。

10.2.6 最小半径

在菜单栏中选择“分析”→“最小半径”命令，系统打开“最小半径”对话框，如图 10-15 所示。系统提示用户在图形工作区选择一个或者多个表面或曲面作为几何对象，选择几何对象后，系统会在“信息”对话框中列出选择几何对象的最小曲率半径，如图 10-16 所示。若勾选“在最小半径处创建点”复选框，则在选择几何对象的最小曲率半径处将产生一个点标记。

图 10-15 “最小半径”对话框

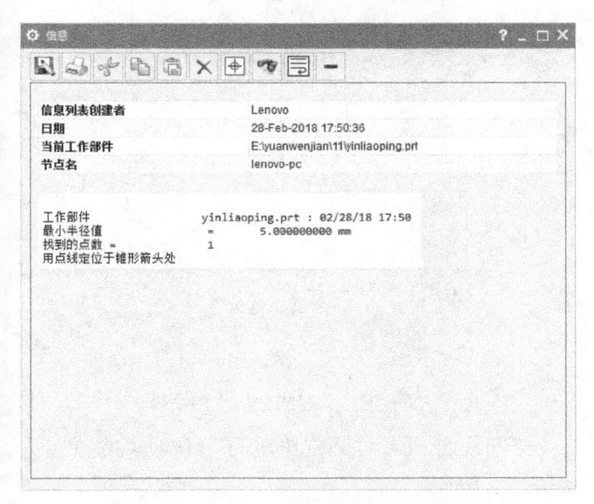

图 10-16 最小半径“信息”对话框

10.3 模型分析

UG 中除查询基本的物体信息之外，还提供了大量的分析工具。信息查询工具获取的是部件中已有的数据，而分析则是根据用户的要求，针对被分析几何对象通过临时的运算来获得所需的结果。

通过使用这些分析工具可以及时发现和处理设计工作中的问题，这些工具除常规的几何参数分析之外，还可以对曲线和曲面进行光顺性分析、对几何对象进行误差和拓扑分析、几何特性分析、计算装配的质量、计算质量特性、对装配进行干涉分析等，还可以将结果输出成各种数据格式。

10.3.1 几何对象检查

在菜单栏中选择“分析”→“检查几何体”命令，打开“检查几何体”对话框，如图 10-17 所示。该功能用于计算分析各种类型的几何体对象，找出错误的或无效的几何体，也可以分析面和边等几何对象，找出其中无用的几何对象和错误的数据结构。

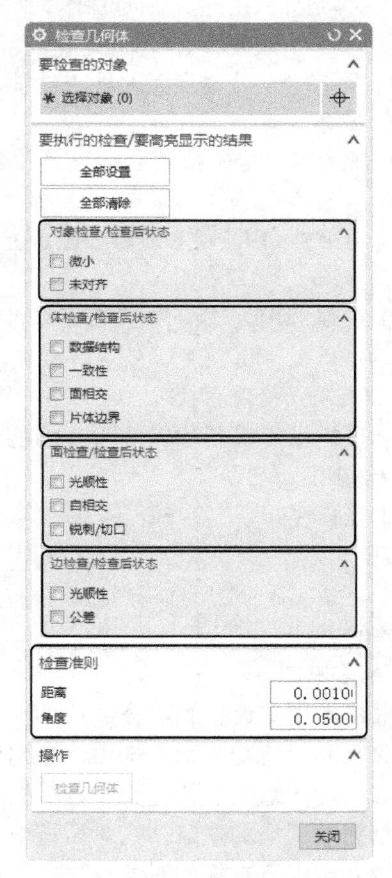

图 10-17 “检查几何体”对话框

“检查几何体”对话框中的部分选项功能如下。

1. 对象检查 / 检查后状态

该选项组用于设置对象的检查功能，包括以下两个选项。

（1）**微小**：用于在所选几何对象中查找所有微小的实体、面、曲线和边。

（2）**未对齐**：用于检查所有几何对象和坐标轴的对齐情况。

2. 体检查 / 检查后状态

该选项组用于设置实体的检查功能，包括以下 4 个选项。

（1）**数据结构**：用于检查每个选择实体中的数据结构有无问题。

（2）**一致性**：用于检查每个所选实体的内部是否有冲突。

（3）**面相交**：用于检查每个所选实体的表面是否相互交叉。

（4）**片体边界**：用于查找所选片体的所有边界。

3. 面检查 / 检查后状态

该选项组用于设置表面的检查功能，包括以下 3 个选项。

（1）**光顺性**：用于检查 B 表面的平滑过渡情况。

（2）**自相交**：用于检查所有表面是否有自相交情况。

（3）**锐刺 / 切口**：用于检查表面是否有被分割情况。

4. 边检查 / 检查后状态

该选项组用于设置边缘的检查功能，包括以下两个选项。

（1）**光顺性**：用于检查所有与表面连接但不光滑的边。

（2）**公差**：用于在所选择的边组中查找超出距离误差的边。

5. 检查准则

该选项组用于设置临界公差值的大小，包括“距离”和“角度”两个选项，分别用来设置距离和角度的最大公差值大小。依据几何对象的类型和要检查的项目，在对话框中选择相应的选项并确定所选择的对象后，在信息窗口中会列出相应的检查结果，并弹出“高亮显示对象”对话框。根据用户需要，在对话框中选择了需要高亮显示的对象之后，即可在绘图工作区中看到存在问题的几何对象。

运用检查几何对象功能只能找出存在问题的几何对象，而不能自动纠正这些问题，但可以通过高亮显示找到有问题的几何对象，利用相关命令对该模型做修改，否则会影响后续操作。

10.3.2 曲线分析

在菜单栏中选择“分析”→“曲线”→“曲线分析”命令或单击“分析”选项卡“曲线形状”组中的“曲线分析”按钮，打开“曲线分析”对话框，如图 10-18 所示。

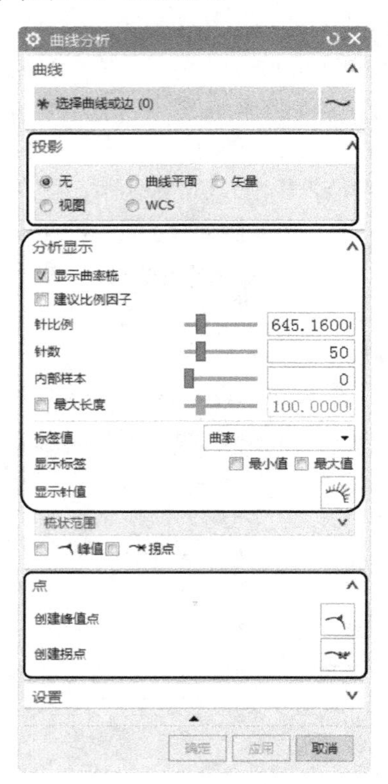

图 10-18 “曲线分析”对话框

“曲线分析”对话框中的部分选项功能如下。

1. 投影

该选项允许指定分析曲线在其上进行投影的平面，包括以下 5 个选项。

（1）**无**：指定不使用投射平面，表明在原先选中的曲线上进行曲率分析。

（2）**曲线平面**：根据选中曲线的形状计算一个平面。例如，一个平面曲线的曲线平面是该曲线所在的平面。3D 曲线的曲线平面是由前两个主长度构成的平面。这是默认设置。

（3）**矢量**：能够使“矢量”选项按钮可用，

利用该按钮可以定义曲线投影的具体方向。

(4)视图：指定投射平面为当前的“工作视图”。

(5)WCS：指定投影方向为XC/YC/ZC矢量。

2. 分析显示

(1)显示曲率梳：勾选该复选框，显示已选中曲线、样条或边的曲率梳。

(2)建议比例因子：勾选该复选框，可以将比例因子自动设置为最合适的大小。

(3)针比例：该选项允许通过拖动比例滑块控制梳状线的长度或比例。“比例”的数值表示梳状线上齿的长度（该值与曲率值的乘积为梳状线的长度）。

(4)针数：该选项用于控制梳状线中显示的总齿数。齿数对应于需要在曲线上采样的检查点的数量（在U起点和U最大值指定的范围内）。此数字不能小于2，默认值为50。

(5)最大长度：勾选该复选框可以指定梳状线元素的最大允许长度。如果为梳状线绘制的线比此处指定的临界值大，则将其修剪至最大允许长度。在线的末端绘制星号（*）以表明这些线已被修剪。

3. 点

(1)创建峰值点：该选项用于显示选中曲线、样条或边的峰值点，即局部曲率半径达到局部最大值的地方。

(2)创建拐点：该选项用于显示选中曲线、样条或边上的拐点，即曲率矢量从曲线一侧翻转到另一侧的地方，清楚地表示出曲率符号发生改变的任何点。

10.3.3 曲面特性分析

UG提供了4种平面分析方式：半径、反射、斜率和距离，下面就主要菜单命令进行介绍。

1. 半径

在菜单栏中选择“分析”→“形状”→“半径”命令或单击“分析”选项卡“更多”库下的“半径”按钮，打开“半径分析”对话框，如图10-19所示。用于分析曲面的曲率半径变化情况，并且可以用各种方法显示和生成。这些显示和生成方法可以在各选项的下拉列表中查询。

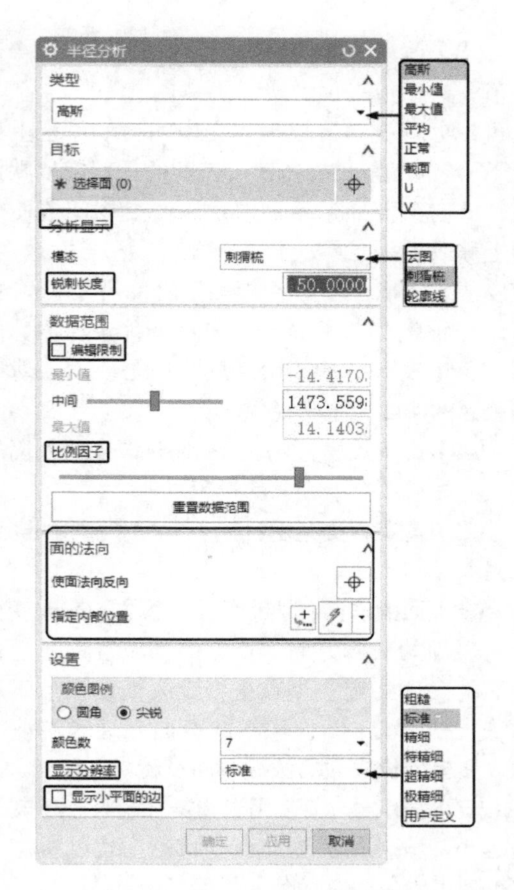

图10-19 “半径分析”对话框

“半径分析”对话框中部分选项的功能如下。

(1)类型：用于指定要分析的曲率半径类型，其下拉列表中包括8种半径类型。

(2)分析显示：用于指定分析结果的显示类型，其下拉列表中包括3种显示类型。图形区的右边将显示一个“色谱表”，分析结果与“色谱表”比较就可以由“色谱表”上的半径数值了解表面的曲率半径，如图10-20所示。

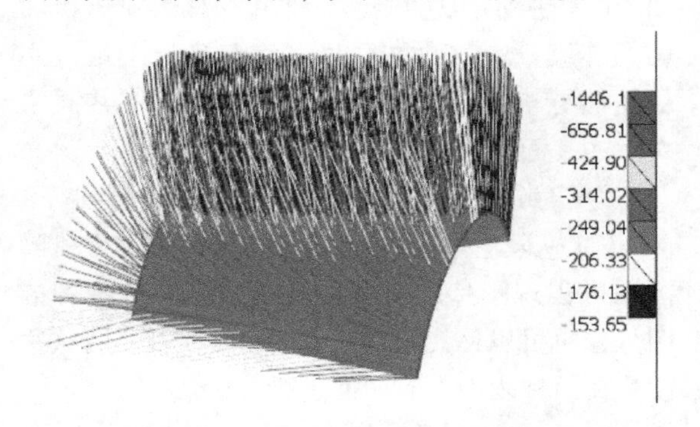

图10-20 刺猬梳显示分析结果及色谱表

（3）编辑限制：勾选该复选框，可以输入最大值、最小值来扩大或缩小“色谱表”的量程；也可以通过拖动滑块来改变中间值使量程上移或下移。取消勾选，“色谱表”的量程恢复默认值，此时只能通过拖动滑块来改变中间值使量程上移或下移，最大、最小值不能通过输入改变。需要注意的是，因为“色谱表”的量程可以改变，所以一种颜色并不固定地表达一种半径值，但是“色谱表”的数值始终反映的是表面上对应颜色区的实际曲率半径值。

（4）比例因子：拖动滑块通过改变比例因子扩大或缩小“色谱表”的量程。

（5）重置数据范围：恢复“色谱表”的默认量程。

（6）面的法向：通过两种方法之一来改变被分析表面的法线方向。指定内部位置是通过在表面的一侧指定一个点来指示表面的内侧，从而决定法线方向；使面法向反向是通过选取表面，使被分析表面的法线方向反转。

（7）显示分辨率：用于指定分析公差。其公差越小，分析精度越高，分析速度也越慢。其下拉列表中包括 7 种公差类型。

（8）显示小平面的边：勾选该复选框，显示由曲率分辨率决定的小平面的边。显示曲率分辨率越高小，平面越小。取消勾选该复选框，小平面的边消失。

2. 反射

在菜单栏中选择“分析”→“形状”→“反射”命令或单击“分析”选项卡“面形状”组中的“反射”按钮，打开“反射分析”对话框，如图 10-21 所示。用户可以利用该对话框分析曲面的连续性。这是在飞机、汽车设计中最常用的曲面分析命令，它可以很好地表现一些严格曲面的表面质量。

“反射分析”对话框中的部分选项功能如下。

（1）类型：该选项用于选择使用哪种方式的图像来表现图片的质量。可以选择软件推荐的图片，也可以使用自己的图片。UG 将使用这些图片在目标表面上对曲面进行分析。

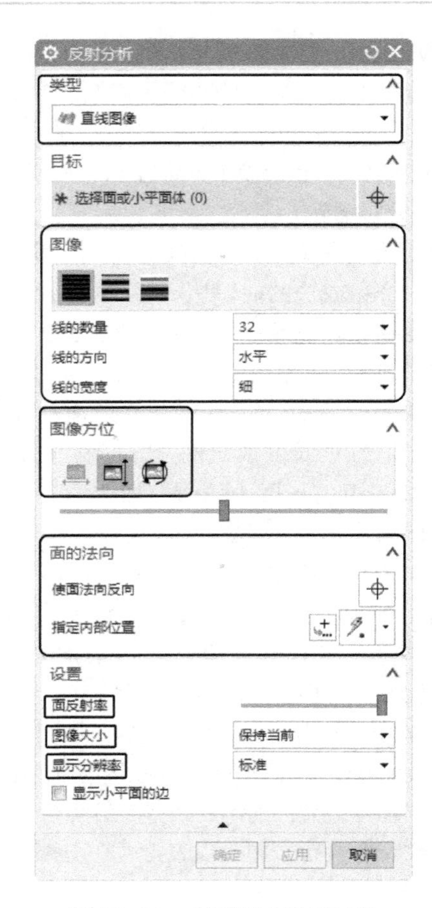

图 10-21 “反射分析”对话框

（2）图像：对应每一种类型，可以选用不同的图片。最常使用的是第二种斑马纹分析。可以详细设置其中的条纹数目等。

①线的数量：通过该下拉列表指定黑色条纹或彩色条纹的数量。

②线的方向：通过该下拉列表指定条纹的方向。

③线的宽度：通过该下拉列表指定黑色条纹的粗细。

（3）图像方位：通过拖动滑块可以移动图片在曲面上的反光位置。

（4）面反射率：该选项用于调整面的反光效果，以便更好观察。

（5）图像大小：该选项用于指定用来反射的图片的大小。

（6）显示分辨率：该选项用于指定分辨率的大小。

（7）面的法向：通过两种方法之一来改变被分析表面的法线方向。“指定内部位置”是通过在表面的一侧指定一个点来指示表面的内侧，从而决定法线方向；“使面法向反向”是通过选取表面，使被分析表面的法线方向反转。

通过使用反射分析这种方法可以分析曲面的C0、C1、C2连续性。

3. 斜率

在菜单栏中选择“分析”→“形状”→“斜率”命令或单击“分析”选项卡“更多”库下的“斜率”按钮，打开“斜率分析”对话框，如图10-22所示。可以用来分析曲面的斜率变化。在模具设计中，正的斜率代表可以直接拔模的地方，因此这是模具设计最常用的分析功能。该对话框中的选项功能与前述对话框中的选项用法差异不大，在这里就不再详细介绍。

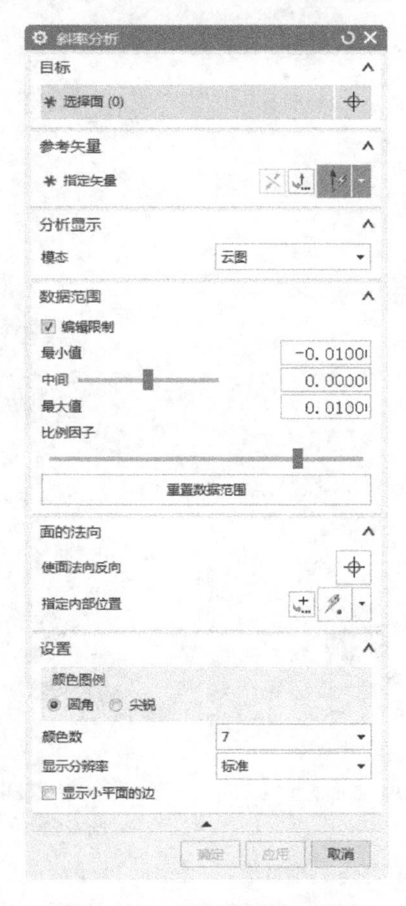

图10-22 “斜率分析”对话框

4. 距离

在菜单栏中选择“分析”→“形状”→“距离”命令或单击“分析”选项卡“更多”库下的“距离”按钮，打开“距离分析”对话框，如图10-23所示。用于分析当前曲面和其他曲面之间的距离。

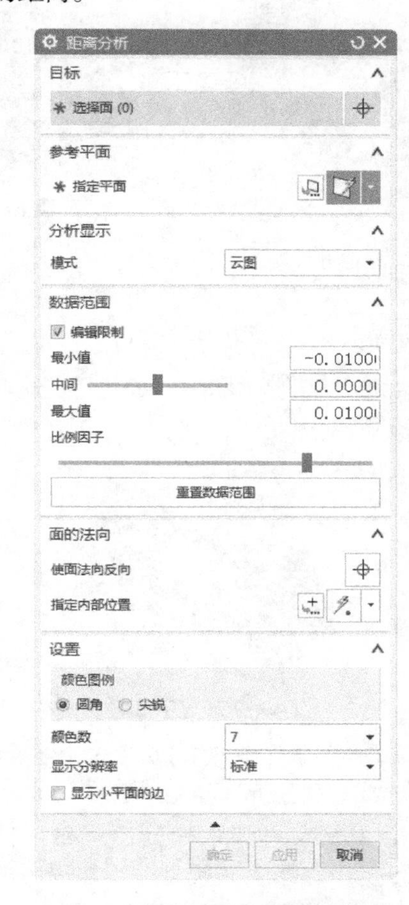

图10-23 “距离分析”对话框

10.4 综合实例——鞋子曲面分析

曲面的质量直接影响产品的质量，所以需要在造型过程中对构建的曲面的质量进行分析和验证，从而保证构建的产品的质量符合设计要求。本节首先对模型曲面质量做出分析，然后对模型进行完善，使其符合要求。

鞋子曲面的分析过程如图10-24所示。

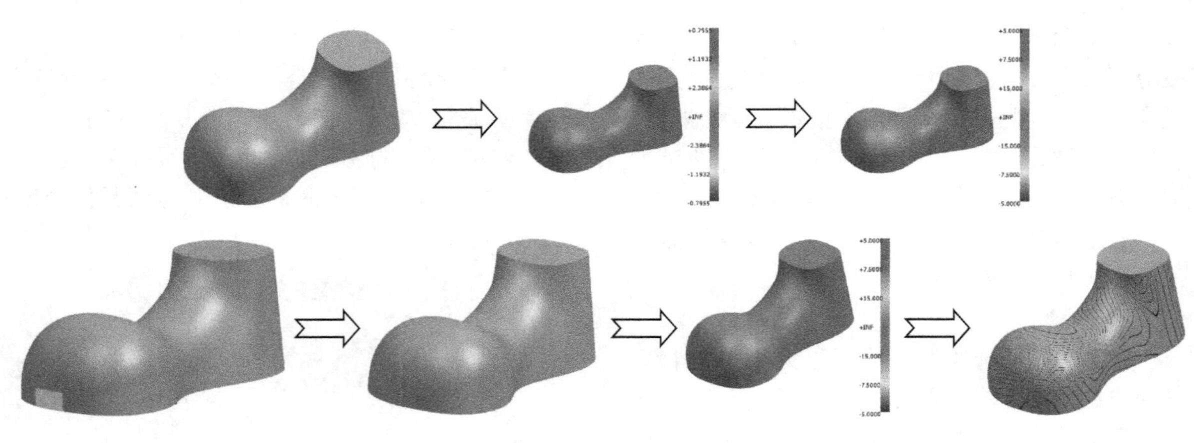

图 10-24　鞋子曲面的分析过程

绘制步骤

Step 01 分析模型曲面质量

（1）打开文件 xiezi.prt，进入建模模块，如图 10-25 所示。

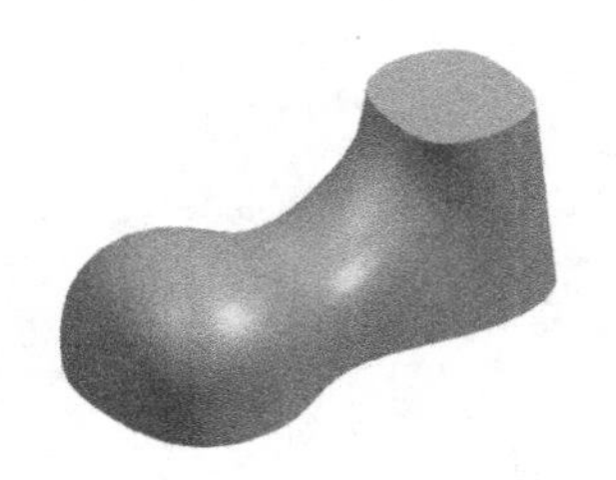

图 10-25　鞋子模型

（2）选择菜单栏中的“分析”→“形状”→“半径”命令或单击“分析”选项卡“更多”下的“半径”按钮，系统打开“半径分析”对话框，如图 10-26 所示。❶ 在“类型”下拉列表中选择“高斯”，❷ 在“模态”下拉列表中选择“云图”，其余选项保持默认值，选择鞋子的表面作为分析曲面如图 10-27 所示。

（3）单击“应用”按钮，完成曲面半径分析，如图 10-28 所示。

（4）此时的半径分析云图不易判断曲面的质量，在“半径分析”对话框中设置最小值为 -5，最大值设为 5，单击“应用”按钮，曲面半径分析如图 10-29 所示。由曲面半径分析云图的颜色变化可知，鞋子的曲面存在 1 个收敛点，为了改善曲面质量，需要移除该收敛点。

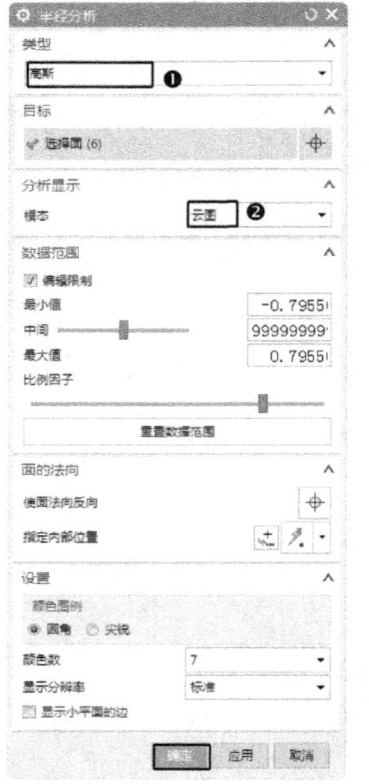

图 10-26　“半径分析”对话框

图 10-27　分析曲面的选择

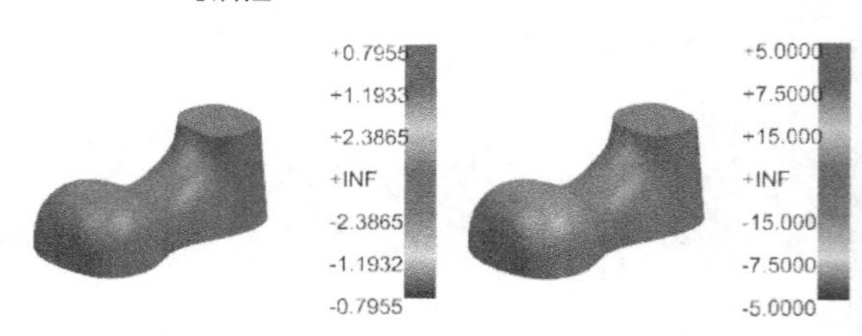

图 10-28　曲面的半径分析

图 10-29　更改半径后的半径分析

Step 02 移除鞋子曲面上的收敛点

（1）删除已经完成的缝合曲面。

（2）选择菜单栏中的“插入”→“曲线”→“直

线”命令或单击“曲线”选项卡“曲线”组中的“直线”按钮，系统打开“直线”对话框。创建坐标点分别为（–30,0,–30）、（–30,0,30）；（–30,0,30）、（30,0,30）；（30,0,30）、（30,0,–30）和（30,0,–30）、（–30,0,–30）的 4 条直线。结果如图 10–30 所示。

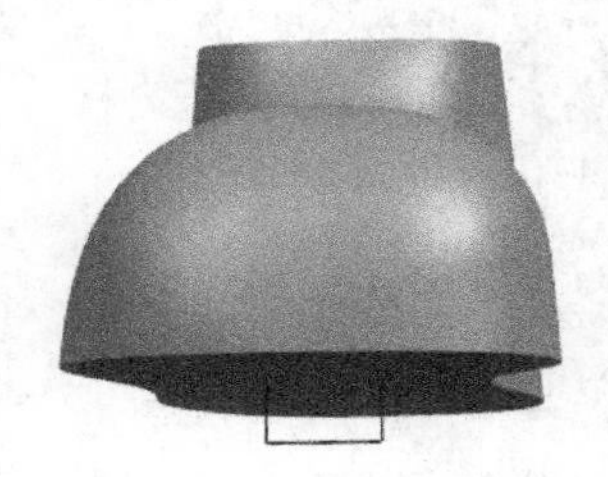

图 10–30　生成的矩形

（3）选择菜单栏中的“插入”→“修剪”→“修剪片体”命令或单击“曲面”选项卡“曲面操作”组中的“修剪片体”按钮，系统打开“修剪片体”对话框，如图 10–31 所示。选择目标片体如图 10–32 所示。

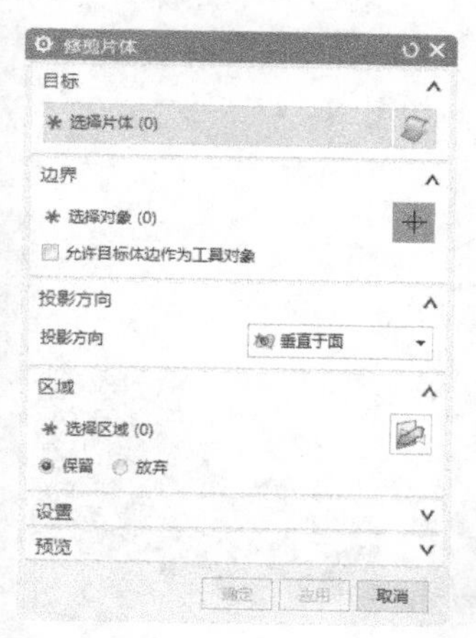

图 10–31　“修剪片体”对话框

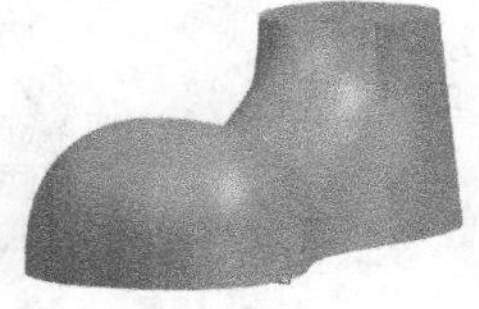

图 10–32　选择要修剪的片体

（4）选择上面生成的直线作为修剪曲面的边界曲线，如图 10–33 所示。❶“投影方向”选择“沿矢量”，❷“指定矢量”选择 YC，如图 10–34 所示。单击“确定”按钮，完成片体的修剪，如图 10–35 所示。单击边界曲线，然后选择“编辑”→“显示和隐藏”→“隐藏”命令，或者按组合键 Ctrl+B，边界曲线被隐藏。

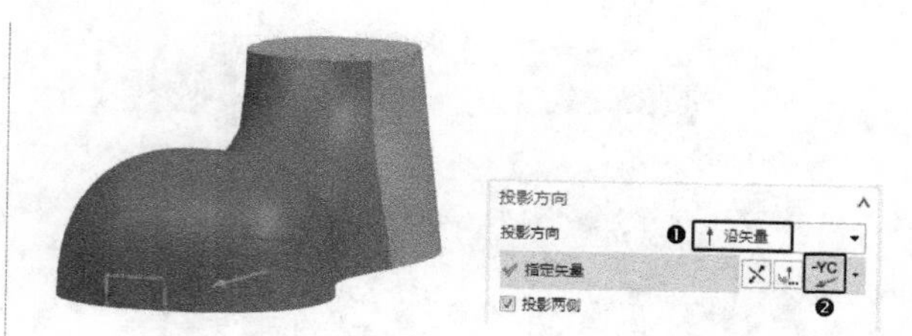

图 10–33　选择修剪片体的曲线　图 10–34　设定投影方向

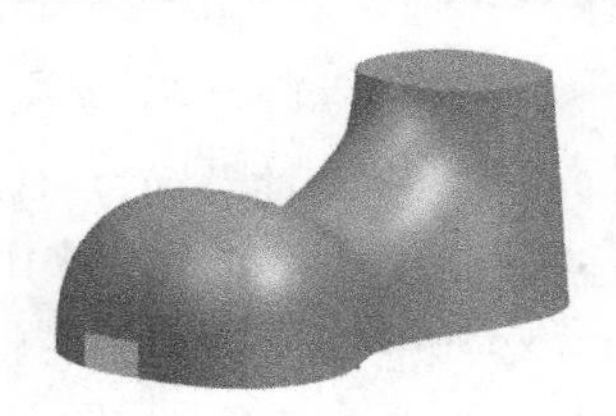

图 10–35　修剪的片体

Step 03　构建通过曲线网格曲面

（1）选择菜单栏中的“插入”→“网格曲面”→“通过曲线网格”命令或单击“曲面”选项卡“曲面”组中的“通过曲线网格”按钮，系统打开“通过曲线网格”对话框，如图 10–36 所示。选择主曲线，如图 10–37 所示。单击鼠标中键，选择交叉曲线串，如图 10–38 所示。

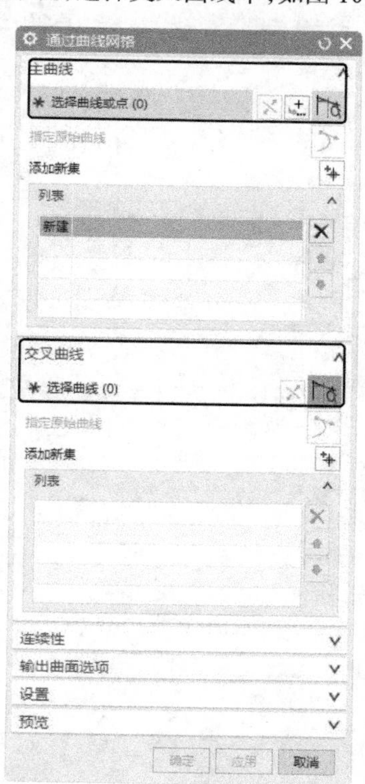

图 10–36　“通过曲线网格”对话框

图 10-37　选取主曲线　图 10-38　选取交叉曲线

（2）第一主线串连续性设置为“G1（相切）”，如图 10-39 所示，选择相切面，如图 10-40 所示。最后主线串连续性也设置为“G1（相切）”，如图 10-41 所示，选择相切面，如图 10-40 所示。第一交叉线串连续性设置为“G1（相切）”，如图 10-42 所示。选择相切面，如图 10-40 所示。

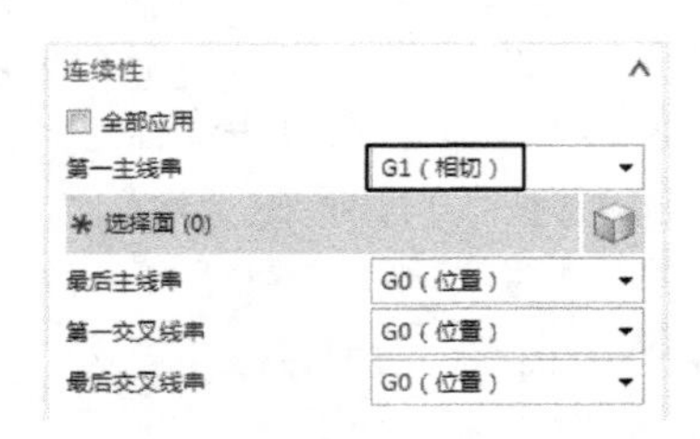

图 10-39　第一主线串连续性设置　图 10-40　选择相切面

连续性
全部应用
第一主线串　G1（相切）
选择面 (1)
最后主线串　G1（相切）
选择面 (0)
第一交叉线串　G0（位置）
最后交叉线串　G0（位置）

图 10-41　第二主线串连续性设置

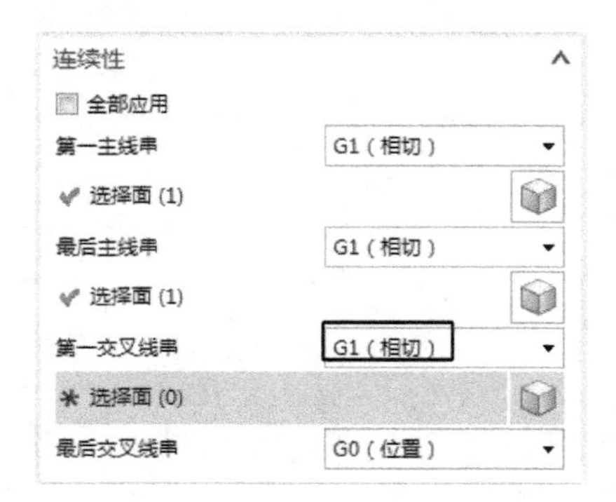

图 10-42　第一交叉线串连续性设置

（3）其余选项保持为默认值，单击“确定”按钮。生成的网格曲面如图 10-43 所示。

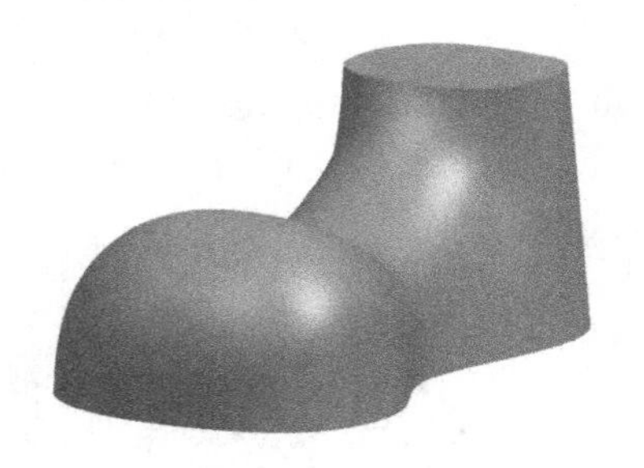

图 10-43　网格曲面

Step 04　曲面缝合

在菜单栏中选择“插入”→“组合”→“缝合”命令或单击“曲面”选项卡“曲面操作”组中的“缝合”按钮，系统打开“缝合”对话框，如图 10-44 所示。❶“类型”选择“片体”，❷“目标”选择鞋子的上部曲面，如图 10-45 所示。“工具”选择其余的片体，如图 10-46 所示。❸在“设置”选项组中，不勾选“输出多个片体”复选框，❹单击“确定”按钮，鞋子的曲面被缝合，生成鞋子的实体模型，如图 10-47 所示。

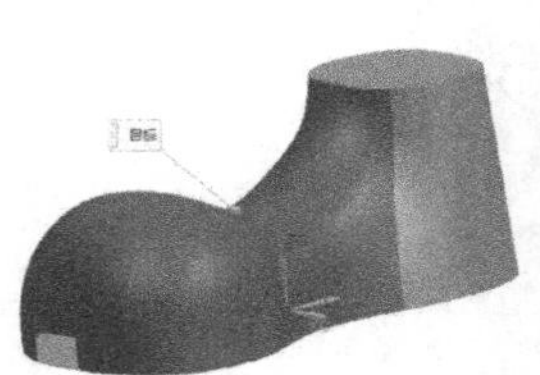

图 10-44　“缝合”对话框　图 10-45　目标选择

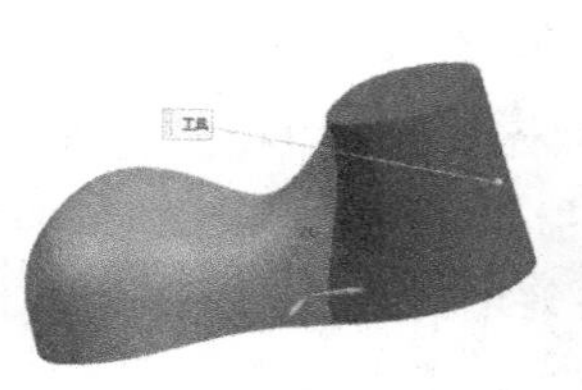

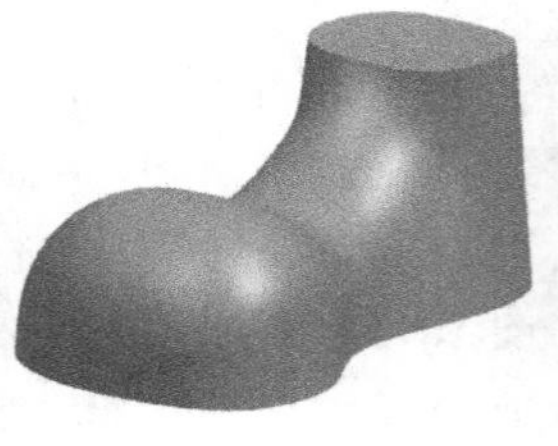

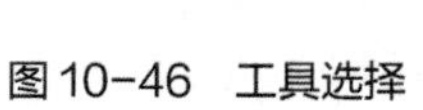

图 10-46　工具选择　图 10-47　完善后鞋子的实体模型

Step 05 对修补后的模型曲面进行分析

（1）曲率半径分析。在菜单栏中选择“分析”→“形状”→“半径”命令或单击“分析”选项卡“更多”组“面形状”中的“半径”按钮，系统打开“半径分析”对话框。❶ 在“类型”下拉列表中选择“高斯”，❷ 在“模态”下拉列表中选择“云图”，“最小值”设为 -5，“最大值”设为 5，其余选项保持默认值，如图 10-48 所示。选择鞋子的表面作为分析曲面。❸ 单击“应用”按钮或单击鼠标中键完成曲率半径分析，如图 10-49 所示，可见曲面不存在收敛点，曲面质量得到改善。

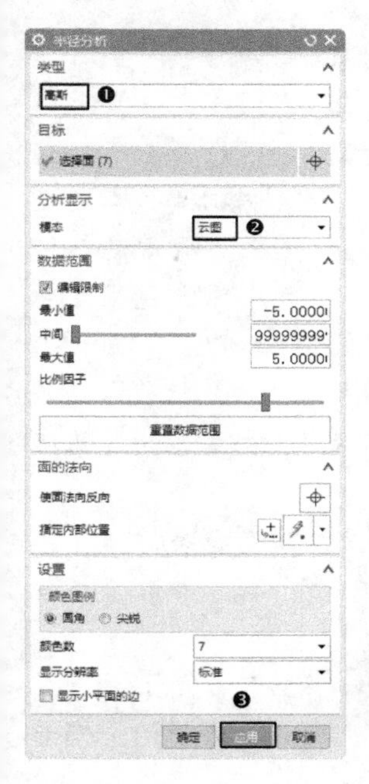

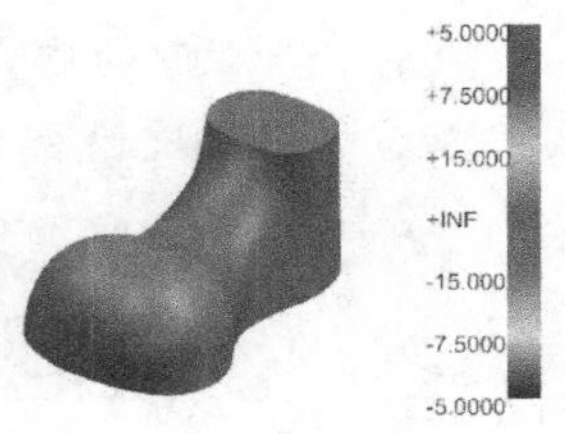

图 10-48 “半径分析”对话框

图 10-49 半径分析

（2）反射分析。选择菜单栏中的“分析”→“形状”→“反射”命令或单击“分析”选项卡“面形状”组中的“反射”按钮，系统打开“反射分析”对话框，如图 10-50 所示。该对话框中的选项保持默认值，选择鞋子的表面作为分析曲面。单击“应用”按钮或单击鼠标中键完成反射分析，如图 10-51 所示。通过旋转观察反射纹的变化情况来确认修改后的曲面是否达到设计要求。

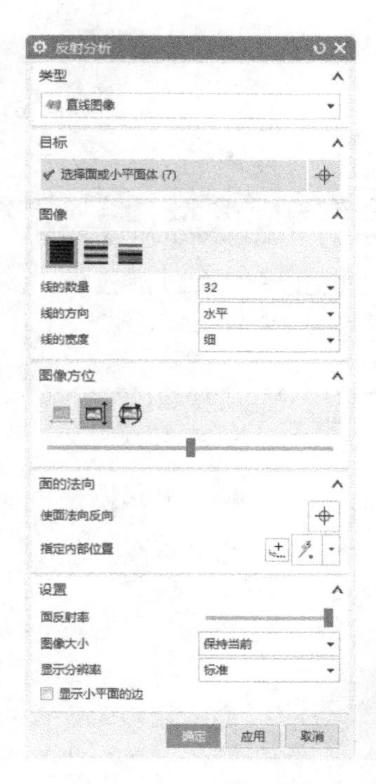

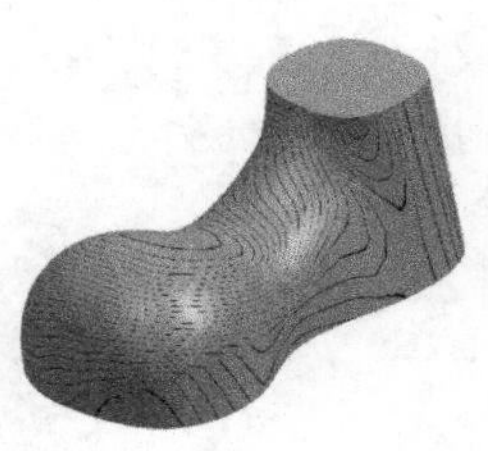

图 10-50 “反射分析”对话框

图 10-51 反射分析

10.5 新手问答

❓ Q1：如何测量特征的重量？

答：首先执行“菜单”→“工具”→“材料”→“指派材料”→“选择特征”→“选择材质”→“确定”操作，如果是 UG 系统中没有的材料，则要自己输入该材料的密度，即选择“菜单”→“编辑”→“特征”→“实体密度”命令，为实体添加材料，然后选择“菜单”→“分析”→“测量体”→“选择特征”→ 单击对话框左上角的“设置”→“测量体（更多）”→“结果显示”→“显示信息窗口”命令，质量即可显示在对话框中。

❓ Q2：通常使用 UG 中的“几何属性”命令，可以测得当前零件上的一些数据，在使用“几何属性”命令后，会产生如下三个箭头，那么如何去除这三个箭头呢？

答：首先这三个箭头并不影响我们的操作，在进入零件的下一步操作后，就会自动没有了，或者通过使用编辑当前的特征来取消这三个箭头；当进入编辑特征命令后，既可以单击“取消”按钮，也可以单击“确定”按钮，这样通过几何属性显示的箭头就没有了。

10.6 上机实验

通过前面的学习，相信读者对本章知识已有一个大体的了解。本节将通过一个操作练习帮助读者进一步掌握本章的知识要点。

【练习】曲面距离分析

1. 目的要求

本练习对图 10-52 所示的曲面进行距离分析，主要用到“距离”命令。通过本练习帮助读者掌握几何分析命令的用法。

图 10-52　曲面

2. 操作提示

（1）打开文件 8-12.prt，进入建模模块，如图 10-52 所示。

（2）利用“距离”命令，创建“距离”为 20 的基准平面，如图 10-53 所示。

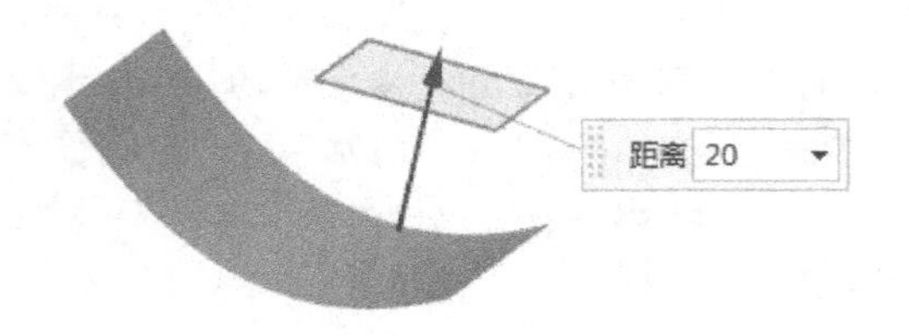

图 10-53　基准平面

（3）选择要分析的曲面。

（4）对曲面进行“云图”分析，结果如图 10-54 所示。

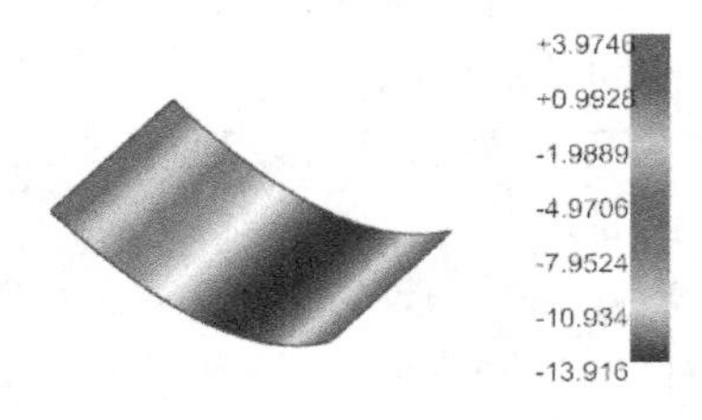

图 10-54　距离分析

10.7 思考与练习

一、选择题

1. 绘制轴测图时，量取尺寸的方法是(　　)。

A. 每一尺寸均从视图中按比例取定

B. 必须沿轴测轴方向按比例取定

C. 一般沿轴测轴方向，必要时可以不沿轴测轴方向量取

D. 不能沿轴测轴方向量取

2. 几何对象检查功能用于计算分析各种类型的几何体对象，找出错误或无效的几何体，也可以分析（　　），找出其中无用的几何对象和错误的数据结构。

A. 面和边等几何对象

B. 点和边等几何对象

C. 点和面等几何对象

3. 通过使用分析工具可以及时发现和处理设计工作中的问题，这些工具除了常规的几何参数分析之外，还可以（　　），或将结果输成各种数据格式。

A. 对曲线和曲面进行光顺性分析

B. 对几何对象进行误差和拓扑分析、几何特性分析

C. 计算装配的质量、计算质量特性

D. 对装配进行干涉分析

二、简答题

1. 如何快速分析 UG 模型中的负角？

2. 如何用 UG 模型比较工具分析两个模型的差别？

3. 在 UG 中如何进行曲率曲面分析？

第 11 章 NX 钣金

本章导读

NX 钣金模块提供了一个直接操作钣金零件设计的集中环境。NX 钣金建立于工业领先的 Solid Edge 方法，目的是设计 Machinery、Enclosures、brake-press Manufactured parts 和其他具有线性折弯线的零件。

内容要点

- 钣金基本特征
- 钣金高级特征

11.1 NX 钣金概述

本节主要介绍如何进入钣金环境，并介绍钣金特征的创建流程。

启动 UG NX 12.0 后，选择“文件”→“新建”命令或者单击“标准”工具栏中的“新建”按钮，打开“新建”对话框，如图 11-1 所示。❶在“模板”列表框中选择“NX 钣金”，❷输入文件名称和文件路径，❸单击“确定”按钮，进入 UG NX 钣金环境，如图 11-2 所示。它提供了 UG 专门面向钣金件的直接钣金设计环境。

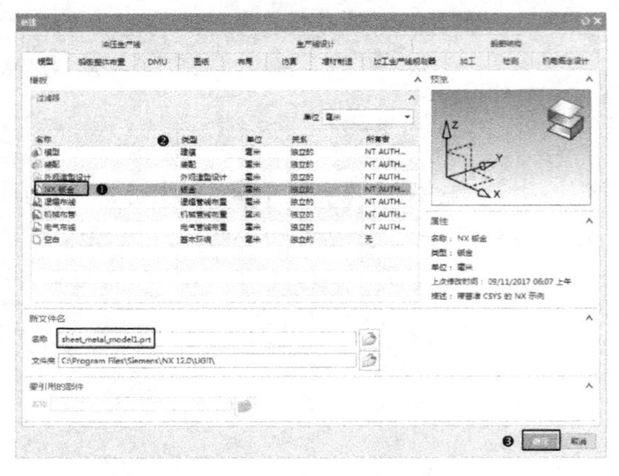

图 11-1 “新建”对话框

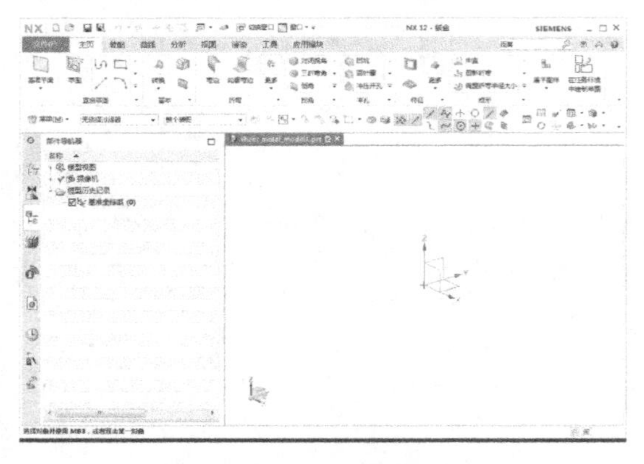

图 11-2 NX 钣金设计环境

或者在其他环境中，单击“应用模块”选项卡“设计”组中的“钣金”按钮，如图 11-3 所示，进入钣金设计环境。

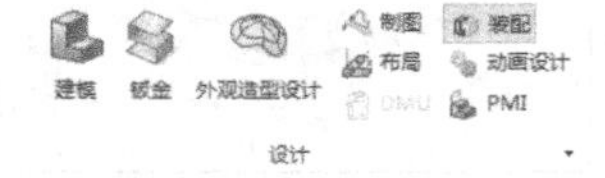

图 11-3 “设计”组

11.1.1 NX 钣金设计流程

典型的 NX 钣金设计流程如下。

（1）设置钣金属性的默认值。

（2）草绘基本特征形状，或者选择已有的草图。

（3）创建基本特征（常用标签特征）。

创建钣金零件的典型工作流程一开始就是创建基本特征，基本特征是要创建的第一个特征，典型的定义零件形状。在 NX 钣金中，常使用突出块特征来创建基本特征，但也可以使用轮廓弯边和放样弯边来创建。

（4）添加特征如弯边、凹坑和使用折弯进一步定义已经成形的钣金零件的基本特征。

在创建了基本特征后，使用 NX 钣金和成形特征命令来完成钣金零件，这些命令有弯边、凹坑、折弯、孔、腔体等。

（5）根据需要采用取消折弯展开折弯区域，在钣金零件上添加孔、开孔、压花和百叶窗特征。

（6）通过重新折弯展开的折弯面来完成钣金零件。

（7）生成零件展平实体便于图样和以后的加工。

应用展平实体命令在零件文件中创建新的实体，同时保持最初的实体。

展平实体在时间次序表中总是放在最后。每当有新特征添加到父特征时，将展平实体都放在最后，通过更新父特征来考虑更改。

11.1.2 NX 钣金首选项

钣金应用提供了材料厚度、弯曲半径和让位槽深度等默认属性设置，也可以更改这些设置。

在菜单栏中选择“首选项”→“NX 钣金”命令，打开“钣金首选项”对话框，如图 11-4 所示。在其中可以改变钣金的默认设置项包括“部件属性”“展平图样处理”和“展平图样显示”等。

1. 部件属性

单击“部件属性”标签，打开该选项卡，对话框如图 11-4 所示。

“钣金首选项”–“部件属性”对话框中部分选项的功能如下。

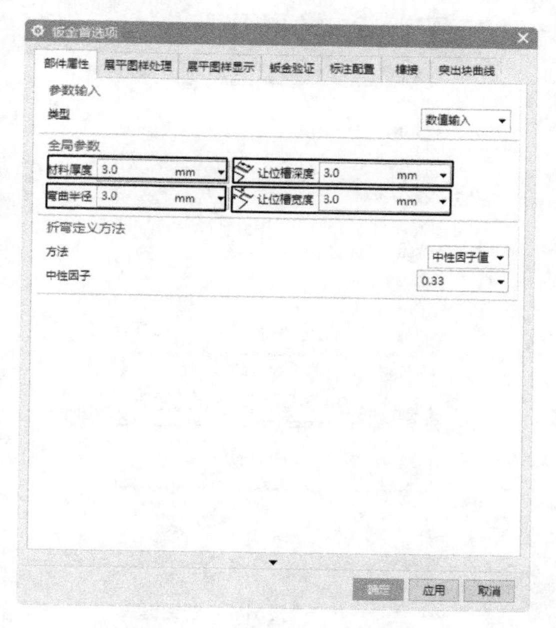

图 11-4 “钣金首选项”对话框

（1）材料厚度：钣金零件默认厚度，可以在图 11-4 所示的“钣金首选项”对话框中设置材料厚度。

（2）弯曲半径：折弯默认半径，基于折弯时发生断裂的最小极限来定义，在图 11-4 所示的“钣金首选项”对话框中可以根据所选材料的类型来更改弯曲半径设置。

（3）让位槽深度 / 宽度：从折弯边开始计算折弯缺口延伸的距离称为折弯深度（D），跨度称为宽度（W）。可以在图 11-4 所示的“钣金首选项”对话框中设置止裂口宽度和深度。示意图如图 11-5 所示。

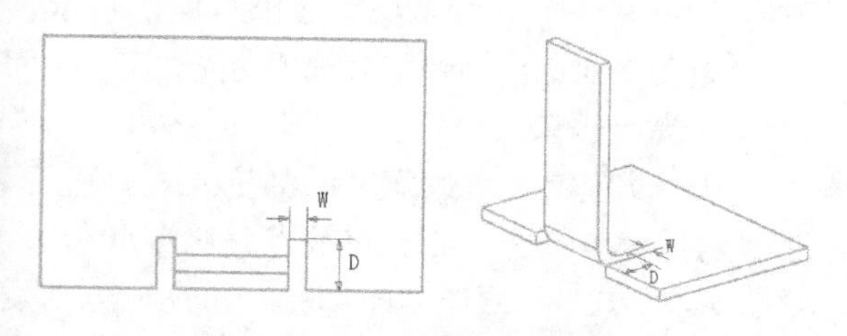

图 11-5 止裂口参数含义示意图

（4）中性因子：中性轴是指折弯外侧拉伸应力等于内侧挤压应力处，它用来表示平面展开处理的折弯需要公式。由折弯材料的机械特性决定，用材料厚度的百分比来表示，从内侧折弯半径来测量，默认为 0.33，有效范围从 0 到 1。

2. 展平图样处理

单击“展平图样处理”标签，打开该选项卡，可以设置平面展平图样处理参数，如图 11-6 所示。

“钣金首选项”–“展平图样处理”对话框中部分选项的功能如下。

（1）处理选项：对于平面展平图样处理的对内拐角和外拐角进行倒角和倒圆。在后面的文本框中输入倒角的边长或倒圆半径。

（2）展平图样简化：对圆柱表面或折弯线上具有裁剪特征的钣金零件进行平面展开时，生成 B 样条曲线，该选项可以将 B 样条曲线转化为简单直线和圆弧。用户可以在如图 11-6 所示的对话框中定义最小圆弧和偏差公差。

（3）移除系统生成的折弯止裂口：当创建没有止裂口的封闭拐角时，系统在 3-D 模型上生成一个非常小的折弯止裂口。在如图 11-6 所示的对话框中设置在定义平面展开图实体时，是否移除系统生成的折弯止裂口。

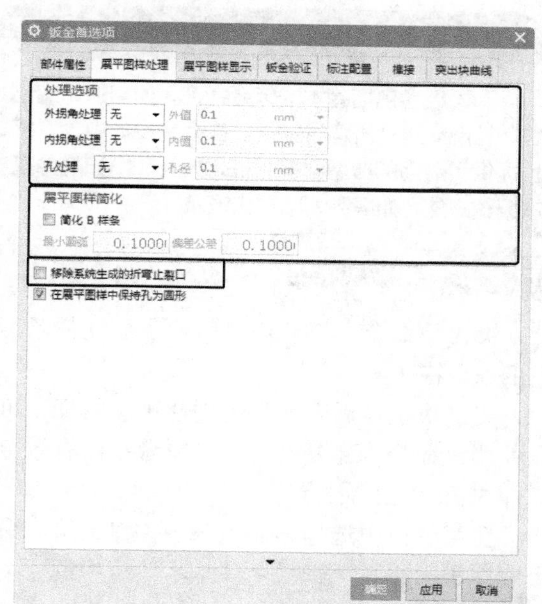

图 11-6 设置展平图样处理

3. 展平图样显示

单击“展平图样显示”标签，可以设置平面展开图样显示参数，如图 11-7 所示。包括各种曲线的显示颜色、线性、线宽和标注。

图 11-7 “展平图样显示”选项卡

4. 钣金验证

单击“钣金验证”标签，在此选项卡中设置最小工具间隙和最小腹板长度的验证参数。

11.2 钣金基本特征

NX 钣金包括基本的钣金特征，如弯边、突出块、轮廓弯边及折弯等特征。在钣金设计中，系统也提供了通用的典型建模特征，如孔、槽和其他基本编辑方法，如复制、粘贴和镜像。

11.2.1 突出块特征

突出块命令可以使用封闭轮廓创建任意形状的扁平特征。

突出块是在钣金零件上创建平板特征，可以使用该命令创建基本特征，或者在已有钣金零件的表面上添加材料。

在菜单栏中选择“插入”→“突出块”命令或单击“主页”选项卡“基本”组中的“突出块”按钮，打开“突出块”对话框，如图 11-8 所示。示意图如图 11-9 所示。

“突出块”对话框中部分选项的功能如下。

（1）表区域驱动：包括如下两种方式。

① 曲线：用于指定使用已有的草图来创建平板特征。

② 绘制截面：用于在参考平面上绘制草图来创建平板特征。

（2）厚度：输入突出块的厚度。

图 11-8 “突出块”对话框

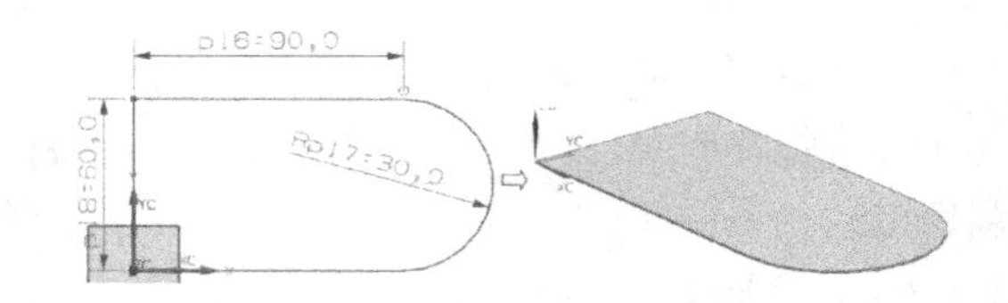

图 11-9 “突出块”示意图

11.2.2 弯边特征

弯边特征可以创建简单折弯和弯边区域。弯边包括圆柱区域，即通常所说的折弯区域和矩形区域（网格区域）。

在菜单栏中选择“插入”→“折弯”→“弯边”命令或单击“主页”选项卡“折弯”组中的“弯边”按钮，打开“弯边”对话框，如图 11-10 所示。

“弯边”对话框中的部分选项功能如下。

1. 宽度选项

用于设置定义弯边宽度的测量方式。宽度选项包括完整、在中心、在端点、从端点和从两端 5 种方式。示意图如图 11-11 所示。

（1）完整：指沿着所选择折弯边的边长来创建弯边特征，当选择该选项创建弯边特征时，弯边的主要参数有长度、偏置和角度。

（2）在中心：指在所选择的折弯边中部创建

弯边特征，可以编辑弯边宽度值和使弯边居中，默认宽度是所选择折弯边长的三分之一，当选择该选项创建弯边特征时，弯边的主要参数有长度、偏置、角度和宽度（两宽度相等）。

（3）**在端点：** 指从所选择的端点开始创建弯边特征，当选择该选项创建弯边特征时，弯边的主要参数有长度、偏置、角度和宽度。

（4）**从端点：** 指从所选折弯边的端点定义距离来创建弯边特征，当选择该选项创建弯边特征时，弯边的主要参数有长度、偏置、角度、从端点（从端点到弯边的距离）和宽度。

（5）**从两端：** 指从所选择折弯边的两端定义距离来创建弯边特征，默认宽度是所选择折弯边长的三分之一，当选择该选项创建弯边特征时，弯边的主要参数有长度、偏置、角度、距离 1 和距离 2。

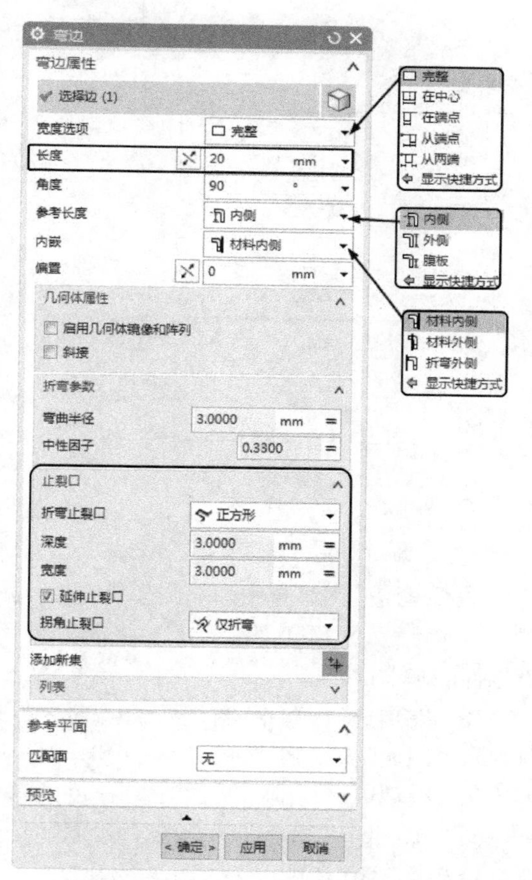

图 11-10 “弯边”对话框

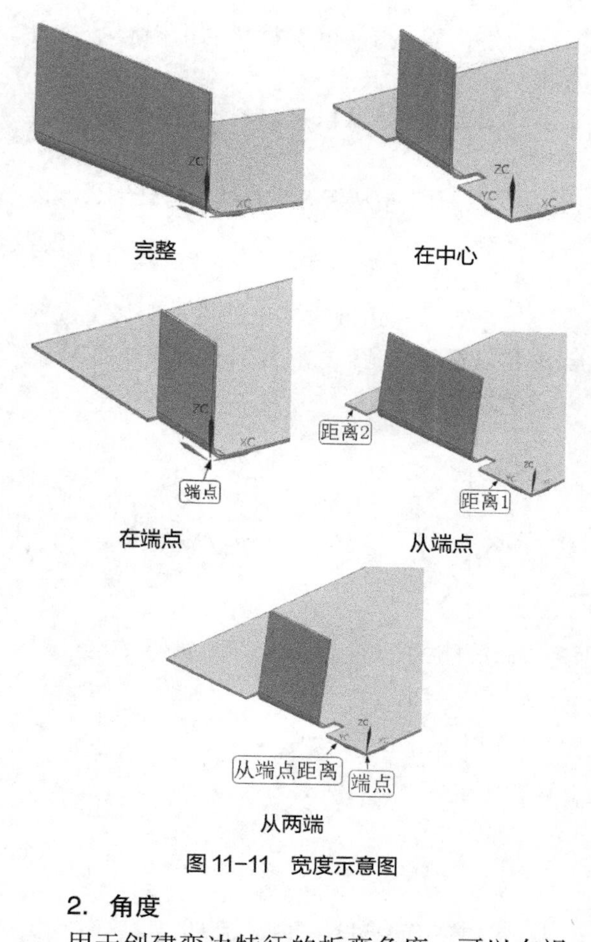

图 11-11 宽度示意图

2. 角度

用于创建弯边特征的折弯角度，可以在视图区中动态更改角度值。

3. 参考长度

用于设置定义弯边长度的度量方式，参考长度选项包括内侧、外侧和腹板 3 种方式。示意图如图 11-12 所示。

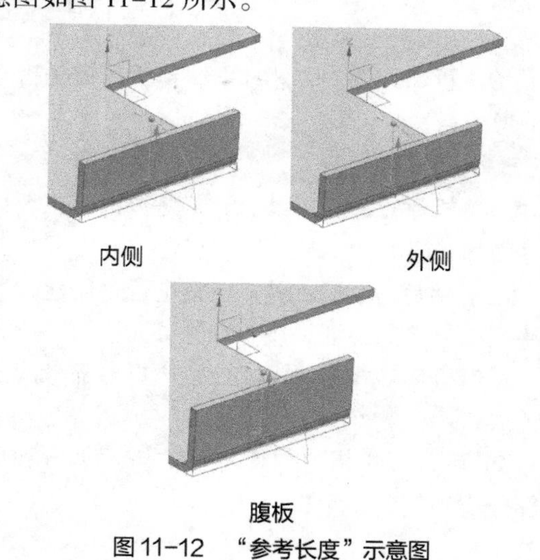

图 11-12 “参考长度”示意图

（1）内侧：指从已有材料的内侧测量弯边长度。

（2）外侧：指从已有材料的外侧测量弯边长度。

（3）腹板：指从已有材料的折弯处测量弯边长度。

4. 内嵌

用于表示弯边嵌入基础零件的距离。嵌入类型包括材料内侧、材料外侧和折弯外侧 3 种。示意图如图 11-13 所示。

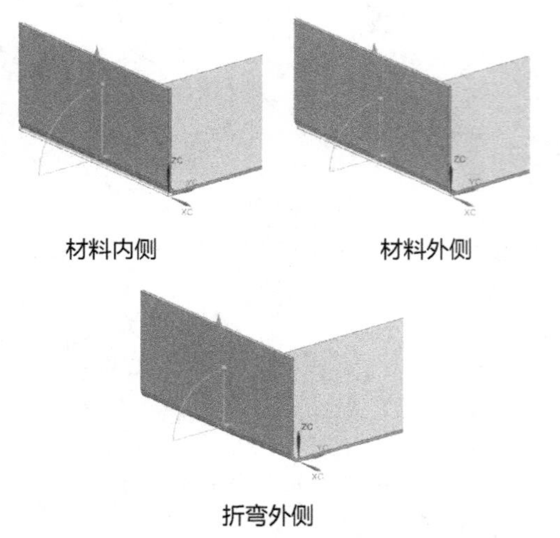

图 11-13 “内嵌”示意图

（1）材料内侧：指弯边嵌入到基本材料的里面，这样突出块区域的外侧表面与所选的折弯边平齐。

（2）材料外侧：指弯边嵌入基本材料的外面，这样突出块区域的内侧侧表面与所选的折弯边平齐。

（3）折弯外侧：指材料添加到所选中的折弯边上形成弯边。

5. 止裂口

（1）折弯止裂口：用于定义是否折弯止裂口到零件的边。

（2）拐角止裂口：用于定义是否要创建的弯边特征所邻接的特征采用拐角止裂口。

①仅折弯：指仅对邻接特征的折弯部分应用拐角缺口。

②折弯 / 面：指对邻接特征的折弯部分和平板部分应用拐角止裂口。

③折弯 / 面链：指对邻接特征的所有折弯部分和平板部分应用拐角缺口。

11.2.3 轮廓弯边

轮廓弯边命令通过拉伸表示弯边截面轮廓来创建弯边特征。可以使用轮廓弯边命令创建新零件的基本特征或者在现有的钣金零件上添加轮廓弯边特征，可以创建任意角度的多个折弯特征。

在菜单栏中选择“插入”→“折弯”→“轮廓弯边”命令或单击“主页”选项卡“折弯”组中的“轮廓弯边”按钮，打开“轮廓弯边”对话框，如图 11-14 所示。

图 11-14 “轮廓弯边”对话框

“轮廓弯边”对话框中的部分选项功能如下。

（1）底数：可以使用基部轮廓弯边命令创建新零件的基本特征。

（2）宽度选项：包括“有限”和“对称”选项。示意图如图 11-15 所示。

①有限：指创建有限宽度的轮廓弯边的方法。

②对称：指用二分之一的轮廓弯边宽度值来定义轮廓两侧距离值的方法创建轮廓弯边。

（3）斜接：可以设置轮廓弯边端（两侧）包括开始端和结束端选项的斜接选项和参数。

①斜接角：用于设置轮廓弯边开始端和结束端的斜接角度。

②使用法向开孔法进行斜接：用于定义是否采用法向切槽方式斜接。

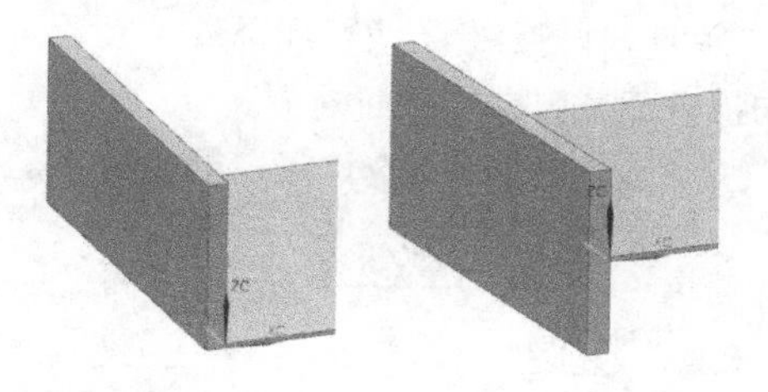

有限　　　　对称

图 11-15　“宽度选项”示意图

11.2.4 放样弯边

放样弯边功能提供了在平行参考面上的轮廓或草图之间过渡连接的功能。可以使用放样弯边命令创建新零件的基本特征。

在菜单栏中选择“插入”→“折弯”→“放样弯边”命令或单击“主页”选项卡“折弯”组中“更多”库下的“放样弯边”按钮，打开“放样弯边”对话框，如图 11-16 所示。示意图如图 11-17 所示。

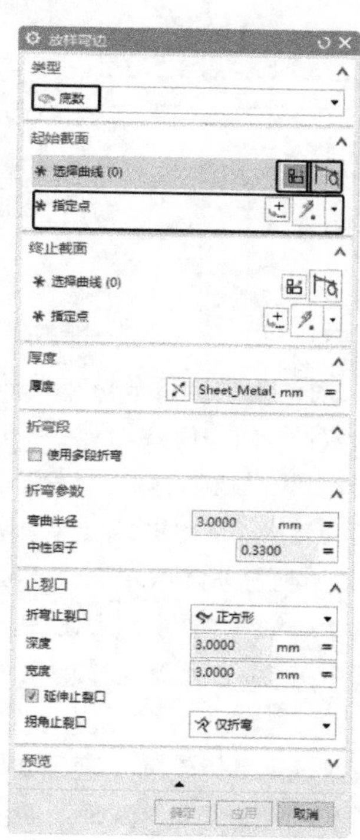

图 11-16　“放样弯边”对话框

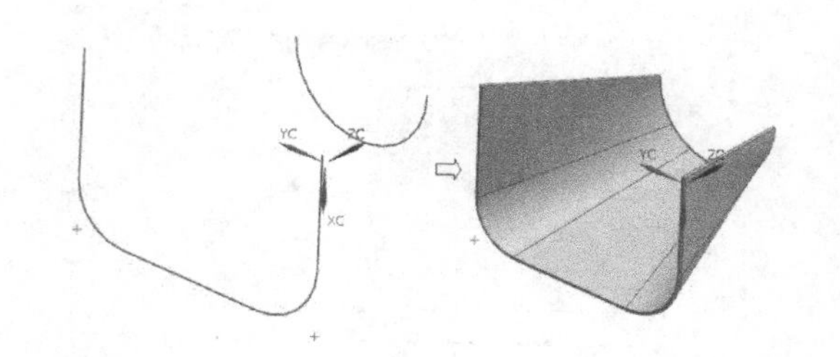

图 11-17　“放样弯边”示意图

“放样弯边”对话框中的部分选项功能如下。

（1）类型 – 底数： 可以使用基部放样弯边选项创建新零件的基本特征。

（2）选择曲线： 用于指定使用已有的轮廓作为放样弯边特征的起始轮廓来创建放样弯边特征。

（3）起始截面： 在参考平面上绘制轮廓草图作为放样弯边特征的起始轮廓，来创建基部放样弯边特征。

（4）指定点： 用于指定放样弯边起始轮廓的顶点。

11.2.5 二次折弯特征

二次折弯功能可以在钣金零件平面上创建两个 90° 的折弯，并添加材料到折弯特征。二次折弯功能的轮廓线必须是一条直线，并且位于放置平面上。

在菜单栏中选择“插入”→“折弯”→“二次折弯”命令或单击“主页”选项卡“折弯”组中“更多”库下的“二次折弯”按钮，打开“二次折弯”对话框，如图 11-18 所示。

“二次折弯”对话框中的部分选项功能如下。

（1）高度： 创建二次折弯特征时，可以在视图区中动态更改高度值。

（2）参考高度： 包括内侧和外侧两种选项，如图 11-19 所示。

①内侧：指定义选择放置面到二次折弯特征最近表面的高度。

②外侧：指定义选择放置面到二次折弯特征最远表面的高度。

图 11-18 “二次折弯”对话框

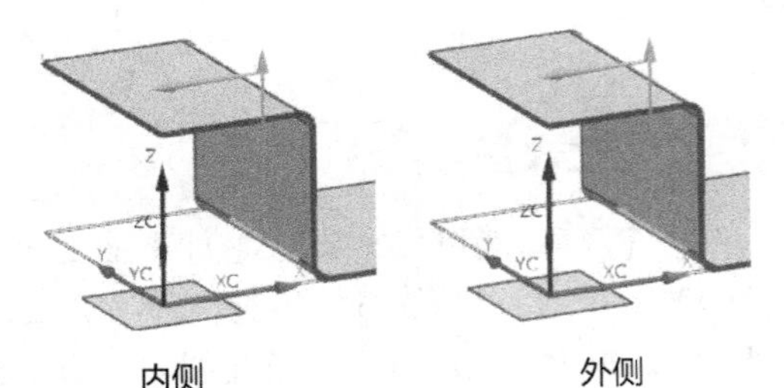

图 11-19 “参考高度”示意图

（3）内嵌：包括材料内侧、材料外侧和折弯外侧 3 种选项。示意图如图 11-20 所示。

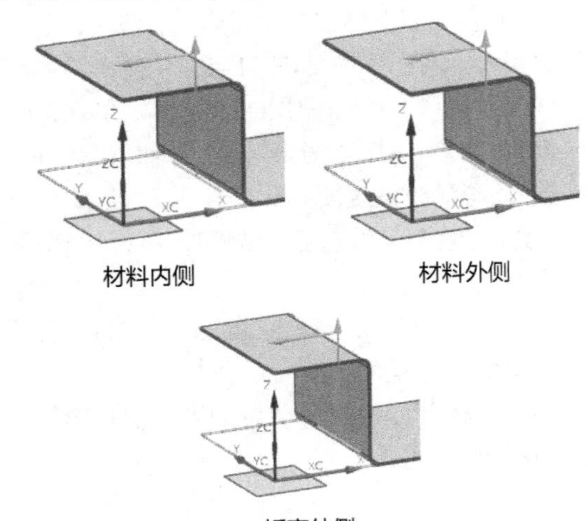

图 11-20 “内嵌”示意图

①材料内侧：指凸凹特征垂直于放置面的部分在轮廓面内侧。

②材料外侧：指凸凹特征垂直于放置面的部分在轮廓面外侧。

③折弯外侧：指凸凹特征垂直于放置面的部分和折弯部分都在轮廓面外侧。

（4）延伸截面：勾选该复选框，定义是否延伸直线轮廓到零件的边。

11.2.6 折弯

折弯命令可以在钣金零件的平面区域中创建折弯特征。

在菜单栏中选择“插入”→“折弯”→“折弯”命令或单击“主页”选项卡“折弯”组中“更多”库下的“折弯”按钮，打开“折弯”对话框，如图 11-21 所示。

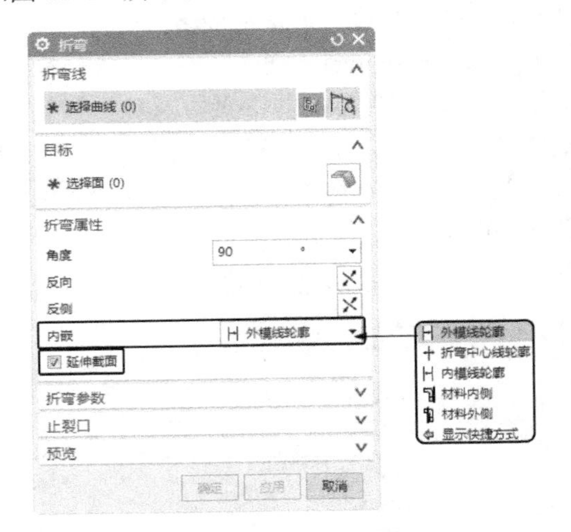

图 11-21 “折弯”对话框

“折弯”对话框中的部分选项功能如下。

（1）内嵌：包括外模线轮廓、折弯中心线轮廓、内模线轮廓、材料内侧和材料外侧 5 种。

①外模线轮廓：指轮廓线在展开状态时表示平面静止区域和圆柱折弯区域之间连接的直线。

②折弯中心线轮廓：指轮廓线表示折弯中心线，在展开状态时，折弯区域均匀分布在轮廓线两侧。

③内模线轮廓：指轮廓线表示在展开状态时的平面区域和圆柱折弯区域之间连接的直线。

④材料内侧：指在成形状态下轮廓线在平面

区域外侧平面内。

⑤材料外侧：指在成形状态下轮廓线在平面区域内侧平面内。

（2）延伸截面： 用于定义是否延伸截面到零件的边。

11.2.7 凹坑

凹坑是指用一组连续的曲线作为成形面的轮廓线，沿着钣金零件体表面的法向成形，同时在轮廓线上建立成形钣金部件的过程，它和冲压开孔有一定的相似之处，主要不同的是凹坑不裁剪由轮廓线生成的平面。

在菜单栏中选择“插入”→“冲孔”→“凹坑”命令或单击“主页”选项卡“冲孔”库中的“凹坑”按钮，打开“凹坑”对话框，如图 11-22 所示。

图 11-22 “凹坑”对话框

和二次折弯功能的对应部分参数含义相同，这里不再详述。“参考深度”示意图和“侧壁”示意图分别如图 11-23 和图 11-24 所示。

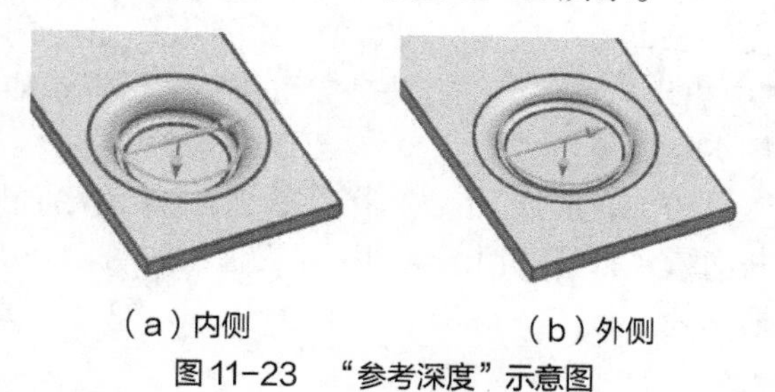

（a）内侧　　（b）外侧

图 11-23 “参考深度”示意图

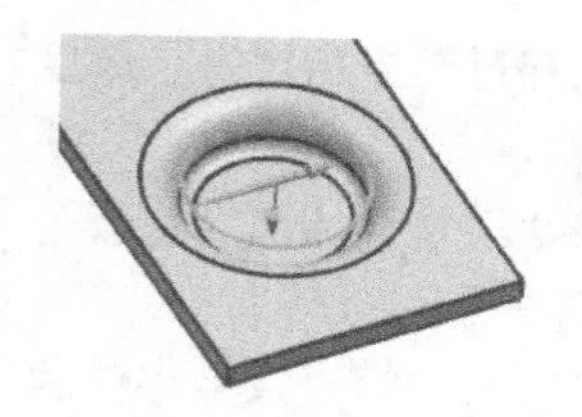

（a）材料内侧　　（b）材料外侧

图 11-24 “侧壁”示意图

11.2.8 法向开孔

法向开孔是指用一组连续的曲线作为裁剪的轮廓线，沿着钣金零件体表面的法向进行裁剪。

在菜单栏中选择“插入”→“切割”→“法向开孔”命令或单击“主页”选项卡“特征”组中的“法向开孔”按钮，打开“法向开孔”对话框，如图 11-25 所示。

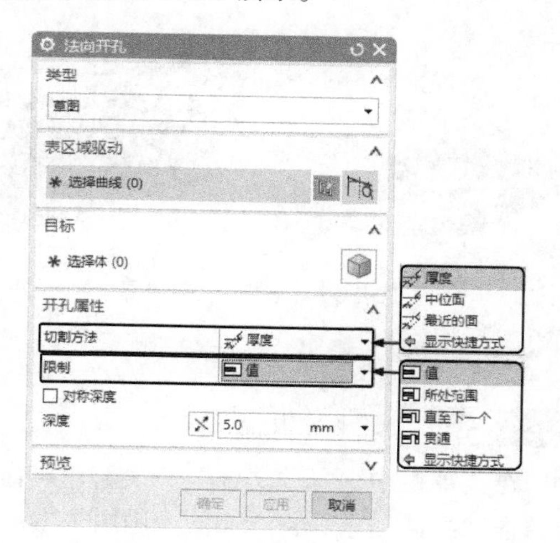

图 11-25 “法向开孔”对话框

“法向开孔”对话框中的部分选项功能如下。

（1）切割方法： 主要包括厚度、中位面和最近的面 3 种方法。

①厚度：是在钣金零件体放置面沿着厚度方向进行裁剪。

②中位面：是在钣金零件体的放置面的中间面向钣金零件体的两侧进行裁剪。

③最近的面：是在钣金零件体放置面的最近的面向钣金零件体的另一侧进行裁剪。

（2）限制： 包括值、所处范围、直至下一个和贯通 4 种类型。

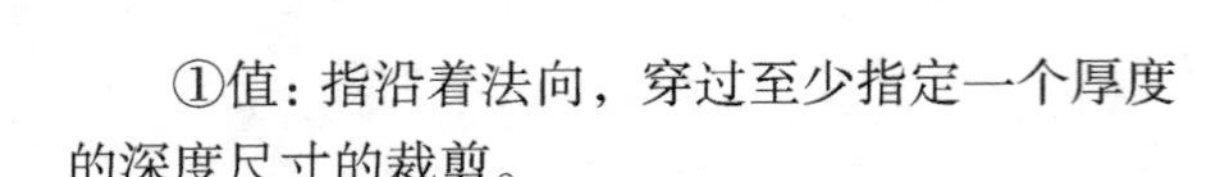

①值：指沿着法向，穿过至少指定一个厚度的深度尺寸的裁剪。

②所处范围：指沿着法向从开始面穿过钣金零件的厚度，延伸到指定结束面的裁剪。

③直至下一个：指沿着法向穿过钣金零件的厚度，延伸到最近面的裁剪。

④贯通：指沿着法向，穿过钣金零件所有面的裁剪。

11.2.9 实例——微波炉内门

首先利用垫片命令创建基本钣金件，然后利用弯边命令创建四周的附加壁，利用法向除料修剪 4 个角的部分料和切除槽，最后利用垫片命令在钣金件上添加实体，并用折弯命令折弯添加的视图。微波炉内门效果图如图 11-26 所示。

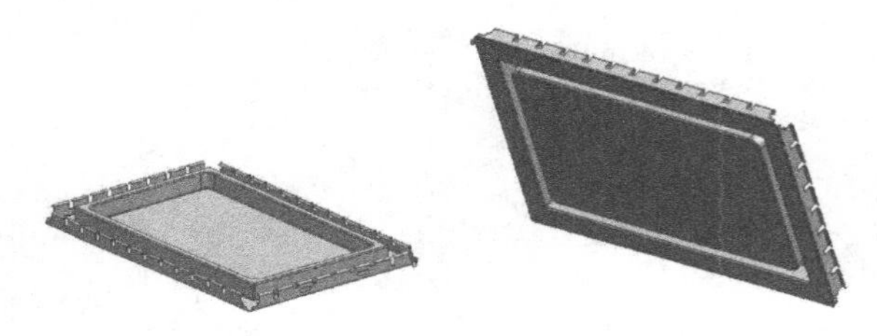

图 11-26　微波炉内门效果图

绘制步骤

Step 01 创建 NX 钣金文件

在菜单栏中选择“文件”→“新建”命令或单击“主页”选项卡“标准”组中的“新建”按钮，打开“新建”对话框，如图 11-27 所示。❶在“名称”文本框中输入“weiboluneimen”，❷在“文件夹”文本框中指定非中文保存路径，❸单击“确定”按钮，进入 UG NX 钣金设计环境。

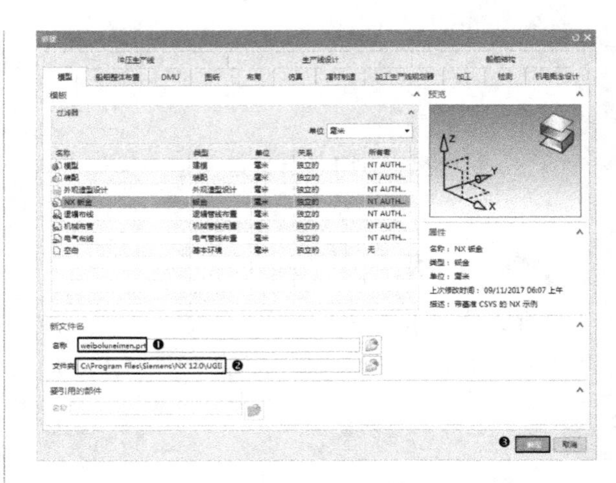

图 11-27　“新建”对话框

Step 02 钣金参数预设置

在菜单栏中选择“首选项”→“钣金”命令，打开“钣金首选项”对话框，如图 11-28 所示。❶设置“全局参数”选项组中的“材料厚度”为 0.6，❷“弯曲半径”为 0.6，❸“让位槽深度”和“让位槽宽度”都为 1，❹选择“折弯定义方法”选项组中的“折弯许用半径”选项，❺单击“确定”按钮，完成 NX 钣金预设置。

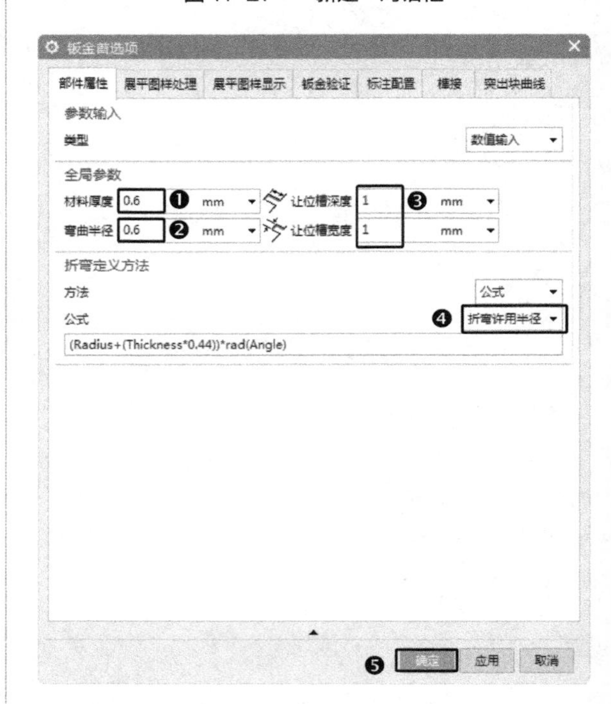

图 11-28　“钣金首选项”对话框

Step 03 创建突出块特征

（1）在菜单栏中选择“插入”→“突出块”命令或单击“主页”选项卡“基本”组中的“突出块”按钮，打开“突出块”对话框，如图 11-29 所示。

（2）❶选择“底数”类型，❷单击“绘制截面”按钮，打开“创建草图”对话框，如图 11-30 所示。

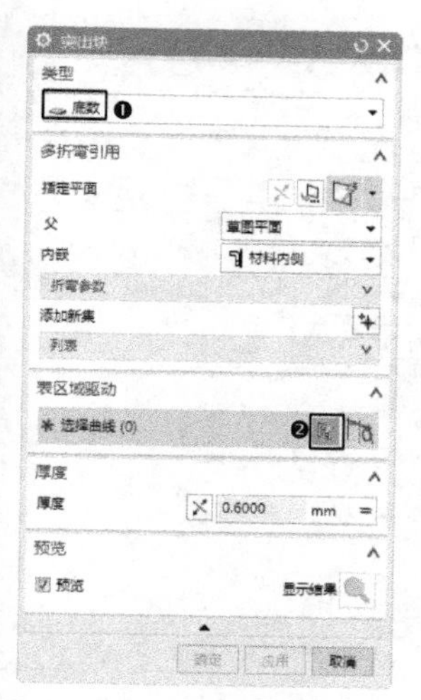

图 11-29 “突出块”对话框

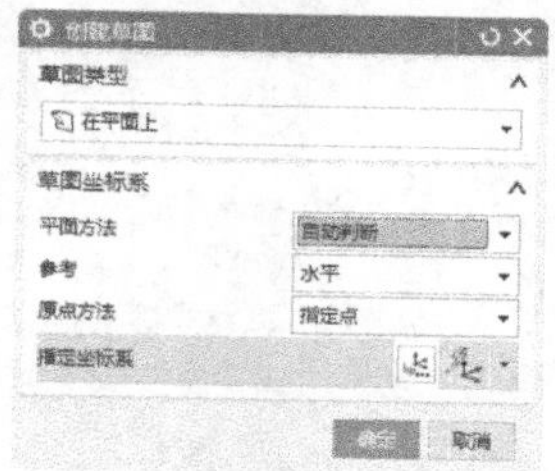

图 11-30 “创建草图”对话框

（3）选择 XC-YC 平面，单击“确定”按钮，进入草图绘制环境，绘制草图，如图 11-31 所示。单击“完成”按钮，草图绘制完毕。单击“确定”按钮，创建突出块特征，如图 11-32 所示。

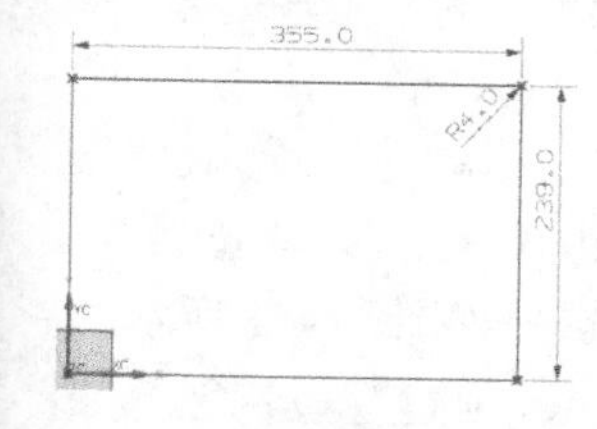

图 11-31 绘制草图

图 11-32 创建突出块特征

Step 04 创建弯边特征

（1）在菜单栏中选择“插入”→“折弯”→“弯边”命令或单击“主页”选项卡“折弯”组中的“弯边”按钮，打开“弯边”对话框，如图 11-33 所示。

（2）❶设置“宽度选项”为“完整”，❷“长度”为 18.5，❸“角度”为 90，❹“参考长度”为“外侧”，❺“内嵌”为“材料外侧”，❻在“折弯止裂口”下拉列表中选择“无”。选择突出块的任意一边，❼单击“应用”按钮，创建弯边特征 1，如图 11-34 所示。

（3）同上步骤，分别选择其他三条边，设置相同的参数，创建弯边特征，如图 11-35 所示。

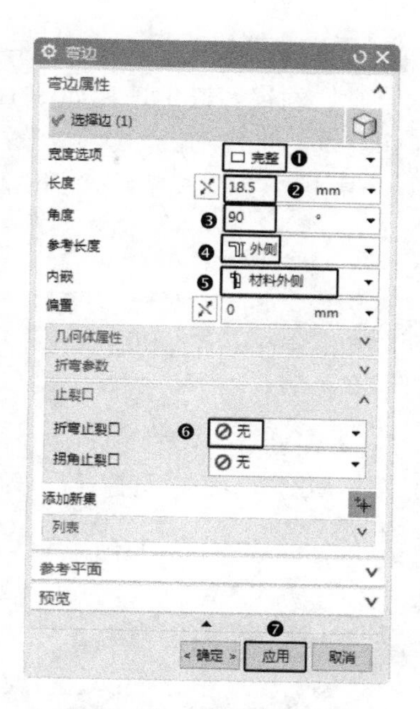

图 11-33 “弯边”对话框

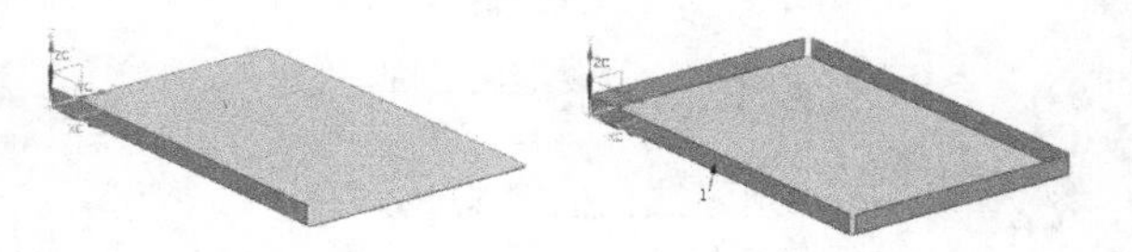

图 11-34 创建弯边特征 1　　图 11-35 创建弯边特征 2

Step 05 创建法向开孔特征 1

（1）在菜单栏中选择“插入”→“切割”→“法向开孔”命令或单击“主页”选项卡“特征”组中的“法向开孔”按钮，打开“法向开孔”对话框，如图 11-36 所示。

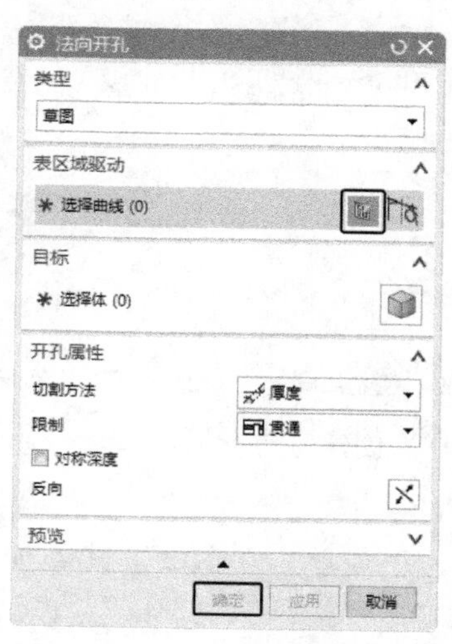

图 11-36 “法向开孔”对话框

（2）单击“绘制截面”按钮，打开“创建草图”对话框。在视图区中选择如图 11–35 所示的面 1 作为草图工作平面。绘制草图，如图 11–37 所示。单击“完成”按钮,草图绘制完毕。

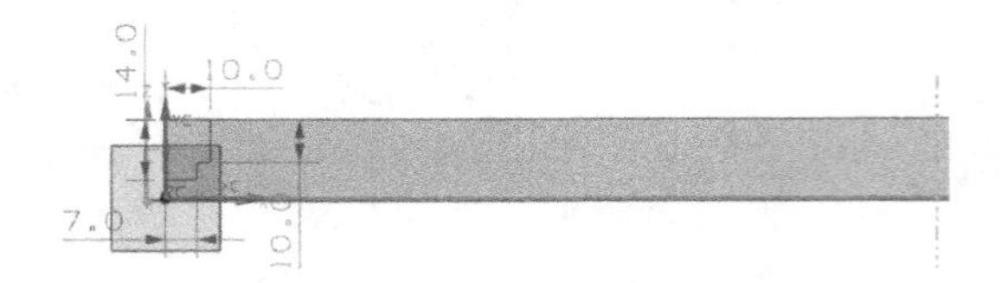

图 11–37　绘制草图

（3）单击“确定”按钮,创建法向开孔特征，如图 11–38 所示。

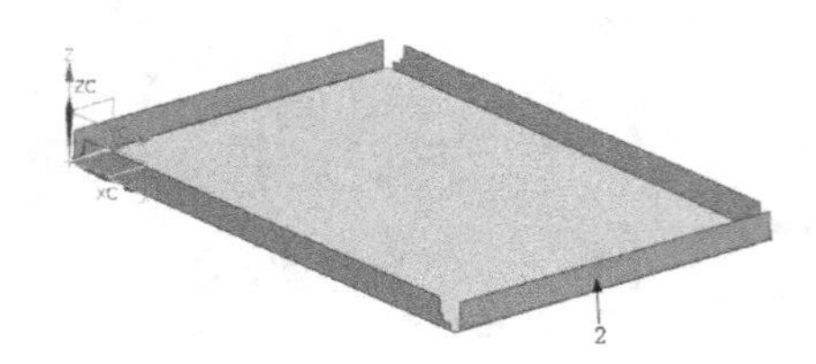

图 11–38　创建法向开孔特征

Step 06 创建法向开孔特征 2

（1）在菜单栏中选择“插入”→“切割”→“法向开孔”命令或单击“主页”选项卡“特征”组中的“法向开孔”按钮，打开“法向开孔”对话框。

（2）单击“绘制截面”按钮，打开“创建草图”对话框。选择如图 11–38 所示的面 2 作为草图工作平面，绘制如图 11–39 所示的草图。单击“完成”按钮，草图绘制完毕。

（3）单击“确定”按钮,创建法向开孔特征，如图 11–40 所示。

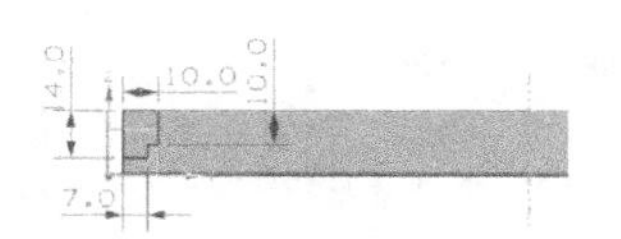

图 11–39　绘制草图

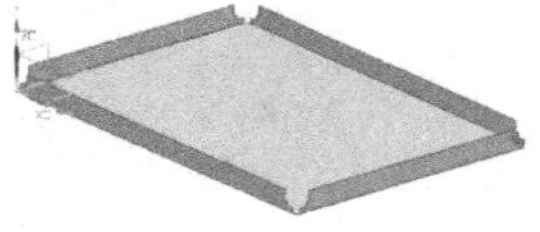

图 11–40　创建法向开孔特征

Step 07 创建弯边特征

（1）在菜单栏中选择“插入”→“折弯”→“弯边”命令或单击“主页”选项卡“折弯”组中的“弯边”按钮，打开“弯边”对话框，如图 11–41 所示。

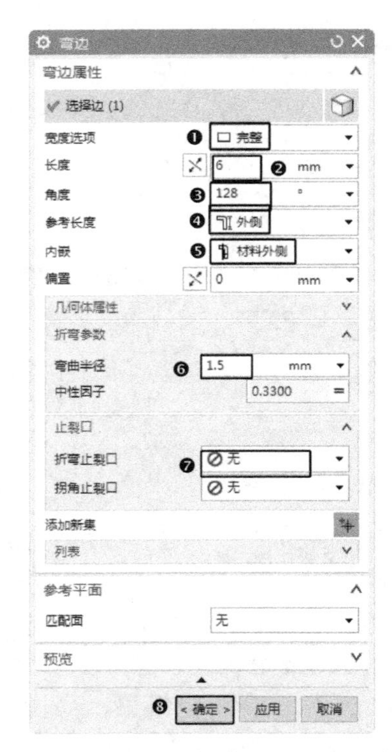

图 11–41　“弯边”对话框

（2）❶设置“宽度选项”为“完整”,❷“长度”为 6，❸“角度”为 128，❹“参考长度”为“外侧”,❺“内嵌”为“材料外侧”,❻在“弯曲半径”文本框中输入 1.5,❼在“折弯止裂口”下拉列表中选择“无”，选择如图 11–41 所示的边。❽单击“确定”按钮，创建弯边特征，如图 11–42 所示。

（3）同上步骤，分别选择其他三条边，创建“弯曲半径”为 1.2,其他参数相同的弯边特征，如图 11–43 所示。

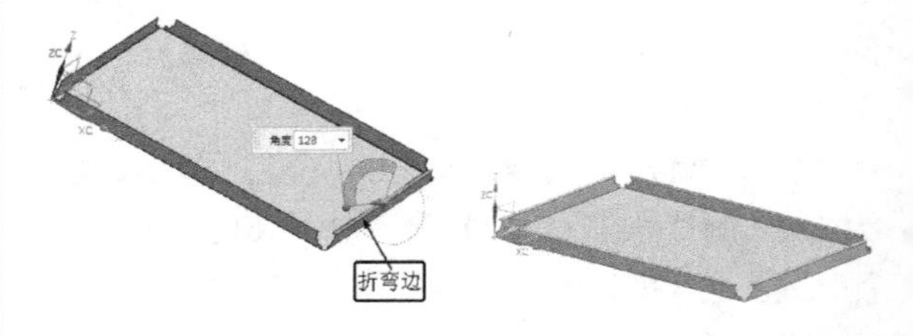

图 11–42　选择弯边　　图 11–43　创建弯边特征

Step 08 创建伸直特征

（1）在菜单栏中选择“插入”→“成形”→“伸直”命令或单击“主页”选项卡“成形”组中的“伸直”按钮，打开“伸直”对话框，如

图 11-44 所示。

图 11-44 “伸直”对话框

（2）在视图区中选择如图 11-45 所示的固定面，选择所有的折弯，单击“确定”按钮，创建伸直特征，如图 11-46 所示。

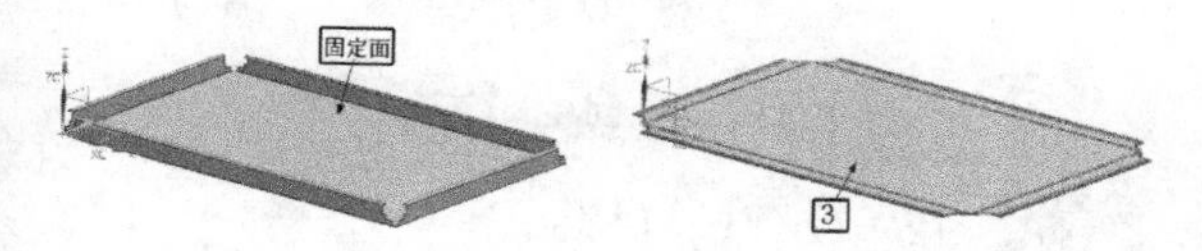

图 11-45 选择固定面　　图 11-46 创建伸直特征

Step 09 创建法向开孔特征

（1）在菜单栏中选择“插入”→“切割”→“法向开孔”命令或单击“主页”选项卡“特征”组中的“法向开孔”按钮，打开“法向开孔”对话框。

（2）单击“绘制截面”按钮，打开“创建草图”对话框，选择如图 11-46 所示的面 3 为草图工作平面，绘制如图 11-47 所示的草图，“阵列间距”为 27.3。单击“完成”按钮，草图绘制完毕。

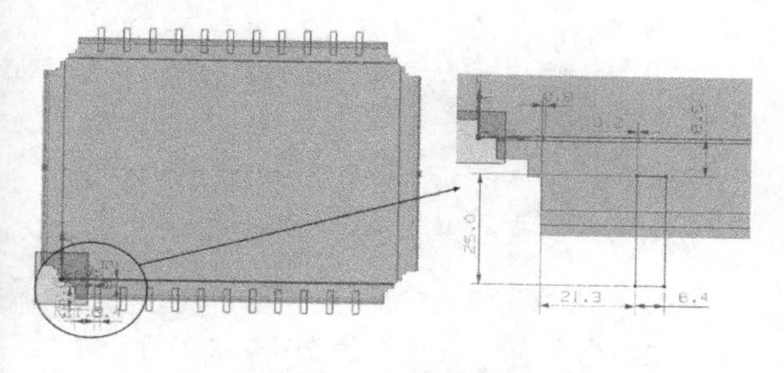

图 11-47 绘制草图

（3）单击“确定”按钮，创建法向开孔特征，如图 11-48 所示。

图 11-48 创建法向开孔特征

Step 10 创建法向开孔特征

（1）在菜单栏中选择“插入”→“切割”→“法向开孔”命令或单击“主页”选项卡“特征”组中的“法向开孔”按钮，打开“法向开孔”对话框。

（2）单击“绘制截面”按钮，打开“创建草图”对话框，选择如图 11-48 所示的面 4 为草图工作平面，绘制草图，如图 11-49 所示。单击“完成”按钮，草图绘制完毕。

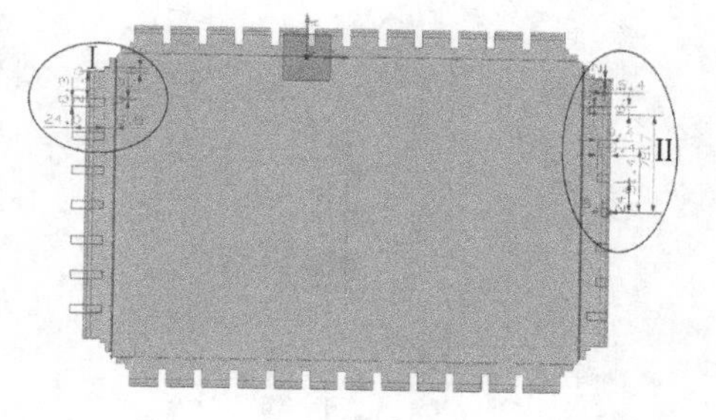

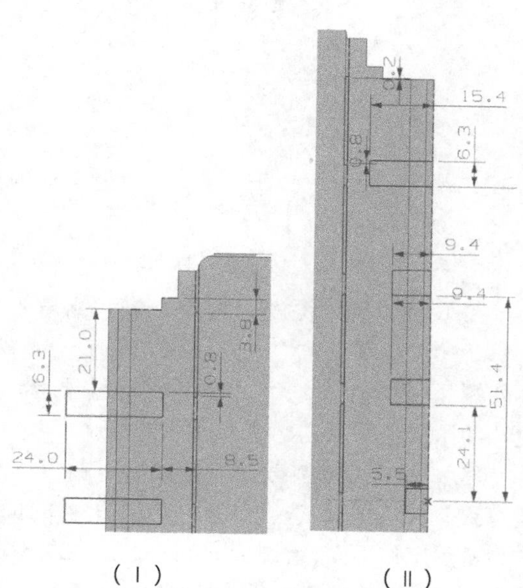

（Ⅰ）　　（Ⅱ）

图 11-49 绘制草图

（3）单击“确定”按钮，创建法向开孔特征，如图 11-50 所示。

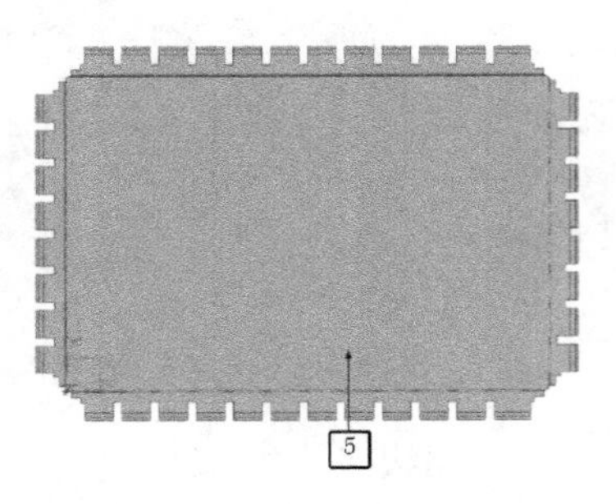

图 11-50　创建法向开孔特征

Step 11　创建凹坑特征 1

（1）在菜单栏中选择“插入”→“冲孔”→“凹坑”命令或单击“主页”选项卡“冲孔”组中的“凹坑”按钮，打开“凹坑”对话框，如图 11-51 所示。

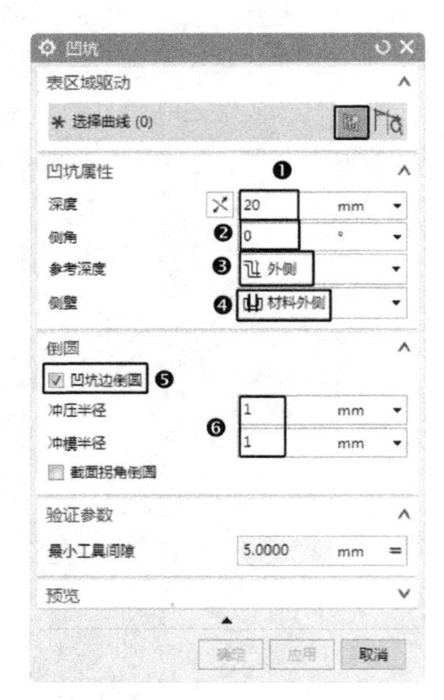

图 11-51　“凹坑”对话框

（2）❶设置“深度”为 20，❷“侧角”为 0，❸“参考深度”为“外侧”，❹“侧壁”为“材料外侧”。❺勾选“凹坑边倒圆”复选框，❻设置“冲压半径”和“冲模半径”为 1。

（3）单击“绘制截面”按钮，打开“创建草图”对话框，选择如图 11-50 所示的面 5 作为草图工作平面，绘制如图 11-52 所示的草图。单击“完成”按钮，草图绘制完毕。单击“确定”按钮，创建凹坑特征 1，如图 11-53 所示。

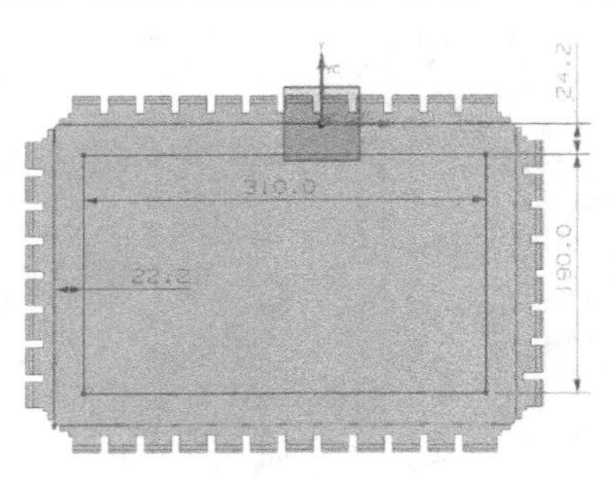

图 11-52　绘制草图

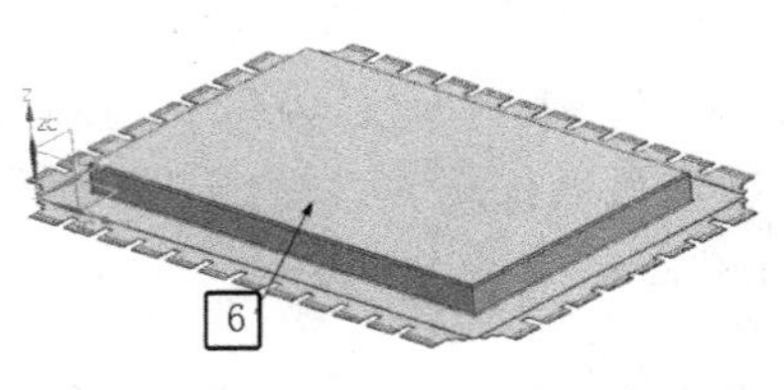

图 11-53　创建凹坑特征 1

Step 12　创建凹坑特征 2

（1）在菜单栏中选择“插入”→“冲孔”→“凹坑”命令或单击“主页”选项卡“冲孔”组中的“凹坑”按钮，打开“凹坑”对话框，如图 11-54 所示。

图 11-54　“凹坑”对话框

（2）❶设置“深度”为 20，❷“侧角”为 3，❸“参考深度”为“外侧”，❹“侧壁”为“材料外侧”。❺勾选“凹坑边倒圆”和“截面拐角倒圆”复选框，❻设置“冲压半径”“冲模半径”和“角半径”都为 1。

（3）选择如图 11-53 所示的面 6 为草图工作平面。绘制草图，如图 11-55 所示。单击“完成”按钮🏁，单击“确定”按钮，创建凹坑特征 2，如图 11-56 所示。

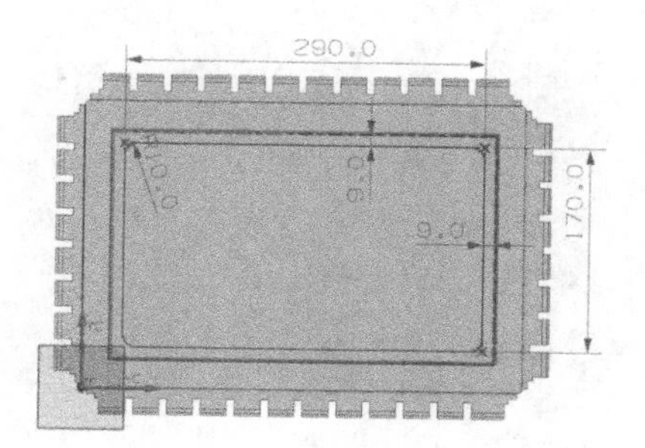

图 11-55　绘制草图

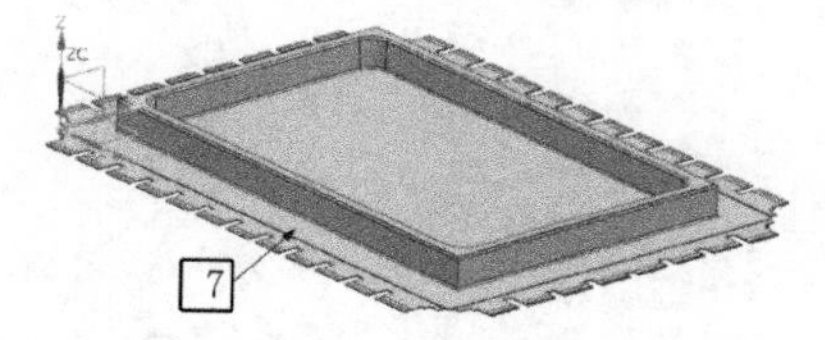

图 11-56　创建凹坑特征 2

Step 13　创建重新折弯特征

（1）在菜单栏中选择“插入”→“成形”→“重新折弯”命令或单击“主页”选项卡“成形”组中的“重新折弯”按钮，打开“重新折弯”对话框，如图 11-57 所示。

（2）选择如图 11-56 所示的面 7 作为固定面，选择所有的折弯，单击“确定”按钮，创建重新折弯特征，如图 11-58 所示。

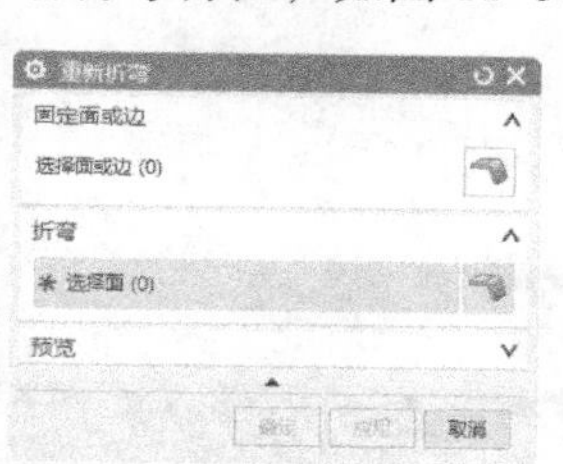

图 11-57　“重新折弯”对话框

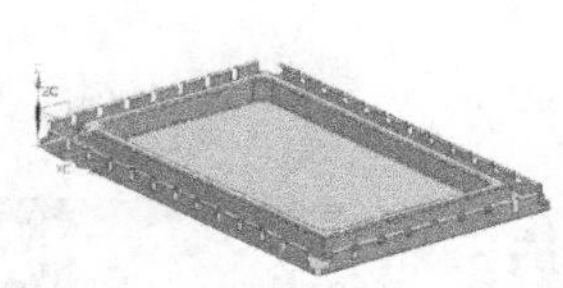

图 11-58　创建重新折弯特征

Step 14　创建突出块特征

（1）在菜单栏中选择“插入”→“突出块”命令或单击“主页”选项卡“基本”组中的“突出块”按钮，打开“突出块”对话框。

（2）选择如图 11-59 所示的面 8 为草图工作平面，绘制草图，如图 11-60 所示。单击“完成”按钮🏁，单击“确定”按钮，创建突出块特征，如图 11-61 所示。

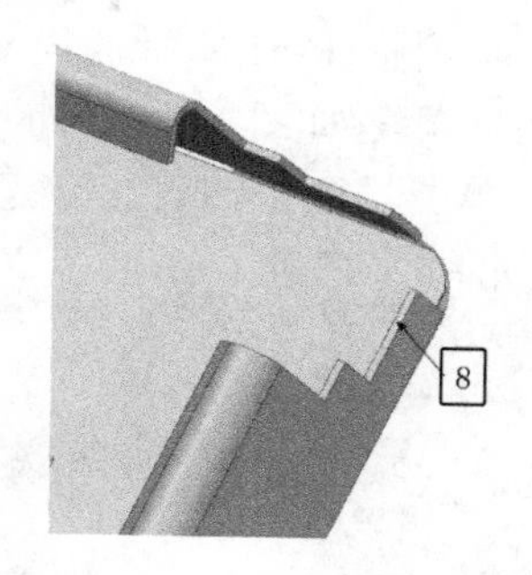

图 11-59　选择草图工作平面

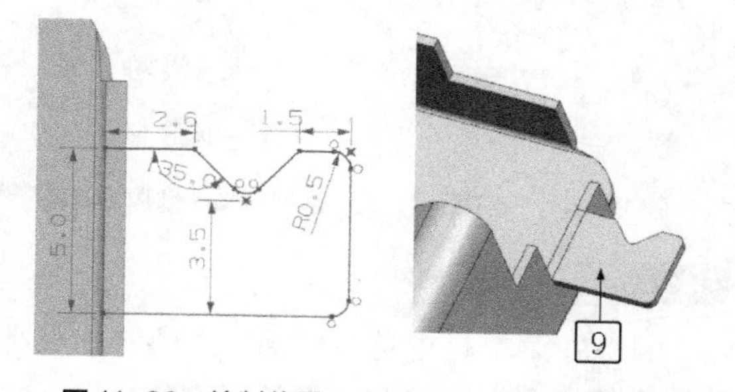

图 11-60　绘制草图　　图 11-61　创建突出块特征

Step 15　创建折弯特征

（1）在菜单栏中选择“插入”→“折弯”→“折弯”命令或单击“主页”选项卡“折弯”组中“更多”库下的“折弯”按钮，打开“折弯”对话框，如图 11-62 所示。

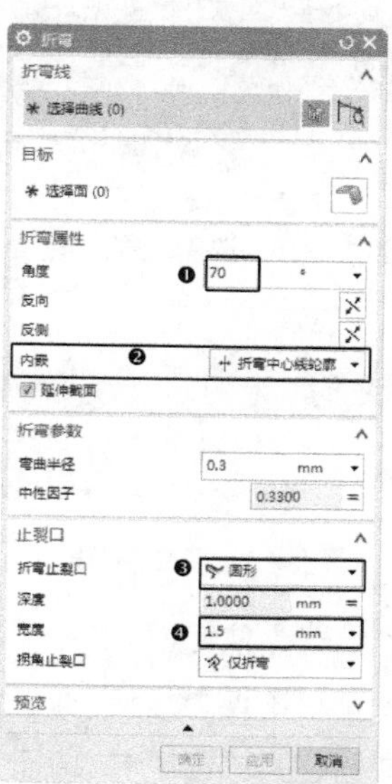

图 11-62　“折弯”对话框

（2）❶ 在“角度”文本框中输入 70，❷ 在“内嵌”下拉列表中选择“折弯中心线轮廓”，❸ 设置“折弯止裂口”为“圆形”，❹“宽度”为 1.5。

（3）选择如图 11-61 所示的面 9 为草图工作平面，绘制折弯线，如图 11-63 所示。单击“完成”按钮，单击“确定”按钮，创建折弯特征，如图 11-64 所示。

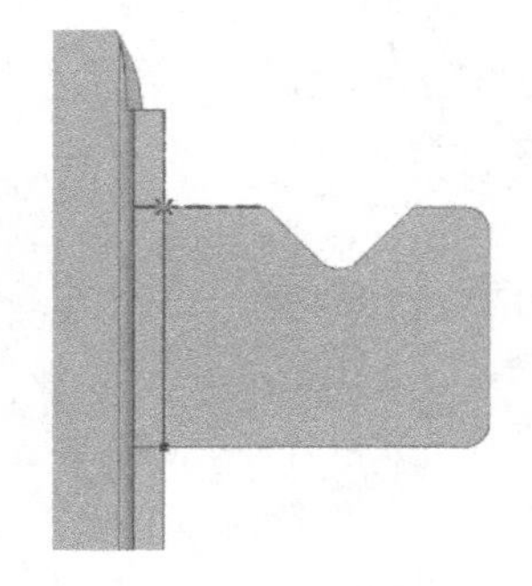

图 11-63　绘制草图

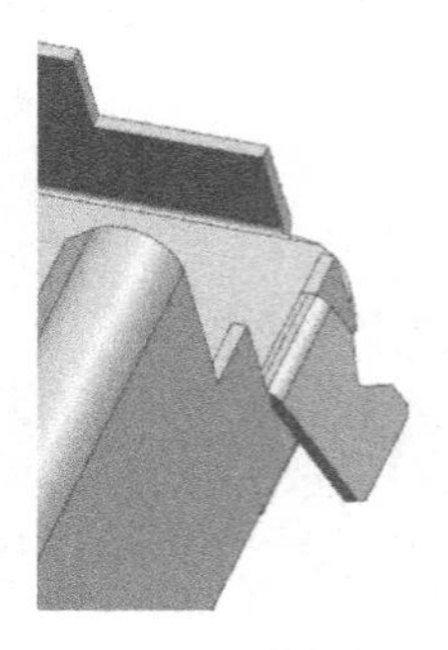

图 11-64　创建折弯特征

Step 16 绘制草图

（1）在菜单栏中选择“插入”→“在任务环境中绘制草图”命令，打开“创建草图”对话框。

（2）选择如图 11-65 所示的面 10 为草图工作平面，绘制草图，如图 11-66 所示。单击“完成”按钮，草图绘制完毕。

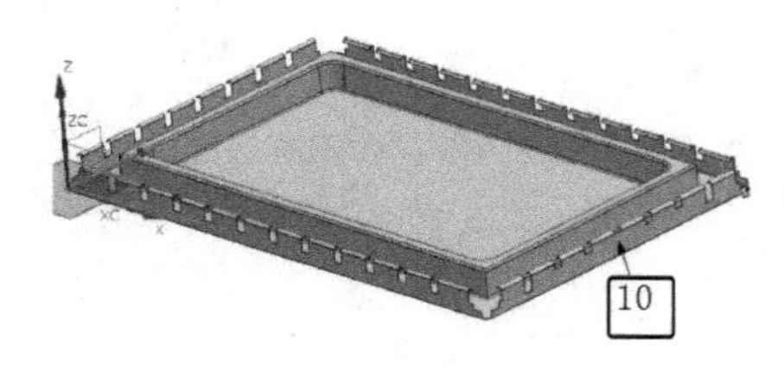

图 11-65　选择草图工作平面

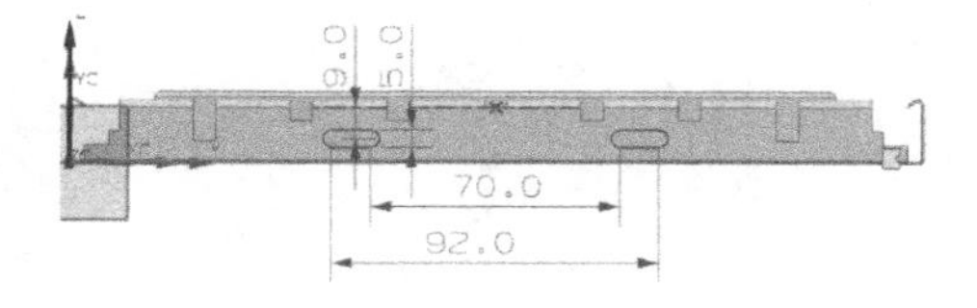

图 11-66　绘制草图

Step 17 创建拉伸特征

（1）在菜单栏中选择“插入”→“切割”→“拉伸”命令或单击“主页”选项卡“特征”组中“更多”库下的“拉伸”按钮，打开“拉伸”对话框，如图 11-67 所示。

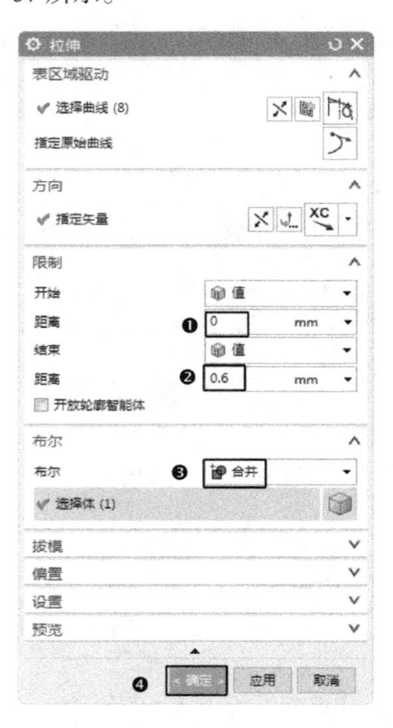

图 11-67　“拉伸”对话框

（2）❶ 在“拉伸”对话框的开始“距离”文本框中输入 0，❷ 在结束“距离”文本框中输入 0.6，选择（1）中绘制的草图为拉伸曲线。❸ 设置“布尔”运算为“合并”。❹ 单击“确定”按钮，创建拉伸特征，如图 11-68 所示。

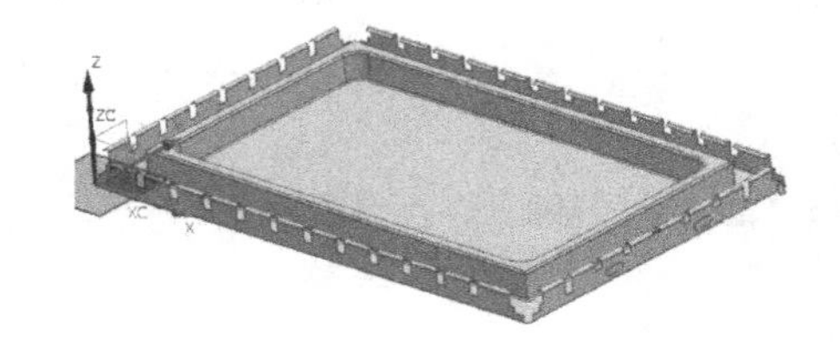

图 11-68　创建拉伸特征

11.3　钣金高级特征

在 11.2 节讲述 NX 钣金的基础上，本节将继续讲解 NX 钣金的一些高级特征，包括冲压除料、凹坑、封闭拐角、转换为钣金件、平板实体等。

11.3.1　冲压开孔

冲压开孔是指用一组连续的曲线作为裁剪的轮廓线，沿着钣金零件表面的法向进行裁剪，同时在轮廓线上建立弯边的过程。

在菜单栏中选择“插入”→“冲孔”→“冲压开孔”命令或单击“主页”选项卡“冲孔”组中的“冲压开孔”按钮，打开“冲压开孔”对话框，如图 11-69 所示。

图 11-69 “冲压开孔”对话框

“冲压开孔”对话框中的部分选项功能如下。

（1）深度：指钣金零件放置面到弯边底部的距离。

（2）侧角：指弯边在钣金零件放置面法向倾斜的角度。

（3）侧壁：示意图如图 11-70 所示。

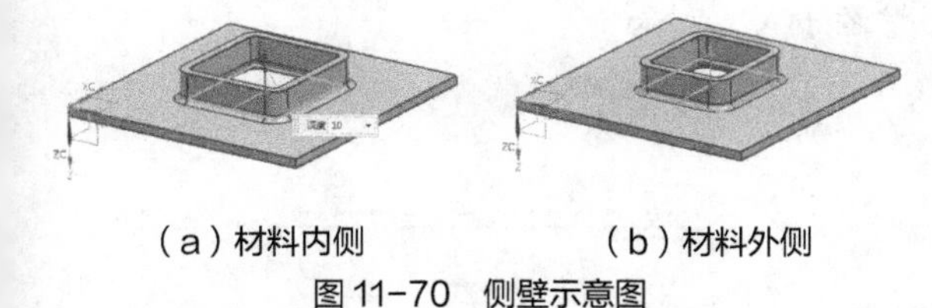

（a）材料内侧　　（b）材料外侧

图 11-70 侧壁示意图

①材料内侧：指冲压开孔特征所生成的弯边位于轮廓线内部。

②材料外侧：指冲压开孔特征所生成的弯边位于轮廓线外部。

（4）冲模半径：指钣金零件放置面转向折弯部分内侧圆柱面的半径大小。

（5）角半径：指折弯部分内侧圆柱面的半径大小。

11.3.2 筋

筋命令提供了在钣金零件表面的引导线上添加加强筋的功能。

在菜单栏中选择“插入”→“冲孔”→“筋”命令或单击“主页”选项卡“冲孔”组中的“筋”按钮，打开“筋”对话框，如图 11-71 所示。

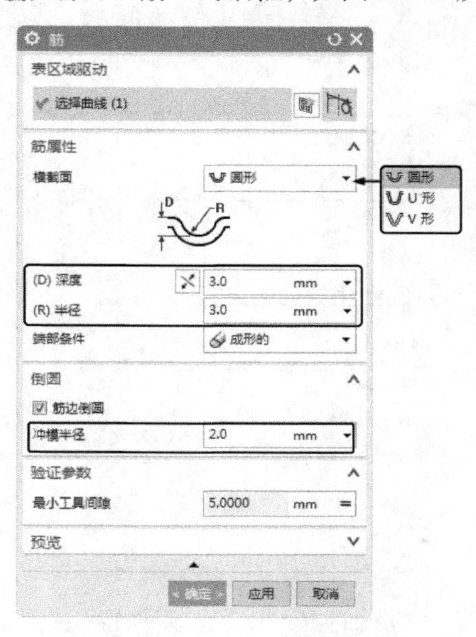

图 11-71 “筋”对话框

“筋”对话框中的部分选项功能如下。

横截面：包括圆形、U 形和 V 形三种类型。示意图如图 11-74 所示。

（1）圆形：创建“筋”的示意图如图 11-74 所示。

①深度：是指圆形筋的底面和圆弧顶部之间的高度差值。

②半径：是指圆形筋的截面圆弧半径。

③冲模半径：是指圆形筋的侧面或端盖与底面倒角半径。

（2）U 形：选择 U 形筋，系统显示如图 11-72 所示的参数。

①深度：是指 U 形筋的底面和顶面之间的高度差值。

②宽度：是指 U 形筋顶面的宽度。

③角度：是指 U 形筋的底面法向和侧面或端盖之间的夹角。

④冲模半径：是指 U 形筋的顶面和侧面或

端盖倒角半径。

⑤冲压半径：是指 U 形筋的底面和侧面或端盖倒角半径。

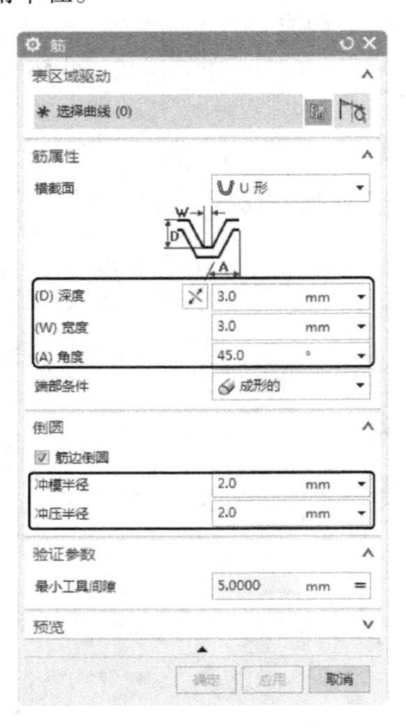

图 11-72　U 形筋的参数

（3）V 形：选择 V 形筋，系统显示如图 11-73 所示的参数。

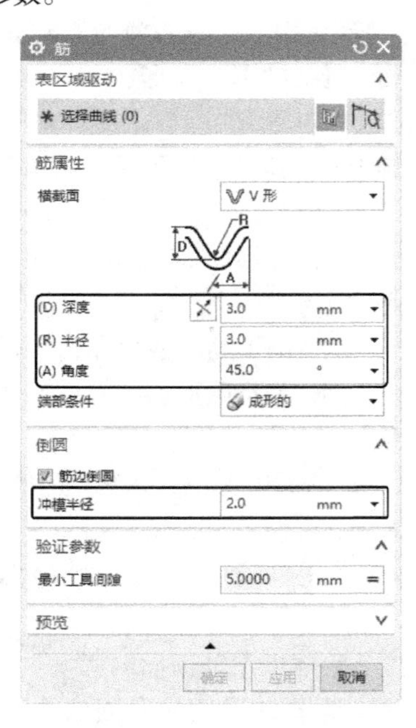

图 11-73　V 形筋的参数

①深度：是指 V 形筋的底面和顶面之间的高度差值。

②半径：是指 V 形筋的两个侧面或两个端盖之间的倒角半径。

③角度：是指 V 形筋的底面法向和侧面或端盖之间的夹角。

④冲模半径：是指 V 形筋的底面和侧面或端盖倒角半径。

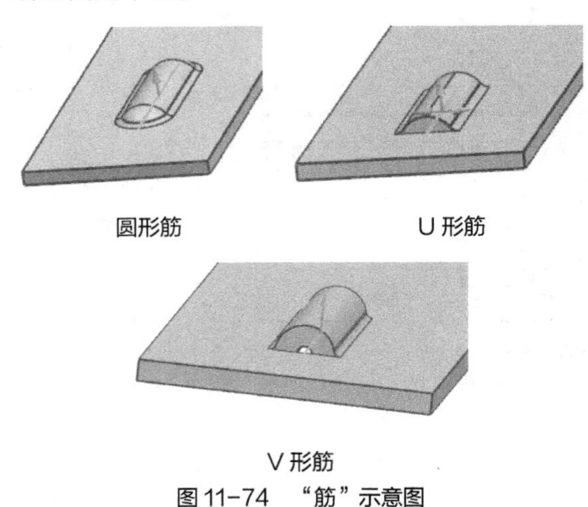

图 11-74　“筋”示意图

11.3.3　百叶窗

百叶窗命令提供了在钣金零件平面上创建通风窗的功能。

在菜单栏中选择“插入”→“冲孔”→“百叶窗”命令或单击“主页”选项卡“冲孔”库中的“百叶窗”按钮，打开“百叶窗”对话框，如图 11-75 所示。

图 11-75　“百叶窗”对话框

“百叶窗”对话框中的部分选项功能如下。

1. 切割线

（1）曲线：用于指定使用已有的单一直线作为百叶窗特征的轮廓线来创建百叶窗特征。

（2）绘制截面：以零件平面为参考平面绘制的直线草图作为百叶窗特征的轮廓线来创建切开端百叶窗特征。

2. 百叶窗属性

（1）深度：百叶窗特征最外侧点距钣金零件表面（百叶窗特征一侧）的距离。

（2）宽度：百叶窗特征在钣金零件表面投影轮廓的宽度。

（3）百叶窗形状：包括成形的百叶窗和冲裁的百叶窗两种类型选项。

3. 百叶窗边倒圆

勾选此复选框，此时“冲模半径”文本框有效，可以根据需求设置冲模半径。

11.3.4 倒角

该功能就是对钣金件进行圆角或倒角处理。

在菜单栏中选择“插入”→“拐角”→“倒角”命令或单击“主页”选项卡“拐角”库中的“倒角”按钮，打开“倒角”对话框，如图 11-76 所示。

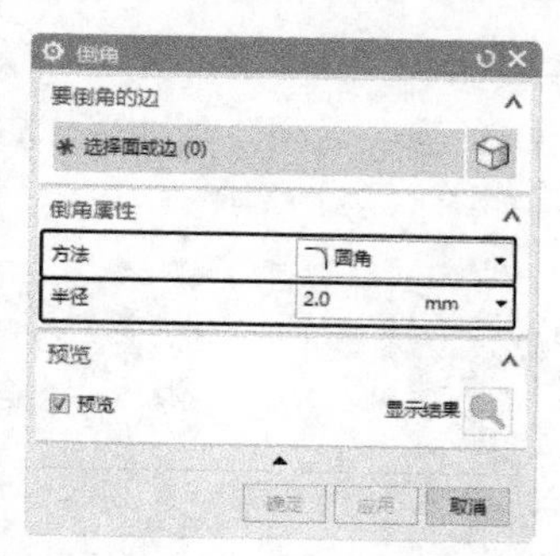

图 11-76 “倒角”对话框

“倒角”对话框中的部分选项功能如下。

（1）方法：有“圆角”和“倒斜角”两种。

（2）半径 / 距离：指倒圆的外半径或倒角的偏置尺寸。

11.3.5 撕边

该功能是指在钣金实体上，沿着草绘直线或钣金零件已有边缘创建开口或缝隙。

在菜单栏中选择“插入”→“转换”→“撕边”命令或单击“主页”选项卡“基本”组“转换”库中的“撕边”按钮，打开“撕边”对话框，如图 11-77 所示。

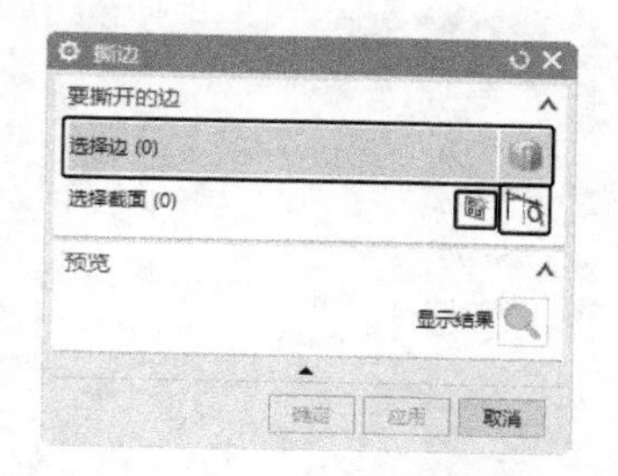

图 11-77 “撕边”对话框

“撕边”对话框中的部分选项功能如下。

（1）选择边：用于指定使用已有的边缘来创建切口特征。

（2）曲线：用于指定已有的曲线来创建切口特征。

（3）绘制截面：用于在钣金零件放置面上绘制边缘草图，以创建切口特征。

11.3.6 转换为钣金件

该功能转换为钣金件可以将非钣金件转换为钣金件，但钣金件必须是等厚度的。

在菜单栏中选择“插入”→“转换”→“转换为钣金”命令，或者单击“主页”选项卡“基本”组“转换”库中的“转换为钣金”按钮，打开“转换为钣金”对话框，如图 11-78 所示。

“转换为钣金”对话框中的部分选项功能如下。

（1）全局转换：用于选择钣金零件平面作为固定位置来创建转换为钣金件特征。

（2）选择边：用于创建边缘裂口所要选择的边缘。

（3）选择截面：用于指定已有的边缘来创建“转换为钣金件”特征。

（4）选择截面：选择零件平面作为参考平面，绘制直线草图作为转换为钣金件特征的边缘来创建转换为钣金件特征。

图 11-78 “转换为钣金”对话框

11.3.7 封闭拐角

该功能可以在钣金件基础面和以其相邻的具有相同参数的弯曲面，在基础面同侧所形成的拐角处创建一定形状拐角的过程。

在菜单栏中选择“插入”→“拐角”→“封闭拐角”命令或单击“主页”选项卡“拐角”库中的“封闭拐角”按钮，打开“封闭拐角”对话框，如图 11-79 所示。

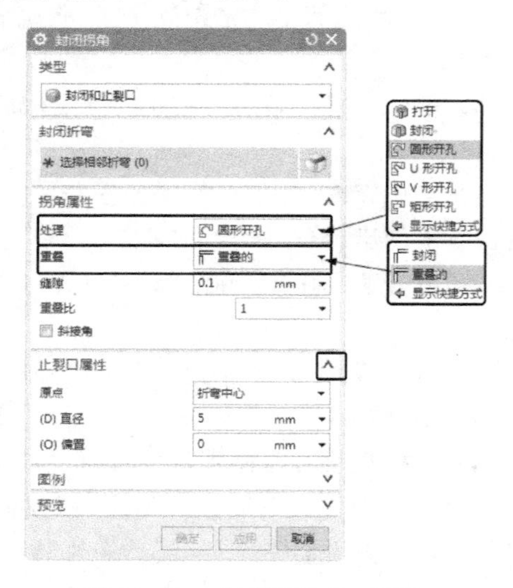

图 11-79 “封闭拐角”对话框

“封闭拐角”对话框中的部分选项功能如下。

（1）处理：包括“打开”“封闭”“圆形开孔”“U 形开孔”“V 形开孔”和“矩形开孔”6 种类型。示意图如图 11-80 所示。

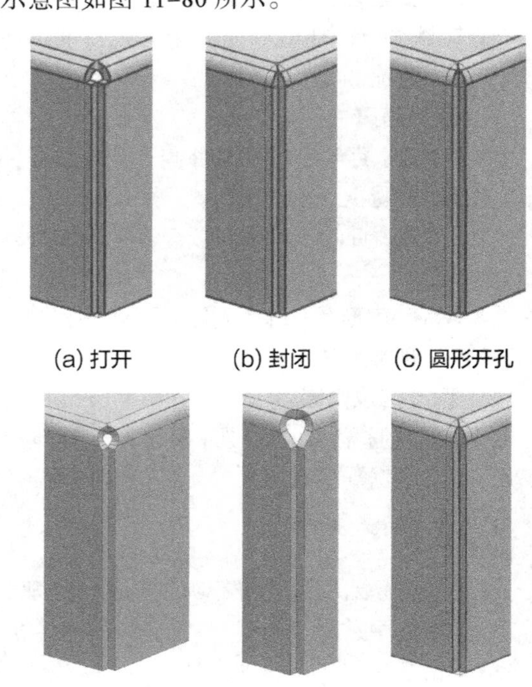

(a) 打开 (b) 封闭 (c) 圆形开孔

(d) U 形开孔 (e) V 形开孔 (f) 矩形开孔

图 11-80 “封闭拐角”类型示意图

（2）重叠：有“封闭”和“重叠的”两种方式。示意图如图 11-81 所示。

(a) 封闭方式 (b) 重叠的方式

图 11-81 “重叠”示意图

①封闭：指对应弯边的内侧边重合。

②重叠的：指一条弯边叠加在另一条弯边的上面。

（3）缝隙：指两弯边封闭或重叠时铰链之间的最小距离。

11.3.8 展平实体

采用展平实体命令可以在同一钣金零件文件中创建平面展开图，展平实体特征版本与成形特征版本相关联。当采用展平实体命令展开钣金零件时，将展平实体特征作为“引用集”在“部件导航器”中显示。如果钣金零件包含变形特征，这些特征将保持原有的状态；如果钣金模型更改，展平图样处理也自动更新并包含新的特征。

在菜单栏中选择“插入”→“展平图样”→“展平实体”命令或单击“主页”选项卡“展平图样”库中的“展平实体”按钮，打开“展平实体”对话框，如图 11-82 所示。

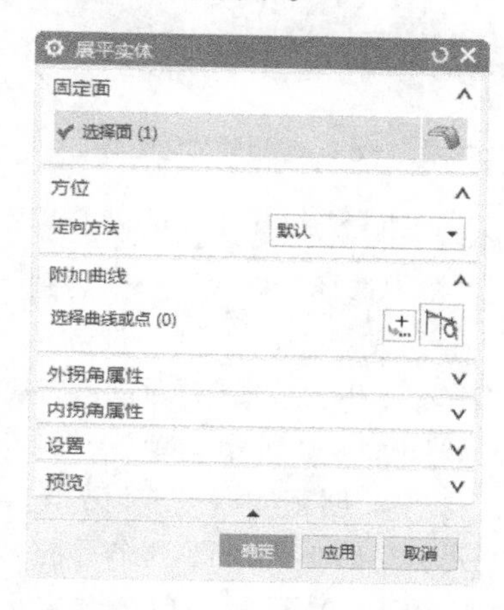

图 11-82 “展平实体”对话框

“展平实体”对话框中的部分选项功能如下。

（1）固定面：可以选择钣金零件的平面表面作为展平实体的参考面，在选定参考面后，系统将以该平面为基准将钣金零件展开。

（2）方位：可以选择钣金零件边作为展平实体的参考轴（X 轴）方向及原点，并在视图区中显示参考轴方向，在选定参考轴后，系统将该参考轴和“固定面”选项中选择的参考面为基准将钣金零件展开，创建钣金实体。

11.4 综合实例——三相电表盒壳体

首先利用轮廓弯边命令创建基本钣金件，利用法向除料修剪和创建弯边，利用镜像命令将修剪和弯边进行镜像，然后利用百叶窗命令创建百叶窗，最后镜像。三相电表盒效果图如图 11-83 所示。

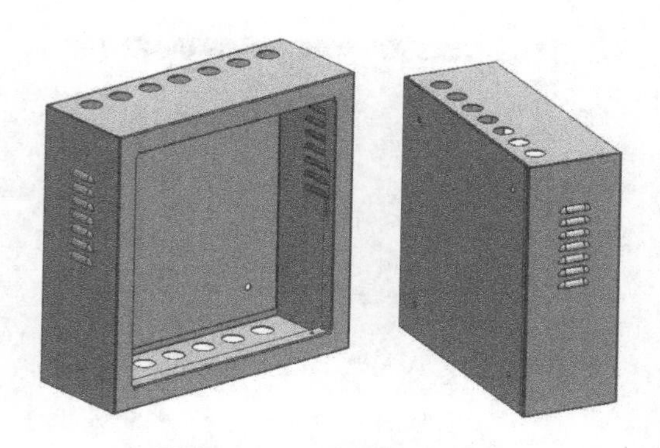

图 11-83 三相电表盒效果图

绘制步骤

Step 01 创建 NX 钣金文件

在菜单栏中选择“文件”→“新建”命令或单击“主页”选项卡“标准”组中的“新建”按钮，打开“新建”对话框，如图 11-84 所示。在“名称”文本框中输入“sanxiangdianbiaohe”，在“文件夹”文本框中指定非中文保存路径，单击“确定”按钮，进入钣金设计环境。

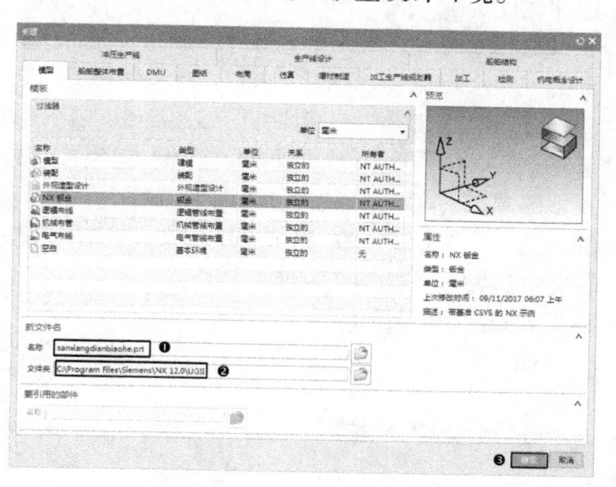

图 11-84 “新建”对话框

Step 02 钣金参数预设置

在菜单栏中选择“首选项”→“钣金”命令，打开“钣金首选项”对话框，如图 11-85 所示。设置“全局参数”选项组中的“材料厚度”为 1，“弯曲半径”为 1，“让位槽深度”为 2，“让位槽宽度”为 2，选择“折弯定义方法”选项组“公式”下拉列表中的“折弯许用半径”。单击“确定”按钮，完成钣金预设置。

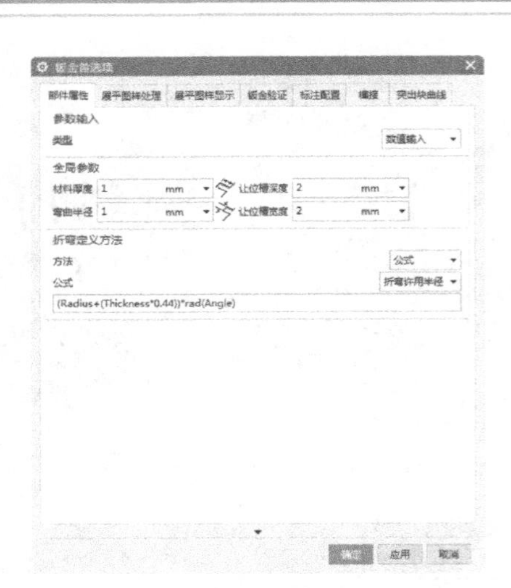

图 11-85 “钣金首选项”对话框

Step 03 创建轮廓弯边特征

在菜单栏中选择“插入”→“折弯”→“轮廓弯边”命令或单击“主页”选项卡“折弯”组中的“轮廓弯边”按钮，打开“轮廓弯边”对话框，如图 11-86 所示。❶设置“类型”为“底数”，❷“宽度选项”为“对称”，❸“宽度”为 400，❹“折弯止裂口”和“拐角止裂口”都为“无”。❺单击“表区域驱动”选项组中的“绘制截面”按钮，打开“创建草图”对话框，如图 11-87 所示。选择 XC-YC 平面为草图平面，绘制如图 11-88 所示的草图。单击“主页”选项卡“草图”组中的“完成”按钮，❻单击“确定”按钮，创建轮廓弯边特征，如图 11-89 所示。

图 11-86 “轮廓弯边”对话框

图 11-87 “创建草图”对话框

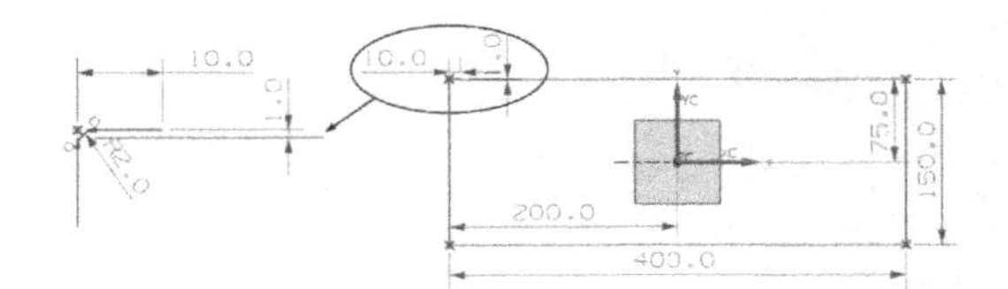

图 11-88 绘制草图

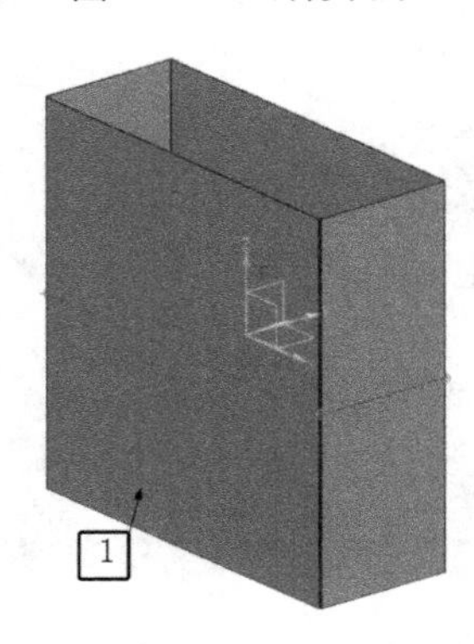

图 11-89 创建轮廓弯边特征

Step 04 创建法向开孔特征

在菜单栏中选择“插入”→“切割”→“法向开孔”命令或单击“主页”选项卡“特征”组中的“法向开孔”按钮，打开“法向开孔”对话框，如图 11-90 所示。单击“绘制截面”按钮，打开“创建草图”对话框。选择如图 11-89 所示的面 1 为草图工作平面，绘制裁剪轮廓，如图 11-91 所示。单击“主页”选项卡“草图”组中的“完成”按钮，单击“确定”按钮，创建法向开孔特征，如图 11-92 所示。

图 11-90 “法向开孔”对话框

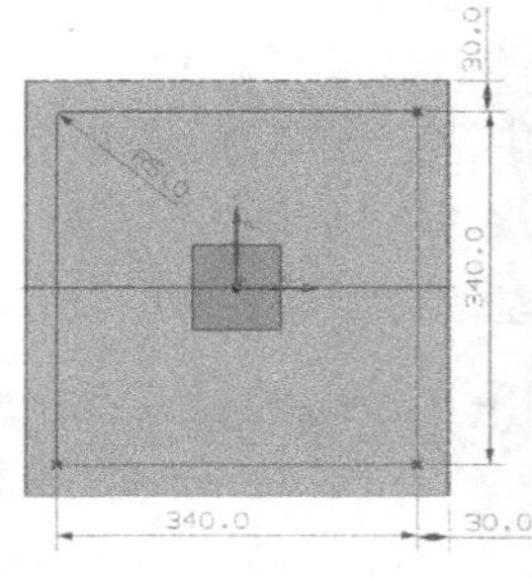

图 11-91 绘制草图

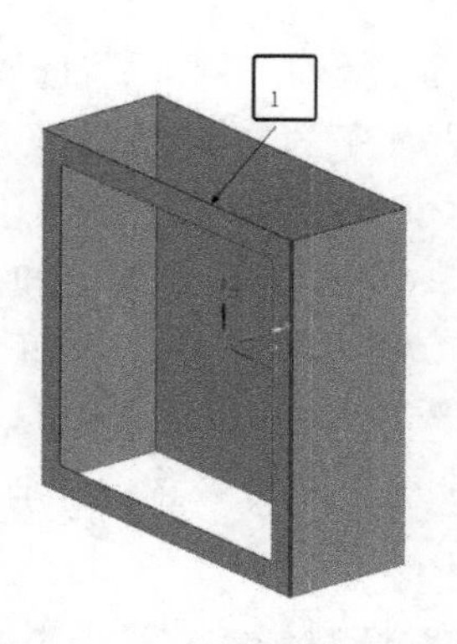

图 11-92　法向开孔后的特征

Step 05 创建弯边特征

（1）在菜单栏中选择“插入”→“折弯”→“弯边”命令或单击“主页”选项卡“折弯”组中的“弯边”按钮，打开“弯边”对话框，如图 11-93 所示。选择如图 11-92 所示的边 1，❶ 设置“宽度选项”为“完整”，❷“长度”为 146，❸“角度”为 90，❹“参考长度”为“内侧”，❺“内嵌”为“材料外侧”，❻ 在“折弯止裂口”下拉列表中选择“无”。❼ 单击“确定”按钮，创建弯边特征 1，如图 11-94 所示。

（2）同上步骤，选择弯边特征 1 的边，设置“宽度选项”为“完整”，“长度”为 10，其他参数相同。单击“确定”按钮，创建弯边特征 2，如图 11-95 所示。

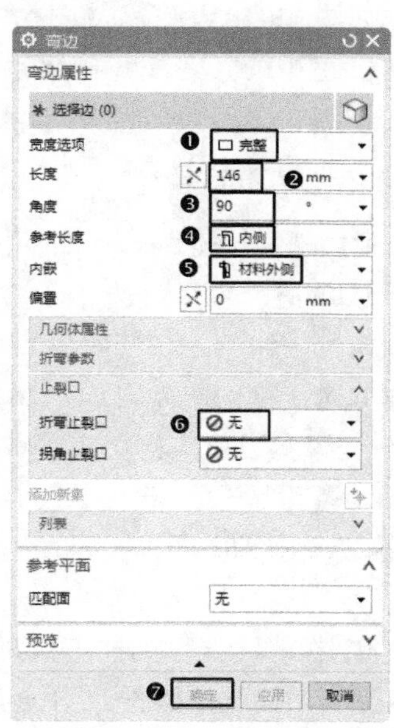

图 11-93　“弯边”对话框

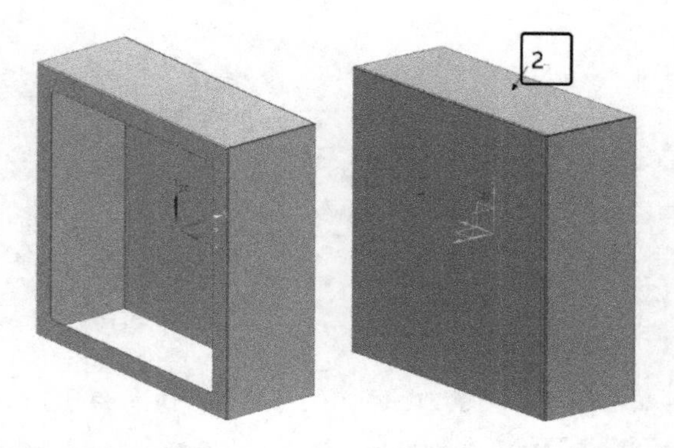

图 11-94　创建弯边特征 1　　图 11-95　创建弯边特征 2

Step 06 创建孔特征

在菜单栏中选择“插入”→“设计特征”→“孔”命令或单击“主页”选项卡“特征”组中的“孔”按钮，打开“孔”对话框，如图 11-96 所示。❶ 在“直径”和“深度”文本框中分别输入 30 和 10。选择如图 11-95 所示的面 2 为草图绘制面，绘制草图，如图 11-97 所示。❷ 单击“确定”按钮，完成孔的创建，如图 11-98 所示。

图 11-96　“孔”对话框

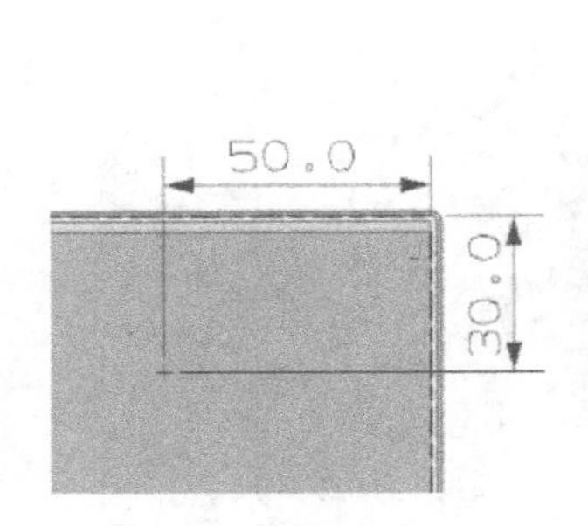

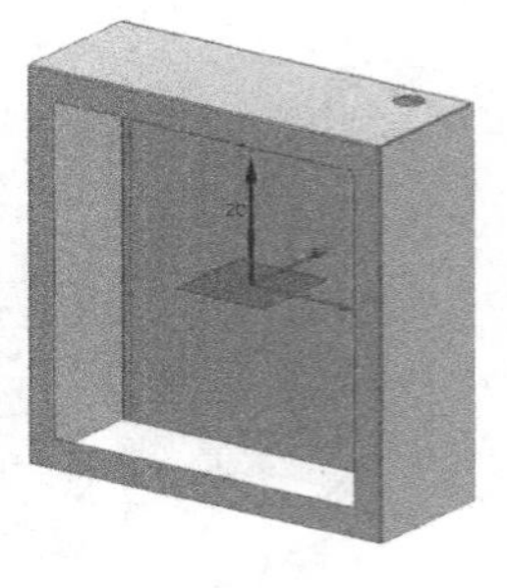

图 11-97　选择放置面　　图 11-98　创建孔 1

Step 07 阵列孔 1

在菜单栏中选择“插入”→“关联复制”→“阵列特征”命令或单击“主页”选项卡“特征”组中的“阵列特征”按钮，打开“阵列特征”对话框，如图 11-99 所示。❶在“布局”下拉列表中选择“线性”，❷在“指定矢量”下拉列表中选择“XC 轴”，❸在“数量”和“节距”文本框中分别输入 7 和 -50，❹单击“确定”按钮，阵列孔 1，如图 11-100 所示。

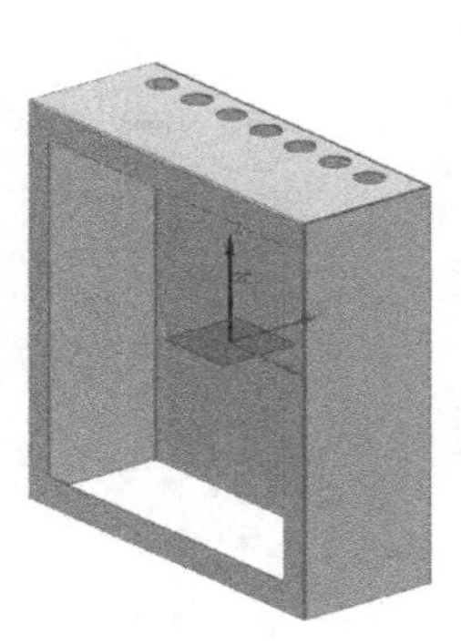

图 11-99　“阵列特征”对话框　　图 11-100　阵列孔 1

Step 08 镜像弯边 1、2 和阵列孔 1

在菜单栏中选择“插入”→“关联复制”→“镜像特征”命令或单击“主页”选项卡“特征”组中“更多”库下的“镜像特征”按钮，打开“镜像特征”对话框，如图 11-101 所示。选择 Step 05~Step 07 创建的弯边和孔特征为要镜像的特征，❶在“平面”下拉列表中选择“新平面”，选择 XOY 平面为镜像平面，❷单击“确定”按钮，创建镜像特征后的钣金件如图 11-102 所示。

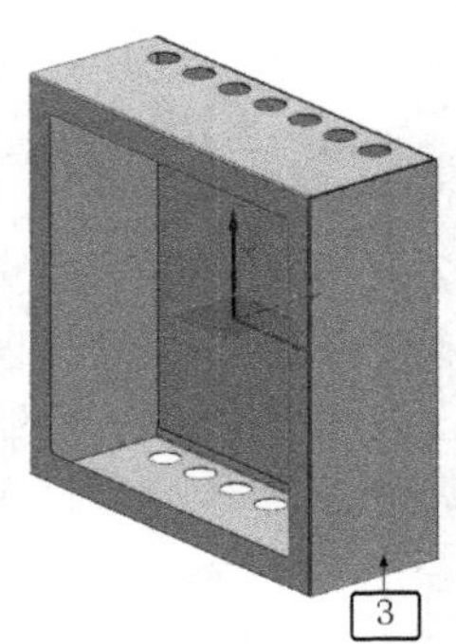

图 11-101　“镜像特征”对话框　　图 11-102　创建镜像特征后的钣金件

Step 09 绘制草图

在菜单栏中选择“插入”→“在任务环境中绘制草图”命令，打开“创建草图”对话框，选择如图 11-102 所示的面 3 为草图工作平面，绘制草图，如图 11-103 所示。单击“主页”选项卡“草图”组中的“完成”按钮，草图绘制完毕。

Step 10 创建百叶窗特征

在菜单栏中选择“插入”→“冲孔”→“百叶窗”命令或单击“主页”选项卡“冲孔”库中的“百叶窗”按钮，打开如图 11-104 所示的“百叶窗”对话框，选择图 11-106 所示的切割线。❶在“深度”和“宽度”文本框中分别输入 4 和 10。❷设置“百叶窗形状”为“成形的”，❸单击“确定”按钮，创建百叶窗特征，如图 11-105 所示。

同理，创建分割线为其他直线的百叶窗。创建百叶窗完毕的钣金件如图 11-106 所示。

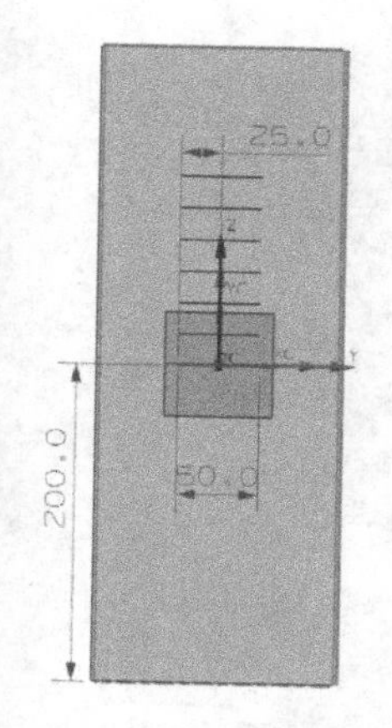

图 11-103　绘制草图

图 11-104　“百叶窗”对话框

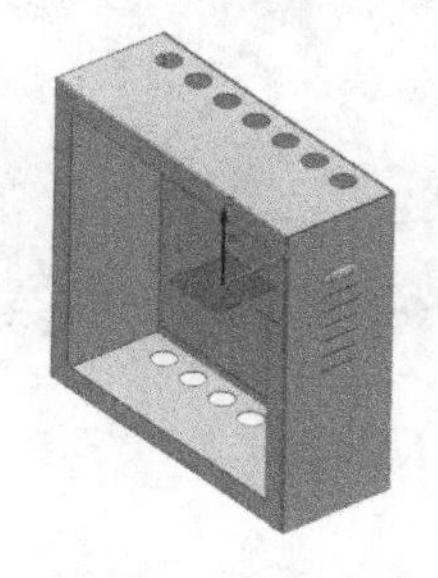

图 11-105　创建百叶窗特征

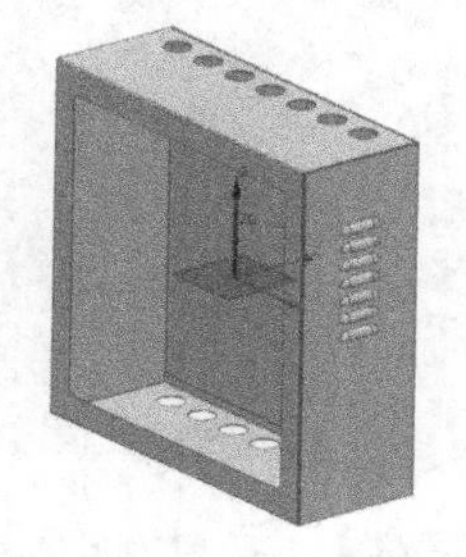

图 11-106　创建百叶窗完毕的钣金件

Step 11 镜像百叶窗

在菜单栏中选择“插入”→“关联复制”→“镜像特征”命令或单击“主页”选项卡“特征”组中“更多”库下的“镜像特征”按钮，打开“镜像特征”对话框，如图 11-107 所示。选择 Step10 中创建的百叶窗为镜像特征，❶在“平面”下拉列表中选择“新平面”，❷选择 YOZ 平面为镜像平面，❸单击“确定”按钮，创建镜像特征后的钣金件，如图 11-108 所示。

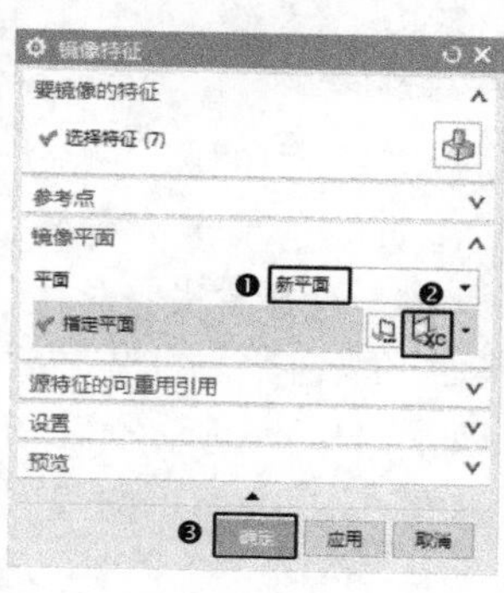

图 11-107　“镜像特征”对话框

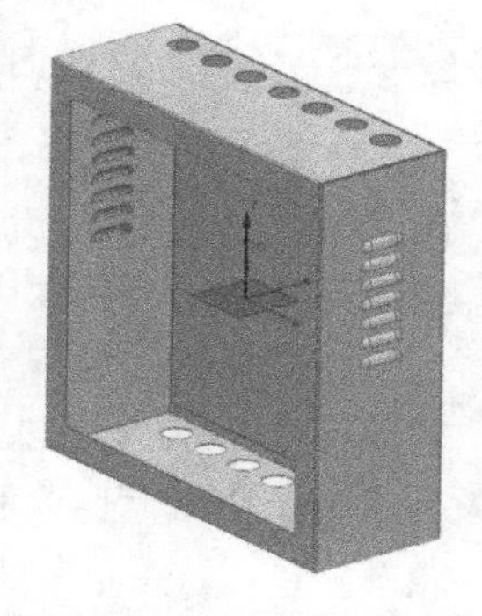

图 11-108　创建镜像特征后的钣金件

Step 12 创建弯边特征

在菜单栏中选择“插入”→“折弯”→“弯边”命令或单击“主页”选项卡“折弯”组中的“弯边”按钮，打开“弯边”对话框，如图 11-109 所示。❶设置“宽度选项”为“完整”，❷“长度”为 20，❸“角度”为 90，❹“参考长度”为“内侧”，❺“内嵌”为“材料外侧”，❻在“折弯止裂口”下拉列表中选择“无”。选择 Step 04 中创建的除料边。❼单击“确定”按钮，创建弯边特征中，如图 11-110 所示。

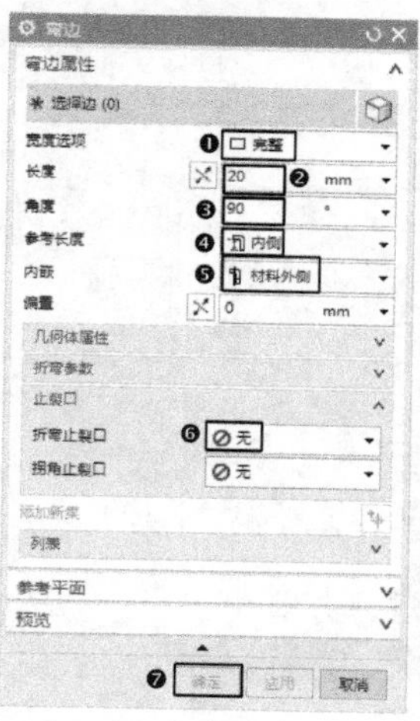

图 11-109　“弯边”对话框

图 11-110　创建弯边特征

Step 13 创建孔特征

在菜单栏中选择“插入”→“设计特征”→“孔”命令或单击“主页”选项卡“特征”组中的“孔”按钮，打开“孔”对话框，如图 11-111 所示。❶在“直径”和“深度”文本框中都输入 5，选择如图 11-112 所示的面 5 为孔放置面，绘制如图 11-113 所示的草图为孔位置。❷单击“确定”按钮，创建孔 2，如图 11-114 所示。

Step 14 创建孔 3

在菜单栏中选择“插入”→“设计特征”→“孔”命令或单击“主页”选项卡“特征”组中的“孔”按钮，打开“孔”对话框，如图 11-112 所示。❶在“直径”和“深度”文本框中分别输入 10 和 5，选择如图 11-113 所示的面 6 为孔放置面，绘制如图 11-114 所示的草图为孔位置。❷ 单击“确定”按钮，创建孔 3，如图 11-115 所示。

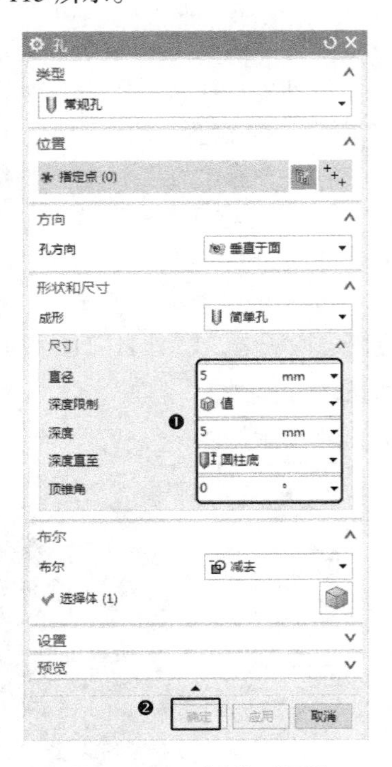

图 11-111 “孔”对话框

图 11-112 “孔”对话框

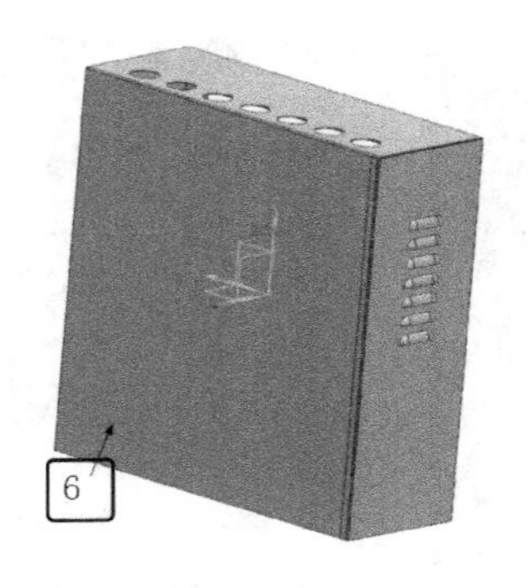

图 11-113 选择定位参考对象

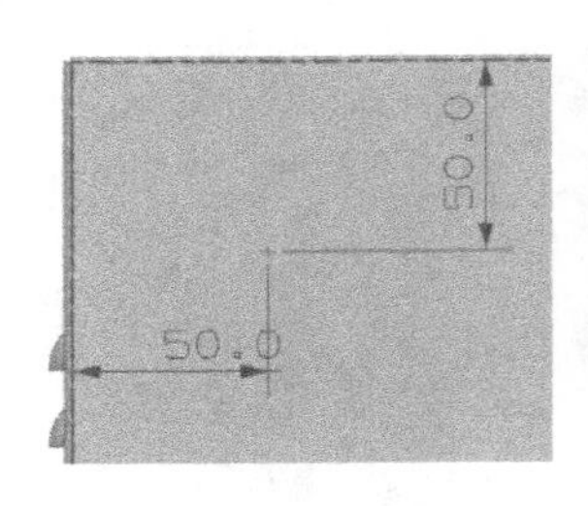

图 11-114 选择定位边

图 11-115 创建孔 3

Step 15 阵列孔 3

在菜单栏中选择“插入”→“关联复制”→“阵列特征”命令或者单击“主页”选项卡“特征”组中的“阵列特征”按钮，打开“阵列特征”对话框，如图 11-116 所示。选择 Step14 中创建的孔为阵列特征，❶ 在“布局”下拉列表中选择“圆形”，❷ 在“指定矢量”下拉列表中选择“YC 轴”，❸ 单击“点对话框”按钮，打开“点”对话框，在 X、Y 和 Z 文本框中都输入 0，单击“确定”按钮，返回“阵列特征”对话框中，❹ 在“数量”和“节距角”文本框中分别输入 4 和 90，❺ 单击“确定”按钮，阵列孔 3，如图 11-117 所示。

Step 16 创建法向开孔特征

在菜单栏中选择“插入”→“切割”→“法向开孔”命令或单击“主页”选项卡“特征”组中的“法向开孔”按钮，打开“法向开孔”对话框。单击“绘制截面”按钮，打开“创建草图”对话框，选择如图 11-118 所示的面 8 为草图工作平面，绘制如图 11-119 所示的裁剪轮廓。单击“主页”选项卡“草图”组中的“完成”按钮，草图绘制完毕，单击“确定”按钮，创建法向开孔特征，如图 11-120 所示。

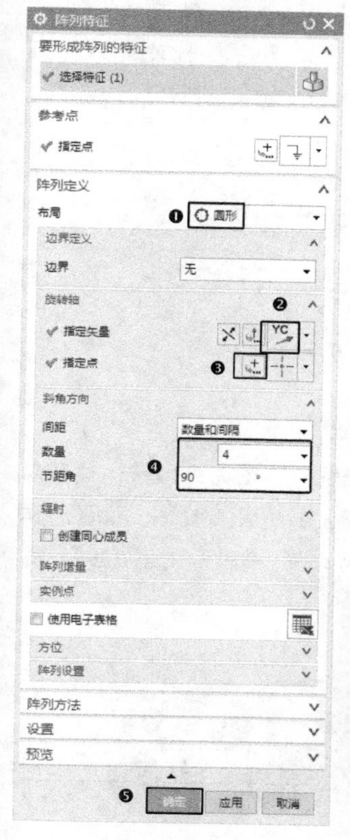

图 11-116　“阵列特征”对话框

图 11-117　阵列孔 3

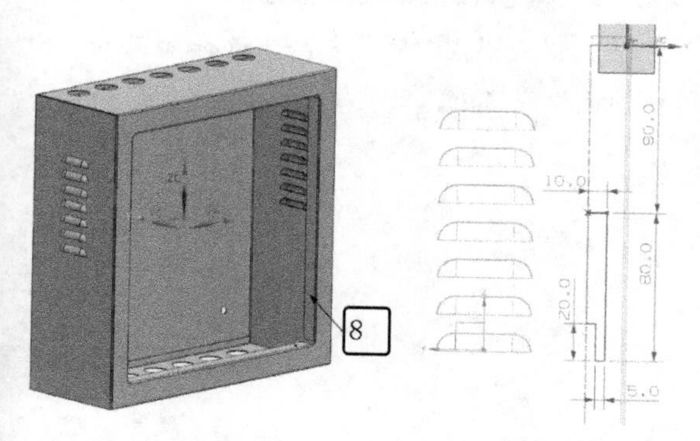

图 11-118　选择草图工作平面　　图 11-119　绘制草图

图 11-120　创建法向开孔特征

11.5　新手问答

Q1：如何将 UG 钣金出图折弯线位置标注系统的默认英文修改成中文？

答：在 Windows 7 系统下右击“我的电脑”，选择“属性”→“高级系统设置”→“高级”→“环境变量”命令，在打开的对话框中单击“新建”按钮，在“变量名”文本框中输入 lang，在“变量值”文本框中输入 chs。

Q2：如何使用 UG 在圆弧边上折弯？

答：UG 钣金没有对弯边进行折弯的功能，只能在建模下设计，再将其转换成钣金；在 UG 建模下，先绘制出零件，然后切换到钣金模块下，通过“转换成钣金”命令，把上一步创建的实体转换成钣金零件。

11.6　上机实验

通过前面的学习，相信读者对本章知识已有一个大体的了解。本节将通过一个操作练习帮助读者巩固本章所学的知识要点。

【练习】绘制抱匣盒

1. 目的要求

本练习设计的图形是一个常见的学习用品，如图 11-121 所示。在绘制的过程中，主要用到“凹坑”和“法向开孔”等钣金命令。通过本练习帮助读者掌握钣金命令的用法。

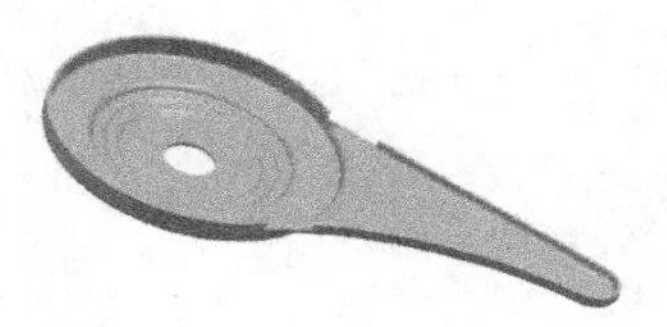

图 11-121　抱匣盒

2. 操作提示

（1）以 XC-YC 平面为草图放置面，绘制如图 11-122 所示的草图 1。

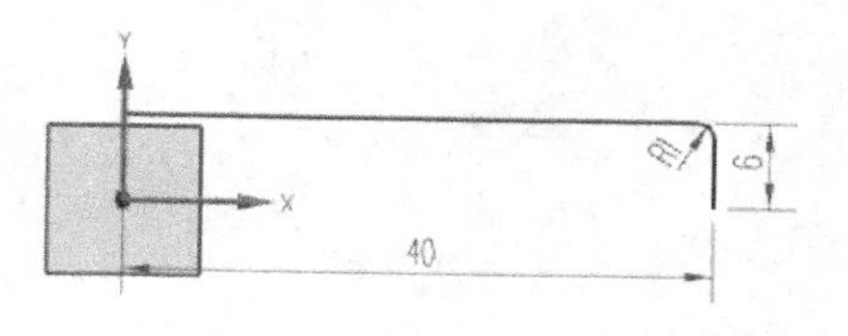

图 11-122　绘制草图 1

（2）利用“旋转”命令，将步骤（1）中绘制的草图以 Y 轴为旋转轴旋转 90°，两侧偏置为 0 和 1。

（3）利用“凹坑”命令，选择旋转体的上表面为草图绘制面，绘制草图 2，如图 11-123 所示。设置“深度”为 2，“侧角”为 0，“参考深度”为“外侧”，“侧壁”为“材料外侧”；勾选“凹坑边倒圆”复选框，设置“冲压半径”和“冲模半径”分别为 1、1，创建凹坑 1。重复“凹坑”命令，在凹坑表面上绘制如图 11-124 所示的草图 3，参数同上，创建凹坑 2。重复“凹坑”命令，在凹坑表面上绘制如图 11-125 所示的草图 4，参数同上，创建凹坑 3。

（4）利用“法向开孔”命令，选择凹坑表面为草图放置面，绘制如图 11-126 所示的草图 5 进行法向开孔。结果如图 11-127 所示。

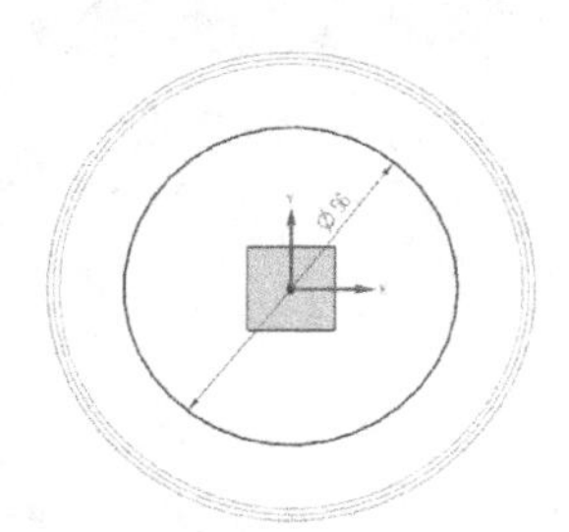

图 11-123　绘制草图 2

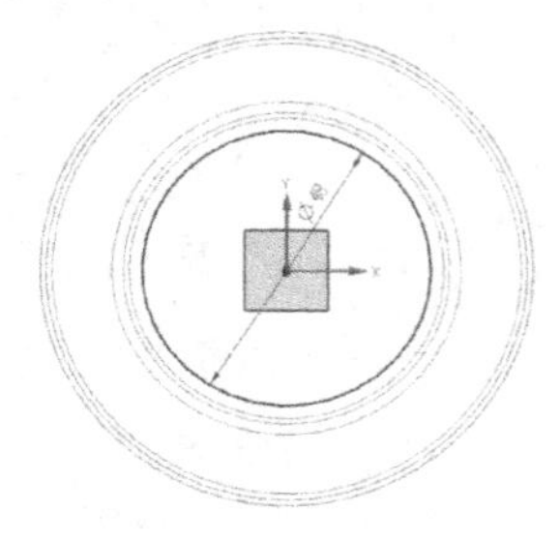

图 11-124　绘制草图 3

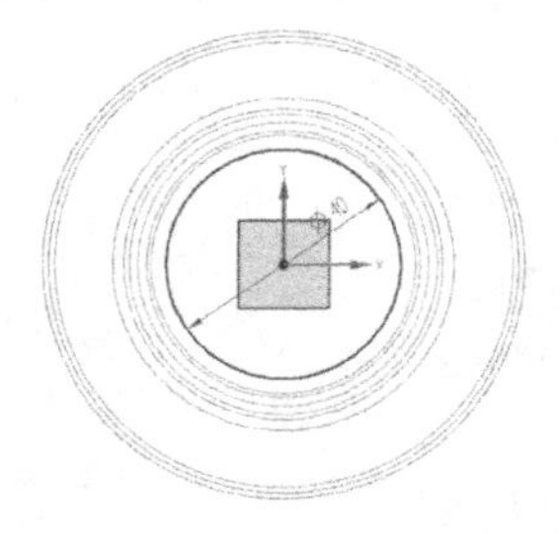

图 11-125　绘制草图 4

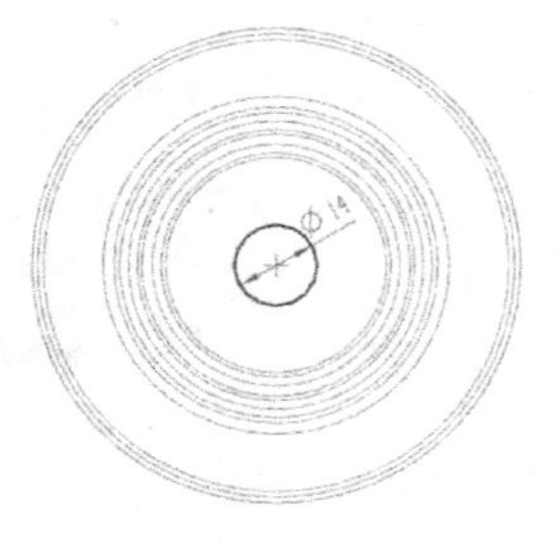

图 11-126　绘制草图 5

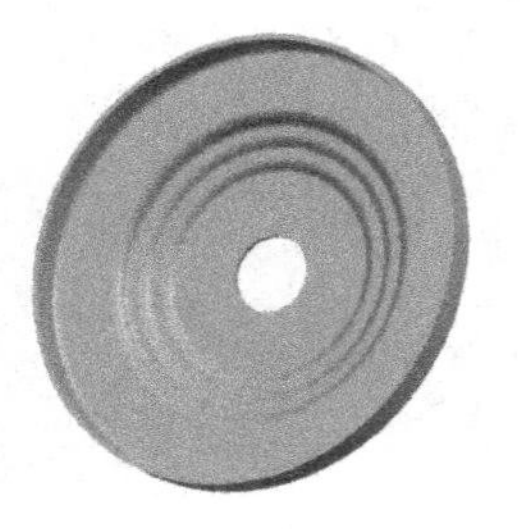

图 11-127　创建孔

（5）进入建模环境，选择旋转体的外表面为草图绘制面，绘制如图 11-128 所示的草图 6。利用“拉伸”命令，将草图进行拉伸处理，拉伸距离为 4，并进行求和处理。

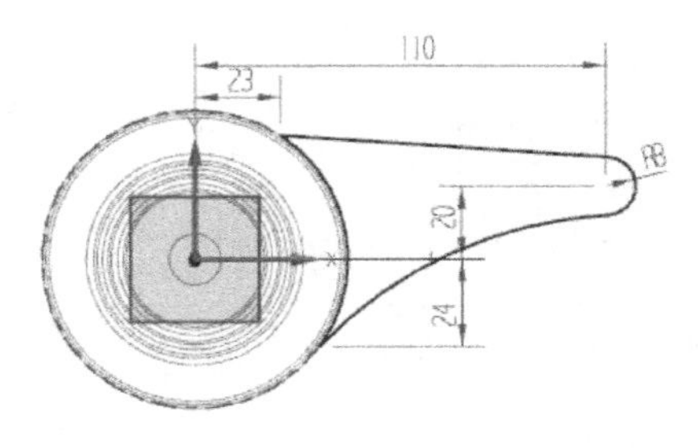

图 11-128　绘制草图 6

（6）将（5）中绘制的草图向内偏移，偏移距离为 1。利用“腔”命令创建常规腔体，设置腔体深度为 3，其他采用默认设置。结果如图 11-129 所示。

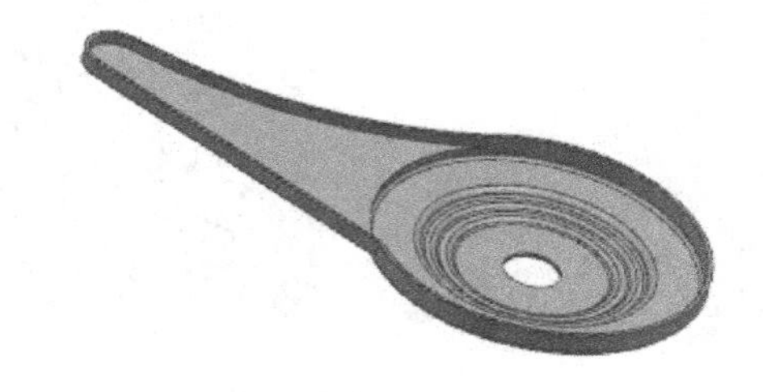

图 11-129　创建常规腔体

（7）利用“边倒圆”命令，选择如图 11-130 所示的边为圆角边，创建键槽。

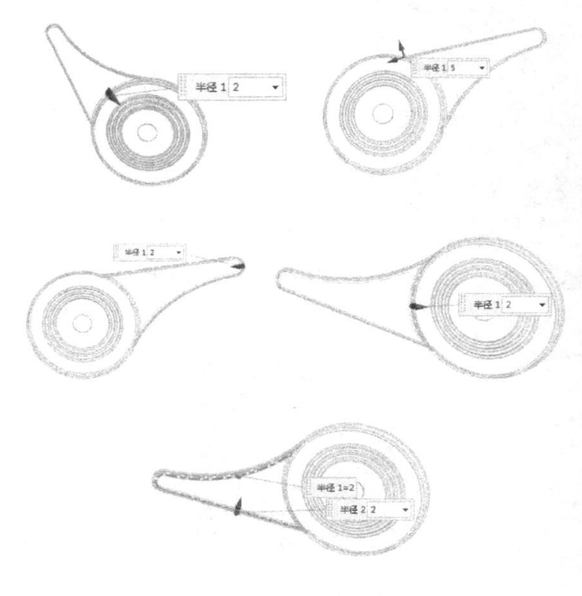

图 11-130　创建键槽

（8）选择 XC-YC 平面为草图绘制面，绘制如图 11-131 所示的草图 7。利用“拉伸”命令将草图进行拉伸处理，拉伸距离为 25，并进行求差处理。再以 XC-YC 平面为草图绘制面，利用“拉伸”命令，将草图进行拉伸处理，拉伸“开始距离”和“结束距离”分别为 5、25，并进行求差处理。

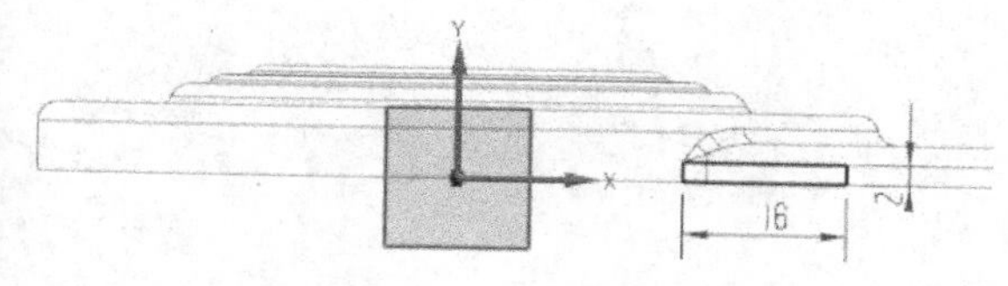

图 11-131　绘制草图 7

11.7　思考与练习

一、选择题

1. 成型特征是必须依赖于某个实体才能存在的特征。UG 提供了多种定位方式，以下不正确的定位方式是（　　）。

A. 水平定位　　B. 垂直定位

C. 空间定位　　D. 点到点定位

2. 轮廓弯边命令通过拉伸表示弯边截面轮廓来创建弯边特征，可以使用轮廓弯边命令创建（　　）。

A. 新零件的基本特征

B. 在现有的钣金零件上添加轮廓弯边特征

C. 任意角度的多个折弯特征

3. 转换为钣金件是指把非钣金件转换为钣金件，但钣金件必须是（　　）。

A. 等厚度的

B. 等长度的

C. 有尺寸范围的

D. 规则无复杂边角的

二、简答题

1. 在使用 NX 钣金特征创建钣金件之前要进行哪些设置？

2. 法向开孔和冲压开孔有什么区别？

3. 凹坑和实体冲压有什么区别？

读书笔记

第 12 章　装配建模

本章导读

UG 的装配模块不仅能快速组合零部件成为产品，而且在装配中可以参考其他部件进行部件关联设计，并可以对装配件模型进行间隙分析、重量管理等相关操作。在完成装配模型后，还可以建立爆炸视图，并将其导入装配工程图中。同时，可以在装配工程图中生成装配明细表，并能对轴测图进行局部剖切。

本章主要讲解装配过程的基础知识和常用模块及方法，让读者对装配建模能有进一步的认识。

内容要点

- 装配概述
- 装配导航器
- 自底向上装配
- 自顶向下装配
- 装配爆炸图
- 部件族
- 装配信息查询
- 装配序列化

12.1 装配概述

在装配前先介绍装配的相关术语和概念。

12.1.1 相关术语和概念

下面主要介绍装配中的常用术语。

（1）**装配**：是指在装配过程中建立部件之间的连接功能，由装配部件和子装配组成。

（2）**装配部件**：由零件和子装配构成的部件。在UG中，允许在任何一个prt文件中添加部件构成装配，因此任何一个prt文件都可以作为装配部件。UG中零件和部件不必严格区分。需要注意的是，当存储一个装配时，各部件的实际几何数据并不是存储在装配部件文件中，而是存储在相应的部件（即零件文件）中。

（3）**子装配**：是在高一级装配中被用作组件的装配，子装配也拥有自己的组件。子装配是一个相对概念，任何一个装配均可在更高级的装配中作为子装配。

（4）**组建对象**：是一个从装配部件链接到部件主模型的指针实体。一个组件对象记录的信息有部件名称、层、颜色、线型、线宽、引用集和配对条件等。

（5）**组建部件**：也就是装配中组件对象所指的部件文件。组件部件可以是单个部件（即零件），也可以是子装配。需要注意的是，组件部件是装配体引用而不是复制到装配体中的。

（6）**单个零件**：是指在装配外存在的零件几何模型，它可以添加到一个装配中去，但它本身不能含有下级组件。

（7）**主模型**：利用Master Model功能创建的装配模型，它是由单个零件组成的装配组件，是供UG模块共同引用的部件模型。同一主模型，可同时被工程图、装配、加工、机构分析和有限元分析等模块引用，当主模型修改时，相关引用自动更新。

（8）**自顶向下装配**：在装配中创建与其他部件相关的部件模型，是在装配部件的顶级向下生成子装配和部件（即零件）的装配方法。

（9）**自底向上装配**：先创建部件几何模型，再组合成子装配，最后生成装配部件的装配方法。

（10）**混合装配**：是将自顶向下装配和自底向上装配结合在一起的装配方法。例如，先创建几个主要部件模型，再将其装配到一起，然后在装配中设计其他部件，即为混合装配。

12.1.2 引用集

在装配中，各部件含有草图、基准平面及其他辅助图形对象，如果在装配中列出所有对象不仅容易混淆图形，而且还会占用大量内存，不利于装配工作的进行。通过引用集命令能够限制加载于装配图中的装配部件的不必要信息量。

引用集是用户在零部件中定义的部分几何对象，它代表相应的零部件参与装配。引用集可以包含下列数据对象：零部件名称、原点、方向、几何体、坐标系、基准轴、基准平面和属性等。创建完引用集后，就可以将其单独装配到部件中。一个零部件可以有多个引用集。

在菜单栏中选择“格式”→“引用集”命令，系统打开“引用集”对话框，如图12-1所示。

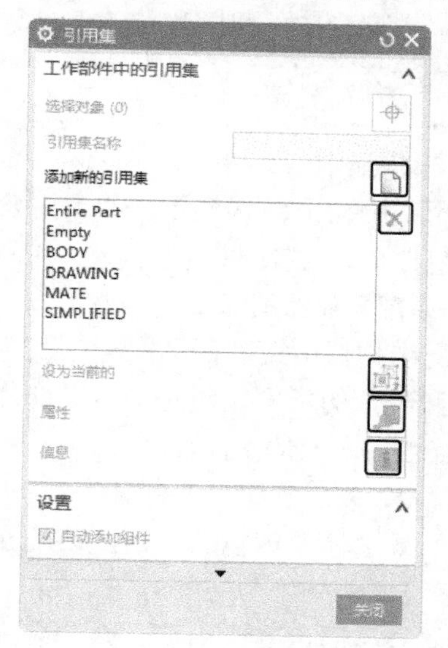

图12-1 “引用集”对话框

“引用集”对话框中的部分选项功能如下。

（1）**添加新的引用集**：可以创建新的引用集。输入使用于引用集的名称，并选取对象。

（2）**删除**：可以在已创建的引用集的项目中选择性地删除，删除引用集只不过是在目录中被删除而已。

（3）**设为当前的**：将对话框中选取的引用

集设定为当前的引用集。

（4）属性：编辑引用集的名称和属性。

（5）信息：显示工作部件的全部引用集的名称、属性和个数等信息。

12.2 装配导航器

装配导航器也称为装配导航工具，它提供了一个装配结构的图形显示界面，也称为“树形表”，如图 12-2 所示。掌握了装配导航器才能灵活地运用装配的功能。

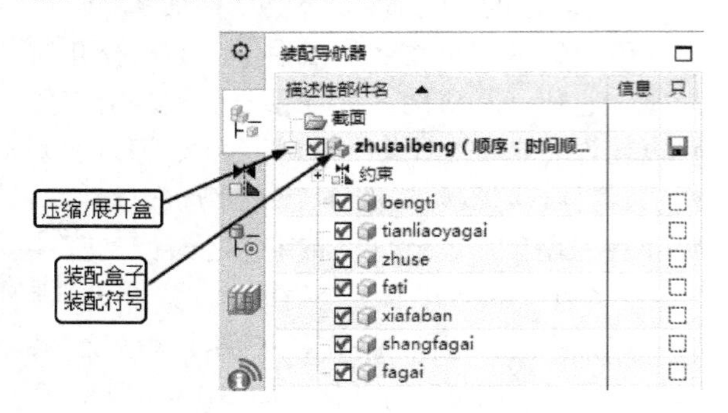

图 12-2 “树形表”示意图

12.2.1 功能概述

1. 节点显示

采用装配树形结构显示，非常清楚地表达了各个组件之间的装配关系。

2. 装配导航器图标

装配结构树中用不同的图标来表示装配中子装配和组件的不同。同时，各零部件不同的装载状态也用不同的图标表示。

（1）：表示装配或子装配。

①如果图标是黄色的，则此装配在工作部件内。

②如果是黑色实线图标，则此装配不在工作部件内。

③如果是灰色虚线图标，则此装配已被关闭。

（2）：表示装配结构树组件。

①如果图标是黄色的，则此组件在工作部件内。

②如果是黑色实线图标，则此组件不在工作部件内。

③如果是灰色虚线图标，则此组件已被关闭。

3. 检查盒

检查盒提供了快速确定部件工作状态的方法，可以用一个非常简单的方法装载并显示部件。部件工作状态用检查盒指示器表示。

（1）□：表示当前组件或子装配处于关闭状态。

（2）☑：表示当前组件或子装配处于隐藏状态，此时检查框显示灰色。

（3）☑：表示当前组件或子装配处于显示状态，此时检查框显红色。

4. 打开菜单选项

如果将光标移动到装配树的一个节点或选择若干个节点并右击，则打开快捷菜单，其中提供了很多便捷命令，以方便用户操作，如图 12-3 所示。

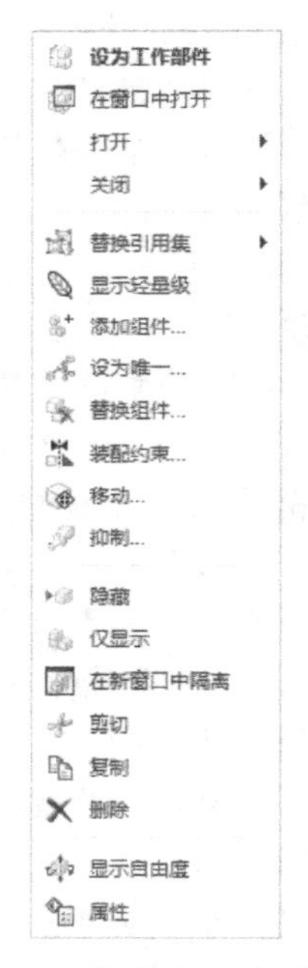

图 12-3 打开的快捷菜单

12.2.2 “预览”面板和“依附性”面板

“预览”面板是装配导航器的一个扩展区域，显示装载或未装载的组件。此功能在处理大装配时，有助于用户根据需要打开组件，更好地掌握其装配性能。

“依附性”面板是装配导航器和部件导航器的一个特殊扩展。装配导航器的依附性面板用于查看部件或装配内选定对象的依附性，包括配对约束和 WAVE 依附性，可以用它来分析修改计划对部件或装配的潜在影响。

12.3 自底向上装配

自底向上装配是常用的装配方法，即先设计装配中的部件，再将部件添加到装配中，由底向上逐级进行装配。

在菜单栏中选择“装配”→“组件”下拉菜单，如图 12-4 所示。

采用自底向上的装配方法，选择添加已经存在组件的方式有两种，一般来说，第一个部件采用绝对坐标定位方式添加，其余部件采用相对定位的方法添加。

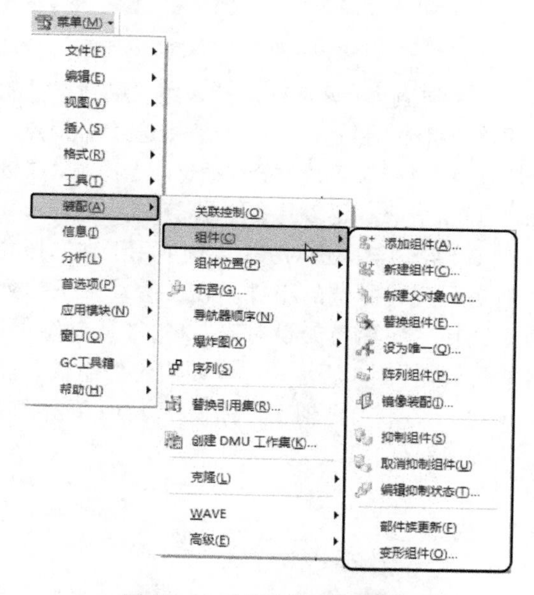

图 12-4 “组件”子菜单命令

12.3.1 添加已经存在的部件

在菜单栏中选择“装配”→“组件”→“添加组件”命令或单击“装配”选项卡“组件”组中的“添加”按钮，打开“添加组件”对话框，如图 12-5 所示。如果要进行装配的部件还没有打开，可以选择“打开”按钮，从磁盘目录选择；已经打开的部件名称会出现在“已加载的部件”选项中，可以从中直接选择。单击“确定”按钮，返回“添加组件”对话框。

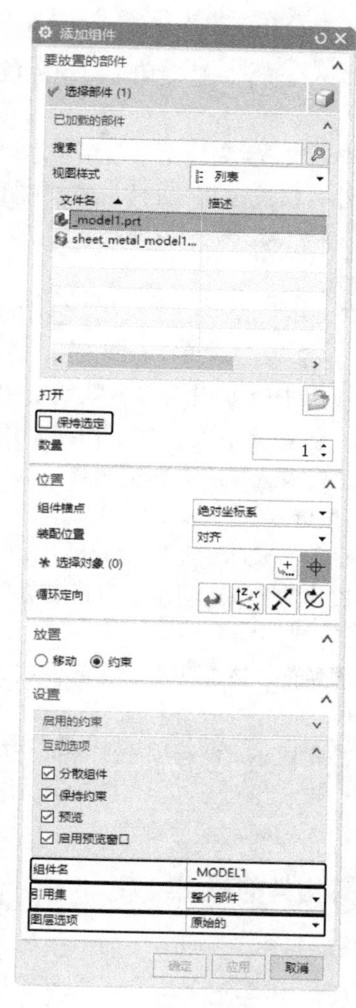

图 12-5 “添加组件”对话框

“添加组件”对话框中的部分选项功能如下。

1. 保持选定

勾选此复制框，维护部件的选择，这样就可以在下一个添加操作中快速添加相同的部分。

2. 位置

（1）装配位置：装配中组件的目标坐标系。在该下拉列表中提供了“对齐”“绝对坐标系 - 工作部件”“绝对坐标系 - 显示部件”和“工作坐标系”4 种装配位置。

①对齐：该选项用于通过选择位置来定义坐标系。

②绝对坐标系 - 工作部件：该选项用于将组件放置于当前工作部件的绝对原点。

③绝对坐标系 - 显示部件：该选项用于将组

件放置于显示装配的绝对原点。

④工作坐标系：该选项用于将组件放置于工作坐标系。

（2）组件锚点： 坐标系来自用于定位装配中组件的组件，该选项用于可以通过在组件内创建产品接口来定义其他组件系统。

3. 组件名

该选项为组件重新命名，默认为组件的零件名。

4. 引用集

该选项用于改变引用集。默认引用集是模型，表示只包含整个实体的引用集。用户可以通过该下拉列表选择所需的引用集。

5. 图层选项

该选项用于指定部件放置的目标层。

（1）工作的： 该选项用于将指定部件放置到装配图的工作层中。

（2）原始的： 该选项用于将部件放置到部件原来的层中。

（3）按指定的： 该选项用于将部件放置到指定的层中。选择该选项，在其下端的指定“层”文本框中输入需要的层号即可。

12.3.2 组件的装配约束

1. 移动组件

在菜单栏中选择“装配”→“组件位置”→“移动组件”命令或单击“装配”选项卡“组件位置”组中的“移动组件”按钮，打开“移动组件”对话框，如图 12-6 所示。

图 12-6 “移动组件”对话框

“移动组件”对话框中的部分选项功能如下。

（1）角度： 该选项用于绕轴和点旋转组件。在“运动”下拉列表中选择“角度”时，“移动组件”对话框如图 12-7 所示。选择旋转轴，然后选择旋转点，在“角度”文本框中输入要旋转的角度值，单击“确定”按钮即可。

图 12-7 “移动组件”-“角度”对话框

（2）点到点： 该选项用于采用“点到点”的方式移动组件。在“运动”下拉列表中选择“点对点”，然后选择两个点，系统便会根据这两点构成的矢量和两点间的距离，沿着其矢量方向移动组件。

（3）将轴与矢量对齐： 该选项用于在选择的两轴之间旋转所选的组件。在“运动”下拉列表中选择“将轴与矢量对齐”时，“移动组件”对话框如图 12-8 所示。选择要定位的组件，然后指定参考点、参考轴和目标轴的方向，单击“确定”按钮即可。

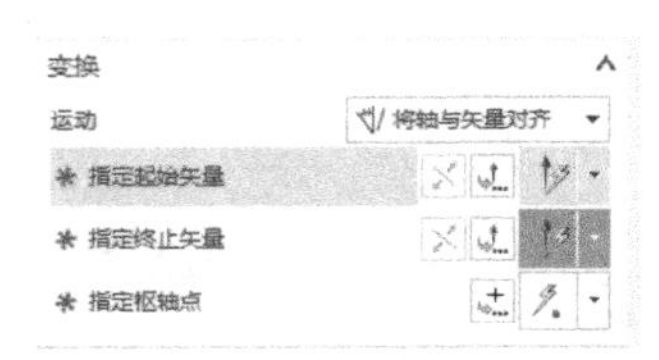

图 12-8 “移动组件”-“将轴与矢量对齐”对话框

（4）坐标系到坐标系： 该选项用于采用移动坐标方式重新定位所选组件。在“运动”下拉列表中选择“坐标系到坐标系”时，“移动组件”对话框如图 12-9 所示。首先选择要定位的组件，然后指定参考坐标系和目标坐标系。选择一种坐标定义方式定义参考坐标系和目标坐标系后，单击“确定”按钮，则组件从参考坐标系的相对位置移动到目标坐标系中的对应位置。

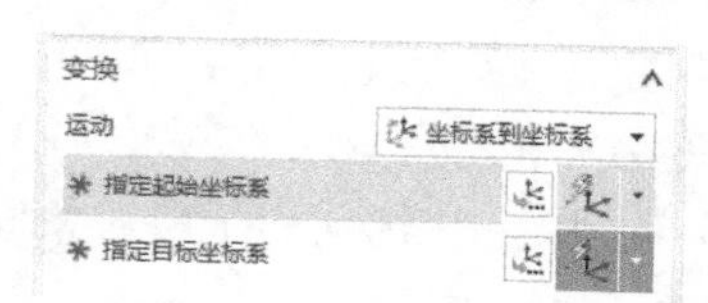

图12-9 “移动组件”-“坐标系到坐标系”对话框

（5）**增量XYZ**：该选项用于平移所选组件。在“运动”下拉列表中选择“增量XYZ”，“移动组件”对话框将变为如图12-10所示。该对话框用于沿X、Y和Z坐标轴方向移动一个距离。如果输入的值为正，则沿坐标轴正向移动；反之，则沿负向移动。

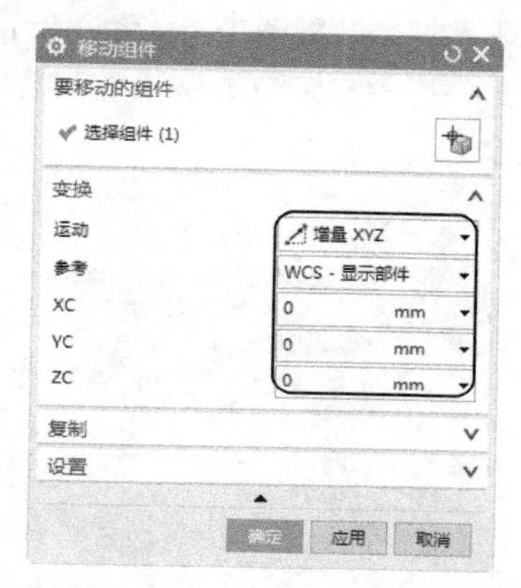

图12-10 “移动组件”-“增量XYZ”对话框

2. 装配约束

在菜单栏中选择“装配”→“组件”→“装配约束”命令或单击“装配”选项卡“组件位置”组中的“装配约束”按钮，打开“装配约束”对话框，如图12-11所示。该对话框用于通过配对约束确定组件在装配中的相对位置。

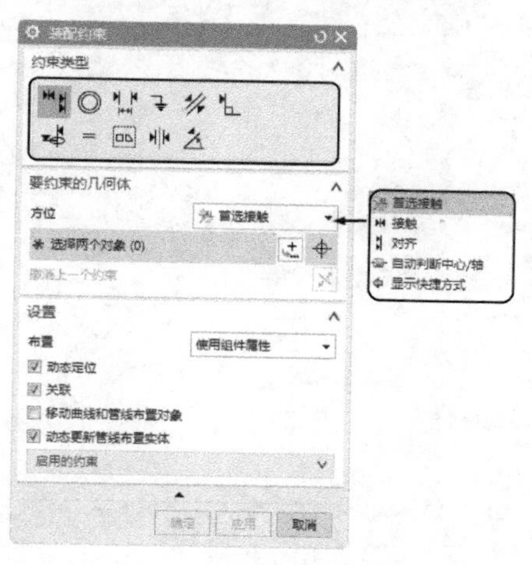

图12-11 “装配约束”对话框

（1）**接触对齐**：该选项用于约束两个对象，使其彼此接触或对齐，如图12-12所示。

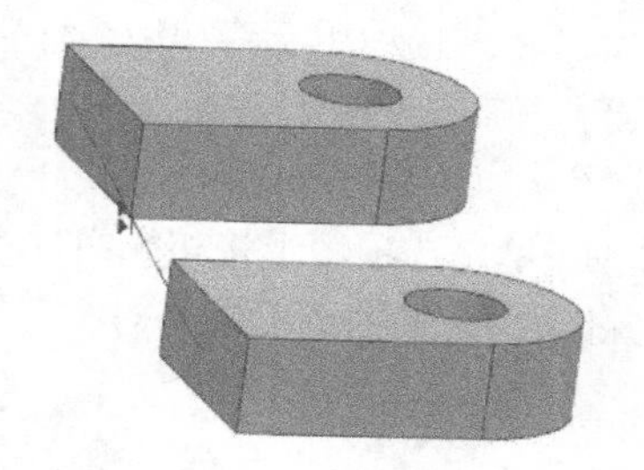

图12-12 “接触对齐”示意图

①接触：该选项用于定义两个同类对象相一致。

②对齐：该选项用于对齐匹配对象。

③自动判断中心/轴：该选项用于使圆锥、圆柱和圆环面的轴线重合。

（2）**角度**：该选项用于在两个对象之间定义角度尺寸，约束相配组件到正确的方位上，如图12-13所示。角度约束可以在两个具有方向矢量的对象间产生，角度是两个方向矢量间的夹角。这种约束允许配对不同类型的对象。

（3）**平行**：该选项用于约束两个对象的方向矢量彼此平行，如图12-14所示。

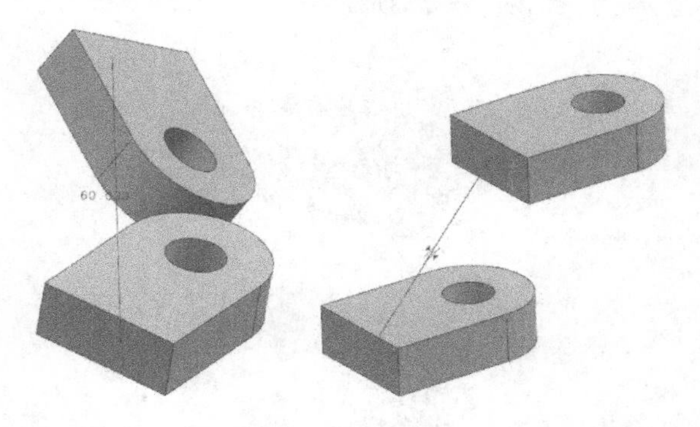

图12-13 “角度”示意图　图12-14 “平行”示意图

（4）**垂直**：该选项用于约束两个对象的方向矢量彼此垂直，如图12-15所示。

（5）**同心**：该选项用于将相配组件中的一个对象定位到基础组件中的一个对象的中心上，其中一个对象必须是圆柱或轴对称实体，如图12-16所示。

（6）**中心**：该选项用于约束两个对象的中心对齐。

① 1 对 2：该选项用于将相配组件中的一个对象定位到基础组件中的两个对象的对称中心上。

② 2 对 1：该选项用于将相配组件中的两个对象定位到基础组件中的一个对象上，并与其对称。

③ 2 对 2：该选项用于将相配组件中的两个对象与基础组件中的两个对象呈对称布置。

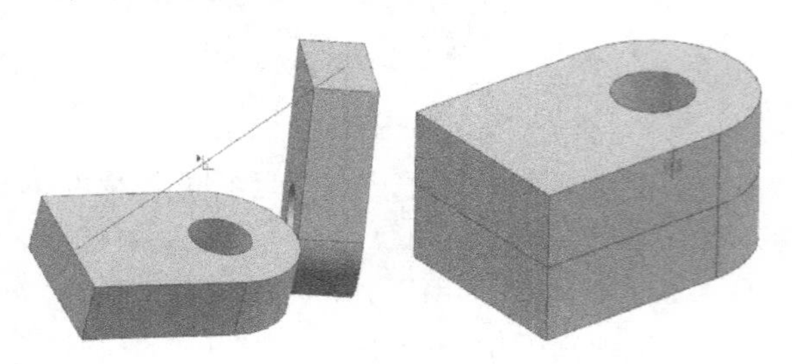

图 12-15　“垂直”示意图　图 12-16　“同心”示意图

提示

相配组件是指需要添加约束进行定位的组件，基础组件是指位置固定的组件。

（7）**距离**：该选项用于指定两个相配对象间的最小三维距离。距离可以是正值，也可以是负值，正负号决定相配对象是在目标对象的哪一边，如图 12-17 所示。

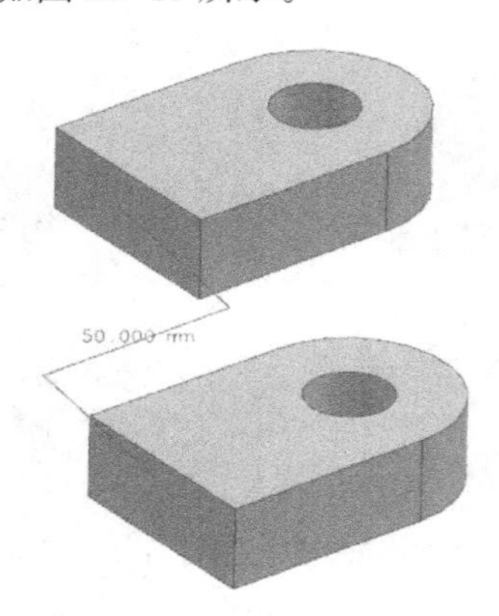

图 12-17　“距离”示意图

（8）**对齐 / 锁定**：该选项用于对齐不同对象中的两个轴，同时防止绕公共轴旋转。通常，当需要将螺栓完全约束在孔中时，这将作为约束条件之一。

（9）**胶合**：该选项用于将对象约束到一起，以使它们作为刚体移动。

（10）**适合窗口**：该选项用于约束半径相同的两个对象，如圆边或椭圆边，圆柱面或球面。如果半径变为不相等，则该约束无效。

（11）**固定**：该选项用于将对象固定在其当前位置。

12.3.3 实例——柱塞泵装配图

本实例将介绍柱塞泵装配的具体过程和方法，将柱塞泵的 7 个零部件：泵体、填料压盖、柱塞、阀体、阀盖及上阀瓣、下阀瓣等装配成完整的柱塞泵。具体操作步骤为：首先创建一个新文件，用于绘制装配图；然后将泵体以绝对坐标定位方法添加到装配图中；最后将余下的 6 个柱塞泵零部件以配对定位方法添加到装配图中，如图 12-18 所示。

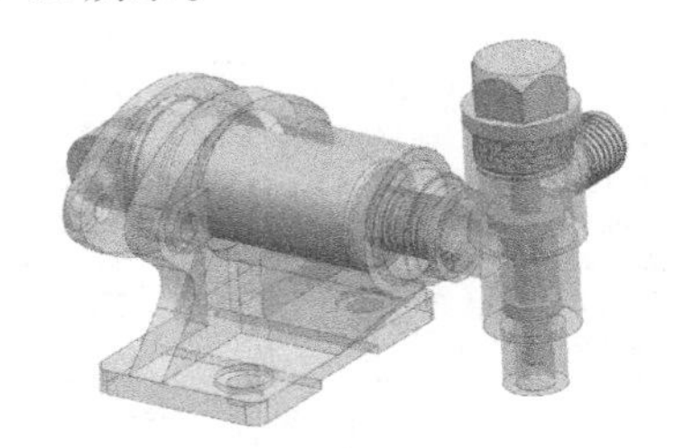

图 12-18　柱塞泵装配图

绘制步骤

Step 01 新建文件

在菜单栏中选择“文件”→“新建”命令或单击“主页”选项卡“标准”组中的“新建”按钮，打开“新建”对话框，❶ 选择装配模板，❷ 输入文件名为“zhusaibeng”，如图 12-19 所示。❸ 单击“确定”按钮，进入装配环境。

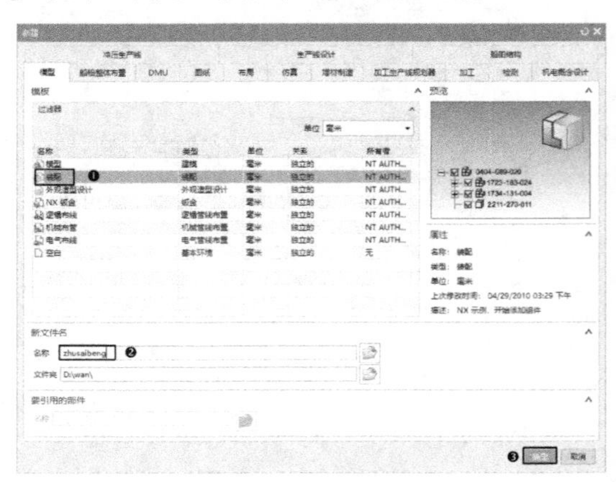

图 12-19　“新建”对话框

Step 02 添加泵体零件

（1）在菜单栏中选择“装配”→“组件”→“添加组件”命令或单击“装配”选项卡“组件”组中的“添加”按钮，打开“添加组件”对话框，如图 12-20 所示。

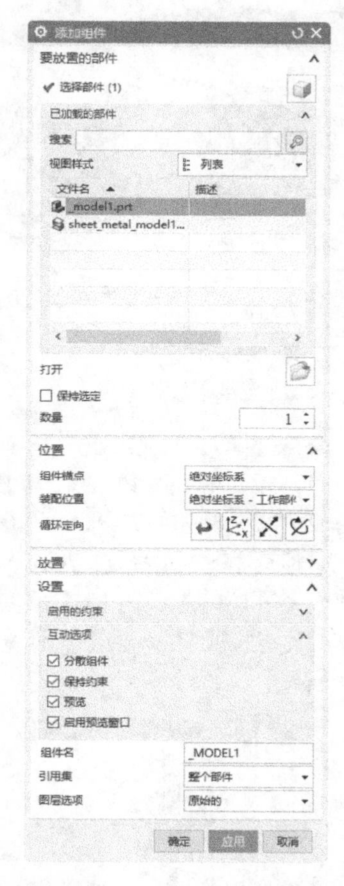

图 12-20 “添加组件”对话框

（2）在没有进行装配之前，此对话框的“选择选入的部件”列表中是空的，但是随着装配的进行，该列表中将显示所有加载进来的零部件文件的名称，便于管理和使用。单击“打开”按钮，打开“部件名”对话框，如图 12-21 所示。

（3）在“部件名”对话框中，❶选择 bengti.prt 文件，❷勾选右侧的“预览”复选框，在右侧预览窗口中显示出该文件中保存的泵体实体，❸单击 OK 按钮，打开“组件预览”窗口，如图 12-22 所示。

（4）在“添加组件”对话框中，在“引用集”下拉列表中选择“模型”选项，在“装配位置”下拉列表中选择“绝对坐标系 - 工作部件”选项，在“图层选项”下拉列表中选择“原始的”选项，单击“确定”按钮，完成按绝对坐标定位方法添加泵体零件。结果如图 12-23 所示。

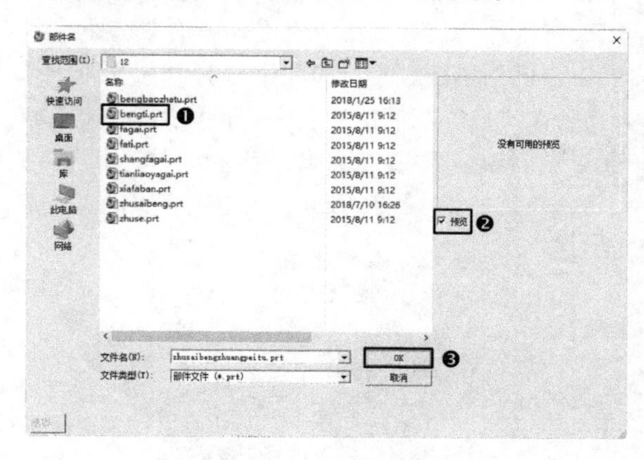

图 12-21 “部件名”对话框

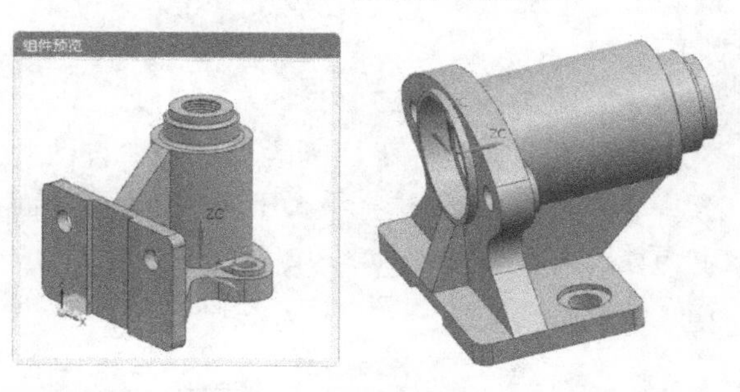

图 12-22 “组件预览”窗口　　图 12-23 添加泵体

Step 03 添加填料压盖零件

（1）在菜单栏中选择“装配”→“组件”→“添加组件”命令或单击“装配”选项卡“组件”组中的“添加”按钮，打开“添加组件”对话框，单击“打开”按钮，打开“部件名”对话框，选择 tianliaoyagai.prt 文件，在右侧预览窗口中显示出填料压盖实体的预览图。单击 OK 按钮，打开“组件预览”窗口，如图 12-24 所示。

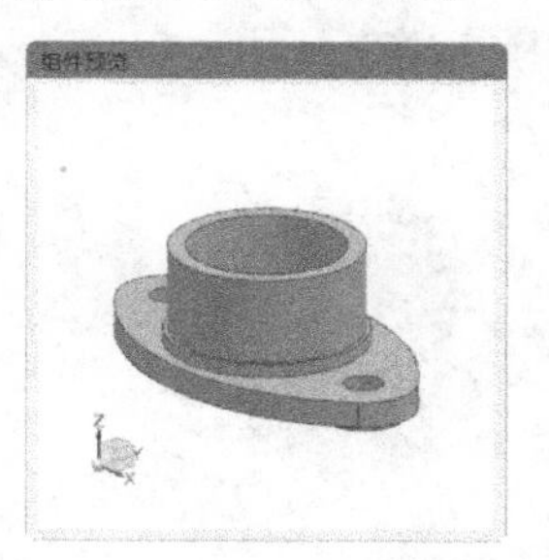

图 12-24 “组件预览”窗口

（2）在“添加组件”对话框中，在“引用集”下拉列表中选择“模型”选项，在“图层选项”下拉列表中选择“原始的”选项，在“装配位置”下拉列表中选择“对齐”选项，在绘图区中指定放置组件的位置，在“放置”选项中选择“约束”，在“约束类型”选项中选择“接触对齐”类型，在“方位”下拉列表中选择“接触”选项，选择填料压盖的右侧圆台端面和泵体左侧膛孔中的端面，如图 12–25 所示。单击“应用”按钮。

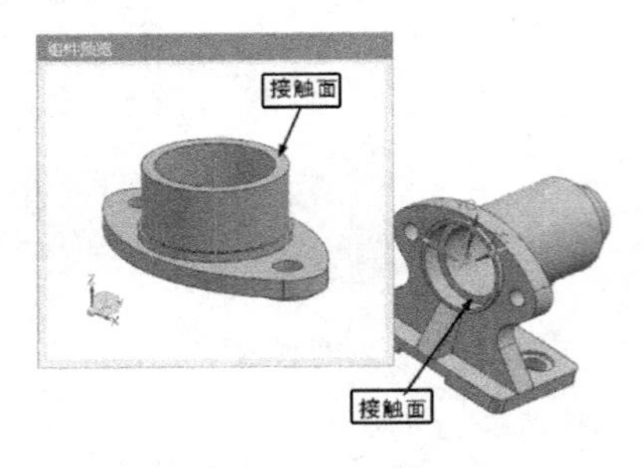

图 12–25　配对约束

（3）在“方位”下拉列表中选择“自动判断中心 / 轴”选项，选择填料压盖的圆台圆柱面和泵体膛体的圆柱面，如图 12–26 所示。单击“应用”按钮。

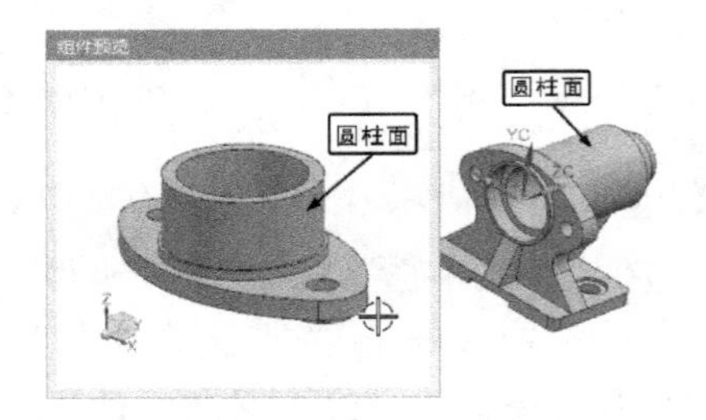

图 12–26　中心对齐约束 1

（4）在“方位”下拉列表中选择“自动判断中心 / 轴”选项，选择填料压盖的前侧螺栓安装孔的圆柱面，选择泵体安装板上的螺栓孔的圆柱面，如图 12–27 所示。单击“应用”按钮。

图 12–27　中心对齐约束 2

（5）由以上三个配对约束：对填料压盖与泵体进行装配，一个配对约束和两个中心约束可以使填料压盖形成完全约束，单击“确定”按钮，完成填料压盖与泵体的配对装配。结果如图 12–28 所示。

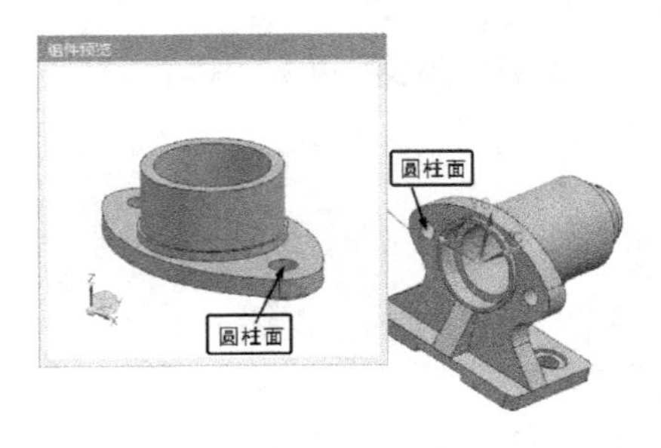

图 12–28　填料压盖与泵体的配对装配

Step 04　添加柱塞零件

（1）在菜单栏中选择“装配”→“组件”→“添加组件”命令或单击“装配”选项卡“组件”组中的“添加”按钮，打开“添加组件”对话框，单击“打开”按钮，打开“部件名”对话框，选择 zhusai.prt 文件，在右侧预览窗口中显示出柱塞实体的预览图。单击 OK 按钮，打开“组件预览”窗口，图 12–29 所示。

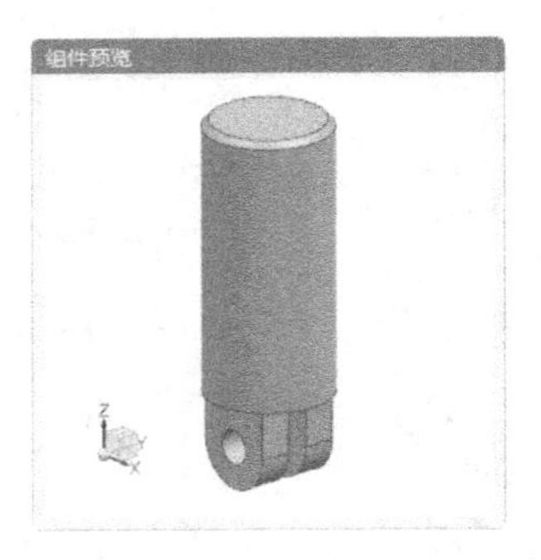

图 12–29　“组件预览”窗口

（2）在“添加组件”对话框中，使用默认设置值，在绘图区中指定放置组件的位置，在“放置”选项中选择“约束”，在“约束类型”选项中选择“接触对齐”类型，在“方位”下拉列表中选择“接触”选项，选择柱塞底面端面和泵体左侧膛孔中的第二个内端面，如图 12–30 所示。单击“应用”按钮。

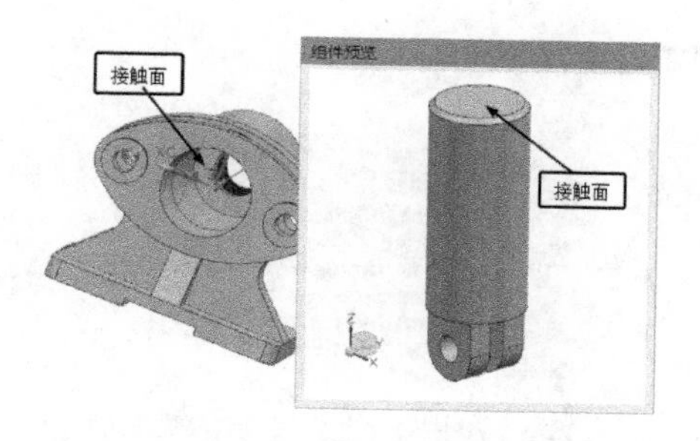

图 12-30　配对约束

（3）在“方位”下拉列表中选择“自动判断中心 / 轴”选项，选择柱塞外环面和泵体膛体的圆环面，如图 12-31 所示。单击“应用”按钮。

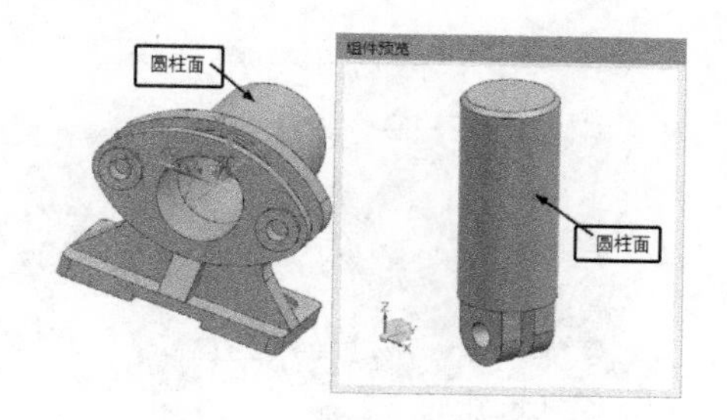

图 12-31　中心约束

（4）现有的两个约束依然不能防止柱塞在膛孔中以自身中心轴线做旋转运动，因此继续添加配对约束以限制柱塞的回转，选择“平行”类型，选择柱塞右侧凸垫的侧平面和泵体肋板的侧平面，如图 12-32 所示。单击“应用”按钮。

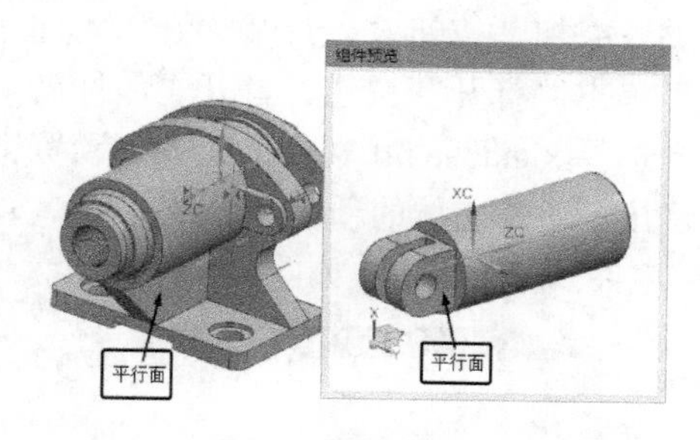

图 12-32　平行约束

（5）对于柱塞与泵体的装配，由以上三个配对进行约束： 一个配对约束、一个中心对齐约束和一个平行约束可以使柱塞形成完全约束，单击“确定”按钮，完成柱塞与泵体的配对装配。结果如图 12-33 所示。

图 12-33　柱塞与泵体的配对装配

Step 05 添加阀体零件

（1）在菜单栏中选择“装配”→“组件”→“添加组件”命令或单击“装配”选项卡“组件”组中的“添加”按钮，打开“添加组件”对话框，单击“打开”按钮，打开“部件名”对话框，选择 fati.prt 文件，在右侧预览窗口中显示出阀体实体的预览图。单击 OK 按钮，打开“组件预览”窗口，如图 12-34 所示。

图 12-34　“组件预览”窗口

（2）在“添加组件”对话框中，在“引用集”下拉列表中选择“模型”选项，在“定位”选项中选择“配对”选项，在“图层选项”下拉列表中选择“原始的”选项，在“装配位置”下拉列表中选择“对齐”选项，在绘图区中指定放置组件的位置，在“放置”选项中选择“约束”，在“约束类型”选项中选择“接触对齐”类型，在“方位”下拉列表中选择“接触”选项，选择阀体左侧圆台端面和泵体膛体的右侧端面，单击“应用”按钮，如图 12-35 所示。

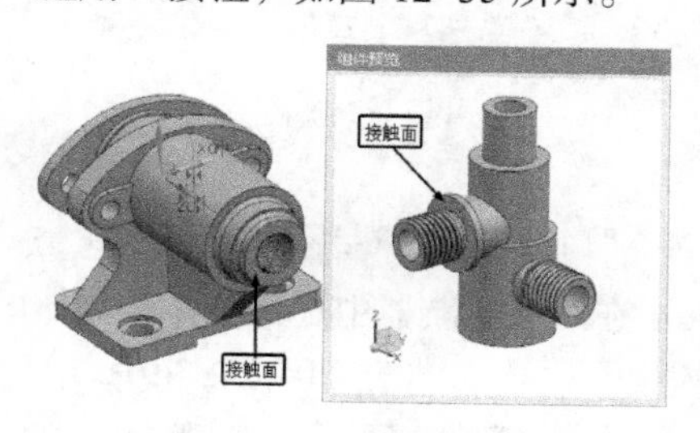

图 12-35　配对约束

（3）在“方位”下拉列表中选择“自动判断中心 / 轴”选项，选择阀体左侧圆台圆柱面和泵体膛体的圆柱面，如图 12–36 所示。单击“应用”按钮。

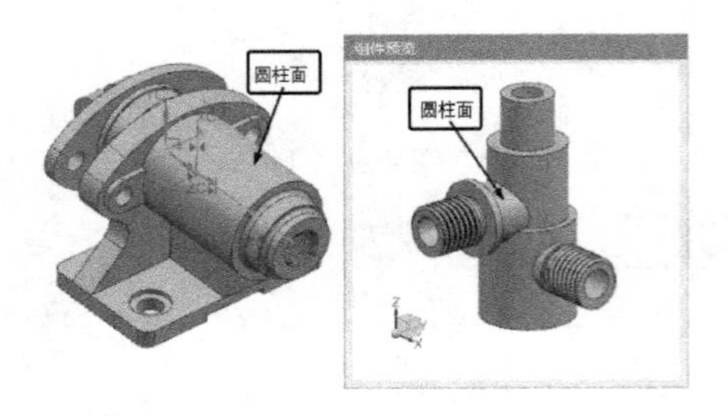

图 12–36　中心对齐约束

（4）在“约束类型”选项中选择“平行”类型，继续添加约束，首先在“组件预览”窗口中选择阀体圆台的端面，然后在绘图窗口中选择泵体底板的上平面，如图 12–37 所示。单击“应用”按钮。

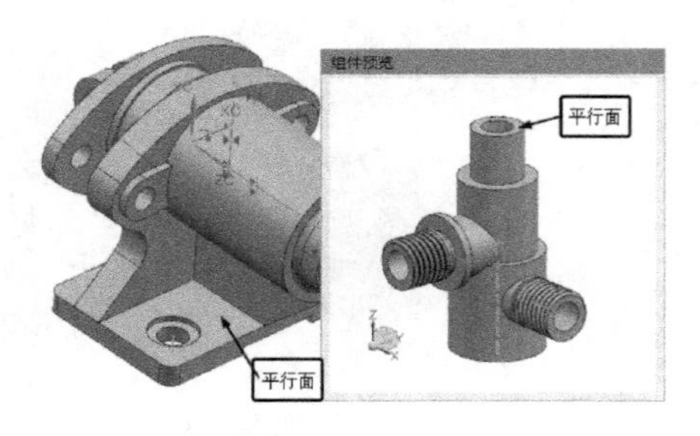

图 12–37　平行约束

（5）对于阀体与泵体的装配，由以上三个配对进行约束：一个配对约束、一个中心约束和一个平行约束可以使阀体形成完全约束，单击“确定”按钮，完成阀体与泵体的配对装配。结果如图 12–38 所示。

图 12–38　阀体与泵体的配对装配

（6）在约束导航器中选择泵体和阀体的“平行”约束，右击，打开如图 12–39 所示的快捷菜单，选择“反向”命令，调整阀体的方向，如图 12–40 所示。

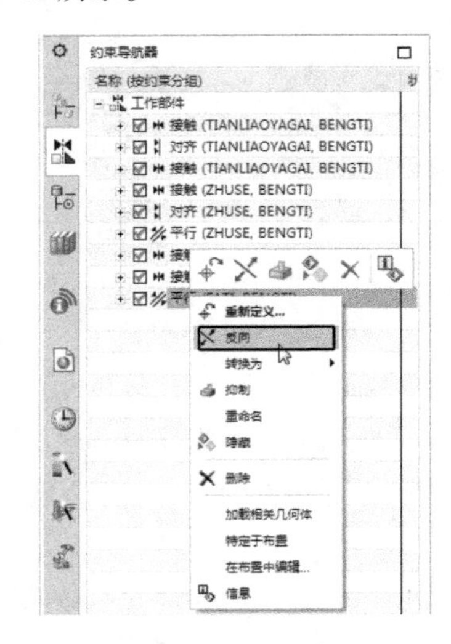

图 12–39　快捷菜单

图 12–40　阀体与泵体的平行约束

Step 06 添加下阀瓣零件

（1）在菜单栏中选择“装配”→“组件”→“添加组件”命令或单击“装配”选项卡“组件”组中的“添加”按钮，打开“添加组件”对话框，单击“打开”按钮，打开“部件名”对话框，选择 xiafaban.prt 文件，在右侧预览窗口中显示出下阀瓣实体的预览图。单击 OK 按钮，打开“组件预览”窗口，如图 12–41 所示。

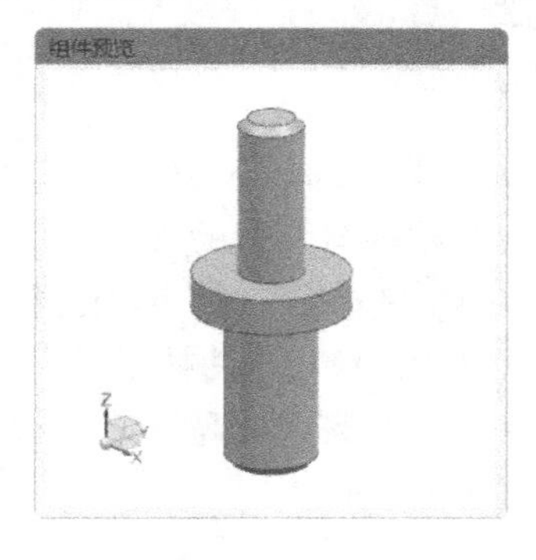

图 12–41　“组件预览”窗口

（2）在“添加组件”对话框中，在“引用集”下拉列表中选择“模型”选项，在“装配位置”下拉列表中选择“对齐”选项，在绘图区中指定放置组件的位置，在“图层选项”下拉列表中选择“原始的”选项，在“放置”选项中选择“约束”，在“约束类型”选项中选择“接触对齐”类型，在“方位”下拉列表中选择“接触”选项，选择下阀瓣中间圆台端面和阀体内孔端面，如图 12–42 所示。单击“应用”按钮。

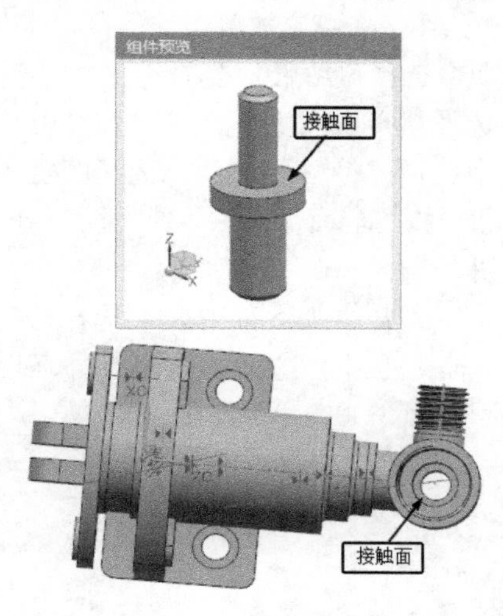

图 12–42　配对约束

（3）在“方位”下拉列表中选择“自动判断中心 / 轴”选项，选择下阀瓣圆台外环面和阀体的外圆环面，如图 12–43 所示。单击“应用”按钮。

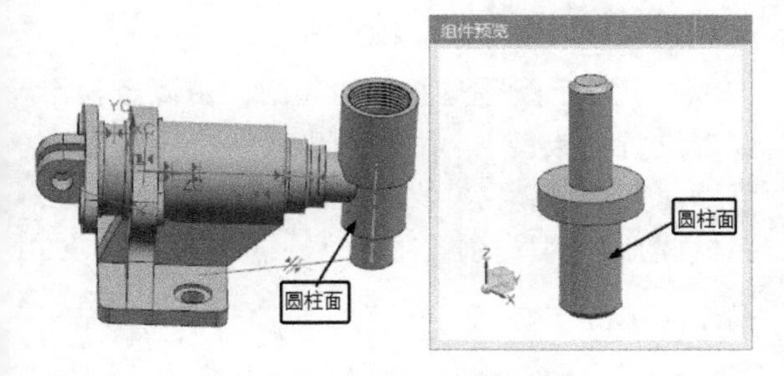

图 12–43　中心对齐约束

（4）对于下阀瓣与阀体的装配，由以上两个配对进行约束： 一个配对约束和一个中心约束可以使下阀瓣形成欠约束，下阀瓣可以绕自身中心轴线旋转，单击“装配条件”对话框中的“确定”按钮，完成下阀瓣与阀体的配对装配。结果如图 12–44 所示。

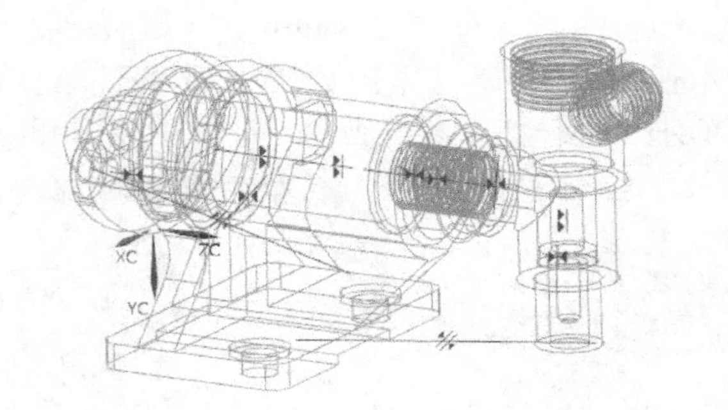

图 12–44　下阀瓣与阀体的配对装配

Step 07　添加上阀瓣零件

（1）在菜单栏中选择“装配”→“组件”→“添加组件”命令或单击“装配”选项卡“组件”组中的“添加”按钮，打开“添加组件”对话框，单击“打开”按钮，打开“部件名”对话框，选择 shangfaban.prt 文件，在右侧预览窗口中显示出上阀瓣实体的预览图。单击 OK 按钮，打开“组件预览”窗口，如图 12–45 所示。

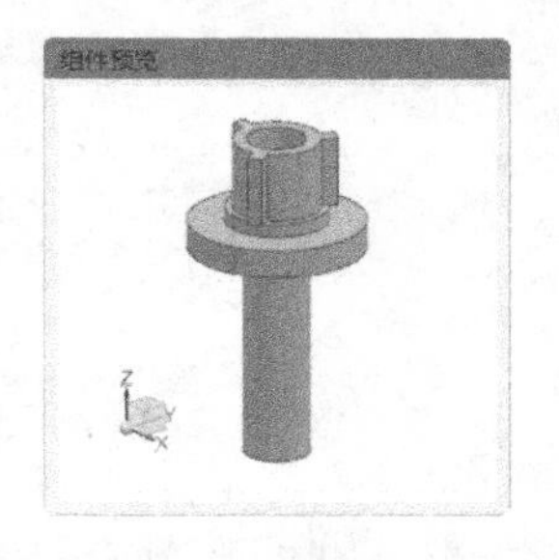

图 12–45　“组件预览”窗口

（2）在“添加组件”对话框中，采用默认设置，在绘图区中指定放置组件的位置，在“放置”选项中选择“约束”，在“约束类型”选项中选择“接触对齐”类型，在“方位”下拉列表中选择“接触”选项，选择上阀瓣中间圆台端面和阀体内孔端面，如图 12–46 所示。单击“应用”按钮。

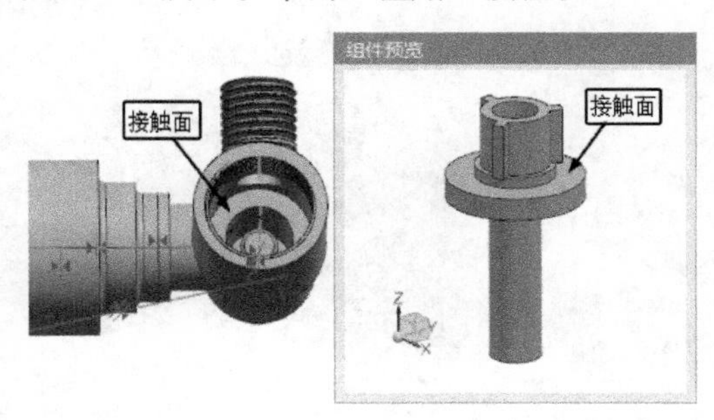

图 12–46　配对约束

（3）在“方位”下拉列表中选择“自动判断中心 / 轴”选项，选择上阀瓣圆台外环面和阀体的外圆环面，如图 12-47 所示。单击“应用”按钮。

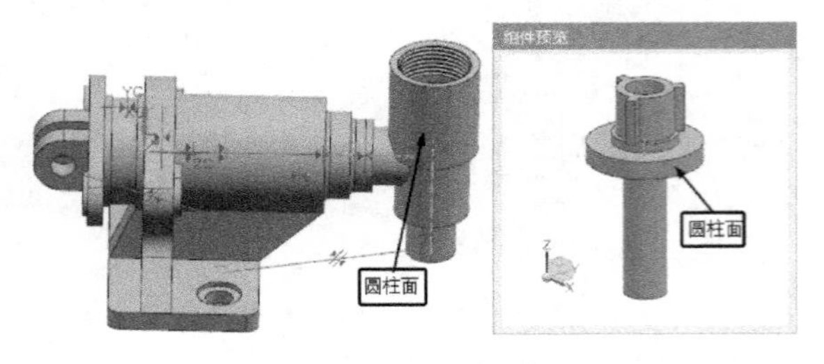

图 12-47　中心约束

（4）对于上阀瓣与阀体的装配，由以上两个配对进行约束：一个配对约束和一个中心约束可以使上阀瓣形成欠约束，上阀瓣可以绕自身中心轴线旋转，单击“确定”按钮，完成上阀瓣与阀体的配对装配。结果如图 12-48 所示。

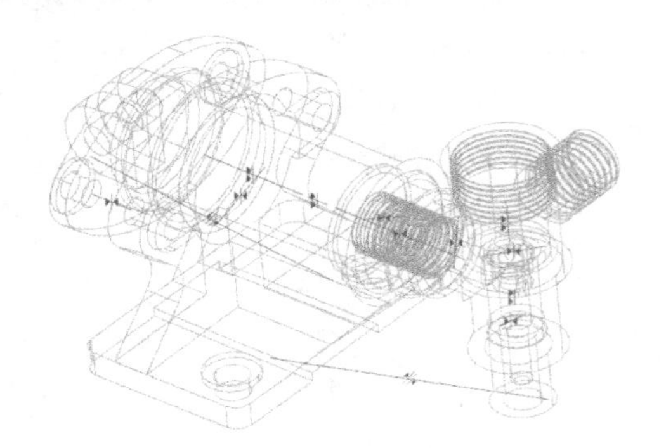

图 12-48　上阀瓣与阀体的配对装配

Step 08　添加阀盖零件

（1）在菜单栏中选择“装配”→“组件”→“添加组件”命令或单击“装配”选项卡“组件”组中的“添加”按钮，打开“添加组件”对话框，将 fagai.prt 文件加载进来。单击 OK 按钮，打开“组件预览”窗口，如图 12-49 所示。

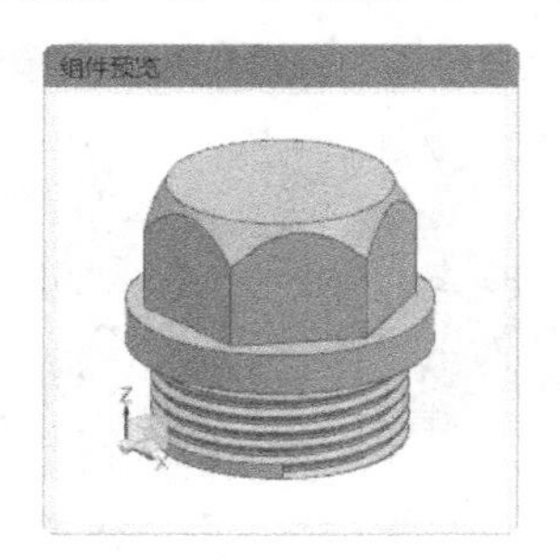

图 12-49　“组件预览”窗口

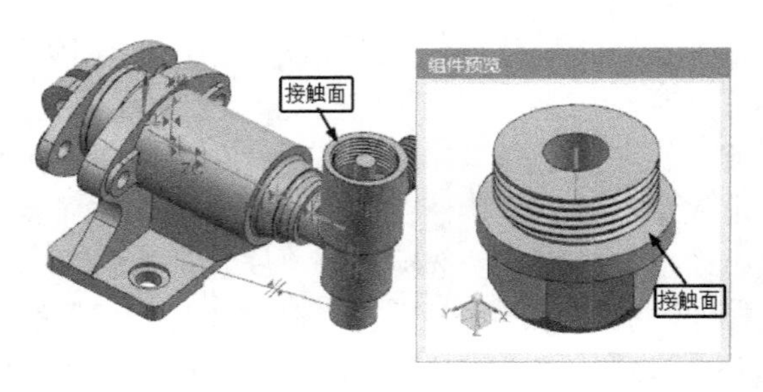

图 12-50　配对约束

（2）在“添加组件”对话框中，采用默认设置，在绘图区中指定放置组件的位置，在“放置”选项中选择“约束”选项，在“约束类型”选项中选择“接触对齐”选项，在“方位”下拉列表中选择“接触”选项，选择阀盖中间圆台端面和阀体上端面，如图 12-50 所示。单击“应用”按钮。

（3）在“方位”下拉列表中选择“自动判断中心 / 轴”选项，选择阀盖圆台外环面和阀体的外圆环面，如图 12-51 所示。单击“应用”按钮。

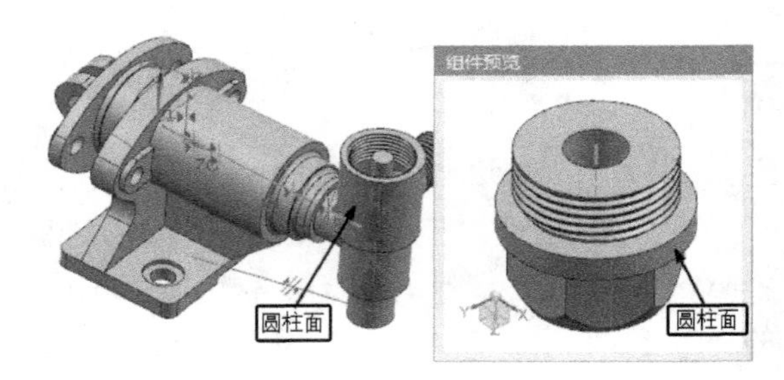

图 12-51　中心对齐约束

（4）对于阀盖与阀体的装配，由以上两个配对进行约束：一个配对约束和一个中心约束可以使上阀瓣形成欠约束，单击“确定”按钮，完成阀盖与阀体的配对装配。结果如图 12-52 所示。

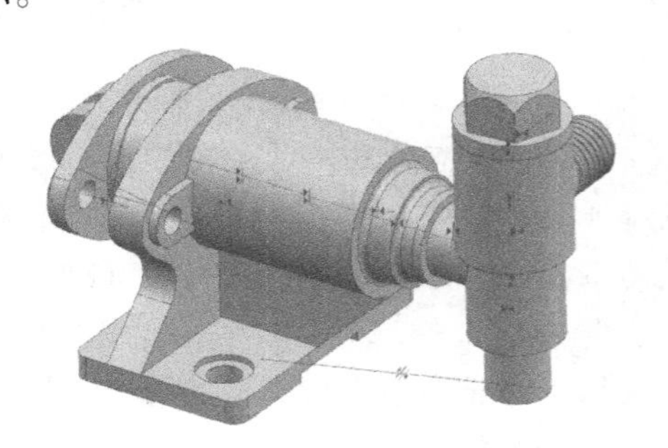

图 12-52　阀盖与阀体的配对装配

至此，已经将柱塞泵的 7 个零部件全部装配到一起，形成一个完整的柱塞泵的装配图。下面将学习如何设置装配图的显示效果，以便更好地显示零部件之间的装配关系。

为了将装配体内部的装配关系表现出来，可以将外包的几个零部件的显示设置为半透明，以达到透视装配体内部的效果。

Step 09 隐藏约束关系

在菜单栏中选择“编辑”→“显示和隐藏”→“隐藏”命令，打开“类选择”对话框，如图 12-53 所示。❶ 单击“类型过滤器”按钮 ，打开“按类型选择”对话框，如图 12-54 所示。选择“装配约束”选项，单击“确定”按钮，返回“类选择”对话框，❷ 单击“全选”按钮，选择视图中所有的装配约束关系，❸ 单击“确定”按钮，隐藏装配约束关系，如图 12-55 所示。

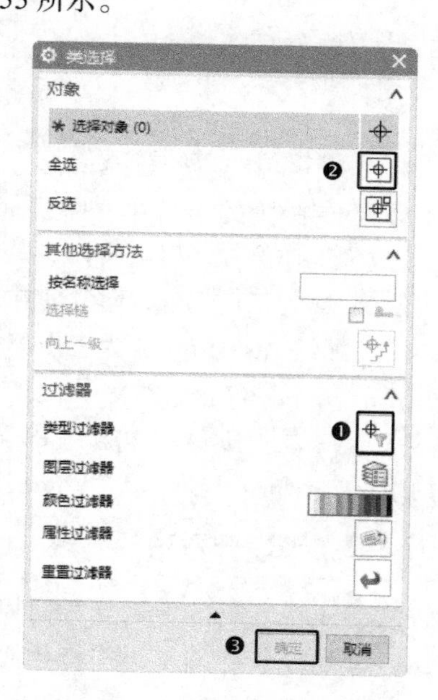

图 12-53 “类选择”对话框

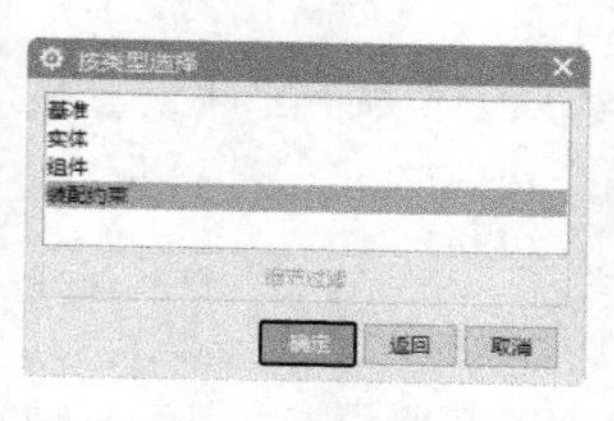

图 12-54 “按类型选择”对话框

图 12-55 隐藏装配约束关系

Step 10 显示编辑对象

在菜单栏中选择“编辑”→“对象显示”命令或按组合键 Ctrl+J，打开“类选择”对话框，如图 12-53 所示。在绘图窗口中，单击泵体、填料压盖和阀体 3 个零部件，单击“确定”按钮，打开“编辑对象显示”对话框，如图 12-56 所示。

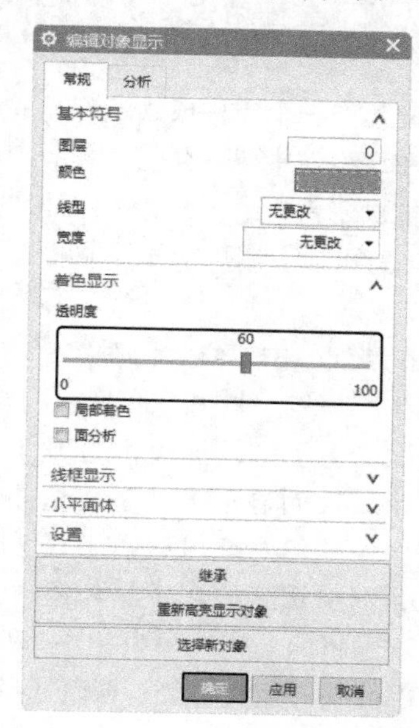

图 12-56 “编辑对象显示”对话框

在“编辑对象显示”对话框中，将中间的“透明度”滑块拖动到 60 处，单击“确定”按钮，完成对泵体、填料压盖和阀体 3 个实体的透明显示设置。效果如图 12-57 所示。

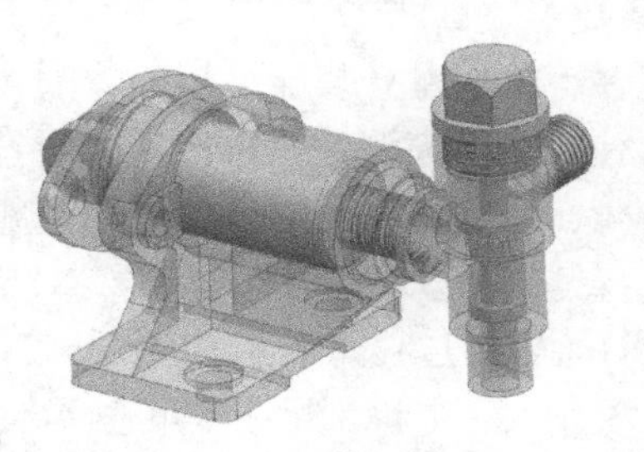

图 12-57 设置装配图显示效果

12.4 自顶向下装配

自顶向下装配的方法是指在上下文设计中进行装配。上下文设计是指在一个部件中定义几何对象时引用其他部件的几何对象。

例如，在一个组件中定义孔时需要引用其他组件中的几何对象进行定位。当工作部件是尚未设计完成的组件，而显示部件是装配件时，上下文设计就非常有用。

自顶向下装配的方法有以下两种。

方法一：

（1）先建立装配结构，此时没有任何的几何对象。

（2）使其中一个组件成为工作部件。

（3）在该组件中建立几何对象。

（4）依次使其余组件成为工作部件并建立几何对象，注意可以引用显示部件中的几何对象。

方法二：

（1）在装配件中建立几何对象。

（2）建立新的组件，并把图形加到新组件中。

在装配的上下文设计中，当工作部件是装配中的一个组件而显示部件是装配件时，定义工作部件中的几何对象可以引用显示部件中的几何对象，即引用装配件中其他组件的几何对象。建立和编辑的几何对象发生在工作部件中，但是显示部件中的几何对象是可以选择的。

提示：

组件中的几何对象只是被装配件引用而不是复制，修改组件的几何模型后装配件会自动改变，这就是主模型的概念。

12.4.1 第一种设计方法

该方法首先建立装配结构即装配关系，但不建立任何几何模型，然后使其中的组件成为工作部件，并在其中建立几何模型，即在上下文中进行设计，边设计边装配。

其详细设计过程如下。

（1）建立一个新装配件，如 _asm1.prt。

（2）在菜单栏中选择“装配”→“组件”→“新建组件”命令或单击“装配”选项卡“组件”组中的“新建”按钮。

（3）在打开的“新建”对话框中输入新组件的路径和名称，如 P1，单击“确定”按钮。

（4）系统打开如图 12-58 所示的“新建组件”对话框，单击“确定”按钮，新组件即可被装到装配件中。

图 12-58 “新建组件”对话框

（5）重复上述（2）~（5）的步骤，用相同的方法建立新组件 P2。

（6）打开装配导航器查看，如图 12-59 所示。

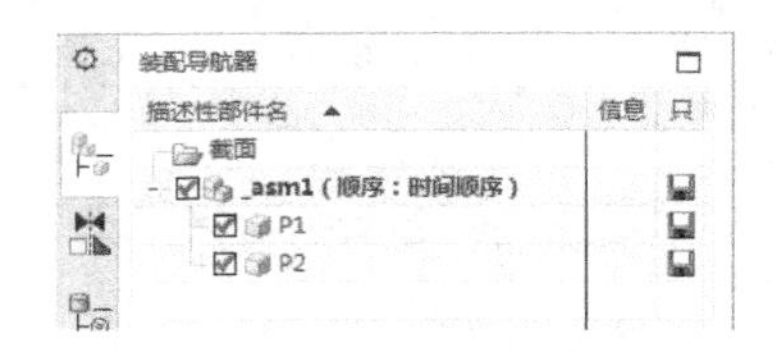

图 12-59 装配导航器

（7）以下要在新的组件中建立几何模型，先选择 P1 成为工作部件，建立实体。

（8）使 P2 成为工作部件，建立实体。

（9）使装配件 _asm1.prt 成为工作部件。

（10）在下拉菜单中选择“装配”→“组件”→“装配约束”命令，为组件 P1 和 P2 建立装配约束。

12.4.2 第二种设计方法

该方法首先在装配件中建立几何模型，然后建立组件即建立装配关系，并将几何模型添加到组件中。

其详细设计过程如下。

（1）打开一个包含几何体的装配件或者在打开的装配件中建立一个几何体。

（2）在菜单栏中选择“装配”→“组件”→“新建组件”命令，打开“新建组件”对话框，在装配件中选择需要添加的几何模型，单击“确定”按钮，在选择部件对话框中，选择新组件的路径，并输入名字，单击“确定”按钮。

（3）打开如图 12-60 所示的对话框，❶勾选“删除原对象”复选框，则将几何模型添加到组件后删除装配件中的几何模型，❷单击“确定”按钮，新组件就装到装配件中了，并添加了几何模型。

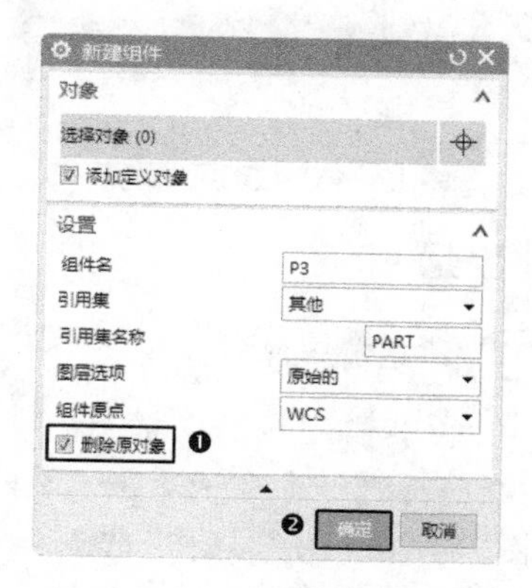

图 12-60 “新建组件”对话框

（4）重复上面的步骤（2）和（3），直至完成自顶向下装配设计为止。

12.5 装配爆炸图

爆炸图是在装配环境下将组成装配的组件拆分开来，更好地表达整个装配的组成状况，便于观察每个组件的一种方法。爆炸图是一个已经命名的视图，一个模型中可以有多个爆炸图。UG 默认的爆炸图名为 Explosion，后加数字后缀。用户也可以根据需要指定爆炸图的名称。在菜单栏中选择“装配”→“爆炸图”命令，打开“爆炸图”菜单，如图 12-61 所示。在菜单栏中选择“信息”→“装配”→“爆炸”命令可以查询爆炸信息。

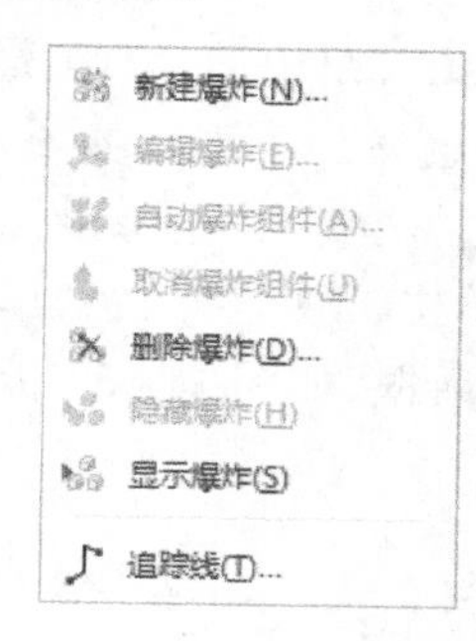

图 12-61 “爆炸图”菜单

12.5.1 爆炸图的建立

在菜单栏中选择“装配”→“爆炸图”→“新建爆炸”命令或单击“装配”选项卡“爆炸图”组中的“新建爆炸”按钮，打开“新建爆炸”对话框，如图 12-62 所示。❶在该对话框中输入爆炸视图的名称或接受默认名，❷单击“确定”按钮，建立一个新的爆炸视图。

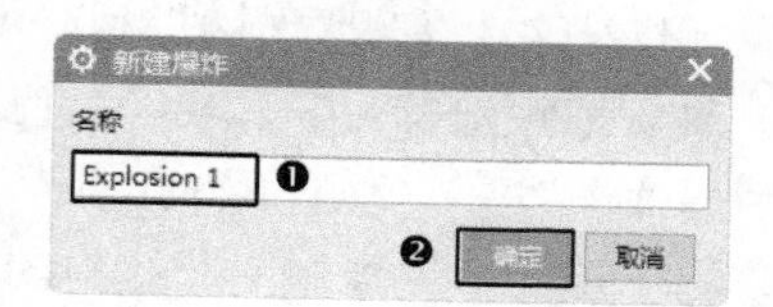

图 12-62 “新建爆炸”对话框

12.5.2 自动爆炸视图

在菜单栏中选择“装配”→“爆炸图”→“自动爆炸组件”命令或单击“装配”选项卡“爆炸图”组中的“自动爆炸组件”按钮，系统打开“类选择”对话框，选择需要爆炸的组件，完成后打开“自动爆炸组件”对话框，如图 12-63 所示。

图 12-63 “自动爆炸组件”对话框

“自动爆炸组件”对话框中的部分选项功能如下。

距离：该选项用于设置自动爆炸组件之间的距离。

12.5.3 编辑爆炸视图

在菜单栏中选择“装配”→“爆炸图”→“编辑爆炸”命令或单击“装配”选项卡“爆炸图”组中的“编辑爆炸”按钮，系统打开“编辑爆炸”对话框，如图 12-64 所示。选择需要编辑的组件，然后选择需要的编辑方式，再选择点选择类型，确定组件的定位方式。然后可以直接选取屏幕中的位置，移动组件位置。

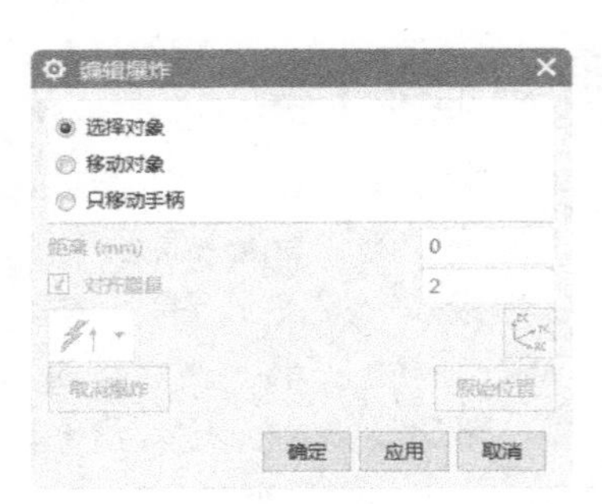

图 12-64 “编辑爆炸”对话框

（1）取消爆炸组件：在菜单栏中选择“装配”→“爆炸图”→“取消爆炸组件”命令或单击“装配”选项卡“爆炸图”组中的“取消爆炸组件”按钮，系统打开“类选择”对话框，选择需要复位的组件后，单击“确定”按钮，即可使已爆炸的组件回到原来的位置。

（2）删除爆炸：在菜单栏中选择“装配”→“爆炸图”→“删除爆炸”命令或单击“装配”选项卡“爆炸图”组中的“删除爆炸”按钮，系统打开如图 12-65 所示的“爆炸图”对话框，❶ 选择要删除的爆炸图的名称。❷ 单击“确定”按钮，即可完成删除操作。

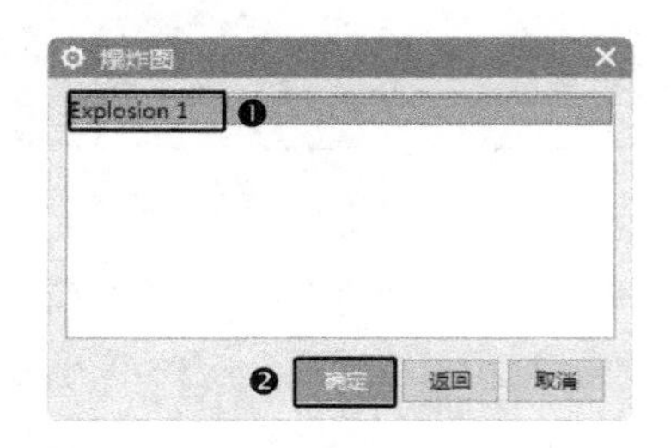

图 12-65 “爆炸图”对话框

（3）隐藏爆炸：隐藏爆炸图是将当前爆炸图隐藏起来，使图形窗口中的组件恢复到爆炸前的状态。在菜单栏中选择“装配”→“爆炸图”→“隐藏爆炸”命令即可。

（4）显示爆炸：显示爆炸图是将已建立的爆炸图显示在图形区中。在菜单栏中选择“装配”→“爆炸图”→“显示爆炸”命令即可。

12.5.4 实例——柱塞泵爆炸图

本实例将对柱塞泵的爆炸图进行详细的讲解。爆炸图是在装配模型中零部件按照装配关系偏离原来的位置的拆分图形。通过爆炸视图可以方便查看装配中的零部件及其相互之间的装配关系，如图 12-66 所示。

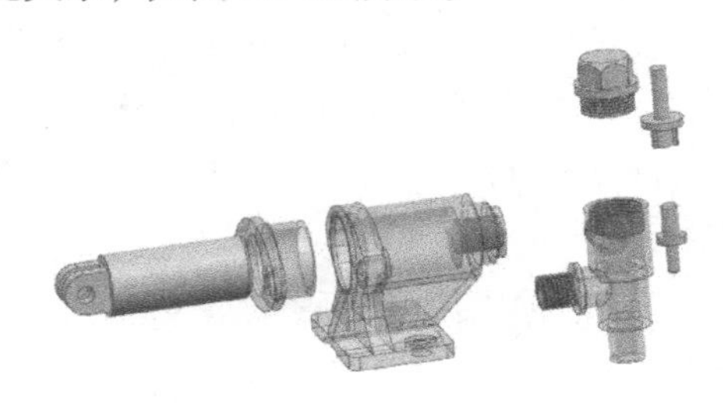

图 12-66 柱塞泵爆炸图

绘制步骤

Step 01 建立爆炸视图

（1）在菜单栏中选择“装配”→“爆炸图”→“新建爆炸”命令或单击“装配”选项卡“爆炸图”组中的“新建爆炸”按钮，打开“新建爆炸”对话框，如图 12-67 所示。

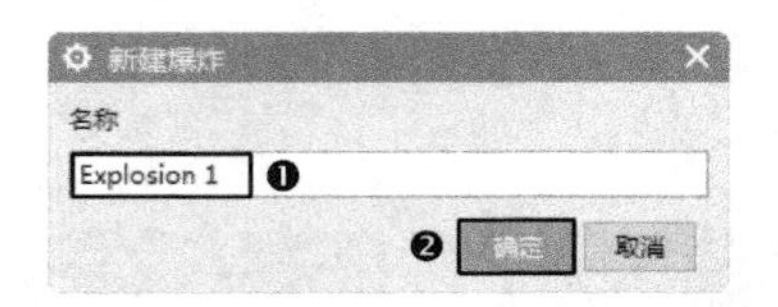

图 12-67 “新建爆炸”对话框

（2）❶ 在“名称”文本框中可以输入爆炸视图的名称，或者接受默认名称。❷ 单击“确定”按钮，建立 Explosion 1 爆炸视图，此时绘图窗口中并没有变化，各个零部件并没有从它们的装配位置偏离。接下来就是将零部件都炸开，有两种方法：自动爆炸组件和编辑爆炸视图。

Step 02 自动爆炸组件

（1）在菜单栏中选择“装配”→“爆炸图”→“自动爆炸组件”命令或单击“装配”选项卡“爆炸图”组中的“自动爆炸组件”按钮，打开“类选择”对话框，如图 12-68 所示。❶ 单击“全选”按钮，选择绘图窗口中所有的组件，❷ 单击“确定”按钮，打开“自动爆炸组件”对话框，如图 12-69 所示，设置“距离”为 40。

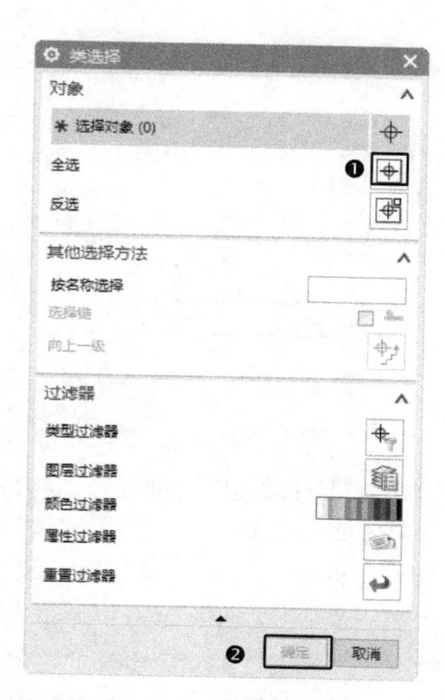

图 12-68 “类选择”对话框

图 12-69 “自动爆炸组件”对话框

（2）单击“自动爆炸组件”对话框中的“确定”按钮，完成自动爆炸组件操作，如图 12-70 所示。

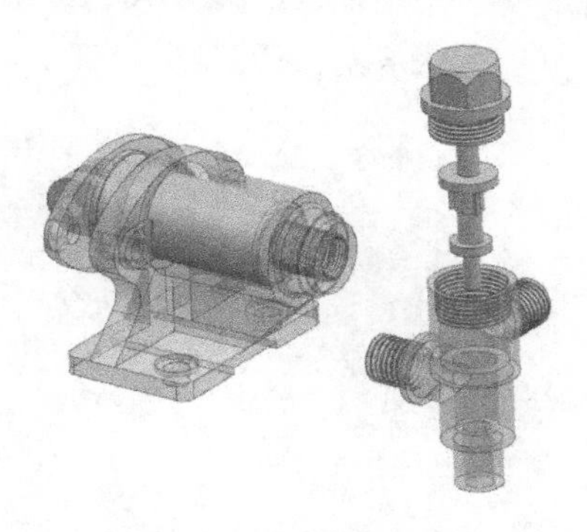

图 12-70 自动爆炸组件

Step 03 编辑爆炸视图

（1）在菜单栏中选择“装配”→“爆炸图”→“编辑爆炸”命令或单击“装配”选项卡“爆炸图”组中的“编辑爆炸”按钮，打开“编辑爆炸”对话框，如图 12-71 所示。

（2）在绘图窗口中单击左侧柱塞组件，然后在“编辑爆炸”对话框中选中“移动对象”单选按钮，如图 12-72 所示。在绘图窗口中单击 Z 轴，如图 12-73 所示，激活“编辑爆炸”对话框中的“距离”文本框，设定移动“距离”为 -120，即沿 Z 轴负方向移动 120mm，如图 12-74 所示。

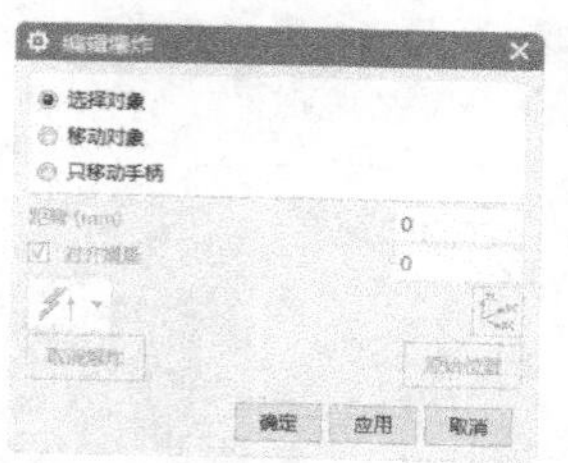

图 12-71 “编辑爆炸”对话框

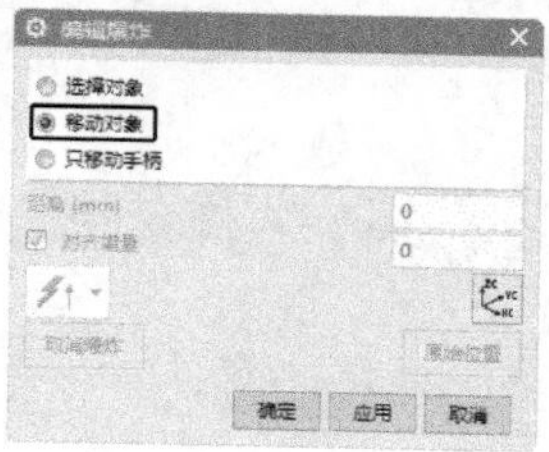

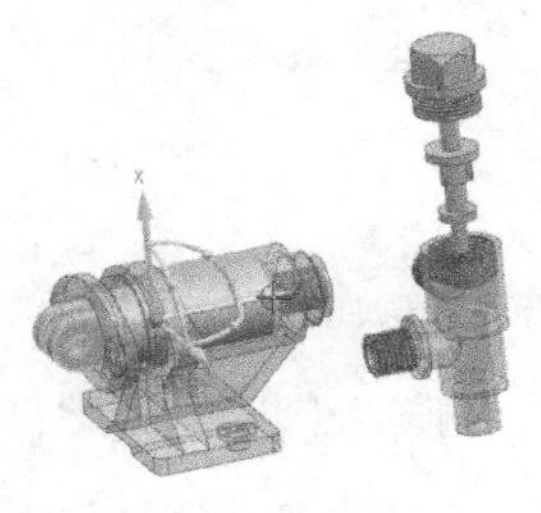

图 12-72 “移动对象”单选按钮

图 12-73 单击 Z 轴

图 12-74 设定移动距离

（3）单击“确定”按钮即完成对柱塞组件爆炸位置的重定位。结果如图 12-75 所示。

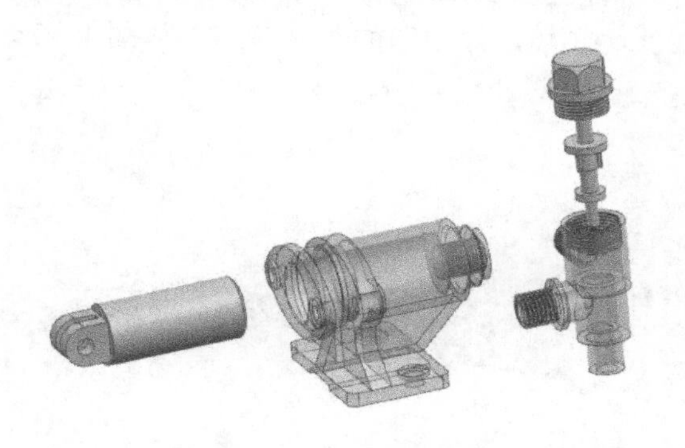

图 12-75 编辑柱塞组件

Step 04 编辑填料压盖组件

在菜单栏中选择“装配”→“爆炸图”→“编辑爆炸”命令或单击“装配”选项卡“爆炸图”组中的“编辑爆炸”按钮，将填料压盖沿 Z 轴正向相对移动 10mm，如图 12-76 所示。结果如图 12-77 所示。

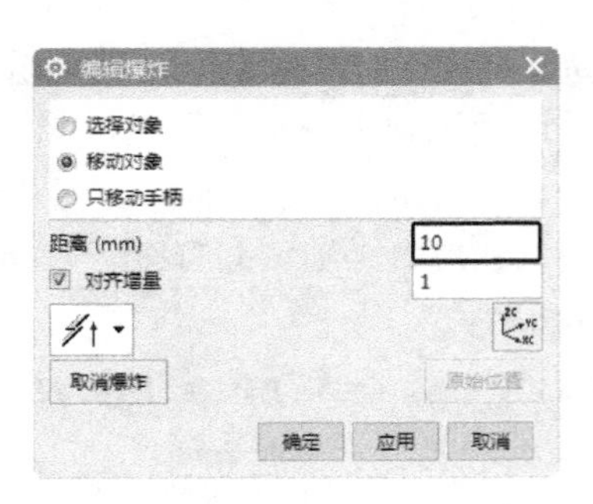

图 12-76　设定移动距离

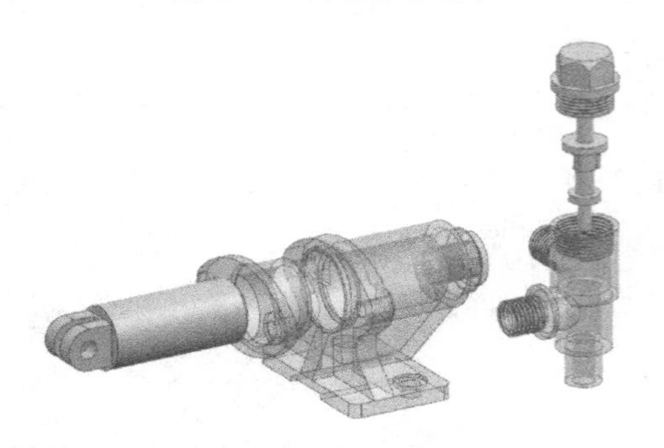

图 12-77　编辑填料压盖组件

Step 05　编辑上阀瓣、下阀瓣及阀盖 3 个组件

在菜单栏中选择“装配”→“爆炸图”→“编辑爆炸”命令或单击“装配”选项卡“爆炸图”组中的“编辑爆炸”按钮，将上阀瓣、下阀瓣及阀盖 3 个组件分别移动到适当位置，最终完成柱塞泵爆炸视图的绘制。结果如图 12-78 所示。

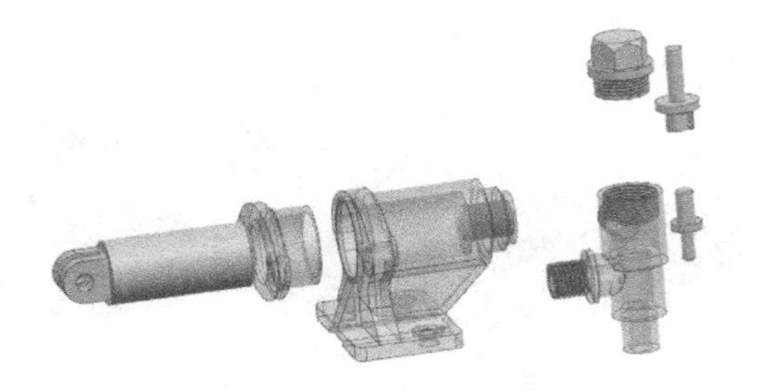

图 12-78　柱塞泵爆炸图

12.5.5　对象干涉检查

在菜单栏中选择“分析”→“简单干涉”命令，打开“简单干涉”对话框，如图 12-79 所示。该对话框中提供了两种干涉检查结果对象的方法。

图 12-79　“简单干涉”对话框

“简单干涉”对话框中的部分选项功能如下。

（1）干涉体：该选项用于以产生干涉体的方式显示给用户发生干涉的对象。在选择了要检查的实体后，则会在工作区中产生一个干涉实体，以便用户快速地找到发生干涉的对象。

（2）高亮显示的面对：该选项主要用于以加亮表面的方式显示给用户干涉的表面。选择要检查干涉的第一体和第二体，高亮显示发生干涉的面。

12.6　部件族

在菜单栏中选择“工具”→“部件族”命令，打开“部件族”对话框，如图 12-80 所示。

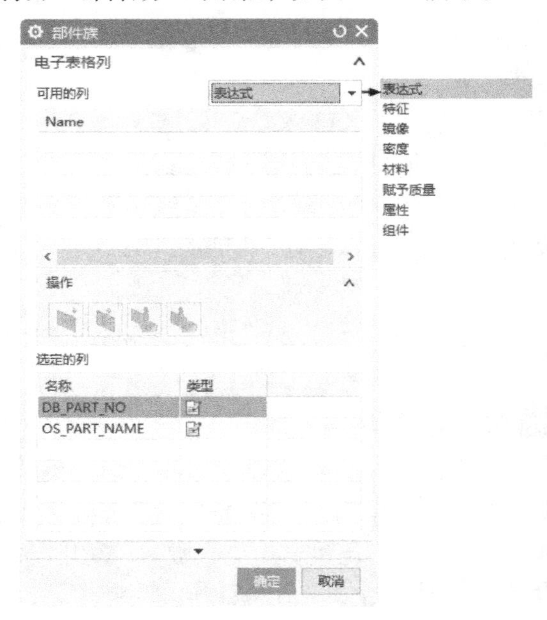

图 12-80　“部件族”对话框

“部件族”对话框中的部分选项功能如下。

1. 可用的列

在该下拉列表中列出了用于驱动系列组件的参数选项。

（1）**表达式**：选择表达式作为模板，使用不同的表达式值来生成系列组件。

（2）**特征**：选择特征作为模板，同时可以选择是否生成指定的特征。

（3）**镜像**：选择镜像体作为模板，同时可以选择是否生成镜像体。

（4）**密度**：选择密度作为模板，可以为系列件生成不同的密度值。

（5）**属性**：将定义好的属性值设为模板，可以为系列件生成不同的属性值。

（6）**组件**：选择装配中的组件作为模板，用于生成不同的装配。

选择相应的选项后，双击该选项或选中指定选项后单击“添加列”按钮，就可以将其添加到“选定的列”列表框中，“选定的列”中不需要的选项可以通过“移除列”按钮来删除。

2. 部件族电子表格

该选项组用于控制如何生成系列件。

（1）**创建电子表格**：选中该选项后，系统会自动调用 Excel 表格，选中的相应条目会被列在其中，如图 12-81 所示。

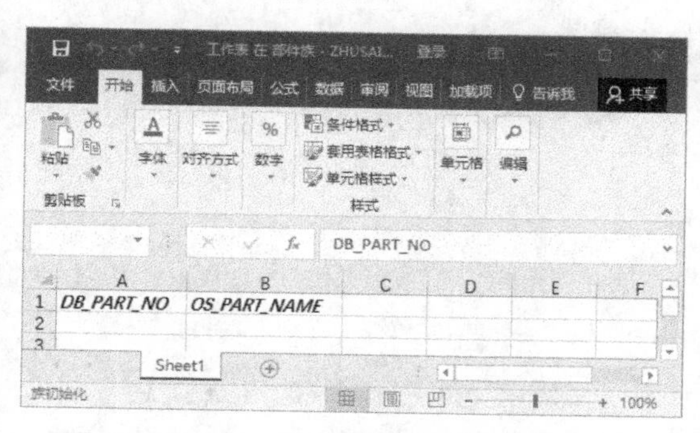

图 12-81　创建 Excel 表格

（2）**编辑电子表格**：保存生成的 Excel 表格后，返回 UG 中，单击该按钮可以重新打开 Excel 表格进行编辑。

（3）**删除族**：删除定义好的部件族。

（4）**取消**：用于取消对 Excel 的当前编辑操作，Excel 还保持上次保存过的状态。一般在“确认部件”以后发现参数不正确时，可以利用该选项取消这次编辑。

3. 可导入部件族模板

该选项用于连接 UG/Manager 和 IMAN 进行产品管理，一般情况下，保持默认选项即可。

4. 族保存目录

可以单击“浏览”按钮指定生成的系列件的存放目录。

另外，如果在装配环境中加入了模板文件的主文件，系统会打开“系列件选择”对话框。用户可以自己指定需要导入的部件，完成装配。

12.7　装配信息查询

装配信息可以通过相关菜单命令来查询。其命令功能主要在“菜单”→“信息”→“装配”子菜单中，如图 12-82 所示。

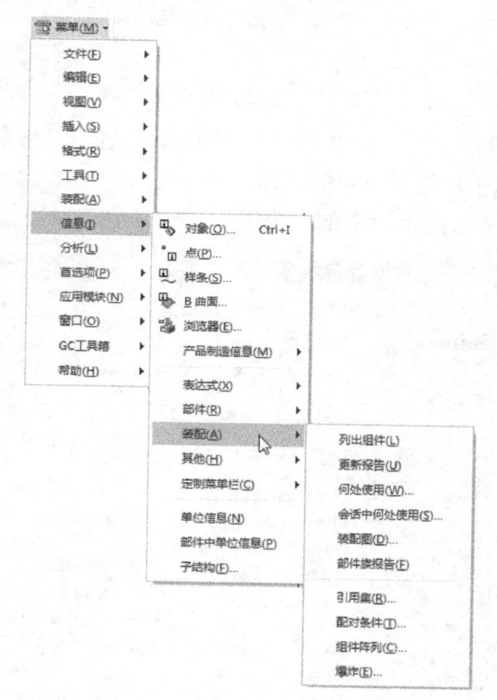

图 12-82　装配信息命令子菜单

子菜单相关的命令功能介绍如下。

1. 列出组件

执行该命令后，系统会在信息窗口中列出工作部件中各组件的相关信息，如图 12-83 所示。其中包括节点名、部件名、引用集名、组件名、单位和组件被加载的数量等信息。

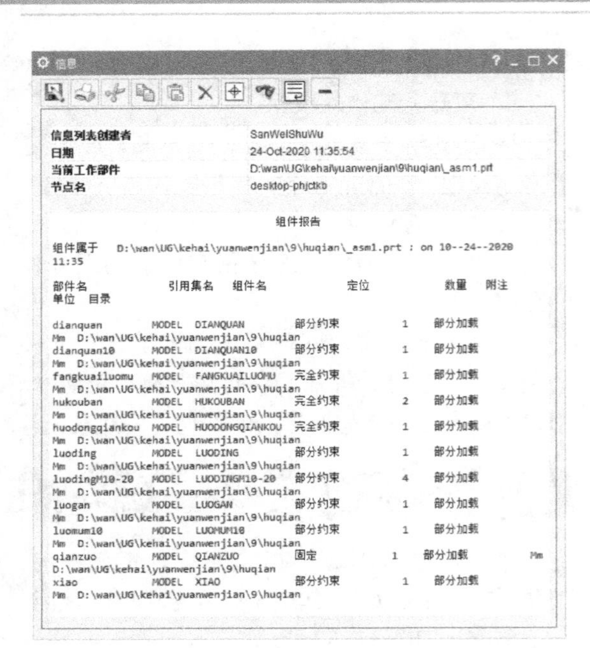

图 12-83 “列出组件”信息窗口

2. 更新报告

执行该命令后，系统将会列出装配中各部件的更新信息，如图 12-84 所示。包括部件名、引用集名、加载的版本、更新、部件族成员状态及状态字段中的注释等。

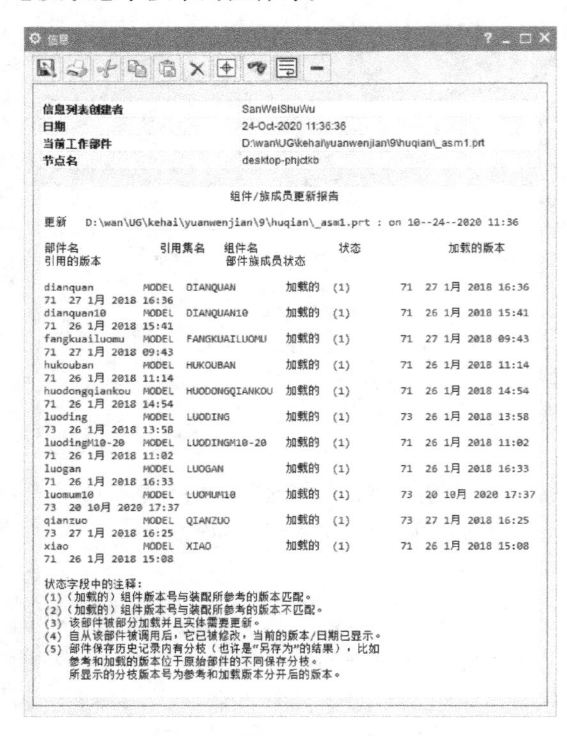

图 12-84 “更新报告”信息窗口

3. 何处使用

执行该命令后，系统将查找出所有的引用指定部件的装配件。系统打开“何处使用报告”对话框，如图 12-85 所示。

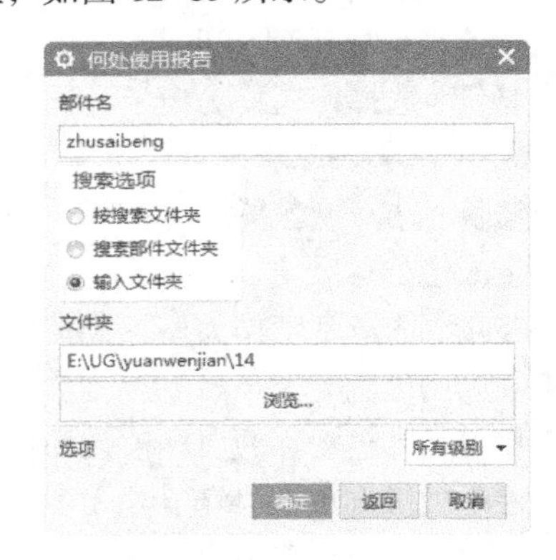

图 12-85 “何处使用报告”对话框

当输入部件名称和指定相关选项后，系统会在信息窗口中列出引用该部件的所有装配部件，包括信息列表创建者、日期、当前工作部件和引用的装配部件节点名等信息，如图 12-86 所示。

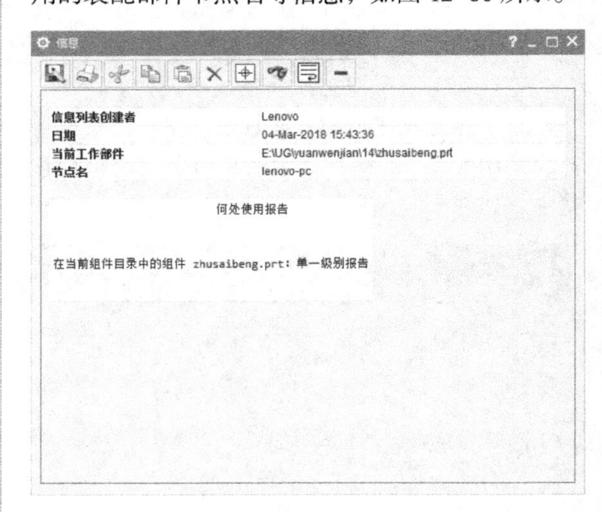

图 12-86 “何处使用”信息窗口

“何处使用报告”对话框中的部分选项功能如下。

（1）部件名：该文本框用于输入要查找的部件名称，默认值为当前工作部件名称。

（2）搜索选项：包括如下几项。

①按搜索文件夹：该选项用于在定义的搜索目录中查找。

②搜索部件文件夹：该选项用于在部件所在

的目录中查找。

③输入文件夹：该选项用于在指定的目录中查找。

（3）选项：该选项用于定义查找装配的级别范围。

①单一级别：该选项只用于查找父装配，而不包括父装配的上级装配。

②所有级别：该选项用于在各级装配中查找。

4. 会话中何处使用

执行该命令后，可以在当前装配部件中查找引用指定部件的所有装配。系统打开“会话中何处使用”对话框，如图 12-87 所示。在其中选择要查找的部件，选择指定部件后，系统会在信息窗口中列出引用当前所选部件的装配部件，如图 12-88 所示。信息包括部件名、状态和引用数量等。

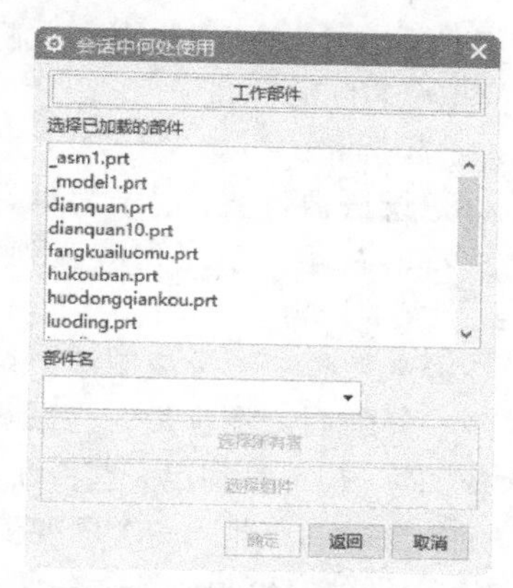

图 12-87 “会话中何处使用”对话框

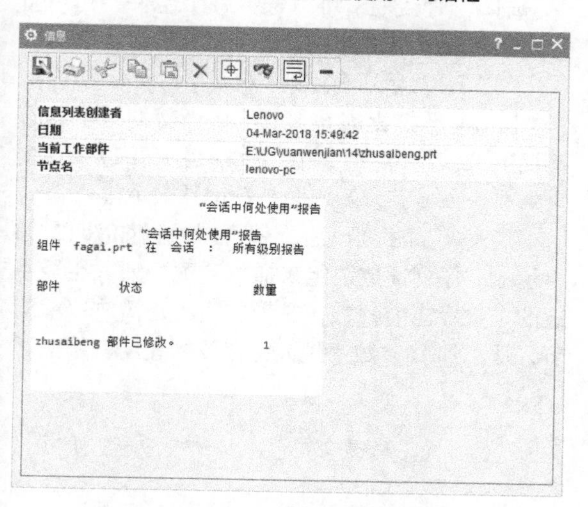

图 12-88 “会话中何处使用”信息窗口

5. 装配图

执行该命令后，系统打开“装配图”对话框，如图 12-89 所示。在该对话框中设置完显示项目和相关信息后，然后指定一点用于放置装配结构图。

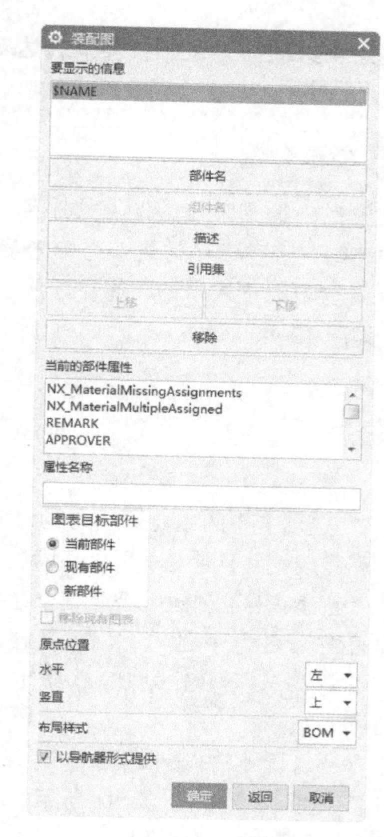

图 12-89 “装配图”对话框

对话框的上部是已选项目列表，可以进行添加、删除信息操作，用于设置装配结构中要显示的内容和排列顺序。

对话框的中部是“当前的部件属性”列表和“属性名称”文本框。用户可以在“当前的部件属性”列表中选择属性直接加到项目列表框中，也可以在文本框中输入名称来获取。

对话框的下部是指定图形的目标位置，可以将生成的图表放置在当前部件，现有部件或新部件中。

如果要将生成的装配结构图形删除，可以勾选“移除现有图表”复选框即可。

12.8 装配序列化

装配序列化的功能主要有两个：一个是规定一个装配的每个组件的时间与成本特性；另一个是用于表演装配顺序，指定一线的装配工人进行现场装配。

完成组件装配后，可建立序列化来表达装配各组件间的装配顺序。

12.8.1 参数介绍

在菜单栏中选择“装配”→“序列”命令或单击“装配”选项卡“常规”组中的“序列”按钮，系统会自动进入序列环境并打开“主页”选项卡，如图 12-90 所示。

图 12-90 “主页”选项卡

“主页”选项卡中的主要选项功能如下。

（1）**完成**：用于退出序列化环境。

（2）**新建**：用于创建一个序列。系统会自动将这个序列命名为序列_1，以后新建的序列为序列_2、序列_3 等依次增加。用户也可以自己修改名称。

（3）**插入运动**：单击该按钮，打开“录制组件运动”工具条，如图 12-91 所示。该工具条用于建立一段装配动画模拟。

图 12-91 “录制组件运动”工具条

① 选择对象：选择需要运动的组件对象。

② 移动对象：用于移动组件。

③ 只移动手柄：用于移动坐标系。

④ 运动录制首选项：单击该图标，打开“首选项”对话框，如图 12-92 所示。该对话框用于指定步长的精确程度和运动动画的帧数。

5）拆卸：用于拆卸所选组件。

6）摄像机：用于捕捉当前的视角，以便在回放时在合适的角度观察运动情况。

图 12-92 “首选项”对话框

（4）**装配**：选择该按钮，打开“类选择”对话框，按照装配步骤选择需要添加的组件，该组件会自动出现在视图区右侧。用户可以依次选择要装配的组件，生成装配序列。

（5）**一起装配**：用于在视图区中选择多个组件，一次全部进行装配。“装配”功能只能一次装配一个组件，该功能在“装配”功能选中之后可选。

（6）**拆卸**：用于在视图区中选择要拆卸的组件，该组件会自动恢复到绘图区左侧。该功能主要是模拟反装配的拆卸序列。

（7）**一起拆卸**：一起装配的反过程。

（8）**记录摄像位置**：用于为每一步序列生成一个独特的视角。当序列演变到该步时，自动转换到定义的视角。

（9）**插入暂停**：选择该按钮，系统会自动插入暂停并分配固定的帧数，当回放时，系统看上去像暂停一样，直到走完这些帧数。

（10）**删除**：用于删除一个序列步。

（11）**在序列中查找**：选择该按钮，打开“类选择”对话框，可以选择一个组件，然后查找应用了该组件的序列。

（12）**显示所有序列**：用于显示所有的序列。

（13）**捕捉布置**：用于将当前的运动状态捕捉下来，作为一个装配序列。用户可以为这个排列取一个名字，系统会自动记录这个排列。

定义完成序列以后，就可以通过如图 12-93 所示的“序列回放”组来播放装配序列。在最左边的是设置当前帧数，在最右边的是播放速度调节，从 1 到 10，数字越大，播放的速度就越快。

图 12-93 “序列回放”工具栏

12.8.2 实例——柱塞泵装配动画图

在 12.7 节中，通过爆炸视图可以查看装配中的零部件及其相互之间的装配关系。本节将通过创建装配动画来查看组件的装配过程。创建装配动画可以很形象地表达各个零部件之间的装配关系和整个产品的装配顺序。

绘制步骤

Step 01 执行“序列”命令

在菜单栏中选择“装配”→“序列”命令或单击“装配”选项卡“常规”组中的“序列”按钮，系统会自动进入序列环境并打开“主页”选项卡，如图 12-94 所示。

图 12-94 “主页”选项卡

Step 02 创建装配动画图

在菜单栏中选择“任务”→“新建序列”命令或单击“主页”选项卡“装配序列”组中的“新建”按钮，在“主页”选项卡“装配序列”组中会显示当前创建的装配动画图名称“序列 _1”。

同时，系统会在绘图窗口左侧的装配动画导航窗口中自动显示创建的新装配动画和在该装配动画中各种属性的装配零部件，如图 12-95 所示。

图 12-95 装配动画导航窗口

Step 03 编辑装配动画

在菜单栏中选择“插入”→“运动”命令或单击“主页”选项卡“序列步骤”组中的“插入运动”按钮，打开“录制组件运动”对话框，如图 12-96 所示。

图 12-96 “录制组件运动”对话框

在左侧绘图窗口中单击选择阀盖（fagai）零件，单击“录制组件运动”对话框中的“拆卸”按钮，该零件即被加入装配动画中，在左侧装配动画显示窗口中显示出来，同时，系统会在绘图窗口左侧的装配动画导航窗口中自动显示该零件名称，如图 12-97 所示。

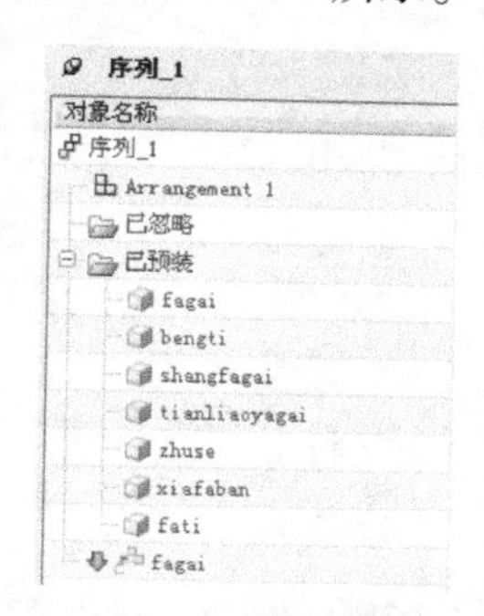

图 12-97 装配动画导航窗口

Step 04 添加其他零部件

（1）重复上面的编辑装配动画操作，依次将上阀瓣、下阀瓣、阀体、填料压盖、柱塞及泵体添加到装配动画中，在装配动画导航窗口中将显示这些零部件的名称，如图 12-98 所示。

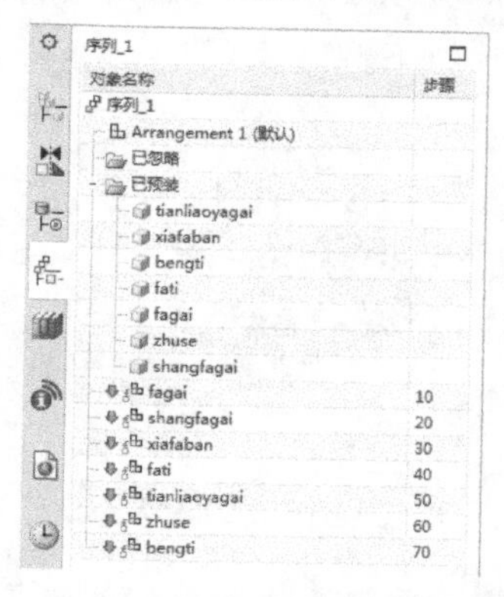

图 12-98 装配动画导航窗口

（2）在完成加入零部件的操作后，查看所创建的装配动画的选项将会被自动激活，可以利用“主页”选项卡“回访”组中的按钮来查看装配动画，如图 12-99 所示。

图 12-99 “回放”组

（3）在装配动画播放时，可以看到装配动画导航窗口中加入装配动画中的各个零部件前面的符号会依次发生变化，如图 12-100 所示。

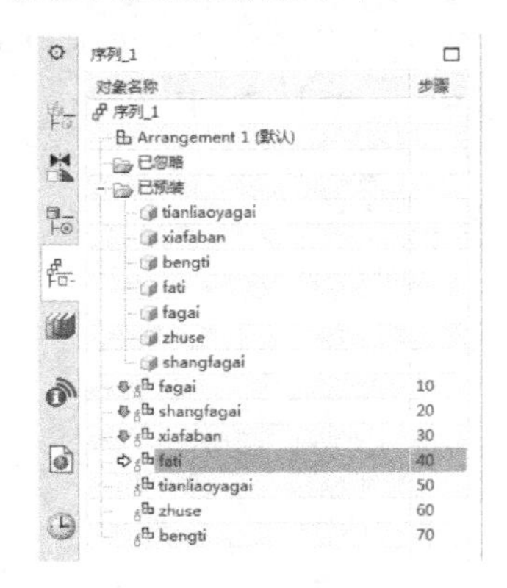

图 12-100 装配动画导航窗口

12.9 综合实例——滑动轴承装配

前面讲解了滑动轴承各个部件的创建，本实例将介绍如何对其进行装配（中心配对、距离配对、面配对等）。首先依次添加各零件，然后分别添加对应配合关系，完成装配。其装配如图 12-101 所示。

图 12-101 滑动轴承装配

绘制步骤

Step 01 创建装配文件

在菜单栏中选择“文件”→“新建”命令或单击“主页”选项卡“标准”组中的“新建”按钮，打开“新建”对话框，如图 12-102 所示。❶在“模板”选项组中选择“装配”，❷在“名称”文本框中输入“huadongzhoucheng”，❸单击“确定”按钮，进入装配环境。

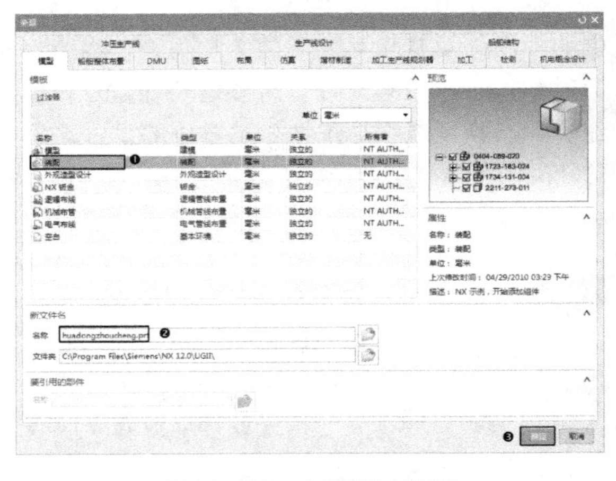

图 12-102 “新建”对话框

Step 02 添加表壳

（1）系统自动打开“添加组件”对话框，如图 12-103 所示。

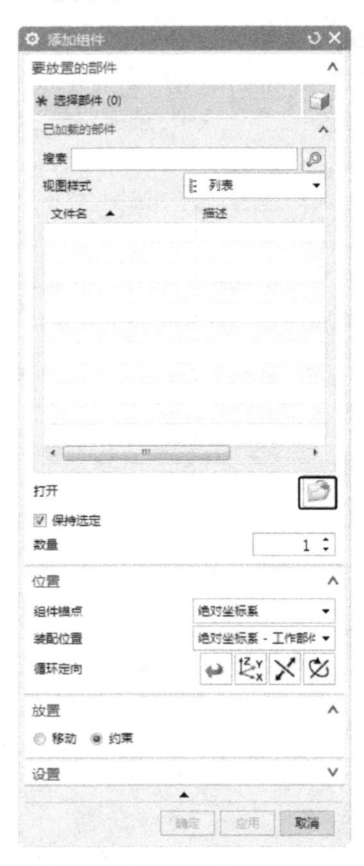

图 12-103 “添加组件”对话框

（2）单击“打开”按钮，打开“部件名”对话框。根据部件的存放路径选择部件“zhouchengzuo”，单击 OK 按钮，打开“组件预览”窗口，如图 12-104 所示。

（3）在“添加组件”对话框的“装配位置”下拉列表中选择“绝对坐标系 - 工作部件”，单击“确定”按钮，将轴承座添加到装配环境中的原点处，如图 12-105 所示。

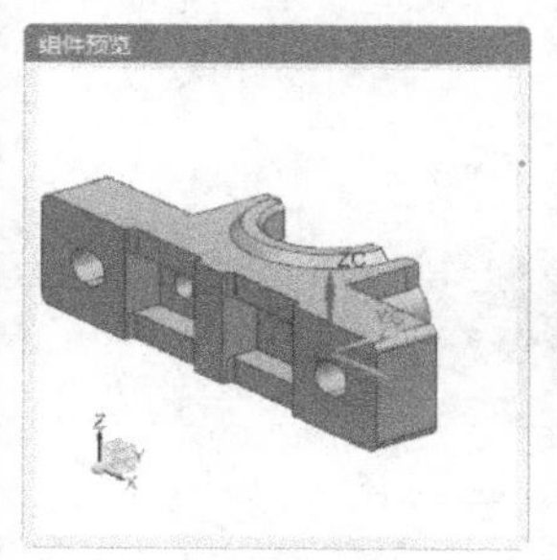

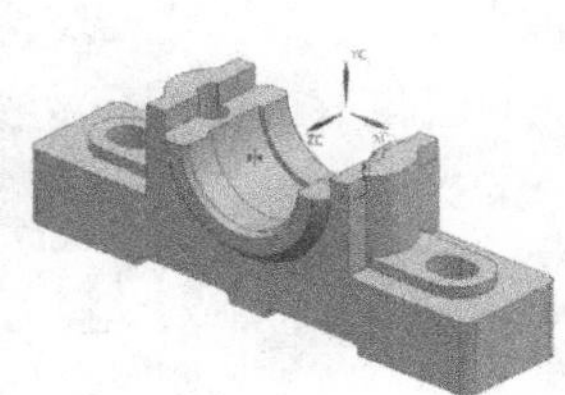

图 12-104 “组件预览”窗口　图 12-105 添加轴承座

Step 03 添加上盖并装配

（1）在菜单栏中选择“装配”→“组件”→“添加组件”命令或单击“主页”选项卡“装配”组中的“添加”按钮，打开“添加组件”对话框。

（2）单击“打开”按钮，打开“部件名”对话框。根据部件的存放路径选择部件“shanggai”，单击 OK 按钮，打开“组件预览”窗口。

（3）在“添加组件”对话框的“放置”选项中选中“约束”单选按钮，在“约束类型”选项中选择“接触对齐”，在“方位”下拉列表中选择“自动判断中心 / 轴”，选择如图 12-106 所示的轴承座上的大孔圆柱面 1 和上盖大孔圆柱面 2，单击“应用”按钮。

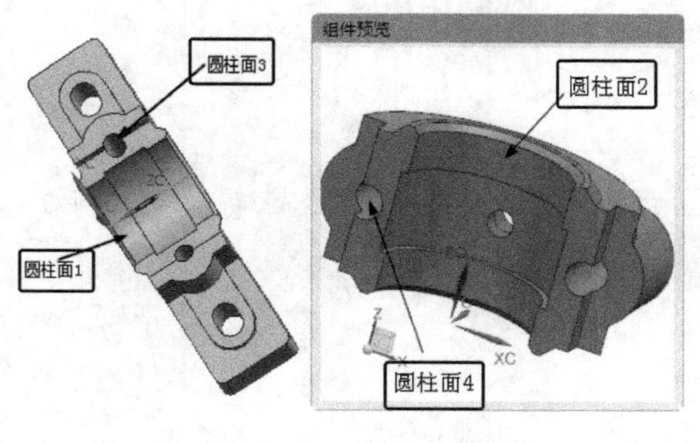

图 12-106 装配示意图

（4）选择如图 12-106 所示的圆柱面 3 和圆柱面 4，单击“确定”按钮。结果如图 12-107 所示。

图 12-107 装配上盖

Step 04 添加轴衬并装配

（1）在菜单栏中选择“装配”→“组件”→“添加组件”命令或单击“主页”选项卡“装配”组中的“添加”按钮，打开“添加组件”对话框。

（2）单击“打开”按钮，打开“部件名”对话框。根据部件的存放路径选择部件 zhoucheng，单击 OK 按钮，打开“组件预览”窗口。

（3）在“添加组件”对话框的“放置”选项中选中“约束”单选按钮，在“约束类型”选项中选择“接触对齐”，在“方位”下拉列表中选择“自动判断中心 / 轴”，选择如图 12-108 所示的上盖的小孔圆柱面 1 和轴承的小孔圆柱面 2，单击“应用”按钮。

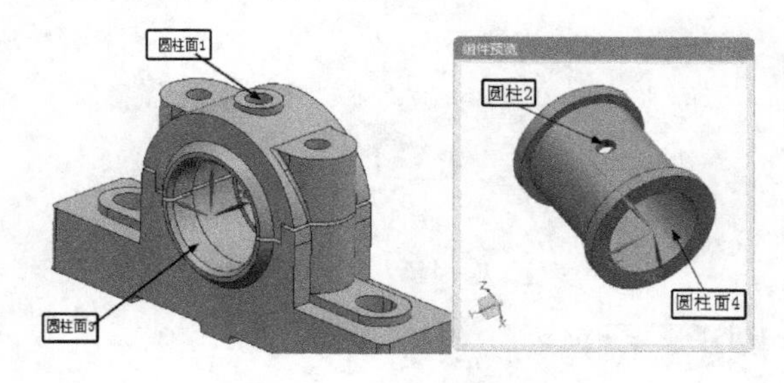

图 12-108 装配示意图

（4）选择如图 12-108 所示的轴承座上的大孔圆柱面 3 和轴承的大圆柱面 4，单击“确定”按钮。结果如图 12-109 所示。

图 12-109 装配

Step 05 添加固定套并装配

（1）在菜单栏中选择“装配”→“组件”→“添加组件”命令或单击“主页”选项卡“装配”组中的“添加组件”按钮，打开“添加组件”对话框。

（2）单击“打开”按钮，打开“部件名”对话框。根据部件的存放路径选择部件“gudingtao”，单击“OK”按钮，打开“组件预览”窗口。

（3）在“添加组件”对话框的“放置”选项中选中“约束”单选项，在“约束类型”选项中选择“同心”，选择如图 12-110 所示的上盖的小孔倒角边线 1 和固定套上的边线 2，单击“确定”按钮。结果如图 12-111 所示。

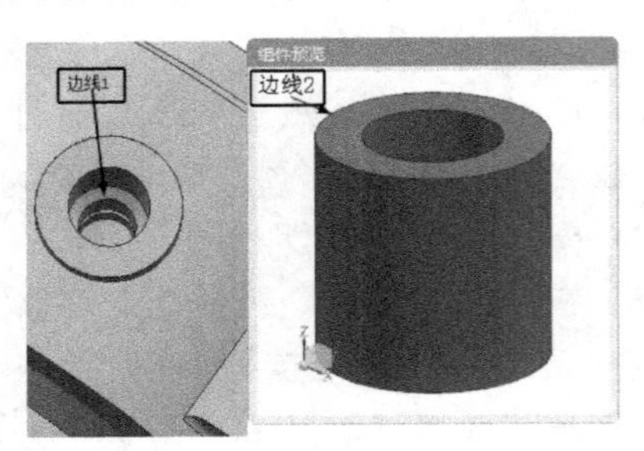

图 12-110 装配示意图

图 12-111 装配轴衬

Step 06 添加油杯并装配

（1）在菜单栏中选择“装配”→“组件”→“添加组件”命令或单击“主页”选项卡“装配”组中的“添加组件”按钮，打开“添加组件”对话框。

（2）单击“打开”按钮，打开“部件名”对话框。根据部件的存放路径选择部件“youbei”，单击“OK”按钮，打开“组件预览”窗口。

（3）在“添加组件”对话框的“放置”选项中选中“约束”单选按钮，在“约束类型”选项中选择“同心”，选择如图 12-112 所示的上盖的上端面边线 1 和油杯上的边线 2，单击“确定”按钮。结果如图 12-113 所示。

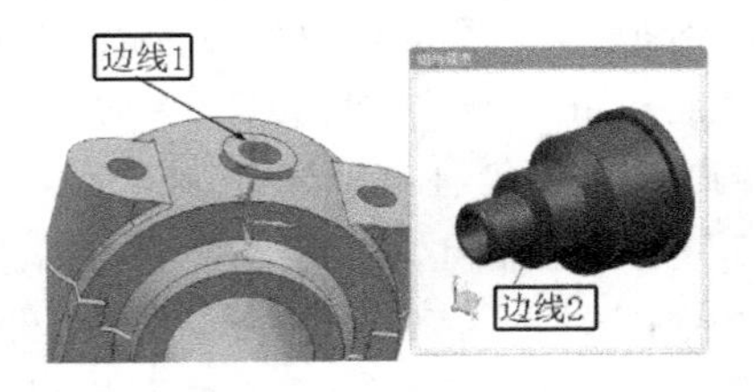

图 12-112 装配示意图

图 12-113 装配油杯

Step 07 调用螺栓

（1）在左侧资源条上单击“重用库”图标，展开重用库，单击 GB Standard Parts → Bolt → Hex Head 文件夹，在“成员选择”选项组中显示所选文件夹中的文件，在这里选择 GB-T 5786-2000 型号，如图 12-114 所示。

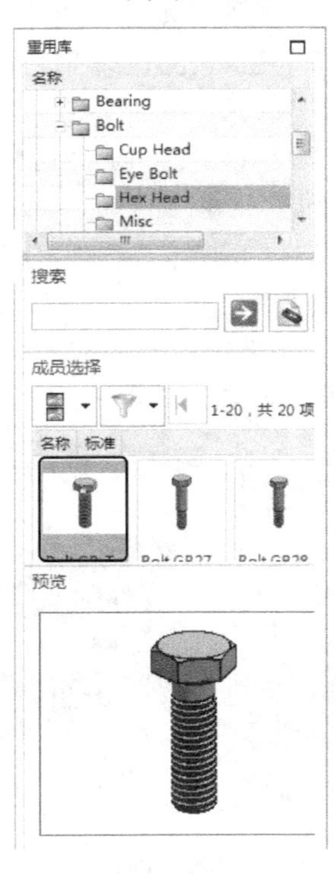

图 12-114 重用库

（2）在重用库中双击选择的螺栓或拖动螺栓到视图中，打开“添加可重用组件”对话框，❶在“主参数”选项组的“大小”下拉列表中选择 M12 × 1.5 尺寸，❷在“长度”下拉列表中选择 120，❸在“放置”选项组的“多重添加”下拉列表中选择“添加后生成阵列”选项，❹在“定位”下拉列表中选择“根据约束”选项，如图 12-115 所示，❺单击“确定”按钮。

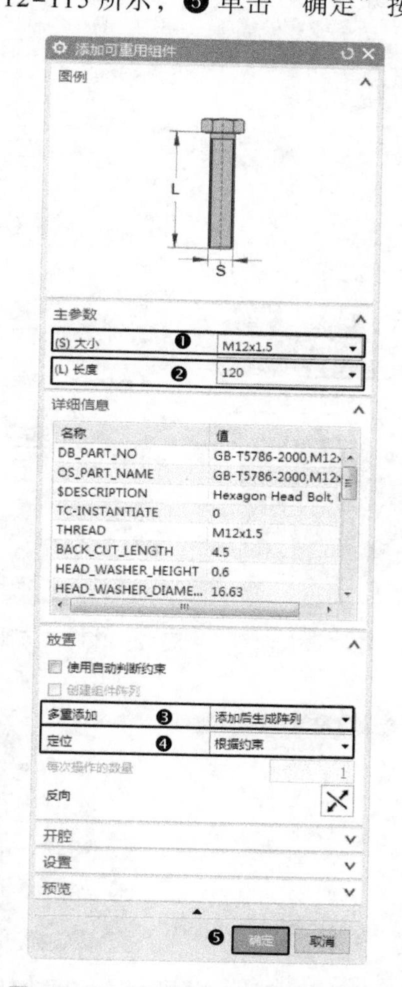

图 12-115　“添加可重用组件”对话框

（3）打开“重新定义约束”对话框和组件预览窗口，如图 12-116 所示。在“约束”列表框中选择“对齐”选项，在视图中选择如图 12-117 所示的上盖中的小孔轴线为要约束的几何体，使其与螺栓轴线对齐。

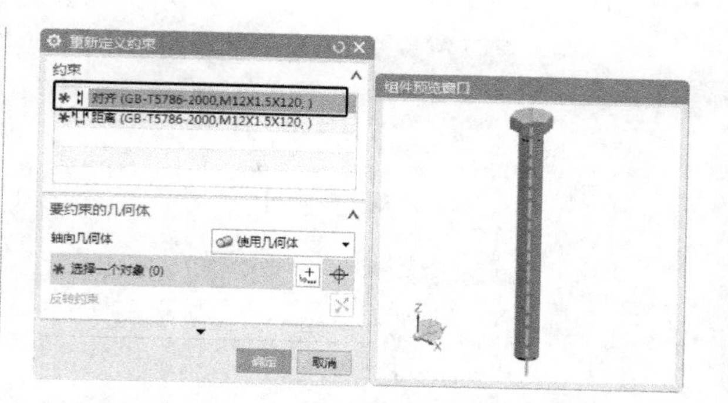

图 12-116　“重新定义约束”对话框和组件预览窗口

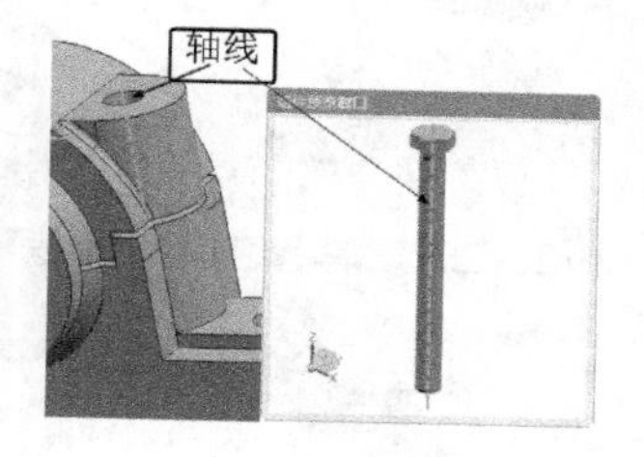

图 12-117　选择轴线

（4）在“约束”列表框中选择“距离”选项，在视图中选择如图 12-118 所示的轴承座的面为要约束的几何体，使其与螺栓端面接触，单击“确定”按钮，如图 12-119 所示。

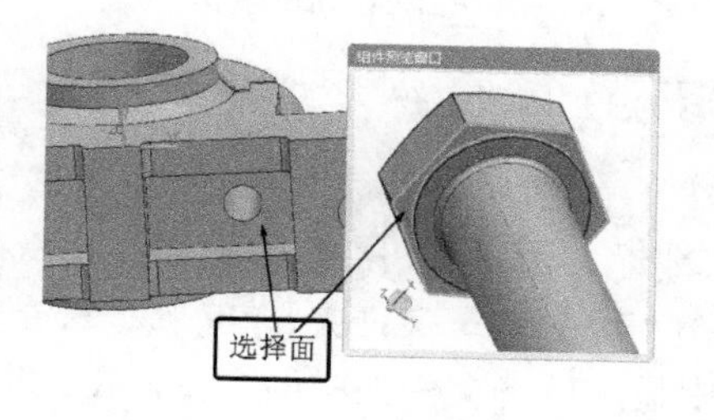

图 12-118　选择面

图 12-119　安装螺栓

（5）打开“阵列组件”对话框，❶在“布局”下拉列表中选择“线性”，❷在“指定矢量”下拉列表中选择“-XC 轴”，❸设置“数量”为 2，“节距”为 85，如图 12-120 所示，❹单击“确定”按钮，完成螺栓的阵列，如图 12-121 所示。

图 12-120 “阵列组件”对话框

图 12-121 阵列螺栓

Step 08 调用螺母

（1）在左侧资源条上单击“重用库”图标，展开重用库，打开 GB Standard Parts → Nut → Hex 文件夹，在“成员选择”选项组中显示所选文件夹中的文件，在这里选择 GB–T 6176_F–2000 型号，如图 12-122 所示。

（2）将螺母拖动到视图中，打开“添加可重用组件”对话框，❶在“主参数”选项组的“大小”下拉列表中选择 M12。❷在“多重添加”下拉列表中选择“无”选项，❸在“定位”下拉列表中选择“仅自动判断”选项，如图 12-123 所示，❹单击“确定”按钮。

Step 09 装配螺母

（1）在菜单栏中选择“装配”→“组件位置”→“装配约束”命令或单击“主页”选项卡“装配”组中的“装配约束”按钮，打开“装配约束”对话框，如图 12-124 所示。

（2）❶在“类型”下拉列表中选择“同心”，选择如图 12-125 所示的上盖的孔边线 1 和螺母的孔边线 2，❷单击“确定”按钮。结果如图 12-126 所示。

（3）重复步骤（4）和（5），调用和装配第二个螺母，如图 12-127 所示。

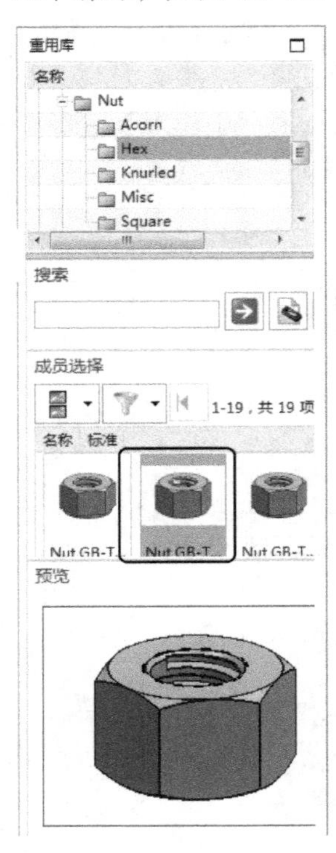

图 12-122 重用库

图 12-123 “添加可重用组件”对话框

图 12-124 “装配约束”对话框

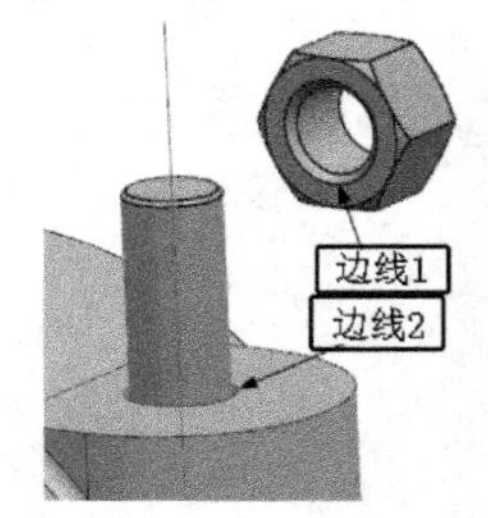

图 12-125 选择孔边线

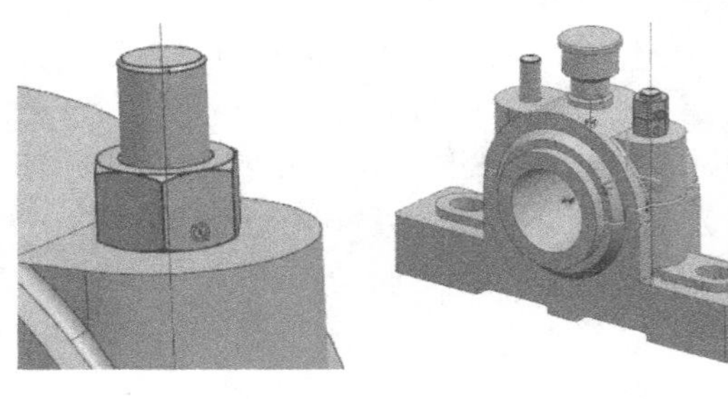

图 12-126 装配螺母 1 图 12-127 装配螺母 2

Step 10 镜像螺母

（1）在菜单栏中选择“装配”→“组件”→“镜像装配”命令，系统打开“镜像装配向导”对话框 1，如图 12-128 所示。

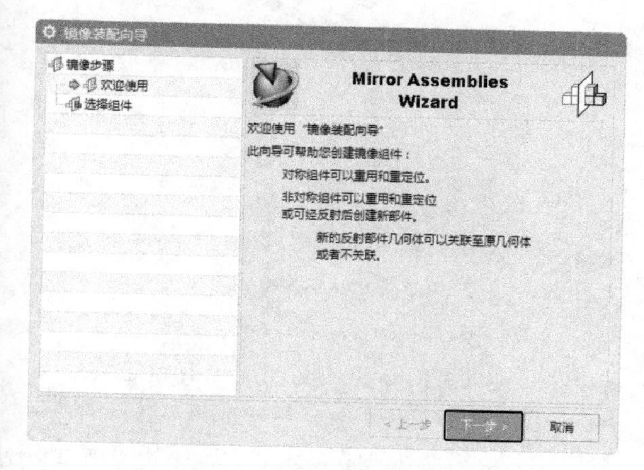

图 12-128 “镜像装配向导”对话框 1

（2）单击“下一步”按钮，打开“镜像装配向导”对话框 2，如图 12-129 所示。在视图中选择前面装配的两个螺母，单击“下一步”按钮。

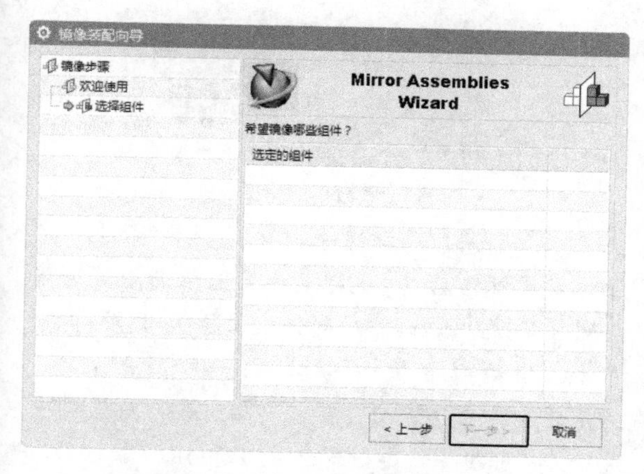

图 12-129 “镜像装配向导”对话框 2

（3）打开“镜像装配向导”对话框 3，如图 12-130 所示。单击“创建基准平面”按钮□，打开“基准平面”对话框，❶在“类型”下拉列表中选择“YC-ZC 平面”，如图 12-131 所示，❷单击“确定”按钮。

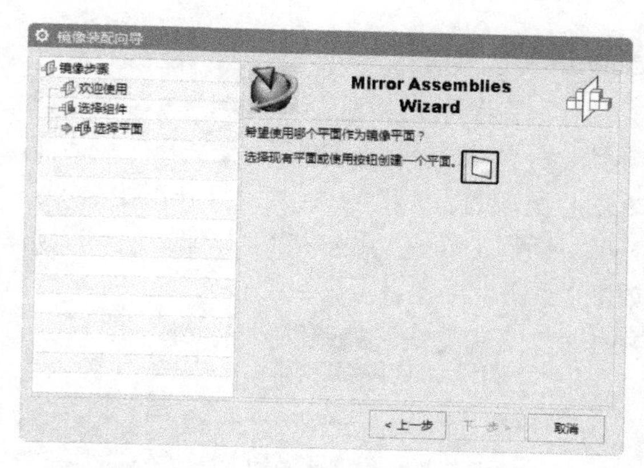

图 12-130 “镜像装配向导”对话框 3

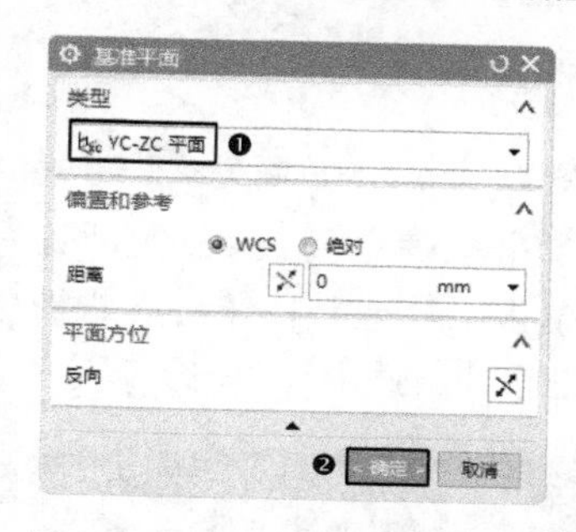

图 12-131 “基准平面”对话框

（4）返回“镜像装配向导”对话框 3，单击“下一步”按钮，打开“镜像装配向导”对话框 4，如图 12-132 所示，单击“完成”按钮。结果如图 12-133 所示。

图 12-132 “镜像装配向导”对话框 4

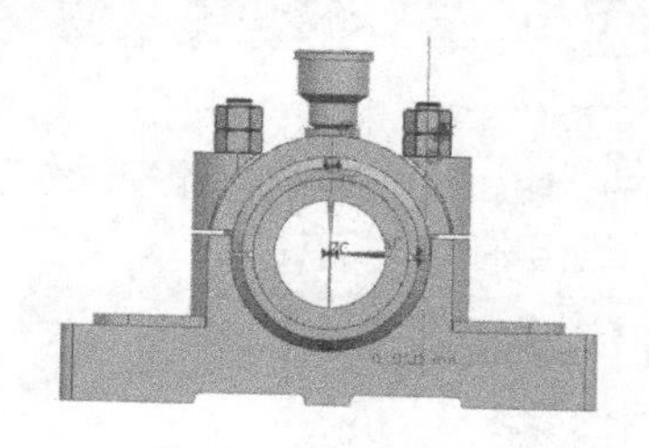

图 12-133 镜像螺母

Step 11 隐藏约束和基准平面

（1）在菜单栏中选择“编辑”→“显示和隐藏”→“隐藏”命令，打开“类选择”对话框，单击“类型过滤器”按钮，打开“按类型选择”对话框，选择“基准”和“装配约束”选项，如图 12-134 所示。

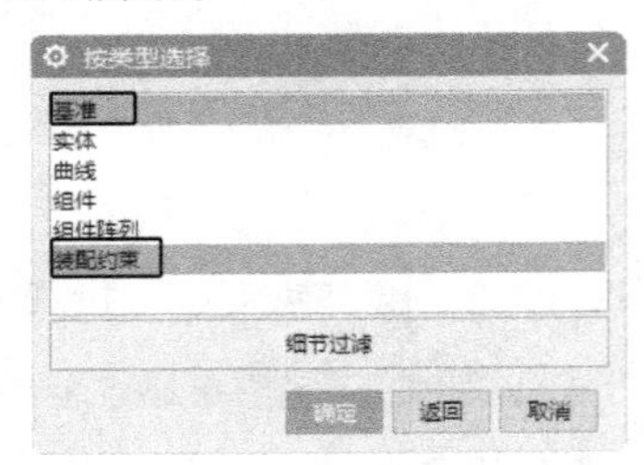

图 12-134 “按类型选择”对话框

（2）单击“确定”按钮，返回“类选择”对话框，单击“全选”按钮，视图中的装配约束和基准全部被选中，单击“确定”按钮。

12.10 新手问答

Q1：在装配图中，当 STP 格式的装配图打开后，是没有约束关系的，后来增加的零件装配时需要注意哪些事项?

答：先选择的零件为移动零件，后选择的为固定零件。

Q2：如何在装配图中直接打开某零件?

答：在该零件图上右击，在弹出的快捷菜单中选择设为显示部件。

Q3：装配中重量值是怎么显示出来的?

答：在装配导航中单击“属性”，显示部件属性，保存时更新数据，所有产品主数模零件反映零件或子装配件的实际重量。密度值必须调整到和材料特性相符。否则在 CAE 中将严重影响结果。

12.11 上机实验

通过前面的学习，相信读者对本章知识已有了一个大体的了解。本节将通过一个操作练习帮助读者巩固本章所学的知识要点。

【练习】装配笔

1. 目的要求

本练习主要用到“添加组件”命令。通过本练习帮助读者掌握自底向上装配命令的用法。装配的笔如图 12-135 所示

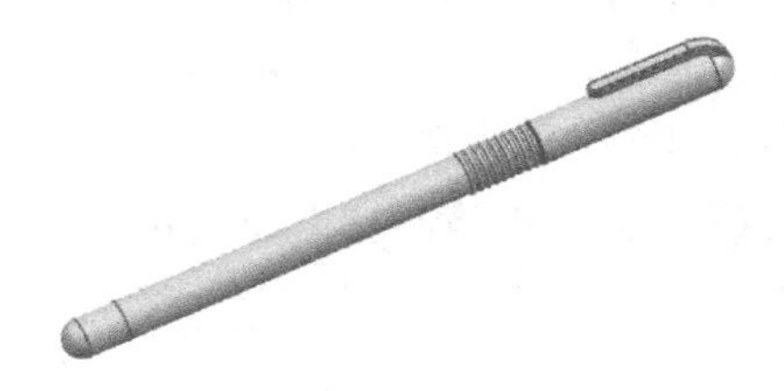
图 12-135 笔

2. 操作提示

（1）利用“添加组件”命令，以绝对原点定位方式将笔壳放置在坐标原点处。

（2）利用“添加组件”命令，以“约束”定位方式添加笔芯；选择笔壳外圆柱面和笔芯外圆柱面，在“添加组件”对话框中选择“接触对齐”类型，自动判断中心 / 轴方位；选择距离类型，选择如图 12-136 所示的面作为距离面，距离为 2。

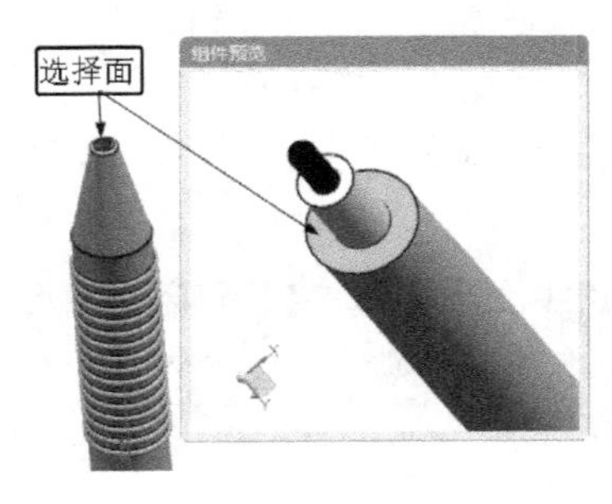

图 12-136 选择面 1

（3）利用“添加组件”命令，以“约束”定位方式添加笔后盖；选择笔壳外圆柱面和笔后盖外圆柱面，在“添加组件”对话框中选择“接触对齐”类型，自动判断中心 / 轴方位；选择如图 12-137 所示的面作为接触面，在“添加组件”对话框中选择“接触对齐”类型，自动判断中心 / 轴方位。

图 12-137 选择面 2

（4）利用“添加组件”命令，以“约束”定位方式添加笔前端盖；选择笔壳外圆柱面和笔前端盖外圆柱面，在“添加组件”对话框中选择“接触对齐”类型，自动判断中心/轴方位；选择“距离”类型，选择如图12-138所示的面作为距离面，距离为30。

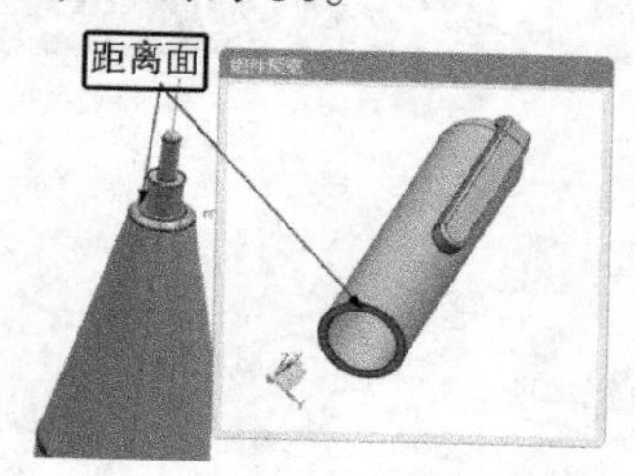

图12-138　选择面3

12.12　思考与练习

一、选择题

1. 下列不是装配中组件阵列的方法的是（　　）。

A. 线性　　B. 从引用集阵列

C. 从实例特征　　D. 圆的

2. 当组件的引用集在装配文件中被使用时，此引用集若被删除，那么下次打开此装配文件时，组件的（　　）引用集将会被使用。

A. 空集　　B. 默认引用集

C. 装配文件将打开失败　　D. 整集

3. 在配对组件中，关于对齐操作的说法错误的是（　　）。

A. 使两个组件的面的法矢量同向

B. 若装配面是两个平面，则对齐操作会使两个面处于同一面

C. 若装配面是两个柱面，则对齐操作会使两个柱面的轴向中心线重合

D. 若装配面是两个柱面，则对齐操作会使两个柱面贴合

4.（　　）在一个单独的窗口中以图形的方式显示出显示部件的装配结构，并提供了在装配中操控组件的快捷方法。

A. 部件导航器　　B. 装配导航器

C. 零件列表　　D. 打开对话框

二、简答题

1. 什么是主模型，采用主模型的设计思想非常重要，具体体现在哪里？

2. 什么是“自底向上装配”和“自顶向下装配”，具体在什么情况下使用？

3. 什么是引用集，为何要使用引用集，如何创建、编辑引用集？

读书笔记

第 13 章　工程图

本章导读

UG NX 12.0 的工程图是为了满足用户的二维出图的需要，尤其是对传统的二维设计用户来说，很多工作还需要二维工程图。利用 UG 建模功能创建的零件和装配模型，可以被引用到 UG 制图功能中快速生成二维工程图。利用 UG 制图功能模块建立的工程图是由投影三维实体模型得到的。因此，二维工程图与三维实体模型完全关联。对模型的任何修改都会引起工程图的相应变化。本章简要介绍了 UG 制图中的常用功能。

内容要点

- 工程图概述
- 工程图参数预设置
- 图纸管理
- 视图管理
- 视图编辑
- 标注与符号

13.1 工程图概述

本节主要介绍如何进入工程图界面，并对工程图中的常见工具栏进行简单介绍。

在菜单栏中选择“文件”→“新建”命令或单击“主页”选项卡“标准”组中的“新建”按钮，打开“新建”对话框，在该对话框中选择“图纸”选项卡，选择适当的模板，单击“确定”按钮，即可启动 UG 工程制图模块，进入工程制图界面，如图 13-1 所示。

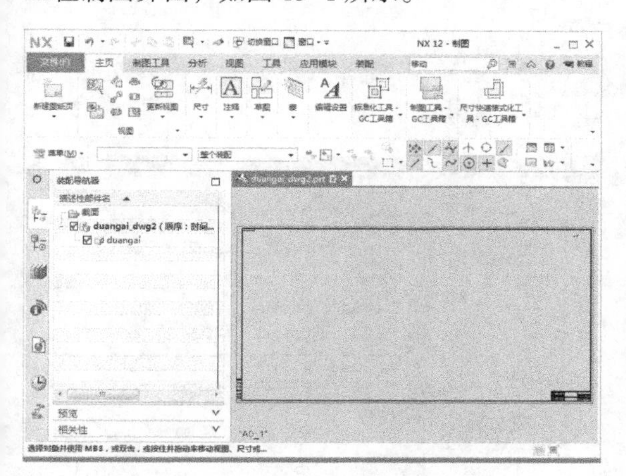

图 13-1 工程制图界面

UG 工程绘图模块提供了自动视图布置、剖视图、各向视图、局部放大图、局部剖视图、自动、手工尺寸标注、形位公差、表面粗糙度符号标注、支持 GB、标准汉字输入、视图手工编辑、装配图剖视、爆炸图、明细表自动生成等工具。

具体操作说明如下。

1. 选项卡

如图 13-2 所示为“主页”选项卡。

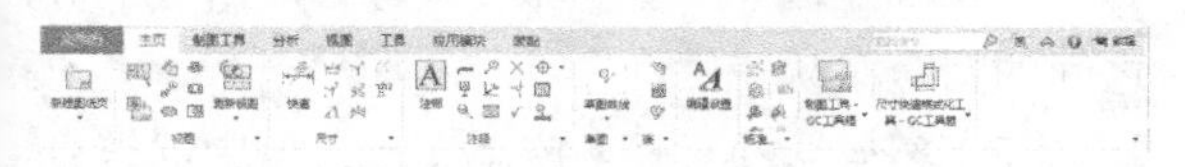

图 13-2 “主页”选项卡

2. 制图导航器操作

和建模环境一样，用户同样可以通过图纸导航器来操作图纸。对应于每一幅图纸也会有相应的父子关系和细节窗口可以显示。在图纸导航器上同样有很强大的快捷菜单命令功能，右击即可实现。对于不同的层次，右击后弹出的快捷菜单功能是不一样的，如图 13-3 和图 13-4 所示。

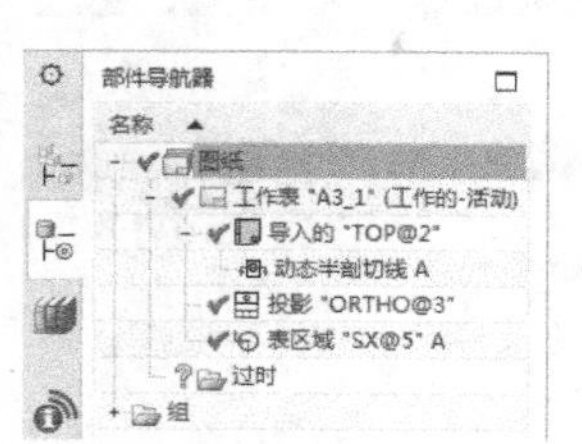

图 13-3 部件导航器

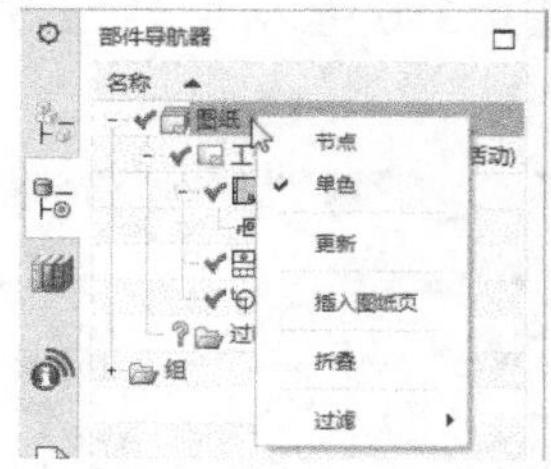

图 13-4 导航器上的快捷菜单

13.2 工程图参数预设置

在添加视图时，应预先设置工程图的有关参数。设置符合国标的工程图尺寸，控制工程图的风格，以下对一些常用的工程图参数设置进行简单介绍，其他用户可以参考帮助文件。

13.2.1 工程图参数设置

选择“文件”→“首选项”→“制图”命令，系统打开“制图首选项”对话框，如图 13-5 所示。该对话框中包含 11 个选项卡，当用户选取相应的选项卡后，对话框中就会出现相应的选项。

图 13-5 “制图首选项”对话框

另外，对于制图的预设置操作，在 UG NX 12.0 的“用户默认设置”管理工具中可以统一设置默认值。在菜单栏中选择“文件”→“实用工具”→“用户默认设置”命令，打开如图 13-6 所示的“用户默认设置”对话框，进行默认设置的更改。

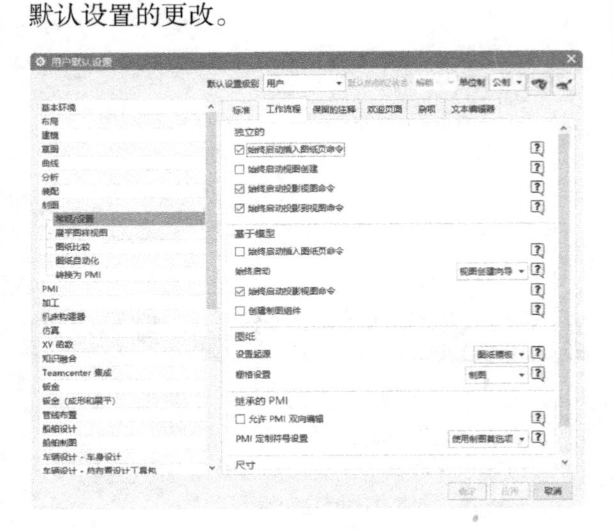

图 13-6　“用户默认设置”对话框

13.2.2 注释参数设置

选择“文件”→“首选项”→“制图”命令，打开“制图首选项”对话框，在该对话框中选择“注释”选项，打开“制图首选项”-“注释”对话框，如图 13-7 所示。

图 13-7　“制图首选项”-“注释”对话框

“制图首选项”-“注释”对话框中的部分选项功能如下。

1. GDT

选择该选项，对话框如图 13-7 所示。

（1）格式： 设置所有形位公差符号的颜色、线型和宽度。

（2）应用于所有注释： 单击此按钮，将颜色、线型和线宽应用到所有制图注释，该操作不影响制图尺寸的颜色、线型和线宽。

2. 符号标注

选择该选项，对话框如图 13-8 所示。

（1）格式： 设置符号标注的颜色、线型和宽度。

（2）直径： 以毫米或英寸为单位设置符号标注符号的大小。

图 13-8　“符号标注”选项

3. 焊接符号

选择该选项，对话框如图 13-9 所示。

（1）间距因子： 设置焊接符号不同组成部分之间的间距默认值。

（2）符号大小因子： 控制焊接符号中的符号大小。

（3）焊接线间隙： 控制焊接线和焊接符号之间的距离。

4. 剖面线 / 区域填充

选择该选项，对话框如图 13-10 所示。

图 13-9 “焊接符号”选项

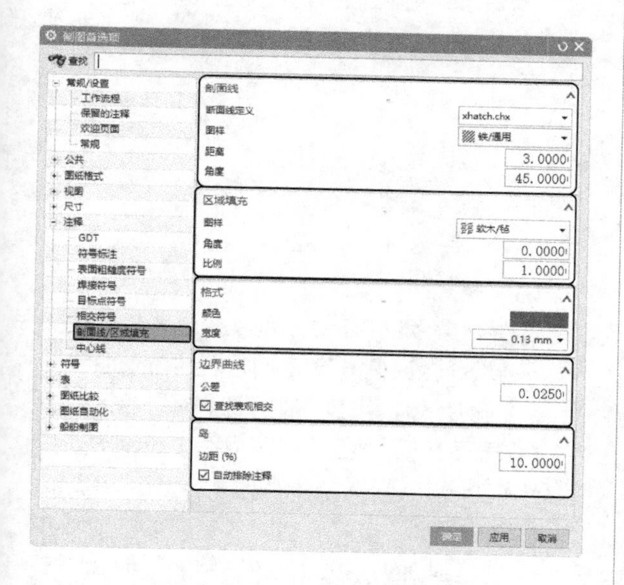

图 13-10 “剖面线 / 区域填充”选项

（1）剖面线

①断面线定义：显示当前剖面线文件的名称。

②图样：从派生自剖面线文件的图样列表设置剖面线图样。

③距离：控制剖面线之间的距离。

④角度：控制剖面线的倾斜角度。从正 XC 轴到主剖面线沿逆时针方向测量角度。

（2）区域填充

①图样：设置区域填充图样。

②角度：控制区域填充图样的旋转角度。该角度是从平行于图纸底部的一条直线开始沿逆时针方向测量。

③比例：控制区域填充图样的比例。

（3）格式

①颜色：设置剖面线颜色和区域填充图样。

②宽度：设置剖面线和区域填充中曲线的线宽。

（4）边界曲线

①公差：用于控制 NX 沿着曲线逼近剖面线或区域填充边界的紧密程度。

②查找表观相交：表现相交和表观成链是基于视图方位看似存在的相交曲线和链，但实际上不存在于几何体中。

（5）岛

①边距：设置剖面线或区域填充样式中排除文本周围的边距。

②自动排除注释：勾选此复选框，将设置剖面线对话框和区域填充对话框中的自动排除注释选项。

5. 中心线

选择该选项，对话框如图 13-11 所示。

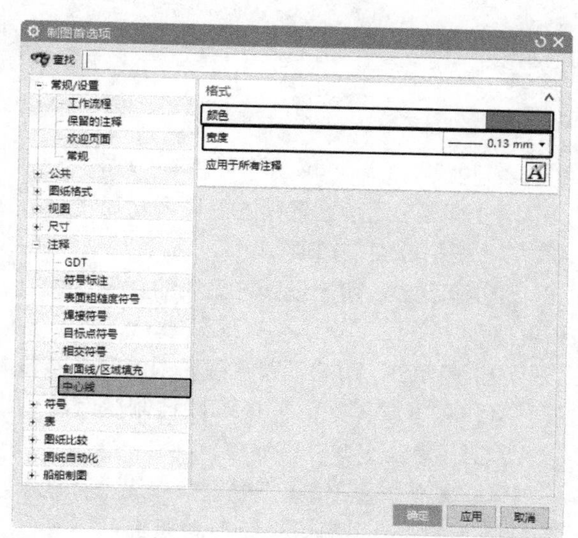

图 13-11 “中心线”选项

（1）颜色：设置所有中心线符号的颜色。

（2）**宽度**：设置所有中心线符号的线宽。

13.2.3 视图参数

选择“文件”→“首选项”→“制图”命令，打开“视图首选项”对话框，在该对话框中选择“视图”选项，对话框如图 13-12 所示。该对话框中包含截面线、消隐线显示参数、可见线显示设置、螺纹、光顺边和虚拟交线等。

“视图首选项”-“视图”对话框中的部分选项功能如下。

1. 公共

选择该选项，对话框如图 13-12 所示。

图 13-12 “视图首选项”-“视图”对话框

（1）**常规**：用于设置视图的最大轮廓线、参考、UV 栅格等细节选项。

（2）**可见线**：用于设置可见线的颜色、线型和粗细。

（3）**隐藏线**：用于设置在视图中隐藏线所显示方法。其中有详细的选项可以控制隐藏线的显示类别、显示线型、粗细等。

（4）**虚拟交线**：用于设置虚拟交线是否显示及虚拟交线显示的颜色、线型和粗细。还可以设置理论交线距离边缘的距离。

（5）**光顺边**：用于设置光顺边是否显示及光顺边显示的颜色、线型和粗细。还可以设置光顺边距离边缘的距离。

（6）**螺纹**：用于设置螺纹表示的标准。

（7）**PMI**：用于设置视图是否继承在制图平面中的形位公差。

2. 表区域驱动

选择该选项，对话框如图 13-13 所示。

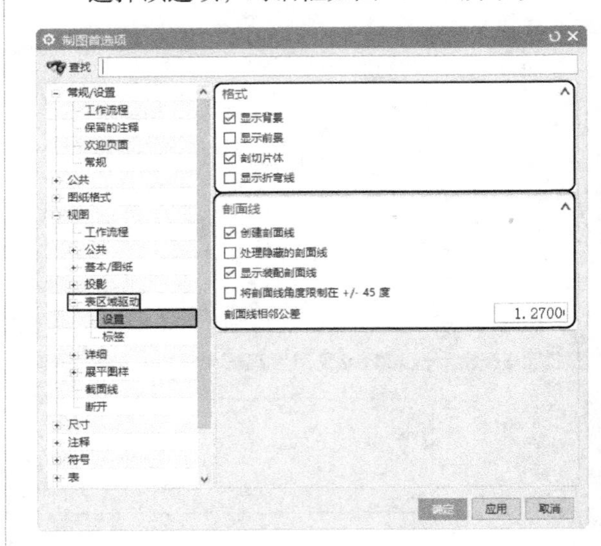

图 13-13 “表区域驱动”选项

（1）**格式**

①显示背景：用于显示剖视图的背景曲线。

②显示前景：用于显示剖视图的前景曲线。

③剖切片体：用于在剖视图中剖切片体。

④显示折弯线：在阶梯剖视图中显示剖切折弯线。仅当剖切穿过实体材料时才会显示折弯线。

（2）**剖面线**

①创建剖面线：控制是否在给定的剖视图中生成关联剖面线。

②处理隐藏的剖面线：控制剖视图的剖面线是否参与隐藏线处理。此选项主要用于局部剖图和轴测剖视图，以及任何包含非剖切组件的剖视图。

③显示装配剖面线：控制装配剖视图中相邻实体的剖面线角度。设置此选项后，相邻实体间的剖面线角度会有所不同。

④将剖面线限制为 +/–45 度：强制装配剖视图中相邻实体的剖面线角度仅设置为 45° 和 135° 。

⑤剖面线相邻公差：控制装配剖视图中相邻

实体的剖面线角度。

3. 详细

用于设置剖切线的详细参数。

4. 截面线

用于设置阴影线的显示类别，包括背景、剖面线、断面线等。

13.2.4 尺寸参数

在菜单栏中选择“文件”→“首选项”→“制图”命令，打开“制图首选项”对话框，在其中选择“尺寸”选项，对话框如图 13-14 所示。该对话框用于设置尺寸相关的参数，根据标注尺寸的需要，用户可以利用对话框中上部的尺寸和直线 / 箭头工具条进行设置。

图 13-14 “制图首选项” - “尺寸”对话框

“制图首选项” - “尺寸”对话框中的部分选项功能如下。

（1）公差：可以设置最高 6 位的精度和 10 种类型的公差，图 13-15 显示了可以设置的 12 种类型的公差形式。

（2）倒斜角：系统提供了 4 种类型的倒斜角样式，可以设置分隔线样式和间隔，也可以设置指引线的格式。

（3）尺寸线：根据标注尺寸的需要，勾选箭头之间是否有线，或者修剪尺寸线。

（4）方向和位置：在该下拉列表中可以选择 5 种文本的放置位置，如图 13-16 所示。

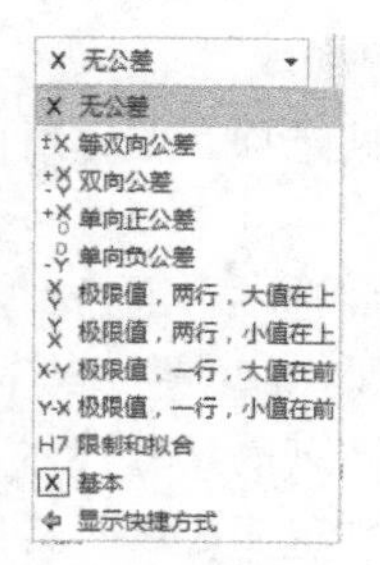

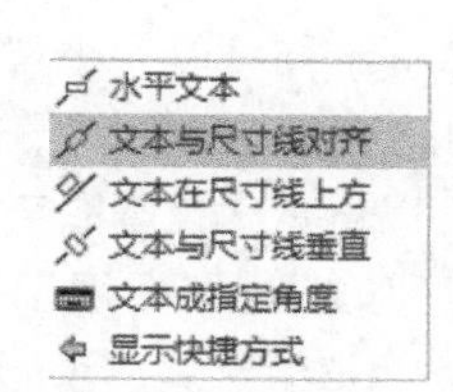

图 13-15 公差形式　　图 13-16 尺寸值的放置位置

13.3 图纸管理

在 UG 中，任何一个三维模型都可以通过不同的投影方法、不同的图样尺寸和不同的比例创建灵活多样的二维工程图。本节包括工程图纸的创建、打开、删除和编辑。

13.3.1 新建工程图

在菜单栏中选择“插入”→“图纸页”命令或单击“主页”选项卡中的“新建图纸页”按钮，打开“工作表”对话框，如图 13-17 所示。

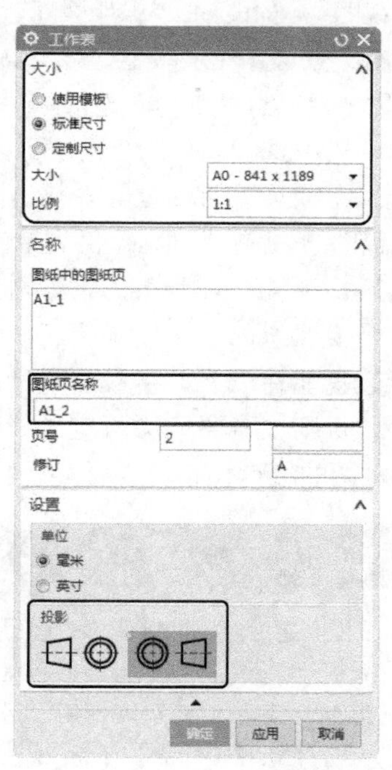

图 13-17 “工作表”对话框

“工作表”对话框中的部分选项功能如下。

1. 大小

（1）使用模板：选择此选项，在该对话框中选择所需的模板即可。

（2）标准尺寸：选择此选项，通过对话框设置标准图纸的大小和比例。

（3）定制尺寸：选择此选项，通过此对话框可以自定义设置图纸的大小和比例。

（4）大小：用于指定图纸的尺寸规格。

（5）比例：用于设置工程图中各类视图的比例大小，系统默认的设置比例为 1 : 1。

2. 图纸页名称

该文本框用于输入新建工程图的名称。名称最多可包含 30 个字符，但不允许含有空格，系统自动将所有字符转换成大写方式。

3. 投影

该选项用于设置视图的投影角度方式。系统提供的投影角度分为“第三角投影”和“第一角投影”两种。

13.3.2 编辑工程图

在进行视图添加及编辑过程中，有时需要临时添加剖视图、技术要求等，那么新建过程中设置的工程图参数可能无法满足要求，如比例不合适。这时需要对已有的工程图进行修改、编辑。

在菜单栏中选择“编辑”→“图纸页”命令，打开“图纸页”对话框。在该对话框中修改已有工程图的名称、尺寸、比例和单位等参数。完成修改后，系统会按照新的设置对工程图进行更新。需要注意的是，在编辑工程图时，投影角度参数只能在没有产生投影视图的情况下进行修改，否则，需要删除所有的投影视图后执行投影视图的编辑。

13.4 视图管理

创建工程图之后，下面就应该在图纸上绘制各种视图来表达三维模型。生成各种投影是工程图最核心的问题之一，UG 制图模块提供了各种视图的管理功能，包括添加各种视图、对齐视图和编辑视图等。

13.4.1 建立基本视图

在菜单栏中选择“插入”→“视图”→“基本”命令或单击“主页”选项卡“视图”组中的“基本视图”按钮，打开“基本视图”对话框，如图 13-18 所示。

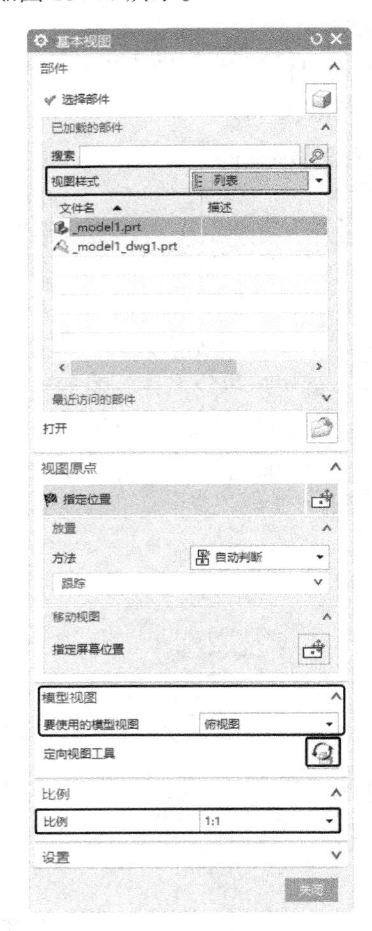

图 13-18 “基本视图”对话框

“基本视图”对话框中的部分选项功能如下。

（1）视图样式：该选项用于启动“视图样式”设置对话框，可以进行相关视图参数设置。

（2）要使用的模型视图：该选项包括“俯视图”“前视图”“右视图”“后视图”“仰视图”“左视图”“正等测图”和“正三轴侧图”8 种基本视图的投影。

（3）定向视图工具：单击该按钮，打开“定向视图工具”对话框，如图 13-19 所示。用于定向视图的投影方向。

（4）比例：该选项用于指定添加视图的投影比例，其中共有 9 种方式，如果是表达式，用户可以指定视图比例和实体的一个表达式保持一致。

图 13-19 “定向视图工具”对话框

13.4.2 投影视图

在菜单栏中选择“插入”→“视图”→“投影”命令或单击“主页”选项卡“视图”组中的“投影视图”按钮，打开“投影视图”对话框，如图 13-20 所示。

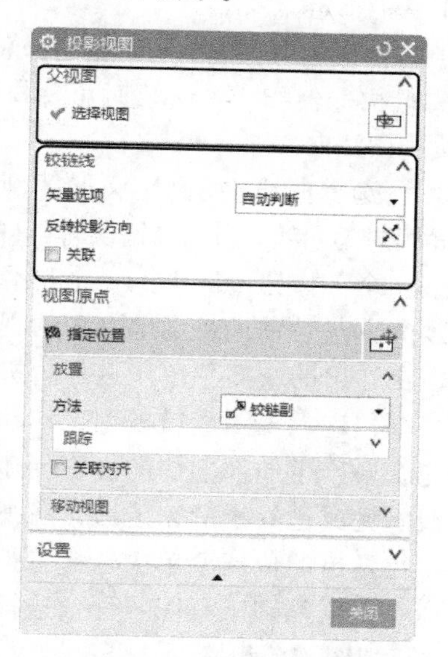

图 13-20 “投影视图”对话框

“投影视图”对话框中的部分选项功能如下。

（1）父视图：该选项用于在绘图工作区选择视图作为基本视图即父视图，并从它投影出其他视图。

（2）铰链线：选择父视图后，定义折页线按钮会被自动激活，所谓折页线，就是与投影方向垂直的线。用户也可以单击该按钮来定义一个指定的、相关联的折页线方向。如果不满足要求，用户还可以单击“反向”按钮进行调整。

13.4.3 局部放大视图

在菜单栏中选择“插入”→“视图”→“局部放大图”命令或单击“主页”选项卡“视图”组中的“局部放大图”按钮，打开“局部放大图”对话框，如图 13-21 所示。

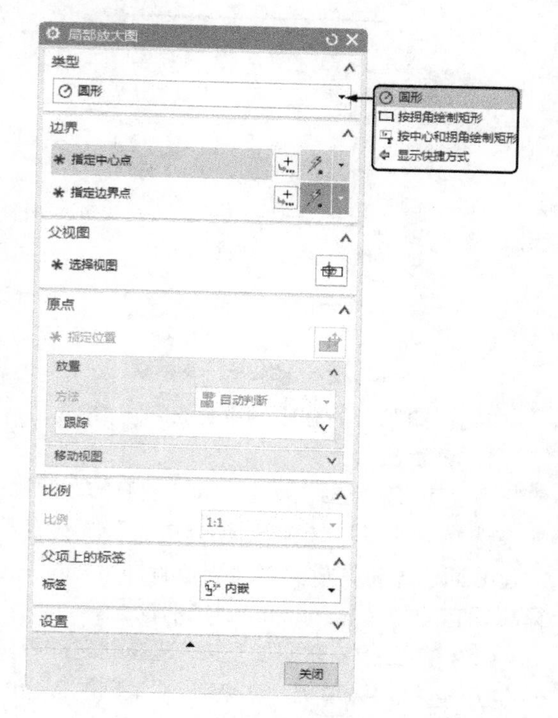

图 13-21 “局部放大图”对话框

“局部放大图”对话框中的部分选项功能如下。

（1）圆形：在父视图中选择局部放大部位的中心点后，拖动鼠标来定义圆周视图边界的大小。

（2）按拐角绘制矩形：使用所选的两个对角拐角点创建矩形局部放大图边界。

（3）按中心和拐角绘制矩形：使用所选中心点和拐角点创建矩形局部放大图边界。

13.4.4 剖视图

在菜单栏中选择“插入”→“视图”→“剖视图”或单击“主页”选项卡“视图”组中的“剖视图”按钮，打开“剖视图”对话框，选择父视图后，激活灰色选项，如图 13-22 所示。

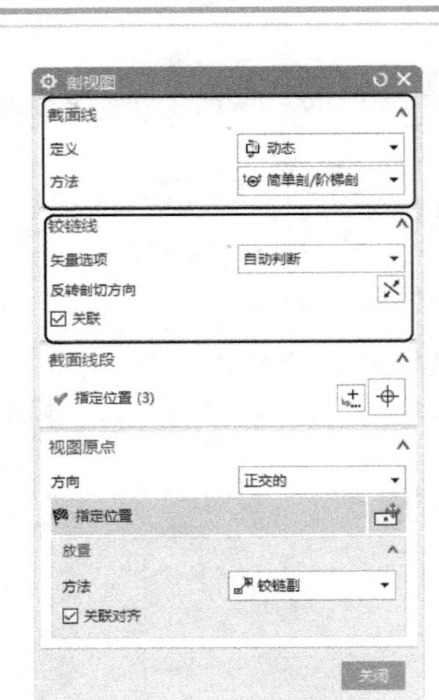

图 13-22 “剖视图”对话框

“剖视图”对话框中的部分选项功能如下。

1. 截面线

（1）定义：包括“动态”和“现有的”两种。如果选择“动态”，根据创建方法，系统会自动创建截面线，将其放置到适当位置即可；如果选择“现有的”，根据截面线创建剖视图。

（2）方法：在该下拉列表中选择创建剖视图的方法，包括“简单剖 / 阶梯剖”“半剖”“旋转”和“点到点”。

2. 铰链线

（1）矢量选项：包括“自动判断”和“已定义”。

①自动判断：为视图自动判断铰链线和投影方向。

②已定义：允许为视图手工定义铰链线和投影方向。

（2）反转剖切方向：反转剖切线箭头的方向。

13.4.5 局部剖视图

在菜单栏中选择“插入”→“视图”→“局部剖”命令或单击“主页”选项卡“视图”组中的“局部剖”按钮，打开“局部剖”对话框，如图 13-23 所示。该对话框用于从任意父图纸视图中移除一个部件区域来创建一个局部剖视图。示意图如图 13-24 所示。

图 13-23 “局部剖”对话框

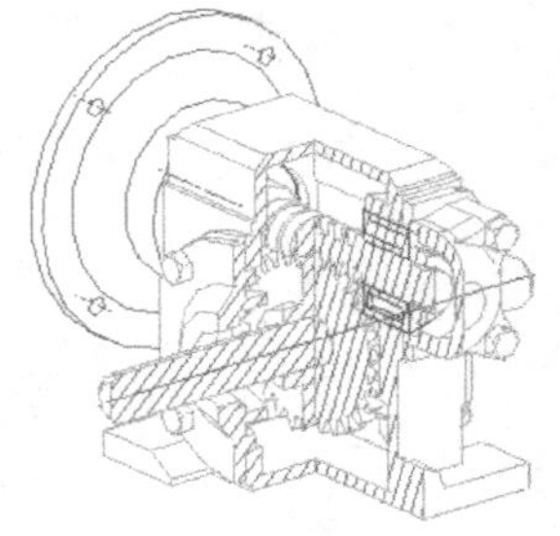

图 13-24 “局部剖”示意图

“局部剖”对话框中的部分选项功能如下。

（1）选择视图：用于选择要进行局部剖切的视图。

（2）指出基点：用于确定剖切区域沿拉伸方向开始拉伸的参考点，该点可以通过“捕捉点”工具栏指定。

（3）指出拉伸矢量：用于指定拉伸方向，可以用矢量构造器指定，必要时可使拉伸反向或指定为视图法向。

（4）选择曲线：用于定义局部剖切视图剖切边界的封闭曲线。当选择错误时，可单击“取消选择上一个”按钮，取消上一个选择。定义边界曲线的方法是在进行局部剖切的视图边界上右击，在弹出的快捷菜单中选择“扩展成员视图”命令，进入视图成员模型工作状态。用曲线功能在要产生局部剖切的位置创建局部剖切边界线。完成边界线的创建后，在视图边界上右击，在弹出的快捷菜单中选择“扩展成员视图”命令，恢复到工程图界面。这样，就建立了与选择视图相关联的边界线。

（5）修改边界曲线：用于修改剖切边界点，必要时可用于修改剖切区域。

（6）切穿模型：勾选该复选框，则剖切时完全穿透模型。

13.4.6 实例——创建端盖工程图

首先创建端盖的基本视图和投影视图，然后创建剖视图，最后创建局部放大视图。结果如图 13-25 所示。

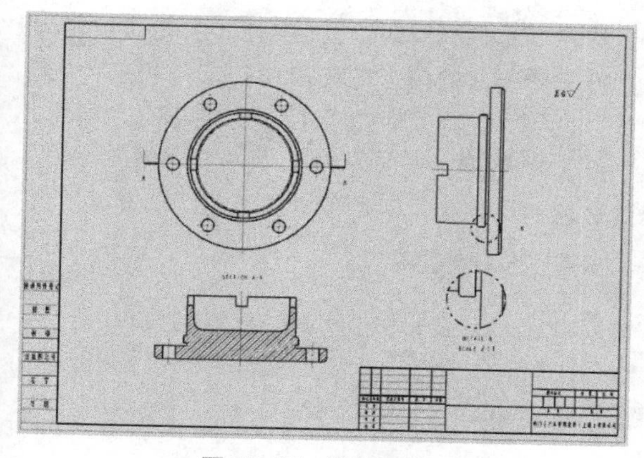

图 13-25　端盖工程图

绘制步骤

Step 01 新建文件

在菜单栏中选择“文件”→“新建”命令或单击“主页”选项卡“标准”组中的“新建”按钮，打开“新建”对话框。在“图纸”选项卡中选择“A3- 无视图”模板。在“要创建图纸的部件”中单击“打开”按钮，系统打开“选择主模型部件”对话框，单击“打开”按钮，打开“部件名”对话框，选择要创建工程图的“duangai”零件，然后单击 OK 按钮，进入制图界面。

Step 02 创建基本视图

在菜单栏中选择“插入”→“视图”→“基本”命令或单击“主页”选项卡“视图”组中的“基本视图”按钮，系统打开“基本视图”对话框，如图 13-26 所示。在“要使用的模型视图”下拉列表中选择“前视图”，在图纸中适当的地方放置基本视图，如图 13-27 所示。

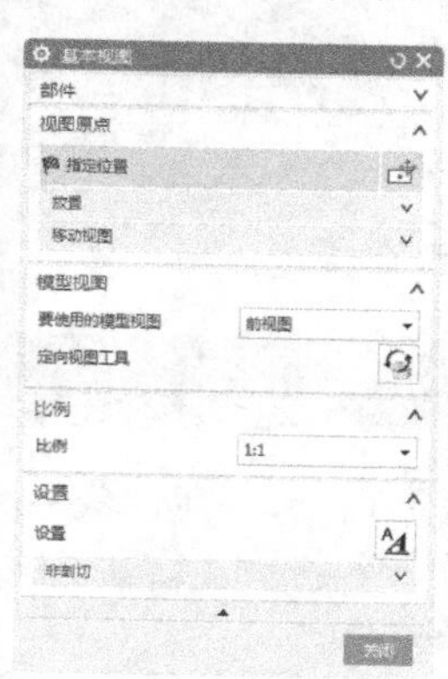

图 13-26　“基本视图”对话框

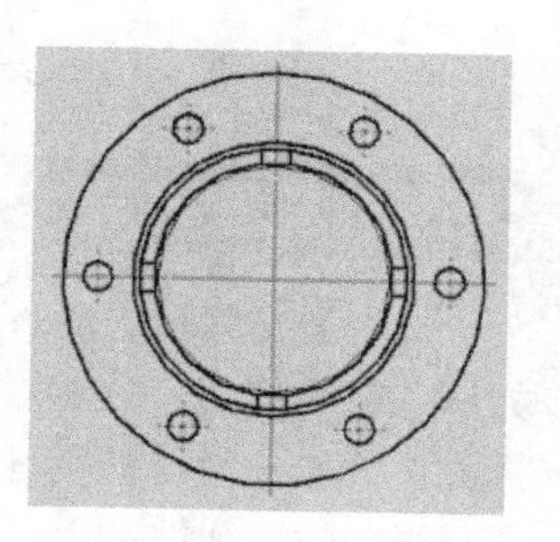

图 13-27　基本视图

Step 03 创建投影视图

在菜单栏中选择“插入”→“视图”→“投影”命令或单击“主页”选项卡“视图”组中的“投影视图”按钮，系统打开“投影视图”对话框，如图 13-28 所示。选择 Step 02 中创建的基本视图为父视图，选择投影方向，如图 13-29 所示，将投影放置在图纸中适当的位置，如图 13-30 所示。

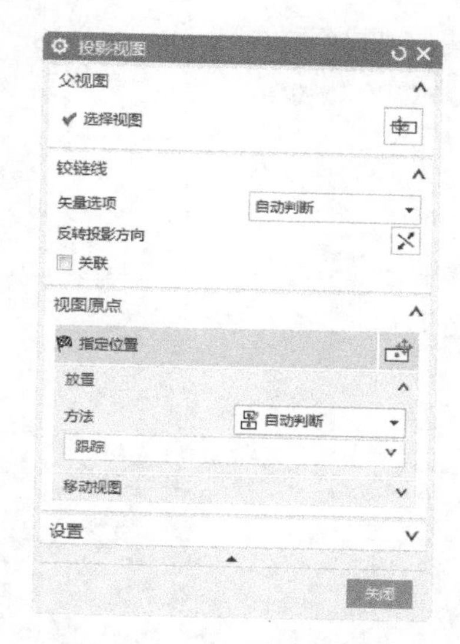

图 13-28　“投影视图”对话框

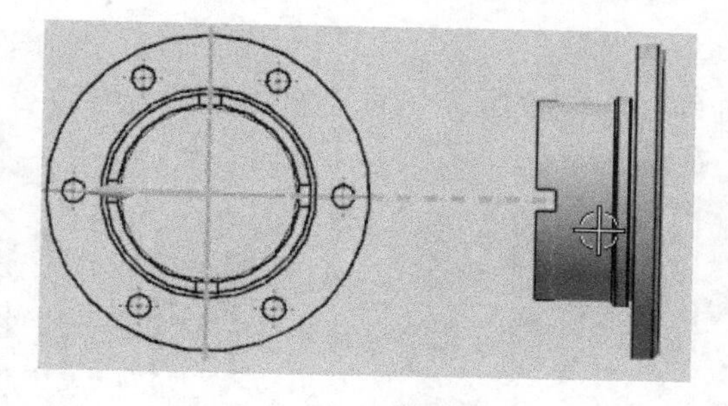

图 13-29　选择投影方向

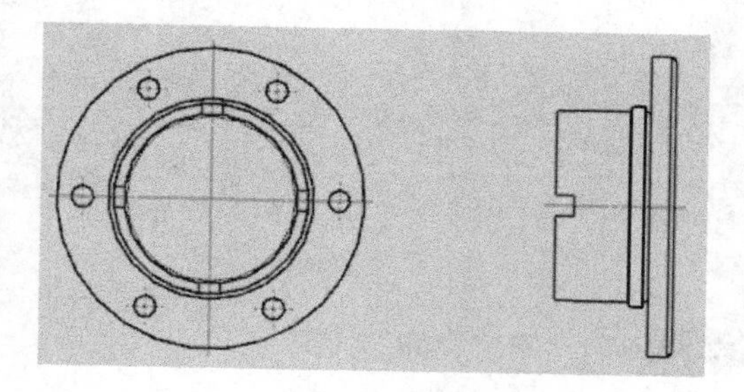

图 13-30　放置适当的位置

Step 04 创建剖视图

在菜单栏中选择“插入”→“视图”→“剖视图”命令或单击“主页”选项卡“视图”组中的“剖视图”按钮，选择基本视图为父视图，系统打开“剖视图”对话框，如图 13-31 所示。选择圆心为铰链线的放置位置，单击确定剖视图的位置，如图 13-32 所示。调整剖切方向，将剖视图放置在图纸中适当的位置。创建的剖视图如图 13-33 所示。

图 13-31　“剖视图”对话框

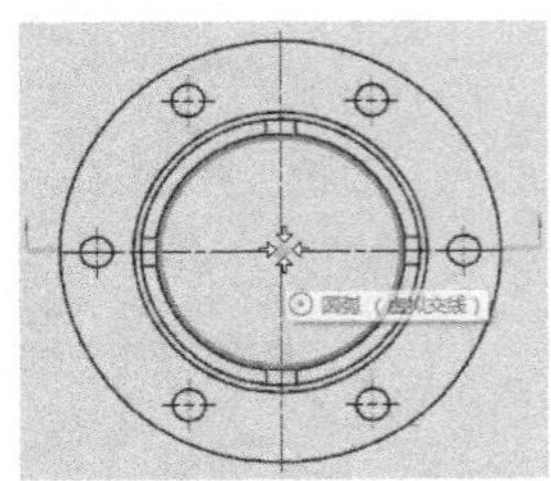

图 13-32　放置位置

图 13-33　创建的剖视图

Step 05 创建局部放大图

在菜单栏中选择“插入”→“视图”→“局部放大图”命令或单击“主页”选项卡“视图”组中的“局部放大图”按钮，系统打开“局部放大图”对话框，如图 13-34 所示。选择“圆形”类型，选取圆心和半径，如图 13-35 所示。系统自动创建局部放大图，放置到图纸中适当的位置，如图 13-36 所示。

图 13-34　“局部放大图”对话框

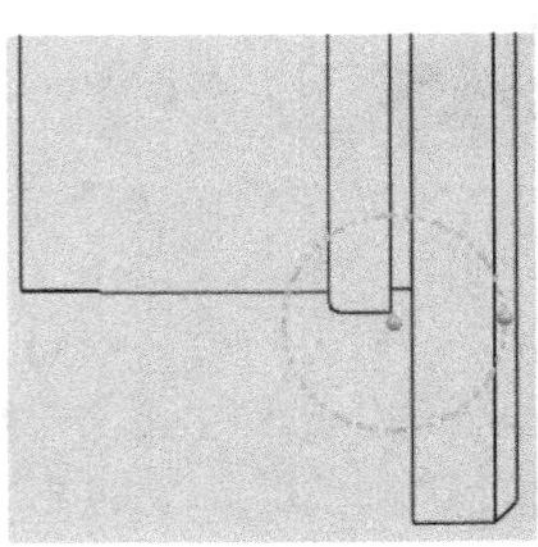

图 13-35　选择局部放大的范围

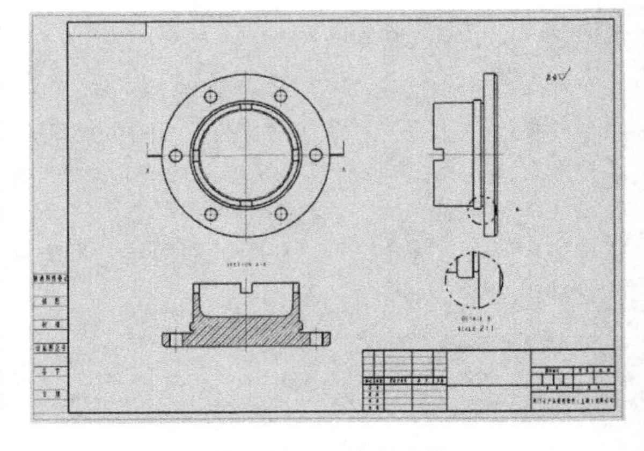

图 13-36　局部放大图

13.5 视图编辑

选中需要编辑的视图，右击，弹出快捷菜单，如图 13-37 所示。在快捷菜单中可以更改视图样式、添加各种投影视图等。

视图的详细编辑命令集中在“编辑”→“视图”子菜单下，如图 13-38 所示。

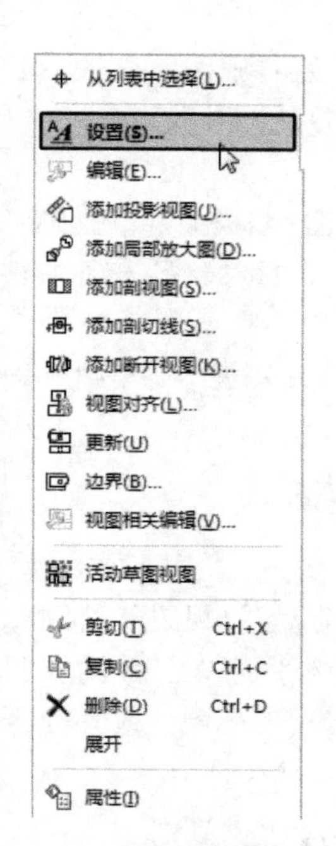

图 13-37 快捷菜单

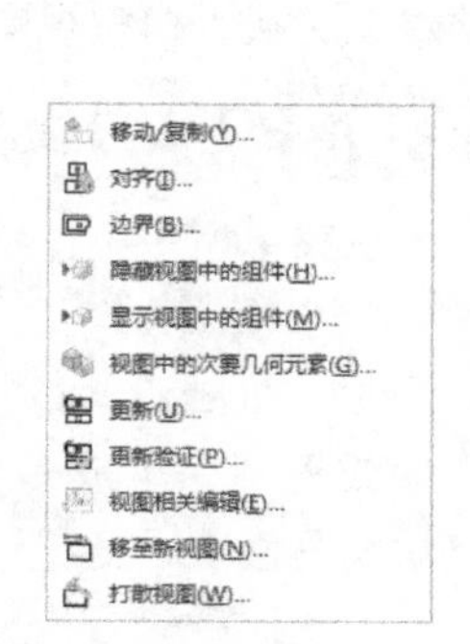

图 13-38 “视图”子菜单

13.5.1 对齐视图

一般而言，视图之间应该对齐，但 UG 在自动生成视图时是可以任意放置的，需要用户根据需要进行对齐操作。在 UG 制图中，用户可以拖动视图，系统会自动判断用户意图（包括中心对齐、边对齐多种方式），并显示可能的对齐方式，基本上可以满足用户对于视图放置的要求。

在菜单栏中选择“编辑”→“视图”→“对齐”命令，打开“视图对齐”对话框，如图 13-39 所示。该对话框用于调整视图位置，使之排列整齐。

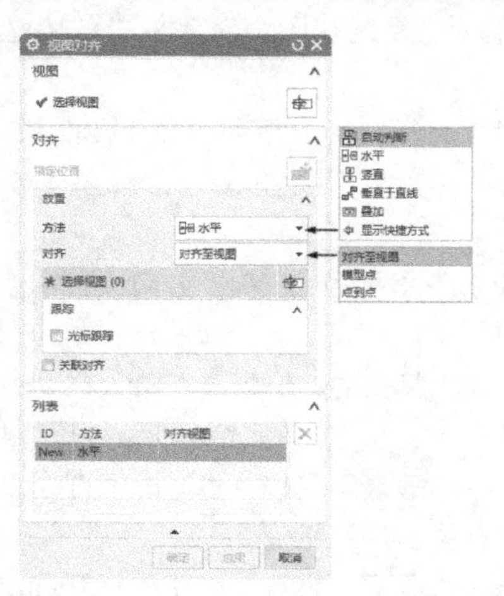

图 13-39 “视图对齐”对话框

“视图对齐”对话框中的部分选项功能如下。

1. 方法

（1）自动判断：自动判断所选视图可能的对齐方式。

（2）叠加：将所选视图叠加放置。

（3）水平：将所选视图以水平方向对齐。

（4）竖直：将所选视图以竖直方向对齐。

（5）垂直于直线：将所选视图与一条指定的参考直线垂直对齐。

2. 对齐

（1）对齐至视图：用于选择视图对齐视图。

（2）模型点：用于选择模型上的点对齐视图。

（3）点到点：用于分别在不同的视图上选择点对齐视图。以第一个视图上的点为固定点，其他视图上的点以某一对齐方式向该点对齐。

3. 列表

在列表中列出了所有可以进行对齐操作的视图。

13.5.2 视图相关编辑

在菜单栏中选择“编辑”→“视图”→“视图相关编辑”命令或单击“主页”选项卡“视图”组中的“视图相关编辑”按钮，打开“视图相关编辑”对话框，如图 13-40 所示。该对话框用于编辑几何对象在某一视图中的显示方式，而不影响在其他视图中的显示。

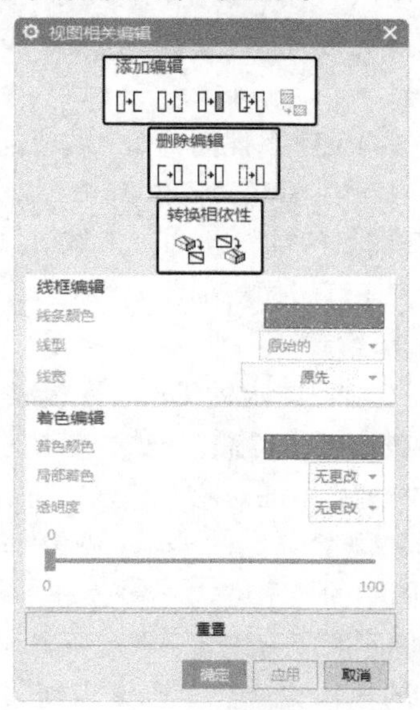

图 13-40 “视图相关编辑”对话框

“视图相关编辑”对话框中的相关选项功能如下。

1. 添加编辑

（1）**擦除对象**：擦除选择的对象，如曲线、边等。擦除并不是删除，只是使被擦除的对象不可见而已，使用“删除选择的擦除”命令可使被擦除的对象重新显示。若要擦除某一视图中的某个对象，则先选择视图；而若要擦除所有视图中的某个对象，则先选择图纸，再选择此功能，然后选择要擦除的对象并单击“确定”按钮，则所选择的对象即被擦除。

（2）**编辑完整对象**：编辑整个对象的显示方式，包括颜色、线型和线宽。单击该按钮，设置颜色、线型和线宽后单击“应用”按钮，打开“类选择”对话框，选择要编辑的对象并单击“确定”按钮，则所选对象就会按照设置的颜色、线型和线宽显示。如要隐藏选择的视图对象，只需将所选对象的颜色设置为与视图背景色相同即可。

（3）**编辑着色对象**：编辑着色对象的显示方式。单击该按钮，设置颜色后单击“应用”按钮，打开“类选择”对话框。选择要编辑的对象并单击“确定”按钮，则所选的着色对象就会按照设置的颜色显示。

（4）**编辑对象分段**：编辑部分对象的显示方式，用法与编辑整个对象相似。在选择编辑对象后，可选择一个或两个边界，则只编辑边界内的部分。

（5）**编辑截面视图背景**：编辑剖视图背景线。在建立剖视图时，可以有选择地保留背景线；而使用背景线编辑功能，不但可以删除已有的背景线，还可添加新的背景线。

2. 删除编辑

（1）**删除选定的擦除**：恢复被擦除的对象。单击该按钮，将高显已被擦除的对象，从中选择要恢复显示的对象并确认即可。

（2）**删除选定的编辑**：恢复部分编辑对象在原视图中的显示方式。

（3）**删除所有编辑**：恢复所有编辑对象在原视图中的显示方式。单击该按钮，在打开的警告对话框中单击“是”按钮，则恢复所有编辑；单击“否”按钮，则不恢复。

3. 转换相依性

（1）**模型转换到视图**：将模型中单独存在的对象转换到指定视图中，且对象只出现在该视图中。

（2）**视图转换到模型**：将视图中单独存在的对象转换到模型视图中。

13.5.3 移动 / 复制视图

在菜单栏中选择“编辑”→“视图”→“移动 / 复制”命令，打开“移动 / 复制视图”对话框，如图 13-41 所示。该对话框用于在当前图纸上移动或复制一个或多个选定的视图，或者将选定的视图移动或复制到另一张图纸中。

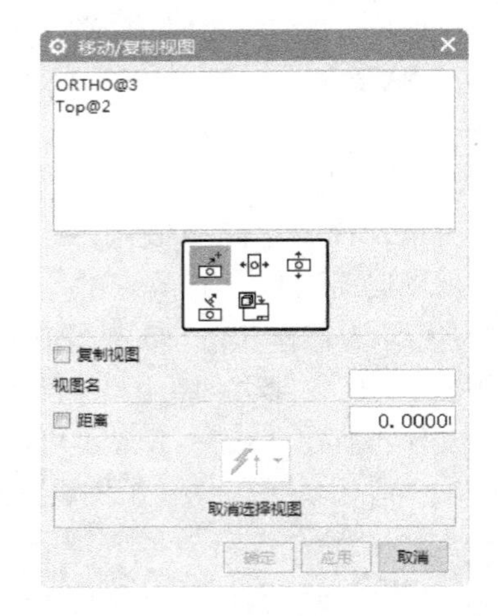

图 13-41 “移动 / 复制视图”对话框

“移动 / 复制视图”对话框中的各选项功能如下。

（1）**至一点**：移动或复制选定的视图到指定点，该点可用光标或在跟踪条中输入坐标指定。

（2）**水平的**：在水平方向上移动或复制选定的视图。

（3）**竖直的**：在竖直方向上移动或复制选定的视图。

（4）**垂直于直线**：在垂直于直线方向移动或复制视图。

（5）**至另一图纸**：移动或复制选定的视图

到另一张图纸中。

(6) **复制视图：** 勾选该复选框，可以复制视图，否则只能移动视图。

(7) **距离：** 勾选该复选框，可以输入移动或复制后的视图与原视图之间的距离值。若选择多个视图，则以第一个选定的视图作为基准，其他视图将与第一个视图保持指定的距离。若取消勾选该复选框，则可以移动光标或输入坐标值来指定视图位置。

13.5.4 视图边界

在菜单栏中选择"编辑"→"视图"→"边界"命令，或者在要编辑的视图边界上右击，在弹出的快捷菜单中选择"视图边界"命令，打开"视图边界"对话框，如图 13-42 所示。该对话框用于重新定义视图边界，既可以缩小视图边界只显示视图的某一部分，也可以放大视图边界显示所有视图对象。

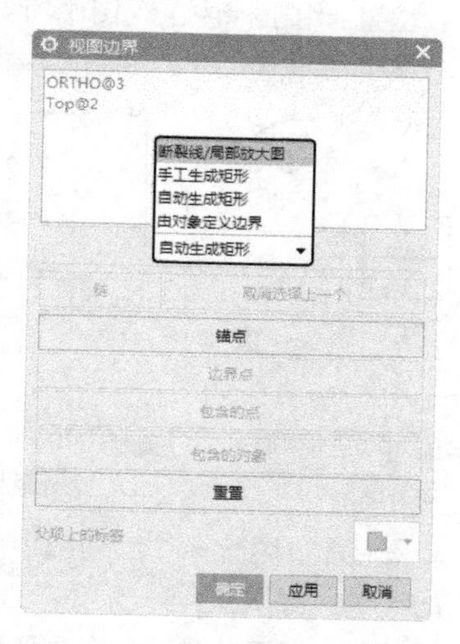

图 13-42 "视图边界"对话框

"视图边界"对话框中的部分选项功能如下。

1. 边界类型

(1) **断裂线 / 局部放大图：** 定义任意形状的视图边界，使用该选项只显示出被边界包围的视图部分。用此选项定义视图边界，则必须先建立与视图相关的边界线。当编辑或移动边界曲线时，视图边界会随之更新。

(2) **手工生成矩形：** 以拖动方式手工定义矩形边界，该矩形边界的大小是由用户定义的，可以包围整个视图，也可以只包围视图中的一部分。该边界方式主要用在一个特定的视图中隐藏不要显示的几何体。

(3) **自动生成矩形：** 自动定义矩形边界，该矩形边界能根据视图中几何对象的大小自动更新，主要用在一个特定的视图中显示所有的几何对象。

(4) **由对象定义边界：** 由包围对象定义边界，该边界能根据被包围对象的大小自动调整，通常用于大小和形状随模型变化的矩形局部放大视图。

2. 其他参数

(1) **锚点：** 用于将视图边界固定在视图对象的指定点上，从而使视图边界与视图相关，当模型变化时，视图边界会随之移动。锚点主要用在局部放大视图或用手工定义边界的视图。

(2) **边界点：** 用于指定视图边界要通过的点。该功能可使任意形状的视图边界与模型相关。当模型修改后，视图边界也随之变化，也就是说，当边界内的几何模型的尺寸和位置变化时，该模型始终在视图边界之内。

(3) **包含的点：** 视图边界要包围的点，只用于由"由对象定义边界"定义边界的方式。

(4) **包含的对象：** 选择视图边界要包围的对象，只用于由"由对象定义边界"定义边界的方式。

13.5.5 更新视图

在菜单栏中选择"编辑"→"视图"→"更新"命令，打开"更新视图"对话框，如图 13-43 所示。

"更新视图"对话框中部分选项的功能如下。

(1) **显示图纸中的所有视图：** 用于控制在列表中是否列出所有的视图，并自动选择所有过期视图。勾选该复选框之后，系统会自动在列表框中选取所有过期视图，否则，需要用户手动更新过期视图。

(2) **选择所有过时视图：** 用于选择当前图纸中的过期视图。

(3) **选择所有过时自动更新视图：** 用于选择每一个在保存时勾选"自动更新"复选框的视图。

图 13-43 “更新视图”对话框

13.6 标注与符号

为了表达零件的几何尺寸，需要引入各种投影视图，为了表达工程图的尺寸和公差信息，必须进行工程图的标注。

13.6.1 尺寸标注

UG 标注的尺寸是与实体模型匹配的，与工程图的比例无关。在工程图中进行标注的尺寸是直接引用三维模型的真实尺寸，如果改动了零件中某个尺寸参数，则工程图中的标注尺寸也会自动更新。

在菜单栏中选择“插入”→“尺寸”下的命令，如图 13-44 所示。或者单击“主页”选项卡“尺寸”组中的按钮，如图 13-40 所示。

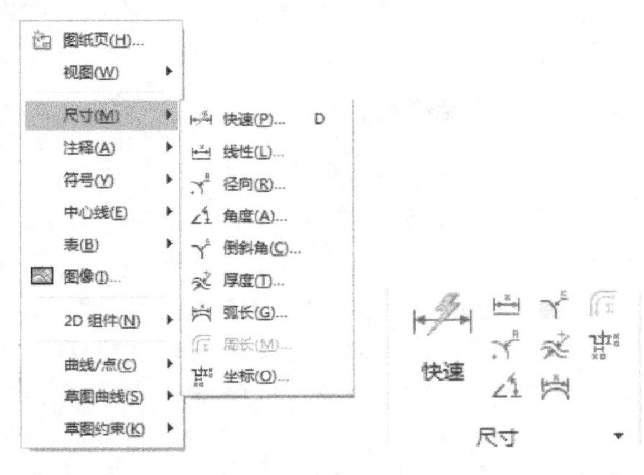

图 13-44 “尺寸”子菜单命令　图 13-45 “尺寸”组

其中共包含 9 种尺寸类型，部分尺寸标注方式如下。

1. 快速

可用单个命令和一组基本选择项从一组常规、好用的尺寸类型中快速创建不同的尺寸。以下为“快速尺寸”对话框中的各种测量方法。

（1）自动判断：由系统自动推断出选用哪种尺寸标注类型进行尺寸的标注。

（2）水平：用于标注工程图中所选对象间的水平尺寸，如图 13-46 所示。

（3）竖直：用于标注工程图中所选对象间的垂直尺寸，如图 13-47 所示。

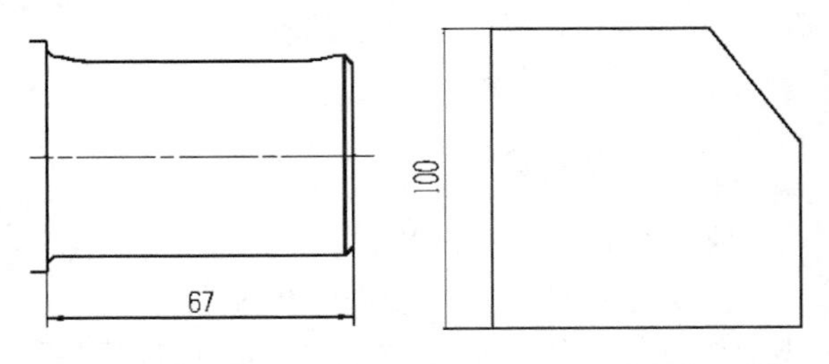

图 13-46 “水平尺寸”示意图　图 13-47 “竖直尺寸”示意图

（4）点到点：用于标注工程图中所选对象间的平行尺寸，如图 13-48 所示。

（5）垂直：用于标注工程图中所选点到直线（或中心线）的垂直尺寸，如图 13-49 所示。

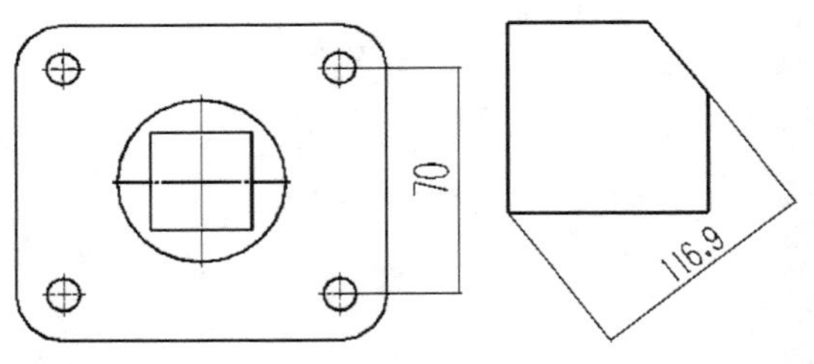

图 13-48 “点到点尺寸”示意图　图 13-49 “垂直尺寸”示意图

（6）圆柱式：用于标注工程图中所选圆柱对象之间的尺寸，如图 13-50 所示。

（7）直径：用于标注工程图中所选圆或圆弧的直径尺寸，如图 13-51 所示。

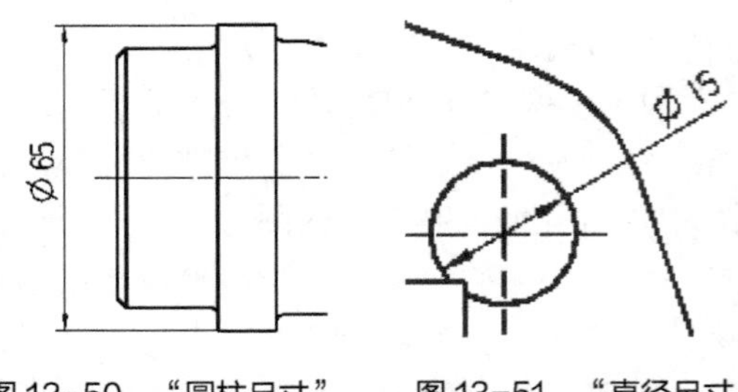

图 13-50 “圆柱尺寸”示意图　图 13-51 “直径尺寸”示意图

2. 倒斜角

用于标注对于国标的45° 倒角。目前不支持对于其他角度倒角的标注，如图 13-52 所示。

3. 线性

可将6种不同线性尺寸中的一种创建为独立尺寸，或者创建为一组链尺寸或基线尺寸。可以创建下列尺寸类型。其中，常见尺寸、快速尺寸中都有提到，这里就不再重复。

（1）孔标注：用于标注工程图中所选孔特征的尺寸，如图 13-53 所示。

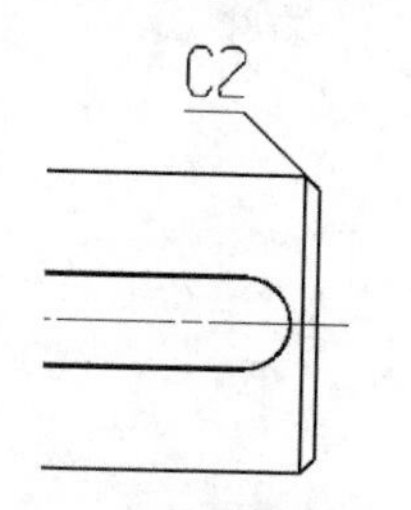

图 13-52 “倒斜角尺寸”示意图

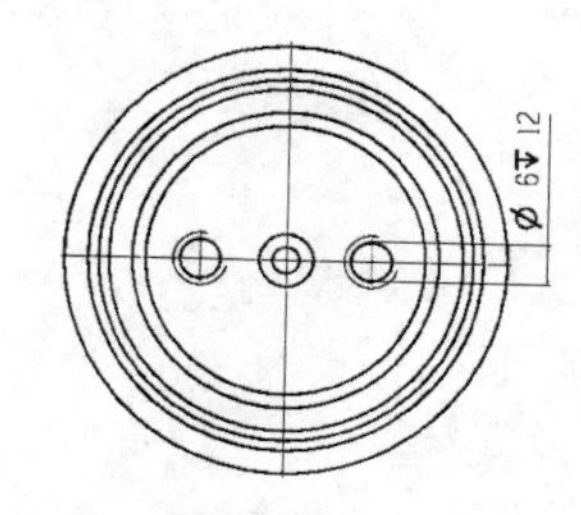

图 13-53 “孔标注”示意图

（2）链：用于在工程图中生成一个水平方向（XC 方向）或竖直方向（YC 方向）的尺寸链，即生成一系列首尾相连的水平 / 竖直尺寸，如图 13-54 所示。

注意：在测量方法中选择水平或竖直，即可在尺寸集中选择链。

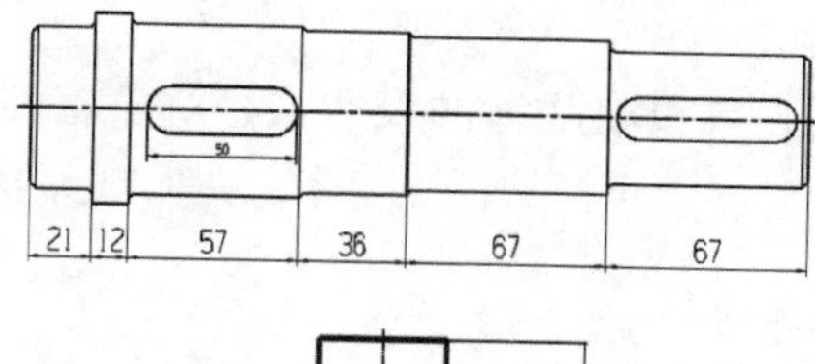

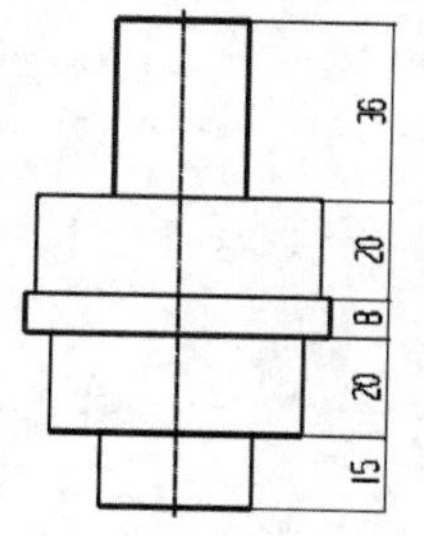

图 13-54 “尺寸链尺寸”示意图

（3）基线：用于在工程图中生成一个水平方向（XC 方向）或竖直方向（YC 方向）的尺寸系列，该尺寸系列分享同一条水平 / 竖直基线，如图 13-55 所示。

注意：在测量方法中选择水平或竖直，即可在尺寸集中选择基线。

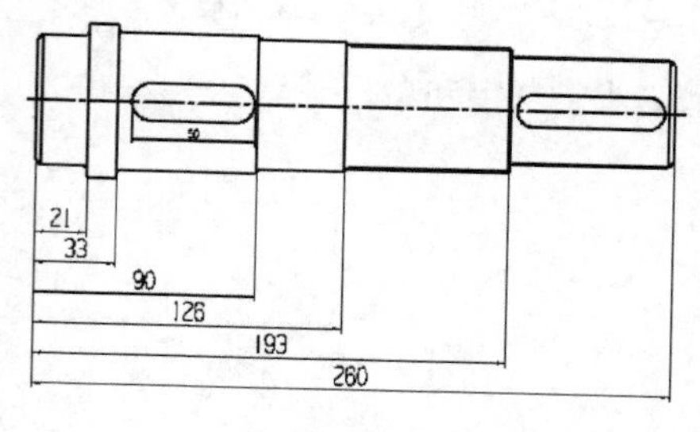

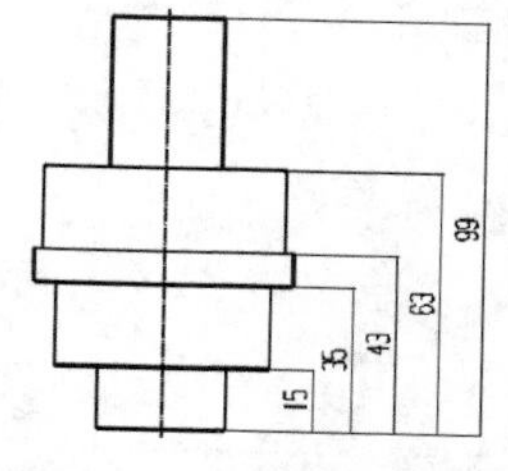

图 13-55 “基线尺寸”示意图

4. 角度

用于标注工程图中所选两直线之间的角度。

5. 径向

用于创建三个不同的径向尺寸类型中的一种。

（1）径向：用于标注工程图中所选圆或圆弧的半径尺寸，但标注不过圆心

（2）直径：用于标注工程图中所选圆或圆弧的直径尺寸。

（3）孔标注：用于标注工程图中所选大圆弧的半径尺寸。

6. 弧长

用于标注工程图中所选圆弧的弧长尺寸，如图 13-56 所示。

7. 坐标

用于在标注工程图中定义一个原点的位置，作为一个距离的参考点位置，进而可以明确地给出所选对象的水平或垂直坐标距离，如图 13-57 所示。

在放置尺寸值的同时，系统打开“编辑尺寸”对话框，如图 13-58 所示。也可以在单击每一个标注按钮后，在拖放尺寸标注时，右击，在弹出的快捷菜单中选择“编辑”命令，打开此

对话框，其功能如下。

（1）文本设置：单击该按钮，系统打开“文本设置”对话框，如图 13-59 所示。用于设置详细的尺寸类型，包括尺寸的位置、精度、公差、线条和箭头、文字和单位等。

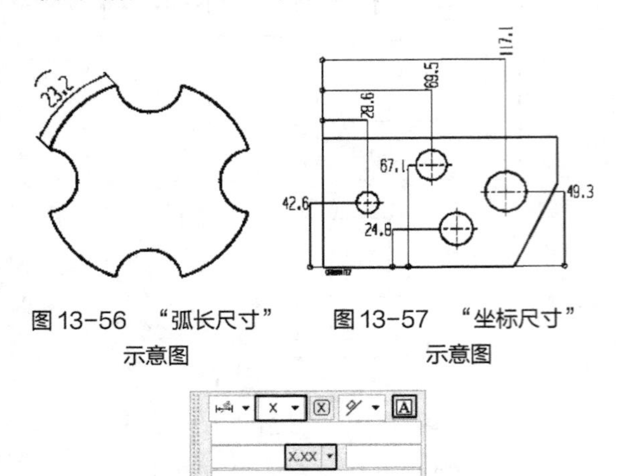

图 13-56 “弧长尺寸”示意图

图 13-57 “坐标尺寸”示意图

图 13-58 “编辑尺寸”对话框

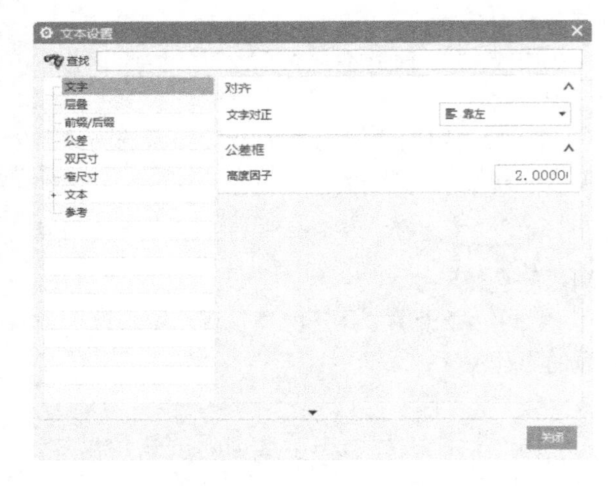

图 13-59 “文本设置”对话框

（2）精度：该选项用于设置尺寸标注的精度值，可以使用其下拉选项进行详细设置。

（3）公差：用于设置各种需要的精度类型，可以使用其下拉选项进行详细设置。

（4）编辑附加文本：单击该按钮，打开“附加文本”对话框，如图 13-60 所示，可以进行各种符号和文本的编辑。

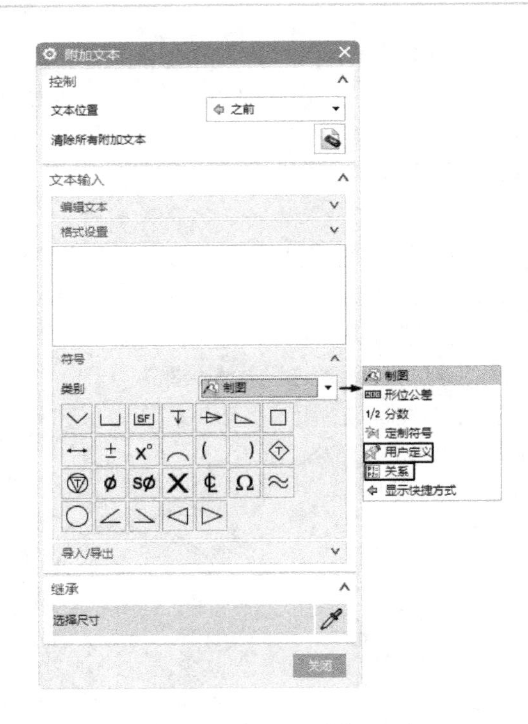

图 13-60 “附加文本”对话框

“附加文本”对话框中的部分选项功能如下。

①用户定义：单击该选项，打开“用户定义”符号类型对话框，如图 13-61 所示。

如果用户已经定义好自己的符号库，可以通过指定相应的符号库来加载，同时还可以设置符号的比例和投影。

②关系：单击该选项，打开“关系”符号类型对话框，如图 13-62 所示。

用户可以将物体的表达式、对象属性、部件属性、图纸页区域标注出来，并实现关联。

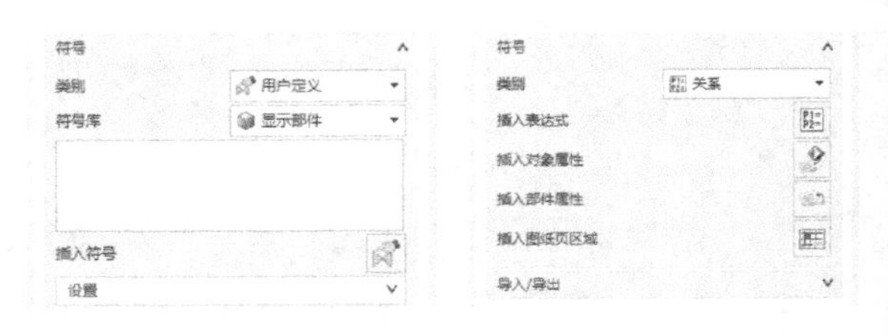

图 13-61 “用户定义”符号类型

图 13-62 “关系”符号类型

13.6.2 注释编辑器

在菜单栏中选择“插入”→“注释”→“注释”

命令或单击“主页”选项卡“注释”组中的“注释”按钮A，打开“注释”对话框，如图 13-63 所示。

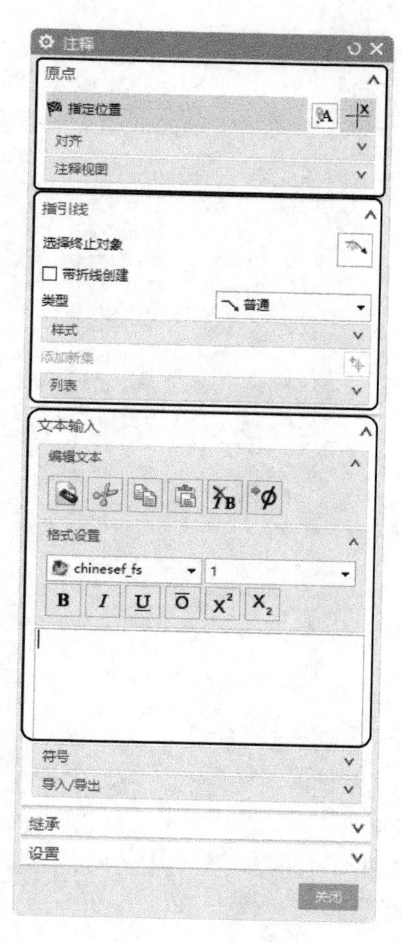

图 13-63 “注释”对话框

“注释”对话框中的部分选项功能如下。

（1）原点：用于设置和调整文字的放置位置。

（2）指引线：用于为文字添加指引线，可以通过“类型”下拉列表指定指引线的类型。

（3）文本输入：用于输入和设置文本格式。

①编辑文本：用于编辑注释，其功能与一般软件的工具栏相同，具有复制、剪切、加粗、斜体及大小控制等功能。

②格式设置：编辑窗口是一个标准的多行文本输入区，使用标准的系统位图字体，用于输入文本和系统规定的控制符。用户可以在“字体”下拉列表中选择所需字体。

13.6.3 标示符号

在菜单栏中选择“插入”→“注释”→“符号标注”命令或单击“主页”选项卡“注释”组中的“符号标注”按钮，系统打开“符号标注”对话框，如图 13-64 所示。

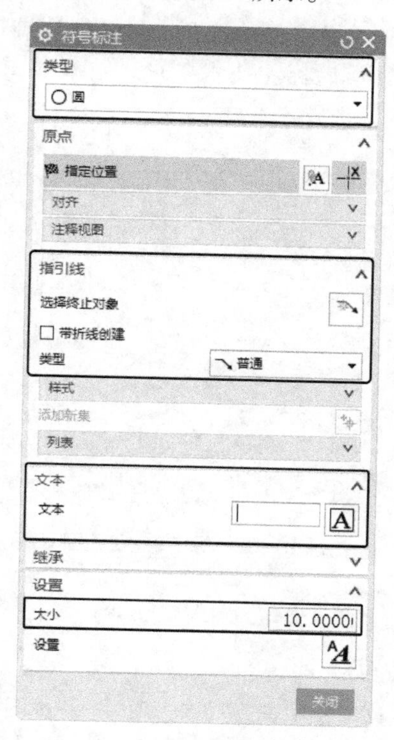

图 13-64 “符号标注”对话框

利用该对话框可以创建工程图中各种表示部件的编号及页码标识等 ID 符号，还可以设置符号的大小、类型、放置位置。

“符号标注”对话框中的部分选项功能如下。

（1）类型：系统提供了多种符号类型供用户选择，每种符号类型可以配合该符号的文本选项，在 ID 符号中放置文本内容。

（2）指引线：为 ID 符号指定引导线。单击该按钮，可以指定一条引导线的开始端点，最多可指定 7 个开始端点，同时每条引导线还可以指定多达 7 个中间点。根据引导线类型，一般可选择尺寸线箭头、注释引导线箭头等作为引导线的开始端点。

（3）文本：如果选择了上、下型的标示符号类型，可以在“上部文本”和“下部文本”中输入两行文本的内容，如果选择的是独立型 ID 符号，则只能在“上部文本”中输入文本内容。

（4）大小：各标示符号都可以通过“大小”文本框来设置其比例值。

13.6.4 综合实例——标注端盖工程图

首先设置注释首选项，然后标注端盖的各个尺寸，最后标注技术要求。结果如图 13-65 所示。

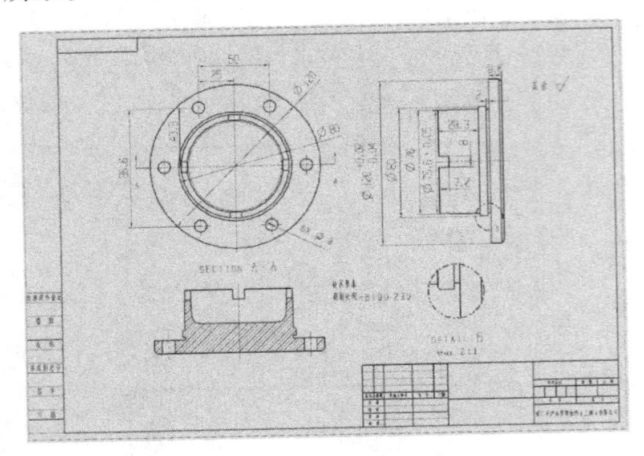

图 13-65　标注端盖工程图

绘制步骤

Step 01 注释设置

在菜单栏中选择“首选项”→“制图”命令，系统打开“制图首选项”对话框，对选项卡进行设置，如图 13-66 所示。

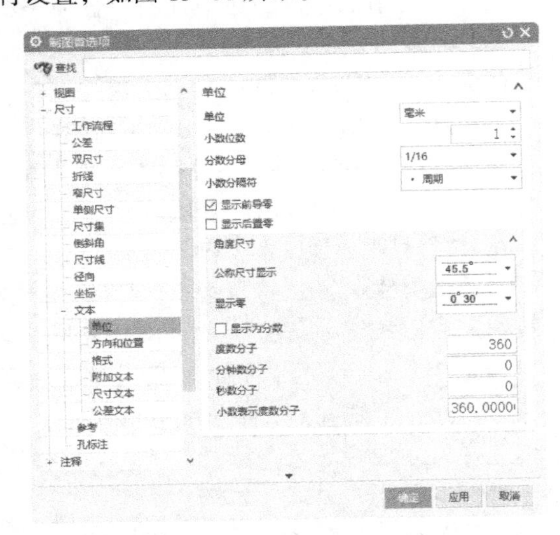

图 13-66　“制图首选项”对话框

Step 02 标注圆柱尺寸

在菜单栏中选择“插入”→“尺寸”→“线性”命令或单击“主页”选项卡“尺寸”组中的“线性”按钮，系统打开“线性尺寸”对话框，在该对话框中选择“方法”下拉列表中的“圆柱式”选项，选择左视图中各端面的端点进行合理的尺寸标注，如图 13-67 所示。

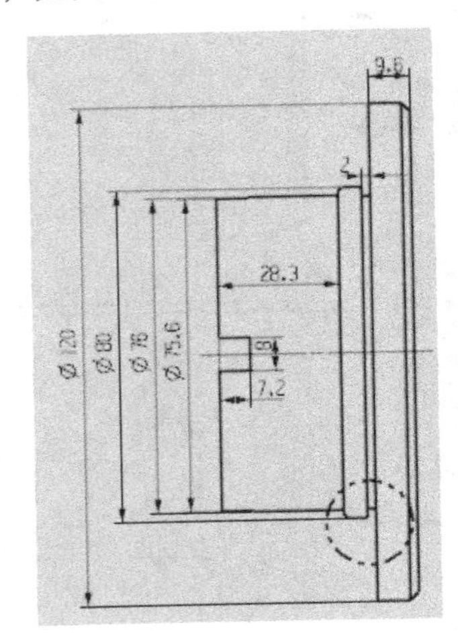

图 13-67　尺寸标注

Step 03 标注直径尺寸

在菜单栏中选择“插入”→“尺寸”→“径向”命令或单击“主页”选项卡“尺寸”组中的“线性”按钮，选择主视图中的圆进行合理的尺寸标注，如图 13-68 所示。

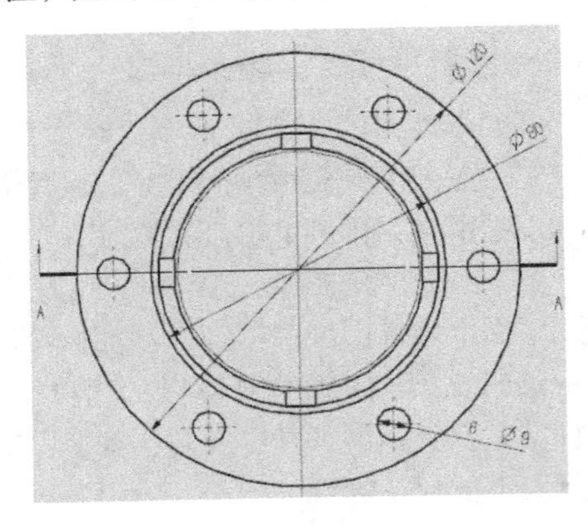

图 13-68　直径尺寸标注

Step 04 标注直线的尺寸

在菜单栏中选择“插入”→“尺寸”→“快速”命令或单击“主页”选项卡“尺寸”组中的“线性”

按钮，进行线性尺寸标注，如图 13-69 所示。

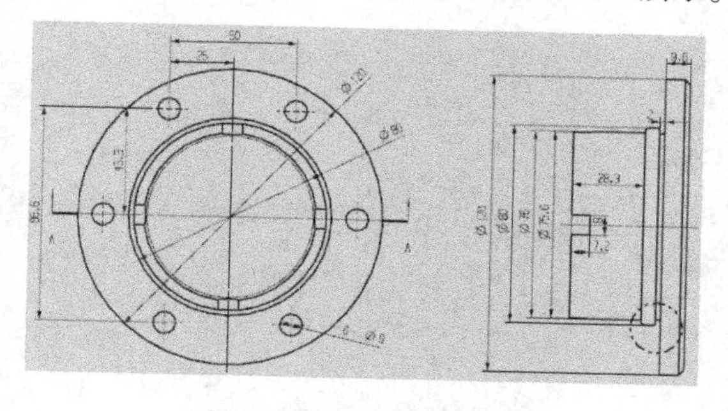

图 13-69 线性尺寸标注

Step 05 标注公差

选择要标注公差的尺寸，右击，在弹出的快捷菜单中选择“编辑”命令，如图 13-70 所示。打开“编辑尺寸”对话框，如图 13-71 所示。选择“等双向公差”，单击“公差值”选项，在公差文本框中输入公差值。结果如图 13-73 所示。

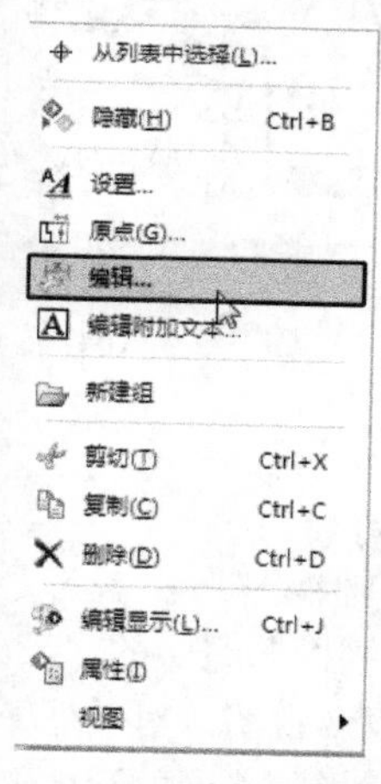

图 13-70 快捷菜单

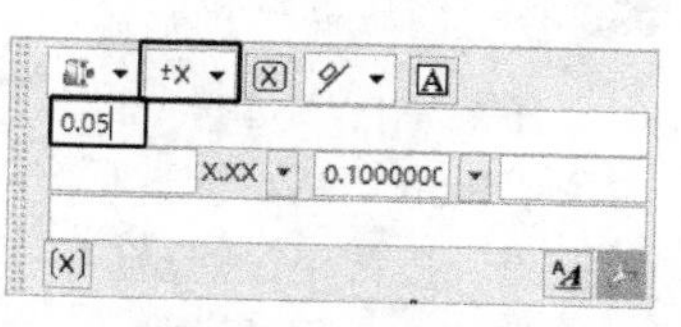

图 13-71 “编辑尺寸”对话框

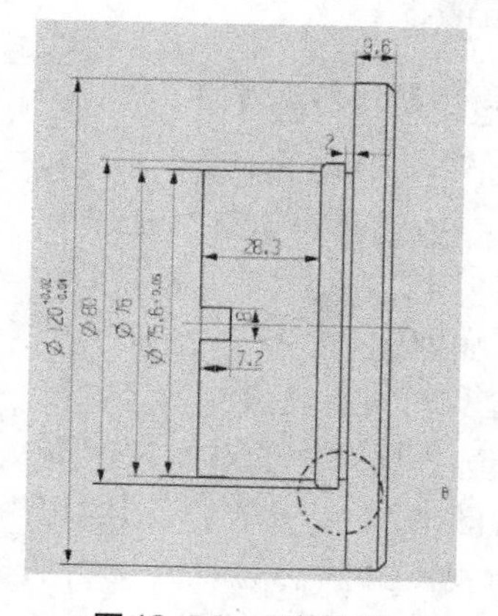

图 13-72 公差标注

Step 06 技术要求

在菜单栏中选择“插入”→“注释”→“注释”命令或单击“主页”选项卡“注释”组中的“注释”按钮A，打开“注释”对话框，如图 13-73 所示。在文本框中输入技术要求文本，将文本拖动到合适位置单击，将文本固定在图样中。效果如图 13-74 所示。

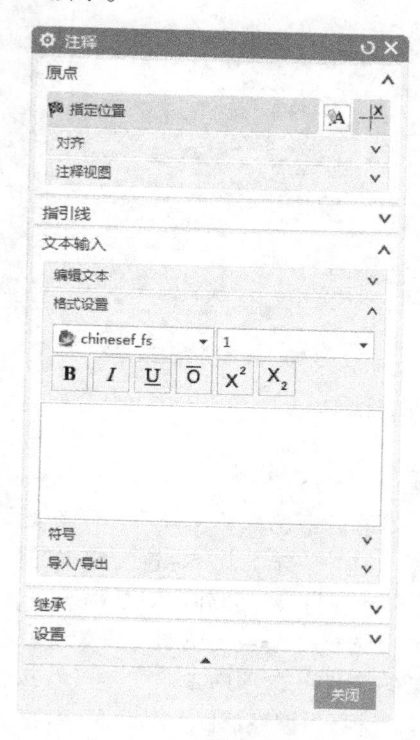

图 13-73 “注释”对话框

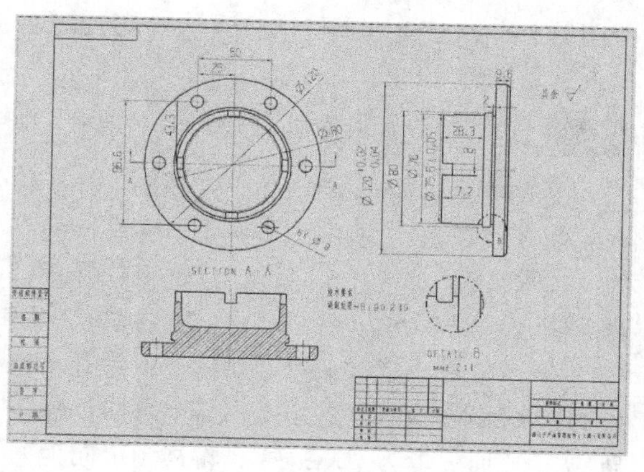

图 13-74 最后效果

13.7 综合实例——轴承座工程图

本实例主要介绍工程制图模块的各项功能，包括创建视图、视图预设置、投影等制图操作。最后生成如图 13-75 所示的工程图。

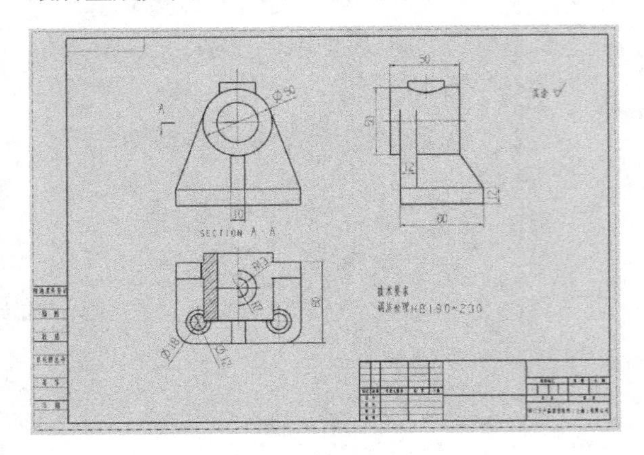

图 13-75 轴承座工程图

绘制步骤

Step 01 新建文件

在菜单栏中选择“文件”→“新建”命令或单击“主页”选项卡“标准”组中的“新建”按钮，系统打开“新建”对话框。在“图纸”选项卡中选择“A3- 无视图”模板。在“要创建图纸的部件”选项中单击“打开”按钮，系统打开“选择主模型部件”对话框，单击“打开”按钮，打开“部件名”对话框，选择要创建工程图的 zhouchengzuo 零件，然后单击 OK 按钮，进入制图界面。

Step 02 创建基本视图

在菜单栏中选择“插入”→“视图”→“基本”命令或单击“主页”选项卡“视图”组中的“基本视图”按钮，系统打开“基本视图”对话框，如图 13-76 所示。单击“定向视图工具”按钮，打开“定向视图工具”对话框，如图 13-77 所示。❶设置“指定矢量”为“ZC 轴”，❷指定 X 向矢量为“XC 轴”，将视图定向为如图 13-78 所示的位置。❸单击“确定”按钮，将视图放置到适当位置。创建如图 13-79 所示的工程图。

图 13-76 “基本视图”对话框

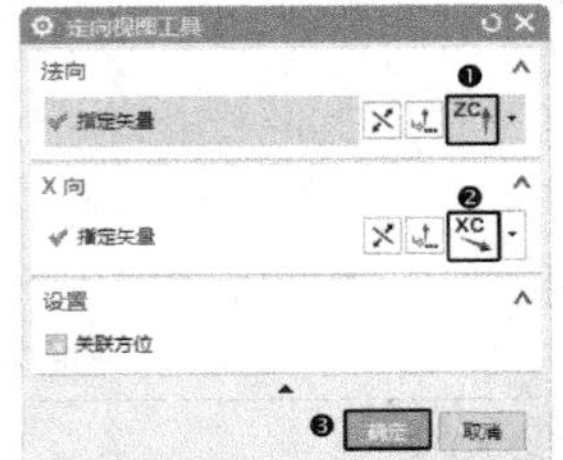

图 13-77 “定向视图工具”对话框

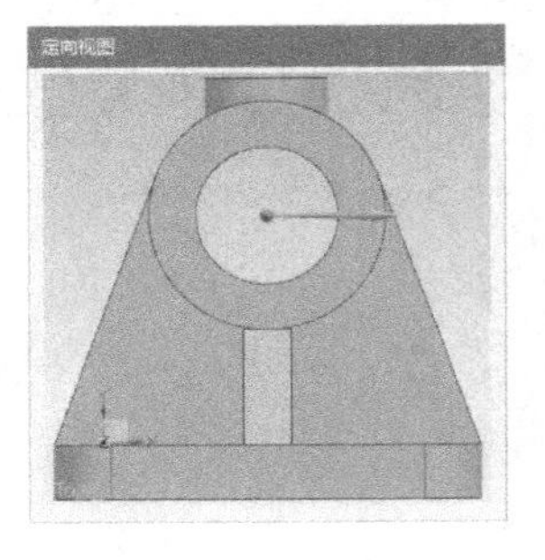

图 13-78 “定向视图”窗口

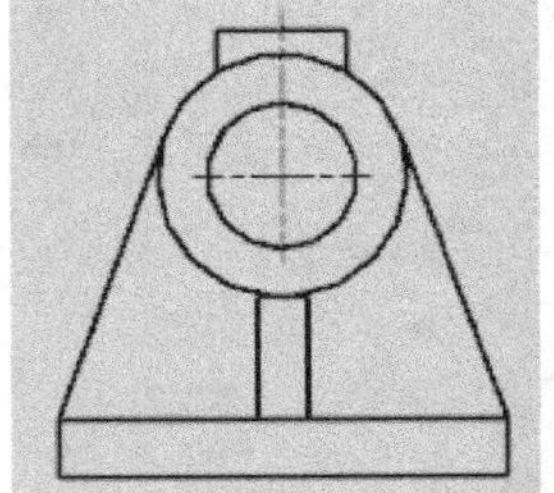

图 13-79 基本视图

Step 03 创建投影视图

在菜单栏中选择“插入”→“视图”→“投影”命令或单击“主页”选项卡“视图”组中的“投影视图”按钮，系统打开“投影视图”对话框，如图 13-80 所示。根据鼠标位置投影不同的视图，在基本视图右边单击，如图 13-81 所示，完成视图侧视图的创建。

Step 04 创建半剖视图

在菜单栏中选择“插入”→“视图”→“剖视图”命令或单击“主页”选项卡“视图”组中的“剖视图”按钮，系统打开“剖视图”对话框，如图 13-82 所示，在“方法”下拉列表中选择“半剖”，按系统提示选择半剖视图的父视图，选择屏幕中的基本视图为父视图，捕捉基本视图的圆心为半剖视图的切割位置，再捕捉基本视图的圆心为半剖视图的折弯位置，完成半剖视图的创建，如图 13-83 所示。

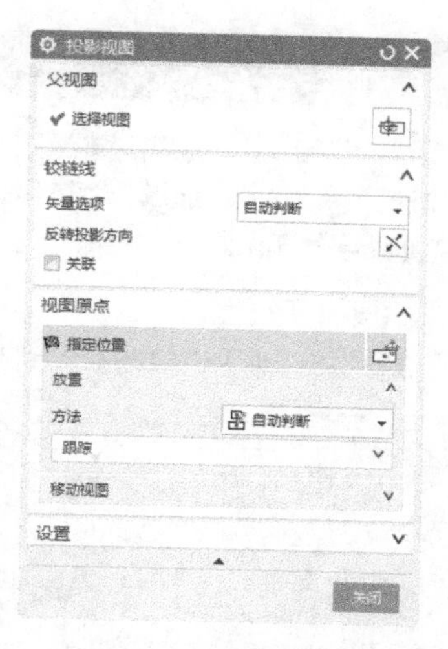

图 13-80 “投影视图”对话框

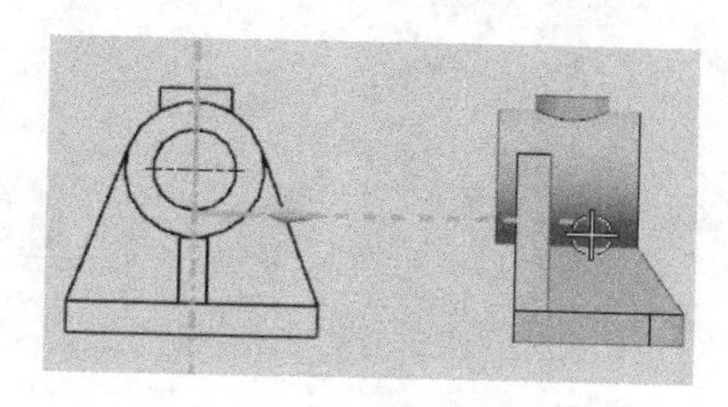

图 13-81 工程图

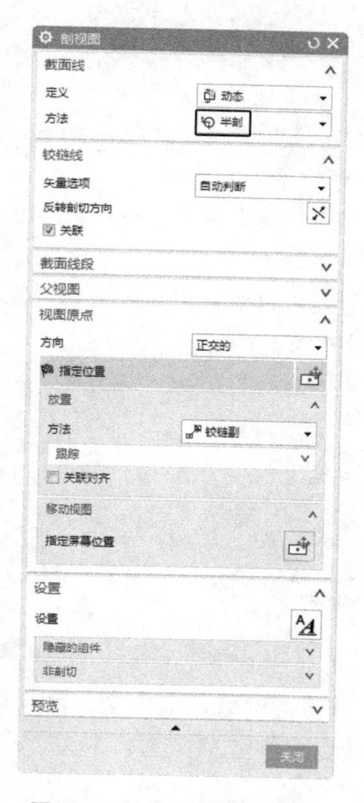

图 13-82 “剖视图”对话框

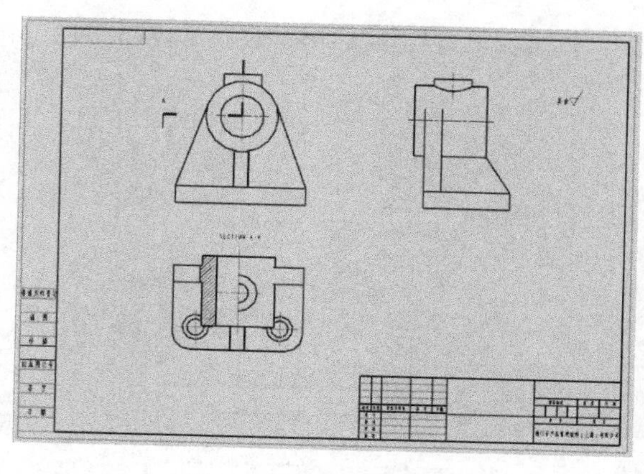

图 13-83 创建半剖视图

Step 05 标注尺寸

利用各种形式的标注方式进行尺寸标注，标注尺寸如图 13-84 所示。

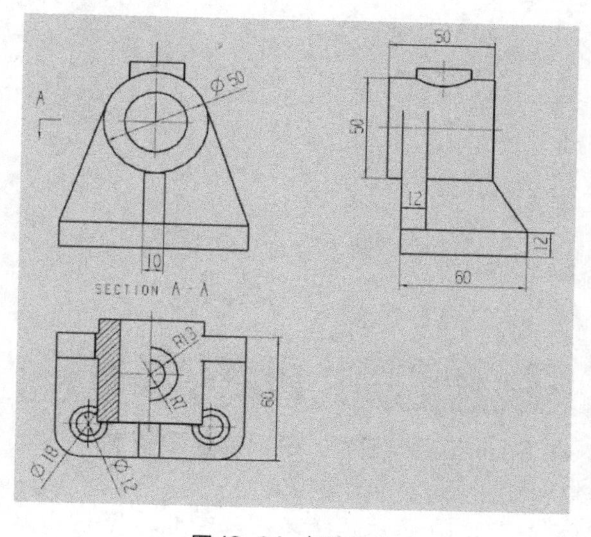

图 13-84 标注尺寸

Step 06 标注技术要求

在菜单栏中选择“插入”→“注释”→“注释”命令或单击“主页”选项卡“注释”组中的“注释”按钮[A]，系统打开“注释”对话框，如图 13-85 所示。在“文字类型”下拉列表中选择 chinesef_fs，在“大小”下拉列表中选择 1.5，在对话框中部输入技术要求，单击“关闭”按钮，将文字放在视图右侧的中间位置。生成的工程图如图 13-75 所示。

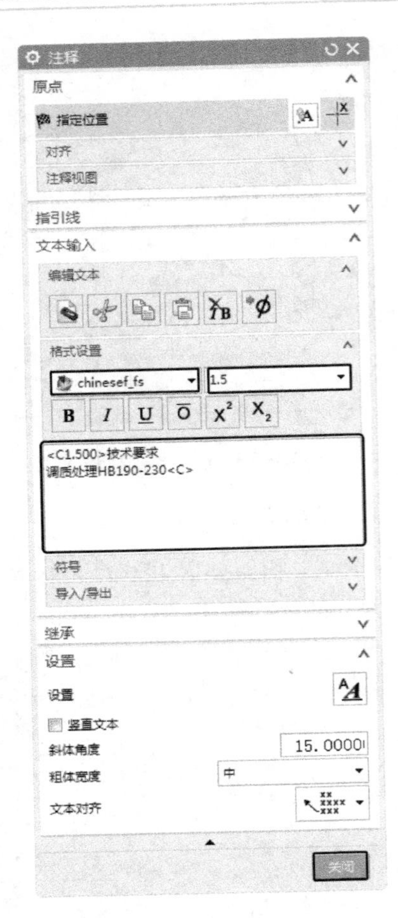

图 13-85 “注释”对话框

13.8 新手问答

Q1：在工程图中，每次都要设置字体和颜色，如何一次性设定？

答：（1）依次选择文件→实用工具→用户默认设置→（左侧）制图→常规 / 设置→（右侧）标准→随便选一个，然后单击定制标准→设置每项内容→另存为→输入自己定义的名称→若必要，则再次保存。

（2）返回工作界面→菜单→工具→制图标准→选择刚才自己定义的名称→确定→保存→退出 UG 软件→重新打开 UG 软件，即可。

Q2：如何将剖面线断开？

答：双击剖面线，打开“剖面线”对话框，单击“要排除的注释”组中的“选择注释”按钮，单击选择尺寸标注，最后单击“应用”或“确定”按钮即可。

13.9 上机实验

通过前面的学习，相信读者对本章知识已经有了一个大体的了解。本节将通过一个操作练习帮助读者巩固本章所学的知识要点。

【练习】踏脚杆工程图

绘制如图 13-86 所示的踏脚杆工程图。

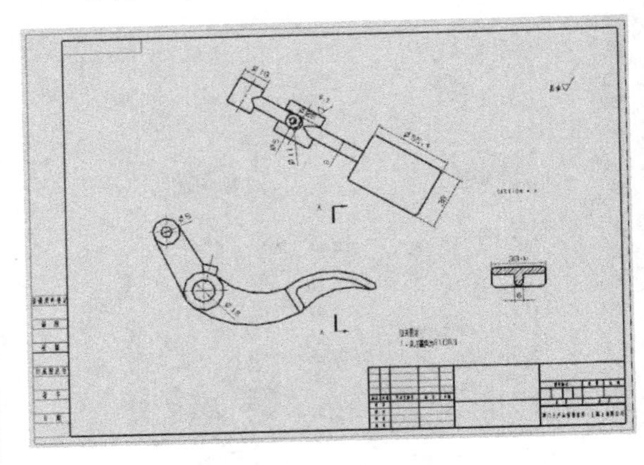

图 13-86 踏脚杆工程图

1. 目的要求

本练习主要利用“基本视图”“投影视图”和“剖视图”命令创建视图，然后利用“标注尺寸”和“注释”命令进行尺寸和文字标注。通过本练习帮助读者掌握工程图命令的用法。

2. 操作提示

（1）利用“基本视图”命令创建基本视图，如图 13-87 所示。

（2）利用“投影视图”命令创建投影视图，如图 13-88 所示。

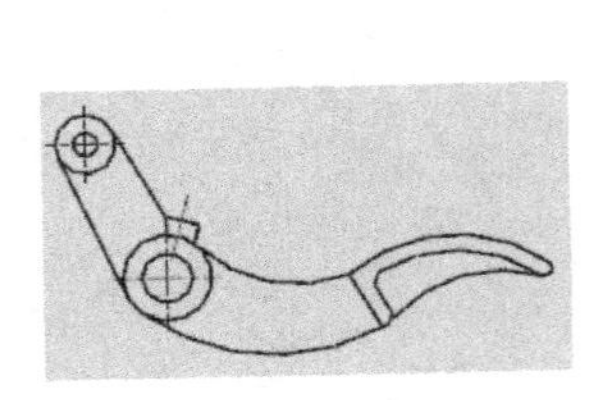

图 13-87 创建基本视图

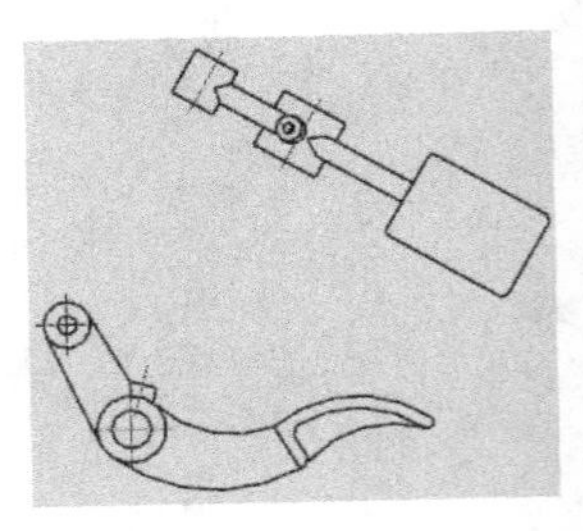

图 13-88 创建投影视图

（3）利用“剖视图”命令，选择基本视图为俯视图，定义切割位置，创建剖视图，如图 13-89 所示。

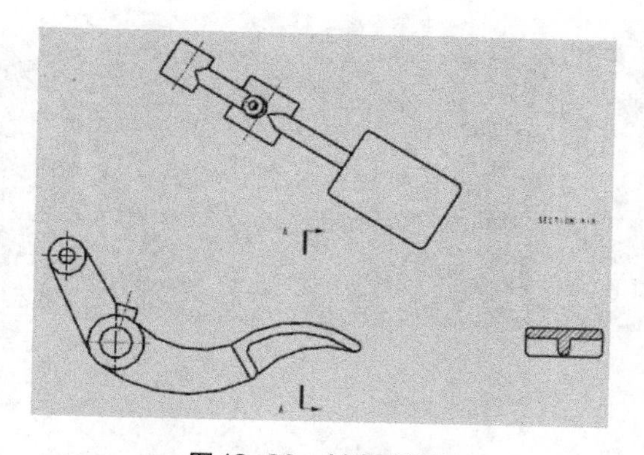

图13-89 创建剖视图

（4）利用“标注尺寸”命令标注各尺寸。

（5）利用“注释”命令标注技术要求。

13.10 思考与练习

一、选择题

1. 当剖面线中有文字穿过时，要打断剖面线，下列方式可以实现的是（ ）。

A. 右击剖面线，在弹出的快捷菜单中选择“样式”命令

B. 双击剖面线并进行修改

C. 选择“编辑”→“剖面线边界”命令

D. 选择“插入”→“剖面线”命令

2. 当使用“水平基线”命令标注尺寸链时，对各尺寸之间的距离进行调整的方法是（ ）。

A. 双击某个尺寸，更改“偏置”值

B. 选择“编辑”→“样式”命令

C. 右击某个尺寸，在弹出的快捷菜单中选择“样式”，更改“基线偏置”

D. 以高亮所有尺寸的选择方式右击，在弹出的快捷菜单中选择“样式”命令

3. 在UG NX的工程图模块中提供了各种视图的管理功能，包括（ ）打开图纸、删除图纸和编辑当前图纸等。

A. 定制图样　　B. 新建图纸

C. 定制模板　　D. 保存图纸

4. 通过更改当前活动图纸页的图纸页参数有（ ）。

A. 名称　　B. 大小

C. 比例　　D. 测量单位

二、简答题

1. 如何进行工程图参数的预设置，从而定制自己的制图环境？

2. 如何创建“阶梯剖视图”？

3. 如何创建装配件的爆炸视图的工程图？

读书笔记

第 14 章　综合实例：齿轮泵设计

本章导读

本章通过综合实例介绍齿轮泵各部分零部件的绘制方法和装配方法。齿轮泵主要由齿轮、齿轮泵后端盖、防尘套、齿轮轴、键、齿轮泵机座、齿轮轴和齿轮泵前端盖 8 部分组成。

内容要点

- 齿轮泵各零部件的绘制
- 齿轮泵各部件的装配
- 装配工程图

14.1 圆头平键

本例较为简单，直接使用基本建模工具就可以完成，如图 14-1 所示。

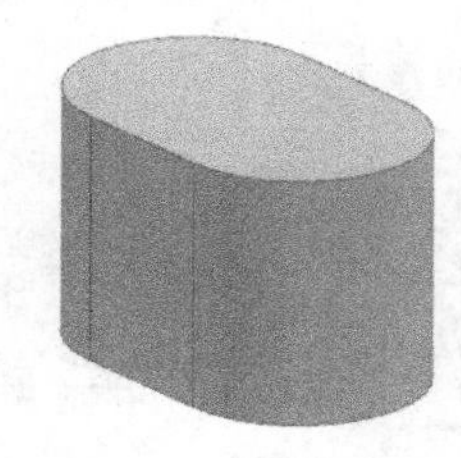

图 14-1　圆头平键

绘制步骤

Step 01 新建文件

在菜单栏中选择“文件”→“新建”命令或单击“主页”功能区“标准”组中的“新建”按钮，打开“新建”对话框，在“模板”列表中选择“模型”，在“名称”文本框中输入“yuantoupingjian”，单击“确定”按钮，进入 UG 主界面。

Step 02 创建长方体

在菜单栏中选择“插入”→“设计特征”→“长方体”命令或单击“主页”功能区“特征”组中的“长方体”按钮，打开“长方体”对话框，如图 14-2 所示。❶ 选择“原点和边长”类型。❷ 在“长度”“宽度”和“高度”文本框中分别输入 8、5 和 5。❸ 单击“确定”按钮，在坐标原点处创建长方体特征，如图 14-3 所示。

图 14-2　“长方体”对话框

图 14-3　长方体特征

Step 03 创建边倒圆

在菜单栏中选择“插入”→“细节特征”→“边倒圆”命令或单击“主页”功能区“特征”组中的“边倒圆”按钮，打开“边倒圆”对话框，如图 14-4 所示。❶ 在“半径 1”文本框中输入 2.5。选择长方体的四条棱边为倒角边，如图 14-5 所示。❷ 单击“确定”按钮，圆头平键如图 14-6 所示。

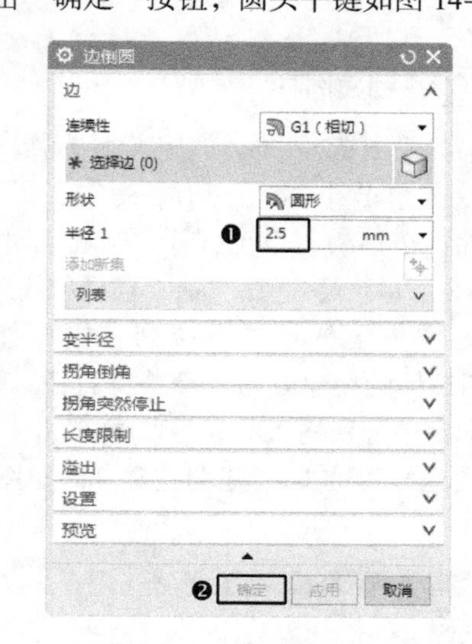

图 14-4　“边倒圆”对话框

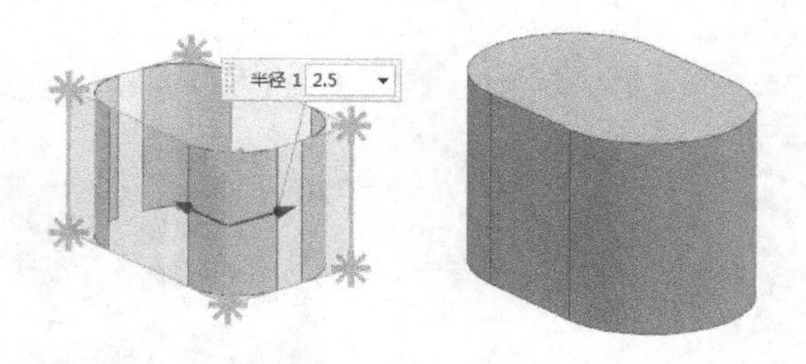

图 14-5　选择要倒圆的边　　图 14-6　圆头平键

14.2 防尘套

本例在生成圆柱体的基础上创建简单孔，然后对模型进行边倒角操作。生成的模型如图 14-7 所示。

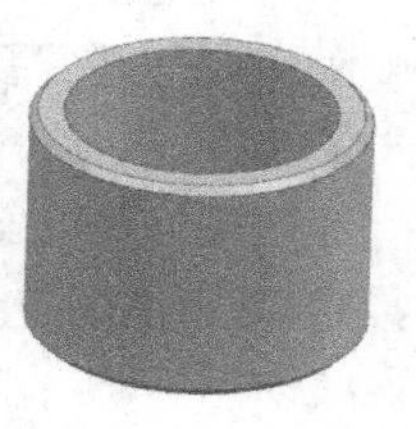

图 14-7　防尘套

绘制步骤

Step 01 新建文件

选择“文件”→“新建”命令或单击“主页”功能区“标准”组中的“新建”按钮，打开“新建”对话框，在“模板”列表中选择“模型”，在“名称”文本框中输入“fangchentao”，单击“确定”按钮，进入 UG 主界面。

Step 02 创建圆柱

在菜单栏中选择“插入”→“设计特征”→“圆柱”命令或单击“主页”功能区“特征”组中的“圆柱”按钮，系统打开“圆柱”对话框，如图 14-8 所示。❶ 选择“轴、直径和高度”类型。❷ 在“指定矢量”下拉列表中选择“ZC 轴”为圆柱体的创建方向。❸ 在“直径”和“高度”文本框中分别输入 20、14。❹ 单击“确定”按钮，在坐标原点处创建圆柱体 1，如图 14-9 所示。

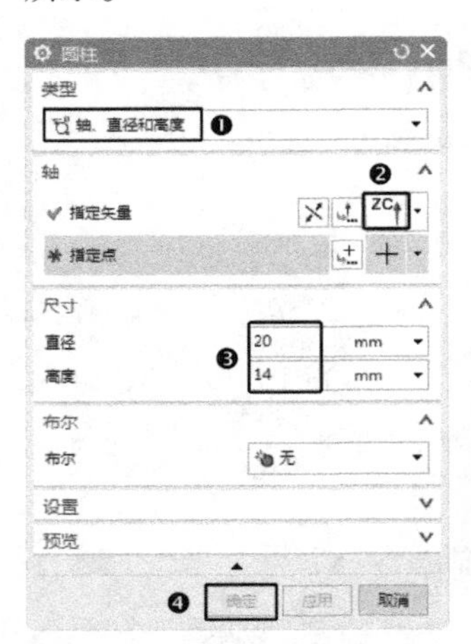

图 14-8 “圆柱”对话框

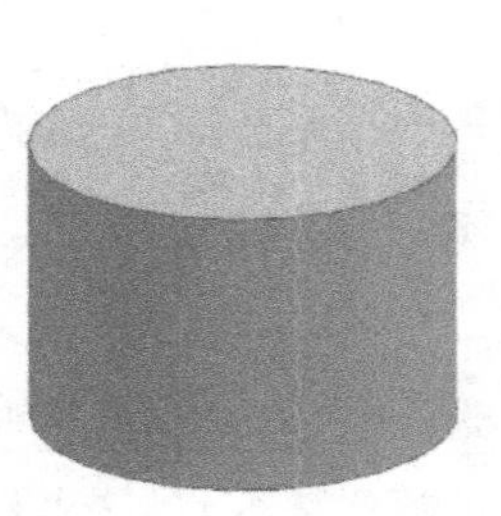

图 14-9 圆柱体特征

Step 03 创建圆孔

在菜单栏中选择“插入”→“设计特征”→“孔”命令或单击“主页”功能区“特征”组中的“孔”按钮，打开“孔”对话框，如图 14-10 所示。❶ 选择“简单孔”成形，❷ 在“直径”“深度”和“顶锥角”文本框中分别输入 16、14 和 0。捕捉圆柱体的上边圆弧圆心为孔位置，如图 14-11 所示。❸ 单击“确定”按钮，完成孔的创建，如图 14-12 所示。

图 14-10 “孔”对话框

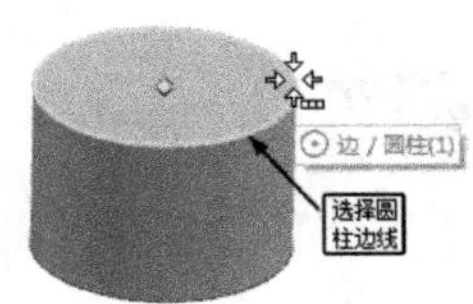

图 14-11 选择孔放置面

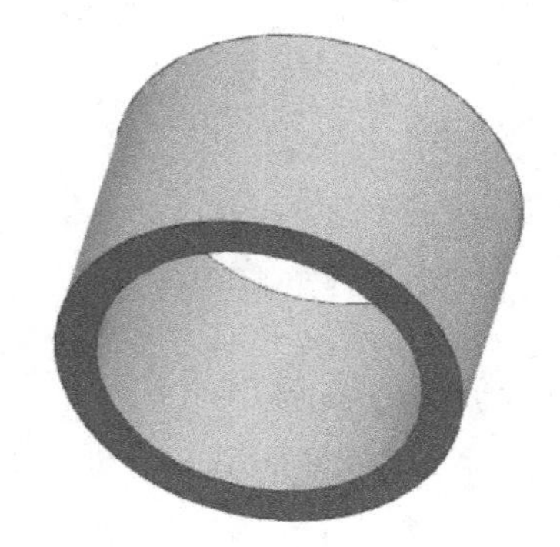

图 14-12 创建孔特征

Step 04 边倒角

在菜单栏中选择“插入”→“细节特征”→“倒斜角”命令或单击“主页”功能区“特征”组中的“倒斜角”按钮，打开“倒斜角”对话框，如图 14-13 所示。❶ 在“横截面”下拉列表中选择“对称”类型，❷ 在“距离”文本框中输入 0.5。选择圆柱体的两端面圆弧为倒斜角边，如图 14-14 所示。❸ 单击“确定”按钮，防尘套如图 14-15 所示。

图 14-13 “倒斜角”对话框

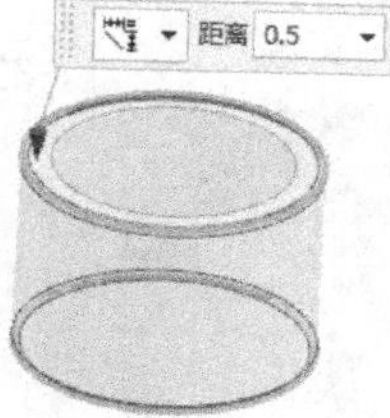

图 14-14 选择倒斜角边

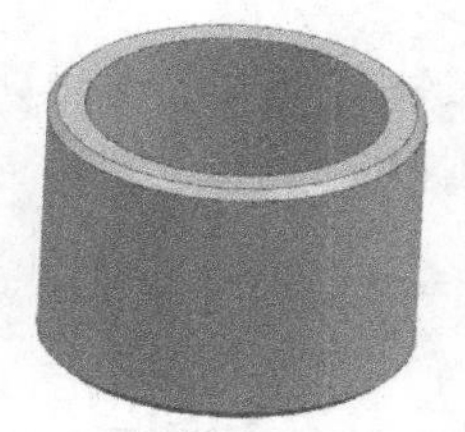

图 14-15 防尘套

14.3 六角圆柱头螺栓

六角圆柱头螺栓头部由六边形拉伸得到，创建圆柱体作为螺杆部分，在螺杆端部进行螺纹操作。生成如图 14-16 所示的螺栓。

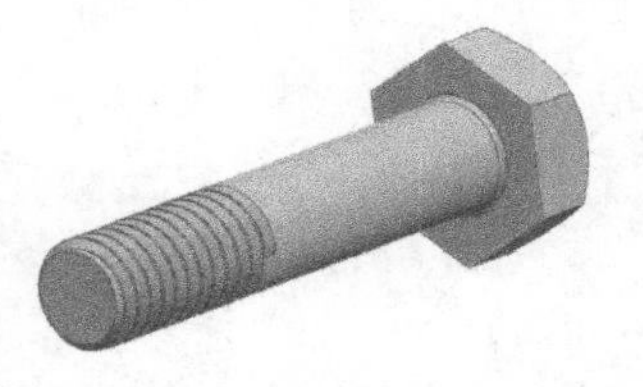

图 14-16 螺栓

绘制步骤

Step 01 新建文件

在菜单栏中选择“文件”→“新建”命令或单击“主页”功能区“标准”组中的“新建”按钮，打开“新建”对话框，在“模板”列表中选择“模型”，在“名称”文本框中输入“liujiaoluoshuan”，单击“确定”按钮，进入 UG 主界面。

Step 02 创建六边形

（1）在菜单栏中选择“插入”→“曲线”→“多边形（原有）”命令，打开“多边形”对话框，如图 14-17 所示。❶在“边数”文本框中输入 6，❷单击“确定”按钮。打开“多边形”生成对话框，如图 14-18 所示。单击“外接圆半径”按钮，打开“多边形”参数对话框，如图 14-19 所示。

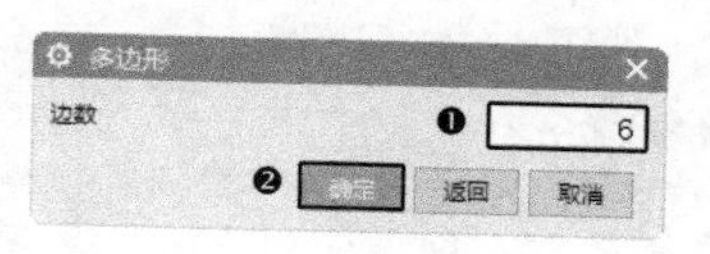

图 14-17 “多边形”对话框

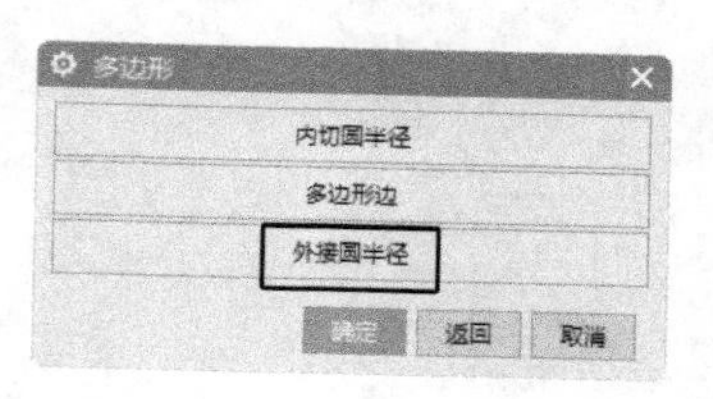

图 14-18 “多边形”生成对话框

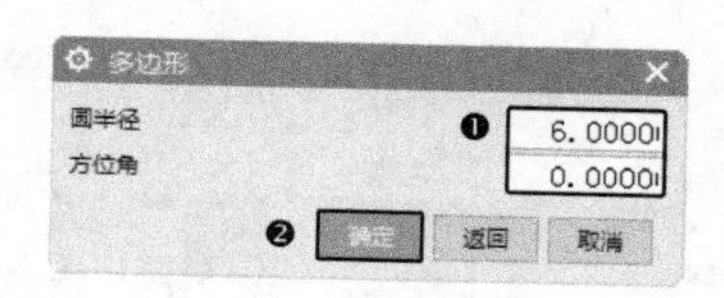

图 14-19 “多边形”参数对话框

（2）❶在“圆半径”和“方位角”文本框中输入 6 和 0，❷单击“确定”按钮。打开“点”对话框，如图 14-20 所示。❶在 X、Y 和 Z 文本框中分别输入 0、0 和 0，❷单击“确定”按钮，生成六边形，如图 14-21 所示。

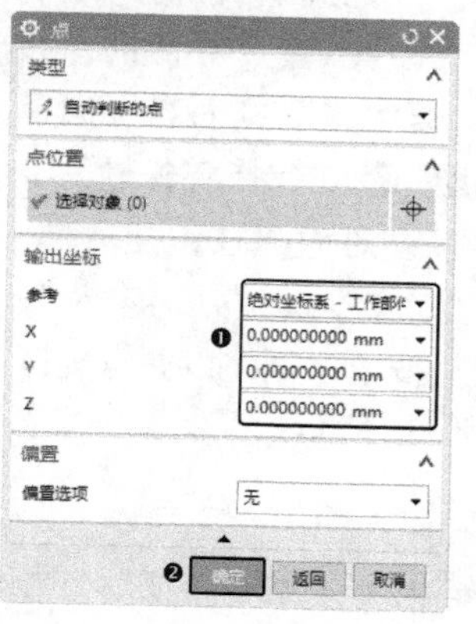

图 14-20 “点”对话框

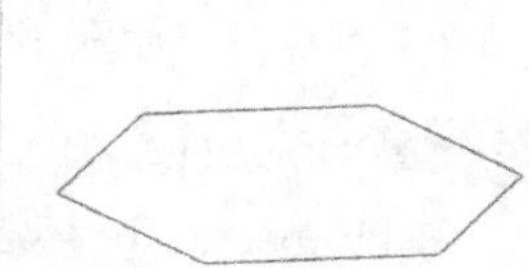

图 14-21 六边形

Step 03 拉伸操作

在菜单栏中选择“插入”→“设计特征”→“拉伸”命令或单击“主页”功能区“特征”组中

的“拉伸”按钮，打开“拉伸”对话框，如图 14–22 所示。❶ 选择 Step 02 中绘制的六边形为拉伸曲线，❷ 在“指定矢量”下拉列表中选择“ZC 轴”为拉伸方向，❸ 在“开始距离”和“结束距离”文本框中输入 0 和 4.2，❹ 单击“确定”按钮。结果如图 14–23 所示。

图 14–22 “拉伸”对话框

图 14–23 拉伸体

Step 04 创建圆柱体

在菜单栏中选择“插入”→“设计特征”→“圆柱”命令或单击“主页”功能区“特征”组中的“圆柱”按钮，打开“圆柱”对话框，如图 14–24 所示。❶ 在“类型”下拉列表中选择“轴、直径和高度”类型。❷ 在“指定矢量”下拉列表中选择“ZC 轴”方向为圆柱创建方向。❸ 在“直径”和“高度”文本框中分别输入 12 和 4.2。❹ 单击“确定”按钮，创建以原点为圆心的圆柱特征，如图 14–25 所示。

Step 05 创建倒斜角

在菜单栏中选择“插入”→“细节特征”→“倒斜角”命令或单击“主页”功能区“特征”组中的“倒斜角”按钮，打开“倒斜角”对话框，如图 14–26 所示。❶ 选择“对称”类型，❷ 在“距离”文本框中输入 1。选择圆柱体的上端圆弧为倒斜角边，如图 14–27 所示。❸ 单击“确定”按钮。结果如图 14–28 所示。

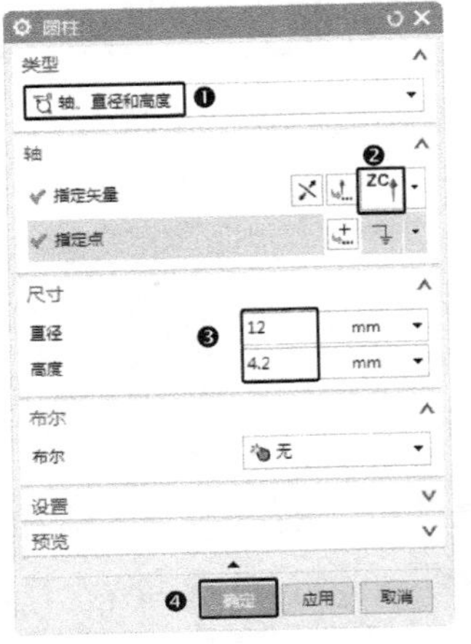

图 14–24 “圆柱”对话框

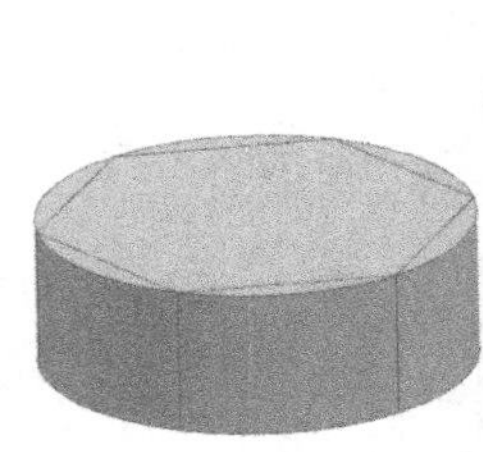

图 14–25 创建圆柱体

图 14–26 “倒斜角”对话框

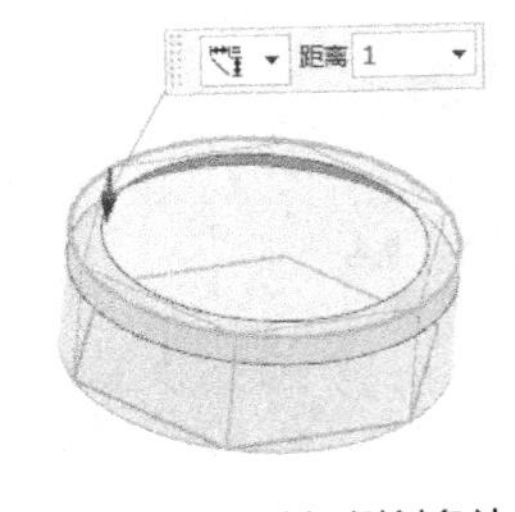

图 14–27 选择倒斜角边

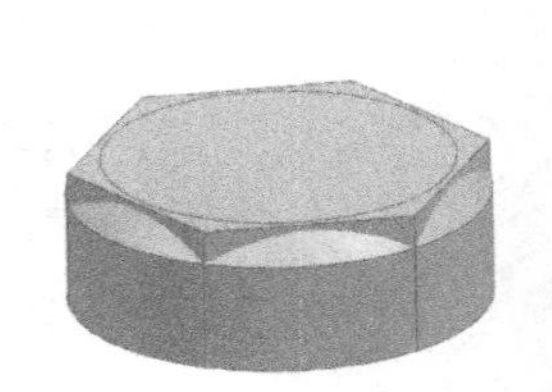

图 14–28 倒斜角

Step 06 布尔求差操作

在菜单栏中选择“插入”→“组合”→“减去”命令或单击“主页”功能区“特征”组中的“减去”按钮，打开如图 14–29 所示的“求差”对话框。选择拉伸体为目标体，圆柱体为工具体，单击“确定”按钮，完成求差操作。结果如图 14–30 所示。

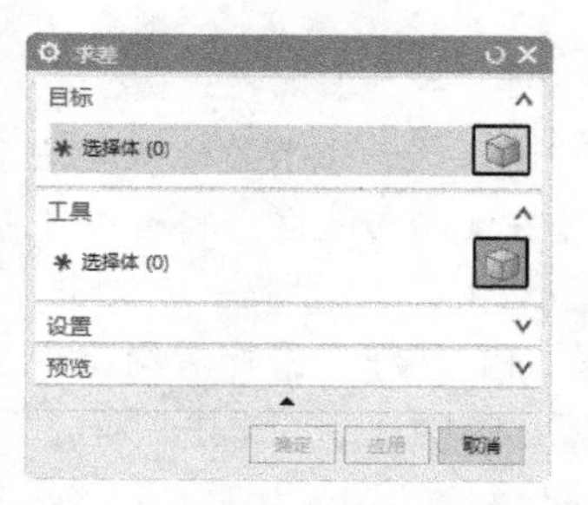

图14-29 “求差”对话框

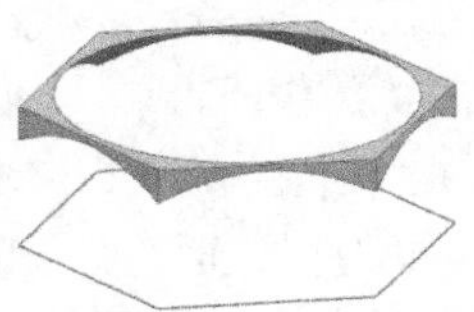

图14-30 求差模型

Step 07 拉伸操作

在菜单栏中选择“插入”→“设计特征”→“拉伸”命令或单击“主页”功能区“特征”组中的“拉伸”按钮，打开“拉伸”对话框。选择Step 06中绘制的六边形为拉伸曲线，在“指定矢量”下拉列表中选择“ZC轴”为拉伸方向，在“开始距离”和“结束距离”文本框中分别输入0和42，单击“确定”按钮。结果如图14-31所示。

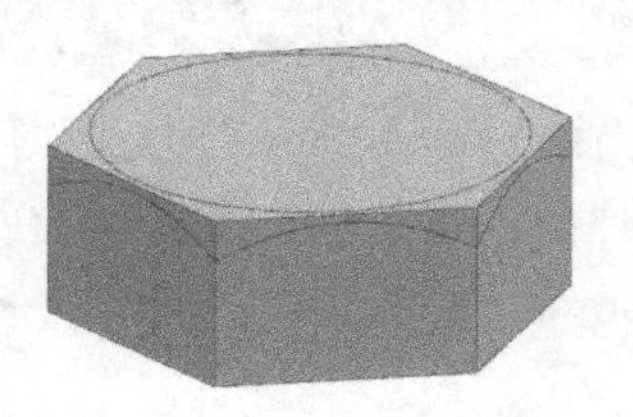

图14-31 拉伸操作

Step 08 布尔操作

在菜单栏中选择“插入”→“组合”→“减去”命令或单击“主页”功能区“特征”组中的“减去”按钮，打开“求差”对话框。选择拉伸体为目标体，图14-30所示的求差模型为刀具体，单击“确定”按钮，完成求差操作。结果如图14-32所示。

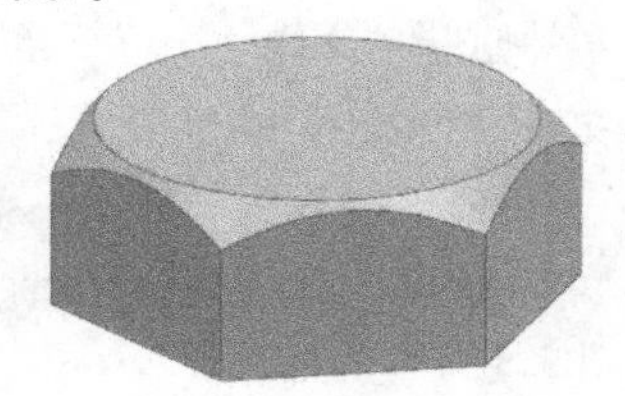

图14-32 布尔求差

Step 09 创建圆柱体

在菜单栏中选择“插入”→“设计特征”→“圆柱”命令或单击“主页”功能区“特征”组中的“圆柱”按钮，打开如图14-33所示的“圆柱”对话框，❶在“类型”下拉列表中选择“轴、直径和高度”类型，❷在“指定矢量”下拉列表中选择“-ZC轴”方向为圆柱轴向，❸在“直径”和“高度”文本框中分别输入6和30，❹在“布尔”下拉列表中选择“合并”，❺单击“确定”按钮，创建以坐标原点为圆心的圆柱特征，如图14-34所示。

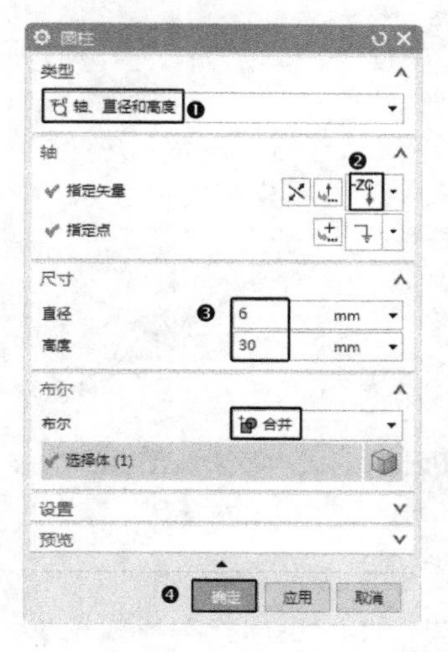

图14-33 “圆柱”对话框

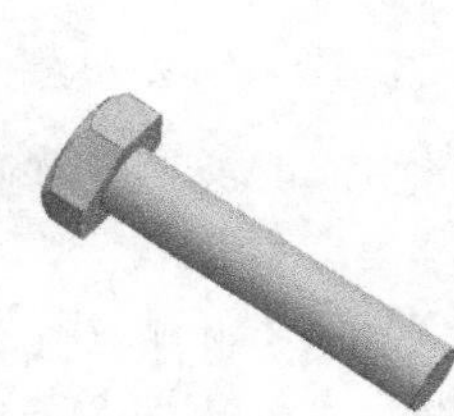

图14-34 创建圆柱体

Step 10 边倒角

在菜单栏中选择“插入”→“细节特征”→“倒斜角”命令或单击“主页”功能区“特征”组中的“倒斜角”按钮，打开“倒斜角”对话框。选择“对称”类型，在“距离”文本框中输入0.5。选择圆柱体的下端圆弧为倒斜角边，如图14-35所示。单击“确定”按钮，结果如图14-36所示。

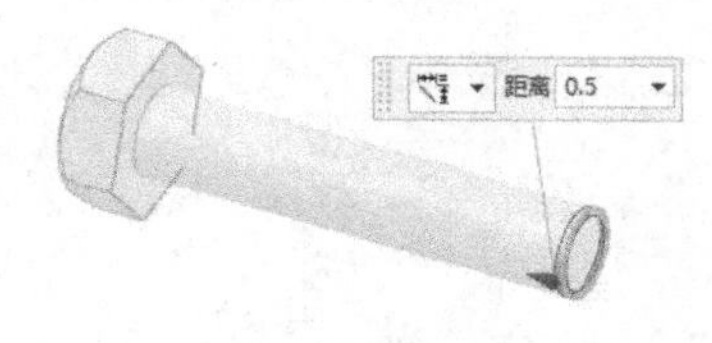

图14-35 选择倒斜角

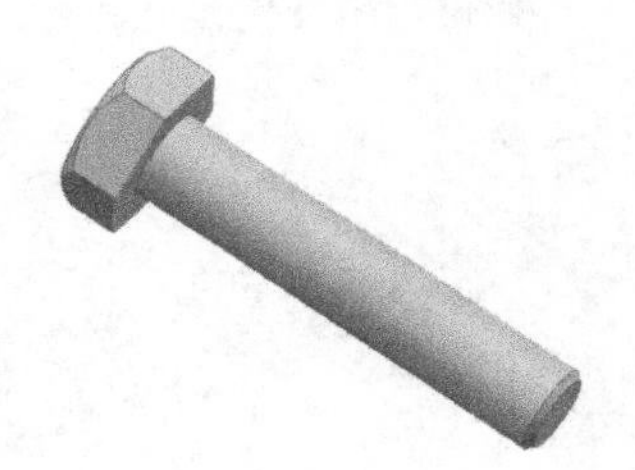

图14-36 倒斜角

Step 11 创建螺纹

（1）在菜单栏中选择“插入”→“设计特征”→“螺纹”命令或单击“主页”功能区“特征”组中的“螺纹刀”按钮，打开如图 14-37 所示的“螺纹切削”对话框，选中“详细”单选按钮。选择圆柱体外表面为螺纹放置面，如图 14-38 所示。

图 14-37 “螺纹切削”对话框

图 14-38 选择螺纹放置面

（2）打开“螺纹切削”对话框，如图 14-39 所示。选择倒角的圆柱体的表面作为螺纹的开始面，打开如图 14-40 所示的对话框，单击“螺纹轴反向”按钮，返回“螺纹切削”对话框，将螺纹长度改为 12，其他参数不变，单击“确定”按钮，生成螺纹，如图 14-41 所示。

图 14-39 选择螺纹开始面

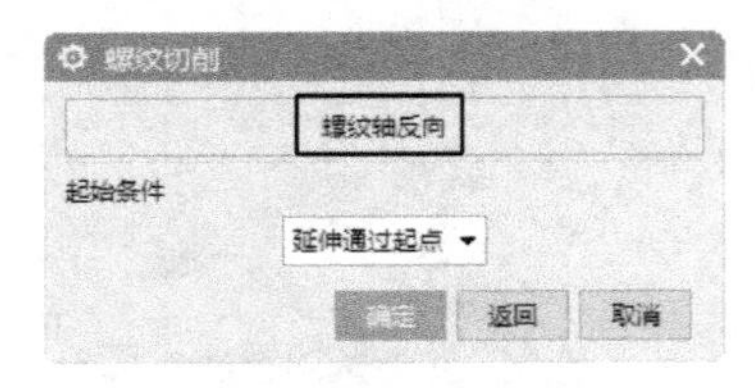

图 14-40 螺纹轴反向

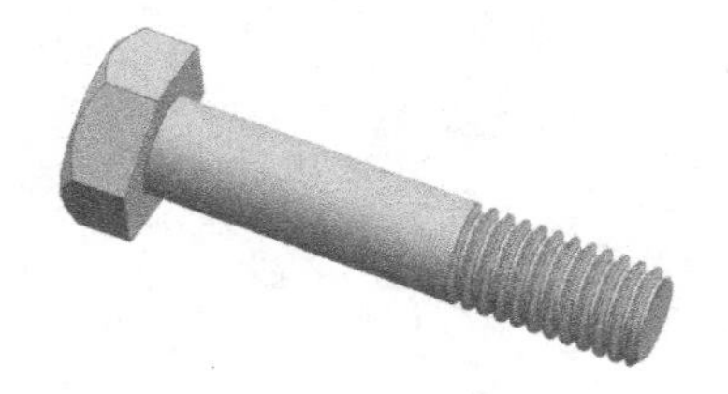
图 14-41 创建螺纹

Step 12 边倒圆

在菜单栏中选择“插入”→“细节特征”→“边倒圆”命令或单击“主页”功能区“特征”组中的“边倒圆”按钮，打开“边倒圆”对话框。在“半径 1”文本框中输入 0.3。选择螺栓头部和圆柱体连接处，如图 14-42 所示。单击“确定”按钮，六角螺钉如图 14-43 所示。

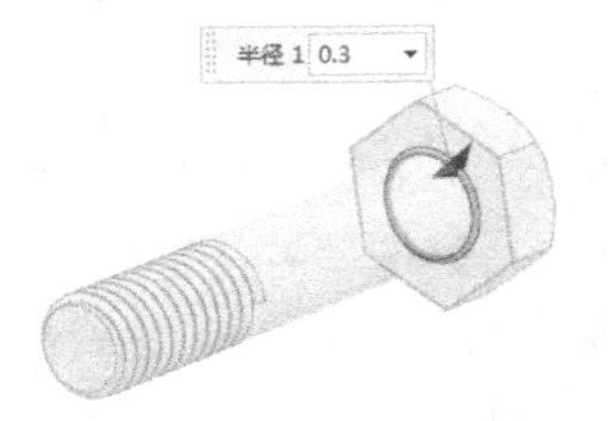

图 14-42 选择螺栓头部和圆柱体连接处

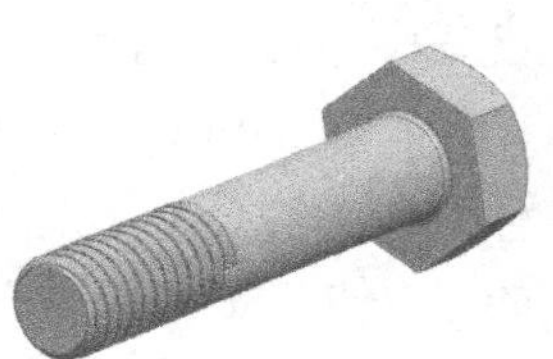
图 14-43 六角螺钉

14.4 内六角螺钉

内六角螺钉的头部外面为圆柱形，头部里面是六边形拉伸出的孔，螺杆部分由圆柱体和螺纹操作完成。生成的模型如图 14-44 所示。

图 14-44 内六角螺钉

绘制步骤

Step 01 新建文件

在菜单栏中选择“文件”→“新建”命令或单击“主页”功能区“标准”组中的“新建”按钮，打开“新建”对话框，在“模板”列表中选择“模型”，在“名称”文本框中输入“neiliujiaoluoding”，单击“确定”按钮，进入 UG 主界面。

Step 02 创建圆柱体

在菜单栏中选择“插入”→“设计特征”→“圆柱”命令或单击“主页”功能区“特征”组中的“圆柱”按钮，打开“圆柱”对话框，如图 14-45 所示。❶ 在“类型”下拉列表中选择“轴、直径和高度”类型，❷在“指定矢量”下拉列表中选择“ZC轴”方向为圆柱轴向，❸在“直径”和“高度”文本框中分别输入10和6。❹单击“确定”按钮，创建圆柱特征，如图14-46所示。

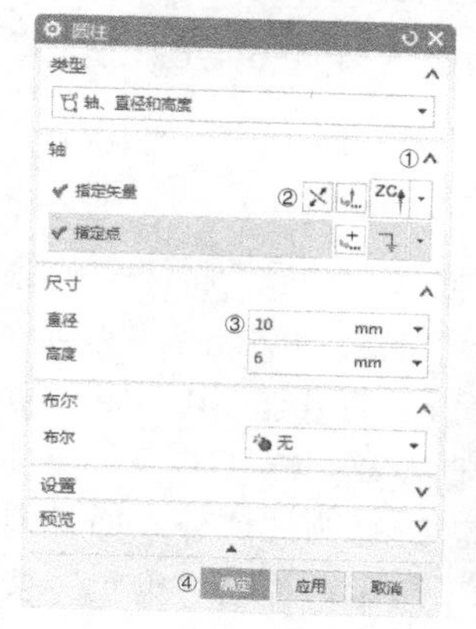

图14-45 “圆柱”对话框

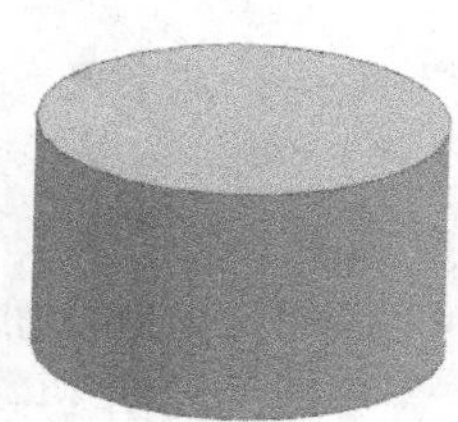

图14-46 创建圆柱

Step 03 创建六边形

（1）在菜单栏中选择“插入”→“曲线”→“多边形（原有）”命令，打开“多边形”对话框，如图14-47所示。❶在“边数”文本框中输入6，❷单击“确定”按钮，打开“多边形”生成对话框，如图14-48所示。单击“外接圆半径”按钮，打开“多边形”参数对话框，如图14-49所示。

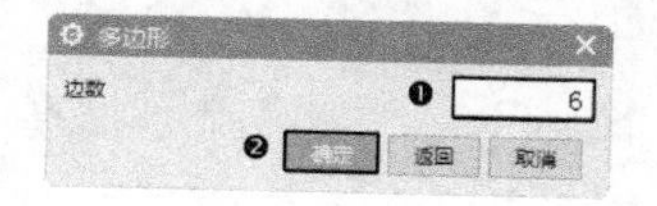

图14-47 “多边形”对话框

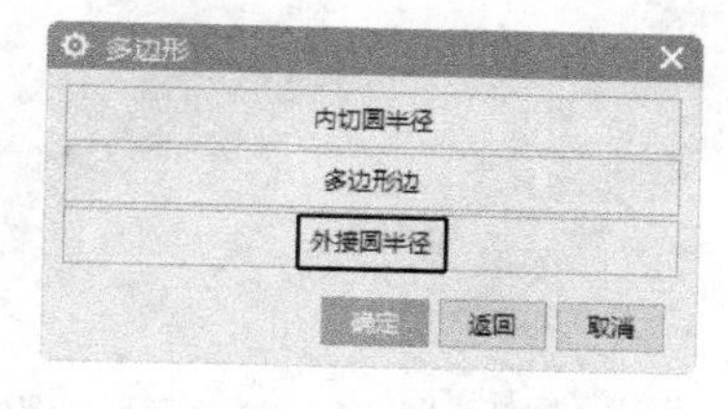

图14-48 “多边形”生成对话框

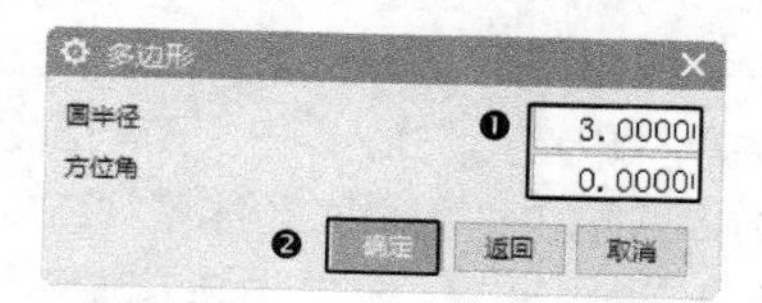

图14-49 “多边形”参数对话框

（2）❶在“圆半径”和“方位角”文本框中输入3和0，❷单击“确定”按钮，打开“点”对话框，如图14-50所示。

（3）❶输入坐标为（0,0,6），❷单击“确定”按钮，生成六边形，如图14-51所示。

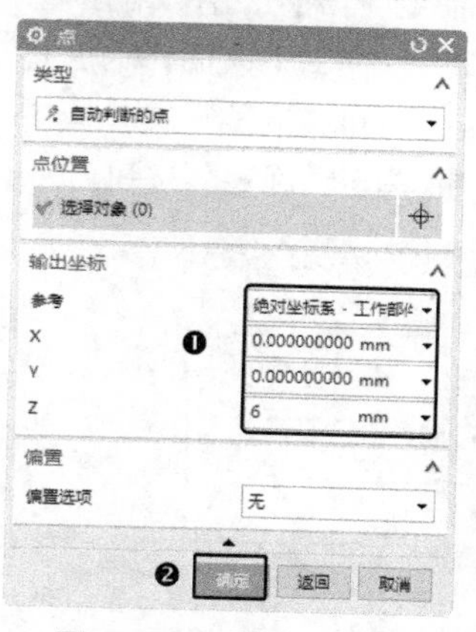

图14-50 “点”对话框

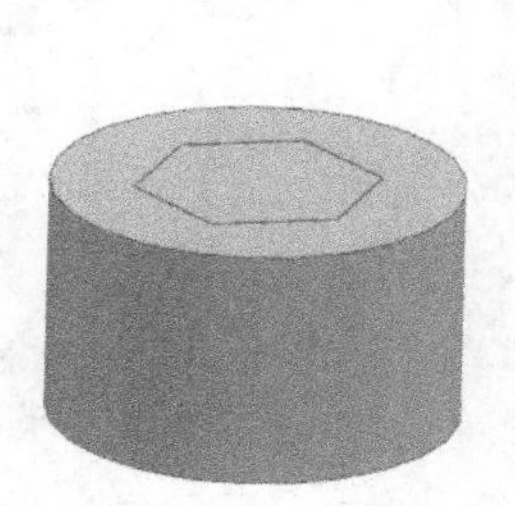

图14-51 六边形

Step 04 拉伸操作

在菜单栏中选择“插入”→“设计特征”→“拉伸”命令或单击“主页”功能区“特征”组中的“拉伸”按钮，打开“拉伸”对话框，如图14-52所示。❶选择Step03中绘制的六边形为拉伸曲线。❷在“指定矢量”下拉列表中选择“-ZC轴”为拉伸方向，❸在“开始距离”和“结束距离”文本框中分别输入0和-3。❹在“布尔”下拉列表中选择“减去”，在视图区中选择圆柱体。❺单击“确定”按钮，结果如图14-53所示。

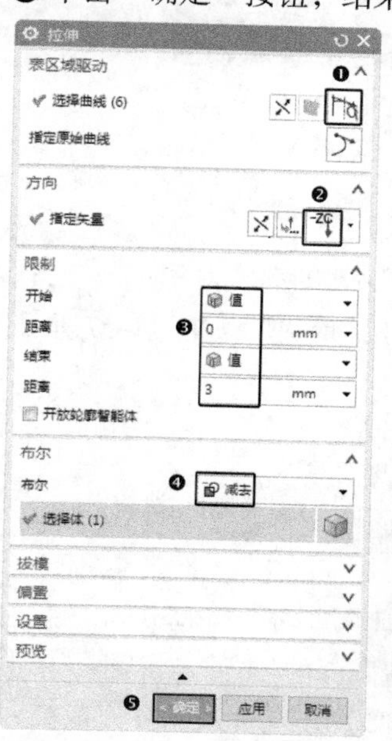

图14-52 “拉伸”对话框

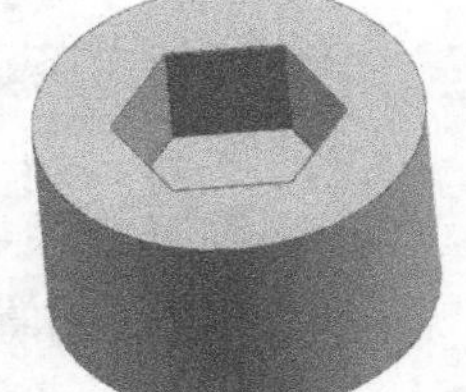

图14-53 拉伸操作

Step 05 创建凸台

（1）在菜单栏中选择“插入”→“设计特征”→“凸台（原有）”命令，打开“支管”对话框，如图 14–54 所示。选择圆柱体的下表面作为放置面。❶在“直径”“高度”和“锥角”文本框中分别输入 6、16 和 0。❷单击“确定”按钮。

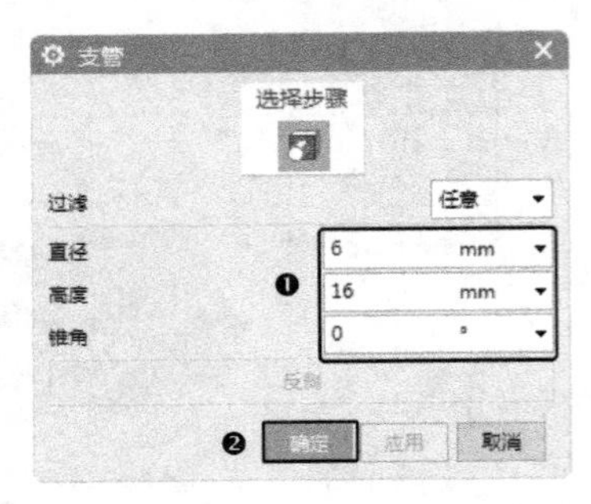

图 14–54　“支管”对话框

（2）打开“定位”对话框，单击“点落在点上”按钮，如图 14–55 所示。打开“点落在点上”对话框，如图 14–56 所示。

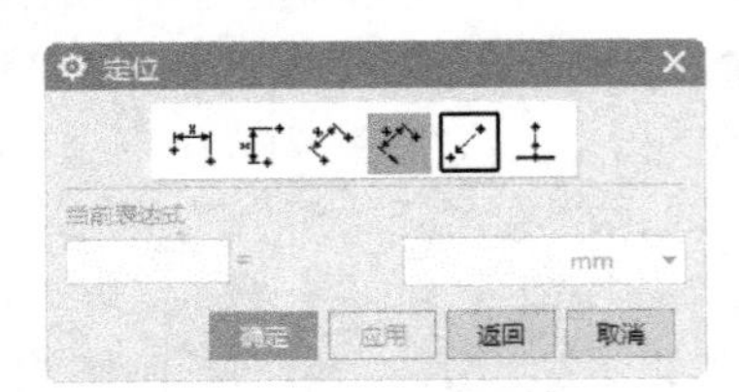

图 14–55　“定位”对话框

图 14–56　“点落在点上”对话框

（3）选择圆柱体下表面圆弧，如图 14–57 所示。

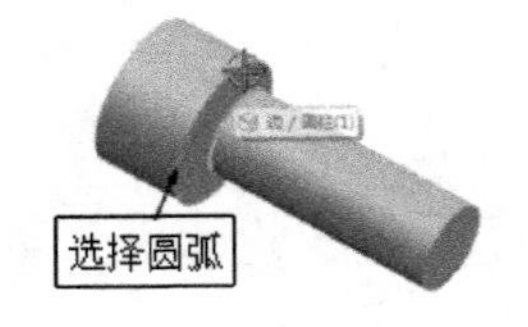

图 14–57　选择圆柱体下表面圆弧

（4）打开“设置圆弧的位置”对话框，单击“圆弧中心”按钮，如图 14–58 所示。完成凸台的创建，结果如图 14–59 所示。

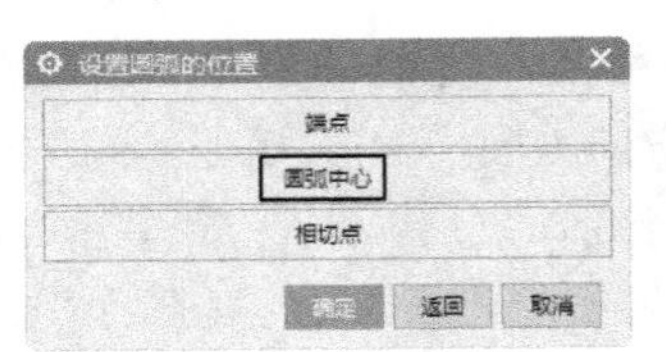

图 14–58　“设置圆弧的位置”对话框

图 14–59　创建凸台

Step 06 创建螺纹

在菜单栏中选择“插入”→“设计特征”→“螺纹”命令，或者单击“主页”功能区“特征”组中的“螺纹刀”按钮，打开如图 14–60 所示的“螺纹切削”对话框，在“螺纹类型”中选中“详细”单选按钮。选择圆柱体外表面为螺纹放置面，如图 14–61 所示。单击“确定”按钮生成螺纹，如图 14–62 所示。

图 14–60　“螺纹切削”对话框

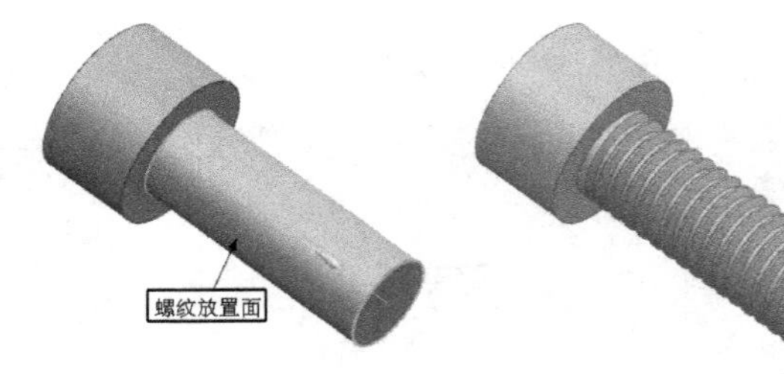

图 14–61　选择螺纹放置面　　图 14–62　创建螺纹

Step 07 边倒圆

在菜单栏中选择“插入”→“细节特征”→“边倒圆”命令或单击“主页”功能区“特征”组中的“边倒圆”按钮，打开“边倒圆”对话框，如图 14–63 所示。❶在“半径 1”文本框中输入 2。选择圆柱体的上表面边，如图 14–64 所示。❷单击“确定”按钮，内六角螺钉如图 14–65 所示。

图 14-63 “边倒圆”对话框

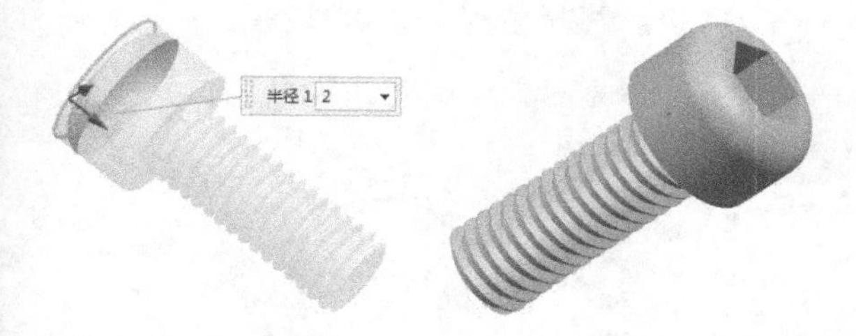

图 14-64 选择圆柱体的上表面边　　图 14-65 内六角螺钉

14.5 螺母

与六角螺栓不同，螺母在头部创建孔，并对孔表面进行螺纹操作。生成的模型如图 14-66 所示。

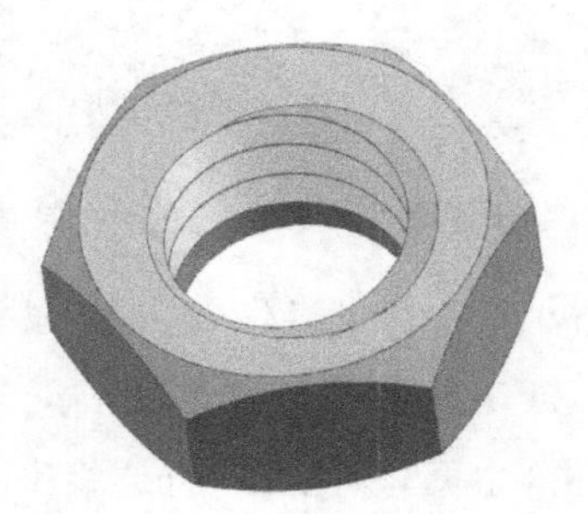

图 14-66 螺母

绘制步骤

Step 01 新建文件

选择“文件”→“新建”命令或单击“主页”功能区“标准”组中的“新建”按钮，打开“新建”对话框，在“模板”列表中选择“模型”，在“名称”文本框中输入“luomu”，单击“确定”按钮，进入 UG 主界面。

Step 02 创建六边形

（1）在菜单栏中选择“插入”→“曲线”→“多边形（原有）”命令，打开“多边形”对话框，如图 14-67 所示。❶在“边数”文本框中输入 6，❷单击“确定”按钮。打开“多边形”生成对话框，如图 14-68 所示。

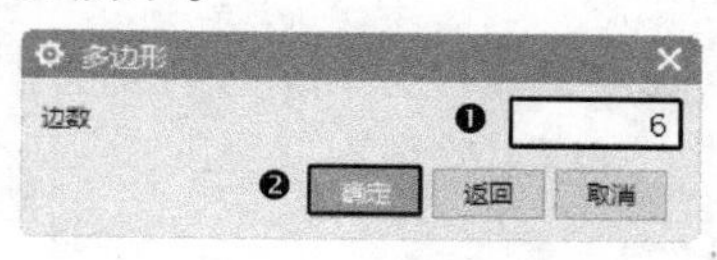

图 14-67 “多边形”对话框

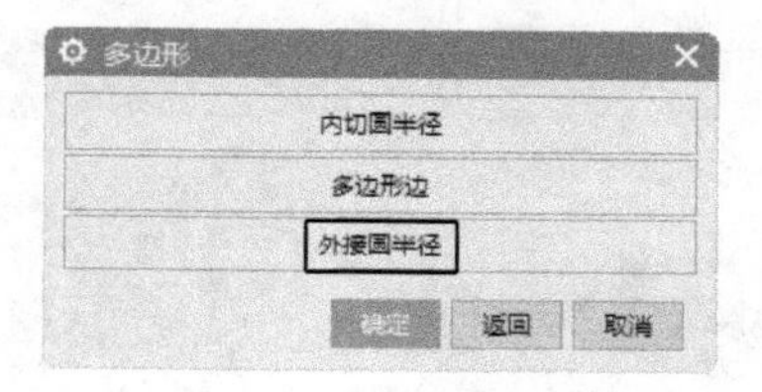

图 14-68 “多边形”生成对话框

（2）单击“外接圆半径”按钮，打开如图 14-69 所示的“多边形”参数对话框，❶在“圆半径”和“方位角”文本框中输入 6 和 0，❷单击“确定”按钮，打开“点”对话框，输入坐标点（0, 0, 0），单击“确定”按钮，生成如图 14-70 所示的六边形。

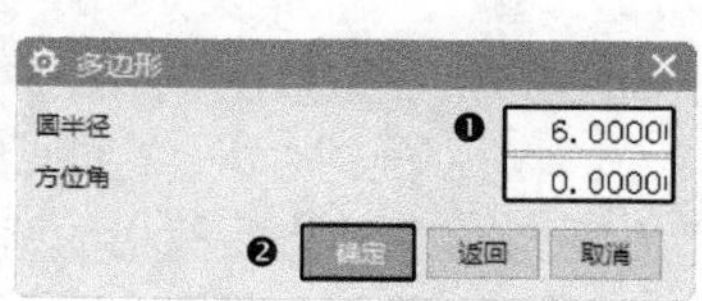

图 14-69 “多边形”参数对话框

图 14-70 六边形

Step 03 拉伸操作

在菜单栏中选择“插入”→“设计特征”→“拉伸”命令或单击“主页”功能区“特征”组中的“拉

伸”按钮，打开“拉伸”对话框，如图 14-71 所示。❶ 选择 Step 02 中绘制的六边形为拉伸曲线。❷ 在“开始距离”和“结束距离”文本框中输入 0 和 4.8，❸ 单击“确定”按钮。结果如图 14-72 所示。

图 14-71 “拉伸”对话框　　图 14-72 拉伸体

Step 04 创建圆柱体

在菜单栏中选择“插入”→“设计特征”→“圆柱”命令或单击“主页”功能区“特征”组中的“圆柱”按钮，打开“圆柱”对话框，如图 14-73 所示。❶ 选择“轴、直径和高度”类型，❷ 在“指定矢量”下拉列表中选择“ZC 轴”方向为圆柱轴向，❸ 在“直径”和“高度”文本框中分别输入 12 和 4.8，❹ 单击“确定”按钮，创建以原点为圆心的圆柱特征，如图 14-74 所示。

Step 05 创建倒斜角

在菜单栏中选择“插入”→“细节特征”→“倒斜角”命令或单击“主页”功能区“特征”组中的“倒斜角”按钮，打开“倒斜角”对话框，如图 14-75 所示。❶ 在“横截面”下拉列表中选择“对称”类型，❷ 在“距离”文本框中输入 1，选择圆柱体的上端圆弧为倒斜角边，如图 14-76 所示。❸ 单击“确定”按钮，结果如图 14-77 所示。

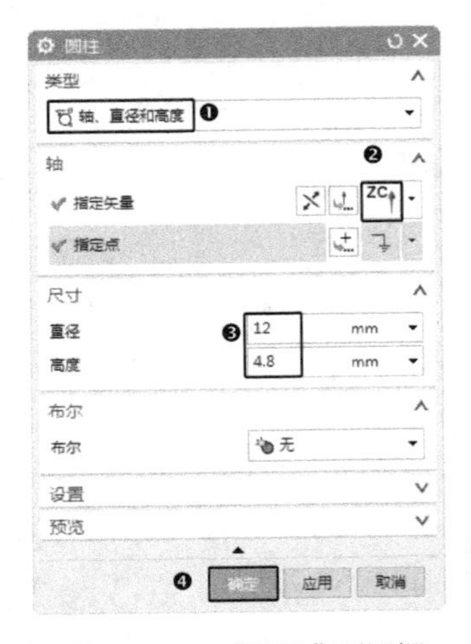

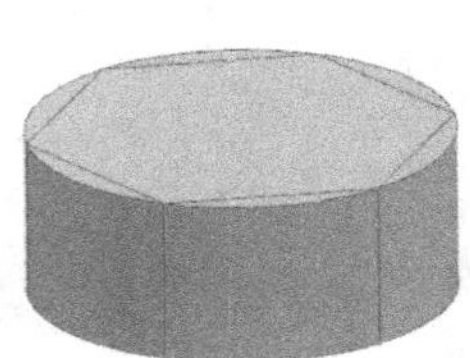

图 14-73 “圆柱”对话框　　图 14-74 创建圆柱体

图 14-75 “倒斜角”对话框

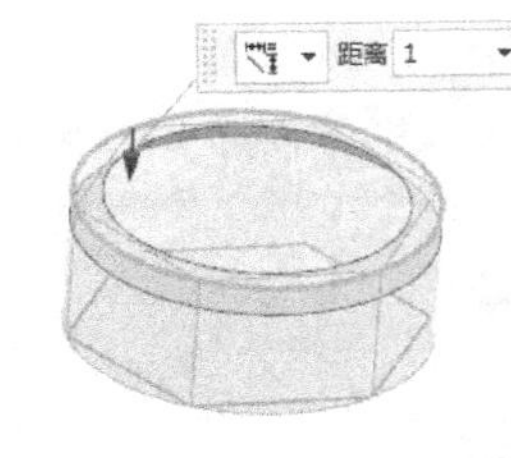

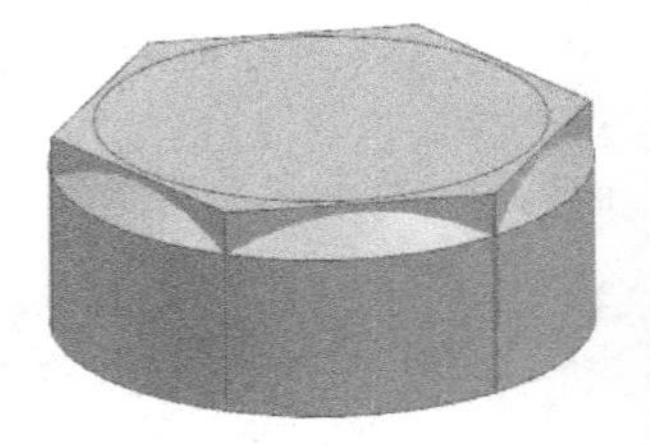

图 14-76 选择倒斜角边　　图 14-77 倒斜角

Step 06 布尔求差操作

在菜单栏中选择“插入”→“组合”→“减去”命令或单击“主页”功能区“特征”组中的“减去”按钮，打开“求差”对话框，如图 14-78 所示。选择拉伸体为目标体，选择圆柱体为工具体，单击“确定”按钮，完成求差操作。结果如图 14-79 所示。

图 14-78 “求差”对话框

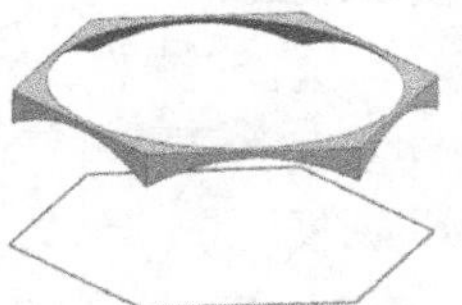

图 14-79 求差结果

Step 07 拉伸操作

在菜单栏中选择“插入”→“设计特征”→“拉伸”命令或单击“主页”功能区“特征”组中的“拉伸”按钮，打开“拉伸”对话框。选择 Step06 中绘制的六边形为拉伸曲线，在“指定矢量”下拉列表中选择“ZC 轴”为拉伸方向，在“开始距离”和“结束距离”文本框中分别输入 0 和 4.8，单击“确定”按钮，如图 14-80 所示。

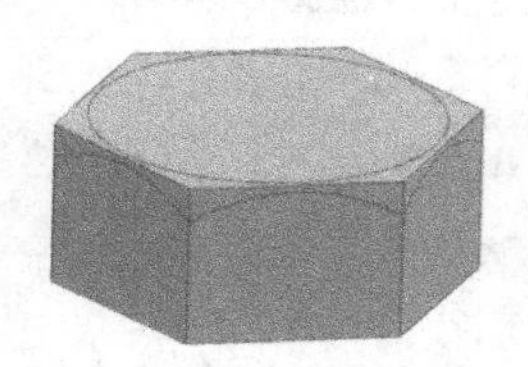

图 14-80 模型

Step 08 变换操作

（1）在菜单栏中选择“编辑”→“变换”命令，打开“变换”对话框，选择图 14-80 所示的模型，打开“变换”对话框，如图 14-81 所示，单击“通过一平面镜像”按钮。

（2）打开“平面”对话框，如图 14-82 所示，❶选择“XC-YC 平面”类型，❷在“距离”文本框中输入 2.4，❸单击“确定”按钮，打开“变换”结果对话框，如图 14-83 所示，单击“复制”按钮，生成镜像模型，如图 14-84 所示。

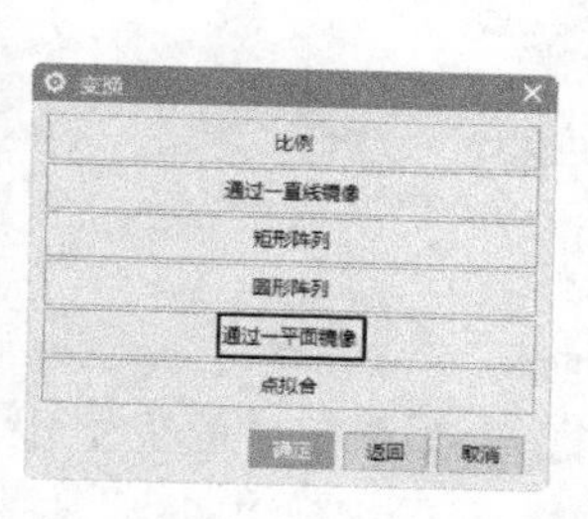

图 14-81 “变换”对话框

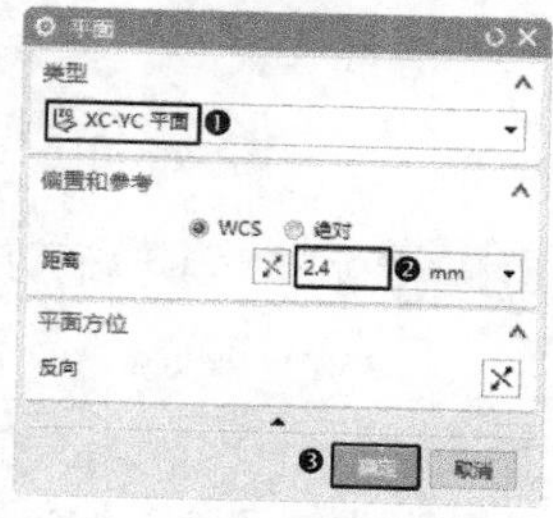

图 14-82 “平面”对话框

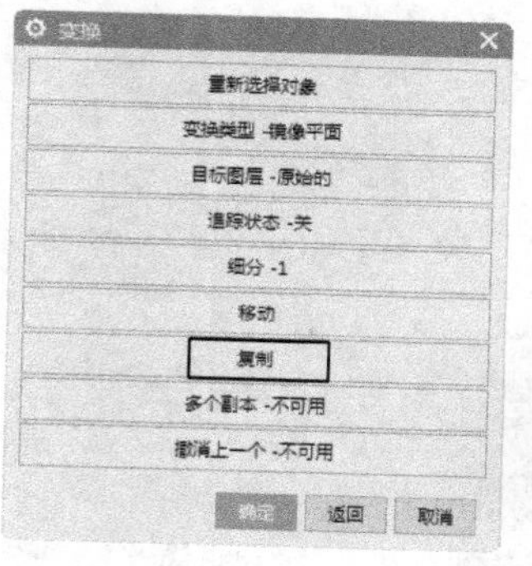

图 14-83 “变换”结果对话框

图 14-84 镜像模型

Step 09 布尔求差操作

在菜单栏中选择“插入”→“组合”→“减去”命令或单击“主页”功能区“特征”组中的“减去”按钮，打开“求差”对话框。选择拉伸体为目标体，选择镜像模型为工具体。单击“确定”按钮，完成求差操作，生成螺栓头部模型，如图 14-85 所示。

Step 10 创建孔

在菜单栏中选择“插入”→“设计特征”→“孔”命令或单击“主页”功能区“特征”组中的“孔”按钮，打开“孔”对话框，如图 14-86 所示。❶选择“简单孔”成形，❷在“直径”“深度”和“顶锥角”文本框中分别输入 6、4.8 和 0，捕捉圆柱体的上边圆弧圆心为孔位置，如图 14-87 所示。❸单击“确定”按钮，完成孔的创建，如图 14-88 所示。

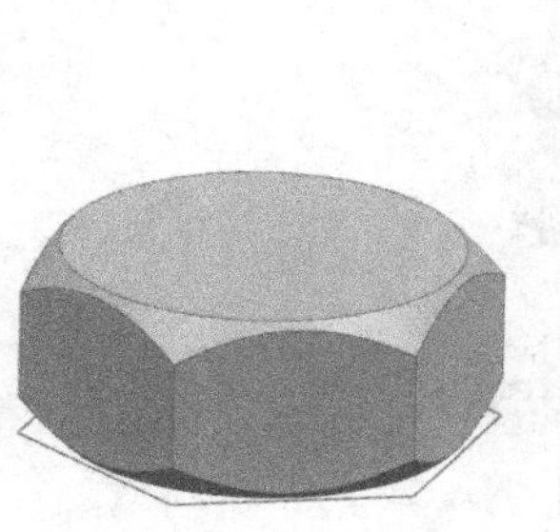

图 14-85 生成模型

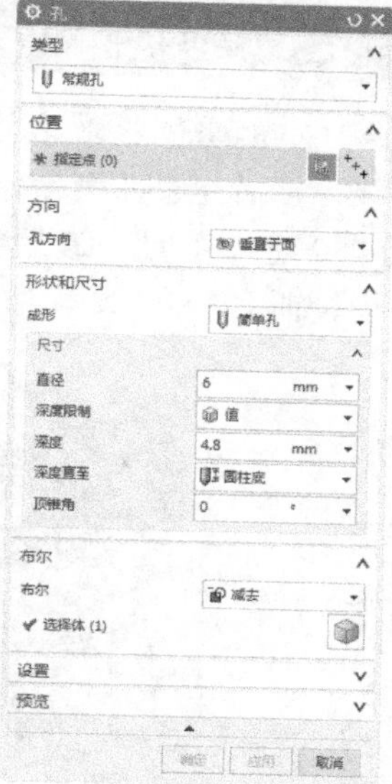

图 14-86 “孔”对话框

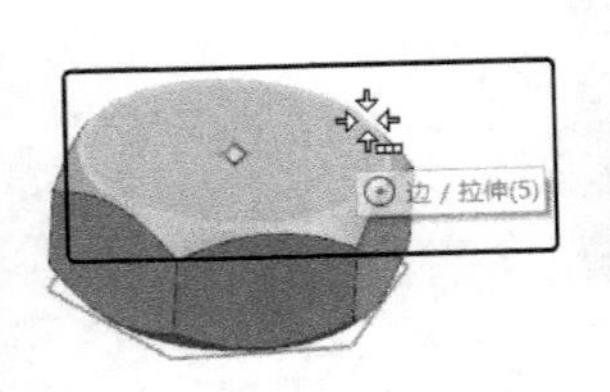

图 14-87 选择孔放置面

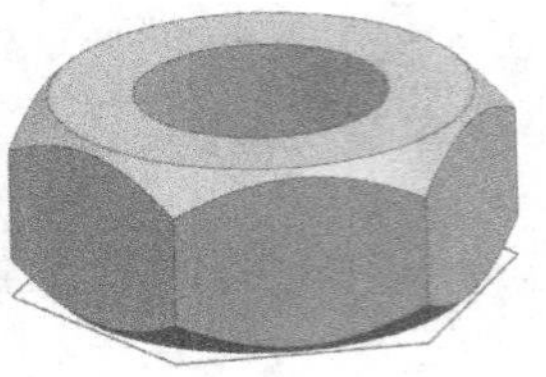

图 14-88 孔的创建

Step 11 创建内螺纹

在菜单栏中选择“插入”→“设计特征”→“螺纹”命令，或者单击“主页”功能区“特征”组中的“螺纹刀”按钮，打开“螺纹切削”对话框，如图 14-89 所示。选择屏幕中圆孔内表面为螺纹放置面，如图 14-90 所示。激活对话框中的各选项，接受系统默认值，单击“确定”按钮生成螺纹。生成的螺母模型如图 14-90 所示。

图 14-89 “螺纹切削”对话框

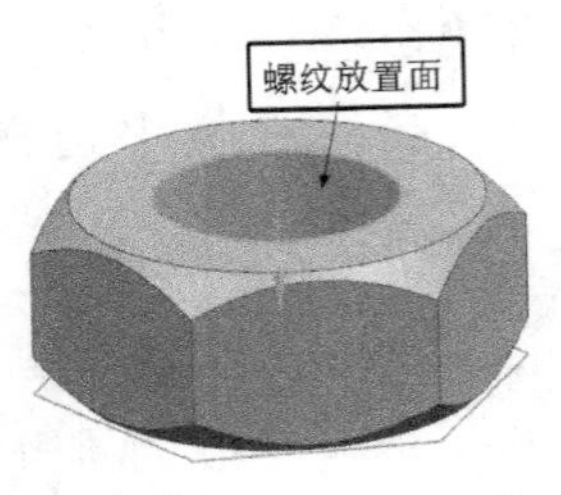

图 14-90 选择螺纹放置面

14.6 齿轮轴 1

本例采用参数表达式形式建立渐开线曲线，然后通过曲线操作生成齿形轮廓，通过拉伸等建模工具，最后生成如图 14-91 所示的齿轮轴 1。

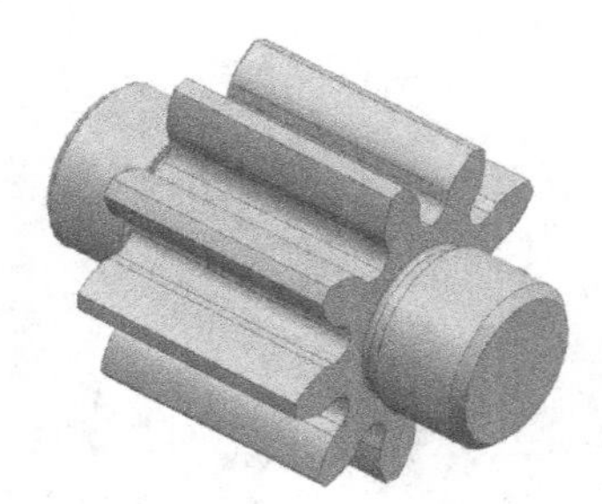

图 14-91 齿轮轴 1

绘制步骤

Step 01 新建文件

选择“文件”→“新建”命令或单击“主页”功能区“标准”组中的“新建”按钮，打开“新建”对话框，在“模板”列表中选择“模型”，输入“chilunzhou1”，单击“确定”按钮，进入 UG 主界面。

Step 02 建立参数表达式

在菜单栏中选择“工具”→“表达式”命令或单击“工具”功能区“实用工具”组中的“表达式”按钮，打开“表达式”对话框，如图 14-92 所示。在“名称”和“公式”项中分别输入 m，3，单击“应用”按钮，同上依次输入 z,9;da, (z+2)*m ;db, m*2z*cos(alpha) ;df, (z−2.5)*m ; alpha,20;t,0; qita,90*t;s, pi*db*t/4 ;xt,db*cos(qita)/2+s*sin(qita);yt,db*sin(qita)/2−s*cos(qita);zt,0;pi,3.1415。上述表达式中：m 表示齿轮的模数；z 表示齿轮齿数；t 表示系统内部变量，在 0 和 1 之间自动变化；da 表示齿轮齿顶圆直径；db 表示齿轮基圆直径；df 表示齿轮齿根圆直径；alpha 表示齿轮压力角。

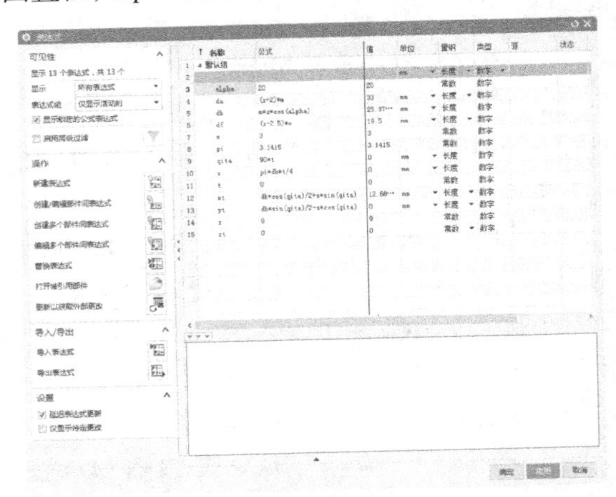

图 14-92 “表达式”对话框

Step 03 创建渐开线曲线

在菜单栏中选择“插入”→“曲线”→“规律曲线”命令或单击“曲线”功能区“曲线”组中的“规律曲线”按钮，打开“规律曲线”对话框，如图 14–93 所示。按系统默认参数，单击“确定”按钮，生成渐开线曲线，如图 14–94 所示。

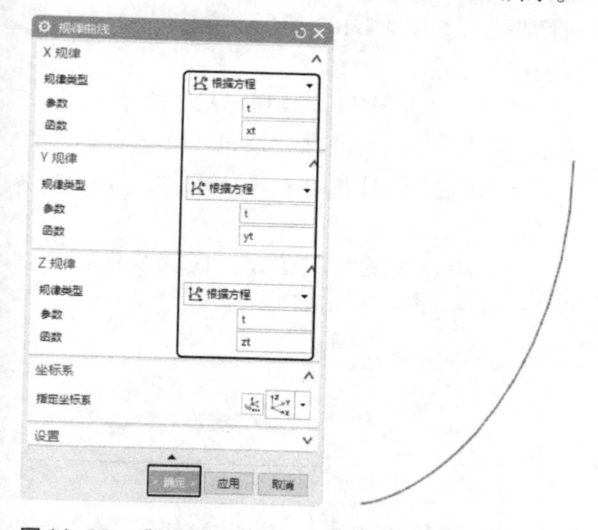

图 14–93 “规律曲线”对话框 图 14–94 渐开线

Step 04 创建齿顶圆、齿根圆、分度圆和基圆曲线

在菜单栏中选择“插入”→“曲线”→“基本曲线（原有）”命令，打开“基本曲线”对话框，如图 14–95 所示。单击“圆”按钮，在“点方法”下拉列表中单击“点构造器”按钮，在打开的“点”对话框中，建立 4 个圆心在原点，且半径分别为 16.5、9.75、13.5 和 14.7 的 4 个圆弧曲线，如图 14–96 所示。

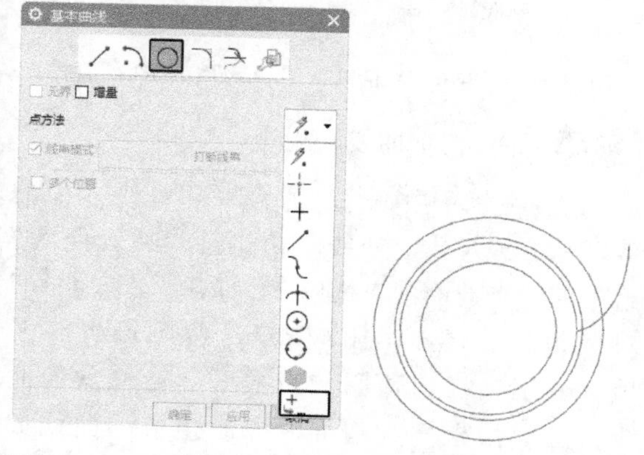

图 14–95 “基本曲线”对话框 图 14–96 绘制曲线

Step 05 裁剪曲线

（1）在菜单栏中选择“编辑”→“曲线”→“修剪”命令或单击“曲线”功能区“编辑曲线”组中的“修剪曲线”按钮，打开“修剪曲线”对话框，如图 14–97 所示。按图设置各选项。选择渐开线为要修剪的曲线，选择齿根圆为边界对象，生成曲线，如图 14–98 所示。

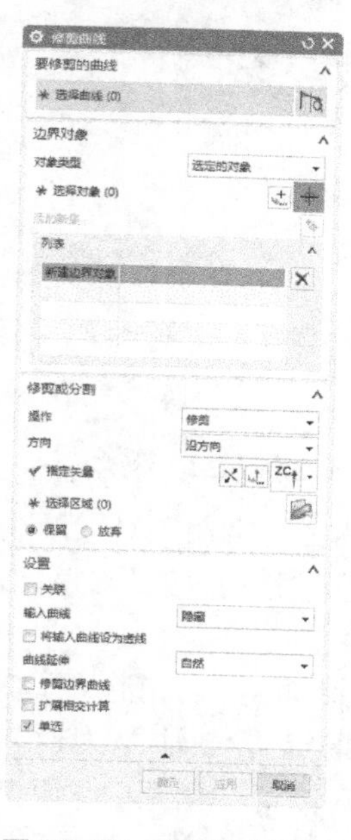

图 14–97 “修剪曲线”对话框

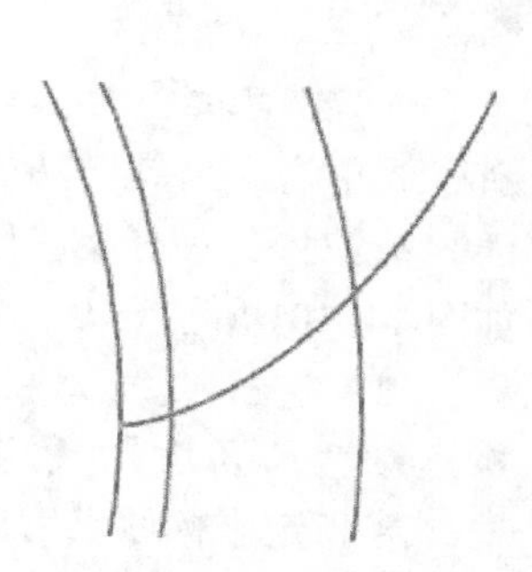

图 14–98 曲线

（2）重复上述步骤，保留渐开线在齿顶圆和齿根圆的部分，如图 14–99 所示。

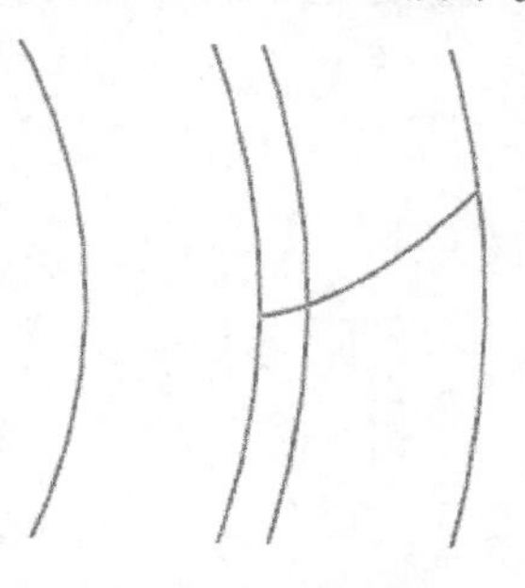

图 14–99 曲线

Step 06 创建直线

（1）在菜单栏中选择“插入”→“曲线”→“基本曲线（原有）”命令，打开“基本曲线”对话框，单击“直线”按钮，在“点方法”下拉列表中选择“交点”和“象限点”，依次选择图 14–100 所示的交点和象限点，完成直线的创建。生成的曲线模型如图 14–100 所示。

（2）同（1）中的步骤分别以渐开线与

分度圆交点为起点和坐标原点为终点创建直线 2。

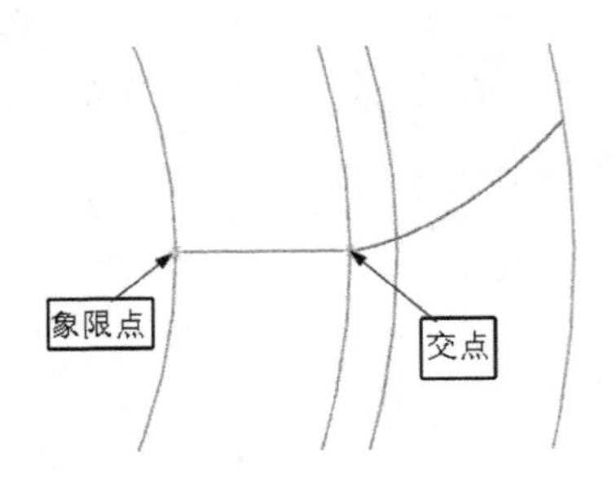

图 14-100　曲线

Step 07　变换操作

（1）在菜单栏中选择“编辑”→“移动对象”命令或单击“工具”功能区“实用工具”组中的“移动对象”按钮，打开“移动对象”对话框，如图 14-101 所示。

（2）选择直线 2 为移动对象，❶ 选择变换运动为“角度”，❷ 指定“ZC 轴”为旋转轴，❸ 指定坐标原点为旋转点，❹ 选中“复制原先的”单选按钮，❺ 输入“非关联副本数”为 1，❻ 单击“确定”按钮。结果如图 14-102 所示。

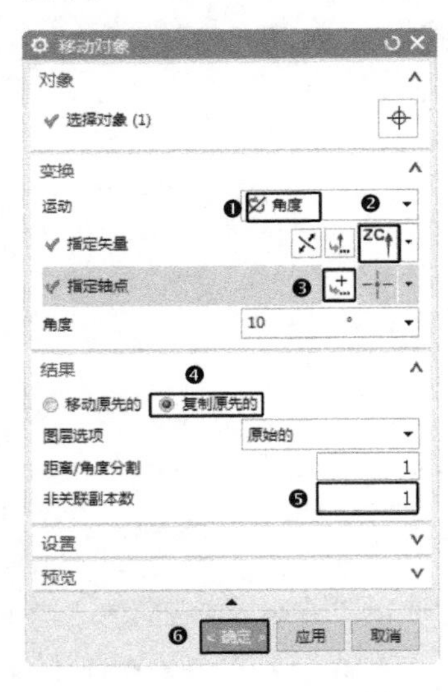

图 14-101　“移动对象”对话框

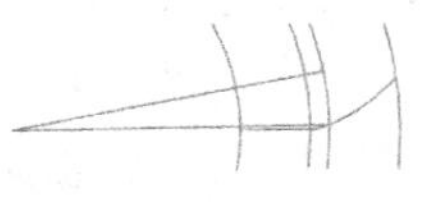

图 14-102　复制直线

Step 08　镜像操作

（1）在菜单栏中选择“编辑”→“变换”命令，打开“变换”对话框，选择图 14-102 中的直线和渐开线，单击“确定”按钮，打开“变换”对话框 1，如图 14-103 所示。单击“通过一直线镜像”按钮。

（2）打开如图 14-104 所示的“变换”对话框 2，单击“现有的直线”按钮，根据系统提示选择复制的直线，打开如图 14-105 所示的“变换”对话框 3。

（3）单击“复制”按钮，完成镜像操作。生成的曲线如图 14-106 所示。

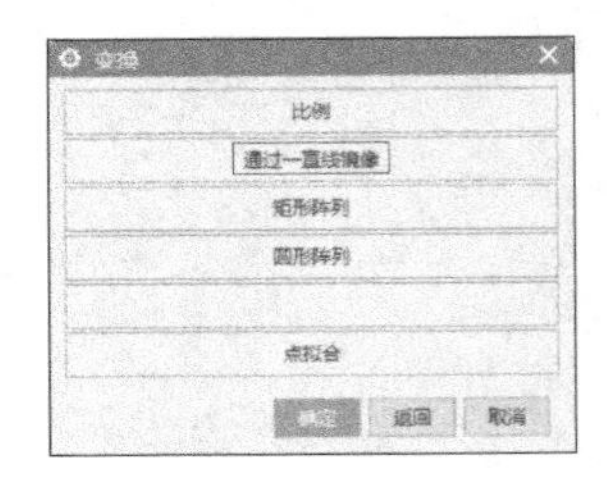

图 14-103　“变换”对话框 1

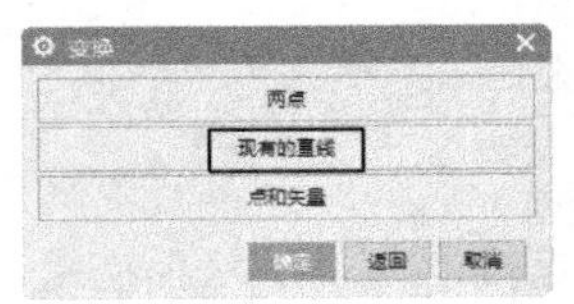

图 14-104　“变换”对话框 2

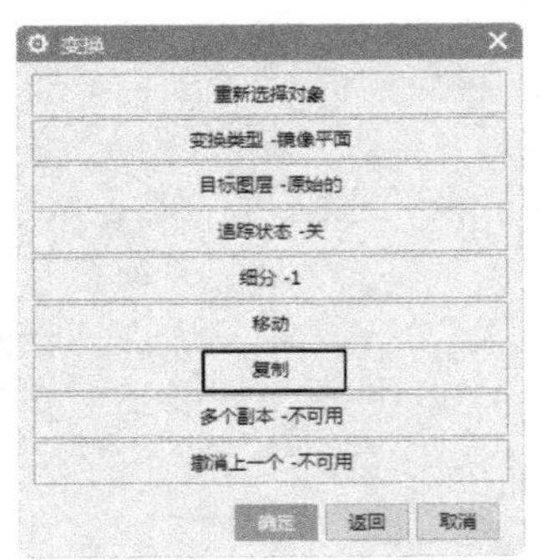

图 14-105　“变换”对话框 3

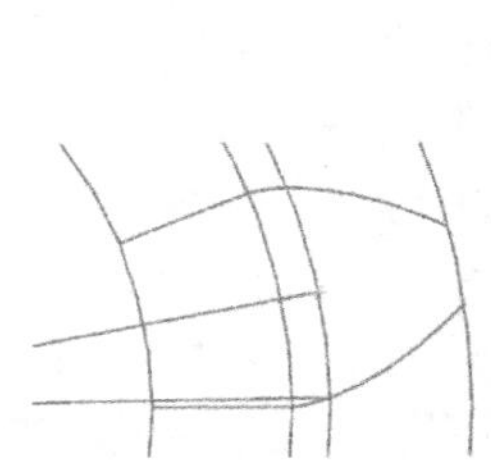

图 14-106　曲线

Step 09　修剪曲线并删除

（1）在菜单栏中选择“编辑”→“曲线”→“修剪”命令或单击“曲线”功能区“编辑曲线”组中的“修剪曲线”按钮，打开“修剪曲线”对话框，如图 14-107 所示。按图设置各选项，分别选择齿顶圆和齿根圆为要修剪的曲线，选择齿根圆为边界对象。生成的曲线如图 14-108 所示。

（2）删除多余的圆和直线，生成如图 14-109 所示的齿形轮廓曲线。

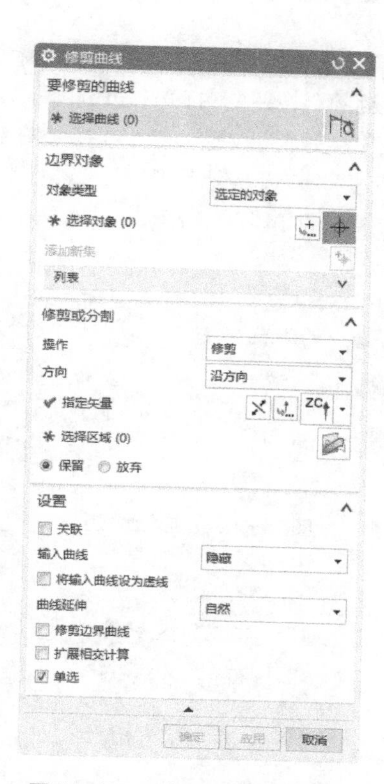

图 14-107 “修剪曲线”对话框

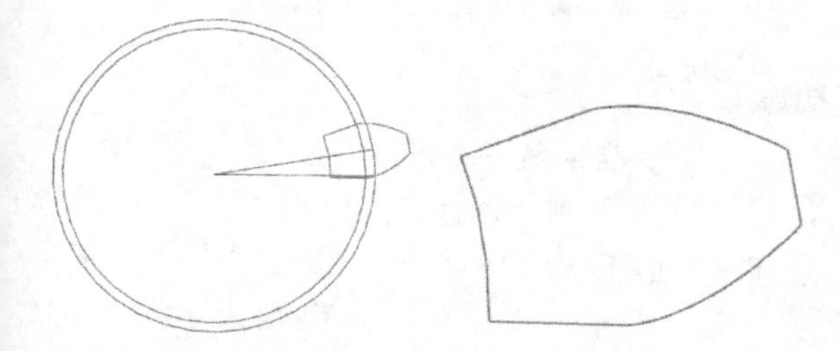

图 14-108 修剪曲线　图 14-109 齿形轮廓曲线

Step 10 创建拉伸

在菜单栏中选择“插入”→“设计特征”→“拉伸”命令或单击“主页”功能区“特征”组中的“拉伸”按钮，打开“拉伸”对话框，如图 14-110 所示。选择齿形曲线为拉伸曲线，❶在“指定矢量”下拉列表中选择“ZC 轴”为拉伸方向，❷在“限制”选项组的“开始距离”和“结束距离”文本框中输入 0 和 24。❸单击“确定”按钮，完成拉伸操作，创建齿形实体 1，如图 14-111 所示。

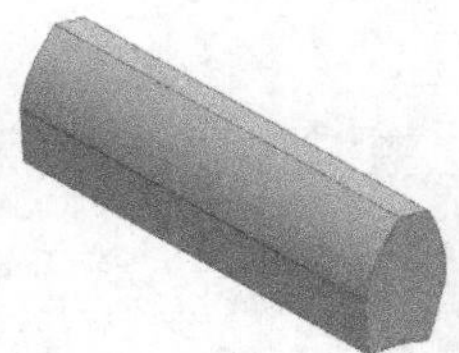

图 14-110 “拉伸”对话框　图 14-111 齿形实体 1

Step 11 创建圆柱体

在菜单栏中选择“插入”→“设计特征”→“圆柱”命令或单击“主页”功能区“特征”组中的“圆柱”按钮，打开“圆柱”对话框，如图 14-112 所示。❶选择“轴、直径和高度”类型，❷在“指定矢量”下拉列表中选择“ZC 轴”，❸在“直径”和“高度”文本框中分别输入 19.5 和 24，❹单击“确定”按钮，以原点为中心生成圆柱体，如图 14-113 所示。

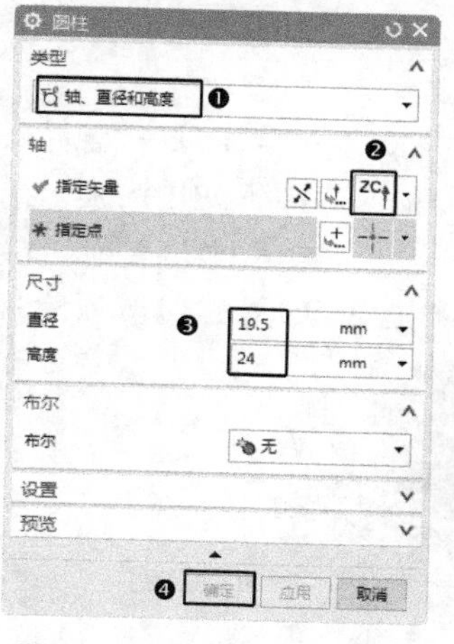

图 14-112 “圆柱”对话框　图 14-113 圆柱体

Step 12 阵列齿

在菜单栏中选择“插入”→“关联复制”→“阵

列特征”命令，或者单击“主页”功能区“特征”组中的“阵列特征”按钮，打开“阵列特征”对话框，如图 14–114 所示。选择齿形实体为阵列特征，❶在“布局”下拉列表中选择“圆形”，❷选择“ZC 轴”为旋转轴，❸以坐标原点为旋转点，❹输入“数量”为 9，“节距角”为 40，❺单击“确定”按钮，生成如图 14–115 所示的模型。

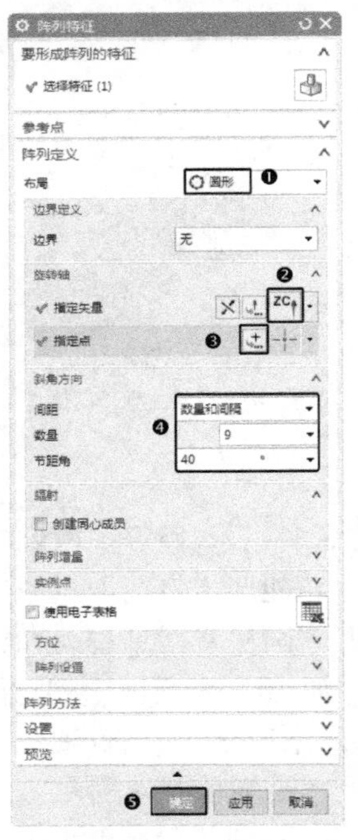

图 14–114 “阵列特征”对话框

图 14–115 齿轮

Step 13 合并

在菜单栏中选择“插入”→“组合”→“合并”命令或单击“主页”功能区“特征”组中的“合并”按钮，打开“合并”对话框。将圆柱体和所有的轮齿进行求和操作，如图 14–116 所示。

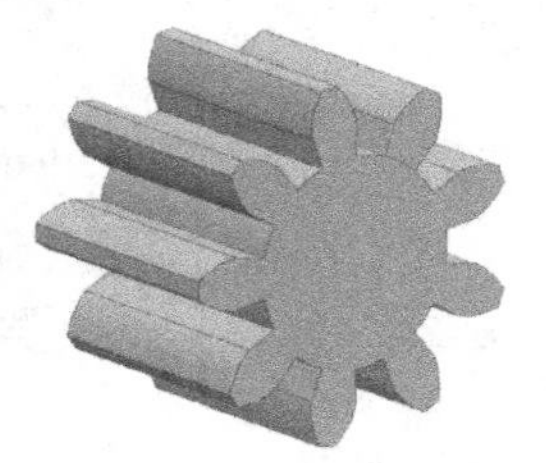

图 14–116 求和结果

Step 14 边倒圆

在菜单栏中选择“插入”→“细节特征”→“边倒圆”命令或单击“主页”功能区“特征”组中的“边倒圆”按钮，打开“边倒圆”对话框，在“半径 1”文本框中输入 2，选择如图 14–117 所示的齿根圆和齿接触线倒圆，单击“确定”按钮。结果如图 14–118 所示。

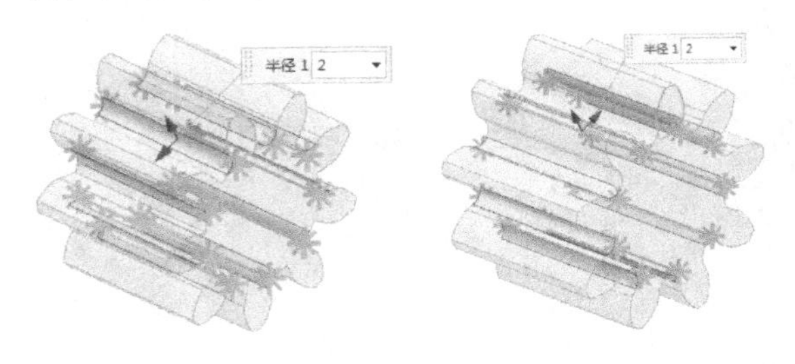

图 14–117 选择圆角边

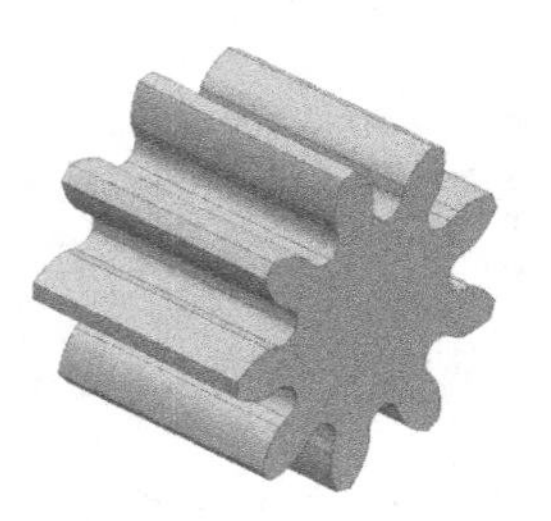

图 14–118 倒圆角

Step 15 创建凸台

（1）在菜单栏中选择“插入”→“设计特征”→“凸台（原有）”命令，打开“支管”对话框，如图 14–119 所示。❶在“直径”“高度”和“锥角”文本框中分别输入 14、2 和 0，选择齿轮上端面为放置面，❷单击“确定”按钮，打开“定位”对话框，单击“点落在点上”按钮，打开“点落在点上”对话框，选择圆柱体圆弧边为目标对象，打开“设置圆弧的位置”对话框，如图 14–120 所示。单击“圆弧中心”按钮，将生成的凸台 1 定位于上端面中心。

（2）同（1）中的步骤在凸台 1 的上端面中心创建“直径”“高度”和“锥角”分别为 16、9 和 0 的凸台 2。在齿轮下端面创建凸台 3 和凸台 4，参数同凸台 1 和凸台 2。生成的模型如图 14–121 所示。

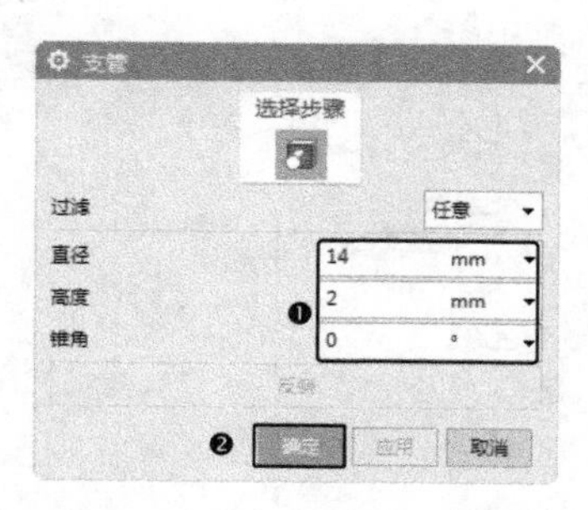

图 14-119 “支管”对话框

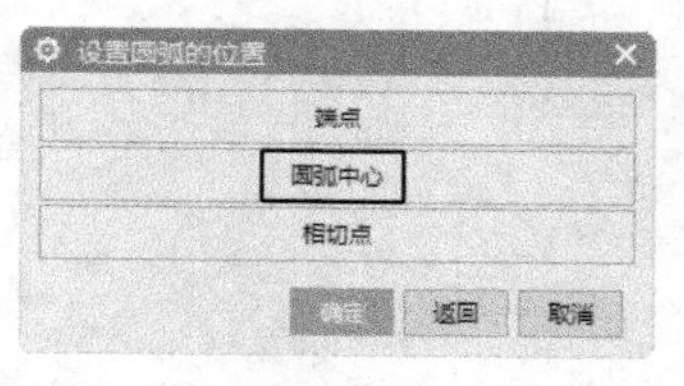

图 14-120 “设置圆弧的位置”对话框

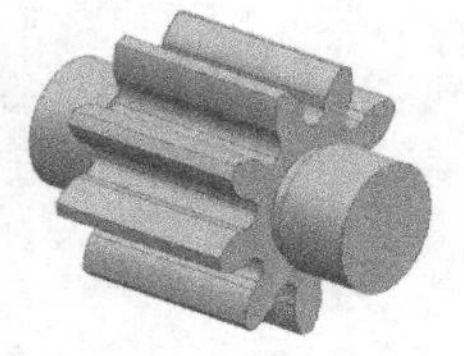

图 14-121 创建凸台

Step 16 边倒角

在菜单栏中选择“插入”→“细节特征”→“倒斜角”命令或单击“主页”功能区“特征”组中的“倒斜角”按钮，打开“倒斜角”对话框，如图 14-122 所示。❶在“横截面”下拉列表中选择“对称”方式，❷在“距离”文本框中输入 1，选择如图 14-123 所示的大凸台边缘为倒角边，❸单击“确定”按钮，完成边倒角，如图 14-124 所示。

图 14-122 “倒斜角”对话框

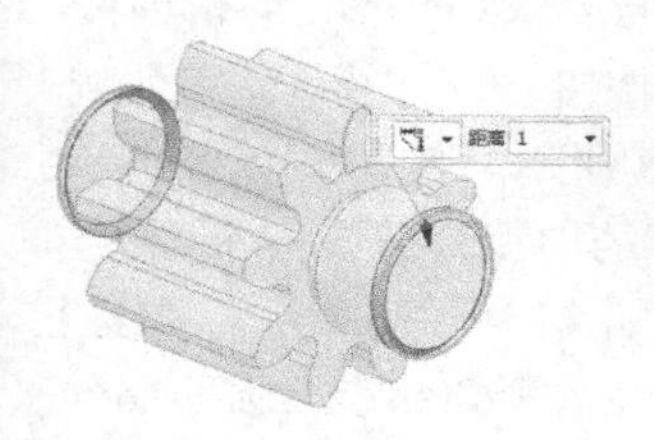

图 14-123 选择倒角边

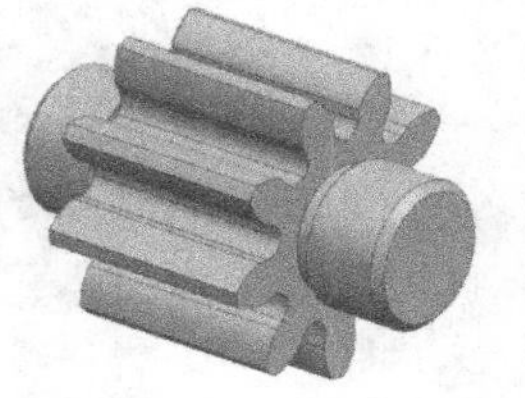

图 14-124 倒斜角

Step 17 边倒圆

在菜单栏中选择“插入”→“细节特征”→“边倒圆”命令或单击“主页”功能区“特征”组中的“边倒圆”按钮，打开“边倒圆”对话框，如图 14-125 所示。❶在“半径 1”文本框中输入 0.5。选择小凸台圆弧边，如图 14-126 所示。❷单击“确定”按钮，生成模型，如图 14-127 所示。

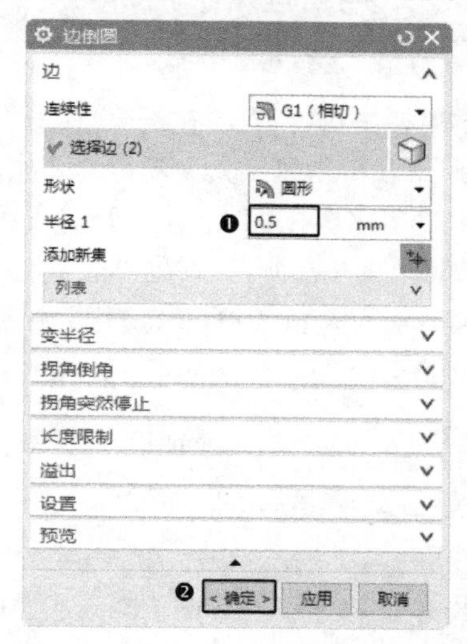

图 14-125 “边倒圆”对话框

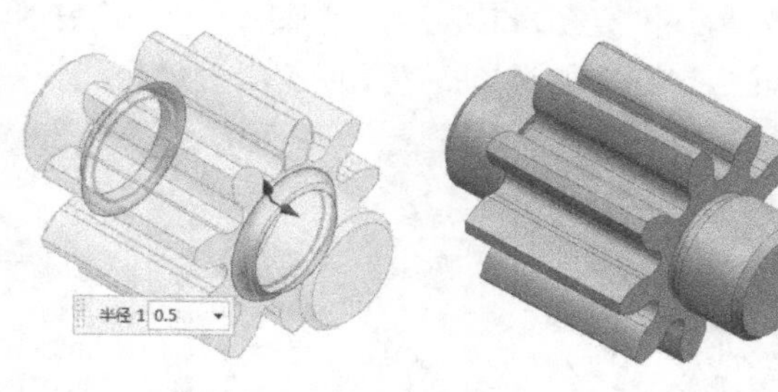

图 14-126 选择圆角边　　图 14-127 圆角处理

14.7 齿轮轴 2

本例采用参数表达式形式建立渐开线曲线，然后通过曲线操作生成齿形轮廓，通过拉伸等建模工具，最后生成如图 14-128 所示的齿轮轴 2。

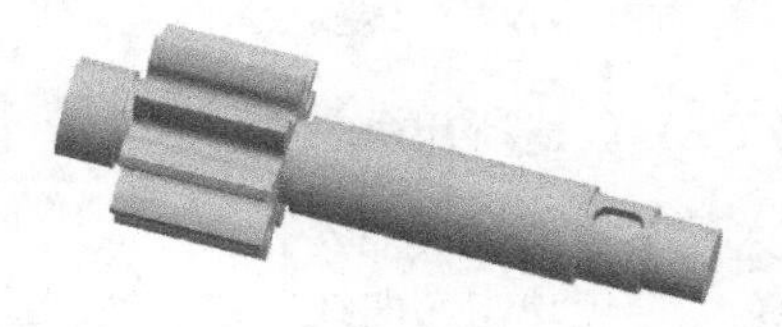

图 14-128 齿轮轴 2

绘制步骤

Step 01 新建文件

在菜单栏中选择“文件”→“新建”命令或单击“主页”功能区“标准”组中的“新建”按钮🗋，打开“新建”对话框，在“模板”列表中选择“模型”，在“名称”文本框中输入“chilunzhou2”，单击“确定”按钮，进入 UG 主界面。

Step 02 建立参数表达式

在菜单栏中选择“文件”→“工具”→“表达式”命令或单击“工具”功能区“实用工具”组中的“表达式”按钮＝，打开“表达式”对话框，如图 14–129 所示。在“名称”和“公式”项中分别输入 m, 3 单击“应用”按钮，同上依次输入 z,9;da, (z + 2) * m ;db, m * z * cos(qlpha) ;df, (z – 2.5) * m ; alpha, 20 ; t , 0 ; qita , 90*t ; s , pi * db * t / 4 ;xt,db*cos(qita)/2+s*sin(qita);yt , db*sin(qita)/2–s*cos(qita); zt , 0。上述表达式中：m 表示齿轮的模数；z 表示齿轮齿数，t 表示系统内部变量，在 0 和 1 之间自动变化；da 表示齿轮齿顶圆直径；db 表示齿轮基圆直径；df 表示齿轮齿根圆直径；alpha 表示齿轮压力角。

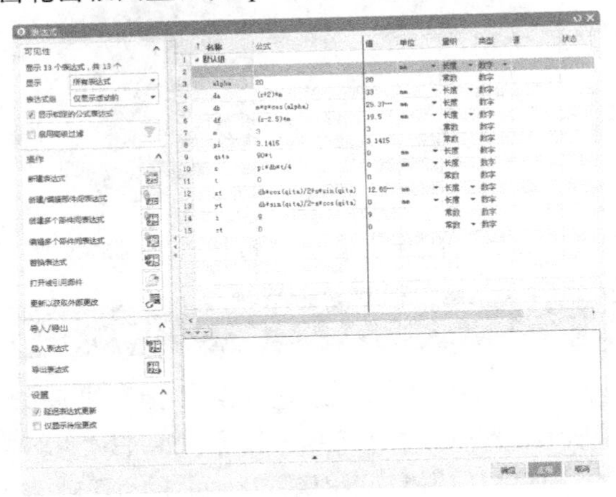

图 14–129 “表达式”对话框

Step 03 创建渐开线曲线

在菜单栏中选择“插入”→“曲线”→“规律曲线”命令或单击“曲线”功能区“曲线”组中的“规律曲线”按钮，打开如图 14–130 所示的“规律曲线”对话框，按系统默认参数，单击“确定”按钮，生成渐开线曲线，如图 14–131 所示。

图 14–130 “规律曲线”对话框　图 14–131 渐开线

Step 04 创建齿顶圆、齿根圆、分度圆和基圆曲线

在菜单栏中选择“插入”→“曲线”→“基本曲线（原有）”命令，打开“基本曲线”对话框。单击“圆”按钮，在“点方法”下拉列表中选择“点构造器”按钮，在打开的“点”对话框中，建立一个圆心在原点，半径分别为 16.5、9.75、13.5 和 14.7 的 4 个圆弧曲线，如图 14–132 所示。

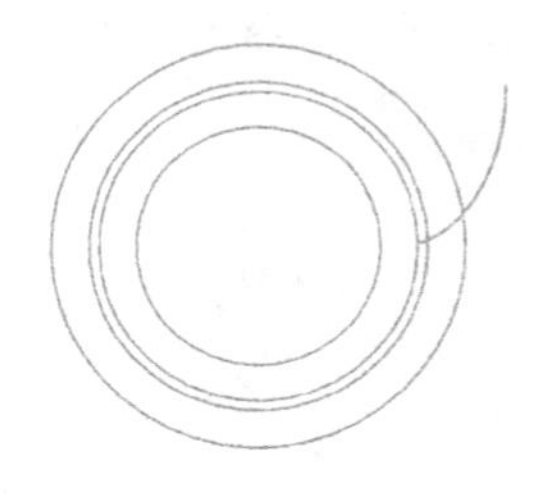

图 14–132 绘制曲线

Step 05 裁剪曲线

在菜单栏中选择“编辑”→“曲线”→“修剪”命令或单击“曲线”功能区“编辑曲线”组中的“修剪曲线”按钮，打开“修剪曲线”对话框，如图 14–133 所示。按图设置各选项，选择渐开线为要修剪的曲线，选择齿根圆为边界对象，生成曲线，如图 14–134 所示。重复上述步骤，保留渐开线在齿顶圆和齿根圆的部分，如图 14–135 所示。

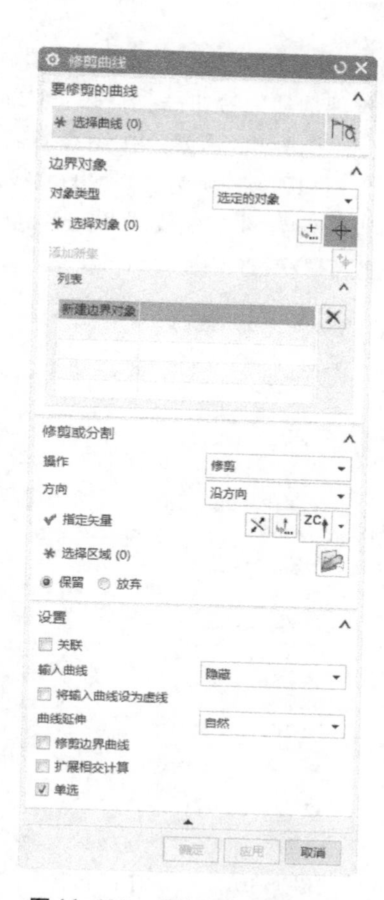

图 14-133 “修剪曲线”对话框

图 14-134 曲线 1　　图 14-135 曲线 2

Step 06 创建直线

在菜单栏中选择“插入”→“曲线”→“基本曲线（原有）”命令，打开“基本曲线”对话框。单击“直线”按钮，在“点方法”下拉列表中选择“交点”和“象限点”，依次选择图 14-136 所示的交点和象限点，完成直线的创建。生成的曲线模型如图 14-136 所示。

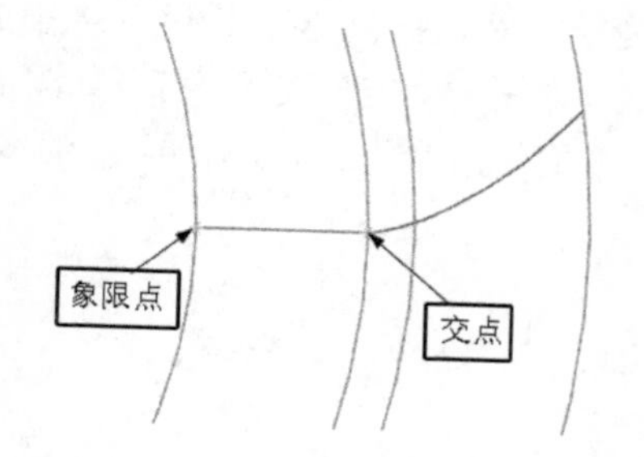

图 14-136 曲线

同上述步骤，分别以渐开线与分度圆交点为起点和坐标原点为终点创建直线 2。

Step 07 变换操作

在菜单栏中选择“编辑”→“移动对象”命令或单击“工具”功能区“实用工具”组中的“移动对象”按钮，打开如图 14-137 所示的“移动对象”对话框，在视图区中选择直线 2 为移动对象，选择变换运动为“角度”，指定“ZC 轴”为旋转轴，指定坐标原点为旋转点，选中“复制原先的”单选按钮，输入“非关联副本数”为 1，单击“确定”按钮。结果如图 14-138 所示。

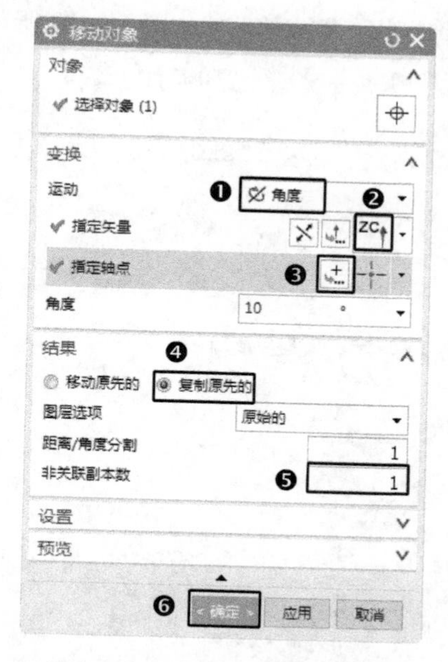

图 14-137 “移动对象”对话框

Step 08 镜像操作

（1）在菜单栏中选择“编辑”→“变换”命令，

打开“变换”对话框，选择图 14–138 中的直线和渐开线，单击“确定”按钮，打开如图 14–139 所示的“变换”对话框 1，单击“通过一直线镜像”按钮。

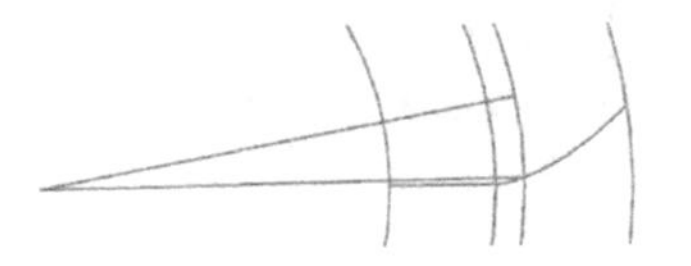

图 14–138　移动直线

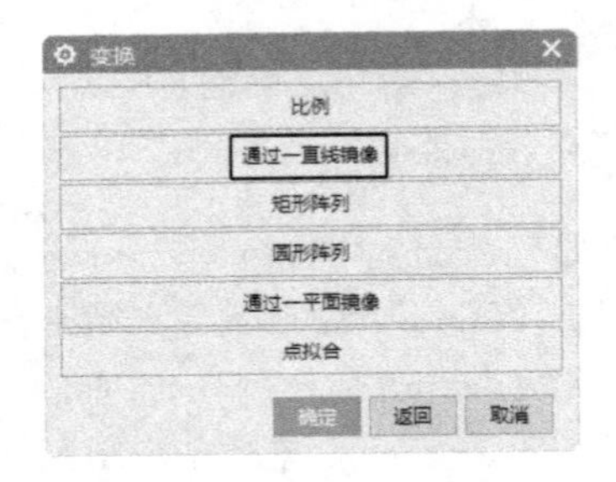

图 14–139　“变换”对话框 1

（2）打开“变换”直线创建方式对话框，如图 14–140 所示，单击“现有的直线”按钮，根据系统提示选择复制的直线。打开“变换”类型对话框，如图 14–141 所示。单击“复制”按钮，完成镜像操作。生成的曲线如图 14–142 所示。

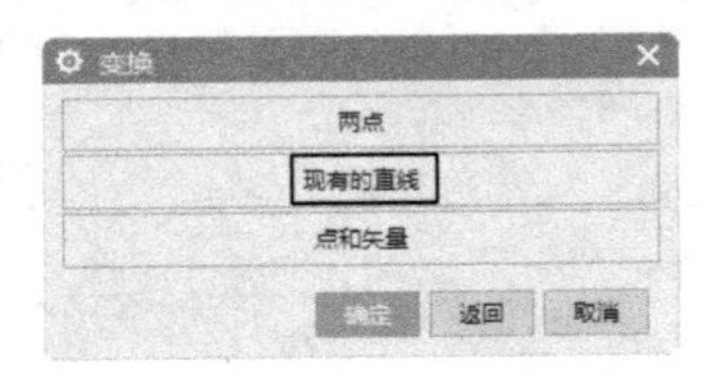

图 14–140　“变换”对话框 2

图 14–141　“变换”对话框 3

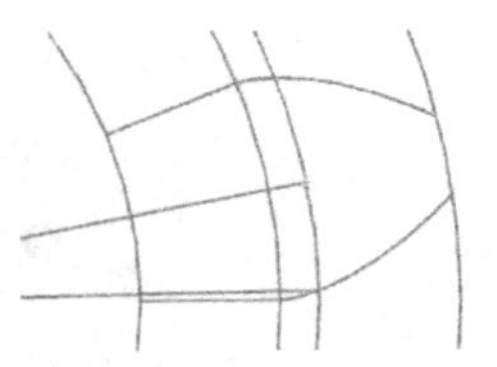

图 14–142　曲线

Step 09　修剪曲线并删除

（1）在菜单栏中选择“编辑”→“曲线”→“修剪”命令或单击“曲线”功能区“编辑曲线”组中的“修剪曲线”按钮，打开“修剪曲线”对话框，如图 14–143 所示。按图设置各选项，分别选择齿顶圆和齿根圆为要修剪的曲线，选择齿根圆为边界对象，生成曲线，如图 14–144 所示。

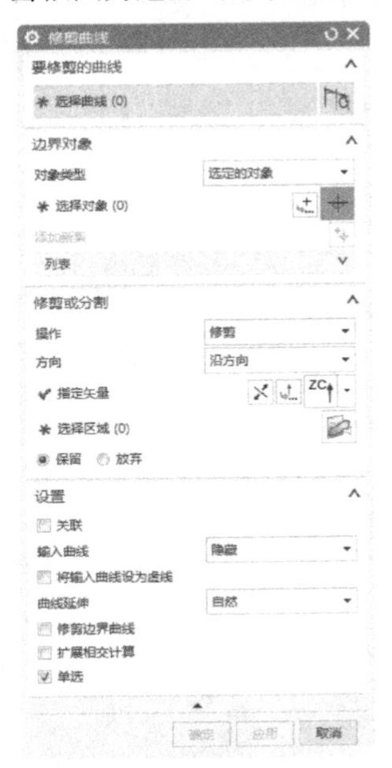

图 14–143　“修剪曲线”对话框

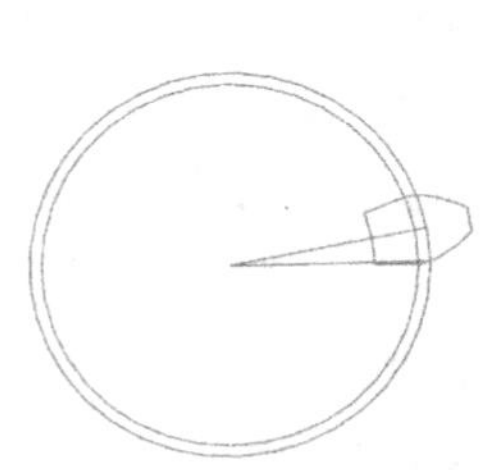

图 14–144　修剪曲线

（2）删除多余的圆和曲线，生成如图 14–145 所示的齿形轮廓曲线。

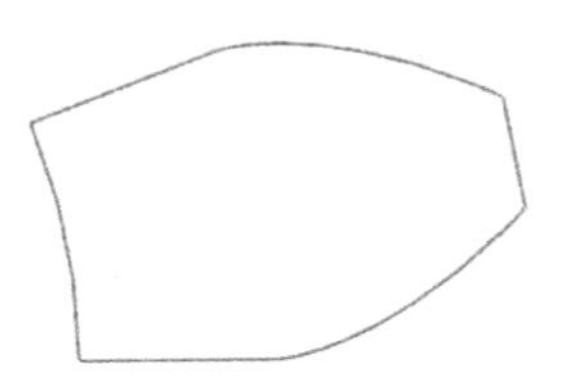

图 14–145　齿形轮廓曲线

Step 10　创建拉伸

在菜单栏中选择“插入”→“设计特征”→“拉伸”命令或单击“主页”功能区“特征”组中的“拉伸”按钮，打开“拉伸”对话框，如图 14–146 所示。❶ 选择齿形曲线为拉伸曲线，❷ 在“指定矢量”下拉列表中选择“ZC 轴”为拉伸方向，❸ 在“限制”选项的“开始距离”和“结束距离”文本框中分别输入 0 和 24。❹ 单击“确定”按钮，完成拉伸操作，创建齿形实体 1，如图 14-147 所示。

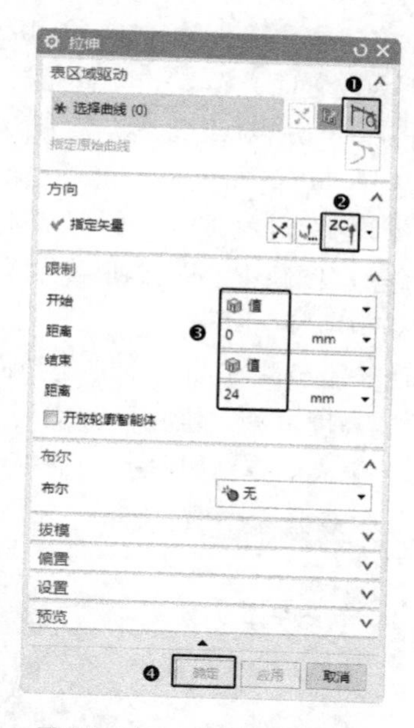

图 14-146　“拉伸”对话框

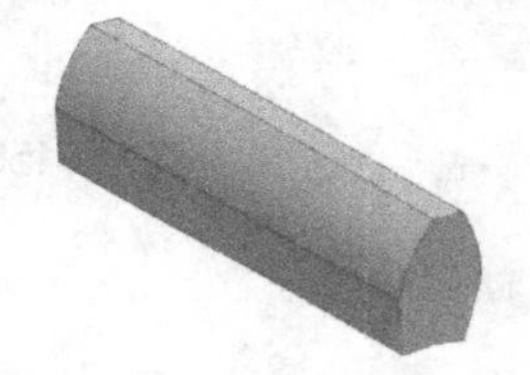

图 14-147　齿形形体 1

Step 11 创建圆柱体

在菜单栏中选择“插入”→“设计特征”→“圆柱”命令或单击“主页”功能区“特征”组中的“圆柱”按钮，打开“圆柱”对话框，如图 14-148 所示。❶选择“轴、直径和高度”类型，❷在“指定矢量”下拉列表中选择“ZC 轴”，❸在“直径”和“高度”文本框中分别输入 19.5 和 24，❹单击“确定”按钮，以原点为中心生成圆柱体，如图 14-149 所示。

Step 12 变换操作

在菜单栏中选择“插入”→“关联复制”→“阵列特征”命令或单击“主页”功能区“特征”组中的“阵列特征”按钮，打开“阵列特征”对话框，如图 14-150 所示。选择齿形实体为阵列特征，❶在“布局”下拉列表中选择“圆形”，❷选择“ZC 轴”为旋转轴，❸以坐标原点为旋转点，❹设置“数量”为 9，“节距角”为 40，❺单击“确定”按钮，生成如图 14-151 所示的模型。

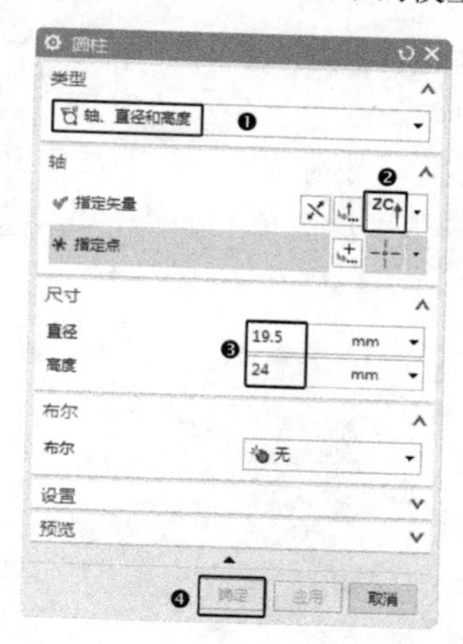

图 14-148　“圆柱”对话框

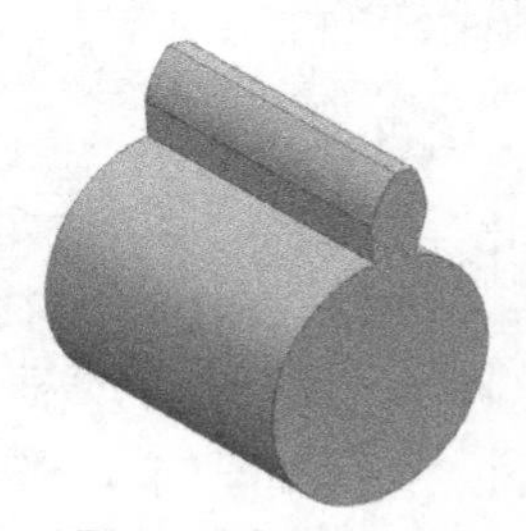

图 14-149　圆柱体

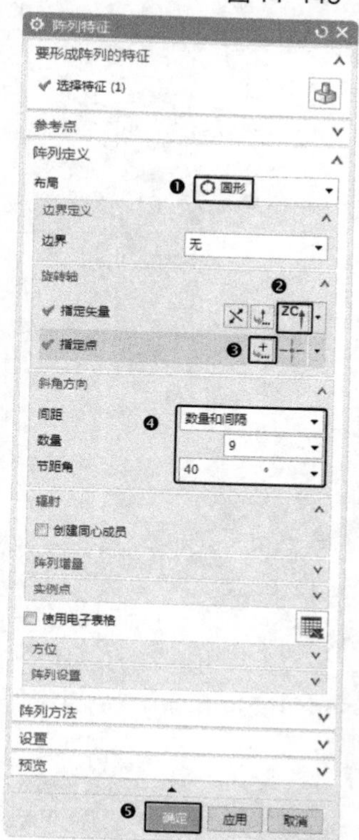

图 14-150　“阵列特征”对话框

图 14-151　复制齿

Step 13 合并

在菜单栏中选择“插入”→“组合”→“合并”命令或单击“主页”功能区“特征”组中的“合并”按钮，打开“合并”对话框。将圆柱体和所有的轮齿进行求和操作，如图 14-152 所示。

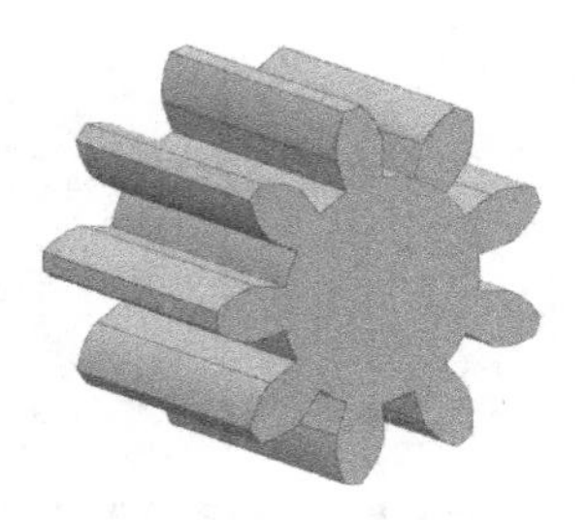

图 14-152　合并操作

Step 14 边倒圆

在菜单栏中选择“插入”→“细节特征”→“边倒圆”命令或单击“主页”功能区“特征”组中的“边倒圆”按钮，打开“边倒圆”对话框，在“半径 1”文本框中输入 2，选择如图 14-153 所示的齿根圆和齿接触线倒圆。结果如图 14-154 所示。

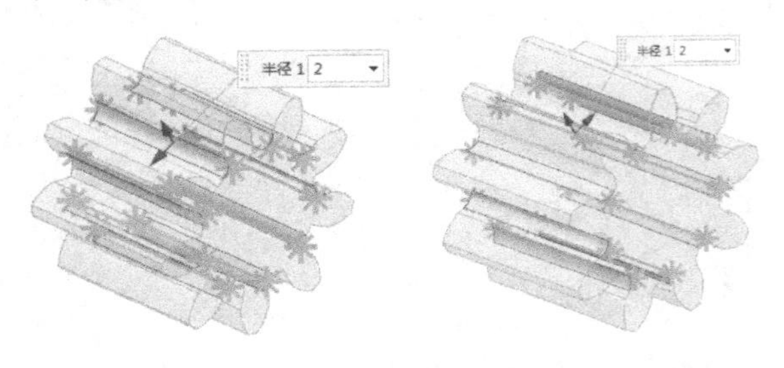

图 14-153　选择倒圆角线

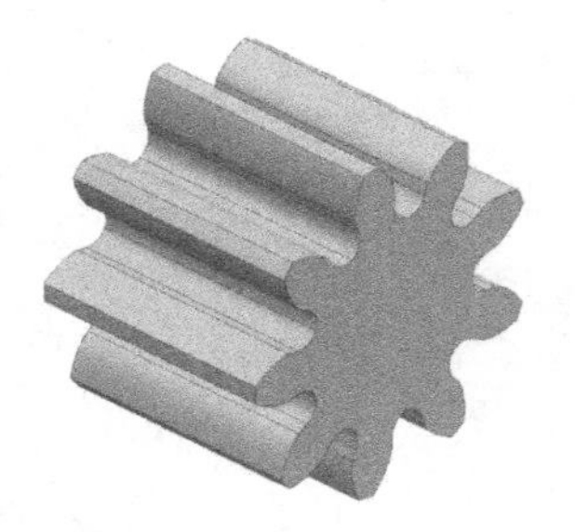

图 14-154　倒圆角

Step 15 创建凸台

（1）在菜单栏中选择“插入”→“设计特征”→“凸台（原有）”命令，打开“支管”对话框，如图 14-155 所示。❶在“直径”“高度”和“锥角”文本框中分别输入 14、2 和 0。选择齿轮上端面为放置面，❷单击“确定”按钮。

（2）打开“定位”对话框，单击“点落在点上”按钮，打开“点落在点上”对话框。选择圆柱体圆弧边为目标对象，打开“设置圆弧的位置”对话框。单击“圆弧中心”按钮，生成的凸台 1 定位于上端面中心。

（3）同以上步骤在凸台 1 的上端面中心创建“直径”“高度”和“锥角”分别为 16、9 和 0 的凸台 2。生成的模型如图 14-156 所示。

图 14-155　“支管”对话框

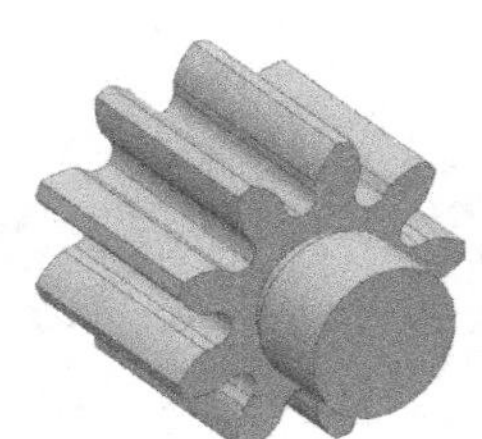

图 14-156　创建凸台

Step 16 创建凸台

在菜单栏中选择“插入”→“设计特征”→“凸台（原有）”命令，打开如图 14-155 所示的“支管”对话框，在“直径”“高度”和“锥角”文本框中分别输入 14、2 和 0，选择齿轮下端面为放置面，单击“确定”按钮，打开“定位”对话框，单击“点落在点上”按钮，打开“点落在点上”对话框，选择圆柱体圆弧边为目标对象，打开“设置圆弧的位置”对话框，单击“圆弧中心”按钮，生成的凸台 3 定位于上端面中心。

同上述步骤分别创建“直径”“高度”和“锥角”分别为（16, 45, 0），（14, 10, 0），（12, 10, 0）的凸台 4、5 和 6。创建的模型如图 14-157 所示。

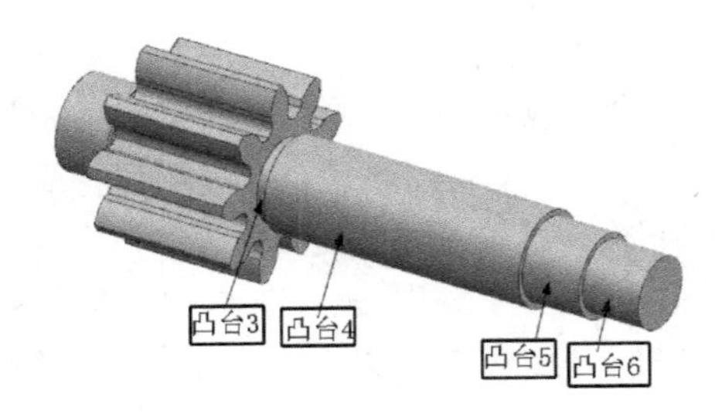

图 14-157　创建凸台

Step 17 创建基准平面

（1）在菜单栏中选择“插入”→“基准/点”→“基准平面”命令或单击“主页”功能区“特征”组中的“基准平面”按钮，打开“基准平面”对话框，选择“XC-YC 平面”类型，单击“应用”按钮，完成基准平面 1 的创建。

（2）同以上步骤分别选择“XC-ZC 平面”类型，单击“应用”按钮，完成基准平面 2 的创建。

（3）选择“YC-ZC 平面”类型，单击“应用”按钮，完成基准平面 3 的创建，并创建与“YC-ZC 平面”平行且相距为 7 的基准平面 4，如图 14-158 所示。

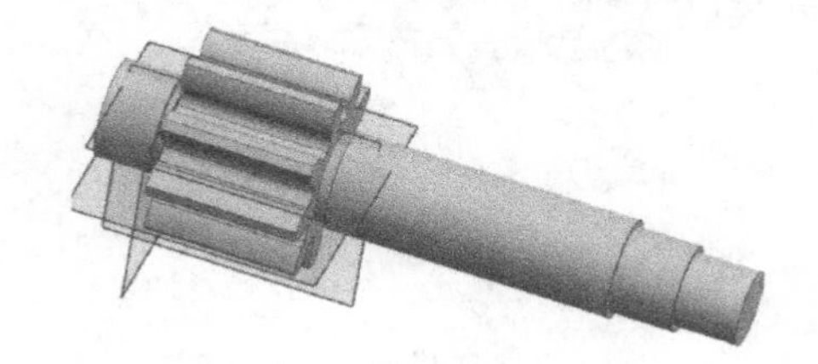

图 14-158 创建基准平面

Step 18 创建键槽

（1）在菜单栏中选择“插入”→“设计特征”→“键槽（原有）”命令，打开如图 14-159 所示的“槽”对话框。❶ 选中“矩形槽”单选按钮，❷ 单击“确定”按钮。

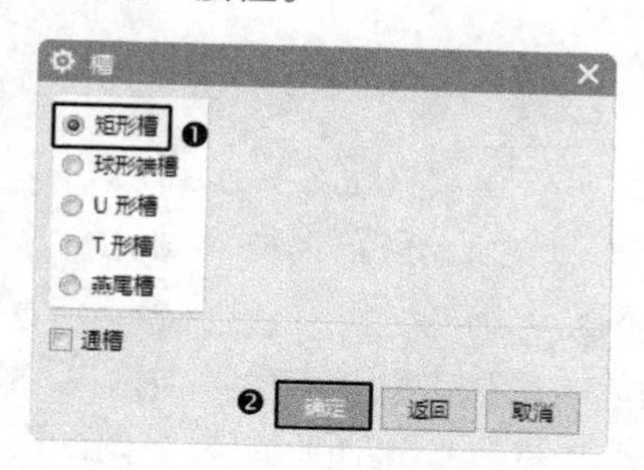

图 14-159 “槽”对话框

（2）打开“键槽”放置面对话框，选择基准平面 4 为键槽放置面，并选择 XC 轴正方向为键槽创建方向，单击“确定”按钮。打开“水平参考”对话框，选择 ZC 轴向为水平参考，打开“矩形槽”参数对话框，如图 14-160 所示，在“长度”“宽度”和“深度”文本框中分别输入 8、5 和 3，单击“确定”按钮。

图 14-160 “矩形槽”参数对话框

（3）打开“定位”对话框，选择“垂直”定位，选择“XC-YC 平面”和矩形腔体短中心线，设置距离为 76；选择“YC-ZC 平面”和矩形腔体长中心线，设置距离为 0，完成矩形键槽的创建。生成如图 14-161 所示的实体。

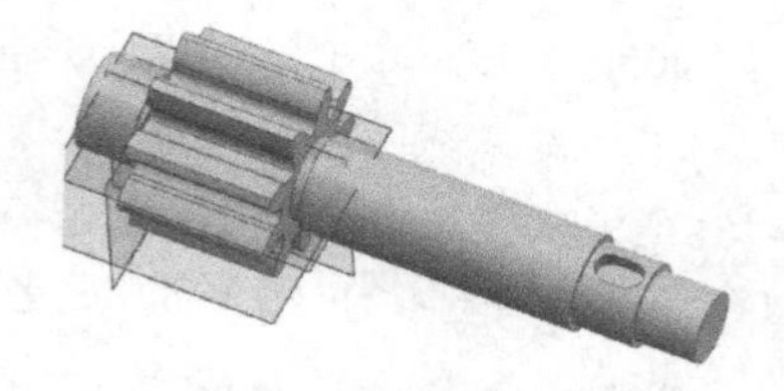

图 14-161 创建键槽

14.8 齿轮

本例采用 GC 工具箱中的齿轮建模工具直接创建齿轮主体，通过拉伸等建模工具，最后生成如图 14-162 所示的齿轮。

图 14-162 齿轮

绘制步骤

Step 01 新建文件

选择“文件”→“新建”命令或单击“主页”功能区“标准”组中的“新建”按钮，打开“新建”对话框，在“模板”列表中选择“模型”，在“名称”文本框中输入 chilun，单击“确定”按钮，进入 UG 主界面。

Step 02 创建直齿轮

（1）在菜单栏中选择“GC 工具箱”→“齿

轮建模”→“柱齿轮”命令或单击“主页”功能区“齿轮建模 -GC 工具箱”组中的“柱齿轮建模”按钮，打开“渐开线圆柱齿轮建模”对话框，如图 14–163 所示。❶选中“创建齿轮”单选按钮，❷单击“确定”按钮。

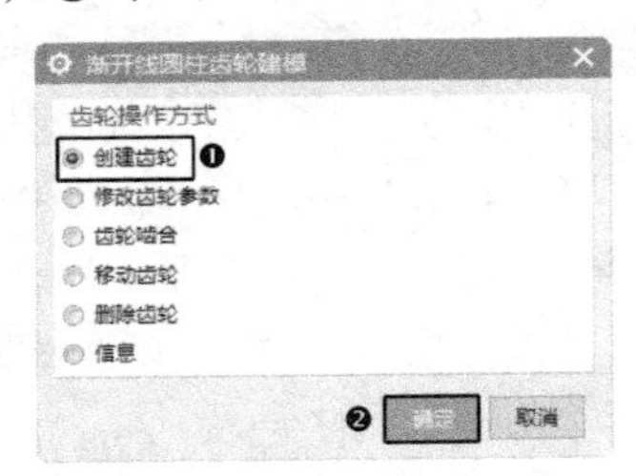

图 14–163 “渐开线圆柱齿轮建模”对话框

（2）打开“渐开线圆柱齿轮类型”对话框，如图 14–164 所示。❶选中“直齿轮”、❷“外啮合齿轮”和❸“滚齿”单选按钮，❹单击“确定”按钮。

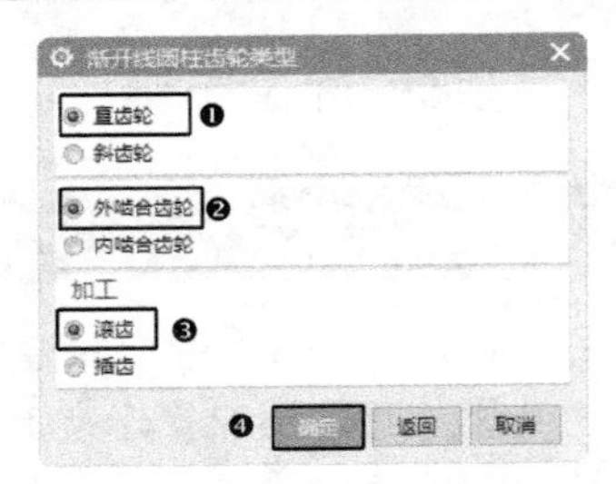

图 14–164 “渐开线圆柱齿轮类型”对话框

（3）打开如图 14–165 所示的“渐开线圆柱齿轮参数”对话框，❶在“标准齿轮”选项卡的“模数”❷“牙数”“齿宽”和“压力角”文本框中分别输入为 3、18、10 和 20，❸单击“确定”按钮，打开“矢量”对话框，选择“ZC 轴”，在坐标原点处创建模型，如图 14–166 所示。

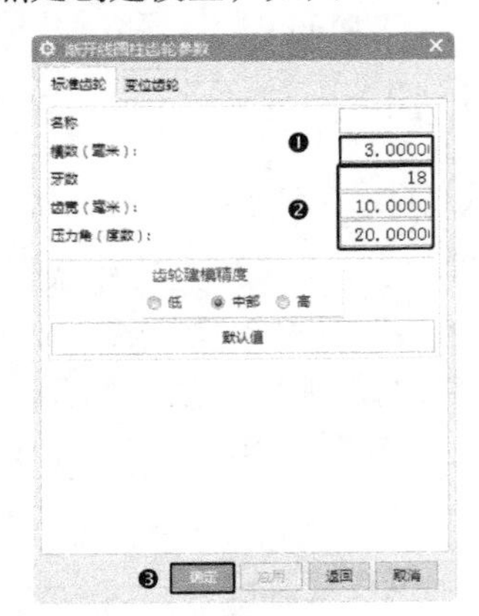

图 14–165 “渐开线圆柱齿轮参数”对话框

图 14–166 齿轮模型

Step 03 创建简单孔

（1）在菜单栏中选择“插入”→“设计特征”→“孔”命令或单击“主页”功能区“特征”组中的“孔”按钮，打开“孔”对话框，如图 14–167 所示。

图 14–167 “孔”对话框

（2）❶选择“简单孔”成形，❷在“直径”“深度”和“顶锥角”文本框中分别输入 15、10 和 0，捕捉如图 14–168 所示的齿根圆的圆弧圆心为孔位置。❸单击“确定”按钮，完成孔的创建，如图 14–169 所示。

图 14–168 选择孔放置　　图 14–169 创建孔

Step 04 创建基准平面

在菜单栏中选择“插入”→“基准 / 点”→“基准平面”命令或单击“主页”功能区“特征”组中的“基准平面”按钮，打开“基准平面”对话框，如图 14-170 所示。选择“XC-YC 平面”类型，单击“应用”按钮，完成基准平面 1 的创建。选择“XC-ZC 平面”类型，单击“应用”按钮，完成基准平面 2 的创建。选择“YC-ZC 平面”类型，单击“应用”按钮，完成基准平面 3 的创建，并创建与“YC-ZC 平面”平行且相距为 7 的基准平面 4。结果如图 14-171 所示。

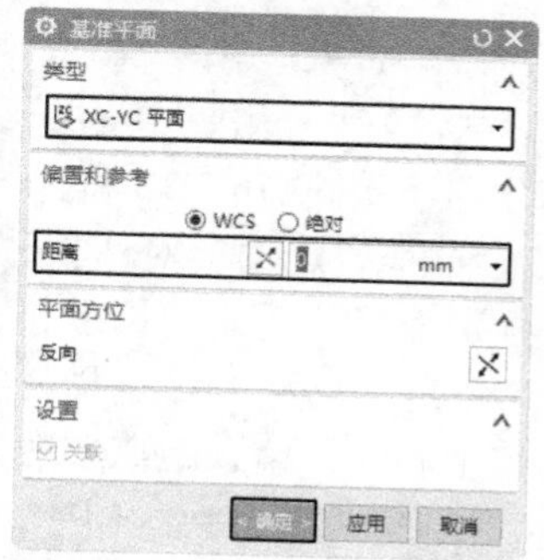

图 14-170 “基准平面”对话框

图 14-171 创建基准平面

Step 05 创建腔体

（1）在菜单栏中选择“插入”→“设计特征”→“腔（原有）”命令，打开“腔”类型对话框，如图 14-172 所示。单击“矩形”按钮，打开“矩形腔”放置面对话框，如图 14-173 所示。选择齿轮一端面为腔体放置面，打开“水平参考”对话框，选择 XC 轴向为水平参考，打开“矩形腔”参数对话框，如图 14-174 所示。

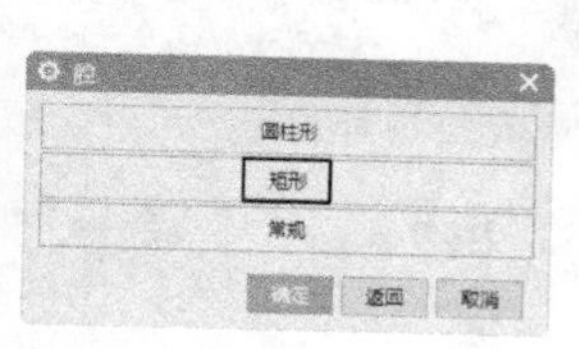

图 14-172 “腔”类型对话框

图 14-173 “矩形腔”放置面对话框

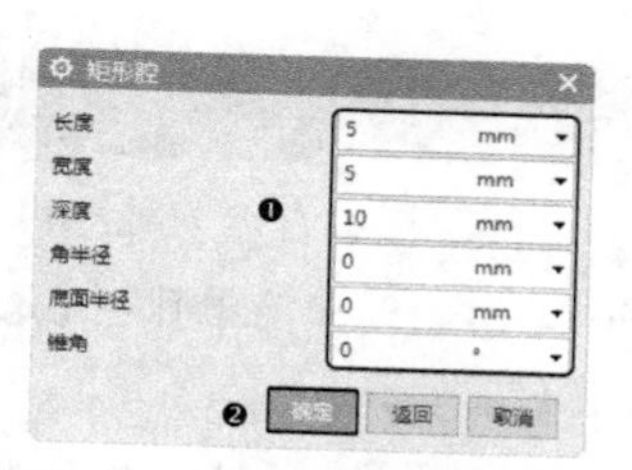

图 14-174 “矩形腔”参数对话框

（2）❶ 在“长度”“宽度”和“深度”文本框中分别输入 5、5 和 10，其他都输入 0，❷ 单击“确定”按钮。打开“定位”对话框，选择“垂直”定位方式，选择基准平面 2 和腔体中心线，输入距离为 0，选择基准平面 3 和腔体另一中心线，输入距离为 7，单击“确定”按钮，完成水平定位。生成的模型如图 14-175 所示。

图 14-175 生成模型边倒角

Step 06 边倒角

在菜单栏中选择“插入”→“细节特征”→“倒斜角”命令或单击“主页”功能区“特征”组中的“倒斜角”按钮，打开“倒斜角”对话框，如图 14-176 所示。❶ 选择“对称”方式，❷ 在“距离”文本框中输入 1，选择如图 14-177 所示的键槽边缘，❸ 单击“确定”按钮，完成边倒角，如图 14-162 所示。

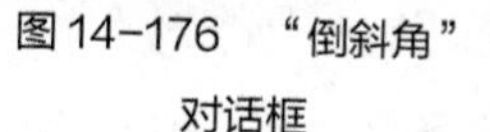

图 14-176 “倒斜角”对话框

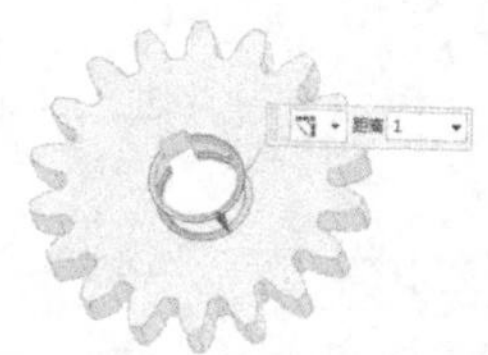

图 14-177 选择倒斜角边

14.9 后端盖

本例首先创建长方体，然后在长方体上创建垫块和凸台，最后创建简单孔、沉孔和螺纹等。模型如图 14–178 所示。

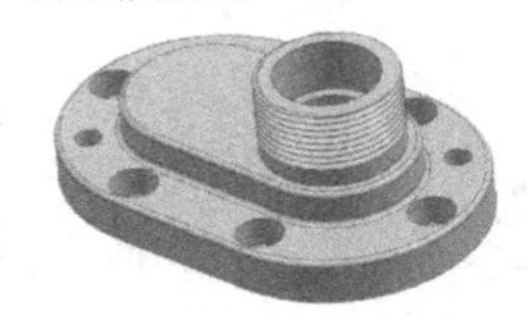

图 14–178　齿轮泵后端盖

绘制步骤

Step 01 新建文件

在菜单栏中选择“文件”→“新建”命令或单击“主页”功能区“标准”组中的“新建”按钮，打开“新建”对话框，在“模板”列表中选择“模型”，在“名称”文本框中输入“houduangai”，单击“确定”按钮，进入 UG 主界面。

Step 02 创建长方体

（1）在菜单栏中选择“插入”→“设计特征”→“长方体”命令或单击“主页”功能区“特征”组中的“长方体”按钮，打开“长方体”对话框，如图 14–179 所示。

（2）❶ 选择“原点和边长”类型，❷ 单击“点对话框”按钮，打开“点”对话框，输入坐标值（–42.38, –28, 0），单击“确定”按钮，❸ 在“尺寸”选项组中输入“长度”“宽度”和“高度”分别为 84.76、56 和 9，❹ 单击“确定”按钮，完成长方体的创建，如图 14–180 所示。

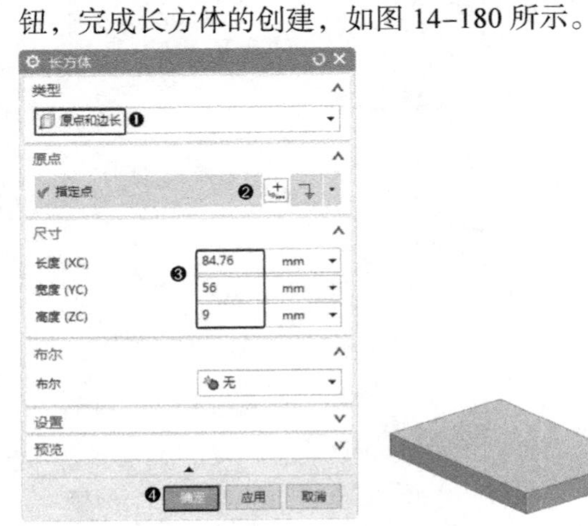

图 14–179　“长方体”对话框

图 14–180　创建长方体

Step 03 创建垫块

（1）在菜单栏中选择“插入”→“设计特征”→“垫块（原有）”命令，打开“垫块”类型对话框，如图 14–181 所示。单击“矩形”按钮，打开“矩形垫块”放置面选择对话框，选择长方体上表面为垫块放置面。

图 14–181　“垫块”类型对话框

（2）打开“水平参考”对话框，选择与 XC 轴平行的线段为参考，打开“矩形垫块”对话框，如图 14–182 所示，❶ 在“长度”“宽度”和“高度”文本框中分别输入 60.76、32 和 7，❷ 单击“确定”按钮。打开“定位”对话框，单击“垂直”按钮，分别选择长方体的长边和垫块的长中心线，输入距离参数为 28；选择长方体的短边和垫块的短中心线，输入距离参数为 42.38，单击“确定”按钮，完成垫块的创建，如图 14–183 所示。

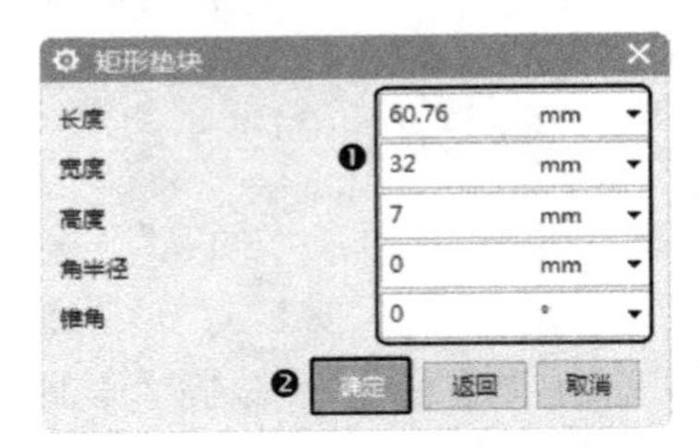

图 14–182　“矩形垫块”对话框

图 14–183　垫块

Step 04 创建凸台

在菜单栏中选择“插入”→“设计特征”→“凸台（原有）”命令，打开“支管”对话框，如图 14–184 所示。❶ 在“直径”“高度”和“锥角”文本框中分别输入 27、16 和 0，选择

Step 03 中创建的垫块上表面为放置面，❷ 单击“确定”按钮，生成一个凸台。打开“定位”对话框，单击“垂直”定位，选择垫块的相邻两边为定位边，输入距离为 16，单击“确定”按钮，完成凸台的创建。生成的模型如图 14-185 所示。

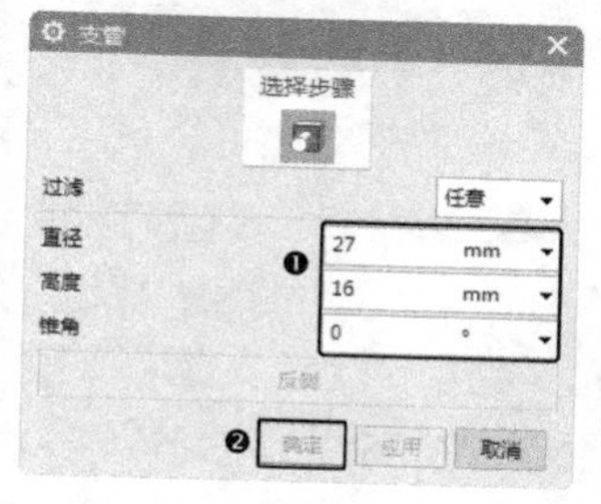

图 14-184 “支管”对话框

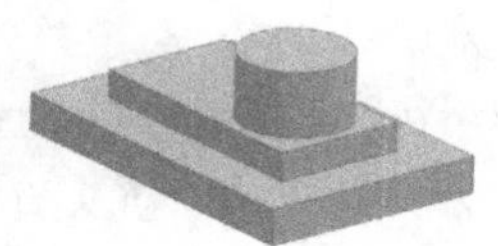

图 14-185 创建凸台

Step 05 创建边倒圆

（1）在菜单栏中选择“插入”→“细节特征”→“边倒圆”命令或单击“主页”功能区“特征”组中的“边倒圆”按钮，打开“边倒圆”对话框，在“半径 1”文本框中输入 28。选择如图 14-186 所示的长方体四侧面为倒圆边，单击“应用”按钮。

（2）同步骤（1）将如图 14-187 所示的垫块四侧面边倒圆，倒圆半径为 16，单击“确定”按钮生成模型，如图 14-188 所示。

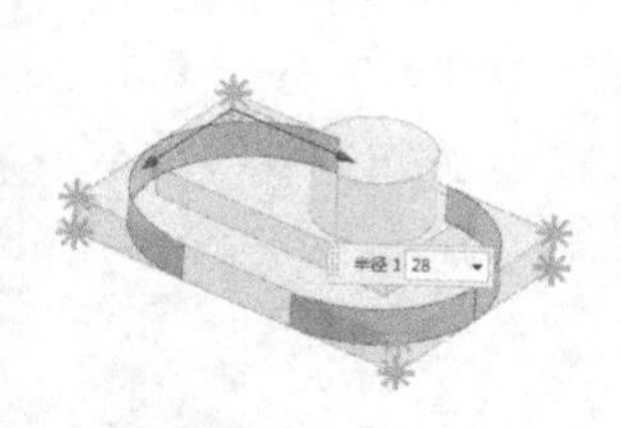

图 14-186 选择长方体的棱边

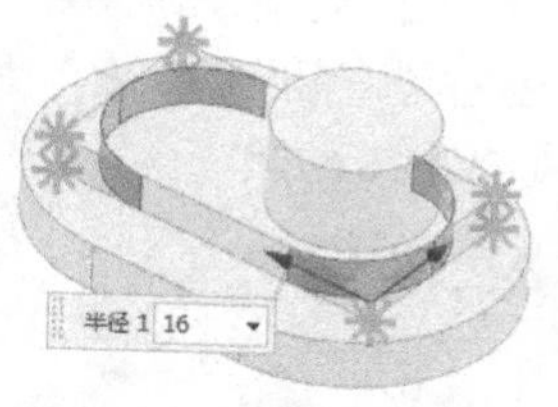

图 14-187 选择垫块棱边

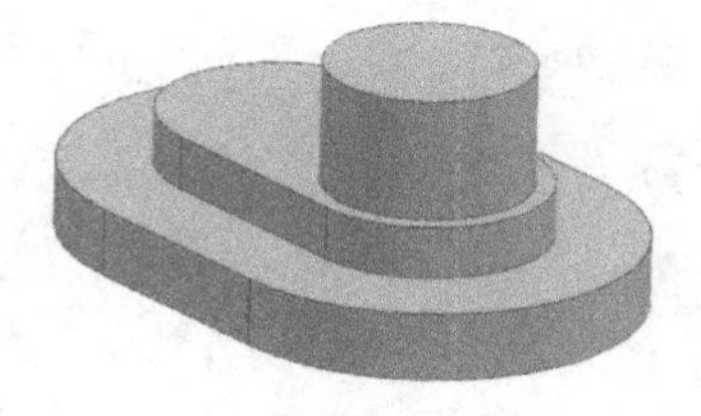

图 14-188 边倒圆

Step 06 创建沉头孔

在菜单栏中选择“插入”→“设计特征”→“孔”命令或单击“主页”功能区“特征”组中的“孔”按钮，打开“孔”对话框，如图 14-189 所示。❶ 选择“沉头”成形，❷ 在“沉头直径”“沉头深度”“直径”“深度”和“顶锥角”文本框中分别输入 9、6、7、9 和 0。❸ 单击“绘制截面”按钮，选择长方体的上表面为草图绘制面。绘制孔的位置，如图 14-190 所示。❹ 单击“确定”按钮，完成孔的创建，如图 14-191 所示。

图 14-189 “孔”对话框

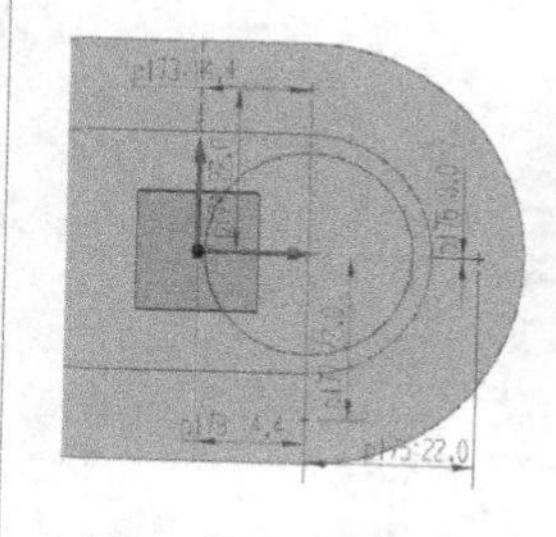

图 14-190 孔位置草图

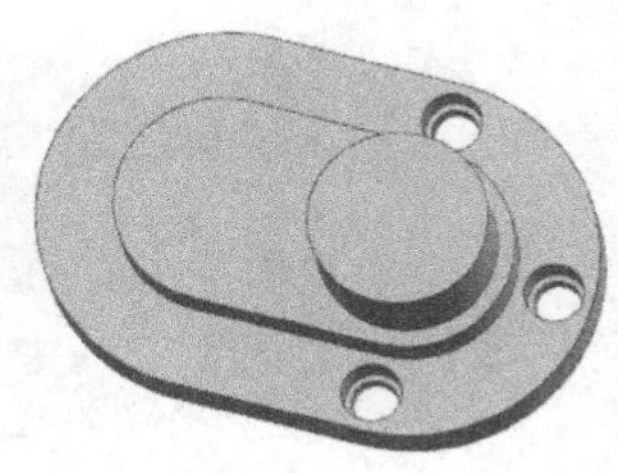

图 14-191 创建沉头孔

Step 07 创建镜像特征

在菜单栏中选择“插入”→“关联复制”→“镜像特征”命令或单击“主页”功能区“特征”组中“更多”库下的“镜像特征”按钮，打开“镜像特征”对话框，如图 14-192 所示。❶ 在“选择特征”中选择 Step 06 中创建的沉头孔。❷ 在“平面”下拉列表中选择“新平面”，❸ 在“指定平面”下拉列表中选择“YC-ZC 平面”作为镜像平面，❹ 单击“确定”按钮，完成镜像特征的创建，如图 14-193 所示。

图 14-192 “镜像特征”对话框

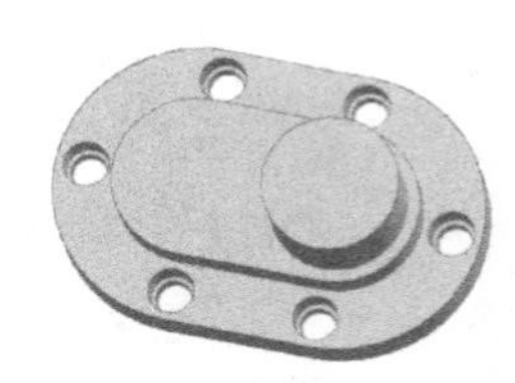

图 14-193 创建镜像特征

Step 08 创建圆孔

在菜单栏中选择“插入”→“设计特征”→“孔”命令或单击“主页”功能区“特征”组中的“孔”按钮，打开“孔”对话框，如图 14-194 所示。❶ 选择“简单孔”成形，❷ 在“直径”“深度”和“顶锥角”文本框中分别输入 5、9 和 0。❸ 单击“绘制截面”按钮，选择长方体的上表面为草图绘制面，绘制孔的位置，如图 14-195 所示。❹ 单击“确定”按钮，完成孔的创建，如图 14-196 所示。

图 14-194 “孔”对话框

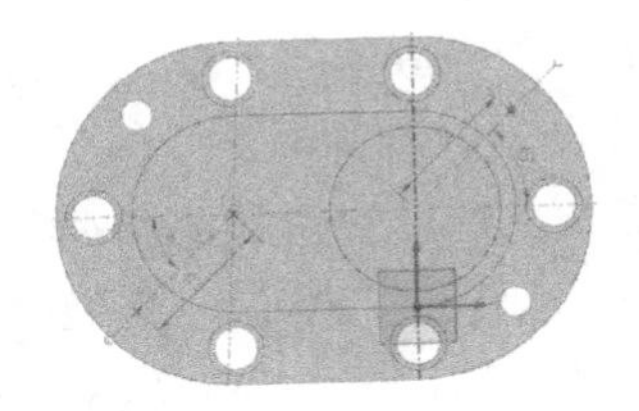

图 14-195 孔位置草图

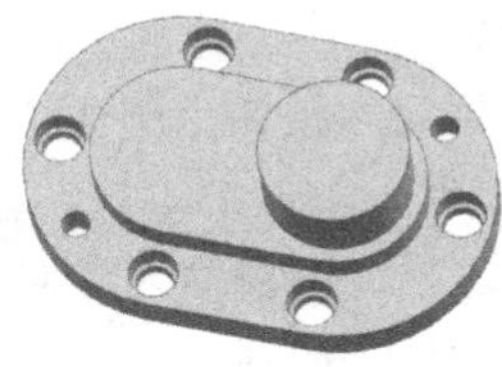

图 14-196 创建简单孔

Step 09 创建圆孔

（1）在菜单栏中选择“插入”→“设计特征”→“孔”命令或单击“主页”功能区“特征”组中的“孔”按钮，打开“孔”对话框。选择“沉头”成形，在“沉头直径”“沉头深度”“直径”“深度”和“顶锥角”文本框中分别输入 20、11、16、32 和 0，捕捉如图 14-197 所示的凸台上端面圆心为孔位置。单击“确定”按钮，完成孔的创建，如图 14-198 所示。

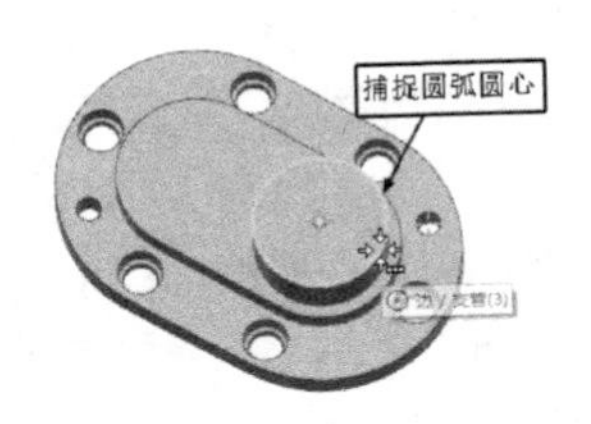

图 14-197 捕捉圆心

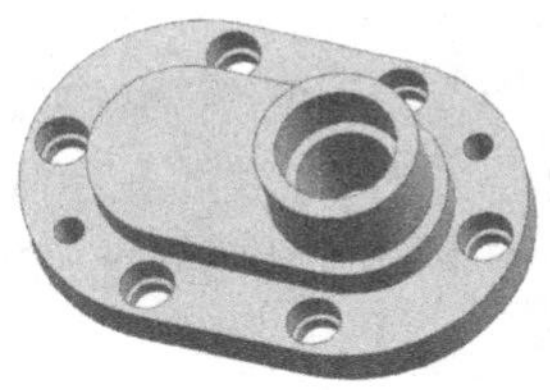

图 14-198 创建沉头孔

（2）同理，捕捉如图 14-199 所示的圆心位置，创建“直径”“深度”和“顶锥角”分别是 16、11 和 120 的简单孔。生成的模型如图 14-200 所示。

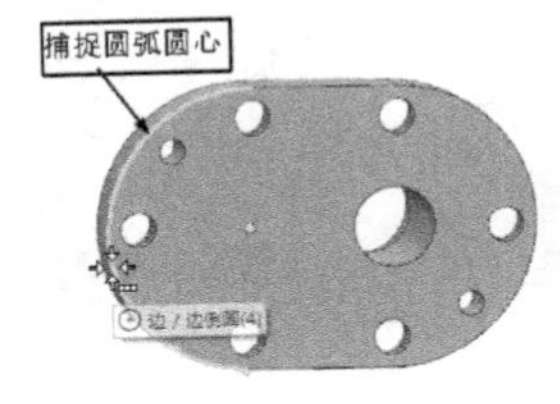

图 14-199 捕捉圆心

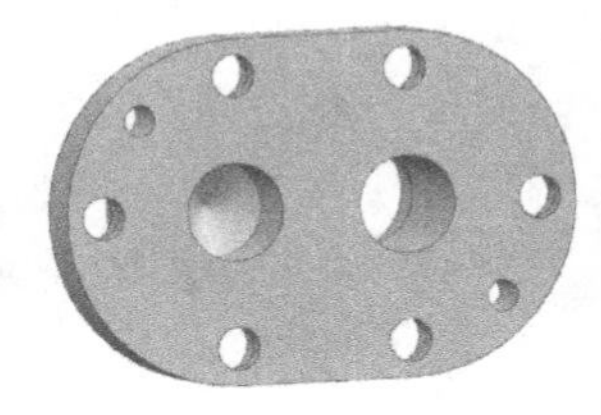

图 14-200 生成模型

Step 10 创建螺纹

在菜单栏中选择“插入”→“设计特征”→“螺纹”命令或单击“主页”功能区“特征”组中的“螺纹刀”按钮，打开“螺纹切削”对话框，如图 14-201 所示。❶ 选择“详细”类型，选择凸台外表面为螺纹放置面，如图 14-202 所示，❷ 在“小径”文本框中输入 25，“长度”文本框中输入 13，“螺距”文本框中输入 1.5，其他接受系统默认的各值，❸ 单击“确定”按钮，完成螺纹的创建，如图 14-203 所示。

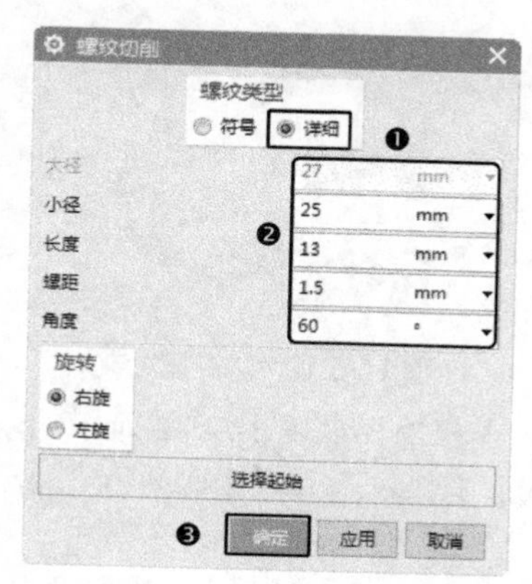

图 14-201 “螺纹切削”对话框

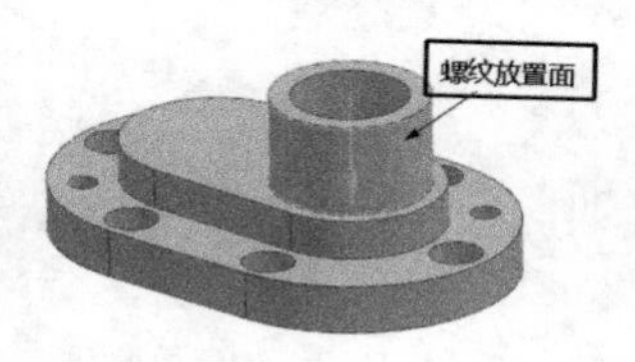

图 14-202 创建螺纹

图 14-203 创建螺纹

Step 11 边倒圆

在菜单栏中选择“插入”→“细节特征”→“边倒圆”命令或单击“主页”功能区“特征”组中的“边倒圆”按钮，打开“边倒圆”对话框，在“半径 1”文本框中输入 1，如图 14-204 所示。选择垫块上表面外缘、下表面外缘和长方体上表面外缘。单击“确定”按钮，生成模型如图 14-205 所示。

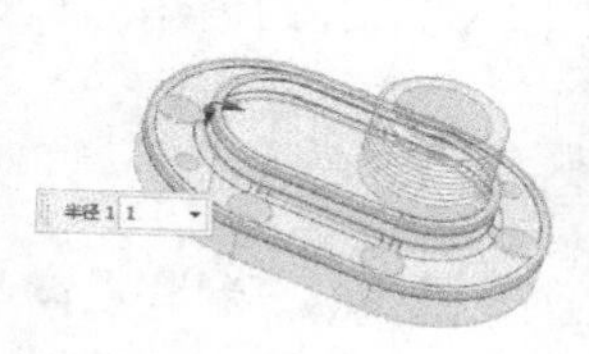

图 14-204 选择圆角边

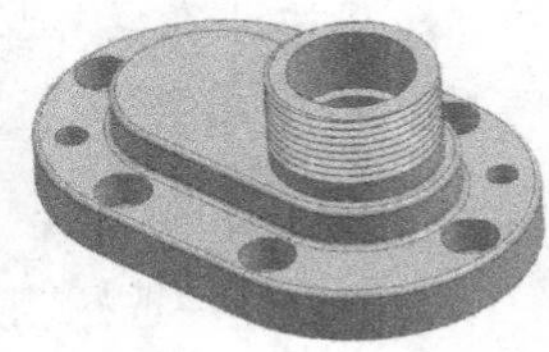

图 14-205 后端盖

14.10 前端盖

本例主体由长方体构成，然后在机座主体的不同方位进行孔、腔体操作，重点介绍基准平面和基准轴的使用。最后生成如图 14-206 所示的模型。

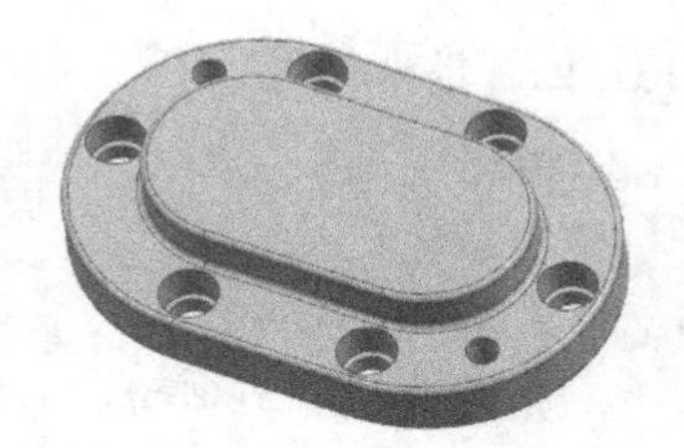

图 14-206 齿轮泵前盖

绘制步骤

Step 01 新建文件

在菜单栏中选择“文件”→“新建”命令或单击“主页”功能区“标准”组中的“新建”按钮，打开“新建”对话框，在“模板”列表中选择“模型”，输入 qianduangai，单击“确定”按钮，进入 UG 主界面。

Step 02 创建长方体

在菜单栏中选择“插入”→“设计特征”→“长方体”命令或单击“主页”功能区“特征”组中的“长方体”按钮，打开“长方体”对话框，如图 14-207 所示。❶ 选择“原点和边长”类型。❷ 单击“点对话框”按钮，打开“点”对话框，输入坐标值（-42.38, -28, 0），单击“确定”按钮，❸ 在“长方体”对话框中输入“长度”“宽度”和“高度”分别为 84.76、56 和 9，❹ 单击“确定”按钮，完成长方体的创建，如图 14-208 所示。

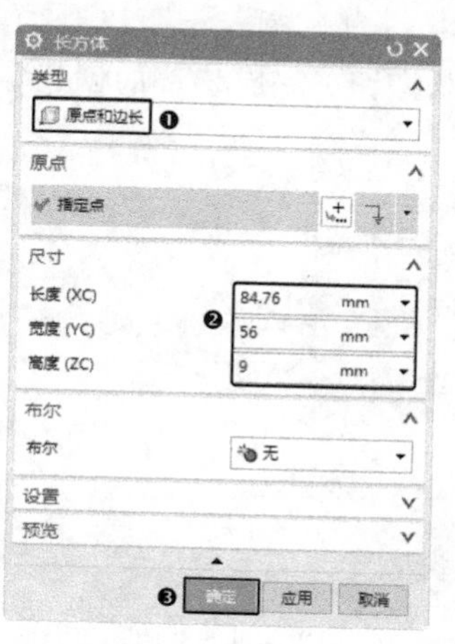

图 14-207 “长方体”对话框

图 14-208 长方体模型

Step 03 创建垫块

（1）在菜单栏中选择“插入”→“设计特征”→“垫块（原有）”命令，打开“垫块”类型选择对话框，如图 14-209 所示。单击“矩形”按钮，打开“矩形垫块”对话框，选择长方体上表面为垫块放置面。打开“水平参考”对话框，选择与 XC 轴平行的线段为参考，❶ 在“长度”“宽度”和“高度”文本框中分别输入 60.76、32 和 7，如图 14-210 所示，❷ 单击“确定”按钮。

图 14-209　“垫块”类型对话框

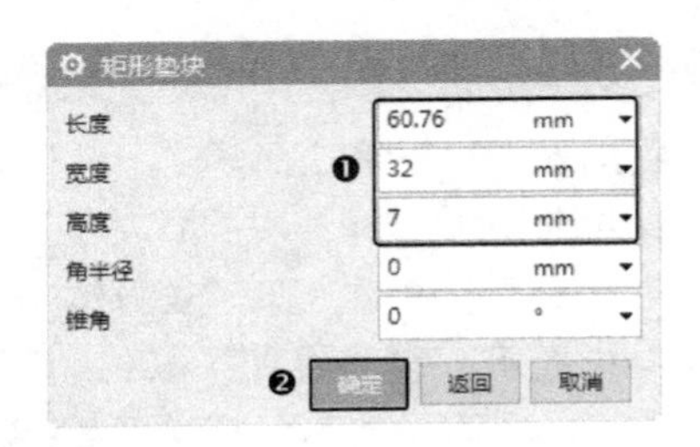

图 14-210　“矩形垫块”对话框

（2）打开“定位”对话框，选择“垂直”定位，分别选择长方体的长边和垫块的长中心线，输入“距离”为 28，选择长方体的短边和垫块的短中心线，输入“距离”为 42.38，单击“确定”按钮，完成垫块的创建，如图 14-211 所示。

图 14-211　垫块模型

Step 04 创建边倒圆

在菜单栏中选择“插入”→“细节特征”→“边倒圆”命令或单击“主页”功能区“特征”组中的“边倒圆”按钮，打开“边倒圆”对话框，在“半径 1”文本框中输入 28。选择如图 14-212 所示的长方体棱边为倒圆边，单击“确定”按钮。

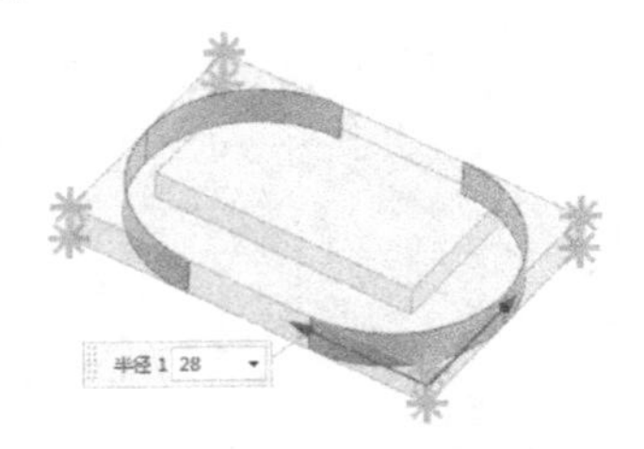

图 14-212　选择圆角边

同上步骤选择如图 14-213 所示的垫块棱边为圆角边，倒圆半径 16。生成的模型如图 14-214 所示。

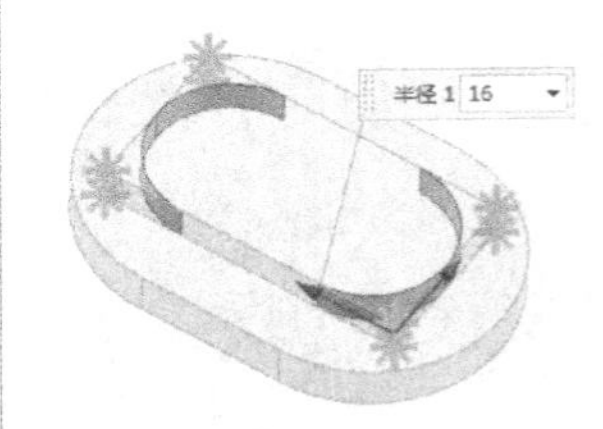

图 14-213　选择圆角边

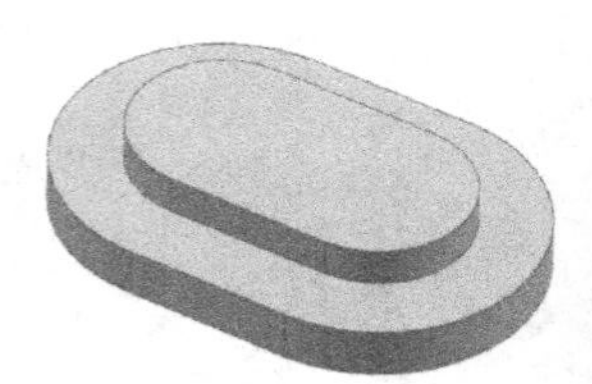

图 14-214　创建倒圆角

Step 05 创建孔

在菜单栏中选择“插入”→“设计特征”→“孔”命令或单击“主页”功能区“特征”组中的“孔”按钮，打开“孔”对话框，如图 14-215 所示。❶ 选择“沉头”成形，❷ 在“沉头直径”“沉头深度”“直径”“深度”和“顶锥角”文本框中分别输入 9、6、7、9、0。❸ 单击“绘制截面”按钮，选择长方体的上表面为草图绘制面。绘制孔的位置，如图 14-216 所示。❹ 单击“确定”按钮，完成孔的创建，如图 14-217 所示。

Step 06 创建镜像特征

在菜单栏中选择“插入”→“关联复制”→“镜像特征”命令或单击“主页”功能区“特征”组中“更多”库下的“镜像特征”按钮，打开如图 14-218 所示的“镜像特征”对话框。❶ 在“选择特征”中选择 Step 05 中创建的沉头孔。❷ 在“平面”下拉列表中选择“新平面”，❸ 在“指定平面”下拉列表中选择“YC-ZC 平面”作为镜像平面，❹ 单击“确定”按钮，完成镜像特征的创建，如图 14-219 所示。

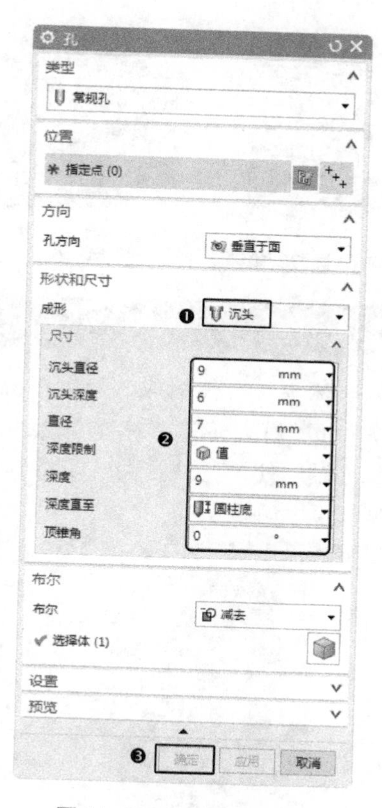

图 14-215 “孔”对话框

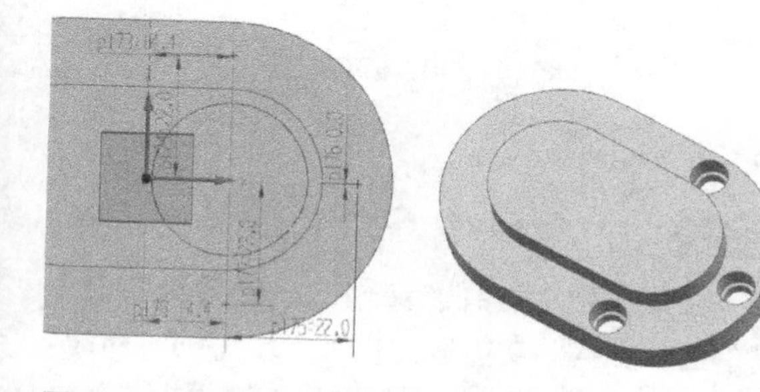

图 14-216 绘制孔位置草图　图 14-217 创建沉头孔

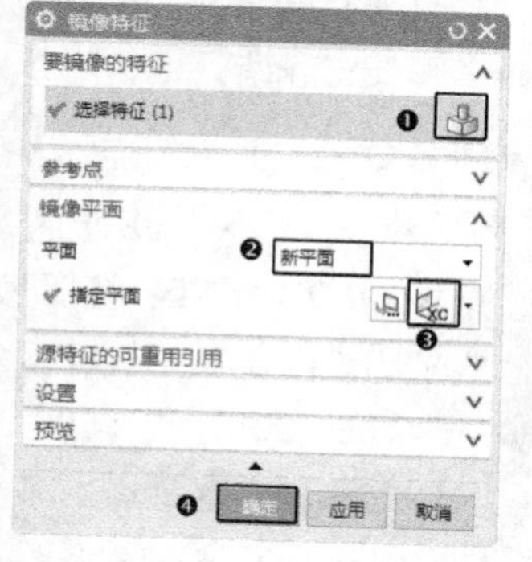

图 14-218 “镜像特征”对话框

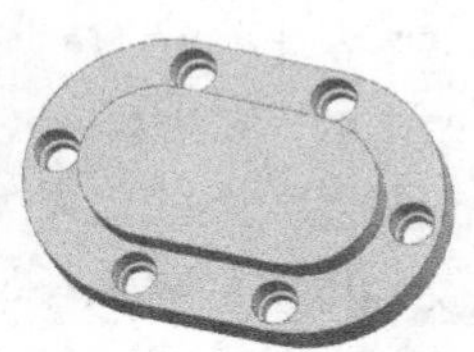

图 14-219 创建镜像特征

Step 07 创建圆孔

在菜单栏中选择“插入”→“设计特征”→“孔”命令或单击“主页”功能区“特征”组中的“孔”按钮，打开“孔”对话框，如图 14-220 所示。❶ 选择“简单孔”成形，❷ 在“直径”“深度”和“顶锥角”文本框中分别输入 5、9 和 0。❸ 单击“绘制截面”按钮，选择长方体的上表面为草图绘制面。绘制孔的位置，如图 14-221 所示。❹ 单击“确定”按钮，完成孔的创建，如图 14-222 所示。

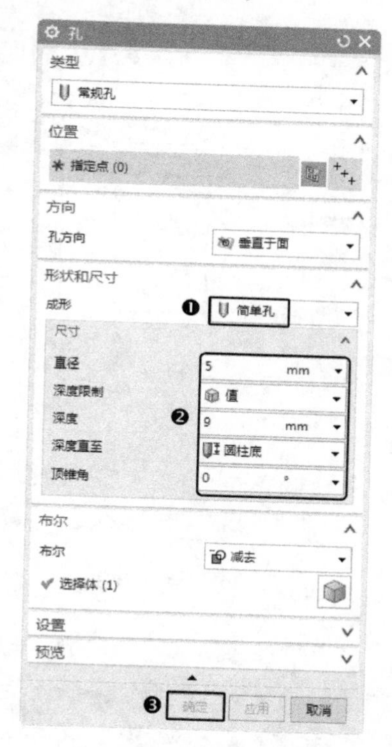

图 14-220 “孔”对话框

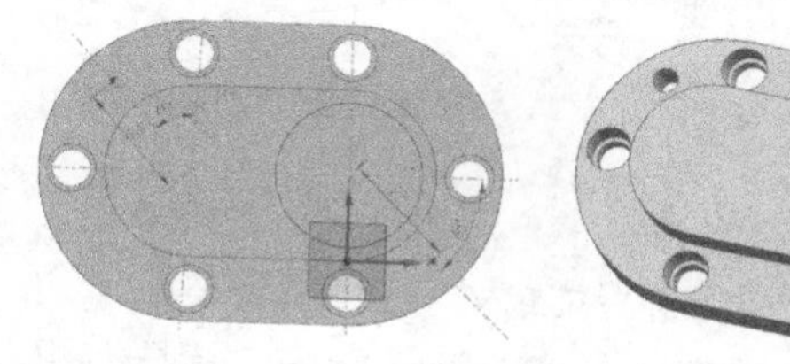

图 14-221 绘制孔位置草图　图 14-222 创建简单孔

Step 08 创建简单孔

在菜单栏中选择“插入”→“设计特征”→“孔”命令或单击“主页”功能区“特

征”组中的“孔”按钮，打开如图 14-223 所示的“孔”对话框，❶选择“简单孔”成形，❷在“直径”“深度”和“顶锥角”文本框中分别输入 16、11 和 120，分别捕捉如图 14-224 所示的两侧圆弧圆心为孔放置位置，❸单击“确定”按钮，完成简单孔的创建，如图 14-225 所示。

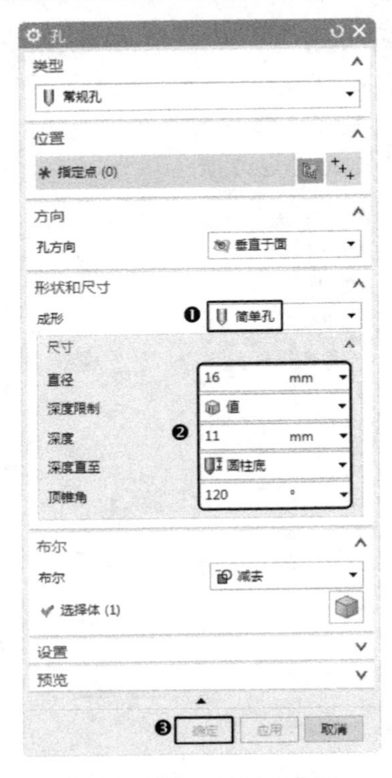

图 14-223 “孔”对话框

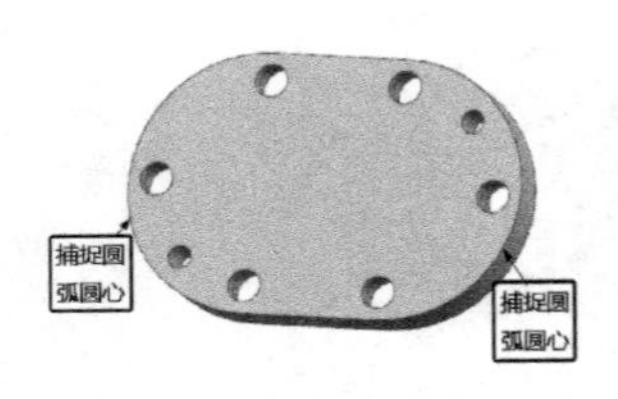

图 14-224 捕捉圆心

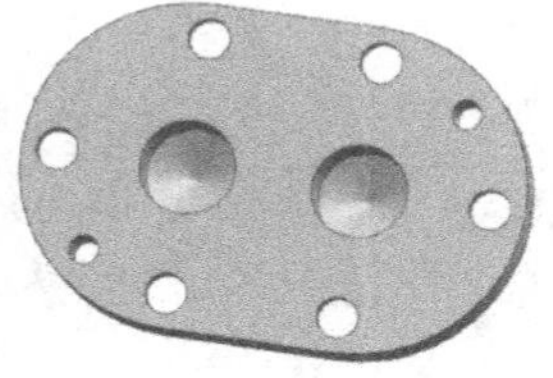

图 14-225 创建简单孔

Step 09 边倒圆

在菜单栏中选择“插入”→“细节特征”→“边倒圆”命令或单击“主页”功能区“特征”组中的“边倒圆”按钮，打开“边倒圆”对话框，在“半径 1”文本框中输入 1。选择垫块上表面外缘、下表面外缘和长方体上表面外缘，如图 14-226 所示。单击“确定”按钮，生成的模型如图 14-227 所示。

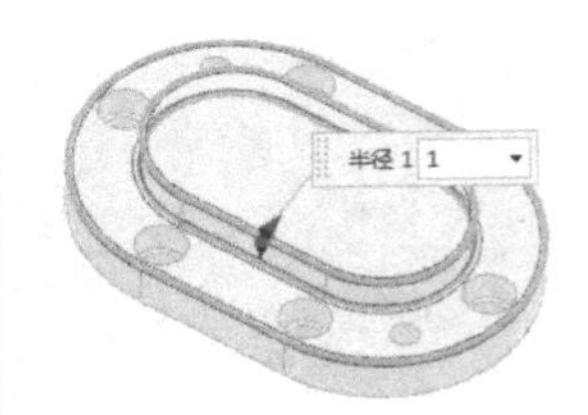

图 14-226 选取圆角边

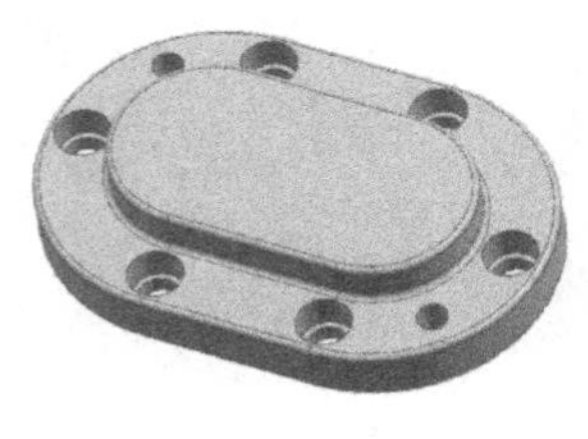

图 14-227 模型

14.11 机座

本例主体由长方体构成，然后在机座主体的不同方位进行孔、腔体操作，重点介绍基准平面和基准轴的使用。最后生成如图 14-228 所示的模型。

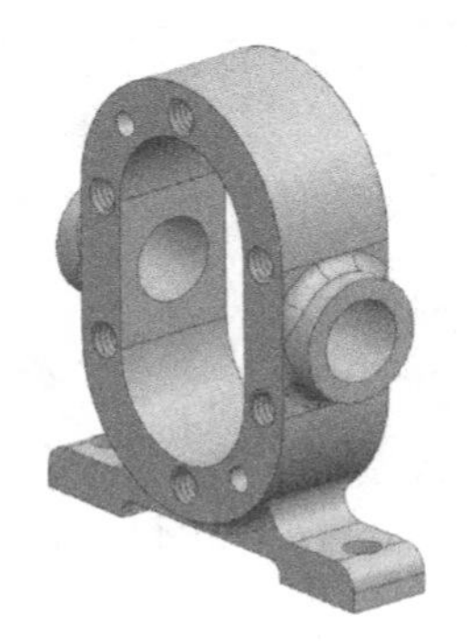

图 14-228 机座模型

绘制步骤

Step 01 新建文件

在菜单栏中选择“文件”→“新建”命令或单击“主页”功能区“标准”组中的“新建”按钮，打开“新建”对话框，在“模板”列表中选择“模型”，在“名称”文本框中输入“jizuo”，单击“确定”按钮，进入 UG 主界面。

Step 02 创建长方体

在菜单栏中选择“插入”→“设计特征”→“长方体”命令或单击“主页”功能区“特征”组中的“长方体”按钮，打开“长方体”对话框，如图 14-229 所示。❶在“长度”“宽度”和“高度”文本框中分别输入 56、24 和 84.76，❷单击“点对话框”按钮，打开“点”对话框，输入坐标值（-28,-12,-42.38），确定长方体生成原点，❸单击“确定”按钮，完成长方体 1 的创建。

同上步骤在点（-42.5，-8，-50）处，创建“长度”“宽度”和“高度”分别为85、16和9的长方体2。布尔合并上述两个实体。生成的模型如图14-230所示。

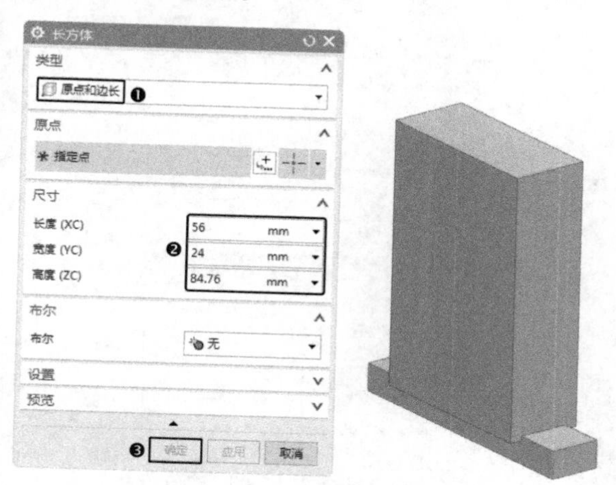

图14-229 “长方体”对话框　图14-230 长方体

Step 03 边倒圆

在菜单栏中选择“插入”→“细节特征”→“边倒圆”命令或单击“主页”功能区“特征”组中的“边倒圆”按钮，打开“边倒圆”对话框，选择如图14-231所示的长方体上、下端面的两短边倒圆，倒圆半径为28。结果如图14-232所示。

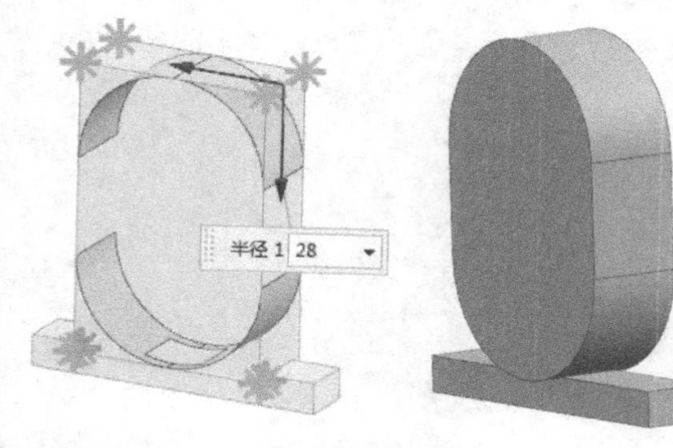

图14-231 选择圆角边　图14-232 倒圆角

Step 04 创建基准平面

在菜单栏中选择“插入”→“基准/点”→“基准平面”命令或单击“主页”功能区“特征”组中的“基准平面”按钮，打开“基准平面”对话框。选择“XC-YC平面”类型，单击“应用”按钮，完成基准平面1的创建。选择“XC-ZC平面”类型，单击“应用”按钮，完成基准平面2的创建。选择“YC-ZC平面”类型，单击“应用”按钮，完成基准平面3的创建，如图14-233所示。

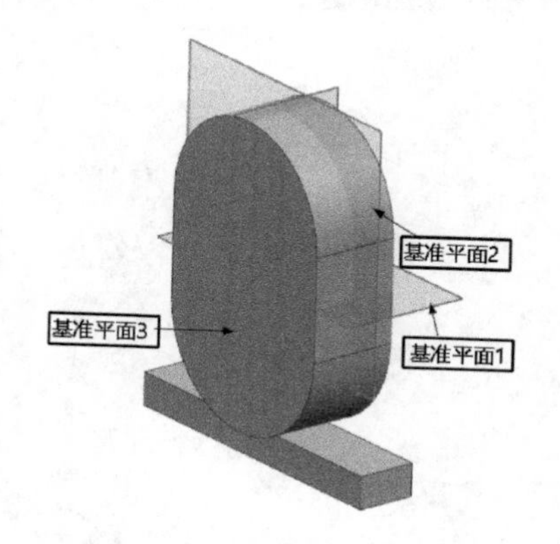

图14-233 创建基准平面

Step 05 创建凸台

（1）在菜单栏中选择“插入”→“设计特征”→“凸台（原有）”命令，打开“支管”对话框，如图14-234所示。在“直径”“高度”和“锥角”文本框中分别输入24、7和0，选择长方体侧面为放置面，打开“定位”对话框，单击“垂直”按钮定位，分别选择基准平面1，输入“距离”为0，选择基准平面2，输入“距离”为0，单击“确定”按钮，完成凸台1的创建。

（2）按步骤（1），在长方体另一侧面创建凸台2。生成的模型如图14-235所示。

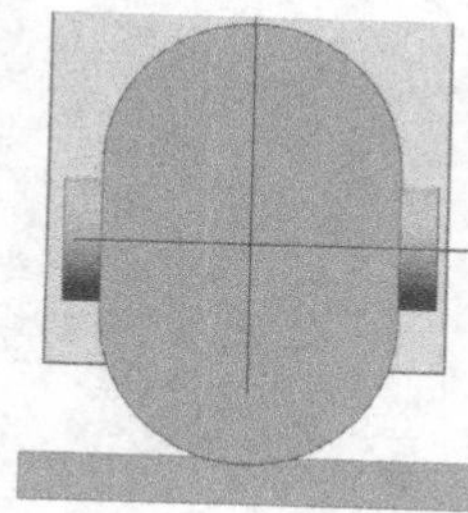

图14-234 “支管”对话框　图14-235 创建凸台

Step 06 创建圆孔

（1）在菜单栏中选择“插入”→“设计特征”→“孔”命令或单击“主页”功能区“特征”组中的“孔”按钮，打开“孔”对话框，如图14-236所示。选择“简单孔”成形，在“直径”“深度”和“顶锥角”文本框中分别输入16、70和0。

捕捉如图 14–237 所示的圆弧圆心为孔放置位置，单击“确定”按钮，在凸台中心完成圆孔 1 的创建。

图 14–236 “孔”对话框

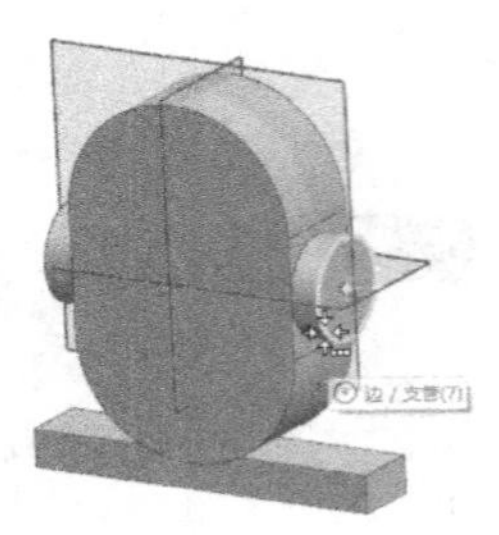

图 14–237 捕捉圆心

（2）同步骤（1），捕捉如图 14–238 所示的长方体 1 的前表面圆心为孔位置，创建两个参数相同的简单孔，“直径”“深度”和“顶锥角”分别是 34.5、24 和 0。生成的模型如图 14–239 所示。

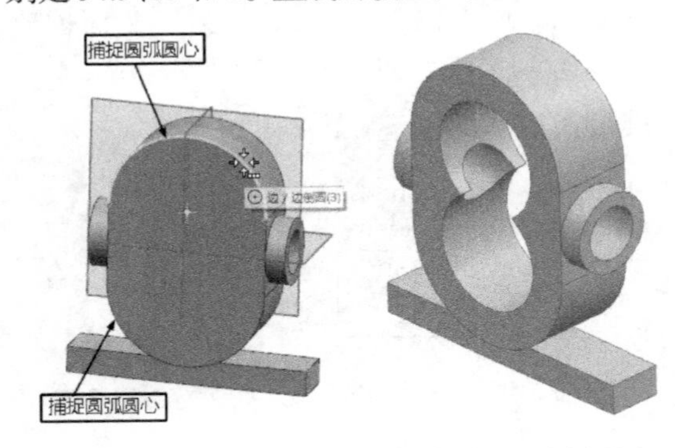

图 14–238 捕捉圆心　　图 14–239 创建圆孔

Step 07 创建腔体 1

（1）在菜单栏中选择“插入”→“设计特征”→“腔（原有）”命令，打开“腔”对话框，如图 14–240 所示。单击“矩形”按钮，打开“矩形腔”放置面对话框，选择长方体的前表面为腔体放置面，打开“水平参考”对话框，按系统提示选择放置面与 XC 轴方向一致的直段边为水平参考，打开“矩形腔”参数对话框，如图 14–241 所示。

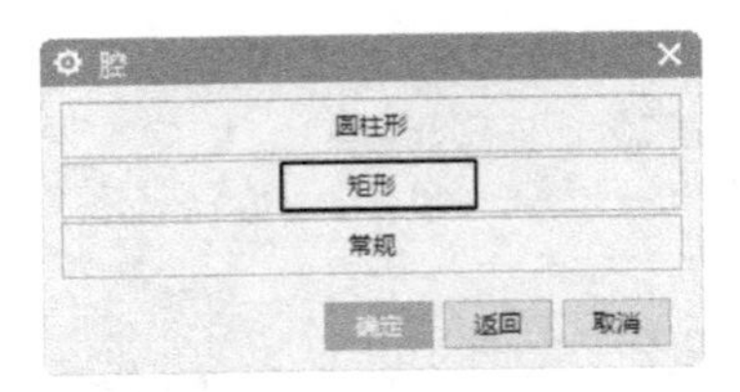

图 14–240 “腔”对话框

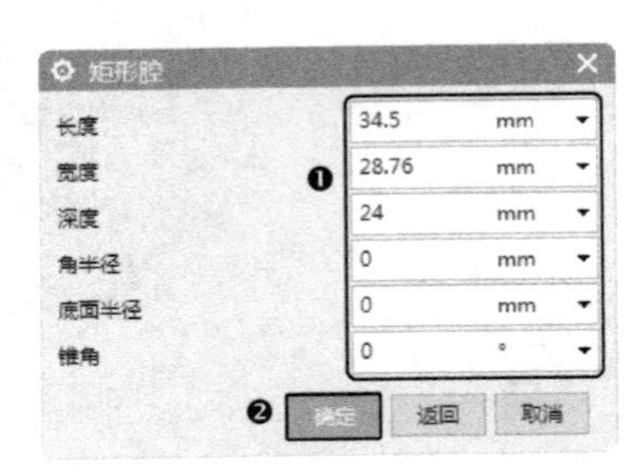

图 14–241 “矩形腔”参数对话框

（2）❶在“长度”“宽度”和“深度”文本框中分别输入 34.5、28.76 和 24，❷单击“确定”按钮，打开“定位”对话框，选择“垂直”定位，选择基准平面 1 和腔体水平中心线，输入“距离”为 0，单击“应用”按钮。选择基准平面 3 和腔体竖直中心线，输入“距离”为 0，单击“确定”按钮，完成定位并完成腔体 1 的创建，如图 14–242 所示。

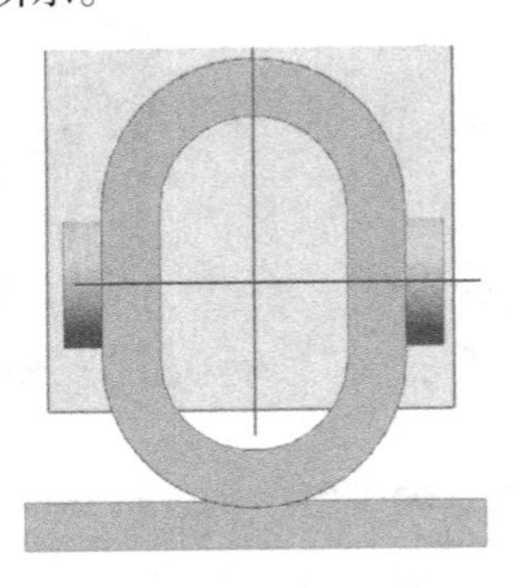

图 14–242 创建腔体

Step 08 创建腔体 2

（1）在菜单栏中选择“插入”→“设计特征”→“腔（原有）”命令，打开“腔”对话框。单击“矩形”按钮，打开“矩形腔”放置面对话框，选择长方体 2 的下表面为腔体放置面，打开“水平参考”对话框，选择放置面与XC轴方向一致的直段边为水平参考，打开“矩形腔”参数对话框，如图14-243所示。

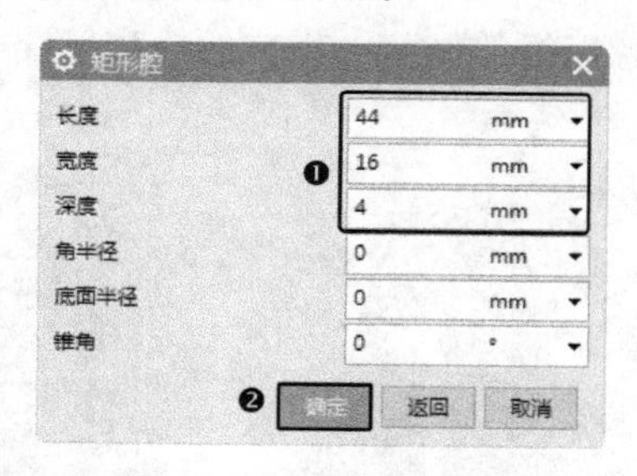

图14-243 “矩形腔”参数对话框

（2）❶在“长度”“宽度”和“深度”文本框中分别输入44、16和4，❷单击“确定”按钮，打开“定位”对话框，选择“垂直的”定位，选择基准平面2和腔体水平中心线，输入“距离”为0，单击“应用”按钮；选择基准平面3和腔体竖直中心线，输入“距离”为0，单击“确定”按钮，完成定位和腔体1的创建。最后生成的模型如图14-244所示。

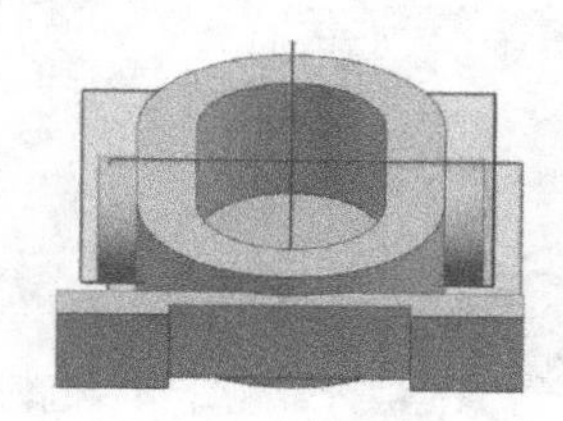

图14-244 创建腔体2

Step 09 边倒圆角

在菜单栏中选择“插入”→“细节特征”→“边倒圆”命令或单击“主页”功能区“特征”组中的“边倒圆”按钮，打开“边倒圆”对话框，选择如图14-245所示的边为倒圆角边，单击“确定”按钮。圆头平键如图14-246所示。

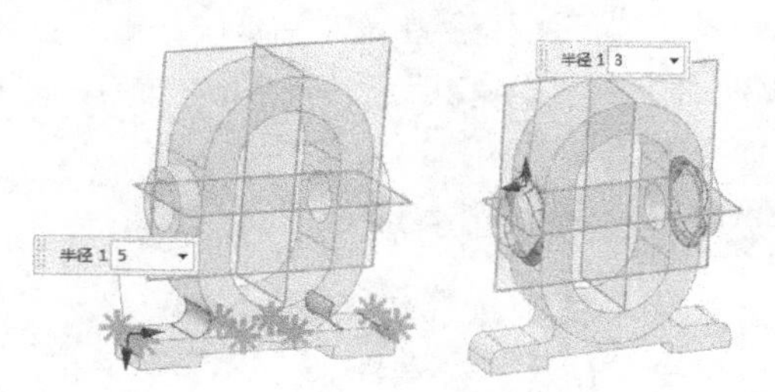

图14-245 选择圆角边

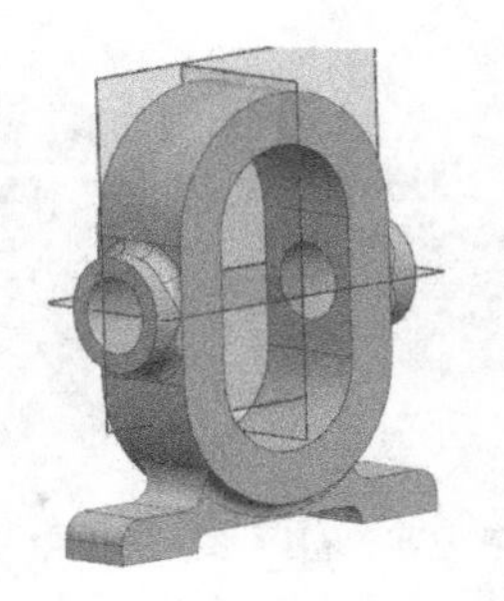

图14-246 圆角操作

Step 10 创建圆孔

在菜单栏中选择“插入”→“设计特征”→“孔”命令或单击“主页”功能区“特征”组中的“孔”按钮，打开“孔”对话框，如图14-247所示。❶在“直径”“深度”和“顶锥角”文本框中分别输入7、9和0。❷单击“绘制截面”按钮，选择长方体的上表面为草图绘制面，绘制孔的位置，如图14-248所示，❸单击“确定”按钮，完成孔的创建，如图14-249所示。

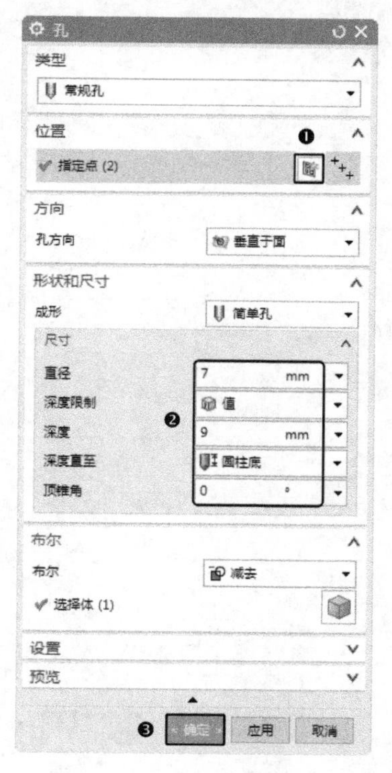

图14-247 “孔”对话框

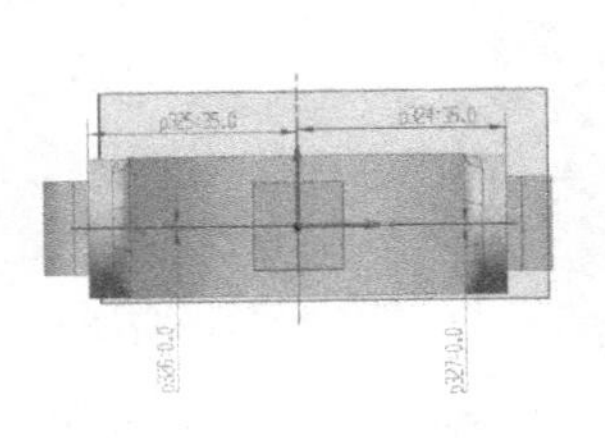

图 14-248　孔位置草图

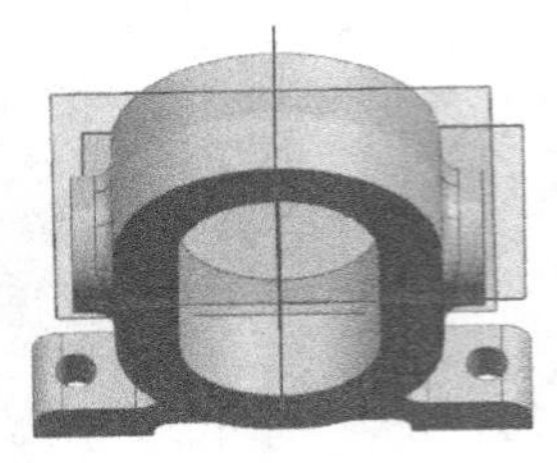

图 14-249　创建孔

Step 11 创建圆孔

在菜单栏中选择“插入”→“设计特征”→“孔”命令或单击“主页”功能区“特征”组中的“孔”按钮，打开“孔”对话框，如图 14-250 所示。❶ 在“直径”“深度”和“顶锥角”文本框中分别输入 6、24 和 0。❷ 单击“绘制截面”按钮，选择长方体的前表面为草图绘制面。绘制孔的位置，如图 14-251 所示。❸ 单击“确定”按钮，完成孔的创建，如图 14-252 所示。

图 14-250　“孔”对话框

Step 12 创建镜像特征

在菜单栏中选择“插入”→“关联复制”→“镜像特征”命令或单击“主页”功能区“特征”组中“更多”库下的“镜像特征”按钮，打开“镜像特征”对话框，如图 14-253 所示。在“选择特征”中选择 Step 11 中创建的特征，选择基准平面 1 为镜像平面，单击“确定”按钮，完成镜像特征的创建。生成的模型如图 14-254 所示。

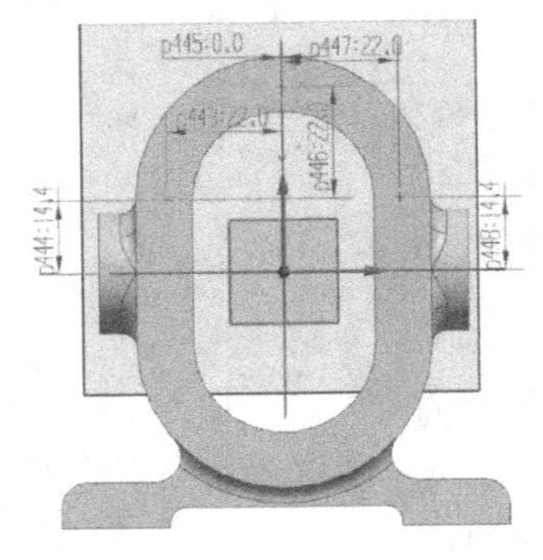

图 14-251　孔位置草图

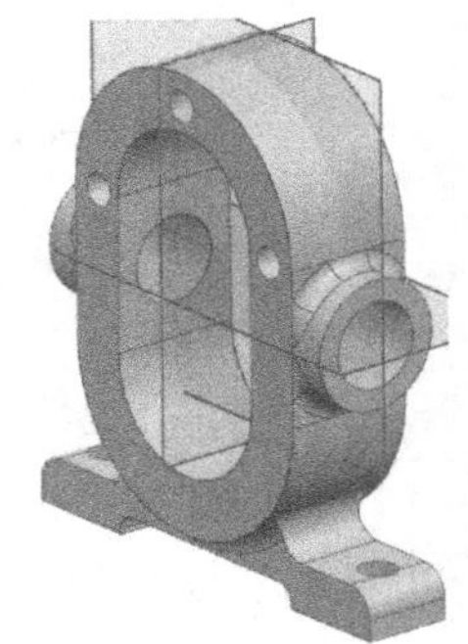

图 14-252　创建圆孔

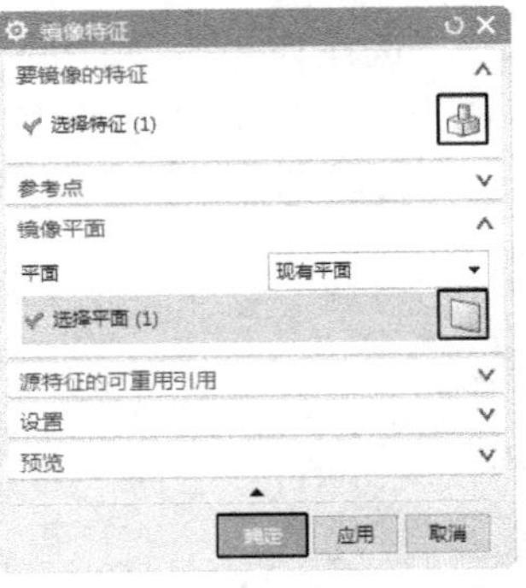

图 14-253　“镜像特征”对话框

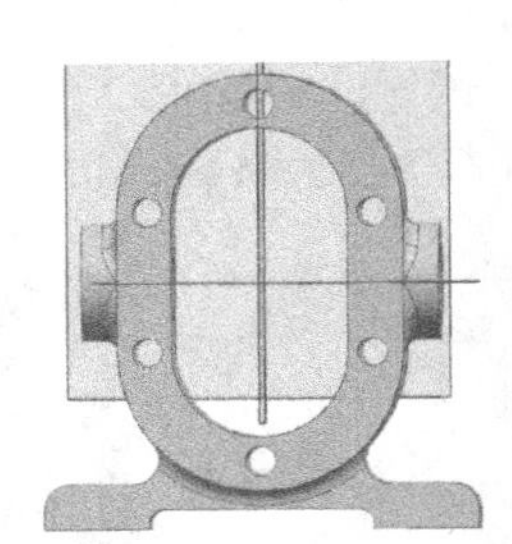

图 14-254　镜像孔模型

Step 13 隐藏基准平面

在菜单栏中选择“编辑”→“显示和隐藏”→“隐藏”命令，打开“类选择”对话框，如图 14-255 所示。❶ 单击“类型过滤器”按钮，打开“按类型选择”对话框，如图 14-256 所示。选择“基准”选项，单击“确定”按钮，返回“类选择”对话框，❷ 在该对话框中单击“全选”按钮，❸ 单击“确定”按钮，图中所有的基准平面全部隐藏，如图 14-257 所示。

Step 14 旋转坐标系

在菜单栏中选择“格式”→ WCS →“旋转”命令，打开“旋转 WCS 绕…”对话框，如图 14-258 所示。❶ 选择“XC 轴”选项，❷ 单击“确定”按钮，坐标系绕 XC 轴旋转 90°。

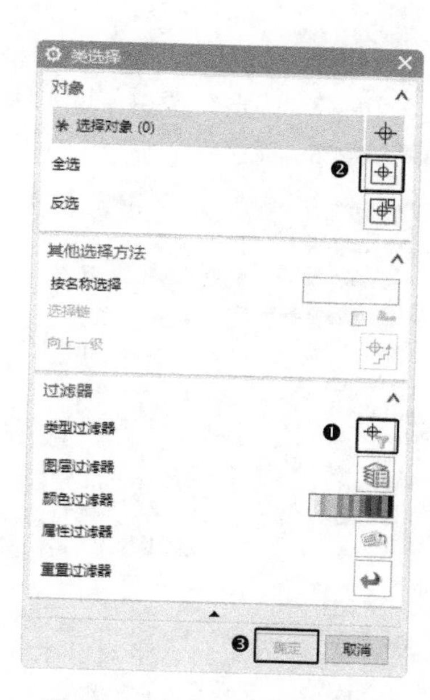

图 14-255 “类选择”对话框

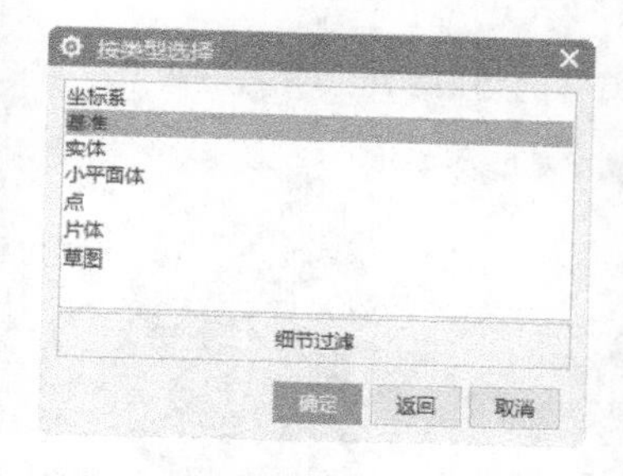

图 14-256 “按类型选择”对话框

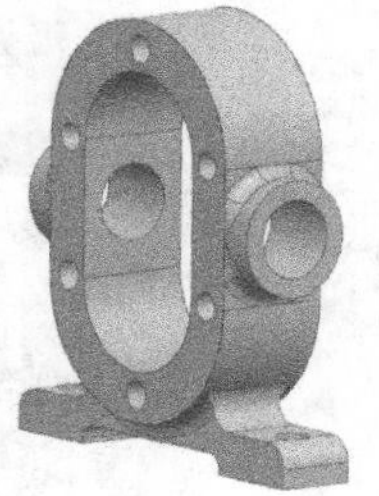

图 14-257 隐藏基准平面

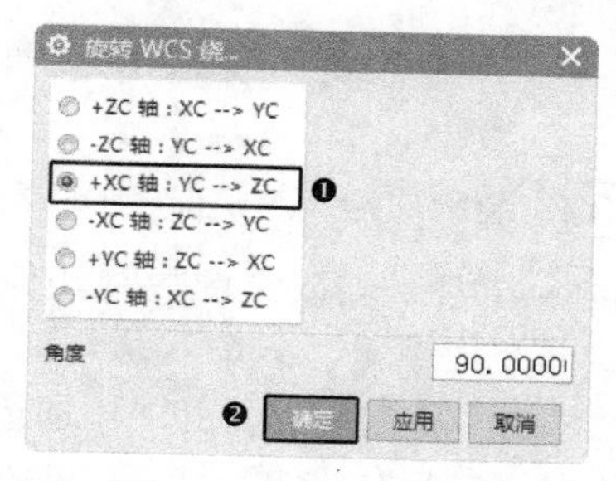

图 14-258 “旋转 WCS 绕...”对话框

Step 15 创建圆孔

在菜单栏中选择“插入”→“设计特征”→“孔”命令或单击“主页”功能区“特征”组中的“孔”按钮，打开“孔”对话框，如图 14-259 所示。❶在“直径”“深度”和“顶锥角”文本框中分别输入 5、24 和 0。❷单击“绘制截面”按钮，选择长方体的前表面为草图绘制面，绘制孔的位置，如图 14-260 所示。❸单击“确定”按钮，完成孔的创建，如图 14-261 所示。

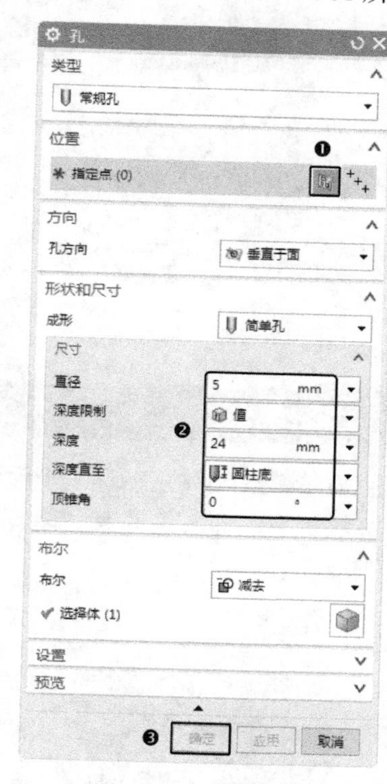

图 14-259 “孔”对话框

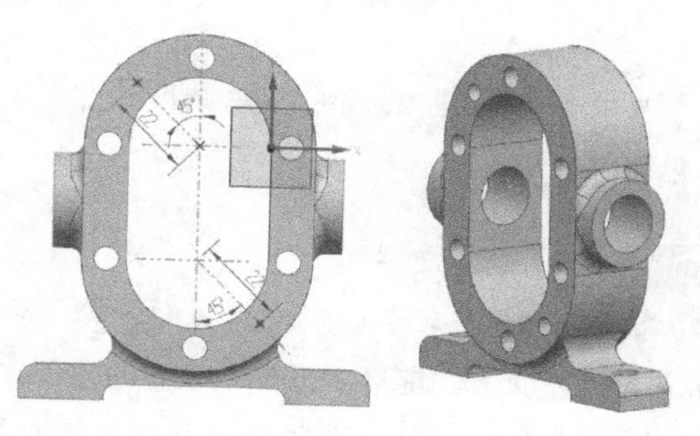

图 14-260 孔位置草图　　图 14-261 创建孔

Step 16 创建螺纹

在菜单栏中选择“插入”→“设计特征”→“螺纹”命令或单击“主页”功能区“特征”组中的“螺纹刀”按钮，打开“螺纹切削”对话框，选择“详细”类型，选择屏幕中凸台中孔的内表面为孔放置面。在旋转选项中选择“右旋”,单击“确定”按钮生成螺纹。

同上述步骤分别选择步骤 Step 11 和 Step 12 中创建的 6 个圆孔，创建螺纹。最后生成模型，如图 14-262 所示。

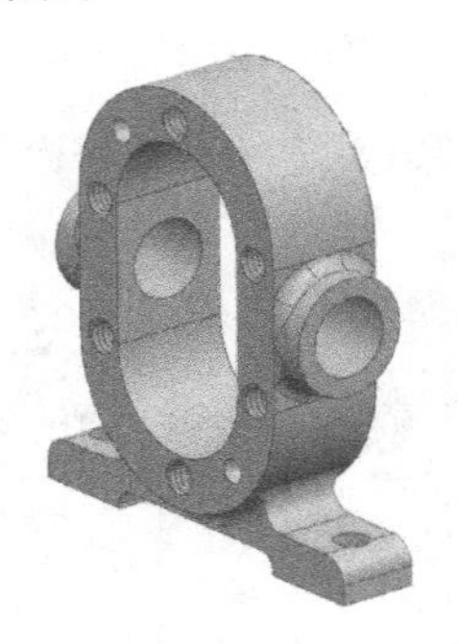

图 14-262　机座模型

14.12　齿轮泵装配

本例主要介绍对泵的各部件进行装配操作，包括接触对齐、同心等约束。装配模型如图 14-263 所示。

图 14-263　齿轮泵装配模型

绘制步骤

Step 01 新建文件

在菜单栏中选择“文件”→“新建”命令或单击“主页”功能区“标准”组中的“新建”按钮，打开“新建”对话框，在“模板”列表中选择“装配”，在“名称”文本框中输入 chilunbengzhuangpei，单击“确定”按钮，进入 UG 主界面。

Step 02 加入组件

在菜单栏中选择“装配”→“组件”→“添加组件”命令或单击“装配”功能区“组件”组中的“添加”按钮，打开“添加组件”对话框，如图 14-264 所示。单击“打开”按钮，打开“部件名”对话框，根据组件的存放路径选择组件 jizuo，打开如图 14-265 所示的“组件预览”窗口。设置“装配位置”为“绝对坐标系 - 工作部件”，单击“确定”按钮，将实体定位于原点，如图 14-266 所示。

图 14-264　“添加组件”对话框

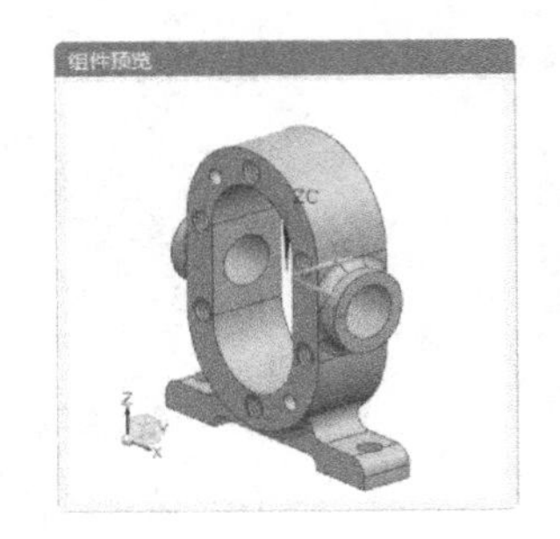

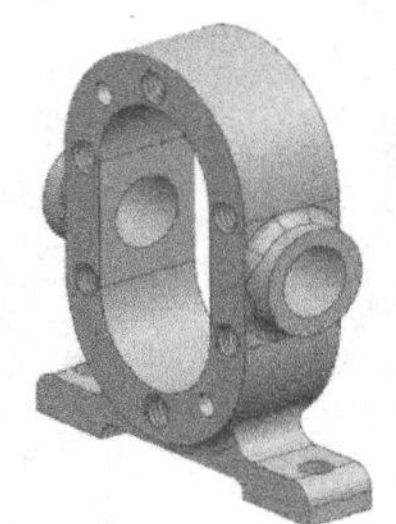

图 14-265　“组件预览”窗口　　图 14-266　载入基座

Step 03 装配前端盖与机座

（1）在菜单栏中选择“装配”→“组件”→“添加组件”命令或单击“装配”功能区“组件”组中的“添加”按钮，打开“添加组件”对话框。单击“打开”按钮，打开“部件名”对话框，选择 qianduangai.prt 文件，单击 OK 按钮，打开“组件预览”窗口，在“添加组件”对话框中，设置“装配位置”为“对齐”，在绘图区中指定放置组件的位置，设置“放置”选项为“约束”。在“约束类型”选项中选择“接触对齐”类型，在“方位”下拉列表中选择“接触”方位。依次选择图 14-267 中机座的端面和前端盖的端面，单击“应用”按钮，完成面接触约束。

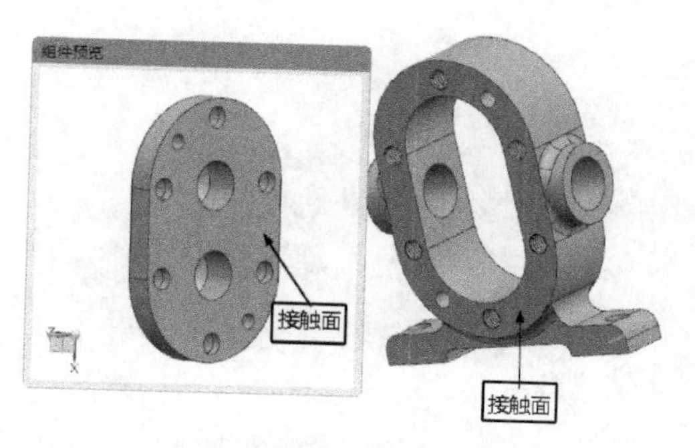

图 14-267　接触配对

（2）选择“自动判断中心 / 轴”方位，依次选择图 14-268 中的基座圆柱面和前端盖圆柱面，单击“应用”按钮。

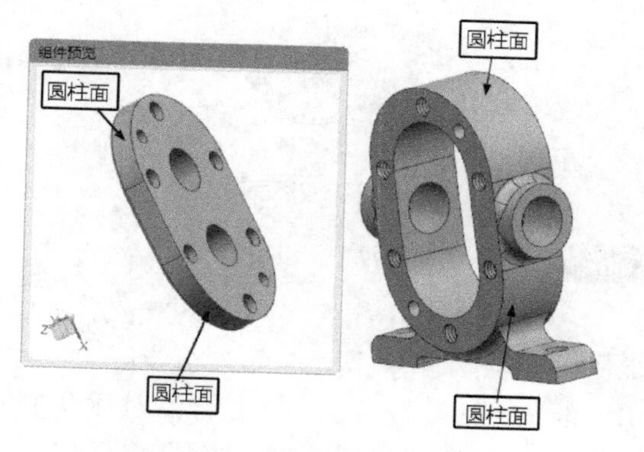

图 14-268　自动判断中心 / 轴配对

（3）重复步骤（2）操作，选择图 14-268 中另一侧的基座圆柱面和前端盖圆柱面，单击“确定”按钮，完成基座和前端盖的装配，如图 14-269 所示。

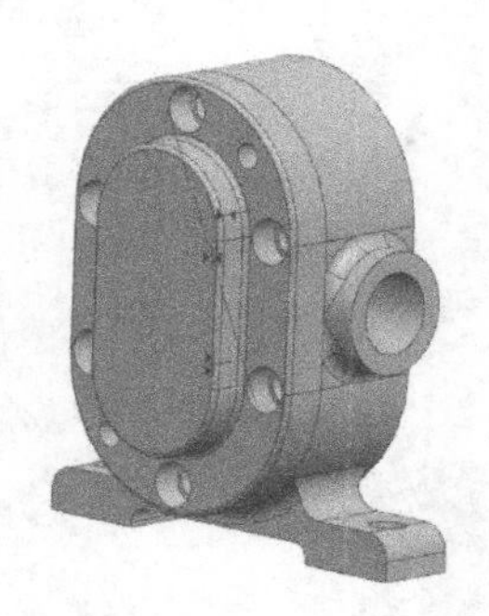

图 14-269　装配模型

Step 04　装配齿轮轴 1 和前端盖

（1）在菜单栏中选择“装配”→“组件”→“添加组件”命令或单击“装配”功能区“组件”组中的“添加”按钮，打开“添加组件”对话框，单击“打开”按钮，打开“部件名”对话框，选择“chilunzhou1”文件，单击 OK 按钮，打开“组件预览”窗口。

（2）在“添加组件”对话框中，“装配位置”选择“对齐”选项，在绘图区中指定放置组件的位置，在“放置”选项中选择“约束”。在“约束类型”选项中选择“接触对齐”类型，在“方位”下拉列表中选择“接触”方位。依次选择图 14-270 中的前端盖的端面和齿轮的端面，单击“应用”按钮，完成面接触约束。

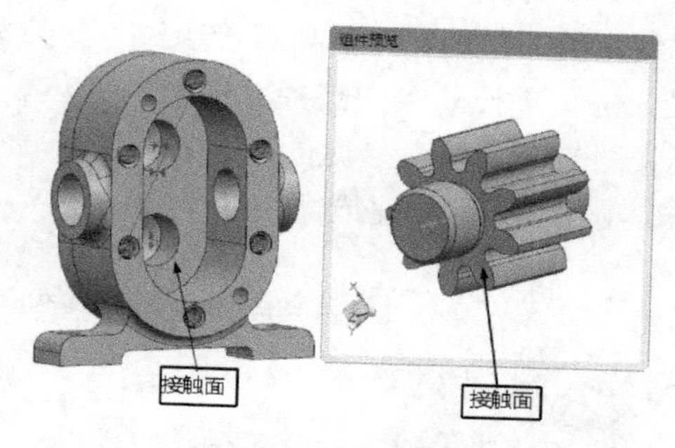

图 14-270　接触配对

（3）选择“自动判断中心 / 轴”方位，依次选择图 14-271 中的齿轮轴 1 的圆柱面和前端盖圆柱面，单击“确定”按钮，完成齿轮轴 1 和前端盖的装配，如图 14-272 所示。

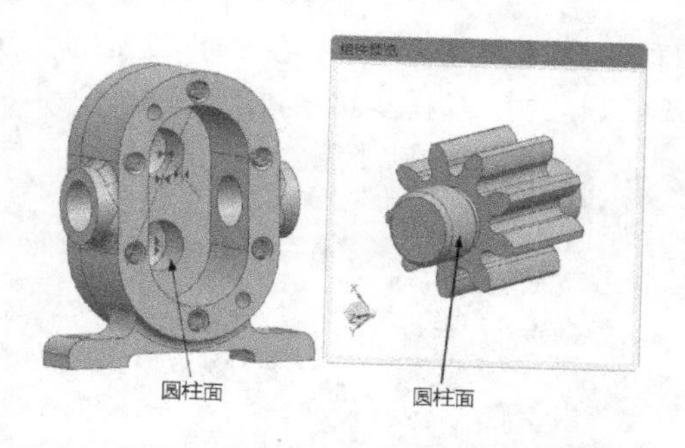

图 14-271　自动判断中心 / 轴配对

图 14-272　装配模型

Step 05 装配齿轮轴 2

（1）在菜单栏中选择“装配”→“组件”→“添加组件”命令或单击“装配”功能区“组件”组中的“添加”按钮，打开“添加组件”对话框，单击“打开”按钮，打开“部件名”对话框，选择 chilunzhou2.prt 文件，单击 OK 按钮，打开“组件预览”窗口。

（2）在“添加组件”对话框中，在“装配位置”选项中选择“对齐”选项，在绘图区中指定放置组件的位置，在“放置”选项中选择“约束”，在“约束类型”选项中选择“接触对齐”类型，在“方位”下拉列表中选择“接触”方位。依次选择图 14-273 中前端盖的端面和齿轮的端面，单击“应用”按钮，完成面接触约束。

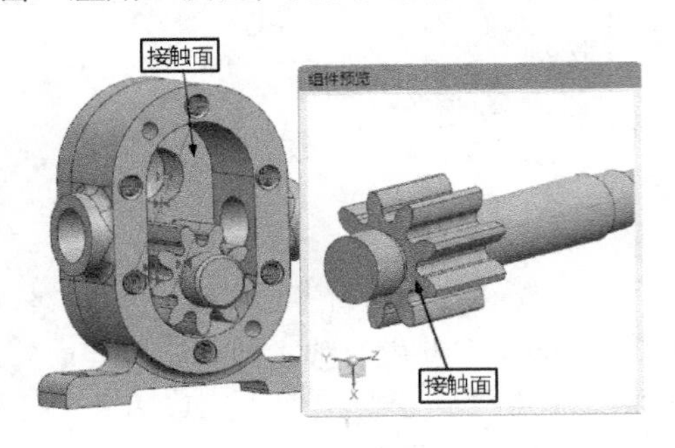

图 14-273 接触配对

（3）选择“自动判断中心 / 轴”方位，依次选择图 14-274 中齿轮轴 2 的圆柱面和前端盖的圆柱面，单击“应用”按钮。

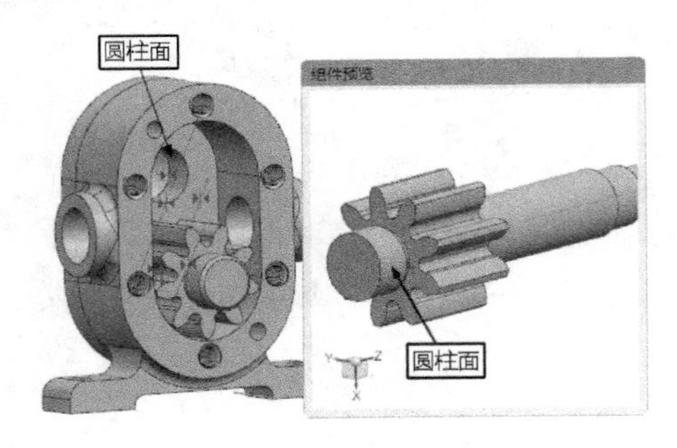

图 14-274 自动判断中心 / 轴配对

（4）选择“接触”方位，依次选择图 14-275 中的齿轮轴 1 和齿轮轴 2 的齿面，单击“应用”按钮，完成齿轮轴 2 的装配，如图 14-276 所示。

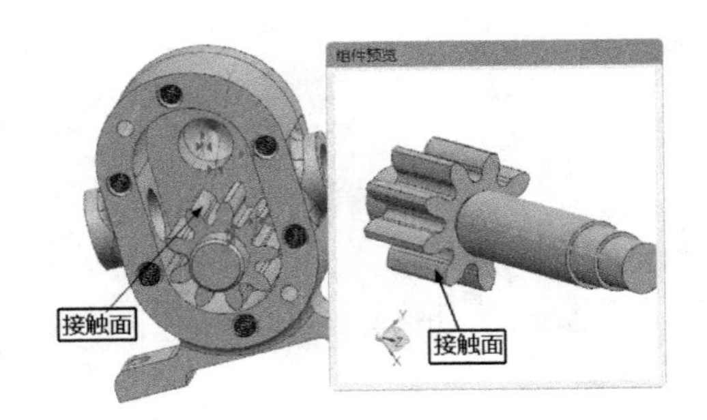

图 14-275 接触配对

图 14-276 装配模型

Step 06 装配后端盖和机座

（1）在菜单栏中选择“装配”→“组件”→“添加组件”命令或单击“装配”功能区“组件”组中的“添加”按钮，在打开的对话框中单击“打开”按钮，打开“部件名”对话框，选择 houduangai.prt 文件，单击 OK 按钮，打开“组件预览”窗口。

（2）在“添加组件”对话框中，在“装配位置”选项中选择“对齐”选项，在绘图区中指定放置组件的位置，在“放置”选项中选择“约束”，在“约束类型”选项中选择“接触对齐”类型，在“方位”下拉列表中选择“接触”方位。依次选择图 14-277 中机座的端面和后端盖的端面，单击“应用”按钮，完成面接触约束。

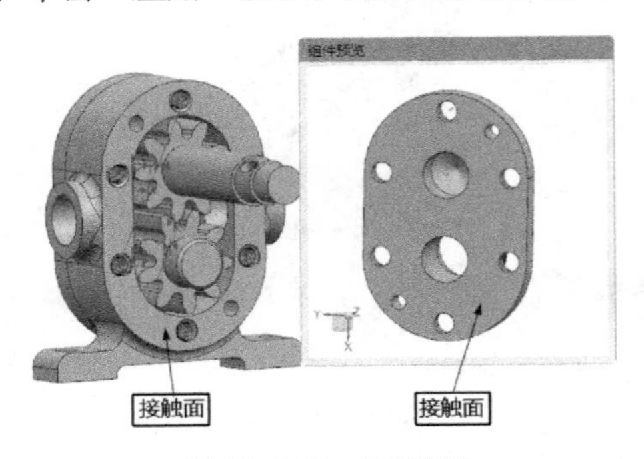

图 14-277 接触配对

（3）选择“自动判断中心 / 轴”方位，依次选择图 14-278 中的基座圆柱面和前端盖圆柱面，单击“应用”按钮；重复上述操作，选择图 14-278 中另一侧的基座圆柱面和前端盖圆柱面，单击“确定”按钮，完成基座和前端盖的装配，如图 14-279 所示。

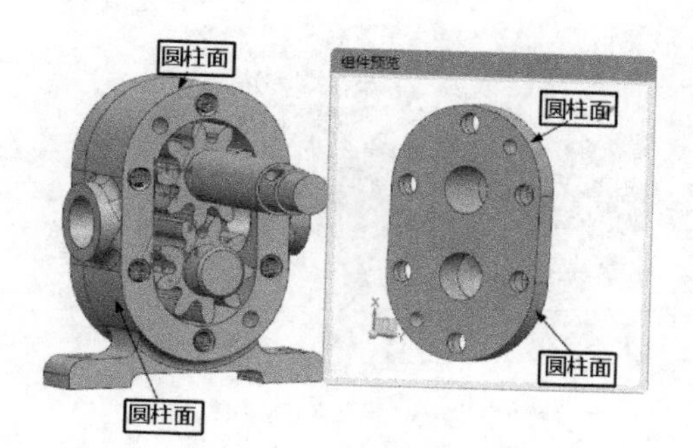

图 14-278　自动判断中心 / 轴配对

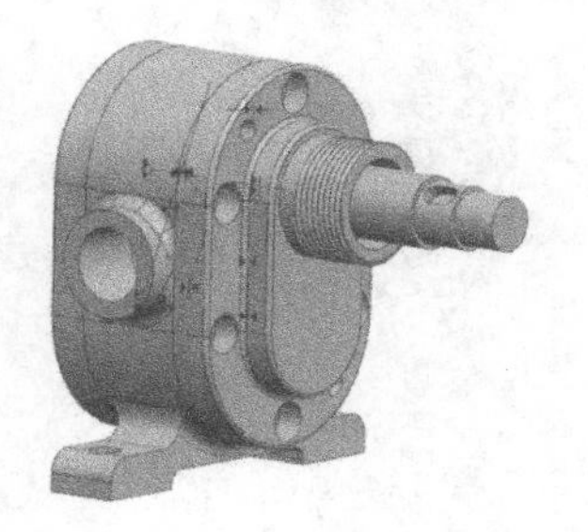

图 14-279　装配模型

Step 07　编辑对象显示

在菜单栏中选择“编辑”→“对象显示”命令，打开“类选择”对话框，选择机座，打开“编辑对象显示”对话框，如图 14-280 所示。❶ 单击“颜色”选项，打开“颜色”对话框，单击“浅蓝色”■，单击“确定”按钮，完成颜色的设置，选择机座，❷ 在“透明度”选项中拖动滑块到 70，这时模型设置为透明状态。❸ 单击“确定”按钮，编辑后的模型如图 14-281 所示。

Step 08　装配防尘套和后端盖

（1）在菜单栏中选择“装配”→“组件”→“添加组件”命令或单击“装配”功能区“组件”组中的“添加”按钮，打开“添加组件”对话框，单击“打开”按钮，打开“部件名”对话框，选择 fangchentao.prt 文件，单击 OK 按钮，打开“组件预览”窗口。

（2）在“添加组件”对话框中，在“装配位置”中选择“对齐”选项，在绘图区中指定放置组件的位置，在“放置”中选择“约束”，在“约束类型”中选择“接触对齐”类型，在“方位”下拉列表中选择“接触”方位。依次选择图 14-282 中前端盖的端面和齿轮的端面，单击“应用”按钮，完成面接触约束。

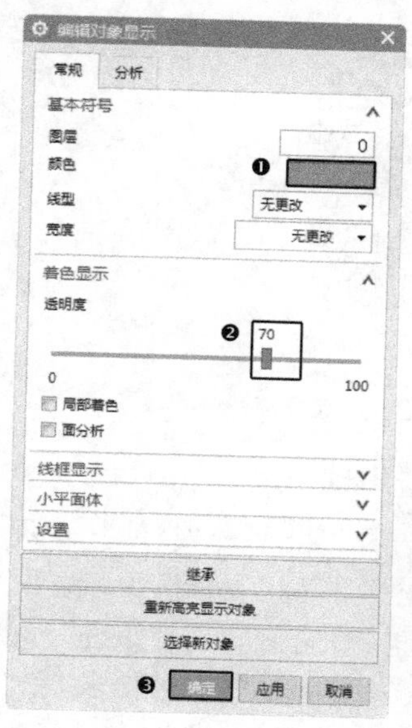

图 14-280　“编辑对象显示”对话框

图 14-281　模型

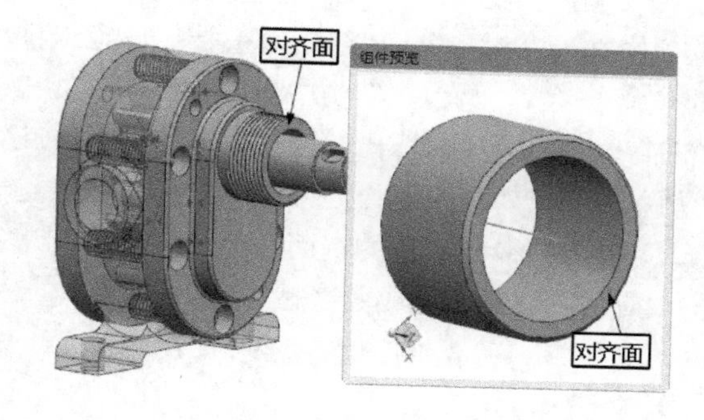

图 14-282　接触配对

（3）选择“自动判断中心 / 轴”方位，依次选择图 14-283 中齿轮轴 1 圆柱面和前端盖圆柱面，单击“确定”按钮，完成齿轮轴 1 和前端盖的装配，如图 14-284 所示。

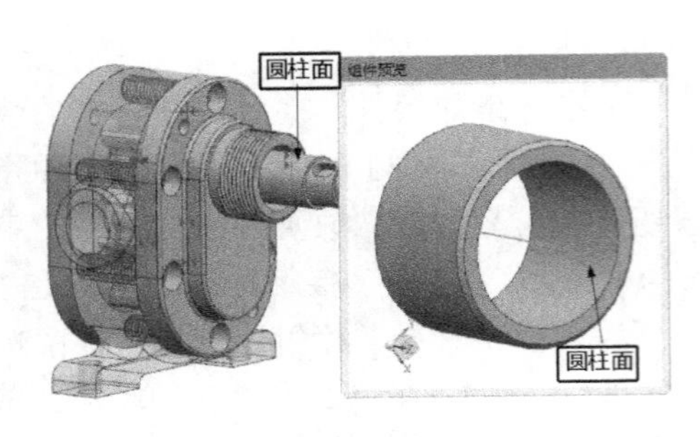

图 14-283　自动判断中心 / 轴配对

图 14-284　装配模型

Step 09 装配键和轴 2

（1）在菜单栏中选择“装配”→“组件”→“添加组件”命令或单击“装配”功能区“组件”组中的“添加”按钮，打开“添加组件”对话框，单击“打开”按钮，打开“部件名”对话框，选择 yuantoupingjian.prt 文件，单击 OK 按钮，打开“组件预览”窗口。

（2）在“添加组件”对话框中，在“装配位置”选项中选择“对齐”，在绘图区中指定放置组件的位置，在“放置”选项中选择“约束”，在“约束类型”选项中选择“接触对齐”类型，在“方位”下拉列表中选择“接触”方位。依次选择图 14-285 中前端盖的端面和齿轮的端面，单击“应用”按钮，完成面接触约束。

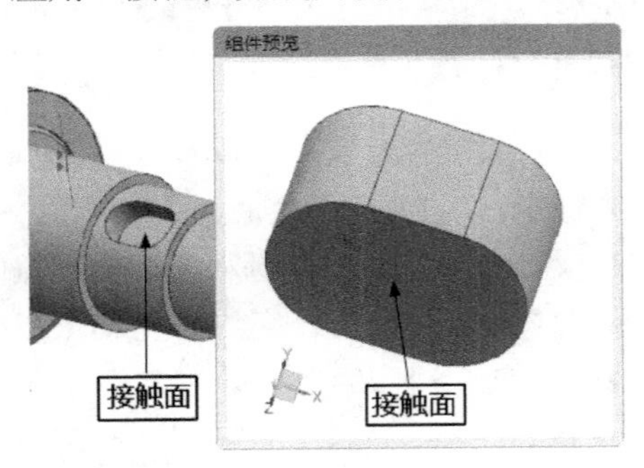

图 14-285　接触配对

（3）选择“自动判断中心 / 轴”方位，依次选择图 14-286 中齿轮轴 1 的圆柱面和前端盖的圆柱面，单击“确定”按钮，完成齿轮轴 1 和前端盖的装配，如图 14-287 所示。

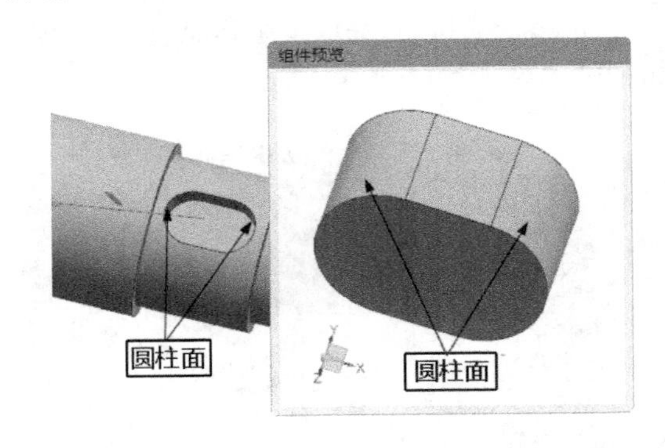

图 14-286　自动判断中心 / 轴配

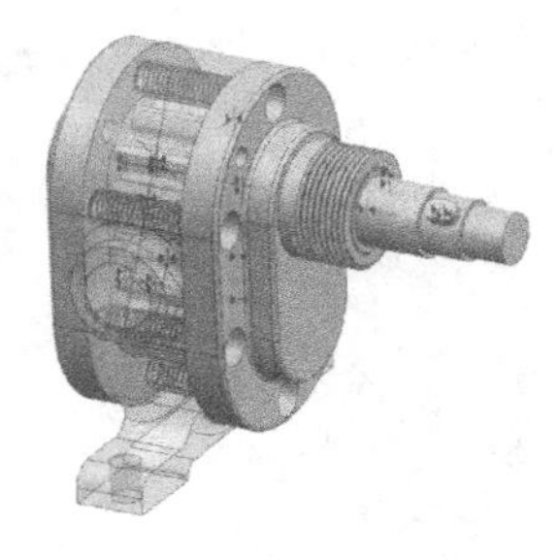

图 14-287　装配模型

Step 10 装配大齿轮和轴 2

（1）在菜单栏中选择“装配”→“组件”→“添加组件”命令或单击“装配”功能区“组件”组中的“添加”按钮，打开“添加组件”对话框，单击“打开”按钮，打开“部件名”对话框，选择 chilun.prt 文件，单击 OK 按钮，打开“组件预览”窗口。

（2）在“添加组件”对话框中，在“装配位置”选项中选择“对齐”，在绘图区中指定放置组件的位置，在“放置”选项中选择“约束”，在“约束类型”选项中选择“接触对齐”类型，在“方位”下拉列表中选择“接触”方位。依次选择图 14-288 中的齿轮平端面和图 14-288 中的轴阶端面，单击“应用”按钮，完成面对齐约束。

（3）选择“接触”方位，分别选择图 14-289 中的键槽一侧平面和图 14-289 中的键一侧面。单击“应用”按钮，完成对齐约束的操作。

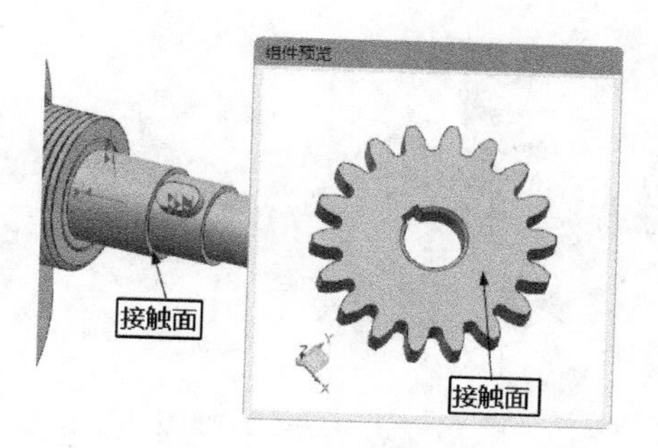

图 14-288 接触配对 1

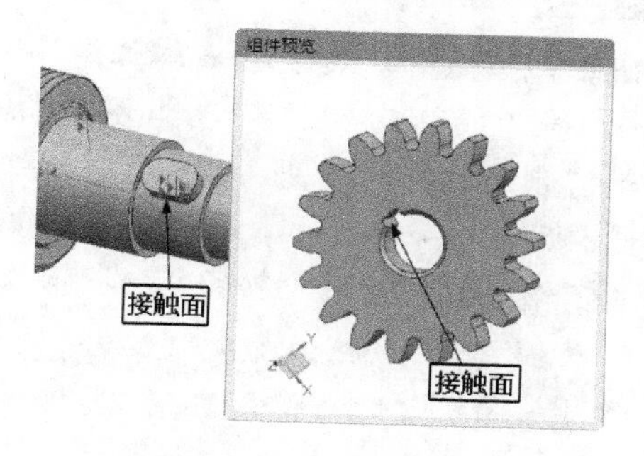

图 14-289 接触配对 2

（4）选择“自动判断中心 / 轴”方位，依次选择图 14-290 中的大齿轮内孔面和图 14-290 中的轴 2 的圆柱面，单击“确定”按钮，生成如图 14-291 所示的模型。

图 14-290 自动判断中心 / 轴配对

图 14-291 装配模型

14.13 创建装配爆炸图

本节主要介绍对齿轮泵装配爆炸图的创建、编辑、删除。齿轮泵装配爆炸如图 14-292 所示。

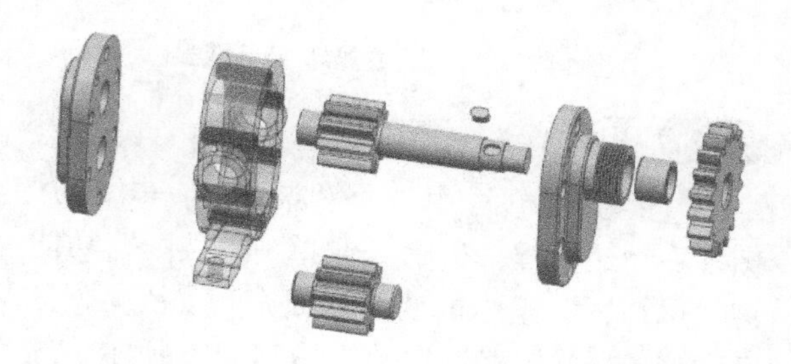

图 14-292 齿轮泵装配爆炸图

绘制步骤

Step 01 打开文件

在菜单栏中选择“文件”→“打开”命令或单击“主页”功能区“标准”组中的“打开”按钮，打开“打开”对话框，输入 beng，打开齿轮泵装配爆炸图，如图 14-293 所示。单击 OK 按钮，进入 UG 主界面。

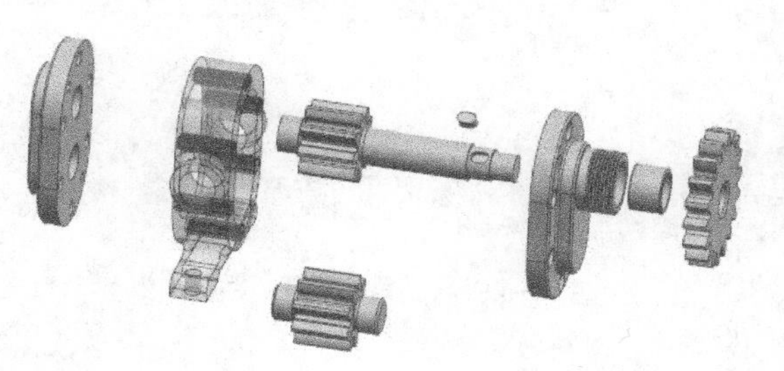

图 14-293 齿轮泵装配爆炸图

Step 02 另存部件文件

在菜单栏中选择“文件”→“文件”→“另存为”命令，打开“另存为”对话框，在该对话框中输入名称为“chilunbengbaozhatu”，单击 OK 按钮，进入 UG 主界面。

Step 03 创建爆炸视图

在菜单栏中选择“装配”→“爆炸图”→“新建爆炸”命令或单击“装配”功能区“爆炸图”组中的“新建爆炸”按钮，打开“新建爆炸”对话框，如图 14-294 所示。接受系统默认爆炸视图名称，单击“确定”按钮。

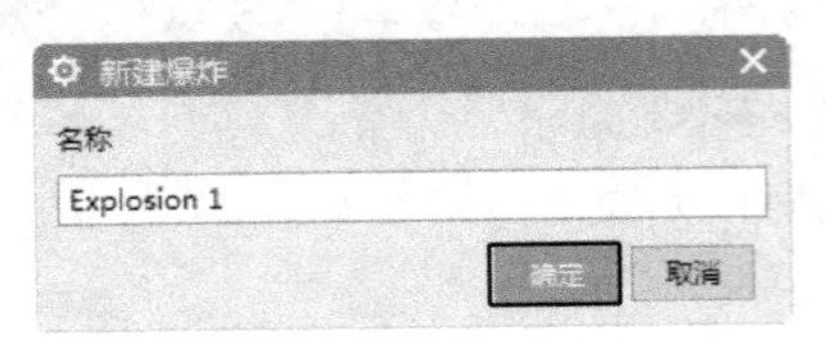

图 14-294 “新建爆炸”对话框

Step 04 编辑爆炸视图

（1）在菜单栏中选择“装配”→“爆炸图”→“编辑爆炸”命令或单击“装配”功能区“爆炸图”组中的“编辑爆炸”按钮，打开“编辑爆炸”对话框，如图 14-295 所示，选择装配图中的前端盖，❶在“编辑爆炸”对话框中选中“移动对象”单选按钮，选择 Y 轴，❷在对话框中设置“距离”为 50，❸单击“确定”按钮，将前端盖移动到如图 14-296 所示的位置。

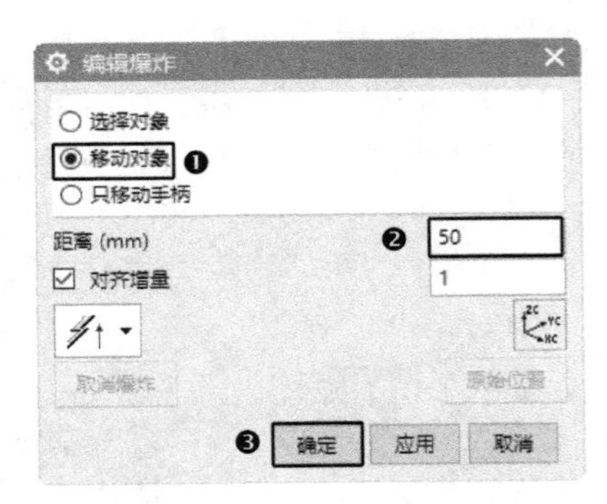

图 14-295 “编辑爆炸”对话框

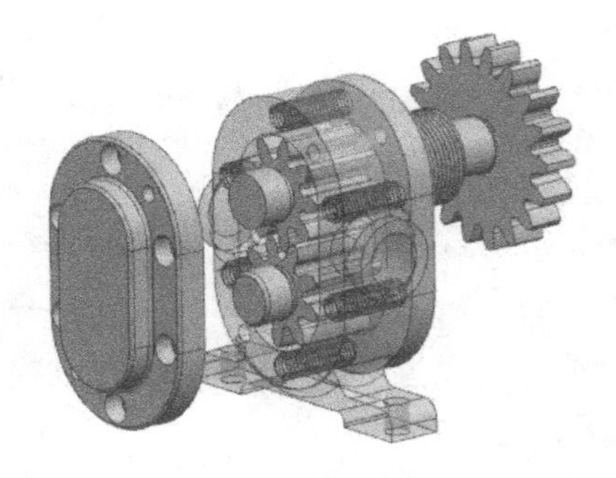

图 14-296 分解前端盖

（2）同步骤（1），编辑其他的零件位置。结果如图 14-297 所示。

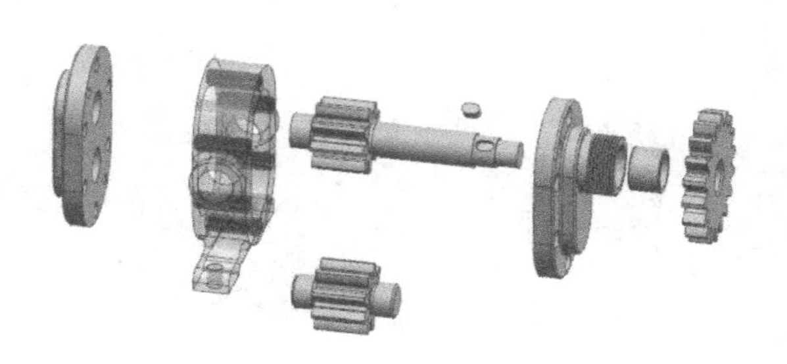

图 14-297 编辑零件位置

Step 05 删除爆炸视图

在菜单栏中选择“装配”→“爆炸图”→“删除爆炸”命令或单击“装配”功能区“爆炸图”组中的“删除爆炸”按钮，打开“爆炸图”对话框，如图 14-298 所示。❶选择要删除的爆炸图名称，❷单击“确定”按钮，完成删除操作。

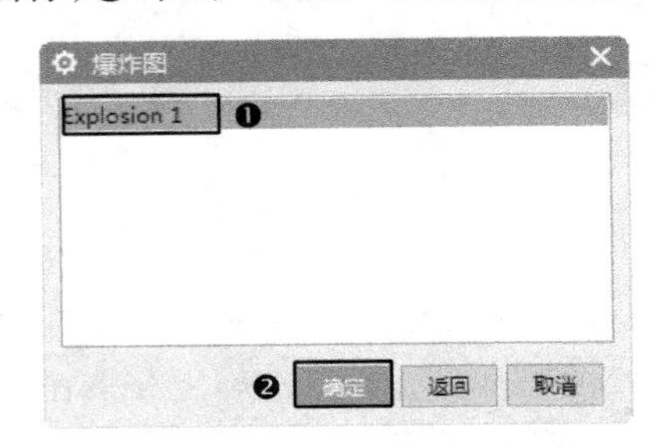

图 14-298 “爆炸图”对话框

14.14 齿轮泵工程图

首先创建主视图，然后创建剖视图，再标注尺寸，最后创建零件明细表。结果如图 14-299 所示。

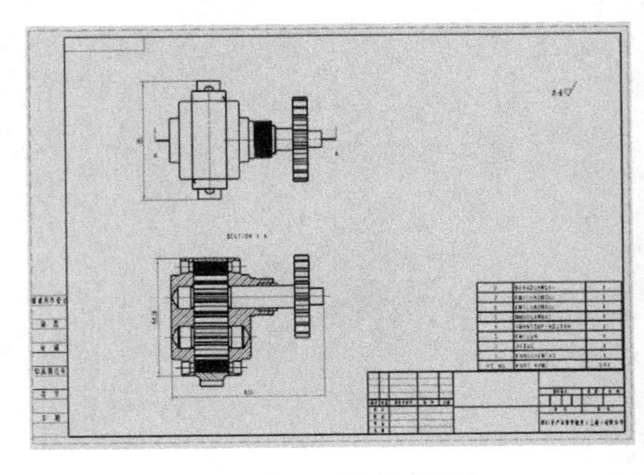

图 14-299 齿轮泵工程图

绘制步骤

Step 01 新建文件

在菜单栏中选择“文件”→“新建”命令或单击“主页”功能区“标准”组中的“新建”按钮，打开“新建”对话框，如图 14-300 所示，❶选择“图纸”模板中的“A3- 无视图”模板，❷单击要创建图纸的部件中的“打开”按钮，打开如图 14-301 所示的“选择主模型部件”对话框，单击“打开”按钮，弹出“部件名”对话框，选择 chilunbeng.prt，单击 OK 按钮，返回“选择主模型部件”对话框，❶选择 chilunbeng.prt，❷单击“确定”按钮，返回如图 14-300 所示的“新建”对话框，❸单击“确定”按钮，进入 UG 主界面。

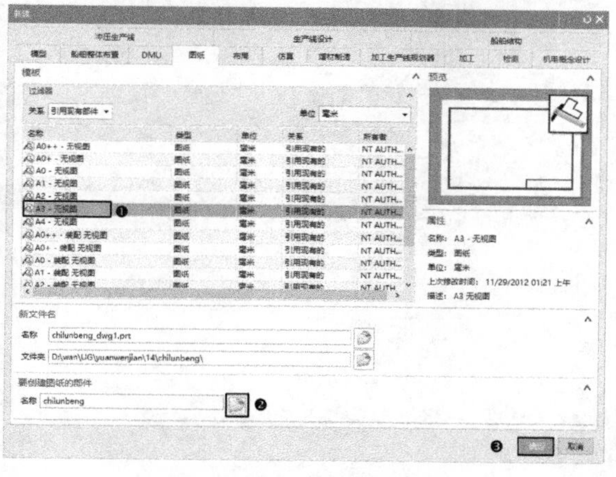

图 14-300 “新建”对话框

图 14-301 “选择主模型部件”对话框

Step 02 添加基本视图

（1）在菜单栏中选择“插入”→“视图”→“基本”命令或单击“主页”功能区“视图”组中的“基本视图”按钮，打开“基本视图”对话框，如图 14-302 所示。

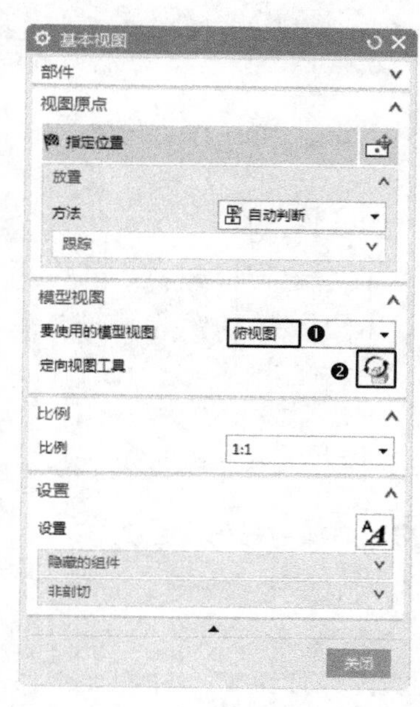

图 14-302 “基本视图”对话框

（2）❶在“要使用的模型视图”下拉列表中选择“俯视图”，❷单击“定向视图工具”按钮，打开“定向视图”对话框和“定向视图工具”对话框，如图 14-303 所示。

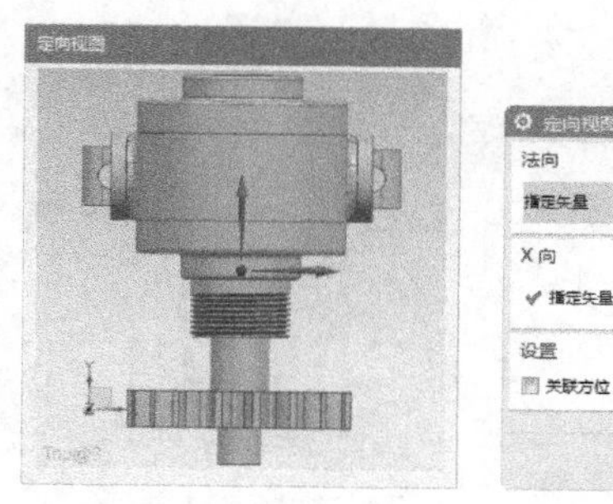

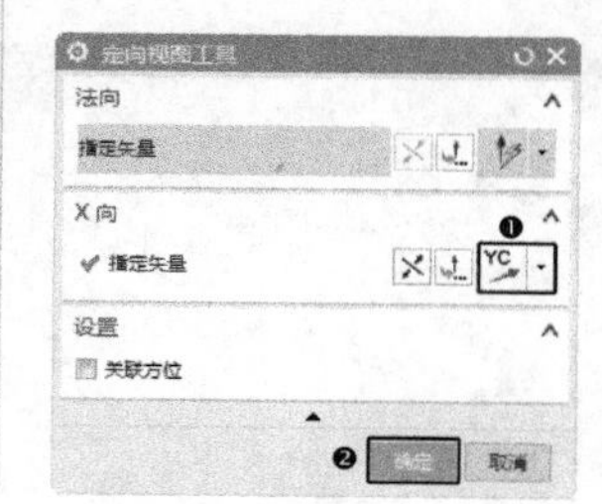

图 14-303 “定向视图工具”对话框

（3）❶单击“-YC 轴”按钮，❷单击“确定”按钮，旋转俯视图，如图 14-304 所示。

（4）在绘图区中单击鼠标中键，然后选择合适的位置放置视图，创建投影视图，如图 14-305 所示，接着单击鼠标中键。

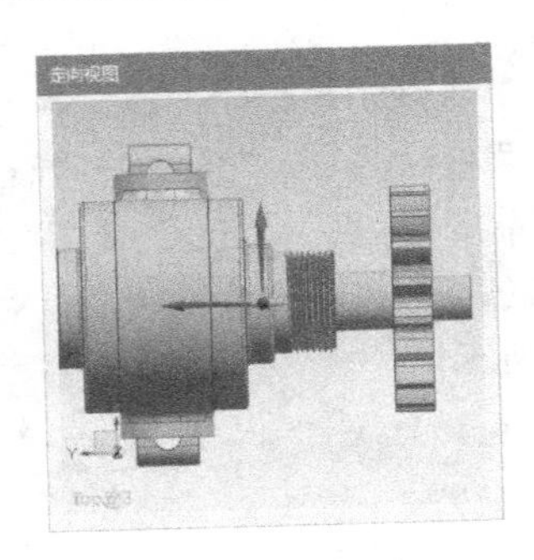

图 14-304　旋转俯视图

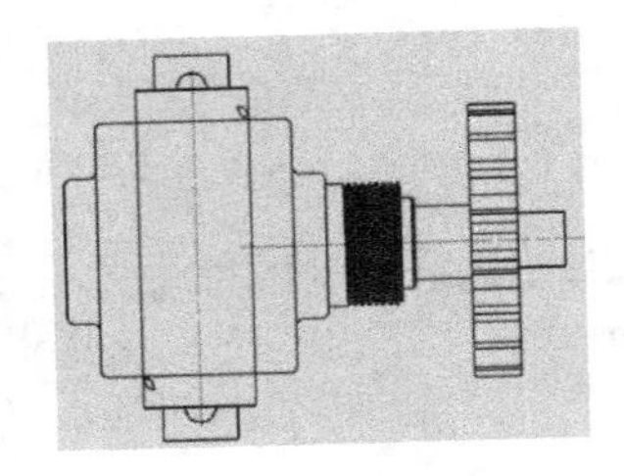

图 14-305　创建投影视图

Step 03 添加剖视图

在菜单栏中选择“插入”→“视图”→“剖视图”命令或单击“主页”功能区“视图”组中的“剖视图”按钮，选择要剖切的视图，打开“剖视图”对话框，如图 14-306 所示。选择剖切视图，指定剖切线的方向和位置，然后放置剖切视图，如图 14-307 所示。

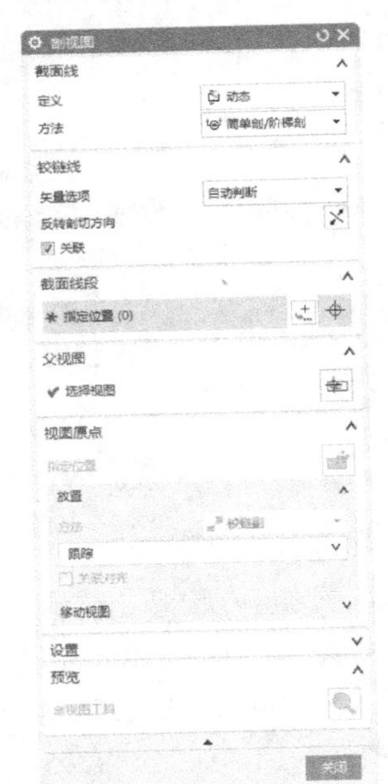

图 14-306　“剖视图”对话框

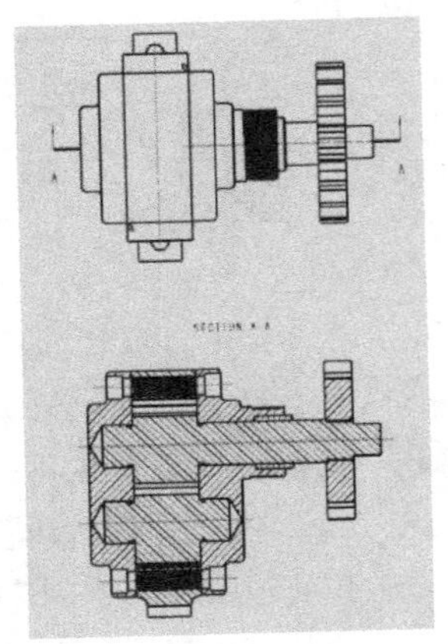

图 14-307　添加剖视图

Step 04 设置简单剖视图

在菜单栏中选择“编辑”→“视图”→“视图中剖切”命令或单击“主页”功能区“视图”组中的“剖视图”按钮，打开“视图中剖切”对话框，❶选中“操作”选项组中的“变成非剖切”单选按钮，如图 14-308 所示。❷单击“选择对象”按钮，在视图中选择“齿轮轴 1”“齿轮轴 2”和“齿轮”为不剖切零件，如图 14-309 所示。❸单击“确定”按钮，剖视图中的齿轮零件不被剖切。

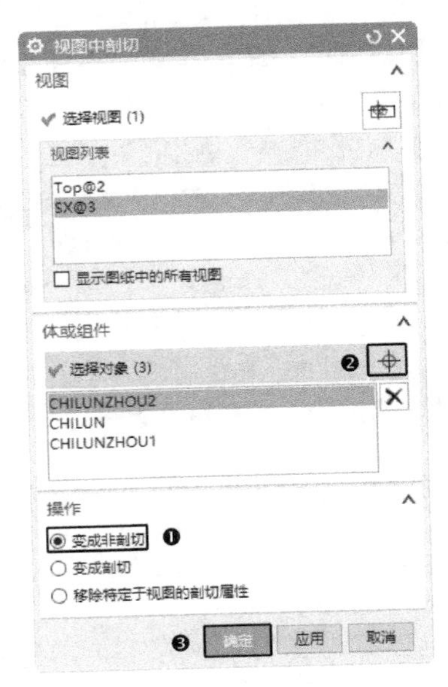

图 14-308　“视图中剖切”对话框

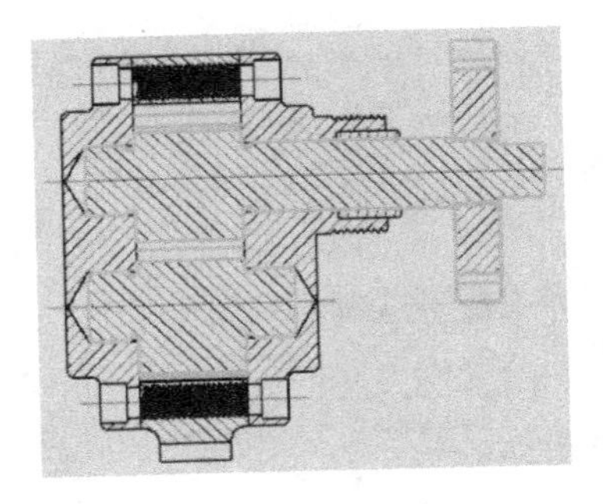

图 14-309　选择不剖切零件

Step 05 标注尺寸

在菜单栏中选择“插入”→“尺寸”→“快速”命令，或者单击“主页”功能区“约束”组中的“快速尺寸”按钮，打开“快速尺寸”对话框，如图 14-310 所示。在绘图区中标注所需的水平尺寸，接着选择“竖直”按钮，标注相应的竖直尺寸。标注尺寸后的工程图如图 14-311 所示。

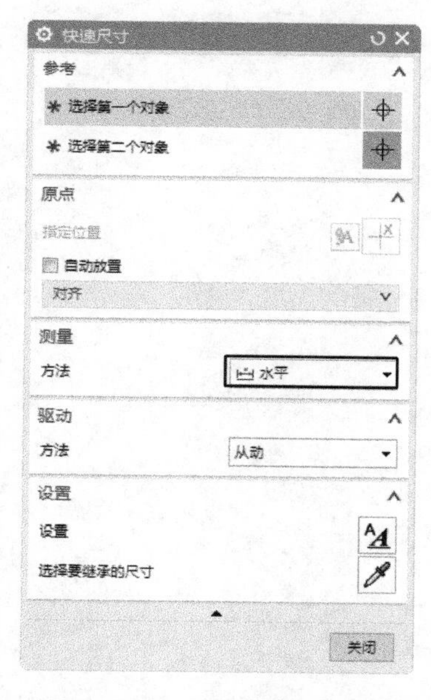

图 14-310 “快速尺寸”对话框

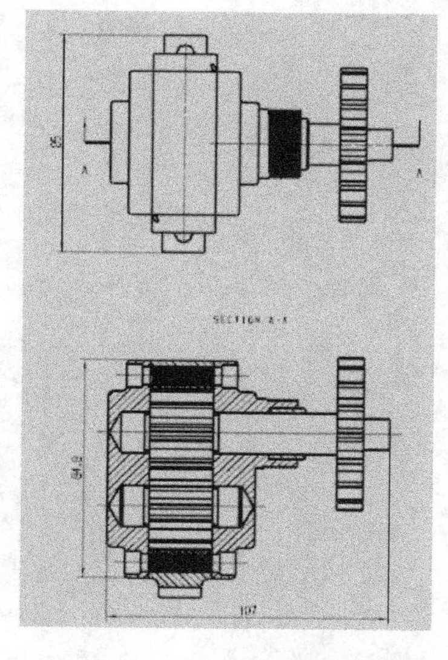

图 14-311 标注尺寸后的工程图

Step 06 插入明细表

在菜单栏中选择“插入”→“表”→“零件明细表”命令或单击“主页”功能区“表”面组中的“零件明细表”按钮，在明细表中拖动鼠标，调整明细表大小。选中一个单元格，右击，弹出如图 14-312 所示的快捷菜单。在明细表中，编辑表格字符。插入明细表后的工程图如图 14-299 所示。

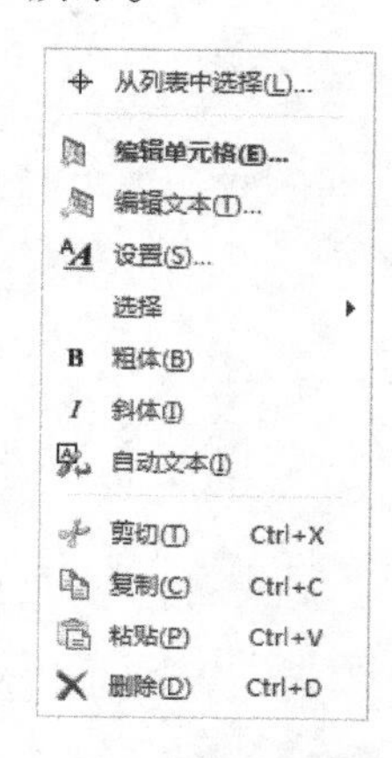

图 14-312 编辑明细表菜单